과년도 출제문제 중심!

건설기계설비기사 필기총정리

허원회 편저

머리말

최근 건설기계는 대형화, 다기능화, 전자기술을 이용한 고성능화가 이루어지고 있으며 건설 공사에 더욱 적극적으로 이용되고 있다. 이에 따라 건설기계의 기술 향상을 통한 건설 사업의 원활한 수행을 위하여 기계에 관한 공학적인 이론을 바탕으로 건설 현장의 플랜트 기계설비의 설계, 제작, 견적, 시공, 감리 등과 관련된 직무를 수행할 전문 인력도 증가할 전망이다.

이러한 추세에 부응하여 필자는 수십여 년간의 강단에서의 경험을 바탕으로 건설기계설비기사 필기시험을 준비하는 수험생들의 실력 배양 및 합격에 도움이 되고자 이 책을 출판하게 되었으며, 한국산업인력공단의 출제 기준을 적용하여 다음과 같은 특징으로 구성하였다.

첫째, 한국산업인력공단의 출제 기준에 따라 반드시 알아야 하는 중요 이론을 「과목별 핵심 노트」로 일목요연하게 정리하였다.

둘째, 학습의 능률을 높이기 위하여 간단명료한 내용과 공식을 다양하게 제시하였으며, 관련 그림을 풍부하게 실어 이해도를 높였다.

셋째, 과년도 출제문제를 상세한 해설과 함께 수록하여 줌으로써 출제 경향을 파악하고, 이에 맞춰 실전에 대비할 수 있도록 하였다.

끝으로 이 책으로 건설기계설비기사 필기시험을 준비하는 수험생 여러분께 합격의 영광이 함께 하길 바라며, 이 책이 나오기까지 여러모로 도와주신 모든 분들과 도서 출판 **일진사** 직원 여러분께 깊은 감사를 드린다.

저자 씀

건설기계설비기사 출제기준(필기)

직무분야	기계	자격종목	건설기계설비기사	적용기간	2020. 1. 1 ~ 2023. 12. 31
○ 직무내용 : 건설 관계 법령과 관련된 건설플랜트 기계설비와 건설기계의 설계, 생산, 시공, 운영관리 업무를 수행하는 직무이다.					
필기 검정방법	객관식	문제수	100	시험시간	2시간 30분

필기 과목명	출제 문제수	주요 항목	세부 항목
재료역학	20	1. 개요	(1) 힘과 모멘트 (2) 평면도형의 성질
		2. 응력과 변형률	(1) 응력의 개념 (2) 변형률의 개념 및 탄소성 거동 (3) 축하중을 받는 부재
		3. 비틀림	(1) 비틀림 하중을 받는 부재
		4. 굽힘 및 전단	(1) 굽힘 하중 (2) 전단 하중
		5. 보	(1) 보의 굽힘과 전단 (2) 보의 처짐 (3) 보의 응용
		6. 응력과 변형률 해석	(1) 응력 및 변형률 변환
		7. 평면응력의 응용	(1) 압력용기, 조합하중 및 응력 상태
		8. 기둥	(1) 기둥 이론
기계열역학	20	1. 열역학의 기본 사항	(1) 기본 개념 (2) 용어와 단위계
		2. 순수물질의 성질	(1) 물질의 성질과 상태 (2) 이상기체
		3. 일과 열	(1) 일과 동력 (2) 열전달
		4. 열역학의 법칙	(1) 열역학 제1법칙 (2) 열역학 제2법칙
		5. 각종 사이클	(1) 동력 사이클
기계유체역학	20	1. 유체의 기본 개념	(1) 차원 및 단위 (2) 유체의 점성법칙 (3) 유체의 기타 특성

필 기 과목명	출 제 문제수	주요 항목	세부 항목
		2. 유체정역학	(1) 유체정역학의 기초 (2) 정수압 (3) 작용 유체력
		3. 유체역학의 기본 물리 법칙	(1) 연속 방정식 (2) 베르누이 방정식 (3) 운동량 방정식 (4) 에너지 방정식
		4. 유체운동학	(1) 운동학 기초 (2) 퍼텐셜 유동
		5. 차원해석 및 상사 법칙	(1) 차원 해석 (2) 상사 법칙
		6. 관내 유동	(1) 관내 유동의 개념 (2) 층류 점성 유동 (3) 관로내 손실
		7. 물체 주위의 유동	(1) 외부 유동의 개념 (2) 항력 및 양력
		8. 유체 계측	(1) 유체 계측
유체기계 및 유압기기	20	1. 유체기계	(1) 유체기계의 기초 (2) 펌프 (3) 수차 (4) 공기기계 (5) 유체전동장치
		2. 유압기기	(1) 유압의 개요 (2) 유압기기 (3) 유압회로 (4) 유압을 이용한 기계
건설기계일반 및 플랜트배관	20	1. 건설기계일반	(1) 건설기계 (2) 건설플랜트 기계설비 (3) 건설기계 설비 재료
		2. 플랜트배관	(1) 배관 종류 (2) 배관 공작 (3) 배관 시공 (4) 배관 검사

차 례

과목별 핵심 노트

제 1과목 재료역학

제 2과목 기계열역학

제 3과목 기계유체역학

제 4과목 유체기계 및 유압기기

제 5과목 건설기계일반 및 플랜트배관

과년도 출제문제

건설기계설비기사 필기 총정리

과목별 핵심 노트

제1과목 재료역학

제2과목 기계열역학

제3과목 기계유체역학

제4과목 유체기계 및 유압기기

제5과목 건설기계일반 및 플랜트배관

Part 01

재료역학

1-1 응력과 변형률

1 응력(도)

(1) 정의

단위면적(A)당 내력(P)의 크기, $\sigma = \dfrac{P}{A}$ [N/m^2=Pa]

(2) 응력의 종류

① 수직응력(법선응력) σ

㈎ 인장응력 $\sigma_t = \dfrac{P_t}{A}$ [N/m^2=Pa]　　　㈏ 압축응력 $\sigma_c = \dfrac{P_c}{A}$ [N/m^2=Pa]

여기서, P_t : 인장하중(N), P_c : 압축하중(N), A : 단면적(m^2)

② 전단응력(접선응력) $\tau_s = \dfrac{P_s}{A}$ [N/m^2=Pa]

여기서, P_s : 전단하중(N), A : 전단면적(m^2)

※ 1 GPa=10^3 MPa(N/mm^2), 1 MPa=10^3 kPa, 1 kPa=10^3 Pa(N/m^2)

2 변형률(변형도)

(1) 수직응력(σ)에 의한 변형률(선변형률)

① 세로(종) 변형률 = 길이(= 하중 = 축)방향 변형률

$$\varepsilon = \pm\frac{\lambda}{l_0} = \frac{\text{변형 후 길이}(l_1) - \text{본래의 길이}(l_0)}{\text{본래의 길이}(l_0)}$$

② 가로(횡) 변형률=단면(직경)방향 변형률

$$\varepsilon' = \pm \frac{\delta}{d_0} = \frac{\text{변형 후 직경}(d_1) - \text{본래의 직경}(d_0)}{\text{본래의 직경}(d_0)}$$

핵심 푸아송의 비 $\mu(\nu)$

세로 변형률(ε)에 대한 가로 변형률(ε')의 비(가로 변형률과 세로 변형률의 비)

$$\mu = \left|\frac{\varepsilon'}{\varepsilon}\right| = \frac{1}{m} = \left|\frac{\frac{\delta}{d}}{\frac{\lambda}{l}}\right| = \frac{\frac{\delta}{d}}{\frac{\sigma}{E}} = \frac{E\delta}{\sigma d} \leqq 0.5$$

$\delta d = mE\delta$, $\mu d\sigma = E\delta$

여기서, m : 푸아송의 수(푸아송 비의 역수)

$$-\delta = \Delta d = \frac{\sigma d}{mE} = d - d_1(\text{인장 시}) = \frac{Pd}{mAE} = \frac{4Pd}{m\pi d^2 E} = \frac{4\mu P}{\pi d E}$$

$$\lambda = \frac{Pl}{AE} = \frac{\sigma l}{E}[\text{cm}],\ \delta = \frac{Pd}{mAE} = \frac{\mu d\sigma}{E}[\text{cm}]$$

(2) 전단응력(τ)에 의한 변형률(전단변형률, 각변형률)

$$\gamma = \frac{\lambda_s}{l} = \tan\phi \fallingdotseq \phi = 2\varepsilon$$

여기서, λ_s : 전단변형량, ϕ : 전단각(radian)

※ 전단변형률(γ)은 길이변형률(ε)의 2배이다.

3 응력-변형률 선도

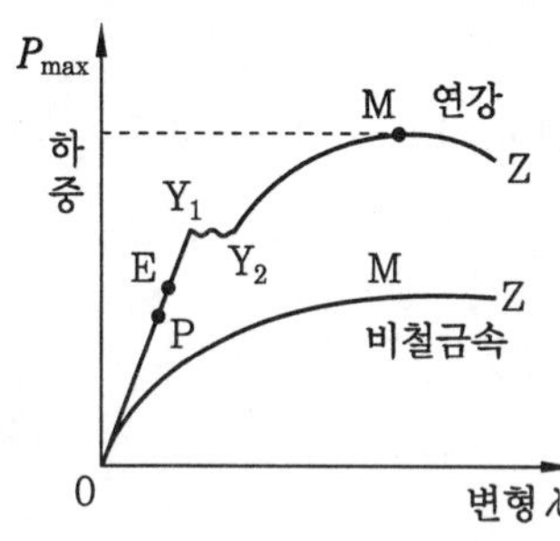

P : 비례한도 (proportional limit)
E : 탄성한도 (elastic limit)
Y_1 : 상항복점 (upper yield limit)
Y_2 : 하항복점 (lower yield limit)
M : 극한강도 (ultimate strength)
Z : 파괴강도 (rupture strength)

응력-변형률 선도

(1) 인장강도(극한강도)

인장시험 시 최대 하중(P_{max})을 시험편의 최초의 단면적(A_0)으로 나눈 값이다.

$$\sigma_u = \sigma_{max} = \frac{P_{max}}{A_0}$$

(2) 훅(Hooke)의 법칙(정비례 법칙)

탄성(비례)한도 내에서 응력(σ)과 변형률(ε)은 정비례(선형 탄성 변형)한다.

$\sigma = E\varepsilon$[GPa]　여기서, E: 탄성계수(GPa)

4 탄성계수

탄성계수는 응력과 같은 단위(N/m^2=Pa)를 갖는다.

① 수직응력(σ)에 의한 탄성계수 = 세로(종) 탄성계수 = 영 계수(Young's modulus) E

$$\sigma = E\varepsilon = E\frac{\lambda}{l},\quad E = \frac{\sigma}{\varepsilon} = \frac{\sigma l}{\lambda} = \frac{Pl}{A\lambda}\text{[GPa]}$$

$$\lambda = \frac{\sigma l}{E} = \frac{Pl}{AE}\text{[mm]}$$

※ 연강의 종탄성계수(E) = 2.1×10^6 kgf/cm^2 = 205.8 GPa

② 전단응력(τ)에 의한 탄성계수 = 전단 탄성계수 = 가로(횡) 탄성계수

$$\tau = G\gamma = G\frac{\lambda_s}{l},\quad G = \frac{\tau}{\gamma} = G\frac{\tau l}{\lambda_s} = \frac{P_s l}{A\lambda_s}\text{[GPa]}$$

$$\lambda_s = \frac{\tau l}{G} = \frac{P_s l}{AG}\text{[mm]}$$

※ 연강의 전단 탄성계수(G) = 79.38 GPa

핵심　단면적 변화율과 체적 변화율

- 단면적 변화율 : $\varepsilon_A = \frac{\Delta A}{A} = 2\mu\varepsilon = 2\mu\frac{\sigma}{E}$[cm^2]

  $\therefore\ \Delta V = V\varepsilon(1-2\mu) = Al\varepsilon(1-2\mu) = \frac{Pl}{E}(1-2\mu)$[cm^3]

- 체적 변화율(변형률) : $\varepsilon_V = \frac{\Delta V}{V} = \frac{\Delta A}{A}\left(\frac{\Delta l}{l}\right)$=단면적 변화율×길이 변화율
- 모든 재료는 인장응력이 작용할 때 체적이 감소하는 일은 없으므로

  $\varepsilon_V = \varepsilon(1-2\mu) \geq 0$

  $\therefore\ \mu \leq \frac{1}{2}$

  예 고무인 경우($\mu = 0.5$) $\varepsilon_V = 0$(고무는 완전탄성체이므로 길이가 늘어나도 체적은 변하지 않는다.)

③ 탄성계수(E, G, K, m) 사이의 관계

(가) $K=\dfrac{E}{3(1-2\mu)}=\dfrac{mE}{3(m-2)}$ [GPa]

(나) $G=\dfrac{mE}{2(m+1)}=\dfrac{E}{2(1+\mu)}$ [GPa]

(다) $m=\dfrac{2G}{E-2G}\geq 2$

5 허용응력(σ_a)과 안전율(S)

(1) 허용응력

① 탄성한도 내에서 안전상 허용할 수 있는 최대 응력

② 극한강도(σ_u) > 항복응력 > 탄성한도 > 허용응력(σ_a) ≧ 사용응력(σ_w)

(2) 안전율(안전계수)

$\sigma_a=\dfrac{\sigma_u}{S}$ 에서 $\therefore\ S=\dfrac{\sigma_u}{\sigma_a}$

(3) 응력집중 (stress concentration)

단면의 형상 변화가 급격히 발생되는 곳에서 응력이 국부적으로 집중되는 현상을 말한다.

응력집중계수(형상계수) $\alpha_k=\dfrac{\text{최대응력}(\sigma_{max})}{\text{평균응력}(\sigma_{av})}$

$\therefore\ \sigma_{max}=\alpha_k\sigma_{av}\ (\sigma_{max}\leqq\sigma_a)$

6 라미(Lami)의 정리(sine 정리)

삼각함수 sin 법칙

$\dfrac{P_1}{\sin(180°-\theta_1)}=\dfrac{P_2}{\sin(180°-\theta_2)}=\dfrac{P_3}{\sin(180°-\theta_3)}$ 에서

$\sin(180°-\theta)=\sin\theta$ 이므로

$\dfrac{P_1}{\sin\theta_1}=\dfrac{P_2}{\sin\theta_2}=\dfrac{P_3}{\sin\theta_3}$

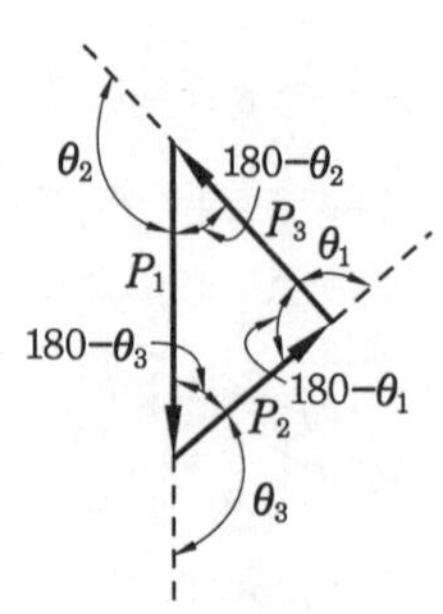

1-2 재료의 정역학

1 조합부재의 응력

직렬조합에서 λ(전체 늘음량)

$$=\lambda_1+\lambda_2=\frac{Pl_1}{A_1E_1}+\frac{Pl_2}{A_1E_2}=\frac{\sigma_1 l_1}{E_1}+\frac{\sigma_2 l_2}{E_2}\text{[cm]}$$

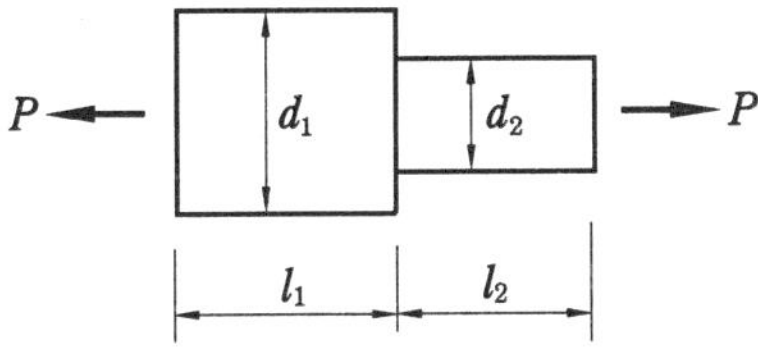

2 탄성(변형)에너지

(1) 수직응력(σ)에 의한 탄성에너지(U)

외력(P) 작용 시 재료 내부에 축적된 탄성에너지

$$U=\frac{1}{2}P\delta=\frac{P^2l}{2AE}=\frac{P^2}{2}\left(\frac{l}{AE}\right)=\frac{\sigma^2}{2E}Al=\frac{\sigma^2}{2E}V\text{[N}\cdot\text{m=J]}$$

① 레질리언스 계수(u) : 수직응력에 의한 최대 탄성에너지

→ 단위체적(V)당 탄성(변형)에너지(U)

$$u=\frac{U}{V}=\frac{\frac{\sigma^2}{2E}V}{V}=\frac{\sigma^2}{2E}=\frac{E\varepsilon^2}{2}=\frac{\sigma\varepsilon}{2}\text{[N}\cdot\text{m/m}^3\text{=J/m}^3\text{]}$$

② 레질리언스는 응력의 제곱에 비례한다. 즉, 레질리언스는 변형률의 제곱에 비례한다.

(2) 전단응력(τ)에 의한 탄성에너지(U)

$$U=\frac{1}{2}P_s\lambda_s=\frac{P_s^2l}{2AG}=\frac{\tau^2}{2G}Al=\frac{\tau^2}{2G}V\text{[N}\cdot\text{m=J]}$$

$$u=\frac{U}{V}=\frac{\frac{\tau^2}{2G}V}{V}=\frac{\tau^2}{2G}=\frac{1}{2}G\gamma^2\text{[N}\cdot\text{m/m}^3\text{=J/m}^3\text{]}$$

3 자중에 의한 응력

(1) 균일 단면봉인 경우

① 자중에 의한 응력 $\sigma_x = \dfrac{W_x}{A} = \dfrac{\gamma A x}{A} = \gamma x\,[\text{Pa}]$

$$\therefore\ \sigma_{\max} = \gamma l \leqq \sigma_a$$

② 자중에 의한 변형량 $\delta = \dfrac{\gamma l^2}{2E}\,[\text{cm}]$

③ 하단에 하중 P가 작용하는 경우

$$\delta(=\lambda) = \frac{Pl}{AE} + \frac{\gamma l^2}{AE} = \frac{Pl}{AE} + \frac{\gamma A l^2}{2AE} = \frac{l}{AE}\left(P + \frac{\gamma A l}{2}\right) = \frac{l}{AE}\left(P + \frac{W}{2}\right)$$

(2) 원추봉인 경우

① 자중에 의한 응력 $\sigma_x = \dfrac{W_x}{A} = \dfrac{\gamma x}{3}\,[\text{Pa}]$

$$\sigma_{\max} = \frac{\gamma l}{3}\,[\text{Pa}]$$

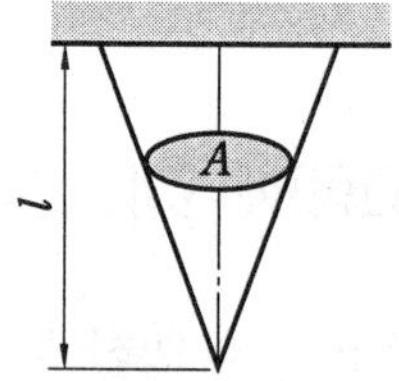

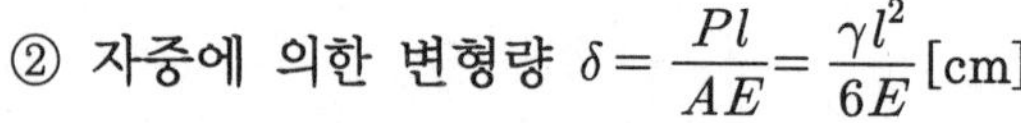

② 자중에 의한 변형량 $\delta = \dfrac{Pl}{AE} = \dfrac{\gamma l^2}{6E}\,[\text{cm}]$

4 충격응력

(1) 충격응력(impact stress) σ

$$\sigma = \frac{W}{A}\left(1 + \sqrt{1 + \frac{2AEh}{Wl}}\right) = \sigma_0\left(1 + \sqrt{1 + \frac{2h}{\lambda_0}}\right)[\text{N/mm}^2 = \text{MPa}]$$

(2) 충격에 의한 늘음량(변형량)

$$\lambda = \frac{\sigma l}{E} = \frac{Wl}{AE}\left(1 + \sqrt{1 + \frac{2h}{\lambda_0}}\right) = \lambda_0\left(1 + \sqrt{1 + \frac{2h}{\lambda_0}}\right)[\text{mm}]$$

5 내압(P)을 받는 얇은 원통의 설계

$\dfrac{t}{d} \leqq \dfrac{1}{10}$일 때

① 원주응력(후프응력) $\sigma_1 = \dfrac{Pd}{2t}\,[\text{N/mm}^2]$

② 축방향(길이방향) 응력 $\sigma_2 = \dfrac{Pd}{4t} = \dfrac{1}{2}\sigma_1$[N/mm²]

※ 축방향 응력(σ_2)은 원주방향 응력(σ_1)의 $\dfrac{1}{2}$배이다. 즉, 원주응력 축방향 응력의 2배이므로 두께(t) 계산에서 원주응력을 고려한다.

6 열응력

$\sigma = E\alpha(t_2 - t_1)$[MPa], $P = AE\alpha\Delta t$[N]

여기서, E : 재료의 종탄성계수, α : 선팽창계수(1/℃), A : 단면적

1-3 조합응력의 설계

1 2축응력의 주응력

최대, 최소 법선응력($\sigma_{n\max}$, $\sigma_{n\min}$)만 작용하고, 전단응력(τ_s)은 0인 평면을 주평면이라고 하며, 이때의 최대, 최소 법선응력을 주응력이라고 한다.

2 평면응력

(1) 주평면(주응력면)의 위치

① 최대, 최소 주응력($\sigma_{\max}$, $\sigma_{\min}$)을 구하기 위한 경사각(θ_p)

$$\tan 2\theta_p = \frac{-2\tau_{xy}}{\sigma_x - \sigma_y}, \quad \theta_p = \frac{1}{2}\tan^{-1}\left(\frac{-2\tau_{xy}}{\sigma_x - \sigma_y}\right)$$

② 최대 주응력 $\sigma_{\max} = \sigma_1 = \dfrac{1}{2}(\sigma_x + \sigma_y) + \sqrt{\left(\dfrac{\sigma_x - \sigma_y}{2}\right)^2 + {\tau_{xy}}^2}$

$= \sigma_{av} + R$(모어응력원의 반경) $= \sigma_{av} + \tau_{\max}$

③ 최소 주응력 $\sigma_{\min} = \sigma_2 = \dfrac{1}{2}(\sigma_x + \sigma_y) - \sqrt{\left(\dfrac{\sigma_x - \sigma_y}{2}\right)^2 + {\tau_{xy}}^2} = \sigma_{av} - R = \sigma_{av} - \tau_{\max}$

$\therefore \sigma_1 + \sigma_2 = \sigma_x + \sigma_y$

(2) 주전단응력(최대 전단응력)

$$\tau_{\max}=\frac{1}{2}\sqrt{(\sigma_x-\sigma_y)^2+4\tau_{xy}{}^2}=R(\text{모어원의 반경})=\frac{1}{2}(\sigma_1-\sigma_2)$$

(3) 평면변형률

① 주변형률($\varepsilon_{\max}=\varepsilon_1,\ \varepsilon_{\min}=\varepsilon_2$)

$$\varepsilon=\frac{1}{2}(\varepsilon_x+\varepsilon_y)\pm\frac{1}{2}\sqrt{(\varepsilon_x-\varepsilon_y)^2+\gamma_{xy}{}^2}=\frac{\varepsilon_x+\varepsilon_y}{2}\pm\frac{1}{2}\sqrt{\left(\frac{\varepsilon_x-\varepsilon_y}{2}\right)^2+\left(\frac{\gamma_{xy}}{2}\right)^2}$$

$$\therefore\ \tan 2\theta=\frac{\gamma_{xy}}{\varepsilon_x-\varepsilon_y}$$

② 주전단변형률

$$\frac{\gamma_{\max}}{2}=\sqrt{\left(\frac{\varepsilon_x-\varepsilon_y}{2}\right)^2+\left(\frac{\gamma_{xy}}{2}\right)^2}\quad\therefore\ \gamma_{\max}=\sqrt{(\varepsilon_x-\varepsilon_y)^2+(\gamma_{xy})^2}$$

1-4 평면도형의 성질

1 단면 1차 모멘트와 도심

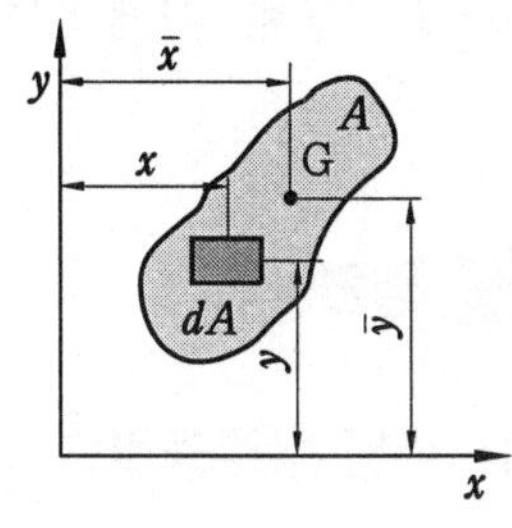

(1) 단면 1차 모멘트(기하학 모멘트)

① x축을 기준한 단면 1차 모멘트 : $G_x=\int_A ydA=A\bar{y}\,[\text{cm}^3]$

② y축을 기준한 단면 1차 모멘트 : $G_y=\int_A xdA=A\bar{x}\,[\text{cm}^3]$

(2) 단면의 도심($\bar{x}$, $\bar{y}$)

① 직사각형(구형) : $G_x=\dfrac{bh^2}{2}[\text{cm}^3]$, $\bar{y}=\dfrac{h}{2}[\text{cm}]$

② 삼각형 : $G_x=\dfrac{bh^2}{6}[\text{cm}^3]$, $\bar{y}=\dfrac{h}{3}[\text{cm}]$

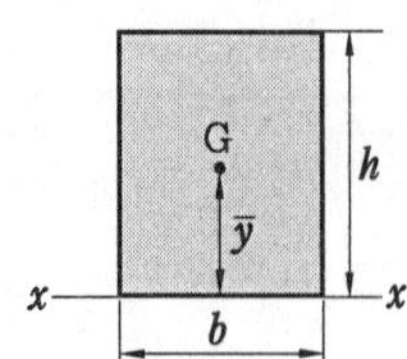

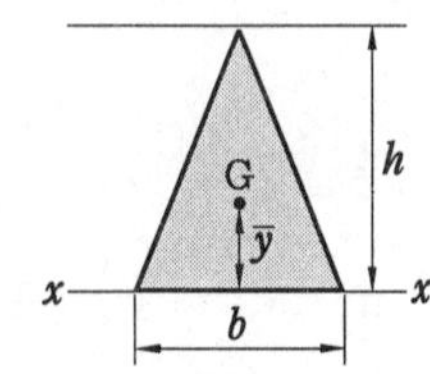

③ 사다리꼴 : $G_x = \frac{bh^2}{6}(2a+b)[\text{cm}^3]$, $\bar{y} = \frac{h}{3}\left(\frac{2a+b}{a+b}\right)[\text{cm}]$

④ 반원 : $G_x = \frac{2r^3}{3}[\text{cm}^3]$, $\bar{y} = \frac{4r}{3\pi}[\text{cm}]$

⑤ 부채꼴 : $\bar{x} = \frac{2r}{3\alpha}\sin\alpha[\text{cm}]$

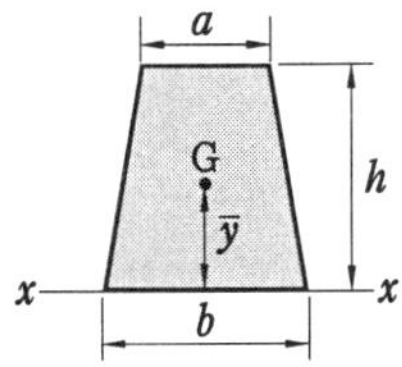

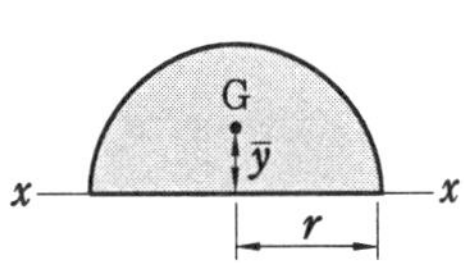

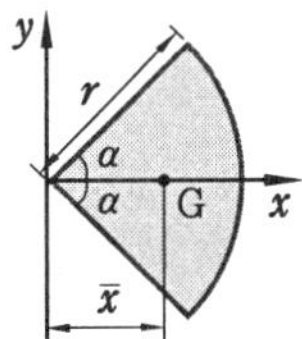

2 단면 2차 모멘트(관성 모멘트)

- x축에 대한 단면 2차 모멘트 $I_x = \int y^2 dA[\text{cm}^4]$
- y축에 관한 단면 2차 모멘트 $I_y = \int x^2 dA[\text{cm}^4]$

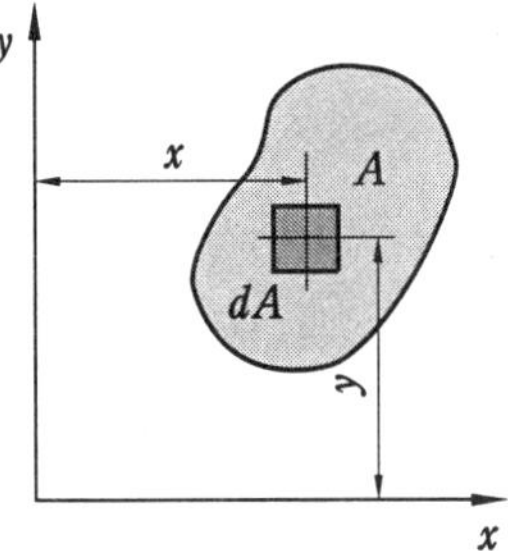

(1) 단면 2차 모멘트의 평행축 정리

$I_x{}' = I_x + Aa^2[\text{cm}^4]$

(2) 단면계수와 단면 2차 반경(회전 반경)

① 단면계수(Z)

(가) 원형 단면의 단면계수 : $Z = \frac{\pi}{32}d^3[\text{cm}^3]$

(나) 직사각형 단면의 단면계수 : $Z_x = \frac{bh^2}{6}$, $Z_y = \frac{hb^2}{6}$

$\therefore \frac{Z_x}{Z_y} = \frac{h}{b}$

② 단면 2차 반경(회전 반경) : 단면 2차 모멘트(I)를 그 도형의 단면적(A)으로 나눈 값의 제곱근

$I = k^2 A[\text{cm}^2 \times \text{cm}^2 = \text{cm}^4]$

$\therefore k = \sqrt{\frac{I}{A}}[\text{cm}]$

3 단면 2차 극모멘트(극관성 모멘트)

(1) 원형 단면인 경우

$$I_p = \frac{\pi d^4}{32} = \frac{\pi r^4}{2}\,[\mathrm{cm}^4]$$

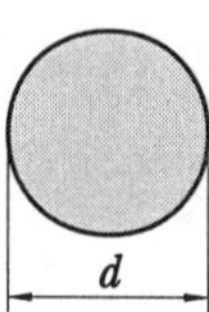

(2) 중공축 단면인 경우

$$I_p = \frac{\pi d_2^{\,4}}{32}(1-x^4)\,[\mathrm{cm}^4] \qquad \text{여기서, } x(\text{내외경비}) = \frac{d_1}{d_2}$$

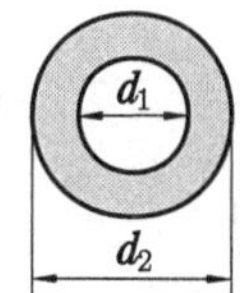

(3) 극단면계수(Z_p)

비틀림에 대한 저항성을 나타내는 정도$\left(\tau = \dfrac{T}{Z_p}\right)$

① 원형 단면인 경우 : $Z_p = \dfrac{\pi d^3}{16}\,[\mathrm{cm}^3]$

② 중공축 단면인 경우 : $Z_p = \dfrac{\pi d_2^{\,3}}{16}(1-x^4)\,[\mathrm{cm}^3]$

1-5 축의 비틀림

1 원형 단면축의 비틀림

① 비틀림 전단응력 : $\tau = G\gamma = G\dfrac{r\theta}{l}\,[\mathrm{N/m^2 = Pa}]$

② 비틀림 저항 모멘트 : $T = \tau_{max} Z_p\,[\mathrm{N \cdot m}]$

$\therefore\ \tau_{max} = \dfrac{T}{Z_p}\,[\mathrm{N/m^2 = Pa}]$

2 축의 강성도에 의한 설계

비틀림각 $\theta = \dfrac{Tl}{GI_p}\,[\mathrm{rad}] = \dfrac{180°}{\pi}\dfrac{Tl}{GI_p} = 57.3°\dfrac{Tl}{GI_p}\,[°]$

3 비틀림 모멘트와 전달 동력

① $T = 7.02 \times 10^6 \dfrac{PS}{N}$ [N · mm]　　② $T = 9.55 \times 10^6 \dfrac{kW}{N}$ [N · mm]

4 코일스프링

(1) 스프링 내에 작용하는 최대 전단응력

$$\tau_{\max} = K\frac{16WR}{\pi d^3} = K\frac{8WD}{\pi d^3}\ [\mathrm{N/m^2 = Pa}]$$

① 왈의 수정계수 $K = \dfrac{4C-1}{4C-4} + \dfrac{0.615}{C}$

② 스프링지수 $C = \dfrac{D}{d} = \dfrac{2R}{d}\ (5 < C < 12)$

(2) 코일스프링의 처짐량

$$\delta = \frac{64WR^3n}{Gd^4} = \frac{8WD^3n}{Gd^4} = \frac{8W\left(\frac{D}{d}\right)^3 n}{Gd} = \frac{8WC^3n}{Gd}\ [\mathrm{mm}]$$

(3) 스프링 상수(강성, 강성도)

① 스프링 상수 $k = \dfrac{W}{\delta}$ [N/cm]

② 합성(등가) 스프링 상수

㈎ 직렬 연결인 경우 : $\dfrac{1}{k} = \dfrac{1}{k_1} + \dfrac{1}{k_2}$ 이므로 $\therefore\ k = \dfrac{k_1 k_2}{k_1 + k_2}$ [N/cm]

㈏ 병렬 연결인 경우 : $k = k_1 + k_2$ [N/cm]

1-6 정정보

1 보의 종류

(1) 정정보

① 단순보(받침보) : 양단에서 받치고 있는 보로, 양단 지지보이다(반력수 3개).

② 외팔보 : 한 끝단만 고정한 보로서 고정된 단을 고정단, 다른 끝을 자유단이라 한다(반력수 3개).

③ 돌출보(내민보, 내다지보) : 지점의 바깥쪽에 하중이 걸리는 보(반력수 3개)

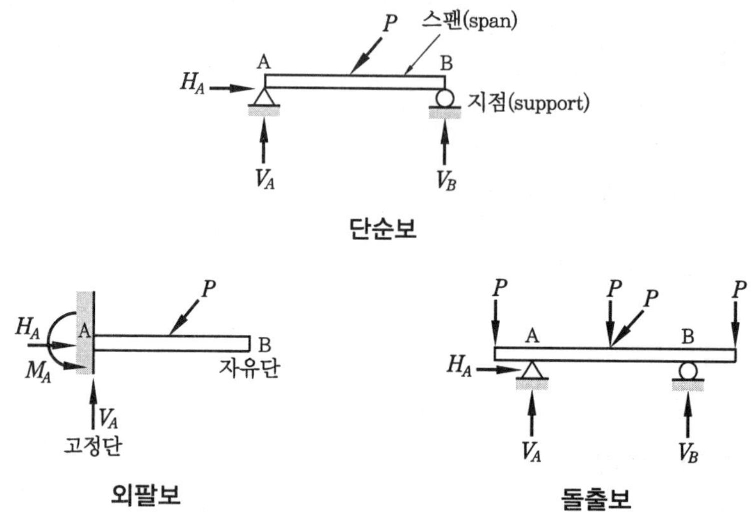

(2) 부정정보

① 양단 고정보 : 양단이 모두 고정된 보로서 보 중에서 가장 강한 보이다(반력수 6개).

② 일단 고정 타단 지지보 : 한 단은 고정되고, 다른 단은 받쳐져 있는 보이다(반력수 4개).

② 연속보 : 3개 이상의 지점, 즉 2개 이상의 스팬(span)을 가진 보이다(반력수 = 지점수 + 1).

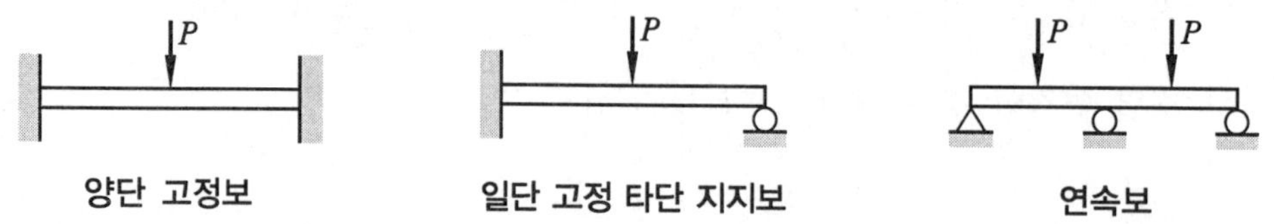

2 분포하중(w)과 전단력(F), 휨모멘트(M) 사이의 관계식

① $-w = \frac{dF}{dx}$ [N/m], $F = -\int w dx$ [N]

② $F = \frac{dM}{dx}$ [N], $M = \int F dx$ [N · m]

3 전단력 선도와 굽힘모멘트 선도

구분	전단력 선도(S.F.D)	굽힘모멘트 선도(B.M.D)
집중하중 P[N]	일정	1차 직선
균일분포하중 w[N]	1차 직선	2차 곡선
점변분포하중 w_o[N/m]	2차 곡선(포물선)	3차 곡선

단순보일 때

① 집중하중(P) 작용 시 $M_{max} = \dfrac{Pab}{l}$ [N · m]

② 균일분포하중 작용 시 $M_{max} = \dfrac{wl^2}{8} = \dfrac{Wl}{8}$ [N · m]

③ 삼각형 점변분포하중 작용 시 $M_{max} = \dfrac{wl^2}{9\sqrt{3}}$ [N · m]

핵심 반력(R)과 S.F.D, B.M.D의 관계

- 지점에서의 전단력(F)은 그 지점의 반력(R)과 같다.
- B.M.D는 S.F.D보다 1차원씩 앞선다.
  $M = \int F dx$ (B.M.D는 S.F.D의 적분곡선이다.)
  $F = \dfrac{dM}{dx}$ (S.F.D는 B.M.D의 미분곡선이다.)
- $F = \dfrac{dM}{dx}$ = (기울기) 이므로 전단력 선도(S.F.D)에서 $F=0$인 지점(변곡점)에서 최대 휨모멘트(M_{max})가 발생한다.
- S.F.D가 +인 구간에서는 B.M.D가 증가하고, −인 구간에서는 B.M.D가 감소하는 그래프를 그린다.
- SFD의 전단력값(선도의 높이)이 B.M.D의 기울기이다$\left(F = \dfrac{dM}{dx} = (\text{기울기})\right)$.
- 임의의 X지점의 굽힘모멘트(M_x)값은 x 단면까지의 S.F.D 면적과 같다($M_x = \int F dx$).

1-7 보 속의 응력

1 보 속의 굽힘응력(σ_b)

$$\sigma_b = \frac{M}{I}y = \frac{M}{Z}[\text{N/m}^2 = \text{Pa}](\sigma_b \le \sigma_a)$$

$$M = \sigma_b Z = \frac{M}{Z}\frac{I}{y}[\text{N}\cdot\text{m}]$$

2 보 속의 전단응력(τ)

$$\tau = \frac{FG}{bI}[\text{N/mm}^2 = \text{MPa}]$$

(1) 직사각형(구형) 단면인 경우

$$\tau = \frac{3F}{2A}\left(1 - \frac{4y_1^2}{h^2}\right)[\text{MPa}],\ \tau_{\max} = \frac{3F}{2A}[\text{MPa}]$$

(2) 원형 단면인 경우

$$\tau = \frac{4F}{3A}\left[1 - \left(\frac{r}{r_o}\right)^2\right][\text{MPa}],\ \tau_{\max} = \frac{4F}{3A}[\text{MPa}]$$

1-8 보의 처짐, 처짐각

1 처짐(탄성)곡선의 미분방정식

$$EI\frac{d^2y}{dx^2} = -M(EIy'' = -M)$$

핵심 탄성곡선의 미분방정식 정리

$$EI\frac{d^4y}{dx^4} = -\frac{dF}{dx} = w(\text{분포하중})(EIy'''' = w)$$

한 번 더 미분 ↑

$$EI\frac{d^3y}{dx^3} = -\frac{dM}{dx} = -F(\text{전단력})(EIy''' = -F)$$

미분 ↑

$$\therefore\ EI\frac{d^2y}{dx^2}=-M(EIy''=-M)$$

적분 ↓

$$EI\frac{dy}{dx}=-\int Mdx+c_1$$

$$\therefore\ \frac{dy}{dx}=\theta(\text{처짐각})=-\int\frac{M}{EI}dx+c_1$$

한 번 더 적분 ↓

$$EIy=-\iint Mdxdx+c_1x_1+c_2$$

$$\therefore\ y=\delta(\text{처짐})=-\iint\frac{M}{EI}dxdx+c_1x_1+c_2$$

2 외팔보

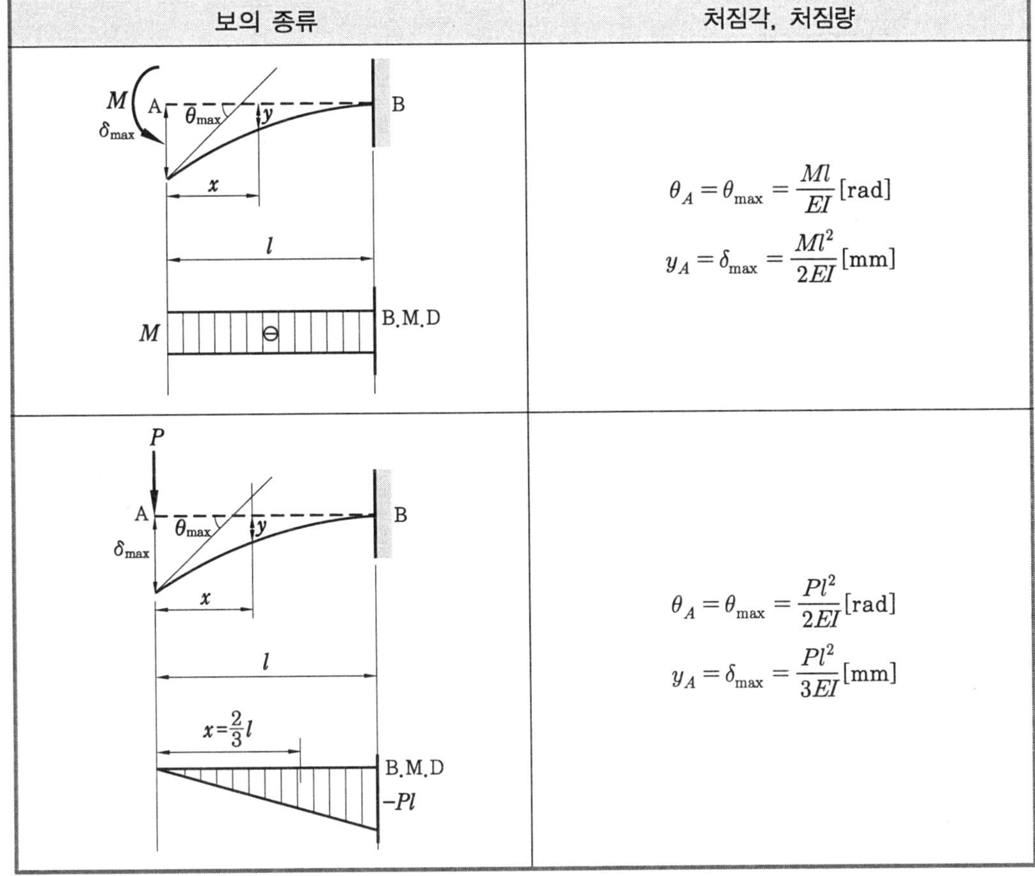

보의 종류	처짐각, 처짐량
(모멘트 M 작용 외팔보)	$\theta_A=\theta_{max}=\frac{Ml}{EI}$[rad] $y_A=\delta_{max}=\frac{Ml^2}{2EI}$[mm]
(집중하중 P 작용 외팔보)	$\theta_A=\theta_{max}=\frac{Pl^2}{2EI}$[rad] $y_A=\delta_{max}=\frac{Pl^3}{3EI}$[mm]

보의 종류	처짐각, 처짐량
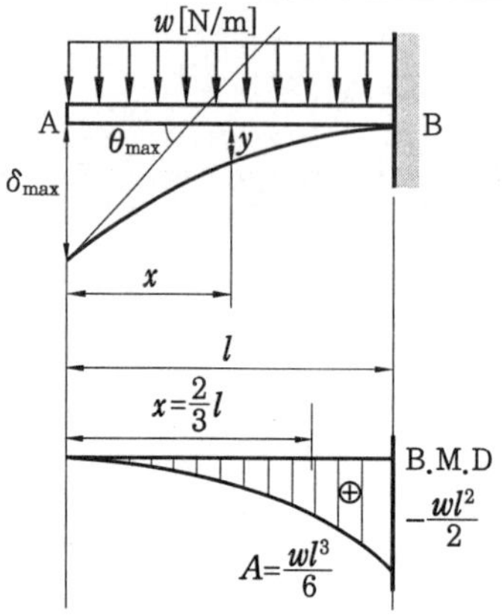	$\theta_A = \theta_{max} = \dfrac{wl^3}{6EI}$[rad] $y_A = \delta_{max} = \dfrac{wl^4}{8EI}$[mm]
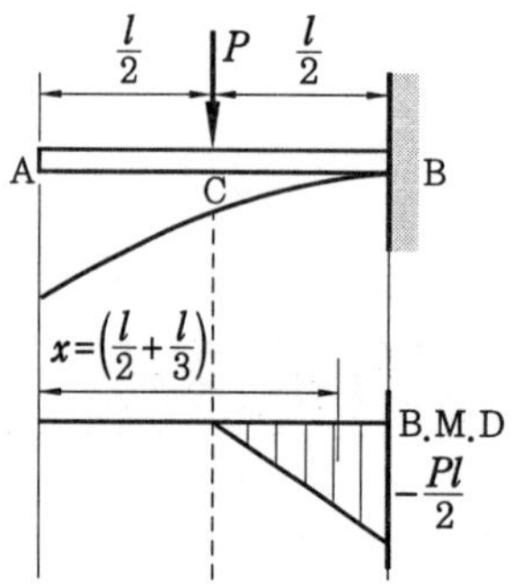	$\theta_A = \theta_C = \dfrac{Pl^2}{8EI}$[rad] $y_A = \dfrac{5Pl^3}{48EI}$[mm]
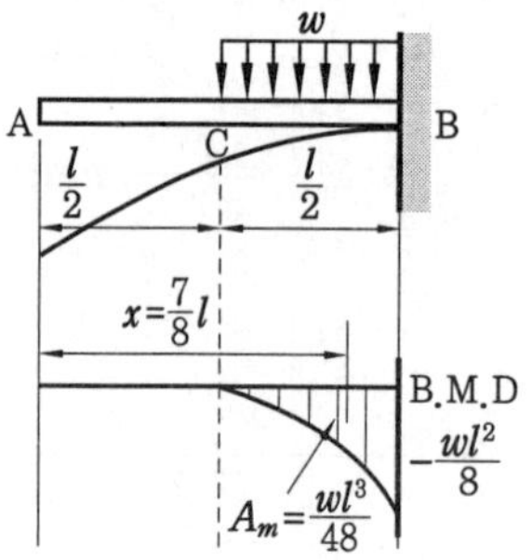	$\theta_A = \theta_C = \dfrac{wl^3}{48EI}$[rad] $y_A = \dfrac{7wl^4}{384EI}$[mm]
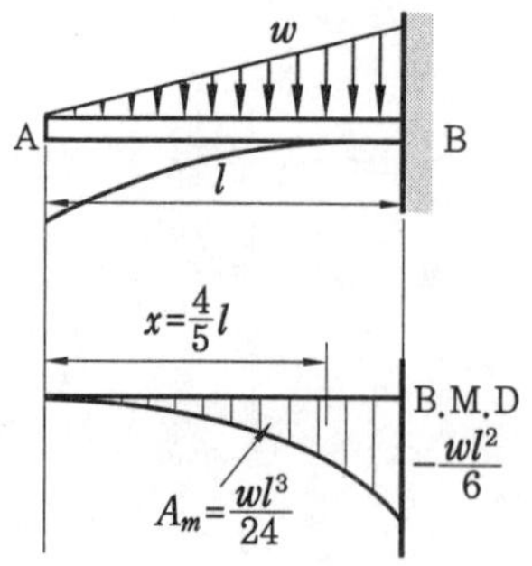	$\theta_A = \theta_{max} = \dfrac{wl^3}{24EI}$[rad] $y_A = \dfrac{wl^4}{30EI}$[mm]

보의 종류	처짐각, 처짐량
단순보, 중앙 집중하중 P (A, B, $\frac{l}{2}$, $\frac{l}{2}$, θ_A, θ_B, δ_{max})	$\theta_{max}=\frac{Pl^2}{16EI}$ $\delta_{max}=\frac{Pl^3}{48EI}$
단순보, 등분포하중 w[N/m] (A, B, θ_A, θ_B, δ_{max})	$\theta_{max}=\frac{wl^3}{24EI}$ $\delta_{max}=\frac{5wl^4}{384EI}$

1-9 부정정보

1 양단 고정보

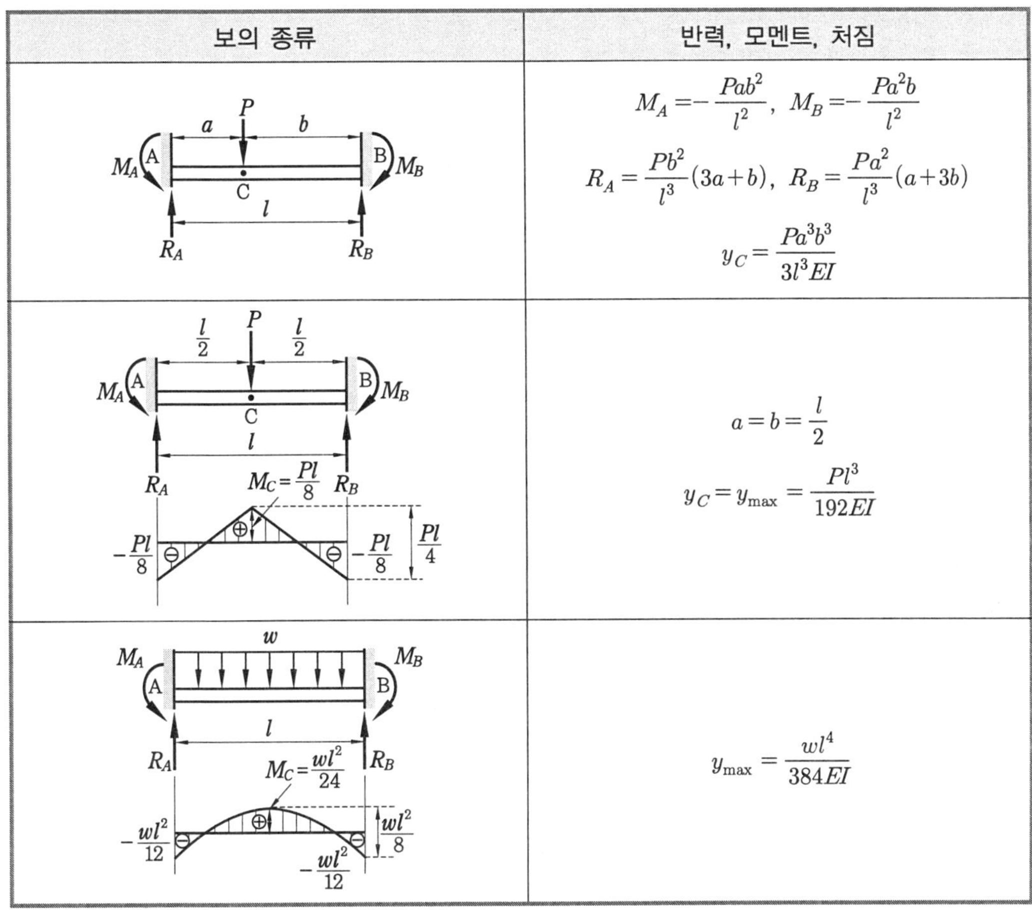

보의 종류	반력, 모멘트, 처짐
양단 고정보, 집중하중 P (a, b, l, C, M_A, M_B, R_A, R_B)	$M_A=-\frac{Pab^2}{l^2}$, $M_B=-\frac{Pa^2b}{l^2}$ $R_A=\frac{Pb^2}{l^3}(3a+b)$, $R_B=\frac{Pa^2}{l^3}(a+3b)$ $y_C=\frac{Pa^3b^3}{3l^3EI}$
양단 고정보, 중앙 집중하중 P ($\frac{l}{2}$, $\frac{l}{2}$, l, C, M_A, M_B, R_A, R_B, $M_C=\frac{Pl}{8}$, $-\frac{Pl}{8}$, $-\frac{Pl}{8}$, $\frac{Pl}{4}$)	$a=b=\frac{l}{2}$ $y_C=y_{max}=\frac{Pl^3}{192EI}$
양단 고정보, 등분포하중 w (l, M_A, M_B, R_A, R_B, $M_C=\frac{wl^2}{24}$, $-\frac{wl^2}{12}$, $-\frac{wl^2}{12}$, $\frac{wl^2}{8}$)	$y_{max}=\frac{wl^4}{384EI}$

2 일단 고정 타단 지지보

보의 종류	반력, 모멘트, 처짐
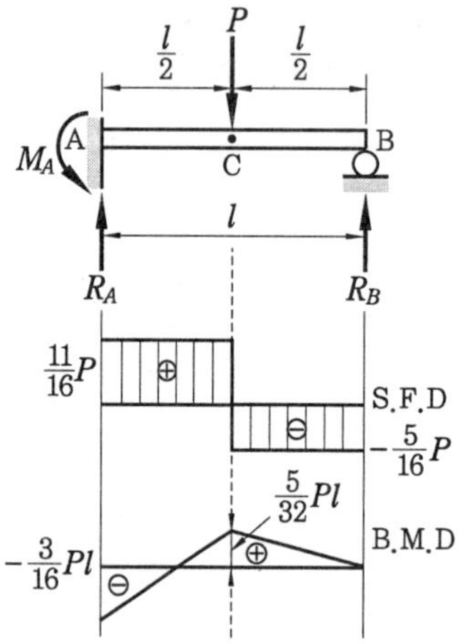 P, $\frac{l}{2}$, $\frac{l}{2}$, M_A, A, B, C, l, R_A, R_B, $\frac{11}{16}P$, ⊕, S.F.D, ⊖, $-\frac{5}{16}P$, $\frac{5}{32}Pl$, B.M.D, $-\frac{3}{16}Pl$	$R_A=\frac{11}{16}P$ $R_B=\frac{5}{16}P$ $y_C=\frac{7Pl^3}{768EI}$
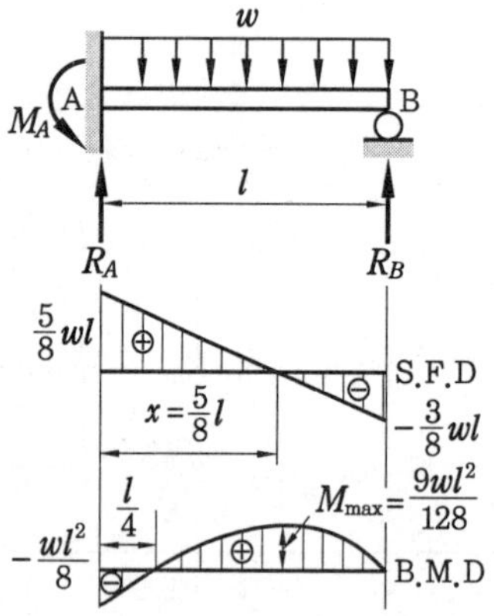 w, M_A, A, B, l, R_A, R_B, $\frac{5}{8}wl$, ⊕, S.F.D, ⊖, $x=\frac{5}{8}l$, $-\frac{3}{8}wl$, $\frac{l}{4}$, $M_{max}=\frac{9wl^2}{128}$, $-\frac{wl^2}{8}$, B.M.D	$R_A=\frac{5}{8}wl$ $R_B=\frac{3}{8}wl$ $M_{max}=\frac{9wl^2}{128}\left(x=\frac{5l}{8}\text{일 때}\right)$ $y_{max}=\frac{wl^4}{185EI}\fallingdotseq 0.0054\frac{wl^4}{EI}$

1-10 기둥

1 장주(long column)

오일러의 공식(Euler's formula, 실험식)에서

① 좌굴하중(P_B)=임계하중(P_{cr})$=n\pi^2\frac{EI_{min}}{l^2}=\frac{\pi^2 EI_{min}}{l_k^2}=\frac{\pi^2 EA}{\left(\frac{l_k}{k_G}\right)^2}$[N]

$I_{min}(I_G)=Ak_G^2$[m^4]

최소회전반경$(k_G)=\sqrt{\dfrac{I_G}{A}}$ [m]

② 좌굴응력(σ_B)=임계응력$(\sigma_{cr})=\dfrac{P_{cr}}{A}=n\pi^2\dfrac{EI}{l^2A}=\dfrac{n\pi^2E}{\lambda^2}$ [MPa]

2 단말계수(n)와 좌굴길이(l_k)

① $l_k=\dfrac{l}{\sqrt{n}}$

② 단말계수(n)가 클수록 강한 기둥이다.

구분	그림	좌굴길이(l_k)	단말계수(n)
일단 고정 타단 자유단	P, l, $l_k=2l$, P	2	$\frac{1}{4}=0.25$
양단 힌지단	P, $l_k=l$, P	1	1
일단 힌지 타단 고정단	P, $l_k=0.7l$, P	0.7	2
양단 고정단	P, $l_k=0.5l$, P	0.5	4

Part 02

기계열역학

2-1 열역학의 기초

1 계(system)

(1) 정의

① 계의 종류(밀폐계, 개방계, 고립계, 단열계)

(가) 밀폐계(비유동계) : 검사 질량 일정

- 물질 유동(×), 에너지 전달(○)
- 계의 경계면이 닫혀 있어 계의 경계를 통한 물질(질량)의 유동이 없는 계로, 에너지(일 또는 열)의 전달은 있는 계
- 즉 계 내의 물질(질량)은 일정 불변

(나) 개방계(유동계) : 검사 체적 일정

- 물질 유동(○), 에너지 전달(○)
- 계의 경계면이 열려 있어 계의 경계를 통한 외부(주위)와의 물질의 유동이 있고, 에너지의 전달도 있는 계

(다) 고립계(절연계)

- 물질 유동(×), 에너지 전달(×)
- 계의 경계를 통한 외부와의 물질이나 에너지의 전달이 전혀 없다고 가정한 계

(라) 단열계 : $\delta Q = 0$

- 열의 전달(×)
- 계의 경계를 통한 외부와의 열의 출입이 전혀 없다고 가정한 계
- 등엔트로피 $S = C$(일정)

② 열역학적 성질(상태량)

(가) 종량적(용량성) 성질(상태량)

- 물질의 양에 비례하는 상태량

- 체적(V), 엔탈피(H), 엔트로피(S), 내부에너지(U), 질량(m) 등

(나) 강성적(강도성) 성질(상태량)

- 물질의 양에 무관한 상태량
- 압력(p), 온도(t), 점도(μ), 속도(V) 및 비상태량(비체적(v), 비엔탈피(h), 비엔트로피(s), 비내부에너지(u)) 등

※ 비상태량 : 단위질량당 종량성(용량성) 상태량

③ 절대온도(T)

(가) 켈빈(Kelvin)의 절대온도 : 섭씨온도를 기준으로 한 절대온도(열역학적 절대온도)

$T = t_C + 273.15 \fallingdotseq t_C + 273\,[\mathrm{K}]$

(나) 랭킨(Rankine)의 절대온도 : 화씨온도를 기준으로 한 절대온도

$T_R = t_F + 459.67 \fallingdotseq t_F + 460\,[°\mathrm{R}]$

(2) 비열(C)

① 물의 비열(C)=1 kcal/kgf · ℃=4.186kJ/kg · K

② 열량 ${}_1Q_2 = mC(t_2 - t_1)$

③ 비열이 온도(t)만의 함수인 경우 평균비열

$Q = mC_m(t_2 - t_1)$

(3) 물리적 성질(비중량, 밀도, 비체적, 비중)

① 비중량 : $\gamma = \dfrac{G}{V}\,[\mathrm{N/m^3}]$

② 밀도(비질량) : $\rho = \dfrac{m}{V} = \dfrac{G}{Vg} = \dfrac{\gamma}{g}\,[\mathrm{kg/m^3},\ \mathrm{N \cdot s^2/m^4}]$

$\therefore\ \gamma = \rho g$(밀도와 비중량 사이의 관계식)

③ 비체적(v 또는 v_s) : $v_s = \dfrac{V}{m} = \dfrac{1}{\rho}\,[\mathrm{m^3/kg}]$

$\therefore\ \rho = \dfrac{1}{v_s}\,[\mathrm{kg/m^3}]$

④ 비중(상대밀도) : S(무차원 양(수))$= \dfrac{\rho}{\rho_w} = \dfrac{\gamma}{\gamma_w}$

(4) 압력

압력은 단위 면적당 작용하는 수직력이며, 단위로는 Pa(N/m^2), bar 등이다. 1 표준대기압은 지구 중력이 $g = 9.80665\mathrm{m/s^2}$이고, 0℃에서 수은주 760 mmHg로 표시될 때

의 압력이며, 1 atm(atmosphere)로 쓴다.

또한 압력은 수주의 높이로 표시하며, 기호로는 Aq(Aqua)를 사용하는데, 수은주(mmHg)와 수주(mmAq) 등은 미소압력을 나타낼 때 사용한다.

$$p = \frac{F}{A}[\text{N/m}^2 = \text{Pa}]$$

① 대기압(p_o)

㈎ 대기가 누르는 압력

㈏ 표준대기압(1 atm) $= 1.0332\ \text{kgf/cm}^2 = 10332\ \text{kgf/m}^2 = 760\ \text{mmHg}$
$= 10.33\ \text{mH}_2\text{O} = 14.7\ \text{psi}(=\text{lb/in}^2) = 1.01325\ \text{bar}$
$= 1013.25\ \text{mbar}(=\text{mmbar}) = 101325\ \text{Pa}(=\text{N/m}^2)$
$= 101.325\ \text{kPa}$

㈐ $1\ \text{bar} = 10^5\ \text{Pa} = 100\ \text{kPa}$

② 게이지압력(계기압력, p_g[atg])

㈎ 국소대기압을 기준면으로 하여 측정된 압력

㈏ 정(+)압 : 대기압보다 높은 압력(일반적인 계기압력)

㈐ 부(−)압 : 대기압보다 낮은 압력(진공압력 : 진공게이지로 측정한 압력)

③ 절대압력($p_a = p_{abs}$[ata]) = 대기압 ± 게이지압

(5) 동력(power)

단위시간당 행한 일량으로 일률 또는 공률이라 한다.

$$P = \frac{W}{t}[\text{N}\cdot\text{m/s} = \text{J/s} = \text{W}]$$

$1\ \text{kW} = 1\ \text{kJ/s} = 1000\ \text{W} = 1000\ \text{J/s}$
$= 1000\ \text{N}\cdot\text{m/s} = 3600\ \text{kJ/h}$
$= 102\ \text{kgf}\cdot\text{m/s} = 860\ \text{kcal/h} = 1.36\ \text{PS}$

(6) 열역학 제0법칙(열평형의 법칙)

온도계의 원리를 적용한 법칙으로 온도가 서로 다른 두 물체를 혼합할 때 열손실이 없다고 가정하면 온도가 높은 물체는 열량을 방출(−)하고, 온도가 낮은 물체는 열량을 흡수(+)하여 두 물체 사이에 온도차가 없이 열평형 상태에 도달하게 된다(방출열량=흡입열량).

(7) 열의 전달(전도, 대류, 복사)

핵심 대류 열전달 시 중요시되는 무차원수

- 누셀수(Nu)$=\dfrac{\alpha D}{\lambda}$
- 프란틀수(Pr)$=\dfrac{\mu C_p}{\lambda}$
- 그라스호프수(Gr)$=\dfrac{g\beta L^3 \Delta T}{\nu^2}$
- 레이놀즈수(Re)$=\dfrac{VL}{\nu}=\dfrac{\rho VD}{\mu}$

여기서, α : 열전달계수(W/m^2 · K), ν : 동점성계수$\left(=\dfrac{\mu}{\rho}\right)$(m^2/s)

λ : 열전도계수(W/m · K), C_p : 정압비열(kJ/kg · K)

μ : 점성계수(Pa · s), β : 체적팽창계수(1/℃)

(8) 열효율

$$\eta=\frac{3600 H_{kW}}{H_l \times m_f}\times 100\,\%=\frac{3600\times 0.735 H_{PS}}{H_l\times m_f}\times 100\,\%$$

여기서, H : 정미출력(kW, PS)

H_l : 연료의 저위발열량(kJ/kg)

m_f : 시간당 연료소비량(kg/h)

2-2 열역학 제1법칙

1 열역학 제1법칙

(1) 정의

① 에너지 보존 법칙

② 가역 법칙($Q=W$), 양적 법칙

③ 제1종 영구운동기관을 부정하는 법칙

열량(Q)$=$일량(W)[J 또는 kJ]

(2) 제1종 영구운동기관

외부로부터 일이나 열을 전혀 공급받지 않고(에너지의 소비 없이) 연속적으로 계속해서 일을 할 수 있다고(동력을 발생시킨다고) 생각되는 기관

2 정지계(밀폐계, 비유동계)에 대한 에너지식

$_1Q_2 = (U_2 - U_1) + {_1W_2}$

※ $\delta Q = dU + \delta W$[kJ], $dU = \delta Q - \delta W$[kJ], $\delta W = \delta Q - dU$[kJ]

핵심 일량(W)과 열량(Q)의 부호 규약

※ 단위질량(m)당 가열량, 공급열량(Q)=비열량(q)= $\frac{Q}{m}$ [kJ/kg]

$$_1q_2 = \frac{_1Q_2}{m} = \frac{(U_2 - U_1) + {_1W_2}}{m} = (u_2 - u_1) + {_1w_2}\text{[kJ/kg]}$$

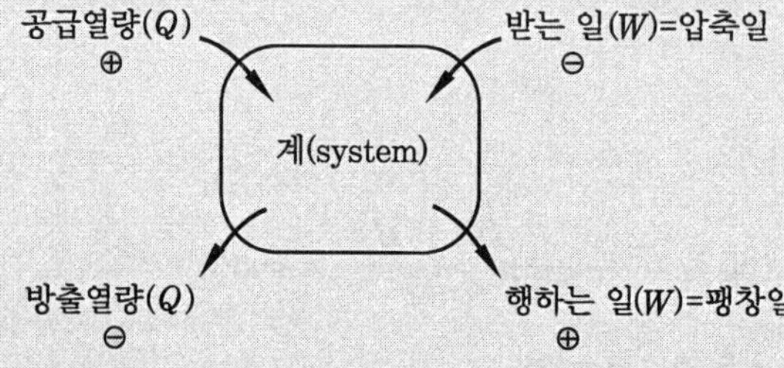

3 엔탈피(상태함수, 점함수)

① 엔탈피 $H = U + PV$[kJ]

② 비엔탈피(h 또는 i) : 단위질량(m)당 엔탈피(H, 강도성 상태량)

$$h = \frac{H}{m} = \frac{U + PV}{m} = u + Pv = u + \frac{P}{\rho}\text{[kJ/kg]}$$

4 밀폐계 일과 개방계 일

① 절대일(밀폐계 일, 비유동계 일)량

$$_1W_2 = \int_1^2 PdV\text{[N·m=J]}$$

② 공업일(개방계 일, 유동계 일)량

$$W_t = -\int_1^2 VdP\text{[N·m=J]}$$

③ 절대일($_1W_2$)과 공업일(W_t)의 관계식

$$W_t = P_1V_1 + {_1W_2} - P_2V_2$$

2-3 이상기체(완전기체)

1 보일과 샤를의 법칙

① 보일(Boyle)의 법칙 : 등온 법칙($T=C$), 마리오트(Mariotte law)의 법칙, 반비례 법칙

$$Pv=C,\quad P_1v_1=P_2v_2,\quad \frac{v_2}{v_1}=\frac{P_1}{P_2}\left(\ln\frac{v_2}{v_1}=\ln\frac{P_1}{P_2}\right)$$

② 샤를(Charle)의 법칙 : 등압 법칙($P=C$), 게이뤼삭(Gay－Lussac)의 법칙, 정비례 법칙

$$\frac{v}{T}=C,\quad \frac{v_1}{T_1}=\frac{v_2}{T_2}\left(\frac{v_2}{v_1}=\frac{T_2}{T_1}\right)$$

③ 보일-샤를의 법칙 : $\dfrac{Pv}{T}=C$

④ 이상기체의 상태방정식 : $Pv=RT$ 또는 $P\dfrac{V}{m}=RT$

$$\therefore\ PV=mRT$$

핵심 이상기체와 실제기체

실제기체(가스)가 이상기체(완전기체)의 특성을 근사적으로 만족시킬 조건은 다음과 같다.

- 온도(T), 비체적(v)이 클수록
- 압력(P), 분자량(M), 밀도(ρ)가 작을수록

2 아보가드로(Avogadro)의 법칙

① 분자량(몰질량) : $M=\dfrac{m}{n}$ [kg/kmol]

② 일반(공통) 기체상수(R_u 또는 $\overline{R}$)

$MR=\overline{R}=C$ 증명

$M_1R_1=M_2R_2=\text{constant}$

$MR=C=\overline{R}=8.314\ \text{kJ/kmol}\cdot\text{K}$

3 비열

(1) 이상기체의 비열

① 정적(등적)비열 : C_v[kJ/kg · K])

→ 내부에너지 변화량 $du = C_v dT$[kJ/kg], $dU = mC_v dT$[kJ]

② 정압(등압)비열 : C_p[kJ/kg · K

→ 엔탈피 변화량 $dh = C_p dT$[kJ/kg], $dH = mC_p dT$[kJ]

(2) 비열비(단열지수) k

$$k = \frac{C_p}{C_v} > 1$$

(3) 비열 간의 관계식

$$C_p - C_v = R$$

① 정적비열 $C_v = \dfrac{R}{k-1}$[kJ/kg · K]

② 정압비열 $C_p = kC_v = k\left(\dfrac{R}{k-1}\right)$[kJ/kg · K]

(4) 줄(Joule)의 법칙

완전기체인 경우 내부에너지는 온도만의 함수이다.

$$du = C_v dT$$

4 이상기체의 상태변화

(1) 가역변화(이론적 가상변화)

① 폴리트로픽 지수(n) 값에 따른 각 상태변화와의 관계

$Pv^n = C$에서

(가) $n = 0$이면 $Pv^0 = C$ $\therefore$ $Pv = C$(등압변화)

(나) $n = 1$이면 $Pv^1 = C$(등온변화)

(다) $n = k$이면 $Pv^k = C$(가역단열변화)

(라) $n = \infty$ 이면 $Pv^\infty = C$ $\therefore$ $v = C$(등적변화)

※ $C_n = \infty$ 이면 $T = C$(등온변화)

② 각 상태변화의 과정 선도(팽창)

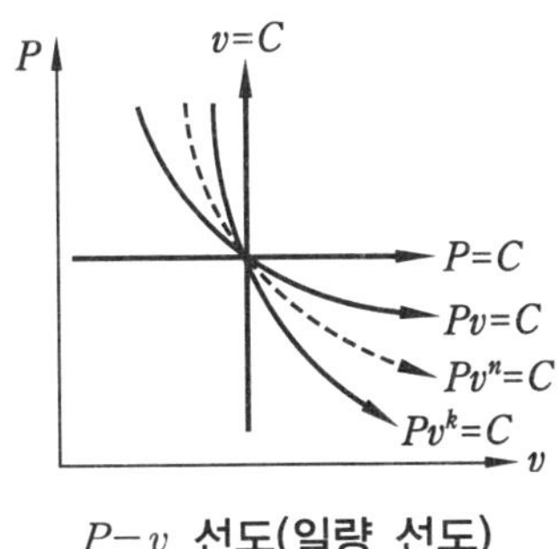

$P-v$ 선도(일량 선도)

$T-S$ 선도(열량 선도)

(2) 비가역변화(실제적인 변화, 가역변화가 아닌 변화)

교축과정(throttling process)＝조름팽창과정＝등엔탈피과정

핵심 줄-톰슨 효과

- 실제 가스(수증기, 냉매)인 경우 교축팽창 시 압력강하($P_1 > P_2$)와 동시에 온도도 강하($T_1 > T_2$)한다는 사실이다.
- 줄－톰슨계수$(\mu) = \left(\dfrac{\partial T}{\partial P}\right)_{h=c}$
- 이상기체인 경우는 교축팽창 시 $P_1 > P_2$, $T_1 = T_2$이므로 $\mu = 0$(항상 0)이다.

2-4 열역학 제2법칙과 엔트로피

1 열역학 제2법칙

① 과정의 방향성을 제시한 비가역법칙으로 실제적인 법칙이다.

② 엔트로피라는 열량적 상태량을 적용한 법칙으로 제2종 영구운동기관을 부정한 법칙이다.

③ 엔트로피 증가 법칙($\Delta S > 0$)

핵심 제2종 영구운동기관

단일 열원저장소가 외부에서 열을 받아(온도 변화 없이) 전부 일로 변환시키고 영구적으로 계속해서 운전할 수 있다고 생각되는 기관(열역학 제2법칙(엔트로피 증가 법칙)에 위배)

2 열기관의 열효율

모든 열기관의 열효율을 구하는 일반식은 다음과 같다.

$$\eta = \frac{정미일량(W_{net})}{공급열량(Q_1)} = \frac{Q_1 - Q_2}{Q_1} = 1 - \frac{Q_2}{Q_1}$$

3 카르노 사이클

① 구성 : 등온팽창(1 → 2) → 가역단열팽창(2 → 3) → 등온압축(3 → 4) → 가역단열압축(4 →1)

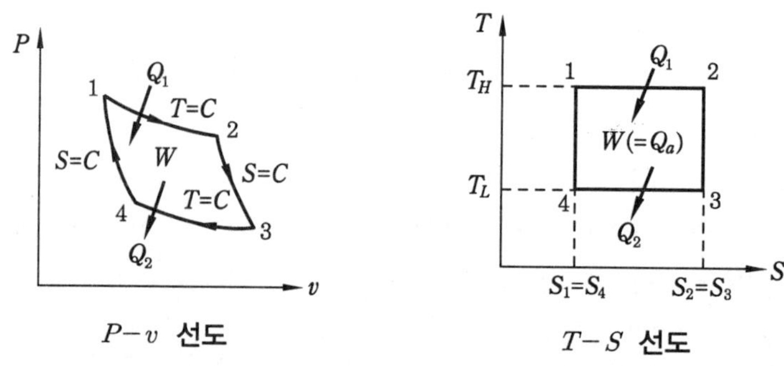

$P-v$ 선도　　　　$T-S$ 선도

② 열효율 $\eta_c = \frac{W_{net}}{Q_1} = 1 - \frac{Q_2}{Q_1} = 1 - \frac{T_L}{T_H} = 1 - \frac{T_2}{T_1}$

4 엔트로피와 비엔트로피

① 엔트로피 : 열량적 상태량, 종량적 상태량, 상태(점)함수

$dS = \frac{\delta Q}{T}$ [kJ/K]

② 비엔트로피(ds) : 단위질량당 엔트로피, 강성적 상태량

$ds = \frac{dS}{m} = \frac{\delta q}{T}$ [kJ/kg · K]

5 열역학 제3법칙(Nernst의 열 정리, 엔트로피의 절댓값을 정의한 법칙)

자연계의 어떠한 방법으로도 저온체의 온도를 절대 0도(0K)에 이르게 할 수 없다(순수물질인 경우 절대 0도 부근에서 엔트로피는 0에 접근한다).

6 엔트로피 변화량

① 열역학 제1기초식(밀폐계)에 대한 엔트로피 변화량(T와 V의 함수)

$$S_2 - S_1 = mC_v \ln\frac{T_2}{T_1} + mR\ln\frac{V_2}{V_1}\,[\text{kJ/K}]$$

② 열역학 제2기초식(개방계)에 대한 엔트로피 변화량(T와 P의 함수)

$$S_2 - S_1 = mC_p \ln\frac{T_2}{T_1} - mR\ln\frac{P_2}{P_1} = mC_p \ln\frac{T_2}{T_1} + mR\ln\frac{P_1}{P_2}\,[\text{kJ/K}]$$

③ 이상기체의 상태변화에 따른 엔트로피 변화량

(가) 등적변화($v = C$) : $S_2 - S_1 = mC_v \ln\frac{T_2}{T_1} = mC_v \ln\frac{P_2}{P_1}\,[\text{kJ/K}]$

(나) 등압변화($P = C$) : $S_2 - S_1 = mC_p \ln\frac{T_2}{T_1} = mC_p \ln\frac{V_2}{V_1}\,[\text{kJ/K}]$

(다) 등온변화($T = C$) : $S_2 - S_1 = mR\ln\frac{V_2}{V_1} = mR\ln\frac{P_1}{P_2} = m(C_p - C_v)\ln\frac{V_2}{V_1}\,[\text{kJ/K}]$

(라) 가역단열변화($\delta Q = 0$) : 등엔트로피변화(isentropic change, $S = C$)

$$dS = \frac{\delta Q}{T} = 0,\quad S_2 - S_1 = 0,\quad S_1 = S_2$$

$\therefore\ S = \text{constant}$

※ 비가역단열변화인 경우 엔트로피가 증가한다($\Delta S > 0$).

(마) 폴리트로픽(polytropic) 변화

$$S_2 - S_1 = mC_v\left(\frac{n-k}{n-1}\right)\ln\frac{T_2}{T_1} = mC_v(n-k)\ln\frac{V_1}{V_2}$$

$$= mC_v\left(\frac{n-k}{n}\right)\ln\frac{P_2}{P_1} = mC_n\ln\frac{T_2}{T_1}$$

7 유효에너지와 무효에너지

① 유효에너지(정미일량)

$$Q_a = W = \eta_c Q_1 = \left(1 - \frac{T_2}{T_1}\right)Q_1 = Q_1 - \frac{Q_1}{T_1}T_2 = Q_1 - T_2\Delta S\,[\text{kJ}]$$

② 무효에너지(방출열량)

$$Q_2 = (1 - \eta_c)Q_1 = \frac{T_2}{T_1}Q_1 = T_2\Delta S\,[\text{kJ}]$$

2-5 증기

1 순수물질(H_2O, 물)의 상변화

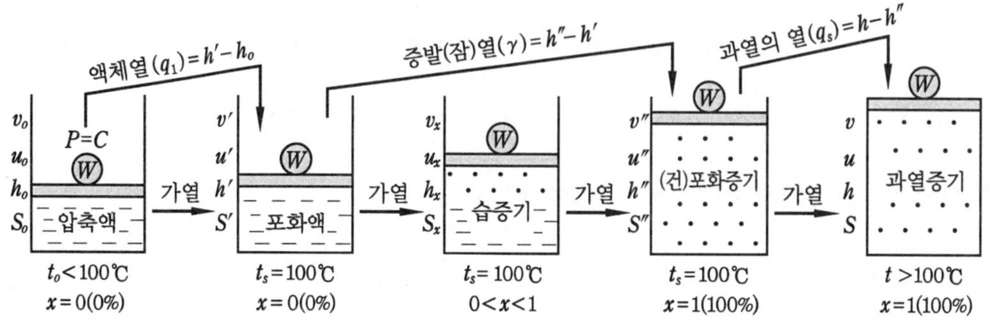

등압가열($P=C$)상태에서 물의 상변화

① 압축액(수)(=과냉액) : 쉽게 증발하지 않는 액체(100℃ 이하의 물)

② 포화액(수) : 쉽게 증발하려고 하는 액체(액체로서는 최대의 부피를 갖는 경우의 물), 포화온도$(t_s)=100$℃

③ 습증기 : 포화액과 증기 혼합물, 포화온도$(t_s)=100$℃

④ (건)포화증기 : 쉽게 응축되려고 하는 증기, 포화온도$(t_s)=100$℃

⑤ 과열증기 : 잘 응축하지 않는 증기(100℃ 이상)

⑥ 건(조)도 $x=\dfrac{\text{증기의 질량}(m_{\text{vapor}})}{\text{습증기 총질량}(m_{\text{total}})}$

2 증기의 열적상태량

① 액체열 $q_l=h'-h_o=(u'-u_o)+P(v'-v_o)[\text{kJ/kg}]$

② 증발(잠)열 $\gamma=h''-h'=(u''-u')+P(v''-v')=\rho+\psi$

$=$내부증발열$+$외부증발열[kJ/kg]

여기서, γ=539 kcal/kgf=2257 kJ/kg

3 습증기의 상태량

① 건조도가 x인 습증기의 비체적 : $v_x=v'+x(v''-v')[\text{m}^3/\text{kg}]$

② 습증기의 비내부에너지 : $u_x=u'+x(u''-u')=u'+x\rho[\text{kJ/kg}]$

③ 습증기의 비엔탈피 : $h_x=h'+x(h''-h')=h'+x\gamma[\text{kJ/kg}]$

④ 습증기의 비엔트로피 : $s_x = s' + x(s'' - s') = s' + x\frac{\gamma}{T_s}$ [kJ/kg · K]

2-6 증기 원동소 사이클

1 랭킨 사이클

증기 원동소의 기본(이상) 사이클로 열효율(η_R)은 다음과 같다.

$$\eta_R = \frac{w_{net}}{q_1} = \frac{w_t - w_p}{q_1} = \frac{(h_2 - h_3) - (h_1 - h_4)}{h_2 - h_1}$$

※ 랭킨 사이클의 열효율은 초온, 초압(터빈 입구)을 높이거나 응축기(복수기) 압력(터빈 출구)을 낮게 할수록 증가한다.

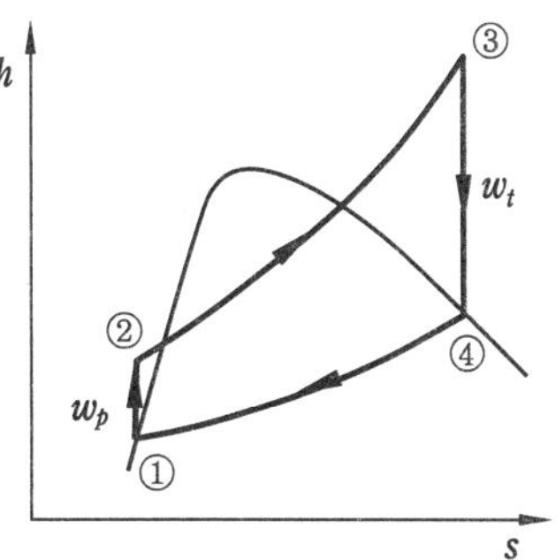

2 재열 사이클

재열 사이클의 열효율(η_{Reh})

$$\eta_{Reh} = \frac{w_{net}}{q_1} = \frac{(w_{t1} + w_{t2}) - w_p}{q_b + q_R}$$

$$= \frac{(h_2 - h_2{'}) + (h_3 - h_3{'}) - (h_1 - h_4)}{(h_2 - h_1) + (h_3 - h_2{'})}$$

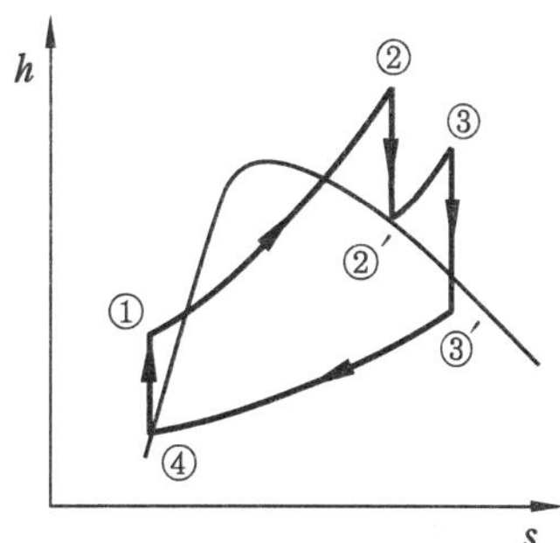

3 재생 사이클

재생 사이클의 열효율(η_{Reg})

$$\eta_{Reg} = \frac{w_{net}}{q_1}$$

$$= \frac{(h_2 - h_5) - \{m_1(h_3 - h_5) + m_2(h_4 - h_5)\}}{h_2 - h_1}$$

※ $w_p \fallingdotseq 0$(펌프일 무시)

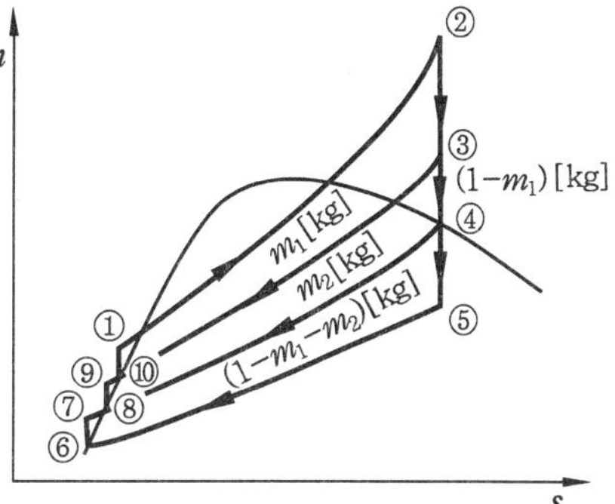

2-7 가스 동력 사이클

1 오토 사이클(Otto cycle)

① 가솔린 기관의 기본 사이클로 정적 사이클이다.

② 구성 : 단열압축(1 → 2) → 등적연소(2 → 3) → 단열팽창(3 → 4) → 등적배기(방열)(4 → 1)

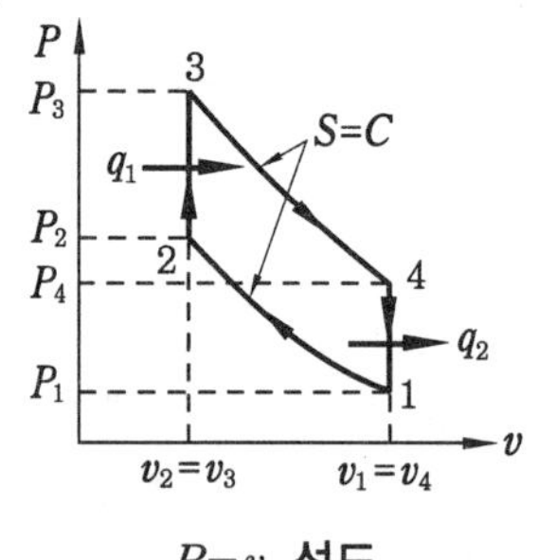

$P-v$ 선도

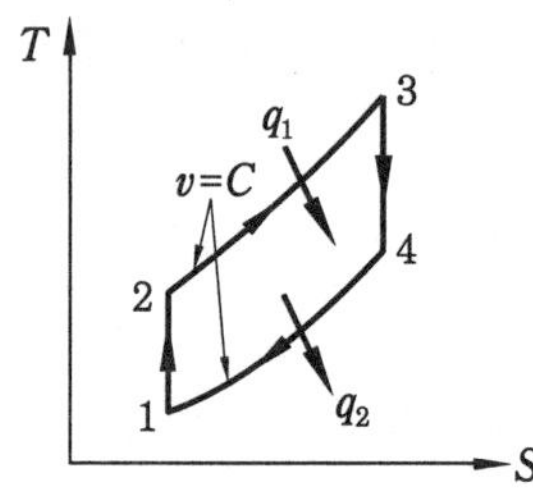

$T-s$ 선도

② 이론 열효율 : $\eta_{tho} = 1 - \left(\frac{1}{\varepsilon}\right)^{k-1}$

③ 압축비 : $\varepsilon = \sqrt[k-1]{\frac{1}{1-\eta_{tho}}} = \left(\frac{1}{1-\eta_{tho}}\right)^{\frac{1}{k-1}}$

④ 평균유효압력 : $P_{me} = P_1 \frac{(\alpha-1)(\varepsilon^k - \varepsilon)}{(k-1)(\varepsilon-1)}$ [Pa=N/m^2]

2 디젤 사이클(Diesel cycle)

① 저속 디젤 기관의 기본 사이클로 정압 사이클이다.

② 구성 : 단열압축(1 → 2) → 등압연소(2 → 3) → 단열팽창(3 → 4) → 등적배기(방열)(4 → 1)

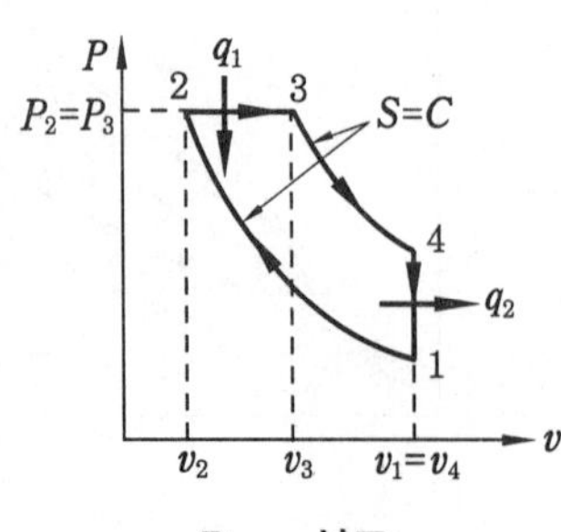

$P-v$ 선도

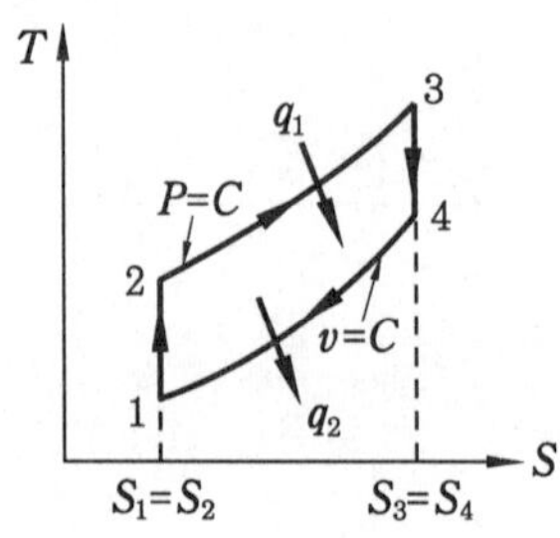

$T-S$ 선도

③ 이론 열효율 : $\eta_{thd} = 1 - \left(\frac{1}{\varepsilon}\right)^{k-1} \frac{\sigma^k - 1}{k(\sigma - 1)}$

※ 디젤 사이클은 비열비(k)가 일정할 때 압축비(ε)와 단절비(σ)만의 함수로, 압축비를 크게 하고 단절비를 작게 할수록 열효율은 증가한다.

3 사바테 사이클(Sabathe cycle)

① 합성(복합) 사이클

② 구성

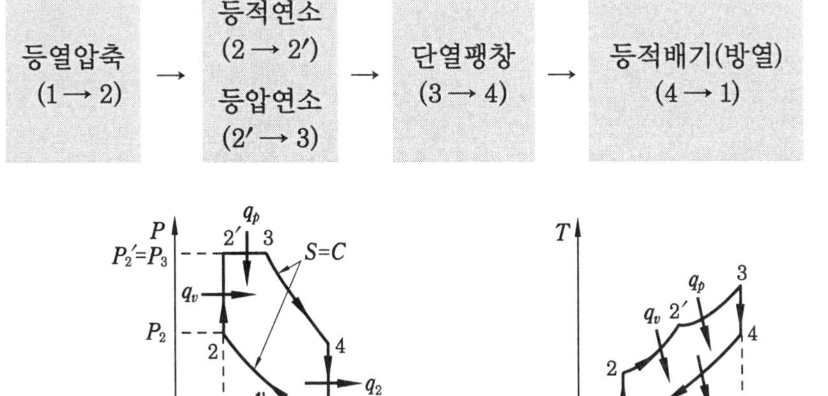

$P-v$ 선도 $T-S$ 선도

③ 이론 열효율 : $\eta_{ths} = 1 - \left(\frac{1}{\varepsilon}\right)^{k-1} \frac{\rho\sigma^k - 1}{(\rho - 1) + k\rho(\sigma - 1)}$

핵심 각 기본 이론 사이클의 열효율 비교

- 초온, 초압, 가열량 및 압축비를 일정하게 하면 $\eta_{tho} > \eta_{ths} > \eta_{thd}$
- 초온, 초압, 가열량 및 최고압력를 일정하게 하면 $\eta_{thd} > \eta_{ths} > \eta_{tho}$

4 가스 터빈 사이클(브레이턴 사이클)

① 이론 열효율 : $\eta_{thB} = 1 - \left(\frac{1}{\gamma}\right)^{\frac{k-1}{k}}$

② 압력비 : $\gamma = \left(\frac{1}{1-\eta_{thB}}\right)^{\frac{k}{k-1}} = \sqrt[\frac{k-1}{k}]{\frac{1}{1-\eta_{thB}}}$

※ 브레이턴 사이클의 열효율은 압력비(γ)만의 함수로 압력비를 크게 할수록 열효율은 증가한다.

5 기타 사이클의 구성

① 에릭슨 사이클 : 등압변화 2, 등온변화 2
② 스털링 사이클 : 등적변화 2, 등온변화 2
③ 아트킨슨 사이클 : 등적변화 1, 등압변화 1, 가역단열변화 2
④ 르누아르 사이클
(가) 등적변화 1, 가역단열변화 1, 등압변화 1
(나) 압축과정이 없는 것이 특징이며 펄스 제트 기관과 유사한 사이클이다.

2-8 노즐 유동

1 연속방정식(질량 보존의 법칙)

$$\dot{m} = \frac{Q}{v} = \frac{AV}{v} = \rho A V [\text{kg/s}]$$

2 단열유동인 경우 노즐 출구속도

$$V_2 = \sqrt{2(h_1 - h_2)} = 44.72\sqrt{h_1 - h_2}\ [\text{m/s}]$$

3 노즐의 임계(한계)속도, 임계온도, 임계비체적, 임계압력

① 임계속도 : $V_c = \sqrt{kRT_c} = \sqrt{kP_c v_c}\ [\text{m/s}]$

② 임계온도 : $T_c = T_1\left(\frac{2}{k+1}\right)[\text{K}]$

③ 임계비체적 : $v_c = v_1\left(\frac{k+1}{2}\right)^{\frac{1}{k-1}}[\text{m}^3/\text{kg}]$

④ 임계압력 : $P_c = P_1\left(\frac{2}{k+1}\right)^{\frac{k}{k-1}}$ [N/m^2]

핵심 노즐 유동의 특성

- 노즐 효율(η_n)은 속도계수(ϕ)의 제곱과 같다.

$$\phi^2 = \frac{h_1 - h_2'}{h_1 - h_2} = \eta_n = 1 - S(\text{손실계수})$$

- 실제(정미) 열낙차 $h_1 - h_2' = \phi^2(h_1 - h_2)$ =속도계수^2×가역단열열낙차[kJ/kg]
- 초킹 : 노즐 출구압력을 감소시키면 질량유량이 증가하다가 어느 한계압력 이상 감소하면 질량유량이 더 이상 증가하지 않는 현상

4 축소-확대 노즐에서의 아음속 흐름과 초음속 흐름

축소 노즐 입구에서 아음속($Ma < 1$) 흐름이 나타나고, 노즐의 목에서는 음속($Ma = 1$) 또는 아음속($Ma < 1$) 흐름을 얻을 수 있으며, 확대 노즐 출구에서 초음속($Ma > 1$) 흐름을 얻을 수 있다. 즉 아음속 유동을 가속시켜 초음속 유동을 얻으려면 축소-확대 노즐(라발 노즐)을 사용한다.

2-9 냉동 사이클

1 냉동

① 냉동기의 성능(성적)계수 : $\varepsilon_R = \frac{\text{냉동능력}(Q_L)}{\text{투자된 일}(W_c)} = \frac{Q_2}{Q_1 - Q_2} = \frac{T_2}{T_1 - T_2}$

② 열펌프의 성능(성적)계수 : $\varepsilon_{HP} = \frac{Q_1}{W_c} = \frac{Q_1}{Q_1 - Q_2} = \frac{T_1}{T_1 - T_2}$

핵심 성능계수

열펌프의 성능계수(ε_{HP})는 냉동기의 성능계수(ε_R)보다 1만큼 더 크다(열펌프의 성능계수는 항상 1보다 크다).

$$\varepsilon_{HP} = \frac{Q_1}{W_c} = \frac{W_c + Q_2}{W_c} = 1 + \frac{Q_2}{W_c} = 1 + \varepsilon_R$$

$$\therefore\ \varepsilon_R = \varepsilon_{HP} - 1$$

2 증기압축 냉동사이클(건압축 냉동사이클)

① 구성

증발기 (1 → 2) 등압(등온)흡열	→	압축기 (2 → 3) 단열압축	→	응축기 (3 → 4) 등압방열	→	팽창밸브 (4 → 1) 교축팽창

② 성적계수 : $\varepsilon_R = \dfrac{q_2}{w_c} = \dfrac{h_2 - h_1}{h_3 - h_2}$

3 냉동톤, 냉매순환량, 냉매

(1) 냉동톤

1 RT ≒ 13900 kJ/h ≒ 3.86 kW

핵심 물의 융해잠열(γ)과 냉동톤

물의 융해잠열(γ)=79.68 kcal/kgf≒334 kJ/kg(SI 단위인 경우)

$1\,\text{RT} = \dfrac{1000\,\text{kgf} \times 79.68\,\text{kcal/kgf}}{24\,\text{h}} \fallingdotseq 3320\,\text{kcal/h}$

(2) 냉매순환량

① $\dot{G} = \dfrac{RT(\text{냉동톤})}{q_2(\text{냉동효과})}[\text{kg/h}]$

② $W_c = \dfrac{Q_2}{\varepsilon_R} = \dfrac{3.86RT}{\varepsilon_R}[\text{kW}]$

(3) 냉매의 구비 조건

① 물리적 조건

(가) 응축기 압력은 너무 높지 않을 것

(나) 증발기 압력은 너무 낮지 않을 것

(다) 임계온도는 상온보다 높을 것

(라) 응고점이 낮을 것

(마) 증발열이 클 것(액체는 비열이 작을 것)

(바) 증기의 비체적은 작을 것

(사) 터보냉동기일 때 비중이 클 것

(아) 비열비(단열지수)가 작을 것
(자) 표면 장력이 작을 것

② 화학적 조건
(가) 부식성이 없을 것
(나) 무해, 무독일 것
(다) 인화성 및 폭발성이 없을 것
(라) 윤활유에 녹지 않을 것
(마) 증기 및 액체의 점성이 작을 것
(바) 전기저항 및 전열계수는 클 것

③ 기타
(가) 구입이 용이할 것
(나) 누설이 적을 것
(다) 값이 쌀 것

4 흡수식 냉동사이클

흡수식 냉동사이클은 압축기가 없어서 소음·진동은 없으나 성능계수(ε_R)는 증기압축식보다 더 작다.

냉매	흡수제	낙차
물(H_2O)	리튬브로마이드(LiBr)	고낙차용
암모니아(NH_3)	물(H_2O)	중낙차용

2-10 연소

1 완전연소

(1) 탄소(C)의 연소

$$C + O_2 = CO_2 + 393522\ \text{kJ/kmol}$$

(반응물) (생성물)

(2) 수소(H_2)의 연소

① 물이 수증기일 때

$$H_2 \quad + \quad \frac{1}{2}O_2 \quad = \quad H_2O(g) \quad + \quad 241820\,\text{kJ/kmol}$$

(반응물) (생성물)

② 물이 액체일 때

$$H_2 \quad + \quad \frac{1}{2}O_2 \quad = \quad H_2O(l) \quad + \quad 285830\,\text{kJ/kmol}$$

(반응물) (생성물)

(3) 황(S)의 연소

$$S \quad + \quad O_2 \quad = \quad SO_2 \quad + \quad 297000\,\text{kJ/kmol}$$

(반응물) (생성물)

2 저위발열량과 고위발열량

(1) 저위발열량(진발열량)

$$\begin{aligned} H_l &= 32800\,\text{C} + 120910\left(\text{H} - \frac{\text{O}}{8}\right) + 9280\,\text{S} - 2500\,\text{W} \\ &= H_h - 2500\,(9\,\text{H} + \text{W})\,[\text{kJ/kg}] \end{aligned}$$

(2) 고위발열량(총발열량)

$$H_l = 32800\,\text{C} + 142915\left(\text{H} - \frac{\text{O}}{8}\right) + 9280\,\text{S}\,[\text{kJ/kg}]$$

핵심 탄화수소 연료와 연소반응식

- LNG(액화천연가스)의 주성분은 메탄(CH_4)으로 공기보다 가볍다.
- LPG(액화석유가스)의 주성분은 프로판(C_3H_8)과 부탄(C_4H_{10})으로 공기보다 무겁다.
- C_mH_n(탄화수소) 연료계 연소반응식

$$C_mH_n + \left(m + \frac{n}{4}\right)O_2 \rightarrow mCO_2 + \frac{n}{2}H_2O$$

- 옥탄(C_8H_{18})의 연소반응식

$$C_8H_{18} + \left(8 + \frac{18}{4}\right)O_2 \rightarrow 8CO_2 + 9H_2O$$

$$C_8H_{18} + 12.5O_2 \rightarrow 8CO_2 + 9H_2O$$

2-11 전열(열전달)

1 전도(conduction)

① 푸리에의 열전도법칙 : $q_{con} = -KA\dfrac{dT}{dx}$ [kW]

② 원통에서의 열전도(반경방향) : $q_{con} = \dfrac{2\pi Lk}{\ln\dfrac{r_2}{r_1}}(t_1 - t_2) = \dfrac{2\pi L}{\dfrac{1}{k}\ln\dfrac{r_2}{r_1}}(t_1 - t_2)$ [W]

2 대류(convection)

뉴턴의 냉각 법칙 : $q_{con} = \alpha A(t_W - t_f)$ [W]

여기서, t_f : 유체의 온도(℃)

t_W : 벽체의 온도(℃)

A : 대류 전열면적(m^2)

α : 대류 열전달계수($W/m^2 \cdot K$)

3 열관류(고온측 유체 → 금속벽 내부 → 저온측 유체의 열전달)

$q = KA(t_1 - t_2)$ [W]

여기서, K : 열관류율 또는 열통과율($W/m^2 \cdot K$)

t_1, t_2 : 고온 유체와 저온 유체의 온도(℃)

열관류(통과)율$(K) = \dfrac{1}{R} = \dfrac{1}{\dfrac{1}{\alpha_1} + \Sigma\dfrac{l}{\lambda} + \dfrac{1}{\alpha_2}}$ [$W/m^2 \cdot K$]

4 복사(radiation)

슈테판 – 볼츠만(Stefan – Boltzmann)의 법칙 : $q = \varepsilon\sigma A T^4$ [W]

여기서, ε : 복사율$(0 < \varepsilon < 1)$

σ : 슈테판 – 볼츠만상수($= 5.67 \times 10^{-8}$ $W/m^2 \cdot K^4$)

A : 전열면적(m^2)

T : 흑체표면의 절대온도(K)

Part 03

기계유체역학

3-1 유체의 기본적 성질과 정의

1 밀도, 비체적, 비중량, 비중

① 밀도(비질량) : $\rho = \frac{m}{V}$ [kg/m^3=N · s^2/m^4]

$\rho_w = 1000$ kg/m^3 $= 1000$ N · s^2/m^4

② 비체적 : $v = \frac{V}{m} = \frac{1}{\rho}$ [m^3/kg]

③ 비중량 : $\gamma = \frac{W}{V} = \rho g$ [N/m^3]

※ $\gamma_w = 9800$ N/m^3 $= 9.8$ kN/m^3 $= 62.4$ lbf/ft^3

④ 비중(상대밀도) : $S = \frac{\rho}{\rho_w} = \frac{\gamma}{\gamma_w}$

$\rho = \rho_w S = 1000S$[kg/m^3], $\gamma = \gamma_w S = 9800S$[N/m^3]

2 이상유체(완전유체)

① 정의 : 비점성(점성이 없음)이고 비압축성인 유체

② $pv = RT$, $PV = mRT$ → 이상기체(완전기체) 상태방정식

③ 공기의 분자량이 28.97 kg/kmol이므로

공기의 기체상수(R) $= 287$ N · m/kg · K $= 0.287$ kJ/kg · K

3 체적탄성계수와 음속

① 체적탄성계수 : $\beta = -\frac{dv}{v}\frac{1}{dp} = \frac{d\rho}{\rho}\frac{1}{dp}$ [m^2/N = Pa^{-1}]

② 음속 : $C = \sqrt{\frac{dp}{d\rho}} = \sqrt{\frac{K}{\rho}} = \sqrt{\frac{kp}{\rho}} = \sqrt{kRT}$ [m/s]

4 Newton의 점성법칙

① Newton의 점성법칙 : $\tau = \mu \dfrac{du}{dy}$ [Pa]

② 점성계수(μ)의 차원과 단위

(가) 차원 : $[FL^{-2}T]$, $[ML^{-1}T^{-1}]$

(나) 단위 : $\mu = \dfrac{\mathrm{N/m^2}}{(\mathrm{m/s})/\mathrm{m}} = \dfrac{\mathrm{N \cdot s}}{\mathrm{m^2}} = \dfrac{\mathrm{kg}}{\mathrm{m \cdot s}} (= \mathrm{Pa \cdot s})$

(다) CGS계 유도단위 $1\,\mathrm{poise} = 1\,\mathrm{dyne \cdot s/cm^2} = 1\,\mathrm{g/cm \cdot s}$
$= 10^{-1}\,\mathrm{Pa \cdot s} (= \mathrm{N \cdot s/m^2})$

③ 동점성계수(ν)

(가) $\nu = \dfrac{\mu}{\rho}$ $[\mathrm{m^2/s}]$

(나) $1\,\mathrm{St} = 1\,\mathrm{cm^2/s}$(CGS계 유도단위)

핵심 벽점착 조건(no slip condition)

유체가 고체 표면 위를 흐를 때 고체 표면에서 유체 입자가 고체와 미끄럼이 없다는 조건, 즉 벽에서 유체의 유속이 0이라는 조건이다.

5 표면 장력(surface tension)

액체는 액체 분자 간의 인력에 의하여 발생하는 응집력(cohesive force)을 가지고 있어서 액체의 표면적을 최소화하려는 장력이 작용된다. 이것을 표면 장력이라고 하며, 단위 길이당의 힘의 세기로 표시한다.

① 물방울일 경우 : $\sigma = \dfrac{\Delta pd}{4} = \dfrac{\Delta pr}{2}$ [N/m]

② 비눗방울일 경우 : $\sigma = \dfrac{\Delta pd}{8} = \dfrac{\Delta pr}{4}$ [N/m]

6 모세관 현상(capillarity)

액체 속에 세워진 가는 모세관 속의 액체 표면은 외부(용기)의 액체 표면보다 올라가거나 내려가는 현상이 있다. 이러한 현상을 모세관 현상이라 하며, 액체의 응집력이나 부착력의 상대적인 값에 따라 모세관에서 액체의 높이가 결정된다.

모세관 현상에 의한 액면의 상승 높이 h는 표면 장력의 크기와 액체의 무게와의 평형 조건식으로부터

$$h = \frac{4\sigma\cos\beta}{\gamma d}\,[\text{mm}]$$

여기서, σ : 유체의 표면 장력, γ : 유체의 비중량
d : 관의 지름, β : 유체의 접촉각

3-2 유체 정역학

1 압력과 파스칼의 원리

① 압력(pressure) : 유체가 벽 또는 가상면의 단위 면적에 수직으로 작용하는 유체의 압축력(압축응력)

$$p = \frac{F}{A}\,[\text{N/m}^2 = \text{Pa}]$$

여기서, p : 압력(Pa), F : 수직력(N), A : 단위 면적(m^2)

② 파스칼의 원리(principle of Pascal) : 밀폐된 용기의 유체에 가한 압력은 같은 세기로 모든 방향으로 전달된다. 즉, $p_1 = p_2$이므로 $\frac{W_1}{A_1} = \frac{W_2}{A_2}$

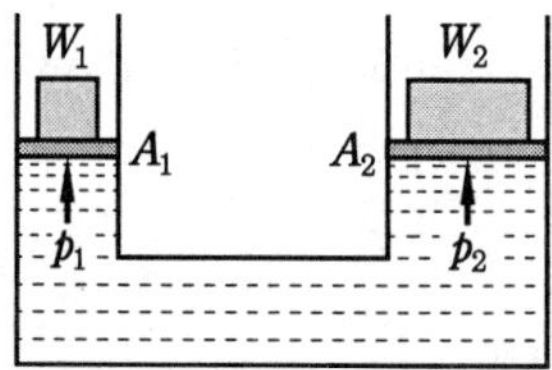

2 비압축성 유체의 정압력분포

$dp = -\gamma dy = -\rho g dy$(직교좌표에서 압력변화 미분형)

$p = \gamma h$

3 대기압, 계기압력, 절대압력

① 대기압 : $1\text{ atm} = 760\text{ mmHg} = 10.332\text{ mH}_2\text{O} = 1.0332\text{ kgf/cm}^2$
$= 101325\text{ bar} = 101325\text{ Pa}(= \text{N/m}^2)$
$= 101.325\text{ kPa} = 14.7\text{ psi}(= \text{lb/in}^2)$

② 절대압력 = 국소대기압 ± 계기압력

$P_a = P_o \pm P_g$[ata]

4 정지유체 속의 평면에 작용하는 힘

① 수평면에 작용하는 힘 : $p=\gamma h\,[\mathrm{Pa}=\mathrm{N/m^2}]$, $F=pA=\gamma hA\,[\mathrm{N}]$

② 경사 평면에 작용하는 힘(전압력/전압력 작용위치) : $F=\gamma\bar{y}\sin\theta A=\gamma\bar{h}A\,[\mathrm{N}]$

※ 압력 중심은 항상 도심점보다 $\dfrac{I_G}{A\bar{y}}$만큼 아래에 있다.

$$y_p=\bar{y}+\frac{I_G}{A\bar{y}}\,[\mathrm{m}]$$

③ 수직한 평면에 작용하는 힘 : $F=\gamma\bar{h}A=\dfrac{1}{2}\gamma hA\,[\mathrm{N}]$, $y_p=\dfrac{2}{3}h\,[\mathrm{m}]$

5 상대평형

① 수평방향 등가속도($a_x\,[\mathrm{m/s^2}]$) 운동 : $\tan\theta=\dfrac{a_x}{g}=\dfrac{h_1-h_2}{l}$

$$\therefore\ \theta=\tan^{-1}\left(\frac{a_x}{g}\right)$$

② 등속회전 원운동(강제와류 운동) : $h=\dfrac{p-p_0}{\gamma}=\dfrac{\gamma^2\omega^2}{2g}\,[\mathrm{m}]$

※ 자유와류 운동(free vortex motion)에서 속도와 반지름은 반비례한다.
$Vr=C$

3-3 유체 운동학

1 유체유동의 유형

① 정상유동 : $\dfrac{\partial\rho}{\partial t}=0$, $\dfrac{\partial p}{\partial t}=0$, $\dfrac{\partial T}{\partial t}=0$, $\dfrac{\partial V}{\partial t}=0$

② 비정상유동 : $\dfrac{\partial\rho}{\partial t}\neq 0$, $\dfrac{\partial p}{\partial t}\neq 0$, $\dfrac{\partial T}{\partial t}\neq 0$, $\dfrac{\partial V}{\partial t}\neq 0$

2 유선(stream line)

유선은 유체 흐름의 공간에서 어느 순간에 각 점에서의 속도방향과 접선방향이 일치하는 연속적인 곡선을 말한다.

$$V \times \overrightarrow{dr} = 0,\ \frac{dx}{u} = \frac{dy}{v} = \frac{dz}{w}$$

3 연속방정식과 그 적용 예

(1) 연속방정식(질량보존의 법칙)

질량보존의 법칙을 유체의 흐름에 적용하면 유관 내의 유체는 도중에 생성하거나 소멸하는 경우가 없다. 일반적인 3차원 압축성 비정상유동의 연속방정식은 다음과 같다.

$$\frac{\partial}{\partial x}(\rho u) + \frac{\partial}{\partial y}(\rho v) + \frac{\partial}{\partial z}(\rho w) = -\frac{\partial \rho}{\partial t}$$

(2) 비압축성 유동의 경우

$$\frac{\partial u}{\partial x} + \frac{\partial v}{\partial y} + \frac{\partial w}{\partial z} = 0 \text{ 또는 } \nabla \cdot V = 0$$

$$\frac{d\rho}{\rho} + \frac{dA}{A} + \frac{dV}{V} = 0 \text{(연속방정식 미분형)}$$

비압축성 유동이면 $\rho = C$이므로 체적유량(Q)은 다음과 같이 된다.

$$Q = AV = A_1V_1 = A_2V_2 [\mathrm{m^3/s}]$$

※ 질량유량(m)$= \rho AV = C(\rho_1 A_1 V_1 = \rho_2 A_2 V_2)$

중량유량(G)$= \gamma AV = C(\gamma_1 A_1 V_1 = \gamma_2 A_2 V_2)$

3-4 베르누이 방정식과 그 응용

1 오일러 방정식과 베르누이 방정식

(1) 오일러 방정식

① 오일러의 운동방정식 : $\frac{dp}{\rho} + VdV + gdZ = 0$

② 오일러(Euler)의 운동방정식을 유도할 때 사용한 가정

㈎ 유체 입자는 유선을 따라 움직인다(1차원 유동).

㈏ 유체는 마찰이 없이 흐른다(비점성유동).

㈐ 정상유동이다.

(2) 베르누이 방정식

$$\frac{p}{\rho}+\frac{V^2}{2}+gZ=\text{일정}=H,\ \ \frac{p}{\gamma}+\frac{V^2}{2g}+Z=\text{일정}=H\text{이므로}$$

한 유선상에 있는 임의의 두 점 1, 2에 대하여

$$\frac{p_1}{\gamma}+\frac{V_1^2}{2g}+Z_1=\frac{p_2}{\gamma}+\frac{V_2^2}{2g}+Z_2$$

여기서, $\frac{p}{\gamma}$: 압력수두, $\frac{V^2}{2g}$: 속도수두, Z : 위치수두, H : 전수두

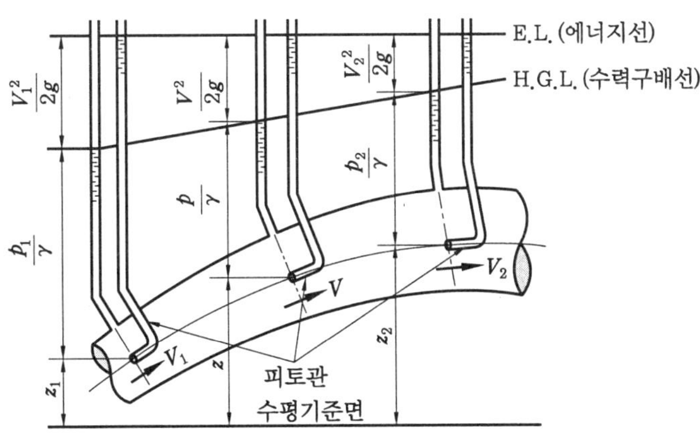

베르누이 방정식에서의 수두

핵심 에너지선과 수력구배선

- 에너지선$(EL)=\frac{p}{\gamma}+\frac{V^2}{2g}+Z=HGL+\frac{V^2}{2g}$[m]
- 수력구배선(피에조미터선, $HGL)=\frac{p}{\gamma}+Z=EL-\frac{V^2}{2g}$[m]
- 에너지선(EL)은 수력구배선(HGL)보다 항상 속도수두$\left(\frac{V^2}{2g}\right)$만큼 위에 있는 선이다.

2 베르누이 방정식의 적용 예

① 토리첼리(Torricelli)의 정리

$V_2=\sqrt{2gh}$ [m/s]

② 피토관(Pitot tube)

$V_1=\sqrt{2g\Delta h}$ [m/s], $\frac{p}{\gamma}+\frac{V^2}{2g}+Z=C=H$[m]

③ 피토정압관

$$V_1 = \sqrt{2gR\left(\frac{\gamma_0}{\gamma} - 1\right)} = \sqrt{2gR\left(\frac{S_0}{S} - 1\right)}\ [\text{m/s}]$$

④ 벤투리미터

$$Q = \frac{CA_2}{\sqrt{1 - \left(\frac{A_2}{A_1}\right)^2}} \sqrt{2gR\left(\frac{\gamma_0}{\gamma} - 1\right)} = \frac{CA_2}{\sqrt{1 - \left(\frac{A_2}{A_1}\right)^2}} \sqrt{2gR\left(\frac{S_0}{S} - 1\right)}\ [\text{m}^3/\text{s}]$$

3 손실동력

$$H_{kW} = \gamma QH = 9800\,QH\,[\text{W}] = 9.8\,QH\,[\text{kW}]$$

3-5 운동량 방정식과 그 응용

1 운동량 방정식(momentum equation)

$$\Sigma F = \rho Q(V_2 - V_1)\,[\text{N}]$$

$$\Sigma F_x = \rho Q(V_{x2} - V_{x1})\,[\text{N}],\ \Sigma F_y = \rho Q(V_{y2} - V_{y1})\,[\text{N}]$$

2 분사 추진

① 탱크에 붙어 있는 노즐에 의한 추진 : $F = \rho A V^2 = \rho A(2gh) = 2\gamma Ah\,[\text{N}]$

② 제트기의 추진 : $F = \rho_2 Q_2 V_2 - \rho_1 Q_1 V_1\,[\text{N}]$

③ 로켓의 추진 : $F = \rho QV[\text{N}]$

3 운동량 수정계수(β)와 운동에너지 수정계수(α)

$$\beta = \frac{1}{AV^2}\int_A u^2 dA = \frac{1}{A}\int_A \left(\frac{u}{V}\right)^2 dA$$

$$\alpha = \frac{1}{AV^3}\int_A u^3 dA = \frac{1}{A}\int_A \left(\frac{u}{V}\right)^3 dA$$

3-6 점성 유동

1 층류와 난류(레이놀즈의 실험)

① 레이놀즈(Reynolds)수 : $Re = \dfrac{\rho Vd}{\mu} = \dfrac{Vd}{\nu} = \dfrac{4Q}{\pi d\nu}\left(V = \dfrac{Q}{A} = \dfrac{Q}{\dfrac{\pi d^2}{4}} = \dfrac{4Q}{\pi d^2}\right)$

② 층류 : $Re < 2100$

③ 천이 : $2100 < Re < 4000$

④ 난류 : $Re > 4000$

2 수평 원관 속에서의 층류유동(하겐-푸아죄유 방정식)

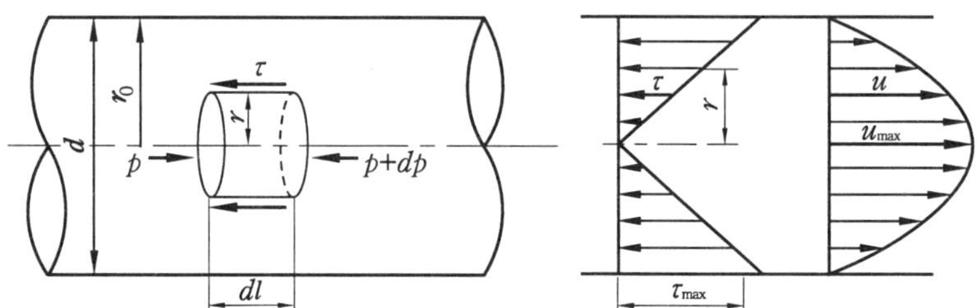

$$\tau = -\frac{r}{2}\frac{dp}{dx}\,[\mathrm{Pa}],\quad u = u_{\max}\left[1-\left(\frac{r}{r_0}\right)^2\right]\,[\mathrm{m/s}]$$

$$Q = \frac{\pi r_0^4 \Delta p}{8\mu L} = \frac{\pi d^4 \Delta p}{128\mu L}\,[\mathrm{m^3/s}]$$

핵심 원관 층류유동

- 속도(u)는 관벽에서 0이고 포물선(2차 함수)적으로 증가하여 관의 중심에서 최대($u_{\max}$)가 된다. $u_{\max} = 2V_{mean}\,[\mathrm{m/s}]$
- 전단응력(τ)은 관의 중심에서 0이고 반지름(r)에 선형적으로(직선 비례) 증가하여 관벽에서 최대($\tau_{\max}$)가 된다.

3 프란틀의 혼합거리

① 와점성계수 : $\eta = \rho l^2\left|\dfrac{\partial \overline{u}}{\partial y}\right|$　　② 혼합거리 : $l = ky$

4 유체 경계층 이론

① 경계층 : 점성의 영향이 미치는 물체에 따른 엷은 층

② 경계층 두께(δ)

$$\frac{u}{u_\infty} = 0.99(99\%),\ Re_x = \frac{\rho u_\infty x}{\mu} = \frac{u_\infty x}{\nu}$$

(가) 층류($Re < 5 \times 10^5$)일 때 : $\frac{\delta}{x} = \frac{5}{\sqrt{Re_x}},\ \delta = \frac{5x}{\sqrt{Re_x}}$ [mm]

(나) 난류($Re > 5 \times 10^5$)일 때 : $\frac{\delta}{x} = \frac{0.38}{\sqrt[5]{Re_x}} = \frac{0.38}{(Re_x)^{\frac{1}{5}}},\ \delta = \frac{0.38x}{\sqrt[5]{Re_x}}$ [mm]

※ 평판의 임계레이놀즈수(Re_c)$= 5 \times 10^5$

(다) 배제 두께 : $\delta_t = \int_0^\infty \left(1 - \frac{u}{V_0}\right)dy = \int_0^\sigma \left(1 - \frac{u}{V_0}\right)dy$

5 경계층 유동

① 항력과 양력

(가) 항력$(D) = C_D A \frac{\rho V_0^2}{2}$ [N]

(나) 양력$(L) = C_L A \frac{\rho V_0^2}{2}$ [N]

② 스토크스(Stokes)의 법칙 : 항력$(D) = 3\pi\mu d V = 6\pi\mu R V$[N]

여기서, d : 구의 지름(R : 구의 반지름), V : 유체에 대한 구의 상대 속도

3-7 관로의 수두손실

1 원관 유동에서의 수두손실 h_L(Darcy−Weisbach equation)

$$h_L = f\frac{L}{D}\frac{V^2}{2g}\text{[m]}$$

핵심 관마찰계수(f)

- 층류유동 시 관마찰계수(f)는 레이놀즈수(Re)만의 함수이다. $f = \frac{64}{Re}$
- Blasius의 실험식 : $f = 0.3164Re^{-\frac{1}{4}} = \frac{0.3164}{\sqrt[4]{Re}}$ $(3000 < Re < 10^5)$

2 비원형 단면을 갖는 관로에서의 수두손실

$$R_h = \frac{A}{P}[\text{m}],\ h_L = f\frac{L}{D_h}\frac{V^2}{2g} = f\frac{L}{4R_h}\frac{V^2}{2g}$$

3 원관에서의 부차적 손실

$h_L = K\dfrac{V^2}{2g}[\text{m}]$, 등가길이 $L_e = \dfrac{KD}{f}[\text{m}]$

① 돌연 확대관에서의 손실 : $h_L = K\dfrac{V_1^2}{2g}[\text{m}]$

② 돌연 축소관에서의 손실 : $h_L = \dfrac{(V_0 - V_2)^2}{2g}[\text{m}]$, $K = \left(\dfrac{1}{C_c} - 1\right)^2$

3-8 개수로 유동

1 Chezy 공식과 Manning 공식

① Chezy 공식 : $V = \sqrt{\dfrac{2g}{\lambda}}\sqrt{R_h S} = C\sqrt{R_h S}\ [\text{m/s}]$

② Manning 공식 : $Q = AV = \dfrac{1}{n}AR_h^{\frac{2}{3}}S^{\frac{1}{2}}[\text{m}^3/\text{s}]$

2 비에너지와 임계깊이(y_c)

$$E = y + \frac{V^2}{2g}$$

① $V > \sqrt{gy_c}$ 또는 $\dfrac{V}{\sqrt{gy_c}} > 1$이면 $Fr > 1$(사류)

② $V < \sqrt{gy_c}$ 또는 $\dfrac{V}{\sqrt{gy_c}} < 1$이면 $Fr < 1$(상류)

3 수력도약

① 수력도약 후 깊이 : $y_2 = \frac{y_1}{2}\left(-1+\sqrt{1+\frac{8V_1^2}{gy_1}}\right)$[m]

② 수력도약으로 인한 손실수두 : $h_L = \frac{(y_2-y_1)^3}{4y_1y_2}$[m]

3-9 압축성 유동

1 마하수와 마하각

① 마하수 : $M = \frac{V}{C} = \frac{V}{\sqrt{kRT}}$

② 마하각 : $\mu = \sin^{-1}\frac{C}{V}\left(\sin\mu = \frac{C}{V} = \frac{1}{M}\right)$

2 임계상태

① 임계 압력비 : $\left(\frac{p_c}{p_1}\right) = \left(\frac{2}{k+1}\right)^{\frac{k}{k-1}} = 0.528$

② 임계 온도비 : $\left(\frac{T_c}{T_1}\right) = \frac{2}{k+1} = 0.833$

③ 임계 밀도비 : $\left(\frac{p_c}{p_1}\right) = \left(\frac{2}{k+1}\right)^{\frac{1}{k-1}} = 0.634$

3-10 차원해석과 상사법칙

1 버킹엄의 파이 정리

π(무차원수) = n(측정 물리량의 개수) − m(기본차원의 개수)

2 무차원수

① 레이놀즈수 $Re = \frac{관성력}{점성력} = \frac{\rho VL}{\mu}$

② 프루드수 $Fr = \frac{관성력}{중력} = \frac{V}{\sqrt{gL}}$

③ 오일러수 $Eu = \frac{압축력}{관성력} = \frac{\rho V^2}{P}$

④ 웨버수 $We = \frac{관성력}{표면장력} = \frac{\rho V^2 L}{\sigma}$

⑤ 마하수 $M = \frac{관성력}{탄성력} = \frac{V}{C}$

3-11 유체의 계측

1 유체의 밀도 · 비중 · 비중량의 계측

① 비중병을 이용하는 방법
② 부력을 이용하는 방법
③ 비중계를 이용하는 방법
④ U자관을 이용하는 방법

2 점성계수의 계측

(1) 스토크스 법칙(Stokes' law)을 이용한 점도계

낙구식 점도계 : $\mu = \frac{d^2(\gamma_s - \gamma_l)}{18V}$ [Pa · s]

(2) 하겐-푸아죄유(Hagen-Poiseuille) 법칙을 이용한 점도계

① 오스트발트(Ostwald) 점도계 : $Q = \frac{\pi d^4 \Delta p}{128 \mu L}$ [m³/s]

② 세이볼트(Saybolt) 점도계 : $\nu = 0.0022t - \frac{1.8}{t}$ [St]

(3) 뉴턴의 점성 법칙을 이용한 점도계

① 맥미첼(MacMichael) 점도계
② 스토머(Stomer) 점도계

3 동압(유속) 측정

피토정압관 $V = \sqrt{2g\Delta h\left(\frac{S_0}{S} - 1\right)}$ [m/s]

4 유량의 측정

① 벤투리미터 : $Q = A_2 V_2 = \frac{C_v A_2}{\sqrt{1 - \left(\frac{A_2}{A_1}\right)}} \sqrt{2gR\left(\frac{S_o}{S} - 1\right)}$ [m³/s]

② 노즐 : $Q = CA_2\sqrt{2gR\left(\frac{S_o}{S} - 1\right)}$ [m³/s]

③ 오리피스 : $Q = CA_0\sqrt{2g\left(\frac{p_1 - p_2}{\gamma}\right)}$ [m³/s]

④ 위어 : 개수로 측정용 계기

(가) 사각 위어 : $Q = KLH^{\frac{3}{2}}$ [m³/min]

(나) 삼각 위어 : $Q = KH^{\frac{5}{2}} = \frac{8}{15}C\tan\frac{\phi}{2}\sqrt{2g}\,H^{\frac{5}{2}}$ [m³/min]

Part 04
유체기계 및 유압기기

4-1 유체기계

1 유체기계의 정의 및 분류

(1) 정의

유체기계란 유체(기체와 액체)를 동작물질(작업유체)로 취급하여 에너지(energy)의 수수(주고받음)를 행하는 기계이다.

핵심 유체기계에서의 에너지 변환

① 유체 에너지를 기계적 에너지로 변환 : 풍차, 수차, 액압모터
② 기계적 에너지를 유체 에너지로 변환 : 펌프, 송풍기, 압축기

(2) 수력기계

① 수차(터빈)

㈎ 충격 수차 : 펠턴 수차

㈏ 반동 수차 : 프란시스 수차, 프로펠러 수차, 카플란 수차

② 펌프

㈎ 터보형

- 원심형 : 디퓨저 펌프, 벌류트 펌프
- 사류형 : 사류 펌프
- 축류형 : 프로펠러 펌프

㈏ 용적형

- 왕복형 : 피스톤 펌프, 플런저 펌프
- 회전형 : 기어 펌프, 베인 펌프

(다) 특수형 : 와류 펌프, 기포 펌프, 제트 펌프, 수격 펌프, 점성 펌프

(2) 공기기계

① 저압식

(가) 송풍기

(나) 풍차 : 원심형, 축류형, 용적형(왕복형, 회전형)

② 고압식 : 압축기, 진공 펌프, 압축 공기기계

(3) 유압기계

① 유압 펌프, 유압 모터

② 유체 커플링(fluid coupling) 및 유체 토크 컨버터(fluid torque converter)

③ 액압기계 및 특수 유체기계

2 펌프(pump)

(1) 원심 펌프(centrifugal pump)

회전차(impeller)의 회전에 의하여 액체에 원심력을 주어 압력을 높여서 송출하는 펌프를 말한다.

(2) 원심 펌프의 분류

① 안내 깃(guide vane)의 유무에 따른 분류

(가) 벌류트 펌프(volute pump) : 회전차의 바깥둘레에 접하여 벌류트 케이싱(volute casing)이 설치되어 있는 펌프를 말한다.

(나) 디퓨저 펌프(diffuser pump) : 회전차의 바깥둘레에 안내 깃을 갖는 펌프를 말한다.

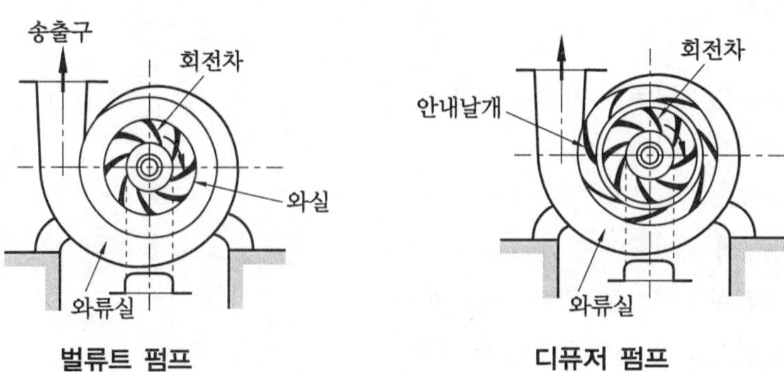

벌류트 펌프　　　　디퓨저 펌프

② 흡입에 따른 분류

㈎ 단흡입 펌프 : 회전차의 한쪽에서만 액체를 흡입하는 펌프를 말한다.

㈏ 양흡입 펌프 : 회전차의 양쪽으로부터 액체를 흡입하는 펌프를 말한다.

③ 단수에 따른 분류

㈎ 단단(single-stage) 펌프 : 1개의 회전차를 갖는 펌프를 말한다.

㈏ 다단(multi-stage) 펌프 : 펌프 : 여러 개의 회전차를 같은 펌프축에 연결한 펌프를 말한다.

④ 회전차의 형상에 따른 분류

㈎ 반경류형(radial flow type) 회전차 : 축에 거의 수직인 평면 내를 유체가 반지름 방향으로 흐르도록 되어 있는 회전차를 말한다.

㈏ 혼류형(mixed flow type) 회전차 : 깃 입구로부터 출구에 이르는 유체의 경로가 반지름 방향 흐름과 축방향의 유동이 조합된 모양의 회전차를 말한다.

⑤ 케이싱에 따른 분류

㈎ 분할형 펌프(sectional type pump) : 각 단이 축에 수직인 평면에서 분할되어 있는 펌프이다.

㈏ 원통형 펌프(cylindrical casing type pump) : 케이싱이 일체로 되어 있는 펌프로서 고압 펌프 및 보일러 급수용에 사용된다.

⑥ 펌프의 축방향에 따른 분류

㈎ 횡축 펌프(horizontal pump) : 펌프의 축이 수평인 펌프를 말한다.

㈏ 종축 펌프(vertical pump) : 펌프의 축이 수직인 펌프를 말한다.

3 양정과 유량

(1) 펌프의 양정

그림에서 펌프의 입구를 ①, 펌프의 출구를 ②라 할 때 입구와 출구에서 액체의 단위 무게가 가지는 에너지의 차를 전양정(total head)이라 한다.

$$\frac{P_1}{\gamma}+h_1+\frac{v_1^2}{2g}+H_p=\frac{P_2}{\gamma}+h_2+\frac{v_2^2}{2g}$$

$$\therefore\ H_p=\frac{P_2-P_1}{\gamma}+y+\frac{v_2^2-v_1^2}{2g}\ [\mathrm{m}]$$

여기서, H_p : 펌프의 전양정(m), g : 중력 가속도(m/s^2), y : 압력계의 높이의 차($=h_2-h_1$)

P_1, P_2 : 펌프의 흡입 노즐, 유출 노즐의 절대압력(kPa)

v_1, v_2 : 펌프의 흡입 노즐, 유출 노즐에서의 유속(m/s)

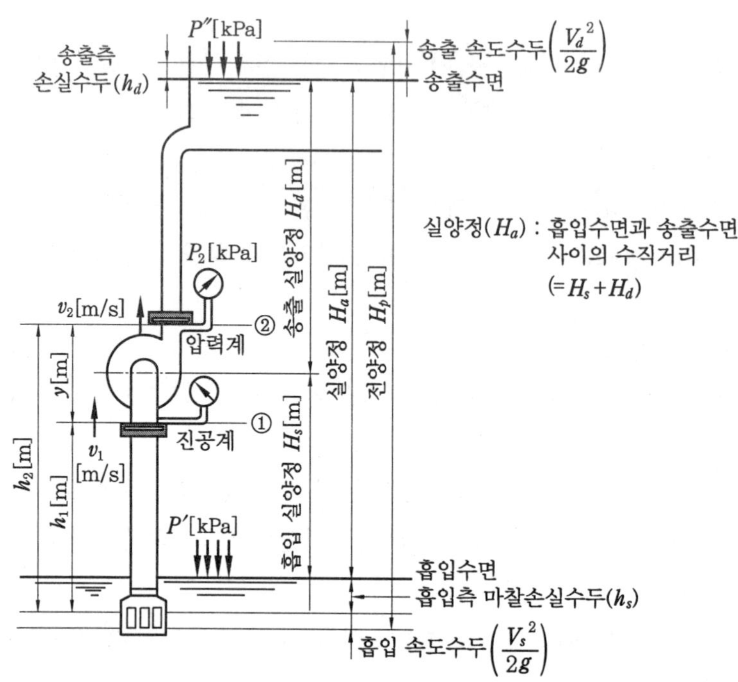

펌프의 양정과 손실

(2) 원심 펌프의 이론 수두

깃수 무한의 경우 이론 수두는 다음과 같다.

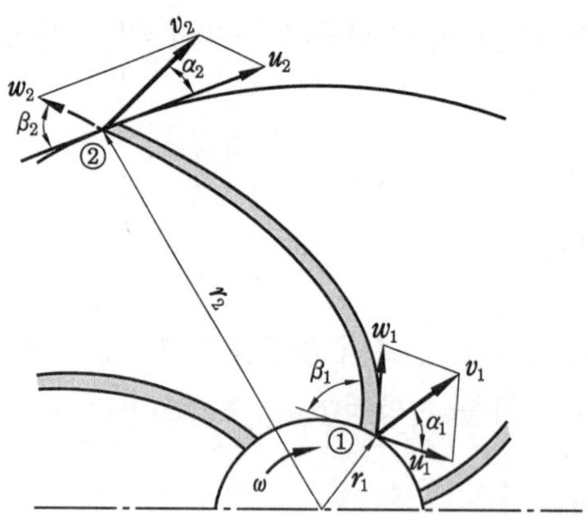

그림에서 회전차를 회전시키는 데 필요한 모멘트는 다음과 같으며, 첨자 1, 2는 날개차 입구 및 출구를 표시한다.

$$T=\frac{\gamma Q}{g}(r_2 v_2 \cos\alpha_2 - r_1 v_1 \cos\alpha_1)[\mathrm{N\cdot m}]$$

여기서, Q : 유량(m^3/s), γ : 유체의 비중량(N/m^3), g : 중력 가속도(=9.8 m/s^2)
r : 회전차의 반지름(m), v : 날개차 내에서 유체의 절대 속도(m/s)

u : 회전차의 원주 속도(m/s), w : 회전차에 대한 상대 속도(m/s)
α : 절대 속도 v와 원주 속도 u 사이의 각도

여기서, $v_1 \cos\alpha_1 = v_{u1}$, $v_2 \cos\alpha_2 = v_{u2}$라 하면

$$T = \frac{\gamma Q}{g}(r_2 v_{u2} - r_1 v_{u1})[\text{N} \cdot \text{m}]$$

회전차를 구동하는 데 요하는 동력 L[N · m=J/s=W]은 각속도를 ω라 하면

$$L = T \cdot \omega, \; L = \frac{\gamma Q}{g}(u_2 v_2 \cos\alpha_2 - u_1 v_1 \cos\alpha_1)$$

깃수가 무한인 경우 이론 수두 $H_{th\infty}$는

$$\therefore \; H_{th\infty} = \frac{\gamma Q}{g}(u_2 v_2 - u_1 v_1)[\text{m}]$$

이 식을 오일러의 방정식(Euler's equation) 또는 오일러의 수두(Euler's head)라 한다.
만일 $\alpha_1 = 90°$이면 $v_{u1} = 0$이 되므로

$$H_{th\infty} = \frac{1}{g} u_2 v_2 [\text{m}]$$

4 원심 펌프의 동력과 효율

(1) 수동력(water power) L_w

$$L_w = \frac{\gamma QH}{1000} = 9.8\,QH[\text{kW}]$$

여기서, γ : 물의 비중량(N/m^3)(=9800 N/m^3=9.8 kN/m^3)
Q : 송출유량(m^3/s), H : 전양정(m)

(2) 전효율(total efficiency) η_p

$$\eta_p = \frac{\text{수동력}}{\text{축동력}} = \frac{L_w}{L_s}$$

여기서, L_w : 수동력, L_s : 축동력 또는 제동동력

※ 축동력$(L_s) = \dfrac{9.8\,QH}{\eta_p}$[kW]

(3) 수력 효율(hydraulic efficiency) η_h

$$\eta_h = \frac{H}{H_{th}} = \frac{H_{th} - h_l}{H_{th}} = 0.80 \sim 0.96$$

여기서, H_{th} : 이론 양정, H : 실제 양정, h_l : 손실수두(양정)

(4) 체적 효율(volumetric efficiency) η_v

$$\eta_v = \frac{Q}{Q+\Delta Q}$$ 여기서, ΔQ : 누설유량

(5) 기계 효율(mechanical efficiency) η_m

$$\eta_m = \frac{L-L_m}{L} = \frac{\gamma(Q+\Delta Q)H_{th}}{L}$$ 여기서, L_m : 기계 손실 동력

핵심 펌프의 전효율

펌프의 전효율(η_p)=기계 효율(η_m)×수력 효율(η_h)×체적 효율(η_v)

$$= \frac{L_w}{L_s} = \frac{\gamma QH}{1000L_s} = \frac{9.8QH}{L_s}$$

$$= \frac{\gamma(Q+\Delta Q)H_{th}}{L} \times \frac{H}{H_{th}} \times \frac{Q}{Q+\Delta Q}$$

5 원심 펌프의 상사 법칙

① 유량 : $\dfrac{Q_2}{Q_1} = \left(\dfrac{N_2}{N_1}\right)^1 \times \left(\dfrac{D_2}{D_1}\right)^3$

② 양정 : $\dfrac{H_2}{H_1} = \left(\dfrac{N_2}{N_1}\right)^2 \times \left(\dfrac{D_2}{D_1}\right)^2$

③ 축동력 : $\dfrac{L_2}{L_1} = \left(\dfrac{N_2}{N_1}\right)^3 \times \left(\dfrac{D_2}{D_1}\right)^5$

6 비교회전도(specific speed, 비속도) n_s

$$n_s = \frac{N\sqrt{Q}}{H^{\frac{3}{4}}} \text{ [rpm·m}^3\text{/min·m]}$$

여기서, n_s : 비교회전도(비속도), Q : 토출량, H : 양정, N : 회전수

※ 양흡입 다단 펌프인 경우

$$n_s = \frac{N\sqrt{\dfrac{Q}{2}}}{\left(\dfrac{H}{\text{단수}(i)}\right)^{\frac{3}{4}}} \text{ [rpm·m}^3\text{/min·m]}$$

핵심 축추력의 방지법

① 평형공을 설치한다.
② 후면 슈라우드에 방사상의 리브(rib)를 설치한다.
③ 스러스트 베어링을 사용한다.
④ 다단 펌프의 경우에는 회전차를 서로 반대 방향으로 배열한다.
⑤ 평형 원판(balance disc)을 사용한다.

7 원심 펌프의 특성 곡선

원심 펌프에서 양정 H, 회전수 n, 동력 L과 효율 η 등의 관계를 선도로 나타낸 것을 특성 곡선 또는 성능 곡선(characteristic curve)이라 한다. 이 곡선에서 $Q=0$일 때의 양정 H_0를 체절 양정(shut-off head)이라 한다. 또한 H_n, Q_n은 $\eta_{\max}$이 되는 $H-Q$ 곡선상의 좌표를 표시한 것이고, $H-Q$는 양정 곡선, $L-Q$는 축동력 곡선, $\eta-Q$는 효율 곡선이다.

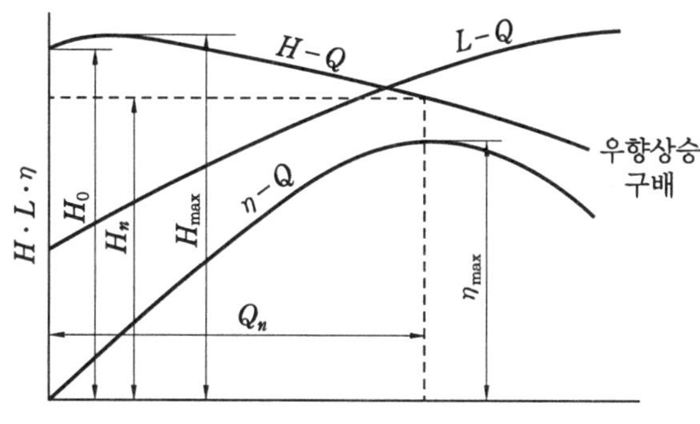

회전수 n =일정일 때의 펌프 특성 곡선

8 캐비테이션(cavitation, 공동 현상)

물이 관(pipe) 속을 유동하고 있을 때 유동하고 있는 물속의 어느 부분의 정압(static pressure)이 그때의 물의 증기압보다 낮아지게 되면 부분적으로 증기가 발생하는데, 이러한 현상을 공동 현상(cavitation)이라 한다.

(1) 캐비테이션의 발생 조건

흡입관 입구에서는 여과기 및 풋 밸브(foot valve) 등의 저항과 위치 수두의 증가로 인하여 압력 강하가 생기므로 대기압보다 낮아진다. 그림 (b)와 같이 깃 이면이 표면보다 압력 강하가 크므로 캐비테이션 현상은 깃 이면의 최저 압력이 가장 큰 문제가 된다. 따라서 최저 압력이 액체에 대한 포화증기압과 같으면 캐비테이션 현상이 일어나는 한

계값이 된다.

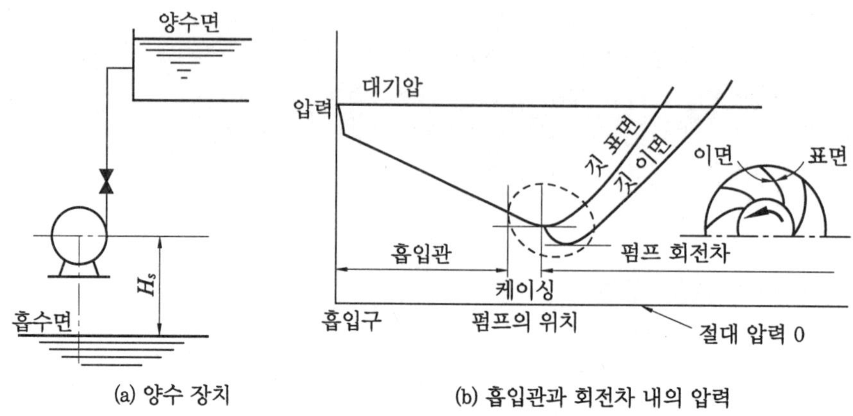

(a) 양수 장치 (b) 흡입관과 회전차 내의 압력

캐비테이션의 발생 조건

(2) 캐비테이션의 발생에 따른 여러 가지 현상

① 양정 곡선 및 효율 곡선의 저하를 가져온다.

② 소음과 진동이 발생한다.

③ 깃에 대한 침식이 발생한다.

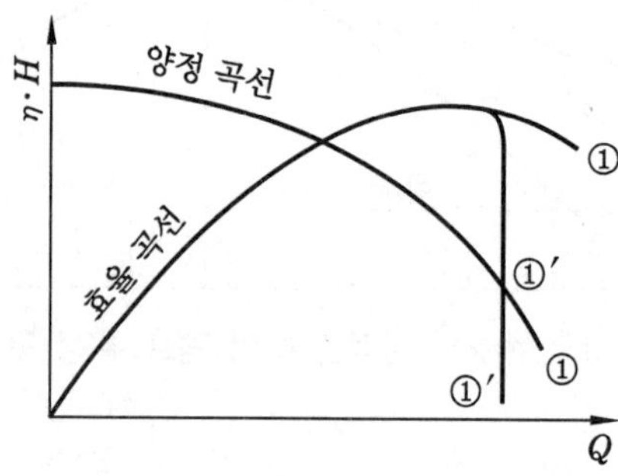

비교회전도가 작은 원심 펌프($n_s = 230$)

그림에서 ①은 캐비테이션이 일어나지 않는 경우의 양정 곡선과 효율 곡선, ①′은 캐비테이션이 발생할 경우의 양정 곡선과 효율 곡선의 저하를 나타낸 것이다.

핵심 캐비테이션의 방지책

① 펌프의 설치 위치를 낮춘다. 흡상인 경우에는 펌프를 액면에 가깝게, 압입인 경우에는 펌프 위치를 액면에서 가능한 낮게 하여 유효흡입수두를 증가시킨다.

② 단흡입 펌프이면 양흡입으로 만든다.

③ 흡입관 손실을 가능한 작게 한다.

④ 펌프의 회전수를 작게 한다.

9 수격 작용

관 속을 충만하게 흐르고 있는 액체의 속도를 급격히 변화시키면 액체에 큰 압력 변화가 생기는데, 이러한 현상을 수격 작용(water hammer)이라 한다.

(1) 펌프 설비에서 일어나는 수격 현상

그림은 펌프가 운전 중 급격히 동력을 상실한 경우 펌프 설비의 과도 현상을 나타낸 것이다.

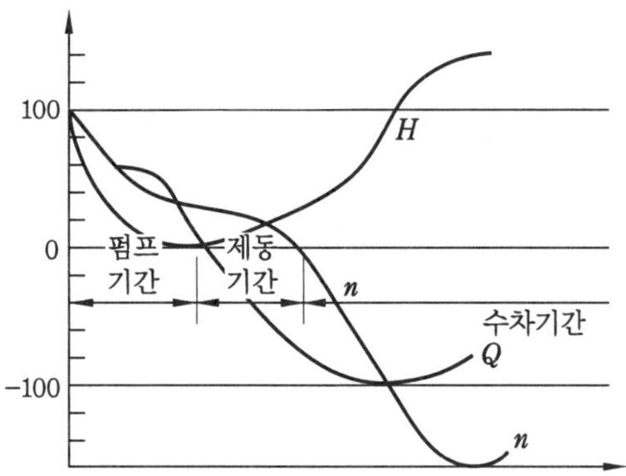

① 제1기간 또는 펌프 특성 범위 : 펌프가 운전 도중에 갑자기 동력이 상실되면 관성력만으로 운전되므로 회전수는 그림과 같이 저하한다. 또한 양정과 유량도 함께 감소하나 관내의 물은 관성으로 인하여 지금까지의 유량과 같은 상태의 운동을 계속하려고 한다. 그러므로 펌프에 접한 송출관 부분에 압력파가 생기며, 압력은 정상 압력보다 저하한다. 펌프의 속도가 어느 한도 이하로 되면 양수 불능의 상태가 되고, 송출관 내의 물은 한 번 정지하게 된다.

② 제2기간 또는 제동 특성 범위 : 한 번 정지한 물은 다음 순간부터 역류하여 정회전하는 회전차는 역류에 대한 저항이 되어 제1기간에서 강하를 계속한 압력은 상승하기 시작한다. 또한 펌프는 역류하는 물의 제동 작용에 의하여 펌프의 회전수가 점차 강하하여 마침내 정지하게 된다.

③ 제3기간 또는 수차 특성 범위 : 다음 순간부터 펌프는 역류하고 있는 물에 의하여 수차 상태가 되어 역전을 시작하고 차차로 가속되어 무부하의 수차로서 안정한 상태, 즉 방주 상태로 된다.

(2) 수격 작용의 방지 대책

① 관 속의 유속을 낮게 한다(관의 안지름을 크게 한다).

② 펌프에 플라이휠(flywheel)을 붙여서 펌프의 속도가 급격히 변하는 것을 방지한다.
③ 조압 수조를 설치한다.
④ 밸브를 펌프 송출구 가까이 설치하고 이 밸브를 적절히 제어한다.

10 서징 현상(surging, 맥동 현상)

펌프 또는 송풍기 등을 운전할 때 송출 압력과 송출량이 주기적으로 변동을 일으켜서 운전 상태를 변화하지 않는 한 그 변동이 지속되는 현상을 서징 현상(surging)이라 한다. 서징 현상이 강할 때에는 심한 진동과 서징 음향이 발생하고 운전 불능의 상태가 된다.

핵심 서징 현상의 발생 원인

① 펌프의 양정 곡선이 우향 상승 구배를 가질 때
② 배관 중에 수조가 있거나 기상 부분이 있을 때
③ 유량 조절 밸브의 위치가 ②항의 수조 또는 기상 부분의 뒤에 있을 때
※ 이상의 3가지 조건에 해당될 때 발생한다.

11 축류 펌프 및 사류 펌프

(1) 축류 펌프의 개요

유량이 크고($Q = 8 \sim 400\ m^3/min$) 양정이 10 m 이하인 저양정에 알맞은 펌프이다. 축류 펌프에는 회전차의 날개 각도를 조정할 수 있는 가동익(movable vane) 축류 펌프와 조정할 수 없는 고정익(fixed vane) 축류 펌프가 있다.

① 비교회전도의 범위 : $n_s = 1200 \sim 2000$
② 축류 펌프의 용도 : 농업용 양수 펌프, 증기 터빈 복수기의 순환 펌프, 배수 펌프, 상하수도용 펌프 등에 사용된다.

(2) 익형(airfoil)

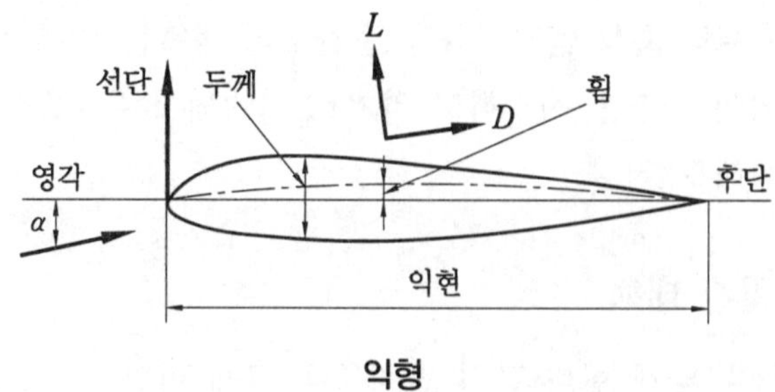

익형

① 익현(chord) : 익형의 선단과 후단을 맺는 직선
② 골격선 : 익형의 중앙을 통과하는 선
③ 평균 휨(mean camber) 또는 휨(camber) : 골격선의 익현에서의 높이
※ 상연과 하연 사이의 너비를 두께라 한다.
④ 종횡비(aspect ratio) : 익폭과 익현 길이의 비
⑤ 영각(angle of attack) : 익현의 유동 방향과 이루는 각도(α)
⑥ 양력(lift force)과 항력(drag force)

$$\text{양력}(L) = C_L\, l\rho \frac{W_\infty^{\ 2}}{2} \qquad \text{항력}(D) = C_D\, l\rho \frac{W_\infty^{\ 2}}{2}$$

여기서, C_L : 양력계수, G_D : 항력계수, W_∞ : 유효 상대속도(m/s)
l : 익현 길이, ρ : 유체의 밀도

(3) 축류 펌프의 특징

① 가동익의 경우 양정 또는 유량에 따라 날개 각도를 조절할 수 있으므로 축동력을 일정하게 할 수 있다.
② 광범위한 유량에 대하여 효율이 좋다.
③ 종축식일 경우에는 회전차가 물속에 잠겨 있으므로 물받이(priming) 장치가 필요 없다.
④ 체절 상태에서 가장 큰 축동력을 필요로 한다. 그러나 원심 펌프는 체절 상태에서 축동력이 작다.
⑤ 체절 상태에서 시동이 불가능하다. 그러나 원심 펌프는 체절 상태에서 시동이 가능하다.

(4) 사류 펌프의 특징

① 사류 펌프(diagonal flow pump)는 축류 펌프와 원심 펌프의 중간 특성을 갖는 펌프로서 원심 펌프보다 고속 회전할 수 있으며, 소형 경량으로 만들 수 있다.
② 비교회전도(n_s)의 범위는 600~1300이고, 양정은 횡축형에서는 3~10 m, 종축형에서는 5~30 m 정도이다.

12 왕복 펌프

왕복 펌프(reciprocating pump)는 피스톤 또는 플런저의 왕복 운동에 의하여 액체를 흡입하여 소요의 압력으로 송출하는 펌프로서 피스톤의 모양에 따라 피스톤 펌프와 플런저 펌프가 있다.

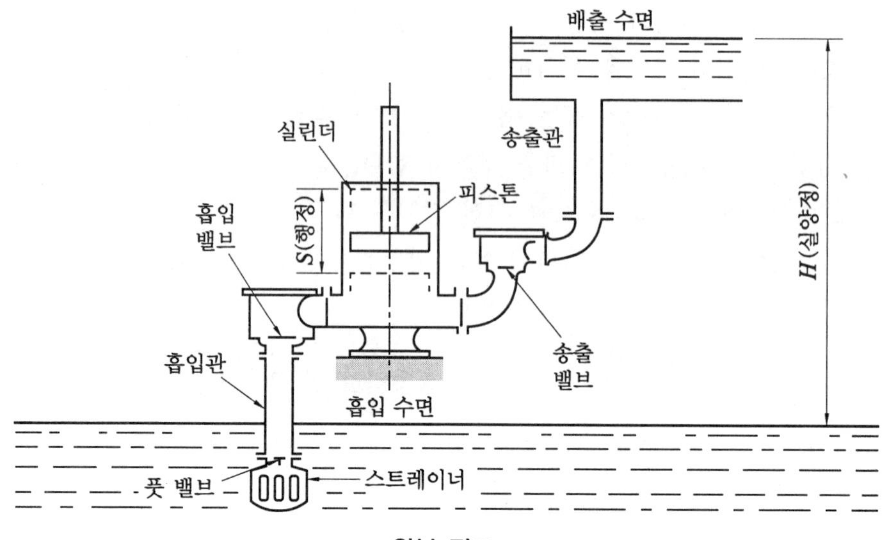

왕복 펌프

(1) 이론 송출량

$$\text{이론 송출량}(Q_{th}) = \frac{V_n}{60} = \frac{ALn}{60}[\text{m}^3/\text{s}]$$

여기서, V_n : 이론 송출 체적(m^3)

$$V = \frac{\pi}{4}D^2L = AL[\text{m}^3]$$

여기서, D : 실린더 지름(m), $A\left(=\frac{\pi}{4}D^2\right)$: 피스톤 면적(m^2)

L : 행정(m), n : 회전수(rpm)

실제 송출량을 $Q[\text{m}^3/\text{s}]$, 이론 송출량을 $Q_{th}[\text{m}^3/\text{s}]$이라 하면

$$\text{체적 효율}(\eta_v) = \frac{Q}{Q_{th}} \times 100\%$$

$$\therefore\ Q = \eta_v Q_{th} = \eta_v \frac{ALn}{60}[\text{m}^3/\text{s}]$$

(2) 송출량과 배수 곡선

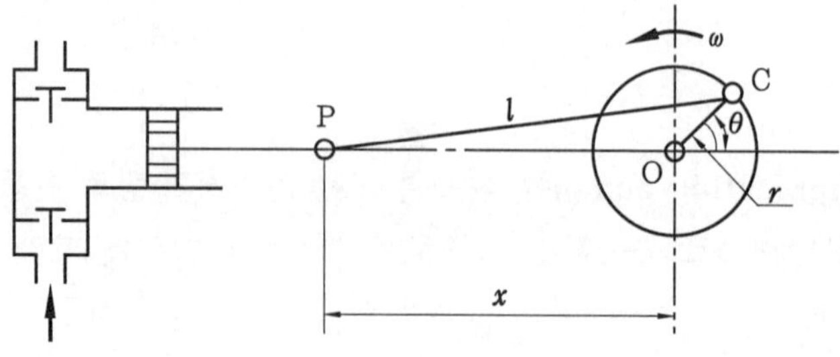

$q = AV[\text{m}^3/\text{s}]$

여기서, q : 이론 송출량의 순간값(m^3/s), A : 유동 단면적(m^2), V : 피스톤 속도(m/s)

그림에서 각속도를 ω[rad/s], 크랭크 반지름을 r, 커넥팅 로드의 길이를 l, 피스톤 핀 P에서 크랭크축 중심 O까지의 거리 x는

$$x = \sqrt{l^2 - r^2\sin^2\theta} - r\cos\theta = l\left[1 - \left(\frac{r}{l}\sin\theta\right)^2\right]^{\frac{1}{2}} - r\cos\theta$$

여기서 [ ]을 2항 정리하여 풀고(고차항을 생략하고) 정리하면

$$x = l\left(1 - \frac{1}{2}\frac{r^2}{l^2}\sin^2\theta\right) - r\cos\theta[\text{m}]$$

피스톤의 속도 $V = r\omega\left(\sin\theta - \frac{1}{2}\frac{r}{l}\sin 2\theta\right)[\text{m/s}]$

크랭크가 등각속도 운동을 하는 단동 단실린더 펌프의 순간 송출량 q는 $s = 2r$이므로

$$q = A\frac{L}{2}\omega\left(\sin\theta - \frac{1}{2}\frac{r}{l}\sin 2\theta\right)$$

단동 단실린더의 경우 $\theta = 0 \sim \pi$에서 송출이 이루어지고, $\theta = \pi \sim 2\pi$에서 흡입이 이루어지므로 최대 송출량 $q_{\max}$는 $\theta = 90°$일 때이다. 평균 송출량을 q_{mean}이라 하면

$$q_{\max} = \pi q_{mean}$$

$\varDelta$(델타)는 과잉배수체적(평균 배수량 q_{mean}을 넘어서 배수되는 양)을 적산한 값이다.

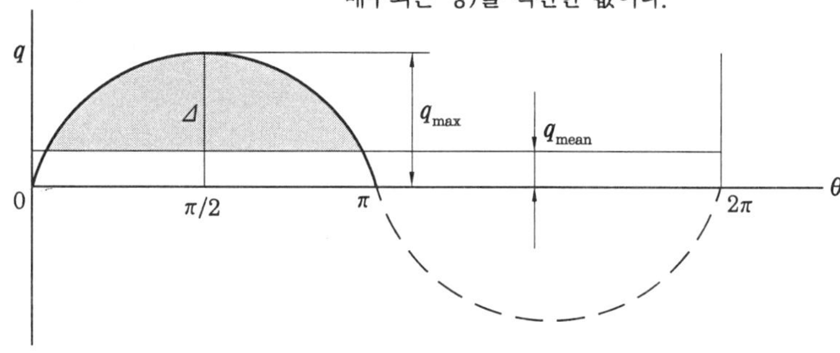

배수 곡선

(3) 공기실

피스톤 펌프에서 송출 수량의 변동이 생기므로 송출관 내의 유량을 일정하게 하기 위하여 실린더 바로 뒤에 공기실을 설치한다.

(4) 펌프 밸브

① 왕복 펌프용 밸브의 구비 조건

(가) 누설이 없을 것

(나) 밸브가 열려 있을 때 유체의 유동 저항이 작을 것
(다) 펌프 작동에 따른 추종이 신속할 것
(라) 내구성이 클 것

② 왕복 펌프용 밸브의 종류

(가) 원판 밸브(disk valve)
(나) 볼 밸브(ball valve)
(다) 링 밸브(ring valve)
(라) 버터플라이 밸브(butterfly valve)
(마) 윙 밸브(wing valve)

13 회전 펌프

(1) 회전 펌프의 개요

① 구조 : 회전 펌프는 용적형 기계에 속하는 펌프로서 회전체(rotor)와 케이싱으로 구성되어 있는데 회전체는 깃형(vane type)과 기어형(gear type)이 있다.

② 용도 : 기름, 고무 액체, 인조견 비스코스 등과 같이 점성이 큰 액체의 수송에 많이 사용된다.

(2) 회전 펌프의 종류

① 기어 펌프(gear pump) : 크기와 모양이 같은 2개의 기어를 원통 속에서 물리게 하고 케이싱 속에서 회전시켜 기어의 이와 이 사이의 공간에 있는 액체를 송출하는 펌프로서 구조는 다음과 같다.

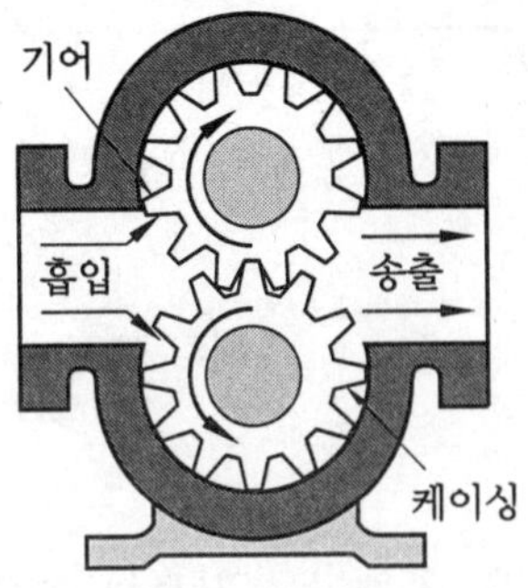

기어 펌프

(가) 기어 펌프의 실제 송출량(Q_a)

$$Q_a = 2\pi Z m^2 b \frac{n}{60 \times 100} \eta_v [\text{cm}^3/\text{s}]$$

여기서, Z : 잇수, m : 모듈, b : 이폭(cm), n : 회전수(rpm), η_v : 체적 효율(%)

체적 효율을 η_v라 하면 $\eta_v = \dfrac{Q_a}{Q_{th}} \times 100\%$

(나) 송출량 변동식

$$\delta = \frac{Q_{\max} - Q_{\min}}{Q_{\max}} = \frac{t^2 \sin^2 \alpha}{4h(D+h)}$$

여기서, h : 이의 높이, t : 피치, D : 기어의 평균지름, Z : 잇수

② 베인 펌프(vane pump) : 그림과 같이 원통형 케이싱 안에 들어 있는 편심 회전자의 깃(베인)이 원심력 또는 스프링의 장력에 의하여 벽에 밀착되면서 회전하여 액체를 압송하는 펌프이다.

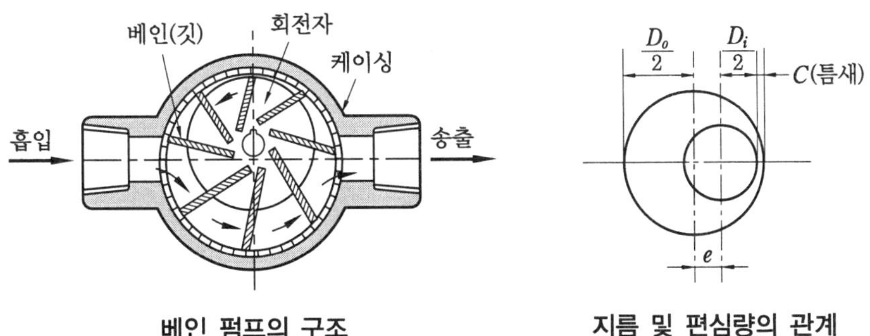

베인 펌프의 구조　　　지름 및 편심량의 관계

실린더 안지름을 D_i[m], 회전체 바깥지름을 D_o[m], 회전수를 n[rpm], 깃 폭을 b[m], 편심량을 e[m]라 하면

$$\text{송출량}(Q) = \left(\frac{D_i}{2}+e\right)^2 \pi - \left(\frac{D_o}{2}\right)^2 \pi - \left[\left(\frac{D_i}{2}-e\right)^2 \pi - \left(\frac{D_o}{2}\right)^2 \pi\right] [\mathrm{m^3/s}]$$

$$\text{이론 송출량}(Q_{th}) = \frac{2\pi D_i enb}{60} = \frac{2\pi D_i enb}{30} [\mathrm{m^3/s}]$$

③ 나사 펌프(screw pump) : 한 개의 원동축(나사축)에 다른 나사축을 1개 또는 2개 물리게 하여 케이싱 속에 넣고, 이들 나사축을 서로 반대 방향으로 회전시켜 액체를 압송하는 펌프로서 주로 윤활 펌프, 연료 수송 펌프, 수차 조속기 등의 유압 펌프를 비롯하여 석유, 가솔린, 우유, 당밀, 비스코스 등 점성이 큰 액체의 수송 등에 사용된다. 나사 펌프에는 서로 물리는 2개의 나사의 리드 방향을 좌우로 다르게 한 것 이외에는 동일한 구조를 갖는 퀴인비 펌프(Quinby pump)와 누설 통로를 없게 한 구조를 갖는 IMO 나사 펌프가 있다.

14 특수 펌프

(1) 마찰 펌프

여러 가지 형상의 면이 매끈한 회전체 또는 주변에 홈이 있는 원판 모양의 회전체를 케이싱 내에서 회전시키고 이것에 접촉하고 있는 액체를 유체 마찰에 의하여 압력 에너지를 주어 송출하는 펌프를 마찰 펌프라 한다.

① 마찰 펌프의 종류

㈎ 동마찰 펌프 : 와류 펌프(vortex pump)라고도 하며, 웨스코 펌프가 대표적이다.

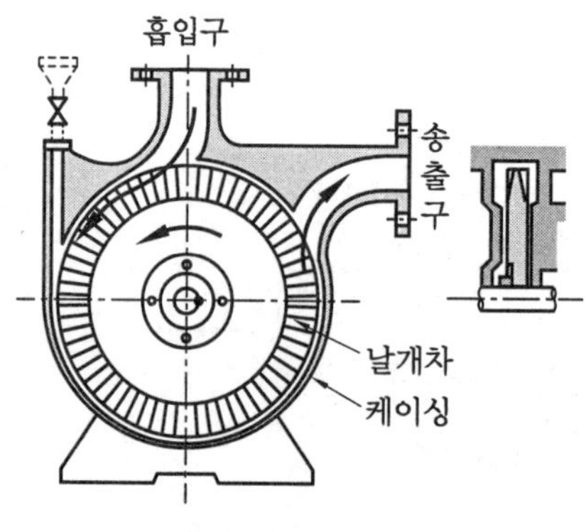

웨스코 펌프

㈏ 점성 마찰 펌프 : 회전체에 접하는 액체가 가지는 점성에 의하여 펌프 작용을 하는 것으로서 일반적으로 용량이 매우 작으며 원통형 펌프, 나선형 펌프, 나사형 펌프가 여기에 속한다.

② 마찰 펌프의 특징

㈎ 구조가 간단하고 가격이 저렴하다.

㈏ 제작이 용이하고 소형 펌프로 알맞다.

㈐ 유량이 비교적 적다.

㈑ 비교회전도가 비교적 작다.

(2) 분류 펌프 또는 제트 펌프

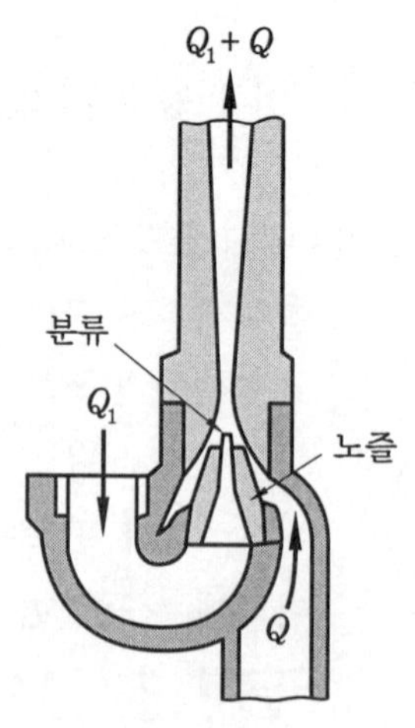

제트 펌프

유체를 노즐로부터 분사시키고 그 분류에 의하여 다른 액체를 송출시키는 펌프를 말한다.

구동 유체의 수두를 H, 공급 유량을 Q_1, 양수된 유량을 Q, 입구와 출구에서의 수두를 각각 H_s, H_d라 하면

$H = H_d - H_s$

구동의 유체의 유효 양정을 H_e라 하면

$$H_e = H_1 - H_d$$

펌프의 효율 $\eta = \dfrac{HQ}{H_e Q_1}$

$\eta = 15 \sim 20\%$ 정도이며, 주로 화력 발전소의 재(ash)의 수송 장치, 배수 장치 등에 사용된다.

(3) 기포 펌프

흡입관의 일부를 물속에 넣고 하단에 압축공기를 보내어 공기와 물의 혼합액의 흡상 작용으로 양수하는 펌프이다.

여기서, P_s : 공기관 끝의 양수관 속에 유입되는 곳의 압력(kPa)

Q_s : 유량(m^3/s)

P_a : 양수관 상부 출구 부분의 압력(kPa)

Q_a : 양수관 상부에서의 유량(m^3/s)

Q_m : 공기 유량의 평균값

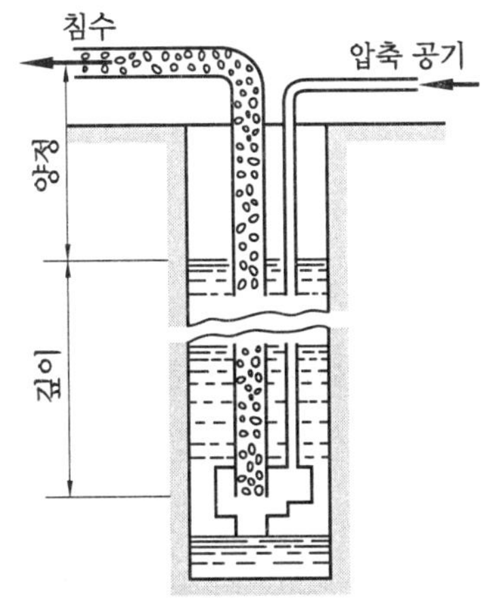

기포 펌프

Q_m을 구하는 식은 다음과 같다.

$$Q_m = \frac{P_a Q_a}{P_s - P_a} \ln\left(\frac{P_s}{P_a}\right)$$

혼합 유체의 평균 비중량 $\gamma_m = \dfrac{\gamma + Q}{Q_m + Q}$[N/m^3]

여기서, Q : 양수 유량(m^3/s)

γ : 양수 액체의 비중량(N/m^3)

침수깊이를 H_s, 손실수두를 h_l, 양정을 H라 하면

$$\gamma H_s = \gamma_m (H_s + H + H_1)$$

$$\frac{Q_a}{Q} = \frac{\gamma(H + H_1)}{P_a} \cdot \frac{1}{\ln\left(\dfrac{P_s}{P_a}\right)}$$

압축기를 구동하는 데 필요로 하는 동력 L_d를 구하면

$$L_d = \frac{\gamma Q H}{75\eta}\text{[PS]}$$

여기서, η : 기포 펌프 전체의 효율(%)

(4) 수격 펌프

비교적 저낙차의 물을 관성의 작용으로 원래의 높이보다 높은 곳으로 수송하는 자동 양수기를 수격 펌프(hydraulic pump)라 한다.

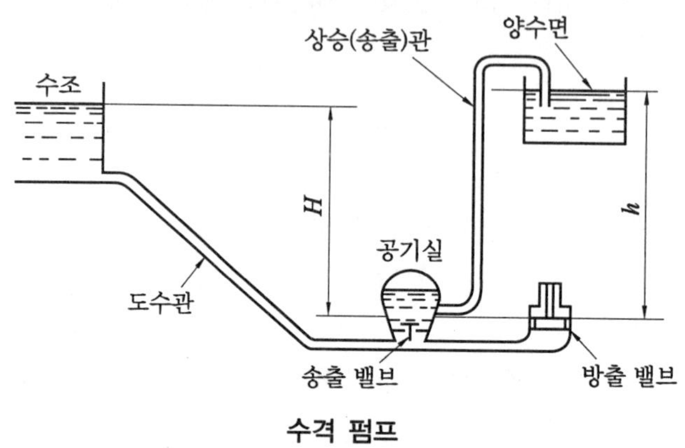

수격 펌프

수격 펌프의 효율 η_1, η_2는 다음과 같다.

$$\eta_1 = \frac{qh}{QH},\ \eta_2 = \frac{q(h-H)}{(Q-q)H}$$

여기서, q : 양수 유량(m^3/s), h : 양정(m)
Q : 사용한 물의 유량(m^3/s), H : 낙차(m)

15 수차

(1) 수력 발전소 설비

① 수로식 : 그림과 같이 경사가 급하고 굴곡이 많은 하천의 상류를 막아서 언제를 만들고 이 물의 낙차를 발전에 이용하는 방식으로 수량은 작으나 큰 낙차를 얻을 수 있는 경우에 사용된다. 따라서 주로 고낙차일 때 사용된다.

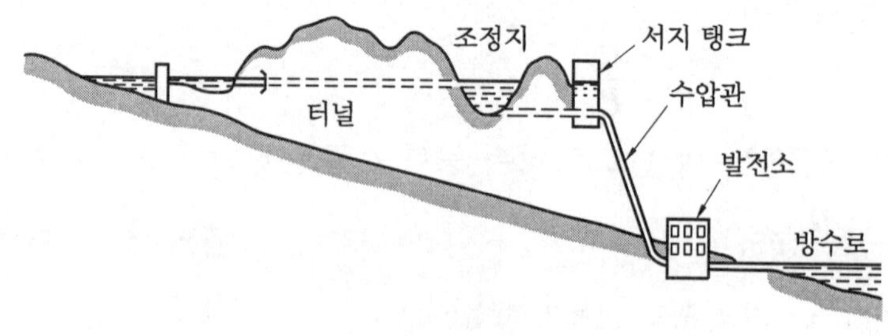

수로식 발전소

② 댐식 : 높은 댐을 구축하여 하천을 막고 큰 저수지를 만들어 낙차를 얻는 방식으로서 저낙차를 이용하는 경우에 사용된다.

③ 댐-수로식 : 댐과 수로를 병용하는 방식

④ 양수식 : 전력의 수요가 적을 때 남는 전력으로 펌프를 운전하여 하류의 물을 상류의 저수지로 퍼올렸다가 필요한 때에 발전에 이용하는 방식을 말한다.

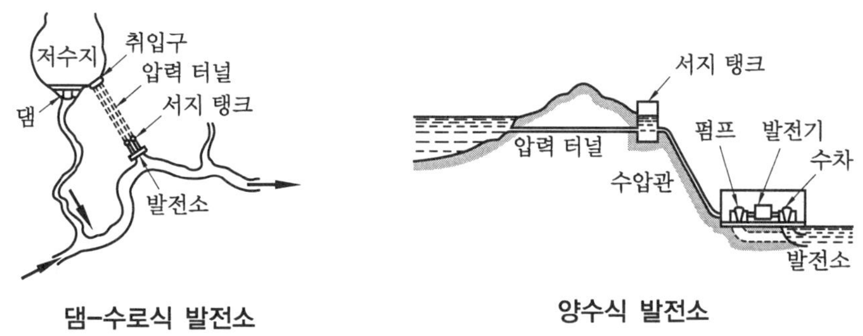

댐-수로식 발전소　　　　양수식 발전소

(2) 수차의 분류

① 중력 수차(gravity water wheel) : 물이 낙하할 때의 중력에 의하여 작동되는 수차를 말한다.

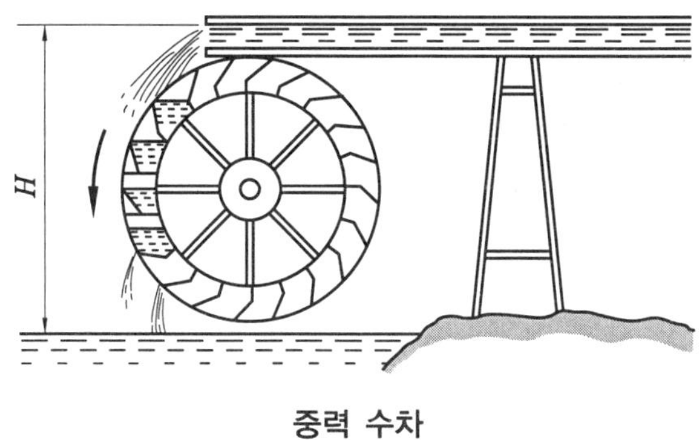

중력 수차

② 충격 수차(impulse hydraulic turbine) : 물이 갖는 에너지 중 속도 에너지에 의한 물의 충격력으로 수차를 회전시키는 것을 말하며 고낙차에 알맞다. 대표적인 실례는 펠턴 수차이다.

③ 반동 수차(reaction hydraulic turbine) : 물이 날개차를 지나는 사이에 물이 갖는 압력과 속도 에너지를 수차에 주어 수차를 회전시키는 방식으로서 프란시스 수차, 프로펠러 수차 등이 여기에 속한다.

(3) 수차의 출력

① 총낙차(총수두) : 취수구 수면에서 방수면까지의 높이 H_g[m]를 총낙차 또는 자연낙차라 한다.

② 유효낙차(effective head) : 어떤 두 지점 간의 총낙차에서 수로의 마찰, 형상 변화, 흐름 조절장치 등에 의한 손실수두의 합계를 제외한 낙차를 말한다.

유효낙차 $H_e = H_g - (h_1 + h_2 + h_3)$

여기서, h_1 : 도수로의 손실수두(m), h_2 : 수압관 내의 손실수두(m)

h_3 : 방수로의 손실수두(m), H_g : 총낙차(m)

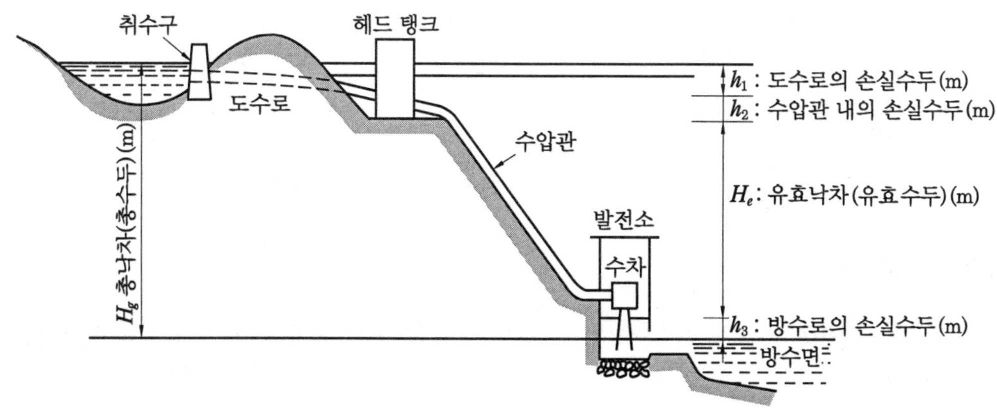

유효낙차와 손실수두

③ 수차의 이론적인 발생 출력 L_{th}

$L_{th} = \gamma Q H_e = 9.8 Q H_e$ [kW]

여기서, γ : 물의 비중량(N/m^3)(=9800 N/m^3=9.8 kN/m^3)

Q : 유량(m^3/s), H_e : 유효낙차(m)

(4) 수차의 비교회전도 n_s

$$n_s = \frac{N\sqrt{L}}{H^{\frac{5}{4}}} \text{ [rpm · m}^3\text{/s · m]}$$

여기서, L : 수차의 출력(kW, PS), H : 수차의 낙차(m), N : 회전수(rpm)

수차	비교회전도(n_s)	낙차
펠턴 수차	8~30	고낙차용
프란시스 수차	40~350	중낙차용
프로펠러 수차	400~800	저낙차용

(5) 펠턴(Pelton) 수차

수압관으로부터 유도된 물을 노즐에서 분출시켜 그 분류를 날개차 버킷에 작용하게 하여 회전력을 얻는 수차로서 버킷의 수는 보통 16~30개 정도이며, 200 m 이상의 고 낙차용에 많이 사용된다.

핵심 펠턴 수차의 유량조절장치

펠턴 수차의 유량은 니들 밸브(needle valve)를 사용하여 조절한다. 니들 밸브를 사용하면

① 니들 밸브의 위치에 관계없이 원형 단면의 분류를 얻을 수 있다.

② 비교적 광범위한 유량 변화에 대하여 노즐 효율이 거의 일정하다.

※ 분류의 방향을 전향시켜서 버킷으로 향하는 제트의 양을 적게 하는 장치를 디플렉터 (deflector) 또는 전향기라 한다.

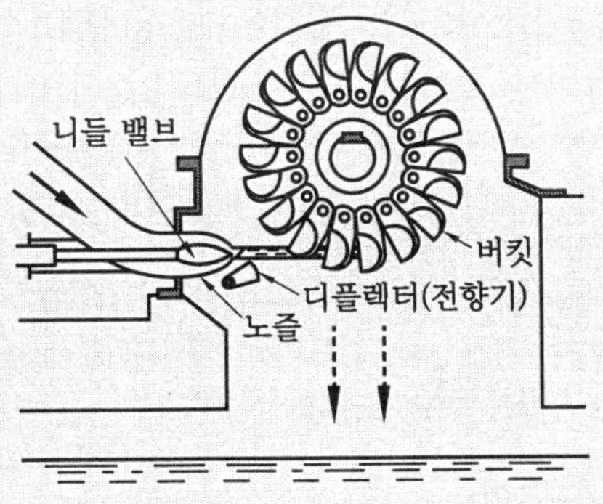

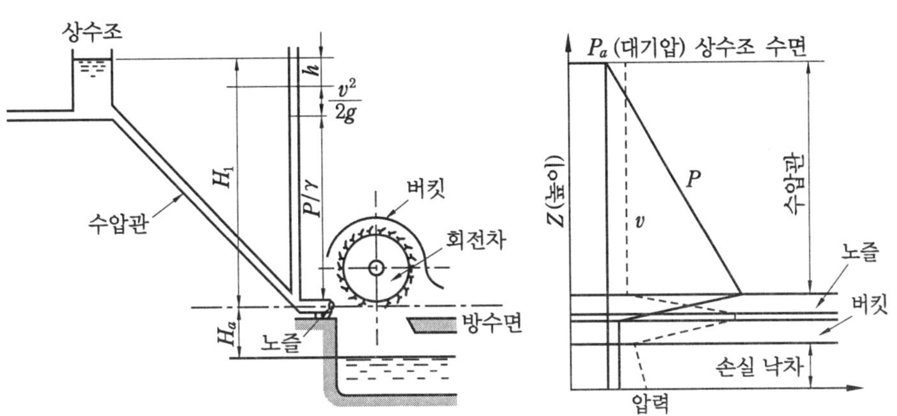

펠턴 수차의 압력과 속도 변화

상수조 수면에서 노즐 중심을 통과하는 기준면에 대한 수직 높이 H_1은

$$H_1 = \frac{P}{\gamma} + \frac{v^2}{2g} + h[\text{m}]$$

여기서, P : 노즐 입구의 압력, v : 노즐 입구의 속도
h : 상수조에서 수압관으로 유입할 때의 입구 손실 수두 및 수입관 내의 유동으로 인한 손실 수두

① 유효낙차 $H_e = \dfrac{P}{\gamma} + \dfrac{v^2}{2g}$

② 노즐로부터 나오는 분류의 속도 $v = C_v \sqrt{2gH}$ [m/s]

여기서, H_e : 유효낙차(m), g : 중력 가속도(m/s^2), C_v : 속도계수(≒ 0.85 ~ 0.98)

(6) 프란시스(Francis) 수차

프란시스 수차는 대표적인 반동 수차로서 적용 낙차(20~500 m)와 용량의 범위가 대단히 넓어서 현재 가장 널리 사용되는 수차의 하나이다.

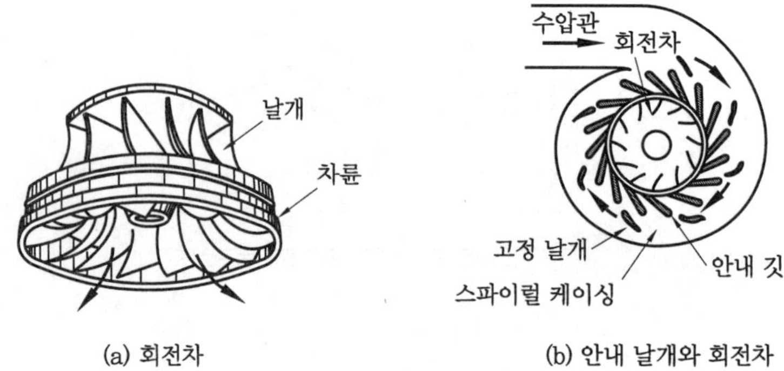

(a) 회전차 (b) 안내 날개와 회전차

프란시스 수차의 구조

① 프란시스 수차의 형식

(가) 노출형(open flume type) : 15 m 정도까지의 저낙차, 소형의 것에 사용된다.

(나) 동형(drum type) : 전구 수차로서 낙차 30 m 정도까지의 비교적 유량이 큰 것에 사용된다.

(다) 스파이럴형(spiral casing type) : 수차 케이싱의 형상이 스파이럴형의 구조로 되어 있다.

② 흡출관 : 회전차에서 유출된 물의 속도 에너지와 방수면과 회전차 사이의 낙차를 유효하게 이용하기 위하여 흡출관(draft tube)을 설치한다.

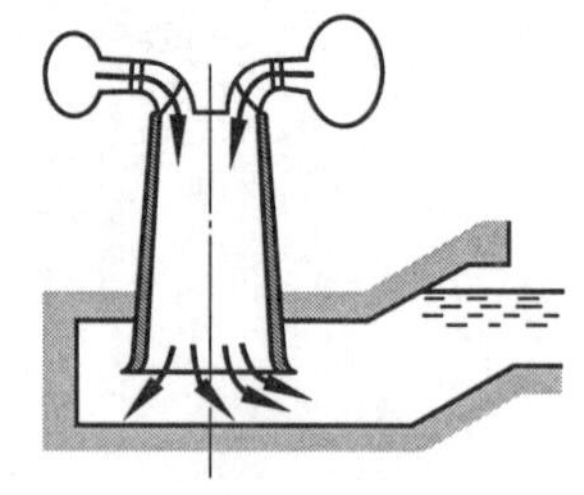

흡출관

핵심 프란시스 수차의 유량조절장치

회전차 바깥둘레에 설치된 안내 깃(guide vane)을 움직여서 유량을 조절한다.

③ 프란시스 수차의 효율(η)

$\eta = \eta_h \cdot \eta_v \cdot \eta_m$

여기서, η_h : 수력 효율, η_v : 체적 효율, η_m : 기계 효율

(7) 프로펠러 수차

프로펠러 수차는 저낙차, 대유량에 사용되는 반동 수차로서 낙차의 범위는 5~90 m 정도이다. 날개의 수는 보통 4~10매 정도이고 날개의 각도를 조정할 수 있는 가동익의 수차를 카플란 수차(Kaplan turbine), 고정익의 수차를 프로펠러 수차라 한다.

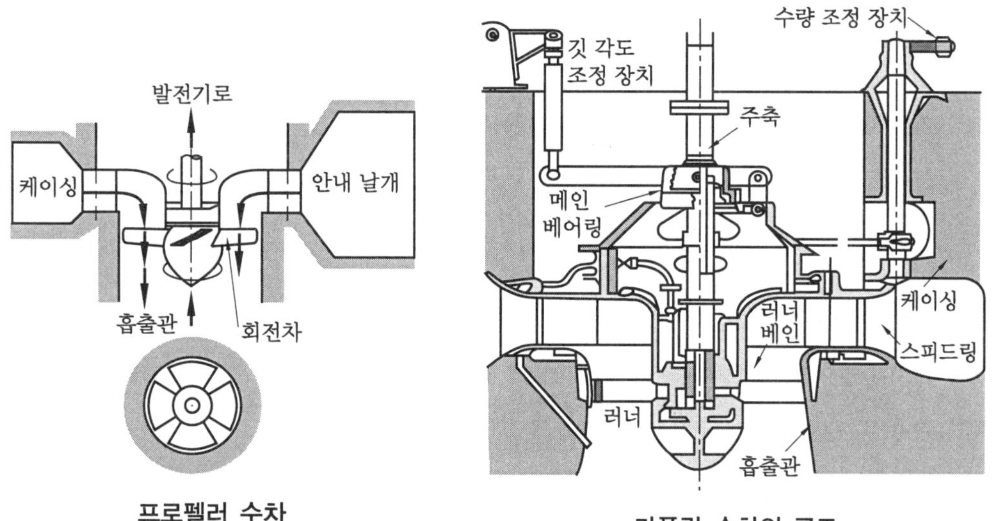

프로펠러 수차

카플란 수차의 구조

아래 그림에서 날개에 작용하는 양력 L, 항력 D는 다음 식으로 표시된다.

양력(L)$= C_L \dfrac{\gamma}{2g}(ldr)w_0^2$ [N] 항력(D)$= C_D \dfrac{\gamma}{2g}(ldr)w_0^2$ [N]

여기서, C_L : 양력계수, C_D : 항력계수, γ : 액체의 비중량(N/m^3)

ldr : 날개의 평면 투영 면적(m^2), w_0 : 유효 상대 속도(m/s)

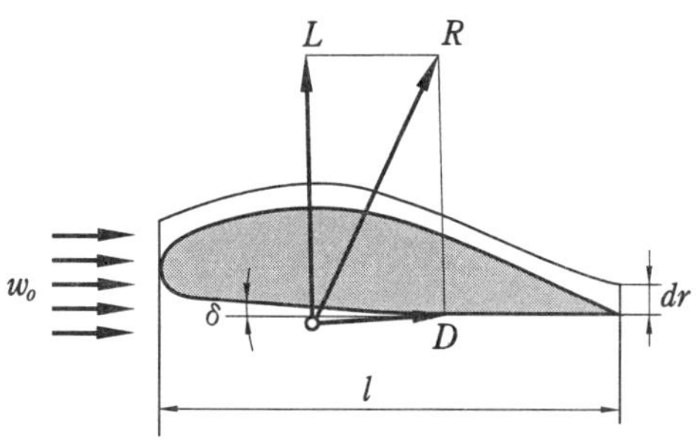

날개에 작용하는 양력과 항력

핵심 **수차의 효율**

① 기계 효율(η_m)$=\frac{L}{L_h}=\frac{L_h-L_m}{L_h}$

② 전효율(η)$=\frac{\text{실제 출력}}{\text{이론 출력}}=\frac{L}{L_h}\times\frac{L_h}{L_{th}}=\eta_m\cdot\eta_h=\eta_m\cdot\eta_n\cdot\eta_b$

여기서, L : 실제 출력, L_{th} : 이론 출력, η_h : 수력 효율, η_n : 노즐 효율, η_b : 버킷 효율

16 송풍기의 풍압에 의한 분류

① 팬(fan) : 압력 상승이 0.1 kgf/cm^2(0.01 MPa) 이하인 것
② 블로어(blower) : 압력 상승이 0.1 kgf/cm^2(0.01 MPa) 이상, 1.0 kgf/cm^2(0.1 MPa) 이하인 것
③ 압축기(compressor) : 압력 상승이 1.0 kgf/cm^2(0.1 MPa) 이상인 것

17 액체 전동장치

액체 전동장치는 액체를 매개체로 하여 2축 사이의 회전 운동을 전달하는 기계장치로서 유체 커플링과 토크 컨버터로 분류된다.

(1) 유체 커플링(fluid coupling)

유체 커플링이란 엔진의 회전력을 유체의 운동 에너지로 바꾸어 이 에너지를 다시 동력으로 바꾸어 유성기어부 변속기 측으로 전달하는 클러치로서 2개의 선풍기를 마주보게 한 다음 한쪽 선풍기에 스위치를 연결하여 회전시키면 공기의 흐름에 의해 스위치를 넣지 않은 선풍기도 함께 회전하는 원리를 이용한 클러치이다.

펌프 측 임펠러와 터빈 측 러너의 두 날개 사이에 약간의 틈새를 두고 서로 마주하게 해서 한 개의 케이스 안에 넣고, 그 속에 효율이 좋은 오일을 가득 채운 다음 임펠러를 회전시키면 유체 운동 에너지가 러너에 전달되어 터빈이 회전하게 된다. 이때 오일은 펌프 쪽으로 돌아오면서 와류와 회전 흐름으로 인하여 와류가 유체의 흐름을 방해하므로 중심부에 가이드링을 두어 유체의 충돌이 감소된다. 이때의 동력 전달 효율은 1 : 1이라고는 하나 실제의 효율은 97~98 %이다.

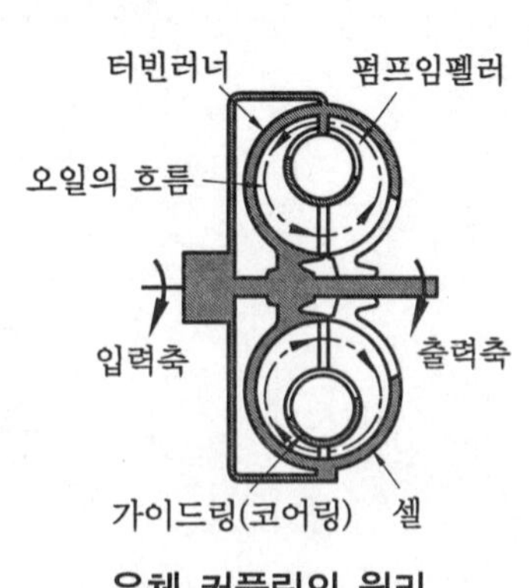

유체 커플링의 원리

(2) 토크 컨버터(torque converter)

토크 컨버터는 유체 클러치의 개량형으로 유체 클러치보다 회전력의 변화를 크게 한 것이다. 유체 클러치에서는 펌프 임펠러와 터빈 러너가 마주보게 설치되어 있으며 내면에는 오일을 채웠고 날개는 각도를 가지고 있지 않으며 모두 중심에서 방사선상으로 설치되어 있다. 또한 유체 클러치에서 토크 변환율은 1 : 1 이상으로는 될 수 없지만 토크 컨버터는 스테이터가 설치되어 속도비의 변화에 따라 토크의 전달률, 즉 토크비가 자동적으로 변화하는 장치로 토크 변환율은 2~3 : 1이다.

4-2 유압기기

1 유압기기의 개요

(1) 장점

① 동작 속도를 자유로이 바꿀 수 있다.

② 커다란 조작력을 간단히 얻으며 그 조절도 용이하다.

③ 전기적 조작과 조합이 간단하게 된다.

④ 원격 조작(remote control)이 된다.

⑤ 과부하에 대해 안전장치로 만드는 것이 용이하다.

⑥ 입력에 대한 출력의 응답이 빠르다.

(2) 단점

① 유압을 사용하기 위해서는 상당한 설비 장치가 필요하다.

② 한 번 기계적 에너지를 유압으로 바꾸어 이것을 기계적 작업으로 바꾸는 것이며 직접 전달하는 것보다 효율이 나빠지기 쉽다.

③ 동작 기름의 성질상 온도의 영향을 받기 쉽다.

④ 기름이 배관의 이음 등 틈새로 새기 쉽다.

⑤ 매개체로서 기름 자체가 더러워지기 쉽다.

(3) 오일 여과 방식

① 전류식(full flow filter) : 오일 펌프에서 압송한 오일이 오일 여과기를 거쳐 각 윤활부로 공급되는 방식이다(가솔린 엔진에서 많이 사용한다).

② 분류식(by-pass filter) : 오일 펌프에서 압송된 오일을 각 윤활부로 직접 공급하고 일부 오일을 오일 여과기로 보내어 여과시킨 다음 오일 팬으로 되돌아가게 하는 방식이다.

③ 복합식(샨트식) : 전류식과 분류식을 결합한 방식으로 입자의 크기가 다른 두 종류의 여과기를 사용하여 입자가 큰 여과기를 거친 오일은 오일 팬으로 복귀시키고 입자가 작은 여과기를 거친 오일은 각 윤활부에 직접 공급한다(디젤 엔진에서 많이 사용한다).

(4) 유압기기의 분류

분류	종류
유압 펌프	기어 펌프, 베인 펌프, 나사 펌프, 플런저 펌프
유압 작동기(액추에이터)	유압 실린더, 유압 모터
유압 제어 밸브	유량 제어 밸브, 압력 제어 밸브, 방향 제어 밸브
유조(oil tank)	필터, 냉각기
유압 회로	압력 설정 회로, 무부하 회로, 속도 제어 회로, 압력 제어 회로, 방향 제어 회로
기타	축압기, 유압 전동 장치

2 유압 작동유

(1) 유압 작동유의 구비 조건

① 유압 작동유를 확실히 전달시키기 위하여 비압축성이어야 한다.

② 동력 손실을 최소화하기 위해 장치의 오일 온도 범위에서 회로 내를 유연하게 유동할 수 있는 점도가 유지되어야 한다.

③ 운동부의 마모를 방지하고, 실(seal) 부분에서의 오일 누설을 방지할 수 있는 정도의 점도를 가져야 한다.

④ 인화점과 발화점이 높아야 한다.

⑤ 장시간 사용하여도 화학적으로 안정해야 한다(산화안정성 및 내유화성).

⑥ 녹이나 부식 등의 발생을 방지해야 한다(방청 및 방식성이 우수할 것).

⑦ 외부로부터 침입한 먼지나 오일 속에 혼입한 공기 등의 분리를 신속히 할 수 있어야 한다.

⑧ 점도 지수가 높아야 한다(온도 변화에 대한 점도 변화가 작을 것).

⑨ 열전달률이 높아야 한다.

⑩ 실(seal)재와 접합성이 좋아야 한다.
⑪ 증기압이 적당해야 한다.

(2) 동력 손실로 인한 점도가 너무 높을 때 영향

① 기계 효율(η_m) 저하
② 내부 마찰 증대로 인한 온도 상승
③ 소음 및 공동 현상(캐비테이션) 발생
④ 유동저항 증가로 인한 압력손실 증대
⑤ 유압기기 작동 불활발

(3) 동력 손실로 인한 점도가 너무 낮을 때 영향

① 펌프 및 모터의 용적효율 저하
② 오일 누설 증대
③ 압력 유지 곤란
④ 마모 증대
⑤ 압력 발생 저하로 정확한 작동 불가능

(4) 유압 작동유의 첨가제

유압 작동유에 요구되는 여러 성질을 향상시키기 위하여 다음과 같은 첨가제가 사용된다.

① 산화 방지제 : 유황 화합물, 인산 화합물, 아민 및 페놀 화합물
② 방청제 : 유기산 에스테르, 지방산염, 유기인 화합물, 아민 화합물
③ 소포제 : 실리콘유, 실리콘의 유기 화합물
④ 점도 지수 향상제 : 고분자 중합체의 탄화수소
⑤ 유성 향상제 : 유기인 화합물이나 유기 에스테르와 같은 극성 화합물
⑥ 유동점 강하제 : 유동점은 기름이 응고하는 온도보다 2.5℃ 높은 온도를 말하며 저온 유동성을 나타내는 방법으로 표시된다(실용상 최저온도는 유동점보다 10℃ 이상 높은 온도가 바람직하다).

3 실(seal)

유압 장치의 접합부나 이음 부분은 고압이 될수록 기름 누설이 발생하기 쉬우며, 외부에서 이물이 침입하는 경우도 있다. 이러한 점을 방지하는 기구를 실(seal)이라 하며,

고정 부분에 사용하는 실을 개스킷(gasket), 운동 부분에 사용하는 실을 패킹(packing)이라 한다.

(1) 실의 구비 조건

① 양호한 유연성 : 압축 복원성이 좋고, 압축 변형이 작아야 한다.

② 내유성 : 기름 속에서 체적 변화나 열화가 적고, 내약품성이 양호해야 한다.

③ 내열, 내한성 : 고온에서의 노화나 저온에서의 탄성 저하가 작아야 한다.

④ 기계적 강도 : 오랜 시간의 사용에 견딜 수 있도록 내구성 및 내마모성이 풍부해야 한다.

(2) 실의 재료

실의 재료로는 마 , 무명, 피혁, 천연 고무 등이 있으나 고압, 고온, 특수한 유압유 등에는 대부분 단독으로는 사용되지 않고 합성고무, 합성수지와 혼용되고 있다. 그 밖에 연강, 스테인리스 등의 금속류나 세라믹, 카본 등도 사용되고 있다.

(3) 실의 종류

① O링(O-ring) : 구조가 간단하기 때문에 개스킷, 패킹에 가장 널리 사용되며, 재질은 니트릴 고무가 표준이다. 고압(100 kgf/cm^2)에서 사용할 때는 백업링을 O링의 외측에 사용하면 좋다.

② 성형 패킹(forming packing) : 합성수지 또는 합성고무 속에 천을 혼입하여 압축 성형한 패킹으로서 단면 형상에 따라 V형, U형, L형, J형 등이 있으며, 주로 왕복 운동용에 사용된다.

③ 메커니컬 실(mechanical seal) : 회전축을 가진 유압기기에서 축 둘레의 기름 누설을 방지하는 실이며, 접동 재료는 카본 그라파이트, 세라믹, 그라파이트가 든 디프론 등이 사용되며, 상대재는 표면 경화한 각종 금속 재료를 사용한다.

④ 오일 실(oil seal) : 유압 펌프의 회전축, 변환 밸브의 왕복축(압력 45 kgf/cm^2 이하) 등의 실로 널리 사용되며, 재료는 주로 합성고무가 사용된다.

4 여과기

압유에 불순물이 혼입되어 있으면 유압기기의 효율 저하나 고장의 원인이 되므로 여과기를 설치하여 압유를 청정하며, 일반적으로 미세한 불순물 제거에 사용되는 것을 필터(filter), 비교적 큰 불순물 제거에 사용되는 것을 스트레이너(strainer)라고 한다.

(1) 스트레이너(strainer)

탱크 내의 펌프 흡입구에 설치하며, 펌프 및 회로에 불순물의 흡입을 막는다. 스트레이너는 펌프 송출량의 2배 이상의 압유를 통과시킬 수 있는 능력을 가져야 하며, 흡입 저항이 작은 것이 바람직하고 보통 100~200 메시의 철망이 사용된다.

(2) 필터(filter)

배관 도중, 복귀 회로, 바이패스 회로 등에 설치되며, 미세한 불순물의 여과 작용을 하는 여과기로서 여과 작용면에서 분류하면 표면식, 적층식, 다공체식, 흡착식, 자기식으로 크게 나눌 수 있다.

5 축압기(어큐뮬레이터)

축압기(accumulator)는 용기 내에 고압유를 압입한 것으로서 펌프로부터 공급되는 압유량보다 다량의 고압유가 순간적으로 구동 장치 내에서 필요할 때 고압유를 보내줄 목적으로 고안되었으며, 축압기를 사용하면 사용하지 않을 경우보다 펌프가 소형화되고 또 전체의 장치가 소형으로 된다.

(1) 축압기의 용도

① 압력 에너지의 축적(압력 보상, 충격압력 흡수)
② 맥동, 충격의 제거
③ 2차 유압 회로의 구동 방출 사이클 시간 단축
④ 액체 수송(펌프 대용)

(2) 축압기의 종류

① 중량식 ② 스프링식 ③ 공기압식 ④ 실린더식

(3) 축압기의 용량 및 누설 유량 선정

$P_0 V_0 = P_1 V_1 = P_2 V_2$에서

$$\text{누설 유량}(\Delta V) = V_2 - V_1 = P_0 V_0 \left(\frac{1}{P_2} - \frac{1}{P_1} \right) [\text{L}]$$

여기서, P_0 : 봉입가스 압력(kPa), P_1 : 최고압력(kPa), P_2 : 최저압력(kPa)
V_0 : 축압기 용량(L), V_1 : 최고압력 시 체적(L), V_2 : 최저압력 시 체적(L)

6 펌프

(1) 유압 펌프

① 동력과 효율

(가) 펌프 동력 : L_p(실제로 펌프에서 기름에 전달되는 동력)

$$L_p = \frac{PQ}{7500}[\text{PS}] \qquad L_p = \frac{PQ}{10200}[\text{kW}]$$

여기서, P : 실제의 송출 압력(kg/cm^2)(단, 흡입력을 0으로 한다.)

Q : 실제의 송출량(L/min)

(나) 이론 동력 : L_{th}(펌프 내부의 누설 손실이 전혀 없을 때의 동력)

$$L_{th} = \frac{PQ}{7500}[\text{PS}] \qquad L_{th} = \frac{PQ}{10200}[\text{kW}]$$

여기서, Q : 이론 송출량(L/min)

(다) 펌프 축동력 : L_s(펌프를 운전하는 데 필요한 동력)

$$L_s = \frac{PQ}{7500\eta}[\text{PS}] \qquad L_s = \frac{PQ}{10200\eta}[\text{kW}]$$

여기서, η : 펌프의 전효율

② 체적 효율 : $\eta_v = \dfrac{Q_a}{Q_{th}} \times 100\,\%$

여기서, Q_a : 실제 송출량(L/min), Q_{th} : 이론 송출량(L/min)

각종 유압 펌프의 연속 운전 조건의 범위

펌프의 종류		압력(kgf/cm^2)	송출량(L/min)	회전수(rpm)
플런저 펌프	축류	70~350	2~1500	600~6000
	반경류	50~250	2~800	600~1800
기어 펌프		35~175	5~400	1200~1500
베인 펌프		35~210	2.5~950	1000~2000
가변용량형 베인 펌프		17.5~70	5~110	1000~2000

(2) 기어 펌프(gear pump)

① 구조 : 기어 펌프에는 입구, 출구의 밸브가 불필요하므로 사용하는 기름의 점도가 높더라도 자동 밸브를 가진 왕복 펌프 등과는 달리 고속 회전이 가능하며, 기어의 제작 정도와 치형을 적당히 선정하면 70~80 % 정도의 효율을 얻을 수 있다.

② 특징

(가) 흡입 능력이 가장 크다.

(나) 구조가 간단하고 비교적 가격이 싸다.

(다) 운전 보수가 용이하고 신뢰도가 높다.

(라) 기름의 오염에 비교적 강하다.

(마) 밸브가 필요 없고(입구, 출구) 왕복 펌프에 비해 고속 운전이 가능하다.

③ 송출량과 유동력

(가) 이론 송출량(Q_{th})

$$Q_{th} = 2\pi m^2 ZbN[\text{L/min}]$$

여기서, m : 모듈, Z : 잇수, b : 이폭, N : 분당 회전수(rpm)

(나) 실제 송출량(Q_a)

$$Q_a = Nq_{th} - q = \eta_v \times Q_{th}[\text{L/min}]$$

여기서, N : 기어 펌프의 회전수, q : 누설량

Q_{th} : 이론 송출량(L/min), η_v : 체적 효율

(3) 베인 펌프(vane pump)

① 장점

(가) 10매의 베인을 가지며 적당한 압력 포트(port), 캠링을 사용함으로써 송출 압력에 맥동이 작다.

(나) 소음이 적고 기동 토크가 작다.

(다) 펌프의 구동 동력에 비하여 형상이 소형이다.

(라) 베인의 선단이 마모해도 압력 저하가 일어나지 않는다.

(마) 비교적 고장이 적고 보수가 용이하다.

(바) 송출 압력은 7~21 MPa 정도이다.

② 단점

(가) 베인, 로터, 캠링 등이 접촉 활동하므로 공작 정도를 높게 함과 동시에 좋은 재료를 선택할 필요가 있다.

(나) 사용유의 점성계수, 청결도 등에 세심한 주의를 요한다.

(다) 부품수가 많은 편이다.

(4) 레이디얼 펌프(radial pump)

구동축의 회전 방향을 바꾸지 않고 기름의 송출 방향을 바꿀 수 있는 펌프이다.

(5) 플런저 펌프(plunger pump)

플런저 펌프는 왕복 운동 부분의 질량이 극히 작으므로 고속 운전이 가능하다. 따라서 비교적 소형으로서 고압 고성능의 펌프를 얻을 수 있고, 동력에 비하여 비교적 설치 면적이 작으므로 유리하다. 다수의 플런저를 갖는 펌프를 고속 운전하므로 송출유의 맥동이 극히 작고 진동도 작아서 원활한 운전을 할 수 있다.

플런저의 지름이 비교적 작고 행정(stroke)도 작고, 공작 정도도 얻기 쉬우므로 높은 체적 효율을 얻을 수 있으며 송출 압력 100~300 kgf/cm^2, 송출량 10~500 L/min, 효율 80~90 % 정도 등이 보통이다. 대용량이며 송출압이 210~350 kgf/cm^2인 초고압용 펌프이며 펌프 중 전체 효율이 가장 좋다.

(6) 레이디얼 플런저 펌프(radial plunger pump)

① 고정 실린더식 : 각 실린더마다 흡입 밸브와 송출 밸브를 가지고 로터에 고정된 캠에 의하여 왕복 운동을 하는 방식이며 비교적 고압하에서 무리가 없는 작동이 가능하다.

② 회전 실린더식 : 플런저를 내장한 실린더 블록이 흡입, 송출 밸브의 작용을 하는 고정된 핀틀을 중심으로 하여 회전하며, 이 중심과 편심 위치에 있는 편심 링에 접촉하면서 레이디얼 방향으로 배열된 플런저가 왕복 운동을 하는 형식의 펌프이다.

7 유압 제어 밸브

(1) 압력 제어 밸브

① 안전 밸브(safety valve) : 기기나 관 등 파괴를 방지하기 위해서 회로의 최고 압력을 한정하는 밸브

② 릴리프 밸브(relief valve) : 회로 내의 압력을 설정값으로 유지하기 위해서 유체의 일부 또는 전부를 흐르게 하는 압력 제어 밸브

③ 시퀀스 밸브(sequence valve) : 입구 압력 또는 외부 파일럿 압력이 정해진 값에 도달하면 입구 쪽에서 출구 쪽으로의 흐름을 허락하는 압력 제어 밸브

④ 카운터 밸런스 밸브(counter balance valve) : 부하의 낙하를 방지하기 위해서 배압을 유지하는 압력 제어 밸브

⑤ 언로딩 밸브(unloading valve) : 외부 파일럿 압력이 정해진 압력에 도달하면 입구 쪽에서 탱크 쪽으로의 자유 흐름을 허락하는 압력 제어 밸브

⑥ 감압 밸브(pressure reducing valve) : 입구 쪽의 압력에 관계없이 출구 쪽 압력을

입구 쪽 압력보다도 낮은 설정 압력으로 조정하는 압력 제어 밸브

⑦ 유체 퓨즈(fluid fuse) : 유압 회로 내의 압력이 설정압을 넘으면 유압에 의하여 막이 파열되어 유압유를 탱크로 귀환시키며, 압력 상승을 막아 기기를 보호하는 역할을 하는 유압 요소

⑧ 압력 스위치(pressure switch) : 유체 압력이 정해진 값에 도달했을 때, 전기 접점을 개폐하는 기기

(2) 유량 제어 밸브

① 스로틀 밸브(throttle valve) : 죔 작용에 의하여 유량을 규제하는 압력 보상 기능이 없는 유량 제어 밸브

② 압력 보상형 유량 조절 밸브(pressure compensated flow control valve) : 압력 보상 기능에 의하여 입구 압력 또는 배압의 변화에 관련이 없고, 유량을 정해진 값으로 유지하는 유량 제어 밸브

③ 압력·온도 보상형 유량 조절 밸브(pressure-temperature compensated flow control valve) : 유체의 온도 변화에 관계없이 유량을 정해진 값으로 유지하는 유량 조정 밸브

④ 분류(나눔) 밸브(flow dividing valve) : 압력 유체원에서 2개 이상의 관로에 분류시킬 때, 각각의 관로 압력에 관계없이 일정 비율로 유량을 분할하여 흐르게 하는 밸브

⑤ 집류(모음) 밸브(flow combining valve) : 2개의 유입 관로의 압력에 관계없이 정해진 출구 유량이 유지되도록 합류하는 밸브

⑥ 디셀러레이션 밸브(deceleration valve) : 액추에이터를 감속시키기 위해서 캠 조작 등에 의하여 유량을 서서히 감소시키는 밸브로 공작기계 이송 제어용으로 사용된다.

(3) 방향 제어 밸브

① 절환 밸브(direction control valve) : 2개 이상의 흐름 형태를 가지고, 2개 이상의 포트를 가지는 방향 제어 밸브

② 체크 밸브(check valve) : 한 방향만으로 유체의 흐름을 허락하고, 반대 방향으로는 흐름을 저지하는 밸브

③ 셔틀 밸브(shuttle valve) : 2개의 입구와 1개의 공통 출구를 가지고, 출구는 입구 압력의 작용에 의하여 한쪽 방향에 자동적으로 접속되는 밸브

④ 서보 밸브(servo valve) : 전기, 그 밖의 입력 신호의 함수로서, 유량 또는 압력을 제어하는 밸브

(4) 방향 전환 밸브

캠 조작, 수동 조작, 전자 조작, 파일럿(pilot) 작동, 전자 유압 전환 밸브

(5) 오버라이드(override) 특성(사전누설 특성)

릴리프 밸브나 체크 밸브 등에 회로 압력이 증가했을 때 밸브가 열리기 시작하여 어느 일정한 흐름의 양으로 인정되는 압력을 크랭킹 압력이라고 하며, 압력이 더욱 증가하면 그 밸브의 소정 유량이 통과할 때에 밸브의 저항에 의한 압력이 상승한다. 이러한 현상을 오버라이드라고 한다.

8 액추에이터

유압 펌프에 의하여 공급되는 유체의 압력 에너지를 이용하여 기계적인 에너지로 회전, 직선, 요동의 각 운동을 하는 동력으로 변환하는 유압기기를 일반적으로 액추에이터(actuator) 또는 유압 모터(hydraulic motor)라 부른다.

(1) 분류

액추에이터	종류
유압 모터	기어 모터, 베인 모터, 플런저 모터
유압 실린더	피스톤형 실린더, 램형 실린더
요동 모터	베인형 요동 모터, 피스톤형 요동 모터

(2) 유압 모터

유압 모터는 압유가 가진 압력을 출력축의 회전력으로 변환하는 기기이며, 원리적으로는 유압 펌프의 역사용이다.

① 이론 토크

$$T_{th} = \frac{pq}{2\pi} = \frac{pQ_0}{2\pi n_0}[\text{N} \cdot \text{m}]$$

여기서, T_{th} : 이론 토크(N · m), p : 압력차(Pa=N/m^2), n_0 : 매 초당 이론 회전수(rps)
Q_0 : $n_0 q$[m^3/s], q : 모터의 1회전당 배제 용량(m^3/rev)

② 동력과 효율 : 유압 모터에 공급되는 압유가 단위 시간당 가지고 들어가는 에너지를 모터의 유동력이라 하며, 모터의 유동력을 L_m이라 하면

$$L_m = pQ[\text{kW}]$$

여기서, p : 모터의 공급유와 배유의 압력차(kPa)

Q : 모터에 공급되는 유량(m^3/s)

9 유압 회로

(1) 압력 설정 회로

모든 유압 회로의 기본으로 회로 내의 압력을 설정 압력으로 조정하는 회로이다.

(2) 무부하 회로

유압 펌프의 유량이 필요하지 않게 되었을 때, 즉 조작단의 일을 하지 않을 때 작동유를 저압으로 탱크에 귀환시켜 펌프를 무부하로 만드는 회로로서 펌프의 동력이 절약되고, 장치의 발열이 감소되며, 펌프의 수명을 연장시키고, 장치 효율의 증대, 유온 상승 방지, 압유의 노화 방지 등의 장점이 있다.

① 절환 밸브에 의한 회로
② 단락 회로(short circuit)
③ 축압기에 의한 회로
④ Hi-Lo 회로

(3) 압력 제어 회로

① 최대 압력 제한 회로
② 원격 조작 회로
③ 압력 가변 회로
④ 충격파 방지 회로
⑤ 감압 회로
⑥ 증압 회로

(4) 속도 제어 회로

유압 모터나 유압 실린더의 속도를 임의로 쉽게 제어할 수 있다는 것은 유압 장치의 큰 장점이다. 속도는 액추에이터의 크기, 유량, 부하 등에 의하여 결정되고, 속도 제어에는 유량 제어 밸브를 사용하는 것 이외에 다음과 같은 방법이 있다.

① 미터 인 회로(meter in circuit) : 유량 제어 밸브를 실린더의 입구 측에 장치하여 유입 유량을 조정하여 실린더의 속도를 제어하며 유압 펌프에서는 제어 밸브를 통과하는 것보다 더 많은 양의 압유를 보내야 한다. 따라서 여분의 유량은 릴리프 밸브를 통하여 탱크에 방류되므로 동력 손실이 크다.

$$\eta_{mi} = \frac{(Q - Q_R)P_2}{P_1 Q} = \frac{Q_c P_2}{P_1(Q_R + Q_c)}$$

② 미터 아웃 회로(meter out circuit) : 유량 제어 밸브를 실린더의 출구 측에 설치한 회로로서 실린더로부터 유출되는 유량을 제어하여 피스톤 속도를 제어하는 회로이며, 미터 인 회로와 마찬가지로 불필요한 압유는 릴리프 밸브를 통하여 탱크에 방류되므로 동력 손실이 크다.

$$\eta_{mo} = \frac{(P_1 - P_2)(Q - Q_R)}{P_1 Q} = \frac{Q_c(P_1 - P_2)}{P_1(Q_R + Q_c)}$$

③ 블리드 오프 회로(bleed off circuit) : 실린더의 입구 측의 분기 회로에 유량 제어 밸브를 설치하여 실린더 입구 측의 불필요한 압유를 배출시켜 작동 효율을 증진시킨 회로이나 실린더에 유입하는 유량이 부하의 변동에 따라 변하므로 미터 인, 미터 아웃 회로와 같이 피스톤 이송을 정확하게 조절하기 어렵다.

$$\eta_{off} = \frac{Q_R - Q_c}{Q_c} \times 100\%$$

④ 카운터 밸런스 회로(counter balance circuit) : 일정한 배압을 유지시켜 램의 중력에 의하여 자연 낙하하는 것을 방지한다.

⑤ 차동 회로(differential circuit) : 전진할 때의 속도가 펌프의 배출 속도 이상으로 요구되는 것과 같은 특수한 경우에 사용된다. 피스톤이 전진할 때에는 펌프의 송출량과 실린더의 로드 쪽의 오일이 함유해서 유입되므로 피스톤 진행 속도는 빠르게 된다. 또, 피스톤을 미는 힘은 피스톤 로드의 단면적에 작용되는 오일의 압력이 되므로 전진 속도가 빠른 반면, 그 작용력은 작게 되어 소형 프레스에 간혹 사용된다.

⑥ 가변 용량형 펌프의 회로

⑦ 감속 회로

(5) 방향 제어 회로

① 로킹 회로(locking circuit) : 실린더 행정 중에 임의 위치에서 혹은 행정 끝에서 실린더를 고정시켜 놓을 필요가 있을 때 피스톤의 이동을 방지하는 회로

② 파일럿 조작 회로 : 파일럿 압력을 사용하는 밸브를 사용하여 전기적 제어가 위험한 장소에서도 안전하게 원격 조작이나 자동 운전 조작을 쉽게 하고 또한 값이 싼 회로를 만들 수가 있다. 파일럿압의 대부분은 별개의 회로로부터 유압원을 취하고 있으나, 이때 주 회로를 무부하시키더라도, 파일럿압은 유지되게 해야 하고, 유압 실린더에 큰 중량이 걸려 있을 때에는 파일럿 압유를 교축시키거나, 파일럿 조작 4방향 밸브의 교축이 되게끔 제작하여, 밸브 전환 시의 충격을 완화시켜야 한다.

Part 05

건설기계일반 및 플랜트배관

5-1 건설기계일반

1 불도저(bulldozer)

트랙터에 삽(blade)을 설치하여 견인하면서 작업을 수행하는 기계를 말하며 크롤러형 트랙터에 삽을 설치하면 크롤러형(crawler type) 도저가 되고 타이어 트랙터에 설치하면 타이어형(tire type) 도저가 된다(삽날은 변경할 수 없다).

(1) 주행 방식에 따른 분류

① 크롤러형(crawler type) : 무한궤도식으로 접지면적이 크므로 접지압력($0.5 kg/cm^2$)이 낮다. 그러므로 연약한 지반에 작업이 용이하고 등판능력과 견인력이 크다. 습지대 작업도 가능하다(나쁜 지형에서도 강력한 굴착성능을 가지고 있다).

② 타이어형(tire type) : 휠(wheel)식으로 크롤러형에 비해 기동성이 좋고 평탄한 도로 및 포장도로에서 마모 없이 작업하기가 좋다(접지압이 크다).

핵심 접지압

$$\text{접지압} = \frac{\text{트랙터 자중}}{\text{접지면적}} = \frac{\text{트랙터 자중}}{2(\text{트랙슈폭} \times \text{트랙터가 접지하는길이})} [kPa]$$

(2) 종류 및 특징

① 스트레이트 도저(straight dozer) : 트랙터 앞 배토판이 90°로 장착되어 있어 상하로 10° 경사시켜 직선 절토 및 송토 작업에 적합하나 삽날은 변경할 수 없다.

② 앵글 도저(angle dozer) : 배토판을 좌우로 꺾을 수 있으므로 25~30° 경사지에서 절토 작업이 가능하며, 산허리를 깎는 측면 절삭은 물론 흙이나 눈을 옆으로 밀면서

전진하므로 제설, 절토 작업 및 경사면에서 스트레이트 도저와 틸트 도저 역할도 가능하다(파이프 매설 작업에 적합).

③ 틸트 도저(tilt dozer) : V자형 배수로 굳은 땅, 얼어붙은 땅, 도랑 굴착 작업에 적합하다(접지압력 0.25 kg/cm^2).

④ 힌지 도저(hinge dozer) : 제설 및 토사 운반용으로 다량의 흙을 전방으로 운반하는데 적합하다.

⑤ 트리 도저(tree dozer) : 개간 정지 작업에 적합하고 트랙터 앞에 V자형 배토판을 붙여 상하이동하며 나무뿌리도 제거할 수 있다.

⑥ 레이크 도저(rake dozer) : 배토판 대신 레이크(rake)를 부착하여 발근(나무뿌리 제거)이나 지상 청소 작업에 적합하다.

⑦ U 도저 : 배토판이 U자로 되어 있어 흙이 옆으로 넘치는 것이 적다.

(3) 규격 표시 방법

불도저의 자중(ton)으로 표시한다(대형 23 ton 이상, 중형 15~20 ton, 소형 11~12 ton).

핵심 불도저의 작업능력(Q)

불도저의 시간당 작업량(m^3/h)으로 표시한다.

$$Q = \frac{60qfE}{C_m}[\text{m}^3/\text{h}]$$

여기서, q : 토공판 용량(1회 흙운반량), E : 작업효율
f : 토량환산계수, C_m : 사이클 타임(min)

$$C_m = \frac{L}{V_1} + \frac{L}{V_2} + t[\text{min}]$$

여기서, V_1 : 전진 속도(km/h), V_2 : 후진 속도(km/h)
t : 변속에 요하는 시간(s), L : 작업거리(m)

(4) 작업량 산출 및 작업거리

① 도저(dozer) : 3~100 m 이내(단거리)

② 견인식 스크레이퍼 : 100~500 m

③ 자주식(모터식) 스크레이퍼 : 500~1500 m

④ 덤프트럭 : 1500 m 이상(장거리)

(5) 배토판의 규격 및 용량

① 규격=폭(너비)×높이($b \times h$)

② 용량(Q)= bh^2[m^3]

(6) 불도저의 동력 전달 순서

엔진(engine) → 토크 컨버터 → 자재 이음 → 변속기 → 베벨 기어 → 클러치 → 감속장치(최종 구동) → 스프로킷(sprocket) → 트랙

(7) 도저의 작업 방법

① 홈통 작업 : 흙 손실을 방지하기 위해 작업하는 선행 작업

② 지균 작업 : 평탄 또는 땅 고르기 작업

③ 배수로 및 굴토 작업

(8) 제어장치

① PCU(Power Control Unit) 장치 : 동력 제어장치

② CCU(Cable Control Unit) 장치 : 케이블 제어장치

(9) 건설기계의 주행저항

① 공기 저항(가속도 저항)

② 회전 저항

③ 구배 저항

(10) 트랙터의 주행장치 형식

① 무한궤도식(크롤러식)
② 차륜식
③ 반차륜식, 반크롤러식
④ 레일식

핵심 와이어 로프(wire rope) 마모 요인

① 로프의 급유가 부족할 때

② 베어링의 급유가 부족할 때

③ 시브 베어링(활차)의 급유가 부족할 때

④ 활차의 홈이나 정렬 불량

2 스크레이퍼(scraper)

(1) 용도

도저보다 작업거리가 길며 무른 토사의 지층을 얇게 깎고 일정한 두께로 흙을 깔 수도 있으며 남는 양은 볼에 적재 및 운반도 할 수 있다. 일명 캐리 올(carry all)이라고도 한다.

(2) 종류

① 견인식 스크레이퍼 : 작업거리가 100~500 m이며 푸시 도저와 트랙터로 견인하여 작업한다.

② 모터식(자주식) 스크레이퍼 : 작업거리가 500~1500 m이며 구동축에 의한 작업으로 효율이 좋다.

(3) 규격

볼의 평적 용량(m^3)으로 표시한다.

(4) 구조 및 기능

① 볼(bowl) : 토사를 운반하는 용기(굴삭 및 적재)

② 에이프런(apron) : 볼(bowl)에 적재한 토사가 흘러내리지 않게 하고, 적재 및 사토 시에는 위로 올리게 한다.

③ 이젝터(ejector) : 사토 시 볼 내의 뒤쪽에서 토사를 앞쪽으로 밀어내는 장치

④ 푸셔(pusher) : 스크레이퍼를 트랙터로 밀어 주는 장치

⑤ 요크(yoke) : 볼과 견인차를 결합시켜 주는 장치

⑥ 전단핀(shear pin) : 이(teeth)와 본체가 연결된 핀으로 레버를 눕힌 채 강하게 누르거나 급커브를 돌 때 이를 보호하기 위해 부러지게 하는 퓨즈와 같은 역할을 한다.

⑦ 동력 전달 순서 : 엔진 → 토크 컨버터 → 유니버설 조인트(자재 이음) → 트랜스미션(변속기) → 피니언 베벨 기어 → 액슬축 → 플래니터리 기어 → 휠(wheel : 바퀴)

(5) 작업 방법

적재 → 운반 → 하역과 메꾸기 → 깔기 → 리터닝

① 성토 작업 : 볼에 흙을 담아 원하는 장소로 이동하는 작업으로 이동 시 30~50 cm 지면에서 떼어 움직인다.

② 절토 작업 : 볼에 흙을 적재하기 위해 삽날을 원하는 길이로 내리고 전진시키는 작업
③ 덤프(dump) : 흙 뿌리기 에이프런을 열고 이젝터를 전진시켜 흙을 뿌린다.
※ 작업 순서 : 땅 깎기 → 운반 → 스프레딩 → 방향 전환

3 모터 그레이더(motor grader)

(1) 용도

지균 작업, 측구 작업(배수로), 제설 작업, 산포 작업, 매몰 작업 등에 사용한다.

(2) 규격 및 성능

① 규격 : 표준 배토판의 길이(m)로 표시한다.
② 블레이드의 면적(A)=폭×높이($b \times h$)
③ 블레이드의 용량(Q)= bh^2[m^3]

핵심 모터 그레이더의 회전반경(R)

회전반경$(R) = \dfrac{L}{\sin\alpha} + r$[m]

여기서, L : 축간거리(m), α : 바깥쪽 앞바퀴의 조향각(°)
r : 킹핀과 타이어 중심 간의 거리(m)

※ 최소 회전반경은 10~11 m이므로 좁은 도로에서 작업은 불리하다.

(3) 구조

① 그레이더에는 차동기어가 없다(직진성을 좋게 하기 위하여).
② 오일 모터 : 블레이드를 회전시키는 역할
③ 유압 실린더(복동식) : 블레이드 승강력
④ 조작 레버 : 조종석에서 변속기 접속 역할
⑤ 인터록 축(샤프트) : 클러치 페달에 연결되어 플런저를 미는 역할
⑥ 플런저 : 인터록이 회전하면 시프트 축 고정 역할, 플런저를 밀지 않을 때는 스프링 힘으로 변속 역할을 한다.
⑦ 스프링 : 플런저를 복귀시키는 역할
⑧ 탠덤장치(tandem drive system) : 요철이나 불균일한 작업 시 차체균형을 잡아 주고 두 바퀴가 똑같은 하중을 받도록 충격을 완화하는 역할을 한다.

⑨ 리닝 장치 : 앞바퀴 경사장치로서 선회 시 회전반경을 줄이게 하는 역할을 한다.
⑩ 유압 부스터 : 클러치의 분리 작용을 해 주는 구성품
※ 쇠스랑 장치(scarifier system) : 지면이 단단하며, 블레이드 절삭이 곤란할 때 도구로 굴삭하는 장치

(4) 동력 전달 순서

엔진 → 변속기 → 감속 기어 → 베벨 기어 → 구동 기어 → 탠덤장치 → 바퀴

(5) 작업 방법

① 매몰 작업 : 삽의 각도를 조절하여 배수로, 송유관 등의 매몰 작업을 할 수 있다.
② 측구 작업 : 배수로 작업에 적합하다.
③ 제설 작업 : 삽이나 제설기를 설치하여 눈을 제거하는 일
④ 산포 작업 : 골재나 아스팔트 등을 깔아 주는 방법
⑤ 경사 제방 작업 : 경사진 곳의 절토 작업
※ 비포장도로 작업 시 그레이더의 작업속도는 2~6 km/h이다.

4 셔블계 굴삭기계

셔블계 굴삭기계(shovels excavating equipment)는 셔블(shovel) 또는 크레인(crane)을 기본형으로 하고 각종 부속장치의 교환에 의하여 여러 가지 굴삭 작업과 크레인 작업을 하는 기계로서 상부 선회체는 360° 선회가 가능하다.

(1) 전부장치(front attachment)에 따른 분류

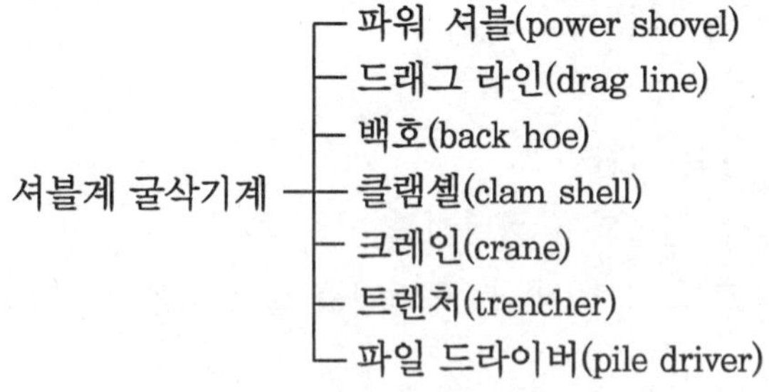

① 셔블(shovel) : 작업 위치보다 높은 곳의 굴착 작업에 이용되는 것으로 삽의 역할을 한다.
② 드래그 라인(drag line) : 지면보다 낮은 곳을 넓게 굴착하는 데 사용하며 작업반경

이 넓고 수중 굴착 및 긁어 파기에 사용된다.

③ 백호(back hoe) : 작업 위치보다 낮은 굴착에 쓰이고 공사장 지하 및 도랑파기 등에 적합하다.

④ 클램셸(clam shell) : 조개장치로서 정확한 수중 굴착에 사용한다.

⑤ 파일 드라이버(pile driver) : 콘크리트나 시트에 말뚝이나 기둥을 박는 역할을 한다.

⑥ 어스 드릴(earth drill) : 무소음으로 직경이 크고 깊은 구멍을 굴착하여 도심의 소음 방지 면에서 건축물의 기초 공사에 주로 사용한다.

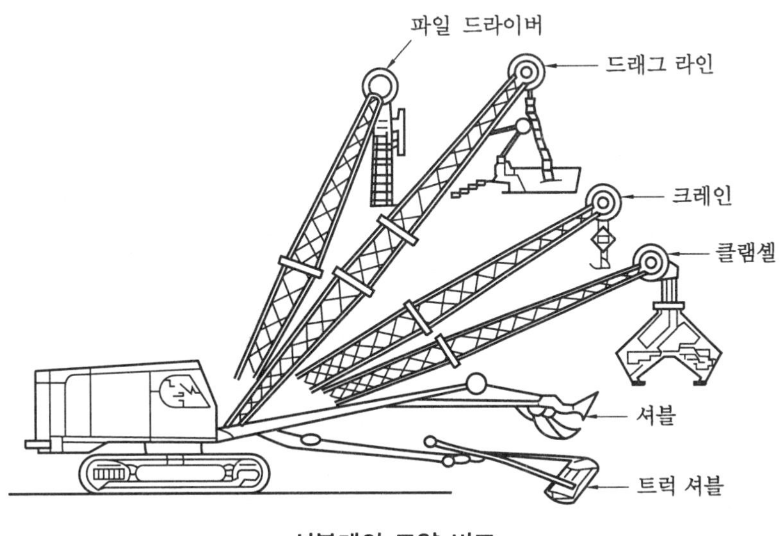

셔블계의 모양 비교

(2) 기타 건설기계 종류

① 리퍼 및 루터

(가) 단단한 지반에서 굴착이 곤란할 경우 도저 뒤에 접지시켜 차체의 중량을 이용하여 긁어 파는 것이다.

(나) 암석, 노반 파쇄 및 아스팔트 파괴 작업에 사용된다.

② 타워 굴착기

(가) 제방에 탑을 설치하여 탑과 탑 사이의 로프에 레일을 장착하여 레일을 타고 다니며 타워를 이동 작업한다.

(나) 수중일 때 싼 공사비로 선박을 대신하여 작업한다.

(다) 하천, 지소 춘하 등에서 자갈 채취 작업을 한다.

③ 트렌처(trencher) : 긴 곳의 배수관을 매설할 때 도랑파기나 기초 굴착 또는 매립 공사를 할 때 사용한다.

④ 유압 셔블

㈎ 날 끝에 본체의 중량을 걸 수 있다.

㈏ 바닥이나 도랑 굴착에 편리하다.

㈐ 소형으로 정도가 좋은 굴착이 가능하며 보수가 쉽다.

※ 아우트리거(outrigger) : 대형 굴착기에서 스프링을 보호할 목적으로 장착해 놓은 스프링 현가장치이다.

5 크레인(crane)

(1) 크레인의 구조

① 하부 본체 : 크레인의 셔블 전체를 지지하는 부분

② 상부 회전체 : 하부 본체 위에 실려 있고 좌우 360° 선회 가능한 부분

③ 전부장치 : 상부 회전체의 앞부분에 위치하고 작업을 직접 수행하는 부분

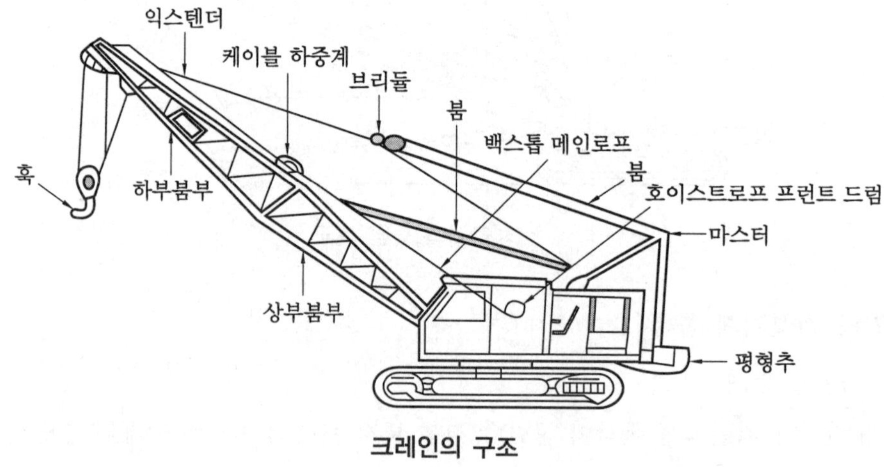

크레인의 구조

(2) 크레인의 기본 동작

① 크라우드(crawd) 동작 : 흙파기 동작

② 스윙(swing) 동작 : 상부 회전체를 돌리는 동작

③ 호이스트(hoist) 동작 : 짐을 올리고 내리는 동작

④ 붐 호이스트(boom hoist) 동작 : 붐을 올리고 내리는 동작

⑤ 리트랙트(retract) 동작 : 크레인 셔블 당기기 동작

⑥ 덤프 동작 : 짐 부리기 동작

⑦ 트래블(travel) 동작 : 크레인을 추진하는 동작

(3) 붐(Boom)

① 트렌치호 붐 : 상사형으로 트렌치호 장치에만 쓰인다(파이프형 : 도랑파기).
② 쉬브 붐 : 상사형으로 되어 있다(셔블 붐 : 삽).
③ 크레인 붐 : 격자형으로 되어 있으며 전부장치에는 hook, clam, drag line, pile driver가 있다.
④ 보조 붐 : 격자형으로 붐의 길이가 짧을 때 붙여서 사용되는 것이며 크레인 붐에만 사용할 수 있다.

(4) 붐의 각도

① 크레인 붐은 30~60°, 쉬브 붐은 45~65°가 작업에 용이한 각도이다.
② 최대 78°, 최소 20°이다.
③ 기중능력은 각도에 비례하고 길이에는 반비례한다. 즉, 길이는 짧고 각도는 크게 해야 한다.

(5) 붐의 교환 방식

① 교목 또는 공드럼을 이용하는 방법
② 크레인을 이용하는 방법 : 가장 빠르고 편하며 빠른 시간에 교환
③ 트레일러를 이용하는 방법

(6) 크레인의 성능 표시

① 권상, 권하 조작에 필요한 안전장치 : 낙하는 물건의 중력에 의하여 강하시키고 속도는 브레이크로 조정한다(제한 스위치, 인터록 장치, 기계 브레이크).
② 최대 권상하중(ton)으로 표시한다.

(7) 크레인의 종류

① 드래그 크레인(drag crane) : 휠형으로 접지압이 크다. 그러므로 연약한 지반에서 작업이 곤란하고 스프링 부하장치가 견디기 어렵다. 이러한 문제점을 보완하기 위하여 4곳에 아우트리거(outrigger)를 설치하여 차의 중량을 지지하는 역할을 한다.
② 유압 크레인
㈎ 정의 : 유압으로 하역장치를 조작하는 이동 크레인이다. 붐의 기울기로 유압잭에 의해 행해지며 5~10 m까지 신축이 가능하다.
㈏ 용도 : 토목 공사, 고층 건물 공사, 중량물의 권상 작업, 전기 공사의 전주 작업,

항만 하역 작업등에 사용한다.

③ 휠 크레인(wheel crane)

(가) 정의 : 크롤러 크레인의 크롤러 대신 차륜을 장치한 것으로서 드래그 크래인보다 소형이며 모빌 크레인이라고도 한다.

(나) 용도 : 공장과 같이 작업범위가 제한되어 있는 장소에 적합하다.

④ 크롤러 크레인(crawler crane) : 바퀴 형태가 크롤러인 무한궤도식으로 습지대 및 협소한 지역에서 작업이 가능한 크레인이다.

⑤ 케이블 크레인(cable crane)

(가) 정의 : 양끝 타워(tower)에 굵은 케이블을 쳐서 트롤리(활차)를 달아 운반물을 끌어올리는 방식의 기계로 권상능력은 1톤에서 25톤까지이다.

(나) 용도 : 댐 공사 등에서 콘크리트나 자재 운반 시 이용한다.

⑥ 가이데릭(guy derrick) 크레인 : 건축 공사장의 철골 조립 및 철거 항만 하역 등에 사용하며 권상능력과 작업반경이 크므로 경제성이 좋다. 또한 취급 및 조립 해체가 용이하다.

⑦ 트랙터 크레인 : 셔블계 굴착기의 상체부에 크레인을 장착한 것이다. 고르지 못한 지형이나 연약지반에서의 작업에는 강제식을 사용하고, 고속주행을 요할 경우에는 휠식 크레인이 사용된다.

⑧ 천장주행 크레인 : 천장형 크레인에 양다리를 달고 여기에 주행차륜을 설치하여 이동하도록 한 기계이다.

⑨ 타워 크레인(tower trane) : 고층 빌딩 및 높은 곳에 작업할 때 필요로 하는 기계이다.

6 다짐기계

다짐기계(compacting equipment)는 토사 등을 다짐하는 기계이다.

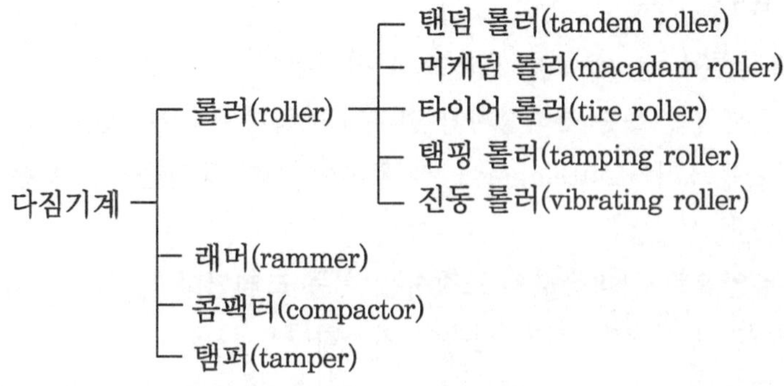

(1) 분류

① 전압식 다짐기계

㈎ 타이어 롤러(tire roller) : 타이어 공기압은 1.5~2.5 kg/cm^2 범위에서 저속운전을 하며 광범위한 토질 및 흙과의 접촉계수가 커 연약한 지반에서 작업이 가능하다.

㈏ 탬핑 롤러(tamping roller) : 중공 드럼에 돌기를 심은 것으로 단동식과 복동식이 있다. 모래, 자갈 및 분쇄된 돌보다 퍼석퍼석한 것을 다지는 데 사용하며, 가장 먼저 하는 작업에 적합하다.

㈐ 로드 롤러(load roller) : 무게가 나가는 주철제 원통(자체 중량)의 압력으로 다짐하는 기계

※ 로드 롤러의 동력 전달 방식 : 기관 → 주클러치 → 변속기 → 전후진기어 → 구동바퀴

㈑ 머캐덤 롤러(macadam roller)

- 2축 3륜으로 아스팔트 작업 시 바퀴 흔적이 있으므로 선행 작업에 적합하다.
- 아스팔트 표면의 건설에 널리 사용된다.
- 가열포장 아스팔트 재료의 기초 다짐에 적합하다.
- 각포장 아스팔트 다짐에 부적합하다.

㈒ 탠덤 롤러(tandem roller)

- 2축 2륜, 3축 3륜으로 자중을 이용하여 끝마무리 작업에 적당하다.
- 두꺼운 흙을 다지는 데 적합하나 단단한 각재를 다지는 데는 부적당하다.

② 진동식 롤러(vibrating roller) : 진동체를 지상에 놓고 그 힘으로 작업하는 기계로, 도로 경사지 기초와 모서리의 건설에 사용하는 진흙, 바위, 부서진 돌 알맹이 등의 다지기 또는 안정된 흙, 자갈, 흙 시멘트와 아스팔트 콘크리트 등의 다지기에 가장 효과적이고 경제적이다. 소일 컴팩트, 바이브로(vibro) 롤러가 있다.

③ 충격식 다짐기계 : 중량체를 낙하시킴으로써 작업하는 기계로 래머와 탬퍼 및 콤팩터(compactor)가 있다.

㈎ 래머(rammer) : 가벼워서 가지고 다닐 수 있는 다짐용 기계로 좁은 지역 다짐 작업 시 사용된다(내화재료나 주물사 설비기초용).

㈏ 탬퍼(tamper) : 소형 가솔린 엔진의 회전을 크랭크에 의해 왕복운동으로 바꾸고 스프링을 거쳐 다짐판에 그 운동을 전달하여 한정된 면적을 다지는 기계이다.

7 운반기계 및 적재기계

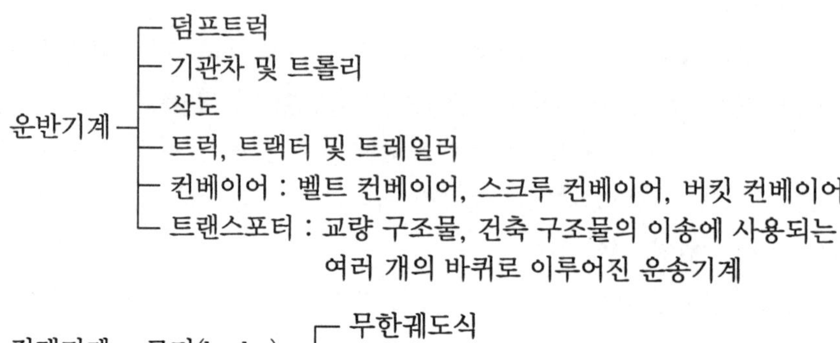

적재기계 ─ 로더(loader) ┬ 무한궤도식
└ 차량식

(1) 지게차(fork lift)

지게차는 포크를 이용하여 화물을 운반하거나 다른 차량에 적재 또는 하역하는 장비이다.

① 전경각 및 후경각

(가) 전경각 : 포크 앞으로 기울일 수 있는 5~6°의 경사각

(나) 후경각 : 물건을 들고 뒤로 기울일 수 있는 10~12°의 경사각

② 안전수칙

(가) 짐을 올리면서 전·후진하지 말 것

(나) 포크를 지상에서 20~30 cm 정도 들고 이동한다.

(다) 짐을 높이 들고 이동하지 말 것

(라) 전후진을 변속할 때는 반드시 정차 후에 행한다.

③ 종류

(가) 복륜식 : 앞바퀴가 두 개 겹쳐 있는 형식으로 안쪽 바퀴에 브레이크장치가 설치되어 있고 무거운 물건을 들어올릴 때 사용한다.

(나) 단륜식 : 앞 타이어가 한 개 있는 것으로 기동성을 요하는 곳에 사용한다.

④ 규격 : 들어올리는 무게(ton)

⑤ 동력전달장치 : 엔진 → 클러치 → 트랜스미션 → 액슬(샤프트) → 디퍼렌셜 → 휠

(2) 덤프트럭(dump truck)

장거리 운반용으로 사용되는 장비

① 규격 : 최대 적재 톤(ton)

② 종류

(가) 리어형(rear type) 덤프트럭 : 짐을 뒤로 부림

(나) 사이드(side type) 덤프트럭 : 짐을 옆으로 부림

(다) 세 방향 덤프트럭 : 짐을 부리는 곳이 좌 · 우 · 뒤 세 방향이다.

③ 동력전달장치 : 엔진 → 클러치 변속기 → 차동장치 → 추진축 → 종감속장치 → 차축 → 바퀴

④ 타이어는 고압 타이어를 사용한다.

(3) 트레일러

트랙터 뒤에 장착하여 무거운 중량물이나 큰 물체를 운반하는 데 사용한다.

(4) 컨베이어

모래, 자갈, 콘크리트 등의 수송에 사용하며 설비가 쉽고 경제적이다.

① 포터블 컨베이어 : 모래, 자갈의 운반과 채취에 적합하다.

② 스크루 컨베이어 : 시멘트, 콘크리트 운반에 적합하다.

③ 벨트 컨베이어 : 흙이나 골재 운반에 적합하다. 소요동력은 무부하동력, 수평부하동력, 수직부하동력의 합으로 산출된다.

(5) 왜건(wagon)

손수레와 같은 원리로 트레일러를 이용한 운반용 기계이다.

(6) 로더(loader) : 적재기계

① 규격 : 로더 버킷의 용량(m^3)

② 전경각과 후경각

(가) 전경각 : 45°

(나) 후경각 : 35°

③ 분류

(가) 사이드 덤프형(side dump type) : 버킷을 옆 방향으로 경사지게 하여 작업하는 형식으로 운반기계와 병렬로 작업 가능하므로 협소한 장소에 적합하다.

(나) 스윙형(Swing type) : 운전석은 고정이고 로더 앞에 부착된 버킷과 붐만이 좌우로 선회할 수 있는 적재기계이다.

(다) 오버헤드형(overhead type) : 트랙터의 앞쪽에서 재료를 버킷에 담아 운전자 머

리 위로 통과시켜 트랙터 뒤쪽에 적재하는 형식으로 광산이나 터널 등 협소한 장소에 적합하다.

㈑ 프런트 엔드형(front end type) : 앞쪽에 장착된 버킷에 의하여 굴삭 및 적재하는 기계로서 가장 일반적으로 사용하는 형식이다.

8 포장기계

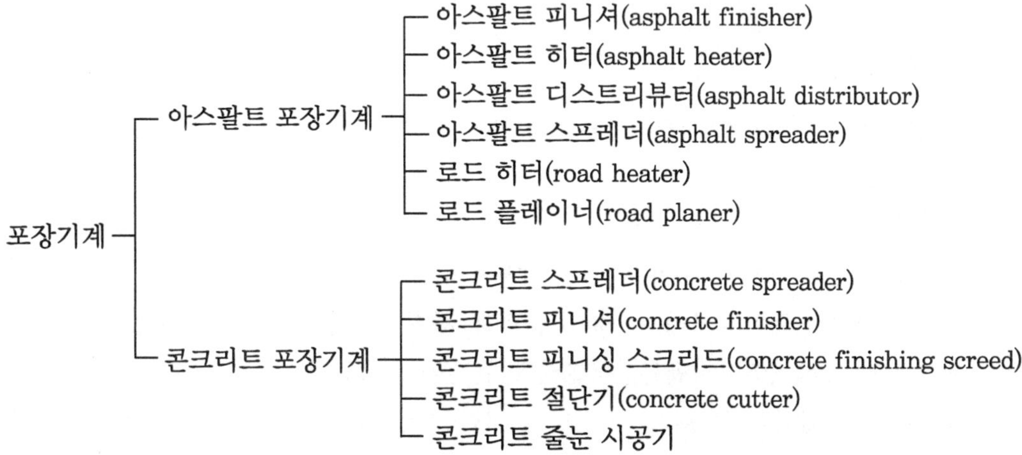

(1) 콘크리트 피니셔(concrete finisher)

포장기계의 대표적인 기계로 구조가 간단하고 표면을 고르고 다지며 콘크리트를 뿌리고 건조까지 시키는 데 소음이나 마모가 적고 구동장치가 달려 있다. 규격은 시공할 수 있는 표준 폭(m)으로 표시한다.

(2) 콘크리트 믹서(concrete mixer)

① 습식 믹서 : 시멘트와 골재에 물을 혼합 교반하면서 수송하는 것으로 에지테이터라 한다.

② 건식 믹서 : 시멘트 및 골재를 계량하여 투입하고 주행 도중에 물을 가하여 혼합하면서 목적지에 수송하며 혼합할 때 드럼의 구동은 유압에 의한다.

③ 배치 믹서(batch mixer) : 콘크리트 재료를 1회 혼합하는 믹서

④ 성능 표시 : 믹서의 탱크(용기) 내에 1회 혼합할 수 있는 콘크리트의 생산량을 m^3으로 표시한다.

⑤ 용도 : 자갈, 모래, 시멘트를 혼합하는 데 사용한다.

(3) 콘크리트 배칭 플랜트(concrete batching plant)

콘크리트 배합 작업을 정확하고 신속하게 처리할 수 있도록 골재 저장통, 계량장치 및 혼합장치로 원동기를 가진 이동식이다(동력비를 절감할 수 있다).

① 성능 및 구조 : 구조는 재료의 통, 혼합장치가 하나로 결합되어 콘크리트를 구성하고 전체를 배합하여 믹서로 보내는 역할을 하며 이동도 할 수 있다.

② 규격 표시 : 매 시간당 콘크리트 생산량(ton)으로 표시한다(ton/h).

(4) 콘크리트 펌프(concrete pump)

펌프카를 이용하여 수송관을 따라 콘크리트가 목적지까지 이동하는 기계로 액압식과 기계식이 있다.

① 특징

㈎ 충격이나 진동이 적다(유압 및 유압 병용식).

㈏ 이동과 설치가 간단하며 설치 장소에 제한이 없다.

㈐ 취급이 간단하고 보수점검이 용이하여 경제적이다.

㈑ 기계적 섭동부분이 적기 때문에 마모 교환이 적다.

② 용도 : 고층 건물 및 장거리 콘크리트 이송에 사용하며 특히 터널 속이나 교량 또는 건물 속과 같이 제한된 공간에서 콘크리트를 운반하는 데 편리하다.

③ 규격 표시 : 시간당 배송 능력(m^3/h)

④ 구성 요소

㈎ 피스톤형 : 유압식, 기계식

㈏ 스퀴즈(squeeze) : 펌핑 튜브, 펌프 케이스로 구성

(5) 노상안정기

① 특징

㈎ 스프레더 효율이 좋다.

㈏ 작업 능률이 좋다.

㈐ 기동성이 좋다.

㈑ 땅을 파는 깊이의 조정이 용이하다.

② 용도 : 노상을 진행하며 깊이를 조정하여 땅을 파고 노반의 파헤침 및 분쇄를 하여 결합재 및 물 등을 첨가혼합하여 분배하고 표면 고르기 및 굳히기 작업 등을 할 수 있다.

③ 규격 표시 : 유체탱크의 용량(L)

(6) 아스팔트 피니셔(asphalt finisher)

① 특징

㈎ 4대의 전자 바이브레이터에 의하여 포장이 균일하게 되며 설정 조건에 따라 진동의 강도를 조정할 수 있다.

㈏ 운전 조작은 전기스위치에 의하여 간단히 이루어진다.

㈐ 포장 두께는 보통 2개의 조정나사에 의해 조정된다.

② 용도 : 혼합된 골재를 활주로나 고속도로 작업장에 일정한 두께로 깔아 준다.

③ 규격 표시 : 최대 표준 포장폭(m)

(7) 아스팔트 믹싱 플랜트

① 규격 표시 : 시간당 생산량(ton)으로 표시한다(ton/h).

② 골재 건조 가열장치

㈎ 구성 : 드라이어, 버너, 핫 엘리베이터

㈏ 드라이어(건조기)의 경사도는 3~4°이다.

㈐ 연료는 중유를 사용한다.

㈑ 드라이어의 직경과 길이의 비는 1 : 4로 한다.

(8) 아스팔트 살포기

① 용도 : 아스팔트를 끓여 노면에 뿌리는 장비이다.

② 규격 표시 : 아스팔트 탱크 용량(L)으로 표시한다.

9 준설선(준설기계)

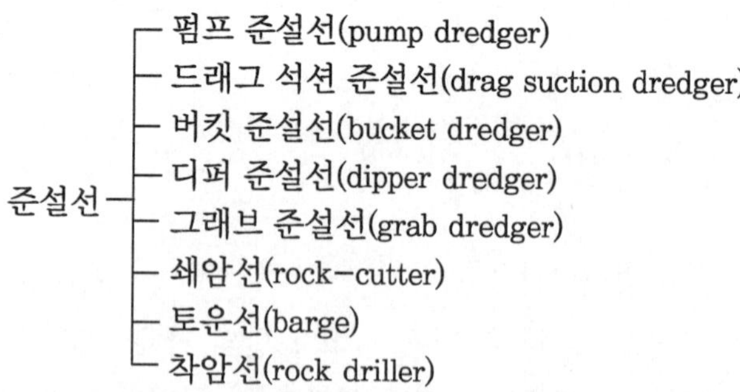

(1) 그래브 준설선(grab dredger)

① 붐 끝에 그래브를 달고 작업하므로 소규모 운하 및 항로나 정박지의 준설, 무른 토

사의 기초 터파기, 흙 제거 등에 사용한다.

② 그래브가 클램셸과 같아서 준설능력이 작고 단단한 지반에 부적당하며 단가가 비싸다.

③ 장점

㈎ 심도거리를 용이하게 조절할 수 있다.

㈏ 협소한 지역에도 좋다.

㈐ 규모가 작은 공사에 적합하다.

㈑ 기계가 간단하고 저렴하다.

④ 단점

㈎ 준설능력이 작다.

㈏ 경토질에 부적합하다.

㈐ 준설단가가 고가이다.

㈑ 수심 아래 지면을 평평하게 작업하기가 곤란하다.

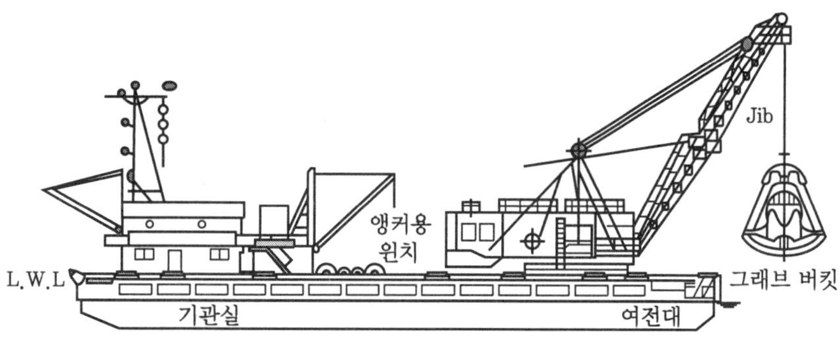

그래브 준설선

(2) 디퍼 준설선(dipper dredger)

파워 셔블(power shovel) 장치를 선박에 탑재한 작업선으로 회전이 자유로운 지브(jib) 선단에 용량이 1~8 m^3의 디퍼(dipper)를 장착하고 해저 토사를 굴삭하여 토운선에 적재하며 토사 호퍼(hopper)를 가지지 않고 비항식으로 되어 있다. 또 굴삭 작업에 수반되는 선체의 고정 또는 이동을 위하여 스퍼드를 설치한다.

① 장점

㈎ 굴삭력이 강하다.

㈏ 경토질에 적합하다.

㈐ 기계의 수명이 길다.

㈑ 작업 회전반경이 작다.

② 단점

㈎ 준설능력이 작다.

㈏ 준설단가가 고가이다.

㈐ 건조비가 고가이다.

㈑ 작업안전에 숙련이 요구된다.

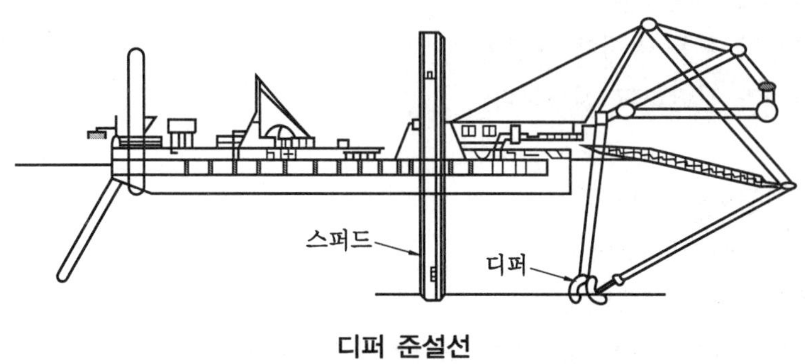

디퍼 준설선

(3) 버킷 준설선(bucket dredger)

① 구조 및 기능

㈎ 해저의 토사를 일종의 버킷 컨베이어를 사용하여 연속적으로 굴착한다.

㈏ 준설선 토사는 토운선에 의하여 운반된다.

㈐ 세사, 점토, 사리, 연암 등 광범위한 토질에 사용한다.

② 용도 : 버킷라인의 회전운동을 이용해 토사를 운반하는 것으로 버킷이 여러 개이므로 준설능력이 크고 대용량 공사용으로 대규모의 항로나 정박지의 준설작업에 사용한다. 준설 단가도 적고 토질의 영향도 적다. 단, 암석준설에 부적합하고 작업반경이 커 협소한 장소에서는 어렵다.

③ 규격 : 주 엔진의 연속 정격 출력

(4) 펌프 준설선(pump dredger)

송유관을 통해 물과 토사를 함께 흡입하며 작업하는데 자항식과 비자항식이 있다.

① 종류

㈎ 자항식 펌프(흡파 준설선) : 펌프로 물과 함께 투기장까지 이동하는 방식

㈏ 비자항식 펌프 : 흡입된 토사를 따로 설치한 토량에 받아 토운선으로 투기장까지 운반하는 방식

② 구조 및 기능

㈎ 펌프선은 다른 준설선에 비하여 능률적이고 작업이 신속하다.

(나) 해저의 토사를 커터로 굴착, 해수와 혼합된 것을 펌프로 흡양하여 배송관으로 이송한다.

(다) 배송관의 설치가 곤란하거나 배송거리가 장거리인 경우 저양정 펌프선을 이용하여 토사를 토사 운반선으로 운반한다.

③ 용도 : 항만 준설 또는 매립공사에 사용한다.

④ 규격 : 구동 엔진의 정격 출력

(5) 토운선(barge)

준설선에서 준설토사를 받아서 토사장에 투기하는 선박으로 자항식과 비자항식이 있으며 대부분 비자항식으로 예인선(tug boat)이 끈다.

① 무개식 : 육상에서 토사, 매립할 때 사용한다.

② 저개식 : 깊은 곳에서 토사할 때 사용한다.

③ 측개식 : 얕은 곳에서 토사할 때 사용한다.

10 공기압축기(air compressor)

(1) 압축 방식에 따른 종류

① 왕복형 압축기(피스톤식)

(가) 실린더, 피스톤, 크랭크축, 커넥팅 로드, 공기 밸브 등으로 구성되어 있다.

(나) 밸런스형, 수직형, 수평형으로 분류된다.

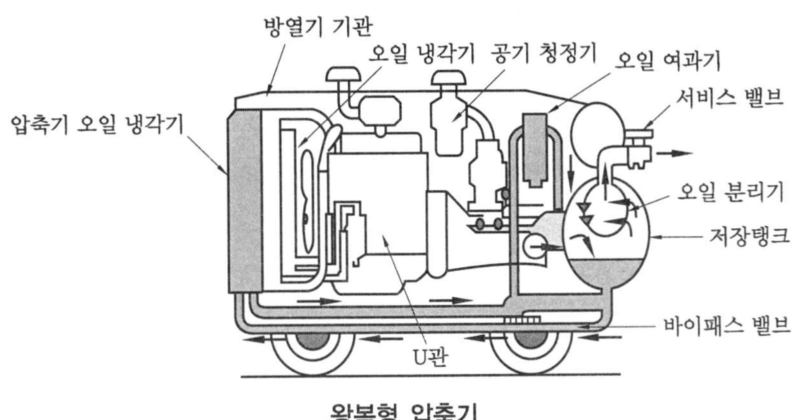

왕복형 압축기

② 베인형 압축기

(가) 케이싱, 로터, 베인 등으로 구성되어 있다.

(나) 출력 조절이 쉽고, 내구성이 크다.

(다) 공기량이 균일하고 왕복동식에 비해 경량급이나 구조가 비교적 복잡하다.

(2) 토출량에 따른 종류

① 원심 압축기

② 터보형 압축기

(3) 공기압축기 사용 작업

채석 작업(95 CFM), 포장 파괴(아스팔트 파괴 : 60 CFM), 점토 굴착(35 CFM), 리벳 절단, 벌목 작업(90 CFM), 체인톱 연마, 콘크리트 진동(30 CFM), 타이어 공기 주입, 양수기(100 CFM), 연마기(85 CFM) 등에 사용한다.

※ CFM : Cubic Feet Minute(ft^3/min)

(4) 공기압축기의 규격

매 분당 공기토출량(m^3/min)으로 표시한다.

(5) 각부의 기능

① 인터쿨러(Inter cooler, 중간냉각기) : 저압 실린더 압축공기의 열을 냉각시켜 고압실린더로 보낸다(안전밸브는 $3.5\,kg/cm^2$ 이상 되는 것을 방지).

② 애프터쿨러(after cooler) : 공기 통로 라인에 있는 수분을 제거하는 역할을 하는 것으로 압축기가 부식되는 것을 방지한다.

③ 리시버 탱크 : 1차 공기를 저장하는 탱크로서 압축기 방출구 쪽에 설치한다.

④ 압력제어장치 : 건설용 압축기는 압력제어장치로 작용된다. 왕복 압축기에서 압력제어장치는 엔진을 공회전시키고 공기압력이 고정점에 도달할 때 흡입 밸브를 열게 하여 압축기 유닛과 동시에 작용하는 장치로서 압축공기를 조절하여 탱크로 보내는 역할을 한다.

11 기초공사용 기계

기초공사용 기계는 토목공사의 지반 개량, 지하철의 및 고층 건축물의 기초공사에 주로 사용하는 것으로 그 분류는 다음과 같다.

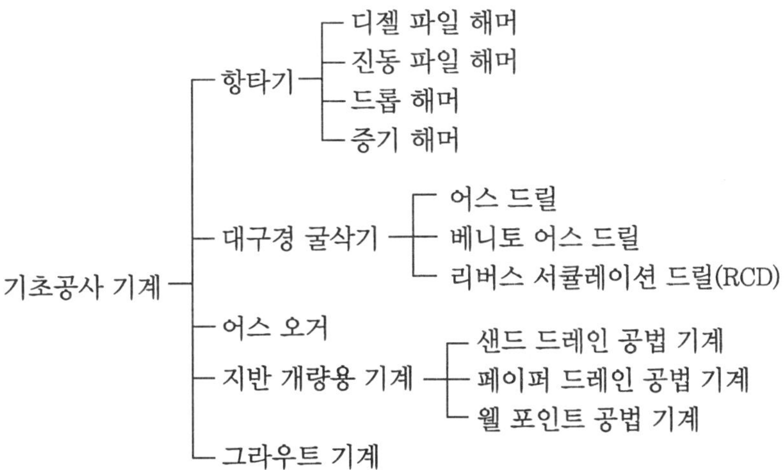

(1) 디젤 파일 해머

① 특징

㈎ 타격횟수가 많다(1분에 40회 이상).

㈏ 타입력이 크고, 작업 능률이 좋다.

㈐ 구조가 간단하다.

② 용도 : 나무, 콘크리트, 철재 파일 작업 등에 사용한다.

③ 규격 표시 방법 : 램(ram)의 중량으로 표시한다.

(2) 진동 파일 해머

① 특징

㈎ 진동력에 의하여 항타 또는 인발한다.

㈏ 발진 기구는 등속 역회전하는 불평형 추의 회전체이다.

㈐ 진동기의 진동수는 1분에 500회 이상이다.

② 용도 : 인발, 샌드 파일 조성 등의 지반 개량에 사용한다.

③ 규격 표시 방법 : 모터의 출력 또는 기진력으로 표시한다.

(3) 드롭 해머

설비 규모가 작아 경비가 적게 들고, 운전 및 해머의 조작이 간단하며, 낙하 높이의 조정으로 타격 에너지의 증가가 가능하다. 그러나 파일 박는 속도가 느리고, 파일을 파손시킬 위험이 있으며, 작업 시의 진동으로 다른 건물에 피해를 주기 쉽고 수중 작업이 불가능하다.

(4) 증기 해머

① 타격하는 해머로 램의 자중을 이용하여 타격하는 방법(피스톤의 유압 이용)으로서 타격횟수가 많으며 값이 비싸다.

② 규격 : 분당 타격 횟수(1분당 50회 정도)

12 착암기(rock drill) 및 천공 기계

착암기는 압축공기를 이용하여 바위에 구멍을 뚫어 폭파를 도와주는 기계이며, 크롤러 드릴은 크롤러에 프레임 착암기를 설치하여 큰 구멍이나 긴 구멍을 뚫을 때 사용한다.

(1) 천공 기계의 분류

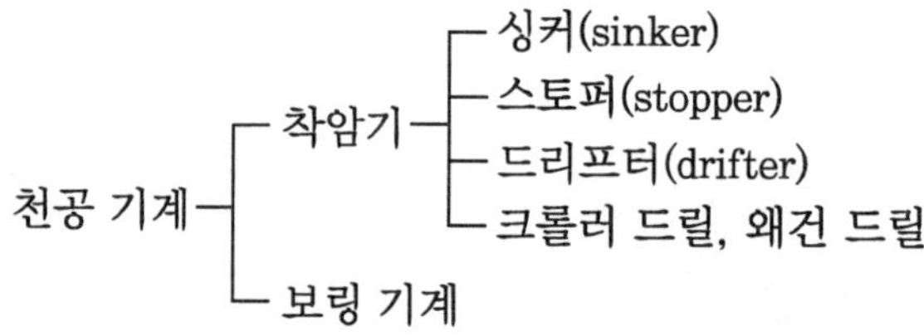

(2) 보링 기계

지질 조사를 위하여 땅속의 시료를 채취하는 목적으로 그라우트(Grout) 주입공, 발파공, 우물, 기초 말뚝공 등 비교적 작은 구멍을 뚫는 데 사용되는 기계이다.

13 쇄석기(rock crusher)

광석, 암석 등을 원하는 크기로 파쇄하는 기계로서 다음과 같이 분류된다.

- 1차 쇄석기
  - 조(jaw) 크러셔 : 주로 압축력
  - 자이러토리 크러셔 : 압축력
  - 해머 크러셔 : 타격력
- 2차 쇄석기
  - 콘(cone) 크러셔 : 충격력, 압축력
  - 롤(roll) 크러셔 : 압축력
  - 해머 밀 : 해머의 충격력
- 3차 쇄석기
  - 로드 밀(rod mill) : 타격력, 압축력, 전단력
  - 볼 밀(ball mill) : 압축력, 전단력

(1) 특징 및 용도

① 아스콘 생산에 사용하기 위하여 원석을 부수어서 작게 만드는 기계로서 쇄석을 만

들어 공급하는 기능을 한다.

② 도로공사 및 콘크리트 공사에서 골재기층 다짐 및 골재 생산에 사용된다.

(2) 종류

① 1차 쇄석기

㈎ 조(jaw) 쇄석기 : 고정판과 왕복하는 가동판의 압축력을 이용하여 사이에 있는 원석을 깨뜨린다.

㈏ 자이러토리 쇄석기 : 고정된 원추형 용기 내부에서 원추형 파쇄장치를 부착한 편심축이 회전하면서 원추의 편심 운동으로 원석을 깨뜨린다.

㈐ 임팩트 쇄석기 : 타격판을 부착한 로터의 고속회전으로 원석을 깨뜨린다.

㈑ 해머 쇄석기 : 회전축에 해머 데스크를 달고, 주위에는 장방형의 해머를 매달아 급속회전을 시킬 때 발생하는 타격력으로 원석을 깨뜨린다.

② 2차 쇄석기

㈎ 콘 쇄석기 : 자이러토리 쇄석기와 구조가 유사하며, 고속회전으로 원석을 깨뜨린다.

㈏ 롤 쇄석기 : 반대로 회전하는 롤(2개)의 압축력으로 원석을 깨뜨린다.

㈏ 해머 밀 : 충격 파쇄기로서 널리 사용되고 있으며, 원통 내부의 철제 해머가 회전하면서 공급된 재료를 파쇄한다.

③ 3차 쇄석기

㈎ 로드 밀(rod mill) : 이미 파쇄된 골재를 더 작은 골재로 생산하기 위한 기계로서 원통형 드럼에 용적의 35~45 % 정도의 짧은 환봉을 넣은 다음 드럼을 회전시켜 발생하는 강봉의 압축, 충격, 전단력으로 파쇄한다.

㈏ 볼 밀(ball mill) : 로드 밀의 강봉 대신 강구를 사용한 것으로 구조 및 기능은 로드 밀과 유사하다.

핵심 쇄석기의 종류에 따른 규격 표시 방법

① 조(jaw) 쇄석기 : 조간의 최대거리(mm)×쇄석판의 너비(mm)
② 롤 쇄석기 : 롤의 지름(mm)×길이(mm)
③ 자이러토리 쇄석기 : 콘케이브와 맨틀 사이의 간격(mm)×맨틀 지름(mm)
④ 콘 쇄석기 : 맨틀의 최대지름(mm)
⑤ 임팩트 또는 해머 쇄석기 : 시간당 쇄석능력(ton/h)
⑥ 밀 쇄석기 : 드럼 지름(mm)×길이(mm)

14 철강 재료의 종류, 용도 및 특성

(1) 철과 강

① 각종 노(爐)의 용량

㈎ 용광로 : 1일 산출 선철의 무게를 톤(ton)으로 표시한다.

㈏ 용선로 : 1시간당 용해량을 톤(ton)으로 표시한다.

㈐ 전로, 평로, 전기로 : 1회에 용해 · 산출되는 무게를 kgf(N) 또는 톤(ton)으로 표시한다.

㈑ 도가니로 : 1회 용해하는 구리의 무게를 번호로 표시한다.

예 1회에 구리 200 kgf(1.96 kN)을 녹일 수 있는 도가니를 200번 도가니라고 부른다.

② 철강의 5원소 : 탄소(C), 규소(Si), 망간(Mn), 인(P), 황(S)으로 탄소가 철강의 성질에 가장 큰 영향을 준다.

③ 강괴(steel ingot)

㈎ 림드강 : 평로, 전로에서 제조된 것을 Fe－Mn으로 불완전탈산시킨 강

㈏ 킬드강(진정강) : 평로, 전기로에서 제조된 용강을 Fe－Mn, Fe－Si, Al 등으로 완전탈산시킨 강

㈐ 세미킬드강 : Al으로 림드와 킬드의 중간탈산시킨 강

(2) 순철과 탄소강

① 순철 : 불순물을 전혀 포함하지 않은 순수한 철(Fe)

핵심 순철의 변태

순철의 변태에는 A_2(768℃), A_3(910℃), A_4(1400℃) 변태가 있으며 A_3, A_4 변태를 동소변태라 하고, A_2 변태를 자기변태라 한다. 순철은 변태에 따라서 α철, γ철, δ철의 3개 동소체가 있으며, α철은 910℃ 이하에서 체심입방격자(BCC)이고, γ철은 910~1400℃ 사이에서 면심입방격자(FCC)로 존재하며, 1400℃ 이상에서는 δ철이 체심입방격자로 존재한다. 순철의 표준조직은 대체로 다각형 입자로 되어 있으며, 상온에서 체심입방격자구조인 α조직(페라이트조직)이다.

② 탄소강

㈎ 청열메짐 : 강이 200~300℃ 가열되면 경도, 강도가 최대로 되고 연신율, 단면수축은 줄어들어 메지게 되는 것으로, 이때 표면에 청색의 산화피막이 생성된다. 이것은 인에 기인된 것으로 알려져 있다.

(나) 적열메짐 : 고온(900℃ 이상)의 황이 많은 강에서 메짐(강도는 증가, 연신율은 감소)이 나타난다.

조직과 결정구조

기호	명칭	결정구조 및 내용
α	α-페라이트	BCC(체심입방격자)
γ	오스테나이트	FCC(면심입방격자)
δ	δ-페라이트	BCC(체심입방격자)
Fe_3C	시멘타이트 또는 탄화철	금속간 화합물
α+Fe_3C	펄라이트	α와 Fe_3C의 기계적 혼합
γ+Fe_3C	레데부라이트	γ와 Fe_3C의 기계적 혼합

(3) 열처리

① 일반 열처리(담금질) : 경도와 강도를 증가시킨다.

② 담금질 조직

(가) 마텐자이트

- 수랭으로 인하여 오스테나이트에서 C가 과포화 페라이트로 된 것이다.
- 침상의 조직으로 열처리 조직 중 경도가 최대이고 부식에 강하다.

(나) 오스테나이트

- 냉각속도가 지나치게 빠를 때 A_1 이상에 존재하는 오스테나이트가 상온까지 내려온 것이다.
- 경도가 낮고 연신율이 크며 전기저항이 크나 비자성체이다. 고탄소강에서 발생한다(제거 방법 : 서브제로 처리).
- 서브제로(심랭) 처리 : (조직의 성질 저하, 뜨임변형을 유발하는) 담금질 직후 잔류 오스테나이트를 없애기 위하여 0℃ 이하로 냉각하는 것이다(액체질소, 드라이아이스로 -80℃까지 냉각).

(다) 각 조직의 경도 순서 : 시멘타이트(H_B 800) > 마텐자이트(600) > 트루스타이트(400) > 소르바이트(230) > 펄라이트(200) > 오스테나이트(150) > 페라이트(100)

(라) 냉각속도에 따른 조직 변화 순서 : M(수랭) > T(유랭) > S(공랭) > P(노랭)

※ 펄라이트 : 노 안에서 서랭한 조직(열처리 조직이 아님)

(마) 뜨임 : 강인성을 증가시키기 위한 열처리이다.

- 저온뜨임 : 내부응력만 제거하고 경도 유지(150℃)
- 고온뜨임 : 소르바이트(sorbite) 조직으로 만들어 강인성 유지(500~600℃)

(바) 불림 : 결정조직의 균일화(표준화), 가공재료의 잔류응력 제거

(사) 풀림 : 재질의 연화, 잔류응력 제거

③ 항온열처리의 종류 : 오스템퍼링, 마템퍼링, 마퀜칭

※ 항온변태곡선 : TTT 곡선=S곡선=C곡선

④ 표면경화법

(가) 침탄법 : 고체침탄법, 액체침탄법, 가스침탄법

(나) 질화법

침탄법과 질화법의 비교

침탄법	질화법
① 경도가 낮다.	① 경도가 높다.
② 침탄 후 열처리(담금질)가 필요하다.	② 질화 후 열처리(담금질)가 필요 없다.
③ 침탄 후에도 수정이 가능하다.	③ 질화 후에도 수정이 불가능하다.
④ 표면 경화 시간이 짧다.	④ 표면 경화 시간이 길다.
⑤ 변형이 크다.	⑤ 변형이 작다.
⑥ 침탄층이 단단하다(두껍다).	⑥ 질화층이 여리다(얇다).

(다) 금속침투법(시멘테이션)

- 세라다이징 : Zn 침투
- 크로마이징 : Cr 침투
- 칼로라이징 : Al 침투
- 실리코나이징 : Si 침투
- 보로나이징 : B 침투

(4) 합금강

① 구조용 합금강(강인강)

(가) 저Mn강(1~2 % Mn) : 펄라이트 Mn강, 듀콜강, 구조용 강

(나) 고Mn강(10~14 % Mn) : 오스테나이트 Mn강, 하드필드강, 수인강

② 공구용 합금강

(가) 고속도강(SKH)

- 대표적인 절삭용 공구 재료
- 일명 HSS-하이스
- 표준형 고속도강 : 18 % W-4 % Cr-1 % V(탄소량 0.8 %)

(나) 주조경질합금 : Co－Cr－W(Mo)을 금형에 주조연마한 합금

(다) 초경합금 : 금속탄화물(WC, TiC, TaC)에 Co 분말과 함께 금형에 넣어 압축 성형하여 800~900℃로 예비소결하고, 1400~1500℃의 H_2 기류 중에서 소결한 합금

(라) 세라믹공구 : 알루미나(Al_2O_3)를 주성분으로 소결시킨 일종의 도기

※ 고온경도의 크기 순서 : 세라믹 > 초경합금 > 주조경질합금 > 고속도강 > 합금공구강 > 탄소공구강

③ 특수 용도용 합금강

(가) 스테인리스강(STS)

- 13 Cr 스테인리스
- 18 Cr－8 Ni 스테인리스

(나) 불변강(고Ni강)

- 비자성강으로 Ni 26 %에서 오스테나이트 조직을 갖는다.
- 인바, 슈퍼인바, 엘린바, 코엘린바, 퍼멀로이, 플래티나이트

(5) 주철의 장단점

① 장점

(가) 용융점이 낮고 유동성이 좋다.

(나) 주조성이 양호하다.

(다) 마찰저항이 좋다.

(라) 가격이 저렴하다.

(마) 절삭성이 우수하다.

(바) 압축강도가 크다(인장강도의 3~4배).

② 단점

(가) 인장강도가 작다.

(나) 충격값이 작다.

(다) 가공이 안 된다.

15 비철강 재료의 종류, 용도 및 특성

(1) 알루미늄(Al)과 그 합금

① 알루미늄의 특징

(가) 비중(2.6989)이 작다.

(나) 용융점(660.2℃)이 낮다.

(다) 전기의 전도율이 좋다.

(라) 가볍고 전연성이 커서 가공이 쉽다.

(마) 변태점이 없다.

(바) 은백색의 아름다운 광택이 있다.

(사) 내식성이 좋다.

② 주조용 알루미늄 합금

(가) Al－Cu계 합금

(나) Al－Si계 합금

- 실루민(silumin)이 대표적이며 주조성이 좋으나 절삭성은 나쁘다.
- 열처리효과가 없고 개질처리로 성질을 개선한다.
- 로엑스(Lo－EX)합금 : Al－Si에 Mg을 첨가한 특수 실루민으로 열팽창이 극히 작다. Na 개질 처리한 것이며 내연기관의 피스톤에 사용한다.

(다) Al－Mg계 합금 : Mg 12 % 이하로서 하이드로날륨이라고도 한다.

(라) Al－Cu－Si계 합금 : 라우탈이 대표적이며 Si 첨가로 주조성 향상, Cu 첨가로 절삭성을 향상시킨 합금이다.

(마) Y합금(내열합금) : Al(92.5 %)－Cu(4 %)－Ni(2 %)－Mg(1.5 %) 합금이며 고온 강도가 크므로(250℃에서도 상온의 90% 강도 유지) 내연기관 실린더에 사용한다.

(2) 구리(Cu)와 그 합금

① 구리의 특징

(가) 비중은 8.96, 용융점은 1083℃이며, 변태점은 없다.

(나) 비자성체이며, 전기 및 열의 양도체이다(전기전도율을 해치는 원소 : Al, Mn, P, Ti, Fe, Si, As).

(다) 전연성이 풍부하며, 가공 경화로 경도가 크다(600～700℃에서 30분간 풀림하여 연화).

(라) 황산, 질산, 염산에 용해, 습기, 탄산가스, 해수에 녹 발생, 공기 중에서 산화피막 형성

② 구리 합금

(가) 황동(Cu－Zn)

- 구리와 아연의 합금, 가공성, 주조성, 내식성, 기계성 우수
- 7 : 3 황동(α고용체)은 연신율 최대, 상온가공성 양호, 가공성 목적

- 6 : 4 황동($\alpha+\beta$고용체)은 인장강도 최대, 상온가공성 불량(600~800℃ 열간가공), 강도 목적

황동의 종류

5 % Zn	15 % Zn	20 % Zn	30 % Zn	35 % Zn	40 % Zn
길딩 메탈	레드 브라스	로 브라스	카트리지 브라스	하이, 옐로 브라스	문츠 메탈
화폐, 메달용	소켓, 체결구용	장식용, 톰백	탄피 가공용	7 : 3 황동보다 값이 쌈	값싸고 강도가 큼

※ 톰백(tombac) : 8~20 % Zn 함유, 금에 가까운 색, 연성이 크며 금대용품, 장식품에 사용된다.

(나) 특수 황동

- 연황동(쾌삭 황동) : 황동(6 : 4)에 Pb 1.5~3 % 첨가하여 절삭성을 개량한 것으로 대량 생산, 정밀 가공품에 사용된다.
- 주석 황동 : 내식성 목적(Zn의 산화, 탈아연 방지)으로 Sn 1 %를 첨가한 것
  - 애드미럴티 황동 : 황동(7 : 3)에 Sn 1 %를 첨가한 것으로 콘덴서튜브에 사용한다.
  - 네이벌 황동 : 황동(6 : 4)에 Sn 1 %를 첨가한 것으로 내해수성이 강해 선박기계에 사용한다.
- 철황동(델타메탈) : 황동(6 : 4)에 Fe 1~2 %를 첨가한 것으로 강도, 내식성이 우수하며 광산, 선박, 화학기계에 사용한다.

(다) 청동(Cu－Sn) : 주조성, 강도, 내마멸성 우수

※ 포금(건메탈) : 청동의 예전 명칭, 청동 주물(BC)의 대표, 유연성, 내식성, 내수압성이 좋음, 성분은 Cu＋Sn 10 %＋Zn 2 %

(3) 기타 비철금속과 그 합금

① 마그네슘(Mg)과 그 합금

(가) 물리적 성질 : 비중 1.74(실용금속 중 가장 가볍다), 용융점 650℃, 조밀육방격자, 산화연소가 잘 됨

(나) 기계적 성질 : 연신율 6 %, H_B 33, 재결정온도 150℃, 냉간가공성이 나쁘므로 300℃ 이상에서 열간가공

② 니켈(Ni)과 그 합금

(가) 니켈의 성질

- 비중 8.9, 용융점 1455℃이며 전기저항이 크다.

• 상온에서 강자성체(360℃에서 자성 잃음 : 자기변태온도점)이다.

(나) 니켈 합금

• Ni－Cu계 합금

－콘스탄탄 : Ni 45％, 열전대, 전기저항선에 사용

－어드밴스 : Ni 44％, Mn 1％, 정밀전기의 저항선

－모넬메탈 : Ni 65~70％, Cu · Fe 1~3％, 화학공업용, 강도와 내식성 우수

• Ni－Fe계 합금

－인바 : Ni 36％, 길이 불변, 표준자, 바이메탈용

－엘린바 : Ni 36％, Cr 12％, 탄성 불변, 시계부품, 소리굽쇠용

－플래티나이트 : Ni 42~46％, Cr 18％, 열팽창 작음, 진공관 도선용

－퍼멀로이 : Ni 42~80％, 투자율이 큼, 자심재료, 장하코일용

－인코넬 : Ni＋Cr, Fe 첨가

－하스텔로이 : Ni＋Mo, Fe 첨가

※ 인코넬과 하스텔로이는 내식성이 우수하고, 내열용으로도 쓰인다.

16 비금속재료의 종류, 용도 및 특성

(1) 플라스틱의 특징

① 원하는 복잡한 형상으로 가공이 가능하다.

② 가볍고 단단하다.

③ 녹이 슬지 않고 대량 생산으로 가격도 저렴하다.

④ 우수하여 전기 재료로 사용된다.

⑤ 열에 약하고 금속에 비해 내마모성이 작다.

(2) 열가소성 수지

① 가열하여 성형한 후에 냉각하면 경화하며, 재가열하여 새로운 모양으로 다시 성형할 수 있다.

② 종류에는 폴리에틸렌 수지, 폴리프로필렌 수지, 폴리스티렌 수지, 염화비닐 수지, 폴리아미드 수지, 폴리카보네이트 수지, 아크릴로니트릴부타디엔스티렌 수지 등이 있다.

(3) 열경화성 수지

① 가열하면 경화하고 재용융하여도 다른 모양으로 다시 성형할 수 없다.

② 종류에는 페놀 수지, 멜라민 수지, 에폭시 수지, 요소 수지 등이 있다.

5-2 플랜트배관

1 강관(steel pipe)의 종류 및 용도

(1) 배관용

① 배관용 탄소 강관(SPP : 호칭지름 15 ~ 650 A)

(가) 1 MPa 이하의 비교적 낮은 압력에 사용한다.

(나) 물, 기름, 가스 및 공기 등에 사용할 수 있으며 가스관이라고도 한다.

(다) 흑관과 백관이 있다.

(라) 부식을 방지하기 위하여 아연도금을 한다.

(마) SPP : carbon steel pipes for ordinary piping

② 압력 배관용 탄소 강관(SPPS : 호칭지름 6 ~ 500 A)

(가) 호칭은 호칭지름과 두께(스케줄 번호)로 표시한다.

(나) 1~10 MPa 이하의 압력과 350℃ 이하의 온도에서 사용한다.

(다) 보일러의 증기관, 수압관 등에 사용된다.

(라) SPPS : carbon steel pipes for pressure service

핵심 스케줄 번호 및 관의 두께

- 스케줄 번호 $=10\times\dfrac{P}{S}$ 여기서, P : 사용압력(kgf/cm²), S : 허용압력(kgf/cm²)
- 관의 두께 $t=\left(10\times\dfrac{P}{S}\times\dfrac{D}{1750}\right)+2.54$ 여기서, D : 관의 외경(mm)

③ 고압 배관용 탄소 강관(SPPH)

(가) 10 MPa 이상, 350℃ 이하의 배관에 사용한다.

(나) 이음매 없는 관(seamless pipe)으로 사용되며 킬드강으로 만든다.

(다) 내연기관의 연료분사관, 화학공업의 고압배관, 암모니아의 합성배관의 용도로 사용한다.

(라) SPPH : carbon steel pipes for high pressure service

④ 고온 배관용 탄소 강관(SPHT : 호칭지름 6 ~ 500A)

(가) 호칭은 호칭지름과 두께(스케줄 번호)로 표시한다.

(나) 350~450℃의 배관에 사용한다.

(다) SPHT : carbon steel pipes for high temperature service

⑤ 배관용 아크 용접 탄소 강관(SPW : 호칭지름 350～1500A)

(가) 350℃ 이하, 1 MPa 이하 낮은 압력 배관에 사용한다.

(나) 증기, 물, 기름, 가스 및 공기 등의 배관, 일반수도관, 가스수송관 등에 사용한다.

⑥ 배관용 합금 강관(SPA : 호칭지름 6～500A)

(가) 주로 고온(350℃ 이상) 배관용으로 사용하고 있다.

(나) SPA : alloy steel pipes

⑦ 배관용 스테인리스 강관(STS×TP : 호칭지름 6～500A)

(가) 내식 및 내열용으로 사용한다.

(나) 저온 및 고온용(−350～350℃) 배관에 사용한다.

⑧ 저온 배관용 강관(SPLT : 호칭지름 6～500A) : 빙점 이하의 특히 낮은 온도의 배관에 사용한다.

(2) 수도용

① 수도용 아연 도금 강관(SPPW)

(가) SPP관에 아연도금을 하여 내식성을 증가시킨 강관이다.

(나) 정수두 100 m 이하의 수도 배관(급수용)에 주로 사용한다.

(다) SPPW : galvanized steel pipe for water service

② 수도용 도복장 강관(STPW)

(가) SPP관 또는 SPW관에 피복한 배관이다.

(나) 정수두 100 m 이하의 급수용 배관에 사용한다.

(3) 열전달용

① 보일러 열교환기용 탄소 강관 : 관의 내외면에서 열의 전달을 목적으로 한 장소의 배관에 사용한다.

② 보일러 열교환기용 합금 강관

(가) 관의 내외면에서 열의 전달을 목적으로 한 장소의 배관에 사용한다.

(나) 보일러의 수관, 연관, 과열관, 공기예열관, 화학공업이나 석유공업의 열교환기관, 콘덴서관, 촉매관, 가열로관 등에 사용한다.

③ 보일러 열교환기용 스테인리스 강관(STS×TB)

④ 저온 열교환기용 강관(STLT)

(가) 빙점 이하의 특히 낮은 온도에서 관의 내외에서 열의 전달을 목적으로 하는 배관에 사용한다.

(나) 열교환기관, 콘덴서관 등에 사용한다.

(4) 구조용

① 일반 구조용 탄소 강관 : 토목, 건축, 철탑, 발판, 지주, 말뚝과 기타의 구조물용 관에 사용한다.
② 기계 구조용 탄소 강관 : 기계, 자동차, 항공기, 자전거, 가구, 기구 등의 기계부품용 관에 사용한다.
③ 구조용 합금 강관 : 자동차, 항공기 등의 기타의 구조물용 관에 사용한다.

2 주철관(cast iron pipe)의 종류 및 용도

주철은 탄소 함량 2.0~6.68 %의 재료로 급수관, 배수관, 통기관, 케이블 매설관, 오수관, 가스공급관, 광산용 양수관, 화학공업용 배관 등에 사용되고 있다.

(1) 수도용 수직형 주철관

① 접합 방법에 따라 소켓관과 플랜지관이 있다.
② 정압수두에 따라 보통압관, 저압관이 있다.
③ 최대 사용 정수두는 보통압관이 75 m 이하, 저압관이 45 m이다.

(2) 수도용 원심력 사형 주철관

① 접합 방법에 따라 소켓관과 기계이음관이 있다.
② 정수압에 따라 고압관(B), 보통압관(A), 저압관(LA) 등이 있다.
③ 최대 사용 정수두는 고압관 100 m 이하, 보통압관 75 m 이하, 저압관 45 m 이하이다.
④ 기계적 특성으로는 재질이 균일하고 강도가 크다.

(3) 수도용 원심력 금형 주철관

① 접합 방법에 따라 소켓관과 기계이음관이 있다.
② 정수압에 따라 고압관, 보통압관이 있다.
③ 최대 사용 정수두는 고압관 100 m 이하, 보통압관 75 m 이하이다.

(4) 원심력 모르타르 라이닝 주철관

① 주철관 내벽의 부식을 방지할 목적으로 관 내면에 모르타르를 바른(라이닝) 관이다.

② 취급 시 큰 하중과 충격에 유의해야 한다.

(5) 수도용 원심력 덕타일 주철관(구상 흑연 주철관)

① 보통주철(회주철)과 같이 관의 수명이 길다.
② 강도와 인성은 강관과 같다.
③ 내식성이 좋으며 가요성, 충격에 대한 연성이 양호하다.
④ 가공성이 좋다.

(6) 배수용 주철관

① 관 두께에 따라 1종과 2종의 두 가지가 있다.
② 건물 내의 오수 및 잡배수용으로 쓰이며 내압이 거의 없어 관 두께가 일반용보다 얇은 특징이 있다.

3 비철금속관의 종류 및 용도

(1) 동관

① 열교환기용관, 급수관, 압력배관, 급유관, 냉매관, 급탕관, 기타 화학공업용으로 사용된다.
② 동관의 표준치수로 K, L, M형 등 3가지가 있다. K형은 의료배관, L형은 의료배관, 급·배수배관, 급탕배관, 냉·난방배관, 가스배관, M형은 L형과 동일하다.
③ 화학 성분에 따라서는 이음매 없는 인탈산 동관과 이음매 없는 무산소 동관이 있다.
㈎ 이음매 없는 인탈산 동관 : 열교환기용, 화학공업용, 급수, 급탕용, 가스관 등에 사용한다.
㈏ 이음매 없는 무산소 동관 : 열교환기용, 전기용, 화학공업용, 급수, 급탕용 등에 사용한다.

(2) 연관(납관)

① 수도관, 기구배수관, 가스배관, 화학공업용 배관 등에 사용된다.
② 수도용 연관 : 사용 정수두 75m 이하, 강도와 내구성이 양호하다.
③ 일반용(공업용) 연관 : 1종, 2종, 3종이 있는데, 1종은 화학공업용으로 2종은 일반용으로 3종은 가스용으로 사용된다.
④ 배수용 연관 : 트랩과 배수관, 대변기와 오수관, 세정관과 기구연결관 등에 사용한다.

⑤ 경연관 : 화학공업용으로 사용한다.

(3) 알루미늄관

① 열교환기, 선박, 차량 등 특수 용도에 사용한다.
② 화학성분에 따라 1, 2, 3종이 있으며, 연질과 경질로 나눈다.

(4) 주석관

화학공장, 양조장 등에서 알코올, 맥주 등의 수송관으로 사용하고 있다.

4 비금속관의 종류 및 용도

(1) 합성수지관

① 물, 유류, 공기 등의 배관에 사용하고 있다.
② 경질 염화비닐관 : 일반용, 수도용, 배수용 등으로 사용한다.
③ 폴리에틸렌관(polyethylene pipe) : 염화비닐관보다 가볍고, 내열성과 보온성이 우수하며 인장강도가 작다.

(2) 석면 시멘트관

수도용, 가스용, 배수용, 공업용수관 등의 매설관으로 사용하고 있다.

(3) 철근 콘크리트관

옥외 배수관용으로 사용하고 있다.

(4) 원심력 철근 콘크리트관

상하수도, 배수로 등에 많이 사용되고 있다.

(5) 도관(clay pipe)

① 주로빗물 배수관으로 사용되고 있다.
② 두께에 따라 보통관, 후관, 특후관 등으로 나누며 보통관은 농업용, 후관은 도시하수관용, 특후관은 철도용 배수관으로 사용되고 있다.

5 관 이음재 및 접합법

(1) 강관의 접합

① 나사 접합

㈎ 소구경관용 접합 방법이다.

㈏ 관의 절단 방법으로 수동 공구에 의한 방법, 동력 기계에 의한 방법, 가스 절단 방법 등이 있다.

㈐ 관의 길이 산출법

$$l = L - 2(A - a)$$

여기서, l : 관의 실제 길이, L : 배관의 중심선 길이
A : 부속의 중심 길이, a : 관의 삽입 길이

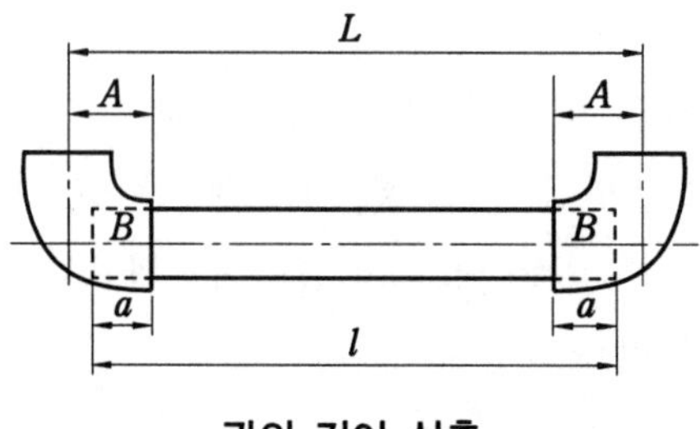

관의 길이 산출

② 용접 접합

㈎ 가스 용접과 전기 용접에 의한 방법이 있다.

㈏ 용접 접합의 장점

- 무게가 가볍다.
- 보온피복 작업이 수월하다.
- 접합부 누수의 염려가 없고 강도가 크다.
- 유체의 마찰손실이 작다.
- 유지보수 비용이 줄어든다.

③ 플랜지 접합

㈎ 관 끝에 플랜지를 용접 접합 또는 나사 접합을 하고 양 플랜지 사이에 개스킷을 넣어 볼트로 조여 붙이는 접합이다.

㈏ 배관의 중간이나 밸브, 펌프, 열교환기, 각종 기기의 접속 및 기타 보수, 점검을 위하여 관의 해체, 교환을 필요로 하는 곳에 사용되고 있다.

(2) 주철관의 접합

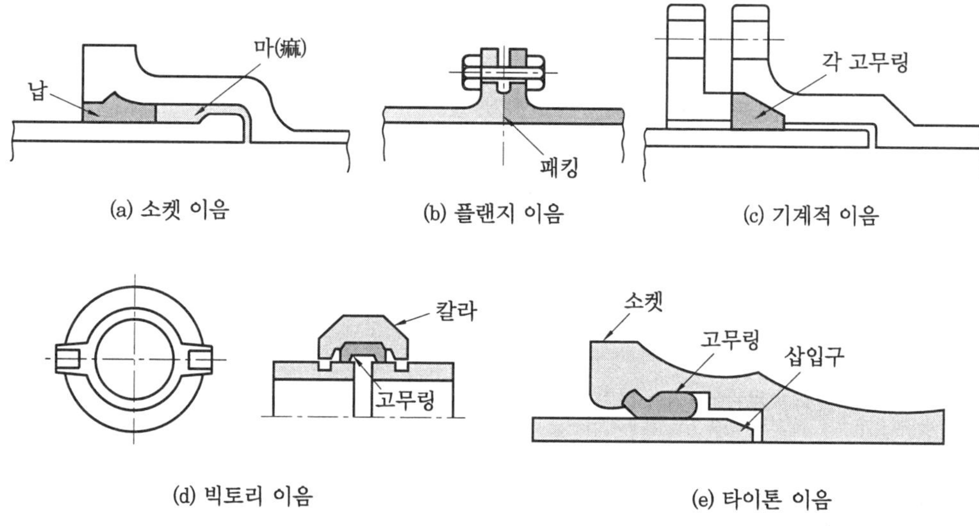

주철관 이음

① 소켓 접합 : 소켓부에 납과 얀(yarn)을 넣는 접합 방식으로 납이 굳은 후 코킹을 해야 한다.

(가) 급수관 : 소켓부 깊이의 $\frac{1}{3}$을 얀, $\frac{2}{3}$를 납으로 채워 접합한다.

(나) 배수관 : 소켓부 깊이의 $\frac{2}{3}$를 얀, $\frac{1}{3}$을 납으로 채워 접합한다.

② 플랜지 접합

(가) 계기, 제수밸브 등의 기구를 붙이거나 관을 착탈할 필요가 있거나 소켓 이음이 불가능할 때 접합하는 방식이다.

(나) 플랜지의 볼트를 조일 때에는 볼트를 균등하게 대각선상으로 조이도록 한다.

(다) 실(개스킷) 재료로는 고무, 석면, 마, 납관 등이 사용된다.

③ 기계적 접합

(가) 구조적으로 보면 소켓 이음에 플랜지 이음의 장점을 접목한 접합 방식이다.

(나) 150 mm 이하의 수도관용 접합에 사용된다.

(다) 지진, 기타 외압에 대한 휨성(가요성)이 풍부하여 다소의 굴곡에도 누수가 발생하지 않는다.

(라) 이음 작업이 간단하고 수중 작업도 용이한 이점이 있다.

④ 빅토리 접합(victory joint)

(가) 빅토리형 주철관을 고무링과 누름판(칼라)을 이용하여 접합하는 방식이다.

(나) 내부의 압력이 증가할수록 고무링이 더 관 벽에 밀착되어 누수를 방지한다.

(다) 가스 배관용으로 적합하다.

⑤ 타이톤 접합(tyton joint)

㈎ 원형의 고무링 하나만으로 접합하는 방식이다.

㈏ 소켓 내부의 홈에는 고무링을 고정하도록 되어 있고 삽입구 끝 부분에는 고무링을 쉽게 끼워 넣을 수 있도록 구배져 있다.

(3) 동관 접합

① 플레어 접합(flare joint)

㈎ 원추 모양의 펀치로 눌러 나팔관 모양으로 확대하여 접합하는 방식으로 압축 접합이라고도 한다.

㈏ 기계의 점검, 보수 또는 관을 분해할 경우에 적합한 접합 방식이다.

② 용접 접합(weld joint)

㈎ 관의 연결 부위에 동관을 끼우고 열을 가하여 용접을 하면 용접재가 모세관 현상에 의하여 틈새로 깊숙이 흘러들어가 접합되는 방식이다.

㈏ 건축배관용 동관 접합에 대부분 이용되는 방식이다.

㈐ 용접 접합에서 중요한 것 중 하나는 알맞은 온도로 가열하는 것이다. 과열되거나 미가열 시에는 용접 부위의 강도가 떨어져 수명이 짧아지는 결과가 발생된다.

㈑ 연납 용접(납땜 접합)과 경납 용접이 있다.

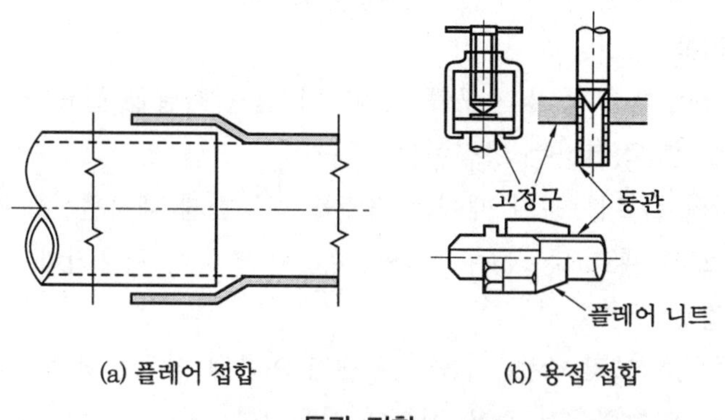

(a) 플레어 접합 (b) 용접 접합

동관 접합

핵심 경납 용접의 일반사항

① 동관끼리 산소와 수소 용접 또는 산소와 아세틸렌 용접으로 접합 작업을 한다.
② 접합부 간에 발생하는 전해작용에 의한 부식현상이 일어나지 않도록 할 수 있다.
③ 방사난방 시 온수관 접합 및 진동이 심한 곳에 적용할 수 있는 접합 방식이다.

③ 분기관 접합(branch pipe joint) : 사용압력 2 MPa 정도까지의 배관 접합에 사용하는 방식이다.

(4) 연관 접합

① 플라스탄 접합 : Pb 60 %, Sn 40 % 합금인 플라스탄 합금을 이용한 접합 방식이다.

(가) 직선 접합 : 직선 배관 접합 방법으로 암관의 입구를 확대시켜 숫관을 끼우는 연결 방식이다.

(나) 맞대기 접합 : 관과 관을 서로 맞대어 연결하는 방식이고 플라스탄 합금과 연관의 용융온도 차이가 별로 없어 가열 시 세심한 주의가 요구되는 접합 방식이다.

(다) 수전 소켓 접합 : 수도꼭지(급수전), 지수전, 계량기의 소켓을 연관에 접합하는 방식이다.

(라) 분기관 접합 : T자형이나 Y자형의 지관으로 연관에 접합하는 방식이다.

플라스탄 접합

(마) 만다린 접합 : 입상관 끝에 90° 구부려 시공하므로 숙련이 요구되며 그 끝에 급수전 등의 수전 소켓을 접합하는 방식이다.

② 살붙임납땜 접합

(가) 양질의 땜납을 녹여 나온 납물을 접합부에 접착시켜 굳게 하여 접합하는 방식이다.

(나) 연관의 접속이 완전하며 수압에도 잘 견디는 접합 방식이다.

(5) 합성수지관의 접합

① 경질 염화비닐관의 접합

(가) 냉간 접합법

- 나사 접합 : 금속관과의 접합에 사용된다.
- 냉간 삽입 접합(TS joint) : 접착제를 사용하여 접합하는 방식이다.

(나) 열간 접합법

- 열단법 : 열가소성, 복원성, 용착성을 이용해서 50 mm 이하의 소구경관용 접합에 사용된다.
- 이단법 : 65 mm 이상의 대구경관용으로 숫관에 접착제를 발라 암관에 끼워 가열하여 복원력으로 접착부를 밀착 접합하는 방식이다.

(다) 용접 접합법

(라) 플랜지 접합법 : 대형관 접합 및 관 분해 조립 요구 시 필요한 접합 방식이다.

(마) 테이퍼 코어 접합법

- 강도가 약한 플랜지 접합을 보완하기 위한 방식이다.
- 50 mm 이상의 대구경관용으로 사용된다.

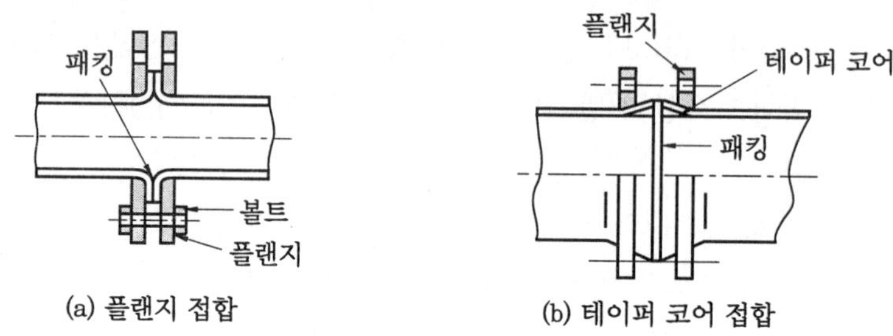

플랜지 접합과 테이퍼 코어 접합

② 폴리에틸렌관의 접합

(가) 용착슬리브 접합 : 관 끝의 외면과 부속품의 내면을 동시에 가열 용융시켜 접합하는 방식이다.

(나) 테이퍼 접합

- 폴리에틸렌관 전용의 포금(청동의 종류)제 테이퍼 조인트를 사용하여 접합하는 방식이다.
- 50 mm 이하의 소구경 수도관용으로 사용된다.

(다) 인서트 접합

- 가열 연화한 인서트를 끼우고 물로 냉각하여 클램프로 조여 접합하는 방식이다.
- 50 mm 이하의 폴리에틸렌관 접합용으로 사용된다.

(6) 석면 시멘트관의 접합

① 기볼트 접합

(가) 1개의 슬리브, 2개의 플랜지와 고무링을 사용하여 접합하는 방식이다.

(나) 신축성과 굴절성이 양호하다.

(다) 원심력 철근 콘크리트관의 칼라 조인트 5~10개소마다 1개의 기볼트를 사용하여 연결하는 방식이다.

② 칼라 접합

(가) 주철제의 특수 칼라를 사용하여 접합하는 방식이다.

(나) 접합부 사이에 고무링을 끼워 수밀성을 유지시키는 접합이다.

③ 심플렉스 접합

(가) 석면 시멘트제 칼라와 2개의 고무링을 사용하여 접합하는 방식이다.

(나) 굽힘성과 내식성이 양호하다.

(다) 사용압력은 10.5 kgf/cm^{2}이다.

(7) 철근 콘크리트관의 접합

① 칼라 접합

(가) 철근 콘크리트제 칼라로 소켓을 만든 후 콤포를 채워 접합하는 방식이다.

(나) 콘크리트관을 접합할 때 칼라 조인트의 칼라와 관 사이에 채워 넣어 수밀을 유지시키는 요소를 콤포라 한다.

② 모르타르 접합 : 모르타르를 사용하고 굽힘성이 전혀 없으며 굴절성과 신축성이 유지되는 접합 방식이다.

(8) 도관의 접합

① 관과 관 사이의 접합부에 얀(yarn)을 압입하고 모르타르를 발라 접합하는 방식이 있다.

② 관과 관 사이에 모르타르만 사용하여 접합하는 방식이 있다.

(9) 이종관의 접합

① 강관과 연결이 가능한 관 : 동관, 경질 염화비닐관, 주철관, 연관 등이다.

② 주철관과 연결이 가능한 관 : 경질 염화비닐관, 연관, 콘크리트관, 석면 시멘트관 등이다.

③ 경질 염화비닐관과 연결이 가능한 관 : 동관, 연관, 도관 기타 금속관 등이다.

6 배관 부속 재료

(1) 관 연결용 부속 재료

① 강관용

(가) 나사 결합(체결)용 배관 부품

- 배관의 방향을 바꿀 때 : 엘보, 벤드
- 관을 도중에서 분기할 때 : T, Y, 크로스
- 동경관을 직선 결합할 때 : 소켓, 유니언, 니플
- 이경관의 연결 : 이경 소켓, 이경 엘보, 이경 티, 부싱
- 관 끝을 막을 때 : 플러그, 캡
- 플랜지 부착기기에 접합할 때 : 플랜지

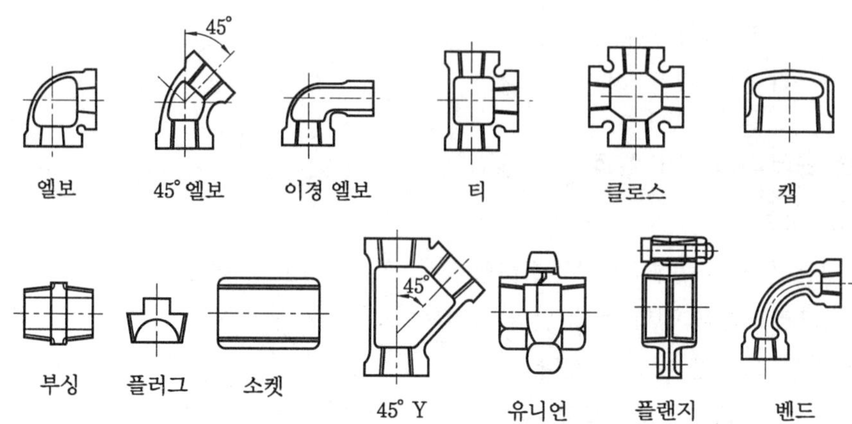

나사 결합용 배관 부품의 용도별 분류

(나) 유체의 상태에 따른 사용압력

- 300℃ 이하의 증기, 공기, 가스 및 기름 : 10 kg/cm²
- 220℃ 이하의 증기, 공기, 가스 및 기름, 맥동수 : 14 kg/cm²
- 120℃ 이하의 정류수 : 20 kg/cm²

(다) 연결 부속의 크기 표시 방법

- 지름이 같은 경우 : 호칭지름으로 표시한다.
- 지름이 2개인 경우 : 지름이 큰 것을 첫 번째, 작은 것을 두 번째의 순서로 한다.
  예 32×25
- 지름이 3개인 경우 : 동일 중심선 위 또는 평행 중심선 위에 있는 구멍 중에서 큰 것을 첫 번째, 작은 것을 두 번째, 나머지를 세 번째로 한다.
  예 32×32×25
- 지름이 4개인 경우 : 지름이 큰 것을 첫 번째, 이것과 동일 또는 평행 중심선 위에 있는 것을 두 번째, 나머지 2개 중에서 지름이 큰 것을 세 번째, 작은 것을 네 번째로 한다.
  예 50×25×25×20

(라) 용접형 : 증기, 물, 기름, 가스 공기 등 일반 배관의 맞대기 용접용으로 사용압력이 비교적 낮다.

(마) 플랜지

- 용도 : 배관 중간이나 밸브, 열교환기, 각종 기기의 접속 및 기타 보수, 점검을 위한 관의 해체, 교환을 필요로 할 경우 사용하기에 적당하다.
- 플랜지의 모양 : 원형, 타원형, 사각형 등이 있으며 타원형은 소구경관용으로 사용된다.
- 패킹 시트의 모양 : 전면, 대평면, 소평면, 삽입형, 홈 시트(채널형) 등

- 플랜지의 관 부착법에 따른 분류 : 소켓 용접형, 맞대기 용접형, 나사 결합형, 삽입 용접형, 블라인드형, 랩 조인트 등이 있다.
- 플랜지용 볼트·너트 : 배관 플랜지용 볼트로는 머신 볼트와 스터드 볼트 등이 있다.
- 플랜지용 개스킷 : 플랜지 접합부의 누설 방지용이다.

② 주철관용(주철관 이형관)

㈎ 수도용

- 분기점인 경우 : T형관, Y형관, +자관 등
- 배관이 굴곡할 때 : 각종 곡관
- 지름이 다른 경우 : 테이퍼관(편락관)
- 기설 배관에서 분기관을 낼 때 : 이음관, 플랜지 소켓관, 플랜지관
- 소화전을 장치하는 곳 : 소화전관
- 배관의 중심선을 약간 어긋나게 할 때 : 을(乙)자관
- 배관의 끝 : 캡, 플러그, 마개 플랜지
- 저수지의 유입구 또는 유출구 : 나팔관

㈏ 배수용

- 건물 내에 오수가 원활하게 흐르고 연결부에서 오물이 막히는 것을 방지한다.
- 종류에는 곡관, Y관, T관, 확대관, U트랩, 이음관 등이 있다.

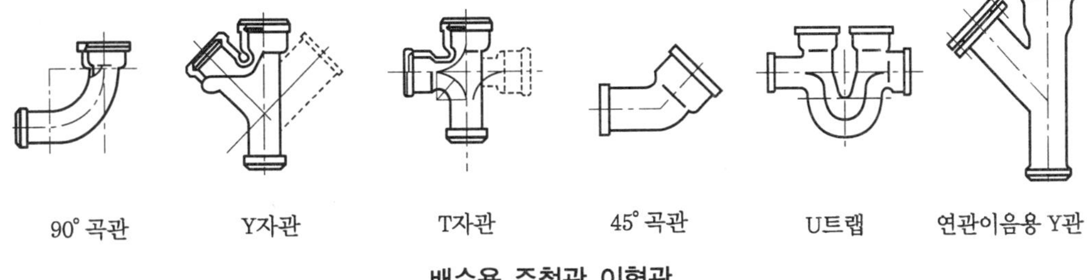

배수용 주철관 이형관

③ 동관

㈎ 플레어(flare) 연결부속

- 황동제로 플레어 연결부속을 만들고 주로 플레어 접합에 사용된다.
- 분리, 재결합 등이 쉽다.
- 용접 접합이 어려울 때나 화재의 위험 등이 있을 때 사용한다.

㈏ 동합금 주물 연결부속 : 청동주물로 연결부속 본체를 만들어 관과 연결하고 연결부위를 기계적인 방법으로 다듬질한다.

(다) 순동 연결부속 : 동관 접합에 널리 사용되고 있다.
- 냉온수 연결 배관, 도시가스, 의료용 산소 공급 배관 등에 사용된다.
- 엘보, 티, 커플링, 슬리브(소켓), 줄임 소켓 등이 있다.

③ 합성수지관

(가) 수도용 경질 염화비닐관 연결부속
- 열간 접합용과 냉간 접합용이 있는데 열간 접합용에는 갑형과 을형이 있다.
- 소켓, 엘보, 티 등과 수도꼭지를 설치하기 위한 수전 소켓, 수전 엘보, 수전 티 등이 있다.

(나) 일반용 경질 염화비닐관 연결부속
- 배수관과 통기관에 사용하는 VG2 관(얇은 관)의 접합에 사용하는 냉간 삽입식 연결부속이다.
- 분기 및 합류 부분에 Y관 또는 90° 관을 사용하여 배수가 잘 되도록 한다.
- 오수가 잘 흐르고 오물이 막히지 않도록 곡률 반지름을 크게 하여 만든다.

(다) 폴리에틸렌관 연결부속
- 수도용이나 일반용 폴리에틸렌관에 공동으로 사용된다.
- 1종과 2종이 있는데, 1종은 연질관, 2종은 경질관에 사용한다.
- 소켓, 이경 소켓, 엘보, 티, 캡, 수전 소켓(갑형과 을형), 수전 엘보, 유니언 소켓 등이 있다.

(2) 신축 이음(expansion joint)

관 벽에 접하는 외부 온도와 관 속을 흐르는 유체의 온도 변화에 따라 관은 수축 또는 팽창을 한다. 이때에 관의 신축에 직접적인 영향을 주는 것은 온도의 변화와 관의 길이이다. 철의 경우 선팽창계수가 1.2×10^{-5}/℃이므로 1℃ 온도차에 대하여 1 m당 0.012 mm만큼 신축을 일으키게 된다. 이런 점 때문에 긴 직관의 배관 중 관 접합부나 관 부속 기기 부분에서 파손이 발생할 우려가 있다. 이러한 사고를 방지하기 위하여 배관의 도중에 설치하는 재료가 신축 이음이다.

① 슬리브형 신축 이음(sleeve type expansion joint)

(가) 슬리브와 본체 사이에 패킹을 넣어 온수 또는 증기가 누설되는 것을 방지한다.

(나) 패킹 재료로는 흑연 또는 기름으로 처리한 것을 사용한다.

(다) 물 또는 압력 8 kgf/cm^2 이하의 포화증기, 공기, 가스, 기름 등의 배관의 용도로 사용하고 있다.

(라) 호칭경 50 A 이하는 청동제 이음의 나사 결합식, 65 A 이상은 플랜지 결합식으로

슬리브 파이프는 청동제이며, 본체는 일부가 주철제이거나 전부가 주철제로 되어 있다.

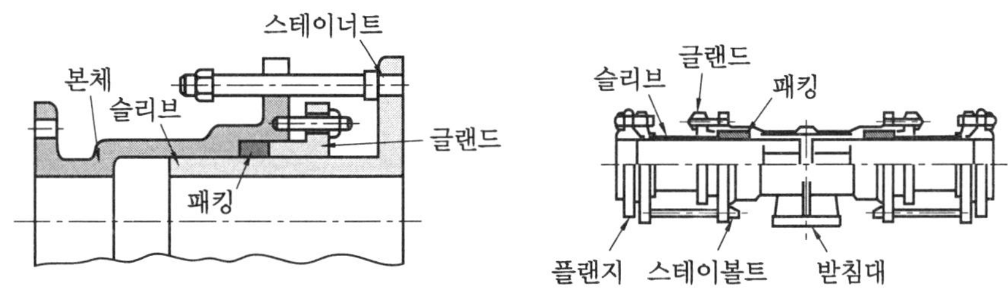

슬리브 신축 이음

핵심 슬리브(미끄럼)형 신축 이음의 특징

① 신축량이 크고 수축과 팽창으로 인한 응력이 발생하지 않는다.
② 배관에 곡선 부분이 있으면 신축 이음에 비틀림이 발생하여 파손의 영향을 준다.
③ 장기간 사용 시 패킹의 마모로 누수가 발생할 수 있다.
④ 직선으로 신축 이음을 하므로 시공 시 설치 공간이 루프형에 비해 작다.

② 벨로스형 신축 이음(bellows type expansion joint)

㈎ 벨로스형은 패킹 대신 벨로스를 사용한다. 파형으로 주름을 잡아 만든 벨로스는 온도의 변화에 따라 변형하며 관내 유체의 누설을 방지한다.

㈏ 벨로스의 재료로는 인청동 또는 스테인리스강 등을 사용한다.

㈐ 벨로스형은 팩리스(packless) 신축 이음이라고도 하며, 이음 방법으로는 나사 이음식과 플랜지 이음식이 있다.

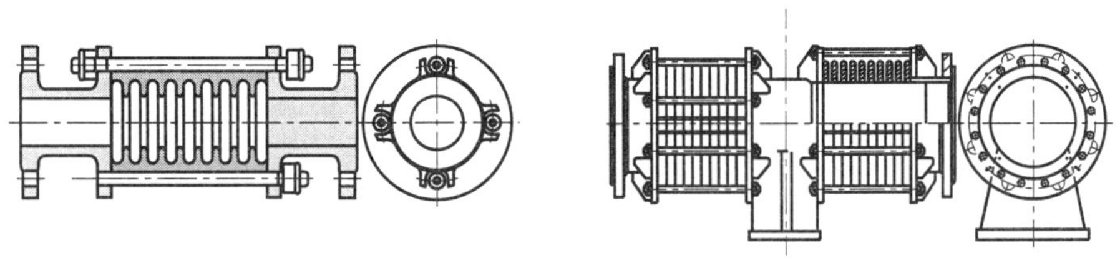

벨로스형 신축 이음

핵심 벨로스(주름통)형 신축 이음의 특징

① 자체 응력, 누설 등이 없고 부식에 강한 재질을 사용한다. 주름이 잡혀 있는 곳에 유체가 고이면 부식이 발생할 수 있으므로 주의해야 한다.
② 고압 배관에 적당하지 않으며 설치 공간이 넓지 않아도 된다.

③ 루프형 신축 이음(loop type expansion joint)

㈎ 강관 또는 동관 등을 루프(loop) 모양으로 구부려 만들어 만곡형이라고도 한다.

㈏ 구부림으로 인하여 배관의 신축이 가능하다.

㈐ 강관 루프의 경우 고온 고압용 배관에 사용되며 곡률 반지름은 관 지름의 6배 이상이 좋다.

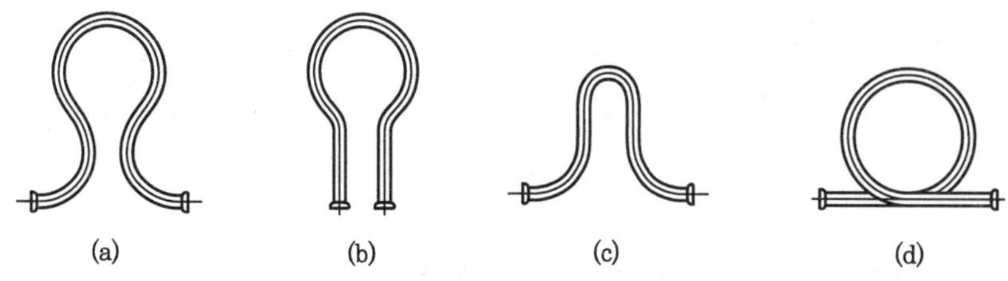

루프형 신축 이음

핵심 루프형(만곡형) 신축 이음의 특징

① 설치 공간이 넓고 고온 고압의 옥외 배관에 사용된다.
② 배관의 신축에 따른 자체 응력이 발생한다.
③ 관에 주름 굽힘이 되어 있을 경우 곡률 반지름을 관 지름의 2~3배로 한다.

④ 스위블형 신축 이음(swivel type expansion joint)

㈎ 2개 이상의 엘보를 사용하여 이음부의 나사 회전을 이용해서 배관의 신축을 흡수하도록 한 신축 이음으로 스윙식이라고도 한다.

㈏ 온수 및 증기 난방용 배관에 주로 사용한다.

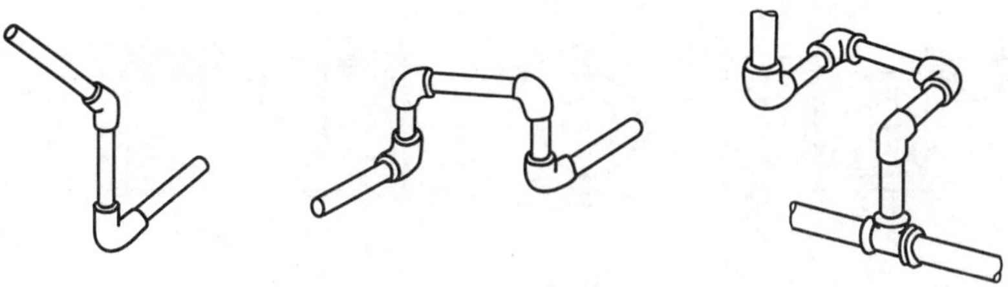

스위블형 신축 이음

(3) 밸브(valve)의 종류

① 글로브 밸브(globe valve) 또는 정지 밸브(stop valve)

㈎ 주로 유량 조정용으로 사용되고 유체의 저항은 크나 가볍다.

㈏ 유체의 흐름 방향과 평행하게 밸브가 개폐된다.

(다) 밸브 디스크의 형상은 평면형, 원추형, 반원형, 부분 원형 등이 있다.

(라) 50 A 이하는 포금제의 나사 결합형, 65 A 이상은 밸브, 밸브 시트는 포금제, 본체는 주철제의 플랜지형으로 되어 있다.

(마) 가격이 저렴하다.

② 슬루스 밸브(sluice valve) 또는 게이트 밸브(gate valve)

(가) 관로 개폐용으로 주로 사용되는 밸브로 배관용으로는 가장 많이 쓰인다.

(나) 유량 조절용으로는 부적당한 반면, 찌꺼기(drain)가 체류해서는 안 되는 난방용 배관에는 적합하다. 완전히 막고 사용하거나 완전히 열고 사용해야 하는 단점이 있다.

(다) 유체의 유동에 따른 파이프 내 마찰 저항 손실이 작다.

(라) 종류

- 바깥나사식 : 50A 이하의 관용
- 속나사식 : 65A 이상의 관용

(마) 디스크 구조에 따른 종류

- 웨지 게이트 밸브(wedge gate valve)
- 패럴렐 슬라이드 밸브(parallel slide valve)
- 더블 디스크 게이트 밸브(double disk gate valve)
- 제수 밸브

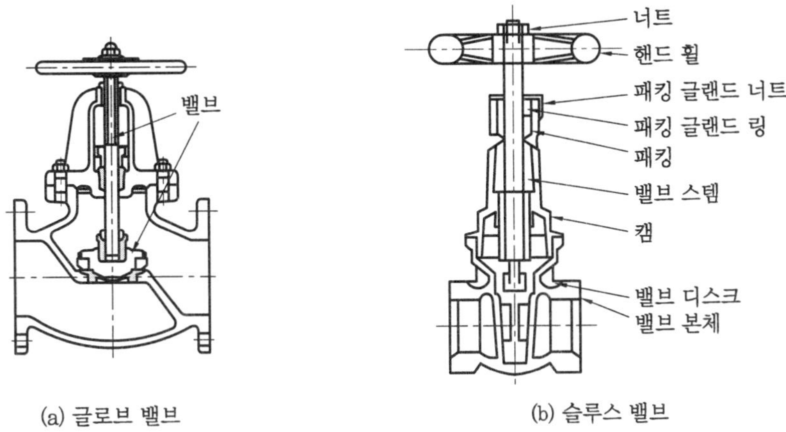

글로브 밸브와 슬루스 밸브

③ 앵글 밸브(angle valve)

(가) 직각으로 굽어진 장소에 사용하기에 적당한 밸브이다.

(나) 엘보와 글로브 밸브를 조합한 형태이며 유체의 저항을 방지할 수 있다.

④ 니들 밸브(needle valve)

㈎ 밸브의 디스크 형상을 원추 모양으로 바꾸어서 유체가 통과하는 평면이 극히 작은 구조로 되어 있는 밸브이다.

㈏ 유량이 적거나 고압일 때에 유량 조절을 누설 없이 정확히 행할 목적으로 사용되는 밸브이다.

⑤ 체크 밸브(check valve, 역지변)

㈎ 유체의 흐름을 한 방향으로 흐르게 하고 역류를 방지하는 밸브이다.

㈏ 종류에는 수직, 수평 배관용으로 스윙식이 있고 수평 배관용으로 리프트식이 있다.

㈐ 펌프의 수직 흡입관 하단에 사용되는 풋 밸브(foot valve)도 역지변(체크 밸브)의 일종이다.

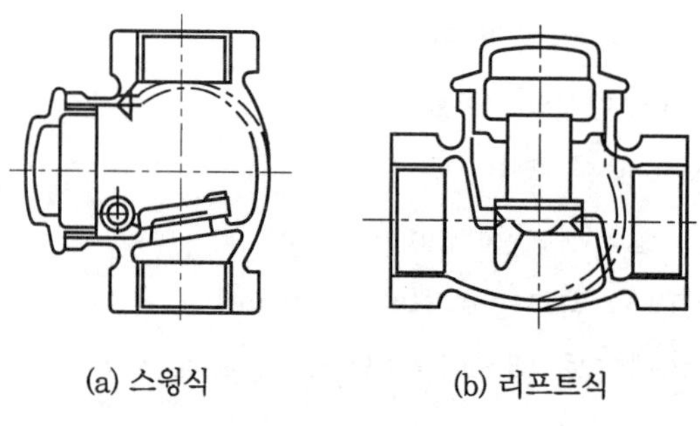

(a) 스윙식 (b) 리프트식

체크 밸브

⑥ 콕(cock) : 원통 또는 원뿔에 구멍을 뚫고 그 구멍의 축 주위를 90° 회전시켜 개폐하는 회전 밸브의 일종으로 플러그 밸브(plug valve)라고도 한다.

㈎ 특징

- 유체의 저항이 작고 유로를 급속히 개폐할 수 있는 구조이다.
- 기밀 유지가 안 된다.
- 고압 대용량에는 부적당하다.

㈏ 유체 흐름 방향에 따른 종류 : 2방콕, 3방콕, 4방콕

⑦ 안전 밸브(safety valve)

㈎ 압력 분출 시 작동이 정확해야 하며 분출 전 유체의 누설이 없어야 한다.

㈏ 유체의 압력이 정상으로 돌아올 때, 즉시 분출이 정지되어야 한다.

㈐ 안전 밸브의 종류

- 중추식 : 중추의 무게로 분출압력을 조절하는 방식이다.
- 레버식 : 추와 레버를 사용하는 방식으로 추의 위치에 따라 분출압력을 조절할 수 있다.

• 스프링식 : 가장 많이 사용하는 방식으로 스프링의 탄성에 의하여 분출압력을 조절한다. 형식에 따라서 단식, 복식, 이중식 등으로 분류한다.

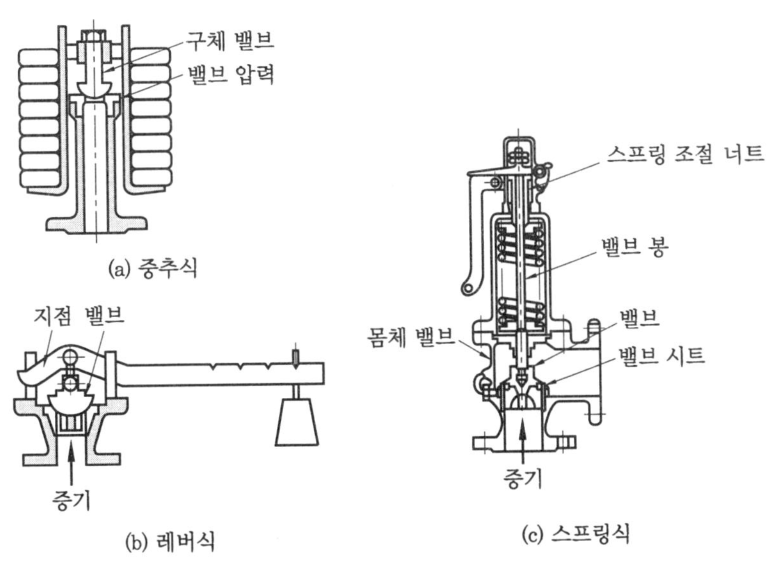

안전 밸브의 종류

⑧ 감압 밸브(pressure reducing valve)

㈎ 고압관과 저압관 사이에 설치하여 고압 쪽의 압력을 요구하는 낮은 압력으로 낮추는 밸브이다.

㈏ 작동 방법에 따른 종류 : 피스톤식, 다이어프램식, 벨로스식 등이 있다.

㈐ 구조에 따른 종류 : 스프링식, 추식 등이 있다.

㈑ 압력 제어 방식에 따른 종류 : 자력식, 타력식 등이 있다.

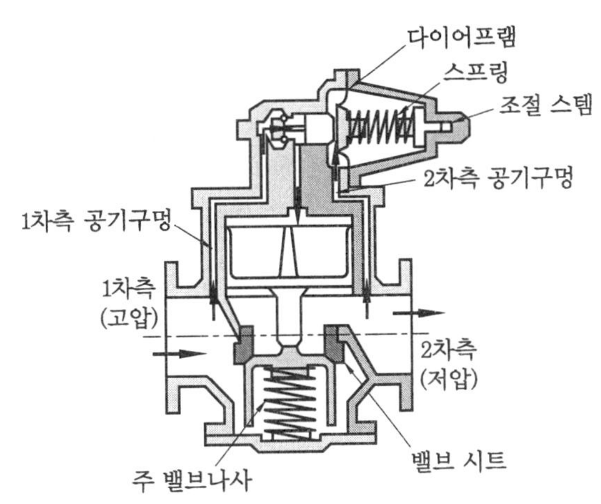

감압 밸브의 내부 구조

⑨ 솔레노이드밸브(solenoid valve)

㈎ 안전 및 제어장치용으로 사용되며 전자변이라고도 한다.

㈏ 전자기적 원리에 의해 작동한다.

㈐ 종류에는 파일럿식과 직동식이 있는데, 직동식은 연료용으로 많이 쓰인다.

㈑ 바이패스 배관에 사용하지 못한다.

⑩ 공기빼기 밸브(air vent valve) : 액체 속에 포함된 공기와 그 밖의 기체를 액체에서 분리, 체류하게 하여 배관의 외부로 제거시키기 위한 밸브이며 난방장치에 사용한다.

⑪ 볼 탭(ball tap) : 탱크 내에 물 공급 시 급수구 쪽에 설치하여 탱크 내부의 수위 상승과 하강을 부력의 원리를 이용하여 조절해 주는 기구이다.

⑫ 수전

㈎ 급수, 급탕관의 끝에 연결하여 물의 흐름을 개폐하거나 유량을 조절하는 일종의 밸브이다.

㈏ 지수전 : 급수관의 도중에 설치하여 급수전(수도꼭지), 양수기 등으로의 통수를 막거나 부분 통수하는 장치이다. 갑지수전과 을지수전이 있다.

- 갑지수전 : 급수장치의 수량 조절용으로 사용한다.
- 을지수전 : 공공수도와 부지경계점의 지하수도 분기관에 설치하여 급수장치 전체의 통수를 제한하는 용도로 사용한다.

㈐ 분수전 : 배수관에서 급수관을 분기할 때 도중에 부착하는 기구이다.

- 급수소관 : 40 mm 이하의 급수관을 분기할 때 사용한다.
- 분수전의 관경에는 13, 16, 20, 25 mm가 있다.

(4) 트랩(trap)

① 트랩의 종류

㈎ 작동 원리에 따른 분류 : 기계식, 온도조절식, 열역학적 트랩 등이 있다.

㈏ 압력에 따른 분류 : 저압용, 중압용, 고압용, 초고압용 등이 있다.

㈐ 용도에 따른 분류 : 증기용, 배수용 등이 있다.

㈑ 접속 방식에 따른 분류 : 나사식, 플랜지형, 소켓형 등이 있다.

② 증기 트랩(steam trap)

㈎ 방열기의 환수구 또는 배관의 아랫부분에 응축수가 모이는 곳에 설치하며 다음과 같은 구비 조건을 갖는다.

- 마찰저항이 적고 내마모성이 우수해야 한다.
- 내구력이 있으며 내식성이 우수해야 한다.
- 공기의 배기가 가능해야 한다.

• 압력, 유량이 일정 범위 내에서 변화할 때에도 동작이 확실해야 한다.
• 정지 후에도 응축수 빼기가 가능해야 한다.

(나) 열동식 트랩
• 본체 내에 벨로스(bellows)를 넣고 그 내부에 휘발성이 큰 액체를 채워둔다. 벨로스는 인청동 또는 스테인리스강의 재질로 만든 얇은 판으로 원통에 주름이 잡혀 있다. 온도 변화에 따라 팽창과 수축을 반복하게 된다. 벨로스 상부는 고정되어 있고 하부는 위 · 아래로 움직일 수 있는 형태로 되어 있다.
• 에어 리턴(air return)식, 진공환수식 증기 배관의 방열기, 관말 트랩 등에 사용된다.

(다) 버킷 트랩(bucket trap)
• 밸브의 개폐에 부력을 이용한 것으로 응축수의 간헐적인 배출이 이루어진다.
• 중압, 고압의 증기 환수관용으로 사용되고 환수관을 트랩보다 높은 위치로 배관할 수 있다.
• 형식으로는 하향식과 상향식 등이 있다.
• 증기의 압력에 의해 응축수 배출 시 1 kgf/cm^{2}에 대하여 실제로 8 mm 이하까지 응축수를 밀어 올릴 수 있다.

(라) 플로트 트랩(float trap)
• 트랩 속의 응축수가 고이면 플로트가 올라가 밸브를 열고 응축수가 환수구로 배출되면 다시 플로트가 내려가는 원리를 이용한 것이다.
• 많은 양의 응축수 처리가 가능하며 저압 증기용으로 사용된다.
• 공기를 배출시키기 위해 열동식 트랩을 병용하여 사용하고 있다.

(마) 충격 증기 트랩(impulse steam trap)
• 높은 온도의 응축수는 압력이 떨어지면 증발하는데 이때 증발로 인하여 부피의 팽창을 가져오게 된다. 이와 같은 원리를 밸브의 개폐에 이용한 트랩이다.
• 트랩 내부는 원판 모양의 밸브 디스크와 시트로 이루어져 있다.
• 응축수의 양은 많으나 소형으로 사용되며 디스크 트랩(disk trap)이라고도 한다.
• 저압, 중압, 고압 등에 사용하며 작동 시 증기가 다소 새는 경향이 있다.

(바) 수봉 트랩 : 저압 증기관에 주로 사용하는 형식으로 U자관에 물을 가득 채워서 사용하며 응축수만 통과시키고 공기 및 증기는 차단시키는 원리이다.

③ 배수 트랩 : 하수관 및 건물 내의 배수관에서 발생하는 유해한 가스가 실내로 유입되는 것을 방지하기 위한 것이다.

(가) 관 트랩
• S 트랩 : 세면기, 대변기, 소변기 등의 위생기구에 사용한다.

- P 트랩 : 벽면에 매설하는 배수 수직관 연결 시 사용한다.
- U 트랩 : 건물 내부의 배수 수평주관 끝에 설치하여 사용한다. 가옥 트랩 또는 메인 트랩(main trap)이라 한다.

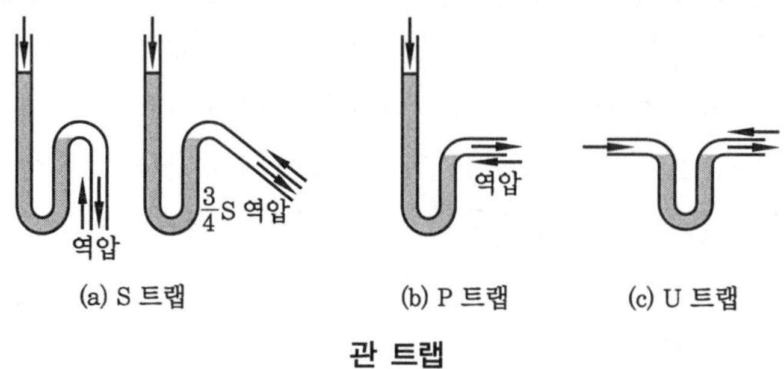

(a) S 트랩 (b) P 트랩 (c) U 트랩

관 트랩

(나) 박스 트랩(box trap)

- 드럼 트랩(drum trap) : 요리장의 개숫물(음식 그릇을 씻은 물) 배수에 사용하는 종류이다.
- 벨 트랩(bell trap) : 바닥면의 배수에 사용하는 트랩이다.
- 가솔린 트랩(gasoline trap) : 배수 중의 가솔린, 기계유, 모래 등을 분리하기 위한 트랩이다. 기름 또는 휘발유를 많이 취급하는 자동차의 차고나 공장 등의 바닥 배수에 사용하고 있다.
- 그리스 트랩(grease trap) : 요리장에서 배수에 흘러 들어간 지방질이 배수관에서 냉각되어 배수관이 막히는 것을 방지하기 위한 트랩이다.

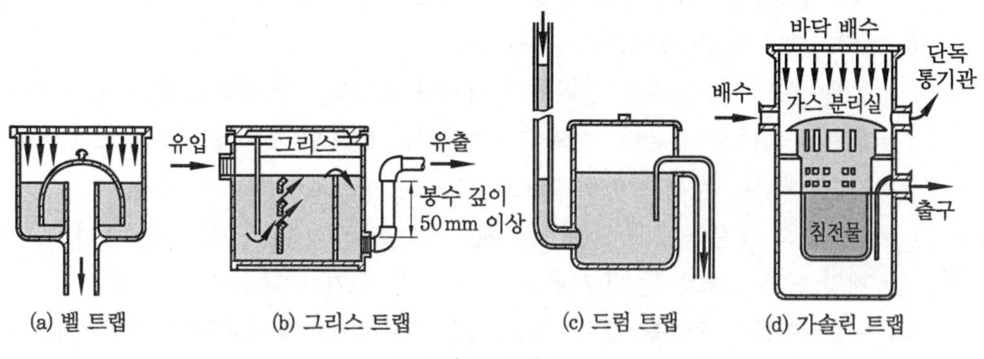

(a) 벨 트랩 (b) 그리스 트랩 (c) 드럼 트랩 (d) 가솔린 트랩

박스 트랩

(5) 스트레이너(strainer)

증기, 물, 유류 배관 등에 설치되는 밸브, 기기 등의 앞에 설치하여 관내의 불순물을 제거하는 여과기로 종류에는 Y형, U형, V형 등이 있다.

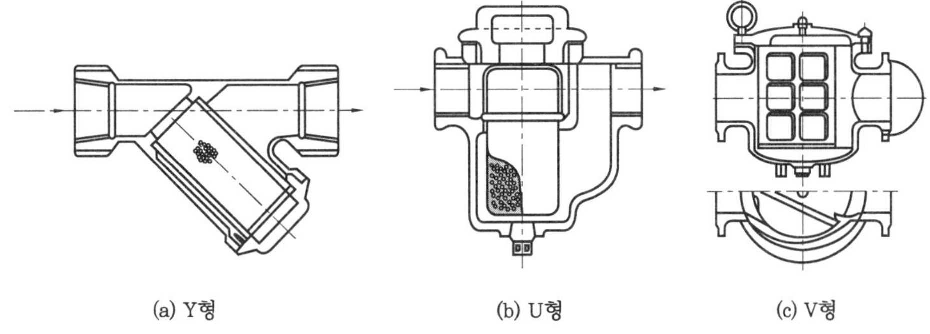

(a) Y형 (b) U형 (c) V형

스트레이너의 종류

(6) 배관용 보온재

① 보온재의 구비 조건

(가) 비중이 작을 것

(나) 열전도율이 작고 보온 능력이 양호할 것

(다) 흡수성이 적을 것

(라) 기공이 균일한 다공질 재료일 것

(마) 시공이 쉽고 장기간 사용이 가능할 것

② 보온재의 종류

(가) 유기질 보온재

- 펠트(felt)류 : 양모, 우모를 이용하여 곡면 시공이 용이하며, 방습 처리가 필요하다(안전 최고 사용온도 100℃ 이하).
- 텍스류 : 톱밥, 목재, 펄프를 원료로 이용하여 실내벽, 천장 등의 보온 및 방음의 용도로 사용된다.
- 기포성수지(폼류) : 경질 폴리우레탄폼, 폴리스티렌폼, 염화비닐폼 등의 종류가 있다(안전 최고 사용온도 80℃ 이하).
- 탄화코르크(cork) : 아스팔트가 결합된 재료로, 냉장고, 건축용 보온·보랭재, 배관 보랭재, 냉수·냉매 배관, 냉각기, 펌프 등의 보랭용으로 사용된다(안전 최고 사용온도 130℃ 이하).

(나) 무기질 보온재

- 탄산마그네슘($MgCO_3$) : 보온판, 보온재 등으로 사용하며, 15 %의 석면이 포함되어 있다(안전 최고 사용온도 250℃ 이하).
- 유리섬유(glass wool) : 보온대, 보온통, 판 등으로 성형하고, 방수 처리가 필요하며 보온재로 냉장고, 일반 건축의 벽체, 덕트 등에 사용하고 있다(안전 최고 사용온도 300℃ 이하).

- 규조토질 : 접착성, 열전도율이 높고 시공 후 건조시간이 길다(안전 최고 사용온도 250℃ 이하).
- 석면 보온재(아스베스토스) : 패킹, 석면판, 슬레이트, 진동을 받는 부분, 곡관부, 플랜지부 등에 주로 사용된다(안전 최고 사용온도 450℃ 이하).
- 암면 보온재 : 안산암, 현무암, 석회석 등을 원료로 사용하며, 흡수성이 작다. 알칼리에 강하고 산에는 약하며 400℃ 이하의 관, 덕트, 탱크 보온재로 사용된다(안전 최고 사용온도 400℃ 이하).
- 규산칼슘 : 반영구적으로 압축강도가 크고 내구성이 양호하다. 제철, 발전소, 선박, 화학공업용, 고온 배관 등에 사용된다(안전 최고 사용온도 650℃ 이하).
- 보온 커버 : 보온 시공 후 미장, 방수, 커버 역할을 할 수 있도록 한 재료이다.
- 마스틱(mastic) : 보온 외장, 공조 덕트 외장, 연기 배관 보호용, 송풍 덕트용, 소음 방지용, 전력, 석유화학공장의 정류탑, 보일러, 탱크용, 연기 배관, 원유탱크, 냉동실, 냉장고의 내벽 코팅 재료로 광범위하게 사용된다.

㈐ 금속질 보온재

- 금속의 복사열에 대한 반사 특성을 이용한 보온재이다.
- 대표적인 것이 알루미늄 박(泊)이다. 판 또는 박을 사용하여 공기층을 중첩시킨 것으로 10 mm 이하의 공기층일 때 가장 큰 효과가 있다.

(7) 패킹(packing) 재료

① 플랜지 패킹

㈎ 고무 패킹

- 천연고무 : 급·배수, 공기의 밀폐용으로 사용하며, 탄성은 좋으나 흡수성이 없다.
- 네오프렌(neoprene) : 합성고무제로 물, 공기, 기름, 냉매 배관용으로 사용되고 있다.

㈏ 석면 조인트 시트 : 섬유가 가늘고 강한 광물질로 된 패킹제로 증기, 온수, 고온의 기름 배관에 적합한 재료이며 450℃까지의 고온에도 견딘다.

㈐ 합성수지 패킹 : 가장 많이 쓰이는 테플론은 기름에도 침해되지 않고 내열범위도 −260~260℃이다.

㈑ 금속 패킹 : 구리, 납, 연강, 스테인리스강제 금속이 많이 사용되며 탄성이 적어 관의 팽창, 수축, 진동 등으로 누설할 염려가 있다.

② 나사용 패킹

㈎ 페인트 : 거의 모든 배관에 사용한다. 단, 고온의 기름 배관에는 사용하기에 적당하지 않다.

(나) 일산화연 : 냉매 배관용으로 사용하며 페인트에 소량을 섞어 쓴다.
(다) 액화 합성수지 : 내유성이 좋고 증기, 기름, 약품 수송 배관에 사용되고 있다.

③ 글랜드 패킹
(가) 석면 각형 패킹 : 내산성, 내열성이 좋고 대형 밸브에 적당하다.
(나) 석면 얀 : 소형 밸브, 수면계의 콕 등에 사용한다.
(다) 아마존 패킹 : 면포와 내열고무 등을 이용하여 만든 것이다.
(라) 몰드 패킹 : 석면, 흑연, 수지 등을 배합시켜 만든 것으로 밸브, 펌프 등의 패킹에 사용한다.

(8) 방청 재료

① 광명단 도료
(가) 풍화에 강하며 녹 방지에 우수하다.
(나) 내수성이 강하며 흡수성이 작은 특징이 있다.

② 합성수지 도료 : 프탈산계, 요소멜라민계, 염화비닐계, 실리콘 수지계 등이 있고 증기관, 보일러, 압축기 등의 도장용으로 사용된다.

③ 산화철 도료 : 녹 방지 효과가 없다.

④ 알루미늄 도료(은분) : 방청 효과가 대단히 우수하며 난방용 방열기 등의 외부 도장에 사용된다.

⑤ 타르 및 아스팔트 : 물과의 접촉을 방해한다.

⑥ 고농도 아연 도료 : 배관 공사의 방청 도료로 사용되고 철을 부식으로부터 방지하는 작용도 한다.

7 배관용 공구

(1) 강관 공작용 공구

① 파이프 커터(pipe cutter)

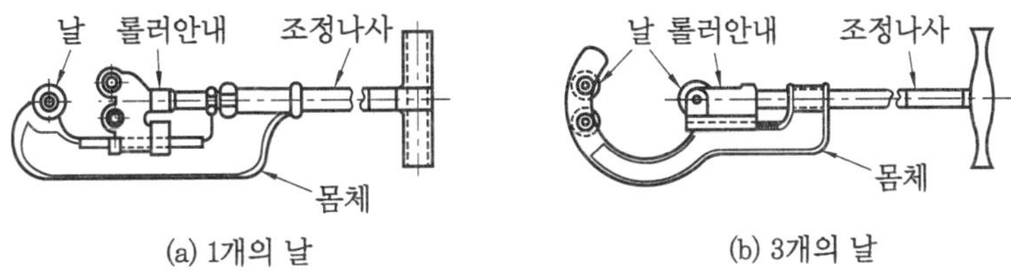

(a) 1개의 날 (b) 3개의 날

파이프 커터

(가) 관을 절단할 때 사용한다.
(나) 크기는 관을 절단할 수 있는 관경으로 나타낸다.
(다) 종류에는 1개의 날에 2개의 롤러가 있는 것, 날만 3개로 되어 있는 것이 있다.

② 쇠톱(hack saw)
(가) 관과 환봉 등의 절단용 공구이다.
(나) 종류에는 톱날을 끼우는 구멍(fitting hole)의 간격에 따라 200 mm, 250 mm, 300 mm가 있다.

③ 파이프 리머(pipe reamer) : 관 절단 후 절단 부위의 거스러미를 제거하는 공구이다.

④ 수동용 나사 절삭기
(가) 수동으로 나사를 절삭할 때 사용하는 공구이다.
(나) 종류에는 오스터형, 리드형, 비버형, 드롭 헤드형 등이 있다.
(다) 오스터형(oster type)
- 4개의 날이 1조로 구성된다.
- 작업 시 넓은 공간이 필요하다.

(라) 리드형(reed type)
- 2개의 날이 1조로 구성되어 있다.
- 날의 뒤쪽에는 4개의 조로 파이프의 중심을 맞출 수 있는 스크롤(scroll)이 있다.

⑤ 파이프 렌치(pipe wrench)
(가) 관 접속부의 관 부속품들을 분해, 조립 시에 사용하는 공구이다.
(나) 크기는 사용할 수 있는 최대의 관을 물었을 때의 전 길이로 나타낸다.
(다) 종류에는 스트레이트 파이프 렌치, 오프셋 파이프 렌치, 체인 파이프 렌치, 역체인 파이프 렌치가 있다.
(라) 체인식 파이프 렌치 : 200 mm 이상의 관 물림에 사용한다.

⑥ 파이프 바이스(pipe vice)
(가) 관의 절단, 나사 절삭, 조립 시 관을 고정하는 데 사용한다.
(나) 크기는 고정 가능한 관경의 치수로 나타낸다.
(다) 대구경 관에는 체인 바이스(chain vise)를 사용한다.
(라) 관의 구부림 작업에는 기계 바이스를 사용한다.

⑦ 수평 바이스
(가) 조립 및 벤딩 작업을 위해 관을 고정할 때 사용한다.
(나) 크기는 조(jaw)의 최대폭으로 나타낸다.

⑧ 해머(hammer)
(가) 못, 핀, 볼트, 쐐기 등을 박거나 뺄 때 사용한다.

㈏ 타격하는 용도에 따른 분류로 쇠해머, 플라스틱 해머, 동해머 등이 있다.

㈐ 상처를 남기지 않기 위해서는 플라스틱 해머, 나무 해머, 동해머 등을 사용한다.

⑨ 줄(file)

㈎ 다듬질용으로 사용된다.

㈏ 단면의 형상에 따라 분류하면 평줄, 각줄, 원줄, 반원줄, 삼각줄 등이 있다.

⑩ 정(chisel)

㈎ 정의 날끝각은 일반적으로 60°이다.

㈏ 종류에는 평정, 홈정, 캡정 등이 있다.

(2) 연관용 공구

① 봄볼 : 분기관 따내기 작업 시 주관에 구멍을 뚫어내는 공구이다.

② 드레서 : 연관 표면의 산화물을 깎아 내는 공구이다.

③ 벤드벤 : 연관을 굽힐 때나 펼 때 사용하는 공구이다.

④ 턴핀 : 접합하려는 연관의 끝 부분을 소정의 관경으로 넓히는 공구이다.

⑤ 맬릿 : 턴핀을 때려 박거나 접합부 주위를 오므리는 데 사용하는 공구이다.

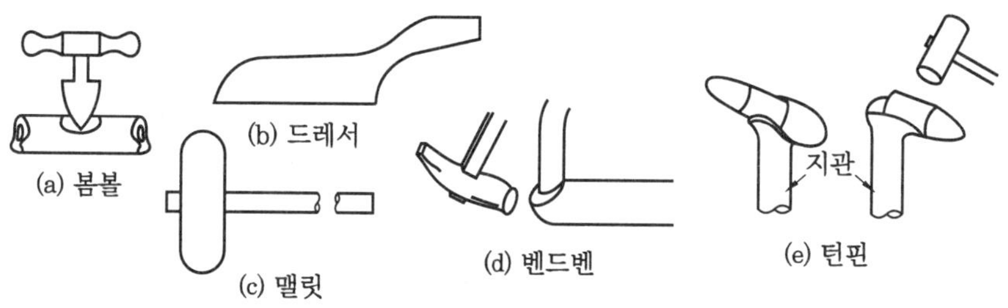

연관용 공구

(3) 동관용 공구

① 토치 램프 : 납땜 이음, 구부리기 등의 부분적인 가열용으로 사용하는 공구로 경유용과 가솔린용이 있다.

② 사이징 툴 : 동관의 끝 부분을 원으로 정형하는 공구이다.

③ 플레어링 툴 세트 : 동관의 압축 접합용으로 사용하는 공구이다.

④ 튜브 벤더 : 동관 벤딩용으로 사용하는 공구이다.

⑤ 익스팬더 : 동관의 관 끝 확관용로 사용하는 공구이다.

⑥ 튜브 커터 : 동관(소구경관) 절단용로 사용하는 공구이다.

⑦ 리머 : 동관 절단 후 관의 내외면에 생긴 거스러미를 제거하는 공구이다.

⑧ T-뽑기 : 동관의 분기관 접합을 위해 주관에 구멍을 낼 때 사용하는 공구이다.

(4) 주철관용 공구

① 납 용해용 공구 세트 : 냄비, 파이어 포트(fire pot), 납물용 국자, 산화납 제거기 등으로 구성되어 있다.
② 클립(clip) : 소켓 접합 시 용해된 납물의 비산을 방지하는 공구이다.
③ 링크형 파이프 커터 : 주철관 전용 절단 공구이다.
④ 코킹 정 : 소켓 작업 시 코킹(다지기)에 사용하는 정이다.

(5) PVC관용 공구

① 가열기 : PVC관의 접합 및 벤딩을 위해 관을 가열할 때 사용하는 장치이다.
② 열풍 용접기(hot jet welder) : PVC관 접합 및 수리를 위한 용접기이다.
③ 파이프 커터 : PVC관 전용으로 관을 절단할 때 사용하는 공구이다.
④ 리머 : PVC관 절단 후 관 내면에 생긴 거스러미를 제거하는 공구이다.

(6) 관 공작용 측정 공구

① 자(ruler) : 배관 시공 중 직선 치수 측정에 사용하는 공구로 강철제 곧은자, 접기자, 줄자 등이 있다.
② 디바이더(divider) : 두 점 간의 거리 측정, 측정값의 이동과 자 눈금과의 비교, 원호, 반지름, 원 그리기 등에 사용되는 도구이다.
③ 캘리퍼스(calipers) : 지름이나 거리의 측정, 설정한 치수나 크기를 자의 눈금과 같이 표준이 되는 것과 비교하는 데 사용하는 측정기이다.
④ 직각자(square) : 공작물의 직각도와 정확도를 시험할 때 또는 공작물의 치수 표시 등을 할 때 사용하는 측정기이다.
⑤ 조합자(combination set) : 직각자에 분도기를 더한 것으로 측정자가 원하는 대로 각도를 임의로 조정, 측정할 수 있는 구조의 측정기이다.
⑥ 버니어캘리퍼스 : 본척의 끝에 있는 두 개의 평행한 조(jaw) 사이에 공작물을 끼우고 부척(vernier)의 눈금에 의해서 본척의 눈금보다 작은 치수를 읽을 수 있게 한 측정기이다.
⑦ 수준기(level) : 배관 시공 시 관을 배열해 놓고 수평 및 수직을 맞출 필요가 있을 때 사용하는 것이다.

8 강관 공작용 기계

(1) 동력 나사 절삭기(pipe machine)

① 오스터식

㈎ 동력을 주어 저속으로 관을 회전시키며 나사 절삭기를 밀어 넣는 방법으로 가공한다.

㈏ 주로 50 A의 작은 관의 절삭에 사용한다.

② 다이헤드식

㈎ 다이헤드를 관에 밀어 넣어 나사 가공을 한다.

㈏ 관의 절단, 나사 절삭, 거스러미 제거 등의 작업을 연속적으로 할 수 있다.

㈐ 관 지름 15~100 A, 25~150 A까지 사용되고 있다.

③ 호브식

㈎ 나사 절삭 전용 기계이다.

㈏ 호브를 100~180 rpm의 저속으로 회전시키면 관은 어미나사와 척의 연결에 의해 1회전할 때마다 1피치씩 이동하는 나사가 절삭된다.

㈐ 관 지름 50 A 이하, 65~150 A, 80~200 A의 나사내기가 가능하다.

(2) 핵 소잉 머신(hack sawing machine)

① 관 또는 환봉을 동력에 의해 톱날이 상하 왕복운동을 하며 절단하는 기계이다.

② 단단한 재료를 가공할 때는 톱날의 행정 수를 적게 해야 한다.

(3) 고속 숫돌 절단기

두께 0.5~3 mm 정도의 넓은 원판의 숫돌을 고속 회전시켜 관을 절단하는 기계이다.

(4) 파이프 가스 절단기(pipe gas cutting machine)

80 A 이상의 지름이 큰 관을 절단할 때 많이 사용되며 수동 롤러에 의해 관을 회전시키면서 절단하는 것과 자동으로 관을 수직 또는 경사지게 절단할 수 있는 것이 있다.

(5) 파이프 벤딩 머신(pipe bending machine)

동력을 이용하여 관을 구부리는 기계로 램식(ram type)과 로터리식(rotary type)이 있다.

(6) 그라인딩 머신(grinding machine)

배관용 공구나 공작물을 연마하는 기계로 수동식, 이동식, 벤치식 등이 있다.

(7) 드릴링 머신(drilling machine)

드릴을 사용하여 각종 공작물의 구멍 뚫기 가공을 하는 공작기계로 수동식, 이동식, 벤치식 등이 있다.

(8) 관세척기(pipe and drain cleaning machine)

① 세면기, 욕조기 등의 배수, 화장실의 오수, 공업용관의 폐수 및 하수관 등을 뚫어주는 기계이다.

② 보일러 세관 등에도 효과적이다.

9 배관 시공 일반

(1) 급수설비

급수관은 수리·보수와 기타 관 속의 물을 완전히 뺄 수 있도록 기울기를 주어야 하고 공기가 모여 있는 곳이 없도록 설치되어야 한다.

① 급수배관의 구배

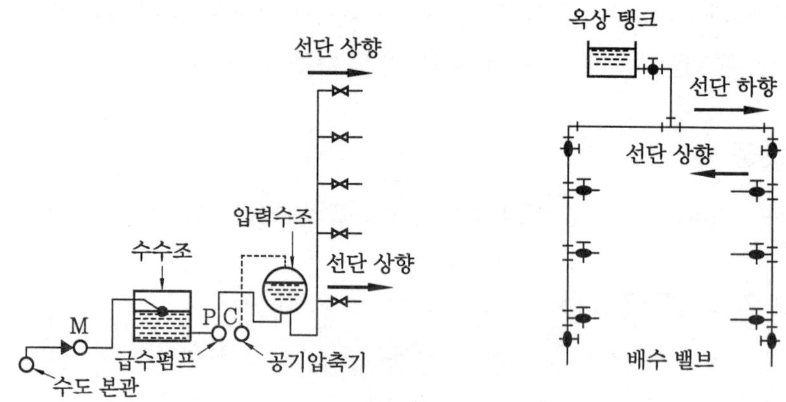

급수배관의 구배

㈎ 급수관의 기울기는 상향 기울기로 한다. 그러나 ㈏와 같은 예외도 있다.

㈏ 옥상 탱크식 급수관의 수평 주관은 하향 기울기로 한다.

㈐ 급수관의 모든 기울기는 $\frac{1}{250}$이 표준이다.

㈑ 현장 시공 시 ㄷ자형의 배관이 되어 공기가 모일 경우 공기빼기 밸브를 설치한다.

㈒ 급수관의 최하부와 같이 물이 고일 만한 곳에는 배니 밸브를 설치한다.

② 수격작용과 방지책

㈎ 수격작용 : 플러시 밸브(세정 밸브, 세척 밸브)와 같이 빨리 개폐되는 밸브에서 유속의 불규칙한 변화로 유속을 m/s로 나타내는 값의 14배에 상당하는 압력과 더불어 이상 소음이 발생하는 현상이다.

㈏ 방지책 : 급히 닫히고 열리는 밸브의 근처에 공기실(air chamber)을 설치한다.

③ 급수관의 매설 깊이

㈎ 보통 평지 : 450 mm 이상

㈏ 차량 통로 : 760 mm 이상

㈐ 중차량 통로, 냉한지대 : 1 m 이상

④ 분수전의 설치

㈎ 각 분수전의 간격은 300 mm 이상으로 한다.

㈏ 1개소당 4개 이내로 설치한다.

㈐ 급수관 지름이 150 mm 이상일 때는 25 mm의 분수전을 직결한다.

㈑ 100 mm 이하일 때 50 mm의 급수관을 접속하려면 T자관이나 포금제 리듀서(reducer)를 사용한다.

⑤ 급수배관의 지지

㈎ 서포트 곡부 또는 분기부를 지지한다.

㈏ 급수배관 중 수직관에는 각 층마다 센터 레스트(center rest)를 설치한다.

핵심 펌프 설치 시공법

① 펌프와 모터의 축의 중심을 맞추고 설치 위치는 낮게 한다.

② 흡입관의 수평부는 $\frac{1}{50} \sim \frac{1}{100}$의 상향구배를 주며, 관직경을 바꿀 때는 편심 이음쇠를 사용한다.

③ 풋 밸브(foot valve)
- 원심 펌프의 직립 흡입관 하단에 설치하는 일종의 체크 밸브이다.
- 펌프가 시동할 때 흡입관 속을 만수상태로 만들어 주는 역할을 한다.
- 원심 펌프의 흡입측 파이프 입구에 설치하여 이물질의 흡입을 방지한다.
- 펌프 정지 시 물이 역류하는 것을 방지하는 역할도 한다.

④ 토출관
- 펌프 출구에서 1 m 이상 위로 올려 수평관에 연결한다.
- 토출 양정이 18 m 이상 될 때 펌프의 토출구와 토출 밸브 사이에 체크 밸브를 둔다.

(2) 급탕설비

식수(먹을 수 있는 물) 이외에 세탁용, 목욕용, 주방용, 세면용 등으로 사용하는 온수를 공급하는 설비이다.

① 배관구배

㈎ 중력 순환식은 $\frac{1}{150}$, 강제 순환식은 $\frac{1}{200}$의 구배로 한다.

㈏ 상향 공급식 : 급탕관은 끝올림 구배, 복귀관은 끝내림 구배로 한다.

㈐ 하향 공급식 : 급탕관, 복귀관 모두 끝내림 구배로 한다.

② 팽창탱크와 팽창관의 설치

㈎ 팽창탱크의 높이는 최고층 급탕 콕보다 5 m 이상 높은 곳에 설치한다.

㈏ 팽창관 도중에 절대로 밸브류를 설치하면 안 된다.

③ 저장탱크와 급탕관

㈎ 급탕관은 보일러나 저장탱크에 직결하지 말고 일단 팽창탱크에 연결 후 급탕한다.

㈏ 복귀관은 저장 탱크 하단에 연결하며 급탕 출구로부터 최원거리를 선택한다.

㈎ 저장탱크와 보일러의 배수는 일반 배수관에 직결하지 말고 일단 물받이(route)로 받아 간접배수한다.

④ 관의 신축 대책

㈎ 배관의 곡부에는 스위블 조인트를 설치한다.

㈏ 벽 관통부 배관에는 강관제 슬리브를 사용한다.

㈐ 신축 조인트로는 루프형 또는 슬리브형을 택하고 강관일 때 직관 30 m마다 1개씩 설치한다.

㈑ 마루 바닥 통과 시에는 콘크리트 홈을 만들어 그 속에 배관한다.

⑤ 복귀탕의 역류 방지

㈎ 각 복귀관을 복귀 주관에 접속하기 전에 체크 밸브를 설치한다.

㈏ 45° 경사의 스윙식 역지변을 장치하며 1개 이상 설치하지 않는다.

⑥ 관경 결정 : 복귀관을 급탕관보다 1~2구경 작게 한다.

⑦ 급탕배관 시공 시 주의 사항

㈎ 급수관보다 부식이 심하므로 수리 등을 위해 노출 배관한다.

㈏ 마찰 저항 방지책으로 벤드관이나 Y자관 등을 사용한다.

㈐ 밸브류 사용 시에는 저항이 작은 사절변(슬루스 밸브 : 유체의 흐름을 차단하는 밸브)을 설치한다.

(3) 배수 및 통기설비

건물 내부에서 사용한 각종 위생기구로부터 사용하고 남은 폐수와 그 폐수 중 특히 대·소변기 등에서 나오는 오수를 합친 설비를 배수설비라 하고, 그 배수관에서 발생하는 유취, 유해가스의 옥내 침입 방지를 위한 배관설비를 통기설비라 한다.

① 배수관 시공 시 요령

(가) 회로 통기 방식의 기구 배수관을 배수 수평관에 연결할 때는 배수 수평관의 측면에 45° 경사지게 접속한다. 회로 통기 방식이란 2개 이상의 기구 트랩을 일괄하여 통기하는 방식이다.

(나) 각 기구의 일수관은 기구 트랩의 배수 입구 쪽에 연결한다. 연결 시 배수관에 2중 트랩을 만들어서는 안 된다. 일수관이란 설계한 수면보다 높게 물이 괴는 것을 방지하기 위해 물을 넘쳐 흐르게 하기 위한 관(pipe)이다.

(다) 자동차 차고의 수세기(손을 씻는 세면기) 배수관은 반드시 가솔린 트랩에 유도해 사용하도록 한다.

(라) 연관 배수관의 구부러진 부분에는 다른 배관을 접속해 사용해서는 안 된다.

② 통기관 시공법

(가) 각 기구의 각개 통기관은 기구의 오버플로선보다 150 mm 이상 높게 세워 수직 통기관에 접속한다.

(나) 바닥에 설치하는 각개 통기관에는 수평부를 만들어서는 안 된다.

(다) 회로 통기관은 최상층 기구의 앞쪽의 수평 배수관에 연결한다.

(라) 통기 수직관을 배수 수직관에 접속할 때는 최하위 배수 수평 분기관보다 낮은 위치에 45° Y조인트로 접속한다.

(마) 통기관의 출구는 그대로 옥상까지 수직으로 뽑아 올리거나 배수 신정 통기관에 연결한다.

(바) 간접 특수 배수 수직관의 신정 통기관은 다른 일반 배수 수직관의 신정 통기관 또는 통기 수직관에 연결시켜서는 안 되며, 단독으로 옥외로 뽑아 대기 중에 배기시킨다.

(사) 배수 수평관에서 통기관을 뽑아 올릴 때는 배수관 윗면에서 수직으로 뽑아 올리거나 45°보다 작게 기울여 뽑아 올린다.

(4) 소화설비

물 또는 기타 소화제를 사용한 소화작업을 위한 배관을 소화설비라 한다.

① 옥내 소화전 설비 시공

(가) 옥내 소화전은 층마다 설치하며 배관은 옥내 소화전 전용으로 한다.

(나) 소화전 함의 상부에 적색의 표시등을 설치하고 함의 표면에 소화전이라는 표시를 해 둔다.

(다) 11층 이상 설치 시 따로 비상전원을 가설하고 당해 설비가 20분간 유효하게 작동 가능해야 한다.

② 옥외 소화전 설비 시공 : 옥외 소화전의 방수용 기구함은 피난이나 소화전 사용에 지장이 되지 않게 위치하도록 두고, 소화전에서 보행거리로 5 m 이내에 있도록 둔다. 방수용 기구함은 호스, 노즐 등을 보관하는 용도로 사용된다.

③ 스프링클러 설비 시공

(가) 스프링클러는 음식점, 호텔, 병원, 백화점 등에 설치한다.

(나) 스프링클러 헤드의 부착부분과 거리

- 극장의 무대부는 수평거리 1.7 m 이하
- 백화점, 공장 등은 수평거리 2.1 m 이하(내화구조 시에는 2.3 m 이하)
- 공연장 무대부에는 개방형, 백화점, 공장, 특수가연물 저장소에는 폐쇄형을 부착한다.
- 층마다 그 층의 바닥으로부터 높이 0.8~1.5 m 이하의 위치에 제어 밸브를 설치한다.
- 스프링클러 헤드를 11층 이상에 설치 시에는 외벽에 쌍구형의 송수구를 부설한다.

(5) 난방설비

인간의 실내 생활을 쾌적하게 영위하도록 어떠한 기기로 열을 만들어 대류, 전도, 복사 등의 열이동을 이용하여 실내 공기를 따뜻하게 하는 배관을 난방설비라 한다.

① 증기난방 배관 시공

(가) 분기관 취출

- 주관에 대해 45° 이상으로 지관을 상향 취출하고 열팽창을 고려해 스위블 이음을 해준다.
- 분기관의 수평관은 끝올림 구배, 하향 공급관을 위로 취출한 경우에는 끝내림 구배를 준다.

(나) 매설 배관 : 콘크리트 매설 배관은 가급적 피하고 부득이할 때는 표면에 내산도료를 바르거나 연관제 슬리브 등을 사용해 매설한다.

(다) 벽, 마루 등의 관통 배관 : 강관제 슬리브를 미리 끼워 그 속에 관통시켜 배관 신축에 적응하며 후일 관 교체, 수리 등을 편리하게 해준다.

(라) 편심 조인트

- 관 지름이 다른 증기관 접합 시공 시 사용한다.

• 응축수 고임을 방지한다.

② 온수난방 배관 시공

(가) 편심 조인트

• 수평배관에서 관 지름을 바꿀 때 사용한다.
• 끝올림 구배 배관 시에는 윗면을, 내림 구배 배관 시에는 아랫면을 일치시켜 배관한다.

(나) 지관의 접속 시 지관이 주관의 위로 분기될 때에는 45° 이상 끝올림 구배로 배관한다.

(다) 배관의 분류 또는 합류 시 직접 티(tees)를 사용하지 말고 엘보를 사용하여 신축을 흡수한다.

(라) 배관 중 에어 포켓 발생 우려가 있을 때에는 공기빼기 밸브를 설치한다.

(마) 배관을 장기간 사용하지 않을 때 관내 물을 완전히 배출시키기 위해 배수변을 설치한다.

③ 방사난방 배관 시공

(가) 패널에는 그 방사 위치에 따라 바닥 패널, 천장 패널, 벽 패널 등이 있다.

(나) 열전도율은 동관, 강관, 폴리에틸렌관 순으로 작아진다.

(다) 어떤 패널이든 한 조당 40~60 m의 코일 길이로 하고 마찰 손실수두가 코일 연장 100 m당 2~3 mAq 정도 되도록 관 지름을 선택한다.

(6) 공기조화 및 냉동설비

실내 공기를 사용 목적에 적합한 온·습도와 청정도 등으로 조정하는 설비를 공기조화설비라 한다.

① 배관 시공법

(가) 냉·온수 배관

• 복관 강제순환식 온수난방법에 준하여 시공한다.
• 배관구배는 자유롭게 하되 공기가 괴지 않도록 주의한다.
• 배관의 벽, 천장 등의 관통 시에는 슬리브를 사용한다.

(나) 냉매 배관

• 토출관의 배관 : 응축기는 압축기와 같은 높이이거나 낮은 위치에 설치하는 것이 좋으나 응축기가 압축기보다 높은 곳에 있을 때에는 그 높이가 2.5 m 이하이면 그림 (b)와 같이, 그보다 높으면 (c)와 같이 트랩 장치를 해주며 시공 시 수평관도 (b), (c) 모두 끝내림 구배로 배관한다. 수직관이 너무 높으면 10 m마다 트랩을 1개씩 설치한다.

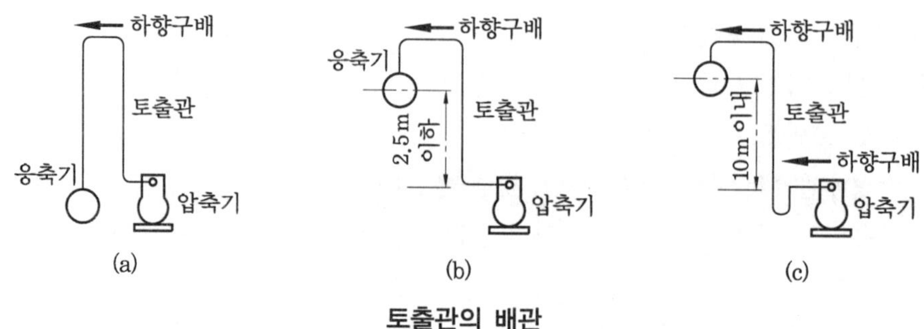

토출관의 배관

- 액관의 배관 : 증발기가 응축기보다 아래에 있을 때에는 2 m 이상의 역루프 배관으로 시공하도록 한다.

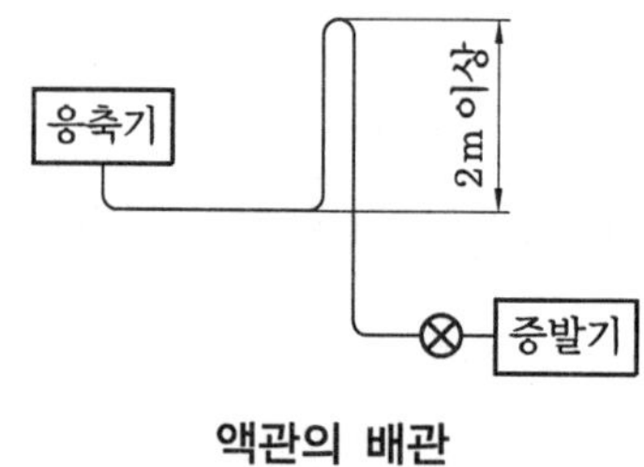

액관의 배관

- 흡입관의 배관 : 수평관의 구배는 끝내림 구배로 하며 오일 트랩을 설치한다. 증발기와 압축기의 높이가 같을 경우에는 흡입관을 수직입상시키고 $\frac{1}{200}$의 끝내림 구배를 주며 증발기가 압축기보다 위에 있을 때에는 흡입관을 증발기 윗면까지 끌어올린다.

② 기기 설치 배관 시공

(가) 플렉시블 이음(flexible joint)

- 압축기의 진동이 배관에 전해짐을 방지하기 위해 압축기 근처에 설치한다.
- 설치 시 압축기의 진동방향에 직각으로 취부해 준다.

(나) 팽창밸브(expansion valve)에서 밸브의 열림을 조절하는 중요한 장치는 감온통이다.

- 감온통을 수평관에 설치할 때 관 지름 25 mm 이상인 경우에는 45° 경사 아래에 설치한다.
- 25 mm 미만인 경우에는 흡입관 바로 위에 설치한다.

(7) 가스 배관 시공

① 내식성이 있는 관 이외의 것은 지중에 매설하지 않는다. 지중 매설 시에는 지면으로부터 60 cm 이상의 깊이에 설치한다.

② 경질관을 사용할 경우는 가스 조정기에 접속할 길이를 30 cm 미만으로 한다.
③ 배관은 가능하면 은폐 배관을 한다.
④ 건물의 벽을 관통하는 부분의 배관에는 보호관 및 방식피복을 한다.
⑤ 가스 공급관은 원칙적으로 최단거리로 설치해야 한다.
⑥ 건물 내부 또는 기초면 밑에 공급관을 설치하는 일은 없도록 한다.
⑦ 가스 설비를 완성한 후에는 설비의 완성 검사를 반드시 해야 한다. 검사의 종류에는 내압시험, 기밀시험, 기능시험, 누설시험 등이 있다.

10 배관 지지장치의 종류와 설치

(1) 행어(hanger)

배관 시공 시 하중을 위에서 걸어 당겨 지지할 목적으로 사용하는 배관 지지쇠이다.

① 리지드 행어(rigid hanger) : 수직 방향에 변위가 없는 곳, 지지점 주위의 상황에 따라 이동이 다양한 곳에 사용한다.
② 스프링 행어(spring hanger) : 로크핀이 있어 턴버클로 하중을 조정하며, 이동거리 0~12 mm의 범위에 사용한다.
③ 콘스턴트 행어(constant hanger) : 이동 범위 내에서 항상 일정한 하중으로 배관을 지지할 수 있으며, 스프링식과 중추식이 있다.

(2) 서포트(support)

배관 하중을 아래에서 위로 지지하는 지지쇠이다.

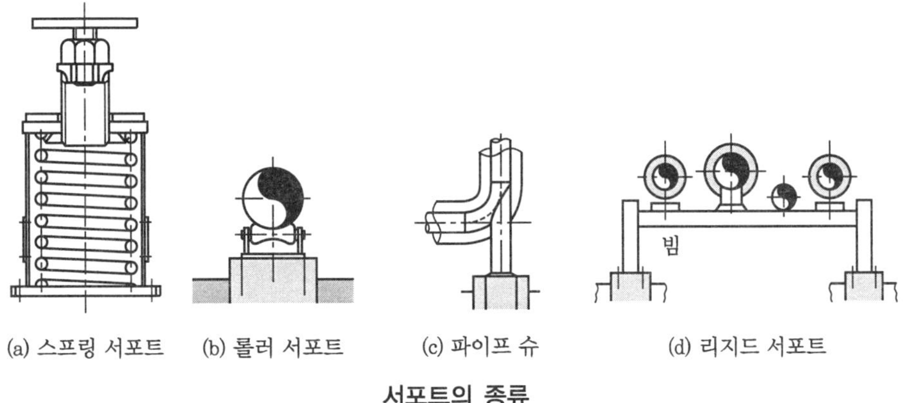

서포트의 종류

① 스프링 서포트(spring support) : 상하 이동이 자유롭고 파이프의 하중에 따라 스프링이 완충 작용을 해준다.

② 롤러 서포트(roller support) : 관을 지지하면서 신축을 자유롭게 하며, 롤러가 관을 떠받친다.

③ 파이프 슈(pipe shoe) : 배관의 이동을 구속시키는 지지쇠로서 배관의 벤딩부분과 수평부분을 관으로 영구히 고정시킨다.

④ 리지드 서포트(rigid support) : I빔으로 만든 지지대의 한 종류로 정유시설의 송유관에 주로 사용된다.

(3) 리스트레인트(restraint)

신축으로 인한 배관의 좌우, 상하이동을 구속하고 제한하는 지지대이다.

① 앵커(anchor)

(가) 이동 및 회전을 방지하기 위해 지지점 위치에 완전히 고정하는 지지 금속이다.

(나) 리지드 서포트라고도 할 수 있다.

(다) 열팽창 신축에 의한 진동이 다른 부분에 영향이 미치지 않도록 배관을 분리하여 설치하고 잘 고정해야 한다.

② 스톱(stop)

(가) 일정한 방향의 이동과 관이 회전하는 것을 구속한다.

(나) 기기 노즐 보호를 위한 안전 밸브에서 분출하는 유체의 추력을 받는 곳에 사용한다.

(다) 신축 조인트와 내압에 의한 축 방향의 힘을 받는 곳에 사용한다.

③ 가이드(guide)

(가) 파이프 래크 위의 배관의 벤딩부와 신축이음(루프형, 슬리브형) 부분에 설치하는 것으로 축과 직각방향의 이동을 구속하는 데 사용한다.

(나) 배관의 축방향 이동이 가능하다.

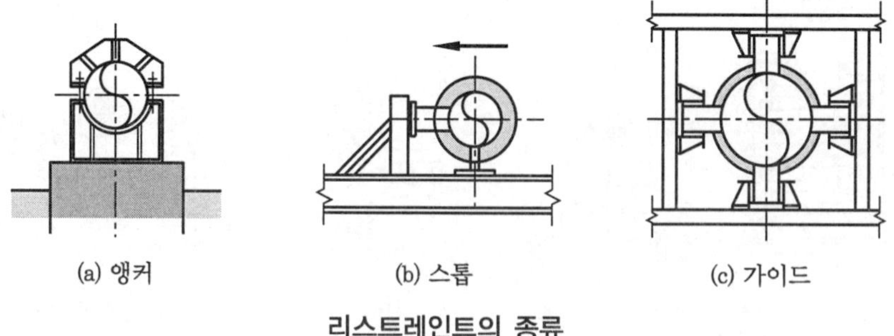

리스트레인트의 종류

(4) 브레이스(brace)

① 배관 라인에 설치된 각종 펌프류, 압축기 등에서 발생되는 진동을 잡아준다.

② 밸브류 등의 급속 개폐에 따른 수격작용, 충격 및 지진 등에 의한 진동 등도 잡아주는 역할을 한다.
③ 주로 진동 방지용으로 사용되는 방진기와 충격 완화용으로 쓰이는 완충기가 있다.
④ 방진기나 완충기는 그 구조에 따라 스프링식과 유압식이 있다.

(5) 배관 지지 설치 적용

① 배수관의 지지
㈎ 주철관일 때
• 수직관 : 각 층마다
• 수평관 : 1.6 m마다 1개소
• 분기관 접속 시 : 1.2 m마다 1개소
㈏ 연관일 때
• 수직관 : 1.0 m마다 1개소, 새들을 달아 지지하며, 바닥 위 1.5 m까지 강관으로 보호한다.
• 수평관 : 1.0 m마다 1개소, 1 m를 넘을 때는 관을 아연제 반원홈통에 올려놓고 2군데 이상 지지한다.
• 분기관 접속 시 : 0.6 m 이내에 1개소의 지지대를 둔다.
② 증기관의 지지법
㈎ 고정 지지물
• 신축 이음이 있을 때에는 배관의 양끝을 고정한다.
• 신축 이음이 없을 때에는 중앙부를 지지한다.
• 주관에 분기관이 접속되었을 때는 그 분기점을 지지하도록 한다.
㈏ 행어 : 지지 관 지름에 따라 행어 볼트의 크기를 결정한다.
③ 가스 수평배관의 지지간격
㈎ 10 mm 이상~13 mm 미만 : 1 m마다 1개소
㈏ 13 mm 이상~33 mm 미만 : 2 m마다 1개소
㈐ 33 mm 이상 : 3 m마다 1개소

11 배관시험의 종류

(1) 통수시험

통수시험이란 관 속으로 물을 흘려보내 정상적으로 관통하는지를 알아보는 시험이다. 배수 · 통기배관의 시험에 통수시험만을 실시해 왔으나, 이것만으로는 악취, 비위생

적인 하수 가스의 누설 등을 발견할 수 없으므로 더 엄밀한 시험이 요구된다.

(2) 수압시험

배관계의 최고 위치의 개구부를 제외하고는 다른 모든 개구부를 시험폐전(testing plug)으로 밀폐하고, 물을 충만시킨 다음 3 m 이상의 수두에 상당하는 수압을 가하여 15분 이상 유지되어야 한다.

핵심 수도용 주철관 이형관 수압시험

① 호칭경 300 mm 이하 : 25 kgf/cm^2(250 kPa)
② 호칭경 300~600 mm 이하 : 20 kg/cm^2(200 kPa)
③ 호칭경 700~1200 mm 이하 : 15 kgf/cm^2(150 kPa)

(3) 기압시험

모든 개구부는 밀폐하고 공기 압축기로 한 개구부를 통해 0.3 kg/cm^2 게이지압이 될 때까지 압력을 가하여 공기를 보급하지 않고 15분 이상 그 압력이 유지되어야 한다.

(4) 기밀시험

배관의 최종 시험 방법으로 기밀시험을 실시하며 연기시험법과 박하시험법이 있다.

① 연기시험법(smoke test) : 배수·통기 전 계통이 완성된 후, 전 트랩을 봉수하고 기름 또는 석탄 타르에 적신 종이나 면을 태워 전 계통에 자극성 연기를 송풍기로 불어넣고 연기가 직관 개구부에서 나오기 시작하면 이 개구부를 밀폐한 다음 수두 25 mm(1″)에 해당하는 압력을 가해 15분 이상 유지하고 누설이 없으면 합격이다.

② 박하시험법(peppermint test) : 전 개구부를 밀폐한 다음 각 트랩을 봉수하고 배수 주관에 약 57 g의 박하유를 주입한 다음 약 3.8 L의 온수를 부어 그 독특한 냄새에 의해 누설되는 곳을 찾아내는 방법이다.

12 배관의 점검 및 유지관리

(1) 배관의 점검

① 급수·급탕배관

㈎ 공공수도나 소방 펌프의 직결배관은 1750 kPa 이상으로 수압시험을 한다.

㈏ 탱크 및 급수관은 1050 kPa 이상에도 견딜 수 있도록 수압시험을 한다.

② 배수 · 통기관(위생설비)

(가) 배관 내에 물을 충진시킨 후 3 m 이상의 수두에 상당하는 수압으로 15분 이상 유지하도록 한다.

(나) 공기를 공급해 35 kPa의 압력이 되었을 때 15분간 변하지 않고 그대로 유지하도록 한다.

③ 난방배관

(가) 상용압력 200 kPa 미만의 배관에 대해서는 400 kPa, 그 이상일 때는 그 압력의 1.5~2배의 압력으로 시험한다.

(나) 보일러 수압시험 압력은 최고 사용압력이 430 kPa 미만일 때는 그 사용압력의 2배로 하고 430 kPa 이상일 때는 그 압력의 1.3배에 300 kPa을 더한 압력을 시험압력으로 한다.

(다) 방열기는 공사 현장에 옮긴 후 400 kPa의 수압시험을 한다.

④ 냉동배관 : R-12, R22 등의 배관은 공사 완료 후 탄산가스, 질소가스, 건조공기 등을 사용하여 기압시험을 한다.

(2) 유지관리

① 기계적 세정 방법 : 배관 플랜트의 제작 중이나 건설 중 계통 내에 들어간 불순물과 운전 중에 발생한 스케일이나 불순물 등을 클리너를 사용하여 세정하는 것을 말한다. 플랜트 본체나 부분을 분해하거나 해체해야 하는 단점이 있다.

② 화학적 세정 방법 : 산, 알칼리, 유기용제 등의 화학세정용 약제를 사용하여 관 또는 장치 내의 유지류 및 기타 스케일 등을 제거하는 작업을 말하며, 침적법, 서징법, 순환법 등이 있다.

건설기계설비기사 필기 총정리

과년도 출제문제

2014년도 시행문제

건설기계설비기사 2014년 3월 2일(제1회)

제1과목 재료역학

1. 그림과 같은 외팔보에서 집중하중 $P=50$ kN이 작용할 때 자유단의 처짐은 약 몇 cm인가?(단, 탄성계수 $E=200$ GPa, 단면 2차 모멘트 $I=10^5$ cm^{4}이다.)

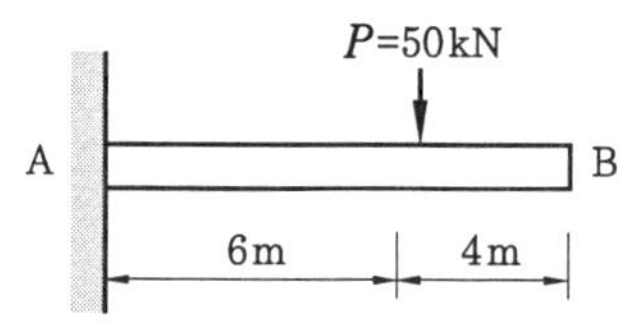

① 6.4 ② 4.8
③ 3.6 ④ 2.4

해설 $\delta_B=\dfrac{A_m\bar{x}}{EI}$

$$=\frac{\frac{1}{2}(300\times6)\times\left(4+6\times\frac{2}{3}\right)}{200\times10^6\times10^5\times10^{-8}}$$

$$=\frac{900\times8}{200\times10^3}=0.036\text{ m}=3.6\text{ cm}$$

2. 무게가 100 N의 강철 구가 그림과 같이 매끄러운 경사면과 유연한 케이블에 의해 매달려 있다. 케이블에 작용하는 응력은 몇 MPa인가?(단, 케이블의 단면적은 2 cm^{2}이다.)

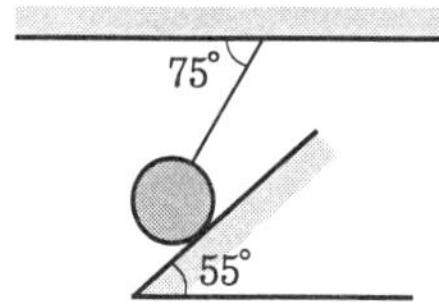

① 0.436 ② 5.12
③ 4.36 ④ 51.2

해설 라미의 정리(Lami's theorem), 즉 사인 법칙(sine theorem)을 적용하면

$\dfrac{T}{\sin125°}=\dfrac{100}{\sin70°}$에서

$$T=100\times\frac{\sin125°}{\sin70°}=87.17\text{N}$$

$$\therefore\ \sigma=\frac{T}{A}=\frac{87.17}{200}\fallingdotseq0.436\text{MPa}$$

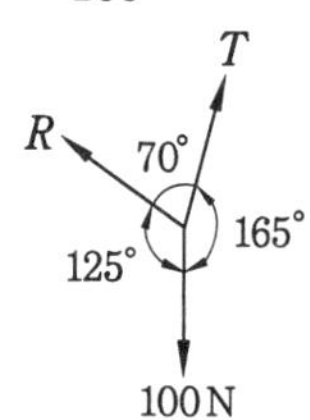

3. 폭 $b=3$ cm, 높이 $h=4$ cm의 직사각형 단면을 갖는 외팔보가 자유단에 그림에서와 같이 집중하중을 받을 때 보 속에 발생하는 최대 전단응력은 몇 N/cm^{2}인가?

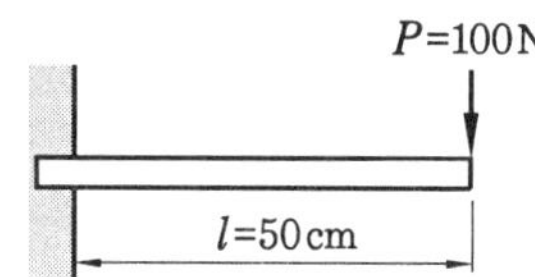

① 12.5 ② 13.5
③ 14.5 ④ 15.5

해설 $\tau_{max}=\dfrac{3F}{2A}$

$$=\frac{3\times100}{2\times(3\times4)}=12.5\text{N/cm}^2$$

4. 지름 d인 강봉의 지름을 2배로 했을 때 비틀림 강도는 몇 배가 되는가?

① 2배 ② 16배
③ 8배 ④ 4배

정답 1. ③ 2. ① 3. ① 4. ③

해설 $T = \tau Z_p = \tau \dfrac{\pi d^3}{16}$ [N · m]에서 $T \propto d^3$

$$\frac{T_2}{T_1} = \left(\frac{2d}{d}\right)^3 = 8$$

$$\therefore\ T_2 = 8T_1$$

5. 강재 중공축이 25 kN · m의 토크를 전달한다. 중공축의 길이가 3 m이고, 허용전단응력이 90 MPa이며, 축의 비틀림 각이 2.5°를 넘지 않아야 할 때 축의 최소 외경과 내경을 구하면 각각 약 몇 mm인가? (단, 전단탄성계수는 85 GPa이다.)

① 133, 112 ② 136, 114
③ 140, 132 ④ 146, 124

해설 $\theta = 57.3\dfrac{TL}{GI_P} = 57.3\dfrac{(\tau Z_P)L}{G\left(\dfrac{d_2}{2}Z_P\right)}$

$$= 57.3\frac{2\tau L}{Gd_2}[°]$$

$$\therefore\ d_2 = \frac{57.3\times 2\tau L}{G\theta}$$

$$= \frac{57.3\times 2\times 90\times 3000}{85\times 10^3\times 2.5} \fallingdotseq 146\,\text{mm}$$

$$\theta = 57.3\frac{TL}{GI_P} = 57.3\frac{32TL}{G\pi\left(d_2^4 - d_1^4\right)}$$

$$\fallingdotseq 584\frac{TL}{G\left(d_2^4 - d_1^4\right)}[°]$$

$$\left(d_2^4 - d_1^4\right) = \frac{584TL}{G\theta}$$

$$d_1^4 = d_2^4 - \frac{584TL}{G\theta}$$

$$\therefore\ d_1 = \sqrt[4]{d_2^4 - \frac{584TL}{G\theta}}$$

$$= \sqrt[4]{146^4 - \frac{584\times 25\times 10^6\times 3000}{85\times 10^3\times 2.5}}$$

$$\fallingdotseq 125\,\text{mm}$$

6. 축방향 단면적 A인 임의의 재료를 인장하여 균일한 인장 응력이 작용하고 있다. 인장방향 변형률이 ε, 푸아송의 비를 ν라 하면 단면적의 변화량은 약 얼마인가?

① $\nu\varepsilon A$ ② $2\nu\varepsilon A$
③ $3\nu\varepsilon A$ ④ $4\nu\varepsilon A$

해설 단면적의 변화량 $\Delta A = 2\nu\varepsilon A$

※ 인장하중 작용 시 단면적의 변화량은 감소하고 압축하중 작용 시 단면적의 변화량은 증가한다.

7. 지름 7 mm, 길이 250 mm인 연강 시험편으로 비틀림 시험을 하여 얻은 결과, 토크 4.08 N · m에서 비틀림각이 8°로 기록되었다. 이 재료의 전단탄성계수는 약 몇 GPa인가?

① 31 ② 41
③ 53 ④ 64

해설 $\theta° = 57.3°\dfrac{TL}{GI_p}$

$$= 57.3°\frac{TL}{G\dfrac{\pi d^4}{32}} \fallingdotseq 584\frac{TL}{Gd^4}[\text{degree}]$$

$$G = 584\frac{TL}{\theta° d^4} = \frac{584\times 4.08\times 10^3\times 250}{8°\times 7^4}$$

$$= 31012\,\text{MPa} \fallingdotseq 31\,\text{GPa}$$

8. 선형 탄성 재질의 정사각형 단면봉에 500 kN의 압축력이 작용할 때 80 MPa의 압축응력이 생기도록 하려면 한 변의 길이를 몇 cm로 해야 하는가?

① 5.9 ② 3.9
③ 7.9 ④ 9.9

해설 $\sigma_c = \dfrac{P_c}{A} = \dfrac{P_c}{a^2}$ [MPa]에서

$$a = \sqrt{\frac{P_c}{\sigma_c}} = \sqrt{\frac{500\times 10^3}{80}} = 79\,\text{mm} = 7.9\,\text{cm}$$

9. 단면적이 4 cm²인 강봉에 그림과 같이 하중을 작용할 때 이 봉은 약 몇 cm 늘어나는가? (단, 탄성계수 E= 210 GPa이다.)

정답 5. ④ 6. ② 7. ① 8. ③ 9. ②

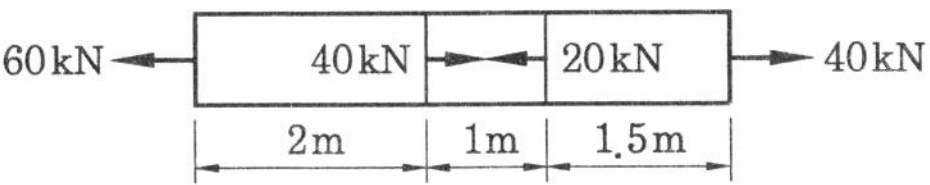

① 0.0028 ② 0.24

③ 0.80 ④ 0.015

해설 $\lambda = \lambda_1 + \lambda_2 + \lambda_3$

$$= \frac{1}{AE}(P_1 l_1 + P_2 l_2 + P_3 l_3)$$

$$= \frac{60 \times 2 + 20 \times 1 + 40 \times 1.5}{4 \times 10^{-4} \times 210 \times 10^6}$$

$$= 2.4 \times 10^{-3}\,\text{m} = 0.24\,\text{cm}$$

10. 그림과 같은 단면의 $x-x$축에 대한 단면 2차 모멘트는?

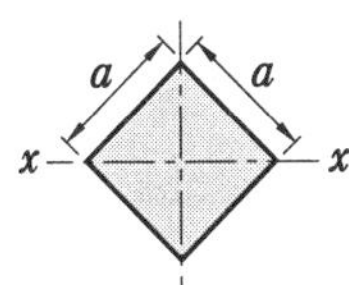

① $\frac{a^4}{8}$ ② $\frac{a^4}{24}$ ③ $\frac{a^4}{32}$ ④ $\frac{a^4}{12}$

해설 $I_{x-x}(=I_G) = \frac{a^4}{12}[\text{cm}^4]$

11. 그림과 같은 부정정보의 전 길이에 균일 분포하중이 작용할 때 전단력이 0이 되고 최대 굽힘 모멘트가 작용하는 단면은 B단에서 얼마나 떨어져 있는가?

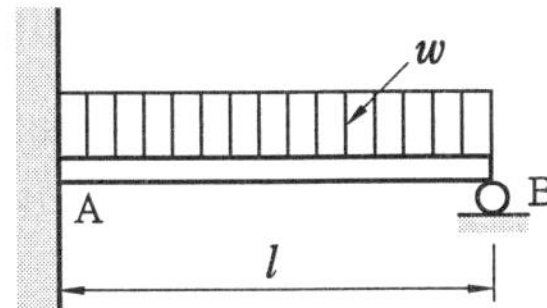

① $\frac{2}{3}l$ ② $\frac{3}{8}l$ ③ $\frac{5}{8}l$ ④ $\frac{3}{4}l$

해설 $V_x = R_B - wx = \frac{3wl}{8} - wx = 0$에서

$$wx = \frac{3wl}{8}$$

$$\therefore x = \frac{3l}{8}[\text{m}]$$

12. 그림과 같은 단면을 가진 A, B, C의 보가 있다. 이 보들이 동일한 굽힘모멘트를 받을 때 최대 굽힘응력의 비로 옳은 것은 어느 것인가?

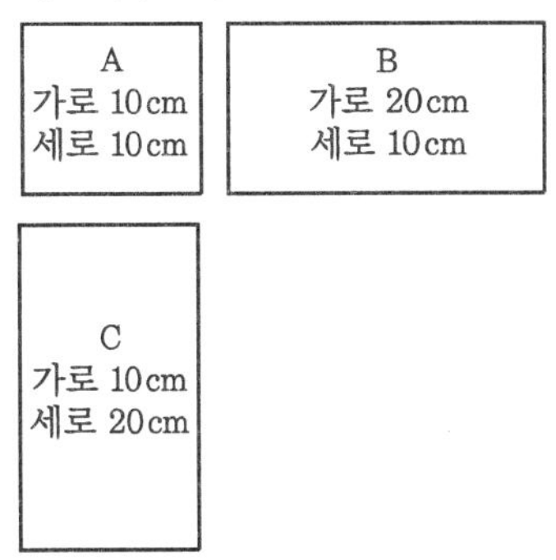

① A : B : C = 9 : 3 : 1

② A : B : C = 16 : 4 : 1

③ A : B : C = 4 : 2 : 1

④ A : B : C = 3 : 2 : 1

해설 $M = \sigma Z$에서 굽힘모멘트(M)가 일정할 때 $\sigma \propto \frac{1}{Z}$

$$Z_A = \frac{0.1^3}{6} = 1.67 \times 10^{-4}\,\text{m}^3$$

$$Z_B = \frac{0.2 \times 0.1^2}{6} = 3.33 \times 10^{-4}\,\text{m}^3$$

$$Z_C = \frac{0.1 \times 0.2^2}{6} = 6.67 \times 10^{-4}\,\text{m}^3$$

$$\therefore \sigma_A : \sigma_B : \sigma_C = \frac{1}{Z_A} : \frac{1}{Z_B} : \frac{1}{Z_C} = 4 : 2 : 1$$

13. 보의 임의의 점에서 처짐을 평가할 수 있는 방법이 아닌 것은?

① 변형에너지법(strain energy method) 사용

② 중첩법(method of superposition) 사용

③ 불연속 함수(discontinuity function) 사용

정답 10. ④ 11. ② 12. ③ 13. ④

④ 시컨트 공식(secant fomula) 사용

해설 시컨트 공식(secant fomula)은 편심하중을 받는 장주 실험 공식이다.

$$\sigma_{\max} = \frac{P}{A}\left[1 + \frac{ec}{r^2}\sec\left(\frac{1}{2r}\sqrt{\frac{P}{AE}}\right)\right] \text{[MPa]}$$

14. 그림과 같은 보가 분포하중과 집중하중을 받고 있다. 지점 B에서의 반력의 크기를 구하면 몇 kN인가?

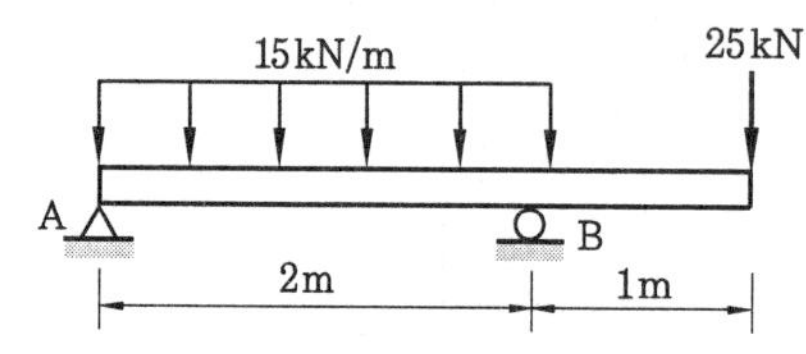

① 28.5 ② 40.0
③ 52.5 ④ 55.0

해설 $\Sigma M_A = 0$에서

$$25 \times 3 - R_B \times 2 + (15 \times 2) \times 1 = 0$$

$$\therefore R_B = \frac{25 \times 3 + (15 \times 2) \times 1}{2} = 52.5 \text{ kN}$$

15. 강재 나사봉을 기온이 27℃일 때에 24 MPa의 인장응력을 발생시켜 놓고 양단을 고정하였다. 기온이 7℃로 되었을 때의 응력은 약 몇 MPa인가? (단, 탄성계수 E= 210 GPa, 선팽창계수 $\alpha = 11.3 \times 10^{-6}$/℃이다.)

① 47.46 ② 23.46
③ 71.46 ④ 65.46

해설 $\sigma = \sigma_0 + E\alpha\Delta t$

$$= 24 + 210 \times 10^3 \times 11.3 \times 10^{-6} \times (27 - 7)$$
$$= 71.46 \text{ MPa}$$

16. 평면응력 상태에서 σ_x = 300 MPa, σ_y = − 900 MPa, τ_{xy} =450 MPa일 때 최대 주응력 σ_1은 몇 MPa인가?

① 300 ② 750
③ 450 ④ 1150

해설 $\sigma_1 = \frac{1}{2}(\sigma_x + \sigma_y) + \frac{1}{2}\sqrt{(\sigma_x - \sigma_y)^2 + 4\tau_{xy}^2}$

$$= \frac{1}{2} \times (300 - 900)$$
$$+ \frac{1}{2}\sqrt{(300 + 900)^2 + 4 \times 450^2} = 450 \text{ MPa}$$

17. 그림과 같은 삼각형 단면을 갖는 단주에서 선 A−A를 따라 수직 압축 하중이 작용할 때 단면에 인장응력이 발생하지 않도록 하는 하중 작용점의 범위(d)를 구하면? (단, 그림에서 길이 단위는 mm이다.)

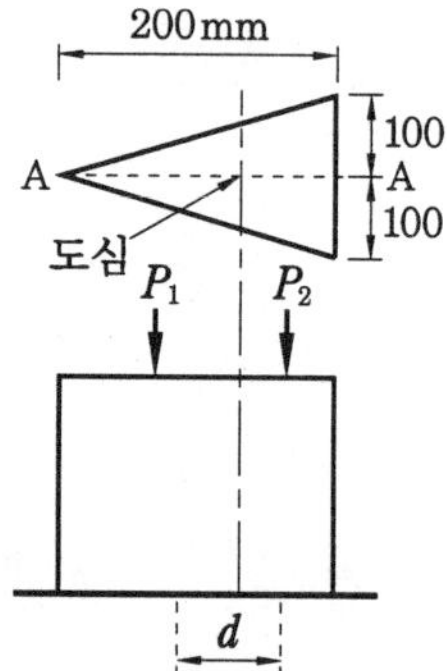

① 25 mm ② 75 mm
③ 50 mm ④ 100 m

해설 한 변의 길이(a) = 200 mm인 정삼각형인 경우 단면의 핵심은 $\frac{a}{4}$이다.

$$-\frac{a}{4} \leq d \leq \frac{a}{4}(-50 \leq d \leq 50)$$

18. 다음 그림과 같은 외팔보에서 고정부에서의 굽힘 모멘트를 구하면 약 몇 kN·m인가?

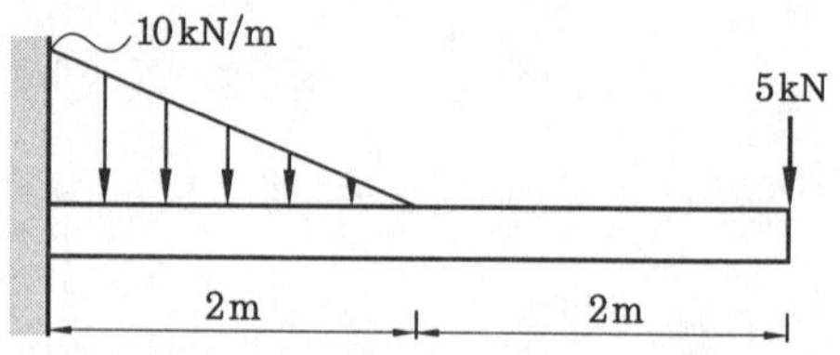

① 26.7(반시계방향) ② 26.7(시계방향)
③ 46.7(반시계방향) ④ 46.7(시계방향)

정답 14. ③ 15. ③ 16. ③ 17. ③ 18. ①

해설 고정단에서의 반력 굽힘 모멘트(M_R)

$$=5\times4+\frac{10\times2}{2}\times\frac{2}{3}=26.7\ \text{kN}\cdot\text{m}(\circlearrowleft)$$

19. 아래와 같은 보에서 C점(A에서 4 m 떨어진 점)에서의 굽힘 모멘트 값은?

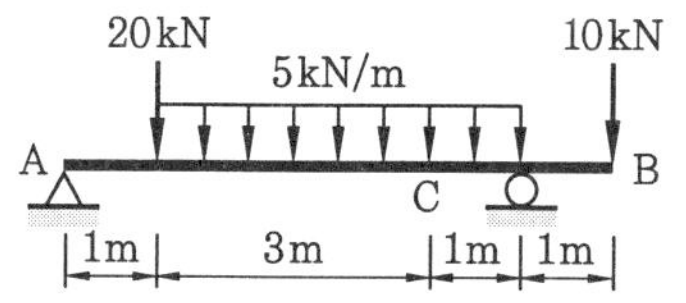

① 5.5 kN · m ② 13 kN · m

③ 11 kN · m ④ 22 kN · m

해설 $M_{지점}=0$

$$R_A\times5-20\times4-(5\times4)\times2+10\times1=0$$

$$R_A=\frac{20\times4+20\times2-10\times1}{5}=22\ \text{kN}$$

$$M_C=22\times4-20\times3-(3\times5)\times1.5$$

$$=5.5\text{kN}\cdot\text{m}$$

20. 그림과 같이 지름 50 mm의 연강봉의 일단을 벽을 고정하고, 자유단에는 50 cm 길이의 레버 끝에 600 N의 하중을 작용시킬 때 연강봉에 발생하는 최대 주응력과 최대 전단응력은 각각 몇 MPa인가?

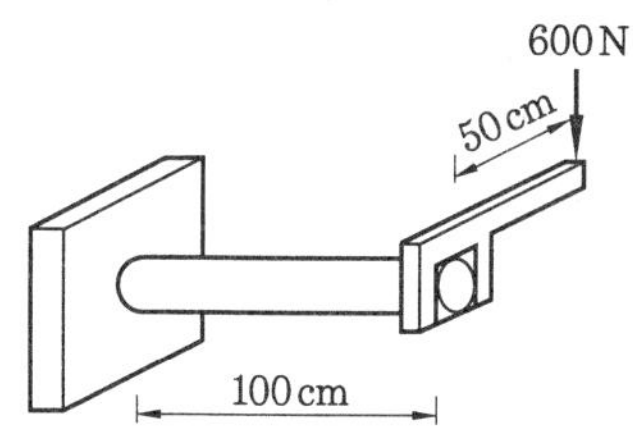

① 최대 주응력 : 51.8, 최대 전단응력 : 27.3

② 최대 주응력 : 27.3, 최대 전단응력 : 51.8

③ 최대 주응력 : 41.8, 최대 전단응력 : 27.3

④ 최대 주응력 : 27.3, 최대 전단응력 : 41.8

해설 $T_e=\sqrt{T^2+M^2}$

$$=\sqrt{(600\times0.5)^2+(600\times1)^2}$$

$$=670.82\ \text{N}\cdot\text{m}$$

$T_e=\tau Z_p=\tau\frac{\pi d^3}{16}$ 에서

$$\therefore\ \tau=\frac{T_e}{Z_p}=\frac{16T_e}{\pi d^3}=\frac{16\times670.82\times10^3}{\pi\times50^3}$$

$$=27.3\ \text{MPa}$$

$$M_e=\frac{1}{2}(M+T_e)=\frac{1}{2}(600+670.82)$$

$$=635.41\ \text{N}\cdot\text{m}$$

$M_e=\sigma Z=\sigma\frac{\pi d^3}{32}$ 에서

$$\sigma=\frac{M_e}{Z}=\frac{32M_e}{\pi d^3}$$

$$=\frac{32\times635.41\times10^3}{\pi\times50^3}=51.8\ \text{MPa}$$

제 2 과목 기계열역학

21. 저온실로부터 46.4 kW의 열을 흡수할 때 10 kW의 동력을 필요로 하는 냉동기가 있다면, 이 냉동기의 성능계수는?

① 4.64 ② 46.4 ③ 56.5 ④ 5.65

해설 $\varepsilon_R=\frac{Q_e}{W_c}=\frac{46.4}{10}=4.64$

22. 교축과정(throttling process)에서 처음 상태와 최종 상태의 엔탈피는 어떻게 되는가?

① 처음 상태가 크다.

② 경우에 따라 다르다.

③ 같다.

④ 최종 상태가 크다.

해설 교축과정에서 처음 상태와 최종 상태의 엔탈피는 같다(등엔탈피).

23. 500 W의 전열기로 4 kg의 물을 20℃에서 90℃까지 가열하는 데 몇 분이 소요되는가? (단, 전열기에서 열은 전부 온도 상승에 사용되고 물의 비열은 4180

정답 19. ① 20. ① 21. ① 22. ③ 23. ③

J/kg · K이다.)

① 16 ② 27 ③ 39 ④ 45

해설 물의 가열량$(Q)=mC(t_2-t_1)$

$=4\times4.18\times(90-20)$

$=1170.4\,\text{kJ}$

전열기 발생열량(Q_H)

$=0.5\times60=30\,\text{kJ/min}$

$\therefore$ 소요 시간$(t)=\dfrac{1170.4}{30}=39.01\,\text{min}$

24. 두께 10 mm, 열전도율 15 W/m · ℃인 금속판의 두 면의 온도가 각각 70℃와 50℃일 때 전열면 1 m^2당 1분 동안에 전달되는 열량은 몇 kJ인가?

① 1800 ② 92000

③ 14000 ④ 162000

해설 $Q_c=kA\dfrac{(t_1-t_2)}{L}$

$=(15\times60)\times1\times\dfrac{(70-50)}{0.01}\times10^{-3}$

$=1800\,\text{kJ}$

※ 1 kW=1 kJ/s=60 kJ/min=3600 kJ/h

25. 냉매 R-134a를 사용하는 증기-압축 냉동사이클에서 냉매의 엔트로피가 감소하는 구간은 어디인가?

① 팽창구간 ② 압축구간

③ 증발구간 ④ 응축구간

해설 증기-압축 냉동사이클

(1) 압축기 : 압력, 온도, 엔탈피 상승, 엔트로피 일정, 비체적 감소

(2) 응축기 : 압력과 온도 일정, 엔탈피, 엔트로피 감소

(3) 팽창밸브 : 압력과 온도 강하, 엔탈피 일정

(4) 증발기 : 압력과 온도 일정, 건조도, 엔탈피 증가

26. 절대온도 T_1 및 T_2의 두 물체가 있다. T_1에서 T_2로 열량 Q가 이동할 때 이 두 물체가 이루는 계의 엔트로피 변화를 나타내는 식은? (단, $T_1>T_2$이다.)

① $\dfrac{T_1-T_2}{Q(T_1\times T_2)}$ ② $\dfrac{Q(T_1\times T_2)}{T_1-T_2}$

③ $\dfrac{Q(T_1-T_2)}{T_1\times T_2}$ ④ $\dfrac{T_1+T_2}{Q(T_1\times T_2)}$

해설 $\Delta S_{total}=\Delta S_1+\Delta S_2$

$=Q\left(\dfrac{-1}{T_1}+\dfrac{1}{T_2}\right)=Q\left(\dfrac{1}{T_2}-\dfrac{1}{T_1}\right)$

$=Q\left(\dfrac{T_1-T_2}{T_1T_2}\right)>0$

27. 카르노 열기관에서 열공급은 다음 중 어느 가역과정에서 이루어지는가?

① 등온팽창 ② 단열압축

③ 단열팽창 ④ 등온압축

해설 카르노 사이클은 등온변화 2개와 가역 단열변화(등엔트로피 과정) 2개로 구성된 가역 사이클로 등온팽창 과정에서 열량이 공급되고 등온압축 과정에서 열량이 방출된다.

28. 밀폐된 실린더 내의 기체를 피스톤으로 압축하는 동안 300 kJ의 열이 방출되었다. 압축일의 양이 400 kJ이라면 내부에너지 증가는?

① 100 kJ ② 700 kJ

③ 400 kJ ④ 300 kJ

해설 $Q=(U_2-U_1)+W[\text{kJ}]$

$(U_2-U_1)=Q-W$

$=-300-(-400)=100\,\text{kJ}$

29. 어떤 시스템이 100 kJ의 열을 받고, 150 kJ의 일을 하였다면 이 시스템의 엔트로피는?

① 증가했다.

정답 24. ① 25. ④ 26. ③ 27. ① 28. ① 29. ①

② 변하지 않았다.

③ 감소했다.

④ 시스템의 온도에 따라 증가할 수도 있고 감소할 수도 있다.

30. 1 kg의 공기를 압력 2 MPa, 온도 20℃의 상태로부터 4 MPa, 온도 100℃의 상태로 변화하였다면 최종 체적은 초기 체적의 약 몇 배인가?

① 0.125 ② 0.637

③ 3.86 ④ 5.25

해설 $\frac{P_1 V_1}{T_1} = \frac{P_2 V_2}{T_2}$ 에서

$$\frac{V_2}{V_1} = \frac{P_1}{P_2}\frac{T_2}{T_1} = \frac{2}{4}\left(\frac{373}{293}\right) = 0.637$$

31. 서로 같은 단위를 사용할 수 없는 것으로 나타낸 것은?

① 비내부에너지와 비엔탈피

② 비열과 비엔트로피

③ 비엔탈피와 비엔트로피

④ 열과 일

해설 비엔탈피의 단위는 kJ/kg, 비엔트로피의 단위는 kJ/kg·K이다.

32. 질량(質量) 50 kg인 계(系)의 내부에너지(u)가 100 kJ/kg이며, 계의 속도는 100 m/s이고, 중력장(重力場)의 기준면으로부터 50 m의 위치에 있다고 할 때, 계에 저장된 에너지(E)는?

① 3254.2 kJ ② 4827.7 kJ

③ 5274.5 kJ ④ 6251.4 kJ

해설 $Q = \Delta U + \delta W$

$$= \Delta U + (\Delta KE + \Delta PE) \times 10^{-3}$$

$$= m\left[dU + \left(\frac{V^2}{2} + gZ\right) \times 10^{-3}\right]$$

$$= 50\left[100 + \left(\frac{100^2}{2} + 9.8 \times 50\right) \times 10^{-3}\right]$$

$$= 5274.5\ \text{kJ}$$

33. 온도가 −23℃인 냉동실로부터 기온이 27℃인 대기 중으로 열을 뽑아내는 가역냉동기가 있다. 이 냉동기의 성능 계수는?

① 3 ② 4 ③ 5 ④ 6

해설 $\varepsilon_R = \frac{T_2}{T_1 - T_2}$

$$= \frac{(-23+273)}{(27+273)-(-23+273)} = 5$$

34. 온도 300 K, 압력 100 kPa 상태의 공기 0.2 kg이 완전히 단열된 강체 용기 안에 있다. 패들(paddle)에 의하여 외부에서 공기에 5 kJ의 일이 행해진다. 최종 온도는 얼마인가? (단, 공기의 정압비열과 정적비열은 1.0035 kJ/kg·K, 0.7165 kJ/kg·K 이다.)

① 약 325 K ② 약 275 K

③ 약 335 K ④ 약 265 K

해설 $_1W_2 = \frac{mR}{k-1}(T_2 - T_1)$ [kJ]에서

$$T_2 = T_1 + \frac{(k-1)\,_1W_2}{mR}$$

$$= 300 + \frac{(1.4-1) \times 5}{0.2 \times 0.287} \fallingdotseq 335\text{K}$$

※ $R = C_p - C_v = 1.0035 - 0.7165$

$= 0.287$ kJ/kg·K

$$k = \frac{C_p}{C_v} = \frac{1.0035}{0.7165} = 1.4$$

35. 공기 1 kg을 1 MPa, 250℃의 상태로부터 압력 0.2 MPa까지 등온변화한 경우 외부에 대하여 한 일량은 약 몇 kJ인가? (단, 공기의 기체상수는 0.287 kJ/kg·K 이다.)

① 157 ② 242 ③ 313 ④ 465

정답 30. ② 31. ③ 32. ③ 33. ③ 34. ③ 35. ②

해설 $_1W_2 = mRT\ln\frac{P_1}{P_2}$

$= 1\times 0.287\times(250+273)\times\ln\left(\frac{1}{0.2}\right)$

$= 242\ \text{kJ}$

36. 다음 중 열전달률을 증가시키는 방법이 아닌 것은?

① 2중 유리창을 설치한다.
② 엔진실린더의 표면 면적을 증가시킨다.
③ 냉각수 펌프의 유량을 증가시킨다.
④ 팬의 풍량을 증가시킨다.

해설 2중 유리창을 설치하면 열전달률(열통과율)이 감소한다.

37. 다음 그림과 같은 공기 표준 브레이튼(Brayton) 사이클에서 작동유체 1 kg당 터빈 일은 얼마인가?(단, $T_1 = 300$ K, $T_2 = 475.1$ K, $T_3 = 1100$ K, $T_4 = 694.5$ K이고,공기의 정압비열과 정적비열은 각각 1.0035 kJ/kg · K, 0.7165 kJ/kg · K이다.)

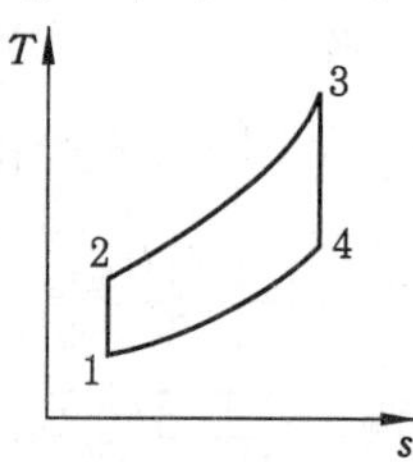

① 406.9 kJ/kg ② 290.6 kJ/kg
③ 327.2 kJ/kg ④ 448.3 kJ/kg

해설 터빈 일량(W_t) $= (h_3 - h_4)$

$= C_p(T_3 - T_4) = 1.0035(1100 - 694.5)$

$= 406.92\ \text{kJ/kg}$

38. 이상기체의 마찰이 없는 정압과정에서 열량 Q는?(단, C_v는 정적비열, C_p는 정압비열, k는 비열비, dT는 임의의 점의 온도변화이다.)

① $Q = C_v dT$ ② $Q = k^2 C_v dT$
③ $Q = C_p dT$ ④ $Q = kC_p dT$

해설 정압과정($P = C$) 시 가열량은 엔탈피 변화량과 같다.

$Q = dH = mC_p dT$[kJ]

39. 준평형 과정으로 실린더 안의 공기를 100 kPa, 300 K 상태에서 400 kPa까지 압축하는 과정 동안 압력과 체적의 관계는 "PV^n = 일정($n = 1.3$)"이며, 공기의 정적비열(C_v) = 0.717 kJ/kg · K, 기체상수(R) = 0.287 kJ/kg · K이다. 단위질량당 일과 열의 전달량은?

① 일 = −108.2 kJ/kg, 열 = −27.11 kJ/kg
② 일 = −108.2 kJ/kg, 열 = −189.3 kJ/kg
③ 일 = −125.4 kJ/kg, 열 = −27.11 kJ/kg
④ 일 = −125.4 kJ/kg, 열 = −189.3 kJ/kg

해설 $_1w_2 = \frac{_1W_2}{m} = \frac{RT}{n-1}\left[1-\left(\frac{P_2}{P_1}\right)^{\frac{n-1}{n}}\right]$

$= \frac{0.287\times 300}{1.3-1}\left[1-\left(\frac{400}{100}\right)^{\frac{1.3-1}{1.3}}\right]$

$\fallingdotseq -108.2\text{kJ/kg}$

$q = C_n(T_2 - T_1) = C_v\frac{n-k}{n-1}(T_2 - T_1)$

$= 0.717\times\frac{1.3-1.4}{1.3-1}(413.1-300)$

$= -27.11\text{kJ/kg}$

※ 공기인 경우 $k = 1.4$

$T_2 = T_1\left(\frac{P_2}{P_1}\right)^{\frac{n-1}{n}} = 300\left(\frac{400}{100}\right)^{\frac{1.3-1}{1.3}}$

$= 413.1\text{ K}$

40. 공기는 압력이 일정할 때 그 정압비열이 $C_p = 1.0053 + 0.000079t$[kJ/kg · ℃]라고 하면 공기 5 kg을 0℃에서 100℃까지 일정한 압력하에서 가열하는 데 필요한 열량은 약 얼마인가?(단, t = ℃이다.)

① 100.5 kJ ② 100.9 kJ

정답 36. ① 37. ① 38. ③ 39. ① 40. ④

③ 502.7 kJ ④ 504.6 kJ

해설 $C_p = \frac{1}{t_2 - t_1}\int_{t_1}^{t_2} C_p dt$

$= \frac{1}{t_2 - t_1}\left[1.0053(t_2 - t_1) + \frac{0.000079(t_2^2 - t_1^2)}{2}\right]$

$= 1.0053 + \frac{0.000079(t_2 + t_1)}{2}$

$= 1.0053 + \frac{0.000079(100+0)}{2}$

$= 1.00925\ \mathrm{kJ/kg \cdot ℃}$

$Q = mC_p(t_2 - t_1) = 5 \times 1.00925 \times (100 - 0)$

$= 504.63\ \mathrm{kJ}$

제 3 과목 기계유체역학

41. 퍼텐셜 유동 중 2차원 자유와류(free vortex)의 속도 퍼텐셜은 $\phi = K\theta$로 주어지고, K는 상수이다. 중심에서의 거리 $r = 10$ m에서의 속도가 20 m/s이라면 $r = 5$ m에서의 계기압력은 몇 Pa인가? (단, 중심에서 멀리 떨어진 곳에서의 압력은 대기압이며 이 유체의 밀도는 1.2 kg/m^{3}이다.)

① −60 ② −240

③ −960 ④ 240

42. 점도가 0.101 N · s/m^2, 비중이 0.85인 기름이 내경 300 mm, 길이 3 km의 주철관 내부를 흐르며, 유량은 0.0444 m/s^{3}이다. 이 관을 흐르는 동안 기름 유동이 겪은 수두 손실은 약 몇 m인가?

① 7.14 ② 8.12

③ 7.76 ④ 8.44

해설 $h_L = \frac{\Delta P}{\gamma} = \frac{128\mu QL}{\gamma\pi d^4}$

$= \frac{128 \times 0.101 \times 0.0444 \times 3000}{(9800 \times 0.85) \times \pi \times 0.3^4} = 8.124\ \mathrm{m}$

43. 지름 5 cm의 구가 공기 중에서 매초 40 m의 속도로 날아갈 때 항력은 약 몇 N인가? (단, 공기의 밀도는 1.23 kg/m^{3}이고, 항력계수는 0.6이다.)

① 1.16 ② 3.22

③ 6.35 ④ 9.23

해설 항력$(D) = C_D \frac{\rho A V^2}{2}$

$= 0.6 \times \frac{1.23 \times \frac{\pi(0.05)^2}{4} \times 40^2}{2} = 1.16\ \mathrm{N}$

44. 다음 중 유선의 방정식은 어느 것인가? (단, ρ : 밀도, A : 단면적, V : 평균속도, u, v, w는 각각 x, y, z방향의 속도이다.)

① $\frac{d\rho}{\rho} + \frac{dA}{A} + \frac{dV}{V} = 0$

② $\frac{\partial u}{\partial x} + \frac{\partial v}{\partial y} + \frac{\partial w}{\partial z} = 0$

③ $\frac{dx}{u} = \frac{dy}{v} = \frac{\partial z}{w}$

④ $d\left(\frac{v^2}{2} + \frac{P}{\rho} + gy\right) = 0$

해설 3차원 유선의 미분 방정식은

$\frac{dx}{u} = \frac{dy}{v} = \frac{\partial z}{w}$ 이다.

45. 수면차가 15 m인 두 물탱크를 지름 300 mm, 길이 1500 m인 원관으로 연결하고 있다. 관로의 도중에 곡관이 4개 연결되어 있을 때 관로를 흐르는 유량은 몇 L/s인가? (단, 관마찰계수는 0.032, 입구손실계수는 0.45, 출구손실계수는 1, 곡관의 손실계수는 0.17이다.)

① 89.6 ② 92.3

③ 95.2 ④ 98.5

해설 $H_L = \left(K_1 + K_2 + K_3 + f\frac{L}{d}\right)\frac{V^2}{2g}$ 에서

정답 41. ③ 42. ② 43. ① 44. ③ 45. ③

$$V=\sqrt{\frac{2gH_L}{K_1+K_2+K_3+f\frac{L}{d}}}$$

$$=\sqrt{\frac{2\times9.8\times15}{0.45+0.17+1+0.032\times\frac{1500}{0.3}}}$$

$$=1.35\text{ m/s}$$

$$Q=AV=\frac{\pi d^2}{4}V=\frac{\pi(0.3)^2}{4}\times1.35$$

$$=0.09538\text{ m}^3\text{/s}=95.38\text{ L/s}$$

46. 한 변이 2 m인 위가 열려 있는 정육면체 통에 물을 가득 담아 수평방향으로 9.8 m/s²의 가속도로 잡아 끌 때 통에 남아 있는 물의 양은 얼마인가?

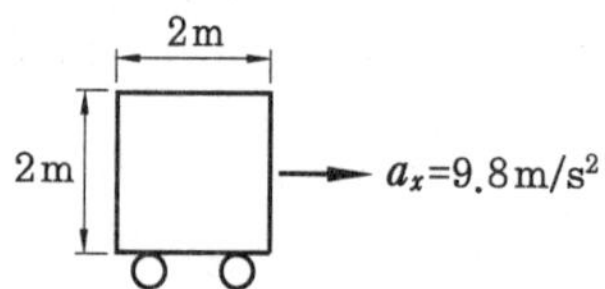

① 8 m³ ② 4 m³
③ 2 m³ ④ 1 m³

해설 수평등가속도를 a_x[m/s²]라 하면

$$\tan\theta=\frac{a_x}{g}$$

$$\theta=\tan^{-1}\left(\frac{a_x}{g}\right)=\tan^{-1}\left(\frac{9.8}{9.8}\right)=45°$$

통에 남아 있는 물의 양(Q)

$$=\frac{1}{2}\times2\times2\times2=4\text{ m}^3$$

47. 길이 150 m의 배가 8 m/s의 속도로 항해한다. 배가 받는 조파 저항을 연구하는 경우, 길이 1.5 m의 기하학적으로 닮은 모형의 속도는 몇 m/s인가?

① 12 ② 80
③ 1 ④ 0.8

해설 $(Fr)_p=(Fr)_m$

$$\left(\frac{V}{\sqrt{Lg}}\right)_p=\left(\frac{V}{\sqrt{Lg}}\right)_m$$

$$g_p\simeq g_m$$

$$\therefore V_m=V_p\times\sqrt{\frac{L_m}{L_p}}=8\times\sqrt{\frac{1.5}{150}}$$

$$=0.8\text{ m/s}$$

48. 점성계수 $\mu=1.1\times10^{-3}$ N·s/m²인 물이 직경 2 cm인 수평원관 내를 층류로 흐를 때, 관의 길이가 1000 m, 압력 강하는 8800 Pa이면 유량 Q는 약 몇 m³/s인가?

① 3.14×10^{-5} ② 3.14×10^{-2}
③ 3.14 ④ 314

해설 $Q=\frac{\Delta p\pi d^4}{128\mu L}$

$$=\frac{8800\times\pi\times(0.02)^4}{128\times1.1\times10^{-3}\times1000}$$

$$=3.14\times10^{-5}\text{ m}^3\text{/s}$$

49. 동점성계수의 차원을 $M^aL^bT^c$로 나타낼 때, $a+b+c$의 값은?

① −1 ② 0 ③ 1 ④ 3

해설 동점성계수의 단위는 m²/s(L^2T^{-1})이므로 $M^aL^bT^c$로 나타낼 때

$$a+b+c=0+2-1=1$$

50. 100 m 높이에 있는 물의 낙차를 이용하여 20 MW의 발전을 하기 위해서 필요한 유량은 약 m³/s 인가?(단, 터빈의 효율은 90 %이고, 모든 마찰손실은 무시한다.)

① 18.4 ② 22.7
③ 180 ④ 222

해설 발전동력(L_g)$=9.8QH_e\eta_t$[kW]에서

$$Q=\frac{L_g}{9.8H_e\eta_t}=\frac{20\times10^3}{9.8\times100\times0.9}$$

$$=22.7\text{ m}^3\text{/s}$$

51. 기온이 27℃인 여름날 공기 속에서의 음속은 −3℃인 겨울날에 비해 몇 배나 빠

정답 46. ② 47. ④ 48. ① 49. ③ 50. ② 51. ②

른가?(단, 공기의 비열비의 변화는 무시한다.)

① 1.00 ② 1.05
③ 1.11 ④ 1.23

해설 음속$(C)=\sqrt{kRT}$[m/s]에서 $C \propto \sqrt{T}$

$$\frac{C_1}{C_2}=\sqrt{\frac{T_1}{T_2}}=\sqrt{\frac{(27+273)}{(-3+273)}}$$
$$=\sqrt{\frac{300}{270}}=1.05$$

52. 시속 800 km의 속도로 비행하는 제트기가 400 m/s의 상대속도로 배기가스를 노즐에서 분출할 때의 추진력은?(단, 이때 흡기량은 25 kg/s이고, 배기되는 연소가스는 흡기량에 비해 2.5 % 증가하는 것으로 본다.)

① 7340 N ② 4694 N
③ 4870 N ④ 3920 N

해설 $F_{th}=m_2v_2-m_1v_1$
$$=(25+25\times 0.025)\times 400-25\times\frac{800}{3.6}$$
$=4694$ N

53. $2h$ 떨어진 두 개의 평행 평판 사이에 뉴턴 유체의 속도 분포가 $u=u_0\left[1-\left(\frac{y}{h}\right)^2\right]$와 같을 때 밑판에 작용하는 전단응력은?(단, μ는 점성계수이고, $y=0$은 두 평판의 중앙이다.)

① $\frac{2\mu u_0}{h}$ ② $\frac{\mu u_0}{h}$
③ $2\mu u_0 h$ ④ $\mu u_0 h$

해설 $\tau=\mu\frac{u}{h}=\mu\frac{u_0}{h}\left[1-\left(\frac{y}{h}\right)^2\right]=\frac{2\mu u_0}{h}$[Pa]

여기서, $y=-h$

54. 절대압력 700 kPa의 공기를 담고 있고 체적은 0.1 m^3, 온도는 20℃인 탱크가 있다. 순간적으로 공기는 밸브를 통해 바깥으로 단면적 75 mm^{2}를 통해 방출되기 시작한다. 이 공기의 유속은 310 m/s이고, 밀도는 6 kg/m^{3}이며 탱크 내의 모든 물성치는 균일한 분포를 갖는다고 가정한다. 방출하기 시작하는 시각에 탱크 내 밀도의 시간에 따른 변화율은 몇 kg/m^3·s인가?

① −12.338 ② −2.582
③ −20.381 ④ −1.395

해설 $\frac{\partial}{\partial t}(\rho V)=-\rho_1 A_1 V_1$
$$\frac{\partial\rho}{\partial t}=-\frac{\rho_1 A_1 V_1}{V}=-\frac{6\times 75\times 10^{-6}\times 310}{0.1}$$
$=-1.395$ kg/m^3·s

55. 다음 중 유량 측정과 직접적인 관련이 없는 것은?

① 오리피스(orifice)
② 벤투리(venturi)
③ 부르동관(bourdon tube)
④ 노즐(nozzle)

해설 오리피스, 벤투리미터, 노즐은 차압식 유량계이며, 부르동관은 압력계이다.

56. 비중 0.85인 기름의 자유표면으로부터 10 m 아래에서의 계기압력은 약 몇 kPa인가?

① 83 ② 830
③ 98 ④ 980

해설 $P=\gamma h=\gamma_w S h=(9.8\times 0.85)\times 10$
≒ 83 kPa

57. 점성력에 대한 관성력의 비로 나타내는 무차원 수의 명칭은?

① 레이놀즈수 ② 웨버수
③ 프루드수 ④ 코시수

정답 52. ② 53. ① 54. ④ 55. ③ 56. ① 57. ①

해설 ① 레이놀즈수(Re)$=\dfrac{관성력}{점성력}$

② 웨버수(We)$=\dfrac{관성력}{표면장력}$

③ 프루드수(Fr)$=\dfrac{관성력}{중력}$

④ 코시수(Ca)$=\dfrac{관성력}{탄성력}$

58. 관내의 층류 유동에서 관마찰계수 f는?

① 조도만의 함수이다.

② 레이놀즈수만의 함수이다.

③ 상대조도와 레이놀즈수의 함수이다.

④ 오일러수의 함수이다.

해설 관내의 층류 유동($Re < 2100$)에서 관마찰계수(f)는 레이놀즈수(Re)만의 함수이다$\left(f = \dfrac{64}{Re}\right)$.

59. 다음 후류(wake)에 관한 설명 중 옳은 것은?

① 표면마찰이 주원인이다.

② 압력이 높은 구역이다.

③ 박리점 후방에서 생긴다.

④ $\dfrac{dp}{dx} < 0$인 영역에서 일어난다.

해설 후류(wake)는 박리점 후방에서 역압력구배$\left(\dfrac{\partial p}{\partial x} > 0,\ \dfrac{\partial u}{\partial x} < 0\right)$에 의해 생긴다.

60. 분수에서 분출되는 물줄기 높이를 2배로 올리려면 노즐로 공급되는 게이지 압력을 몇 배로 올려야 하는가?(단, 이곳에서의 동압은 무시한다.)

① 1.414 ② 2

③ 2.828 ④ 4

해설 게이지 압력(P_g)은 물줄기 높이(h)에 비례한다.

제4과목 유체기계 및 유압기기

61. 다음 중 카플란 수차에 대한 설명으로 가장 옳은 것은?

① 가동 날개 프로펠러 수차이다.

② 안내 깃이 설치된 프로펠러 수차이다.

③ 가동 날개 프랜시스 수차이다.

④ 안내 깃이 설치된 프랜시스 수차이다.

해설 프로펠러 수차는 물이 프로펠러 모양의 날개차의 축 방향에서 유입하여 반대 방향으로 방출되는 축류형 반동 수차로서 저낙차의 많은 유량에 사용된다. 날개차는 3~8매의 날개를 가지고 있으며, 낙차 범위는 5~10 m 정도이고, 부하변동에 의하여 날개 각도를 조정할 수 있는 가동 날개와 고정 날개가 있다. 특히, 가동 날개를 가진 프로펠러 수차를 카플란 수차라 한다.

62. 유체 커플링에는 없으나, 토크 컨버터에는 있는 구성품은?

① 케이싱(casing)

② 러너(runner)

③ 회전차(impeller)

④ 스테이터(stator)

해설 토크 컨버터의 구조는 유체 커플링에서 펌프와 터빈의 날개를 적당한 각도로 만곡시키고, 유체의 유동방향을 변화시키는 역할을 하는 스테이터(stator)를 추가한 형태이다.

63. 유회전 진공 펌프(oil-sealed rotary vacuum pump)의 종류가 아닌 것은?

① 너시(Nush)형 진공 펌프

② 게데(Gaede)형 진공 펌프

③ 키니(Kinney)형 진공 펌프

④ 센코(Senko)형 진공 펌프

해설 유회전식 진공 펌프는 케이싱 내에 소량

정답 58. ② 59. ③ 60. ② 61. ① 62. ④ 63. ①

의 기름을 봉입하여 접동부 사이에 유막을 형성시켜서 기체의 누설을 방지함으로써 고진공도를 얻을 수 있도록 되어 있으며 게데(Gaede)형, 키니(Kinney)형, 센코(Cenco)형 등이 있다.

64. 펌프에서 발생하는 축추력의 방지책으로 거리가 먼 것은?

① 평형판을 사용
② 밸런스 홀을 설치
③ 단방향 흡입형 회전차를 채용
④ 스러스트 베어링 사용

해설 축추력 방지법
(1) 양흡입형 회전차를 사용한다.
(2) 평형공, 평형원판, 웨어링 링을 설치한다.
(3) 후면 측벽에 방사상의 리브(rib)를 설치한다.
(4) 밸런스 홀을 설치한다.
(5) 스러스트 베어링을 사용한다.

65. 다음 원심 펌프의 기본 구성품 중에서 펌프의 종류에 따라서는 없어도 가능한 구성품은?

① 회전차(impeller)
② 안내깃(guide vane)
③ 케이싱(casing)
④ 펌프축(pump shaft)

해설 원심 펌프는 안내깃의 유무에 따라 임펠러 둘레에 안내깃이 없이 스파이럴 케이싱이 있는 벌류트 펌프와 임펠러와 스파이럴 케이싱 사이에 안내깃이 있는 터빈 펌프로 분류한다.

66. 프로펠러 풍차에서 이론효율이 최대로 되는 조건은 다음 중 어느 조건인가? (단, V_0는 풍속, V_2는 풍차 후류의 풍속이다.)

① $V_2 = \frac{V_0}{3}$　　② $V_2 = \frac{V_0}{2}$
③ $V_2 = V_0^2$　　④ $V_2 = V_0$

67. 펌프보다 낮은 수위에서 액체를 퍼 올릴 때 풋 밸브(foot valve)를 설치하는 이유로 가장 옳은 것은?

① 관내 수격작용을 방지하기 위하여
② 펌프의 한계 유량을 넘지 않도록 하기 위해
③ 펌프 내에 공동현상을 방지하지 위해
④ 운전이 정지되더라도 흡입관 내에 물이 역류하는 것을 방지하기 위해

해설 풋 밸브는 원심 펌프의 흡입관 하단에 설치되어 물의 역류를 방지하는 밸브로 시동할 때 흡입관 속으로 물이 끊어지지 않도록 해 주는 것이 목적이다.

68. 반동 수차에서 전효율은 일반적으로 세 가지 효율의 곱으로 구성되는데 다음 중 세 가지 효율에 속하지 않는 것은?

① 수력효율　　② 체적효율
③ 기계효율　　④ 마찰효율

해설 전효율(η) = 수력효율(η_h) × 체적효율(η_v) × 기계효율(η_m)

69. 펌프는 크게 터보형과 용적형, 특수형으로 구분하는데, 다음 중 터보형 펌프에 속하지 않는 것은?

① 원심식 펌프　　② 사류식 펌프
③ 왕복식 펌프　　④ 축류식 펌프

해설 펌프의 분류
(1) 터보형 : 원심식 펌프, 사류식 펌프, 축류식 펌프
(2) 용적형 : 왕복식 펌프, 회전식 펌프
(3) 특수형 : 와류 펌프, 수격 펌프, 진공 펌프

정답 64. ③　65. ②　66. ①　67. ④　68. ④　69. ③

70. 펠턴 수차의 노즐 입구에서 유효 낙차가 700 m이고, 노즐 속도계수가 0.98이면 수축부에서 속도는 얼마인가?

① 82.8 m/s ② 114.8 m/s
③ 165.7 m/s ④ 686 m/s

해설 $V = C_v \sqrt{2gH_e}$
$= 0.98 \times \sqrt{2 \times 9.8 \times 700} = 114.8$ m/s

71. 그림에서 표기하고 있는 밸브의 명칭은 무엇인가?

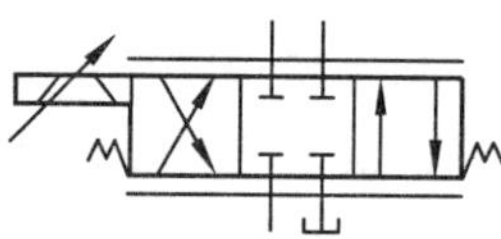

① 셔틀 밸브 ② 파일럿 밸브
③ 서보 밸브 ④ 교축 전환 밸브

72. 일반적으로 저점도유를 사용하여 유압시스템의 온도도 60~80℃ 정도로 높은 상태에서 운전하여 유압시스템 구성기기의 이물질을 제거하는 방법은?

① 커미싱 ② 플러싱
③ 엠보싱 ④ 블랭킹

해설 플러싱유는 작동유와 거의 같은 점도의 오일을 사용하는 것이 바람직하나 슬러지 용해의 경우에는 조금 낮은 점도의 플러싱유를 사용하여 유온을 60~80℃로 높여서 용해력을 증대시키고 점도 변화에 의한 유속 증가를 이용하여 이물질의 제거를 용이하게 한다.

73. 방향 전환 밸브에서 밸브와 관로가 접속되는 통로의 수를 무엇이라 하는가?

① 방수(number of way)
② 포트수(number of port)
③ 위치수(number of position)
④ 스풀수(number of spool)

해설 포트수 : 밸브와 주관로를 접속하는 작동 유체 통로의 개구부의 수

74. 유압 호스에 관한 설명으로 옳지 않은 것은?

① 진동을 흡수한다.
② 유압 회로의 서지 압력을 흡수한다.
③ 고압 회로로 변환하기 위해 사용한다.
④ 결합부의 상대 위치가 변하는 경우 사용한다.

해설 유압 호스는 고압 회로(Hi-Lo 회로, 증압 회로)로 변환 시 사용하지 않는다.

75. 유압장치에 사용되는 밸브를 압력 제어 밸브, 방향 제어 밸브, 유량 제어 밸브 등으로 분류하였다면, 이는 어떤 기준에 의해 분류한 것인가?

① 기능상의 분류
② 접속 형식상의 분류
③ 조작 방식상의 분류
④ 구조상의 분류

해설 밸브는 기능에 따라 압력 제어 밸브, 방향 제어 밸브, 유량 제어 밸브 등으로 분류한다.

76. 유압 회로의 액추에이터(actuator)에 걸리는 부하의 변동, 회로압의 변화, 기타의 조작에 관계없이 유압 실린더를 필요한 위치에 고정하고 자유운동이 일어나지 못하도록 방지하기 위한 회로는?

① 증압 회로 ② 로크 회로
③ 감압 회로 ④ 무부하 회로

해설 ① 증압 회로 : 유압장치에서 조작 사이클의 일부에서 짧은 행정 또는 순간적으로 고압을 필요로 할 경우에 사용하는 회로이다.
② 로크 회로 : 실린더 행정 중에 임의 위치에서, 혹은 행정 끝에서 실린더를 고정시켜 놓을 필요가 있을 때 피스톤의

정답 70. ② 71. ③ 72. ② 73. ② 74. ③ 75. ① 76. ②

이동을 방지하는 회로이다.

③ 감압 회로 : 주 조작회로의 압력이 너무 높거나 부하에 의해 변화하는 경우 감압밸브에 의하여 정량의 2차압을 설정할 수 있는 회로이다.

④ 무부하 회로 : 유압 펌프의 유량이 필요하지 않게 되었을 때, 즉 조작단의 일을 하지 않을 때 작동유를 저압으로 탱크에 귀환시켜 펌프를 무부하로 만드는 회로이다.

77. 다음 중 오일의 점성을 이용한 유압응용장치는?

① 압력계
② 토크 컨버터
③ 진동 개폐 밸브
④ 쇼크 업소버

해설 쇼크 업소버는 오일같이 점성이 있는 액체가 작은 구멍을 통과할 때 발생하는 마찰을 이용하여 운동에너지를 열에너지로 변환하는 것이 기본 원리이다.

78. 다음 중 유압장치의 특징으로 옳지 않은 것은?

① 자동 제어가 가능하다.
② 공기압보다 작동속도가 빠르다.
③ 소형장치로 큰 출력을 얻을 수 있다.
④ 유온의 변화에 따라 출력 효율이 변화된다.

해설 공압이 빠른 작업속도를 얻을 수 있고, 유압은 유온의 영향(점도의 변화)으로 속도가 변동될 수 있다.

79. 기어 펌프에서 발생하는 폐입 현상을 방지하기 위한 방법으로 가장 적절한 것은 어느 것인가?

① 베인을 교환한다.
② 오일을 보충한다.
③ 릴리프 홈이 적용된 기어를 사용한다.
④ 베어링을 교환한다.

해설 기어 펌프에서 폐입 현상이란 두 개의 기어가 물리기 시작하여(압축) 중간에서 최소가 되며 끝날 때(팽창)까지의 둘러싸인 공간이 흡입측이나 토출측에 통하지 않는 상태의 용적이 생길 때의 현상으로 이 영향으로 기어의 진동 및 소음의 원인이 되고 오일 중에 녹아 있던 공기가 분리되어 기포가 형성(공동현상 : cavitation)되어 불규칙한 맥동의 원인이 된다. 방지책으로 릴리프 홈이 적용된 기어를 사용한다.

80. 작동유 압력이 700 N/cm^{2}이고, 유량이 30 L/min인 유압 모터의 출력 토크는 약 몇 N·m인가? (단, 1회전당 배출유량은 25 cc/rev이다.)

① 28 ② 42 ③ 56 ④ 74

해설 $T=\frac{pq}{200\pi}=\frac{700\times 25}{200\pi}\fallingdotseq 28\ \text{N}\cdot\text{m}$

제 5 과목 건설기계일반 및 플랜트배관

※ 2017년부터 제5과목이 건설기계일반 및 플랜트배관으로 변경되어 2014~2016년도 시행문제에서 기계제작법 문제(81~90번)는 삭제하고 건설기계일반 문제(91~100번)만 수록하였습니다.

91. 크레인의 작업 시 물체의 무게가 무거울수록 붐의 길이 및 지면과의 각도는 어떻게 하는 것이 가장 좋은가?

① 붐의 길이는 짧게 지면과의 각도는 작게
② 붐의 길이는 짧게 지면과의 각도는 크게
③ 붐의 길이는 길게 지면과의 각도는 작게
④ 붐의 길이는 길게 지면과의 각도는 크게

해설 물체의 무게가 무거울수록 붐의 길이는 짧게, 지면과의 각도는 크게, 작업 반경은 작게 한다.

정답 77. ④ 78. ② 79. ③ 80. ① 91. ②

92. 착암기에서 직접 암반을 파쇄해 나가는 비트(bit)의 형태에 속하지 않는 것은?
① 일자형
② 테이퍼형
③ 버튼형
④ 스파이크형

해설 비트(bit)의 형태로는 일자형, 십자형, 버튼형, 스파이크형이 있다.

93. 다음과 같은 지역의 공사에 사용하는 운반기계로 가장 적절한 것은?

> ⓐ 홍수나 적설로 인한 피해가 많은 장소이다.
> ⓑ 주변지역의 땅값이 매우 비싸다.
> ⓒ 지형적 특성상 운반로의 건설이 쉽지 않다.

① 컨베이어(conveyer)
② 트레일러(trailer)
③ 가공삭도(架空索道)
④ 덤프트럭(dump truck)

해설 삭도 : 산간 양쪽에 철탑을 세우고 케이블을 연결한 후 60 m마다 운반기를 배치하여 화물을 운반하도록 한 것으로, 단선식과 복선식이 있다.

94. 롤러의 규격을 표시하는 방법은?
① 선압(線壓)
② 다짐폭(幅)
③ 엔진출력(出力)
④ 중량(重量)

해설 롤러의 규격은 작업 가능 상태의 중량(t)으로 표시한다.

95. 46 kW/2400 rpm의 디젤 엔진을 장착한 지게차가 평균부하율이 75 %이고, 운전시간율은 83 %로 건설자재의 운반작업을 할 때 시간당 연료소비량은 약 몇 L/h인가? (단, 디젤엔진의 평균연료소비량은 0.299 L/kW · h이다.)

① 1.89　② 4.22
③ 6.54　④ 8.56

해설 시간당 연료소비량
=평균부하율×운전시간율×동력×평균연료소비량
$=0.75\times0.83\times46\times0.299=8.56\text{L/h}$

96. 타이어형 불도저와 비교하여 무한궤도형(혹은 크롤러형) 불도저의 특징에 관한 설명으로 틀린 것은?
① 견인력이 작다.
② 수중 작업 시 상부 롤러까지 작업이 가능하다.
③ 기동성이 낮다.
④ 접지압이 작아 습지(濕地) · 사지(沙地) 등에서 작업에 유리하다.

해설 무한궤도형(크롤러형) 불도저의 특징
(1) 접지면적이 넓고 접지압력이 낮아 습지, 사지 작업이 가능하다.
(2) 견인력, 등판 능력이 커 험악지 작업이 가능하다.
(3) 수중 작업 시 상부 롤러까지 작업이 가능하다.
(4) 기동성이 낮아 장거리 이동시 트레일러를 이용해야 한다.

97. 건설기계관리법에 따라 국토교통부령으로 정하는 소형건설기계의 기준으로 틀린 것은?
① 이동식 콘크리트 펌프
② 5톤 미만의 불도저
③ 5톤 미만의 로더
④ 5톤 미만의 지게차

해설 국토교통부령으로 정하는 소형건설기계는 다음과 같다.
(1) 5톤 미만의 불도저

정답 92. ② 93. ③ 94. ④ 95. ④ 96. ① 97. ④

(2) 5톤 미만의 로더
(3) 5톤 미만의 천공기(다만, 트럭적재식은 제외한다.)
(4) 3톤 미만의 지게차
(5) 3톤 미만의 굴착기
(6) 3톤 미만의 타워크레인
(7) 공기압축기
(8) 콘크리트 펌프(다만, 이동식에 한정한다.)
(9) 쇄석기
(10) 준설선

98. **유압식 셔블계 굴삭기에 사용되는 작업 장치 중 작업 반경이 크고 작업 장소보다 낮은 장소의 굴삭에 주로 사용되며 하천 보수나 수중 굴착에 적합한 장치는?**

① 파워 셔블
② 드래그 라인
③ 엑스카베이터
④ 클램셸

해설 드래그 라인(drag line) : 지면보다 낮은 곳을 넓게 굴착하는 데 사용하며 작업 반경이 넓고 수중 굴착 및 긁어 파기에 사용된다.

99. **준설선은 이동 방법에 따라 자항식과 비자항식으로 구분하는데 자항식과 비교하여 비자항식의 특징에 해당하지 않는 것은?**

① 구조가 간단하며 가격이 싼 편이다.
② 펌프식의 경우 파이트를 통해 송토하므로 거리에 제한을 받는다.
③ 토운선이나 예인선이 필요 없다.
④ 경토질 이외에는 준설능력이 큰 편이다.

해설 비자항식은 토운선이나 예인선이 필요하다.

100. **플랜트 기계설비용 알루미늄계 재료의 특징으로 틀린 것은?**

① 내식성이 양호하다.
② 열과 전기의 전도성이 나쁘다.
③ 가공성, 성형성이 양호하다.
④ 빛이나 열의 반사율이 높다.

해설 알루미늄의 특징
(1) 비중(2.6989)이 작다.
(2) 용융점(660.2℃)이 낮다.
(3) 열과 전기의 양도체이다.
(4) 가볍고 전연성이 커서 가공이 쉽다.
(5) 은백색의 아름다운 광택이 있다.
(6) 변태점이 없다.
(7) 내식성이 좋다.

정답 98. ② 99. ③ 100. ②

건설기계설비기사 2014년 5월 25일 (제2회)

제1과목 재료역학

1. 그림과 같은 보에서 균일 분포하중(w)과 집중하중(P)이 동시에 작용할 때 굽힘 모멘트의 최댓값은?

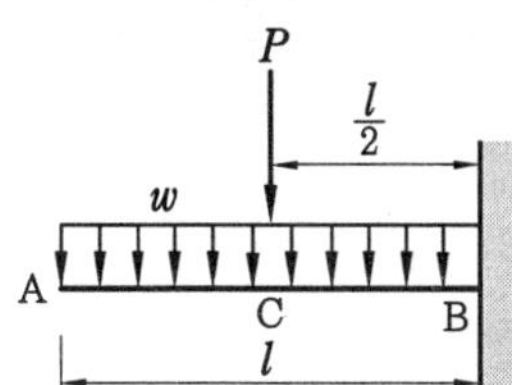

① $l(P-wl)$ ② $\frac{l}{2}(P-wl)$

③ $l(P+wl)$ ④ $\frac{l}{2}(P+wl)$

해설 $M_{max}=P\frac{l}{2}+wl\frac{l}{2}$

$=\frac{l}{2}(P+wl)[\text{N}\cdot\text{m}]$

2. 길이 3 m이고, 지름이 16 mm인 원형 단면봉에 30 kN의 축하중을 작용시켰을 때 탄성 신장량 2.2 mm가 생겼다. 이 재료의 탄성계수는 약 몇 GPa인가?

① 203 ② 20.3

③ 136 ④ 13.7

해설 $\sigma=E\varepsilon\left(\frac{P}{A}=E\frac{\lambda}{L}\right)$에서 $\lambda=\frac{PL}{AE}$

$E=\frac{PL}{A\lambda}=\frac{30\times10^3\times3000}{\frac{\pi(16)^2}{4}\times2.2}$

$\fallingdotseq 203\times10^3\text{MPa}\fallingdotseq 203\text{GPa}$

3. 단면계수가 0.01 m^3인 사각형 단면의 양단 고정보가 2 m의 길이를 가지고 있다. 중앙에 최대 몇 kN의 집중하중을 가할 수 있는가? (단, 재료의 허용 굽힘응력은 80 MPa이다.)

① 800 ② 1600

③ 2400 ④ 3200

해설 $M_{max}=\frac{PL}{8}=\sigma Z$

$\therefore P=\frac{8\sigma Z}{L}=\frac{8\times80\times10^3\times0.01}{2}$

$=3200\text{ kN}$

4. 다음과 같은 단면에 대한 2차 모멘트 I는?

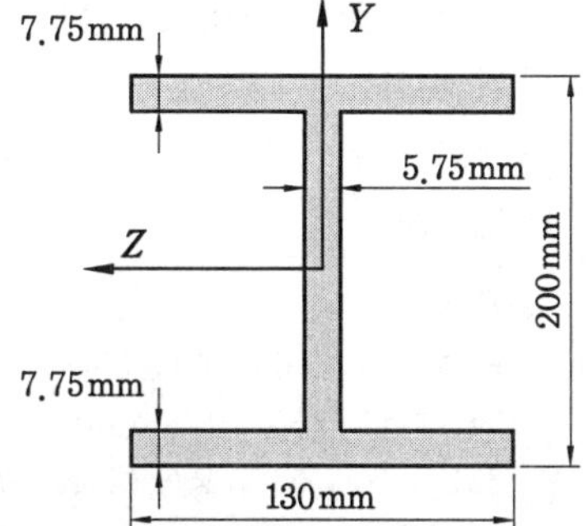

① $18.6\times10^6\text{ mm}^4$

② $21.6\times10^6\text{ mm}^4$

③ $24.6\times10^6\text{ mm}^4$

④ $27.6\times10^6\text{ mm}^4$

해설 $I_z=\frac{BH^3}{12}-\frac{bh^3}{12}\times2$

$=\frac{1}{12}(BH^3-bh^3\times2)$

$=\frac{1}{12}(130\times200^3-62.125\times184.5^3\times2)$

$\fallingdotseq 21.6\times10^6\text{ mm}^4$

※ $b=\frac{130-5.75}{2}=62.125\text{ mm}$

$h=200-2\times7.75=184.5\text{ mm}$

5. 그림과 같이 비틀림 하중을 받고 있는 중공축의 $a-a$ 단면에서 비틀림 모멘트

정답 1. ④ 2. ① 3. ④ 4. ② 5. ④

에 의한 최대 전단응력은?(단, 축의 외경은 10 cm, 내경은 6 cm이다.)

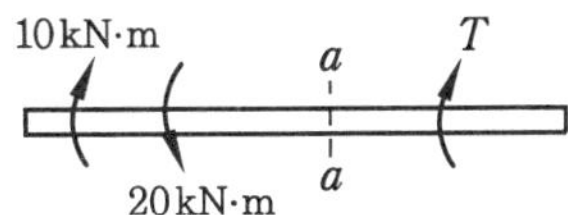

① 25.5 MPa ② 36.5 MPa
③ 47.5 MPa ④ 58.5 MPa

해설 $T=\tau Z_p=\tau\frac{\pi d_2^3}{16}(1-x^4)$ 에서

$$\tau=\frac{T}{Z_p}=\frac{16T}{\pi d_2^3(1-x^4)}$$

$$=\frac{16\times10\times10^{-3}}{\pi\times0.1^3\times\left[1-\left(\frac{6}{10}\right)^4\right]}\fallingdotseq 58.5\,\text{MPa}$$

6. 다음 그림과 같은 구조물에서 비틀림각 θ는 약 몇 rad인가?(단, 봉의 전단탄성계수 G=120 GPa이다.)

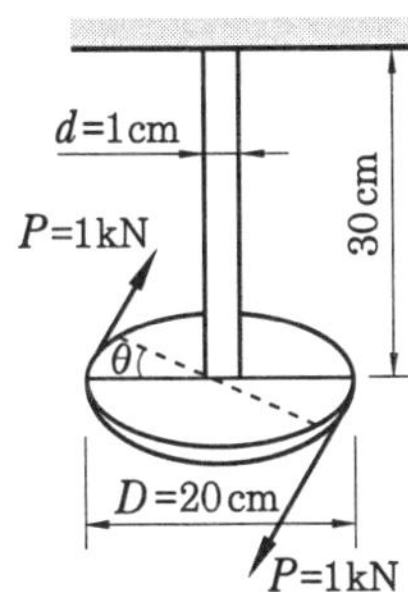

① 0.12 ② 0.5
③ 0.05 ④ 0.032

해설 $\theta=\frac{TL}{GI_p}=\frac{TL}{G\frac{\pi d^4}{32}}=\frac{32(PD)L}{G\pi d^4}$

$$=\frac{32\times(1000\times200)\times300}{120\times10^3\times\pi\times10^4}\fallingdotseq 0.51\,\text{rad}$$

7. 지름 10 mm이고, 길이가 3 m인 원형 축이 716 rpm으로 회전하고 있다. 이 축의 허용 전단응력이 160 MPa인 경우 전달할 수 있는 최대 동력은 약 몇 kW인가?

① 2.36 ② 3.15
③ 6.28 ④ 9.42

해설 $T=9.55\times10^6\frac{H_{kW}}{N}$[N·m]에서

$$H_{kW}=\frac{TN}{9.55\times10^6}$$

$$=\frac{(\tau Z_p)N}{9.55\times10^6}=\frac{\left(160\times\frac{\pi\times10^3}{16}\right)\times716}{9.55\times10^6}$$

$$=2.36\,\text{kW}$$

8. 다음과 같은 외팔보에 집중하중과 모멘트가 자유단 B에 작용할 때 B점의 처짐은 몇 mm인가?(단, 굽힘강성 EI=10 mN·m^{2}이고, 처짐 δ의 부호가 +이면 위로, −이면 아래로 처짐을 의미한다.)

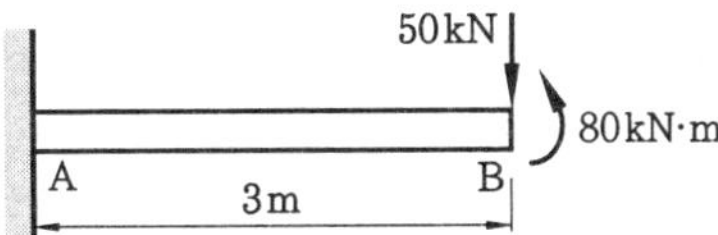

① +81 ② −81
③ +9 ④ −9

해설 $\delta_B=\frac{ML^2}{2EI}-\frac{PL^3}{3EI}$

$$=\frac{3ML^2}{6EI}-\frac{2PL^3}{6EI}=\frac{L^2}{6EI}(3M-2PL)$$

$$=\frac{3^2}{6\times10^4}(3\times80-2\times50\times3)$$

$$=-9\times10^{-3}\text{m}=-9\,\text{mm}$$

9. 단면적이 2 cm^{2}이고 길이가 4 m인 환봉에 10 kN의 축 방향 하중을 가하였다. 이때 환봉에 발생한 응력은?

① 5000 N/m^2 ② 2500 N/m^2
③ 5×10^7 N/m^2 ④ 5×10^5 N/m^2

해설 $\sigma=\frac{P}{A}=\frac{10\times10^3}{2\times10^{-4}}=5\times10^7\,\text{N/m}^2\text{(Pa)}$

10. 길이 L, 단면 2차 모멘트 I, 탄성계수

정답 6. ② 7. ① 8. ④ 9. ③ 10. ④

E인 긴 기둥의 좌굴 하중 공식은 $\frac{\pi^2 EI}{(kL)^2}$ 이다. 여기서 k의 값은 기둥의 지지 조건에 따른 유효 길이 계수라 한다. 양단 고정일 때 k의 값은?

① 2　② 1
③ 0.7　④ 0.5

해설 $k^2 = \frac{1}{n} = \frac{1}{4}$

$\therefore\ k = \sqrt{\frac{1}{4}} = 0.5$

11. 일정한 두께를 갖는 반원이 핀에 의해서 A점에서 지지되고 있다. 이때 B점에서 마찰이 존재하지 않는다고 가정할 때 A점에서의 반력은?(단, 원통 무게는 W, 반지름은 r이며, A, O, B점은 지구 중심 방향으로 일직선에 놓여 있다.)

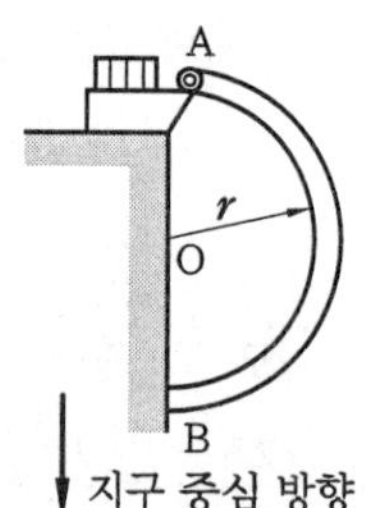

① 1.80 W　② 1.05 W
③ 0.80 W　④ 0.50 W

해설 $\Sigma M_B = 0$

$F_x(2r) - W\frac{4r}{3\pi} = 0$

$F_x(2r) = W\frac{4r}{3\pi}$

$F_x = 0.212\,W$

$\therefore\ F_A = \sqrt{F_x^2 + F_y^2}$

$= \sqrt{(0.212\,W)^2 + W^2} = 1.05\,W$

12. 원통형 압력용기에 내압 P가 작용할 때, 원통부에 발생하는 축 방향의 변형률 ε_x 및 원주 방향의 변형률 ε_y는?(단, 강판의 두께 t는 원통의 지름 D에 비하여 충분히 작고, 강판 재료의 탄성계수 및 푸아송 비는 각각 E, ν이다.)

① $\varepsilon_x = \frac{PD}{4tE}(1-2\nu)$, $\varepsilon_y = \frac{PD}{4tE}(1-\nu)$

② $\varepsilon_x = \frac{PD}{4tE}(1-2\nu)$, $\varepsilon_y = \frac{PD}{4tE}(2-\nu)$

③ $\varepsilon_x = \frac{PD}{4tE}(2-\nu)$, $\varepsilon_y = \frac{PD}{4tE}(1-\nu)$

④ $\varepsilon_x = \frac{PD}{4tE}(1-\nu)$, $\varepsilon_y = \frac{PD}{4tE}(2-\nu)$

해설 $\varepsilon_x = \frac{\sigma_x}{E} - \frac{\sigma_y}{mE} = \frac{\sigma_x}{E} - \frac{\nu\sigma_y}{E}$

$= \frac{1}{E}\left(\frac{PD}{4t}\right) - \frac{\nu}{E}\left(\frac{PD}{2t}\right) = \frac{PD}{4tE}(1-2\nu)$

$\varepsilon_y = \frac{\sigma_y}{E} - \frac{\sigma_x}{mE} = \frac{\sigma_y}{E} - \frac{\nu\sigma_x}{E}$

$= \frac{1}{E}\left(\frac{PD}{2t}\right) - \frac{\nu}{E}\left(\frac{PD}{4t}\right) = \frac{PD}{4tE}(2-\nu)$

13. 다음 금속 재료의 거동에 대한 일반적인 설명으로 틀린 것은?

① 재료에 가해지는 응력이 일정하더라도 오랜 시간이 경과하면 변형률이 증가할 수 있다.
② 재료의 거동이 탄성한도로 국한된다고 하더라도 반복하중이 작용하면 재료의 강도가 저하될 수 있다.
③ 일반적으로 크리프는 고온보다 저온상태에서 더 잘 발생한다.
④ 응력-변형률 곡선에서 하중을 가할 때와 제거할 때의 경로가 다르게 되는 현상을 히스테리시스라 한다.

해설 크리프(creep)는 재료에 일정한 하중이 작용했을 때 일정한 시간이 경과하면 변형이 커지는 현상을 말한다. 일반적으로 저온보다 고온 상태에서 더 크게 발생한다.

정답 11. ②　12. ②　13. ③

14. 그림과 같은 형태로 분포하중을 받고 있는 단순지지보가 있다. 지지점 A에서의 반력 R_A는 얼마인가? (단, 분포하중 $w(x) = w_o \sin\dfrac{\pi x}{L}$)

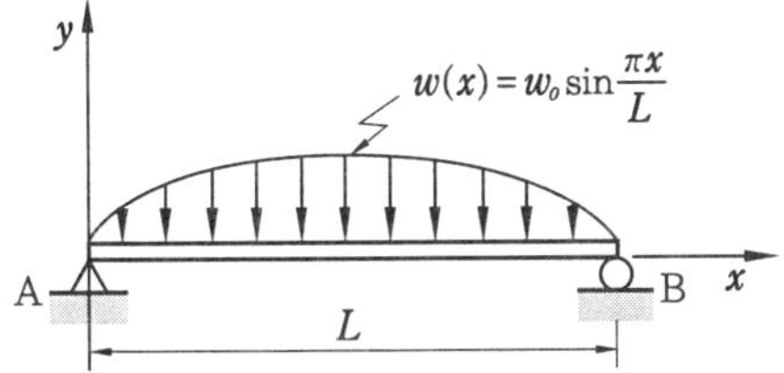

① $\dfrac{2w_oL}{\pi}$　② $\dfrac{w_oL}{\pi}$

③ $\dfrac{w_oL}{2\pi}$　④ $\dfrac{w_oL}{2}$

해설 전하중(P)

$$= \int_0^L w(x)dx = \int_0^L w_o \sin\left(\frac{\pi x}{L}\right)dx$$

$$= \left[-w_o \cos\frac{\pi x}{L}\right]_0^L = \frac{2w_oL}{\pi}[\text{N}]$$

$$\Sigma F_y = 0,\ R_A + R_B - \frac{2w_oL}{\pi} = 0$$

$$R_A + R_B = \frac{2w_0L}{\pi}(R_A = R_B)$$

$$\therefore\ R_A = R_B = \frac{w_oL}{\pi}[\text{N}]$$

15. 평균 응력 상태에 있는 어떤 재료가 2축 방향에 응력 $\sigma_x > \sigma_y > 0$가 작용하고 있을 때 임의의 경사 단면에 발생하는 법선 응력 σ_n은?

① $\sigma_x \cos 2\theta + \sigma_y \sin 2\theta$

② $\sigma_x \sin 2\theta + \sigma_y \cos 2\theta$

③ $\sigma_x \cos\theta + \sigma_y \sin\theta$

④ $\sigma_x \cos^2\theta + \sigma_y \sin^2\theta$

해설 $\sigma_n = \sigma_x \cos^2\theta + \sigma_y \sin^2\theta$

$$= \frac{\sigma_x}{2}(1+\cos 2\theta) + \frac{\sigma_y}{2}(1-\cos 2\theta)$$

$$= \frac{\sigma_x + \sigma_y}{2} + \frac{\sigma_x - \sigma_y}{2}\cos 2\theta$$

※ $\cos^2\theta = \dfrac{1}{2}(1+\cos 2\theta)$

$\sin^2\theta = \dfrac{1}{2}(1-\cos 2\theta)$

16. 다음 그림과 같이 서로 다른 2개의 봉에 의하여 AB봉이 수평으로 있다. AB봉을 수평으로 유지하기 위한 하중 P의 작용점의 위치 x의 값은? (단, A단에 연결된 봉의 세로탄성계수는 210 GPa, 길이는 3 m, 단면적은 2 cm^{2}이고, B단에 연결된 봉의 세로탄성계수는 70 GPa, 길이는 1.5 m, 단면적은 4 cm^{2}이며, 봉의 자중은 무시한다.)

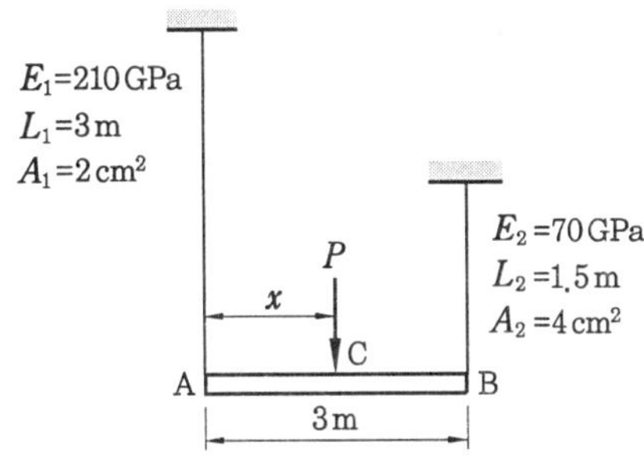

① 144.6 cm　② 171.4 cm

③ 191.5 cm　④ 213.2 cm

해설 $\lambda_1 = \lambda_2 \left(\dfrac{P_1L_1}{A_1E_1} = \dfrac{P_2L_2}{A_2E_2}\right)$

$$\frac{P_2}{P_1} = \frac{A_2E_2L_1}{A_1E_1L_2} = \frac{4\times 70\times 3}{2\times 210\times 1.5} = 1.33$$

$$\therefore\ P_1 = \frac{P_2}{1.33} = 0.75P_2$$

$$\therefore\ P = P_1 + P_2 = 1.75P_2$$

$$\Sigma M_A = 0,\ P_2\times 3 - Px = 0$$

$$x = \frac{P_2\times 3}{P} = \frac{3}{1.75}$$

$$= 1.714\text{m} = 171.4\text{cm}$$

17. 길이가 L이고 직경이 d인 강봉을 벽 사이에 고정하였다. 그리고 온도를 ΔT만

정답 14. ② 15. ④ 16. ② 17. ②

큼 상승시켰다면 이때 벽에 작용하는 힘은 어떻게 표현되는가? (단, 강봉의 탄성계수는 E이고, 선팽창계수는 α이다.)

① $\dfrac{\pi E\alpha \Delta Td^2}{2}$　② $\dfrac{\pi E\alpha \Delta Td^2}{4}$

③ $\dfrac{\pi E\alpha \Delta Td^2L}{8}$　④ $\dfrac{\pi E\alpha \Delta Td^2L}{16}$

해설 $\sigma = E\alpha\Delta T = \dfrac{P}{A} = \dfrac{P}{\dfrac{\pi d^2}{4}} = \dfrac{4P}{\pi d^2}$

$\therefore\ P = \dfrac{\pi E\alpha\Delta Td^2}{4}$ [N]

18. 다음 그림과 같이 사각형 단면을 가진 단순보에서 최대 굽힘응력은 약 몇 MPa인가? (단, 보의 굽힘강성 EI는 일정하다.)

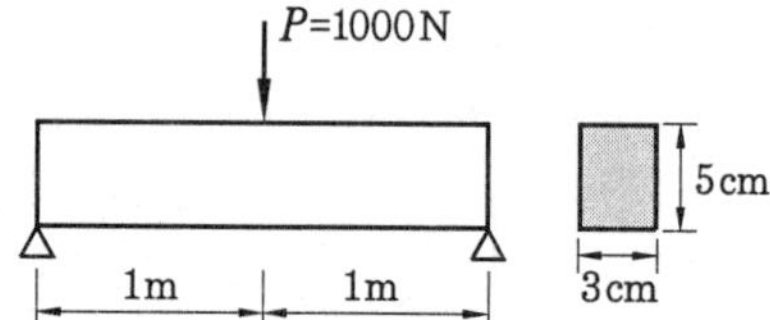

① 80　② 74.5　③ 60　④ 40

해설 $M_{max} = \sigma Z$에서

$$\sigma = \frac{M_{max}}{Z} = \frac{\dfrac{PL}{4}}{\dfrac{bh^2}{6}} = \frac{6PL}{4bh^2} = \frac{3PL}{2bh^2}$$

$$= \frac{3\times1000\times2000}{2\times30\times50^2} = 40\text{ MPa}$$

19. 재료의 허용 전단응력이 150 N/mm^{2}인 보에 굽힘 하중이 작용하여 전단력이 발생한다. 이 보의 단면은 정사각형으로 가로, 세로의 길이가 각각 5 mm이다. 단면에 발생하는 최대 전단응력이 허용 전단응력보다 작게 되기 위한 전단력의 최대치는 몇 N인가?

① 2500　② 3000

③ 3750　④ 5625

해설 $\tau_{max} = \dfrac{3V_{max}}{2A}$ [MPa]에서

최대 전단력(V_{max})

$$= \frac{2\tau_{max}A}{3} = \frac{2\times150\times5^2}{3} = 2500\text{ N}$$

20. 그림과 같이 등분포하중 w가 가해지고 B점에서 지지되어 있는 고정 지지보가 있다. A점에 존재하는 반력 중 모멘트는?

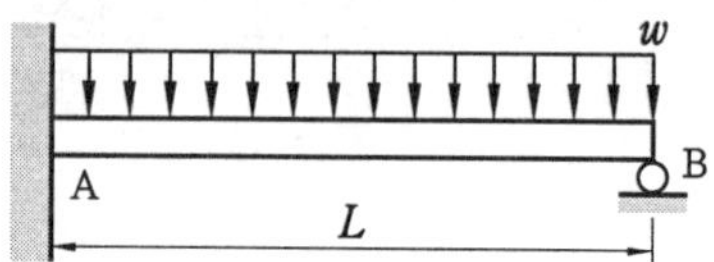

① $\dfrac{1}{8}wL^2$(시계방향)

② $\dfrac{1}{8}wL^2$(반시계방향)

③ $\dfrac{7}{8}wL^2$(시계방향)

④ $\dfrac{7}{8}wL^2$(반시계방향)

해설 $\dfrac{R_BL^3}{3EI} = \dfrac{wL^4}{8EI}$

$\therefore\ R_B = \dfrac{3wL}{8}$ [N]

$\therefore\ M_A = R_BL - wL\dfrac{L}{2}$

$= \dfrac{3wL^2}{8} - \dfrac{wL^2}{2}$

$= -\dfrac{wL^2}{8} = \dfrac{wL^2}{8}$ (반시계방향 ↺)

제 2 과목 기계열역학

21. 열병합 발전 시스템에 대한 설명으로 옳은 것은?

① 증기 동력 시스템에서 전기와 함께 공정용 또는 난방용 스팀을 생산하는 시스템이다.

정답 18. ④　19. ①　20. ②　21. ①

② 증기 동력 사이클 상부에 고온에서 작용하는 수은 동력 사이클을 결합한 시스템이다.

③ 가스 터빈에서 방출되는 폐열을 증기 동력 사이클의 열원으로 사용하는 시스템이다.

④ 한 단의 재열 사이클과 여러 단의 재생사이클의 복합 시스템이다.

해설 열병합 발전 시스템은 도시가스를 연료로 가스 엔진, 터빈 엔진을 구동하여 전기를 생산하고, 이때 발생되는 폐열을 이용하여 난방, 급탕에 사용하는 에너지 절약형 시스템을 말한다.

22. 27℃의 물 1 kg과 87℃의 물 1 kg이 열의 손실 없이 직접 혼합될 때 생기는 엔트로피의 차는 다음 중 어느 것에 가장 가까운가?(단, 물의 비열은 4.18 kJ/kg·K로 한다.)

① 0.035 kJ/K ② 1.36 kJ/K
③ 4.22 kJ/K ④ 5.02 kJ/K

해설 $t_m = \dfrac{27+87}{2} = 57℃$

$$\Delta S = \Delta S_1 - \Delta S_2 = mC\ln\frac{T_m}{T_1} - mC\ln\frac{T_2}{T_m}$$

$$= 1\times 4.18\times \ln\frac{57+273}{27+273}$$

$$-1\times 4.18\times \ln\frac{87+273}{57+273} = 0.035\text{ kJ/K}$$

23. 압력이 일정할 때 공기 5 kg을 0℃에서 100℃까지 가열하는 데 필요한 열량은 약 몇 kJ인가?(단, 공기비열 C_p[kJ/kg·℃]=1.01 + 0.000079t[℃]이다.)

① 102 ② 476
③ 490 ④ 507

해설 $Q = m\int_1^2 C_p dT$

$$= m\int_1^2 (1.01+0.000079t)dt$$

$$= m\left[1.01(t_2-t_1) + \frac{0.000079}{2}(t_2^2 - t_1^2)\right]$$

$$= 5\left[1.01\times 100 + \frac{0.000079}{2}(100)^2\right]$$

$$= 506.98 ≒ 507\text{kJ}$$

24. 수은주에 의해 측정된 대기압이 753 mmHg일 때 진공도 90 %의 절대압력은 얼마인가?(단, 수은의 밀도는 13660 kg/m³, 중력가속도는 9.8 m/s²이다.)

① 약 200.08 kPa
② 약 190.08 kPa
③ 약 100.04 kPa
④ 약 10.04 kPa

해설 $P_a = P_o - P_g = 753 - 753\times 0.9$

$= 753\times(1-0.9) = 75.3\text{ mmHg}$

$760 : 101.325 = 75.3 : P_a$

$$\therefore\ P_a = \frac{75.3}{760}\times 101.325 ≒ 10.04\text{ kPa}$$

25. 실린더 내의 유체가 68 kJ/kg의 일을 받고 주위에 36 kJ/kg의 열을 방출하였다. 내부에너지의 변화는?

① 32 kJ/kg 증가
② 32 kJ/kg 감소
③ 104 kJ/kg 증가
④ 104 kJ/kg 감소

해설 $\delta q = du + \delta w$[kJ/kg]에서

$du = \delta q - \delta w = -36 - (-68)$

$= 32$ kJ/kg 증가

26. 완전히 단열된 실린더 안의 공기가 피스톤을 밀어 외부로 일을 하였다. 이때 일의 양은?(단, 절대량을 기준으로 한다.)

① 공기의 내부에너지 차
② 공기의 엔탈피 차

정답 22. ① 23. ④ 24. ④ 25. ① 26. ①

③ 공기의 엔트로피 차

④ 단열되었으므로 일의 수행은 없다.

해설 가역단열변화($\delta q=0$) 시 절대일은 내부 에너지 감소량과 같다.

$\delta q = du + \delta w\,(\delta q = 0)$

$\therefore\ \delta w = -du = (u_1 - u_2)\,[\mathrm{kJ/kg}]$

27. 어떤 가솔린 기관의 실린더 내경이 6.8 cm, 행정이 8 cm일 때 평균유효압력은 1200 kPa이다. 이 기관의 1행정당 출력(kJ)은?

① 0.04　　② 0.14

③ 0.35　　④ 0.44

해설 $W_{net} = P_{me}V_s = P_{me}AS = P_{me}\dfrac{\pi d^2}{4}S$

$= 1200 \times \dfrac{\pi(0.068)^2}{4} \times 0.08 \fallingdotseq 0.35\ \mathrm{kJ}$

28. 시간당 380000 kg의 물을 공급하여 수증기를 생산하는 보일러가 있다. 이 보일러에 공급하는 물의 엔탈피는 830 kJ/kg이고, 생산되는 수증기의 엔탈피는 3230 kJ/kg이라고 할 때, 발열량이 32000 kJ/kg인 석탄을 시간당 34000 kg씩 보일러에 공급한다면 이 보일러의 효율은 얼마인가?

① 22.6 %　　② 39.5 %

③ 72.3 %　　④ 83.8 %

해설 $\eta_B = \dfrac{G_a(h_2 - h_1)}{H_L \times m_f} \times 100\,\%$

$= \dfrac{380000(3230-830)}{32000 \times 34000} \times 100\,\%$

$\fallingdotseq 83.8\,\%$

29. 200 m의 높이로부터 250 kg의 물체가 땅으로 떨어질 경우 일을 열량으로 환산하면 약 몇 kJ인가? (단, 중력가속도는 9.8 m/s²이다.)

① 79　　② 117　　③ 203　　④ 490

해설 위치에너지(PE)

$= mgZ = 250 \times 200 \times 9.8$

$= 490000\ \mathrm{N \cdot m(J)}$

$= 490\ \mathrm{kN \cdot m(kJ)}$

30. 일반적으로 증기압축식 냉동기에서 사용되지 않는 것은?

① 응축기　　② 압축기

③ 터빈　　④ 팽창밸브

해설 증기압축식 냉동기의 4대 구성 요소는 증발기, 압축기, 응축기, 팽창밸브이다.

31. 경로 함수(path function)인 것은?

① 엔탈피　　② 열

③ 압력　　④ 엔트로피

해설 열량과 일량은 경로(도정) 함수이며 불완전 미분 적분 함수이다.

32. 피스톤이 끼워진 실린더 내에 들어 있는 기체가 계로 있다. 이 계에 열이 전달되는 동안 "$PV^{1.3}$ = 일정"하게 압력과 체적의 관계가 유지될 경우 기체의 최초압력 및 체적이 200 kPa 및 0.04 m²이였다면 체적이 0.1 m³로 되었을 때 계가 한 일(kJ)은?

① 약 4.35　　② 약 6.41

③ 약 10.56　　④ 약 12.37

해설 ${}_1W_2 = \dfrac{P_1V_1}{n-1}\left[1 - \left(\dfrac{V_1}{V_2}\right)^{n-1}\right]$

$= \dfrac{200 \times 0.04}{1.3-1}\left[1 - \left(\dfrac{0.04}{0.1}\right)^{1.3-1}\right] \fallingdotseq 6.41\ \mathrm{kJ}$

33. 이상적인 냉동 사이클을 따르는 증기 압축 냉동장치에서 증발기를 지나는 냉매의 물리적 변화로 옳은 것은?

① 압력이 증가한다.

② 엔트로피가 감소한다.

③ 엔탈피가 증가한다.

정답 27. ③　28. ④　29. ④　30. ③　31. ②　32. ②　33. ③

④ 비체적이 감소한다.

해설 증기압축 냉동장치에서 증발기를 지나는 냉매는 등온·등압 과정으로 엔탈피가 증가한다(냉동효과 증가).

34. 10℃에서 160℃까지의 공기의 평균 정적비열은 0.7315 kJ/kg·℃이다. 이 온도 변화에서 공기 1 kg의 내부에너지 변화는?

① 107.1 kJ ② 109.7 kJ
③ 120.6 kJ ④ 121.7 kJ

해설 $(u_2-u_1)=mC_v(t_2-t_1)$
$=1\times 0.7315\times(160-10)=109.7\text{ kJ}$

35. 카르노 열기관의 열효율(η) 식으로 옳은 것은? (단, 공급열량은 Q_1, 방열량은 Q_2)

① $\eta=1-\dfrac{Q_2}{Q_1}$ ② $\eta=1+\dfrac{Q_2}{Q_1}$
③ $\eta=1-\dfrac{Q_1}{Q_2}$ ④ $\eta=1+\dfrac{Q_1}{Q_2}$

해설 $\eta_c=1-\dfrac{Q_2}{Q_1}=1-\dfrac{T_2}{T_1}=f(T_1,\ T_2)$

36. 아래 보기 중 가장 큰 에너지는?

① 100 kW 출력의 엔진이 10시간 동안 한 일
② 발열량 10000 kJ/kg의 연료를 100 kg 연소시켜 나오는 열량
③ 대기압 하에서 10℃ 물 10 m³를 90℃로 가열하는 데 필요한 열량(물의 비열은 4.2 kJ/kg·℃이다.)
④ 시속 100 km로 주행하는 총 질량 2000 kg인 자동차의 운동에너지

해설 ① 1 kW=3600 kJ/h이므로
$W=100\times 3600\times 10=3600000\text{ kJ}$
$=3600\text{ MJ}$
② $Q=mH_l=100\times 10000$
$=1000000\text{ kJ}=1000\text{ MJ}$
③ $Q=mC(t_2-t_1)=\rho_w vC(t_2-t_1)$
$=1000\times 10\times 4.2\times(90-10)$
$=3360000\text{ kJ}=3360\text{ MJ}$
④ $KE=\dfrac{1}{2}mv^2=\dfrac{1}{2}\times 2000\times\left(\dfrac{100}{3.6}\right)^2$
$=771604.94\text{ J}=771.60\text{ kJ}=0.772\text{ MJ}$
∴ ① > ③ > ② > ④

37. 이상기체의 내부에너지 및 엔탈피는?

① 압력만의 함수이다.
② 체적만의 함수이다.
③ 온도만의 함수이다.
④ 온도 및 압력의 함수이다.

해설 줄의 법칙(Joule's law) : 이상기체의 경우 내부 에너지(U)$=f(T)$, 엔탈피(h)$=f(T)$로 온도만의 함수이다.

38. 액체 상태 물 2 kg을 30℃에서 80℃로 가열하였다. 이 과정 동안 물의 엔트로피 변화량을 구하면? (단, 액체 상태 물의 비열은 4.184 kJ/kg·K로 일정하다.)

① 0.6391 kJ/K ② 1.278 kJ/K
③ 4.100 kJ/K ④ 8.208 kJ/K

해설 $\Delta S=\dfrac{\delta Q}{T}=\dfrac{mCdT}{T}=mC\ln\dfrac{T_2}{T_1}$
$=2\times 4.184\times\ln\dfrac{80+273}{30+273}$
$=1.278\text{ kJ/K}$

39. 이상기체의 비열에 대한 설명으로 옳은 것은?

① 정적비열과 정압비열의 절댓값의 차이가 엔탈피이다.
② 비열비는 기체의 종류에 관계없이 일정하다.
③ 정압비열은 정적비열보다 크다.
④ 일반적으로 압력은 비열보다 온도의 변화에 민감하다.

정답 34. ② 35. ① 36. ① 37. ③ 38. ② 39. ③

해설 이상기체(완전기체)의 비열은 정압비열(C_p)이 정적비열(C_v)보다 크다.

40. 과열과 과랭이 없는 증기 압축 냉동 사이클에서 응축온도가 일정할 때 증발온도가 높을수록 성능계수는?

① 증가한다.
② 감소한다.
③ 증가할 수도 있고, 감소할 수도 있다.
④ 증발온도는 성능계수와 관계없다.

해설 응축온도가 일정할 때 증발온도가 높아지면 압축기일(소비동력) 감소로 냉동기 성적계수(ε_R)는 증가한다.

제 3 과목 기계유체역학

41. 안지름이 250 mm인 원형관 속을 평균 속도 1.2 m/s로 유체가 흐르고 있다. 흐름 상태가 완전 발달된 층류라면 단면 최대 유속은 몇 m/s인가?

① 1.2 ② 2.4 ③ 1.8 ④ 3.6

해설 수평 층류 원관 유동인 경우 관의 중심에서 최대속도(V_{max})는 평균속도의 2배이다.

$V_{max} = 2V = 2\times1.2 = 2.4\,\text{m/s}$

42. 어떤 온도의 공기가 50 m/s의 속도로 흐르는 곳에서 정압(static pressure)이 120 kPa이고, 정체압(stagnation pressure)이 121 kPa일 때, 이곳을 흐르는 공기의 온도는 약 몇 ℃인가? (단, 공기의 기체상수는 287 J/kg · K이다.)

① 249 ② 278
③ 522 ④ 556

해설 $P_s = P_o + \dfrac{\rho V^2}{2}$ [kPa]에서

$$\rho = \frac{2(P_s - P_o)}{V^2} = \frac{2(121-120)}{50^2}$$

$= 8\times10^{-4}\,\text{kN}\cdot\text{s}^2/\text{m}^4$

$P_o = \rho RT$에서

$$T = \frac{P_o}{\rho R} = \frac{120}{8\times10^{-4}\times287}$$

$= 522\,\text{K} - 273\,\text{K} = 249℃$

43. 2차원 공간에서 속도장이 $\vec{V} = 2xt\vec{i} - 4y\vec{j}$로 주어질 때, 가속도 $\vec{a}$는 어떻게 나타내는가? (여기서, t는 시간을 나타낸다.)

① $4xt\vec{i} - 16y\vec{j}$
② $4xt\vec{i} + 16y\vec{j}$
③ $2x(1+2t^2)\vec{i} - 16y\vec{j}$
④ $2x(1+2t^2)\vec{i} + 16y\vec{j}$

해설 $\vec{a} = U\dfrac{\partial\vec{V}}{\partial x} + V\dfrac{\partial\vec{V}}{\partial y} + \dfrac{\partial\vec{V}}{\partial t}$

$= 2xt(2t\vec{i}) + (-4y)\times(-4\vec{j}) + 2x\vec{i}$

$= 4xt^2\vec{i} + 16y\vec{j} + 2x\vec{i}$

$= 2x(1+2t^2)\vec{i} + 16y\vec{j}$

44. 속도 3 m/s로 움직이는 평판에 이것과 같은 방향으로 수직하게 10 m/s의 속도를 가진 제트가 충돌한다. 이 제트가 평판에 미치는 힘 F는 얼마인가? (단, 유체의 밀도를 ρ라 하고 제트의 단면적을 A라 한다.)

① $F = 10\rho A$ ② $F = 100\rho A$
③ $F = 49\rho A$ ④ $F = 7\rho A$

해설 $F = \rho Q(V-U) = \rho A(V-U)^2$

$= \rho A(10-3)^2 = 49\rho A$[N]

45. 길이 100 m인 배가 10 m/s의 속도로 항해한다. 길이 1 m인 모형 배를 만들어 조파저항을 측정한 후 원형 배의 조파저항을 구하고자 동일한 조건의 해수에서 실험할 경우 모형 배의 속도를 약 몇 m/s로 하면 되겠는가?

정답 40. ① 41. ② 42. ① 43. ④ 44. ③ 45. ①

① 1 ② 10
③ 100 ④ 200

해설 모형시험 시 조파저항은 중력이 중요시되는 프루드수를 만족시켜야 하므로

$(Fr)_p = (Fr)_m$

$\left(\frac{V}{\sqrt{Lg}}\right)_p = \left(\frac{V}{\sqrt{Lg}}\right)_m$

$g_p \simeq g_m$

$\therefore\ V_m = V_p\sqrt{\frac{L_m}{L_p}} = 10 \times \sqrt{\frac{1}{100}} = 1\text{ m/s}$

46. 그림과 같이 안지름이 2 m인 원관의 하단에 0.4 m/s의 평균속도로 물이 흐를 때, 체적유량은 약 몇 m/s^{3}인가? (단, 그림에서 θ는 120°이다.)

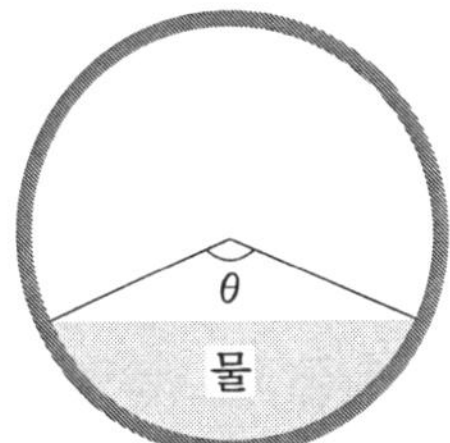

① 0.25 ② 0.36
③ 0.61 ④ 0.83

해설 $Q = AV = 0.614 \times 0.4 = 0.25\text{ m/s}^3$

여기서, $A = \frac{1}{2}r^2\theta - \frac{1}{2}(\text{밑변} \times \text{높이}) \times 2$

$= \frac{1}{2} \times 1^2 \times \frac{120}{180}\pi - \frac{1}{2}(\sin 60° \times \cos 60°) \times 2$

$\fallingdotseq 0.614\text{ m}^2$

47. 한 변의 길이가 3 m인 뚜껑이 없는 정육면체 통에 물이 가득 담겨 있다. 이 통을 수평방향으로 9.8 m/s^{2}으로 잡아끌어 물이 넘쳤을 때, 통에 남아 있는 물의 양은 몇 m^{3}인가?

① 13.5 ② 27.0 ③ 9.0 ④ 18.5

해설 $\tan\theta = \frac{a_x}{g}$ 에서

$\theta = \tan^{-1}\frac{a_x}{g} = \tan^{-1}\frac{9.8}{9.8} = 45°$

$\therefore\ Q = \frac{1}{2}Ah = \frac{1}{2} \times a^2 \times a$

$= \frac{1}{2}a^3 = \frac{1}{2} \times 3^3 = 13.5$

48. 폭이 2 m, 길이가 3 m인 평판이 물속에 수직으로 잠겨 있다. 이 평판의 한쪽 면에 작용하는 전체 압력에 의한 힘은 약 얼마인가?

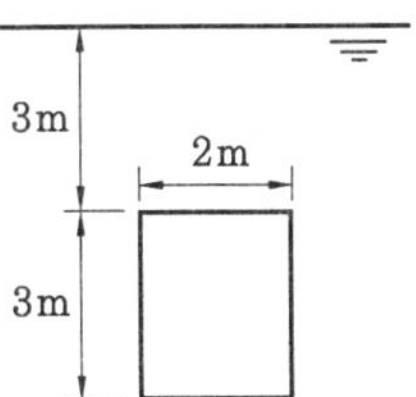

① 88 kN ② 176 kN
③ 265 kN ④ 353 kN

해설 $F = \gamma\bar{h}A = 9.8 \times \left(3 + \frac{3}{2}\right) \times (2 \times 3)$

$= 265\text{ kN}$

49. 흐르는 물의 유속을 측정하기 위해 피토정압관을 사용하고 있다. 압력 측정 결과, 전압력수두가 15 m이고 정압수두가 7 m일 때, 이 위치에서의 유속은?

① 5.91 m/s ② 9.75 m/s
③ 10.58 m/s ④ 12.52 m/s

해설 $V = \sqrt{2g\Delta h} = \sqrt{2 \times 9.8 \times (15-7)}$

$= 12.52\text{ m/s}$

50. 지름 D인 구가 V로 흐르는 유체 속에 놓여 있을 때 받는 항력이 F이고, 이때의 항력계수(drag coefficient)가 4이다. 속도가 $2V$일 때 받는 항력이 $3F$라면 이때의 항력계수는 얼마인가?

① 3 ② 4.5
③ 8 ④ 12

정답 46. ① 47. ① 48. ③ 49. ④ 50. ①

해설 $C_{D1} = \frac{2D_1}{\rho_1 A_1 V_1} = \frac{D_1}{V_1^2} = \frac{F}{V^2} = 4$

$\therefore C_{D2} = \frac{2D_2}{\rho_2 A_2 V_2} = \frac{D_2}{V_2^2}$

$= \frac{3F}{(2V)^2} = \frac{3 \times 4V^2}{4V^2} = 3$

51. 다음 중 2차원 비압축성 유동이 가능한 유동은 어떤 것인가? (단, u는 x방향 속도 성분이고, v는 y방향 속도 성분이다.)

① $u = x^2 - y^2$, $v = -2xy$

② $u = 2x^2 - y^2$, $v = 4xy$

③ $u = x^2 + y^2$, $v = 3x^2 - 2y^2$

④ $u = 2x + 3xy$, $v = -4xy + 3y$

해설 ① $\frac{\partial u}{\partial x} = 2x$, $\frac{\partial v}{\partial y} = -2x$이므로

$\frac{\partial u}{\partial x} + \frac{\partial v}{\partial y} = 2x - 2x = 0$

2차원 정상류 비압축성($\rho = c$) 유체의 연속방정식을 만족시킨다.

② $\frac{\partial u}{\partial x} + \frac{\partial v}{\partial y} = 4x + 4x \neq 0$

③ $\frac{\partial u}{\partial x} + \frac{\partial v}{\partial y} = 2x - 4y \neq 0$

④ $\frac{\partial u}{\partial x} + \frac{\partial v}{\partial y} = (2+3y) + (-4x+3) \neq 0$

52. 일반적으로 뉴턴 유체에서 온도 상승에 따른 액체의 점성계수 변화를 가장 바르게 설명한 것은?

① 분자의 무질서한 운동이 커지므로 점성계수가 증가한다.

② 분자의 무질서한 운동이 커지므로 점성계수가 감소한다.

③ 분자 간의 응집력이 약해지므로 점성계수가 증가한다.

④ 분자 간의 응집력이 약해지므로 점성계수가 감소한다.

해설 일반적으로 액체는 온도 증가에 따라 분자 간에 작용하는 응집력이 약해지므로 점성계수가 감소하지만 기체는 운동량 증가로 점성계수가 증가한다.

53. 정지해 있는 평판에 층류가 흐를 때 평판 표면에서 박리(separation)가 일어나기 시작할 조건은? (단, P는 압력, u는 속도, ρ는 밀도를 나타낸다.)

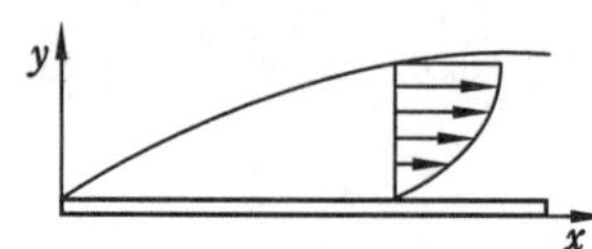

① $u = 0$　　② $\frac{\partial u}{\partial y} = 0$

③ $\frac{\partial u}{\partial x} = 0$　　④ $\rho u \frac{\partial u}{\partial x} = \frac{\partial P}{\partial x}$

해설 박리가 일어나기 시작할 조건은 $\frac{\partial u}{\partial y} = 0$ 이다.

54. 그림과 같은 펌프를 이용하여 0.2 m³/s의 물을 퍼올리고 있다. 흡입부(①)와 배출부(②)의 고도 차이는 3 m이고, ①에서의 압력은 −20 kPa, ②에서의 압력은 150 kPa이다. 펌프의 효율이 70 %이면 펌프에 공급해야 할 동력(kW)은? (단, 흡입관과 배출관의 지름은 같고 마찰 손실을 무시한다.)

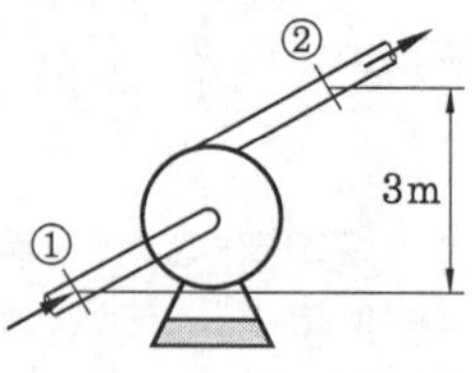

① 34　　② 40

③ 49　　④ 57

해설 $\frac{P_1}{\gamma} + \frac{V_1^2}{2g} + E_p + Z_1 = \frac{P_2}{\gamma} + \frac{V_2^2}{2g} + Z_2$

$V_1 = V_2$이므로 $-\frac{20}{9.8} + E_p = \frac{150}{9.8} + 3$

정답 51. ① 52. ④ 53. ② 54. ④

$$E_p = \frac{(20+150)}{9.8} + 3 = 20.35\text{ m}$$

$$L_s = \frac{\gamma_w Q E_p}{\eta_p} = \frac{9.8 Q E_p}{\eta_p}$$

$$= \frac{9.8 \times 0.2 \times 20.35}{0.7} \fallingdotseq 57\text{ kW}$$

55. 수평 원관(圓管) 내에서 유체가 완전 발달한 층류 유동할 때의 유량은?

① 압력강하에 반비례한다.

② 관 안지름의 4승에 반비례한다.

③ 점성계수에 반비례한다.

④ 관의 길이에 비례한다.

해설 수평 층류 원관 유동인 경우 하겐-푸아죄유 법칙을 적용한다.

$$\text{유량}(Q) = \frac{\Delta P \pi d^4}{128 \mu L}[\text{m}^3/\text{s}]$$

$$\therefore Q \propto \frac{1}{\mu}$$

56. 다음 그림에서 A점과 B점의 압력차는 약 얼마인가?(단, A는 비중 1의 물, B는 비중 0.8899의 벤젠이고, 그 중간에 비중 13.6의 수은이 있다.)

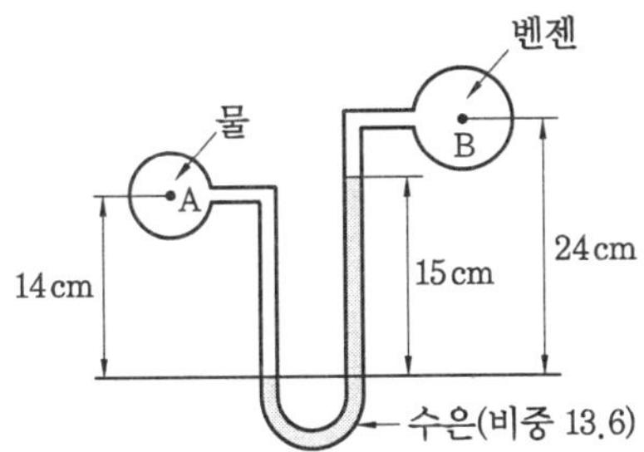

① 22.17 kPa ② 19.4 kPa

③ 278.7 kPa ④ 191.4 kPa

해설 $P_A + \gamma_w h = P_B + \gamma_w S_B h_1 + \gamma_w S_{Hg} h_2$

$P_A + 9.8 \times 0.14$

$= P_B + 9.8 \times 0.899 \times 0.09 + 9.8 \times 13.6 \times 0.15$

$\therefore P_A - P_B = 9.8 \times 0.899 \times 0.09$

$+ 9.8 \times 13.6 \times 0.15 - 9.8 \times 0.14 = 19.4\text{ kPa}$

57. 어떤 윤활유의 비중이 0.89이고 점성계수가 0.29 kg/m · s이다. 이 윤활유의 동점성계수는 약 몇 m^2/s인가?

① 3.26×10^{-5} ② 3.26×10^{-4}

③ 0.258 ④ 2.581

해설 $\nu = \frac{\mu}{\rho} = \frac{\mu}{\rho_w S} = \frac{0.29}{1000 \times 0.89}$

$= 3.26 \times 10^{-4}\text{ m}^2/\text{s} = 3.26\text{ cm}^2/\text{s(stokes)}$

58. 지름 2 cm인 관에 부착되어 있는 밸브의 부차적 손실계수 K가 5일 때 이것을 관 상당길이로 환산하면 몇 m인가? (단, 관마찰계수 $f = 0.025$이다.)

① 2 ② 2.5

③ 4 ④ 5

해설 관의 상당길이(L_e)

$$= \frac{Kd}{f} = \frac{5 \times 0.02}{0.025} = 4\text{ m}$$

59. Buckingham의 파이(pi) 정리를 바르게 설명한 것은?(단, k는 변수의 개수, r은 변수를 표현하는 데 필요한 최소한의 기준차원의 개수이다.)

① $(k-r)$개의 독립적인 무차원수의 관계식으로 만들 수 있다.

② $(k+r)$개의 독립적인 무차원수의 관계식으로 만들 수 있다.

③ $(k-r+1)$개의 독립적인 무차원수의 관계식으로 만들 수 있다.

④ $(k+r+1)$개의 독립적인 무차원수의 관계식으로 만들 수 있다.

해설 버킹엄의 파이(pi) 정리

무차원 양의 개수(π)

= 물리량의 개수(k) − 기본차원의 개수(r)

60. 액체의 표면 장력에 관한 일반적인 설명으로 틀린 것은?

정답 55. ③ 56. ② 57. ② 58. ③ 59. ① 60. ④

① 표면 장력은 온도가 증가하면 감소한다.
② 표면 장력의 단위는 N/m이다.
③ 표면 장력은 분자력에 의해 생긴다.
④ 구형 액체 방울의 내외부 압력차는 $P=\frac{\sigma}{R}$이다. (단, 여기서 σ는 표면 장력이고, R은 반지름이다.)

해설 구형 액체(물방울)의 표면 장력(σ) $=\frac{\Delta pd}{4}$ [N/m]이므로
내외부 압력차(내부 초과압력)
$\Delta p=\frac{4\sigma}{d}=\frac{4\sigma}{2R}=\frac{2\sigma}{R}$ [kPa]이다.

제 4 과목 유체기계 및 유압기기

61. 펌프가 운전 중에 한숨을 쉬는 것과 같은 상태가 되어 펌프인 경우 입구와 출구의 진공계, 압력계의 지침이 흔들리고 동시에 송출유량이 변화하는 현상은?

① 수격현상 ② 서징현상
③ 공동현상 ④ 과열현상

해설 서징현상은 유체의 유량 변화에 의해 관로나 수조 등의 압력, 수위가 주기적으로 변동하여 펌프 입구 및 출구에 설치된 진공계 · 압력계의 지침이 흔들리는 현상이다.

62. 다음 중 송풍기를 압력에 따라 분류할 때 blower의 압력 범위로 옳은 것은?

① 1 kPa 미만
② 1 kPa~10 kPa
③ 10 kPa~100 kPa
④ 100 kPa~1000 kPa

해설 송풍기의 압력에 따른 분류
(1) 팬(fan) : 압력 상승이 0.1 kgf/cm^2(10 kPa) 미만인 것
(2) 블로어(blower) : 압력 상승이 0.1 kgf/cm^2(10 kPa) 이상, 1.0 kgf/cm^2(100 kPa) 미만인 것
(3) 압축기(compressor) : 압력 상승이 1.0 kgf/cm^2(100 kPa) 이상인 것

63. 다음 중 왕복 펌프의 양수량 Q[m^3/min]를 구하는 식으로 옳은 것은? (단, 실린더 지름을 D[m], 행정을 L[m], 크랭크 회전수를 n[rpm], 체적효율을 η_v, 크랭크 각속도를 ω[s^{-1}]라 한다.)

① $Q=\eta_v\frac{\pi}{4}DLn$
② $Q=\frac{\pi}{4}D^2Ln$
③ $Q=\eta_v\frac{\pi}{4}D^2Ln$
④ $Q=\eta_v\frac{\pi}{4}D^2L\omega$

64. 다음 중 10^{-1} Pa 이하의 고진공 영역까지 작동할 수 있는 고진공 펌프에 속하지 않는 것은?

① 너시(Nush) 펌프
② 오일 확산 펌프
③ 터보 분자 펌프
④ 크라이오(Cryo) 펌프

해설 크라이오(Cryo) 펌프는 기체를 극저온면에 응축 및 흡착시켜 가두어 놓는 진공펌프로 초고진공 상태에서 효율적인 배기를 위해서는 응축 및 흡착을 위한 평형압력이 10^{-8} Pa 이하가 되어야 한다.

65. 유체 기계란 액체와 기체를 이용하여 에너지의 변환을 이루는 기계이다. 다음 중 유체 기계로 보기에 거리가 먼 것은?

① 펌프 ② 벨트 컨베이어
③ 수차 ④ 토크 컨버터

해설 유체 기계는 공기, 물, 기름 등의 유체

정답 61. ② 62. ③ 63. ③ 64. ④ 65. ②

가 가지고 있는 에너지, 즉 유체 에너지를 기계적 에너지로 변환시키는 기계를 말하며, 수차, 풍차, 유압 모터, 펌프, 송풍기, 압축기, 토크 컨버터 등이 있다. 벨트 컨베이어는 유동 작업에 이용되는 부품이나 제품을 벨트 위에 올려 자동적으로 운반하는 장치이다.

66. **수차의 전효율(η)이 0.80이고 수력효율(η_h)이 0.93, 체적효율(η_v)이 0.96일 때에 이 수차의 기계효율(η_m)은?**

① 0.867 ② 0.896
③ 0.902 ④ 0.927

해설 전효율(η) =수력효율(η_h)×체적효율(η_v)×기계효율(η_m)이므로

$$\therefore \ \eta_m = \frac{\eta}{\eta_h \eta_m} = \frac{0.80}{0.93 \times 0.96} = 0.896$$

67. **물이 수차의 회전차를 흐르는 사이에 물의 압력 에너지와 속도 에너지는 감소되고 그 반동으로 회전차를 구동하는 수차는?**

① 중력 수차 ② 펠턴 수차
③ 충격 수차 ④ 프란시스 수차

해설 프란시스 수차는 중간 낙차에서 비교적 유량이 많은 경우에 사용되는 반동 수차이다. 물은 날개차(runner : 깃)의 입구에서 반지름 방향으로 충격작용으로 유입하여 날개차 안에서 축 방향으로 변화하여 송출관에서 반동 작용에 의해 수차가 구동하여 배출되는 수차로 40~60 m의 중낙차로 대유량에 적합하다.

68. **수차에서 캐비테이션이 발생되기 쉬운 곳에 해당하지 않는 것은?**

① 펠턴 수차 이외에서는 흡출관(draft tube) 하부
② 펠턴 수차에서는 노즐의 팁(tip) 부분
③ 펠턴 수차에서는 버킷의 리지(ridge) 선단
④ 프로펠러 수차에서는 회전차 바깥둘레의 깃 이면쪽

해설 수차에서 캐비테이션이 발생되기 쉬운 곳
(1) 흡출관 상부
(2) 펠턴 수차에서는 버킷의 이면측, 버킷의 리지 선단, 노즐의 팁(tip) 부분, 니들의 선단부
(3) 프로펠러 및 카플란 수차에서는 러너 외주의 블레이드 이면, 깃 부근의 보스(boss)면

69. **다음 중 토크 컨버터에 대한 설명으로 틀린 것은?**

① 유체 커플링과는 달리 입력축과 출력축의 토크 차를 발생하게 하는 장치이다.
② 토크 컨버터는 유체 커플링의 설계점 효율에 비하여 다소 낮은 편이다.
③ 러너의 출력축 토크(T_2)는 회전차의 토크(T_1)에서 스테이터의 토크(T_3)를 뺀 값으로 나타낸다.
④ 토크 컨버터의 동력 손실은 열에너지로 전환되어 작동유체의 온도 상승에 영향을 미친다.

70. **원심 펌프의 특성 곡선(characteristic curve)에 대한 설명 중 틀린 것은?**

① 유량에 대하여 전양정, 효율, 축동력에 대한 관계를 알 수 있다.
② 효율이 최대일 때를 설계점으로 설정하여 이때의 양정을 규정 양정(normal head)이라 한다.
③ 유량과 양정의 관계 곡선에서 서징(surging) 현상을 고려할 때 왼편 하강 특성 곡선 구간에서 운전하는 것은 피하는 것이 좋다.

정답 66. ② 67. ④ 68. ① 69. ③ 70. ④

④ 유량이 최대일 때의 양정을 체절 양정(shut off head)이라 한다.

해설 체절 양정(H_0)은 유량(Q)=0일 때의 양정을 말한다.

71. 유압 시스템에서 비압축성 유체를 사용하기 때문에 얻어지는 가장 중요한 특성은?

① 무단변속이 가능하다.
② 운동방향의 전환이 용이하다.
③ 과부하에 대한 안전성이 좋다.
④ 정확한 위치 및 속도 제어가 가능하다.

72. 3위치 밸브에서 사용하는 용어로 밸브의 작동신호가 없어질 때 유압배관이 연결되는 밸브 몸체 위치에 해당하는 용어는?

① 초기 위치(initial position)
② 중앙 위치(middle position)
③ 중간 위치(intermediate position)
④ 과도 위치(transient position)

해설 ① 초기 위치(initial position) : 주관로의 압력이 걸리고 나서, 조작력에 의하여 예정 운전 사이클이 시작되기 전의 밸브 몸체 위치
② 중앙 위치(middle position) : 3위치 밸브 중앙 밸브 몸체의 위치
③ 중간 위치(intermediate position) : 초기 위치와 작동 위치 중간의 임의의 밸브 몸체의 위치
④ 과도 위치(transient position) : 초기 위치와 작동 위치 사이의 과도적인 밸브 몸체의 위치

73. 그림과 같은 실린더에서 A측에서 3 MPa의 압력으로 기름을 보낼 때 B측 출구를 막으면 B측에 발생하는 압력 P_B는 몇 MPa인가?(단, 실린더 안지름은 50 mm, 로드 지름은 25 mm이며, 로드에는 부하가 없는 것으로 가정한다.)

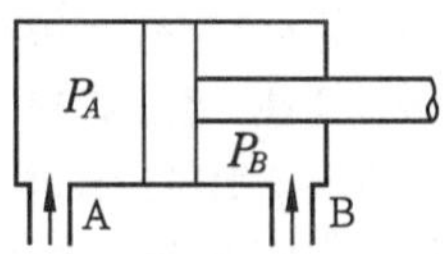

① 1.5　② 3.0
③ 4.0　④ 6.0

해설 $P_A A_A = P_B A_B$에서

$$P_A \frac{\pi D^2}{4} = P_B \left[\frac{\pi (D^2 - d^2)}{4} \right]$$

$$P_B = 3 \left(\frac{50^2}{50^2 - 25^2} \right) = 4\ \text{MPa}$$

74. 다음 기호에 대한 명칭은?

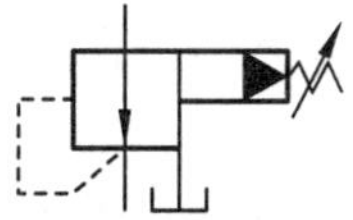

① 비례전자식 릴리프 밸브
② 릴리프붙이 시퀀스 밸브
③ 파일럿 작동형 감압 밸브
④ 파일러 작동형 릴리프 밸브

75. 분말 성형 프레스에서 유압을 한층 더 증대시키는 작용을 하는 장치는?

① 유압 부스터(hydraulic booster)
② 유압 컨버터(hydraulic converter)
③ 유니버설 조인트(universal joint)
④ 유압 피트먼 암(hydraulic pitman arm)

76. 다음 중 실린더에 배압이 걸리므로 끌어당기는 힘이 작용해도 자주(自走)할 염려가 없어서 밀링이나 보링 머신 등에 사용하는 회로는?

① 미터 인 회로
② 어큐뮬레이터 회로
③ 미터 아웃 회로

정답 71. ④　72. ②　73. ③　74. ③　75. ①　76. ③

④ 싱크로나이즈 회로

해설 ① 미터 인 회로 : 유량 제어 밸브를 실린더의 작동 행정에서 실린더의 오일이 유입되는 입구 측에 설치한 회로이다.
② 어큐뮬레이터 회로 : 유압 회로에 축압기를 이용하면 축압기는 보조 유압원으로 사용되며, 이것에 의해 동력을 크게 절약할 수 있고, 압력 유지, 회로의 안전, 사이클 시간 단축, 완충작용은 물론, 보조 동력원으로 효율을 증진시킬 수 있고, 콘덴서 효과로 유압 장치의 내구성을 향상시킨다.
③ 미터 아웃 회로 : 작동 행정에서 유량 제어 밸브를 실린더의 오일이 유출되는 출구 측에 설치한 회로로서, 실린더에서 유출되는 유량을 제어하여 피스톤 속도를 제어하는 회로이다. 실린더에 배압이 걸리므로 끌어당기는 하중이 작용하더라도 자주(自主)할 염려는 없다.
④ 싱크로나이즈 회로 : 유압 실린더의 치수, 누유량, 마찰 등에 의해 크기가 같은 2개의 실린더가 동시에 작용할 때 발생하는 차이를 보상하는 회로로서 동조 회로라고도 한다.

77. 그림의 회로가 가진 특징에 대한 설명으로 옳은 것은?

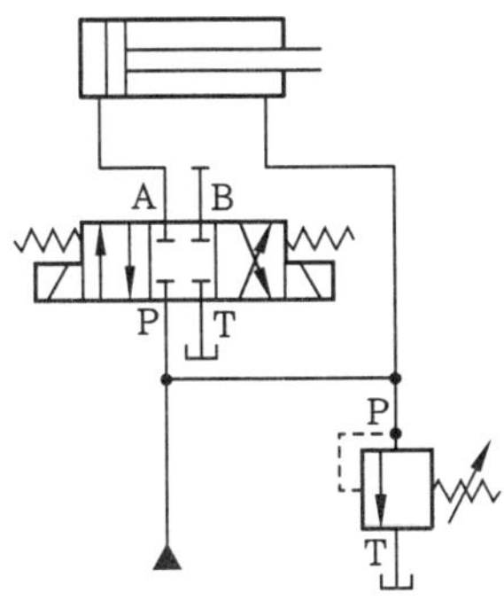

① 전진운동 시 속도는 느려진다.
② 후진운동 시 속도가 빨라진다.
③ 전진운동 시 작용력은 작아진다.
④ 밸브의 작동 시 한 가지 속도만 가능하다.

78. 그림은 유압 모터를 이용한 수동 유압 윈치의 회로이다. 이 회로의 명칭은 무엇인가?

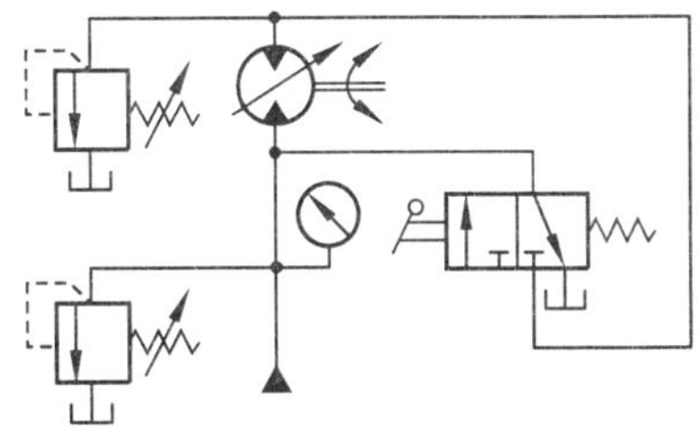

① 직렬 배치 회로
② 탠덤형 배치 회로
③ 병렬 배치 회로
④ 정출력 구동 회로

해설 정출력 구동 회로 : 펌프의 송출압력과 송출유량을 일정히 하고 가변위 유압 모터의 변위량을 변화시켜 유압 모터 속도를 변화시키면 정마력 구동이 얻어진다.

79. 다음 중 실(seal)의 구비 조건으로 옳지 않은 것은?

① 마찰계수가 커야 한다.
② 내유성이 좋아야 한다.
③ 내마모성이 우수해야 한다.
④ 복원성이 양호하고 압축 변형이 작아야 한다.

해설 실(seal)의 구비 조건
(1) 양호한 유연성 : 압축 복원성이 좋고, 압축 변형이 작아야 한다.
(2) 내유성 : 기름 속에서 체적 변화나 열화가 적고, 내약품성이 양호해야 한다.
(3) 내열, 내한성 : 고온에서의 노화나 저온에서의 탄성 저하가 작아야 한다.
(4) 기계적 강도 : 오랜 시간의 사용에 견딜 수 있도록 내구성 및 내마모성이 풍부

정답 77. ③ 78. ④ 79. ①

해야 한다.
※ 실(seal)은 마찰계수가 작아야 한다.

80. 유압 작동유에 수분이 많이 혼입되었을 때 발생되는 현상으로 옳지 않은 것은?

① 윤활 작용이 저하된다.
② 산화 촉진을 막아준다.
③ 작동유의 방청성을 저하시킨다.
④ 유압 펌프의 캐비테이션 발생 원인이 된다.

해설 유압 작동유에 수분이 혼입되었을 때 발생하는 현상
(1) 작동유의 열화 및 산화 촉진
(2) 캐비테이션(공동현상) 발생
(3) 유압기기의 마모 촉진
(4) 작동유의 방청성, 윤활성 저하

제 5 과목 건설기계일반 및 플랜트배관

91. 건설기계관리법에 따라 건설기계의 소유자는 그 건설기계에 대하여 국토부령으로 정하는 바에 따라 국토교통부장관이 실시하는 검사를 받아야 한다. 이때 검사 대상 건설기계에 해당하지 않는 것은?

① 정격하중 6톤 타워 크레인
② 자체중량 3톤의 로더
③ 무한궤도식 불도저
④ 적재용량 10톤 덤프트럭

해설 건설기계의 범위
(1) 타워 크레인 : 수직타워의 상부에 위치한 지브(jib)를 선회시켜 중량물을 상하, 전후 또는 좌우로 이동시킬 수 있는 것으로서 원동기 또는 전동기를 가진 것. 다만, 「산업집적활성화 및 공장설립에 관한 법률」 제16조에 따라 공장등록대장에 등록된 것은 제외한다.
(2) 로더 : 무한궤도 또는 타이어식으로 적재장치를 가진 자체중량 2톤 이상인 것. 다만, 차체굴절식 조향장치가 있는 자체중량 4톤 미만인 것은 제외한다.
(3) 불도저 : 무한궤도 또는 타이어식인 것
(4) 덤프트럭 : 적재용량 12톤 이상인 것. 다만, 적재용량 12톤 이상 20톤 미만의 것으로 화물운송에 사용하기 위하여 자동차관리법에 의한 자동차로 등록된 것을 제외한다.

92. 다음 중 적재(摘載) 능력이 없는 건설기계는?

① 로더
② 머캐덤 롤러
③ 덤프 트럭
④ 지게차

해설 머캐덤 롤러는 쇄석(자갈)기층, 노상, 노반, 아스팔트 포장 시 초기 다짐에 적합하다.

93. 휠 크레인의 아우트리거(outrigger)의 주된 용도는?

① 주행용 엔진의 보호 장치이다.
② 와이어 로프의 보호 장치이다.
③ 붐과 훅의 절단 또는 굴곡을 방지하는 장치이다.
④ 크레인의 안정성을 유지하고 전도를 방지하는 장치이다.

해설 아우트리거(outrigger)는 전도사고를 방지하고 진동이 감소된 안정된 작업을 하기 위해 크레인이 설치된 차량의 좌우에 부착하여 전도모멘트를 효과적으로 지탱할 수 있도록 한 장치를 말한다.

94. 불도저에서 거리를 고려하지 않은 삽날의 용량은 2 m^3, 운반거리계수는 0.96, 체적환산계수는 1.1, 작업 효율은 0.85, 1회 사이클 시간은 6.8분이 소요된다고 하면 이 불도저의 시간당 작업량은 약 몇

정답 80. ② 91. ④ 92. ② 93. ④ 94. ②

m^3/h인가?

① 6.44 ② 15.84
③ 18.12 ④ 24.58

해설 $Q=\frac{60qKfE}{C_m}$

$=\frac{60\times2\times0.96\times1.1\times0.85}{6.8}=15.84\ m^3/h$

95. 아스팔트 포장의 표층 다짐에 적합하여 아스팔트의 끝마무리 작업에 가장 적합한 장비는?

① 탬퍼 ② 진동 롤러
③ 탠덤 롤러 ④ 탬핑 롤러

해설 롤러는 공사의 막바지에 지반이나 지층을 다지는 기계로서 주행 방식으로 분류하면 전압장치를 가진 자주식 롤러와 피견인식 롤러 등이 있고 구조에 따라 분류하면 머캐덤 롤러, 타이어 롤러, 탠덤 롤러 등이 있다.
(1) 머캐덤 롤러 : 3륜 자동차와 같은 형으로 작업의 직진성을 위해 차동 제한장치가 있으며 가열 포장 아스팔트 재료의 초기 다짐에 사용된다.
(2) 타이어 롤러 : 공기 타이어의 특성을 이용하여 노면을 다지는 기계로 아스팔트 포장 2차 다듬질에 효과적으로 사용되며 기동성이 좋다.
(3) 탠덤 롤러 : 주철이나 강철재의 평평한 원통형의 롤러 2, 3개가 일렬로 설치되어 역청 포장의 완성 다짐 또는 아스팔트의 끝손질 마감 다짐으로 사용한다.
(4) 진동 롤러 : 롤러에 유압으로 기진장치를 작동하는 방식으로서 다짐 효과가 크고, 적은 다짐 횟수로 충분히 다질 수 있다.
(5) 탬핑 롤러 : 강판으로 된 드럼에 돌기를 50~150개 정도 부착하여 돌기에 의해 강력한 다짐 효과를 낸다.

96. 비금속재료인 합성수지는 크게 열가소성 수지와 열경화성 수지로 구분하는데 다음 중 열가소성 수지에 속하는 것은?

① 페놀 수지
② 멜라민 수지
③ 아크릴 수지
④ 실리콘 수지

해설 (1) 열경화성 수지 : 가열 성형한 후 굳어지면 다시 가열해도 연화하거나 용융되지 않는 수지로 페놀 수지, 불포화폴리에스테르, 요소 수지, 멜라민 수지, 폴리우레탄, 에폭시 수지, 실리콘 수지 등이 있다.
(2) 열가소성 수지 : 가열 성형하여 굳어진 후에도 다시 가열하면 연화 및 용융되는 수지로 폴리에틸렌(PE), 폴리프로필렌(PP), 폴리초산비닐(PVA), 폴리염화비닐(PVC), 폴리스티렌(PS), 폴리에틸렌테레프탈레이트(PET), 폴리카보네이트(PC), 폴리메틸메타아크릴레이트(PMMA), 아크릴 수지 등이 있다.

97. 다음 중 불도저로 작업하기에 적합하지 않은 것은?

① 교각공사의 교각용 기초 바닥파기
② 잡종지의 개간과 뿌리 제거
③ 토사에 대한 굴토와 운반
④ 나무뿌리 뽑기 작업

해설 불도저는 많은 양의 흙, 모래, 자갈 등을 밀어내어 지면을 고르거나 굴착하기 위한 건설기계로 후면에 부착된 리퍼는 굳은 지면이나 나무뿌리, 암석 등을 파헤치는 데 사용한다. ① 교각공사의 교각용 기초 바닥파기에는 굴삭기가 적합하다.

98. 조향장치에서 조향력을 바퀴에 전달하는 부품 중에 바퀴의 토(toe) 값을 조정할 수 있는 것은?

① 피트먼 암(pitman arm)
② 너클 암(knuckle arm)
③ 드래그 링크(drag link)

정답 95. ③ 96. ③ 97. ① 98. ②

④ 타이 로드(tie rod)

해설 너클 암(knuckle arm)은 너클과 타이 로드 연결대를 말한다. 타이 로드에 연결되어 타이 로드로부터의 힘을 너클에 전하는 팔과 같은 작용을 하는데, 앞바퀴는 핸들을 꺾는 것으로 방향을 바꾸고, 앞바퀴 서스펜션을 구성하는 부품 중에서 좌우 방향으로 목을 흔드는 부분을 너클이라고 부른다. 너클을 좌우로 움직이는 것은 핸들 장치로부터의 힘이고, 그 힘을 받아 너클을 움직이는 팔이 너클 암이다. 핸들 시스템의 배치에 따라 앞을 향한 것과 뒤를 향한 것이 있고, 붙이는 각도에 따라 핸들 특성이 달라진다.

99. **높은 탑 위에 자유로이 360° 선회가 가능한 크레인으로 작업 반경이 넓고 주로 높이를 필요로 하는 중·고층 건축 현장에 많이 사용되는 것은?**

① 케이블 크레인(cable crane)
② 데릭 크레인(derrick crane)
③ 타워 크레인(tower crane)
④ 휠 크레인(wheel crane)

해설 타워 크레인은 높은 탑 위에 호이스트식 지브나 수평 한쪽 지지식 지브 붐을 설치한 것으로서 360° 회전이 가능하며 주로 높이를 필요로 하는 건축 현장이나 빌딩 고층화 등에 사용한다.

100. **커터식 펌프 준설선에 대한 설명으로 틀린 것은?**

① 선내에 샌드 펌프를 적재하고 동력에 의해 물속의 토사를 커터로 절삭하여 물과 함께 퍼올려서 선체 밖으로 배출하는 작업선이다.
② 크게 자항식과 비자항식으로 구분하는데 자항식은 내항의 준설작업에, 비자항식은 외항의 준설작업에 주로 이용된다.
③ 펌프 준설선의 크기는 주 펌프의 구동 동력에 따라 소형부터 초대형으로 구분할 수 있다.
④ 최근에는 커터를 개량하여 초경질의 점토나 사질토의 준설에도 이용된다.

해설 자항식은 외항의 준설작업에, 비자항식은 내항의 준설작업에 주로 이용된다.

정답 99. ③ 100. ②

건설기계설비기사

2014년 8월 17일 (제3회)

제1과목 재료역학

1. 그림과 같은 하중을 받는 정사각형(10 cm×10 cm) 단면봉의 최대 인장응력은 약 몇 MPa인가?

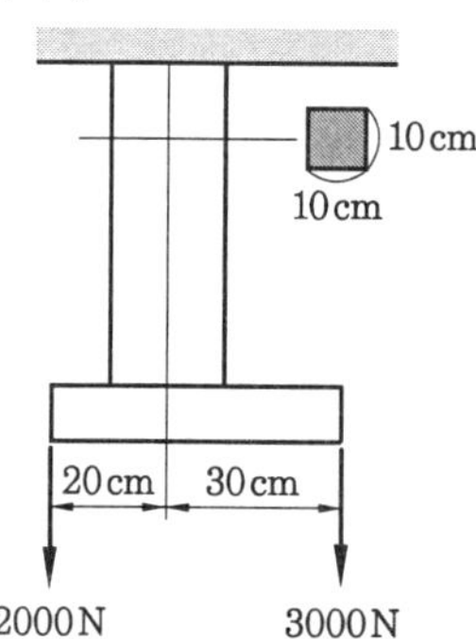

① 2.3 ② 3.1
③ 3.5 ④ 4.1

해설 $\sigma_{max}=\sigma_c+\sigma_b=\dfrac{P}{A}+\dfrac{M}{Z}$

$=\dfrac{5000}{100^2}+\dfrac{500000}{\dfrac{100^3}{6}}=3.5\text{ MPa}$

$M=3000\times300-2000\times200$

$=500000\text{ N}\cdot\text{mm}$

$P=2000+3000=5000\text{ N}$

2. 지름이 22 mm인 막대에 25 kN의 전단하중이 작용할 때 0.00075 rad의 전단변형률이 생겼다. 이 재료의 전단탄성계수는 몇 GPa인가?

① 87.7 ② 114
③ 33 ④ 29.3

해설 $\tau=G\gamma$[MPa]에서

$G=\dfrac{\tau}{\gamma}=\dfrac{P_s}{A\gamma}=\dfrac{25\times10^3}{\dfrac{\pi}{4}\times22^2\times0.00075}$

$=87.7\times10^3\text{ MPa}=87.7\text{ GPa}$

3. 5 cm×10 cm 단면의 3개의 목재를 목재용 접착제로 접착하여 그림과 같은 10 cm×15 cm의 사각 단면을 갖는 합성보를 만들었다. 접착부에 발생하는 전단응력은 약 몇 kPa인가? (단, 이 보의 길이는 2 m이고, 양단은 단순지지이며 중앙에 $P=$ 800 N의 집중하중을 받는다.)

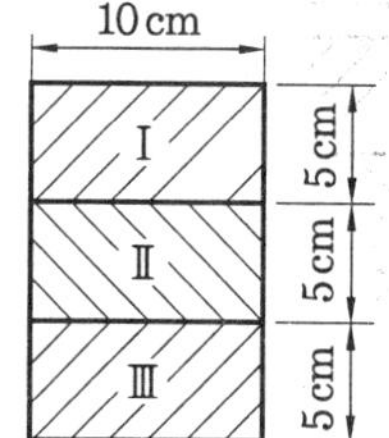

① 77.6 ② 35.5
③ 82.4 ④ 160.8

해설 $\tau=\dfrac{VQ}{bI}=\dfrac{400\times250000}{100\times\dfrac{100\times150^3}{12}}$

$=0.03555\text{ MPa}=35.55\text{ kPa}$

$V_{max}=\dfrac{P}{2}=\dfrac{800}{2}=400\text{ N}$

$Q=\dfrac{b}{2}\left(\dfrac{h^2}{4}-y_1^2\right)=\dfrac{100}{2}\left(\dfrac{150^2}{4}-25^2\right)$

$=250000\text{ mm}^3$

4. 어떤 요소가 평면 상태하에 $\sigma_x=60$ MPa, $\sigma_y=50$ MPa, $\tau_{xy}=30$ MPa을 받고 있다. 이때 주응력 σ_1과 σ_2는 각각 약 몇 MPa인가?

① $\sigma_1\fallingdotseq67.9$, $\sigma_2\fallingdotseq57.3$
② $\sigma_1\fallingdotseq62.4$, $\sigma_2\fallingdotseq45.6$
③ $\sigma_1\fallingdotseq85.4$, $\sigma_2\fallingdotseq24.6$
④ $\sigma_1\fallingdotseq88.9$, $\sigma_2\fallingdotseq32.6$

해설 $\sigma_1=\dfrac{\sigma_x+\sigma_y}{2}+\sqrt{\left(\dfrac{\sigma_x-\sigma_y}{2}\right)^2+\tau_{xy}^2}$

정답 1. ③ 2. ① 3. ② 4. ③

$$= \frac{60+50}{2} + \sqrt{\left(\frac{60-50}{2}\right)^2 + 30^2}$$

$≒ 85.4$ MPa

$$\sigma_2 = \frac{\sigma_x+\sigma_y}{2} - \sqrt{\left(\frac{\sigma_x-\sigma_y}{2}\right)^2 + \tau_{xy}^2}$$

$$= \frac{60+50}{2} - \sqrt{\left(\frac{60-50}{2}\right)^2 + 30^2}$$

$≒ 24.6$ MPa

5. 길이가 L인 단순보 AB의 한 단에 그림과 같이 모멘트 M이 작용할 때, A단의 처짐각 θ_A는?(단, 탄성계수는 E, 단면 2차 모멘트는 I이다.)

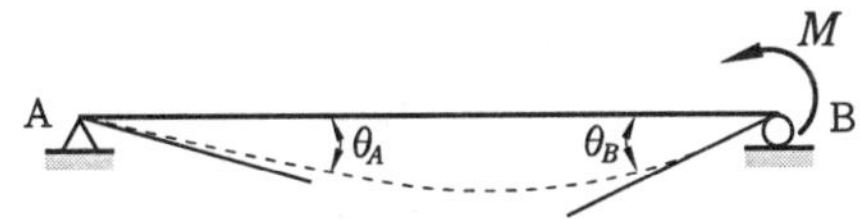

① $\frac{ML}{8EI}$　② $\frac{ML}{6EI}$

③ $\frac{ML}{3EI}$　④ $\frac{ML}{2EI}$

해설 $\theta_A = \frac{ML}{6EI}$[rad], $\theta_B = \frac{ML}{3EI}$[rad]

$$y_{max} = \frac{ML^2}{9\sqrt{3}EI}\text{[cm]}$$

6. 직경이 d인 중실축에 비틀림 모멘트 T가 작용하고 있다면 이 중실축에 작용하고 있는 비틀림 응력 τ는 얼마인가?

① $\frac{8T}{\pi d^3}$　② $\frac{16T}{\pi d^3}$

③ $\frac{24T}{\pi d^3}$　④ $\frac{32T}{\pi d^3}$

해설 $T = \tau Z_p$[N·m]에서

$$\tau = \frac{T}{Z_p} = \frac{T}{\frac{\pi d^3}{16}} = \frac{16T}{\pi d^3}\text{[MPa]}$$

7. 다음 중 체적계수(bulk modulus)를 나타낸 식은?(단, E는 탄성계수, G는 전단탄성계수, ν는 푸아송비이다.)

① $\frac{E}{3(1-2\nu)}$

② $\frac{E}{2(1+\nu)}$

③ $\frac{G}{2(1+\nu)}$

④ $\frac{(1-\nu)(1+\nu)}{E}$

해설 $K = \frac{mE}{3(m-2)} = \frac{E}{3(1-2\nu)}$[GPa]

8. 길이 15 m, 지름 10 mm의 강봉에 8 kN의 인장 하중을 걸었더니 탄성 변형이 생겼다. 이때 늘어난 길이는?(단, 이 강재의 탄성계수 E=210 GPa이다.)

① 0.073 mm　② 7.3 cm

③ 0.73 mm　④ 7.3 mm

해설 $\lambda = \frac{PL}{AE} = \frac{8\times10^3\times15\times10^3}{\frac{\pi\times10^2}{4}\times210\times10^3}$

$≒ 7.3$ mm

9. 극한강도가 210 MPa인 회주철 축이 안전계수 S_f=1.2일 때, 토크 500 N·m를 전달한다. 요구되는 축의 최소 지름 d[mm]는 얼마인가?

① 12 mm　② 18 mm

③ 25 mm　④ 30 mm

해설 $\tau_a = \frac{\sigma_u}{S_f} = \frac{210}{1.2} = 175$ MPa

$T = \tau_a Z_p = \tau_a \frac{\pi d^3}{16}$ 에서

$$d = \sqrt[3]{\frac{16T}{\pi\tau_a}} = \sqrt[3]{\frac{16\times500\times10^3}{\pi\times175}} ≒ 25\text{ mm}$$

10. 카스틸리아노(castigliano) 정리의 일반형을 표시한 식으로 옳은 것은?(단, δ=처짐량, U=변형에너지, E=탄성계

정답 5. ② 6. ② 7. ① 8. ④ 9. ③ 10. ④

수, I=단면 2차 모멘트, P=작용하중이다.)

① $\delta = \dfrac{\partial U}{\partial I}$　② $\delta = \dfrac{\partial U}{\partial E}$

③ $\delta = \dfrac{\partial I}{\partial P}$　④ $\delta = \dfrac{\partial U}{\partial P}$

해설 카스틸리아노의 정리

$$\delta = \frac{\partial U}{\partial P}[\text{cm}],\ \theta = \frac{\partial U}{\partial M}[\text{rad}]$$

11. 단면적이 2 cm×3 cm이고, 길이 1.5 m의 연강봉에 인장하중이 작용하였을 때 축적된 탄성에너지의 크기는 42 N · m이다. 이때 늘어난 길이는 몇 cm인가? (단, 탄성계수 E=210 GPa이다.)

① 0.1　② 0.15　③ 0.2　④ 0.25

해설 $U = \dfrac{P^2 L}{2AE}$에서 $P = \sqrt{\dfrac{2AEU}{L}}$

$$= \sqrt{\frac{2 \times (0.02 \times 0.03) \times 210 \times 10^9 \times 42}{1.5}}$$

$= 84000\ \text{N}$

$U = \dfrac{P\lambda}{2}$에서

$$\lambda = \frac{2U}{P} = \frac{2 \times 42}{84000} = 0.001\ \text{m} = 0.1\ \text{cm}$$

12. 그림과 같이 길이(L)가 같은 두 외팔보에서 자유단에서의 최대 처짐을 각각 δ_1, δ_2라 할 때 처짐의 비 $\dfrac{\delta_2}{\delta_1}$의 값은? (단, 아래쪽 외팔보에서 작용하는 분포하중(w)은 $P = wL$을 만족한다.)

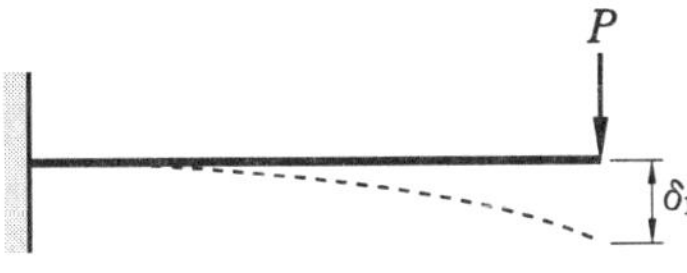

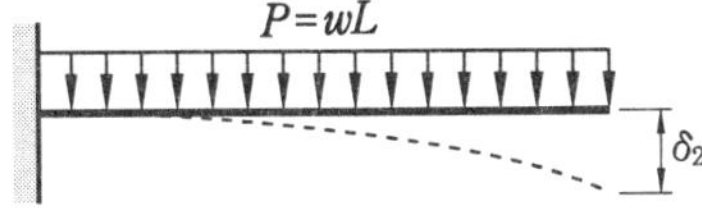

① $\dfrac{2}{3}$　② $\dfrac{3}{8}$　③ $\dfrac{2}{5}$　④ $\dfrac{5}{16}$

해설 $\delta_1 = \dfrac{PL^3}{3EI} = \dfrac{(wL)L^3}{3EI} = \dfrac{wL^4}{3EI}$

$$\frac{\delta_2}{\delta_1} = \frac{wL^4}{8EI}\left(\frac{3EI}{wL^4}\right) = \frac{3}{8}$$

13. 그림과 같이 2개의 봉 AC, BC를 힌지로 연결한 구조물에 연직하중(P) 800 N이 작용할 때, 봉 AC 및 BC에 작용하는 하중의 크기 T_1, T_2는 각각 몇 N인가? (단, 봉 AC 와 BC의 길이는 각각 4 m와 3 m이며, A와 B의 길이는 5 m이다. 또한 봉의 자중은 무시한다.)

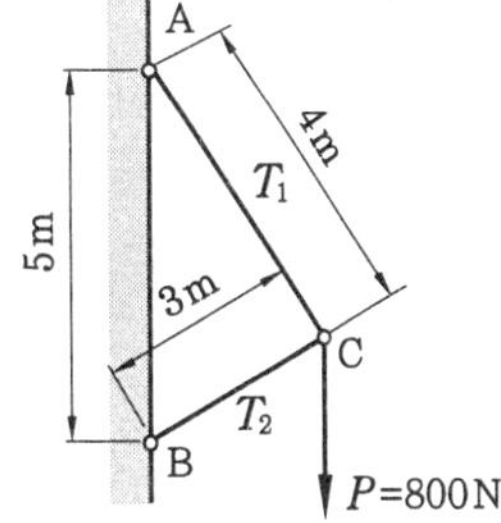

① $T_1 = 640$, $T_2 = 480$

② $T_1 = 480$, $T_2 = 640$

③ $T_1 = 800$, $T_2 = 640$

④ $T_1 = 800$, $T_2 = 480$

해설 오른쪽 FBD(자유 물체도)에서 길이비와 장력비는 비례한다.

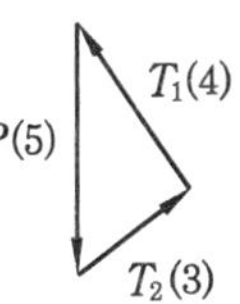

∴ $P : T_1 = 5 : 4$에서

$$T_1 = P \times \frac{4}{5} = 800 \times \frac{4}{5} = 640\ \text{N}$$

$P : T_2 = 5 : 3$에서

$$T_2 = P \times \frac{3}{5} = 800 \times \frac{3}{5} = 480\ \text{N}$$

14. 400 rpm으로 회전하는 바깥지름 60 mm, 안지름 40 mm인 중공 단축면의 허용 비틀림 각도가 1°일 때 이 축이 전달

정답 11. ①　12. ②　13. ①　14. ②

할 수 있는 동력의 크기는 몇 kW인가? (단, 전단 탄성계수 $G=80$ GPa, 축 길이 $L=3$ m이다.)

① 15 ② 20 ③ 25 ④ 30

해설 $\theta=57.3\dfrac{TL}{GI_p}=57.3\dfrac{TL}{G\dfrac{\pi d_2^4}{32}(1-x^4)}$

$\fallingdotseq 584\dfrac{TL}{Gd_2^4(1-x^4)}$ 에서

$T=\dfrac{Gd_2^4(1-x^4)\theta}{584L}$

$=\dfrac{80\times10^9\times0.06^4\left[1-\left(\dfrac{40}{60}\right)^4\right]\times1}{584\times3}$

$=474.89\ \text{N}\cdot\text{m}$

$T=9.55\times10^3\dfrac{kW}{N}[\text{N}\cdot\text{m}]$에서

$kW=\dfrac{TN}{9.55\times10^3}$

$=\dfrac{474.89\times400}{9.55\times10^3}=19.89\ \text{kW}\fallingdotseq 20\ \text{kW}$

15. 그림과 같은 분포하중을 받는 단순보의 반력 R_A, R_B는?

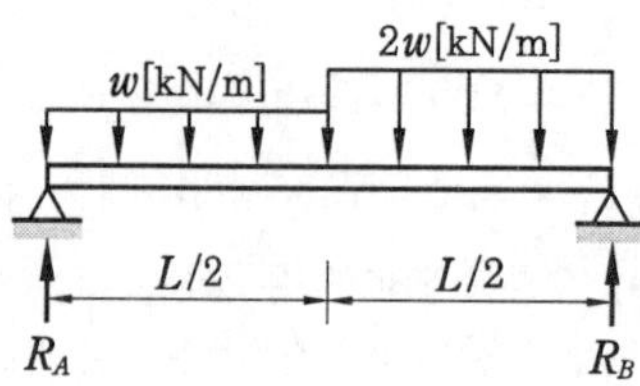

① $R_A=\dfrac{2}{5}wL[\text{kN}]$, $R_B=\dfrac{7}{8}wL[\text{kN}]$

② $R_A=\dfrac{5}{8}wL[\text{kN}]$, $R_B=\dfrac{7}{8}wL[\text{kN}]$

③ $R_A=\dfrac{5}{8}wL[\text{kN}]$, $R_B=\dfrac{3}{4}wL[\text{kN}]$

④ $R_A=\dfrac{3}{4}wL[\text{kN}]$, $R_B=\dfrac{7}{8}wL[\text{kN}]$

해설 (1) $\Sigma F_y=0$

$R_A+R_B-\dfrac{wL}{2}-wL=0$

$R_A+R_B=wL+\dfrac{wL}{2}=\dfrac{3}{2}wL[\text{kN}]$

(2) $\Sigma M_B=0$

$R_AL-\dfrac{wL}{2}\times\dfrac{3}{4}L-wL\times\dfrac{L}{4}=0$

$R_A=\dfrac{\dfrac{wL^2}{4}+\dfrac{3wL^2}{8}}{L}$

$=\dfrac{2wL^2+3wL^2}{8L}=\dfrac{5}{8}wL[\text{kN}]$

$\therefore R_B=\dfrac{3}{2}wL-R_A=\dfrac{3}{2}wL-\dfrac{5}{8}wL$

$=\dfrac{12}{8}wL-\dfrac{5}{8}wL=\dfrac{7}{8}wL[\text{kN}]$

16. 지름 12 mm, 표점거리 200 mm의 연강재 시험편에 대한 인장시험을 수행하였다. 시험편의 표점거리가 250 mm로 늘어났을 때, 이 연강재의 신장률(%)은?

① 10 % ② 20 %
③ 25 % ④ 50 %

해설 신장률$(\phi)=\dfrac{L'-L_0}{L_0}\times100\%$

$=\dfrac{250-200}{200}\times100\%=25\%$

17. 그림과 같이 플랜지와 웨브로 구성된 I형 보 단면에 아래 방향으로 횡전단력 V가 작용하고 있다. 이 단면에서 V에 의해 발생되는 전단응력이 가장 큰 점의 위치는?

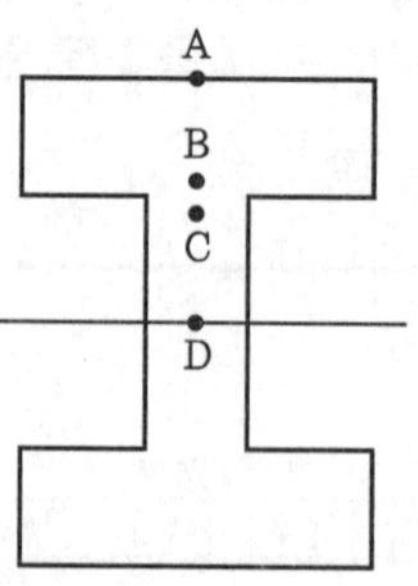

① A ② B ③ C ④ D

정답 15. ② 16. ③ 17. ④

해설 $\tau_{max} = \frac{V}{8tI}\left[\frac{b}{8}(h^2 - h_1^2) + \frac{th_1^2}{8}\right]$

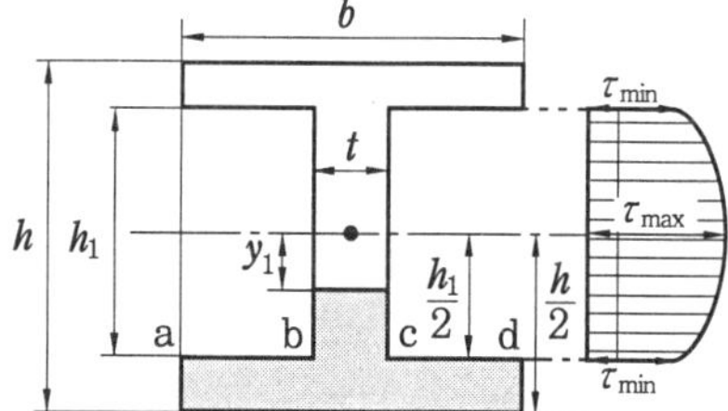

※ 수평 전단응력은 굽힘응력이 0인 도심(중립축)에서 최대가 된다.

18. 높이 L, 단면적 A인 장주의 세장비는?(단, I는 단면 2차 모멘트이다.)

① $\frac{L}{\sqrt{\frac{I}{A}}}$　　② $\frac{AL}{I}$

③ $\frac{I}{AL}$　　④ $\frac{I}{\sqrt{AL}}$

해설 세장비$(\lambda) = \frac{L}{k} = \frac{L}{\sqrt{\frac{I}{A}}}$

여기서, k : 최소 단면 2차 반지름

19. 그림과 같은 삼각형 단면의 $X-X$축에 대한 관성 모멘트(단면 2차 모멘트)는?

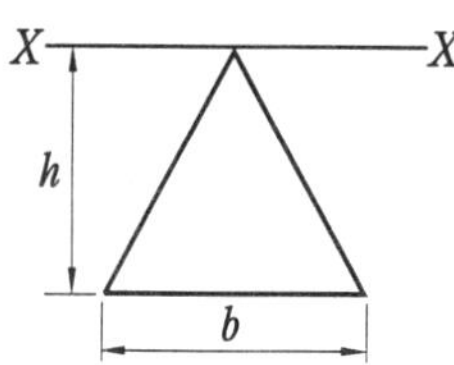

① $\frac{1}{4}bh^3$　　② $\frac{1}{6}bh^3$

③ $\frac{1}{12}bh^3$　　④ $\frac{1}{24}bh^3$

해설 $I_X = I_G + A\bar{y}^2 = \frac{bh^3}{36} + \frac{bh}{2} \times \left(\frac{2}{3}h\right)^2$

$= \frac{bh^3}{36} + \frac{4bh^3}{18} = \frac{bh^3 + 8bh^3}{36}$

$= \frac{9bh^3}{36} = \frac{bh^3}{4}\,[\text{m}^4]$

20. 그림과 같이 길이 l의 레일(rail)이 단순지지 되어 있다. 차륜 사이의 거리 d, 무게 W의 차량이 레일 위를 이동할 때 앞 차륜이 어느 위치에 올 때 최대 굽힘 모멘트가 일어나는가?

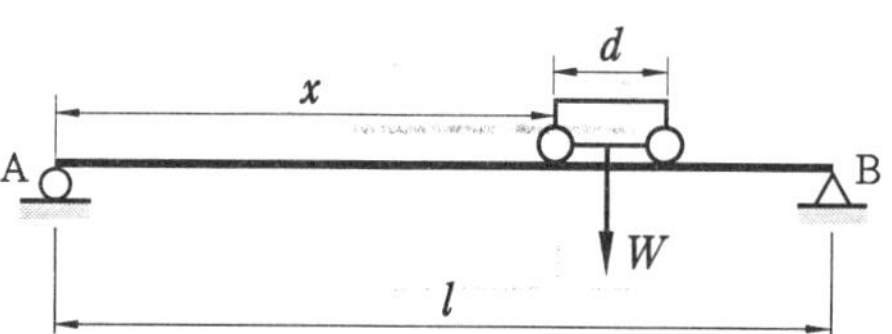

① $x = l - \frac{d}{2}$　　② $x = \frac{l}{3} - \frac{d}{2}$

③ $x = l - 2d$　　④ $x = \frac{l}{2} - \frac{d}{4}$

해설 좌측단에서 좌측 차륜까지의 거리를 x라 하면 좌측 차륜에서 왼쪽의 전단력 V는 좌단반력(R_A)과 같다.

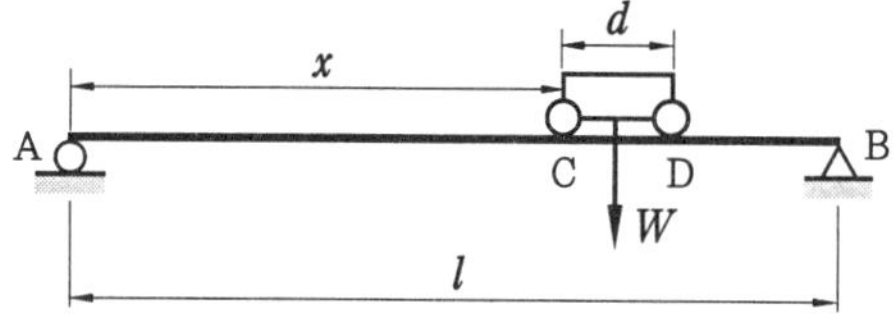

$V_{\overline{AC}} = R_A = \frac{w(l-x)}{l} + \frac{w[l-(x+d)]}{l}$

$= \frac{2w\left(l - x - \frac{d}{2}\right)}{l}$ …… ①

(1) $x = 0$일 때(C점이 A단에 도달하였을 때)

$V_{\overline{AC}(x=0)} = w + w\frac{l-d}{l}$ …… ②

(2) $x = (l-d)$일 때(D점이 B단에 도달하였을 때)

$V_{x(=l-d)} = \frac{w(l-l+d)}{l}$

$+ \frac{w[l-(l-d)-d]}{l} = \frac{wd}{l}\,[\text{N}]$ …… ③

(3) $x > (l-d)$일 때 x가 보의 우측단을 넘어서 이동하게 되면 우측 차륜은 보의 바깥으로 떨어지게 되므로 이동하중 1개인 경우와 같아진다. 좌측 차륜의 점의 왼쪽 굽힘 모멘트

정답 18. ① 19. ① 20. ④

$$M_{\overline{AC}} = R_A x = \frac{2w\left(l - x - \frac{d}{2}\right)x}{l} \cdots\cdots ④$$

$M_{\overline{AC}}$가 최대가 되는 위치는 $\frac{dM}{dx} = 0$이므로

$$\frac{dM}{dx} = \frac{2w}{l}\left(l - 2x - \frac{d}{2}\right) = 0$$

$$x = \frac{l}{2} - \frac{d}{4} \cdots\cdots ⑤$$

즉 좌측 차륜이 중앙에서 $\frac{d}{4}$인 점에 도달하였을 때 M값이 최댓값($M_{\max}$)이 된다.

⑤식을 ④식에 대입하면

$$M_{\max} = \frac{2w}{l}\left(l - \frac{l}{2} + \frac{d}{4} - \frac{d}{2}\right)\left(\frac{l}{2} - \frac{d}{4}\right)$$

$$= \frac{2w}{l}\left(\frac{l}{2} - \frac{d}{4}\right)^2 [\mathrm{N \cdot m}] \cdots\cdots ⑥$$

제 2 과목 기계열역학

21. 카르노 사이클이 500 K의 고온체에서 360 kJ의 열을 받아서 300 K의 저온체에 열을 방출한다면 이 카르노 사이클의 출력일은 얼마인가?

① 120 kJ ② 144 kJ
③ 216 kJ ④ 599 kJ

해설 $\eta_c = \frac{W_{net}}{Q_1} = 1 - \frac{T_2}{T_1}$에서

$$W_{net} = \eta_c Q_1 = \left(1 - \frac{T_2}{T_1}\right)Q_1$$

$$= \left(1 - \frac{300}{500}\right) \times 360 = 144 \text{ kJ}$$

22. 압축비가 7.5이고, 비열비 $k = 1.4$인 오토 사이클의 열효율은?

① 48.7 % ② 51.2 %
③ 55.3 % ④ 57.6 %

해설 $\eta_{tho} = 1 - \left(\frac{1}{\varepsilon}\right)^{k-1} = 1 - \left(\frac{1}{7.5}\right)^{1.4-1}$

$= 0.553 = 55.3\%$

23. 다음 중 이상 랭킨 사이클과 카르노 사이클의 유사성이 가장 큰 두 과정은 어느 것인가?

① 등온가열, 등압방열
② 단열팽창, 등온방열
③ 단열압축, 등온가열
④ 단열팽창, 등적가열

해설 (1) 랭킨 사이클 : 단열압축 → 등압가열 → 단열팽창 → 정압(등온)방열
(2) 카르노 사이클 : 단열압축 → 등온가열 → 단열팽창 → 등온방열

24. 열효율이 30 %인 증기사이클에서 1 kWh의 출력을 얻기 위하여 공급되어야 할 열량은 약 몇 kWh인가?

① 1.25 ② 2.51
③ 3.33 ④ 4.90

해설 $\eta_c = \frac{W_{net}}{Q_1}$에서

$$Q_1 = \frac{W_{net}}{\eta_c} = \frac{1}{0.3} = 3.33 \text{ kWh}$$

25. 100 kg의 물체가 해발 60 m에 떠 있다. 이 물체의 위치 에너지는 해수면 기준으로 약 몇 kJ인가? (단, 중력가속도는 9.8 m/s^{2}이다.)

① 58.8 ② 73.4
③ 98.0 ④ 122.1

해설 위치 에너지(PE)

$= mgZ = 100 \times 9.8 \times 60 \times 10^{-3} \fallingdotseq 58.8$ kJ

26. 5 kg의 산소가 정압하에서 체적이 0.2 m^{3}에서 0.6 m^{3}로 증가했다. 산소를 이상기체로 보고 정압비열 $C_p = 0.92$ kJ/kg · ℃로 하여 엔트로피의 변화를 구하였을

정답 21. ② 22. ③ 23. ② 24. ③ 25. ① 26. ③

때 그 값은 얼마인가?

① 1.587 kJ/K　② 2.746 kJ/K

③ 5.054 kJ/K　④ 6.507 kJ/K

해설 $S_2 - S_1 = mC_p \ln\frac{V_2}{V_1}$

$= 5 \times 0.92 \times \ln\frac{0.6}{0.2} = 5.054\ \mathrm{kJ/K}$

27. 공기압축기로 매초 2 kg의 공기가 연속적으로 유입된다. 공기에 50 kW의 일을 투입하여 공기의 비엔탈피가 20 kJ/kg 증가하면, 이 과정 동안 공기로부터 방출된 열량은 얼마인가?

① 105 kW　② 90 kW

③ 15 kW　④ 10 kW

해설 $Q = m\Delta h + W_t = 2 \times 20 - 50$

$= -10\ \mathrm{kW} = 10\ \mathrm{kW}$(방출)

28. $T-S$ 선도에서 어느 가역 상태변화를 표시하는 곡선과 S축 사이의 면적은 무엇을 표시하는가?

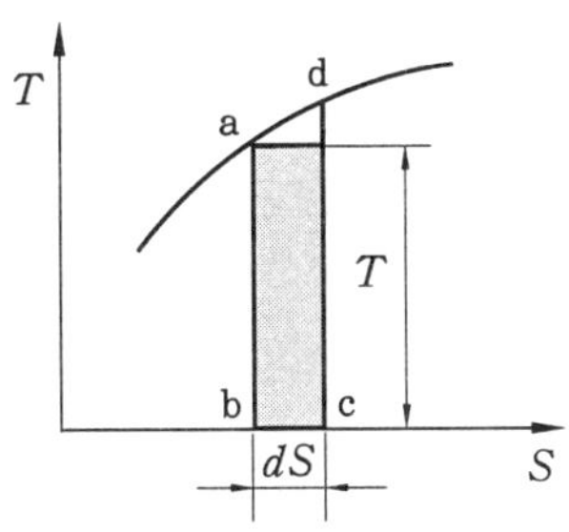

① 힘　② 열량

③ 압력　④ 비체적

해설 $T-S$ 선도에서 도시된 면적은 열량(kJ)을 의미한다.

29. 이상기체 프로판(C_3H_8, 분자량 $M=44$)의 상태는 온도 20℃, 압력 300 kPa이다. 이것을 52 L의 내압 용기에 넣을 경우 적당한 프로판의 질량은? (단, 일반기체상수는 8.314 kJ/kmol · K이다.)

① 0.282 kg　② 0.182 kg

③ 0.414 kg　④ 0.318 kg

해설 $PV = mRT$에서

$$m = \frac{PV}{RT} = \frac{300 \times 0.052}{\frac{8.314}{44} \times (20+273)}$$

$= 0.282\ \mathrm{kg}$

30. 작동 유체가 상태 1부터 상태 2까지 가역 변화할 때의 엔트로피 변화로 옳은 것은?

① $S_2 - S_1 \geq -\int_1^2 \frac{\delta Q}{T}$

② $S_2 - S_1 > \int_1^2 \frac{\delta Q}{T}$

③ $S_2 - S_1 = \int_1^2 \frac{\delta Q}{T}$

④ $S_2 - S_1 < \int_1^2 \frac{\delta Q}{T}$

해설 가역 변화 시 엔트로피 변화량

$(S_2 - S_1) = \int_1^2 \frac{\delta Q}{T}\ [\mathrm{kJ/K}]$

31. $PV^n =$ 일정($n \neq 1$)인 가역 과정에서 밀폐계(비유동계)가 하는 일은?

① $\dfrac{P_1V_1(V_2 - V_1)}{n}$

② $\dfrac{P_2V_2^{\,n-1} - P_1V_1^{\,n-1}}{n-1}$

③ $\dfrac{P_2V_2^{\,n} - P_1V_1^{\,n}}{n-1}$

④ $\dfrac{P_1V_1 - P_2V_2}{n-1}$

해설 폴리트로픽 변화 시 절대일량(${}_1W_2$)

$= \frac{1}{n-1}(P_1V_1 - P_2V_2)\ [\mathrm{kJ}]$

정답 27. ④　28. ②　29. ①　30. ③　31. ④

32. 다음 그림과 같은 오토 사이클의 열효율은? (단, $T_1=300$ K, $T_2=689$ K, $T_3=2364$ K, $T_4=1029$ K이고, 정적비열은 일정하다.)

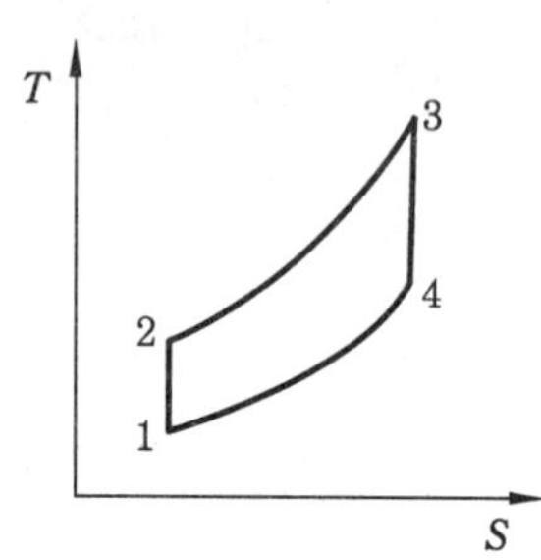

① 37.5 % ② 43.5 %
③ 56.5 % ④ 62.5 %

해설 $\eta_{tho}=1-\dfrac{Q_2}{Q_1}=1-\dfrac{mC_v(T_4-T_1)}{mC_v(T_3-T_2)}$

$=1-\dfrac{T_4-T_1}{T_3-T_2}=1-\dfrac{1029-300}{2364-689}$

$=0.565=56.5\%$

33. 체적이 0.1 m³인 피스톤-실린더 장치 안에 질량 0.5 kg의 공기가 430.5 kPa하에 있다. 정압 과정으로 가열하여 온도가 400 K가 되었다. 이 과정 동안의 일과 열전달량은? (단, 공기는 이상기체이며, 기체상수는 0.287 kJ/kg·K이다.)

① 14.35 kJ, 35.85 kJ
② 14.35 kJ, 50.20 kJ
③ 43.05 kJ, 78.90 kJ
④ 43.05 kJ, 64.55 kJ

해설 $P_1V_1=mRT_1$에서

$T_1=\dfrac{P_1V_1}{mR}=\dfrac{430.5\times0.1}{0.5\times0.287}=300\text{ K}$

${}_1W_2=\int_1^2 PdV=P(V_2-V_1)$

$=mR(T_2-T_1)$

$=0.5\times0.287\times(400-300)$

$=14.35\text{ kJ}$

$Q=mC_p(T_2-T_1)$

$=0.5\times1.004(400-300)=50.2\text{ kJ}$

34. 단열된 노즐에 유체가 10 m/s의 속도로 들어와서 200 m/s의 속도로 가속되어 나간다. 출구에서의 엔탈피가 $h_e=2770$ kJ/kg일 때 입구에서의 엔탈피는 얼마인가?

① 4370 kJ/kg ② 4210 kJ/kg
③ 2850 kJ/kg ④ 2790 kJ/kg

해설 $V_2=44.72\sqrt{(h_1-h_2)}$ [m/s]에서

$h_1=h_2+\left(\dfrac{V_2}{44.72}\right)^2=2770+\left(\dfrac{200}{44.72}\right)^2$

$=2790\text{ kJ/kg}$

35. 열역학 제1법칙은 다음의 어떤 과정에서 성립하는가?

① 가역 과정에서만 성립한다.
② 비가역 과정에서만 성립한다.
③ 가역 등온 과정에서만 성립한다.
④ 가역이나 비가역 과정을 막론하고 성립한다.

해설 열역학 제1법칙(에너지 보존의 법칙)은 가역이나 비가역 과정을 막론하고 성립한다.

36. 두께가 10 cm이고, 내·외측 표면온도가 각각 20℃와 5℃인 벽이 있다. 정상상태일 때 벽의 중심 온도는 몇 ℃인가?

① 4.5 ② 5.5
③ 7.5 ④ 12.5

해설 벽의 중심 온도(t_c)

$=\dfrac{t_i+t_o}{2}=\dfrac{20+5}{2}=12.5\text{℃}$

37. 피스톤-실린더 시스템에 100 kPa의 압력을 갖는 1 kg의 공기가 들어 있다. 초기 체적은 0.5 m³이고 이 시스템에 온도

정답 32. ③ 33. ② 34. ④ 35. ④ 36. ④ 37. ②

가 일정한 상태에서 열을 가하여 부피가 1.0 m³이 되었다. 이 과정 중 전달된 열량(kJ)은 얼마인가?

① 32.7 ② 34.7 ③ 44.8 ④ 50.0

해설 등온변화 시 공급열량(Q)

$$={}_1W_2=W_t=P_1V_1\ln\frac{V_2}{V_1}$$

$$=100\times0.5\times\ln\frac{1}{0.5}=34.7\text{ kJ}$$

38. 체적이 500 cm³인 풍선이 있다. 이 풍선에 압력 0.1 MPa, 온도 288 K의 공기가 가득 채워져 있다. 압력이 일정한 상태에서 풍선 속 공기 온도가 300 K로 상승했을 때 공기에 가해진 열량은 얼마인가? (단, 공기의 정압비열은 1.005 kJ/kg · K, 기체상수는 0.287 kJ/kg · K이다.)

① 7.3 J ② 7.3 kJ

③ 73 J ④ 73 kJ

해설 $P_1V_1=mRT_1$에서

$$m=\frac{P_1V_1}{RT_1}=\frac{0.1\times10^3\times500\times10^{-6}}{0.287\times288}$$

$$=6.05\times10^{-4}\text{ kg}$$

$P=C$일 때 가열량(Q)

$$=\Delta H=mC_p(T_2-T_1)$$

$$=6.05\times10^{-4}\times1.005\times(300-288)$$

$$\fallingdotseq7.3\times10^{-3}\text{ kJ}=7.3\text{ J}$$

39. 표준 증기압축식 냉동 사이클에서 압축기 입구와 출구의 엔탈피가 각각 105 kJ/kg 및 125 kJ/kg이다. 응축기 출구의 엔탈피가 43 kJ/kg이라면 이 냉동 사이클의 성능계수(COP)는 얼마인가?

① 2.3 ② 2.6 ③ 3.1 ④ 4.3

해설 $$(COP)_R=\frac{q_2}{w_c}=\frac{h_1-h_3}{h_2-h_1}$$

$$=\frac{105-43}{125-105}=3.1$$

40. 효율이 85 %인 터빈에 들어갈 때의 증기의 엔탈피가 3390 kJ/kg이고, 가역 단열 과정에 의해 팽창할 경우에 출구에서의 엔탈피가 2135 kJ/kg이 된다고 한다. 운동 에너지의 변화를 무시할 경우 이 터빈의 실제 일은 약 몇 kJ/kg인가?

① 1476 ② 1255

③ 1067 ④ 906

해설 터빈 효율(η_t)

$$=\frac{\text{실제(비가역) 팽창일}(W_{t'})}{\text{가역(이론) 팽창일}(W_t)}$$

$$=\frac{h_2-h_{3'}}{h_2-h_3}\times100\%$$

$$W_{t'}=\eta_tW_t=\eta_t(h_2-h_3)$$

$$=0.85\times(3390-2135)=1067\text{ kJ/kg}$$

제 3 과목 기계유체역학

41. 표면장력이 0.07 N/m인 물방울의 내부압력이 외부압력보다 10 Pa 크게 되려면 물방울의 지름은 몇 cm인가?

① 0.14 ② 1.4

③ 0.28 ④ 2.8

해설 $$d=\frac{4\sigma}{\Delta P}=\frac{4\times0.07}{10}$$

$$=0.028\text{ m}=2.8\text{ cm}$$

42. 유속 u가 시간 t와 임의 방향의 좌표 s의 함수일 때 비정상 균일 유동(unsteady uniform flow)을 나타내는 것은?

① $\frac{\partial u}{\partial t}=0,\ \frac{\partial u}{\partial s}=0$

② $\frac{\partial u}{\partial t}\neq0,\ \frac{\partial u}{\partial s}=0$

③ $\frac{\partial u}{\partial t}=0,\ \frac{\partial u}{\partial s}\neq0$

정답 38. ① 39. ③ 40. ③ 41. ④ 42. ②

④ $\frac{\partial u}{\partial t} \neq 0$, $\frac{\partial u}{\partial s} \neq 0$

해설 (1) 비정상류 유동 : $\frac{\partial u}{\partial t} \neq 0$

(2) 균속도 유동(등류) : $\frac{\partial u}{\partial s} = 0$

43. 직경 D인 구가 점성계수 μ인 유체 속에서 관성을 무시할 수 있을 정도의 느린 속도 V로 움직일 때 받는 힘 F를 D, μ, V의 함수로 가정하여 차원 해석하였을 때 얻는 식은?

① $\frac{F}{(D\mu V)^{1/2}}$=상수

② $\frac{F}{(D\mu V)}$=상수

③ $\frac{F}{D\mu V^2}$=상수

④ $\frac{F}{(D\mu V)^2}$=상수

해설 단위 환산을 하여 무차원수를 찾는다.

$$\frac{F}{D\mu V} = \frac{\text{N}}{\text{m} \times \text{N} \cdot \text{s/m}^2 \times \text{m/s}} = 1$$

44. 5.65 m/s²의 일정한 수평방향 가속도로 가속되고 있는 비행기 속에 물그릇이 놓여 있다면 물의 자유표면은 수평에 대해서 약 몇 도로 기울어지는가?

① 30° ② 60°

③ 45° ④ 0°

해설 $\tan\theta = \frac{a_x}{g}$에서

$$\theta = \tan^{-1}\left(\frac{a_x}{g}\right) = \tan^{-1}\left(\frac{5.65}{9.8}\right) \fallingdotseq 30°$$

45. 풍동 속에서 피토관으로 유속을 측정하고자 한다. 마노미터로 측정한 압력 차이가 물 액주로 24.4 mm일 때 공기의 유속은 약 몇 m/s인가? (단, 공기의 밀도는 1.2 kg/m³이고 물의 밀도는 1000 kg/m³, 중력가속도는 9.81 m/s²이다.)

① 10 ② 15

③ 20 ④ 25

해설 공기의 유속(V)

$$= \sqrt{2gh\left(\frac{\rho_w}{\rho_a} - 1\right)}$$

$$= \sqrt{2 \times 9.81 \times 0.0244 \times \left(\frac{1000}{1.2} - 1\right)}$$

$\fallingdotseq$ 20 m/s

46. 그림과 같이 물이 고여 있는 큰 댐 아래에 터빈이 설치되어 있고, 터빈의 효율이 85 %이다. 터빈 이외에서의 다른 모든 손실을 무시할 때 터빈의 출력은 약 몇 kW인가? (단, 터빈 출구관의 지름은 0.8 m, 출구속도 V는 10 m/s이고 출구압력은 대기압이다.)

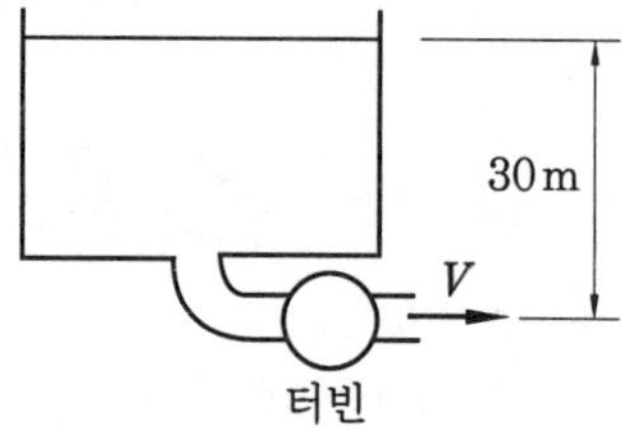

① 1043 ② 1227

③ 1470 ④ 1732

해설 $$\frac{P_1^{\,0}}{\gamma} + \frac{V_1^{2\,0}}{2g} + Z_1 = \frac{P_2^{\,0}}{\gamma} + \frac{V_2^2}{2g} + Z_2 + H_t$$

$P_1 = P_2 = P_o$(대기압) $= 0$

$V_2 \gg V_1 (V_1 = 0)$

$$\therefore H_t = (Z_1 - Z_2) - \frac{V_2^2}{2g} = 30 - \frac{10^2}{19.6}$$

$= 24.9$ m

$$Q = AV = \frac{\pi}{4}(0.8)^2 \times 10 = 5.024 \text{ m}^3/\text{s}$$

출력(P) $= 9.8 Q H_t \eta_t$

$= 9.8 \times 5.024 \times 24.9 \times 0.85$

$\fallingdotseq 1043$ kW

정답 43. ② 44. ① 45. ③ 46. ①

47. 물 위를 3 m/s의 속도로 항진하는 길이 2 m인 모형선에 작용하는 조파저항이 54 N이다. 길이 50 m인 실선을 이것과 상사한 조파상태인 해상에서 항진시킬 때 조파저항은 약 얼마인가? (단, 해수의 비중량은 10075 N/ m³이다.)

① 867 N ② 8825 N

③ 86 kN ④ 867 kN

해설 $(Fr)_p = (Fr)_m$, $\left(\frac{V}{\sqrt{lg}}\right)_p = \left(\frac{V}{\sqrt{lg}}\right)_m$

$g_p \simeq g_m$

$V_p = V_m \sqrt{\frac{l_p}{l_m}} = 3 \times \sqrt{\frac{50}{2}} = 15\,\text{m/s}$

$(C_D)_p = (C_D)_m$, $\left(\frac{2gD}{\gamma A V^2}\right)_p = \left(\frac{2gD}{\gamma A V^2}\right)_m$

$\left(\frac{D}{\gamma l^2 V^2}\right)_p = \left(\frac{D}{\gamma l^2 V^2}\right)_m$

$D_p = D_m \left(\frac{\gamma_p}{\gamma_m}\right)\left(\frac{l_p}{l_m}\right)^2\left(\frac{V_p}{V_m}\right)^2$

$= 54\left(\frac{10075}{9800}\right)\left(\frac{50}{2}\right)^2\left(\frac{15}{3}\right)^2$

$= 867427\,\text{N} ≒ 867.43\,\text{kN}$

48. 골프 공에 홈(딤플)이 나 있는 이유를 유체역학적으로 가장 잘 설명한 것은?

① 미관상 보기 좋아서

② 점성저항을 줄여 공을 멀리 날아가게 하기 위하여

③ 압력저항을 줄여 공을 멀리 날아가게 하기 위하여

④ 재료 절약을 통해 중량을 감소시켜 멀리 날아가게 하기 위하여

해설 딤플(dimple)은 점성저항보다 압력저항을 줄이는 데 더 효과적이다.

49. 정상, 2차원, 비압축성 유동장의 속도성분이 아래와 같이 주어질 때 가장 간단한 유동함수(Ψ)의 형태는? (단, u는 x방향, v는 y방향의 속도성분이다.)

$u = 2y,\ v = 4x$

① $\psi = -2x^2 + y^2$

② $\psi = -x^2 + y^2$

③ $\psi = -x^2 + 2y^2$

④ $\psi = -4x^2 + 4y^2$

해설 유동함수(stream function)라 함은 두 유선 사이에 유동하는 체적유량(volume flow rate)을 말한다.

※ $d\psi = udy = -vdx$를 편미분으로 나타낸다.

$u = \frac{\partial(-2x^2 + y^2)}{\partial y} = 2y$

$v = -\frac{\partial(-2x^2 + y^2)}{\partial x} = 4x$

50. 지름이 0.4 m인 관 속을 유량 3 m³/s로 흐를 때 평균속도는 약 몇 m/s인가?

① 13.9 ② 43.9

③ 33.9 ④ 23.9

해설 $Q = AV[\text{m}^3/\text{s}]$에서

$V = \frac{Q}{A} = \frac{3}{\frac{\pi}{4} \times 0.4^2} = 23.9\,\text{m/s}$

51. 그림과 같이 원판 수문이 물속에 설치되어 있다. 그림 중 C는 압력의 중심이고, G는 원판의 도심이다. 원판의 지름을 d라 하면 작용점의 위치 η는?

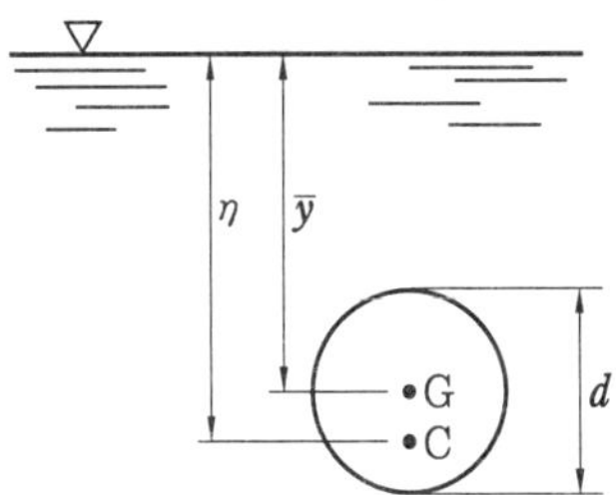

① $\eta = \bar{y} + \frac{d^2}{12\bar{y}}$ ② $\eta = \bar{y} + \frac{d^2}{16\bar{y}}$

정답 47. ④ 48. ③ 49. ① 50. ④ 51. ②

③ $\eta = \bar{y} + \dfrac{d^2}{32\bar{y}}$ ④ $\eta = \bar{y} + \dfrac{d^2}{64\bar{y}}$

해설 $\eta = \bar{y} + \dfrac{I_G}{A\bar{y}} = \bar{y} + \dfrac{\frac{\pi d^4}{64}}{\frac{\pi d^2}{4}\bar{y}}$

$= \bar{y} + \dfrac{d^2}{16\bar{y}}$ [m]

52. **그림과 같이 곡면판이 제트를 받고 있다. 제트속도 V[m/s], 유량 Q[m³/s], 밀도 ρ[kg/m³], 유출방향을 θ라 하면 제트가 곡면판에 주는 x방향의 힘을 나타내는 식은?**

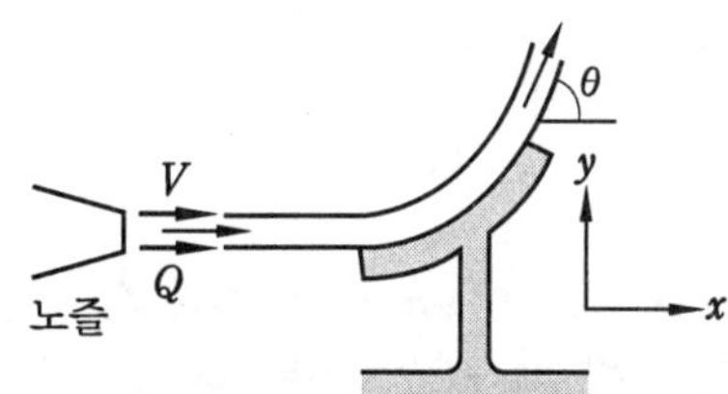

① $\rho Q V^2 \cos\theta$
② $\rho Q V \cos\theta$
③ $\rho Q V \sin\theta$
④ $\rho Q V(1-\cos\theta)$

해설 $\Sigma F_x = \rho Q(V_{x2} - V_{x1})$

$-F_x = \rho Q(V\cos\theta - V)$

$\therefore F_x = \rho Q(V - V\cos\theta) = \rho QV(1-\cos\theta)$

$= \rho A V^2(1-\cos\theta)$ [N]

53. **동점성계수가 1×10^{-4} m²/s인 기름이 내경 50 mm인 관을 3 m/s의 속도로 흐를 때 관의 마찰계수는?**

① 0.015 ② 0.027
③ 0.043 ④ 0.061

해설 $Re = \dfrac{Vd}{\nu} = \dfrac{3\times0.05}{1\times10^{-4}}$

$= 1500 < 2100$(층류)

$\therefore f = \dfrac{64}{Re} = \dfrac{64}{1500} \fallingdotseq 0.043$

54. **그림과 같이 날카로운 사각 모서리 입출구를 갖는 관로에서 전수두 H는? (단, 관의 길이를 l, 지름은 d, 관 마찰계수는 f, 속도수두는 $\dfrac{V^2}{2g}$이고, 입구 손실계수는 0.5, 출구 손실계수는 1.0이다.)**

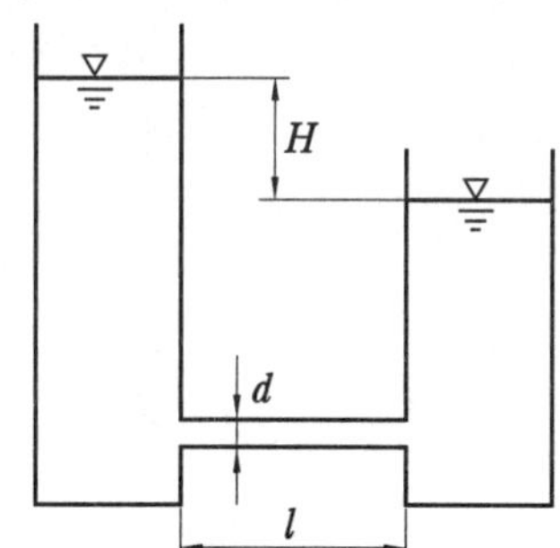

① $H = \left(1.5 + f\dfrac{l}{d}\right)\dfrac{V^2}{2g}$
② $H = \left(1 + f\dfrac{l}{d}\right)\dfrac{V^2}{2g}$
③ $H = \left(0.5 + f\dfrac{l}{d}\right)\dfrac{V^2}{2g}$
④ $H = f\dfrac{l}{d}\dfrac{V^2}{2g}$

해설 $H = K_1\dfrac{V^2}{2g} + f\dfrac{l}{d}\dfrac{V^2}{2g} + K_2\dfrac{V^2}{2g}$

$= \left(0.5 + f\dfrac{l}{d} + 1\right)\dfrac{V^2}{2g}$

$= \left(1.5 + f\dfrac{l}{d}\right)\dfrac{V^2}{2g}$ [m]

55. **점성계수가 0.3 N·s/m²이고, 비중이 0.9인 뉴턴유체가 지름 30 mm인 파이프를 통해 3 m/s의 속도로 흐를 때 Reynolds 수는?**

① 24.3 ② 270
③ 2700 ④ 26460

해설 $Re = \dfrac{\rho Vd}{\mu}$

$= \dfrac{1000\times0.9\times3\times0.03}{0.3} = 270$

정답 52. ④ 53. ③ 54. ① 55. ②

56. 안지름이 0.2 m인 원관 속에 비중이 0.8인 기름이 유량 0.02 m^3/s로 흐르고 있다. 이 기름의 동점성계수가 1×10^{-4} m^2/s이고, 외부 교란이 없다고 가정하면 이 흐름의 상태는?

① 난류
② 층류
③ 천이구역
④ 이 조건만으로는 알 수 없다.

해설 $Re = \frac{Vd}{\nu} = \frac{4Q}{\pi d \nu} = \frac{4 \times 0.02}{\pi \times 0.2 \times 1 \times 10^{-4}}$

$= 1273.24 < 2100$ (층류)

57. 세 액체가 그림과 같은 U자관에 들어 있고 $h_1 = 20$ cm, $h_2 = 40$ cm, $h_3 = 50$ cm, 비중 $S_1 = 0.8$, $S_3 = 2$일 때 비중 S_2는 얼마인가?

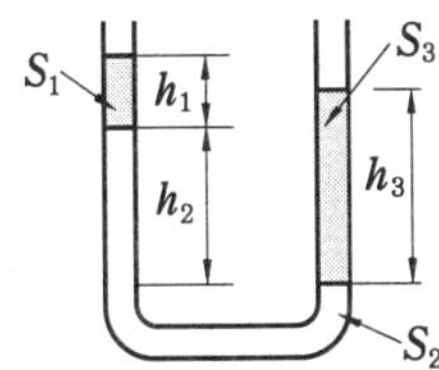

① 1.2
② 1.8
③ 2.1
④ 2.9

해설 $S_1h_1 + S_2h_2 = S_3h_3$이므로

$S_2 = \frac{S_3h_3 - S_1h_1}{h_2}$

$= \frac{2 \times 0.5 - 0.8 \times 0.2}{0.4} = 2.1$

58. 다음 그림과 같이 지름이 30 cm인 축이 5 m/s의 속도로 축방향으로 운동하고 있다. 축과 하우징 사이에는 0.25 mm 두께의 윤활유가 있고, 이 윤활유의 점성계수는 0.005 N·s/m^2일 때 이 축을 일정한 속도로 유지하기 위하여 축방향으로 몇 N의 힘을 가해야 하는가? (단, 유막 내의 속도 분포는 선형 분포라 한다.)

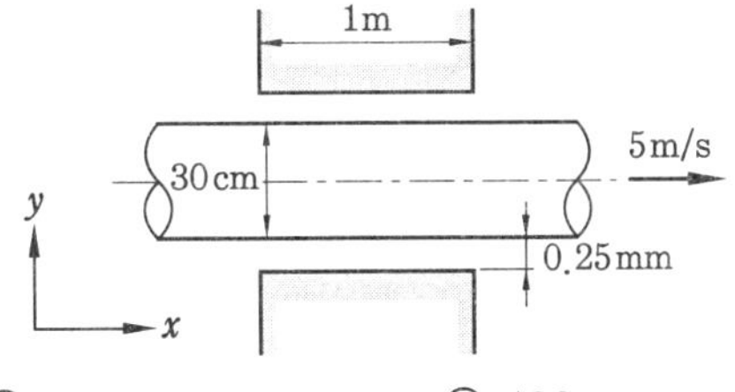

① 0.25
② 100
③ 94.4
④ 10

해설 $F = \mu A \frac{u}{h} = \mu(\pi d_m l)\frac{u}{h}$

$= 0.005 \times (\pi \times 0.30025 \times 1) \times \frac{5}{0.25 \times 10^{-3}}$

$= 94.326 ≒ 94.4$ N

59. 균일 유동 속에 놓인 평판에서의 경계층과 관련하여 옳은 설명을 모두 고른 것은?

〈보기〉
㉠ 유체의 점성이 클수록 경계층 두께는 커진다.
㉡ 평판에서 멀리 떨어진 자유 유동 속도가 클수록 경계층 두께는 커진다.
㉢ 평판의 뒤로 갈수록 경계층 두께는 선형적으로 증가한다.
㉣ 경계층 외부의 유동은 비점성 유동으로 취급할 수 있다.

① ㉠,
② ㉠, ㉣
③ ㉡, ㉣
④ ㉢, ㉣

해설 경계층은 유체의 점성작용인 마찰력에 의해서 유체가 물체 표면 근처에서 감속됨으로써 생기는 층이므로 그 두께는 유체의 점성이 클수록 크다. 평판의 뒤로 갈수록 경계층 두께는 완만한 구배로 증가한다. 경계층 밖의 흐름은 이상유체와 같이 점성의 영향을 거의 받지 않는 비점성 퍼텐셜 흐름이다.

60. 다음의 유량 측정장치 중 관의 단면에 축소 부분이 있어서 유체를 그 단면에서 가속시킴으로써 생기는 압력강하를 이용하지 않는 것은?

정답 56. ② 57. ③ 58. ③ 59. ② 60. ③

① 노즐 ② 오리피스
③ 로터 미터 ④ 벤투리미터

해설 노즐, 오리피스, 벤투리미터는 차압식 유량계이며 로터미터는 면적식 유량계로서 부자(float)의 상하 이동으로 눈금을 직접 읽어 유량을 측정하는 계기이다.

제 4 과목 유체기계 및 유압기기

61. 1개의 회전차에 여러 개의 분사노즐을 둘 수 있으며 에너지의 대부분을 회전차로 전달하는 펠턴(Pelton) 수차의 특징이 아닌 것은?

① 비교 회전속도가 적고, 높은 낙차에 적합하다.
② 부하가 급감소하였을 때 수압관 내의 수격현상을 방지하는 디플렉터를 두고 있다.
③ 유량을 조절하는 니들 밸브(needle valve)를 사용한다.
④ 배출 손실이 적고, 적용 낙차 범위가 넓다.

해설 펠턴(Pelton) 수차는 충격(충동) 수차로 물이 가지고 있는 위치에너지를 운동에너지로 변환시켜 전기를 생산하는 발전 방식이다. 고낙차형으로 배출 손실이 크고 비교 회전속도가 작으며 흡출관이 필요 없다.

62. 펌프 설비의 수격작용(water hammering)에 의한 피해에서 제1기간에 해당하는 것은?

① 제동 특성 범위
② 펌프 특성 범위
③ 수차 특성 범위
④ 모터 특성 범위

해설 수격작용에 의한 피해는 펌프 특성 범위(제1기간)에서 일어나는 압력 강하와 제동 특성 범위(제2기간) 이후에 나타나는 압력 상승에 의해 발생한다.

63. 동일한 펌프에서 임펠러 외경을 변경했을 때 가장 적합한 설명은?

① 양정은 임펠러 외경의 자승에 비례한다.
② 양정은 임펠러 외경의 3승에 비례한다.
③ 토출량은 임펠러 외경에 비례한다.
④ 토출량과 양정은 임펠러 외경에 비례하고, 동력은 임펠러 외경의 자승에 비례한다.

해설 동일한 펌프에서 임펠러 외경 변경에 따른 성능 변화

(1) 토출량 : $\frac{Q_2}{Q_1}=\left(\frac{D_2}{D_1}\right)^3$

(2) 양정 : $\frac{H_2}{H_1}=\left(\frac{D_2}{D_1}\right)^2$

(3) 동력 : $\frac{L_2}{L_1}=\left(\frac{D_2}{D_1}\right)^5$

64. 다음 중 수차의 정미 출력의 차원은? (단, F는 힘, L은 길이, T는 시간을 의미한다.)

① FT^{-1} ② FL^{-1}
③ FLT^{-1} ④ FLT^{-2}

해설 정미 출력의 단위는 $W = J/s = N \cdot m/s = kg \cdot m^2/s^3$이므로 차원은 $FLT^{-1} = (MLT^{-2})LT^{-1} = ML^2T^{-3}$이다.

65. 유체기계는 작동유체에 따라 수력기계와 공기기계로 구별된다. 다음 중 공기기계에 해당되는 것은?

① 원심 펌프 ② 사류 펌프
③ 축류 펌프 ④ 진공 펌프

해설 유체기계의 분류

(1) 수력기계 : 펌프, 수차, 유압기계

정답 61. ④ 62. ② 63. ① 64. ③ 65. ④

(2) 공기기계 : 저압식(송풍기, 풍차), 고압식(압축기, 진공 펌프, 압축 공기기계)
(3) 유체수송장치 : 수력 컨베이어, 공기 컨베이어

66. 댐의 물을 2 km 하류에 있는 발전소까지 관로를 설치하여 10 MW의 발전을 할 계획이다. 댐의 유효낙차가 50 m이고, 수차와 발전기의 전효율을 80 %라 할 때 수차 유량은 약 몇 m^3/s인가?

① 2.55 ② 3.92 ③ 25.5 ④ 39.2

해설 수차 정미 출력(L_s)

$= \gamma_w Q H_e \eta_t = 9.8 Q H_e \eta_t$[kW]에서

$Q = \dfrac{L_s}{9.8 H_e \eta_t} = \dfrac{10 \times 10^3}{9.8 \times 50 \times 0.8}$

$= 25.51\ m^3/s$

67. 터보형 유체 전동장치의 장점이 아닌 것은?

① 구조가 간단하다.
② 기계를 시동할 때 원동기에 무리가 생기지 않는다.
③ 부하토크의 변동에 따라 자동적으로 변속이 이루어진다.
④ 출력축의 양방향 회전이 가능하다.

해설 터보형 유체 전동장치인 원심 펌프는 임펠러(회전차)의 속도에너지를 압력에너지로 변화시키는 장치로 출력축의 한방향 회전이 가능(양방향 회전이 불가능)하다.

68. 터보 블로어의 회전수를 변화시키는 경우 기본 성능의 변화에 따른 관계식으로 옳은 것은? (단, n_1은 변경 전 회전수, n_2는 변경 후 회전수이다.)

① 변경 후 풍량 $Q_2 = \left(\dfrac{n_2}{n_1}\right)^3 \times$변경 전 풍량 Q_1

② 변경 후 압력 $P_2 = \left(\dfrac{n_2}{n_1}\right)^2 \times$변경 전 압력 P_1

③ 변경 후 축동력 $L_2 = \left(\dfrac{n_2}{n_1}\right) \times$변경 전 축동력 L_1

④ 변경 후 밀도 $\rho_2 = \left(\dfrac{n_2}{n_1}\right)^2 \times$변경 전 밀도 ρ_1

해설 송풍기의 상사 법칙

(1) 풍량 : $\dfrac{Q_2}{Q_1} = \left(\dfrac{n_2}{n_1}\right)\left(\dfrac{D_2}{D_1}\right)^3$ → 풍량은 회전수 변화에 비례하고, 지름 변화의 세제곱에 비례한다.

(2) 전압력 : $\dfrac{P_2}{P_1} = \left(\dfrac{n_2}{n_1}\right)^2\left(\dfrac{D_2}{D_1}\right)^2$ → 전압력은 회전수 변화의 제곱에 비례하고, 지름 변화의 제곱에 비례한다.

(3) 축동력 : $\dfrac{L_2}{L_1} = \left(\dfrac{n_2}{n_1}\right)^3\left(\dfrac{D_2}{D_1}\right)^5$ → 축동력은 회전수 변화의 세제곱에 비례하고, 지름 변화의 다섯 제곱에 비례한다.

69. 원심 펌프에 대한 설명으로 옳은 것은?

① 회전차의 원심력을 이용한다.
② 원심 펌프를 펠턴 수차라고도 한다.
③ 익형의 회전차의 양력과 원심력을 이용한다.
④ 원심 펌프의 양정을 만드는 것은 양력이다.

해설 원심 펌프는 임펠러(회전차)를 회전시켜 물에 회전력을 주어서 원심력 작용으로 양수하는 펌프로서, 깃(날개)이 달린 임펠러, 안내깃(날개) 및 스파이럴 케이싱으로 구성되어 있다. 안내깃의 유무에 따라 임펠러 둘레에 안내깃이 없이 스파이럴 케이싱이 있는 벌류트 펌프와 임펠러와 스파이

정답 66. ③ 67. ④ 68. ② 69. ①

럴 케이싱 사이에 안내깃이 있는 터빈 펌프로 분류한다.

70. 다음 중 대기압보다 낮은 압력의 기체를 대기압까지 압축하는 공기기계는?

① 왕복 압축기　　② 축류 압축기
③ 풍차　　④ 진공 펌프

해설 진공 펌프는 대기압보다 낮은(진공) 압력의 기체를 대기압까지 압축하는 고압식 공기기계이다.

71. 다음 그림의 기호는 어떤 밸브를 나타내는 것인가?

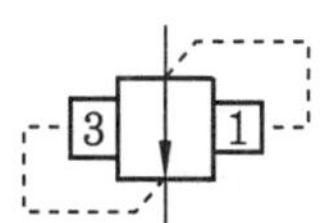

① 시퀀스 밸브
② 일정 비율 감압 밸브
③ 무부하 밸브
④ 카운터 밸런스 밸브

해설 도시된 유압 기호는 일정 비율 감압 밸브로 유압 제어 밸브이며 감압비는 1/3이다.

72. 유압기기에 사용하는 베인 펌프에 관한 설명으로 옳지 않은 것은?

① 작동유의 점도에 제한이 있다.
② 펌프 출력 크기에 비하여 형상치수가 작다.
③ 다른 유압 펌프에 비해 토출압력의 맥동이 크다.
④ 베인의 마모에 의한 압력 저하가 발생되지 않는다.

해설 베인 펌프의 특징
(1) 수명이 길고 장시간 안정된 성능을 발휘할 수 있어서 산업 기계에 많이 쓰인다.
(2) 송출압력의 맥동이 적고 소음이 작다.
(3) 고장이 적고 보수가 용이하다.
(4) 펌프 출력에 비해 형상치수가 작다.
(5) 피스톤 펌프보다 단가가 싸다.
(6) 기름의 오염에 주의하고 흡입 진공도가 허용 한도 이하이어야 한다.
(7) 베인의 마모에 의한 압력 저하가 발생되지 않는다.

73. 어큐뮬레이터는 고압 용기이므로 장착과 취급에 각별한 주의가 요망된다. 이와 관련된 설명으로 틀린 것은?

① 점검 및 보수가 편리한 장소에 설치한다.
② 어큐뮬레이터에 용접, 가공, 구멍뚫기 등을 통해 설치에 유연성을 부여한다.
③ 충격 완충용으로 사용할 경우는 가급적 충격이 발생하는 곳으로부터 가까운 곳에 설치한다.
④ 펌프와 어큐뮬레이터 사이에 체크 밸브를 설치하여 유압유가 펌프 쪽으로 역류하는 것을 방지한다.

해설 축압기(어큐뮬레이터)에 부속쇠 등을 용접하거나 가공, 구멍 뚫기 등을 해서는 안 된다.

74. 유압기기의 작동 유체로서 물과 기름에 관한 설명으로 옳지 않은 것은?

① 기름은 윤활성이 있어 수명이 길다.
② 물은 녹이 잘 슬고 고압에서 누설이 쉽다.
③ 기름은 열에 민감하나 녹이 잘 슬고 마모의 촉진이 쉽다.
④ 물은 점성이 작고 마모도 촉진하게 되므로 특별한 재료를 사용하여야 한다.

해설 기름은 열에 민감하나 녹이 잘 슬지 않고(방청성) 유막(oil film)을 형성하여 마모를 방지한다.

75. 안지름 0.1 m인 배관 내를 평균유속 5 m/s로 물이 흐르고 있다. 배관길이 10 m

정답 70. ④　71. ②　72. ③　73. ②　74. ③　75. ①

사이에 나타나는 손실수두는 약 얼마인가? (단, 배관의 마찰계수는 0.013이다.)

① 1.7 m　　② 2.3 m
③ 3.3 m　　④ 4.1 m

해설 $h_L = f\dfrac{L}{d}\dfrac{V^2}{2g}$

$= 0.013 \times \dfrac{10}{0.1} \times \dfrac{5^2}{2\times 9.8} \fallingdotseq 1.7\text{ m}$

76. 다음 그림은 유압 기호에서 무엇을 나타내는 것인가?

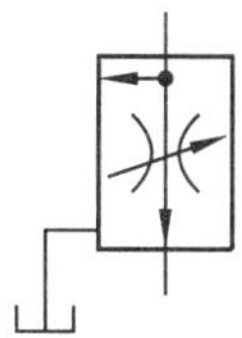

① 감압 밸브
② 집류 밸브
③ 릴리프 밸브
④ 바이패스형 유량 조정 밸브

해설 도시된 유압 기호는 바이패스형 유량 조정 밸브의 간략 기호이다. 간략 기호에서 유로의 화살표는 압력의 보상을 나타낸다.

77. 그림과 같은 유압 회로도의 명칭으로 가장 적합한 것은?

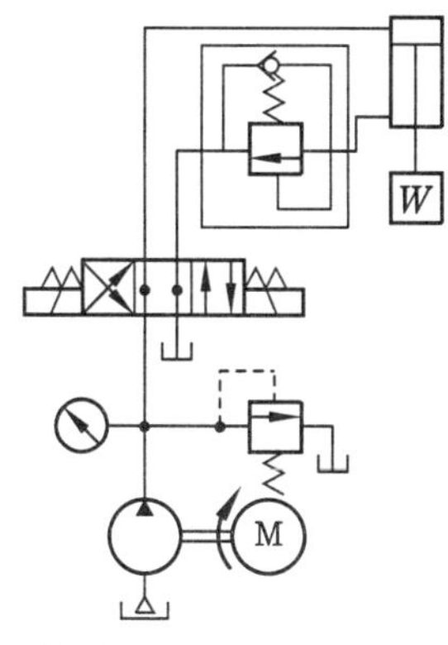

① 미터 인 회로
② 미터 아웃 회로
③ 카운터 밸런스 회로
④ 시퀀스 밸브의 응용회로

해설 카운터 밸런스 회로(counter balance circuit)는 일정한 배압을 유지시켜 램의 중력에 의하여 자연 낙하하는 것을 방지한다.

78. 언로딩 밸브에 관한 설명으로 옳지 않은 것은?

① 유압 회로의 일부를 설정압력 이하로 감압시킬 때 사용한다.
② 동력의 절감과 유압의 상승을 방지한다.
③ 고압, 소용량 펌프와 저압, 대용량 펌프를 조합해서 사용할 때도 있다.
④ 회로 내 압력이 설정압력에 이르렀을 때 펌프 송출량을 그대로 탱크에 되돌린다.

해설 ①은 감압 밸브에 대한 설명이다.

79. 축압기(accumulator)의 기능이 아닌 것은?

① 맥동 제거
② 최고압력 제한
③ 압력 보상
④ 충격 압력의 흡수

해설 축압기(accumulator)의 용도

(1) 에너지의 축적
(2) 압력 보상
(3) 서지 압력 방지
(4) 충격 압력 흡수
(5) 유체의 맥동 감쇠(맥동 흡수)
(6) 사이클 시간 단축
(7) 2차 유압 회로의 구동
(8) 펌프 대용 및 안전장치의 역할
(9) 액체 수송(펌프 작용)
(10) 에너지의 보조

80. Hi-Lo 회로는?

① 감압 회로　　② 시퀀스 회로
③ 증압 회로　　④ 무부하 회로

정답 76. ④　77. ③　78. ①　79. ②　80. ④

해설 Hi-Lo 회로 : 프레스나 공작기계와 같이 급속행정을 위해 고압소용량, 저압대용량의 펌프를 사용한 무부하 회로

제 5 과목 건설기계일반 및 플랜트배관

91. 건설공사의 조사, 설계, 시공, 감리, 유지관리, 기술관리 등에 관한 기본적인 사항과 건설업의 등록 및 건설공사의 도급에 관하여 필요한 사항을 규정한 법은?

① 건설기술진흥법 ② 건설산업기본법
③ 산업안전보건법 ④ 건설기계관리법

해설 건설산업기본법은 건설공사의 조사, 설계, 시공, 감리, 유지관리, 기술관리 등에 관한 기본적인 사항과 건설업의 등록 및 건설공사의 도급 등에 필요한 사항을 정함으로써 건설공사의 적정한 시공과 건설산업의 건전한 발전을 도모함을 목적으로 한다.

92. 로더(loader)에 대한 설명으로 옳지 않은 것은?

① 휠형 로더(wheel type loader)는 이동성이 좋아 고속작업이 용이하다.
② 쿠션형 로더(cushion type loader)는 튜브리스 타이어 대신 강철제 트랙을 사용한다.
③ 크롤러형 로더(crawler type loader)는 습지작업이 용이하나 기동성이 떨어진다.
④ 휠형 로더의 구동 형식에는 앞바퀴 구동형과 4륜 구동형이 있으며 어느 것이나 차동장치가 있다.

해설 쿠션형 로더는 튜브리스 타이어에 강철제 트랙을 감은 것으로 휠형(타이어식)과 크롤러형(무한궤도식)의 단점을 보완한 형태이다.

93. 모터 그레이더의 규격 표시로 가장 적합한 것은?

① 스캐리파이어(scarifier)의 발톱(teeth) 수로 나타낸다.
② 엔진 정격마력(HP)으로 나타낸다.
③ 표준 배토판의 길이(m)로 나타낸다.
④ 모터 그레이더의 자중(kgf)으로 나타낸다.

해설 모터 그레이더는 정지 작업에 주로 사용되는 자주식의 것으로 표면 장비라고도 하며, 땅고르기, 배수파기, 파이프 묻기, 경사면 절삭, 제설작업 등 여러 작업에 사용된다. 규격은 배토판의 길이(m)로 표시한다.

94. 도로의 아스팔트 포장을 위한 기계가 아닌 것은?

① 아스팔트 클리너
② 아스팔트 피니셔
③ 아스팔트 믹싱 플랜트
④ 아스팔트 디스트리뷰터

해설 아스팔트(아스콘) 포장을 위한 기계에는 아스팔트 피니셔, 아스팔트 믹싱 플랜트, 아스팔트 디스트리뷰터, 아스팔트 스프레이어 등이 있다.

95. 플랜트 기계설비에 사용되는 티타늄과 그 합금에 관한 설명으로 틀린 것은 어느 것인가?

① 가볍고 강하며 녹슬지 않는 금속이다.
② 티타늄 합금은 실용 금속 중 최고 수준의 기계적 성질과 금속학적 특성이 있다.
③ 석유화학공업, 합성섬유공업, 유기약품 공업에서는 사용할 수 없다.
④ 생체와의 친화성이 대단히 좋고 알레르기도 거의 일어나지 않아 의치, 인공뼈 등에도 이용된다.

정답 91. ② 92. ② 93. ③ 94. ① 95. ③

해설 티타늄(Ti)과 그 합금은 가볍고(Ti은 비중이 4.5인 경금속) 녹이 슬지 않는 내식 재료로 임플란트(치공 재료), 각종 밸브, 석유화학공업, 합성섬유공업, 유기약품공업 등에 널리 사용된다.

96. 머캐덤 롤러의 용도로 가장 적합한 작업은?

① 아스팔트의 마지막 끝마무리에 적합하다.
② 고층 건물의 철골 조립, 자재의 적재 운반, 항만 하역 작업 등에 적합하다.
③ 쇄석(자갈)기층, 노상, 노반, 아스팔트 포장 시 초기 다짐에 적합하다.
④ 제설 작업, 매몰 작업에 적합하다.

해설 머캐덤 롤러는 다짐용 기계로 2축 3륜으로 되어 있으며 쇄석(자갈)기층, 노상, 노반, 아스팔트 포장 시 초기 다짐에 적합하다.

97. 굴삭기의 상부 회전체가 하부 프레임의 스윙 베어링에 지지되어 있다. 상부 회전체의 무게(W)=5 ton, 선회속도(V)=3 m/s, 마찰계수(μ)=0.1일 경우 선회동력(H)은?

① 14.7 kW ② 17.3 kW
③ 20.1 kW ④ 23.8 kW

해설 선회동력(H)

$$=\frac{\mu WV}{102}=\frac{0.1\times5000\times3}{102}=14.7\text{ kW}$$

98. 굴삭기의 시간당 작업량 Q[m³/h]를 산정하는 식으로 옳은 것은?(단, q는 버킷 용량(m³), f는 체적환산계수, E는 작업효율, k는 버킷계수, C_m은 1회 사이클 시간(초)이다.)

① $Q=\dfrac{3600qkf}{EC_m}$

② $Q=\dfrac{3600qkfE}{C_m}$

③ $Q=\dfrac{3600Ekf}{C_mq}$

④ $Q=\dfrac{Ekfq}{3600C_m}$

99. 굴삭기 상부 프레임 지지 장치의 종류가 아닌 것은?

① 롤러(roller)식
② 볼베어링(ball bearing)식
③ 포스트(post)식
④ 링크(link)식

해설 굴삭기 상부 프레임 지지 장치의 종류에는 롤러식, 볼베어링식, 포스트식이 있다.

100. 공기 압축기에 압축 공기의 수분을 제거하여 공기 압축기의 부식을 방지하는 역할을 하는 장치는 무엇인가?

① 공기 압력 조절기 ② 공기 청정기
③ 인터 쿨러 ④ 애프터 쿨러

해설 애프터 쿨러(after cooler)는 공기 압축기의 냉각장치로, 압축 공기에서 열을 대기 중으로 방출시키는 공기 방열기를 말한다. 갑자기 공기가 팽창하면 온도가 떨어져 수분이 공기 통로에 형성되어 기계적 효율이 떨어지는 것을 방지하기 위하여, 압축 공기가 공기 분배 장치로 유입되기 전과 압축 후에는 수분을 제거해야 된다.

※ 인터 쿨러(inter cooler)는 과급기의 출구와 흡기 매니폴드와의 사이에 설치되는 공기 냉각장치이다. 압축기에 의해 흡입 공기는 단열압축되어 온도가 올라가므로 충전효율이 저하하거나 엔진 압축 종료 후 혼합기 온도가 상승하고 노킹을 일으킨다. 압축된 공기의 온도를 내림에 따라 과급기의 배압이 작아지기 때문에 과급기의 효율이 개선된다.

정답 96. ③ 97. ① 98. ② 99. ④ 100. ④

2015년도 시행문제

건설기계설비기사

2015년 5월 31일 (제2회)

제 1 과목 재료역학

1. 두께 8 mm의 강판으로 만든 안지름 40 cm의 얇은 원통에 1 MPa의 내압이 작용할 때 강판에 발생하는 후프 응력(원주 응력)은 몇 MPa인가?

① 25 ② 37.5
③ 12.5 ④ 50

해설 $\sigma_t = \dfrac{Pd}{2t} = \dfrac{1\times 400}{2\times 8}$

$= 25\ \text{MPa}(\text{N/mm}^2)$

2. 왼쪽이 고정단인 길이 l의 외팔보가 w의 균일분포하중을 받을 때, 굽힘모멘트 선도(BMD)의 모양은?

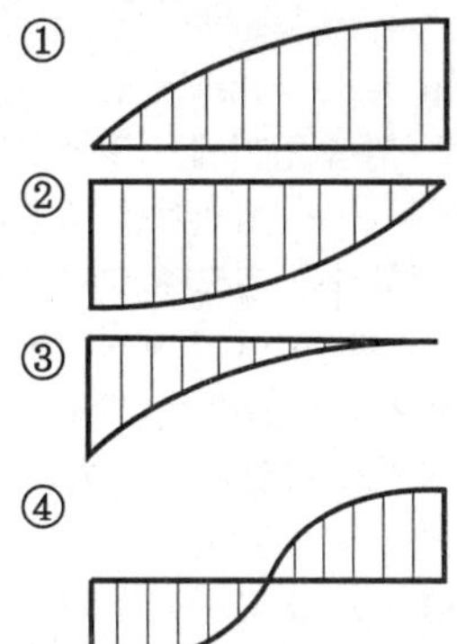

해설 (1) 전단력 선도(SFD)

$V_x = wx\,[\text{N}]$

(가) $x=0,\ V=0$

(나) $x=l,\ V_{max}=wl\,[\text{N}]$

(2) 굽힘모멘트 선도(BMD)

$M_x = -wx\dfrac{x}{2} = -\dfrac{wx^2}{2}\,[\text{N}\cdot\text{m}]$

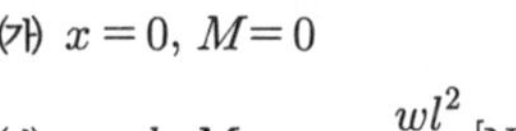

(가) $x=0,\ M=0$

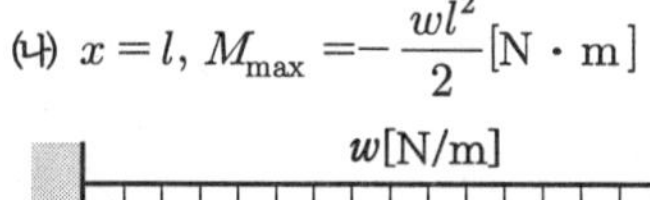

(나) $x=l,\ M_{max} = -\dfrac{wl^2}{2}\,[\text{N}\cdot\text{m}]$

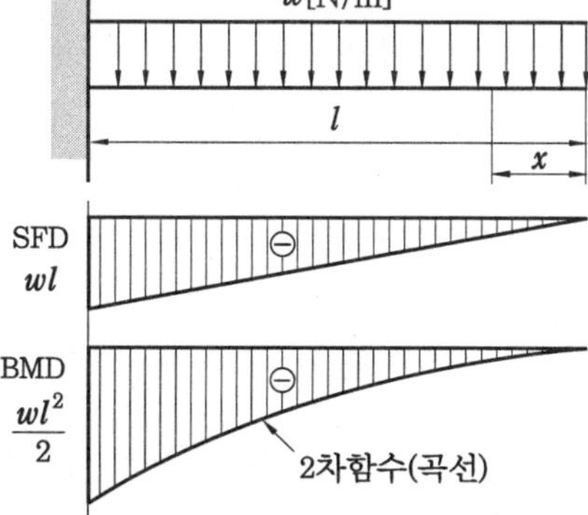

3. 그림과 같은 가는 곡선보가 1/4 원 형태로 있다. 이 보의 B단에 M_o의 모멘트를 받을 때, 자유단의 기울기는? (단, 보의 굽힘 강성 EI는 일정하고, 자중은 무시한다.)

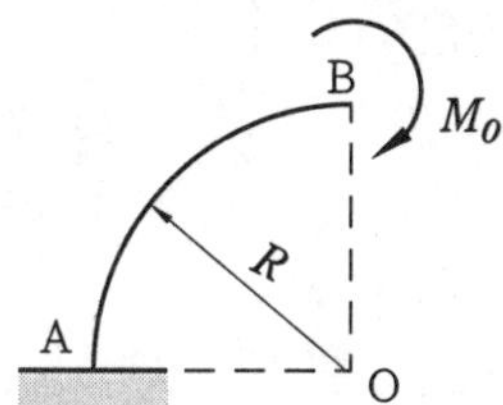

① $\dfrac{\pi M_o R}{2EI}$ ② $\dfrac{\pi M_o}{2EI}$

③ $\dfrac{M_o R}{2EI}\left(\dfrac{\pi}{2}+1\right)$ ④ $\dfrac{\pi M_o R^2}{4EI}$

해설 $U = \dfrac{1}{2EI}\displaystyle\int_0^l M_x^2 dx = \dfrac{M_o^2}{2EI}\int_0^{\frac{\pi}{2}} ds$

$= \dfrac{M_o^2}{2EI}\displaystyle\int_0^{\frac{\pi}{2}} Rd\theta = \dfrac{M_o^2 R}{2EI}[\theta]_0^{\frac{\pi}{2}}$

정답 1. ① 2. ③ 3. ①

$$= \frac{\pi M_o^2 R}{4EI} [\text{kJ}]$$

$$\therefore \text{처짐각}(\theta) = \frac{\partial U}{\partial M_o} = \frac{\pi(2M_o)R}{4EI}$$

$$= \frac{\pi M_o R}{2EI} [\text{rad}]$$

4. 단면이 가로 100 mm, 세로 150 mm인 사각 단면보가 그림과 같이 하중(P)을 받고 있다. 전단응력에 의한 설계에서 P는 각각 100 kN씩 작용할 때 안전계수를 2로 설계하였다고 하면, 이 재료의 허용전단응력은 약 몇 MPa인가?

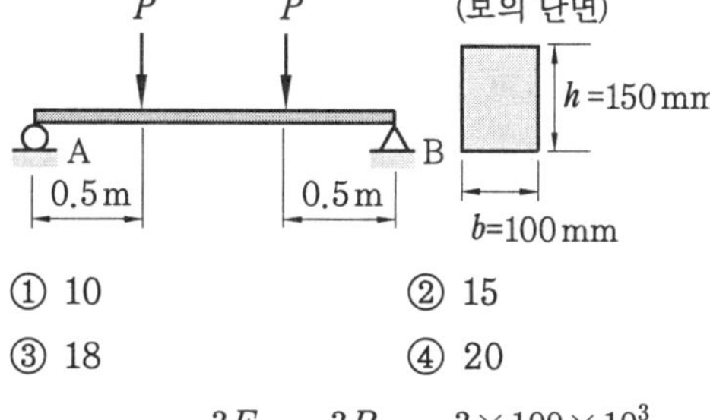

① 10 ② 15

③ 18 ④ 20

해설 $\tau_{max} = \frac{3F}{2A} = \frac{3P}{2(bh)} = \frac{3 \times 100 \times 10^3}{2(100 \times 150)}$

$= 10\text{ MPa}(\tau_a \geqq \tau_{max})$

$\therefore \tau_a \geqq 2\tau_{max} = 2 \times 10 = 20\text{ MPa}$

5. 지름 3 mm의 철사로 평균지름 75 mm의 압축코일 스프링을 만들고 하중 10 N에 대하여 3 cm의 처짐량을 생기게 하려면 감은 횟수(n)는 대략 얼마로 해야 하는가? (단, 전단 탄성계수 G = 88 GPa 이다.)

① n = 8.9 ② n = 8.5

③ n = 5.2 ④ n = 6.3

해설 최대 처짐량(δ_{max})

$= \frac{8nD^3W}{Gd^4}[\text{mm}]$에서

감은 횟수$(n) = \frac{Gd^4\delta_{max}}{8D^3W}$

$= \frac{88 \times 10^3 \times 3^4 \times 30}{8 \times 75^3 \times 10} = 6.3$회

6. 길이가 L[m]이고, 일단 고정에 타단 지지인 그림과 같은 보에 자중에 의한 분포하중 w[N/m]가 보의 전체에 가해질 때 점 B에서의 반력의 크기는?

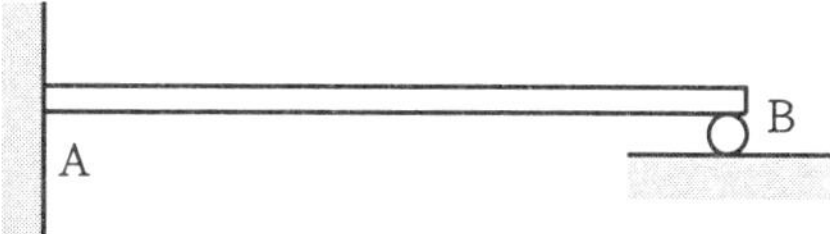

① $\frac{wL}{4}$ ② $\frac{3}{8}wL$

③ $\frac{5}{16}wL$ ④ $\frac{7}{16}wL$

해설 (1) 자중에 의한 균일 분포하중 w[N/m]을 받는 외팔보 자유단의 최대 처짐량(δ_B)

$= \frac{wL^4}{8EI}$

(2) 지점 B에서 반력(R_B)에 의한 외팔보의 최대 처짐량(δ_B')$= \frac{R_B L^3}{3EI}$

실제 지점(B)에서는 처짐량이 0이므로 $\delta_B = \delta_B'$

$\frac{wL^4}{8EI} = \frac{R_B L^3}{3EI}$

$\therefore R_B = \frac{3}{8}wL[\text{N}]$

7. σ_x = 400 MPa, σ_y = 300 MPa, τ_{xy} = 200 MPa가 작용하는 재료 내에 발생하는 최대 주응력의 크기는?

① 206 MPa ② 556 MPa

③ 350 MPa ④ 753 MPa

해설 σ_{max}

$= \frac{1}{2}(\sigma_x + \sigma_y) + \frac{1}{2}\sqrt{(\sigma_x - \sigma_y)^2 + 4{\tau_{xy}}^2}$

$= \frac{(\sigma_x + \sigma_y)}{2} + \frac{1}{2}\sqrt{\left(\frac{\sigma_x - \sigma_y}{2}\right)^2 + {\tau_{xy}}^2}$

정답 4. ④ 5. ④ 6. ② 7. ②

$$= \frac{400+300}{2} + \sqrt{\left(\frac{400-300}{2}\right)^2 + 200^2}$$

$$= 556.16\text{ MPa}$$

8. 그림과 같은 단면에서 가로방향 중립축에 대한 단면 2차 모멘트는?

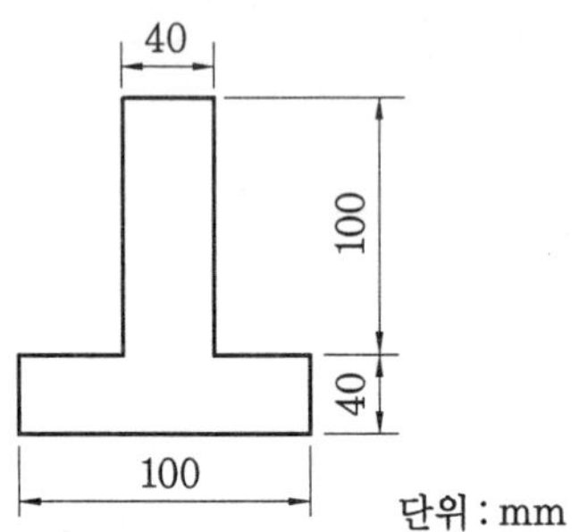

① $10.67 \times 10^6\text{ mm}^4$
② $13.67 \times 10^6\text{ mm}^4$
③ $20.67 \times 10^6\text{ mm}^4$
④ $23.67 \times 10^6\text{ mm}^4$

해설 $G_x = \int_A y dA = A\bar{y}$ 에서

$$\bar{y} = \frac{G_x}{A} = \frac{A_1\overline{y_1} + A_2\overline{y_2}}{A_1 + A_2}$$

$$= \frac{4000 \times 20 + 4000 \times 90}{40 \times 100 + 100 \times 40} = 55\text{ mm}$$

$$I_G = (I_{G1} + A_1 y_1^2) + (I_{G2} + A_2 y_2^2)$$

$$= \left(\frac{100 \times 40^3}{12} + 4000 \times 35^2\right) + \left(\frac{40 \times 100^3}{12} + 4000 \times 35^2\right)$$

$$= 13.67 \times 10^6\text{ mm}^4$$

※ 단면 2차 모멘트 평행축 정리

$I_{X'} = I_G + A\bar{y}^2[\text{cm}^4]$

9. 그림과 같은 계단 단면의 중실 원형축의 양단을 고정하고 계단 단면부에 비틀림 모멘트 T가 작용할 경우 지름 D_1과 D_2의 축에 작용하는 비틀림 모멘트의 비 T_1/T_2은? (단, $D_1 = 8$ cm, $D_2 = 4$ cm, $l_1 = 40$ cm, $l_2 = 10$ cm이다.)

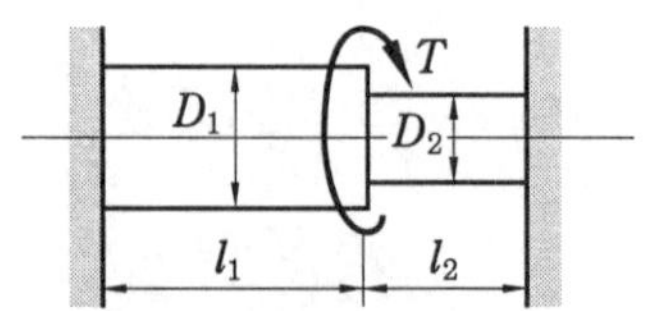

① 2 ② 4 ③ 8 ④ 16

해설 $\theta = \frac{Tl}{GI_p} = \frac{Tl}{G\frac{\pi D^4}{32}} = \frac{32Tl}{G\pi D^4}[\text{rad}]$

$T \propto \frac{1}{l}$, $T \propto D^4$

$$\therefore \frac{T_1}{T_2} = \frac{l_2}{l_1}\left(\frac{D_1}{D_2}\right)^4 = \frac{10}{40}\left(\frac{8}{4}\right)^4 = 4$$

10. 그림과 같은 외팔보가 집중하중 P를 받고 있을 때, 자유단에서의 처짐 δ_A는? (단, 보의 굽힘 강성 EI는 일정하고, 자중은 무시한다.)

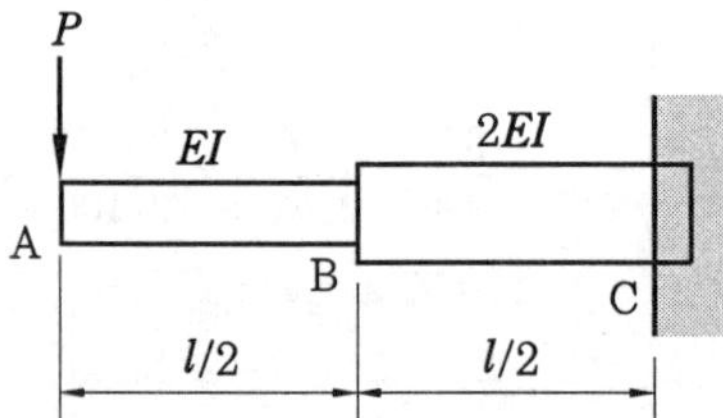

① $\frac{5Pl^3}{16EI}$ ② $\frac{7Pl^3}{16EI}$

③ $\frac{9Pl^3}{16EI}$ ④ $\frac{3Pl^3}{16EI}$

해설 BMD에 면적모멘트법$\left(\delta = \frac{A_m\bar{x}}{EI}\right)$을 적용하면

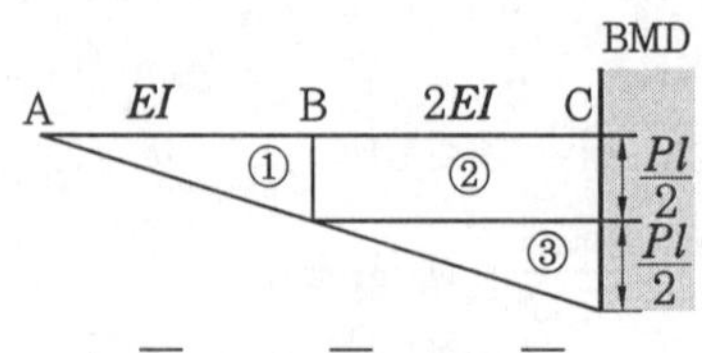

$$\delta_A = \frac{A_{m_1}\overline{x_1}}{EI} + \frac{A_{m_2}\overline{x_2}}{2EI} + \frac{A_{m_3}\overline{x_3}}{2EI}$$

정답 8. ② 9. ② 10. ④

$$= \frac{\frac{l}{2}\times\frac{Pl}{2}\times\frac{1}{2}\times\frac{l}{3}}{EI} + \frac{\frac{l}{2}\times\frac{Pl}{2}\times\frac{3l}{4}}{2EI}$$

$$+ \frac{\frac{l}{2}\times\frac{Pl}{2}\times\frac{1}{2}\times\frac{5l}{6}}{2EI}$$

$$= \frac{Pl^3}{24EI} + \frac{3Pl^3}{32EI} + \frac{5Pl^3}{96EI}$$

$$= \frac{4Pl^3}{96EI} + \frac{9Pl^3}{96EI} + \frac{5Pl^3}{96EI}$$

$$= \frac{18Pl^3}{96EI} = \frac{3Pl^3}{16EI}$$

11. 무게가 각각 300 N, 100 N인 물체 A, B가 경사면 위에 놓여 있다. 물체 B와 경사면과는 마찰이 없다고 할 때 미끄러지지 않을 물체 A와 경사면과의 최소 마찰계수는 얼마인가?

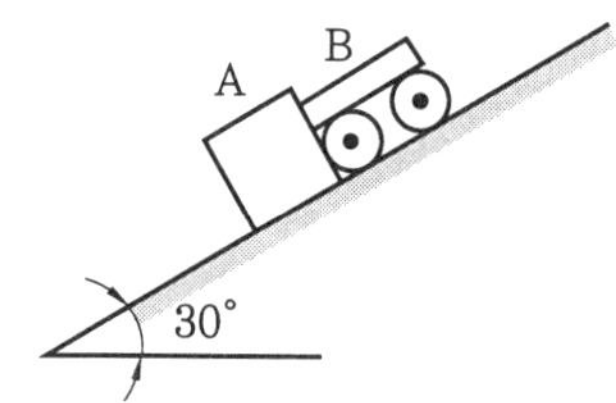

① 0.19 ② 0.58

③ 0.77 ④ 0.94

해설 $\mu W_A \cos\theta$

$= W_A \sin\theta + W_B \sin\theta$

$= (W_A + W_B)\sin\theta$

$$\therefore \mu = \frac{(W_A + W_B)\sin\theta}{W_A \cos\theta}$$

$$= \frac{(300+100)\times\sin30°}{300\times\cos30°} = 0.77$$

12. 강체로 된 봉 CD가 그림과 같이 같은 단면적과 재료가 같은 케이블 ①, ②와 C점에서 힌지로 지지되어 있다. 힘 P에 의해 케이블 ①에 발생하는 응력(σ)은 어떻게 표현되는가? (단, A는 케이블의 단면적이며 자중은 무시하고, a는 각 지점간의 거리이고 케이블 ①, ②의 길이 l은 같다.)

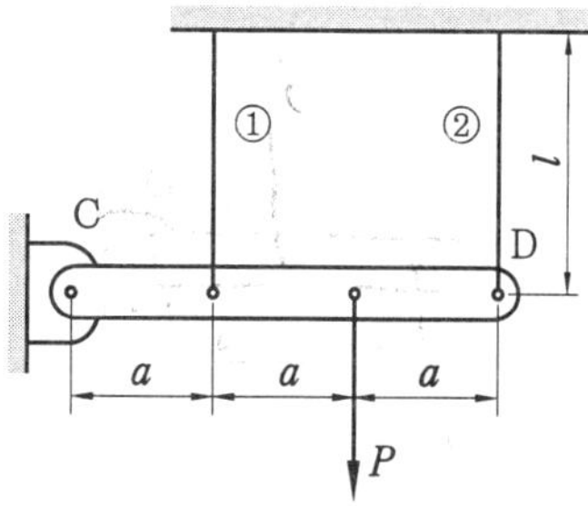

① $\frac{2P}{3A}$ ② $\frac{P}{3A}$

③ $\frac{4P}{5A}$ ④ $\frac{P}{5A}$

해설 $\Sigma M_C = 0$ ⊕ ⊖

$-S_1 a + P(2a) - S_2(3a) = 0$

$2Pa = S_1 a + S_2(3a)$

$\frac{S_1}{a} = \frac{S_2}{3a} (S_2 = 3S_1)$

$2Pa = S_1 a + (3S_1)3a = 10S_1 a$

$S_1 = \frac{P}{5}$

$\therefore \sigma_1 = \frac{S_1}{A} = \frac{P}{5A}$ [MPa]

13. 그림과 같은 직사각형 단면의 단순보 AB에 하중이 작용할 때, A단에서 20 cm 떨어진 곳의 굽힘 응력은 몇 MPa인가? (단, 보의 폭은 6 cm이고, 높이는 12 cm 이다.)

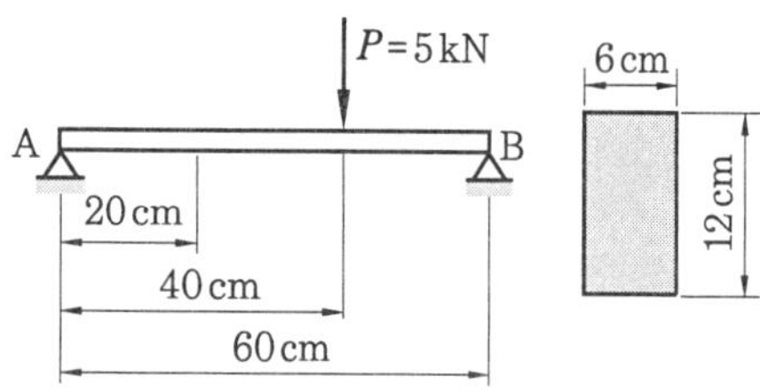

① 2.3 ② 1.9

③ 3.7 ④ 2.9

해설 $\Sigma M_B = 0$

$R_A \times 0.6 - P \times 0.2 = 0$

$R_A = \frac{0.2P}{0.6} = \frac{0.2\times5}{0.6} = 1.67$ kN

정답 11. ③ 12. ④ 13. ①

$$M_{x=0.2\text{m}} = R_A \times 0.2 = 1.67 \times 0.2$$
$$= 0.334\ \text{kN} \cdot \text{m} = 334\ \text{N} \cdot \text{m}$$
$$\theta = \frac{M_{x=0.2}}{Z} = \frac{M_{x=0.2}}{\frac{bh^2}{6}} = \frac{6M_{x=0.2}}{bh^2}$$
$$= \frac{6 \times 334 \times 10^3}{60 \times 120^2} \fallingdotseq 2.32\ \text{MPa}$$

14. 재료가 전단 변형을 일으켰을 때, 이 재료의 단위 체적당 저장된 탄성에너지는? (단, τ는 전단응력, G는 전단 탄성계수이다.)

① $\dfrac{\tau^2}{2G}$　　② $\dfrac{\tau}{2G}$

③ $\dfrac{\tau^4}{2G}$　　④ $\dfrac{\tau^2}{4G}$

해설 $u = \dfrac{U}{V} = \dfrac{\tau^2}{2G}[\text{kJ/m}^3]$

※ 전체 전단 탄성에너지(U)

$$= uV = \frac{\tau^2}{2G}V = \frac{\tau^2}{2G}Al[\text{kJ}]$$

15. 바깥지름 50 cm, 안지름 40 cm의 중공 원통에 500 kN의 압축하중이 작용했을 때 발생하는 압축응력은 약 몇 MPa인가?

① 5.6　　② 7.1

③ 8.4　　④ 10.8

해설 $\sigma_c = \dfrac{P_c}{A} = \dfrac{P_c}{\frac{\pi(d_2^2 - d_1^2)}{4}}$

$$= \frac{4P_c}{\pi(d_2^2 - d_1^2)} = \frac{4 \times 500 \times 10^3}{\pi(500^2 - 400^2)}$$
$$\fallingdotseq 7.1\ \text{MPa}$$

16. 그림과 같은 트러스가 점 B에서 그림과 같은 방향으로 5 kN의 힘을 받을 때 트러스에 저장되는 탄성에너지는 몇 kJ인가? (단, 트러스의 단면적은 1.2 cm², 탄성계수는 10^6 Pa이다.)

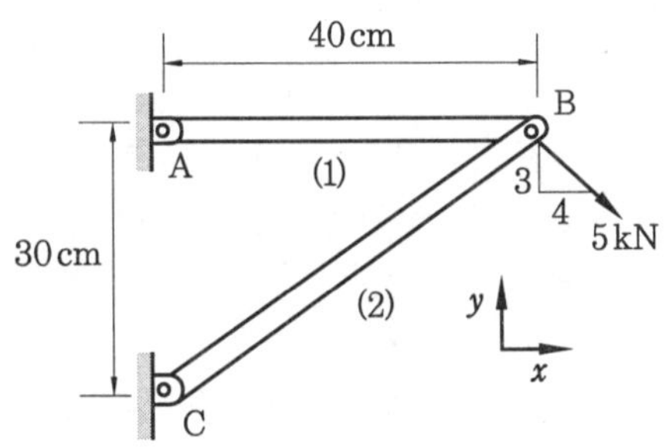

① 52.1　　② 106.7

③ 159.0　　④ 267.7

해설 문제 그림에서

$$\angle \text{ABC} = \tan^{-1}\left(\frac{3}{4}\right) = 36.87°$$

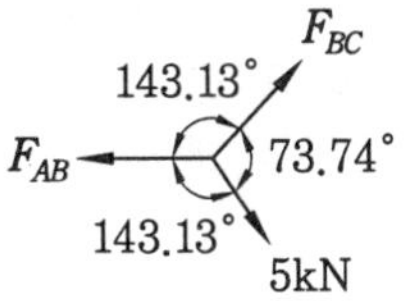

F_{BC} 143.13° F_{AB} 73.74° 143.13° 5kN

$$143.13° = 180° - 36.87°$$
$$= (90° - 36.87°) \times 2 + 36.87°$$
$$73.74° = 360° - 143.13° \times 2$$
$$\frac{F_{AB}}{\sin 73.74°} = \frac{5}{\sin 143.13°} = \frac{F_{BC}}{\sin 143.13°}$$
$$F_{AB} = 5 \times \frac{\sin 73.74°}{\sin 143.13°} = 8\ \text{kN}$$
$$F_{BC} = 5\ \text{kN}$$
$$U_{AB} = \frac{F_{AB}^2 l_{AB}}{2AE}$$
$$= \frac{8^2 \times 0.4}{2 \times 1.2 \times 10^{-4} \times 10^3} = 106.67\ \text{kJ}$$
$$U_{BC} = \frac{F_{BC}^2 l_{BC}}{2AE}$$
$$= \frac{5^2 \times 0.5}{2 \times 1.2 \times 10^{-4} \times 10^3} = 52.08\ \text{kJ}$$
$$U = U_{AB} + U_{BC}$$
$$= 106.67 + 52.08 = 158.75\ \text{kJ} \fallingdotseq 159\ \text{kJ}$$

17. 그림과 같이 단순보의 지점 B에 M_0의 모멘트가 작용할 때 최대 굽힘 모멘트가 발생되는 A단에서부터 거리 x는?

정답 14. ①　15. ②　16. ③　17. ②

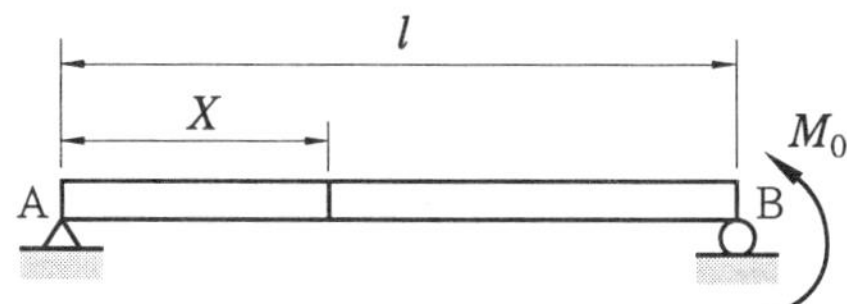

① $x=\frac{l}{5}$　② $x=l$

③ $x=\frac{l}{2}$　④ $x=\frac{3l}{4}$

해설 우력(M_0)만이 작용하는 경우 양쪽 반력의 크기는 항상 같다.

$R_A = R_B = \frac{M_0}{l}$ [N]

$M_x = R_A x = \frac{M_0}{l} x$ [N · m]

(1) $x=0$, $M_{max}=0$

(2) $x=l$, $M_{max}=M_0$ [N · m]

18. 원형 막대의 비틀림을 이용한 토션바(torsion bar) 스프링에서 길이와 지름을 모두 10 %씩 증가시킨다면 토션바의 비틀림 스프링상수$\left(\frac{\text{비틀림 토크}}{\text{비틀림 각도}}\right)$는 몇 배로 되겠는가?

① 1.1^{-2}배　② 1.1^2배

③ 1.1^3배　④ 1.1^4배

해설 비틀림각(θ) $= \frac{TL}{GI_p} = \frac{32TL}{G\pi d^4}$ [rad]

$k_t = \frac{T}{\theta} = \frac{G\pi d^4}{32L}$ 이므로 $k_t \propto d^4$, $k_t \propto \frac{1}{L}$

$\therefore \frac{d^4}{L} = \frac{1.1^4}{1.1} = 1.1^3$

19. 양단이 힌지인 기둥의 길이가 2 m이고, 단면이 직사각형(30 mm×20 mm)인 압축 부재의 좌굴하중을 오일러 공식으로 구하면 몇 kN인가? (단, 부재의 탄성 계수는 200 GPa이다.)

① 9.9 kN　② 11.1 kN

③ 19.7 kN　④ 22.2 kN

해설 $P_{cr} = n\pi^2 \frac{EI_G}{L^2}$

$= 1 \times \pi^2 \times \frac{200 \times 10^6 \times \left(\frac{0.03 \times 0.02^3}{12}\right)}{2^2}$

$≒ 9.9$ kN

20. 길이가 2 m인 환봉에 인장하중을 가하여 변화된 길이가 0.14 cm일 때 변형률은?

① 70×10^{-6}　② 700×10^{-6}

③ 70×10^{-3}　④ 700×10^{-3}

해설 변형률(strain) $= \frac{\lambda}{L} = \frac{0.14}{200}$

$= 7 \times 10^{-4} = 700 \times 10^{-6}$

제 2 과목　기계열역학

21. 절대온도가 0에 접근할수록 순수 물질의 엔트로피는 0에 접근한다는 절대 엔트로피 값의 기준을 규정한 법칙은?

① 열역학 제0법칙이다.

② 열역학 제1법칙이다.

③ 열역학 제2법칙이다.

④ 열역학 제3법칙이다.

해설 (1) 열역학 제0법칙 : 열평형의 법칙(온도계의 기본 원리 적용)

(2) 열역학 제1법칙 : 에너지 보존 법칙(열량과 일량은 동일한 에너지임을 밝힌 법칙)

(3) 열역학 제2법칙 : 엔트로피 증가 법칙(비가역 법칙)

(4) 열역학 제3법칙 : 엔트로피의 절댓값을 정의한 법칙

22. 오토 사이클(Otto cycle)의 압축비 $\varepsilon = 8$이라고 하면 이론 열효율은 약 몇 %인가? (단, $k = 1.4$이다.)

정답 18. ③　19. ①　20. ②　21. ④　22. ③

① 36.8 %　　② 46.7 %
③ 56.5 %　　④ 66.6 %

해설 $\eta_{tho}=1-\left(\frac{1}{\varepsilon}\right)^{k-1}$

$=\left\{1-\left(\frac{1}{8}\right)^{1.4-1}\right\}\times 100\,\%=56.5\,\%$

23. 대기압하에서 물을 20℃에서 90℃로 가열하는 동안의 엔트로피 변화량은 약 얼마인가? (단, 물의 비열은 4.184 kJ/kg · K로 일정하다.)

① 0.8 kJ/kg · K　　② 0.9 kJ/kg · K
③ 1.0 kJ/kg · K　　④ 1.2 kJ/kg · K

해설 $ds=\frac{\Delta s}{m}=C\ln\left(\frac{T_2}{T_1}\right)$

$=4.184\times\ln\left(\frac{363}{293}\right)=0.9\text{ kJ/kg}\cdot\text{K}$

24. 펌프를 사용하여 150 kPa, 26℃의 물을 가역 단열과정으로 650 kPa로 올리려고 한다. 26℃의 포화액의 비체적이 0.001 m^3/kg이면 펌프일은?

① 0.4 kJ/kg　　② 0.5 kJ/kg
③ 0.6 kJ/kg　　④ 0.7 kJ/kg

해설 $w_p=-\int_1^2 vdp=\int_2^1 vdp=v(p_1-p_2)$

$=0.001(650-150)$

$=0.5\text{ kJ/kg}$

25. 기본 Rankine 사이클의 터빈 출구 엔탈피 h_{te} = 1200 kJ/kg, 응축기 방열량 q_L = 1000 kJ/kg, 펌프 출구 엔탈피 h_{pe} = 210 kJ/kg, 보일러 가열량 q_H = 1210 kJ/kg이다. 이 사이클의 출력일은?

① 210 kJ/kg　　② 220 kJ/kg
③ 230 kJ/kg　　④ 420 kJ/kg

해설 터빈 일$(w_t)=q_H-q_L$

$=1210-1000=210\text{ kJ/kg}$

26. 어떤 냉장고에서 엔탈피 17 kJ/kg의 냉매가 질량 유량 80 kg/h로 증발기에 들어가 엔탈피 36 kJ/kg가 되어 나온다. 이 냉장고의 냉동능력은?

① 1220 kJ/h　　② 1800 kJ/h
③ 1520 kJ/h　　④ 2000 kJ/h

해설 냉동능력(Q_e)

= 냉매순환량 × 냉동효과

$=\dot{m}(h_2-h_1)=80(36-17)$

$=1520\text{ kJ/h}$

27. 실린더에 밀폐된 8 kg의 공기가 그림과 같이 P_1 = 800 kPa, 체적 V_1 = 0.27 m^3에서 P_2 = 350 kPa, 체적 V_2 = 0.80 m^3으로 직선 변화하였다. 이 과정에서 공기가 한 일은 약 몇 kJ인가?

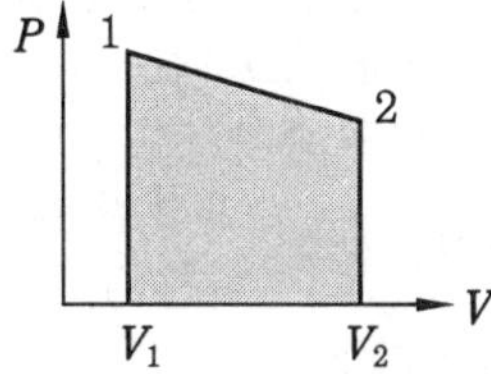

① 254　　② 305
③ 382　　④ 390

해설 $P-V$ 선도에서의 면적은 일량과 같다.

$(W=\int_1^2 PdV)$

$W=\frac{(P_1-P_2)(V_2-V_1)}{2}+P_2(V_2-V_1)$

$=\frac{(800-350)(0.8-0.27)}{2}$

$+350(0.8-0.27)\fallingdotseq 305\text{ kJ}$

28. 공기 2 kg이 300 K, 600 kPa 상태에서 500 K, 400 kPa 상태로 가열된다. 이 과정 동안의 엔트로피 변화량은 약 얼마인가? (단, 공기의 정적비열과 정압비열은 각각 0.717 kJ/kg · K과 1.004 kJ/kg · K

정답 23. ② 24. ② 25. ① 26. ③ 27. ② 28. ④

로 일정하다.)

① 0.73 kJ/K ② 1.83 kJ/K
③ 1.02 kJ/K ④ 1.26 kJ/K

해설 $\Delta S = S_2 - S_1 = mC_v \ln\frac{P_2}{P_1} + mC_p \ln\frac{T_2}{T_1}$

$= 2\times 0.717\ln\left(\frac{400}{600}\right) + 2\times 1.004\ln\left(\frac{500}{300}\right)$

$= 1.26$ kJ/K

29. 자연계의 비가역 변화와 관련 있는 법칙은?

① 제0법칙 ② 제1법칙
③ 제2법칙 ④ 제3법칙

해설 열역학 제2법칙(엔트로피 증가 법칙) : 자연계에서 일어나는 모든 자발적 변화는 비가역 변화로 엔트로피가 항상 증가하는 방향으로 변화한다(열의 방향성을 나타낸 법칙).

30. 상태와 상태량과의 관계에 대한 설명 중 틀린 것은?

① 순수물질 단순 압축성 시스템의 상태는 2개의 독립적 강도성 상태량에 의해 완전하게 결정된다.
② 상변화를 포함하는 물과 수증기의 상태는 압력과 온도에 의해 완전하게 결정된다.
③ 상변화를 포함하는 물과 수증기의 상태는 온도와 비체적에 의해 완전하게 결정된다.
④ 상변화를 포함하는 물과 수증기의 상태는 압력과 비체적에 의해 완전하게 결정된다.

31. 배기 체적이 1200 cc, 간극 체적이 200 cc의 가솔린 기관의 압축비는 얼마인가?

① 5 ② 6
③ 7 ④ 8

해설 압축비(ε)

$= \frac{\text{실리더 체적}(V)}{\text{간극 체적}(V_c)} = \frac{V_c + V_s}{V_c}$

$= 1 + \frac{V_s}{V_c} = 1 + \frac{1200}{200} = 7$

32. 클라우지우스(Clausius) 부등식을 표현한 것으로 옳은 것은?(단, T는 절대 온도, Q는 열량을 표시한다.)

① $\oint \frac{\delta Q}{T} \ge 0$ ② $\oint \frac{\delta Q}{T} \le 0$
③ $\oint \delta Q \ge 0$ ④ $\oint \delta Q \le 0$

해설 클라우지우스(Clausius) 폐적분값

(1) 가역 사이클 : $\oint \frac{\delta Q}{T} = 0$

(2) 비가역 사이클 : $\oint \frac{\delta Q}{T} < 0$

33. 이상기체의 등온과정에 관한 설명 중 옳은 것은?

① 엔트로피 변화가 없다.
② 엔탈피 변화가 없다.
③ 열 이동이 없다.
④ 일이 없다.

해설 이상기체의 등온과정 시 내부 에너지 변화와 엔탈피 변화는 없다.
$u = f(T)$, $h = f(T)$

34. 해수면 아래 20 m에 있는 수중다이버에게 작용하는 절대압력은 약 얼마인가? (단, 대기압은 101 kPa이고, 해수의 비중은 1.03이다.)

① 101 kPa ② 202 kPa
③ 303 kPa ④ 504 kPa

해설 $P_a = P_o + P_g = P_o + \gamma_w Sh$

$= P_o + 9.8Sh$

$= 101 + 9.8 \times 1.03 \times 20$

$= 302.88$ kPa

정답 29. ③ 30. ② 31. ③ 32. ② 33. ② 34. ③

35. 용기에 부착된 압력계에 읽힌 계기압력이 150 kPa이고 국소대기압이 100 kPa일 때 용기 안의 절대압력은?

① 250 kPa ② 150 kPa
③ 100 kPa ④ 50 kPa

해설 $P_a = P_o + P_g = 100 + 150 = 250\,\text{kPa}$

36. 압축기 입구 온도가 −10℃, 압축기 출구 온도가 100℃, 팽창기 입구 온도가 5℃, 팽창기 출구 온도가 −75℃로 작동되는 공기 냉동기의 성능계수는?(단, 공기의 C_p는 1.0035 kJ/kg·℃로서 일정하다.)

① 0.56 ② 2.17
③ 2.34 ④ 3.17

해설 냉동기의 성능계수(ε_R)

$$= \frac{1.0035(-10+75)}{1.0035(100-5)-1.0035(-10+75)}$$
$$= 2.17$$

37. 역 카르노 사이클로 작동하는 증기압축 냉동사이클에서 고열원의 절대온도를 T_H, 저열원의 절대온도를 T_L이라 할 때, $\frac{T_H}{T_L} = 1.6$이다. 이 냉동사이클이 저열원으로부터 2.0 kW의 열을 흡수한다면 소요 동력은?

① 0.7 kW ② 1.2 kW
③ 2.3 kW ④ 3.9 kW

해설 $W = Q_H - Q_L = \frac{Q_L}{\varepsilon_R}$

$$= \left(\frac{T_H}{T_L} - 1\right) Q_L = 0.6 \times 2.0 = 1.2\,\text{kW}$$

38. 두께 1 cm, 면적 0.5 m^{2}의 석고판의 뒤에 가열판이 부착되어 1000 W의 열을 전달한다. 가열판의 뒤는 완전히 단열되어 열은 앞면으로만 전달된다. 석고판 앞면의 온도는 100℃이다. 석고의 열전도율이 k= 0.79 W/m·K일 때 가열판에 접하는 석고 면의 온도는 약 몇 ℃인가?

① 110 ② 125
③ 150 ④ 212

해설 $q_{con} = kF\frac{(t-t_s)}{L}$ [W]에서

$$t = t_s + \frac{q_{con} L}{kF} = 100 + \frac{1000 \times 0.01}{0.79 \times 0.5} = 125\,℃$$

39. 분자량이 30인 C_2H_6(에탄)의 기체상수는 몇 kJ/kg·K인가?

① 0.277 ② 2.013
③ 19.33 ④ 265.43

해설 $MR = \overline{R} = 8.314\,\text{kJ/kmol}\cdot\text{K}$

$$R = \frac{\overline{R}}{M} = \frac{8.314}{30} = 0.277\,\text{kJ/kg}\cdot\text{K}$$

40. 출력이 50 kW인 동력 기관이 한 시간에 13 kg의 연료를 소모한다. 연료의 발열량이 45000 kJ/kg이라면, 이 기관의 열효율은 약 얼마인가?

① 25 % ② 28 %
③ 31 % ④ 36 %

해설 $\eta = \frac{3600kW}{H_L \times m_f} \times 100\%$

$$= \frac{3600 \times 50}{45000 \times 13} \times 100\% \fallingdotseq 31\%$$

제 3 과목 기계유체역학

41. 한 변이 1 m인 정육면체 나무토막의 아랫면에 1080 N의 납을 매달아 물속에 넣었을 때, 물위로 떠오르는 나무토막의 높이는 몇 cm인가?(단, 나무토막의 비중은 0.45, 납의 비중은 11이고, 나무토막의 밑면은 수평을 유지한다.)

정답 35. ① 36. ② 37. ② 38. ② 39. ① 40. ③ 41. ③

① 55 ② 48 ③ 45 ④ 42

해설 물체의 무게(W) = 부력(F_B)

$9800 \times 0.45 \times (1 \times 1 \times 1) + 1080$

$= 9800[(1 \times 1 \times y) + 0.01]$

$5490 - 98 = 9800y$

$\therefore y = 0.55\ \text{m} = 55\ \text{cm}$

납의 무게(W) $= \gamma V$에서

납의 체적(V) $= \dfrac{W}{\gamma} = \dfrac{W}{\gamma_w S} = \dfrac{1080}{9800 \times 11}$

$= 0.01\ \text{m}^3$

$\therefore$ 물 위로 떠오르는 나무토막의 높이(h)

$= 1 - y = 1 - 0.55 = 0.45\ \text{m} = 45\ \text{cm}$

42. 길이 20 m의 매끈한 원관에 비중 0.8의 유체가 평균속도 0.3 m/s로 흐를 때, 압력손실은 약 얼마인가?(단, 원관의 안지름은 50 mm, 점성계수는 8×10^{-3} Pa·s이다.)

① 613 Pa ② 734 Pa
③ 1235 Pa ④ 1440 Pa

해설 $Re = \dfrac{\rho V d}{\mu} = \dfrac{(0.8 \times 1000) \times 0.3 \times 0.05}{8 \times 10^{-3}}$

$= 1500 < 2100$(층류)

$\Delta P = f \dfrac{L}{d} \dfrac{\rho V^2}{2}$

$= \left(\dfrac{64}{Re}\right) \times \dfrac{20}{0.05} \times \dfrac{800 \times 0.3^2}{2}$

$= \left(\dfrac{64}{1500}\right) \times \dfrac{20}{0.05} \times \dfrac{800 \times 0.3^2}{2} = 614.4\ \text{Pa}$

43. 그림과 같은 노즐을 통하여 유량 Q만큼의 유체가 대기로 분출될 때, 노즐에 미치는 유체의 힘 F는?(단, A_1, A_2는 노즐의 단면 1, 2에서의 단면적이고 ρ는 유체의 밀도이다.)

1 2
A_1 A_2

① $F = \dfrac{\rho A_2 Q^2}{2}\left(\dfrac{A_2 - A_1}{A_1 A_2}\right)^2$

② $F = \dfrac{\rho A_2 Q^2}{2}\left(\dfrac{A_2 + A_1}{A_1 A_2}\right)^2$

③ $F = \dfrac{\rho A_1 Q^2}{2}\left(\dfrac{A_2 + A_1}{A_1 A_2}\right)^2$

④ $F = \dfrac{\rho A_1 Q^2}{2}\left(\dfrac{A_1 - A_2}{A_1 A_2}\right)^2$

해설 ① 단면 & ② 단면에 베르누이 방정식을 적용

$V_1 = \dfrac{Q}{A_1}, \quad V_2 = \dfrac{Q}{A_2}$

$P_1 = \dfrac{\rho}{2}(V_2^2 - V_1^2)$

$= \dfrac{\rho}{2}\left[\left(\dfrac{Q}{A_2}\right)^2 - \left(\dfrac{Q}{A_1}\right)^2\right]$ ……………… ①식

$F = P_1 A_1 + \rho Q(V_1 - V_2)$

$= P_1 A_1 + \rho Q\left(\dfrac{Q}{A_1} - \dfrac{Q}{A_2}\right)$ …………… ②식

①식을 ②식에 대입하면

$F = \dfrac{\rho Q^2}{2}\left(\dfrac{A_1^2 - A_2^2}{A_1^2 \cdot A_2^2}\right) \cdot A_1$

$- \rho Q^2\left(\dfrac{A_1 - A_2}{A_1 \cdot A_2}\right)$

$= \dfrac{\rho A_1 \cdot Q^2}{2}\left(\dfrac{A_1^2 - A_2^2}{A_1^2 \cdot A_2^2} - \dfrac{2}{A_1} \cdot \dfrac{A_1 - A_2}{A_1 \cdot A_2}\right)$

$= \dfrac{\rho A_1 \cdot Q^2}{2}\left[\dfrac{(A_1 - A_2)^2}{(A_1 \cdot A_2)^2}\right]$

$= \dfrac{\rho A_1 Q^2}{2}\left(\dfrac{A_1 - A_2}{A_1 A_2}\right)^2$

44. 속도 15 m/s로 항해하는 길이 80 m의 화물선의 조파 저항에 관한 성능을 조사하기 위하여 수조에서 길이 3.2 m인 모형 배로 실험을 할 때 필요한 모형 배의 속도는 몇 m/s인가?

① 9.0 ② 3.0

정답 42. ① 43. ④ 44. ②

③ 0.33 ④ 0.11

해설 조파 저항 문제는 중력이 중요시되므로

$(Fr)_p = (Fr)_m$

$\left(\frac{V}{\sqrt{Lg}}\right)_p = \left(\frac{V}{\sqrt{Lg}}\right)_m$

$g_p \simeq g_m$

$\therefore V_m = V_p \times \sqrt{\frac{L_m}{L_p}} = 15 \times \sqrt{\frac{3.2}{80}}$

$= 3\text{ m/s}$

45. **정상, 균일유동장 속에 유동 방향과 평행하게 놓여진 평판 위에 발생하는 층류 경계층의 두께 δ는 x를 평판 선단으로부터의 거리라 할 때, 비례값은?**

① x^1 ② $x^{\frac{1}{2}}$

③ $x^{\frac{1}{3}}$ ④ $x^{\frac{1}{4}}$

해설 층류 경계층 두께$(\delta) = 5.0x \cdot Re^{-\frac{1}{2}}$

$= \frac{5x}{\sqrt{Re}} = \frac{5x}{\left(\frac{u_\infty x}{\nu}\right)^{\frac{1}{2}}} = x^{1-\frac{1}{2}} = x^{\frac{1}{2}}$

$\therefore \delta \propto x^{\frac{1}{2}} (\sqrt{x})$

46. **관로내 물(밀도 1000 kg/m^3)이 30 m/s로 흐르고 있으며 그 지점의 정압이 100 kPa일 때, 정체압은 몇 kPa인가?**

① 0.45 ② 100

③ 450 ④ 550

해설 정체압(P) = 정압(P_s) + 동압(P_v)

$= P_s + \frac{\rho V^2}{2} = 100 + \frac{1000 \times 30^2}{2} \times 10^{-3}$

$= 550\text{ kPa}$

47. **다음 중 유체에 대한 일반적인 설명으로 틀린 것은?**

① 점성은 유체의 운동을 방해하는 저항의 척도로서 유속에 비례한다.

② 비점성유체 내에서는 전단응력이 작용하지 않는다.

③ 정지유체 내에서는 전단응력이 작용하지 않는다.

④ 점성이 클수록 전단응력이 크다.

해설 Newton의 점성 법칙 : 점성은 유체의 운동을 방해하는 성질로 유속에 반비례한다.

$\tau = \mu\frac{du}{dy}$ [Pa]에서 $\mu = \frac{\tau dy}{du}$ [Pa · s]

$\therefore \mu \propto \frac{1}{u}$

48. **관성력과 중력의 비로 정의되는 무차원수는? (단, ρ : 밀도, V : 속도, l : 특성길이, μ : 점성계수, P : 압력, g : 중력가속도, C : 소리의 속도)**

① $\frac{\rho Vl}{\mu}$ ② $\frac{V}{\sqrt{gL}}$

③ $\frac{P}{\rho V^2}$ ④ $\frac{V}{c}$

해설 프루드수(Froude number)

$Fr = \frac{\text{관성력}(F_i)}{\text{중력}(W)} = \frac{ma}{mg}$

$= \frac{a}{g} = \frac{\frac{V^2}{L}}{g} = \frac{V^2}{Lg} = \frac{V}{\sqrt{Lg}}$

49. **그림과 같이 경사관 마노미터의 지름 $D = 10\,d$이고 경사관은 수평면에 대해 θ만큼 기울여져 있으며 대기 중에 노출되어 있다. 대기압보다 Δp의 큰 압력이 작용할 때, L과 Δp의 관계로 옳은 것은? (단, 점선은 압력이 가해지기 전 액체의 높이이고, 액체의 밀도는 ρ, $\theta = 30°$이다.)**

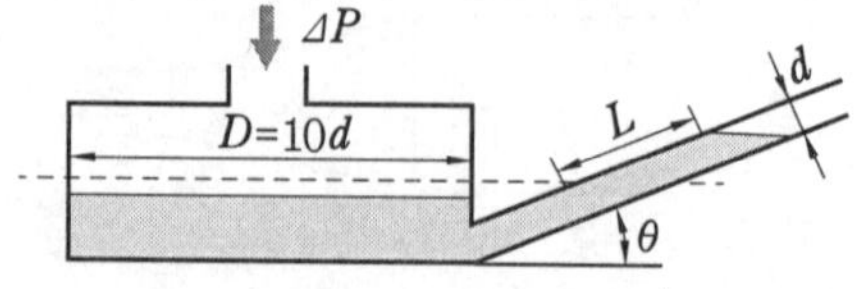

정답 45. ② 46. ④ 47. ① 48. ② 49. ②

① $L=\frac{201}{2}\frac{\Delta P}{\rho g}$

② $L=\frac{100}{51}\frac{\Delta P}{\rho g}$

③ $L=\frac{51}{100}\frac{\Delta P}{\rho g}$

④ $L=\frac{2}{201}\frac{\Delta P}{\rho g}$

해설 $\Delta P=\gamma L\left(\sin\theta+\frac{a}{A}\right)$

$=\gamma L\left(\sin 30°+\frac{a}{A}\right)$

$=\rho g L\left(\frac{1}{2}+\frac{1}{100}\right)=\frac{51}{100}\rho g L$

$\therefore\ L=\frac{100}{51}\frac{\Delta P}{\rho g}$

50. 아래 그림과 같이 지름이 2 m, 길이가 1 m인 관에 비중량 9800 N/m³인 물이 반 차있다. 이 관의 아래쪽 사분면 AB 부분에 작용하는 정수력의 크기는?

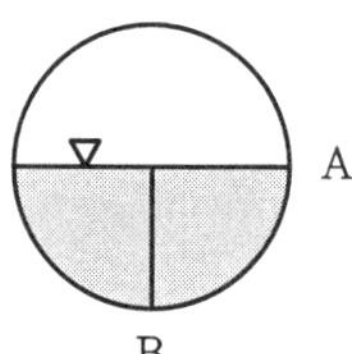

① 4900 N ② 7700 N

③ 9120 N ④ 12600 N

해설 $F_H=\gamma_w \bar{h} A=9800\times\frac{1}{2}\times(1\times 1)$

$=4900\text{ N}$

$F_V=\gamma_w V=9800\times\left(\frac{\pi\times 1^2}{4}\right)\times 1=7693\text{ N}$

$F_R=\sqrt{F_H^2+F_V^2}$

$=\sqrt{4900^2+7693^2}\fallingdotseq 9120\text{N}$

51. 유선(streamline)에 관한 설명으로 틀린 것은?

① 유선으로 만들어지는 관을 유관(stream tube)이라 부르며, 두께가 없는 관벽을 형성한다.

② 유선 위에 있는 유체의 속도 벡터는 유선의 접선방향이다.

③ 비정상 유동에서 속도는 유선에 따라 시간적으로 변화할 수 있으나, 유선 자체는 움직일 수 없다.

④ 정상 유동일 때 유선은 유체의 입자가 움직이는 궤적이다.

해설 정상 유동 시 유선과 유적선은 일치한다. 비정상 유동$\left(\frac{\partial V}{\partial t}\neq 0\right)$ 시 속도는 유선에 따라 시간적으로 변화할 수 있으며, 유선 자체도 움직일 수 있다.

52. 안지름 0.1 m인 파이프 내를 평균 유속 5 m/s로 어떤 액체가 흐르고 있다. 길이 100 m 사이의 손실수두는 약 몇 m인가?(단, 관내의 흐름으로 레이놀즈수는 1000이다.)

① 81.6 ② 50

③ 40 ④ 16.32

해설 Darcy-Weisbach 방정식

$h_L=\lambda\frac{L}{d}\frac{V^2}{2g}=\left(\frac{64}{Re}\right)\frac{L}{d}\frac{V^2}{2g}$

$=\left(\frac{64}{1000}\right)\times\frac{100}{0.1}\times\frac{5^2}{2\times 9.8}=81.63\text{m}$

※ 층류($Re<2100$)인 경우 관마찰계수(λ)는 레이놀즈수(Re)만의 함수이다.

$\lambda=\frac{64}{Re}$

53. 원관에서 난류로 흐르는 어떤 유체의 속도가 2배가 되었을 때, 마찰계수가 $\frac{1}{\sqrt{2}}$배로 줄었다. 이때 압력손실은 몇 배인가?

① $2^{\frac{1}{2}}$배 ② $2^{\frac{3}{2}}$배

정답 50. ③ 51. ③ 52. ① 53. ②

③ 2배　　　④ 4배

해설 $h_L = f\frac{L}{d}\frac{V^2}{2g}\left(=\frac{\Delta P}{\gamma}\right)$

$h_L' = \frac{f}{\sqrt{2}}\frac{L}{d}\frac{(2V)^2}{2g}$

$= \frac{4}{\sqrt{2}}h_L = 2^{\frac{3}{2}}h_L\left(=\frac{\Delta P'}{\gamma}\right)$

$\Delta P = \gamma h_L,\ \ \Delta P' = \gamma h_L' = 2^{\frac{3}{2}}\Delta P$

54. 유속 3 m/s로 흐르는 물속에 흐름방향의 직각으로 피토관을 세웠을 때, 유속에 의해 올라가는 수주의 높이는 약 몇 m인가?

① 0.46　　　② 0.92
③ 4.6　　　④ 9.2

해설 $h = \frac{V^2}{2g} = \frac{3^2}{2\times 9.8} = 0.46\text{ m}$

55. 항력에 관한 일반적인 설명 중 틀린 것은?

① 난류는 항상 항력을 증가시킨다.
② 거친 표면은 항력을 감소시킬 수 있다.
③ 항력은 압력과 마찰력에 의해서 발생한다.
④ 레이놀즈수가 아주 작은 유동에서 구의 항력은 유체의 점성계수에 비례한다.

해설 난류(turbulent flow)는 물체의 항력을 줄이는 역할도 한다.

56. 다음 중 체적탄성계수와 차원이 같은 것은?

① 힘　　　② 체적
③ 속도　　　④ 전단응력

해설 체적탄성계수(E)는 압력(P)에 비례하며 ($E \propto P$), 압력과 동일한 차원을 갖는다.

$E = \frac{dP}{-\frac{dV}{V}}$ [Pa]

57. 다음 중 질량 보존을 표현한 것으로 가장 거리가 먼 것은? (단, ρ는 유체의 밀도, A는 관의 단면적, V는 유체의 속도이다.)

① $\rho AV = 0$
② $\rho AV =$ 일정
③ $d(\rho AV) = 0$
④ $\frac{d\rho}{\rho} + \frac{dA}{A} + \frac{dV}{V} = 0$

해설 질량유량(m) $= \rho AV = C$
양변을 미분하면 $d(\rho AV) = 0$
$d\rho AV + dA\rho V + dVA\rho = 0$
양변을 ρAV로 나누면
$\therefore\ \frac{d\rho}{\rho} + \frac{dA}{A} + \frac{dV}{V} = 0$

58. 공기가 기압 200 kPa일 때, 20℃에서의 공기의 밀도는 약 몇 kg/m³인가? (단, 이상기체이며, 공기의 기체상수 $R = 287$ J/kg·K이다.)

① 1.2　② 2.38　③ 1.0　④ 999

해설 $Pv = RT\left(v = \frac{1}{\rho}\right)$

$P = \rho RT$

$\rho = \frac{P}{RT} = \frac{200}{0.287\times(20+273)} = 2.38$

$= 2.38\text{ kg/m}^3$

59. 비점성, 비압축성 유체가 그림과 같이 작은 구멍을 향해 쐐기 모양의 벽면 사이를 흐른다. 이 유동을 근사적으로 표현하는 무차원 속도 퍼텐셜이 $\phi = -2l_n r$로 주어질 때, $r = 1$인 지점에서의 유속 V는 몇 m/s인가? (단, $\vec{V} \equiv \nabla\phi = grad\,\phi$로 정의한다.)

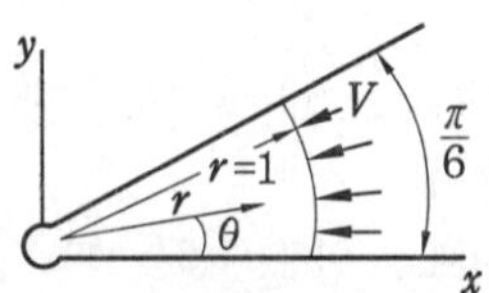

정답 54. ①　55. ①　56. ④　57. ①　58. ②　59. ③

① 0　　② 1

③ 2　　④ π

해설 $\phi = -2\ln r$

$$V = \frac{\partial \phi}{\partial r} = \frac{\partial(-2\ln r)}{\partial r} = -\frac{2}{r}\,[\text{m/s}]$$

$\therefore$ $r=1$일 때 $V=-2\,\text{m/s}$

60. **압력구배가 영인 평판 위의 경계층 유동과 관련된 설명 중 틀린 것은?**

① 표면조도가 천이에 영향을 미친다.

② 경계층 외부 유동에서의 교란 정도가 천이에 영향을 미친다.

③ 층류에서 난류로의 천이는 거리를 기준으로 하는 Reynolds수의 영향을 받는다.

④ 난류의 속도 분포는 층류보다 덜 평평하고 층류 경계층보다 다소 얇은 경계층을 형성한다.

해설 난류의 속도 분포는 층류보다 더 평평하고 층류 경계층보다 더 두꺼운 경계층을 형성한다.

제 4 과목　유체기계 및 유압기기

61. **원심 펌프에서 발생하는 여러 가지 손실 중 원심 펌프의 성능, 효율에 가장 큰 영향을 미치는 손실은?**

① 기계 손실

② 누설 손실

③ 수력 손실

④ 원판 마찰 손실

해설 기계 손실, 누설 손실, 원판 마찰 손실은 1~15 % 정도이지만, 수력 손실은 최소 10% 이상이므로 가장 큰 영향을 미친다.

※ 수력 손실=회전차 유로에서 마찰에 의한 손실+부차적 손실+충돌 손실

62. **다음 중 유체기계로 분류할 수 없는 것은?**

① 유압기계　　② 공기기계

③ 공작기계　　④ 유체전송장치

해설 유체기계의 분류

(1) 수력기계 : 펌프, 수차, 유압기계

(2) 공기기계 : 저압식(송풍기, 풍차), 고압식(압축기, 진공 펌프, 압축공기기계)

(3) 유체수송장치 : 수력 컨베이어, 공기 컨베이어

63. **수차의 형식 중에서 유량 변화가 심한 곳에 사용할 수 있도록 가동익을 설치하여 부분부하에 대하여 높은 효율을 얻을 수 있는 수차는?**

① 펠턴 수차　　② 지라르 수차

③ 프란시스 수차　　④ 카플란 수차

해설 프로펠러 수차는 물이 프로펠러 모양의 날개차의 축 방향에서 유입하여 반대 방향으로 방출되는 축류형 반동 수차로서, 저낙차의 많은 유량에 사용된다. 날개차는 3~8매의 날개를 가지고 있으며, 낙차 범위는 5~10 m 정도이고, 부하변동에 의하여 날개 각도를 조정할 수 있는 가동 날개와 고정 날개가 있다. 특히, 가동 날개를 가진 프로펠러 수차를 카플란 수차라 한다.

64. **펌프 운전 중 수격현상을 방지하기 위한 대책으로 틀린 것은?**

① 관내의 유속을 작게 한다.

② 밸브를 펌프 송출구에서 멀리 설치한다.

③ 펌프에 플라이휠을 설치한다.

④ 조압수조를 관로에 설치한다.

해설 수격현상의 방지 대책

(1) 관로의 관경을 크게 한다.

(2) 관로 내의 유속을 낮게 한다.

(3) 조압수조(surge tank)를 설치한다.

정답 60. ④　61. ③　62. ③　63. ④　64. ②

(4) 플라이휠을 설치한다.
(5) 펌프 송출구 가까이에 밸브를 설치한다.

65. 유효낙차 70 m, 유량 95 m^3/s인 하천에서 수차를 이용하여 발생한 동력이 58600 kW일 때 이 수차의 효율은 약 몇 %인가?

① 79　② 85
③ 90　④ 94

해설 $\eta_t = \frac{\text{실제 출력}}{\text{이론 출력}} \times 100\%$

$= \frac{58600}{9.8QH_e} \times 100\%$

$= \frac{58600}{9.8 \times 95 \times 70} \times 100\% \fallingdotseq 90\%$

66. 입력축과 출력축의 토크를 변환시키기 위해 펌프 회전차와 터빈 회전차 중간에 스테이터를 설치한 유체전동기구는?

① 토크 컨버터　② 유체 커플링
③ 축압기　④ 서보 밸브

해설 토크 컨버터의 구조는 유체 커플링에서 펌프와 터빈의 날개를 적당한 각도로 만곡시키고, 유체의 유동방향을 변화시키는 역할을 하는 스테이터(stator)를 추가한 형태이다.

67. 다음 중 수차를 가장 올바르게 설명한 것은?

① 물의 위치 에너지를 기계적 에너지로 변환하는 기계
② 물의 위치 에너지를 열 에너지로 변환하는 기계
③ 물의 위치 에너지를 화학적 에너지로 변환하는 기계
④ 물의 위치 에너지를 전기 에너지로 변환하는 기계

해설 수차는 물이 가지고 있는 위치 에너지를 기계적 에너지로 변환하는 기계로서, 주로 수력 발전용에 사용된다.

68. 사류 펌프(diagonal flow pump)의 특징에 관한 설명 중 틀린 것은?

① 원심력과 양력을 이용한 터보형 펌프이다.
② 구동 동력은 송출량에 따라 크게 변화한다.
③ 임의의 송출량에서도 안전한 운전을 할 수 있고, 체절운전도 가능하다.
④ 원심 펌프보다 고속 회전할 수 있다.

해설 사류 펌프는 원심 펌프와 축류 펌프의 중간 형태의 펌프로 임펠러의 원심력과 양력으로 유체에 압력 및 속도 에너지를 주는 펌프이다. 원심 펌프보다 고속 운전 가능하여 소형·경량이며, 축류 펌프에 비하여 높은 양정으로 사용해도 공동현상 발생이 없다. 몸통 가운데가 볼록한 구조로 양정은 5~30 m 정도이며 상하수도용, 관개 배수용, 공업용수용, 복수기의 냉각수 순환용 등에 사용된다.

69. 다음 중 그 구조나 사용 용도, 사용 빈도 등의 관점에서 볼 때 일반 펌프가 아닌 특수 펌프만으로 구성된 것은?

① 마찰 펌프, 제트 펌프, 기포 펌프, 수격 펌프
② 용적형 펌프, 재생 펌프, 축류 펌프, 벌류트 펌프
③ 피스톤 펌프, 플런저 펌프, 기어 펌프, 베인 펌프
④ 회전형 펌프, 프로펠러 펌프, 원심 펌프, 수격 펌프

해설 특수 펌프에는 마찰(재생, 와류, 웨스코) 펌프, 분사(제트) 펌프, 기포 펌프, 수격 펌프, 진공 펌프 등이 있다.

정답 65. ③　66. ①　67. ①　68. ②　69. ①

70. **관류형 송풍기에 관한 설명으로 틀린 것은?**

① 날개 깃의 길이가 길고, 폭이 다소 좁으며 압력이 15~75 mmAq의 낮은 정압을 발생시킬 수 있다.

② 날개 깃면이 회전 방향과 동일한 전향깃이다.

③ 덕트나 관류 안에 연결해 원심력을 이용하여 배출되는 기류가 축방향으로 이송되는 구조이다.

④ 설치 공간은 다른 기종에 비해 적은 편이며, 소음이 적고 운전상태는 정숙한 편이다.

해설 관류형 송풍기의 회전날개는 후곡형이며, 원심력으로 빠져나간 기류는 축방향으로 안내되어 나간다.

71. **램이 수직으로 설치된 유압 프레스에서 램의 자중에 의한 하강을 막기 위해 배압을 주고자 설치하는 밸브로 적절한 것은?**

① 로터리 베인 밸브

② 파일럿 체크 밸브

③ 블리드 오프 밸브

④ 카운터 밸런스 밸브

해설 카운터 밸런스 밸브(counter balance valve)는 압력 제어 밸브로 램(ram)의 자중에 의한 낙하를 방지하기 위하여 배압(back pressure)을 주고자 설치하는 밸브이다.

72. **유압 배관 중 석유계 작동유에 대하여 산화작용을 조장하는 촉매 역할을 하기 때문에 내부에 카드뮴 또는 니켈을 도금하여 사용하여야 하는 것은?**

① 동관　② PPC관

③ 엑셀관　④ 고무관

해설 동관은 풀림을 하면 상온가공이 용이하므로 2 MPa 이하의 저압관이나 드레인관에 많이 사용된다. 보통 동관 또는 동합금류는 석유계 작동유에 사용하면 안 된다. 동은 오일의 산화에 대하여 촉매작용을 하기 때문이다. 따라서 카드뮴 또는 니켈 도금을 하여 사용하는 것이 바람직하다.

73. **베인 모터의 장점에 관한 설명으로 옳지 않은 것은?**

① 베어링 하중이 작다.

② 정·역회전이 가능하다.

③ 토크 변동이 비교적 작다.

④ 기동 시나 저속 운전 시 효율이 높다.

해설 베인 모터는 기동 시 토크 효율이 높고, 저속 운전 시 토크 효율이 낮으며, 급속 시동이 가능하다.

74. **그림과 같은 회로도는 크기가 같은 실린더로 동조하는 회로이다. 이 동조 회로의 명칭으로 가장 적합한 것은?**

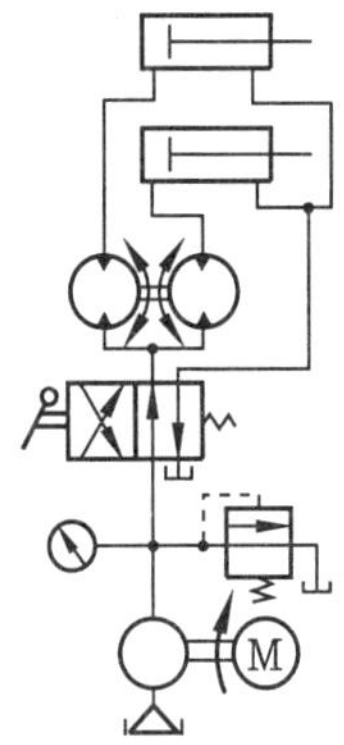

① 래크와 피니언을 사용한 동조 회로

② 2개의 유압 모터를 사용한 동조 회로

③ 2개의 릴리프 밸브를 사용한 동조 회로

④ 2개의 유량제어 밸브를 사용한 동조 회로

75. **유압 펌프에 있어서 체적효율이 90 %**

정답 70. ② 71. ④ 72. ① 73. ④ 74. ② 75. ②

이고 기계효율이 80 %일 때 유압 펌프의 전효율은?

① 23.7 % ② 72 %

③ 88.8 % ④ 90 %

해설 $\eta_p = \eta_v \times \eta_m = 0.9 \times 0.8 = 0.72(72\ \%)$

76. 다음 중 작동유의 방청제로서 가장 적당한 것은?

① 실리콘유
② 이온 화합물
③ 에나멜 화합물
④ 유기산 에스테르

해설 방청제(부식방지제) : 유기산 에스테르, 지방산염, 유기인 화합물, 아민 화합물

77. 그림과 같은 압력 제어 밸브의 기호가 의미하는 것은?

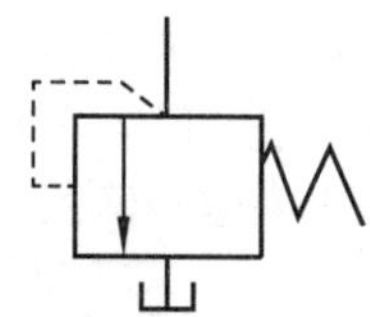

① 정압 밸브
② 2-way 감압 밸브
③ 릴리프 밸브
④ 3-way 감압 밸브

해설 (1) 릴리프 밸브(상시 폐쇄형) 기호

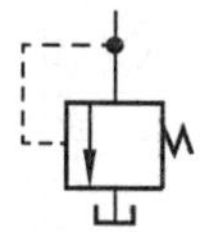

(2) 릴리프 밸브(상시 개방형) 기호

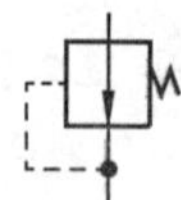

78. 그림과 같은 유압 잭에서 지름이 $D_2 = 2D_1$일 때 누르는 힘 F_1과 F_2의 관계를 나타낸 식으로 옳은 것은?

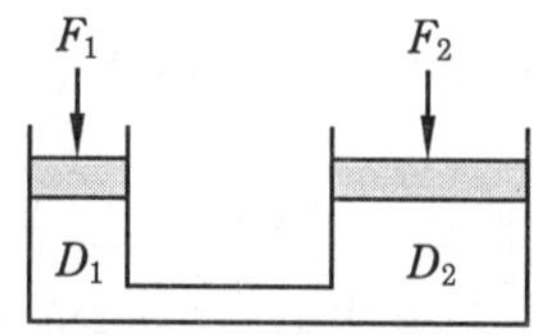

① $F_2 = F_1$ ② $F_2 = 2F_1$

③ $F_2 = 4F_1$ ④ $F_2 = 8F_1$

해설 $P_1 = P_2$, $\frac{F_1}{A_1} = \frac{F_2}{A_2}$

$$F_2 = F_1\left(\frac{A_2}{A_1}\right) = F_1\left(\frac{D_2}{D_1}\right)^2 = F_1 \cdot 2^2 = 4F_1$$

79. 펌프의 무부하 운전에 대한 장점이 아닌 것은?

① 작업시간 단축
② 구동동력 경감
③ 유압유의 열화 방지
④ 고장 방지 및 펌프의 수명 연장

해설 펌프의 무부하 운전의 장점
(1) 펌프 구동력의 손실 방지
(2) 유압장치의 가열 방지
(3) 펌프의 수명 연장
(4) 효율이 좋게 안전 작업 가능
(5) 작동유의 노화 방지

80. 유압기기와 관련된 유체의 동역학에 관한 설명으로 옳은 것은?

① 유체의 속도는 단면적이 큰 곳에서는 빠르다.
② 유속이 작고 가는 관을 통과할 때 난류가 발생한다.
③ 유속이 크고 굵은 관을 통과할 때 층류가 발생한다.
④ 점성이 없는 비압축성의 액체가 수평관을 흐를 때, 압력수두와 위치수두 및 속도수두의 합은 일정하다.

해설 비점성(마찰이 없음) · 비압축성($\gamma = C$) 유

정답 76. ④ 77. ③ 78. ③ 79. ① 80. ④

체가 정상 유동 시

$$\frac{P}{\gamma}+\frac{V^2}{2g}+Z=H(\text{전수두})=C(\text{일정})$$

제 5 과목 건설기계일반 및 플랜트배관

91. 불도저를 이용한 확토작업에서 작업 거리(L)=100 m, 전진 속도(V_1)=10 m/min, 후진 속도(V_2)=8 m/min, 기어변환 소요시간(t)=20 s일 경우 1회 작업 사이클 시간(C_m)은 약 몇 min인가?

① 23 ② 33 ③ 43 ④ 53

해설 $C_m=\frac{L}{V_1}+\frac{L}{V_2}+t$

$$=\frac{100}{10}+\frac{100}{8}+\frac{20}{60}\fallingdotseq 23\text{ min}$$

92. 콘크리트를 구성하는 재료를 저장하고 소정의 배합 비율대로 계량하고 MIXER에 투입하여 요구되는 품질의 콘크리트를 생산하는 설비는?

① asphalt plant
② batcher plant
③ crushing plant
④ chemical plant

해설 배처 플랜트(batcher plant)란 콘크리트를 만드는 데 필요한 재료(물, 시멘트, 골재, 혼화재료 등)를 넣고 혼합하여 콘크리트를 생산하는 설비를 말한다.

93. 시가지의 큰 건물이나 구조물 등의 기초공사 작업 시 회전식 버킷에 의해 지반을 천공하여 소음과 진동이 작고 큰 지름의 깊은 구멍을 뚫는 데 가장 적합한 굴착 기계는?

① 어스 드릴(earth drill)
② 굴삭기(excavator)
③ 크레인(crane)
④ 드래그 라인(drag line)

해설 어스 드릴(earth drill)은 경지 조성용 대구경 셔블계 굴삭기의 하나로서 선단부에 날이 달린 회전 버킷으로 지반을 천공하고 토사를 굴삭한다.

94. 머캐덤 롤러는 차동장치를 갖고 있는데 차동장치를 사용하는 목적으로 가장 적합한 것은?

① 좌우 양륜의 회전속도를 일정하게 하기 위해서
② 커브에서 무리한 힘을 가하지 않고 선회하기 위해서
③ 연약지반에서 차륜의 공회전을 방지하기 위해서
④ 전륜과 후륜의 접지압을 같게 하기 위해서

해설 차동장치는 주행 중에 선회하거나 노면이 울퉁불퉁할 때 좌우 바퀴에 생기는 회전차를 자동적으로 조정하여 원활한 회전을 할 수 있도록 한 것이다.

95. 건설기계에서 사용하는 기관에서 윤활유의 역할이 아닌 것은?

① 밀봉 작용 ② 냉각 작용
③ 세척 작용 ④ 응착 작용

해설 윤활유의 역할
(1) 감마 작용(마찰 감소 작용)
(2) 밀봉 작용(기밀 작용)
(3) 냉각 작용 (4) 세척 작용
(5) 응력 분산 작용 (6) 방청 작용

96. 1차 쇄석기(crusher)는 어느 것인가?

① 조(jaw) 쇄석기
② 콘(cone) 쇄석기
③ 로드 밀(rod mill) 쇄석기
④ 해머 밀(hammer mill) 쇄석기

정답 91. ① 92. ② 93. ① 94. ② 95. ④ 96. ①

해설 (1) 1차 쇄석기 : 조(jaw) 쇄석기, 자이러토리 쇄석기, 임팩트 쇄석기, 해머 쇄석기
(2) 2차 쇄석기 : 콘 쇄석기, 롤 쇄석기, 해머 밀 쇄석기
(3) 3차 쇄석기 : 트리플 롤 쇄석기, 로드 밀, 볼 밀 쇄석기

97. 모터 그레이더가 가장 효과적으로 할 수 있는 작업은?

① 산지 개간 작업
② 절개지 확장 굴삭
③ 적재 작업
④ 제설 작업

해설 모터 그레이더는 정지작업에 주로 사용되는 자주식의 것으로 표면장비라고도 하며, 땅고르기, 배수파기, 파이프 묻기, 경사면 절삭, 제설 작업 등 여러 작업에 사용된다.

98. 다음 중 공기 압축기에 관한 설명으로 틀린 것은?

① 공기 압축기는 구동유닛, 압축유닛 그 밖의 부품으로 구성되어 있다.
② 공기 압축기는 착암기, 바이브레이터 등의 동력이 되는 압축공기를 만드는 기계이다.
③ 압축유닛은 압축기를 작동시키는 동력을 공급하는 주요부로서 가솔린기관 또는 디젤기관에 사용된다.
④ 일반적으로 공기 압축기는 현장에 설치하여 놓은 고정식과 자유로이 이동시킬 수 있는 이동식이 있다.

해설 공기 압축기는 공기를 압축 생산하여 높은 공압으로 저장하였다가 필요에 따라서 각 공압 공구에 공급하여 작업을 수행할 수 있도록 하는 기계이다. 구동유닛은 압축기를 작동시키는 동력을 공급하는 주요부로서 가솔린기관 또는 디젤기관에 사용된다.

99. 카운터 밸런스 지게차의 마스트 후경각의 범위로 가장 알맞은 것은?

① 5~10도　② 15~20도
③ 25~30도　④ 30~35도

해설 건설기계 안전기준에 관한 규칙 제20조 (마스트의 전경각 및 후경각)
(1) "마스트의 전경각"이란 지게차의 기준무부하상태에서 지게차의 마스트를 쇠스랑 쪽으로 가장 기울인 경우 마스트가 수직면에 대하여 이루는 기울기를 말한다.
(2) "마스트의 후경각"이란 지게차의 기준무부하상태에서 지게차의 마스트를 조종실 쪽으로 가장 기울인 경우 마스트가 수직면에 대하여 이루는 기울기를 말한다.
(3) 카운터 밸런스 지게차의 전경각은 6도 이하, 후경각은 12도 이하일 것
(4) 사이드포크형 지게차의 전경각 및 후경각은 각각 5도 이하일 것

100. 오스테나이트 스테인리스강의 설명으로 틀린 것은?

① 18-8 스테인리스강으로 통용된다.
② 비자성체이며 열처리하여도 경화되지 않는다.
③ 저온에서는 취성이 크며 크리프강도가 낮다.
④ 인장강도에 비하여 낮은 내력을 가지며, 가공 경화성이 높다.

해설 오스테나이트계 스테인리스강은 18 Cr-8 Ni 스테인리스강으로 담금질이 되지 않는다. 연전성이 크고 비자성체이며, 13 Cr보다 내식·내열성이 우수하다. 오스테나이트 스테인리스강의 연성-취성 천이 온도는 최저 -269℃까지 유지될 수 있을 정도로 저온 특성이 우수하다. 그러나 마텐자이트나 페라이트계 스테인리스강은 일반 탄소강과 비슷한 저온 한계를 가진다.

정답 97. ④　98. ③　99. ①　100. ③

건설기계설비기사

2015년 8월 16일 (제3회)

제 1 과목 재료역학

1. 그림과 같이 두 외팔보가 롤러(roller)를 사이에 두고 접촉되어 있을 때, 이 접촉점 C에서의 반력은? (단, 두 보의 굽힘 강성 EI는 같다.)

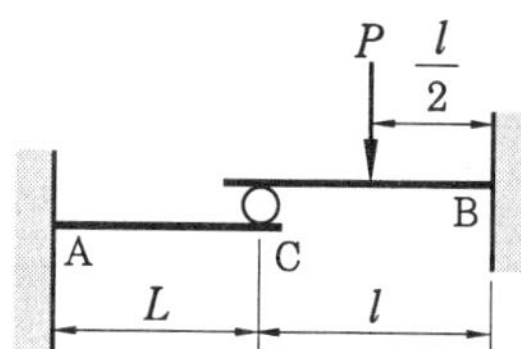

① $\frac{P}{6}$　② $\frac{P}{24}$

③ $\frac{5}{16}\frac{Pl^3}{(L^3+l^3)}$　④ $\frac{5}{32}\frac{Pl^3}{(L^3+l^3)}$

해설 $\delta_c = \frac{R_C L^3}{3EI}$, $\delta_c' = \frac{5Pl^3}{48EI} - \frac{R_C l^3}{3EI}$

$\delta_c = \delta_c'$

$\frac{R_C L^3}{3EI} = \frac{5Pl^3}{48EI} - \frac{R_C l^3}{3EI}$

$\frac{R_C}{3EI}(l^3 + L^3) = \frac{5Pl^3}{48EI}$

$\therefore R_C = \frac{5Pl^3}{16(L^3+l^3)}$ [N]

2. 직경이 d인 원형축의 허용전단응력을 τ_a라 한다면 이 축에 가해질 수 있는 최대 비틀림 모멘트 T는 어떻게 표현되는가?

① $\tau_a \times \frac{\pi d^3}{8}$　② $\tau_a \times \frac{\pi d^3}{16}$

③ $\tau_a \times \frac{\pi d^3}{32}$　④ $\tau_a \times \frac{\pi d^3}{64}$

해설 $T = \tau_a Z_p = \tau_a \frac{\pi d^3}{16}$ [N·m]

3. 두께 1 cm, 폭 5 cm의 강판에 P=10.4 kN이 작용한다. 이 판 중심에 원형 구멍이 있을 경우 안전율을 고려한 최대 지름(d)은 약 몇 cm인가? (단, 강판의 강도 390 MPa, 안전율 5, 응력집중계수 a_k = 3으로 한다.)

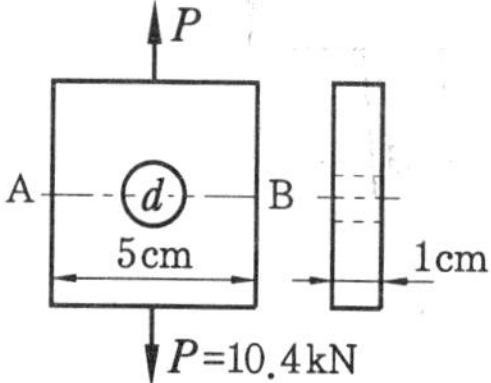

① 0.5　② 1　③ 1.5　④ 2

해설 $\sigma_a = \frac{\sigma_u}{S} = \frac{390}{5} = 78\,\text{MPa}$

$\sigma_{\max} = a_k\sigma_n = a_k\frac{P}{A} = a_k\frac{P}{(b-d)t} \leq \sigma_a$

$3 \times \frac{10.4 \times 10^3}{(50-d) \times 10} \leq 78$

$d \leq 10\,\text{mm}(1\text{cm})$

4. 보 속의 굽힘응력의 크기에 대한 설명 중 옳은 것은? (단, 작용하는 굽힘모멘트와 단면은 일정하다.)

① 중립면으로부터의 거리에 정비례한다.

② 중립면에서 최대가 된다.

③ 중립면으로부터의 거리의 제곱에 비례한다.

④ 중립면으로부터의 거리의 제곱에 반비례한다.

해설 $\frac{1}{\rho} = \frac{M}{EI} = \frac{\sigma}{Ey}$ 에서 $\sigma = \frac{Ey}{\rho}$ [MPa]

$\therefore \sigma \propto y$ (정비례)

5. 그림과 같이 직사각형 단면을 가진 단순보에 600 N의 집중하중이 작용할 때 보

정답 1. ③　2. ②　3. ②　4. ①　5. ②

에 생기는 최대 굽힘응력은?

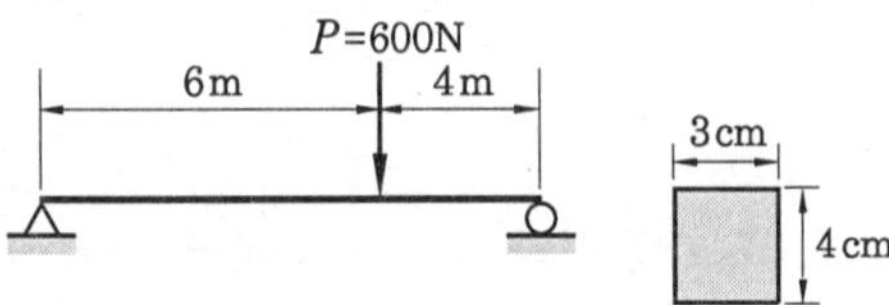

① 130 MPa ② 180 MPa
③ 220 MPa ④ 250 MPa

해설 $M_{max} = \dfrac{Pab}{L}$

$= \dfrac{600 \times 6 \times 4}{10} = 1440\ \text{N} \cdot \text{m}$

$\sigma = \dfrac{M_{max}}{Z} = \dfrac{M_{max}}{\dfrac{bh^2}{6}} = \dfrac{6M_{max}}{bh^2}$

$= \dfrac{6 \times 1440 \times 10^3}{30 \times 40^2} = 180\ \text{MPa}$

6. 그림과 같은 10 mm×10 mm의 정사각형 단면을 가진 강봉이 축압축력 $P=60$ kN을 받고 있을 때 사각형 요소 A가 30° 경사되었을 때 그 표면에 발생하는 수직응력은 약 몇 MPa인가?

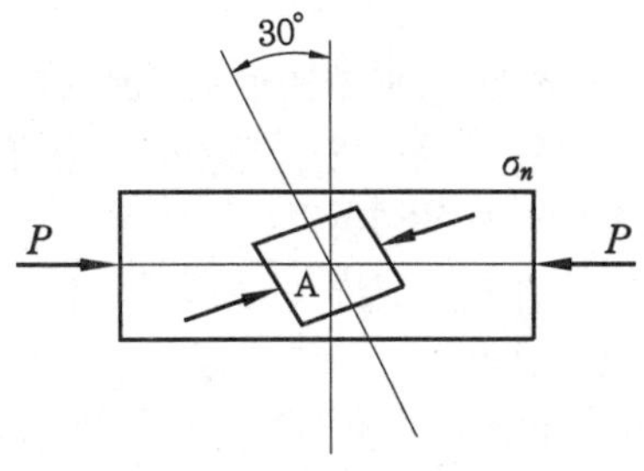

① −120 ② −150
③ −300 ④ −450

해설 $\sigma_n = \sigma_x \cos^2\theta = \dfrac{P}{A}\cos^2\theta$

$= -\dfrac{P}{a^2}\cos^2\theta = -\dfrac{60 \times 10^3}{10^2} \times \cos^2 30°$

$= -450\ \text{MPa}$

7. 원형 단면인 외팔보의 자유단에 연직하방으로 작용하는 집중하중과 비틀림 모멘트가 동시에 작용하고 있다면 고정단의 윗부분의 요소에 생기는 응력상태는 어떻게 되는가?

① 인장 굽힘응력만 생긴다.
② 압축 굽힘응력만 생긴다.
③ 전단응력만 생긴다.
④ 인장 굽힘응력과 전단응력이 생긴다.

해설 집중하중에 의해 인장 굽힘응력, 비틀림 모멘트에 의해 비틀림 응력(전단응력)이 발생한다.

8. 일반적으로 연성 재료에 인장 축하중이 작용할 때 나타나는 재료의 거동을 설명한 것 중 틀린 것은?

① 파단이 발생할 때까지의 축방향의 수직변형률이 취성 재료보다 크게 나타남
② 축방향의 수직방향으로 파단면이 발생함
③ 대체적으로 취성 재료보다 큰 인장강도를 가짐
④ 파단이 발생할 때까지의 단면수축률이 취성 재료보다 크게 나타남

해설 일반적으로 취성 재료는 수직 인장 하중을 받으면 하중과 수직한 단면에서 수직응력에 의해 파손되고 연성 재료는 하중과 45° 각도를 이루는 경사면에서 전단응력에 의해 파손된다.

9. 길이 L이고, 단면적이 A인 탄성 막대에 축 하중 P를 작용시켜 탄성 변형량 δ가 생겼을 때, 훅의 법칙은? (단, E는 막대의 탄성계수이다.)

① $P = E\delta$ ② $\dfrac{P}{A} = \dfrac{E}{L}\delta$
③ $\dfrac{L}{\delta} = \dfrac{P}{A}E$ ④ $\delta = EP$

정답 6. ④ 7. ④ 8. ② 9. ②

해설 훅의 법칙(정비례 법칙)

$\sigma = E\varepsilon$, $\frac{P}{A} = E\frac{\delta}{L}$

10. 길이 10 m의 열차 레일이 0℃일 때 3 mm의 간격을 두고 가설되었다. 온도가 35℃로 상승하면 응력은 얼마나 생기는가? (단, 열팽창계수 $\alpha = 1.2 \times 10^{-5}$/℃이고, 탄성계수 $E = 210$ GPa이다.)

① 25.2 MPa 인장
② 36.5 MPa 인장
③ 36.5 MPa 압축
④ 25.2 MPa 압축

해설 $\lambda = L\alpha\Delta t$

$= 10000 \times 1.2 \times 10^{-5} \times 35 = 4.2$ mm

$\Delta\lambda = 4.2 - 3 = 1.2$ mm

$\sigma = E\varepsilon = E\frac{\Delta\lambda}{L}$

$= 210 \times 10^3 \times \frac{1.2 \times 10^{-3}}{10}$

$= 25.2$ MPa(압축)

11. 다음과 같은 부정정(不淨定)보에서 고정단의 모멘트 M_o의 값은 어느 것인가?

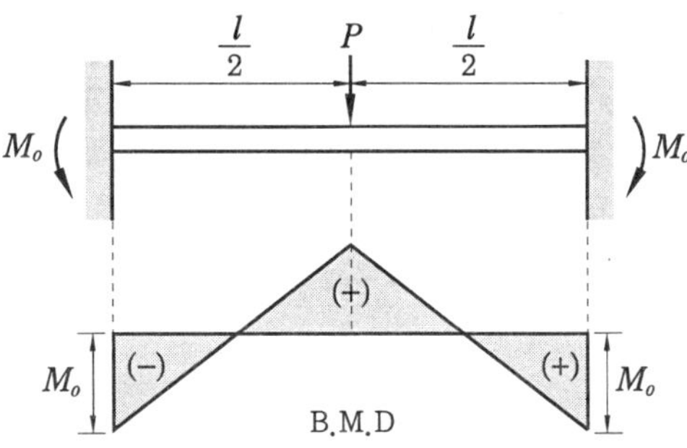

① $\frac{1}{2}Pl$ ② $\frac{1}{4}Pl$ ③ $\frac{1}{6}Pl$ ④ $\frac{1}{8}Pl$

해설 $M_{max}(M_o) = \frac{Pa^2b}{l^2} = \frac{Pab^2}{l^2}$

$= \frac{P\frac{l}{2}\left(\frac{l}{2}\right)^2}{l^2} = \frac{Pl}{8}$ [N·m]

12. 비틀림 모멘트 T를 받는 길이 L인 봉의 비틀림 변형 에너지 U는? (단, G : 전단탄성계수, J : 극관성모멘트)

① $\frac{TL}{2GJ}$ ② $\frac{T^2L}{2GJ}$

③ $\frac{TL^2}{2GJ}$ ④ $\frac{T^2L^2}{2GJ}$

해설 $U = \frac{T\theta}{2} = \frac{T^2L}{2GJ}$ [kJ]

$\theta = \frac{TL}{GJ}$ [rad]

13. 그림과 같이 균일 분포하중을 받는 외팔보에 대해 굽힘에 의한 탄성변형에너지는? (단, 굽힘강성 EI는 일정하다.)

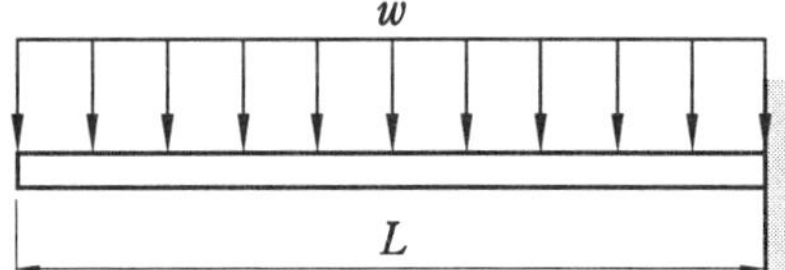

① $\frac{w^2L^5}{20EI}$ ② $\frac{w^2L^5}{40EI}$

③ $\frac{w^2L^5}{80EI}$ ④ $\frac{w^2L^5}{160EI}$

해설 $U = \frac{1}{2EI}\int_0^L M_x^2 dx$

$= \frac{1}{2EI}\int_0^L \left(\frac{wx^2}{2}\right)^2 dx$

$= \frac{w^2}{8EI}\int_0^L x^4 dx = \frac{w^2}{8EI}\left[\frac{x^5}{5}\right]_0^L$

$= \frac{w^2L^5}{40EI}$ [kJ]

14. 알루미늄봉이 그림과 같이 축하중을 받고 있다. BC 간에 작용하는 하중은?

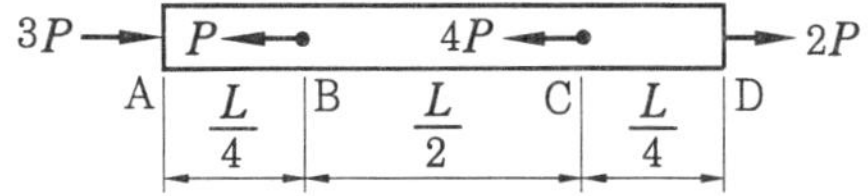

정답 10. ④ 11. ④ 12. ② 13. ② 14. ②

① $3P$　② $2P$
③ $4P$　④ $8P$

해설

$3P$ → Ⓐ ← $3P$

$3P-P=2P$ → Ⓑ ← $4P-2P=2P$

$2P$ ← Ⓒ → $2P$

15. 반지름이 r인 중실축에 토크 T가 작용하고 있다. 작용 토크의 $\frac{1}{3}$을 지지하는 내부 코어(inner core)의 반지름(r')을 구하면?(단, 재질은 선형 탄성 균질재이다.)

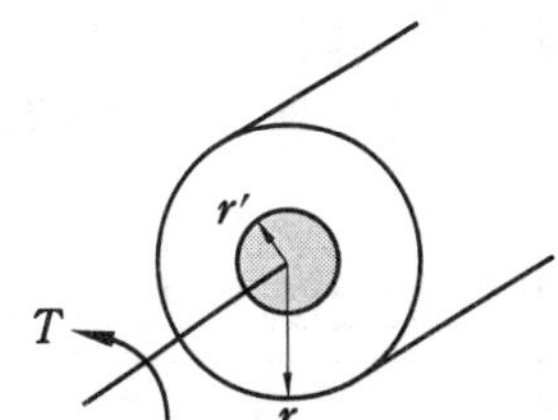

① $r'=\dfrac{r}{4^{\frac{1}{4}}}$　② $r'=\dfrac{r}{3^{\frac{1}{4}}}$

③ $r'=\dfrac{r}{4^{\frac{1}{3}}}$　④ $r'=\dfrac{r}{3^{\frac{1}{3}}}$

해설 $\theta_1=\theta'\left(\dfrac{T_1 l}{GI_p}=\dfrac{T'l}{GI_p'}\right)$이므로

$$\frac{T}{\frac{\pi r^4}{2}}=\frac{\frac{1}{3}T}{\frac{\pi r'^4}{2}},\quad \frac{1}{r^4}=\frac{1}{3r'^4}$$

$$3r'^4=r^4$$

$$r'^4=\frac{r^4}{3}$$

$$\therefore\ r'=\frac{r}{3^{\frac{1}{4}}}=\frac{r}{\sqrt[4]{3}}\,[\text{m}]$$

16. 다음과 같은 부정정 막대에서 양단에 작용하는 반력은?

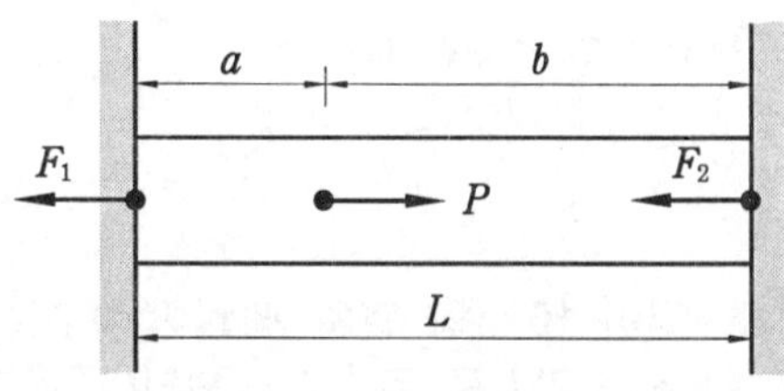

① $F_1=\dfrac{Pb}{L}$, $F_2=\dfrac{Pa}{L}$

② $F_1=\dfrac{Pa}{L}$, $F_2=\dfrac{Pb}{L}$

③ $F_1=\dfrac{PL}{a}$, $F_2=\dfrac{PL}{b}$

④ $F_1=\dfrac{PL}{b}$, $F_2=\dfrac{PL}{a}$

해설 $\Sigma F_x=0$, $P=F_1+F_2\,[\text{N}]$

$$\lambda_a=\lambda_b\left(\frac{F_1 a}{AE}=\frac{F_2 b}{AE}\right)$$

$$F_2=F_1\frac{a}{b}\,[\text{N}]$$

$$P=F_1+F_1\frac{a}{b}=F_1\left(1+\frac{a}{b}\right)$$

$$F_1=\frac{P}{\left(1+\frac{a}{b}\right)}=\frac{Pb}{L}\,[\text{N}]$$

$$\therefore\ F_2=\frac{Pb}{L}\cdot\frac{a}{b}=\frac{Pa}{L}\,[\text{N}]$$

17. 그림과 같은 단면이 균일하고 굽힘강성 EI인 외팔보의 자유단에 하중 P가 작용할 때 탄성곡선의 식은?

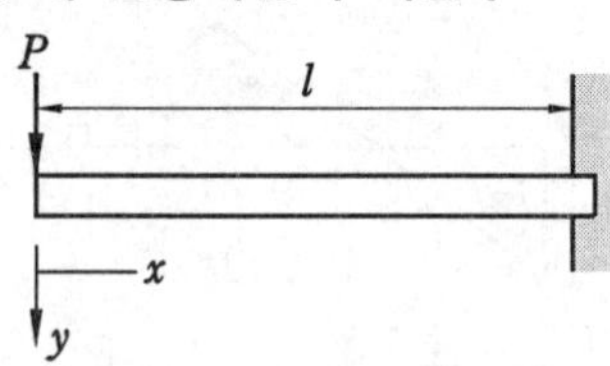

① $y=\dfrac{P}{6EI}(x^3-3l^2x+2l^3)$

② $y=\dfrac{6P}{EI}(x^3-3l^2x+2l^3)$

③ $y=\dfrac{P}{3EI}(x^3-3x+2l^3)$

정답 15. ② 16. ① 17. ①

④ $y = \frac{P}{12EI}(x^3 - 3l^2x + 2l^3)$

18. 그림과 같이 지름 d의 원형 단면의 원목으로부터 최대 굽힘강도를 갖도록 직사각형 단면으로 나무를 잘라내려고 한다. 보의 치수의 비 $\frac{b}{h}$는 얼마인가?

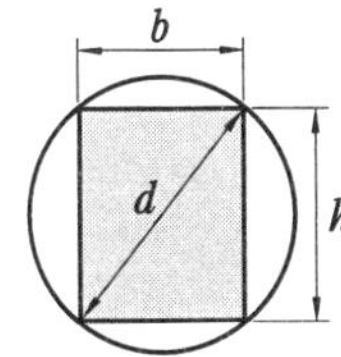

① $\frac{b}{h} = \frac{1}{\sqrt{2}}$　② $\frac{b}{h} = \frac{1}{\sqrt{3}}$

③ $\frac{b}{h} = \frac{1}{2}$　④ $\frac{b}{h} = \frac{1}{3}$

해설 $Z = \frac{bh^2}{6} = \frac{b(d^2 - b^2)}{6}$

$\frac{dZ}{db} = \frac{d^2 - 3b^2}{6}$

$d^2 - 3b^2 = 0$, $d^2 = 3b^2$

$\therefore\ b = \frac{d}{\sqrt{3}}$ [m]

$h^2 = d^2 - b^2 = d^2 - \left(\frac{d}{\sqrt{3}}\right)^2 = \frac{2d^2}{3}$

$\therefore\ h = \frac{\sqrt{2}}{\sqrt{3}}d$

$\therefore\ \frac{b}{h} = \frac{d}{\sqrt{3}} \times \frac{\sqrt{3}}{\sqrt{2}d} = \frac{1}{\sqrt{2}}$

19. 재료의 비례한도 내에서 기둥의 좌굴에 대한 설명 중 틀린 것은?

① 좌굴응력에 직접 고려되는 유일한 재료의 성질은 탄성계수(E)뿐이다.

② 좌굴응력은 기둥의 길이 L의 제곱에 반비례한다.

③ 세장비가 클수록 좌굴응력은 작아진다.

④ 관성 모멘트(I)가 작아질수록 좌굴하중은 커진다.

해설 (1) 좌굴하중(P_B) $= n\pi^2 \frac{EI}{L^2}$ [N]

(2) 좌굴응력(σ_B) $= \frac{P_B}{A} = \frac{n\pi^2 EI}{AL^2}$

$= \frac{n\pi^2 EAk_G^{\ 2}}{AL^2} = \frac{n\pi^2 E}{\left(\frac{L}{k_G}\right)^2} = \frac{n\pi^2 E}{\lambda^2}$ [MPa]

※ 좌굴하중과 관성 모멘트는 비례한다.

$P_B \propto I$

20. 그림과 같은 외팔보에 대한 전단력 선도로 옳은 것은? (단, 아랫방향을 양으로 본다.)

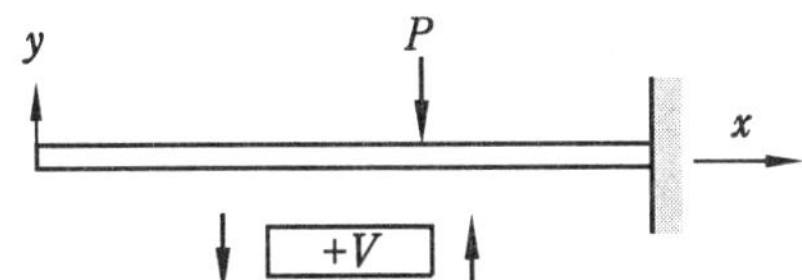

① (V, 0, P 선도)

② (V, 0, P 선도)

③ (V, 0, P 선도)

④ (V, 0, P 선도)

해설 SFD와 BMD의 관계

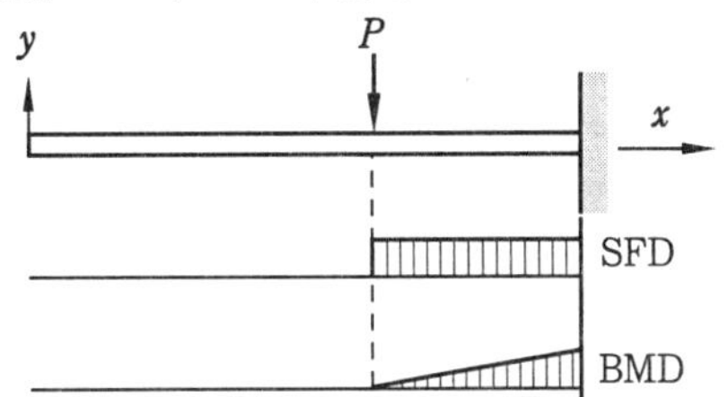

제 2 과목 기계열역학

21. 효율이 40 %인 열기관에서 유효하게 발생되는 동력이 110 kW라면 주위로 방

정답 18. ① 19. ④ 20. ② 21. ②

출되는 총 열량은 약 몇 kW인가?

① 375 ② 165
③ 155 ④ 110

해설 $\eta = \dfrac{W_{net}}{Q_1} \times 100\%$ 에서

$$Q_1 = \frac{W_{net}}{\eta} = \frac{110}{\eta} = \frac{110}{0.4} = 275\,\text{kW}$$

$$W_{net} = Q_1 - Q_2 [\text{kW}]$$

$$\therefore Q_2 = Q_1 - W_{net} = 275 - 110 = 165\,\text{kW}$$

22. 마찰이 없는 피스톤에 12℃, 150 kPa의 공기 1.2 kg이 들어 있다. 이 공기가 600 kPa로 압축되는 동안 외부로 열이 전달되어 온도는 일정하게 유지되었다. 이 과정에서 공기가 한 일은 약 얼마인가? (단, 공기의 기체상수는 0.287 kJ/kg · K이며, 이상기체로 가정한다.)

① −136 kJ ② −100 kJ
③ −13.6 kJ ④ −10 kJ

해설 등온 변화이므로

$$Q = {}_1W_2 = W_t = P_1V_1\ln\frac{V_2}{V_1} = P_1V_1\ln\frac{P_1}{P_2}$$

$$= mRT\ln\frac{P_1}{P_2}$$

$$= 1.2 \times 0.287 \times (12+273) \times \ln\frac{150}{600}$$

$$= -136\,\text{kJ}$$

23. Otto 사이클에서 열효율이 35 %가 되려면 압축비를 얼마로 하여야 하는가? (단, k=1.3이다.)

① 3.0 ② 3.5
③ 4.2 ④ 6.3

해설 $\varepsilon = \left(\dfrac{1}{1-\eta_{tho}}\right)^{\frac{1}{k-1}}$

$$= \left(\frac{1}{1-0.35}\right)^{\frac{1}{1.3-1}} = 4.2$$

24. 폴리트로프 변화를 표시하는 식 $PV^n = C$에서 $n=k$일 때의 변화는? (단, k는 비열비이다.)

① 등압 변화 ② 등온 변화
③ 등적 변화 ④ 가역 단열 변화

해설 폴리트로프 변화
(1) $n=0$일 때 등압 변화
(2) $n=\infty$일 때 등적 변화
(3) $n=1$일 때 등온 변화
(4) $n=k$일 때 $PV^k=C$이므로 가역 단열 변화($S=C$)

25. 과열, 과랭이 없는 이상적인 증기압축 냉동 사이클에서 증발온도가 일정하고 응축온도가 내려갈수록 성능계수는?

① 증가한다.
② 감소한다.
③ 일정하다.
④ 증가하기도 하고 감소하기도 한다.

해설 증발온도가 일정할 때 응축온도가 내려가면 냉동기 성적계수는 증가한다(압축비 감소로 압축일 감소).

26. 물 1 kg이 압력 300 kPa에서 증발할 때 증가한 체적이 0.8 m³이었다면, 이때의 외부 일은? (단, 온도는 일정하다고 가정한다.)

① 140 kJ ② 240 kJ
③ 320 kJ ④ 420 kJ

해설 외부 일(증발열)

$$= P(V' - V) = 300 \times 0.8 = 240\,\text{kJ}$$

27. 지름 20 cm, 길이 5 m인 원통 외부에 두께 5 cm의 석면이 씌워져 있다. 석면 내면과 외면의 온도가 각각 100℃, 20℃이면 손실되는 열량은 약 몇 kJ/h인가? (단, 석면의 열전도율은 0.418 kJ/m · h · ℃로 가정한다.)

정답 22. ① 23. ③ 24. ④ 25. ① 26. ② 27. ①

① 2591 ② 3011
③ 3431 ④ 3851

해설 $Q_e = \dfrac{2\pi Lk\Delta t}{\ln\dfrac{r_2}{r_1}}$

$= \dfrac{2\pi \times 5 \times 0.418 \times (100-20)}{\ln\dfrac{0.15}{0.1}}$

$= 2591\,\text{kJ/h}(0.72\,\text{kW})$

28. 어떤 시스템이 변화를 겪는 동안 주위의 엔트로피가 5 kJ/K 감소하였다. 시스템의 엔트로피 변화는?

① 2 kJ/K 감소 ② 5 kJ/K 감소
③ 3 kJ/K 증가 ④ 6 kJ/K 증가

해설 자연계에서 일어나는 모든 변화(자발적 변화)는 비가역적이므로 전체 엔트로피는 항상 증가한다. 따라서 $\Delta S_{total} > 0$ 인 경우 정답이 된다.
④의 경우 $\Delta S_{total} = \Delta S_1 + \Delta S_2 = -5+6 = 1\,\text{kJ/K} > 0$이므로 정답이다.

29. 8℃의 이상기체를 가역 단열 압축하여 그 체적을 1/5로 줄였을 때 기체의 온도는 몇 ℃인가? (단, k=1.4이다.)

① 313℃ ② 295℃
③ 262℃ ④ 222℃

해설 $\dfrac{T_2}{T_1} = \left(\dfrac{P_2}{P_1}\right)^{\frac{k-1}{k}} = \left(\dfrac{V_1}{V_2}\right)^{k-1}$

$T_2 = T_1\left(\dfrac{P_2}{P_1}\right)^{\frac{k-1}{k}} = T_1\left(\dfrac{V_1}{V_2}\right)^{k-1}$

$= (8+273) \times 5^{1.4-1}$

$= 535\,\text{K} - 273\,\text{K} \fallingdotseq 262℃$

30. 냉동용량이 35 kW인 어느 냉동기의 성능계수가 4.8이라면 이 냉동기를 작동하는 데 필요한 동력은?

① 약 9.2 kW ② 약 8.3 kW
③ 약 7.3 kW ④ 약 6.5 kW

해설 $W_c = \dfrac{Q_e}{\varepsilon_R} = \dfrac{35}{4.8} \fallingdotseq 7.3\,\text{kW}$

31. 순수 물질의 압력을 일정하게 유지하면서 엔트로피를 증가시킬 때 엔탈피는 어떻게 되는가?

① 증가한다.
② 감소한다.
③ 변함없다.
④ 경우에 따라 다르다.

해설 $\Delta S = \dfrac{\delta q}{T} = \dfrac{\delta h}{T}$ [kJ/K]이므로 $\Delta S \propto dh$
(엔트로피가 증가하면 엔탈피도 증가한다).

32. 공기 표준 Brayton 사이클에 대한 설명 중 틀린 것은?

① 단순 가스 터빈에 대한 이상 사이클이다.
② 열교환기에서의 과정은 등온 과정으로 가정한다.
③ 터빈에서의 과정은 가역 단열 팽창 과정으로 가정한다.
④ 터빈에서 생산되는 일의 40 % 내지 80 %를 압축기에서 소모한다.

해설 열교환기에서의 과정은 정압($P=C$) 과정이다.

33. 압력이 0.2 MPa, 온도가 20℃의 공기를 압력이 2 MPa로 될 때까지 가역 단열 압축했을 때 온도는 약 몇 ℃인가? (단, 비열비 k=1.4이다.)

① 225.7℃ ② 273.7℃
③ 292.7℃ ④ 358.7℃

해설 $T_2 = T_1\left(\dfrac{P_2}{P_1}\right)^{\frac{k-1}{k}}$

정답 28. ④ 29. ③ 30. ③ 31. ① 32. ② 33. ③

$= (20+273) \times \left(\frac{2}{0.2}\right)^{\frac{1.4-1}{1.4}}$

$= 565.7\text{K} - 273\text{K} \fallingdotseq 292.7℃$

34. 피스톤 – 실린더로 구성된 용기 안에 300 kPa, 100℃ 상태의 CO_2가 0.2 m^3 들어 있다. 이 기체를 "$PV^{1.2}$ =일정"인 관계가 만족되도록 피스톤 위에 추를 더해가며 온도가 200℃가 될 때까지 압축하였다. 이 과정 동안 기체가 한 일을 구하면? (단, CO_2의 기체상수는 0.189 kJ/kg · K 이다.)

① −20 kJ ② −60 kJ
③ −80 kJ ④ −120 kJ

해설 $P_1V_1 = mRT_1$ 에서

$m = \frac{P_1V_1}{RT_1} = \frac{300 \times 0.2}{0.189 \times 373} = 0.85\text{ kg}$

${}_1W_2 = \frac{mR}{n-1}(T_1 - T_2)$

$= \frac{0.85 \times 0.189}{1.2-1}(100-200)$

$= -80\text{ kJ}$

35. 카르노 사이클(Carnot cycle)로 작동되는 기관의 실린더 내에서 1 kg의 공기가 온도 120℃에서 열량 40 kJ를 얻어 등온팽창한다고 하면 엔트로피의 변화는 얼마인가?

① 0.102 kJ/kg · K
② 0.132 kJ/kg · K
③ 0.162 kJ/kg · K
④ 0.192 kJ/kg · K

해설 $ds = \frac{\delta q}{T} = \frac{40}{(120+273)}$

$\fallingdotseq 0.102\text{ kJ/kg} \cdot \text{K}$

36. 밀폐계 안의 유체가 상태 1에서 상태 2로 가역 압축될 때, 하는 일을 나타내는 식은? (단, P는 압력, V는 체적, T는 온도이다.)

① $W = \int_1^2 PdV$

② $W = \int_1^2 V^2 dP$

③ $W = \int_1^2 VdT$

④ $W = -\int_1^2 TdP$

해설 (1) 밀폐계 일$({}_1W_2) = \int_1^2 PdV[\text{kJ}]$

(2) 개방계(유동계) 일(W_t)

$= -\int_1^2 VdP[\text{kJ}]$

37. 처음의 압력이 500 kPa이고, 체적이 2 m^3인 기체가 "PV=일정"인 과정으로 압력이 100 kPa까지 팽창할 때 밀폐계가 하는 일(kJ)을 나타내는 식은?

① $1000\ln\frac{2}{5}$ ② $1000\ln\frac{5}{2}$

③ $1000\ln 5$ ④ $1000\ln\frac{1}{5}$

해설 등온 변화 시 밀폐계 일$({}_1W_2)$

$= P_1V_1\ln\frac{P_1}{P_2} = 500 \times 2 \times \ln\frac{500}{100}$

$= 1000\ln 5$

38. 어느 내연기관에서 피스톤의 흡기 과정으로 실린더 속에 0.2 kg의 기체가 들어왔다. 이것을 압축할 때 15 kJ의 일이 필요하였고, 10 kJ의 열을 방출하였다고 한다면, 이 기체 1 kg당 내부에너지의 증가량은?

① 10 kJ ② 25 kJ
③ 35 kJ ④ 50 kJ

정답 34. ③ 35. ① 36. ① 37. ③ 38. ②

해설 $du = \frac{dU}{m} = \frac{Q - {}_1W_2}{m}$

$= \frac{-10-(-15)}{0.2} = 25\,\text{kJ/kg}$

39. **500℃와 20℃의 두 열원 사이에 설치되는 열기관이 가질 수 있는 최대의 이론 열효율은 약 몇 %인가?**

① 4 ② 38
③ 62 ④ 96

해설 $\eta_c = 1 - \frac{T_2}{T_1} = 1 - \frac{20+273}{500+273}$

$= 0.62(62\%)$

40. **1 kg의 헬륨이 100 kPa하에서 정압 가열되어 온도가 300 K에서 350 K로 변하였을 때 엔트로피의 변화량은 몇 kJ/K인가? (단, $h = 5.238T$의 관계를 갖는다. 엔탈피 h의 단위는 kJ/kg, 온도 T의 단위는 K이다.)**

① 0.694 ② 0.756
③ 0.807 ④ 0.968

해설 정압($P = C$) 가열인 경우

$\delta q = dh = C_p dT\,[\text{kJ/kg}]$

$h = 5.238T$를 미분형으로 표기하면

$dh = 5.238dT$

$ds = \frac{\delta q}{T} = \frac{dh}{T} = 5.238\int_{300}^{350}\frac{dT}{T}$

$= 5.238\ln\frac{T_2}{T_1} = 5.238\ln\frac{350}{300}$

$= 0.807\,\text{kJ/kg}\cdot\text{K}$

제 3 과목 기계유체역학

41. **이상 유체를 정의한 것 중 가장 옳은 것은?**

① 실제 유체이다.
② 뉴턴 유체이다.
③ 점성만 없는 유체이다.
④ 점성이 없는 비압축성 유체이다.

해설 이상 유체(ideal fluid)란 점성이 없는(비점성) 비압축성($\rho = C$) 유체로 완전 유체(perfect fluid)라고도 한다.

42. **동점성계수가 $1.31 \times 10^{-6}\,\text{m}^2/\text{s}$인 물이 내경 30 mm의 원관 속을 3 m/s의 속도로 흐르고 있다. 이 흐름은 일반적으로 어떤 상태의 흐름인가?**

① 층류 ② 비등속류
③ 난류 ④ 비점성류

해설 $Re = \frac{Vd}{\nu} = \frac{3 \times 0.03}{1.31 \times 10^{-6}}$

$= 68702.29 > 4000$ (난류)

43. **다음 중 비압축성 유동에 관하여 가장 올바르게 설명한 것은?**

① 모든 실제 유동을 말한다.
② 액체만의 유동을 말한다.
③ 유체 내의 모든 곳에서 압력이 일정하다.
④ 유체의 속도나 압력의 변화에 관계없이 밀도가 일정하다.

해설 비압축성 유동이란 유체의 속도나 압력의 변화에 관계없이 밀도가 일정한($\rho = C$) 유체의 유동을 말한다.

44. **비중이 0.877인 기름이 단면적이 변하는 원관을 흐르고 있으며 체적유량은 $0.146\,\text{m}^3/\text{s}$이다. A점에서는 안지름이 150 mm, 압력이 91 kPa이고, B점에서는 안지름이 450 mm, 압력이 60.3 kPa이다. 또한 B점은 A점보다 3.66 m 높은 곳에 위치한다. 기름이 A점에서 B점까지 흐르는 동안 잃어버린 수두는 약 얼마인가?**

정답 39. ③ 40. ③ 41. ④ 42. ③ 43. ④ 44. ①

① 3.4 m ② 3.9 m
③ 4.3 m ④ 4.9 m

해설 $V_A = \frac{Q}{A_A} = \frac{4 \times 0.146}{\pi \times 0.15^2} = 8.26 \text{ m/s}$

$V_B = \frac{Q}{A_B} = \frac{4 \times 0.146}{\pi \times 0.45^2} = 0.92 \text{ m/s}$

$\frac{P_A}{\gamma} + \frac{V_A^2}{2g} + Z_A = \frac{P_B}{\gamma} + \frac{V_B^2}{2g} + Z_B + h_L$

$\therefore h_L = \frac{(P_A - P_B)}{\gamma} + \frac{(V_A^2 - V_B^2)}{2g} + (Z_A - Z_B)$

$= \frac{(91-60.3)}{9.8 \times 0.877} + \frac{(8.26^2 - 0.92^2)}{2 \times 9.8} + (0 - 3.66)$

$≒ 3.4 \text{ m}$

45. 물을 사용하는 원심 펌프의 설계점에서의 전양정이 30 m이고 유량은 1.2 m³/min이다. 이 펌프를 설계점에서 운전할 때 필요한 축동력이 7.35 kW라면 이 펌프의 전 효율은?

① 70 % ② 80 %
③ 90 % ④ 100 %

해설 $\eta_p = \frac{L_w}{L_s} \times 100\% = \frac{9.8QH}{L_s} \times 100\%$

$= \frac{9.8 \times \left(\frac{1.2}{60}\right) \times 30}{7.35} \times 100\% = 80\%$

46. 피토관의 두 구멍 사이에 차압계를 연결하였다. 이 피토관을 풍동실험에 사용했는데 ΔP가 700 Pa이었다. 풍동에서의 공기 속도는 몇 m/s인가?(단, 풍동에서의 압력과 온도는 각각 98 kPa과 20℃이고 공기의 기체상수는 287 kJ/kg · K이다.)

① 32.53 ② 34.67
③ 36.85 ④ 38.94

해설 $\rho = \frac{P}{RT} = \frac{98}{0.287 \times 293} = 1.165 \text{ kg/m}^3$

$V = \sqrt{2g\Delta h} = \sqrt{2g\frac{\Delta P}{\rho g}} = \sqrt{\frac{2\Delta P}{\rho}}$

$= \sqrt{\frac{2 \times 700}{1.165}} = 34.67 \text{ m/s}$

47. 동점성계수가 15.68×10^{-6} m/s인 유체가 평판 위를 1.5 m/s의 속도로 흐르고 있다. 평판의 선단으로부터 0.3 m 되는 곳에서의 레이놀즈수는?

① 28700 ② 25400
③ 22400 ④ 20400

해설 $Re_x = \frac{ux}{\nu} = \frac{1.5 \times 0.3}{15.68 \times 10^{-6}}$

$≒ 28700 < 5 \times 10^5$ (층류)

48. 소방용 노즐로부터 높이 50 m의 건물 옥상을 향하여 수직방향으로 물을 방출하여 도달시키고자 한다. 물의 분출속도는 약 몇 m/s 이상으로 해야 하는가?(단, 공기의 마찰은 무시한다.)

① 28.7 ② 31.3
③ 12.6 ④ 22.7

해설 $V = \sqrt{2gh} = \sqrt{2 \times 9.8 \times 50} = 31.3 \text{ m/s}$

49. 그림과 같이 수두에서 오리피스의 유출속도가 V[m/s]이라면 유출속도를 $2V$로 하기 위해서는 H를 얼마로 해야 하는가?

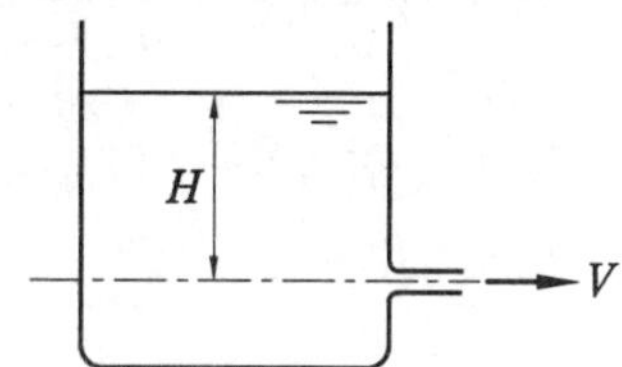

① $2H$ ② $3H$
③ $4H$ ④ $5H$

해설 $V = \sqrt{2gH}$ [m/s]에서

$H = \frac{V^2}{2g} \; (H \propto V^2)$

$2V = \sqrt{2gH'}$ [m/s]

정답 45. ② 46. ② 47. ① 48. ② 49. ③

$\therefore\ H' = \dfrac{4V^2}{2g} = 4H$

50. 어떤 기름의 동점성계수가 2.5 stokes이며, 비중은 2.45이다. 점성계수는 몇 N·s/m²인가? (단, 1stokes는 1 cm²/s이다.)

① 0.0001　② 0.01
③ 0.6125　④ 6.125

해설 $\nu = \dfrac{\mu}{\rho}$ [m²/s]에서

$\mu = \nu\rho = 2.5 \times 10^{-4} \times 1000 \times 2.45$
$= 0.6125\ \text{Pa}\cdot\text{s}(\text{N}\cdot\text{s/m}^2)$

51. 압력이 200 kPa에서 메탄가스의 밀도가 1.1 kg/m³이었다면 이때의 온도는 약 몇 K인가? (단, 일반 기체상수(universal gas constant)는 8.314 kJ/kmol·K, 메탄가스의 분자량은 16이다.)

① 25　② 35
③ 250　④ 350

해설 $\rho = \dfrac{P}{RT}$ 에서

$T = \dfrac{P}{\rho R} = \dfrac{200}{1.1 \times 0.52} \fallingdotseq 350\ \text{K}$

$R = \dfrac{\overline{R}}{M} = \dfrac{8.314}{16} = 0.52\ \text{kJ/kg}\cdot\text{K}$

52. 그림과 같은 수문이 열리지 않도록 하기 위하여 그 하단 A점에서 받쳐 주어야 할 최소 힘 F_p는 몇 kN인가? (단, 수문의 폭 : 1 m, 유체의 비중량 : 9800 N/m³이다.)

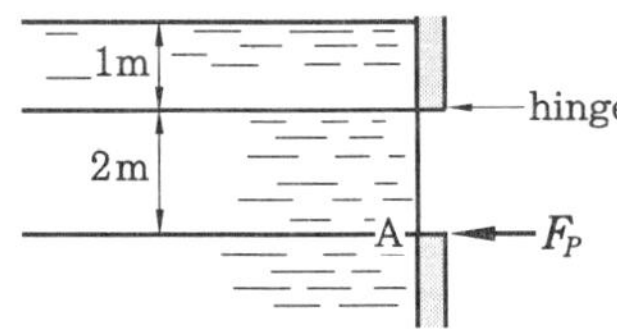

① 13.07　② 22.86
③ 26.13　④ 42.45

해설 $F = \gamma\overline{h}A = 9.8 \times 2 \times (1 \times 2) = 39.2\ \text{kN}$

$y_F = \overline{y} + \dfrac{I_G}{A\overline{y}} = 2 + \dfrac{\dfrac{1 \times 2^3}{12}}{(1 \times 2) \times 2} = 2.167\ \text{m}$

hinge(힌지)를 기준으로 $\Sigma M_{hinge} = 0$

$F(y_F - 1) - F_p \times 2 = 0$

$\therefore\ F_p = \dfrac{F(y_F - 1)}{2}$

$= \dfrac{39.2 \times (2.167 - 1)}{2} = 22.87\ \text{kN}$

53. 하겐-푸아죄유(Hagen Poiseuille) 유동에서 관의 지름이 반으로 줄어들 때 원래와 동일한 속도를 얻으려면 관 양쪽에서의 압력 차이를 몇 배로 증가시켜야 하는가?

① 2　② 4
③ 16　④ 32

해설 $\Delta P = \dfrac{128\mu QL}{\pi d^4} = \dfrac{32\mu VL}{d^2}$ [kPa]에서

$\Delta P \propto \dfrac{1}{d^2}$ 이므로 지름이 반으로 줄어들 때 원래와 동일한 속도를 얻으려면 압력을

$\dfrac{1}{\left(\dfrac{1}{2}\right)^2} = 4$ 배로 증가시켜야 한다.

54. 안지름 240 mm인 관 속을 흐르고 있는 공기의 평균 풍속이 10 m/s이면 공기는 매초 몇 kg이 흐르겠는가? (단, 관 속의 정압은 2.45×10⁵ Pa, 온도는 15℃, 공기의 기체상수 R = 287J/kg·K이다.)

① 1.34　② 2.96
③ 3.35　④ 4.12

해설 질량 유량$(\dot{m}) = \rho AV = \left(\dfrac{P}{RT}\right)AV$

$= \left(\dfrac{2.45 \times 10^5}{287 \times 288}\right) \times \dfrac{\pi \times 0.24^2}{4} \times 10$

$= 1.34\ \text{kg/s}$

정답 50. ③　51. ④　52. ②　53. ②　54. ①

55. 반경 2 m인 실린더에 담겨진 물이 실린더의 중심축에 대하여 일정한 각속도 60 rpm으로 회전하고 있다. 실린더에서 물이 넘쳐 흐르지 않을 경우 물 표면의 최고점과 최저점의 높이차는 몇 m인가?

① 8.04 ② 4.02
③ 2.42 ④ 1.84

해설 $\omega = \frac{2\pi N}{60} = \frac{2\pi \times 60}{60} = 6.28\,\text{rad/s}$

$$h_o = \frac{r_o^2 \omega^2}{2g} = \frac{2^2 \times 6.28^2}{2 \times 9.8} = 8.04\,\text{m}$$

56. 어떤 개방된 탱크에 비중이 1.5인 액체 400 m 위에 물 200 mm가 있다. 이때 탱크 밑면에 작용하는 계기 압력은 몇 Pa인가?

① 0.6 ② 7.84
③ 6000 ④ 7840

해설 $P = \gamma_1 h_1 + \gamma_2 h_2 = \gamma_w (S_1 h_1 + S_2 h_2)$

$= 9800(1 \times 0.2 + 1.5 \times 0.4)$

$= 7840\,\text{Pa(N/m}^2)$

57. 그림과 같은 U자형 관내 유동에 의하여 이음매에 작용하는 힘은 얼마인가? (단, ρ는 유체 밀도이고 V는 이음매 부근에서의 유속이며 관로 내의 마찰손실과 중력의 영향은 무시한다.)

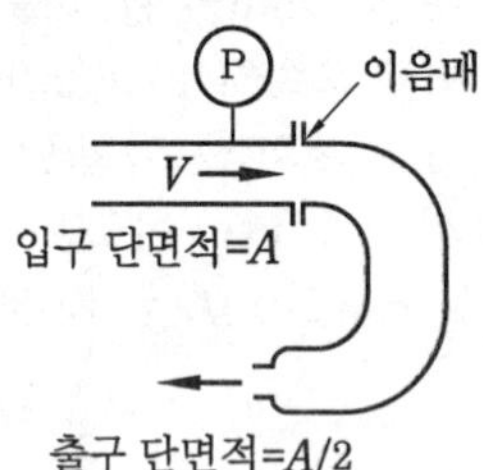

① $\frac{1}{2}\rho V^2 A$ ② $\frac{3}{2}\rho V^2 A$
③ $3\rho V^2 A$ ④ $\frac{9}{2}\rho V^2 A$

해설 $Q = A_1 V_1 = A_2 V_2 [\text{m}^3/\text{s}]$에서

$AV = \frac{A}{2} V_2$

$\therefore V_2 = 2V$

$$\frac{P_1}{\gamma} + \frac{V_1^2}{2g} + Z_1 = \frac{P_2}{\gamma} + \frac{V_2^2}{2g} + Z_2$$

(여기서 Z_1, $\frac{P_2}{\gamma}$, Z_2는 0)

$$\frac{P_1}{\rho g} + \frac{V^2}{2g} = \frac{(2V)^2}{2g}$$

$\therefore P_1 = \frac{3}{2}\rho V^2$

$F_x = P_1 A_1 - P_2 A_2 \cos\theta$
$\quad + \rho Q(V_1 \cos\theta_1 - V_2 \cos\theta_2)$
$\quad = \frac{3}{2}\rho V^2 A + \rho A V(V\cos 0° - 2V\cos 180°)$
$\quad = \frac{9}{2}\rho V^2 A[\text{N}]$

58. 유량 Q가 점성계수 μ, 관지름 D, 압력구배 $\frac{dP}{dx}$의 함수일 경우 차원해석을 이용한 관계식으로 옳은 것은?

① $Q = f\left(\frac{D}{\mu}\left(\frac{dP}{dx}\right)\right)$

② $Q = f\left(\frac{D^5}{\mu^2}\left(\frac{dP}{dx}\right)\right)$

③ $Q = f\left(\frac{D^2}{\mu}\frac{dP}{dx}\right)$

④ $Q = f\left(\frac{D^4}{\mu}\frac{dP}{dx}\right)$

해설 $Q = \frac{\Delta P \pi D^4}{128\mu L}[\text{m}^3/\text{s}]$이므로

$Q = f\left(\frac{D^4}{\mu}\frac{dP}{dx}\right)$

59. 직경이 5 m이고, 길이가 60 m인 소형 비행선의 항력 특성에 대한 풍동실험을 하고자 한다. 공기 중에서의 소형 비행선 속도가 5 m/s이고 1/10 축척의 모형실험을 한다면 동역학적 상사 조건을 만족하기

정답 55. ① 56. ④ 57. ④ 58. ④ 59. ②

위한 풍동에서의 공기 속도는 몇 m/s인가?(단, 모형과 원형에서 온도와 기압은 같다고 가정한다.)

① 10 ② 50
③ 110 ④ 120

해설 $(Re)_p = (Re)_m$

$$\left(\frac{VL}{\nu}\right)_p = \left(\frac{VL}{\nu}\right)_m$$

$\nu_p \simeq \nu_m$

$$\therefore\ V_m = V_p \times \frac{L_p}{L_m} = 5 \times \frac{10}{1} = 50\,\text{m/s}$$

60. $(r,\ \theta)$ 극좌표계에서 속도 퍼텐셜 $\Phi = 2\theta$에 대응하는 원주방향 속도(V_θ)는?(단, 속도 퍼텐셜 Φ는 $\overrightarrow{V} = \nabla\Phi$로 정의한다.)

① $\dfrac{4\pi}{r}$ ② $\dfrac{2}{r}$
③ $2r$ ④ $4\pi r$

해설 $V_\theta = \dfrac{1}{r}\dfrac{\partial\Phi}{\partial\theta} = \dfrac{1}{r} \times 2 = \dfrac{2}{r}$ [m/s]

제 4 과목 유체기계 및 유압기기

61. 왕복압축기에서 총 배출 유량 0.8 m^3/min, 실린더 지름 10 cm, 피스톤 행정 20 cm, 체적 효율 0.8, 실린더 수가 5일 때 회전수(rpm)는?

① 85 ② 127 ③ 154 ④ 185

해설 $V_t = ASNZ\eta_v = \dfrac{\pi d^2}{4} SNZ\eta_v [\text{m}^3/\text{min}]$

$$N = \frac{4V_t}{\pi d^2 SZ\eta_v} = \frac{4 \times 0.8}{\pi \times 0.1^2 \times 0.2 \times 5 \times 0.8}$$

$\fallingdotseq 127$ rpm

62. 어떤 수차의 비교회전도(또는 비속도, specific speed)를 계산하여 보니 100 (rpm · kW · m)가 되었다. 이 수차는 어떤 종류의 수차로 볼 수 있는가?

① 펠턴 수차 ② 프란시스 수차
③ 카플란 수차 ④ 프로펠러 수차

해설 수차의 비교회전도

수차의 종류		비교회전도
펠턴 수차	노즐 1개 노즐 2개	10~25 20~40
프란시스 수차	저속 중속 고속 초고속	30~100 100~200 200~350 350~450
프로펠러 수차		400~700
카플란 수차		450~1000

63. 원심 펌프에서 축추력(axial thrust) 방지법으로 거리가 먼 것은?

① 브레이크다운 부시 사용
② 스러스트 베어링 사용
③ 웨어링 링의 사용
④ 밸런스 홀의 설치

해설 축추력 방지법

(1) 양흡입형 회전차를 사용한다.
(2) 평형공, 평형원판, 웨어링 링을 설치한다.
(3) 후면 측벽에 방사상의 리브(rib)를 설치한다.
(4) 밸런스 홀을 설치한다.
(5) 스러스트 베어링을 사용한다.

64. 왕복식 진공 펌프의 구성 부품으로 거리가 먼 것은?

① 크랭크축 ② 크로스 헤드
③ 블레이드 ④ 실린더

해설 왕복식 진공 펌프의 구성 부품으로는 크랭크축, 실린더, 크로스 헤드, 피스톤, 피스톤 링, 피스톤 로드, 흡배기 밸브 등이 있다.

정답 60. ② 61. ② 62. ② 63. ① 64. ③

65. 원심 펌프의 케이싱에 의한 분류에 포함되지 않는 것은?

① 원추형　　② 원통형
③ 배럴형　　④ 상하분할형

해설 원심 펌프는 케이싱의 형상에 따라 상하분할형, 분할형, 원통형, 배럴형 펌프로 분류한다.

66. 출력을 L[kW], 유효낙차를 H[m], 유량을 Q[m^3/min], 매분 회전수를 n[rpm]이라 할 때, 수차의 비교회전도 혹은 비속도(specific speed), n_s를 구하는 식으로 옳은 것은?

① $n_s = \dfrac{n(L)^{\frac{1}{2}}}{H^{\frac{5}{4}}}$　　② $n_s = \dfrac{n(L)^{\frac{1}{2}}}{H^{\frac{4}{5}}}$

③ $n_s = \dfrac{n(L)^{\frac{1}{2}}}{H^{\frac{3}{4}}}$　　④ $n_s = \dfrac{n(L)^{\frac{1}{3}}}{H^{\frac{3}{4}}}$

해설 수차의 비속도(비교회전도)

$$n_s = \frac{n\sqrt{L}}{H^{\frac{5}{4}}} = \frac{n(L)^{\frac{1}{2}}}{H^{\frac{5}{4}}}\,[\text{rpm}\cdot\text{kW}\cdot\text{m}]$$

67. 다음 중 펌프의 작용도 하고, 수차의 역할도 하는 펌프 수차(pump－turbine)가 주로 이용되는 발전 분야는?

① 댐 발전　　② 수로식 발전
③ 양수식 발전　　④ 저수식 발전

해설 양수식 발전은 수력 발전의 일종으로 전력 소비가 적은 밤에 높은 곳에 있는 저수지로 물을 퍼 올려 저장한 후 전력 소비가 많은 낮 시간에 이 물을 떨어뜨려 발전하는 방식이다. 양수식 발전소에서 수차를 역회전시키게 되면 펌프 기능이 가능한 반동수차가 되는데 이를 펌프 수차라 한다.

68. 클러치 점(clutch point) 이상의 속도비에서 운전되는 토크 컨버터의 성능을 개선하는 방법으로 거리가 먼 것은?

① 토크 컨버터를 사용하지 않고 기계적으로 직결한다.
② 유체 커플링과 조합시킨다.
③ 토크 컨버터 커플링을 사용한다.
④ 가변 안내깃을 고정시킨다.

해설 토크 컨버터에서 클러치 점이란 출력축 토크와 입력축 토크의 비가 1이 되는 점이다. 클러치 점 이상의 속도비에서 운전한다는 말은 토크 컨버터의 토크 변화율을 더 크게 한다는 의미이다. 이때 토크 컨버터의 성능을 개선하는 방법으로는 ①, ②, ③ 외에 가변 안내깃을 변화시킨다.

69. 다음 중 유체가 갖는 에너지를 기계적인 에너지로 변환하는 유체기계는?

① 축류 펌프　　② 터보 블로어
③ 펠턴 수차　　④ 기어 펌프

해설 펠턴 수차는 물이 가지고 있는 위치 에너지를 기계적 에너지로 변환하는 기계이고, 축류 펌프, 터보 블로어, 기어 펌프는 기계적 에너지를 유체 에너지(주로 압력 에너지 형태)로 변환시키는 장치이다.

70. 펌프의 캐비테이션(cavitation) 방지 대책으로 볼 수 없는 것은?

① 흡입관은 가능한 짧게 한다.
② 가능한 회전수가 낮은 펌프를 사용한다.
③ 회전차를 수중에 넣지 않고 운전한다.
④ 편흡입보다는 양흡입 펌프를 사용한다.

해설 캐비테이션(공동현상) 방지 대책
(1) 펌프의 설치 위치를 되도록 낮게 하여 흡입 양정을 짧게 한다.
(2) 단흡입펌프보다는 양흡입펌프를 사용한다.
(3) 펌프의 흡입관경을 크게 한다.

정답 65. ①　66. ①　67. ③　68. ④　69. ③　70. ③

(4) 펌프의 임펠러 속도, 즉 회전수를 낮게 한다.
(5) 회전차(임펠러)를 수중에 잠기게 한다.

71. 그림과 같은 유압 회로의 사용 목적으로 옳은 것은?

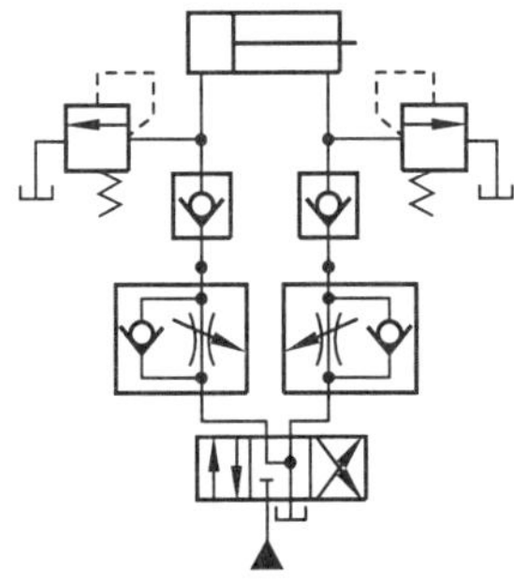

① 압력의 증대
② 유압에너지의 저장
③ 펌프의 부하 감소
④ 실린더의 중간 정지

해설 문제의 그림은 로크 회로를 나타낸 것이다. 로크 회로는 실린더 행정 중에 임의 위치에서 혹은 행정 끝에서 실린더를 고정시켜 놓을 필요가 있을 때 피스톤의 이동을 방지하는 회로이다.

72. 압력이 70 kgf/cm^2, 유량이 30 L/min인 유압 모터에서 1분 간의 회전수는 몇 rpm인가?(단, 유압 모터의 1회당 배출량은 20 cc/rev이다.)

① 500 ② 1000
③ 1500 ④ 2000

해설 유량$(Q) = \frac{q \times N}{1000}$[L/min]에서

$$N = \frac{1000Q}{q} = \frac{1000 \times 30}{20} = 1500 \text{ rpm}$$

73. 모듈이 10, 잇수가 30개, 이의 폭이 50 mm일 때, 회전수가 600 rpm, 체적 효율은 80 %인 기어 펌프의 송출 유량은 약 몇 m^3/min인가?

① 0.45 ② 0.27
③ 0.64 ④ 0.77

해설 송출 유량(Q)

$$= 2\pi m^2 ZbN\eta_v \times 10^{-9}$$
$$= 2\pi \times 10^2 \times 30 \times 50 \times 600 \times 0.8 \times 10^{-9}$$
$$= 0.45 \text{ m}^3/\text{min}$$

74. 다음 유압 회로는 어떤 회로에 속하는가?

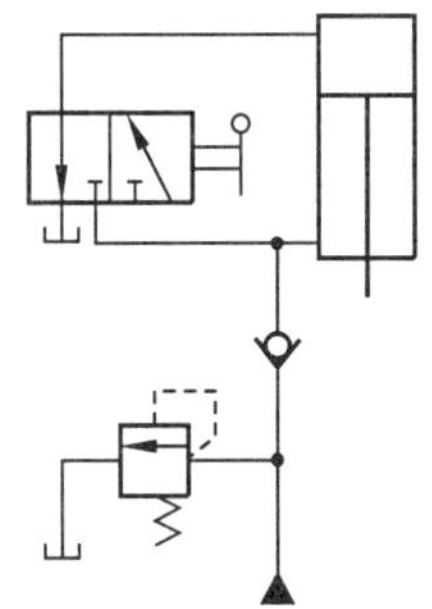

① 로크 회로
② 무부하 회로
③ 블리드 오프 회로
④ 어큐뮬레이터 회로

75. 유압 실린더의 피스톤 링이 하는 역할에 해당되지 않는 것은?

① 열 전도 ② 기밀 유지
③ 기름 제거 ④ 누설 방지

해설 피스톤 링은 피스톤 둘레의 기밀을 유지하기 위한 링으로 스프링의 성질을 가지고 있어서 바깥쪽으로 넓어져 실린더와 피스톤 틈새로 압축이 새나가지 않게 한다. 1개만으로는 누설될 염려가 있어 3~4개의 링을 동시에 사용하고 있는데, 실린더 벽면에 있는 오일이 연소실에 들어가지 못하도록 긁어내리는 오일 링과 연소 가스가 누설되지 못하게 하는 압축 링으로 구성되어 있다.

정답 71. ④ 72. ③ 73. ① 74. ① 75. ①

76. 그림에서 A는 저압 대용량, B는 고압 소용량 펌프이다. 70 kgf/cm²의 부하가 걸릴 때, 펌프 A의 동력량을 감소시킬 목적으로 C에 유압 밸브를 설치하고자 할 때 어떤 밸브를 설치하는 것이 가장 적당한가?

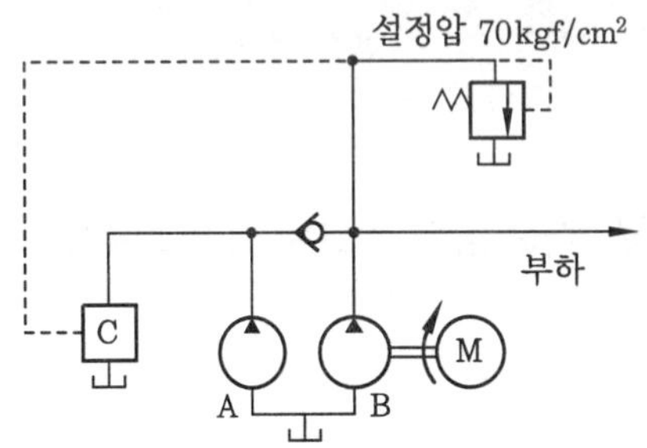

① 감압 밸브
② 시퀀스 밸브
③ 언로드 밸브
④ 카운터 밸런스 밸브

해설 언로드 밸브는 회로 내의 압력이 설정 압력에 이르렀을 때 압력을 떨어뜨리지 않고 펌프 송출량을 그대로 기름 탱크에 되돌리기 위하여 사용하는 밸브로 동력 절감을 목적으로 할 때 사용한다.

77. 유압기계를 처음 운전할 때 또는 유압장치 내의 이물질을 제거하여 오염물을 배출시키고자 할 때 슬러지를 용해하는 작업은?

① 필터링 ② 플러싱
③ 플레이트 ④ 엘레멘트

해설 플러싱(flushing) 작업은 유압장치를 새로 설치하거나 작동유를 교환할 때 관내의 이물질 제거 목적으로 실시하는 파이프 내의 청정 작업이다.

78. 다음 기호 중 체크 밸브를 나타내는 것은?

① 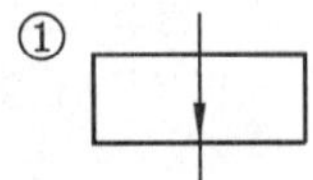 ② 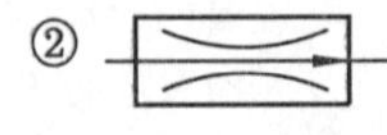

③ 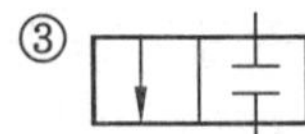 ④ 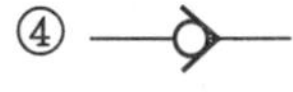

79. 열교환기에서 유온을 항상 적당한 온도로 유지하기 위하여 사용되는 오일쿨러(oil cooler) 중 수랭식에 관한 설명으로 옳지 않은 것은?

① 소형으로 냉각능력이 크다.
② 종류로는 흡입형과 토출형이 있다.
③ 기름 중에 물이 혼입할 우려가 있다.
④ 10도 전후의 온도가 낮은 물이 사용될 수 있어야 한다.

해설 ②는 공랭식에 관한 설명이다.

80. 유압장치 내에서 요구된 일을 하며 유압 에너지를 기계적 동력으로 바꾸는 역할을 하는 유압 요소는?

① 유압 탱크
② 압력 게이지
③ 에어 탱크
④ 유압 액추에이터

해설 액추에이터 : 유압 펌프에 의하여 공급되는 유체의 압력 에너지를 회전운동 및 직선왕복운동 등의 기계적인 에너지로 변환시키는 기기(유압을 일로 바꾸는 장치)

제5과목 건설기계일반 및 플랜트배관

91. 다이렉트 드라이브 변속기가 장착된 무한궤도식 불도저가 작업 중에 과부하로 인하여 작업속도가 급격히 떨어졌으나 엔진 회전속도는 저하되지 않았다고 하면 우선 점검할 장치는?

① 내연기관 ② 변속기
③ 메인 클러치 ④ 최종 구동장치

정답 76. ③ 77. ② 78. ④ 79. ② 80. ④ 91. ③

해설 클러치의 필요성
- 엔진 시동 시 무부하 유지
- 엔진의 동력을 차단하여 관성운전 가능
- 기어 변속 시 엔진의 동력을 차단하여 원활한 변속 가능

92. 다음 중 건설기계의 규격 표시 방법으로 틀린 것은?

① 덤프트럭은 최대 적재중량(ton)으로 표시한다.

② 지게차는 최대 들어올림용량(ton)으로 표시한다.

③ 불도저는 표준 배토판의 길이(m)로 표시한다.

④ 로더는 표준 버킷의 산적용량(m^3)으로 표시한다.

해설 불도저의 규격은 작업 가능 상태의 중량(t)으로 표시한다.

93. 크레인 붐에 부속 장치를 붙이고 드롭 해머, 디젤 해머 등을 사용하여 말뚝박기 작업에 사용되는 것은?

① 콘크리트 버킷(concrete bucket)

② 파일 드라이버(pile driver)

③ 마그넷(magnet)

④ 어스 드릴(earth drill)

해설 파일 드라이버(pile driver)는 항발 및 항타기로 불리며 붐에 파일을 때리는 부속 장치를 붙여서 드롭 해머나 디젤 해머로 강관 파일이나 콘크리트 파일을 때려 넣는 데 사용된다.

94. 굴삭기에서 버킷을 떼어내고 부착, 사용하는 착암기는?

① 스토퍼(stopper)

② 브레이커(breaker)

③ 드리프터(drifter)

④ 잭 해머(jack hammer)

해설 브레이커(breaker)는 콘크리트, 암석 등의 파쇄, 소활에 이용되는 작업장치이다.

95. 아스팔트 피니셔(asphalt finisher)의 주요 장치 중 덤프트럭으로 운반된 혼합물을 받는 장치로서 덤프트럭에서 혼합물을 내리는 데 편리하도록 낮게 설치되어 있는 것을 무엇이라 하는가?

① 탬퍼(tamper)

② 피더(feeder)

③ 스크리드(screed)

④ 호퍼(hopper)

해설 ① 탬퍼(tamper) : 소형 가솔린 엔진의 회전을 크랭크에 의해 왕복운동으로 바꾸고 스프링을 거쳐 다짐판에 그 운동을 전달하여 한정된 면적을 다지는 기계(충격식 다짐 기계)이다.

② 피더(feeder) : 호퍼 내부의 아스팔트를 스프레더(screw spreader)에 보내는 장치로서 컨베이어와 모양과 기능이 유사하여 제작사에 따라 피더 컨베이어라고도 한다. 일반적으로 좌우 2개 조로 설치되며 재료 공급 센서를 통해 자동 또는 수동으로 작동시킬 수 있다.

③ 스크리드(screed) : 스프레더에 의해 균일하게 분포된 아스팔트에 열 및 진동을 이용하여 표면을 고르게 만드는 장치로서 포장 두께와 폭을 조정할 수 있다.

④ 호퍼(hopper) : 운송된 혼합재를 받아들이는 장치로서 전방에는 에이프런이 있고 좌우의 날개는 접거나 펼칠 수 있다.

96. 증기사용설비 중 응축수를 자동적으로 외부로 배출하는 장치로서 응축수에 의한 효율 저하를 방지하기 위한 장치는?

① 증발기　② 탈기기

③ 인젝터　④ 증기트랩

해설 증기트랩은 증기 열교환기 등에서 나오

정답 92. ③　93. ②　94. ②　95. ④　96. ④

는 응축수를 자동적으로 급속히 환수관측 등에 배출시키는 기구이다.

97. **대규모 항로 준설 등에 사용하는 것으로 선체에 펌프를 설치하고 항해하면서 동력에 의해 해저의 토사를 흡상하는 방식의 준설선은?**

① 버킷 준설선 ② 펌프 준설선
③ 디퍼 준설선 ④ 그래브 준설선

해설 ① 버킷 준설선 : 해저의 토사를 일종의 버킷 컨베이어를 사용하여 연속적으로 굴착한다.
② 펌프 준설선 : 해저의 토사를 커터로 굴착 후 해수와 혼합된 것을 펌프로 흡양하여 배송관으로 목적하는 거리까지 배송한다.
③ 디퍼 준설선 : 바다 밑의 토사를 디퍼로 긁어 올리는 방식으로 굴착력은 좋으나 능률이 좋지 않다.
④ 그래브 준설선 : 그래브 버킷으로 해저의 토사를 굴착하여 선회 작동에 따라 토운선에 적재하여 운반한다.

98. **스트레이트 도저를 사용하여 산허리를 절토하고 있다. 도저의 견인력이 20 kN이고, 주행속도가 5 m/s이면 이 도저의 견인동력은 몇 kW인가?**

① 100 ② 120
③ 1000 ④ 1020

해설 견인동력=견인력×주행속도
=20 kN×5 m/s=100 kN·m/s
=100 kJ/s=100 kW

99. **붐의 끝단에 중간 붐이 추가로 설치된 기중기이며, 작업 반경을 조정하면서 작업을 하게 되어 아파트, 교량 등의 건설 공사 시 적합하고 경사각도에 따라 작업 반경과 인상능력의 차가 발생하는 기중기는?**

① 지브(jib) 기중기
② 트럭 기중기
③ 크롤러 기중기
④ 오버헤드 기중기

해설 지브 크레인은 선회 혹은 부양하는 암(arm)에 하물을 매달고 하역하는 크레인으로 고정식인 것과 주행식인 것이 있다. 수직축을 중심으로 원을 그리며 돌게 되므로 선회 크레인이라고도 한다.

100. **기계부품에서 예리한 모서리가 있으면 국부적인 집중응력이 생겨 파괴되기 쉬워지는 것으로 강도가 감소하는 것은 무슨 현상인가?**

① 잔류응력
② 노치효과
③ 질량효과
④ 단류선(metal flow)

해설 노치 효과(notch effect) : 편평하게 가공한 재료에 부분적으로 오목하게 팬 곳을 탄성학에서 '노치'라고 하는데, 이 부분에 힘이 주어질 경우 다른 부분보다 훨씬 더 큰 응력의 집중이 발생하여 반복해서 힘을 받는 경우에 피로도가 증가하여 노치 부분에서 피로파괴가 일어나게 되는 효과를 말한다.

정답 97. ② 98. ① 99. ① 100. ②

2016년도 시행문제

건설기계설비기사

2016년 3월 6일 (제1회)

제1과목 재료역학

1. 그림과 같은 일단고정 타단지지보에 등분포 하중 w가 작용하고 있다. 이 경우 반력 R_A와 R_B는? (단, 보의 굽힘강성 EI는 일정하다.)

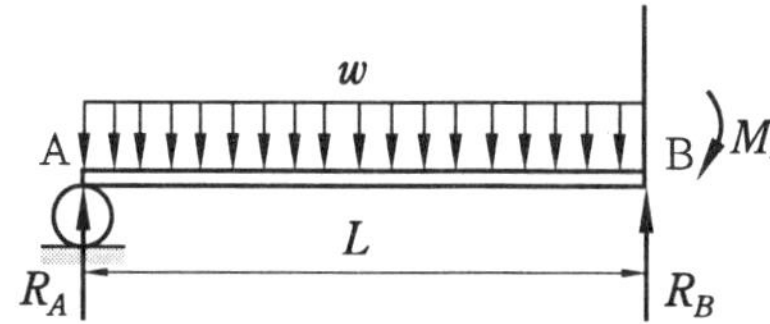

① $R_A=\frac{4}{7}wL$, $R_B=\frac{3}{7}wL$

② $R_A=\frac{3}{7}wL$, $R_B=\frac{4}{7}wL$

③ $R_A=\frac{5}{8}wL$, $R_B=\frac{3}{8}wL$

④ $R_A=\frac{3}{8}wL$, $R_B=\frac{5}{8}wL$

해설 $\delta_A=\frac{wL^4}{8EI}=\left(\delta_A'=\frac{R_AL^3}{3EI}\right)$

$\therefore\ R_A=\frac{3wL}{8}$ [N]

$R_B=wL-R_A=wL-\frac{3wL}{8}=\frac{5wL}{8}$ [N]

2. 바깥지름이 46 mm인 속이 빈 축이 120 kW의 동력을 전달하는데 이때의 각속도는 40 rev/s이다. 이 축의 허용비틀림응력이 80 MPa일 때, 안지름은 약 몇 mm 이하이어야 하는가?

① 29.8　　② 41.8

③ 36.8　　④ 48.8

해설 $T=9.55\times10^6\frac{kW}{N}$

$=9.55\times10^6\times\frac{120}{(40\times60)}$

$=477500\text{ N}\cdot\text{mm}$

$T=\tau Z_p=\tau\frac{\pi d_2^3}{16}(1-x^4)$에서

$x=\sqrt[4]{1-\frac{16T}{\pi\tau d_2^3}}$

$=\sqrt[4]{1-\frac{16\times477500}{\pi\times80\times46^3}}=0.91$

$\therefore\ d_1=xd_2=0.91\times46=41.8\text{ mm}$

여기서, x : 내외경비$\left(=\frac{d_1}{d_2}\right)$

3. 그림과 같은 블록의 한쪽 모서리에 수직력 10 kN이 가해질 경우, 그림에서 위치한 A점에서의 수직응력 분포는 약 몇 kPa인가?

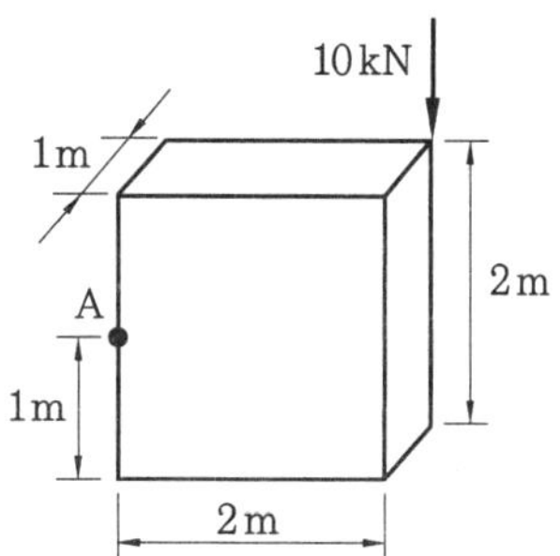

① 25　　② 30

③ 35　　④ 40

해설 $\sigma_A=-\frac{P}{A}+\frac{M}{Z}$

정답 1. ④　2. ②　3. ①

$$= -\frac{10}{1\times2} + \frac{10\times2}{\frac{1\times2^2}{6}} = 25\,\text{kPa}$$

4. 그림과 같은 장주(long column)에 P_{cr}을 가했더니 오른쪽 그림과 같이 좌굴이 일어났다. 이때 오일러 좌굴응력 σ_{cr}은? (단, 세로탄성계수는 E, 기둥 단면의 회전반지름(radius of gyration)은 r, 길이는 L이다.)

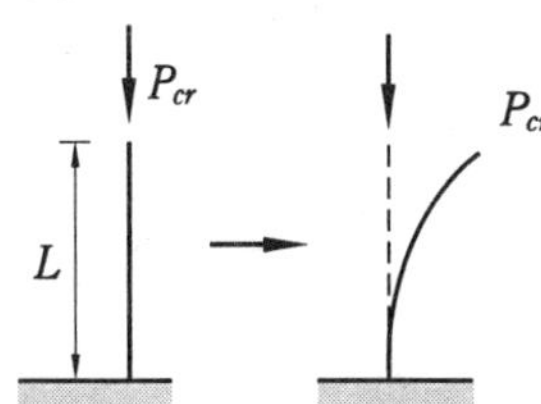

① $\dfrac{\pi^2 Er^2}{4L^2}$　② $\dfrac{\pi^2 Er^2}{L^2}$

③ $\dfrac{\pi Er^2}{4L^2}$　④ $\dfrac{\pi Er^2}{L^2}$

해설 $\sigma_{cr} = \dfrac{P_{cr}}{A} = n\pi^2\dfrac{EI_G}{AL^2} = n\pi^2\dfrac{EAr^2}{AL^2}$

$= n\pi^2\dfrac{Er^2}{L^2} = \dfrac{\pi^2 Er^2}{4L^2}$ [MPa]

일단고정 타단자유단이므로

단말계수$(n) = \dfrac{1}{4}$

$r = \sqrt{\dfrac{I_G}{A}}$

$\therefore\ I_G = Ar^2$ [m⁴]

5. 그림과 같은 외팔보가 하중을 받고 있다. 고정단에 발생하는 최대 굽힘 모멘트는 몇 N·m인가?

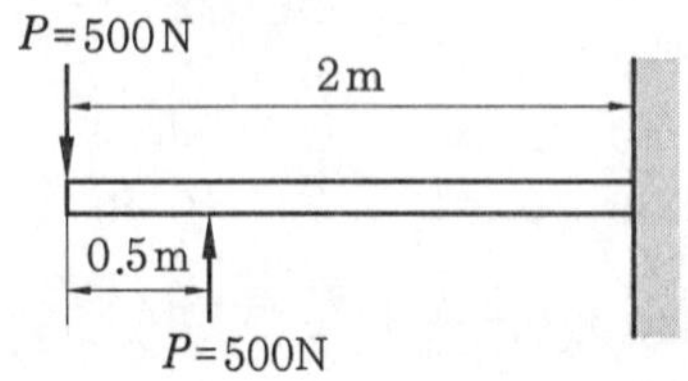

① 250　② 500

③ 750　④ 1000

해설 $M_{max} = PL - PL_1$

$= 500\times2 - 500\times1.5 = 250\,\text{N}\cdot\text{m}$

6. 양단이 고정된 축을 그림과 같이 $m-n$ 단면에서 T만큼 비틀면 고정단 AB에서 생기는 저항 비틀림 모멘트의 비 T_A / T_B는?

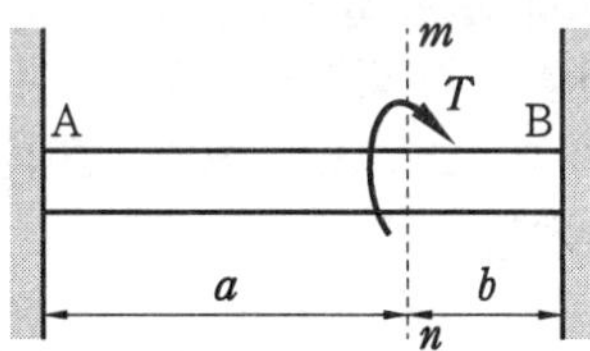

① $\dfrac{b^2}{a^2}$　② $\dfrac{b}{a}$　③ $\dfrac{a}{b}$　④ $\dfrac{a^2}{b^2}$

해설 $\theta_A = \theta_B\left(\dfrac{T_A a}{GI_P} = \dfrac{T_B b}{GI_P}\right)$

$T_A a = T_B b$

$\therefore\ \dfrac{T_A}{T_B} = \dfrac{b}{a}$

7. 단면의 치수가 $b\times h$ = 6 cm×3 cm인 강철보가 그림과 같이 하중을 받고 있다. 보에 작용하는 최대 굽힘응력은 약 몇 N/cm²인가?

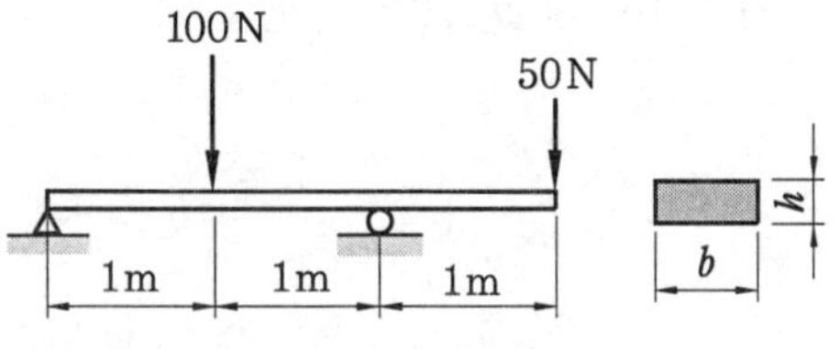

① 278　② 556

③ 1111　④ 2222

해설 지점 B에서 최대 굽힘 모멘트(M_{max})

$= 50\times1 = 50\,\text{N}\cdot\text{m} = 5000\,\text{N}\cdot\text{cm}$

$\therefore\ \sigma_{max} = \dfrac{M_{max}}{Z} = \dfrac{5000}{\frac{bh^2}{6}} = \dfrac{6\times5000}{bh^2}$

정답 4. ① 5. ① 6. ② 7. ②

$$= \frac{30000}{6 \times 3^2} \fallingdotseq 556\,\text{N/cm}^2$$

8. 그림과 같이 강봉에서 A, B가 고정되어 있고 25℃에서 내부응력은 0인 상태이다. 온도가 −40℃로 내려갔을 때 AC 부분에서 발생하는 응력은 약 몇 MPa인가?(단, 그림에서 A_1은 AC 부분에서의 단면적이고 A_2는 BC 부분에서의 단면적이다. 그리고 강봉의 탄성계수는 200 GPa이고, 열팽창계수는 12×10⁻⁶/℃이다.)

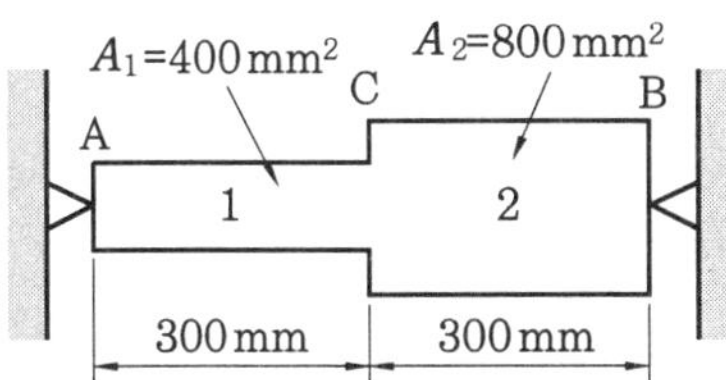

① 416 ② 350
③ 208 ④ 154

해설 온도 강하 시 재료 내부에서는 인장응력이 작용하고 온도 상승 시 압축응력이 작용한다.

$$\sigma_1 = \frac{E\alpha(L_1 + L_2)(t_2 - t_1)}{\left[L_1 + \left(\frac{A_1}{A_2}\right)L_2\right]}$$

$$= \frac{300 \times 10^3 \times 12 \times 10^{-6}(300+300) \times 65}{\left[300 + \left(\frac{400}{800}\right) \times 300\right]}$$

$$= 208\,\text{MPa}$$

9. 보의 길이 L에 등분포 하중 w를 받는 직사각형 단순보의 최대 처짐량에 대하여 옳게 설명한 것은?(단, 보의 자중은 무시한다.)

① 보의 폭에 정비례한다.
② L의 3승에 정비례한다.
③ 보의 높이의 2승에 반비례한다.
④ 세로탄성계수에 반비례한다.

해설 $\delta_{max} = \frac{5wL^4}{384EI} = \frac{5wL^4}{384E\left(\frac{bh^3}{12}\right)}$

$$= \frac{5wL^4}{32Ebh^3}$$

10. 그림과 같은 트러스 구조물의 AC, BC 부재가 핀 C에서 수직하중 $P=1000$ N의 하중을 받고 있을 때 AC 부재의 인장력은 약 몇 N인가?

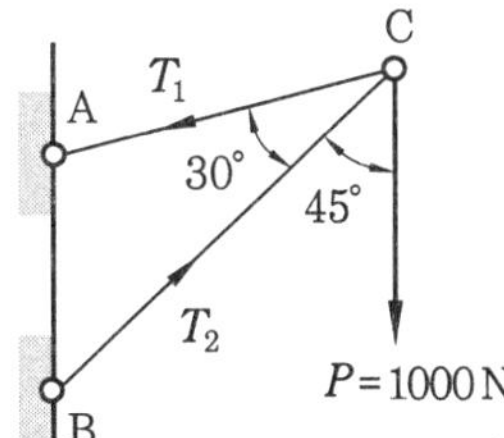

① 141 ② 707
③ 1414 ④ 1732

해설 라미의 정리(Lami's theory)를 적용하면

$$\frac{T_1}{\sin 45°} = \frac{T_2}{\sin 285°} = \frac{P}{\sin 30°}$$

$$T_1(T_{AC}) = \frac{\sin 45°}{\sin 30°} \times 1000 = 1414\,\text{N}$$

11. 재료 시험에서 연강 재료의 세로탄성계수가 210 GPa로 나타났을 때 푸아송비(ν)가 0.303이면 이 재료의 전단탄성계수 G는 몇 GPa인가?

① 8.05 ② 10.51
③ 35.21 ④ 80.58

해설 $G = \frac{mE}{2(m+1)} = \frac{E}{2(1+\nu)}$

$$= \frac{210}{2(1+0.303)} = 80.58\,\text{GPa}$$

12. 다음 중 수직응력(normal stress)을 발생시키지 않는 것은?

① 인장력 ② 압축력

정답 8. ③ 9. ④ 10. ③ 11. ④ 12. ③

③ 비틀림 모멘트 ④ 굽힘 모멘트

해설 비틀림 모멘트는 비틀림 응력(전단 응력, 접선 응력)을 발생시킨다.

13. 힘에 의한 재료의 변형이 그 힘의 제거(除去)와 동시에 원형(原形)으로 복귀하는 재료의 성질은?

① 소성(plasticity)
② 탄성(elasticity)
③ 연성(ductility)
④ 취성(brittleness)

해설 ① 소성 : 재료에 외력을 가하면 변형이 생기고 외력을 제거해도 영구적 변형이 생기는 성질
② 탄성 : 재료에 외력을 가하면 변형이 생기고 외력을 제거하면 다시 본래의 상태로 되돌아오는(복귀) 재료의 성질
③ 연성 : 재료가 길게 늘어나는 성질
④ 취성 : 재료의 메짐성(부서지기 쉬운 성질), 인성(질긴 성질)과 대비되는 재료의 성질

14. 다음과 같은 평면 응력 상태에서 최대 전단응력은 약 몇 MPa인가?

- x 방향 인장응력 : 175 MPa
- y 방향 인장응력 : 35 MPa
- xy 방향 전단응력 : 60 MPa

① 38 ② 53
③ 92 ④ 108

해설 $\tau_{\max} = \sqrt{\left(\frac{\sigma_x - \sigma_y}{2}\right)^2 + \tau_{xy}^2}$

$= \sqrt{\left(\frac{175-35}{2}\right)^2 + 60^2} = 92.2\text{ MPa}$

※ 최대 전단응력은 모어원의 반지름(R) 크기와 같다.

15. 그림과 같은 원형 단면봉에 하중 P가 작용할 때 이 봉의 신장량은?(단, 봉의 단면적은 A, 길이는 L, 세로탄성계수는 E이고, 자중 W를 고려해야 한다.)

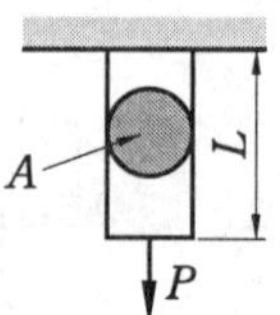

① $\frac{PL}{AE} + \frac{WL}{2AE}$
② $\frac{2PL}{AE} + \frac{2WL}{AE}$
③ $\frac{PL}{2AE} + \frac{WL}{AE}$
④ $\frac{PL}{AE} + \frac{WL}{AE}$

해설 봉의 전체 신장량(λ) = 외력(P)에 의한 신장량(λ_1) + 자중에 의한 신장량(λ_2)

$= \frac{PL}{AE} + \frac{WL}{2AE} = \frac{L}{AE}\left(P + \frac{W}{2}\right)$

16. 그림과 같이 최대 q_o인 삼각형 분포 하중을 받는 버팀 외팔보에서 B 지점의 반력 R_B를 구하면?

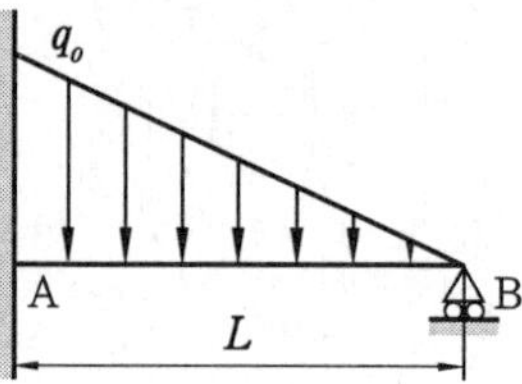

① $\frac{q_oL}{4}$ ② $\frac{q_oL}{6}$
③ $\frac{q_oL}{8}$ ④ $\frac{q_oL}{10}$

해설 B 지점에서의 처짐량은 0인 조건을 고려한다$\left(\delta_B = \frac{q_oL^4}{30EI},\ \delta_B' = \frac{R_BL^3}{3EI}\right)$.

$\frac{q_oL^4}{30EI} = \frac{R_BL^3}{3EI}\ (\delta_B = \delta_B')$

$\therefore\ R_B = \frac{q_oL}{10}\ [\text{N}]$

정답 13. ② 14. ③ 15. ① 16. ④

17. 길이가 3.14 m인 원형 단면의 축 지름이 40 mm일 때 이 축이 비틀림 모멘트 100 N · m를 받는다면 비틀림각은?(단, 전단 탄성계수는 80 GPa이다.)

① 0.156° ② 0.251°
③ 0.895° ④ 0.625°

해설 $\theta = 57.3° \times \dfrac{TL}{GI_P}$

$= 57.3° \times \dfrac{TL}{G\dfrac{\pi d^4}{32}} = 584 \times \dfrac{TL}{Gd^4}$

$= 584 \times \dfrac{100 \times 3.14}{80 \times 10^9 \times 0.04^4}$

$\fallingdotseq 0.895°$

18. 지름 d인 원형 단면으로부터 절취하여 단면 2차 모멘트 I가 가장 크도록 사각형 단면[폭(b)×높이(h)]을 만들 때 단면 2차 모멘트를 사각형 폭(b)에 관한 식으로 옳게 나타낸 것은?

① $\dfrac{\sqrt{3}}{4}b^4$ ② $\dfrac{\sqrt{3}}{4}b^3$
③ $\dfrac{4}{\sqrt{3}}b^3$ ④ $\dfrac{4}{\sqrt{3}}b^4$

해설 $d^2 = b^2 + h^2$, $b = \sqrt{d^2 - h^2}$

$I = \dfrac{bh^3}{12} = \dfrac{h^3}{12}(d^2-h^2)^{\frac{1}{2}} = \dfrac{h^3}{12}\sqrt{d^2-h^2}$

$\dfrac{dI}{dh} = \dfrac{3h^2}{12}(d^2-h^2)^{\frac{1}{2}}$

$- \dfrac{h^3}{12}\dfrac{(d^2-h^2)^{-\frac{1}{2}} \cdot 2h}{2} = 0$

$d^2 = b^2 + h^2 = \dfrac{4}{3}h^2$

$\left(h^2 = \dfrac{3}{4}d^2,\ h = \dfrac{\sqrt{3}}{2}d,\ d = \dfrac{2}{\sqrt{3}}h\right)$

$\therefore\ h^2 = 3b^2 (h = \sqrt{3}\,b)$

$I = \dfrac{bh^3}{12} = \dfrac{b(3\sqrt{3}\,b^3)}{12} = \dfrac{\sqrt{3}}{4}b^4[\text{cm}^4]$

19. 반지름이 r인 원형 단면의 단순보에 전단력 F가 가해졌다면, 이때 단순보에 발생하는 최대 전단응력은?

① $\dfrac{2F}{3\pi r^2}$ ② $\dfrac{3F}{2\pi r^2}$
③ $\dfrac{4F}{3\pi r^2}$ ④ $\dfrac{5F}{3\pi r^2}$

해설 원형 단면인 경우 도심축에서 최대 전단응력(τ_{max}) $= \dfrac{4F}{3A} = \dfrac{4F}{3\pi r^2}$[MPa]

20. 직사각형 단면(폭×높이)이 4 cm×8 cm이고 길이 1 m의 외팔보의 전 길이에 6 kN/m의 등분포 하중이 작용할 때 보의 최대 처짐각은?(단, 탄성계수 E= 210 GPa이고 보의 자중은 무시한다.)

① 0.0028 rad ② 0.0028°
③ 0.0008 rad ④ 0.0008°

해설 균일 분포 하중 w[kN/m]을 받는 외팔보 자유단 최대 처짐각(θ_{max})

$= \dfrac{wL^3}{6EI} = \dfrac{6 \times 1^3}{6 \times 210 \times 10^6 \times \dfrac{(0.04 \times 0.08^3)}{12}}$

$\fallingdotseq 0.0028$ radian

제 2 과목 기계열역학

21. 체적이 0.01 m^3인 밀폐용기에 대기압의 포화혼합물이 들어 있다. 용기 체적의 반은 포화액체, 나머지 반은 포화증기가 차지하고 있다면, 포화혼합물 전체의 질량과 건도는?(단, 대기압에서 포화액체와 포화증기의 비체적은 각각 0.001044 m^3/kg, 1.6729 m^3/kg이다.)

① 전체 질량 : 0.0119 kg, 건도 : 0.50
② 전체 질량 : 0.0119 kg, 건도 : 0.00062
③ 전체 질량 : 4.792 kg, 건도 : 0.50

정답 17. ③ 18. ① 19. ③ 20. ① 21. ④

④ 전체 질량 : 4.792 kg, 건도 : 0.00062

해설 $V_f = V_g = \frac{0.01}{2} = 0.005\,\text{m}^3$

$$m_f = \frac{V_f}{v_f} = \frac{0.005}{0.001044} = 4.789\,\text{kg}$$

$$m_g = \frac{V_g}{v_g} = \frac{0.005}{1.6729} = 0.00299\,\text{kg}$$

∴ 전체 질량$(m) = m_f + m_g$

$$= 4.789 + 0.00299 = 4.792\,\text{kg}$$

$$x = \frac{m_g}{m} = \frac{0.00299}{4.792} = 0.000624$$

22. 4 kg의 공기가 들어 있는 용기 A(체적 0.5 m^3)와 진공 용기 B(체적 0.3 m^3) 사이를 밸브로 연결하였다. 이 밸브를 열어서 공기가 자유팽창하여 평형에 도달했을 경우 엔트로피 증가량은 약 몇 kJ/K인가? (단, 온도 변화는 없으며 공기의 기체상수는 0.287 kJ/kg·K이다.)

① 0.54 ② 0.49
③ 0.42 ④ 0.37

해설 $\Delta S = mR\ln\left(\frac{V_2}{V_1}\right) = 4 \times 0.287\ln\left(\frac{0.8}{0.5}\right)$

$$= 0.54\,\text{kJ/K}$$

23. 기체가 열량 80 kJ을 흡수하여 외부에 대하여 20 kJ 일을 하였다면 내부에너지 변화(kJ)는?

① 20 ② 60
③ 80 ④ 100

해설 $Q = (U_2 - U_1) + W[\text{kJ}]$

$$\therefore (U_2 - U_1) = Q - W = 80 - 20 = 60\,\text{kJ}$$

24. 물 2 kg을 20℃에서 60℃가 될 때까지 가열할 경우 엔트로피 변화량은 약 몇 kJ/K인가? (단, 물의 비열은 4.184kJ/kg·K이고, 온도 변화 과정에서 체적은 거의 변화가 없다고 가정한다.)

① 0.78 ② 1.07
③ 1.45 ④ 1.96

해설 $\Delta S = mC\ln\frac{T_2}{T_1}$

$$= 2 \times 4.14\ln\left(\frac{60+273}{20+273}\right) = 1.07\,\text{kJ/K}$$

25. 비열비가 1.29, 분자량이 44인 이상 기체의 정압비열은 약 몇 kJ/kg·K인가? (단, 일반기체상수는 8.314 kJ/kmol·K이다.)

① 0.51 ② 0.69
③ 0.84 ④ 0.91

해설 $C_p = \frac{k}{k-1}R = \frac{1.29}{1.29-1} \times 0.189$

$$= 0.84\,\text{kJ/kg·K}$$

$mR = \overline{R} = 8.314\,\text{kJ/kmol·K}$이므로

$$\text{기체상수}(R) = \frac{\overline{R}}{\text{분자량}(m)} = \frac{8.314}{44}$$

$$≒ 0.189\,\text{kJ/kg·K}$$

26. 질량이 m이고 비체적이 v인 구(sphere)의 반지름이 R이면, 질량이 $4m$이고, 비체적이 $2v$인 구의 반지름은?

① $2R$ ② $\sqrt{2}R$
③ $\sqrt[3]{2}R$ ④ $\sqrt[3]{4}R$

해설 구의 체적$(V) = (mv) = \frac{4}{3}\pi R^3[\text{m}^3]$

$$\left(\frac{R'}{R}\right)^3 = \left(\frac{4m \times 2v}{mv}\right) = 8 = 2^3$$

$$\therefore R' = 2R$$

27. 고온 400℃, 저온 50℃의 온도 범위에서 작동하는 Carnot 사이클 열기관의 열효율을 구하면 몇 %인가?

① 37 ② 42 ③ 47 ④ 52

해설 $\eta = 1 - \frac{T_2}{T_1} = 1 - \frac{50+273}{400+273} = 52\,\%$

정답 22. ① 23. ② 24. ② 25. ③ 26. ① 27. ④

28. 준평형 정적 과정을 거치는 시스템에 대한 열전달량은?(단, 운동에너지와 위치에너지의 변화는 무시한다.)

① 0이다.

② 이루어진 일량과 같다.

③ 엔탈피 변화량과 같다.

④ 내부에너지 변화량과 같다.

해설 준평형 정적 과정($V=C$) 시 열전달량은 내부에너지 변화량과 같다.

※ $\delta Q = dU + PdV$[kJ]에서 dV가 0일 때 $\delta Q = dU = mC_v dT$[kJ]이다.

29. 계가 비가역 사이클을 이룰 때 클라우지우스(Clausius)의 적분을 옳게 나타낸 것은?(단, T는 온도, Q는 열량이다.)

① $\oint \frac{\delta Q}{T} < 0$ ② $\oint \frac{\delta Q}{T} > 0$

③ $\oint \frac{\delta Q}{T} \geq 0$ ④ $\oint \frac{\delta Q}{T} \leq 0$

해설 비가역 사이클인 경우 클라우지우스의 폐적분 값은 부등호이다$\left(\oint \frac{\delta Q}{T} < 0\right)$.

30. 밀폐 시스템이 압력 $P_1 = 200$ kPa, 체적 $V_1 = 0.1\ m^3$인 상태에서 $P_2 = 100$ kPa, $V_2 = 0.3\ m^3$인 상태까지 가역팽창되었다. 이 과정이 $P-V$ 선도에서 직선으로 표시된다면 이 과정 동안 시스템이 한 일은 약 몇 kJ인가?

① 10 ② 20

③ 30 ④ 45

해설 $P-V$ 선도에서 도시된 면적은 일량을 의미한다.

$${}_1W_2 = \frac{1}{2}(P_1 - P_2)\Delta V + P_2 \Delta V$$

$$= \frac{1}{2}(200-100) \times 0.2 + 100 \times 0.2$$

$$= 30\ \text{kJ}$$

31. 온도 600℃의 구리 7 kg을 8 kg의 물 속에 넣어 열적 평형을 이룬 후 구리와 물의 온도가 64.2℃가 되었다면 물의 처음 온도는 약 몇 ℃인가?(단, 이 과정 중 열손실은 없고, 구리의 비열은 0.386 kJ/kg · K이며 물의 비열은 4.184 kJ/kg · K이다.)

① 6℃ ② 15℃

③ 21℃ ④ 84℃

해설 열역학 제0법칙(열평형의 법칙)

구리 방열량 = 물의 흡열량

$$m_1 C_1 (t_1 - t_m) = m_2 C_2 (t_m - t_2)$$

$$7 \times 0.386(600 - 64.2) = 8 \times 4.184(64.2 - t_2)$$

$$\therefore t_2 = 20.95 ≒ 21℃$$

32. 여름철 외기의 온도가 30℃일 때 김치냉장고의 내부를 5℃로 유지하기 위해 3 kW의 열을 제거해야 한다. 필요한 최소 동력은 약 몇 kW인가?(단, 이 냉장고는 카르노 냉동기이다.)

① 0.27 ② 0.54

③ 1.54 ④ 2.73

해설 $$\varepsilon_R = \frac{Q_e}{W_c} = \frac{T_2}{T_1 - T_2} = \frac{278}{303-278} = 11.12$$

$$\therefore W_c = \frac{Q_e}{\varepsilon_R} = \frac{3}{11.12} ≒ 0.27\ \text{kW}$$

33. 랭킨 사이클의 열효율 증대 방법에 해당하지 않는 것은?

① 복수기(응축기) 압력 저하

② 보일러 압력 증가

③ 터빈의 질량유량 증가

④ 보일러에서 증기를 고온으로 과열

해설 랭킨(Rankine) 사이클의 열효율 증대 방법

(1) 복수기(응축기) 압력을 낮춘다.

정답 28. ④ 29. ① 30. ③ 31. ③ 32. ① 33. ③

(2) 보일러 압력 증가(초온, 초압을 높인다.)
(3) 보일러에서 증기를 고온으로 과열시킨다.

34. 한 시간에 3600 kg의 석탄을 소비하여 6050 kW를 발생하는 증기터빈을 사용하는 화력발전소가 있다면, 이 발전소의 열효율은 약 몇 %인가?(단, 석탄의 발열량은 29900 kJ/kg이다.)

① 약 20 % ② 약 30 %
③ 약 40 % ④ 약 50 %

해설 $\eta = \frac{3600\,kW}{H_L \times m_f} \times 100\,\%$

$= \frac{3600 \times 6050}{29900 \times 3600} \times 100\,\% = 20.23\,\%$

35. 증기 압축 냉동기에서 냉매가 순환되는 경로를 올바르게 나타낸 것은?

① 증발기 → 팽창밸브 → 응축기 → 압축기
② 증발기 → 압축기 → 응축기 → 팽창밸브
③ 팽창밸브 → 압축기 → 응축기 → 증발기
④ 응축기 → 증발기 → 압축기 → 팽창밸브

해설 증기 압축 냉동 사이클 : 증발기(냉각기) → 압축기 → 응축기 → 팽창밸브

36. 2개의 정적과정과 2개의 등온과정으로 구성된 동력 사이클은?

① 브레이턴(Brayton) 사이클
② 에릭슨(Ericsson) 사이클
③ 스털링(Stirling) 사이클
④ 오토(Otto) 사이클

해설 ① 브레이턴 사이클 : 2개의 정압, 2개의 단열
② 에릭슨 사이클 : 2개의 등온, 2개의 정압
④ 오토 사이클 : 2개의 정적, 2개의 단열

37. 랭킨 사이클을 구성하는 요소는 펌프, 보일러, 터빈, 응축기로 구성된다. 각 구성 요소가 수행하는 열역학적 변화 과정으로 틀린 것은?

① 펌프 : 단열 압축
② 보일러 : 정압 가열
③ 터빈 : 단열 팽창
④ 응축기 : 정적 냉각

해설 ① 펌프 : 단열 압축(등적과정)
② 보일러 : 정압 가열
③ 터빈 : 단열팽창($S=C$)
④ 응축기(복수기) : 정압 냉각($P=C$)

38. 내부에너지가 40 kJ, 절대압력이 200 kPa, 체적이 0.1 m³, 절대온도가 300 K인 계의 엔탈피(kJ)는?

① 42 ② 60
③ 80 ④ 240

해설 $H = U + PV = 40 + 200 \times 0.1 = 60\,\mathrm{kJ}$

39. 실린더 내부에 기체가 채워져 있고 실린더에는 피스톤이 끼워져 있다. 초기 압력 50 kPa, 초기 체적 0.05 m³인 기체를 버너로 $PV^{1.4}$= constant가 되도록 가열하여 기체 체적이 0.2 m³이 되었다면, 이 과정 동안 시스템이 한 일은?

① 1.33 kJ ② 2.66 kJ
③ 3.99 kJ ④ 5.32 kJ

해설 ${}_1W_2 = \frac{1}{k-1}(P_1V_1 - P_2V_2)$

$= \frac{1}{1.4-1}(50 \times 0.05 - 7.18 \times 0.2)$

$= 2.66\,\mathrm{kJ}$

$P_2 = P_1\left(\frac{V_1}{V_2}\right)^k = 50\left(\frac{0.05}{0.2}\right)^{1.4} = 7.18\,\mathrm{kPa}$

40. 다음 중 폐쇄계의 정의를 올바르게 설명한 것은?

① 동작물질 및 일과 열이 그 경계를 통과하지 아니하는 특정 공간

정답 34. ① 35. ② 36. ③ 37. ④ 38. ② 39. ② 40. ②

② 동작물질은 계의 경계를 통과할 수 없으나 열과 일은 경계를 통과할 수 있는 특정 공간

③ 동작물질은 계의 경계를 통과할 수 있으나 열과 일은 경계를 통과할 수 없는 특정 공간

④ 동작물질 및 일과 열이 모두 그 경계를 통과할 수 있는 특정 공간

해설 폐쇄계(밀폐계)란 동작물질은 계의 경계를 통과할 수 없으나 에너지(열과 일)는 경계를 통과할 수 있는 특정 공간을 말한다.

제 3 과목 기계유체역학

41. 그림에서 $h = 100$ cm이다. 액체의 비중이 1.50일 때 A점의 계기압력은 몇 kPa인가?

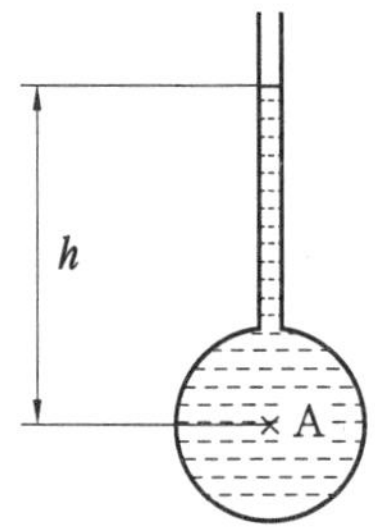

① 9.8　　② 14.7
③ 9800　　④ 14700

해설 물의 비중량$(\gamma_w) = 9800\ \text{N/m}^3 = 9.8\ \text{kN/m}^3$

$P = \gamma h = \gamma_w S h$

$= (9.8 \times 1.5) \times 1 = 14.7\ \text{kPa}$

42. 점성계수는 0.3 poise, 동점성계수는 2 stokes인 유체의 비중은?

① 6.7　　② 1.5
③ 0.67　　④ 0.15

해설 $\nu = \dfrac{\mu}{\rho}$에서 $\rho = \dfrac{\mu}{\nu} = \dfrac{0.3}{2} = 0.15\ \text{g/cm}^3$

$S = \dfrac{\rho}{\rho_w} = \dfrac{0.15}{1} = 0.15$

43. 안지름 D_1, D_2의 관이 직렬로 연결되어 있다. 비압축성 유체가 관 내부를 흐를 때 지름 D_1인 관과 D_2인 관에서의 평균유속이 각각 V_1, V_2이면 $\dfrac{D_1}{D_2}$은?

① $\dfrac{V_1}{V_2}$　　② $\sqrt{\dfrac{V_1}{V_2}}$
③ $\dfrac{V_2}{V_1}$　　④ $\sqrt{\dfrac{V_2}{V_1}}$

해설 체적유량의 연속방정식

$Q = AV[\text{m}^3/\text{s}]$에서 $A_1V_1 = A_2V_2$

$\dfrac{A_1}{A_2} = \left(\dfrac{D_1}{D_2}\right)^2 = \dfrac{V_2}{V_1}$

$\therefore \dfrac{D_1}{D_2} = \sqrt{\dfrac{V_2}{V_1}}$

44. 물제트가 연직하 방향으로 떨어지고 있다. 높이 12 m 지점에서의 제트 지름은 5 cm, 속도는 24 m/s였다. 높이 4.5 m 지점에서의 물제트의 속도는 약 몇 m/s인가? (단, 손실수두는 무시한다.)

① 53.9　　② 42.7
③ 35.4　　④ 26.9

해설 $\dfrac{P_1}{\gamma} + \dfrac{V_1^2}{2g} + Z_1 = \dfrac{P_2}{\gamma} + \dfrac{V_2^2}{2g} + Z_2$

$P_1 = P_2 = P_0$(대기압)$= 0$

$\dfrac{V_1^2}{2g} + Z_1 = \dfrac{V_2^2}{2g} + Z_2$

$\dfrac{V_2^2}{2g} = \dfrac{V_1^2}{2g} + (Z_1 - Z_2)$

$= \dfrac{24^2}{2 \times 9.8} + (12 - 4.5) = 36.89$

$\therefore V_2 = \sqrt{2 \times 9.8 \times 36.89} \fallingdotseq 26.9\ \text{m/s}$

정답 41. ② 42. ④ 43. ④ 44. ④

45. 그림과 같이 비점성, 비압축성 유체가 쐐기 모양의 벽면 사이를 흘러 작은 구멍을 통해 나간다. 이 유동을 극좌표계(r, θ)에서 근사적으로 표현한 속도퍼텐셜은 $\phi = 3\ln r$일 때 원호 $r = 2\left(0 \le \theta \le \dfrac{\pi}{2}\right)$를 통과하는 단위 길이당 체적유량은 얼마인가?

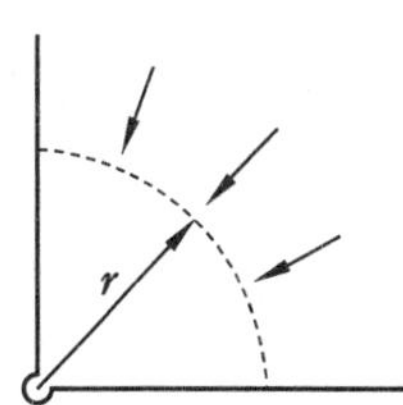

① $\dfrac{\pi}{4}$ ② $\dfrac{3\pi}{4}$

③ π ④ $\dfrac{3\pi}{2}$

해설 $V_r = \dfrac{\partial\phi}{\partial r} = \dfrac{3}{r} = \dfrac{3}{2}$ m/s

$q = (r\theta)V_r = 2\times\dfrac{\pi}{2}\times\dfrac{3}{2} = \dfrac{3\pi}{2}$ [m³/s · m]

46. 동점성계수(kinematic viscosity)의 단위는?

① N · s/m² ② kg/(m · s)

③ m²/s ④ m/s²

해설 동점성계수(ν)

$= \dfrac{\text{절대점성계수}(\mu)}{\text{밀도}(\rho)} = \dfrac{\text{kg/m · s}}{\text{kg/m}^3} = \text{m}^2/\text{s}$

47. 1/10 크기의 모형 잠수함을 해수에서 실험한다. 실제 잠수함을 2 m/s로 운전하려면 모형 잠수함은 약 몇 m/s의 속도로 실험하여야 하는가?

① 20 ② 5

③ 0.2 ④ 0.5

해설 잠수함 시험은 점성력이 중요시되므로 상사법칙(역학적 상사) 조건에서 레이놀즈수(Re)를 만족시켜야 한다.

$(Re)_p = (Re)_m$

$\left(\dfrac{VL}{\nu}\right)_p = \left(\dfrac{VL}{\nu}\right)_m$

$\nu_p = \nu_m$

$\therefore\ V_m = V_p\left(\dfrac{L_p}{L_m}\right) = 2\left(\dfrac{10}{1}\right) = 20$ m/s

48. 물이 흐르는 관의 중심에 피토관을 삽입하여 압력을 측정하였다. 전압력은 20 mAq, 정압은 5 mAq일 때 관 중심에서 물의 유속은 몇 약 m/s인가?

① 10.7 ② 17.2

③ 5.4 ④ 8.6

해설 전압 = 정압 + 동압

$P_t = P_s + \dfrac{\rho V^2}{2}$

$P_t - P_s = \dfrac{\rho V^2}{2}\left(\gamma\Delta h = \dfrac{\gamma V^2}{2g}\right)$

$V = \sqrt{\dfrac{2(P_t - P_s)}{\rho}}$

$= \sqrt{2g\Delta h} = \sqrt{2\times 9.8\times 15}$

$= 17.15$ m/s ≒ 17.2 m/s

49. 어떤 액체가 800 kPa의 압력을 받아 체적이 0.05 % 감소한다면, 이 액체의 체적탄성계수는 얼마인가?

① 1265 kPa ② 1.6×10^4 kPa

③ 1.6×10^6 kPa ④ 2.2×10^6 kPa

해설 $E = -\dfrac{dP}{\dfrac{dV}{V}} = \dfrac{800}{\left(\dfrac{0.05}{100}\right)} = 1.6\times10^6$ kPa

50. Navier-Stokes 방정식을 이용하여, 정상, 2차원, 비압축성 속도장 $V = axi - ayj$에서 압력을 x, y의 방정식으로 옳게 나타낸 것은? (단, a는 상수이고, 원점에서의 압력은 0이다.)

① $P = -\dfrac{pa^2}{2}(x^2 + y^2)$

정답 45. ④ 46. ③ 47. ① 48. ② 49. ③ 50. ①

② $P=-\frac{pa}{2}(x^2+y^2)$

③ $P=\frac{pa^2}{2}(x^2+y^2)$

④ $P=\frac{pa}{2}(x^2+y^2)$

51. 비중 0.9, 점성계수 5×10^{-3} N · s/m^2의 기름이 안지름 15 cm의 원형관 속을 0.6 m/s의 속도로 흐를 경우 레이놀즈수는 약 얼마인가?

① 16200 ② 2755
③ 1651 ④ 3120

해설 $Re=\frac{\rho Vd}{\mu}=\frac{(1000\times0.9)\times0.6\times0.15}{5\times10^{-3}}$
$=16200$

52. 그림과 같이 속도 3 m/s로 운동하는 평판에 속도 10 m/s인 물 분류가 직각으로 충돌하고 있다. 분류의 단면적이 0.01 m^2이라고 하면 평판이 받는 힘은 몇 N이 되겠는가?

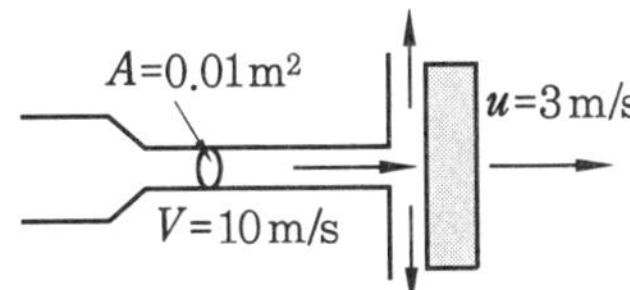

① 295 ② 490
③ 980 ④ 16900

해설 $F=\rho Q(V-u)=\rho A(V-u)^2$
$=1000\times0.01(10-3)^2=490$ N

53. 다음 중 수력기울기선(hydraulic grade line)은 에너지구배선(energy grade line)에서 어떤 것을 뺀 값인가?

① 위치수두 값
② 속도수두 값
③ 압력수두 값
④ 위치수두와 압력수두를 합한 값

해설 수력구배(기울기)선은 항상 에너지선(EL)보다 속도수두$\left(\frac{V^2}{2g}\right)$만큼 아래에 위치한다.

$$HGL=EL-\frac{V^2}{2g}$$
$$=\left(\frac{P}{\gamma}+\frac{V^2}{2g}+Z\right)-\frac{V^2}{2g}=\frac{P}{\gamma}+Z$$

54. 골프공(지름 $D=4$ cm, 무게 $W=0.4$ N)이 50 m/s의 속도로 날아가고 있을 때, 골프공이 받는 항력은 골프공 무게의 몇 배인가? (단, 골프공의 항력계수 $C_D=0.24$이고, 공기의 밀도는 1.2 kg/ m^3이다.)

① 4.52배 ② 1.7배
③ 1.13배 ④ 0.452배

해설 항력$(D)=C_D\frac{\rho AV^2}{2}$

$$=0.24\frac{1.2\times\frac{\pi(0.04)^2}{4}\times50^2}{2}$$
$=0.45$ N

$\therefore \frac{\text{골프공이 받는 항력}(L)}{\text{골프공 무게}(W)}$
$=\frac{0.45}{0.4}=1.13$

55. 반지름 R인 원형 수문이 수직으로 설치되어 있다. 수면으로부터 수문에 작용하는 물에 의한 전압력의 작용점까지의 수직거리는? (단, 수문의 최상단은 수면과 동일 위치에 있으며 h는 수면으로부터 원판의 중심(도심)까지의 수직거리이다.)

① $h+\frac{R^2}{16h}$ ② $h+\frac{R^2}{8h}$
③ $h+\frac{R^2}{4h}$ ④ $h+\frac{R^2}{2h}$

해설 전압력 작용위치$(y_F)=h+\frac{I_G}{Ah}$

정답 51. ① 52. ② 53. ② 54. ③ 55. ③

$$= h + \frac{\frac{\pi R^4}{4}}{\pi R^2 h} = h + \frac{R^2}{4h}[\text{m}]$$

$$※ \ I_G = \frac{\pi D^4}{64} = \frac{\pi R^4}{4}[\text{m}^4]$$

$$A = \frac{\pi D^2}{4} = \pi R^2[\text{m}^2]$$

56. 평판에서 층류 경계층의 두께는 다음 중 어느 값에 비례하는가?(단, 여기서 x는 평판의 선단으로부터의 거리이다.)

① $x^{-\frac{1}{2}}$ ② $x^{\frac{1}{4}}$

③ $x^{\frac{1}{7}}$ ④ $x^{\frac{1}{2}}$

해설 평판에서 층류 경계층의 두께(δ)

$$= \frac{5x}{\sqrt{Re_x}} = \frac{5x}{\left(\frac{u_\infty x}{\nu}\right)^{\frac{1}{2}}} = x^{1-\frac{1}{2}} = x^{\frac{1}{2}}(\sqrt{x})$$

$$\therefore \ \delta \propto x^{\frac{1}{2}}$$

57. 수평으로 놓인 지름 10 cm, 길이 200 m인 파이프에 완전히 열린 글로브 밸브가 설치되어 있고, 흐르는 물의 평균속도는 2 m/s이다. 파이프의 관 마찰계수가 0.02이고, 전체 수두 손실이 10 m이면 글로브 밸브의 손실계수는 약 얼마인가?

① 0.4 ② 1.8

③ 5.8 ④ 9.0

해설 $h_L = \left(f\frac{L}{d} + K\right)\frac{V^2}{2g}$ 에서

$$K = \frac{2gh_L}{V^2} - f\frac{L}{d}$$

$$= \frac{2 \times 9.8 \times 10}{2^2} - 0.02 \times \frac{200}{0.1} = 9$$

58. 30 m의 폭을 가진 개수로(open channel)에 20 cm의 수심과 5 m/s의 유속으로 물이 흐르고 있다. 이 흐름의 Froude수는 얼마인가?

① 0.57 ② 1.57

③ 2.57 ④ 3.57

해설 $Fr = \frac{V}{\sqrt{Lg}} = \frac{5}{\sqrt{0.2 \times 9.8}} = 3.57$

59. 그림과 같은 통에 물이 가득차 있고 이것이 공중에서 자유낙하할 때, 통에서 A점의 압력과 B점의 압력은?

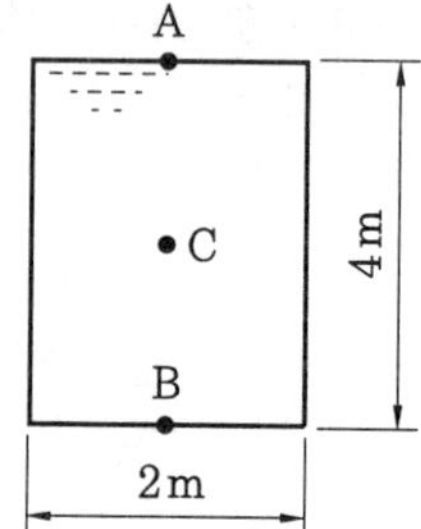

① A점의 압력은 B점의 압력의 1/2이다.

② A점의 압력은 B점의 압력의 1/4이다.

③ A점의 압력은 B점의 압력의 2배이다.

④ A점의 압력은 B점의 압력과 같다.

해설 $(P_B - P_A) = \gamma h\left(1 + \frac{a_y}{g}\right)$[kPa]에서

자유낙하 시 $(a_y = -g)$를 대입하면

$(P_B - P_A) = 0$

$\therefore \ P_A = P_B$

60. 그림과 같이 수평 원관 속에서 완전히 발달된 층류 유동이라고 할 때 유량 Q의 식으로 옳은 것은?(단, μ는 점성계수, Q는 유량, P_1과 P_2는 1과 2지점에서의 압력을 나타낸다.)

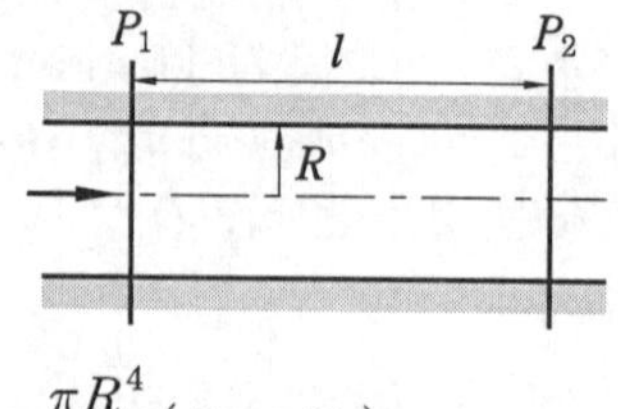

① $Q = \frac{\pi R^4}{8\mu l}(P_1 - P_2)$

정답 56. ④ 57. ④ 58. ④ 59. ④ 60. ①

② $Q=\frac{\pi R^3}{6\mu l}(P_1-P_2)$

③ $Q=\frac{8\pi R^4}{\mu l}(P_1-P_2)$

④ $Q=\frac{6\pi R^3}{\mu l}(P_1-P_2)$

해설 Hagen–Poiseuille's equation

$$Q=\frac{\Delta P\pi d^4}{128\mu L}=\frac{\pi R^4}{8\mu L}(P_1-P_2)\,[\mathrm{m^3/s}]$$

제 4 과목 유체기계 및 유압기기

61. 진공 펌프는 기체를 대기압 이하의 저압에서 대기압까지 압축하는 압축기의 일종이다. 다음 중 일반 압축기과 다른 점을 설명한 것으로 옳지 않은 것은?

① 흡입압력을 진공으로 함에 따라 압력비는 상당히 커지므로 격간용적, 기체 누설을 가급적 줄여야 한다.

② 진공화에 따라서 외부의 액체, 증기, 기체를 빨아들이기 쉬워서 진공도를 저하시킬 수 있으므로 이에 주의를 요한다.

③ 기체의 밀도가 낮으므로 실린더 체적은 축동력에 비해 크다.

④ 송출압력과 흡입압력의 차이가 작으므로 기체의 유로 저항이 커져도 손실동력이 비교적 적게 발생한다.

62. 유체 커플링에서 drag torque란 무엇인가?

① 종동축과 원동축의 토크가 동일할 때의 토크

② 종동축과 원동축의 회전 속도가 동일할 때의 토크

③ 원동축이 회전하고 종동축이 정지한 상태에서 발생하는 토크

④ 종동축에 부하가 걸리지 않을 때 원동축에 발생하는 최대 토크

해설 드래그 토크(drag torque) : 동력 전달 계통의 회전 저항을 말하며, 부하가 걸려 있지 않은 상태의 동력 전달 계통을 회전시키는 데 필요한 토크를 이른다. 변속기나 종감속 기어의 맞물림 손실(저항), 오일의 교반 저항, 베어링의 마찰 손실 또는 브레이크의 끌림에 따라 발생하는 저항, 휠 베어링의 회전 저항 등이 포함된다.

63. 펌프의 성능 곡선에서 체절 양정(shut off head)이란 무엇을 뜻하는가?

① 유량 $Q=0$일 때의 양정

② 유량 $Q=$최대일 때의 양정

③ 축동력이 최소일 때의 양정

④ 축동력이 최대일 때의 양정

해설 체절 양정(H_0)이란 유량(Q)=0일 때의 양정을 말한다.

64. 유체기계에 있어서 다음 중 유체로부터 에너지를 받아서 기계적 에너지로 변환시키는 장치로 볼 수 없는 것은?

① 송풍기 ② 수차

③ 유압모터 ④ 풍차

해설 (1) 유체 에너지를 기계적 에너지로 변환 : 풍차, 수차, 액압모터

(2) 기계적 에너지를 유체 에너지로 변환 : 펌프, 송풍기, 압축기

65. 다음 중 프란시스 수차에서 유량을 조정하는 장치는?

① 흡출관(draft tube)

② 안내깃(guide vane)

③ 전향기(deflector)

④ 니들 밸브(needle valve)

정답 61. ④ 62. ③ 63. ① 64. ① 65. ②

해설 프란시스 수차는 회전차 바깥둘레에 설치된 안내깃(guide vane)을 움직여서 유량을 조절한다.

※ 펠턴 수차의 유량은 니들 밸브(needle valve)를 사용하여 조절한다. 니들 밸브를 사용하면 니들 밸브의 위치에 관계없이 원형 단면의 분류를 얻을 수 있다. 이때 분류의 방향을 전향시켜서 버킷으로 향하는 제트의 양을 적게 하는 장치를 전향기(deflector)라고 한다.

66. 비교회전도 176 m^3/min · m · rpm, 회전수 2900 rpm, 양정 220 m인 4단 원심 펌프에서 유량은 약 몇 m^3/min인가? (단, 여기서 비교회전도 값은 유량의 단위가 m^3/min, 양정의 단위는 m, 회전수 단위는 rpm일 때를 기준으로 한 값이다.)

① 2.3 ② 2.7
③ 1.5 ④ 1.9

해설 $n_s = \dfrac{N\sqrt{Q}}{\left(\dfrac{H}{i}\right)^{\frac{3}{4}}}$ [rpm · m^3/min · m]에서

$$Q = \frac{n_s^2 \left(\dfrac{H}{i}\right)^{\frac{3}{2}}}{N^2} = \frac{176^2 \times \left(\dfrac{220}{4}\right)^{\frac{3}{2}}}{2900^2}$$

$\fallingdotseq 1.5\ m^3/min$

67. 다음 각 수차들에 관한 설명 중 옳지 않는 것은?

① 펠턴 수차는 비속도가 가장 높은 형식의 수차이다.
② 프란시스 수차는 반동형으로서 혼류수차에 해당한다.
③ 프로펠러 수차는 저낙차 대유량인 곳에 주로 사용된다.
④ 카플란 수차는 반동형으로서 축류수차에 해당한다.

해설 펠턴 수차는 고낙차용 수차로 비속도(비교회전도)가 가장 낮은 수차이다.

68. 반동수차에 설치되는 흡출관의 사용 목적으로 가장 옳은 것은?

① 회전차 출구와 방수면 사이의 낙차 및 회전차에서 유출되는 물의 속도수두를 유효하게 이용하기 위하여 설치한다.
② 상부 수면에서 회전차 입구까지의 위치수두를 최대한 이용하여 회전차 출구의 속도수두를 높이기 위해서 설치한다.
③ 반동수차는 낙차가 커서 반동력이 매우 크므로 수차의 출구에 견고하게 설치하여 수차를 보호하기 위하여 설치한다.
④ 반동수차는 낙차가 커서 회전차 출구와 방수면 사이의 낙차를 최소화하여 반동력을 줄이기 위하여 설치한다.

해설 흡출관은 반동수차에 있어서 임펠러 출구에서 방수로까지를 대기에 접촉하는 일 없이 연결하고 있는 관으로 사용 목적은 다음과 같다.

(1) 수차의 러너 출구와 방수면과의 차, 즉 흡출수두를 유효한 낙차로 이용한다.
(2) 러너로부터 유출된 물의 속도수두를 가능한 한 회수하여 수차의 효율을 증가시킨다. 즉 관의 유로 단면을 점차 확대하여 속도 에너지를 감소시켜 유출속도에 대응하는 배기손실을 경감시킨다.

69. 다음 중 원심 펌프에서 사용되는 구성요소로 볼 수 없는 것은?

① 임펠러 ② 케이싱
③ 버킷 ④ 디퓨저

해설 원심 펌프는 임펠러(회전차)를 회전시켜 물에 회전력을 주어서 원심력 작용으로 양수하는 펌프로서 깃(날개)이 달린 임펠러, 안내깃(날개) 및 스파이럴 케이싱으로 구성되어 있다.

정답 66. ③ 67. ① 68. ① 69. ③

70. **그림의 유압 회로는 펌프 출구 직후에 릴리프 밸브를 설치한 회로로서 안전 측면을 고려하여 제작된 회로이다. 이 회로의 명칭으로 옳은 것은?**

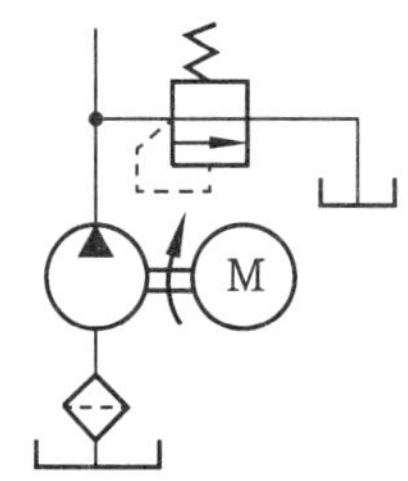

① 압력 설정 회로

② 카운터 밸런스 회로

③ 시퀀스 회로

④ 감압 회로

해설 회로 내에는 압력 제어 밸브인 릴리프 밸브만 있다.

71. **팬(fan)의 종류 중 날개 길이가 길고 폭이 좁으며 날개의 형상이 후향깃으로 회전 방향에 대하여 뒤쪽으로 기울어져 있는 것은?**

① 다익 팬 ② 터보 팬

③ 레이디얼 팬 ④ 익형 팬

해설 팬(fan)의 종류

① 다익 팬(multiblade fan) : 날개가 회전차의 회전 방향으로 기울어져 있고, 익현 길이가 짧으며, 깃의 폭이 넓은 깃이 다수 부착되어 있는 것으로 공기의 유동상태가 매우 원활하고 불쾌한 소음, 진동이 없으며 운전이 극히 정숙한 팬이다.

② 터보 팬(turbo fan) : 날개가 회전차의 회전 방향에 대하여 뒤쪽으로 기울어져 있고 날개 수는 다익 팬과 레이디얼 팬의 중간 정도이다. 원심 송풍기 중에 가장 크고 효율도 가장 높으며 내구성도 좋고 적용 범위가 넓어 사용하기 쉽다.

③ 레이디얼 팬(radial fan) : 날개가 회전차의 회전축에 수직이며 다익 팬에 비해 익현 길이가 길고 날개 폭이 짧다. 깃수는 다른 팬들 중에서 가장 적고 효율은 다익 팬보다 좋다.

④ 익형 팬(airfoil fan) : 날개의 형상이 익형인 송풍기이며, 풍량이 설계점 이상으로 증가해도 축동력은 증가하지 않는다. 값이 비싸지만 효율도 좋고 소음도 작다.

72. **유압 작동유에서 공기의 혼입(용해)에 관한 설명으로 옳지 않은 것은?**

① 공기 혼입 시 스폰지 현상이 발생할 수 있다.

② 공기 혼입 시 펌프의 캐비테이션 현상을 일으킬 수 있다.

③ 압력이 증가함에 따라 공기가 용해되는 양도 증가한다.

④ 온도가 증가함에 따라 공기가 용해되는 양도 증가한다.

해설 유압 작동유에서 온도가 증가함에 따라 공기가 용해되는 양은 감소한다.

73. **다음 중 펌프 작동 중에 유면을 적절하게 유지하고, 발생하는 열을 방산하여 장치의 가열을 방지하며, 오일 중의 공기나 이물질을 분리시킬 수 있는 기능을 갖춰야 하는 것은?**

① 오일 필터

② 오일 제너레이터

③ 오일 미스트

④ 오일 탱크

해설 오일 탱크의 특징

(1) 기름 속에 혼입되어 있는 불순물이나 기포의 분리 또는 제거를 한다.

(2) 운전 중에 발생하는 열을 충분히 방산하여 유온 상승을 완화시킬 수 있어야 한다.

(3) 운전 정지 중에는 관로의 기름이 중력에 의해서 넘치지 않아야 한다.

정답 70. ① 71. ② 72. ④ 73. ④

(4) 관을 분리할 때에는 기름 탱크에서 넘쳐 흐르지 않을 만큼의 크기로 해야 한다.

74. 유압 필터를 설치하는 방법은 크게 복귀라인에 설치하는 방법, 흡입라인에 설치하는 방법, 압력라인에 설치하는 방법, 바이패스 필터를 설치하는 방법으로 구분할 수 있는데, 다음 회로는 어디에 속하는가?

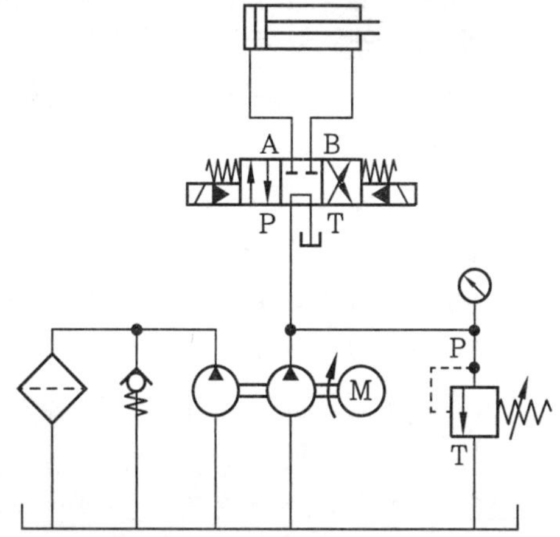

① 복귀라인에 설치하는 방법
② 흡입라인에 설치하는 방법
③ 압력라인에 설치하는 방법
④ 바이패스 필터를 설치하는 방법

해설 주어진 회로에서 필터는 왼쪽 유압 펌프 출구쪽에 설치되어 유압 탱크에 연결되어 있다. 유압 펌프 2대를 1개 조로 한 일종의 바이패스 회로이다.

75. 유압 및 공기압 용어에서 스텝 모양 입력 신호의 지령에 따르는 모터로 정의되는 것은?

① 오버 센터 모터
② 다공정 모터
③ 유압 스테핑 모터
④ 베인 모터

해설 ① 오버 센터 모터 : 흐름의 방향을 바꾸지 않고 회전 방향을 역전할 수 있는 유압 모터
② 다공정 모터 : 출력축 1회전 중에 모터 작용 요소가 복수회 왕복하는 유압 모터
③ 유압 스테핑 모터 : 스텝 모양 입력 신호의 지령에 따르는 유압 모터
④ 베인 모터 : 케이싱(캠 링)에 접하고 있는 베인을 로터 내에 가지고, 베인 사이에 유입한 유체에 의하여 로터가 회전하는 형식의 유압 모터·공기압 모터

76. 주로 시스템의 작동이 정부하일 때 사용되며, 실린더의 속도 제어를 실린더에 공급되는 입구측 유량을 조절하여 제어하는 회로는?

① 로크 회로 ② 무부하 회로
③ 미터 인 회로 ④ 미터 아웃 회로

해설 미터 인 회로(meter in circuit) : 유량 제어 밸브를 실린더의 작동 행정에서 실린더의 오일이 유입되는 입구측에 설치한 회로

77. 그림과 같은 유압 기호의 설명으로 틀린 것은?

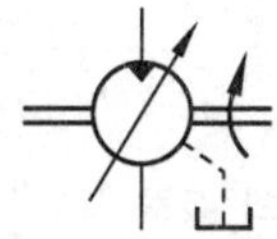

① 유압 펌프를 의미한다.
② 1방향 유동을 나타낸다.
③ 가변 용량형 구조이다.
④ 외부 드레인을 가졌다.

해설 도시된 유압 기호는 가변 용량형 유압 모터로 1방향 유동을 나타내며, 외부 드레인(drain)을 가졌다.

78. 방향 제어 밸브 기호 중 다음과 같은 설명에 해당하는 기호는?

(가) 3/2－way 밸브이다. (나) 정상 상태에서 P는 외부와 차단된 상태이다.

정답 74. ④ 75. ③ 76. ③ 77. ① 78. ②

① 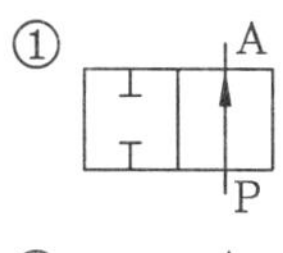
② 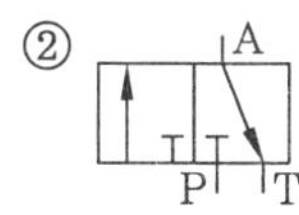
③ 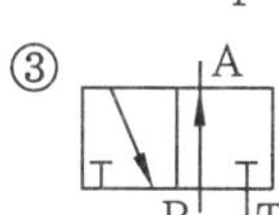
④ 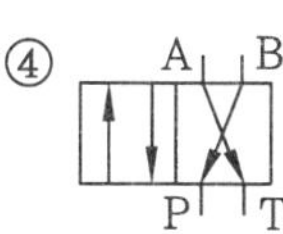

해설 방향 제어 밸브 기호 중 2위치 3포트(ports) 밸브로 정상(normal) 상태에서 P가 외부와 차단된 상태의 밸브는 ②이다.

79. 그림과 같은 유압 회로의 명칭으로 옳은 것은?

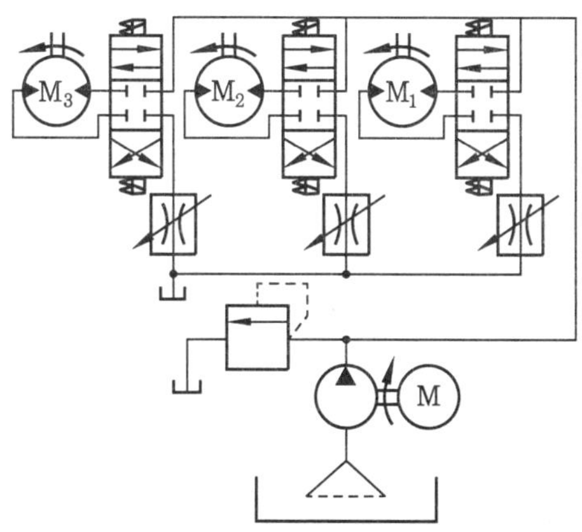

① 유압 모터 병렬배치 미터 인 회로
② 유압 모터 병렬배치 미터 아웃 회로
③ 유압 모터 직렬배치 미터 인 회로
④ 유압 모터 직렬배치 미터 아웃 회로

해설 주어진 회로에서 유압 모터는 병렬로 연결되어 있으며 유량 조정 밸브는 작동기 출구쪽에 위치해 있다.

80. 유압 실린더로 작동되는 리프터에 작용하는 하중이 15000 N이고 유압의 압력이 7.5 MPa일 때 이 실린더 내부의 유체가 하중을 받는 단면적은 약 몇 cm^2인가?

① 5 ② 20
③ 500 ④ 2000

해설 $P=\frac{F}{A}$ [MPa]에서

$$A=\frac{F}{P}=\frac{15000}{7.5\times100}=20\ cm^2$$

여기서, $P=7.5\ MPa(N/mm^2)$
$=7.5\times100\ N/cm^2$

제 5 과목 건설기계일반 및 플랜트배관

91. 휠 크레인에 대한 설명으로 틀린 것은?

① 고무바퀴식 셔블계 굴착기의 작업장치에 크레인 장치를 장착한 형태로 볼 수 있다.
② 지면과의 접지면적이 크기 때문에 연약지반에서의 작업에 적합하다.
③ 일반적으로 트럭 크레인보다 소형이며 하나의 엔진으로 크레인의 주행과 크레인 작업을 수행할 수 있다.
④ 경우에 따라 모빌 크레인, 휠타입 트랙터 크레인 등으로 불리기도 한다.

해설 휠 크레인은 크롤러 크레인의 크롤러 대신 차륜을 장치한 것으로서 드래그 크레인보다 소형이며 모빌 크레인이라고도 한다. 공장과 같이 작업범위가 제한되어 있는 장소에 적합하다.

92. 다음 중 건설기계의 규격 표시 방법이 잘못 연결된 것은?

① 불도저 : 작업 가능 상태의 중량(t)
② 로더 : 표준 버킷의 산적용량(m^3)
③ 지게차 : 최대 들어올림 용량(t)
④ 모터 그레이더 : 시간당 작업능력(m^3/h)

해설 모터 그레이더의 규격은 표준 배토판의 길이(m)로 표시한다. 블레이드 길이를 기준으로 3.7 m를 대형, 3.1 m를 중형, 2.5 m를 소형으로 분류한다.

정답 79. ② 80. ② 91. ② 92. ④

93. 지게차의 스티어링 장치는 주로 어떠한 방식을 채택하고 있는가?

① 전륜 조향식　② 포크 조향식
③ 마스트 조향식　④ 후륜 조향식

해설 지게차는 하물을 포크에 적재해 운반하거나 유압 마스트의 승강작용을 이용하여 하물을 적재 또는 하역하는 작업에 사용하는 운반기계로 일반적으로 전륜 구동, 후륜 조향 방식이다.

94. 크레인의 여러 가지 작업장치를 가지고 수행 가능한 작업에 해당하지 않는 것은?

① 드래그 라인 작업
② 아스팔트 다짐 작업
③ 어스 드릴 작업
④ 기둥박기 작업

해설 아스팔트 다짐 작업에 사용하는 장비는 롤러이다.

95. 비자항식 준설선의 장단점에 대한 설명으로 틀린 것은?

① 펌프식으로 운용할 경우 거리에 제한을 받지 않고 비교적 먼 거리를 송토할 수 있다.
② 이동 시 예인선 등이 필요하다.
③ 자항식에 비해 구조가 간단하고 가격이 싸다.
④ 펌프식인 경우 경토질에 부적합하며, 파이프를 수면에 띄우므로 파도의 영향을 받는다.

해설 비자항식 펌프 준설선의 장단점

(1) 장점
- 배사관과 송토관으로 직송할 수 있고 준설과 매립을 동시에 할 수 있다.
- 공정이 연속적이며 준설능력이 크다.
- 단가가 다른 준설보다 저렴하다.
- 건조비가 비교적 적게 든다.

(2) 단점
- 암반이나 경토질에는 부적합하다
- 펌프능력에 따라 배송거리, 사토구역에 제한을 받는다.
- 배사관의 해상 노출로 풍파 및 기상의 영향을 받는다.
- 전동식인 경우 동력선에 의한 제한을 받는다.

96. 36 % Ni 성분을 지니는 Fe-Ni 합금으로 상온에서 열팽창률이 탄소강의 약 1/10에 불과하여 불변강에 해당하는 합금은?

① 쾌삭강　② 인바(invar)
③ 단조강　④ 서멧(cermet)

해설 인바(invar)는 Fe(64 %)-Ni(36 %) 합금으로 온도 변화에 따른 길이 변화가 없으며, 시계 부품, 표준자, 지진계, 바이메탈, 정밀기계 부품으로 사용된다.

97. 굴착 적재기계 중 하나로 버킷 래더 굴착기와 유사한 구조로서 커터 비트(cutter bit)를 규칙적으로 배열한 체인커터를 회전시키는 커터 붐을 차체에 설치하고 커터의 회전으로 토사를 굴착하는 것은?

① 트렌처(trencher)
② 클램셸(clam shell)
③ 드래그 라인(drag line)
④ 백호(back hoe)

98. 건설기계관리법에서 규정하는 건설기계의 범위에 해당하지 않는 것은?

① 모터 그레이더 : 정지장치를 가진 자주식인 것
② 쇄석기 : 20킬로와트 이상의 원동기를 가진 이동식인 것
③ 지게차 : 무한궤도식으로 들어올림장치

정답 93. ④　94. ②　95. ①　96. ②　97. ①　98. ③

와 조종석을 가진 것

④ 준설선 : 펌프식 · 버킷식 · 디퍼식 또는 그래브식으로 비자항식인 것(해상화물 운송에 사용하기 위하여 「선박법」에 따른 선박으로 등록된 것은 제외)

해설 지게차 : 타이어식으로 들어올림장치와 조종석을 가진 것. 다만, 전동식으로 솔리드 타이어를 부착한 것 중 도로(「도로교통법」 제2조 제1호에 따른 도로를 말하며, 이하 같다)가 아닌 장소에서만 운행하는 것은 제외한다.

99. 다음 중 운반기계에 해당되지 않는 것은?

① 왜건 ② 덤프트럭
③ 어스 오거 ④ 모노레일

해설 어스 오거(earth auger)는 나사형의 긴 축을 모터 등에 의해 땅 속에 돌려 박아 구멍을 뚫는 기계이다.

100. 파워셔블의 작업에 있어서 버킷 용량은 1.5 m^3, 체적환산계수는 0.95, 작업 효율은 0.7, 버킷계수는 1.2, 1회 사이클 시간은 140초일 때 시간당 작업량(m^3/h)은 얼마인가?

① 7.3 ② 14.6
③ 21.9 ④ 30.8

해설 $Q=\frac{3600qfEk}{C_m}$

$=\frac{3600\times 1.5\times 0.95\times 0.7\times 1.2}{140}$

$=30.78\ m^3/h$

정답 99. ③ 100. ④

건설기계설비기사 2016년 5월 8일 (제2회)

제1과목 재료역학

1. 강재의 인장시험 후 얻어진 응력-변형률 선도로부터 구할 수 없는 것은?

① 안전계수 ② 탄성계수
③ 인장강도 ④ 비례한도

해설 응력의 크기 순서
인장(극한)강도 > 항복응력 > 탄성한도 > 허용응력(비례한도) > 사용응력

2. 길이가 L이고 지름이 d_o인 원통형의 나사를 끼워 넣을 때 나사의 단위 길이당 t_o의 토크가 필요하다. 나사 재질의 전단탄성계수가 G일 때 나사 끝단 간의 비틀림 회전량(rad)은 얼마인가?

① $\dfrac{16t_oL^2}{\pi d_o^4 G}$ ② $\dfrac{32t_oL^2}{\pi d_o^4 G}$
③ $\dfrac{t_oL^2}{16\pi d_o^4 G}$ ④ $\dfrac{t_oL^2}{32\pi d_o^4 G}$

해설 $\theta = \dfrac{TL}{GI_P} = \dfrac{32(t_oL)\cdot\dfrac{L}{2}}{G\pi d_o^4} = \dfrac{16t_oL^2}{G\pi d_o^4}$

3. 두께 1.0 mm의 강판에 한 변의 길이가 25 mm인 정사각형 구멍을 펀칭하려고 한다. 이 강판의 전단 파괴응력이 250 MPa일 때 필요한 압축력은 몇 kN인가?

① 6.25 ② 12.5
③ 25.0 ④ 156.2

해설 $\tau = \dfrac{P_s}{A}$ [MPa]에서
$P_s = \tau A = \tau(4at) = 250(4\times25\times1)$
$= 25000\,\text{N} = 25\,\text{kN}$

4. 바깥지름 30 cm, 안지름 10 cm인 중공 원형 단면의 단면계수는 약 몇 cm^3인가?

① 2618 ② 3927
③ 6584 ④ 1309

해설 중공축(속빈축)의 단면계수(Z)
$= \dfrac{\pi d_2^3}{32}(1-x^4) = \dfrac{\pi(30)^3}{32}\left[1-\left(\dfrac{1}{3}\right)^4\right]$
$= 2618\,\text{cm}^3$
여기서, x : 내외경비$\left(=\dfrac{d_1}{d_2}\right)$

5. 그림과 같이 단붙이 원형축(stepped circular shaft)의 풀리에 토크가 작용하여 평형상태에 있다. 이 축에 발생하는 최대 전단응력은 몇 MPa인가?

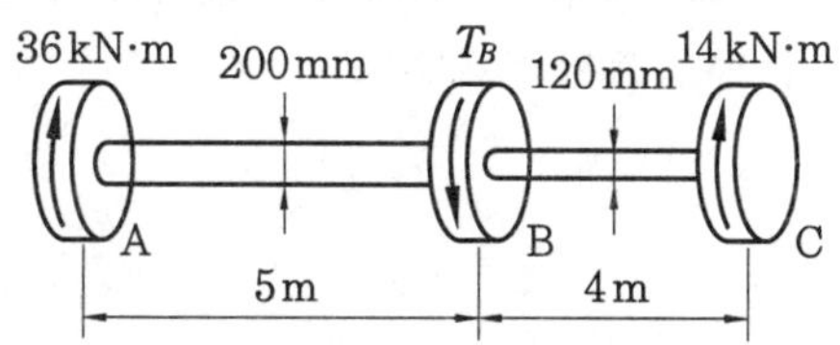

① 18.2 ② 22.9
③ 41.3 ④ 147.4

해설 $\tau_{AB} = \dfrac{T_{AB}}{(Z_P)_{AB}} = \dfrac{T_{AB}}{\dfrac{\pi d^3}{16}}$
$= \dfrac{16\times36\times10^{-3}}{\pi(0.2)^3} = 22.92\,\text{MPa}$
$\tau_{BC} = \dfrac{T_{BC}}{(Z_P)_{BC}} = \dfrac{T_{BC}}{\dfrac{\pi d^3}{16}}$
$= \dfrac{16\times14\times10^{-3}}{\pi(0.12)^3} = 41.26\,\text{MPa}$
$\tau_{BC} > \tau_{AB}$

6. 지름 35 cm의 차축이 0.2°만큼 비틀렸다. 이때 최대 전단응력이 49 MPa이고,

정답 1. ① 2. ① 3. ③ 4. ① 5. ③ 6. ④

재료의 전단탄성계수가 80 GPa이라고 하면 이 차축의 길이는 약 몇 m인가?

① 2.0 ② 2.5
③ 1.5 ④ 1.0

해설 $T=\tau Z_P=\tau\frac{\pi d^3}{16}=49\times\frac{\pi(0.35)^3}{16}$

$=0.412\text{ MN}\cdot\text{m}=0.412\times10^3\text{ kN}\cdot\text{m}$

$\theta=584\frac{TL}{Gd^4}[°]$

$L=\frac{Gd^4\theta}{584T}=\frac{80\times10^6\times0.35^4\times0.2}{584\times0.412\times10^3}$

$≒1.0\text{ m}$

7. 그림과 같이 하중을 받는 보에서 전단력의 최댓값은 약 몇 kN인가?

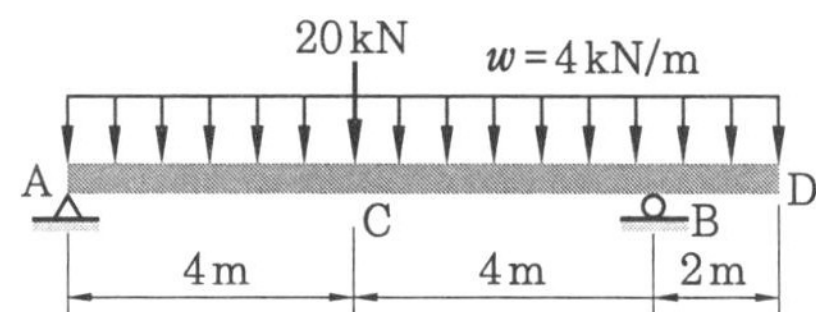

① 11 kN ② 25 kN
③ 27 kN ④ 35 kN

해설

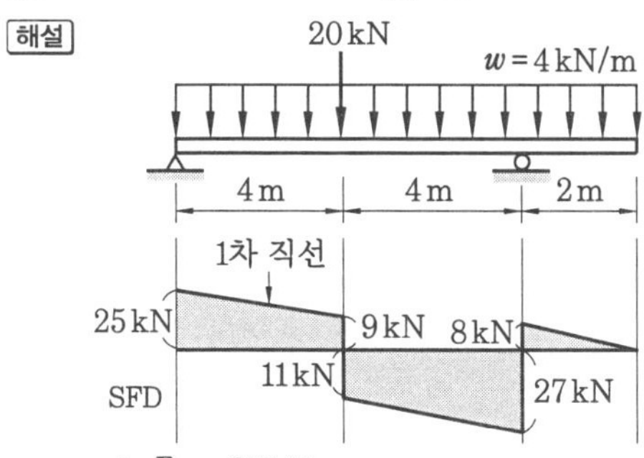

$\therefore F_{max}=27\text{ kN}$

(1) $\Sigma M_A=0$

$(4\times10)\times5-R_B\times8+20\times4=0$

$\therefore R_B=\frac{40\times5+20\times4}{8}=\frac{280}{8}=35\text{ kN}$

(2) $\Sigma F_y=0$

$\therefore R_A=(40+20)-R_B$

$=60-35=25\text{ kN}$

(3) SFD

$F_x=R_A-20-4x$

$=25-20-4x=5-4x$

전단력이 0인 위치(위험단면)

$0=5-4x$

$x=\frac{5}{4}=1.25$

$M_x=R_Ax-20(x-4)-\frac{4x^2}{2}$

$=25x-20x+80-2x^2$

$=5x+80-2x^2$

$=5(1.25)+80-2(1.25)^2$

$=83.125\text{ kN}\cdot\text{m}$

$F_x=\frac{dM}{dx}=4x+5$

8. 그림과 같은 단순 지지보의 중앙에 집중 하중 P가 작용할 때 단면이 (가)일 경우의 처짐 y_1은 단면이 (나)일 경우의 처짐 y_2의 몇 배인가? (단, 보의 전체 길이 및 보의 굽힘 강성은 일정하며 자중은 무시한다.)

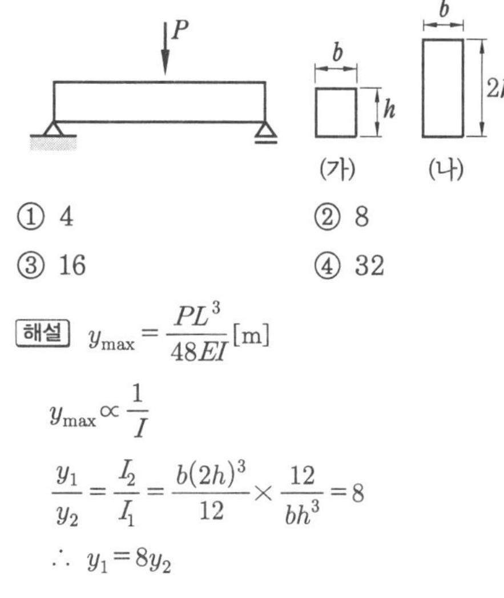

① 4 ② 8
③ 16 ④ 32

해설 $y_{\max}=\frac{PL^3}{48EI}[\text{m}]$

$y_{\max}\propto\frac{1}{I}$

$\frac{y_1}{y_2}=\frac{I_2}{I_1}=\frac{b(2h)^3}{12}\times\frac{12}{bh^3}=8$

$\therefore y_1=8y_2$

9. 지름 100 mm의 양단 지지보의 중앙에 2 kN의 집중하중이 작용할 때 보 속의

정답 7. ③ 8. ② 9. ②

최대 굽힘응력이 16 MPa일 경우 보의 길이는 약 몇 m인가?

① 1.51 ② 3.14
③ 4.22 ④ 5.86

해설 $\sigma_{max}=\frac{M_{max}}{Z}=\frac{\frac{PL}{4}}{\frac{\pi d^3}{32}}=\frac{8PL}{\pi d^3}$ 에서

$L=\frac{\sigma_{max}\pi d^3}{8P}=\frac{16\times10^3\times\pi(0.1)^3}{8\times2}$
$=3.14\text{ m}$

10. 평면 응력상태에서 σ_x와 σ_y만이 작용하는 2축 응력에서 모어원의 반지름이 되는 것은? (단, $\sigma_x>\sigma_y$이다.)

① $(\sigma_x+\sigma_y)$ ② $(\sigma_x-\sigma_y)$
③ $\frac{1}{2}(\sigma_x+\sigma_y)$ ④ $\frac{1}{2}(\sigma_x-\sigma_y)$

해설 평면 응력상태에서 σ_x, σ_y만 작용하는 2축응력($\sigma_x>\sigma_y$)에서 모어원의 반지름(R)은 최대 전단응력을 나타낸다.

$\tau_{max}=\frac{1}{2}(\sigma_x-\sigma_y)$ [MPa]

11. 그림과 같은 일단 고정 타단 롤러로 지지된 등분포 하중을 받는 부정정보의 B단에서 반력은 얼마인가?

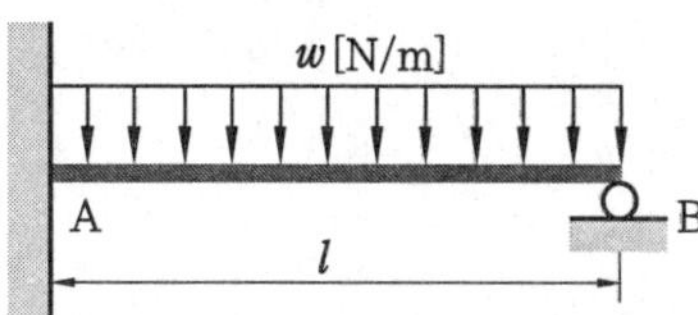

① $\frac{wl}{3}$ ② $\frac{5wl}{8}$ ③ $\frac{2wl}{3}$ ④ $\frac{3wl}{8}$

해설 2개의 외팔보로 가정

$\frac{R_B\cdot l^3}{3EI}=\frac{wl^4}{8EI}$

$R_B=\frac{3wl}{8}$ [N]

12. 그림과 같이 순수 전단을 받는 요소에서 발생하는 전단응력 $\tau=70$ MPa, 재료의 세로탄성계수는 200 GPa, 푸아송의 비는 0.25일 때 전단 변형률은 약 몇 rad인가?

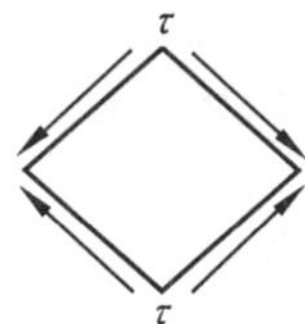

① 8.75×10^{-4} ② 8.75×10^{-3}
③ 4.38×10^{-4} ④ 4.38×10^{-3}

해설 $G=\frac{mE}{2(m+1)}=\frac{E}{2(1+\mu)}$ [GPa]

$\tau=G\gamma$에서

$\gamma=\frac{\tau}{G}=\frac{\tau\times2(1+\mu)}{E}$
$=\frac{70\times2(1+0.25)}{200\times10^3}=8.75\times10^{-4}\text{ rad}$

13. 그림과 같이 벽돌을 쌓아 올릴 때 최하단 벽돌의 안전계수를 20으로 하면 벽돌의 높이 h를 얼마만큼 높이 쌓을 수 있는가? (단, 벽돌의 비중량은 16 kN/m^3, 파괴 압축응력을 11 MPa로 한다.)

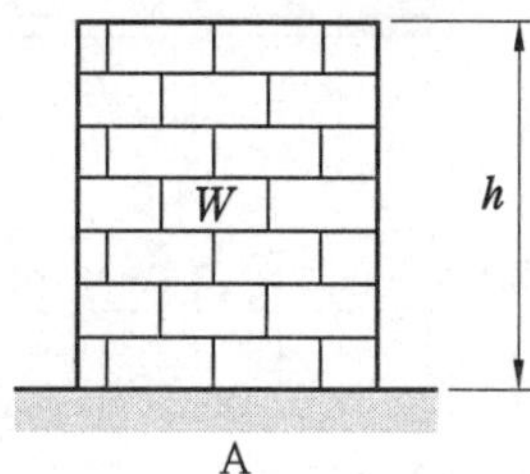

① 34.3 m ② 25.5 m
③ 45.0 m ④ 23.8 m

해설 $\sigma_{ca}=\frac{\sigma_{cr}}{s}=\gamma h$ [kPa]

$\sigma_{ca}=\frac{11\times10^3}{20}=550\text{ kPa}$

$\therefore\ h=\frac{\sigma_{ca}}{\gamma}=\frac{550}{16}\fallingdotseq34.38\text{ m}$

정답 10. ④ 11. ④ 12. ① 13. ①

14. 일단 고정 타단 롤러 지지된 부정정보의 중앙에 집중 하중 P를 받고 있을 때, 롤러 지지점의 반력은 얼마인가?

① $\frac{3}{16}P$　② $\frac{5}{16}P$

③ $\frac{7}{16}P$　④ $\frac{9}{16}P$

해설 $\delta_1 = \frac{R_B L^3}{3EI}$, $\delta_2 = \frac{5PL^3}{48EI}$

$\delta_1 = \delta_2$(지점에서는 처짐량이 0인 조건을 적용)

$\frac{R_B L^3}{3EI} = \frac{5PL^3}{48EI}$

$\therefore R_B = \frac{5}{16}P$[N]

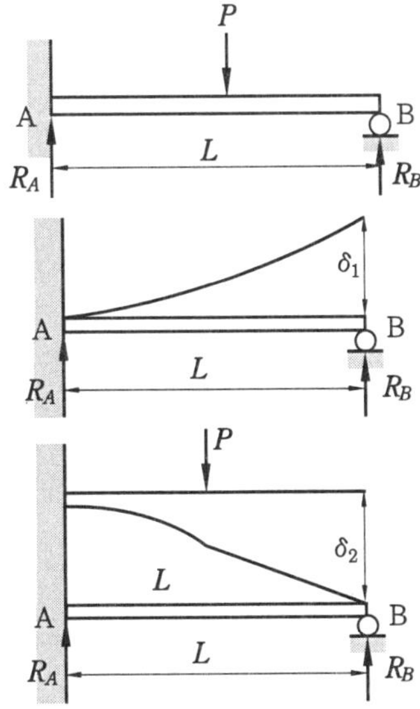

15. 정육면체 형상의 짧은 기둥에 그림과 같이 측면에 홈이 파여져 있다. 도심에 작용하는 하중 P로 인하여 단면 $m-n$에 발생하는 최대 압축응력은 홈이 없을 때 압축응력의 몇 배인가?

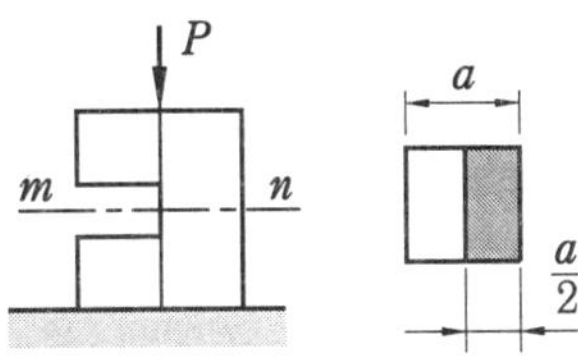

① 2　② 4　③ 8　④ 12

해설 (1) 홈이 없을 때 : $\sigma_1 = \frac{P}{A} = \frac{P}{a^2}$[MPa]

(2) 홈이 있을 때 : $\sigma_2 = \frac{P}{A} + \frac{M}{Z}$[MPa]

$$= \frac{P}{\frac{a^2}{2}} + \frac{P\left(\frac{a}{4}\right)}{\frac{a\left(\frac{a}{2}\right)^2}{6}}$$

$$= \frac{2P}{a^2} + \frac{6P}{a^2} = \frac{8P}{a^2} = 8\sigma_1$$

$\therefore \frac{\sigma_2}{\sigma_1} = 8$

16. 지름이 d인 짧은 환봉의 축 중심으로부터 a만큼 떨어진 지점에 편심 압축하중 P가 작용할 때 단면상에서 인장응력이 일어나지 않는 a 범위는?

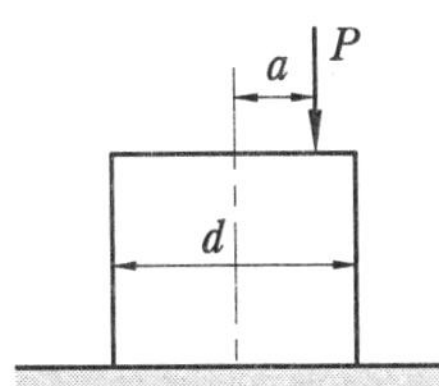

① $\frac{d}{8}$ 이내　② $\frac{d}{6}$ 이내

③ $\frac{d}{4}$ 이내　④ $\frac{d}{2}$ 이내

해설 핵심반지름$(a) = \pm\frac{Z}{A}$

$$= \pm\frac{\pi d^3}{32} \times \frac{4}{\pi d^2} = \pm\frac{d}{8} = \pm\frac{r}{4}\text{[cm]}$$

$\left(-\frac{d}{8} \le a \le \frac{d}{8}\right)$

17. 전단력 10 kN이 작용하는 지름 10 cm인 원형 단면의 보에서 그 중립축 위에 발생하는 최대 전단응력은 약 몇 MPa인가?

① 1.3　② 1.7　③ 130　④ 170

정답 14. ②　15. ③　16. ①　17. ②

해설 $\tau_{max} = \dfrac{4F}{3A} = \dfrac{4 \times 10 \times 10^{-3}}{3 \times \dfrac{\pi \times 0.1^2}{4}} \fallingdotseq 1.7\,\text{MPa}$

18. 지름이 동일한 봉에 위 그림과 같이 하중이 작용할 때 단면에 발생하는 축 하중 선도는 아래 그림과 같다. 단면 C에 작용하는 하중(F)은 얼마인가?

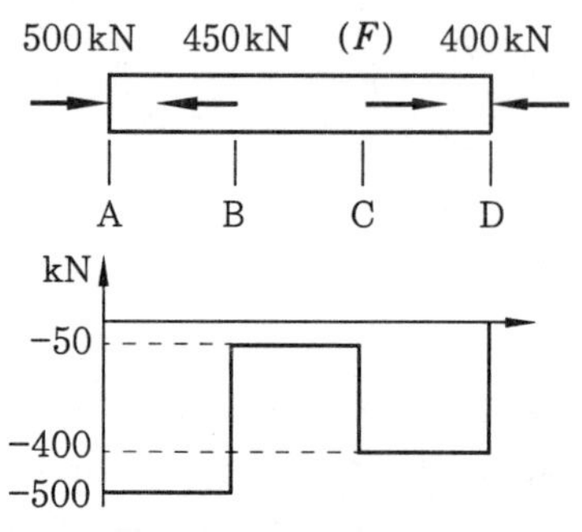

① 150 ② 250 ③ 350 ④ 450

해설 $\sum F_x = 0$

$500 + F = 450 + 400$

$F = 350\,\text{kN}$

19. 그림의 구조물이 수직하중 $2P$를 받을 때 구조물 속에 저장되는 탄성변형에너지는? (단, 단면적 A, 탄성계수 E는 모두 같다.)

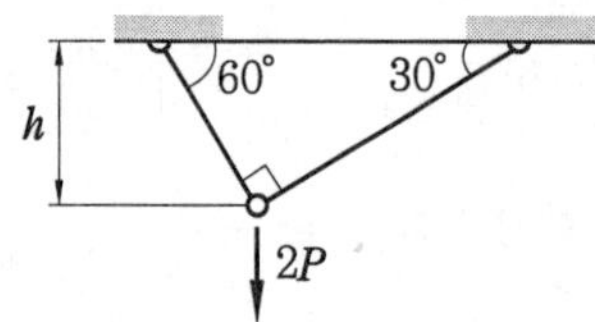

① $\dfrac{P^2h}{4AE}(1+\sqrt{3})$

② $\dfrac{P^2h}{2AE}(1+\sqrt{3})$

③ $\dfrac{P^2h}{AE}(1+\sqrt{3})$

④ $\dfrac{2P^2h}{AE}(1+\sqrt{3})$

해설

$$\frac{2P}{\sin 90°} = \frac{F_{AB}}{\sin 120°} = \frac{F_{BC}}{\sin 150°}$$

$F_{AB} = \sqrt{3}P,\ F_{BC} = P$

$l_{AB}\sin 60° = h$

$\therefore\ l_{AB} = \dfrac{h}{\sin 60°} = \dfrac{2}{\sqrt{3}}h$

$l_{BC}\sin 30° = h$

$\therefore\ l_{BC} = \dfrac{h}{\sin 30°} = 2h$

$\delta_{AB} = \dfrac{F_{AB}}{AE}l_{AB} = \dfrac{\sqrt{3}P}{AE}\left(\dfrac{2}{\sqrt{3}}h\right)$

$\delta_{BC} = \dfrac{F_{BC}}{AE}l_{BC} = \dfrac{P}{AE}(2h)$

$U = \dfrac{1}{2}\dfrac{P^2 l}{AE}\,[\text{kJ}]$

$U = U_{BC} + U_{AB}$

$= \dfrac{1}{2}\dfrac{F_{BC}^2}{AE}l_{BC} + \dfrac{1}{2}\dfrac{F_{AB}^2}{AE}l_{AB}$

$= \dfrac{1}{2}\dfrac{P^2}{AE} \times 2h + \dfrac{1}{2}\dfrac{(\sqrt{3}P)^2}{AE} \times \dfrac{2\sqrt{3}}{3}h$

$= \dfrac{P^2h}{AE} + \dfrac{\sqrt{3}P^2h}{AE} = \dfrac{P^2h}{AE}(1+\sqrt{3})\,[\text{kJ}]$

20. 그림과 같이 균일 분포 하중 w를 받는 보에서 굽힘 모멘트 선도는?

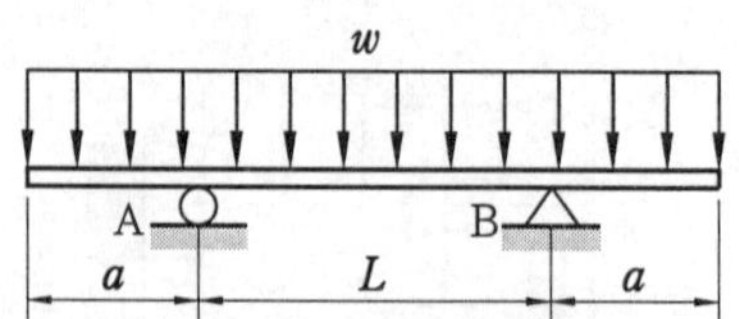

정답 18. ③ 19. ④ 20. ④

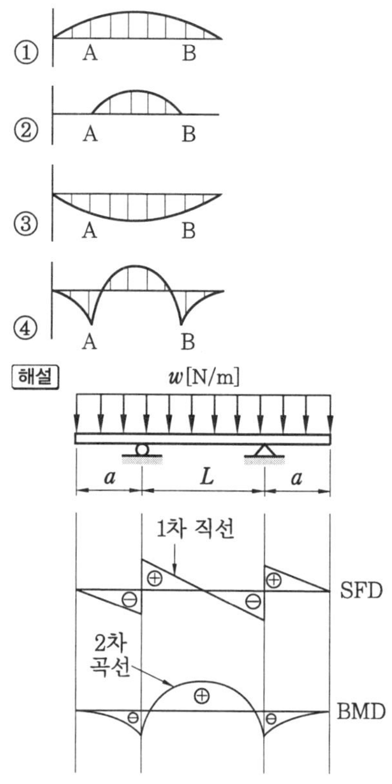

제 2 과목 기계열역학

21. 그림과 같이 중간에 격벽이 설치된 계에서 A에는 이상기체가 충만되어 있고, B는 진공이며, A와 B의 체적은 같다. A와 B 사이의 격벽을 제거하면 A의 기체는 단열비가역 자유팽창을 하여 어느 시간 후에 평형에 도달하였다. 이 경우의 엔트로피 변화 Δs는?(단, C_v는 정적비열, C_p는 정압비열, R은 기체상수이다.)

① $\Delta s = C_v \times \ln 2$

② $\Delta s = C_p \times \ln 2$

③ $\Delta s = 0$

④ $\Delta s = R \times \ln 2$

해설 가역, 비가역 자유팽창은 등온과정으로 취급한다.

$\therefore\ ds = R\ln\left(\frac{V_2}{V_1}\right) = R\ln 2\,[\text{kJ/kg}\cdot\text{K}]$

22. 열역학적 상태량은 일반적으로 강도성 상태량과 종량성 상태량으로 분류할 수 있다. 강도성 상태량에 속하지 않는 것은?

① 압력 ② 온도

③ 밀도 ④ 체적

해설 강도성 상태량(intensive quantity of state)은 물질의 양과 무관한 상태량(성질 ; property)이다.

예 압력, 밀도(비질량), 온도, 비체적 등

※ 체적은 물질의 양에 비례하는 종량성(용량성) 상태량이다.

23. 이상기체에서 비엔탈피 h와 비내부에너지 u, 비엔트로피 s 사이에 성립하는 식으로 옳은 것은?(단, T는 온도, v는 비체적, P는 압력이다.)

① $Tds = dh + vdP$

② $Tds = dh - vdP$

③ $Tds = du - Pdv$

④ $Tds = dh + d(Pv)$

해설 $\delta q(= Tds) = dh - vdP\,[\text{kJ/kg}]$

24. 냉동실에서의 흡수열량이 5 냉동톤(RT)인 냉동기의 성능계수(COP)가 2, 냉동기를 구동하는 가솔린 엔진의 열효율이 20 %, 가솔린의 발열량이 43000 kJ/kg일 경우, 냉동기 구동에 소요되는 가솔린의 소비율은 약 몇 kg/h인가?(단, 1 냉동톤(RT)은 약 3.86 kW이다.)

① 1.28 kg/h ② 2.54 kg/h

③ 4.04 kg/h ④ 4.85 kg/h

정답 21. ④ 22. ④ 23. ② 24. ③

해설 $W_c = \dfrac{Q_e}{\varepsilon_R} = \dfrac{5 \times 3.86}{2} = 9.65\,\text{kW}$

$$\eta = \frac{3600kW}{H_L \times m_f} \times 100\,\%$$

$$m_f = \frac{3600\,kW}{H_L \times \eta} = \frac{3600 \times 9.65}{43000 \times 0.2} = 4.04\,\text{kg/h}$$

25. 카르노 열기관 사이클 A는 0℃와 100℃ 사이에서 작동되며 카르노 열기관 사이클 B는 100℃와 200℃ 사이에서 작동된다. 사이클 A의 효율(η_A)과 사이클 B의 효율(η_B)을 각각 구하면?

① $\eta_A = 26.80\,\%$, $\eta_B = 50.00\,\%$

② $\eta_A = 26.80\,\%$, $\eta_B = 21.14\,\%$

③ $\eta_A = 38.75\,\%$, $\eta_B = 50.00\,\%$

④ $\eta_A = 38.75\,\%$, $\eta_B = 21.14\,\%$

해설 $\eta_A = 1 - \dfrac{T_2}{T_1} = \left(1 - \dfrac{273}{373}\right) \times 100\,\%$

$= 26.8\,\%$

$$\eta_B = 1 - \frac{T_L}{T_H} = \left(1 - \frac{373}{473}\right) \times 100\%$$

$= 21.14\,\%$

26. 질량 1 kg의 공기가 밀폐계에서 압력과 체적이 100 kP, 1 m³이었는데 폴리트로픽 과정(PV^n = 일정)을 거쳐 체적이 0.5 m³이 되었다. 최종 온도(T_2)와 내부에너지의 변화량(ΔU)은 각각 얼마인가? (단, 공기의 기체상수는 287 J/kg · K, 정적비열은 718 J/kg · K, 정압비열은 1005 J/kg · K, 폴리트로프 지수는 1.3이다.)

① $T_2 = 459.7\text{K}$, $\Delta U = 111.3\,\text{kJ}$

② $T_2 = 459.7\text{K}$, $\Delta U = 79.9\,\text{kJ}$

③ $T_2 = 428.9\text{K}$, $\Delta U = 80.5\,\text{kJ}$

④ $T_2 = 428.9\text{K}$, $\Delta U = 57.8\,\text{kJ}$

해설 $P_1 V_1 = mRT_1$

$$T_1 = \frac{P_1 V_1}{mR} = \frac{100 \times 1}{1 \times 0.287} = 348.43\,\text{K}$$

$$T_2 = T_1 \left(\frac{V_1}{V_2}\right)^{n-1}$$

$$= 348.43 \left(\frac{1}{0.5}\right)^{1.3-1} = 428.97\,\text{K}$$

$$\Delta U = mC_v(T_2 - T_1)$$

$= 1 \times 0.718(428.97 - 348.43)$

$= 57.8\,\text{kJ}$

27. 과열증기를 냉각시켰더니 포화영역 안으로 들어와서 비체적이 0.2327 m³/kg이 되었다. 이때의 포화액과 포화증기의 비체적이 각각 1.079×10⁻³ m³/kg, 0.5243 m³/kg이라면 건도는?

① 0.964 ② 0.772

③ 0.653 ④ 0.443

해설 $v_x = v' + x(v'' - v')\,[\text{m}^3/\text{kg}]$에서

$$\text{건도}(x) = \frac{v_x - v'}{v'' - v'} = \frac{0.2327 - 1.079 \times 10^{-3}}{0.5243 - 1.079 \times 10^{-3}}$$

$= 0.443$

28. 밀폐계의 가역 정적변화에서 다음 중 옳은 것은? (단, U : 내부에너지, Q : 전달된 열, H : 엔탈피, V : 체적, W : 일이다.)

① $dU = \delta Q$ ② $dH = \delta Q$

③ $dV = \delta Q$ ④ $dW = \delta Q$

해설 $\delta Q = du + pdv\,[\text{kJ}]$

정적변화($v = c$, $dv = 0$)이므로

$\therefore\ \delta Q = du\,[\text{kJ}]$

정적 변화 시 가열량과 내부에너지 변화량은 같다.

29. 오토 사이클의 압축비가 6인 경우 이론 열효율은 약 몇 %인가? (단, 비열비 = 1.4이다.)

① 51 ② 54 ③ 59 ④ 62

정답 25. ② 26. ④ 27. ④ 28. ① 29. ①

해설 $\eta_{tho} = \left\{1 - \left(\frac{1}{\varepsilon}\right)^{k-1}\right\} \times 100\,\%$

$= \left\{1 - \left(\frac{1}{6}\right)^{1.4-1}\right\} \times 100\,\%$

$= 51.16\,\%(\fallingdotseq 51\,\%)$

30. 비열비가 k인 이상기체로 이루어진 시스템이 정압과정으로 부피가 2배로 팽창할 때 시스템에 한 일이 w, 시스템에 전달된 열이 Q일 때, $\frac{W}{Q}$는 얼마인가?(단, 비열은 일정하다.)

① k　② $\frac{1}{k}$

③ $\frac{k}{k-1}$　④ $\frac{k-1}{k}$

해설 정압과정($P=C$) 시 밀폐계 일(W)과 가열량(Q)은 다음과 같다.

$W = P(V_2 - V_1) = mR(T_2 - T_1)$[kJ]

$Q = m\,C_p(T_2 - T_1)$

$= m\frac{kR}{k-1}(T_2 - T_1)$[kJ]

$\therefore \frac{W}{Q} = \frac{k-1}{k}$

31. 대기압 100 kPa에서 용기에 가득 채운 프로판을 일정한 온도에서 진공펌프를 사용하여 2 kPa까지 배기하였다. 용기 내에 남은 프로판의 중량은 처음 중량의 몇 % 정도 되는가?

① 20 %　② 2 %

③ 50 %　④ 5 %

해설 $\frac{P_1}{P_2} = \frac{m_1}{m_2} = \frac{100}{2} = 50$

$m_2 = \frac{1}{50}m_1 = 0.02\,m_1$

m_2는 m_1의 2 % 정도 남는다.

32. 냉동기 냉매의 일반적인 구비조건으로서 적합하지 않은 사항은?

① 임계 온도가 높고, 응고 온도가 낮을 것

② 증발열이 적고, 증기의 비체적이 클 것

③ 증기 및 액체의 점성이 작을 것

④ 부식성이 없고, 안정성이 있을 것

해설 냉매는 증발열이 크고, 증기의 비체적(v)은 작아야 한다.

33. 30℃, 100 kPa의 물을 800 kPa까지 압축한다. 물의 비체적이 0.001 m³/kg로 일정하다고 할 때, 단위 질량당 소요된 일(공업일)은?

① 167 J/kg　② 602 J/kg

③ 700 J/kg　④ 1400 J/kg

해설 $w_t = -\int_1^2 v\,dp = -v\int_1^2 dp = v\int_2^1 dp$

$= v(P_1 - P_2) = 0.001(800 - 100)$

$= 0.7\text{ kJ/kg} = 700\text{ J/kg}$

34. 20℃의 공기 5 kg이 정압 과정을 거쳐 체적이 2배가 되었다. 공급한 열량은 몇 약 kJ인가?(단, 정압비열은 1 kJ/kg · K이다.)

① 1465　② 2198

③ 2931　④ 4397

해설 $Q = m\,C_p(T_2 - T_1)$

$= 5 \times 1(586 - 293) = 1465$ kJ

$P=C$일 때 $\frac{V}{T} = C$이므로 $\frac{V_1}{T_1} = \frac{V_2}{T_2}$

$T_2 = T_1\left(\frac{V_2}{V_1}\right) = T_1\left(\frac{2\,V_1}{V_1}\right) = (20+273) \times 2$

$= 586$ K

35. 수소(H_2)를 이상기체로 생각하였을 때, 절대압력 1 MPa, 온도 100℃에서의 비체적은 약 몇 m³/kg인가?(단, 일반기체상수는 8.3145 kJ/kmol · K이다.)

① 0.781　② 1.26

정답 30. ④　31. ②　32. ②　33. ③　34. ①　35. ③

③ 1.55　　④ 3.46

해설 $Pv=RT$

$$v=\frac{RT}{P}=\frac{\left(\frac{8.314}{M}\right)T}{P}=\frac{\left(\frac{8.314}{2}\right)\times 373}{1\times 10^3}$$

$=1.55\ \text{m}^3/\text{kg}$

36. 온도 T_2인 저온체에서 열량 Q_A를 흡수해서 온도가 T_1인 고온체로 열량 Q_R를 방출할 때 냉동기의 성능계수(coefficient of performance)는?

① $\frac{Q_R-Q_A}{Q_A}$　　② $\frac{Q_R}{Q_A}$

③ $\frac{Q_A}{Q_R-Q_A}$　　④ $\frac{Q_A}{Q_R}$

해설 $(COP)_R=\frac{Q_A}{W_C}=\frac{Q_A}{Q_R-Q_A}$

37. 그림과 같은 Rankine 사이클의 열효율은 약 몇 %인가?(단, h_1 = 191.8 kJ/kg, h_2 = 193.8 kJ/kg, h_3 = 2799.5 kJ/kg, h_4 = 2007.5 kJ/kg이다.)

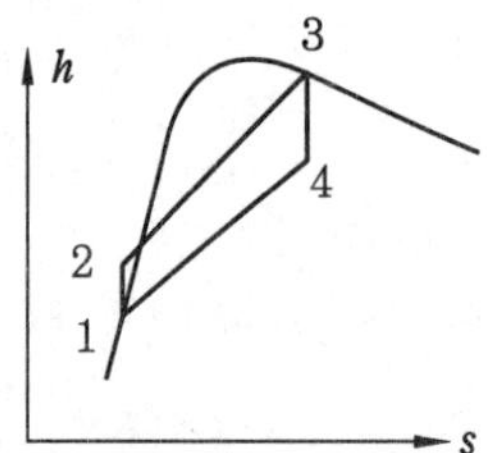

① 30.3 %　　② 39.7 %

③ 46.9 %　　④ 54.1 %

해설 $\eta_R=\frac{w_{net}}{q_1}=\frac{w_t-w_p}{q_1}$

$=\frac{(h_3-h_4)-(h_2-h_1)}{h_3-h_2}\times 100\ \%$

$=\frac{(2799.5-2007.5)-(193.8-191.8)}{2799.5-193.8}\times 100\ \%$

$=30.3\ \%$

38. 공기 1 kg을 정적과정으로 40℃에서 120℃까지 가열하고, 다음에 정압과정으로 120℃에서 220℃까지 가열한다면 전체 가열에 필요한 열량은 약 얼마인가?(단, 정압비열은 1.00 kJ/kg · K, 정적비열은 0.71 kJ/kg · K이다.)

① 127.8 kJ/kg　　② 141.5 kJ/kg

③ 156.8 kJ/kg　　④ 185.2 kJ/kg

해설 $Q=Q_v+Q_p$

$=mC_v(t_2-t_1)+mC_p(t_2-t_1)$

$=1\times 0.71(120-40)+1\times 1(220-120)$

$=156.8\ \text{kJ}$

$Q=mq$[kJ]에서

$\therefore\ q=\frac{Q}{m}=\frac{156.8}{1}=156.8\ \text{kJ/kg}$

39. 온도가 150℃인 공기 3 kg이 정압 냉각되어 엔트로피가 1.063 kJ/K만큼 감소되었다. 이때 방출된 열량은 약 몇 kJ인가?(단, 공기의 정압비열은 1.01 kJ/kg · K이다.)

① 27　② 379　③ 538　④ 715

해설 $\Delta S=mC_p\ln\left(\frac{T_2}{T_1}\right)$[kJ/K]

$\frac{T_2}{T_1}=e^{\frac{\Delta S}{mC_p}}$

$T_2=T_1e^{\frac{\Delta S}{mC_p}}=423\times e^{\frac{1.063}{3\times 1.01}}=297.84\ \text{K}$

$Q=mC_p(T_2-T_1)=3\times 1.01(297.84-423)$

$=-379\ \text{kJ}$

40. 밀도 1000 kg/m^{3}인 물이 단면적 0.01 m^{2}인 관속을 2 m/s의 속도로 흐를 때, 질량유량은?

① 20 kg/s　　② 2.0 kg/s

③ 50 kg/s　　④ 5.0 kg/s

해설 질량유량($\dot{m}$)

$=\rho AV=1000\times 0.01\times 2=20\ \text{kg/s}$

정답 36. ① 37. ① 38. ③ 39. ② 40. ①

제 3 과목 **기계유체역학**

41. Blasius의 해석 결과에 따라 평판 주위의 유동에 있어서 경계층 두께에 관한 설명으로 틀린 것은?

① 유체 속도가 빠를수록 경계층 두께는 작아진다.
② 밀도가 클수록 경계층 두께는 작아진다.
③ 평판 길이가 길수록 평판 끝단부의 경계층 두께는 커진다.
④ 점성이 클수록 경계층 두께는 작아진다.

해설 경계층 난류 유동 시 Blasius의 실험식

경계층 두께$(\delta) = 0.3164 Re_x^{-\frac{1}{4}} = \dfrac{0.3164}{\sqrt[4]{Re_x}}$

(점성이 클수록 경계층의 두께는 커진다.)

42. 지름 D인 파이프 내에 점성 μ인 유체가 층류로 흐르고 있다. 파이프 길이가 L일 때, 유량과 압력 손실 Δp의 관계로 옳은 것은?

① $Q = \dfrac{\pi \Delta p D^2}{128 \mu L}$　　② $Q = \dfrac{\pi \Delta p D^2}{256 \mu L}$

③ $Q = \dfrac{\pi \Delta p D^4}{128 \mu L}$　　④ $Q = \dfrac{\pi \Delta p D^4}{256 \mu L}$

43. 다음 중 무차원수를 모두 고른 것은 어느 것인가?

a. Renolds수	b. 관마찰계수
c. 상대조도	d. 일반기체상수

① a, c　　② a, b
③ a, b, c　　④ b, c, d

해설 레이놀즈수(Re), 관마찰계수(f), 상대조도$\left(\dfrac{e}{d}\right)$ 등은 단위가 없는 무차원수이고, 일반(공통)기체상수$(\overline{R}) = MR = 8.314$ kJ/kmol·K로 단위가 있다.

44. 노즐을 통하여 풍량 $Q = 0.8\ m^3/s$일 때 마노미터 수두 높이차 h는 약 몇 m인가? (단, 공기의 밀도는 1.2 kg/m^3, 물의 밀도는 1000 kg/m^{3}이며, 노즐 유량계의 송출계수는 1로 가정한다.)

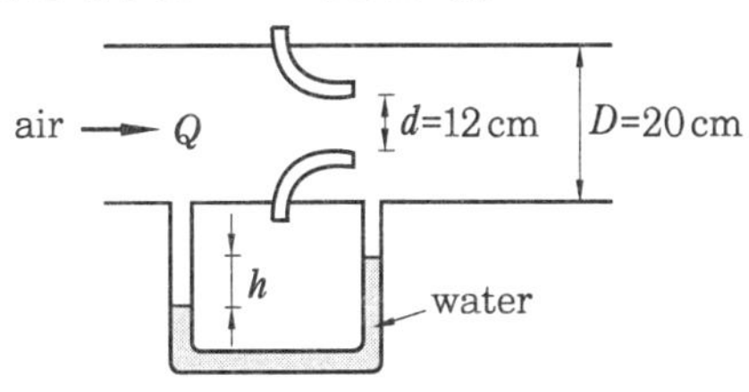

① 0.13　　② 0.27
③ 0.48　　④ 0.62

해설 $V = \dfrac{1}{\sqrt{1-\left(\dfrac{d}{D}\right)^4}} \sqrt{2gh\left(\dfrac{\rho_w}{\rho_{Air}} - 1\right)}$ [m/s]

$$h = \frac{V^2\left[1-\left(\dfrac{d}{D}\right)^4\right]}{2g\left(\dfrac{\rho_w}{\rho_{Air}} - 1\right)}$$

$$= \frac{(70.74)^2\left[1-\left(\dfrac{12}{20}\right)^4\right]}{2\times 9.8\left(\dfrac{1000}{1.2} - 1\right)} \fallingdotseq 0.27 \text{ m}$$

$Q = AV$[m^3/s]에서

$$V = \frac{Q}{A} = \frac{0.8}{\dfrac{\pi}{4}\times 0.12^2} = 70.74 \text{ m/s}$$

45. 낙차가 100 m이고 유량이 500 m^3/s인 수력발전소에서 얻을 수 있는 최대 발전용량은?

① 50 kW　　② 50 MW
③ 490 kW　　④ 490 MW

해설 최대 발전용량$(P) = \gamma_w Q H_e = 9.8 Q H_e$
$= 9.8 \times 500 \times 100$
$= 490000$ kW $= 490$ MW

46. 평판으로부터의 거리를 y라고 할 때 평판에 평행한 방향의 속도 분포$(u(y))$가

정답 41. ④ 42. ③ 43. ③ 44. ② 45. ④ 46. ②

아래와 같은 식으로 주어지는 유동장이 있다. 여기에서 U와 L은 각각 유동장의 특성속도와 특성길이를 나타낸다. 유동장에서는 속도 $u(y)$만 있고, 유체는 점성계수가 μ인 뉴턴 유체일 때 $y=\frac{L}{8}$에서의 전단응력은?

$$u(y)=U\left(\frac{y}{L}\right)^{2/3}$$

① $\frac{2\mu U}{3L}$ ② $\frac{4\mu U}{3L}$

③ $\frac{8\mu U}{3L}$ ④ $\frac{16\mu U}{3L}$

해설 $\tau=\mu\frac{du}{dy}\bigg|_{y=\frac{L}{8}}=\mu U\frac{\frac{2}{3}y^{-\frac{1}{3}}}{L^{\frac{2}{3}}}\bigg|_{y=\frac{L}{8}}$

$=\frac{2}{3}\mu U\frac{2}{L}=\frac{4\mu U}{3L}$[Pa]

47. 수면에 떠 있는 배의 저항 문제에 있어서 모형과 원형 사이에 역학적 상사(相似)를 이루려면 다음 중 어느 것이 중요한 요소가 되는가?

① Reynolds number, Mach number

② Reynolds number, Froude number

③ Weber number, Euler number

④ Mach number, Weber number

해설 수면 위에 떠 있는 배의 저항 문제(마찰저항과 조파저항)와 배의 모형시험에서 역학적 상사 조건을 만족하려면 점성력과 중력이 중요시되므로 레이놀즈수(Re), 프루드수(Fr)가 중요한 무차원수가 된다.

48. 수면의 높이 차이가 H인 두 저수지 사이에 지름 d, 길이 l인 관로가 연결되어 있을 때 관로에서의 평균 유속(V)을 나타내는 식은? (단, f는 관마찰계수이고, g는 중력가속도이며, K_1, K_2는 관 입구와 출구에서 부차적 손실계수이다.)

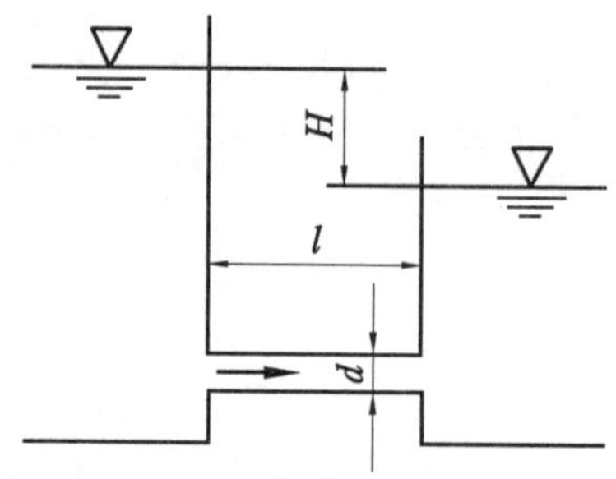

① $V=\sqrt{\frac{2gdH}{K_1+fl+K_2}}$

② $V=\sqrt{\frac{2gH}{K_1+f+K_2}}$

③ $V=\sqrt{\frac{2gH}{K_1+\frac{f}{l}+K_2}}$

④ $V=\sqrt{\frac{2gH}{K_1+f\frac{l}{d}+K_2}}$

해설 $H=\left(K_1+f\frac{l}{d}+K_2\right)\frac{V^2}{2g}$[m]

$\therefore\ V=\sqrt{\frac{2gH}{K_1+f\frac{l}{d}+K_2}}$[m/s]

49. 정지된 액체 속에 잠겨있는 평면이 받는 압력에 의해 발생하는 합력에 대한 설명으로 옳은 것은?

① 크기가 액체의 비중량에 반비례한다.

② 크기는 도심에서의 압력에 면적을 곱한 것과 같다.

③ 작용점은 평면의 도심과 일치한다.

④ 수직평면의 경우 작용점이 도심보다 위쪽에 있다.

해설 $F=PA=(\gamma\bar{h})A$[N]

50. 지름비가 1 : 2 : 3인 모세관의 상승높

정답 47. ② 48. ④ 49. ② 50. ④

이 비는 얼마인가?(단, 다른 조건은 모두 동일하다고 가정한다.)

① 1 : 2 : 3 ② 1 : 4 : 9

③ 3 : 2 : 1 ④ 6 : 3 : 2

해설 $h=\frac{4\sigma\cos\beta}{\gamma d}$[mm]에서 $h\propto\frac{1}{d}$

$\therefore h_1 : h_2 : h_3 = 1 : \frac{1}{2} : \frac{1}{3} = 6 : 3 : 2$

51. 퍼텐셜 함수가 $K\theta$인 선와류 유동이 있다. 중심에서 반지름 1 m인 원주를 따라 계산한 순환(circulation)은?(단, $\overrightarrow{V}=\nabla\phi=\frac{\partial\phi}{\partial r}\hat{i_r}+\frac{1}{r}\frac{\partial\phi}{\partial\theta}\hat{i_\theta}$이다.)

① 0 ② K

③ πK ④ $2\pi K$

해설 순환(circulation) 폐곡선을 따라서 호의 길이와 접선속도 성분의 곱을 반시계 방향으로 선적분한 값을 의미한다.

$$\Gamma=\int_0^{2\pi}V_\theta\cdot\gamma\cdot d\theta$$

$$V_\theta=\frac{1}{\gamma}\frac{\partial\phi}{\partial\theta}=\frac{1}{\gamma}\frac{\partial}{\partial\theta}(K\theta)=\frac{K}{r}$$

$$\Gamma=\int_0^{2\pi}Kd\theta=K[\theta]_0^{2\pi}=2\pi K$$

52. 지름 200 mm에서 지름 100 mm로 단면적이 변하는 원형관 내의 유체 흐름이 있다. 단면적 변화에 따라 유체 밀도가 변경 전 밀도의 106 %로 커졌다면, 단면적이 변한 후의 유체 속도는 약 몇 m/s인가?(단, 지름 200 mm에서 유체의 밀도는 800 kg/m³, 평균 속도는 20 m/s이다.)

① 52 ② 66

③ 75 ④ 89

해설 $\dot{m}=\rho AV=C$

$\rho_1A_1V_1=\rho_2A_2V_2$[kg/s]에서

$$V_2=V_1\left(\frac{\rho_1}{\rho_2}\right)\left(\frac{A_1}{A_2}\right)=V_1\left(\frac{\rho_1}{\rho_2}\right)\times\left(\frac{d_1}{d_2}\right)^2$$

$$=20\times\left(\frac{1}{1.06}\right)\times\left(\frac{200}{100}\right)^2=75.47\text{ m/s}$$

53. 지름이 0.01 m인 관내로 점성계수 0.005 N·s/m², 밀도 800 kg/m³인 유체가 1 m/s의 속도로 흐를 때 이 유동의 특성은?

① 층류 유동

② 난류 유동

③ 천이 유동

④ 위 조건으로는 알 수 없다.

해설 $Re=\frac{\rho Vd}{\mu}=\frac{800\times1\times0.01}{0.005}$

$=1600<2100$이므로 층류 유동이다.

54. 스프링 상수가 10 N/cm인 4개의 스프링으로 평판 A를 벽 B에 그림과 같이 장착하였다. 유량 0.01 m³/s, 속도 10 m/s인 물제트가 평판 A의 중앙에 직각으로 충돌할 때, 평판과 벽 사이에서 줄어드는 거리는 약 몇 cm인가?

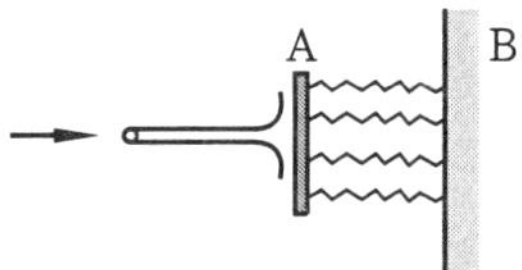

① 2.5 ② 1.25

③ 10.0 ④ 5.0

해설 $F_x=4k\delta=\rho QV$

$$\delta=\frac{F_x}{4k}=\frac{\rho QV}{4k}=\frac{1000\times0.01\times10}{4\times10\times100}$$

$=0.025$ m(=2.5 cm)

55. 국소 대기압이 710 mmHg일 때, 절대압력 50 kPa은 게이지 압력으로 약 얼마인가?

① 44.7 Pa 진공 ② 44.7 Pa

③ 44.7 kPa 진공 ④ 44.7 kPa

해설 $P_a=P_o+P_g$

정답 51. ④ 52. ③ 53. ① 54. ① 55. ③

$$P_g = P_a - P_o = 50\times10^3 - \frac{710}{760}\times 101325$$
$$= -44.7\,\text{kPa} = 44.7\,\text{kPa(진공)}$$

56. 무차원수인 스트로할수(Strouhal number)와 가장 관계가 먼 항목은?

① 점도
② 속도
③ 길이
④ 진동흐름의 주파수

해설 스트로할수(St)

$$= \frac{\text{주파수}(f)\times \text{특성 길이}(L)}{\text{유체 속도}(V)}$$

57. 다음 중 단위계(system of unit)가 다른 것은?

① 항력(drag)
② 응력(stress)
③ 압력(pressure)
④ 단위 면적당 작용하는 힘

해설 응력과 압력은 단위 면적당 작용하는 힘(내력)의 크기로 단위는 Pa(N/m^2)이고 항력의 단위는 N이다.

58. 2차원 속도장이 $\vec{V} = y^2\hat{i} - xy\hat{j}$로 주어질 때 (1, 2) 위치에서의 가속도의 크기는 약 얼마인가?

① 4 ② 6
③ 8 ④ 10

해설 $\vec{a} = u\dfrac{\partial \vec{V}}{\partial x} + v\dfrac{\partial \vec{V}}{\partial y}$

$= y^2(-yj) + (-xy)(2yi - xj)$
$= -y^3j - 2xy^2i + x^2yj$
$= -2xy^2i + (x^2y - y^3)j$
$= (-2\times1\times2^2)i + (1^2\times2 - 2^3)j$
$= -8i - 6j$

$\therefore\ a = \sqrt{(-8)^2 + (-6)^2} = 10\,\text{m/s}^2$

59. 조종사가 2000 m의 상공을 일정 속도로 낙하산으로 강하하고 있다. 조종사의 무게가 1000 N, 낙하산 지름이 7 m, 항력계수가 1.3일 때 낙하 속도는 약 몇 m/s인가? (단, 공기 밀도는 1 kg/m^{3}이다.)

① 5.0 ② 6.3
③ 7.5 ④ 8.2

해설 항력$(D) = C_D\dfrac{\gamma A V^2}{2g} = C_D\dfrac{\rho A V^2}{2}$ [N]

$$V = \sqrt{\frac{2D}{C_D\rho A}} = \sqrt{\frac{2\times1000}{1.3\times1\times\frac{\pi\times7^2}{4}}}$$

$= 6.32\,\text{m/s}$

60. 다음 중 유량을 측정하기 위한 장치가 아닌 것은?

① 위어(weir)
② 오리피스(orifice)
③ 피에조미터(piezometer)
④ 벤투리미터(venturimeter)

해설 피에조미터(piezometer)는 정압 측정용 계기이다.

제 4 과목 유체기계 및 유압기기

61. 다음이 설명하는 충동수차의 구성장치는?

> 수차에 걸리는 부하가 변하면 이 장치의 배압밸브에서 압유의 공급을 받아 서보모터의 피스톤이 작동하고 노즐 내의 니들밸브를 이동시켜 유량이 부하에 대응하도록 한다.

① 러너 ② 조속기
③ 이젝터 ④ 디플렉터

해설 조속기 : 부하 변동에 따라서 유량을 자동으로 가감하여 속도를 일정하게 해주는 장치

정답 56. ① 57. ① 58. ④ 59. ② 60. ③ 61. ②

62. **높은 진공도용으로 사용되는 펌프로서 반드시 보조 진공 펌프를 필요로 하는 진공 펌프는?**

① 확산 펌프

② 왕복 진공 펌프

③ 루츠 진공 펌프

④ 너시 진공 펌프

해설 확산 펌프는 간단한 구조와 간단한 작동으로 큰 효과를 얻을 수 있고, 오일 교체 외에는 고장이 날 가능성도 거의 없으며, 펌프 가격 및 유지 비용이 저렴하기 때문에 가장 많이 사용하는 고진공 펌프이다. 그러나 간혹 확산 펌프 내의 오일 분자가 진공 체임버 내로 역류하여 들어와 체임버를 오염시킬 가능성이 있다. 또한 전원이 차단되어 1차 펌프의 동작이 중지되거나 또는 확산 펌프의 성능이 순간적으로 떨어지게 되면 내부 압력이 변하여 한 번에 많은 양의 오일이 진공 체임버 쪽으로 역류할 가능성이 있다는 단점이 있다. 따라서 반드시 보조 펌프를 써야만 한다.

63. **원가가 낮은 심야의 여유 있는 전력으로 펌프를 돌려 저수지에 물을 올려놓았다가 전력을 필요로 할 때 다시 발전하여 사용하는 발전소 형식은?**

① 수로식 ② 양수식

③ 댐식 ④ 댐-수로식

해설 양수식 발전은 수력 발전의 일종으로 전력 소비가 적은 밤에 높은 곳에 있는 저수지로 물을 퍼 올려 저장한 후 전력 소비가 많은 낮 시간에 이 물을 떨어뜨려 발전하는 방식이다.

64. **원심 펌프의 원리와 구조에 관한 설명으로 틀린 것은?**

① 변곡된 다수의 깃(blade)이 달린 회전차가 밀폐된 케이싱 내에서 회전함으로써 발생하는 원심력의 작용에 따라 송수된다.

② 액체(주로 물)는 회전차의 중심에서 흡입되어 반지름 방향으로 흐른다.

③ 와류실은 와실에서 나온 물을 모아서 송출관 쪽으로 보내는 스파이럴형의 동체이다.

④ 와실은 송출되는 물의 압력 에너지를 되도록 손실을 적게 하여 속도 에너지로 변화하는 역할을 한다.

해설 와실은 임펠러의 바깥 둘레에 배치되어 있는 환상 부분으로 그 내부에 안내깃이 들어가게 된다. 안내깃은 임펠러에서 송출되는 물을 와류실로 유도하여 속도 에너지의 손실을 적게 하면서 압력 에너지로 바꾸는 역할을 한다.

65. **회전차 속의 흐름이 어디에서나 깃과 같은 유선을 가지고 또 유체가 마찰이나 충돌 등으로 인하여 생기는 손실이 없을 경우의 흐름은?**

① 폐입 흐름

② 테일러 유체 흐름

③ 깃수 유한 흐름

④ 깃수 무한 흐름

해설 깃수 무한 흐름 : 회전차 내의 유동이 깃과 같은 방향의 유선을 가지며 마찰이나 충돌 등으로 인한 손실이 없는 이상적인 흐름, 즉 깃은 무한히 얇고 깃의 수는 무한히 많다고 가정한 흐름

66. **왕복 펌프에서 공기실의 역할로 가장 올바른 것은?**

① 펌프에서 사용하는 유체의 온도를 일정하게 하기 위해

② 송출관 내의 유량을 일정하게 조절하기 위해

정답 62. ① 63. ② 64. ④ 65. ④ 66. ③

③ 송출되는 유량의 변동을 일정하게 하기 위해

④ 피스톤 또는 플런저의 운동을 원활하게 하기 위해

해설 공기실(air chamber)은 용기 내 공기의 신축을 이용하여 왕복 펌프의 맥동을 억제함으로써 안정된 액체의 흐름을 만드는 역할을 한다.

67. **유체 토크 컨버터의 속도비와 토크비 및 효율에 관한 설명으로 틀린 것은?**

① 토크비가 1이 되는 점을 클러치 점이라 한다.

② 속도비가 증가하면 토크비는 저하한다.

③ 회로 내에 스테이터를 장착하여 효율을 90% 이상 증가시킬 수 있다.

④ 최고 효율점은 속도비가 약 0.4~0.6인 지점에 나타난다.

68. **펌프 운전 중 펌프 내의 액체 압력이 그 액체의 포화증기압보다 작아질 때 기포가 발생하는 현상은?**

① 서징 ② 블로바이

③ 캐비테이션 ④ 슬로버링

해설 캐비테이션 : 유수 중 어느 부분의 정압이 물의 온도에 해당하는 증기압 이하로 되어 물이 증발하고 수중에 용입되어 있던 공기가 낮은 압력으로 인하여 기포가 발생하는 현상으로 공동현상이라고도 한다. 소음과 진동이 발생하고 깃에 대한 침식이 발생한다.

69. **수차에서 유효 낙차는 92 m, 출력은 61500 kW, 수차의 효율은 88%인 경우 이 수차의 수량(m^3/s)은?**

① 77.5 ② 82.5

③ 87.6 ④ 92.7

해설 출력$(P) = \gamma_w Q H_e \eta_t = 9.8 Q H_e \eta_t$[kW]

$$Q = \frac{P}{9.8 H_e \eta_t} = \frac{61500}{9.8 \times 92 \times 0.88} = 77.5\ \mathrm{m^3/s}$$

70. **다음 중 수평축형 풍차에 속하는 것은?**

① 네덜란드 풍차

② 다리우스 풍차

③ 사보니우스 풍차

④ 크로스플로 풍차

해설 풍차는 회전축의 설치 방향에 따라 수직축 풍차와 수평축 풍차로 구분된다. 수직축 풍차는 날개의 회전축이 지면에 대하여 수직으로 설치된 풍차로서 다리우스형, 사보니우스형, 크로스플로형 등이 있다. 바람의 방향에 관계없이 회전력을 발생할 수 있는 장점이 있으나, 소재가 비싸고 효율이 떨어지는 단점도 함께 가지고 있으며, 주로 사막이나 평원 등에 설치된다. 수평축 풍차는 날개의 회전축이 지면과 수평으로 설치된 풍차로서 프로펠러형, 세일윙형, 네덜란드형 등이 있다. 구조가 간단하여 설치가 용이하고 수직축 풍차에 비해 상대적으로 효율이 높은 장점이 있으나, 바람의 방향에 영향을 받는 단점이 있다.

71. **유압 회로에서 감속 회로를 구성할 때 사용되는 밸브로 가장 적합한 것은?**

① 디셀러레이션 밸브

② 시퀀스 밸브

③ 저압 우선형 셔틀 밸브

④ 파일럿 조작형 체크 밸브

해설 디셀러레이션(deceleration valve) 밸브는 액추에이터(actuator)를 감속시키기 위해서 캠 조작 등으로 유량을 서서히 감소시키는 밸브를 말한다.

72. **그림과 같이 P_3의 압력은 실린더에 작용하는 부하의 크기 혹은 방향에 따라**

정답 67. ③ 68. ③ 69. ① 70. ① 71. ① 72. ③

달라질 수 있다. 그러나 중앙의 "A"에 특정 밸브를 연결하면 P_3의 압력 변화에 대하여 밸브 내부에서 P_2의 압력을 변화시켜 ΔP를 항상 일정하게 유지시킬 수 있는데 "A"에 들어갈 수 있는 밸브는 무엇인가?

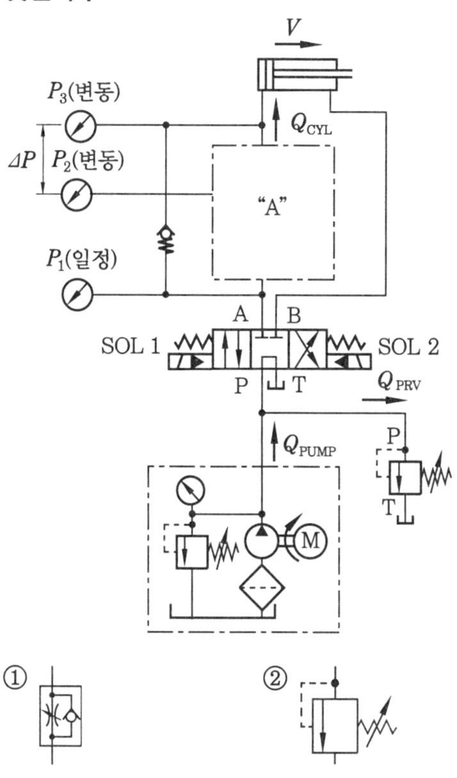

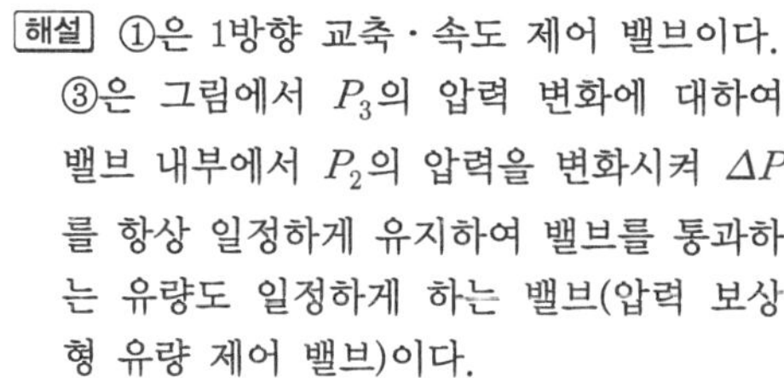

해설 ①은 1방향 교축·속도 제어 밸브이다. ③은 그림에서 P_3의 압력 변화에 대하여 밸브 내부에서 P_2의 압력을 변화시켜 ΔP를 항상 일정하게 유지하여 밸브를 통과하는 유량도 일정하게 하는 밸브(압력 보상형 유량 제어 밸브)이다.

73. 유량 제어 밸브를 실린더 출구 측에 설치한 회로로서 실린더에서 유출되는 유량을 제어하여 피스톤 속도를 제어하는 회로는?

① 미터 인 회로
② 카운터 밸런스 회로
③ 미터 아웃 회로
④ 블리드 오프 회로

해설 미터 아웃 회로(meter out circuit) : 작동 행정에서 유량 제어 밸브를 실린더의 오일이 유출되는 출구 측에 설치한 회로로서 실린더에서 유출되는 유량을 제어하여 피스톤 속도를 제어하는 회로이다. 미터 인 회로와 마찬가지로 동력 손실이 크나, 미터-인 회로와는 반대로 실린더에 배압이 걸리므로 끌어당기는 하중이 작용하더라도 자주(自主)할 염려는 없다. 또한 미세한 속도 조정이 가능하다.

74. 그림과 같은 방향 제어 밸브의 명칭으로 옳은 것은?

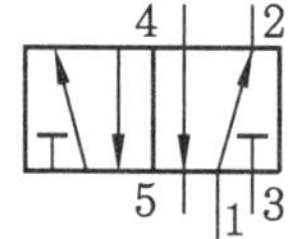

① 4ports－4control position valve
② 5ports－4control position valve
③ 4ports－2control position valve
④ 5ports－2control position valve

75. 일반적으로 저점도유를 사용하며 유압 시스템의 온도도 60~80℃ 정도로 높은 상태에서 운전하여 유압 시스템 구성기기의 이물질을 제거하는 작업은?

① 엠보싱　② 블랭킹
③ 플러싱　④ 커미싱

해설 플러싱유는 작동유와 거의 같은 점도의 오일을 사용하는 것이 바람직하나 슬러지 용해의 경우에는 조금 낮은 점도의 플러싱유를 사용하여 유온을 60~80℃로 높여서

정답 73. ③　74. ④　75. ③

용해력을 증대시키고 점도 변화에 의한 유속 증가를 이용하여 이물질의 제거를 용이하게 한다.

76. 다음 유압 작동유 중 난연성 작동유에 해당하지 않는 것은?

① 물-글리콜형 작동유
② 인산 에스테르형 작동유
③ 수중 유형 유화유
④ R&O형 작동유

해설 R&O형 작동유는 방청제와 산화방지제를 첨가한 석유계 작동유로 일반 작동유라고도 한다.

77. 그림과 같은 유압 회로도에서 릴리프 밸브는?

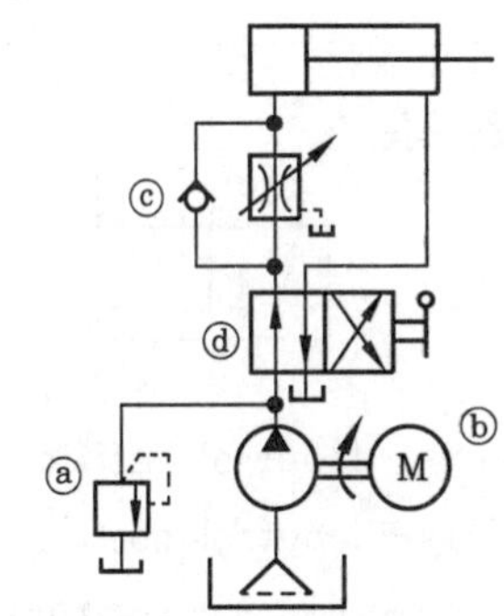

① ⓐ ② ⓑ ③ ⓒ ④ ⓓ

해설 ⓐ : 릴리프 밸브(relief valve)
ⓑ : 전동기(motor)
ⓒ : 유량 조정 밸브
ⓓ : 4포트 2위치 방향 전환 밸브

78. 한쪽 방향으로 흐름은 자유로우나 역방향의 흐름을 허용하지 않는 밸브는?

① 셔틀 밸브 ② 체크 밸브
③ 스로틀 밸브 ④ 릴리프 밸브

해설 체크 밸브는 유체를 한쪽 방향으로만 흐르게 하고 반대쪽의 흐름을 허용하지 않는 방향 제어 밸브로 역지밸브(변)라고도 한다.

79. 실린더 안을 왕복 운동하면서 유체의 압력과 힘의 주고 받음을 하기 위한 지름에 비하여 길이가 긴 기계 부품은?

① spool ② land
③ port ④ plunger

해설 플런저 : 피스톤과 같이 실린더의 조합에 의하여 유체의 압축이나 압력의 전달에 사용하는 전체 길이에 걸쳐 단면이 일정하게 만들어진 기계 부품

80. 유입 관로의 유량이 25 L/min일 때 내경이 10.9 mm라면 관내 유속은 약 몇 m/s인가?

① 4.47 ② 14.62
③ 6.32 ④ 10.28

해설 $Q=AV=\frac{\pi d^2}{4}V[\mathrm{m^3/s}]$에서

$$V=\frac{Q}{A}=\frac{\frac{25}{60000}}{\frac{\pi}{4}\times 0.0109^2}=4.47\ \mathrm{m/s}$$

$$Q=25\,\mathrm{L/min}=\frac{25\times 10^{-3}\mathrm{m^3}}{60\mathrm{s}}=\frac{25}{60000}\mathrm{m^3/s}$$

제5과목 건설기계일반 및 플랜트배관

91. 단거리 운반의 비포장 도로용 특수 트럭으로 전륜 위의 적재함을 삼각형으로 잘라서 정치 시의 반동으로 적재물을 내리는 구조로서 소규모의 터널공사나 공사용 골재 운반에 매우 효과적인 장비는?

① 덤프트럭 ② 덤프터
③ 트레일러 ④ 왜건

해설 덤프터(dumpter)는 좁은 장소에서 방향 전환이 곤란한 근거리 작업에 있어서 운전석을 회전하므로 운전수가 항상 정시

정답 76. ④ 77. ① 78. ② 79. ④ 80. ① 91. ②

하여 운전하는 셔틀 모션(shuttle motion)에 의해 작업되는 운반기계이다. 견인력이 크고 회전반경은 작다.

92. 고탄소강에 W, Cr, V, Mo 등을 다량 첨가하여 강도와 인성을 높여 고속절삭이 가능하게 하고 내마멸성을 높인 재료는?

① 고속도강 ② 불변강
③ 스프링강 ④ 스테인리스강

해설 고속도강(SKH) : 탄소 0.80 %, 텅스텐 18 %, 크롬 4 %, 바나듐 1 %를 표준형으로 하는 공구강으로 500~600℃ 부근에서 뜨임을 하면 담금질하였을 때보다 경도가 높아진다. 600℃까지 경도가 유지되므로 고속 절삭이 가능하고, 고온에서 사용하는 다이 캐스트용 금형용으로 사용되며, 담금질 후 뜨임으로 2차 경화된다.

93. 건설기계관리법에 따라 육상 작업용 건설기계에 대하여 건설기계안전기준에 적합하게 주요 구조를 변경 또는 개조할 수 있는데, 이 대상에 속하지 않는 것은?

① 원동기의 형식변경
② 제동장치의 형식변경
③ 건설기계의 길이변경
④ 적재함 증가를 위한 변경

해설 건설기계관리법 규정에 의한 주요 구조의 변경 및 개조의 범위는 다음과 같다. 다만, 건설기계의 기종변경, 육상작업용 건설기계규격의 증가 또는 적재함의 용량 증가를 위한 구조변경은 이를 할 수 없다.

(1) 원동기 및 전동기의 형식변경
(2) 동력전달장치의 형식변경
(3) 제동장치의 형식변경
(4) 주행장치의 형식변경
(5) 유압장치의 형식변경
(6) 조종장치의 형식변경
(7) 조향장치의 형식변경
(8) 작업장치의 형식변경. 다만, 가공작업을 수반하지 아니하고 작업장치를 선택부착하는 경우에는 작업장치의 형식변경으로 보지 아니한다.
(9) 건설기계의 길이 · 너비 · 높이 등의 변경
(10) 수상작업용 건설기계의 선체의 형식변경
(11) 타워크레인 설치기초 및 전기장치의 형식변경

94. 기중기에서 사용하는 아우트리거(outrigger)에 대한 설명으로 틀린 것은?

① 주 붐의 끝에 설치하는 보조 장치로서 풋핀에 의해 간단히 조립할 수 있다.
② 일반적으로 사용하지 않다가 기중기 작업 시 끌어내어 설치한다.
③ 보통 H형이 많이 채택되나 경우에 따라 X형을 채택하기도 한다.
④ 형식에는 고정식과 탈착식이 있다.

해설 아우트리거(outrigger)는 사람의 다리와 같이 지지대 역할을 하며 프레임에 고정되어 작업 안전성을 유지한다.

95. 유압식 리퍼에서 회당 리퍼 단면적이 0.2 m², 1회 작업거리가 1.5 m, 체적환산계수가 1.1, 작업효율이 0.85일 때 시간당 작업량(m³/h)은 약 얼마인가? (단, 1회 사이클 타임(C_m, 분)은 $C_m = 0.05 \times L + 0.25$이고, 여기서 L은 1회 작업거리(m)이다.)

① 38 ② 52
③ 66 ④ 81

해설 $Q = \dfrac{60AlfE}{C_m} = \dfrac{60AlfE}{0.05L + 0.25}$

$= \dfrac{60 \times 0.2 \times 1.5 \times 1.1 \times 0.85}{0.05 \times 1.5 + 0.25} \fallingdotseq 52\ \mathrm{m^3/h}$

96. 굴삭기를 하부구조에 따라 분류할 때 이에 속하지 않는 것은? (단, KS 및 ISO에서 규정한 하부구조에 한한다.)

정답 92. ① 93. ④ 94. ① 95. ② 96. ③

① 무한궤도식 ② 타이어식
③ 고정식 ④ 보행식

해설 KS B ISO 7135에서는 굴삭기를 하부 구조에 따라 무한궤도식, 타이어식, 보행식으로 분류한다.

97. 피스톤형 콘크리트 펌프(스윙 밸브 형식)의 주요 구성 요소가 아닌 것은?

① 로터
② 콘크리트 호퍼
③ 스윙 파이프
④ 콘크리트 피스톤

해설 콘크리트 펌프란 트럭에 콘크리트 펌프와 압송 파이프를 장착하고 콘크리트 믹서 트럭으로부터 생 콘크리트를 호퍼로 받아서 펌프로 압송하는 기계이다. 피스톤식 콘크리트 펌프는 구조상 피스톤 행정을 길게 할 수 없어서 펌프의 출력 부족 및 과부하 등으로 인해 현재 거의 사용하지 않는다.

98. 전방에 장치된 버킷이 조종석 위를 통과하여 기계 후방에서 적재 작업을 하는 로더로 터널 공사 및 광산 등에서 많이 사용하는 것은?

① 프런트 엔드(front end) 로더
② 사이드 덤프(side dump) 로더
③ 오버 헤드(over head) 로더
④ 스윙(swing) 로더

해설 로더의 적하 방법에 따른 분류
(1) 프런트 엔드형 로더 : 앞으로 적하 또는 차체의 전방으로 굴착
(2) 사이드 덤프형 로더 : 버킷을 좌우로 기울여 협소한 장소에서 굴착, 적재
(3) 오버 헤드형 로더 : 앞쪽에서 굴착, 로더 차체 위를 넘어서 뒤쪽에 적재
(4) 스윙형 로더 : 프런트 엔드형과 오버 헤드형의 조합
(5) 백호 셔블형 로더 : 트랙터 후부에 유압식 백호 셔블을 장착하여 굴착, 적재

99. 차륜형 굴삭기와 비교하여 무한궤도식 굴삭기의 장점으로 맞는 것은?

① 비교적 고속 작업에 이용된다.
② 포장된 도로에서 작업하기에 적합하다.
③ 견인력이 높다.
④ 기동성이 좋다.

해설 (1) 무한궤도식 굴삭기 : 견인력이 크고 습지, 모래 지반, 경사지 및 채석장 등 험난한 작업장 등에서 굴삭 능률이 높은 장비이다.
(2) 차륜형 굴삭기 : 주행속도가 30~40 km/h 정도로 기동성이 좋아 이동거리가 긴 작업장에서는 무한궤도식 굴삭기보다 작업 능률이 높은 장비이다.

100. 쇄석기의 종류에 따른 규격을 나타내는 방법으로 틀린 것은?

① 롤(roll) 쇄석기 : 롤의 지름(mm)×길이(mm)
② 콘(cone) 쇄석기 : 맨틀의 최대지름(mm)
③ 밀(mill) 쇄석기 : 드럼 지름(mm)×길이(mm)
④ 임팩트(impact) 쇄석기 : 1회 작업당 쇄석 능력(t/cycle)

해설 쇄석기의 종류에 따른 규격
(1) 조 쇄석기 : 조간의 최대거리(mm)×쇄석판의 너비(mm)
(2) 롤 쇄석기 : 롤의 지름(mm)×길이(mm)
(3) 자이러토리 쇄석기 : 콘케이브와 맨틀 사이의 간격(mm)×맨틀 지름(mm)
(4) 콘 쇄석기 : 맨틀의 최대지름(mm)
(5) 임팩트 또는 해머 쇄석기 : 시간당 쇄석 능력(t/h)
(6) 밀 쇄석기 : 드럼 지름(mm)×길이(mm)

정답 97. ① 98. ③ 99. ③ 100. ④

건설기계설비기사 2016년 8월 21일 (제3회)

제1과목 재료역학

1. 그림과 같이 수평 강체봉 AB의 한쪽을 벽에 힌지로 연결하고 죄임봉 CD로 매단 구조물이 있다. 죄임봉의 단면적은 1 cm², 허용 인장응력은 100 MPa일 때 B단의 최대 안전하중 P는 몇 kN인가?

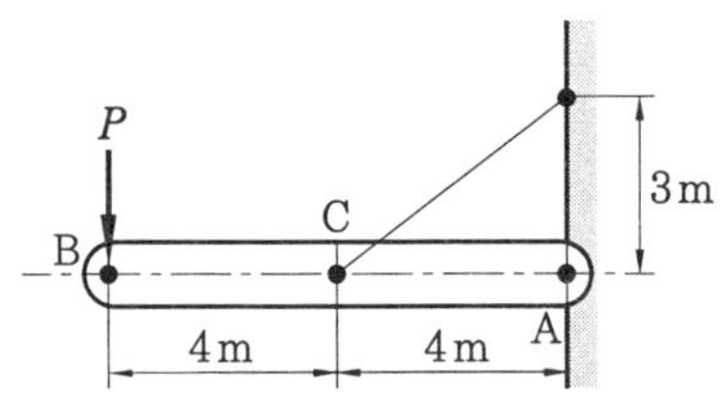

① 3 ② 3.75 ③ 6 ④ 8.33

해설 $P\times 8-\sigma_{CD}A\sin\theta\times 4=0$

$$\therefore P=\frac{4\sigma_{CD}A\sin\theta}{8}$$

$$=\frac{4\times 100\times 100\times\frac{3}{5}}{8}$$

$$=3000\text{ N}=3\text{ kN}$$

2. 폭 b가 일정하고 길이가 L인 4각형 단면 외팔보의 자유단에 집중하중 P가 작용하고 있다. 외팔보 내부의 최대 굽힘응력을 균일하게 유지하기 위한 보의 높이 h를 벽으로부터의 거리 x에 대한 함수로 옳게 나타낸 것은? (단, 여기서 C는 상수이다.)

① $h=C\sqrt{L-x}$

② $h=C(L-x)$

③ $h=C(L-x)^2$

④ $h=C(L-x)^3$

해설 $M=\sigma Z$에서 $P(L-x)=\sigma\frac{bh^2}{6}$

$$h^2=\frac{6P}{\sigma b}(L-x)$$

$$\therefore h=C\sqrt{L-x}$$

3. 지름 10 cm, 길이 1.2 m의 둥근 막대의 일단을 고정하고 자유단을 10° 비틀었다고 하면, 막대에 생기는 최대 전단응력은 약 몇 MPa인가? (단, 막대의 전단탄성계수 G=8.4 GPa이다.)

① 81 ② 71

③ 61 ④ 41

해설 $\tau=G\gamma=G\frac{r\theta}{L}$

$$=\frac{8.4\times 10^3\times 0.05\times\frac{10}{57.3}}{1.2}\fallingdotseq 61\text{ MPa}$$

4. 속이 찬 원형축을 비틀 때 다음 중 어느 경우가 가장 비틀기 어려운가? (단, G는 재료의 전단탄성계수이며, 비틀림 각도와 축의 길이는 일정하다.)

① 축 지름이 크고, G의 값이 작을수록 어렵다.

② 축 지름이 작고, G의 값이 클수록 어렵다.

③ 축 지름이 크고, G의 값이 클수록 어렵다.

④ 축 지름이 작고, G의 값이 작을수록 어렵다.

해설 $\theta=\frac{TL}{GI_p}=\frac{32TL}{G\pi d^4}$ [rad]이므로 축 지름이 크고, G의 값이 클수록 비틀기 어렵다.

5. 그림과 같이 길이가 다르고 지름이 같은 동일 재질의 강봉에 강체로 된 보가 달려

정답 1. ① 2. ① 3. ③ 4. ③ 5. ③

있다. 이 보가 힘 P를 받아도 힘을 받기 전과 동일하게 수평을 유지하고 있을 때 강봉 AB에 작용하는 힘은 강봉 CD에 작용하는 힘의 몇 배가 되는가?(단, G는 재료의 전단탄성계수이며, 비틀림 각도와 축의 길이는 일정하다.)

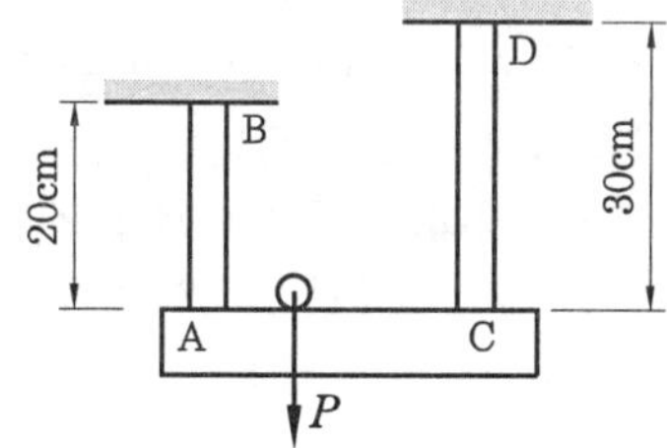

① 2.25배 ② 1.67배
③ 1.50배 ④ 1.25배

해설 $\lambda_{AB} = \lambda_{CD}$

$$\frac{P_{AB}L_{AB}}{AE} = \frac{P_{CD}L_{CD}}{AE}$$

$$\frac{P_{AB}}{P_{CD}} = \frac{L_{CD}}{L_{AB}} = \frac{30}{20} = 1.5$$

6. 그림과 같이 균일 분포하중을 받고 있는 돌출보의 굽힘모멘트 선도(BMD)는?

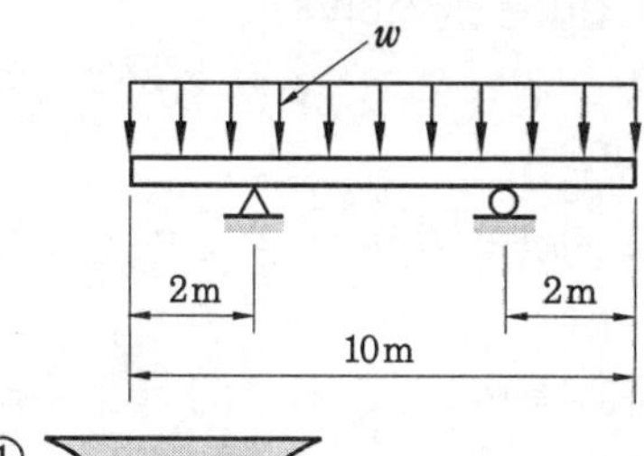

① 

② 

③

④

해설 균일 분포하중 w[N/m]을 받고 있는 돌출보인 경우 전단력 선도(SFD)는 1차 함수(직선)이고 굽힘모멘트 선도(BMD)는 2차 함수(포물선)이다. 굽힘모멘트 선도는 전단력 선도보다 항상 1차원 앞선 그래프 형태이다.

※ $F = \dfrac{dM}{dx}$[N]

$M = \int F dx + C$

7. 안지름이 2 m이고 1000 kPa 내압이 작용하는 원통형 압력 용기의 최대 사용응력이 200 MPa이다. 용기의 두께는 약 몇 mm인가?(단, 안전계수는 2이다.)

① 5 ② 7.5
③ 10 ④ 12.5

해설 $\sigma_a = \dfrac{\sigma_{\max}}{S} = \dfrac{200}{2} = 100\text{ MPa}$

$$t = \frac{PD}{200\sigma_a} = \frac{100 \times 2000}{200 \times 100} = 10\text{ mm}$$

여기서, $P = 100\text{ N/cm}^2$

8. 길이가 L인 외팔보에 균일 분포하중 w가 작용하고 있을 때 최대 처짐량은?(단, 보의 굽힘 강성 EI는 일정하고, 자중은 무시한다.)

① $\dfrac{wL^4}{6EI}$ ② $\dfrac{wL^4}{8EI}$

③ $\dfrac{wL^4}{3EI}$ ④ $\dfrac{5wL^4}{38EI}$

해설 균일 분포하중을 받는 외팔보인 경우

$$\theta_{\max} = \frac{wL^3}{6EI}\text{ [rad]}$$

$$\delta_{\max} = \frac{wL^4}{8EI}\text{ [cm]}$$

9. 15℃에서 양단을 고정한 둥근 막대에 발생하는 열응력이 85 MPa을 넘지 않도록 하려고 할 때 온도의 허용범위는?(단, 재료의 세로탄성계수는 210 GPa이고, 열팽창계수는 11.5×10^{-6}/K이다.)

① −9.5~39.5℃

정답 6. ② 7. ③ 8. ② 9. ②

② $-20.2\sim50.2$℃

③ $-33.2\sim63.2$℃

④ $-41.9\sim71.9$℃

해설 $\sigma = E\alpha\Delta t$ 에서

$$\Delta t = \frac{\sigma}{E\alpha} = \frac{85}{210\times10^3\times11.5\times10^{-6}} = \pm 35.2℃$$

$(15-35.2)℃ \leqq t \leqq (15+35.2)℃$

∴ 온도의 허용범위는 $-20.2\sim50.2$℃

10. 그림과 같이 양단에서 모멘트가 작용할 경우 A지점의 처짐각 θ_A는? (단, 보의 굽힘 강성 EI는 일정하고, 자중은 무시한다.)

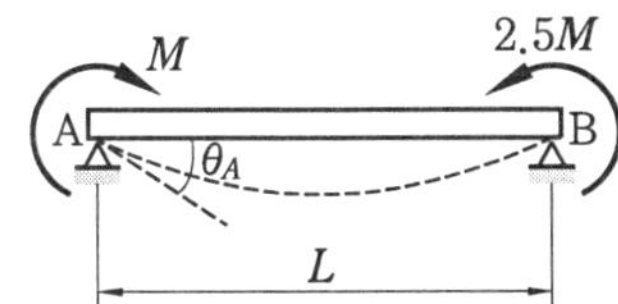

① $\frac{ML}{2EI}$ ② $\frac{2ML}{5EI}$

③ $\frac{ML}{6EI}$ ④ $\frac{3ML}{4EI}$

해설 $\theta_a = \frac{(2M_A+M_B)L}{6EI} = \frac{(2M+2.5M)L}{6EI}$

$$= \frac{4.5ML}{6EI} = \frac{3ML}{4EI}\text{[rad]}$$

※ $\theta_b = \frac{(M_A+2M_B)L}{6EI}$ [rad]

11. 평면 응력 상태에서 $\sigma_x = 100$ MPa, $\sigma_y = 50$ MPa일 때 x방향과 y방향의 변형률 ε_x, ε_y는 약 얼마인가? (단, 이 재료의 세로탄성계수는 210 GPa, 푸아송비 $\nu = 0.3$이다.)

① $\varepsilon_x = 202\times10^{-6}$, $\varepsilon_y = 46\times10^{-6}$

② $\varepsilon_x = 405\times10^{-6}$, $\varepsilon_y = 95\times10^{-6}$

③ $\varepsilon_x = 405\times10^{-6}$, $\varepsilon_y = 405\times10^{-6}$

④ $\varepsilon_x = 808\times10^{-6}$, $\varepsilon_y = 190\times10^{-6}$

해설 $\varepsilon_x = \frac{\sigma_x}{E} - \frac{\sigma_y}{mE} = \frac{\sigma_x}{E} - \frac{\nu\sigma_y}{E}$

$$= \frac{\sigma_x - \nu\sigma_y}{E} = \frac{100-0.3\times50}{210\times10^3}$$

$\fallingdotseq 405\times10^{-6}$

$$\varepsilon_y = \frac{\sigma_y}{E} - \frac{\sigma_x}{mE} = \frac{\sigma_y}{E} - \frac{\nu\sigma_x}{E}$$

$$= \frac{\sigma_y - \nu\sigma_x}{E} = \frac{50-0.3\times100}{210\times10^3}$$

$\fallingdotseq 95\times10^{-6}$

12. 50 kW의 동력을 초당 10회전으로 전달하려고 한다. 이때 축에 작용하는 토크(N · m)는 약 얼마인가?

① 200 N · m ② 400 N · m

③ 600 N · m ④ 800 N · m

해설 $T = 9.55\times10^3\frac{kW}{N}$

$$= 9.55\times10^3\times\frac{50}{600} \fallingdotseq 800 \text{ N}\cdot\text{m}$$

여기서, $N = 10\times60 = 600$ rpm

13. 그림과 같은 단면의 X축에 대한 단면 2차 모멘트는?

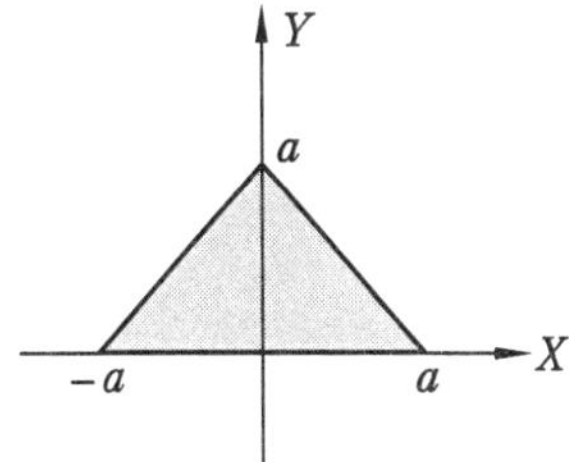

① a^4 ② $\frac{a^4}{12}$

③ $\frac{a^4}{6}$ ④ $\frac{a^4}{4}$

해설 $I_X = I_G + A\bar{y}^2$

$$= \frac{2a\times a^3}{36} + \left(\frac{1}{2}\times2a\times a\right)\times\left(\frac{a}{3}\right)^2$$

$$= \frac{a^4}{6}\text{[cm}^4\text{]}$$

정답 10. ④ 11. ② 12. ④ 13. ③

※ 삼각형 저변에서 단면 2차 모멘트(I_X)

$$=\frac{bh^3}{12}=\frac{2a\times a^3}{12}=\frac{a^4}{6}[\text{cm}^4]$$

14. 푸아송비를 ν, 전단탄성계수를 G라 할 때, 세로탄성계수 E를 나타내는 식은?

① $\dfrac{2G(1-\nu)}{\nu}$ ② $2G(1-\nu)$

③ $\dfrac{2G(1+\nu)}{\nu}$ ④ $2G(1+\nu)$

해설 $G=\dfrac{mE}{2(m+1)}=\dfrac{E}{2(1+\nu)}$[GPa]

$\therefore E=2G(1+\nu)$[GPa]

15. 양단회전 기둥과 일단고정 타단자유 기둥의 좌굴하중을 각각 P_1 및 P_2라 하면 이들의 비 $\dfrac{P_2}{P_1}$는 얼마인가?(단, 재질, 길이(L), 단면 형상 조건은 모두 동일하다고 가정한다.)

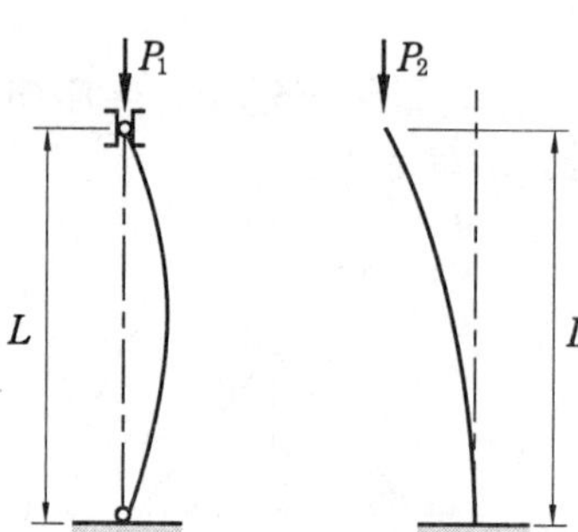

① $\dfrac{1}{3}$ ② $\dfrac{1}{4}$ ③ $\dfrac{1}{8}$ ④ $\dfrac{1}{2}$

해설 양단회전 단말계수(n_1) = 1

일단고정 타단자유 단말계수(n_2) = $\dfrac{1}{4}$

$P_B=n\pi^2\dfrac{EI_G}{L^2}$[N]이므로 $P_B\propto n$

$\therefore \dfrac{P_2}{P_1}=\dfrac{n_2}{n_1}=\dfrac{\frac{1}{4}}{1}=\dfrac{1}{4}$

16. 공학적 변형률(engineering strain) e와 진변형률(true strain) ε 사이의 관계식으로 맞는 것은?

① $\varepsilon=\ln(e+1)$ ② $\varepsilon=e\times\ln(e)$

③ $\varepsilon=\ln(e)$ ④ $\varepsilon=3e$

17. 길이가 L인 양단고정보의 중앙에 집중하중 P를 받고 있을 때, C점에서의 굽힘모멘트 M_C는?

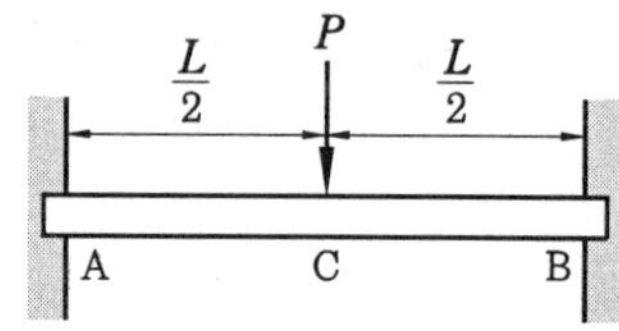

① $\dfrac{PL}{10}$ ② $\dfrac{PL}{8}$

③ $\dfrac{PL}{6}$ ④ $\dfrac{PL}{4}$

해설 집중하중 P를 받는 양단고정단에서 C점에서의 굽힘모멘트(M_C) = $\dfrac{PL}{8}$[N·m]

18. 그림과 같은 균일 단면 단순보의 일부에 균일 분포하중이 작용할 때 중앙점 C에서의 굽힘모멘트는 약 몇 kN·m인가?(단, 굽힘 강성 EI는 일정하고, 보의 자중은 무시한다.)

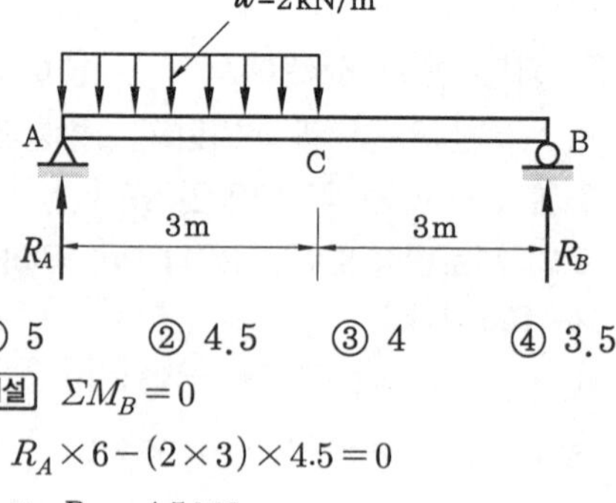

① 5 ② 4.5 ③ 4 ④ 3.5

해설 $\Sigma M_B=0$

$R_A\times 6-(2\times 3)\times 4.5=0$

$\therefore R_A=4.5$ kN

$R_A+R_B=6$ kN

정답 14. ④ 15. ② 16. ① 17. ② 18. ②

$\therefore\ R_B = 6 - R_A = 6 - 4.5 = 1.5\,\text{kN}$

$M_C = R_B \times 3 = 1.5 \times 3 = 4.5\,\text{kN}\cdot\text{m}$

19. 폭이 3 cm이고, 높이가 4 cm인 직사각형 단면보에 수직방향으로 전단력이 800 N 작용할 때 이 보 속의 최대 전단응력은 몇 MPa인가?

① 0.7 MPa ② 1.0 MPa
③ 1.3 MPa ④ 1.6 MPa

해설 $\tau_{\max} = \dfrac{3F}{2A} = \dfrac{3 \times 800}{2 \times (30 \times 40)} = 1\,\text{MPa}$

20. 그림과 같은 두 개의 판재가 볼트로 체결된 채 500 N의 인장력을 받고 있다. 볼트의 중간 단면에 작용하는 전단응력은? (단, 볼트의 골지름은 1 cm이다.)

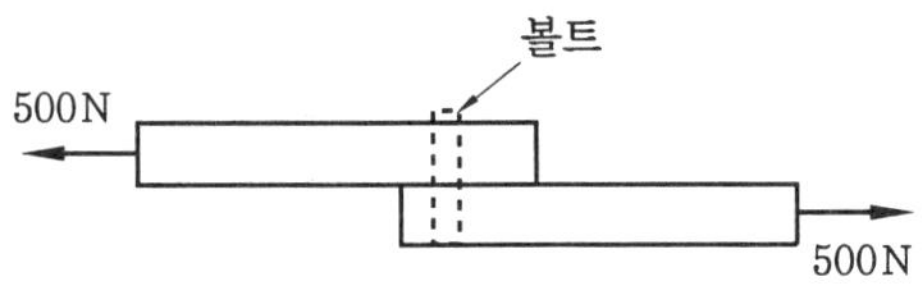

① 5.25 MPa ② 6.37 MPa
③ 7.43 MPa ④ 8.76 MPa

해설 $\tau = \dfrac{P_s}{A} = \dfrac{500}{\dfrac{\pi}{4} \times 10^2} = 6.37\,\text{MPa}$

제 2 과목 **기계열역학**

21. Carnot 냉동사이클에서 응축기 온도가 50℃, 증발기 온도가 −20℃이면, 냉동기의 성능계수는 얼마인가?

① 5.26 ② 3.61
③ 2.65 ④ 1.26

해설 $(COP)_R = \dfrac{T_2}{T_1 - T_2}$

$= \dfrac{-20 + 273}{50 + 273 - (-20 + 273)}$

$= \dfrac{253}{323 - 253} = 3.61$

22. 그림과 같이 선형 스프링으로 지지되는 피스톤-실린더 장치 내부에 있는 기체를 가열하여 기체의 체적이 V_1에서 V_2로 증가하였고, 압력은 P_1에서 P_2로 변화하였다. 이때 기체가 피스톤에 행한 일은? (단, 실린더 내부의 압력(P)은 실린더 내부 부피(V)와 선형 관계($P = aV$, a는 상수)에 있다고 본다.)

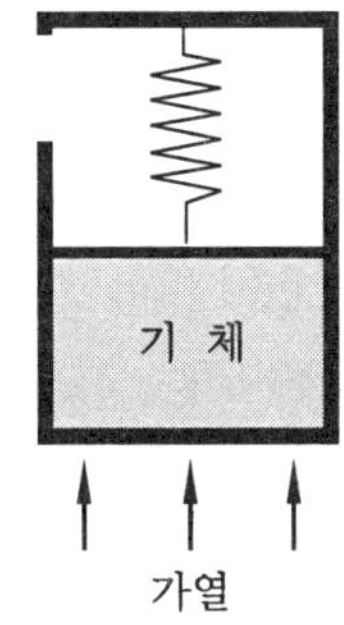

① $P_2V_2 - P_1V_1$

② $P_2V_2 + P_1V_1$

③ $\dfrac{1}{2}(P_2 + P_1)(V_2 - V_1)$

④ $\dfrac{1}{2}(P_2 + P_1)(V_2 + V_1)$

해설 $P - V$ 선도 면적은 일량을 의미한다.

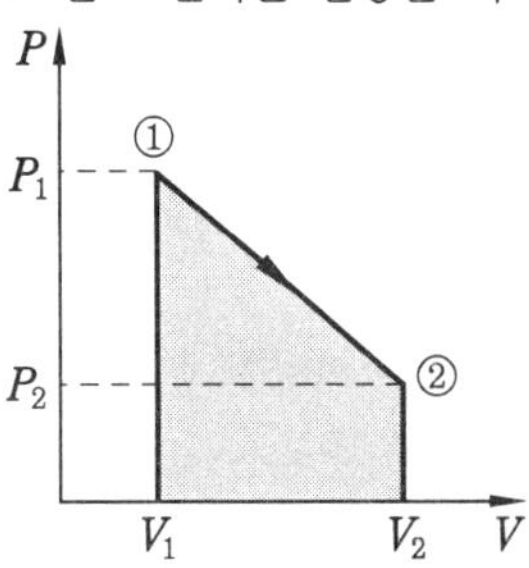

$_1W_2 = \dfrac{1}{2}(P_1 - P_2)(V_2 - V_1) + P_2(V_2 - V_1)$

$= \dfrac{1}{2}(P_1 - P_2)(V_2 - V_1)$

정답 19. ② 20. ② 21. ② 22. ③

$$+\frac{2P_2}{2}(V_2-V_1)$$

$$=\frac{1}{2}(V_2-V_1)(P_1-P_2+2P_2)$$

$$=\frac{1}{2}(P_2+P_1)(V_2-V_1)\ [\text{N}\cdot\text{m}]$$

23. 온도 200℃, 압력 500 kPa, 비체적 0.6 m³/kg의 산소가 정압하에서 비체적이 0.4 m³/kg으로 변화 후의 온도는 약 얼마인가?

① 42℃ ② 55℃
③ 315℃ ④ 437℃

해설 $P=C$, $\frac{v}{T}=C$이므로 $\frac{v_1}{T_1}=\frac{v_2}{T_2}$에서

$$T_2=T_1\frac{v_2}{v_1}=(200+273)\times\frac{0.4}{0.6}$$

$$=315.33\text{ K}-273\text{ K}\fallingdotseq 42.33\text{℃}$$

24. 순수한 물질로 되어 있는 밀폐계가 단열과정 중에 수행한 일의 절댓값에 관련된 설명으로 옳은 것은? (단, 운동에너지와 위치에너지의 변화는 무시한다.)

① 엔탈피의 변화량과 같다.
② 내부 에너지의 변화량과 같다.
③ 단열과정 중의 일은 0이 된다.
④ 외부로부터 받은 열량과 같다.

해설 가역단열변화($\delta q=0$)인 경우 절대일(밀폐계 일)은 내부 에너지의 감소량과 같다.

25. 질량이 m이고 한 변의 길이가 a인 정육면체의 밀도가 ρ이면, 질량이 $2m$이고 한 변의 길이가 $2a$인 정육면체의 밀도는?

① ρ ② $\frac{1}{2}\rho$
③ $\frac{1}{4}\rho$ ④ $\frac{1}{8}\rho$

해설 $\rho=\frac{m}{V}=\frac{m}{a^3}[\text{kg/m}^3]$

$$\rho'=\frac{m'}{V'}=\frac{2m}{(2a)^3}=\frac{m}{4a^3}=\frac{1}{4}\rho[\text{kg/m}^3]$$

26. 복사열을 방사하는 방사율과 면적이 같은 2개의 방열판이 있다. 각각의 온도가 A 방열판은 120℃, B 방열판은 80℃일 때 단위면적당 복사 열전달량의 비(Q_A/Q_B)는?

① 1.08 ② 1.22
③ 1.54 ④ 2.42

해설 $\frac{Q_A}{Q_B}=\left(\frac{T_A}{T_B}\right)^4=\left(\frac{120+273}{80+273}\right)^4=1.54$

※ 복사열량(Q)은 흑체 표면의 절대온도의 4승에 비례한다.

27. 체적이 150 m³인 방 안에 질량이 200 kg이고 온도가 20℃인 공기(이상기체상수 =0.287 kJ/kg·K)가 들어 있을 때 이 공기의 압력은 약 몇 kPa인가?

① 112 ② 124
③ 162 ④ 184

해설 $PV=mRT$에서

$$P=\frac{mRT}{V}=\frac{200\times0.287\times(20+273)}{150}$$

$$=112\text{ kPa}$$

28. 2 MPa 압력에서 작동하는 가역 보일러에 포화수가 들어가 포화증기가 되어서 나온다. 보일러의 물 1 kg당 가한 열량은 약 몇 kJ인가? (단, 2 MPa 압력에서 포화온도는 212.4℃이고 이 온도는 일정하다. 그리고 포화수 비엔트로피는 2.4473 kJ·K, 포화증기 비엔트로피는 6.3408 kJ/kg·K이다.)

① 295 ② 827
③ 1890 ④ 2423

정답 23. ① 24. ② 25. ③ 26. ③ 27. ① 28. ③

해설 $ds = \frac{\delta q}{T_s}$ [kJ/kg·K]에서

$$\int_{'}^{''} \delta q = T_s \int_{'}^{''} ds = T_s(s'' - s')$$

$$q_L = T_s(s'' - s')$$
$$= (212.4 + 273) \times (6.3408 - 2.4473)$$
$$= 1890 \text{ kJ/kg}$$

29. 압력이 200 kPa, 체적 0.4 m³인 공기가 정압하에서 체적이 0.6 m³로 팽창하였다. 이 팽창 중에 내부에너지가 100 kJ만큼 증가하였으면 팽창에 필요한 열량은?

① 40 kJ ② 60 kJ
③ 140 kJ ④ 160 kJ

해설 정압($P = C$)하에서 가열량(Q)은 엔탈피 변화량(ΔH)과 같다.

$$\therefore Q = \Delta H = \Delta u + P(V_2 - V_1)$$
$$= 100 + 200 \times (0.6 - 0.4) = 140 \text{ kJ}$$

30. 카르노 열펌프와 카르노 냉동기가 있는데, 카르노 열펌프의 고열원 온도는 카르노 냉동기의 고열원 온도와 같고, 카르노 열펌프의 저열원 온도는 카르노 냉동기의 저열원 온도와 같다. 이때 카르노 열펌프의 성적계수(COP_{HP})와 카르노 냉동기의 성적계수(COP_R)의 관계로 옳은 것은?

① $COP_{HP} = COP_R + 1$

② $COP_{HP} = COP_R - 1$

③ $COP_{HP} = \frac{1}{COP_R + 1}$

④ $COP_{HP} = \frac{1}{COP_R - 1}$

해설 $COP_{HP} = \frac{Q_1}{W_c} = \frac{Q_2 + W_c}{W_c} = COP_R + 1$

31. 카르노 사이클로 작동되는 열기관이 600 K에서 800 kJ의 열을 받아 300 K에서 방출한다면 일은 약 몇 kJ인가?

① 200 ② 400
③ 500 ④ 900

해설 $\eta_c = \frac{W_{net}}{Q_1} = 1 - \frac{T_2}{T_1} = 1 - \frac{300}{600} = 0.5$

$$\therefore W_{net} = \eta_c Q_1 = 0.5 \times 800 = 400 \text{ kJ}$$

32. 일정한 정적비열 C_v와 정압비열 C_p를 가진 이상기체 1 kg의 절대온도와 체적이 각각 2배로 되었을 때 엔트로피의 변화량으로 옳은 것은?

① $C_v \ln 2$ ② $C_p \ln 2$
③ $(C_p - C_v)\ln 2$ ② $(C_p + C_v)\ln 2$

해설 $\Delta S = C_v \ln\frac{T_2}{T_1} + R\ln\frac{V_2}{V_1}$

$$= C_v \ln\frac{2T_1}{T_1} + R\ln\frac{2V_1}{V_1}$$
$$= (C_v + R)\ln 2 = C_p \ln 2$$

33. 다음 중 강도성 상태량(intensive property)이 아닌 것은?

① 온도 ② 압력
③ 체적 ④ 비체적

해설 강도성 상태량은 물질의 양과 무관한 상태량으로 온도, 압력, 비체적 등이 있으며 체적은 물질의 양에 비례하는 종량성(용량성) 상태량이다.

34. 온도 150℃, 압력 0.5 MPa의 이상기체 0.287 kg이 정압과정에서 원래 체적의 2배로 늘어난다. 이 과정에서 가해진 열량은 약 얼마인가? (단, 공기의 기체상수는 0.287 kJ/kg·K이고, 정압비열은 1.004 kJ/kg·K이다.)

① 98.8 kJ ② 111.8 kJ
③ 121.9 kJ ④ 134.9 kJ

해설 $Q = mC_p(T_2 - T_1)$

정답 29. ③ 30. ① 31. ② 32. ② 33. ③ 34. ③

$=0.287\times1.004\times(846-423)$
$=121.9\text{ kJ}$

$T_2=T_1\dfrac{V_2}{V_1}=423\times2=846\text{ K}$

35. 다음 온도-엔트로피 선도($T-S$ 선도)에서 과정 1-2가 가역일 때 빗금 친 부분은 무엇을 나타내는가?

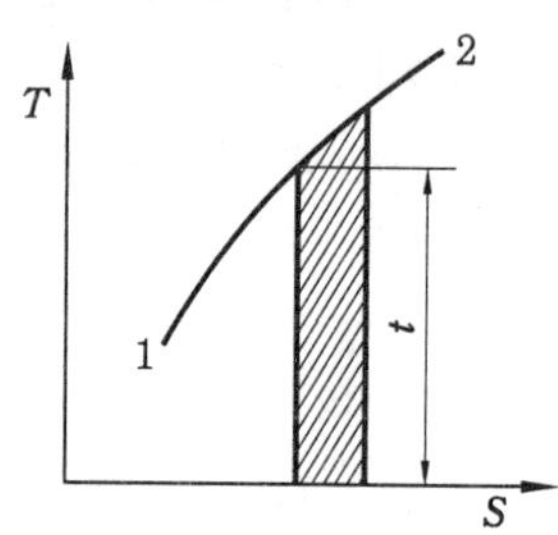

① 공업일 ② 절대일
③ 열량 ④ 내부에너지

해설 $T-S$ 선도에서 면적은 열량(Q)을 의미한다.

36. 다음 중 단열과정과 정적과정만으로 이루어진 사이클(cycle)은?

① Otto cycle ② Diesel cycle
③ Sabathe cycle ④ Rankine cycle

해설 Otto cycle은 2개의 단열과정과 2개의 정적과정으로 구성되어 있다.

37. 그림에서 $T_1=561\text{ K}$, $T_2=1010\text{ K}$, $T_3=690\text{ K}$, $T_4=383\text{ K}$인 공기를 작동 유체로 하는 브레이턴 사이클의 이론 열효율은?

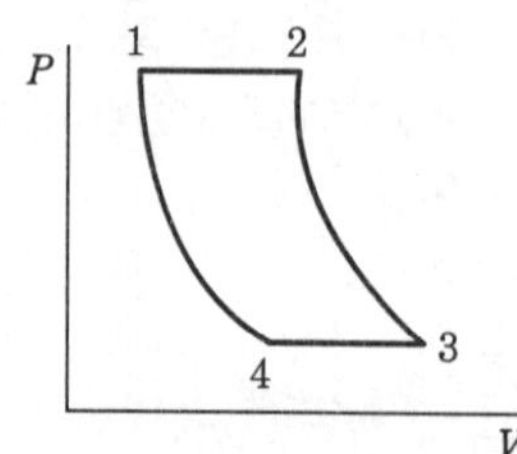

① 0.388 ② 0.465
③ 0.316 ④ 0.412

해설 $\eta_{thB}=1-\dfrac{q_2}{q_1}=1-\dfrac{C_p(T_3-T_4)}{C_p(T_2-T_1)}$

$=1-\dfrac{(T_3-T_4)}{(T_2-T_1)}=1-\dfrac{(690-383)}{(1010-561)}$

$=0.316=31.6\%$

38. 이상기체의 압력(P), 체적(V)의 관계식 "$PV^n=$일정"에서 가역단열과정을 나타내는 n의 값은? (단, C_p는 정압비열, C_v는 정적비열이다.)

① 0
② 1
③ 정적비열에 대한 정압비열의 비(C_p/C_v)
④ 무한대

해설 "$PV^n=$ 일정"에서 $n=k$일 때 가역단열변화가 일어난다. 비열비(단열지수) $k=\dfrac{C_p}{C_v}$ (정적비열에 대한 정압비열의 비)이다.

39. 질량 유량이 10 kg/s인 터빈에서 수증기의 엔탈피가 800 kJ/kg 감소한다면 출력은 몇 kW인가? (단, 역학적 손실, 열손실은 모두 무시한다.)

① 80 ② 160
③ 1600 ④ 8000

해설 터빈 출력(kW)
$=m\Delta h=10\times800=8000\text{ kW(kJ/s)}$

40. 시스템 내에 임의의 이상기체 1 kg이 채워져 있다. 이 기체의 정압비열은 1.0 kJ/kg·K이고, 초기 온도가 50℃인 상태에서 323 kJ의 열량을 가하여 팽창시킬 때 변경 후 체적은 변경 전 체적의 약 몇 배가 되는가? (단, 정압과정으로 팽창한다.)

정답 35. ③ 36. ① 37. ③ 38. ③ 39. ④ 40. ②

① 1.5배 ② 2배
③ 2.5배 ④ 3배

해설 $Q = mC_p(T_2 - T_1)$에서

$$T_2 = T_1 + \frac{Q}{mC_p} = 323 + \frac{323}{1 \times 1.0} = 646\ \mathrm{K}$$

$$\therefore \frac{V_2}{V_1} = \frac{T_2}{T_1} = \frac{646}{323} = 2$$

제3과목 기계유체역학

41. 다음 중 차원이 잘못 표시된 것은? (단, M : 질량, L : 길이, T : 시간)

① 압력(pressure) : MLT^{-2}
② 일(work) : ML^2T^{-2}
③ 동력(power) : ML^2T^{-3}
④ 동점성계수(kinematic viscosity) : L^2T^{-1}

해설 압력(P)의 단위는 Pa(N/m²)로 차원은 $FL^{-2} = (MLT^{-2})L^{-2} = ML^{-1}T^{-2}$이다.

42. 안지름 5 cm, 길이 20 m, 관마찰계수 0.02인 수평 원관 속을 난류로 물이 흐른다. 관출구와 입구의 압력차가 20 kPa이면 유량은 약 몇 L/s인가?

① 4.4 ② 6.3
③ 8.2 ④ 10.8

해설 $\Delta p = f\frac{L}{d}\frac{\gamma V^2}{2g}$에서

$$V = \sqrt{\frac{2gd\Delta p}{\gamma fL}} = \sqrt{\frac{2 \times 9.8 \times 0.05 \times 20}{9.8 \times 0.02 \times 20}}$$
$$= 2.236\ \mathrm{m/s}$$

$$Q = AV = \frac{\pi \times 0.05^2}{4} \times 2.236$$
$$\fallingdotseq 0.0044\ \mathrm{m^3/s}$$
$$= 0.0044 \times 10^3\ \mathrm{L/s}(4.4\mathrm{L/s})$$

43. 수평 원관 내의 층류 유동에서 유량이 일정할 때 압력 강하는?

① 관의 지름에 비례한다.
② 관의 지름에 반비례한다.
③ 관의 지름의 제곱에 반비례한다.
④ 관의 지름의 4승에 반비례한다.

해설 수평 원관 내의 층류($Re < 2100$) 유동인 경우 압력 강하$(\Delta p) = \frac{128\mu QL}{\pi d^4}$

$$\therefore \Delta p \propto \frac{1}{d^4}$$

44. Buckingham의 파이(pi) 정리를 바르게 설명한 것은? (단, k는 변수의 개수, r은 변수를 표현하는 데 필요한 최소한의 기본차원의 개수이다.)

① $(k-r)$개의 독립적인 무차원수의 관계식으로 만들 수 있다.
② $(k+r)$개의 독립적인 무차원수의 관계식으로 만들 수 있다.
③ $(k-r+1)$개의 독립적인 무차원수의 관계식으로 만들 수 있다.
④ $(k+r+1)$개의 독립적인 무차원수의 관계식으로 만들 수 있다.

해설 버킹엄의 파이(pi) 정리
무차원 양의 개수(π)
= 물리량의 개수(k) − 기본차원의 개수(r)

45. 다음 중 유량 측정과 직접적인 관련이 없는 것은?

① 오리피스(orifice)
② 벤투리(venturi)
③ 노즐(nozzle)
④ 부르동관(Bourdon tube)

해설 부르동관은 단면이 편평한 활 모양의 관으로 관내 압력이 높아지면 길게 늘어지

정답 41. ① 42. ① 43. ④ 44. ① 45. ④

는 방향으로 동작하여 압력을 표시하는 데 사용한다.

46. 유량이 10 m^3/s로 일정하고 수심이 1 m로 일정한 강의 폭이 매 10 m마다 1 m씩 선형적으로 좁아진다. 강 폭이 5 m인 곳에서 강물의 가속도는 몇 m/s^{2}인가?(단, 흐름 방향으로만 속도 성분이 있다고 가정한다.)

① 0 ② 0.02
③ 0.04 ④ 0.08

해설 $V_1 = \frac{Q}{A_1} = \frac{10}{6 \times 1} = 1.6$ m/s

$V_2 = \frac{Q}{A_2} = \frac{10}{5 \times 1} = 2$ m/s

$Q = \frac{V}{t}$ [m^3/s]에서

$t = \frac{V}{Q} = \frac{10 \times 5 \times 1}{10} = 5$ s

$a = \frac{\Delta V}{t} = \frac{V_2 - V_1}{t} = \frac{2-1.6}{5} = 0.08$ m/s^2

47. 정상상태이고 비압축성인 2차원 유동장의 속도 성분이 각각 $u = kxy$와 $v = a^2 + x^2 - y^2$일 때 연속방정식을 만족하기 위한 k는?(단, u는 x방향 속도 성분이고, v는 y방향 속도 성분이며, a는 상수이다.)

① 2 ② 3 ③ 4 ④ 6

해설 정상류 비압축성($\rho = C$) 2차원 유동 연속방정식 $\frac{\partial u}{\partial x} + \frac{\partial v}{\partial y} = 0$

$\frac{\partial u}{\partial x} = ky$, $\frac{\partial v}{\partial y} = -2y$

$ky - 2y = 0$

$\therefore k = 2$

48. 그림과 같이 입구속도 U_o의 비압축성 유체의 유동이 평판 위를 지나 출구에서의 속도 분포가 $U_o \frac{y}{\delta}$가 된다. 검사체적을 ABCD로 취한다면 단면 CD를 통과하는 유량은?(단, 그림에서 검사체적의 두께는 δ, 평판의 폭은 b이다.)

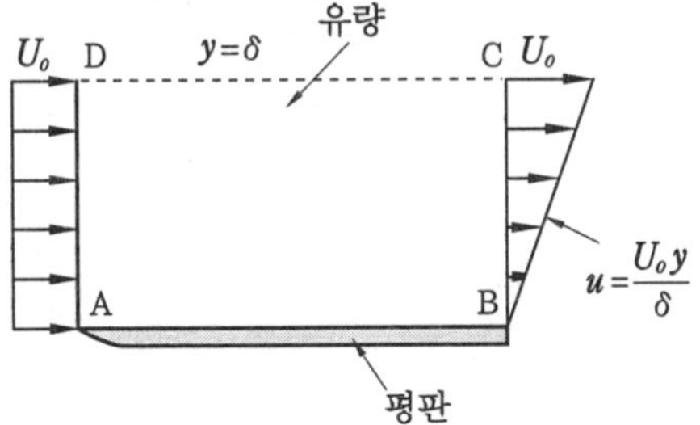

① $\frac{U_o b \delta}{2}$ ② $U_o b \delta$
③ $\frac{U_o b \delta}{4}$ ④ $\frac{U_o b \delta}{8}$

해설 $dQ = udA = U_o \frac{y}{\delta} b dy$

양변을 0에서 δ까지 적분하면

$Q = \frac{U_o b}{\delta} \int_0^\delta y dy = \frac{U_o b}{\delta} \left[\frac{y^2}{2} \right]_0^\delta$

$= \frac{U_o b}{\delta} \frac{\delta^2}{2} = \frac{U_o b \delta}{2}$ [m^3/s]

49. 한 변의 길이가 10 m인 정육면체의 개방된 탱크에 비중 0.8의 기름이 반만 차 있을 때 탱크 밑면이 받는 압력은 계기압력으로 약 몇 kPa인가?

① 78.4 ② 7.84
③ 39.2 ④ 3.92

해설 $P = \gamma h = \gamma_w S h = 9.8 \times 0.8 \times 5$
$= 39.2$ kPa

50. 그림과 같이 거대한 물탱크 하부에 마찰을 무시할 수 있는 매끄럽고 둥근 출구를 통하여 물이 유출되고 있다. 만약 출구로부터 수면까지의 수직거리 h가 4배로 증가한다면, 물의 유출속도는 몇 배

정답 46. ④ 47. ① 48. ① 49. ③ 50. ①

증가하겠는가?

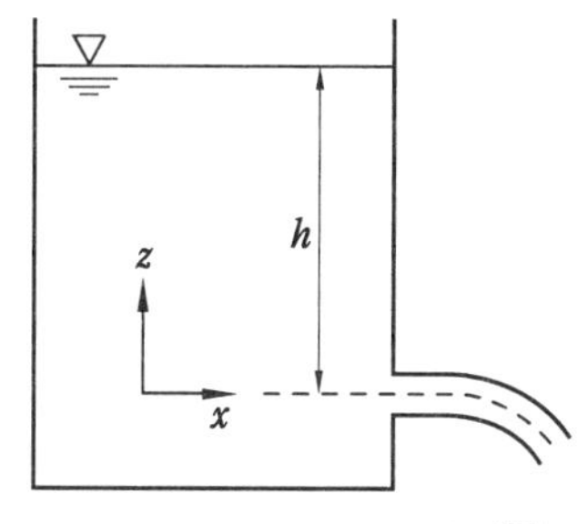

① 2　　② $2\sqrt{2}$
③ 4　　④ 8

해설 $V=\sqrt{2gh}$ [m/s]
$V'=\sqrt{2g(4h)}=2\sqrt{2gh}=2V$[m/s]

51. 그림과 같이 반지름 R인 한 쌍의 평행 원판으로 구성된 점도 측정기(parallel plate viscometer)를 사용하여 액체 시료의 점성계수를 측정하는 장치가 있다. 아래쪽 원판은 고정되어 있고 위쪽의 원판은 아래쪽 원판과 높이 h를 유지한 상태에서 각속도 ω로 회전하고 있으며 갭 사이를 채운 유체의 점도는 위 평판을 정상적으로 돌리는 데 필요한 토크를 측정하여 계산한다. 갭 사이의 속도 분포는 선형적이며, Newton 유체일 때, 다음 중 회전하는 원판의 밑면에 작용하는 전단응력의 크기에 대한 설명으로 맞는 것은?

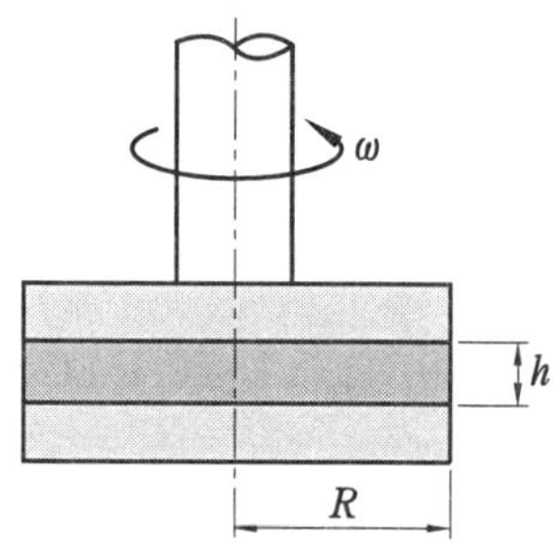

① 중심축으로부터의 거리에 관계없이 일정하다.
② 중심축으로부터의 거리에 비례하여 선형적으로 증가한다.
③ 중심축으로부터의 거리의 제곱에 비례하여 증가한다.
④ 중심축으로부터의 거리에 반비례하여 감소한다.

해설 $\tau=\mu\frac{du}{dy}=\mu\frac{u}{h}=\mu\frac{R\omega}{h}$ [Pa]에서 $\tau\propto R$ 이므로 전단응력의 크기는 중심축으로부터의 거리에 비례하여 선형적으로 증가한다.

52. 저수지의 물을 0.05 m^3/s의 유량으로 10 m 위쪽 저수지로 끌어올리는 데 필요한 펌프의 동력이 7 kW라면 마찰손실수두는 몇 m인가?

① 4.3　　② 5.7
③ 14.3　　④ 130

해설 $P=9.8QH$[kW]에서
$$H=\frac{P}{9.8Q}=\frac{7}{9.8\times0.05}=14.3\text{ m}$$
∴ 마찰손실수두$(H_L)=14.3-10=4.3$ m

53. 지름 6 cm의 공이 공기 속을 35 m/s의 속도로 비행할 때 소요 동력은 약 몇 W인가? (단, 항력계수는 0.74, 공기의 밀도는 1.23 kg/m^3이다.)

① 68　　② 62
③ 55　　④ 47

해설 $D=C_D\frac{\rho AV^2}{2}$
$$=0.74\times\frac{1.23\times\frac{\pi\times0.06^2}{4}\times35^2}{2}=1.576\text{ N}$$
소요 동력$(P)=DV=1.576\times35=55.16$ W

54. 수평 원관 내의 유동에 관한 설명 중 옳은 것은?

① 완전 발달한 층류유동에서 압력강하는 관 길이의 제곱에 비례한다.
② 완전 발달한 층류유동에서의 마찰계

정답 51. ② 52. ① 53. ③ 54. ②

수는 관의 거칠기(조도)와는 무관하다.

③ 레이놀즈수가 매우 큰 완전난류 유동에서 마찰계수는 상대조도보다는 레이놀즈수의 영향을 크게 받는다.

④ 수력학적으로 매끄러운 파이프(즉 상대조도가 0)일 경우 마찰계수는 0이 된다.

해설 수평 원관 층류유동에서 관마찰계수(f)는 레이놀즈수(Re)만의 함수로 조도와는 관계없다.

$$f = \frac{64}{Re}$$

55. **그림과 같이 물제트가 정지판에 수직으로 부딪힌다. 마찰을 무시할 때, 제트에 의해 정지판이 받는 힘은? (단, 물제트의 분사속도(V_j)는 10 m/s이고, 제트 단면적은 0.01 m²이다.)**

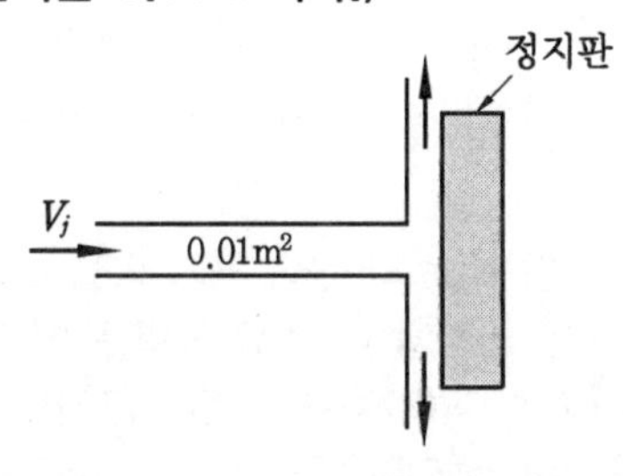

① 10 kN ② 10 N
③ 100 kN ④ 1000 N

해설 $F = \rho QV = \rho A V^2$

$= 1000 \times 0.01 \times 10^2 = 1000\,\text{N}$

56. **경계층에 대한 설명으로 가장 적절한 것은?**

① 점성 유동 영역과 비점성 유동 영역의 경계를 이루는 층

② 층류 영역과 난류 영역의 경계를 이루는 층

③ 정상 유동과 비정상 유동의 경계를 이루는 층

④ 아음속 유동과 초음속 유동 사이의 변화에 의하여 발생하는 층

해설 경계층(boundary layer)은 점성 유동 영역(경계층 내)과 비점성(점성의 영향을 받지 않는) 유동 영역의 경계를 이루는 층을 말한다.

57. **깊이가 10 cm이고 지름이 6 cm인 물컵에 정지상태에서 7cm 높이로 물이 담겨 있다. 이 컵을 회전반 위의 중심축에 올려놓고 서서히 회전속도를 증가시켜 물이 넘치기 시작하는 때의 회전반의 각속도는 약 몇 rad/s인가?**

① 345 ② 36.2
③ 72.4 ④ 690

해설 $h = \frac{r_o^2 \omega^2}{2g}$ [m]에서

각속도$(\omega) = \frac{1}{r_o}\sqrt{2gh}$

$= \frac{1}{0.03} \times \sqrt{2 \times 9.8 \times 0.06} \fallingdotseq 36.2\,\text{rad/s}$

58. **원통 주위를 흐르는 비점성 유동(등류 유입 속도는 V_0)에서 원통 표면에서의 자유류 속도 최댓값은?**

① $\sqrt{2}\,V_0$ ② $1.5\,V_0$
③ $2\,V_0$ ④ $3\,V_0$

해설 $V = 2V_0 \sin\theta$[m/s]이므로

$\sin\theta = 1$일 때 $V_{\max} = 2V_0$[m/s]

59. **길이가 50 m인 배가 8 m/s의 속도로 진행하는 경우에 대해 모형 배를 이용하여 조파저항에 관한 실험을 하고자 한다. 모형 배의 길이가 2 m이면 모형 배의 속도는 약 몇 m/s로 하여야 하는가?**

① 1.60 ② 1.82
③ 2.14 ④ 2.30

해설 $(Fr)_p = (Fr)_m$

$$\left(\frac{V}{\sqrt{Lg}}\right)_p = \left(\frac{V}{\sqrt{Lg}}\right)_m$$

$g_p \simeq g_m$

$$\therefore\ V_m = V_p \times \sqrt{\frac{L_m}{L_p}}$$

$$= 8 \times \sqrt{\frac{2}{50}} = 1.6\text{ m/s}$$

60. 사염화탄소를 분무하여 0.2 mm 지름의 액적이 형성되었다. 액체의 표면장력은 0.026 N/m일 때, 이 액적의 내외부 압력 차이는?

① 520 Pa ② 52 Pa
③ 260 Pa ④ 26 Pa

해설 $\sigma = \frac{\Delta pd}{4}$ [N/m]에서

$$\Delta p = \frac{4\sigma}{d} = \frac{4 \times 0.026}{0.2 \times 10^{-3}} = 520\text{ Pa}$$

제 4 과목 유체기계 및 유압기기

61. 동일한 물에서 운전되는 두 개의 수차가 서로 상사법칙이 성립할 때 관계식으로 옳은 것은? (단, Q : 유량, D : 수차의 지름, n : 회전수이다.)

① $\frac{Q_1}{D_1^3 n_1} = \frac{Q_2}{D_2^3 n_2}$

② $\frac{Q_1}{D_1^3 n_1^2} = \frac{Q_2}{D_2^3 n_2^2}$

③ $\frac{Q_1}{D_1^3 n_1} = \frac{Q_2}{D_2^2 n_2}$

④ $\frac{Q_1}{D_1^2 n_1^2} = \frac{Q_2}{D_2^2 n_2^2}$

해설 $\frac{Q_2}{Q_1} = \left(\frac{n_2}{n_1}\right) \times \left(\frac{D_2}{D_1}\right)^3$ 이므로

$$\frac{Q_1}{D_1^3 n_1} = \frac{Q_2}{D_2^3 n_2}$$

62. 흡입 실양정 35 m, 송출 실양정 7 m인 펌프장치에서 전양정은 약 몇 m인가? (단, 손실수두는 없다.)

① 28 ② 35 ③ 7 ④ 42

해설 전양정(H)
=흡입 실양정(H_s)+송출 실양정(H_d)
+총손실수두(H_L)
$= 35 + 7 + 0 = 42$ m

63. 축류 펌프의 익형에서 종횡비(aspect ratio)란?

① 익폭과 익현의 길이의 비
② 익폭과 익 두께의 비
③ 익 두께와 익의 휨량의 비
④ 골결선 길이와 익폭의 비

해설 종횡비(aspect ratio)란 익현의 길이(L)에 대한 익폭(b)의 비$\left(=\frac{b}{L}\right)$를 말한다.

64. 유회전 진공 펌프(oil-sealed rotary vacuum pump)의 종류가 아닌 것은?

① 게데(Gaede)형 진공 펌프
② 너시(Nush)형 진공 펌프
③ 키니(Kinney)형 진공 펌프
④ 센코(Cenco)형 진공 펌프

해설 유회전식 진공 펌프는 케이싱 내에 소량의 기름을 봉입하여 접동부 사이에 유막을 형성시켜서 기체의 누설을 방지함으로써 고진공도를 얻을 수 있도록 되어 있으며 게데(Gaede)형, 키니(Kinney)형, 센코(Cenco)형 등이 있다.

65. 토크 컨버터의 토크비, 속도비, 효율에 대한 특성 곡선과 관련한 설명 중 옳지 않은 것은?

정답 60. ① 61. ① 62. ④ 63. ① 64. ② 65. ①

① 스테이터(안내깃)가 있어서 최대 효율을 약 97 %까지 끌어올릴 수 있다.
② 속도비 0에서 토크비가 가장 크다.
③ 속도비가 증가하면 효율은 일정 부분 증가하다가 다시 감소한다.
④ 토크비가 1이 되는 점을 클러치 점(clutch point)이라고 한다.

66. 펌프에서의 서징(surging) 발생 원인으로 거리가 먼 것은?

① 펌프의 특성 곡선($H-Q$ 곡선)이 우향 상승(산형) 구배일 것
② 무단 변속기가 장착된 경우
③ 배관 중에 물탱크나 공기탱크가 있는 경우
④ 유량 조절 밸브가 탱크의 뒤쪽에 있는 경우

해설 서징 현상 발생 원인(조건)
(1) 펌프의 양정(H)-유량(Q) 곡선이 산형 곡선(우상향부가 존재)이고, 산형부에서 운전할 때
(2) 배관 중에 수조나 공기조가 있을 때
(3) 유량 조절 밸브가 탱크의 뒤쪽에 있을 때

67. 기계적 에너지를 유체 에너지(주로 압력 에너지 형태)로 변환시키는 장치를 보기에서 모두 고른다면?

〈보기〉

㉠ 펌프	㉡ 송풍기
㉢ 압축기	㉣ 수차

① ㉠, ㉡, ㉣　　② ㉠, ㉢
③ ㉠, ㉡, ㉢　　④ ㉢, ㉣

해설 수차는 물이 가지고 있는 위치 에너지를 기계적 에너지로 변환하는 기계로서 주로 수력 발전용에 사용된다.

68. 일반적으로 압력 상승의 정도에 따라 송풍기와 압축기로 분류되는데 다음 중 압축기의 압력 범위는?

① 0.1 kgf/cm^2 이하
② 0.1 kgf/cm^2~0.5 kgf/cm^2 이하
③ 0.5 kgf/cm^2~0.9 kgf/cm^2 이하
④ 1.0 kgf/cm^2 이상

해설 송풍기의 압력에 따른 분류
(1) 팬(fan) : 압력 상승이 0.1 kgf/cm^2(10 kPa) 미만인 것
(2) 블로어(blower) : 압력 상승이 0.1 kgf/cm^2(10 kPa) 이상, 1.0 kgf/cm^2(100 kPa) 미만인 것
(3) 압축기(compressor) : 압력 상승이 1.0 kgf/cm^2(100 kPa) 이상인 것

69. 수차에서 낙차 및 안내깃의 개도 등 유량의 가감장치를 일정하게 하여 수차의 부하를 감소시키면 정격 회전 속도 이상으로 속도가 상승하게 되는데 이 속도를 무엇이라고 하는가?

① bypass speed
② specific speed
③ discharge limit speed
④ run away speed

해설 무구속 속도(run away speed)란 밸브의 열림 정도를 일정하게 유지하면서 무부하 운전을 할 때 도달하는 최대 회전수를 말한다.

70. 수차의 분류에 있어서 다음 중 반동 수차에 속하지 않는 것은?

① 프란시스 수차　　② 카플란 수차
③ 펠턴 수차　　④ 톰린 수차

해설 수차의 분류
(1) 충동 수차 : 펠턴 수차
(2) 반동 수차 : 프란시스 수차, 프로펠러 수차, 카플란 수차
(3) 중력 수차 : 물레방아

정답 66. ② 67. ③ 68. ④ 69. ④ 70. ③

71. 유압 펌프가 기름을 토출하지 않고 있을 때 검사해야 할 사항으로 거리가 먼 것은?

① 펌프의 회전 방향을 확인한다.
② 릴리프 밸브의 설정압력이 올바른지 확인한다.
③ 석션 스트레이너가 막혀 있는지 확인한다.
④ 펌프 축이 파손되지 않았는지 확인한다.

해설 유압 펌프가 기름을 토출하지 않고 있을 때 검사해야 할 사항
(1) 펌프의 회전 방향을 확인한다.
(2) 오일탱크에 오일이 규정량으로 들어 있는지 확인한다.
(3) 석션 스트레이너가 막혀 있는지 확인한다.
(4) 배관이 너무 가늘거나 심하게 휘어진 곳은 없는지 확인한다.
(5) 펌프 축의 파손은 없는지 확인한다.
※ ②는 압력이 상승하지 않을 때의 점검 사항이다.

72. 다음 중 일반적으로 가장 높은 압력을 생성할 수 있는 펌프는?

① 베인 펌프 ② 기어 펌프
③ 스크루 펌프 ④ 피스톤 펌프

73. 기어 펌프에서 1회전당 이송체적이 3.5 cm^3/rev이고 펌프의 회전수가 1200 rpm일 때 펌프의 이론 토출량은? (단, 효율은 무시한다.)

① 3.5 L/min ② 35 L/min
③ 4.2 L/min ④ 42 L/min

해설 $q = \frac{Q}{N}$에서

$Q = qN = 3.5 \times 1200$
$= 4200\ cm^3/min = 4.2\ L/min$

74. 유압 실린더에서 오일에 의해 피스톤에 15 MPa의 압력이 가해지고 피스톤 속도가 3.5 cm/s일 때 이 실린더에서 발생하는 동력은 약 몇 kW인가? (단, 실린더 안지름은 100 mm이다.)

① 2.88 ② 4.12
③ 6.68 ④ 9.95

해설 $H_{kW} = FV = (PA)V$

$= 15 \times 10^3 \times \frac{\pi}{4} \times 0.1^2 \times 3.5 \times 10^{-2}$
$= 4.12\ kW$

75. 유압 실린더의 마운팅(mounting) 구조 중 실린더 튜브에 축과 직각방향으로 피벗(pivot)을 만들어 실린더가 그것을 중심으로 회전할 수 있는 구조는?

① 풋형(foot mounting type)
② 트러니언형(trunnion mounting type)
③ 플랜지형(flange mounting type)
④ 클레비스형(clevis mounting type)

해설 ① 풋형 : 장치하기 위한 발이 달려 있어 항상 실린더 축과 수직방향으로 볼트 등에 의해 고정(가장 일반적인 형식)
② 트러니언형 : 플런저 로드의 미끄럼방향과 직각을 이루는 실린더의 양쪽으로 뻗은 한 쌍의 원통상의 피벗으로 지지되는 고정식 실린더(덤프트럭의 리프트 실린더에 주로 사용)
③ 플랜지형 : 실린더쪽에 대하여 수직방향으로 붙임플랜지로 고정되는 붙임 형식의 실린더
④ 클레비스형 : 플런저 로드의 중심선에 대하여 직각방향으로 핀 구멍이 있는 U자형 금속물질에 의하여 지지되는 고정형 실린더(건설기계에 자주 사용)

76. 펌프의 효율과 관련하여 이론적인 펌프의 토출량(L/min)에 대한 실제 토출량(L/min)의 비를 의미하는 것은?

① 용적 효율 ② 기계 효율
③ 전효율 ④ 압력 효율

정답 71. ② 72. ④ 73. ③ 74. ② 75. ② 76. ①

해설 ① 용적 효율(체적 효율)

$$=\frac{\text{실제 펌프 토출량}}{\text{이론 펌프 토출량}}$$

② 기계 효율

$$=\frac{\text{이론 펌프 유량} \times \text{무손실 토출 압력}}{\text{축동력}}$$

③ 전효율$=\frac{\text{실제 펌프가 한 일}}{\text{축동력}}$

$=$ 용적 효율 $\times$ 기계 효율 $\times$ 압력 효율

④ 압력 효율$=\frac{\text{실제 토출 압력}}{\text{무손실 토출 압력}}$

77. 그림은 조작단이 일을 하지 않을 때 작동유를 탱크로 귀환시켜 무부하 운전을 하기 위한 무부하 회로의 일부이다. 이때 A 위치에 어떤 방향 제어 밸브를 사용해야 하는가?

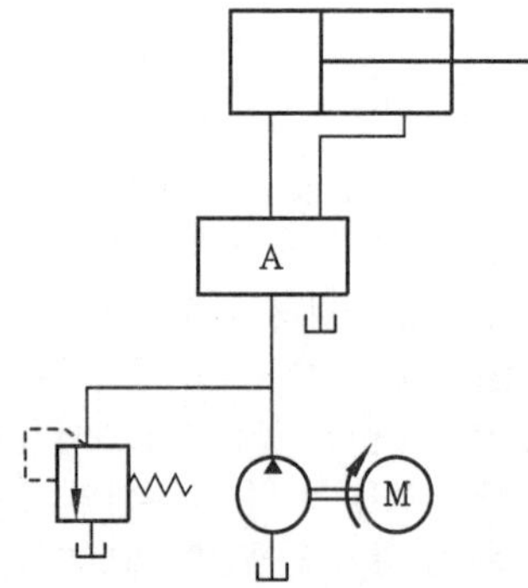

① 클로즈드 센터형 3위치 4포트 밸브
② 탠덤 센터형 3위치 4포트 밸브
③ 오픈 센터형 3위치 4포트 밸브
④ 세미 오픈 센터형 3위치 4포트 밸브

해설 탠덤 센터형 3위치 4포트 밸브
- 센터 바이패스형(center bypass type)
- 중립 위치에서 A, B 포트가 모두 닫히고 실린더는 임의의 위치에서 고정
- P 포트와 T 포트가 서로 통하여 펌프를 무부하 운전

78. 액추에이터의 공급 쪽 관로에 설정된 바이패스 관로의 흐름을 제어함으로써 속도를 제어하는 회로는?

① 미터 인 회로
② 미터 아웃 회로
③ 어큐뮬레이터 회로
④ 블리드 오프 회로

해설 블리드 오프 회로(bleed off circuit) : 작동 행정에서의 실린더 입구의 압력 쪽 분기 회로에 유량 제어 밸브를 설치하여 실린더 입구 측의 불필요한 압유를 배출시켜 작동 효율을 증진시킨 회로

79. 부하의 낙하를 방지하기 위해서 배압을 유지하는 압력 제어 밸브는?

① 카운터 밸런스 밸브(counter balance valve)
② 감압 밸브(pressure-reducing valve)
③ 시퀀스 밸브(sequence valve)
④ 언로딩 밸브(unloading valve)

해설 카운터 밸런스 밸브는 추의 낙하를 방지하기 위한 밸브로서 유압을 가하여 하강시키면 열리며, 유압을 제거하면 닫힌다.

80. 유압기기 중 작동유가 가지고 있는 에너지를 잠시 저축했다가 사용하며, 이것을 이용하여 갑작스런 충격 압력에 대한 완충 작용도 할 수 있는 것은?

① 어큐뮬레이터　② 글랜드 패킹
③ 스테이터　④ 토크 컨버터

해설 축압기(어큐뮬레이터)는 맥동 압력이나 충격 압력을 흡수하여 유압장치를 보호하거나 유압펌프의 작동 없이 유압장치에 순간적인 유압을 공급하기 위하여 압력을 저장하는 유압 부속장치이다.

제 5 과목 건설기계일반 및 플랜트배관

91. 건설장비 중 롤러(roller)에 관한 설명으로 틀린 것은?

정답 77. ② 78. ④ 79. ① 80. ① 91. ①

① 앞바퀴와 뒷바퀴가 각각 1개씩 일직선으로 되어 있는 롤러를 머캐덤 롤러라고 한다.
② 탬핑 롤러는 댐의 축제공사와 제방, 도로, 비행장 등의 다짐작업에 쓰인다.
③ 진동 롤러는 조종사가 진동에 따른 피로감으로 인해 장시간 작업을 하기 힘들다.
④ 타이어 롤러는 공기 타이어의 특성을 이용한 것으로, 탠덤 롤러에 비하여 기동성이 좋다.

해설 앞바퀴와 뒷바퀴가 각각 1개씩 일직선으로 되어 있는 롤러는 탠덤 롤러이다. 머캐덤 롤러는 앞바퀴인 조향 바퀴 1개가 차체 중심에 있고 뒷바퀴는 양쪽에 앞바퀴보다 큰 구동바퀴 2개를 두었으며 지반을 다지거나 아스팔트 초기 압력 다짐에 사용된다.

92. 건설기계에서 사용하는 브레이크 라이닝의 구비 조건으로 틀린 것은?

① 마찰계수가 작을 것
② 페이드(fade) 현상에 견딜 수 있을 것
③ 불쾌음의 발생이 없을 것
④ 내마모성이 우수할 것

해설 브레이크 라이닝의 구비 조건
(1) 고열에 견디고 내마모성이 우수할 것
(2) 마찰계수가 클 것(마찰계수 0.3~0.5)
(3) 온도나 물 등에 의해 마찰계수 변화가 작고, 기계적 강도가 클 것
(4) 라이닝(슈)과 드럼의 간극은 0.3~0.4 mm 일 것

93. 공기압축기의 규격을 표시하는 단위는?

① m^3/min ② mm
③ kW ④ L

해설 토출압력이 7 kg/cm^2인 공기의 매분당 토출능력(m^3/min)으로 표시한다.

94. 플랜트 기계설비에서 액체형 물질을 운반하기 위한 파이프 재질 선정 시 고려할 사항으로 거리가 먼 것은?

① 유체의 온도
② 유체의 압력
③ 유체의 화학적 성질
④ 유체의 압축성

95. 모터 그레이더에서 회전반경을 작게 하여 선회가 용이하도록 하기 위한 장치는?

① 리닝 장치
② 아티큘레이트 장치
③ 스캐리파이어 장치
④ 피드 호퍼 장치

해설 리닝 장치는 차체에 측압이 걸리는 블레이드 작업을 할 때 앞바퀴를 압력 받는 쪽으로 기울여서 작업의 직진성을 유지시켜 조향성 및 작업능률을 향상시켜 회전반경을 작게 한다.

96. 무한궤도식 굴삭기는 최대 몇 % 구배의 지면을 등판할 수 있는 능력이 있어야 하는가?

① 15 % ② 20 %
③ 25 % ④ 30 %

해설 건설기계 안전기준에 관한 규칙 제10조(등판능력 및 제동능력) : 굴착기는 100분의 25 (무한궤도식 굴착기는 100분의 30을 말한다) 기울기의 견고한 건조 지면을 올라갈 수 있고, 정지상태를 유지할 수 있는 제동장치 및 제동장금장치를 갖추어야 한다.

97. 진동 해머(vibro hammer)에 대한 설명으로 틀린 것은?

① 말뚝에 진동을 가하여 말뚝의 주변 마찰을 경감함과 동시에 말뚝의 자중과 해머의 중량에 의해 항타한다.

정답 92. ① 93. ① 94. ④ 95. ① 96. ④ 97. ②

② 단면적이 큰 말뚝과 같이 선단의 관입저항이 큰 경우에도 효율적으로 사용할 수 있다.

③ 진동 해머의 규격은 모터의 출력(kW)이나 기전력(t)으로 표시한다.

④ 크레인에 부착하여 사용할 경우 크레인 손상을 방지하기 위하여 완충장치를 사용한다.

해설 진동 해머는 강관 시트 파일, H 파일과 같이 선단저항이 작은 말뚝을 박는 데 적합하다.

98. 불도저가 30 m 떨어진 곳에 흙을 운반할 때 사이클 시간(C_m)은 약 얼마인가? (단, 전진속도는 2.4 km/h, 후진속도는 3.6 km/h, 변속에 요하는 시간은 12초이다.)

① 1분 15초 ② 1분 20초

③ 1분 27초 ④ 1분 36초

해설 $C_m = \frac{l}{V_1} + \frac{l}{V_2} + t$

$$= \frac{30}{\frac{2400}{60}} + \frac{30}{\frac{3600}{60}} + \frac{12}{60}$$

$= 1.45\,\text{min} = 1$분 27초

99. 건설기계관리법에 따라 정기검사를 하는 경우 관련 규정에 의한 시설을 갖춘 검사소에서 검사를 해야 하나 특정 경우에 검사소가 아닌 그 건설기계가 위치한 장소에서 검사를 할 수 있다. 다음 중 그 경우에 해당하지 않는 것은?

① 최고속도가 35 km/h 이상인 경우

② 도서지역에 있는 경우

③ 너비가 2.5미터를 초과하는 경우

④ 자체중량이 40톤을 초과하거나 축중이 10톤을 초과하는 경우

해설 건설기계가 다음 중 어느 하나에 해당하는 경우에는 건설기계가 위치한 장소에서 검사를 할 수 있다.

(1) 도서지역에 있는 경우

(2) 자체중량이 40톤을 초과하거나 축중이 10톤을 초과하는 경우

(3) 너비가 2.5미터를 초과하는 경우

(4) 최고속도가 시간당 35킬로미터 미만인 경우

100. 로더 버킷의 전경각과 후경각 기준으로 옳은 것은? (단, 로더의 출입물은 차량 옆면에서 설치되어 있고, 적재물 배출장치(이젝터)는 없다.)

① 전경각은 30도 이상, 후경각은 25도 이상

② 전경각은 45도 이상, 후경각은 35도 이상

③ 전경각은 30도 이하, 후경각은 25도 이하

④ 전경각은 45도 이하, 후경각은 35도 이하

해설 로더의 전경각이란 버킷을 가장 높이 올린 상태에서 버킷만을 가장 아래쪽으로 기울였을 때 버킷의 가장 넓은 바닥면이 수평면과 이루는 각도를 말하고, 로더의 후경각이란 버킷의 가장 넓은 바닥면을 지면에 닿게 한 후 버킷만을 가장 안쪽으로 기울였을 때 버킷의 가장 넓은 바닥면이 지면과 이루는 각도를 말한다. 로더의 전경각은 45도 이상, 후경각은 35도 이상이어야 한다. 다만, 출입문이 전방에 설치된 로더의 전경각은 35도 이상, 후경각은 25도 이상이어야 하고, 버킷에 적재물 배출장치(이젝터)를 설치한 경우에는 전경각 기준은 적용하지 아니한다.

정답 98. ③ 99. ① 100. ②

2017년도 시행문제

건설기계설비기사

2017년 5월 7일 (제2회)

제1과목 재료역학

1. 그림과 같이 한 변의 길이가 d인 정사각형 단면의 $Z-Z$축에 관한 단면계수는?

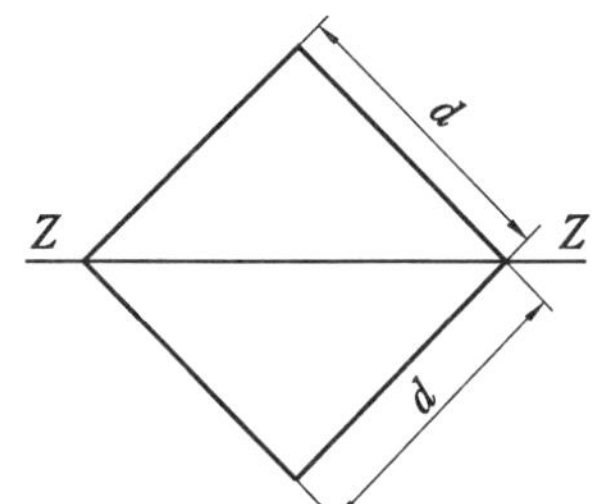

① $\dfrac{\sqrt{2}}{6}d^3$　② $\dfrac{\sqrt{2}}{12}d^3$

③ $\dfrac{d^3}{24}$　④ $\dfrac{\sqrt{2}}{24}d^3$

해설 $Z=\dfrac{I_Z}{y}=\dfrac{\dfrac{d^4}{12}}{d\sin 45°}$

$=\dfrac{\dfrac{d^4}{12}}{\dfrac{d}{\sqrt{2}}}=\dfrac{\sqrt{2}}{12}d^3[\text{cm}^3]$

2. 세로탄성계수가 210 GPa인 재료에 200 MPa의 인장응력을 가했을 때 재료 내부에 저장되는 단위 체적당 탄성변형에너지는 약 몇 N·m/m³인가?

① 95.238　② 95238

③ 18.538　④ 185380

해설 $u=\dfrac{U}{V}=\dfrac{\sigma^2}{2E}=\dfrac{(200\times10^6)^2}{2\times210\times10^9}$

$=95238\ \text{N}\cdot\text{m/m}^3(\text{J/m}^3)$

3. 오일러의 좌굴 응력에 대한 설명으로 틀린 것은?

① 단면의 회전반지름의 제곱에 비례한다.

② 길이의 제곱에 반비례한다.

③ 세장비의 제곱에 비례한다.

④ 탄성계수에 비례한다.

해설 좌굴 응력(σ_B)은 세장비(λ) 제곱에 반비례한다.

$$\sigma_B=\frac{P_B}{A}=n\pi^2\frac{E}{\lambda^2}=n\pi^2\frac{Ek_G^2}{L^2}[\text{MPa}]$$

4. 공칭응력(nominal stress : σ_n)과 진응력(true stress : σ_t) 사이의 관계식으로 옳은 것은? (단, ε_n은 공칭변형률(nominal strain), ε_t는 진변형률(true strain)이다.)

① $\sigma_t=\sigma_n(1+\varepsilon_t)$

② $\sigma_t=\sigma_n(1+\varepsilon_n)$

③ $\sigma_t=\ln(1+\sigma_n)$

④ $\sigma_t=\ln(\sigma_n+\varepsilon_n)$

해설 공칭응력(σ_n)은 응력 계산 시 최초 시편의 단면적(A_o)을 기준으로 하고 진응력(σ_t)은 변하는 실제 단면적을 기준으로 한다.(표점거리 내의 체적은 일정하다고 가정한다.)

$$A_oL_o=AL\left(\frac{A_o}{A}=\frac{L}{L_o}\right)$$

$$\sigma_t=\frac{P}{A}=\frac{P}{A_o}\frac{A_o}{A}=\sigma_n\frac{L}{L_o}$$

$$=\sigma_n\frac{L-L_o+L_o}{L_o}=\sigma_n(1+\varepsilon_n)$$

정답 1. ② 2. ② 3. ③ 4. ②

공칭변형률(ε_n)은 신장량을 본래 길이로 나눈 값이다. 진변형률(ε_t)은 매순간 변화된 시편의 길이를 고려하여 계산한 값이다.

$$\varepsilon_t = \int_{L_o}^{L} \frac{dL}{L} = \ln\left(\frac{L}{L_o}\right) = \ln\left(\frac{L-L_o+L_o}{L_o}\right)$$
$$= \ln(1+\varepsilon_n)$$

※ $\varepsilon_n = \dfrac{\delta}{L_o} = \dfrac{L-L_o}{L_o}$

5. 다음 막대의 z방향으로 80 kN의 인장력이 작용할 때 x방향의 변형량은 몇 μm인가? (단, 탄성계수 E= 200 GPa, 푸아송 비 ν= 0.32, 막대 크기 x= 100 mm, y= 50 mm, z= 1.5 m이다.)

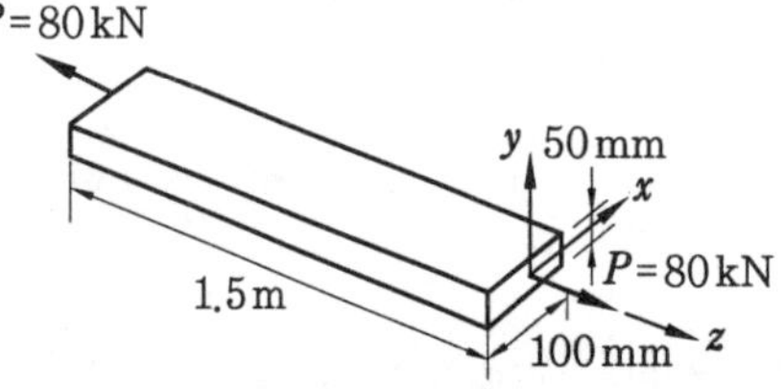

① 2.56　　② 25.6
③ −2.56　　④ −25.6

해설 $\sigma_z = \dfrac{P}{A} = \dfrac{80000}{100\times 50} = 16\text{ MPa}$

$$\lambda = -\frac{\mu x \sigma_z}{E} = \frac{-0.32\times 100\times 16}{200\times 10^3}$$
$$= -2.56\times 10^{-3}\text{ mm} = -2.56\ \mu\text{m}$$

6. 지름 d, 길이 l인 봉의 양단을 고정하고 단면 $m-n$의 위치에 비틀림 모멘트 T를 작용시킬 때 봉의 A부분에 작용하는 비틀림 모멘트는?

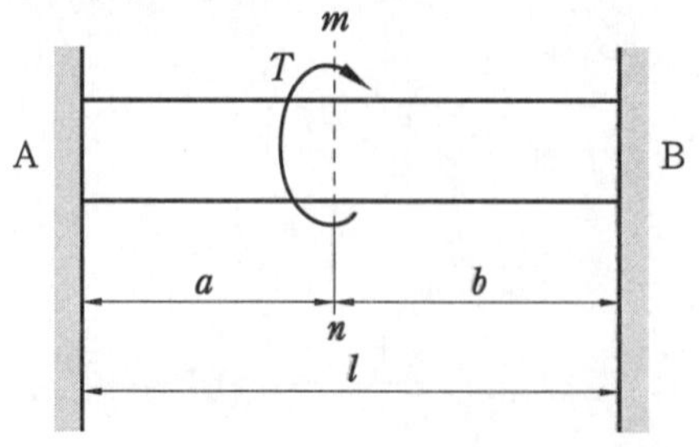

① $T_A = \dfrac{a}{l+a}T$　　② $T_A = \dfrac{a}{a+b}T$
③ $T_A = \dfrac{b}{a+b}T$　　④ $T_A = \dfrac{a}{l+b}T$

해설 $T = T_A + T_B$[kJ] ························· ①

$$\theta_a = \theta_b\left(\frac{T_A a}{GI_P} = \frac{T_B b}{GI_P}\right)$$

$$T_B = T_A\left(\frac{a}{b}\right) \text{ ························· ②}$$

$$T_B = \frac{Ta}{l} = \frac{Ta}{(a+b)}\text{[kJ]}$$

식 ①에 식②를 대입하면,

$$T = T_A + T_A\left(\frac{a}{b}\right) = T_A\left(1+\frac{a}{b}\right)$$

$$\therefore\ T_A = \frac{T}{\left(1+\dfrac{a}{b}\right)} = \frac{Tb}{a+b} = \frac{Tb}{l}\text{[kJ]}$$

7. 그림과 같은 일단고정 타단지지보의 중앙에 P= 4800 N의 하중이 작용하면 지지점의 반력(R_B)은 약 몇 kN인가?

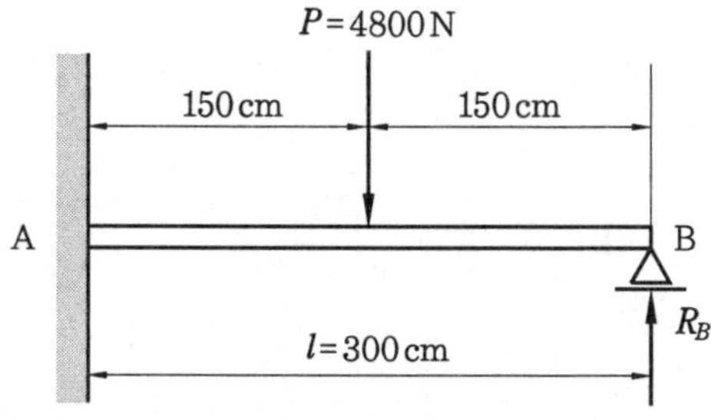

① 3.2　　② 2.6
③ 1.5　　④ 1.2

해설 일단고정 타단지지보(부정정보)에서

$$R_A = \frac{11}{16}P$$

$$R_B = \frac{5}{16}P = \frac{5}{16}\times 4.8 = 1.5\text{ kN}$$

8. 그림과 같은 부정정보의 전 길이에 균일 분포 하중이 작용할 때 전단력이 0이 되고 최대 굽힘 모멘트가 작용하는 단면은 B단에서 얼마나 떨어져 있는가?

정답 5. ③　6. ③　7. ③　8. ②

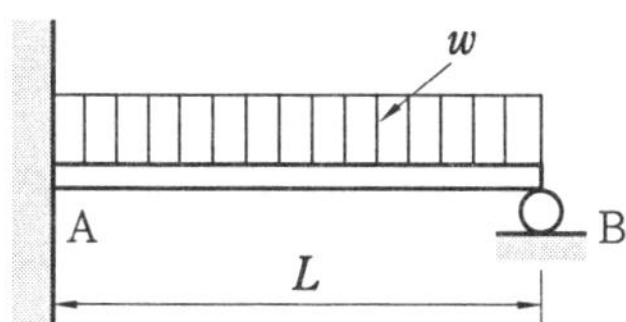

① $\frac{2}{3}L$　　② $\frac{3}{8}L$

③ $\frac{5}{8}L$　　④ $\frac{3}{4}L$

해설 $R_A=\frac{5}{8}wL,\ R_B=\frac{3}{8}wL$

B점에서 임의의 x지점에서 전단력(F_x)

$=R_B-wx=\frac{3}{8}wL-wx$

전단력(F_x)이 0인 위치(위험단면 위치)

$0=\frac{3}{8}wL-wx$

$\therefore\ wx=\frac{3}{8}wL$

$\therefore\ x=\frac{3}{8}L[\mathrm{m}]$

9. 길이 15 m, 봉의 지름 10 mm인 강봉에 $P=8$ kN을 작용시킬 때 이 봉의 길이 방향 변형량은 약 몇 cm인가? (단, 이 재료의 세로탄성계수는 210 GPa이다.)

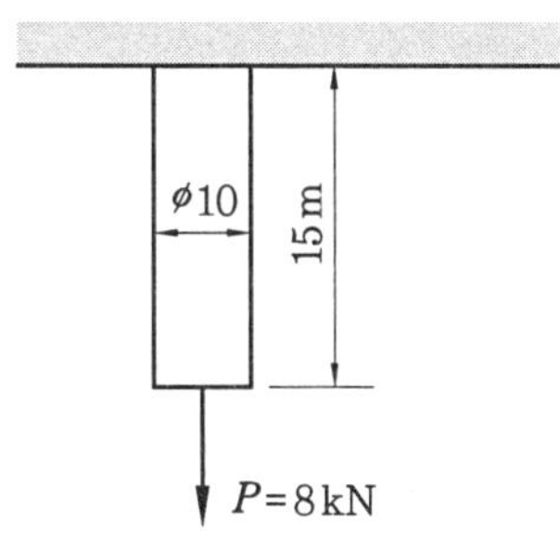

① 0.52　　② 0.64

③ 0.73　　④ 0.85

해설 신장량$(\lambda)=\frac{PL}{AE}$

$$=\frac{8\times15}{\frac{\pi(0.01)^2}{4}\times210\times10^6}$$

$=0.0073\ \mathrm{m}=0.73\ \mathrm{cm}$

10. 그림과 같이 강선이 천장에 매달려 100 kN의 무게를 지탱하고 있을 때, AC 강선이 받고 있는 힘은 약 몇 kN인가?

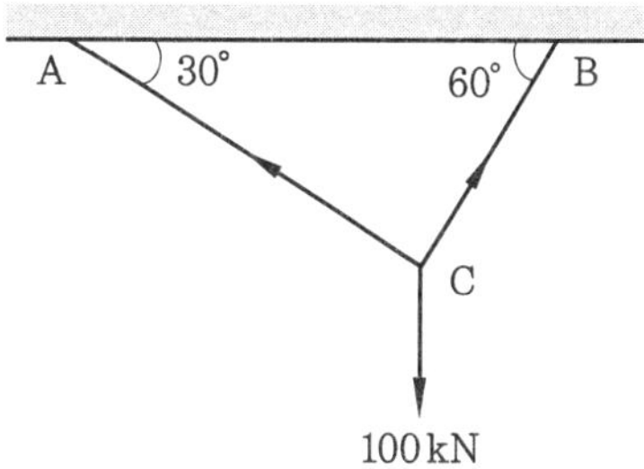

① 30　② 40　③ 50　④ 60

해설 라미의 정리(Lami's theorem) = 사인정리(sine theorem)를 적용하면

$$\frac{100}{\sin90°}=\frac{T_{AC}}{\sin150°}=\frac{T_{BC}}{\sin120°}$$

$$\therefore\ T_{AC}=100\left(\frac{\sin150°}{\sin90°}\right)=50\ \mathrm{kN}$$

11. 그림과 같은 직사각형 단면을 갖는 단순지지보에 3 kN/m의 균일 분포 하중과 축방향으로 50 kN의 인장력이 작용할 때 단면에 발생하는 최대 인장응력은 약 몇 MPa인가?

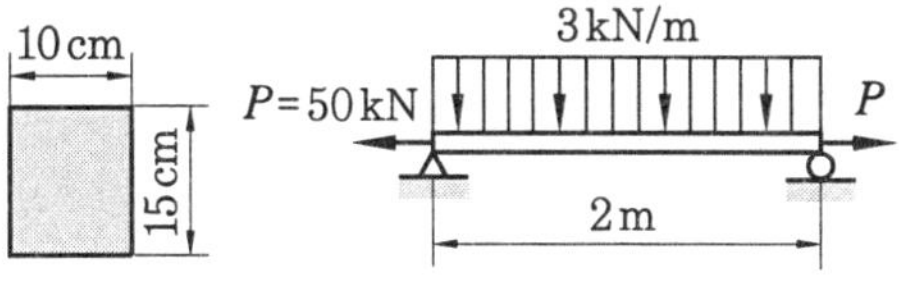

① 0.67　　② 3.33

③ 4　　④ 7.33

해설 $\sigma_{\max}=\sigma_t+\sigma_b=\frac{P}{A}+\frac{M_{\max}}{Z}$

$$=\frac{P}{bh}+\frac{6M_{\max}}{bh^2}\left(M_{\max}=\frac{wL^2}{8}\right)$$

$$=\frac{1}{bh}\left(P+\frac{3wL^2}{4h}\right)$$

$$=\frac{1}{100\times150}\left(50000+\frac{3\times6000\times2000^2}{4\times150}\right)$$

$=7.33\ \mathrm{MPa}$

정답 9. ③　10. ③　11. ④

12. J를 극단면 2차 모멘트, G를 전단탄성계수, l을 축의 길이, T를 비틀림 모멘트라 할 때 비틀림각을 나타내는 식은?

① $\frac{l}{GT}$　② $\frac{TJ}{Gl}$

③ $\frac{Jl}{GT}$　④ $\frac{Tl}{GJ}$

해설 $\theta = \frac{Tl}{GJ}$[radian]

$$\theta = 57.3\frac{Tl}{GJ}[°]$$

$$= 57.3\frac{Tl}{G\frac{\pi d^4}{32}}[°] ≒ 584\frac{Tl}{Gd^4}[°]$$

13. 그림과 같은 단순보(단면 8 cm×6 cm)에 작용하는 최대 전단응력은 몇 kPa인가?

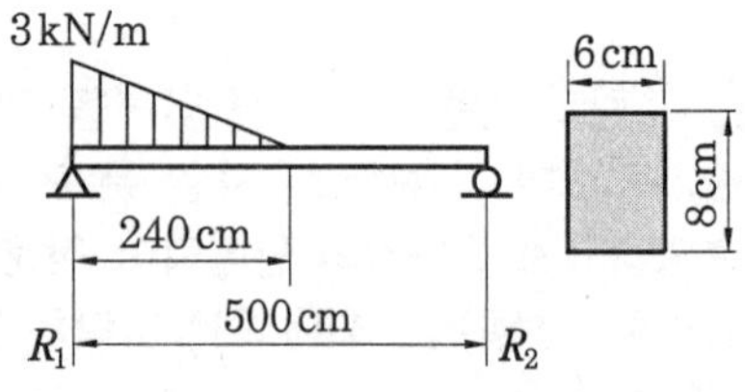

① 315　② 630

③ 945　④ 1260

해설 $\Sigma M_B = 0$

$$R_1 \times 5 - \frac{3 \times 2.4}{2} \times 4.2 = 0$$

$$R_1 = 3.024\text{ kN}$$

$$\tau_{max} = \frac{3F}{2A} = \frac{3 \times 3.024}{2 \times (0.06 \times 0.08)} = 945\text{ kPa}$$

※ 최대 전단력(F) 값에는 큰 쪽의 반력을 대입한다.

14. 동일한 전단력이 작용할 때 원형 단면 보의 지름을 d에서 $3d$로 하면 최대 전단응력의 크기는? (단, τ_{max}는 지름이 d일 때의 최대 전단응력이다.)

① $9\tau_{max}$　② $3\tau_{max}$

③ $\frac{1}{3}\tau_{max}$　④ $\frac{1}{9}\tau_{max}$

해설 원형 단면인 경우 최대 전단응력(τ_{max})

$$= \frac{4F}{3A} = \frac{16F}{3\pi d^2}[\text{MPa}]$$

$\tau_{max} \propto \frac{1}{d^2}$ (최대 전단응력은 d의 제곱에 반비례한다.)

$$\therefore \frac{\tau_2}{\tau_{max}} = \left(\frac{d_1}{d_2}\right)^2$$

$$\therefore \tau_2 = \tau_{max}\left(\frac{1}{3}\right)^2 = \frac{1}{9}\tau_{max}[\text{MPa}]$$

15. 정사각형의 단면을 가진 기둥에 P=80 kN의 압축하중이 작용할 때 6 MPa의 압축응력이 발생하였다면 단면의 한 변의 길이는 몇 cm인가?

① 11.5　② 15.4

③ 20.1　④ 23.1

해설 $\sigma_c = \frac{P}{A} = \frac{P}{a^2}$[MPa]

$$a = \sqrt{\frac{P}{\sigma_c}} = \sqrt{\frac{80 \times 10^3}{6}}$$

$$= 115.47\text{ mm} ≒ 11.5\text{ cm}$$

16. 그림과 같이 단순화한 길이 1 m의 차축 중심에 집중 하중 100 kN이 작용하고, 100 rpm으로 400 kW의 동력을 전달할 때 필요한 차축의 지름은 최소 cm인가? (단, 축의 허용 굽힘응력은 85 MPa로 한다.)

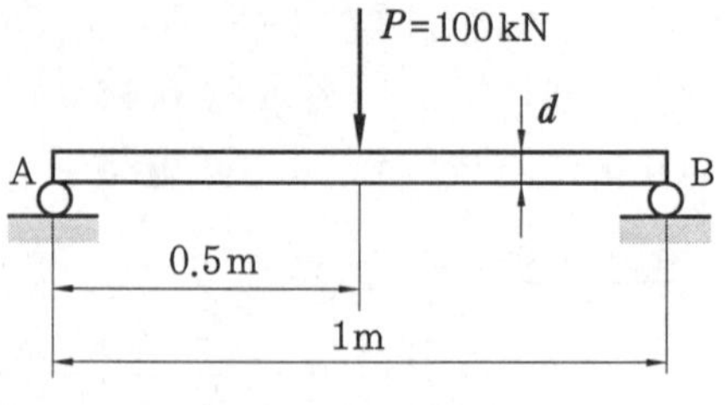

① 4.1　② 8.1

③ 12.3　④ 16.3

정답 12. ④　13. ③　14. ④　15. ①　16. ④

해설 $M_e = \sigma Z = \sigma \dfrac{\pi d^3}{32}$

$$\therefore\ d = \sqrt[3]{\frac{32M_e}{\pi\sigma}} = \sqrt[3]{\frac{32\times 35326738.71}{\pi\times 85}}$$

$$= 161.77\text{ mm} \fallingdotseq 16.2\text{ cm}$$

$$M_e = \frac{1}{2}(M+T_e) = \frac{1}{2}\left(M+\sqrt{M^2+T^2}\right)$$

$$= \frac{1}{2}\left(25000000+\sqrt{(25000000)^2+(38200000)^2}\right)$$

$$= 35326738.71\text{ N}\cdot\text{mm}$$

$$M = \frac{PL}{4} = \frac{100\times 10^3\times 1000}{4}$$

$$= 25000000\text{ N}\cdot\text{mm}$$

$$T = 9.55\times 10^6\frac{kW}{N} = 9.55\times 10^6\times\frac{400}{100}$$

$$= 38200000\text{ N}\cdot\text{mm}$$

17. 그림과 같은 단순보에서 전단력이 0이 되는 위치는 A지점에서 몇 m거리에 있는가?

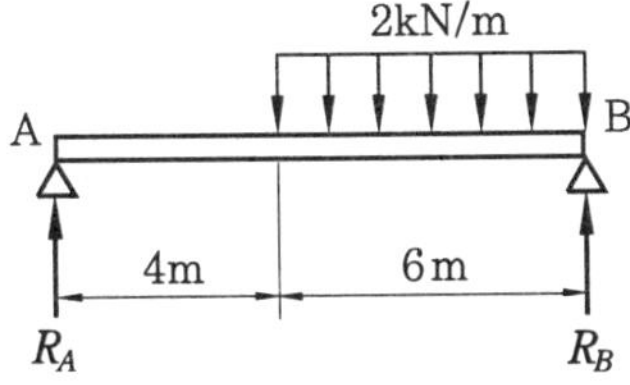

① 4.8 ② 5.8
③ 6.8 ④ 7.8

해설 $\Sigma M_B = 0$

$$R_A\times 10-(2\times 6)\times 3 = 0$$

$$R_A = \frac{36}{10} = 3.6\text{ kN}$$

$$F_x = R_A - 2(x-4)$$

$$0 = 3.6-2x+8$$

$$2x = 11.6$$

$$x = 5.8\text{ m}$$

18. 그림과 같은 직사각형 단면의 보에 $P=$ 4 kN의 하중이 10° 경사진 방향으로 작용한다. A점에서의 길이 방향의 수직응력을 구하면 약 몇 MPa인가?

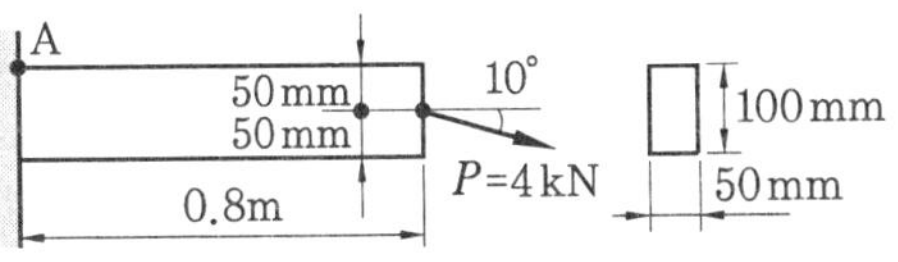

① 3.89 ② 5.67
③ 0.79 ④ 7.46

해설 $\sigma_A = \dfrac{P_H}{A}+\dfrac{P_V l}{Z}$

$$= \frac{P}{bh}\left(\cos 10^\circ+\frac{6l\sin 10^\circ}{h}\right)$$

$$= \frac{4000}{50\times 100}\left(\cos 10^\circ+\frac{6\times 800}{100}\times\sin 10^\circ\right)$$

$$= 7.46\text{ MPa(인장)}$$

19. 그림과 같이 전체 길이가 $3L$인 외팔보에 하중 P가 B점과 C점에 작용할 때 자유단 B에서의 처짐량은? (단, 보의 굽힘 강성 EI는 일정하고, 자중은 무시한다.)

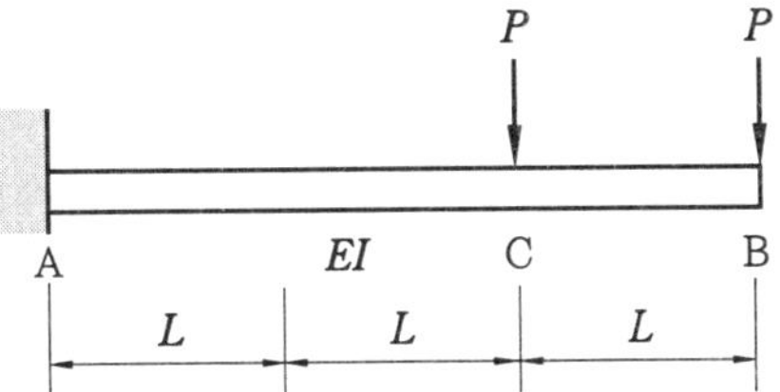

① $\dfrac{35}{3}\dfrac{PL^3}{EI}$ ② $\dfrac{37}{3}\dfrac{PL^3}{EI}$

③ $\dfrac{41}{3}\dfrac{PL^3}{EI}$ ④ $\dfrac{44}{3}\dfrac{PL^3}{EI}$

해설 $\delta_B = \dfrac{P(3L)^3}{3EI}+\dfrac{P(2L)^3}{3EI}+\theta_c L$

$$= \frac{P(3L)^3}{3EI}+\frac{P(2L)^3}{3EI}+\frac{P(2L)^2}{2EI}\times L$$

$$= \frac{54PL^3}{6EI}+\frac{16PL^3}{6EI}+\frac{12PL^3}{6EI}$$

$$= \frac{82PL^3}{6EI} = \frac{41PL^3}{3EI}\ [\text{cm}]$$

20. 두께가 1 cm, 지름 25 cm의 원통형 보일러에 내압이 작용하고 있을 때, 면내 최대 전단응력이 −62.5 MPa이었다면 내압

정답 17. ② 18. ④ 19. ③ 20. ④

P는 몇 MPa인가?

① 5 ② 10 ③ 15 ④ 20

해설 $\tau_{max} = \frac{1}{2}(\sigma_1 - \sigma_2) = \frac{1}{2}\left(\frac{Pd}{2t} - \frac{Pd}{4t}\right)$

$= \frac{Pd}{4t}\left(1 - \frac{1}{2}\right)$이므로

$P = \frac{4t\tau_{max}}{d \times 0.5} = \frac{4 \times 10 \times 62.5}{250 \times 0.5}$

$= 20\ \text{MPa}$

제 2 과목 기계열역학

21. 그림과 같이 상태 1, 2 사이에서 계가 1→A→2→B→1과 같은 사이클을 이루고 있을 때, 열역학 제1법칙에 가장 적합한 표현은? (단, 여기서 Q는 열량, W는 계가 하는 일, U는 내부에너지를 나타낸다.)

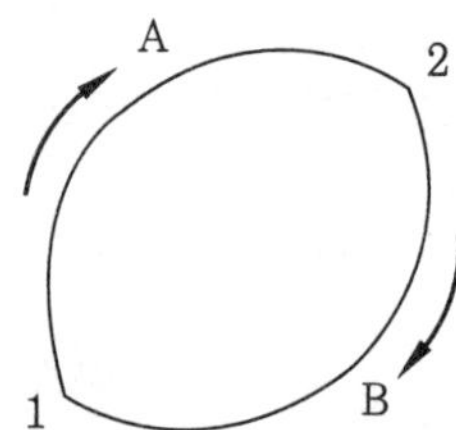

① $dU = \delta Q + \delta W$

② $\Delta U = Q - W$

③ $\oint \delta Q = \oint \delta W$

④ $\oint \delta Q = \oint \delta U$

해설 열역학 제1법칙 = 에너지 보존의 법칙

$\oint \delta Q = \oint \delta W$

22. 8℃의 이상기체를 가역단열 압축하여 그 체적을 1/5로 하였을 때 기체의 온도는 약 몇 ℃인가? (이 기체의 비열비는 1.4이다.)

① −125℃ ② 294℃

③ 222℃ ④ 262℃

해설 $\frac{T_2}{T_1} = \left(\frac{V_1}{V_2}\right)^{k-1}$

$\therefore T_2 = T_1\left(\frac{V_1}{V_2}\right)^{k-1} = (8+273) \times (5)^{1.4-1}$

$= 534.93\ \text{K} = (534.93 - 273)$℃

≒ 262℃

23. 다음 중 정확하게 표기된 SI 기본단위(7가지)의 개수가 가장 많은 것은? (단, SI 유도단위 및 그 외 단위는 제외한다.)

① A, Cd, ℃, kg, m, Mol, N, s

② cd, J, K, kg, m, Mol, Pa, s

③ A, J, ℃, kg, km, mol, S, W

④ K, kg, km, mol, N, Pa, S, W

해설 (1) SI 단위계의 기본단위(7개) : 길이(m), 질량(kg), 시간(s), 전류(A), 열역학 절대온도(K), 물질량(mol), 광도(cd)

(2) 보조단위(2개) : 평면각(rad), 입체각(sr)

(3) 유도단위(조립단위) : 에너지, 열량, 일량(J), 동력(W = J/s), 압력, 응력(Pa = N/m²)

24. 그림의 랭킨 사이클(온도(T)−엔트로피(s) 선도)에서 각각의 지점에서 엔탈피는 표와 같을 때 이 사이클의 효율은 약 몇 %인가?

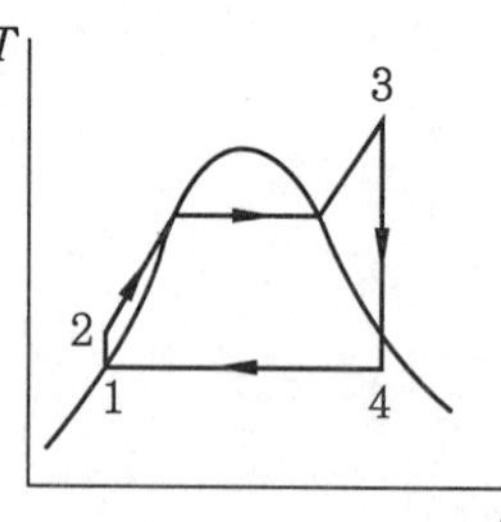

구분	엔탈피(kJ/kg)
1지점	185
2지점	210
3지점	3100
4지점	2100

정답 21. ③ 22. ④ 23. ② 24. ①

① 33.7 %　　② 28.4 %
③ 25.2 %　　④ 22.9 %

해설 $\eta_R = \frac{w_{net}}{q_1} = \frac{w_t - w_p}{q_1}$

$= \frac{(h_3 - h_4) - (h_2 - h_1)}{(h_3 - h_2)} \times 100\,\%$

$= \frac{(3100 - 2100) - (210 - 185)}{(3100 - 210)} \times 100\,\%$

$= 33.7\,\%$

25. 오토(Otto) 사이클에 관한 일반적인 설명 중 틀린 것은?

① 불꽃 점화 기관의 공기 표준 사이클이다.
② 연소과정을 정적 가열과정으로 간주한다.
③ 압축비가 클수록 효율이 높다.
④ 효율은 작업기체의 종류와 무관하다.

해설 오토 사이클의 열효율은 압축비(ε)와 비열비(k)의 함수이다. 비열비(k)는 작업유체의 종류와 관계가 있다.

$\eta_{tho} = 1 - \left(\frac{1}{\varepsilon}\right)^{k-1} = f(\varepsilon \cdot k)$

26. 열교환기를 흐름 배열(flow arrangement)에 따라 분류할 때 그림과 같은 형식은?

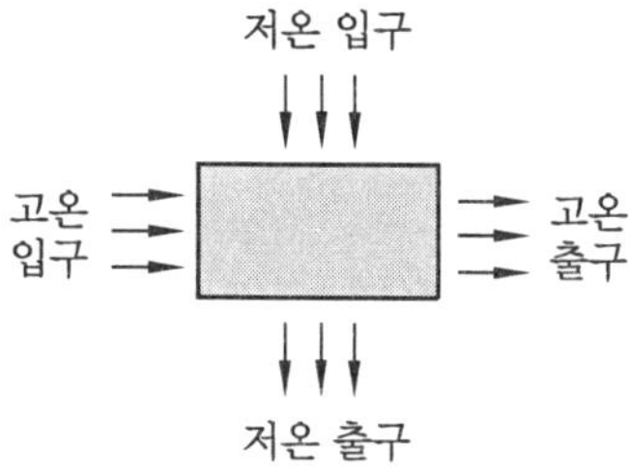

① 평행류　　② 대향류
③ 병행류　　④ 직교류

해설 고온 유체와 저온 유체의 흐름의 방향이 열교환벽을 사이에 두고 서로 직교하고 있는 열교환기를 직교류형 열교환기(cross flow heat exchanger)라고 한다.

27. 압력이 10^6 N/m^2, 체적이 1 m^{3}인 공기가 압력이 일정한 상태에서 400 kJ의 일을 하였다. 변화 후의 체적은 약 m^{3}인가?

① 1.4　　② 1.0
③ 0.6　　④ 0.4

해설 ${}_1W_2 = \int_1^2 pdv = P(V_2 - V_1)\,[\mathrm{J}]$

$V_2 = V_1 + \frac{{}_1W_2}{P} = 1 + \frac{400 \times 10^3}{10^6} = 1.4\ \mathrm{m^3}$

28. 어느 증기터빈에 0.4 kg/s로 증기가 공급되어 260 kW의 출력을 낸다. 입구의 증기 엔탈피 및 속도는 각각 3000 kJ/ kg, 720 m/s, 출구의 증기 엔탈피 및 속도는 각각 2500 kJ/kg, 120 m/s이면, 이 터빈의 열손실은 약 몇 kW가 되는가?

① 15.9　　② 40.8
③ 20.0　　④ 104

해설 ${}_1Q_2 = \dot{m}(h_2 - h_1) + w_t + \frac{1}{2}\dot{m}(V_2^2 - V_1^2)$

$= 0.4 \times (2500 - 3000) + 260 + \frac{1}{2} \times 0.4 \times (120^2 - 720^2) \times 10^{-3}$

$= -40.8$ kW(⊖는 열손실을 의미한다.)

29. 열역학 제2법칙과 관련된 설명으로 옳지 않은 것은?

① 열효율이 100 %인 열기관은 없다.
② 저온 물체에서 고온 물체로 열은 자연적으로 전달되지 않는다.
③ 폐쇄계와 주변계가 열교환이 일어날 경우 폐쇄계와 주변계 각각의 엔트로피는 모두 상승한다.
④ 동일한 온도 범위에서 작동되는 가역

정답 25. ④　26. ④　27. ①　28. ②　29. ③

열기관은 비가역 열기관보다 열효율이 높다.

해설 열역학 제2법칙 : 자연계에서 일어나는 변화는 모두 비가역 변화이므로 엔트로피는 항상 증가한다(엔트로피 증가 법칙).

30. 출력 10000 kW의 터빈 플랜트의 시간당 연료소비량이 5000 kg/h이다. 이 플랜트의 열효율은 약 %인가?(단, 연료의 발열량은 33440 kJ/kg이다.)

① 25.4 % ② 21.5 %
③ 10.9 % ④ 40.8 %

해설 $\eta = \frac{3600kW}{H_L \times m_f} \times 100\%$

$= \frac{3600 \times 10000}{33440 \times 5000} \times 100\% = 21.5\%$

31. 저열원 20℃와 고열원 700℃ 사이에서 작동하는 카르노 열기관의 열효율은 약 몇 %인가?

① 30.1 % ② 69.9 %
③ 52.9 % ④ 74.1 %

해설 $\eta_c = 1 - \frac{T_L}{T_H} = \left(1 - \frac{20+273}{700+273}\right) \times 100\%$

$= 69.9\%$

32. 100 kPa, 25℃ 상태의 공기가 있다. 이 공기의 엔탈피가 298.615 kJ/kg이라면 내부에너지는 약 몇 kJ/kg인가?(단, 공기는 분자량 28.97인 이상기체로 가정한다.)

① 213.05 kJ/kg ② 241.07 kJ/kg
③ 298.15 kJ/kg ④ 383.72 kJ/kg

해설 $h = u + pv = u + RT$[kJ/kg]에서

비내부에너지(u) $= h - RT$

$= 298.615 - \left(\frac{8.314}{M}\right) \times 298$

$= 298.615 - \left(\frac{8.314}{28.97}\right) \times 298$

$= 213.09$ kJ/kg

33. 보일러 입구의 압력이 9800 kN/m^{2}이고, 응축기의 압력이 4900 N/m^{2}일 때 펌프가 수행한 일은 약 kJ/kg인가?(단, 물의 비체적은 0.001 m^3/kg이다.)

① 9.79 ② 15.17
③ 87.25 ④ 180.52

해설 $w_p = -\int_1^2 vdp = v\int_2^1 dp = v(p_1 - p_2)$

$= 0.001(9800 - 4.9) = 9.79$ kJ/kg

34. 온도 15℃, 압력 100 kPa 상태의 체적이 일정한 용기 안에 어떤 이상기체 5 kg이 들어있다. 이 기체가 50℃가 될 때까지 가열되는 동안의 엔트로피 증가량은 약 몇 kJ/K인가?(단, 이 기체의 정압비열과 정적비열은 각각 1.001 kJ/kg·K, 0.7171 kJ/kg·K이다.)

① 0.411 ② 0.486
③ 0.575 ④ 0.732

해설 $\Delta S = (S_2 - S_1) = mC_v \ln\frac{T_2}{T_1}$

$= 5 \times 0.7171 \ln\left(\frac{50+273}{15+273}\right)$

$= 0.411$ kJ/K

35. 10 kg의 증기가 온도 50℃, 압력 38 kPa, 체적 7.5 m^{3}일 때 총 내부에너지는 6700 kJ이다. 이와 같은 상태의 증기가 가지고 있는 엔탈피는 약 몇 kJ인가?

① 606 ② 1794
③ 3305 ④ 6985

해설 엔탈피(H) $= U + PV$

$= 6700 + 38 \times 7.5 = 6985$ kJ

36. 역 Carnot cycle로 300 K와 240 K 사이에서 작동하고 있는 냉동기가 있다. 이 냉동기의 성능계수는?

① 3 ② 4 ③ 5 ④ 6

정답 30. ② 31. ② 32. ① 33. ① 34. ① 35. ④ 36. ②

해설 $(COP)_R = \frac{T_L}{T_H - T_L} = \frac{240}{300-240} = 4$

37. 다음 중 비가역 과정으로 볼 수 없는 것은?

① 마찰 현상
② 낮은 압력으로의 자유팽창
③ 등온 열전달
④ 상이한 조성물질의 혼합

해설 등온 열전달은 가역(이론적) 과정이다.

38. 압력이 일정할 때 공기 5 kg을 0℃에서 100℃까지 가열하는 데 필요한 열량은 약 몇 kJ인가? (단, 비열(C_p)은 온도 T[℃]에 관계한 함수로 C_p[kJ/kg·℃] = 1.01+0.000079× T이다.)

① 365　② 436
③ 480　④ 507

해설 $Q = m\int_1^2 C_p dT$

$= m\int_1^2 (1.01 + 0.000079T)dT$

$= m\left[1.01(t_2 - t_1) + \frac{0.000079}{2}(t_2^2 - t_1^2)\right]$

$= 5\left[1.01 \times 100 + \frac{0.000079}{2}(100)^2\right]$

$= 506.98 \fallingdotseq 507\,\text{kJ}$

39. 밀폐계에서 기체의 압력이 100 kPa으로 일정하게 유지되면서 체적이 1 m^3에서 2 m^3으로 증가되었을 때 옳은 설명은?

① 밀폐계의 에너지 변화는 없다.
② 외부로 행한 일은 100 kJ이다.
③ 기체가 이상기체라면 온도가 일정하다.
④ 기체가 받은 열은 100 kJ이다.

해설 ${}_1W_2 = \int_1^2 PdV = P(V_2 - V_1)$

$= 100(2-1) = 100\,\text{kJ}$

40. 다음 온도에 관한 설명 중 틀린 것은?

① 온도는 뜨겁거나 차가운 정도를 나타낸다.
② 열역학 제0법칙은 온도 측정과 관계된 법칙이다.
③ 섭씨온도는 표준 기압하에서 물의 어는점과 끓는점을 각각 0과 100으로 부여한 온도 척도이다.
④ 화씨온도 F와 절대온도 K 사이에는 K = F+273.15의 관계가 성립한다.

해설 $T = t_c + 273.15\,[\text{K}]$

$T_R \fallingdotseq t_F + 460\,[°\text{R}]$

제 3 과목　기계유체역학

41. 유효 낙차가 100 m인 댐의 유량이 10 m^3/s일 때 효율 90 %인 수력터빈의 출력은 약 몇 MW인가?

① 8.83　② 9.81
③ 10.9　④ 12.4

해설 터빈출력$(P) = (\gamma_w QH\eta) \times 10^{-3}$

$= (9.801 \times 10 \times 100 \times 0.9) \times 10^{-3}$

$\fallingdotseq 8.83\,\text{MW}$

42. 높이 1.5 m의 자동차가 108 km/h의 속도로 주행할 때의 공기 흐름 상태를 높이 1m의 모형을 사용해서 풍동 실험하여 알아보고자 한다. 여기서 상사법칙을 만족시키기 위한 풍동의 공기 속도는 약 몇 m/s인가? (단, 그 외 조건은 동일하다고 가정한다.)

① 20　② 30　③ 45　④ 67

해설 $(Re)_c = (Re)_a$

$\left(\frac{Vh}{\nu}\right)_c = \left(\frac{Vh}{\nu}\right)_a$

정답 37. ③　38. ④　39. ②　40. ④　41. ①　42. ③

$\nu_c \fallingdotseq \nu_a$

$$V_a = V_c\left(\frac{h_c}{h_a}\right) = \left(\frac{108}{3.6}\right)\times\left(\frac{1.5}{1}\right) = 45\text{ m/s}$$

43. 그림과 같은 수압기에서 피스톤의 지름이 $d_1 = 300$ mm, 이것과 연결된 램(ram)의 지름이 $d_2 = 200$ mm이다. 압력 P_1이 1 MPa의 압력을 피스톤에 작용시킬 때 주램의 지름이 $d_3 = 400$ mm이면 주램에서 발생하는 힘(W)은 약 몇 kN인가?

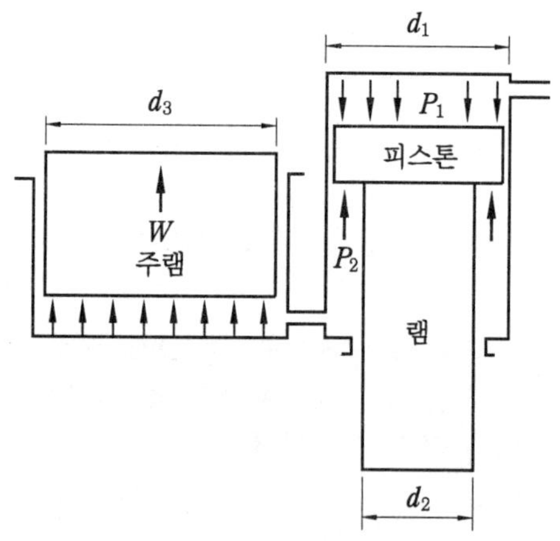

① 226 ② 284

③ 334 ④ 438

해설 $P_2 = P_3$

$$W = P_2A_3 = 1800\times\frac{\pi}{4}(0.4)^2 = 226.19\text{ N}$$

$$W_1 = P_1A_1 = 1000\times\frac{\pi}{4}(0.3)^2 = 70.65\text{ kN}$$

$$P_2 = \frac{W_1}{(A_1 - A_2)} = \frac{70.65}{\frac{\pi}{4}\{(0.3)^2 - (0.2)^2\}}$$

$= 1800$ kPa

44. 동점성계수가 0.1×10^{-5} m²/s인 유체가 안지름 10 cm인 원관 내에 1 m/s로 흐르고 있다. 관마찰계수가 0.022이며, 관의 길이가 200 m일 때의 손실수두는 약 몇 m인가? (단, 유체의 비중량은 9800 N/m³이다.)

① 22.2 ② 11.0

③ 6.58 ④ 2.24

해설 Darcy－Weisbach Equation

$$h_L = \lambda\frac{L}{d}\frac{V^2}{2g} = 0.022\times\frac{200}{0.1}\times\frac{1^2}{2\times9.8}$$

$= 2.24$ m

45. 2 m/s의 속도로 물이 흐를 때 피토관 수두 높이 h는?

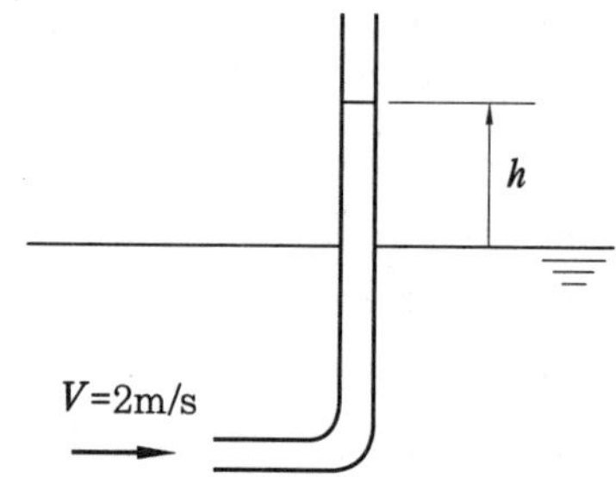

① 0.053 m ② 0.102 m

③ 0.204 m ④ 0.412 m

해설 $V = \sqrt{2gh}$ [m/s]에서

$$h = \frac{V^2}{2g} = \frac{2^2}{2\times9.8} = 0.204\text{ m}$$

46. 평판 위의 경계층 내에서의 속도 분포(u)가 $\frac{u}{U} = \left(\frac{y}{\delta}\right)^{1/7}$ 일 때 경계층 배제두께(boundary layer displacement thickness)는 얼마인가? (단, y는 평판에서 수직한 방향으로의 거리이며, U는 자유유동의 속도, δ는 경계층의 두께이다.)

① $\frac{\delta}{8}$ ② $\frac{\delta}{7}$

③ $\frac{6\delta}{7}$ ④ $\frac{7\delta}{8}$

해설 $\delta^* = \int_0^\delta\left(1 - \frac{u}{U}\right)dy = \int_0^\delta\left(1 - \frac{y^{1/7}}{\delta^{1/7}}\right)dy$

정답 43. ① 44. ④ 45. ③ 46. ①

$$= \left[y - \frac{\frac{7}{8} y^{8/7}}{\delta^{1/7}} \right]_0^\delta = \delta - \frac{\frac{7}{8} \delta^{8/7}}{\delta^{1/7}}$$

$$= \delta - \frac{7}{8}\delta = \frac{\delta}{8} \text{[cm]}$$

47. 밀도가 ρ인 액체와 접촉하고 있는 기체 사이의 표면장력이 σ라고 할 때 그림과 같은 지름 d의 원통 모세관에서 액주의 높이 h를 구하는 식은? (단, g는 중력가속도이다.)

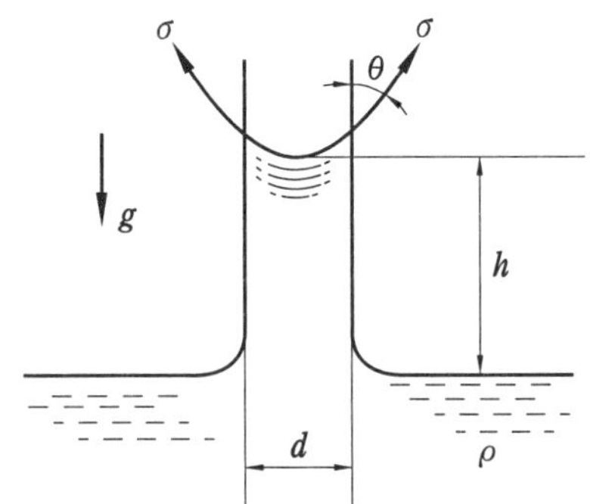

① $\dfrac{\sigma \sin\theta}{\rho g d}$ ② $\dfrac{\sigma \cos\theta}{\rho g d}$

③ $\dfrac{4\sigma \sin\theta}{\rho g d}$ ④ $\dfrac{4\sigma \cos\theta}{\rho g d}$

해설 $h = \dfrac{4\sigma\cos\theta}{\gamma d} = \dfrac{4\sigma\cos\theta}{\rho g d}$ [mm]

48. 다음 변수 중에서 무차원 수는 어느 것인가?

① 가속도 ② 동점성계수

③ 비중 ④ 비중량

해설 비중은 물의 밀도에 대한 어떤 물질의 밀도의 비로 상대밀도라고도 하며 단위가 없는 무차원 수이다.

49. 그림과 같이 반지름 R인 원추와 평판으로 구성된 점도 측정기(cone and plate viscometer)를 사용하여 액체 시료의 점성계수를 측정하는 장치가 있다. 위쪽의 원추는 아래쪽 원판과의 각도를 0.5° 미만으로 유지하고 일정한 각속도 ω로 회전하고 있으며 갭 사이를 채운 유체의 점도는 위 평판을 정상적으로 돌리는 데 필요한 토크를 측정하여 계산한다. 여기서 갭 사이의 속도 분포가 반지름 방향 길이에 선형적일 때, 원추의 밑면에 작용하는 전단응력의 크기에 관한 설명으로 옳은 것은?

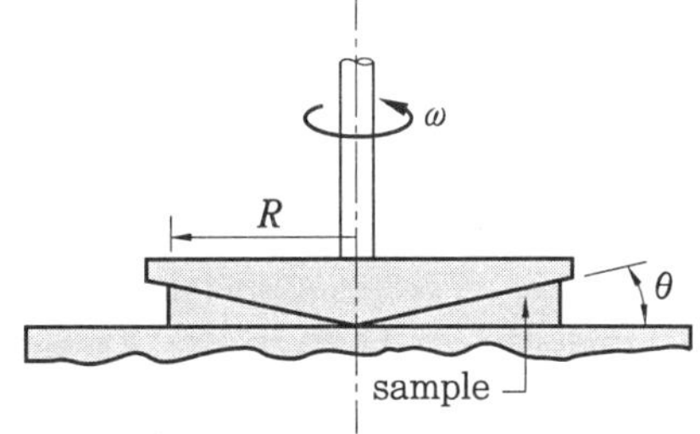

① 전단응력의 크기는 반지름 방향 길이에 관계없이 일정하다.

② 전단응력의 크기는 반지름 방향 길이에 비례하여 증가한다.

③ 전단응력의 크기는 반지름 방향 길이의 제곱에 비례하여 증가한다.

④ 전단응력의 크기는 반지름 방향 길이의 1/2승에 비례하여 증가한다.

해설 전단응력의 크기는 반지름 방향의 길이에 관계없이 일정하다$\left(\tau \propto \dfrac{du}{dy}\right)$.

50. 그림과 같이 폭이 2 m, 길이가 3 m인 평판이 물속에 수직으로 잠겨있다. 이 평판의 한쪽 면에 작용하는 전체 압력에 의한 힘은 약 얼마인가?

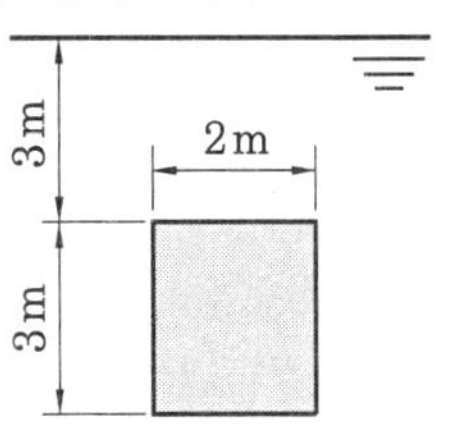

① 88 kN ② 176 kN

정답 47. ④ 48. ③ 49. ① 50. ③

③ 265 kN ④ 353 kN

해설 $F=\gamma\bar{h}A=9.8\left(3+\frac{3}{2}\right)\times(2\times3)$

$=265\text{ kN}$

51. 유량 측정 장치 중 관의 단면에 축소 부분이 있어서 유체를 그 단면에서 가속시킴으로써 생기는 압력강하를 이용하여 측정하는 것이 있다. 다음 중 이러한 방식을 사용한 측정 장치가 아닌 것은?

① 노즐 ② 오리피스
③ 로터미터 ④ 벤투리미터

해설 노즐, 오리피스, 벤투리미터는 차압식 유량계이며, 로터미터는 면적식 유량계이다.

52. 나란히 놓인 두 개의 무한한 평판 사이의 층류 유동에서 속도 분포는 포물선 형태를 보인다. 이때 유동의 평균속도 (V_{av})와 중심에서의 최대속도($V_{\max}$)의 관계는?

① $V_{av}=\frac{1}{2}V_{\max}$

② $V_{av}=\frac{2}{3}V_{\max}$

③ $V_{av}=\frac{3}{4}V_{\max}$

④ $V_{av}=\frac{\pi}{4}V_{\max}$

해설 층류 원관 유동 시(정상유동 $\frac{\partial\rho}{\partial t}=0$)

$V_{\max}=2V_{av}=2\left(\frac{Q}{A}\right)$[m/s]

두 개의 평판 사이 층류 유동

$V_{\max}=\frac{3}{2}V_{av}=1.5V_{av}$[m/s]

53. 안지름 10 cm인 파이프에 물이 평균속도 1.5 cm/s로 흐를 때(경우 ⓐ)와 비중이 0.6이고 점성계수가 물의 1/5인 유체 A가 물과 같은 평균속도로 동일한 관에 흐를 때(경우 ⓑ), 파이프 중심에서 최고속도는 어느 경우가 더 빠른가? (단, 물의 점성계수는 0.001 kg/m · s이다.)

① 경우 ⓐ
② 경우 ⓑ
③ 두 경우 모두 최고속도가 같다.
④ 어느 경우가 더 빠른지 알 수 없다.

해설 (1) 경우 ⓐ의 $Re=\frac{\rho Vd}{\mu}$

$=\frac{(1000)\times0.015\times0.1}{0.001}$

$=1500<2100$(층류)

(2) 경우 ⓑ의 $Re=\frac{\rho Vd}{\mu}$

$=\frac{0.6\times1000\times0.015\times0.1}{\frac{1}{5}\times0.001}$

$=4500>4000$(난류)

※ 층류 유동에서는 관 중심의 최대유속이 평균속도의 2배이지만 난류 유동에서는 분자 간의 충돌저항으로 유속이 떨어져 최대유속이 평균속도의 1.2배 정도이다. 따라서 층류 유동이 난류 유동보다 빠르다.

54. 무게가 1000 N인 물체를 지름 5 m인 낙하산에 매달아 낙하할 때 종속도는 몇 m/s가 되는가? (단, 낙하산의 항력계수는 0.8, 공기의 밀도는 1.2 kg/m³이다.)

① 5.3 ② 10.3
③ 18.3 ④ 32.2

해설 항력$(D)=C_D\frac{\rho AV^2}{2}$[N]

$V=\sqrt{\frac{2D}{C_D\rho A}}=\sqrt{\frac{2\times1000}{0.8\times1.2\times\frac{\pi\times5^2}{4}}}$

$≒10.3$ m/s

55. 다음 중 점성계수의 차원으로 옳은 것은? (단, F는 힘, L은 길이, T는 시간

정답 51. ③ 52. ② 53. ① 54. ② 55. ④

의 차원이다.)

① FLT^{-2}　② FL^2T

③ $FL^{-1}T^{-1}$　④ $FL^{-2}T$

해설 점성계수(μ)의 단위는 $\text{Pa}\cdot\text{s}=\text{N}\cdot\text{s/m}^2$ $(\text{kg/m}\cdot\text{s})$이므로 차원은 FTL^{-2}
$=(MLT^{-2})TL^{-2}=ML^{-1}T^{-1}$

56. 스프링클러의 중심축을 통해 공급되는 유량은 총 3 L/s이고 네 개의 회전이 가능한 관을 통해 유출된다. 출구 부분은 접선 방향과 30°의 경사를 이루고 있고 회전반지름은 0.3 m이고 각 출구 지름은 1.5 cm로 동일하다. 작동 과정에서 스프링클러의 회전에 대한 저항토크가 없을 때 회전 각속도는 약 몇 rad/s인가? (단, 회전축상의 마찰은 무시한다.)

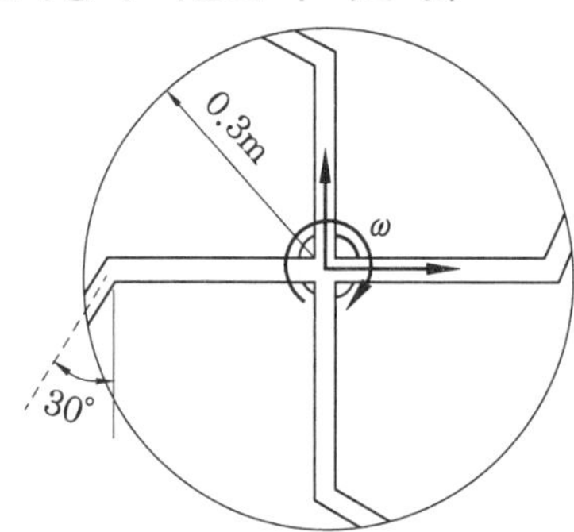

① 1.225　② 42.4

③ 4.24　④ 12.25

해설 $Q=AVZ\,[\text{m}^3/\text{s}]$

$$V_{평균}=\frac{Q}{AZ}=\frac{3\times10^{-3}}{\frac{\pi}{4}(0.015)^2\times4}=4.24\text{ m/s}$$

$$V_{원주}=\frac{\pi dN}{60}=\frac{\pi(2r_o)N}{60}=r_o\omega\,[\text{m/s}]$$

$$\omega=\frac{V}{r_o}=\frac{4.24\cos30°}{0.3}=12.25\text{ rad/s}$$

57. 5℃ 물(밀도 1000 kg/m^3, 점성계수 1.5×10^{-3} kg/m · s)이 안지름 3 mm, 길이 9 m인 수평 파이프 내부를 평균속도 0.9 m/s로 흐르게 하는 데 필요한 동력은 약 몇 W인가?

① 0.14　② 0.28

③ 0.42　④ 0.56

해설 $Re=\dfrac{\rho VD}{\mu}=\dfrac{1000\times0.9\times0.003}{1.5\times10^{-3}}$
$=1800<2100$(층류)

$$\Delta p=\frac{128\mu QL}{\pi d^4}\,[\text{Pa}]$$

$$Q=AV=\frac{\pi d^2}{4}V=\frac{\pi\times0.003^2}{4}\times0.9$$
$=6.362\times10^{-6}\text{ m}^3/\text{s}$

$$\therefore\ 동력(P)=\Delta pQ=\frac{128\mu Q^2L}{\pi d^4}$$

$$=\frac{128\times1.5\times10^{-3}\times(6.362\times10^{-6})^2\times9}{\pi(0.003)^4}$$

$\fallingdotseq 0.28\text{ W}$

58. 정상 2차원 속도장 $\vec{V}=2x\vec{i}-2y\vec{j}$ 내의 한 점 (2, 3)에서 유선의 기울기 $\dfrac{dy}{dx}$는?

① $-\dfrac{3}{2}$　② $-\dfrac{2}{3}$

③ $\dfrac{2}{3}$　④ $\dfrac{3}{2}$

해설 $\dfrac{dx}{u}=\dfrac{dy}{v}\left(\dfrac{dx}{2x}=\dfrac{dy}{-2y}\right)$

$$\frac{dy}{dx}=\frac{v}{u}=\frac{-y}{x}=-\frac{3}{2}$$

59. 압력 용기에 장착된 게이지 압력계의 눈금이 400 kPa를 나타내고 있다. 이때 실험실에 놓여진 수은 기압계에서 수은의 높이는 750 mm이었다면 압력 용기의 절대압력은 약 몇 kPa인가? (단, 수은의 비중은 13.6이다.)

① 300　② 500

③ 410　④ 620

정답 56. ④　57. ②　58. ①　59. ②

해설 $P_a = P_o + P_g = \frac{750}{760} \times 101.325 + 400$

$= 500\,\text{kPa}$

60. 다음 중 2차원 비압축성 유동이 가능한 유동은 어떤 것인가?(단, u는 x방향 속도 성분이고, v는 y방향 속도 성분이다.)

① $u = x^2 - y^2$, $v = -2xy$

② $u = 2x^2 - y^2$, $v = 4xy$

③ $u = x^2 + y^2$, $v = 3x^2 - 2y^2$

④ $u = 2x + 3xy$, $v = -4xy + 3y$

해설 2차원 비압축성($\rho = C$) 유체의 연속방정식을 만족시킬 수 있는 조건은 보기 ①식이다.

$\frac{\partial u}{\partial x} = 2x$, $\frac{\partial v}{\partial y} = -2x$

$\therefore \frac{\partial u}{\partial x} + \frac{\partial v}{\partial y} = 2x - 2x = 0$이므로 연속방정식이 성립된다.

제 4 과목 유체기계 및 유압기기

61. 절대 진공에 가까운 저압의 기체를 대기압까지 압축하는 펌프는?

① 왕복 펌프 ② 진공 펌프

③ 나사 펌프 ④ 축류 펌프

해설 진공 펌프는 밀폐된 용기 속의 공기를 뽑아 진공 상태를 만드는 데 쓰이는 펌프로 왕복형과 회전형으로 분류된다.

62. 수차 중 물의 송출 방향이 축방향이 아닌 것은?

① 펠턴 수차 ② 프란시스 수차

③ 사류 수차 ④ 프로펠러 수차

해설 펠턴 수차는 고낙차용(접선방향) 충격 수차이다.

63. 다음 중 유체기계의 분류에 대한 설명으로 옳지 않은 것은?

① 유체기계는 취급되는 유체에 따라 수력기계, 공기기계로 구분된다.

② 공기기계는 송풍기, 압축기, 수차 등이 있으며 원심형, 횡류형, 사류형 등으로 구분된다.

③ 수차는 크게 중력수차, 충동수차, 반동수차로 구분할 수 있다.

④ 유체기계는 작동원리에 따라 터보형 기계, 용적형 기계, 그 외 특수형 기계로 분류할 수 있다.

해설 수차는 수력기계에 해당한다.

64. 펌프에서 발생하는 축추력의 방지책으로 거리가 먼 것은?

① 평형판을 사용

② 밸런스 홀을 설치

③ 단방향 흡입형 회전차를 채용

④ 스러스트 베어링을 사용

해설 축추력을 방지하기 위해서는 양방향 흡입형 회전차를 채용한다.

65. 토크 컨버터의 기본 구성 요소에 포함되지 않는 것은?

① 임펠러 ② 러너

③ 안내깃 ④ 흡출관

해설 토크 컨버터는 펌프 임펠러, 스테이터(안내깃), 터빈 러너로 구성되어 있으며, 분해 및 조립을 할 수 없는 비분해식이다.

66. 압축기의 손실을 기계손실과 유체손실로 구분할 때 다음 중 유체손실에 속하지 않는 것은?

① 흡입구에서 송출구에 이르기까지 유체 전체에 관한 마찰 손실

정답 60. ① 61. ② 62. ① 63. ② 64. ③ 65. ④ 66. ③

② 곡관이나 단면변화에 의한 손실
③ 베어링, 패킹상자 및 기밀장치 등에 의한 손실
④ 회전차 입구 및 출구에서의 충돌손실

해설 베어링, 패킹상자 및 기밀장치 등에 의한 손실은 기계손실에 해당한다.

67. 수차의 유효낙차는 총낙차에서 여러 가지 손실수두를 제외한 값을 의미하는데 다음 중 이 손실수두에 속하지 않는 것은?

① 도수로에서의 손실수두
② 수압관 속의 마찰손실수두
③ 수차에서의 기계 손실수두
④ 방수로에서의 손실수두

해설 낙차란 두 지점에 존재하고 있는 물에 대해 그 물이 가지는 에너지의 수두차를 말한다. 총낙차와 유효낙차로 구분할 수 있으며, 어떤 두 지점 간의 총낙차에서 수로의 마찰, 형상 변화, 흐름 조절장치 등에 의한 손실수두의 합계를 제외한 낙차를 유효낙차라고 한다.

68. 펌프에서 공동현상(cavitation)이 주로 일어나는 곳을 옳게 설명한 것은?

① 회전차 날개의 입구를 조금 지나 날개의 표면(front)에서 일어난다.
② 펌프의 흡입구에서 일어난다.
③ 흡입구 바로 앞에 있는 곡관부에서 일어난다.
④ 회전차 날개의 입구를 조금 지나 날개의 이면(back)에서 일어난다.

해설 펌프의 흡입관 입구에서 저항과 위치수두의 증가로 인하여 압력강하가 발생하여 대기압보다 낮게 되고, 흡입관 속을 지남에 따라 점차적으로 압력이 강하한다. 이후 압력은 펌프의 입구에서 케이싱에 걸쳐 약간 강하하며, 회전차 입구에서의 압력분포는 깃의 표면과 이면으로 나누어진다. 이면에서의 압력강하가 표면보다 크며, 캐비테이션은 깃의 이면에 나타나는 최저 압력에 의해 발생하게 된다.

69. 970 rpm으로 0.6 m^3/min의 수량을 방출할 수 있는 펌프가 있는데 이를 1450 rpm으로 운전할 때 수량은 약 몇 m^3/min 인가?(단, 이 펌프는 상사법칙이 적용된다.)

① 0.9 ② 1.5
③ 1.9 ④ 2.5

해설 $Q_2 = Q_1 \times \left(\dfrac{N_2}{N_1}\right) = 0.6 \times \dfrac{1450}{970}$

$\fallingdotseq 0.9\ \mathrm{m^3/min}$

70. 다음 중 반동수차에 속하지 않는 것은?

① 펠턴 수차 ② 카플란 수차
③ 프란시스 수차 ④ 프로펠러 수차

해설 수차의 분류
(1) 충동 수차 : 물이 갖는 속도에너지를 이용하여 회전차를 충격시켜서 회전력을 얻는 수차 예 펠턴 수차
(2) 반동 수차 : 물이 회전차를 지나는 동안 압력에너지와 속도에너지를 회전차에 전달하여 회전력을 얻는 수차 예 프란시스 수차, 프로펠러 수차, 카플란 수차
(3) 중력 수차 : 물이 낙하될 때 중력에 의해 회전력을 얻는 수차 예 물레방아

71. 관(튜브)의 끝을 넓히지 않고 관과 슬리브의 먹힘 또는 마찰에 의하여 관을 유지하는 관 이음쇠는?

① 스위블 이음쇠
② 플랜지 관 이음쇠
③ 플레어드 관 이음쇠
④ 플레어리스 관 이음쇠

해설 관 끝을 나팔관 모양으로 확장하여 연결

정답 67. ③ 68. ④ 69. ① 70. ① 71. ④

하면 플레어 이음이고, 나팔관 모양으로 확장하지 않고 연결하면 플레어리스 이음이다.

72. 다음 중 일반적으로 가변 용량형 펌프로 사용할 수 없는 것은?

① 내접 기어 펌프
② 축류형 피스톤 펌프
③ 반경류형 피스톤 펌프
④ 압력 불평형형 베인 펌프

해설 가변 용량형 펌프는 1회전당 토출량이 변동되는 펌프이고 내접 기어 펌프는 일반적으로 1회전당 토출량이 일정한 정용량형 펌프이다.

73. 공기압 장치와 비교하여 유압 장치의 일반적인 특징에 대한 설명 중 틀린 것은?

① 인화에 따른 폭발의 위험이 적다.
② 작은 장치로 큰 힘을 얻을 수 있다.
③ 입력에 대한 출력의 응답이 빠르다.
④ 방청과 윤활이 자동적으로 이루어진다.

해설 유압 장치는 일반적으로 인화에 따른 폭발 위험이 크다.

74. 그림의 유압 회로도에서 (1)의 밸브 명칭으로 옳은 것은?

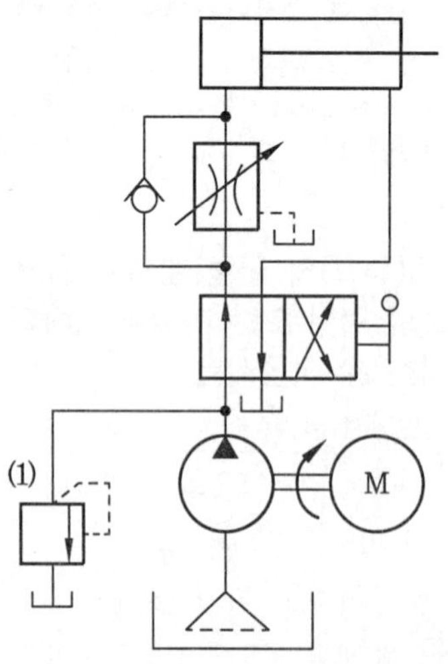

① 스톱 밸브
② 릴리프 밸브
③ 무부하 밸브
④ 카운터 밸런스 밸브

해설 릴리프 밸브 : 회로 내의 압력을 설정값으로 유지하기 위해서 유체의 일부 또는 전부를 흐르게 하는 압력 제어 밸브

75. 다음 중 드레인 배출기 붙이 필터를 나타내는 공유압 기호는?

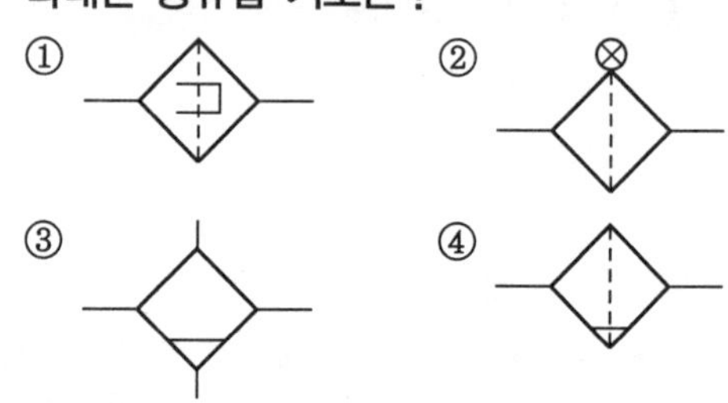

해설 ① 자석붙이 필터
② 눈막힘 표시기 붙이 필터
③ 드레인 배출기

76. 4포트 3위치 방향 밸브에서 일명 센터 바이패스형이라고도 하며, 중립 위치에서 A, B 포트가 모두 닫히면 실린더는 임의의 위치에서 고정되고, 또 P 포트와 T 포트가 서로 통하게 되므로 펌프를 무부하시킬 수 있는 형식은?

① 탠덤 센터형
② 오픈 센터형
③ 클로즈드 센터형
④ 펌프 클로즈드 센터형

해설 ② 오픈 센터형
- 중립 위치에서 모든 포트가 서로 관통
- 송출유는 유조로 환류되어 무부하운전
- 절환 시 충격도 적고 절환 성능이 좋으나 실린더를 확실하게 정지할 수 없음

③ 클로즈드 센터형
- 중립 위치에서 모든 포트를 막는 형식
- 실린더를 임의의 위치에서 고정 가능

정답 72. ① 73. ① 74. ② 75. ④ 76. ①

- 절환을 급격하게 작동하면 서지압력이 발생하므로 주의 요망

④ 펌프 클로즈드 센터형
- 중립 위치에서 P 포트가 막히고 다른 포트들은 서로 통하게 된 밸브
- 3위치 파일럿 조작 밸브의 파일럿 밸브로 많이 사용
- 주절환 밸브의 파일럿 작동이 원활함

77. **그림과 같은 유압 기호의 조작 방식에 대한 설명으로 옳지 않은 것은?**

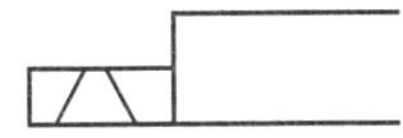

① 2방향 조작이다.
② 파일럿 조작이다.
③ 솔레노이드 조작이다.
④ 복동으로 조작할 수 있다.

78. **그림과 같이 액추에이터의 공급 쪽 관로 내의 흐름을 제어함으로써 속도를 제어하는 회로는?**

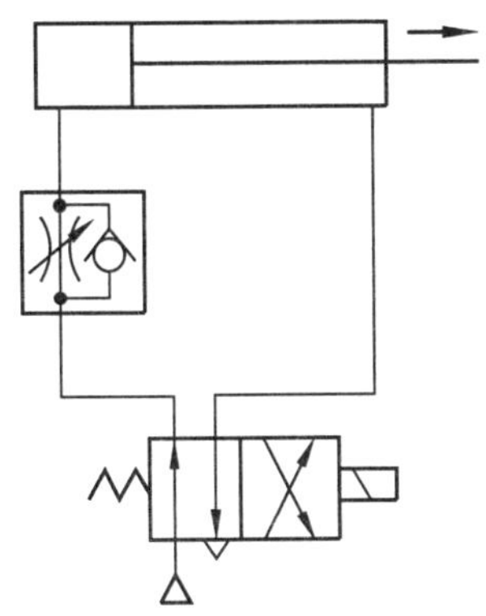

① 시퀀스 회로
② 체크 백 회로
③ 미터 인 회로
④ 미터 아웃 회로

해설 (1) 미터 인 회로 : 액추에이터의 공급 쪽 관로 내의 흐름을 제어함으로써 속도를 제어하는 회로

(2) 미터 아웃 회로 : 액추에이터의 배출 쪽 관로 내의 흐름을 제어함으로써 속도를 제어하는 회로

79. **다음 중 비중량(specific weight)의 MLT계 차원은? (단, M : 질량, L : 길이, T : 시간)**

① $ML^{-1}T^{-1}$　② $ML^{2}T^{-3}$
③ $ML^{-2}T^{-2}$　④ $ML^{2}T^{-2}$

해설 비중량$(\gamma)=\frac{W}{V}$[N/m³]

$FL^{-3}=(MLT^{-2})L^{-3}=ML^{-2}T^{-2}$

80. **기름의 압축률이 6.8×10^{-5} cm²/kgf일 때 압력을 0에서 100 kg/cm²까지 압축하면 체적은 몇 % 감소하는가?**

① 0.48　② 0.68
③ 0.89　④ 1.46

해설 압축률$(\beta)=\frac{1}{E}=-\frac{\frac{dv}{v}}{dp}$ [cm²/kgf]에서

체적감소율$\left(-\frac{dv}{v}\right)$

$=\beta dp=6.8\times10^{-5}\times100$

$=6.8\times10^{-3}\times100\,\%=0.68\,\%$

제 5 과목 건설기계일반 및 플랜트배관

81. **다음 중 스크레이퍼의 작업 가능 범위로 거리가 먼 것은?**

① 굴착　② 운반
③ 적재　④ 파쇄

해설 스크레이퍼(scraper)는 굴삭, 적재, 운반, 사토, 부설 등의 작업을 일관성 있고 연속적으로 할 수 있는 토공용 건설기계로 주로 고속도로나 비행장 등 규모가 큰 건설 현장에서 사용한다.

정답 77. ② 78. ③ 79. ③ 80. ② 81. ④

82. 다음 중 아스팔트 피니셔의 규격 표시 방법은?

① 아스팔트 콘크리트를 포설할 수 있는 표준 포장 너비
② 아스팔트를 포설할 수 있는 아스팔트의 무게
③ 아스팔트 콘크리트를 포설할 수 있는 도로의 너비
④ 아스팔트 콘크리트를 포설할 수 있는 타이어의 접지너비

해설 아스팔트 피니셔의 규격은 아스팔트콘크리트를 포설할 수 있는 표준 포장너비(m)로 표시하고, 신장 가능한 경우 최소와 최대너비로 표시한다.

83. 버킷계수는 1.15, 토량환산계수는 1.1, 작업효율은 80 %이고, 1회 사이클 타임은 30초, 버킷 용량은 1.4 m^3인 로더의 시간당 작업량은 약 몇 m^3/h인가?

① 141 ② 170
③ 192 ④ 215

해설 $Q = \frac{3600qkfE}{C_m}$

$= \frac{3600 \times 1.4 \times 1.15 \times 1.1 \times 0.8}{30}$

$= 170\ m^3/h$

84. 굴삭기의 작업장치 중 유압 셔블(shovel)에 대한 설명으로 틀린 것은?

① 장비가 있는 지면보다 낮은 곳을 굴삭하기에 적합하다.
② 산악지역에서 토사, 암반 등을 굴삭하여 트럭에 싣기에 적합한 장치이다.
③ 페이스 셔블(face shovel)이라고도 한다.
④ 백호 버킷을 뒤집어 사용하기도 한다.

해설 유압 셔블은 굴삭기가 위치한 지면보다 높은 곳을 굴삭하는 데 적합하다.

85. 다음 중 모터 스크레이퍼(자주식 스크레이퍼)의 특징에 대한 설명으로 틀린 것은?

① 피견인식에 비해 이동속도가 빠르다.
② 피견인식에 비해 작업범위가 넓다.
③ 볼의 용량이 6~9 m^3 정도이다.
④ 험난지 작업이 곤란하다.

해설 스크레이퍼는 작업 거리가 멀 때 토사 절토, 운반 작업용으로 주로 고속도로나 비행장 등 규모가 큰 건설 현장에서 사용된다. 스크레이퍼의 종류는 트랙터에 의해 견인되는 피견인식 스크레이퍼와 자체엔진에 의해 구동되는 자주식 스크레이퍼가 있다. 흙·모래의 굴착 및 운반장치를 가진 자주식이 건설기계 범위에 속하고 규격은 볼의 평적용량(m^3)으로 표시한다. 피견인식 스크레이퍼는 500 m 이내의 작업에, 자주식 스크레이퍼는 500~1500 m의 작업에 효과적이다.

※ 자주식 스크레이퍼의 볼의 용량은 10~20 m^3이다.

86. 무한궤도식 건설기계의 주행장치에서 하부 구동체의 구성품이 아닌 것은?

① 트랙 롤러 ② 캐리어 롤러
③ 스프로킷 ④ 클러치 요크

해설 하부 구동체의 구성품으로는 상부 롤러(캐리어 롤러), 하부 롤러(트랙 롤러), 스프로킷, 트랙, 주행 모터, 프런트 아이들러 등이 있다.

87. 로더를 적재 방식에 따라 분류한 것으로 틀린 것은?

① 스윙 로더
② 리어 엔드 로더
③ 오버 헤드 로더
④ 사이드 덤프형 로더

해설 로더를 적재 방식에 따라 분류하면 스윙

정답 82. ① 83. ② 84. ① 85. ③ 86. ④ 87. ②

형, 프런트 엔드형, 오버 헤드형, 사이드 덤프형 등이 있다.

88. 굴착력이 강력하여 견고한 지반이나 깨어진 암석 등을 준설하는 데 가장 적합한 준설선은?

① 버킷 준설선(bucket dredger)
② 펌프 준설선(pump dredger)
③ 디퍼 준설선(dipper dredger)
④ 그래브 준설선(grab dredger)

해설 준설선의 용도
① 버킷 준설선 : 대규모의 항로나 정박지의 준설 작업
② 펌프 준설선 : 항만 준설 또는 매립 공사
③ 디퍼 준설선 : 단단한 지반이나 파쇄된 암석의 준설 작업
④ 그래브 준설선 : 소규모의 항로나 정박지의 준설 작업

89. 플랜트 배관설비에서 열응력이 주요 요인이 되는 경우의 파이프 래크상의 배관 배치에 관한 설명으로 틀린 것은?

① 루프형 신축 곡관을 많이 사용한다.
② 온도가 높은 배관일수록 내측(안쪽)에 배치한다.
③ 관 지름이 큰 것일수록 외측(바깥쪽)에 배치한다.
④ 루프형 신축 곡관은 파이프 래크상의 다른 배관보다 높게 배치한다.

해설 최대 구경, 최고 온도일수록 외측에 배열한다.

90. 6-4 황동이라고도 하는 문츠 메탈의 주요 성분은?

① Cu : 40 %, Zn : 60 %
② Cu : 40 %, Sn : 60 %
③ Cu : 60 %, Zn : 40 %
④ Cu : 60 %, Sn : 40 %

해설 문츠 메탈(muntz metal)은 Cu 60 : Zn 40의 성분으로 값이 싸며, 내식성이 다소 낮고, 탈아연 부식을 일으키기 쉬우나 강력하기 때문에 기계 부품용으로 많이 쓰인다.

91. 배관 공사 중 또는 완공 후에 각종 기기와 배관 라인 전반의 이상 유무를 확인하기 위한 배관 시험의 종류가 아닌 것은?

① 수압 시험 ② 기압 시험
③ 만수 시험 ④ 통전 시험

해설 배관 시험의 종류에는 수압 시험, 기압 시험, 만수 시험, 박하 시험, 연기 시험 등이 있다.

92. 다음 중 동관용 공구로 가장 거리가 먼 것은?

① 리머
② 사이징 툴
③ 플레어링 툴
④ 링크형 파이프 커터

해설 동관용 공구
(1) 플레어링 툴 : 관 끝을 나팔 모양으로 벌리는 공구
(2) 익스팬더 : 동관의 끝을 확관하는 데 사용하는 공구
(3) 사이징 툴 : 동관의 끝 부분을 원형으로 정형하는 공구
(4) 리머 : 동관 절단 후에 생기는 거스러미를 제거하는 공구
※ 링크형 파이프 커터는 주철관용 공구이다.

93. 펌프에서 발생하는 진동 및 밸브의 급격한 폐쇄에서 발생하는 수격작용을 방지하거나 억제시키는 지지 장치는?

① 서포트
② 행어
③ 브레이스

정답 88. ③ 89. ② 90. ③ 91. ④ 92. ④ 93. ③

④ 리스트레인트

해설 브레이스의 용도

(1) 배관 라인에 설치된 각종 펌프류, 압축기 등에서 발생되는 진동을 잡아준다.

(2) 밸브류 등의 급속 개폐에 따른 수격작용, 충격 및 지진 등에 의한 진동 등도 잡아주는 역할을 한다.

94. **사용압력 50 kgf/cm^2, 배관의 호칭지름 50 A, 관의 인장강도 20 kgf/mm^{2}인 압력 배관용 탄소 강관의 스케줄 번호는? (단, 안전율은 4이다.)**

① 80 ② 100

③ 120 ④ 140

해설 스케줄 번호(Sch No) $= 10 \times \dfrac{P}{\sigma_a}$

여기서, P : 사용압력(kgf/cm^2)

σ_a : 허용응력(kgf/mm^2)

※ $\sigma_a = \dfrac{\text{인장강도}(\sigma_u)}{\text{안전율}(S)} = \dfrac{20}{4} = 5\,\text{kgf/mm}^2$

$\therefore$ Sch No $= 10 \times \dfrac{50}{5} = 100$

95. **가단 주철제 나사식 관 이음재의 부속품과 명칭의 연결로 틀린 것은?**

티(tee)

45도 엘보

③
캡

90도 엘보

해설 ③은 플러그이다.

96. **평면상의 변위뿐만 아니라 입체적인 변위까지도 안전하게 흡수하므로 어떠한 형상에 의한 신축에도 배관이 안전하며 설치 공간이 적은 신축 이음은?**

① 슬리브형 신축 이음

② 벨로스형 신축 이음

③ 볼조인트형 신축 이음

④ 스위블형 신축 이음

해설 ① 슬리브형 신축 이음 : 이음 본체 속에 미끄러질 수 있는 슬리브 파이프를 넣고 석면을 흑연으로 처리한 패킹재를 끼워 실한 신축 이음이다.

② 벨로스형 신축 이음 : 스테인리스강의 벨로스를 사용하는 이음으로 팩리스 신축 이음이라고도 한다. 활동 부분이 없기 때문에 누설될 염려가 없어 온도의 변화가 많은 장소 또는 배관이 이동될 우려가 있는 장소 등에서 사용하고 있다.

③ 볼조인트형 신축 이음 : 고온·고압 사용이 가능하며, 관 끝에 볼 부분을 만들고 이것을 케이싱으로 싼 다음 그 사이를 개스킷으로 밀봉한 것이다. 볼 부분이 케이싱 내에서 자유롭게 회전할 수 있으므로, 이 이음을 2~3개 사용하면 관절 작용에 의해 관의 신축을 흡수할 수 있다.

④ 스위블형 신축 이음 : 2개 이상의 엘보를 사용하여 이음부의 나사 회전을 이용해서 배관의 신축을 흡수하도록 한 신축 이음으로 스윙식이라고도 한다.

97. **배관의 지지장치 중 행어의 종류가 아닌 것은?**

① 리지드 행어 ② 스프링 행어

③ 콘스턴트 행어 ④ 스토퍼 행어

해설 행어는 배관의 하중을 위에서 걸어 당겨 받치는 지지구이며 리지드 행어, 스프링 행어, 콘스턴트 행어 등이 있다.

98. **배관 유지 관리의 효율화 및 안전을 위해 색채로 배관을 표시하고 있다. 배관 내 흐름유체가 가스일 경우 식별색은?**

정답 94. ② 95. ③ 96. ③ 97. ④ 98. ④

① 파란색 ② 빨간색
③ 백색 ④ 노란색

해설 KS A 0503(배관계의 식별 표시)

물질의 종류	식별색
물	파랑
증기	어두운 빨강
공기	하양
가스	연한 노랑
산 또는 알칼리	회보라
기름	어두운 주황
전기	연한 주황

99. **일반적으로 배관용 가스절단기의 절단 조건이 아닌 것은?**

① 모재의 성분 중 연소를 방해하는 원소가 적어야 한다.
② 모재의 연소온도가 모재의 용융온도보다 높아야 한다.
③ 금속 산화물의 용융온도가 모재의 용융온도보다 낮아야 한다.
④ 금속산화물의 유동성이 좋으며, 모재로부터 쉽게 이탈될 수 있어야 한다.

해설 가스 절단 조건
(1) 금속의 산화물 또는 슬래그가 모재보다 저온에서 녹을 것
(2) 모재의 연소온도가 용융온도보다 낮을 것
(3) 모재의 함유 성분 중의 불연소물이 적을 것
(4) 금속 산화물의 유동성이 좋고 모재에서 용이하게 이탈할 수 있을 것

100. **덕타일 주철관은 구상흑연 주철관이라고도 하며 물 수송에 사용하는 관이다. 이 관의 특징으로 틀린 것은?**

① 보통 회주철관보다 관의 수명이 길다.
② 강관과 같은 높은 강도와 인성이 있다.
③ 변형에 대한 높은 가요성과 가공성이 있다.
④ 보통 주철관과 같이 내식성이 풍부하지 않다.

해설 덕타일 주철관 : 양질의 선철(cast iron)을 강에 배합하여 주철 중에 흑연을 구상화시켜 질이 균일하고 치밀하며 보통 주철관과 같이 내식성이 풍부하다.

정답 99. ② 100. ④

건설기계설비기사

2017년 8월 26일 (제3회)

제1과목 재료역학

1. 그림과 같은 구조물에 C점과 D점에 각각 20 kN, 40 kN의 하중이 아랫방향으로 작용할 때 상단의 반력 R_a는 약 몇 kN인가?

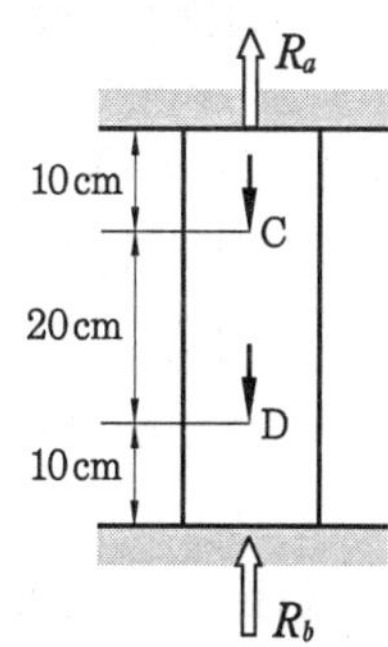

① 25 ② 30
③ 20 ④ 35

해설 단순보로 가정하여 반력을 구한다.

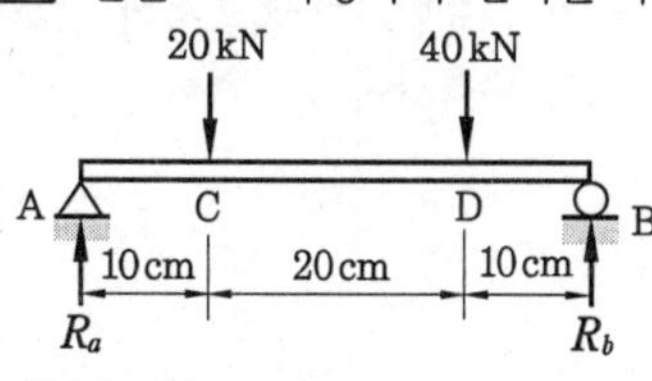

$\Sigma M_B = 0$

$R_a \times 0.4 - 20 \times 0.3 - 40 \times 0.1 = 0$

$\therefore R_a = \dfrac{20 \times 0.3 + 40 \times 0.1}{0.4} = 25\text{ kN}$

2. 철도용 레일의 양단을 고정한 후 온도가 20℃에서 5℃로 내려가면 발생하는 열응력은 약 몇 MPa인가? (단, 레일재료의 열팽창계수 $\alpha = 0.000012$/℃이고, 균일한 온도 변화를 가지며, 탄성계수 $E = 210$ GPa이다.)

① 50.4 ② 37.8
③ 31.2 ④ 28.0

해설 $\sigma = E\alpha\Delta t$

$= 210 \times 10^3 \times 0.000012 \times (20-5)$

$= 37.8\text{ MPa}$

※ 열응력 : 온도 상승($t_1 < t_2$) 시 압축응력이, 온도 강하($t_1 > t_2$) 시 인장응력이 발생한다.

3. 그림과 같은 평면 응력 상태에서 $\sigma_x = 300$ MPa, $\sigma_y = 200$ MPa이 작용하고 있을 때 재료 내에 생기는 최대 전단응력(τ_{max})의 크기와 그 방향(θ)은?

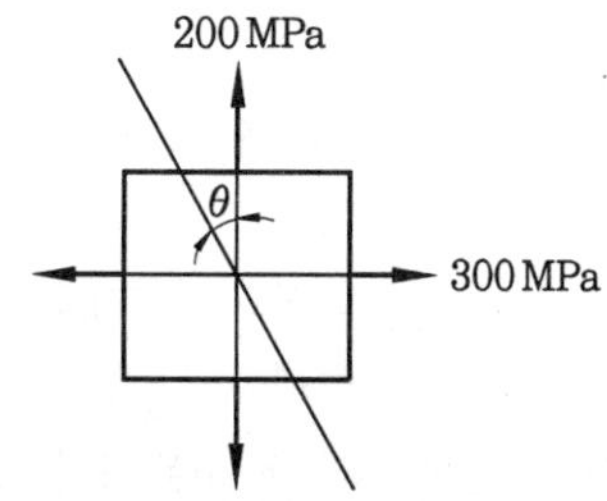

① $\tau_{max} = 300\text{ MPa}$, $\theta = 90°$
② $\tau_{max} = 200\text{MPa}$, $\theta = 0°$
③ $\tau_{max} = 100\text{MPa}$, $\theta = 22.5°$
④ $\tau_{max} = 50\text{MPa}$, $\theta = 45°$

해설 두 축(2축) 응력에서 전단응력(τ)

$= \dfrac{1}{2}(\sigma_x - \sigma_y)\sin 2\theta\,[\text{MPa}]$

$\theta = 45°$일 때 $\sin 90° = 1$이므로

$\tau_{max} = \dfrac{1}{2}(\sigma_x - \sigma_y)$

$= \dfrac{1}{2}(300-200) = 50\text{ MPa}$

4. 안지름이 25 mm, 바깥지름이 30 mm인 중공 강철관에 10 kN의 축인장 하중을 가할 때 인장응력은 몇 MPa인가?

① 14.2 ② 20.3
③ 46.3 ④ 145.5

정답 1. ① 2. ② 3. ④ 4. ③

해설 $\sigma_t = \frac{P_t}{A} = \frac{P_t}{\frac{\pi}{4}(d_2^2 - d_1^2)}$

$= \frac{10 \times 10^3}{\frac{\pi}{4}(30^2 - 25^2)} = 46.3\,\text{MPa}$

5. 그림과 같이 반지름이 5 cm인 원형 단면을 갖는 ㄱ자 프레임의 A점 단면의 수직응력(σ)은 약 몇 MPa인가?

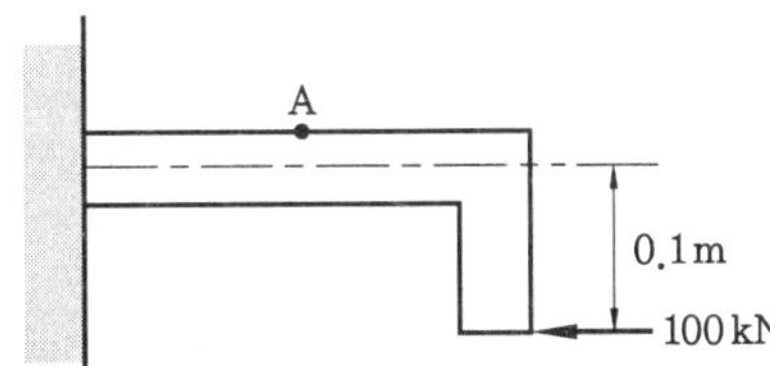

① 79.1 ② 89.1
③ 99.1 ④ 109.1

해설 $\sigma_A = \sigma_b - \sigma_c = \frac{M}{Z} - \frac{P}{A}$

$= \frac{100 \times 10^3 \times 100}{\frac{\pi \times 100^3}{32}} - \frac{100 \times 10^3}{\frac{\pi \times 100^2}{4}}$

$\fallingdotseq 89.13\,\text{MPa}$

6. 비중량 $\gamma = 7.85 \times 10^4\,\text{N/m}^3$인 강선을 연직으로 매달려고 할 때 자중에 의해서 견딜 수 있는 최대길이는 약 몇 m인가? (단, 강선의 허용인장응력은 12 MPa이다.)

① 152 ② 228
③ 305 ④ 382

해설 $\sigma_a = \gamma L$ 에서

$L = \frac{\sigma_a}{\gamma} = \frac{12 \times 10^6}{7.85 \times 10^4} \fallingdotseq 152.87\,\text{m}$

7. 그림과 같이 일단 고정 타단 자유단인 기둥의 좌굴에 대한 임계하중(buckling load)은 약 몇 kN인가? (단, 기둥의 세로 탄성계수는 300 GPa이고 단면(폭×높이)은 2 cm×2 cm의 정사각형이다. 오일러의 좌굴하중을 적용한다.)

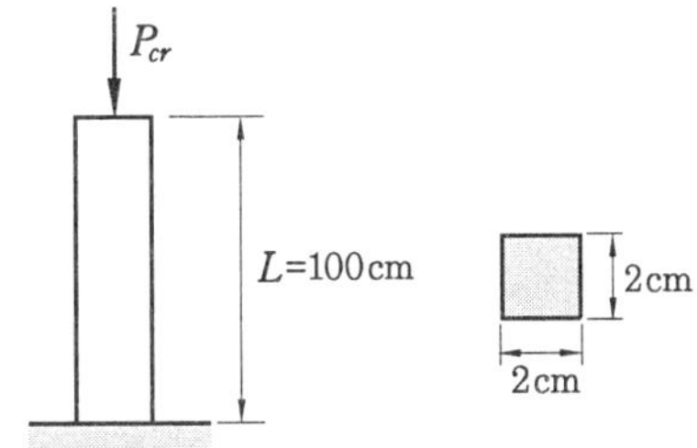

① 34 ② 20.2
③ 9.8 ④ 5.8

해설 $P_{cr} = n\pi^2 \frac{EI}{L^2}$

$= \frac{1}{4} \times \pi^2 \times \frac{300 \times 10^6 \times \frac{0.02^4}{12}}{1^2} \fallingdotseq 9.87\,\text{kN}$

8. 그림과 같이 재료와 단면이 같고 길이가 서로 다른 강봉에 지지되어 있는 강체보에 하중을 가했을 때 A, B에서의 변위의 비 δ_A/δ_B는?

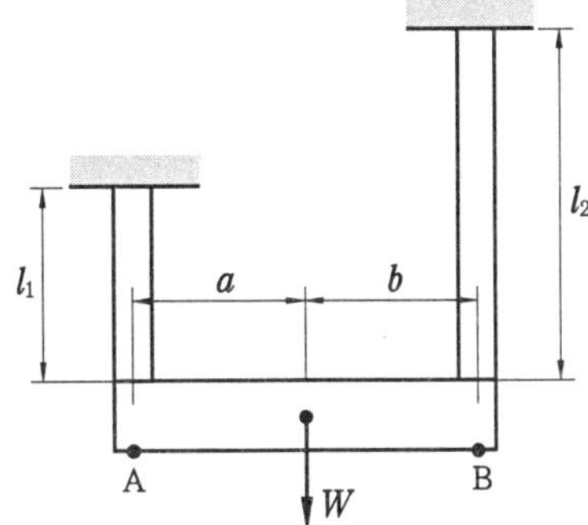

① $\frac{bl_1}{al_2}$ ② $\frac{al_1}{bl_2}$
③ $\frac{bl_2}{al_1}$ ④ $\frac{al_2}{bl_1}$

해설 $W = R_A + R_B\,(R_A a = R_B b)$

$\sigma_A = E\varepsilon_A = E\frac{\delta_A}{l_1} = \frac{R_A}{A} = \frac{R_B b}{Aa}$

$\sigma_B = E\varepsilon_B = E\frac{\delta_B}{l_2} = \frac{R_B}{A} = \frac{R_A a}{Ab}$

정답 5. ② 6. ① 7. ③ 8. ①

$$E=\frac{R_A}{A}\frac{l_1}{\delta_A}=\frac{R_A a l_2}{A b \delta_B}$$

$$\therefore \ \frac{\delta_A}{\delta_B}=\frac{b l_1}{a l_2}$$

9. 지름 50 mm의 속이 찬 환봉축이 1228 N·m의 비틀림 모멘트를 받을 때 이 축에 생기는 최대 비틀림 응력은 약 몇 MPa인가?

① 20 ② 30
③ 40 ④ 50

해설 $T=\tau_{\max}Z_p$ 에서

$$\tau_{\max}=\frac{T}{Z_p}=\frac{T}{\frac{\pi d^3}{16}}$$

$$=\frac{16T}{\pi d^3}=\frac{16\times1228\times10^3}{\pi\times50^3}\fallingdotseq 50\,\text{MPa}$$

10. 그림과 같은 외팔보에서 허용굽힘응력은 50 kN/cm²이라 할 때, 최대 하중 P는 약 몇 kN인가?(단, 보의 단면은 10 cm×10 cm이다.)

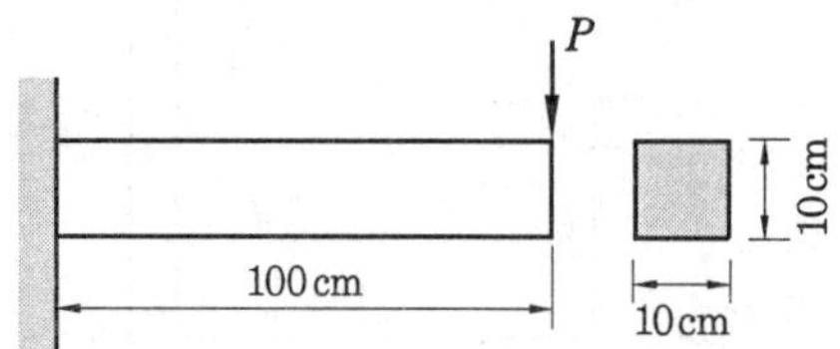

① 110.5 ② 100.0
③ 95.6 ④ 83.3

해설 $M_{\max}=\sigma Z$

$$PL=\sigma\frac{a^3}{6}\ \text{에서}$$

$$P=\frac{\sigma a^3}{6L}=\frac{50\times10^3}{6\times100}=83.33\,\text{kN}$$

11. 그림과 같은 외팔보의 C점에 100 kN의 하중이 걸릴 때 B점의 처짐량은 약 몇 cm인가?(단, 이 보의 굽힘강성 EI는 10 kN·m²이다.)

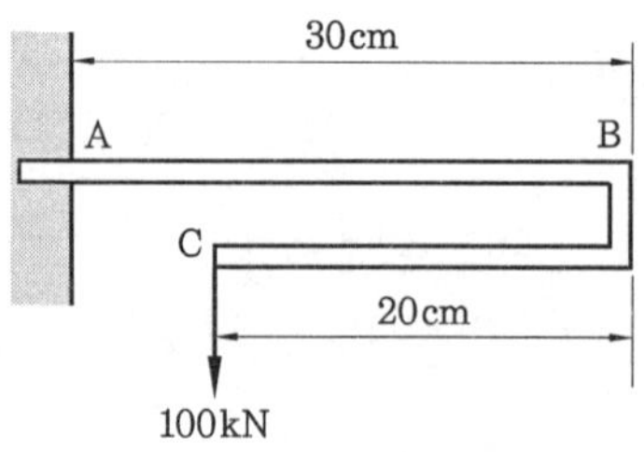

① 0 ② 0.09
③ 0.16 ④ 0.64

해설 $\delta_B=\frac{PL^3}{3EI}-\frac{(PL_1)L^2}{2EI}$

$$=\frac{100\times0.3^3}{3\times10}-\frac{(100\times0.2)\times0.3^2}{2\times10}=0$$

12. 그림과 같이 선형적으로 증가하는 불균일 분포하중을 받고 있는 단순보의 전단력 선도로 적합한 것은?

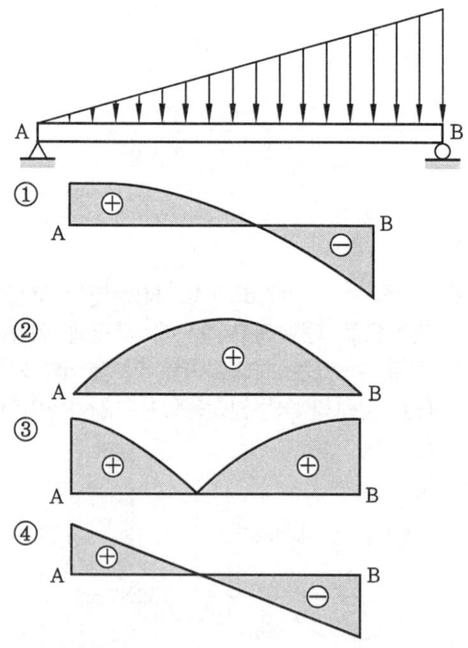

해설 삼각형 점변 분포하중인 단순보인 경우 전단력 선도(SFD)는 2차 함수 곡선이다.

$$F_x=R_A-\frac{wx^2}{2l}=\frac{wl}{6}-\frac{wx^2}{2l}\ [\text{N}]$$

$$R_A=\frac{wl}{6},\ R_B=\frac{wl}{3}$$

정답 9. ④ 10. ④ 11. ① 12. ①

전단력이 0인 지점$\left(x=\dfrac{l}{\sqrt{3}}\right)$에서

$$M_{\max}=\frac{wl^2}{9\sqrt{3}}$$

13. 축에 발생하는 전단응력은 τ, 축에 가해진 비틀림 모멘트는 T라 할 때 축 지름 d를 나타내는 식은?

① $d=\sqrt[3]{\dfrac{32T}{\pi\tau}}$　② $d=\sqrt[3]{\dfrac{\pi\tau}{16T}}$

③ $d=\sqrt[3]{\dfrac{\pi\tau}{32T}}$　④ $d=\sqrt[3]{\dfrac{16T}{\pi\tau}}$

해설 $T=\tau Z_p=\tau\dfrac{\pi d^3}{16}$ [N·m]에서

$\therefore\ d=\sqrt[3]{\dfrac{16T}{\pi\tau}}$

14. 단면계수가 0.01 m^{3}인 사각형 단면의 양단 고정보가 2 m의 길이를 가지고 있다. 중앙에 최대 몇 kN의 집중하중을 가할 수 있는가?(단, 재료의 허용굽힘응력은 80 MPa이다.)

① 800　② 1600

③ 2400　④ 3200

해설 양단 고정보(부정정보) 중앙에서

$$M_{\max}=\frac{PL}{8}$$

$$M_{\max}=\sigma Z$$

$$\frac{P\times 2}{8}=80\times 10^3\times 0.01$$

$\therefore\ P=3200$ kN

15. 단면 지름이 3 cm인 환봉이 25 kN의 전단하중을 받아서 0.00075 rad의 전단변형률을 발생시켰다. 이때 재료의 세로탄성계수는 약 몇 GPa인가?(단, 이 재료의 푸아송비는 0.3이다.)

① 75.5　② 94.4

③ 122.6　④ 157.2

해설 $\tau=G\gamma$에서

$$\frac{F}{A}=\frac{mE}{2(m+1)}\gamma=\frac{E\gamma}{2(1+\mu)}$$

$$E=\frac{2(1+\mu)F}{A\gamma}=\frac{2(1+\mu)F}{\dfrac{\pi d^2}{4}\gamma}$$

$$=\frac{2(1+0.3)\times 25\times 10^3}{\dfrac{\pi\times 30^2}{4}\times 0.00075}\fallingdotseq 122608\ \text{MPa}$$

$\fallingdotseq 122.6$ GPa

16. 다음 그림과 같이 2가지 재료로 이루어진 길이 L의 환봉이 있다. 이 봉에 비틀림 모멘트 T가 작용할 때 이 환봉은 몇 rad로 비틀림이 발생하는가?(단, 재질 a의 가로탄성계수는 G_a, 재질 a의 극관성모멘트는 I_{pa}이고, 재질 b의 가로탄성계수는 G_b, 재질 b의 극관성모멘트는 I_{pb}이다.)

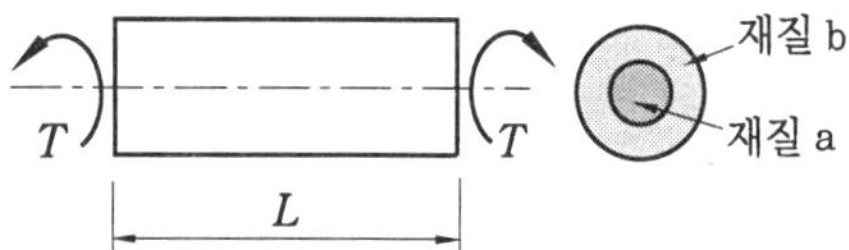

① $\dfrac{2TL}{G_aI_{pa}}+\dfrac{2TL}{G_bI_{pb}}$

② $\dfrac{2TL}{G_aI_{pa}+G_bI_{pb}}$

③ $\dfrac{TL}{G_aI_{pa}}+\dfrac{TL}{G_bI_{pb}}$

④ $\dfrac{TL}{G_aI_{pa}+G_bI_{pb}}$

해설 $\theta=\theta_a+\theta_b=\dfrac{T_aL}{G_aI_{pa}}+\dfrac{T_bL}{G_bI_{pb}}$

$$=\frac{(T_a+T_b)L}{G_aI_{pa}+G_bI_{pb}}=\frac{TL}{G_aI_{pa}+G_bI_{pb}}\text{[radian]}$$

17. 지름 2 cm, 길이 50 cm인 원형 단면의 외팔보 자유단에 수직하중 $P=1.5$ kN

정답 13. ④　14. ④　15. ③　16. ④　17. ②

이 작용할 때, 하중 P로 인해 생기는 보 속의 최대 전단응력은 약 몇 MPa인가?

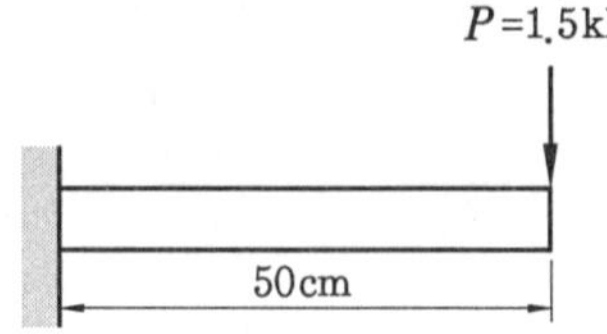

① 3.19 ② 6.37
③ 12.74 ④ 15.94

해설 원형 단면인 경우

$$\tau_{max} = \frac{4F}{3A} = \frac{4F}{3\left(\frac{\pi d^2}{4}\right)}$$

$$= \frac{16F}{3\pi d^2} = \frac{16 \times 1.5 \times 10^3}{3\pi \times 20^2} \fallingdotseq 6.37\text{ MPa}$$

18. 다음 부정정보에서 B점에서의 반력은? (단, 보의 굽힘강성 EI는 일정하다.)

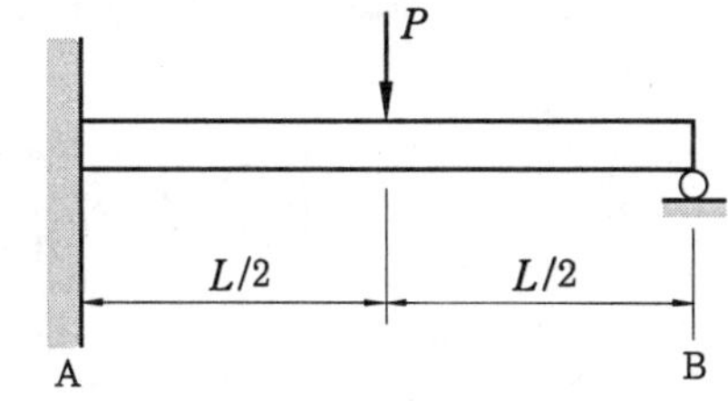

① $\frac{5}{48}P$ ② $\frac{5}{24}P$
③ $\frac{5}{16}P$ ④ $\frac{5}{12}P$

해설 일단고정 타단지지보(부정정보)에서

고정단 반력 $R_A = \frac{11}{16}P$, $R_B = \frac{5}{16}P$

※ $\frac{R_B L^3}{3EI} = \frac{5PL^3}{48EI}$에서 $R_B = \frac{5}{16}P$[N]

19. 길이 l의 외팔보의 전 길이에 걸쳐서 w의 등분포하중이 작용할 때 최대 굽힘 모멘트(M_{max})의 값은?

① $\frac{wl^2}{8}$ ② $\frac{wl^2}{4}$ ③ $\frac{wl^2}{2}$ ④ $\frac{wl^2}{12}$

해설 균일분포하중 w[N/m]를 받는 외팔보에서 고정단 최대 굽힘모멘트(M_{max})

$$= wl \times \frac{l}{2} = \frac{wl^2}{2}\text{ [N·m]}$$

20. 폭과 높이가 80 mm인 정사각형 단면의 회전 반지름(radius of gyration)은 약 몇 m인가?

① 0.034 ② 0.046
③ 0.023 ④ 0.017

해설 정사각형 단면인 경우 최소 회전 반지름

$$(k_G) = \sqrt{\frac{I_G}{A}} = \sqrt{\frac{\frac{b^4}{12}}{b^2}}$$

$$= \frac{b}{2\sqrt{3}} = \frac{0.08}{2\sqrt{3}} = 0.023\text{ m}$$

제 2 과목 기계열역학

21. 다음 중 이론적인 카르노 사이클 과정(순서)을 옳게 나타낸 것은? (단, 모든 사이클은 가역 사이클이다.)

① 단열압축 → 정적가열 → 단열팽창 → 정적방열
② 단열압축 → 단열팽창 → 정적가열 → 정적방열
③ 등온팽창 → 등온압축 → 단열팽창 → 단열압축
④ 등온팽창 → 단열팽창 → 등온압축 → 단열압축

해설 카르노 사이클은 2개의 등온 과정과 2개의 단열 과정(등엔트로피 과정)으로 구성된 가역 사이클이다.

22. 랭킨 사이클로 작동되는 증기동력 발전소에서 20 MPa, 45℃의 물이 보일러에 공

정답 18. ③ 19. ③ 20. ③ 21. ④ 22. ②

급되고, 응축기 출구에서의 온도는 20℃, 압력은 2.339 kPa이다. 이때 급수펌프에서 수행하는 단위 질량당 일은 약 몇 kJ/kg인가? (단, 20℃에서 포화액 비체적은 0.001002 m^3/kg, 포화증기 비체적은 57.79 m^3/kg이며, 급수펌프에서는 등엔트로피 과정으로 변화한다고 가정한다.)

① 0.4681 ② 20.04
③ 27.14 ④ 1020.6

해설 펌프일(w_P)

$$=-\int_1^2 vdp=\int_2^1 vdp=v(p_1-p_2)$$

$$=0.001002(20\times10^3-2.339)$$

$$=20.04\ \mathrm{kJ/kg}$$

23. 1 kg의 기체로 구성되는 밀폐계가 50 kJ의 열을 받아 15 kJ의 일을 했을 때 내부에너지 변화량은 얼마인가? (단, 운동에너지의 변화량은 무시한다.)

① 65 kJ ② 35 kJ
③ 26 kJ ④ 15 kJ

해설 $Q=(U_2-U_1)+W$[kJ]에서

$$(U_2-U_1)=Q-W=50-15=35\ \mathrm{kJ}$$

24. 초기에 온도 T, 압력 P 상태의 기체(질량 m)가 들어 있는 견고한 용기에 같은 기체를 추가로 주입하여 최종적으로 질량 $3m$, 온도 $2T$ 상태가 되었다. 이때 최종 상태에서의 압력은? (단, 기체는 이상기체이고, 온도는 절대온도를 나타낸다.)

① $6P$ ② $3P$ ③ $2P$ ④ $\frac{3}{2}P$

해설 $PV=mRT$에서

$$V=\frac{mRT}{P}=\frac{(3m)R(2T)}{P'}=\frac{6mRT}{P'}[\mathrm{m^3}]$$

$$\therefore\ P'=6P$$

25. 강도성 상태량(intensive property)에 속하는 것은?

① 온도 ② 체적
③ 질량 ④ 내부에너지

해설 강도성 상태량은 물질의 양과 관계없는(무관한) 상태량으로 온도, 압력, 비체적 등이 있다. 체적, 질량, 내부에너지는 물질의 양과 비례하는 용량성(종량성) 상태량이다.

26. 그림과 같이 A, B 두 종류의 기체가 한 용기 안에서 박막으로 분리되어 있다. A의 체적은 0.1 m^3, 질량은 2 kg이고, B의 체적은 0.4 m^3, 밀도는 1 kg/m^3이다. 박막이 파열되고 난 후에 평형에 도달하였을 때 기체 혼합물의 밀도는 약 몇 kg/m^3인가?

A	B

① 4.8 ② 6.0
③ 7.2 ④ 8.4

해설 기체 혼합물의 밀도(ρ_m)

$$=\frac{m}{V}=\frac{2+\rho_B V_B}{0.1+0.4}=\frac{2+1\times0.4}{0.5}$$

$$=4.8\ \mathrm{kg/m^3}$$

27. 체적이 0.1 m^3인 용기 안에 압력 1 MPa, 온도 250℃의 공기가 들어 있다. 정적과정을 거쳐 압력이 0.35 MPa로 될 때 이 용기에서 일어난 열전달 과정으로 옳은 것은? (단, 공기의 기체상수는 0.287 kJ/kg·K, 정압비열은 1.0035 kJ/kg·K, 정적비열은 0.7165 kJ/kg·K이다.)

① 약 162 kJ의 열이 용기에서 나간다.
② 약 162 kJ의 열이 용기로 들어간다.
③ 약 227 kJ의 열이 용기에서 나간다.
④ 약 227 kJ의 열이 용기로 들어간다.

해설 정적과정($V=C$)이므로

$$Q=mC_v(T_2-T_1)=m\frac{R}{k-1}(T_2-T_1)$$

정답 23. ② 24. ① 25. ① 26. ① 27. ①

$$= \frac{V(P_2 - P_1)}{k-1} = \frac{0.1(0.35-1) \times 10^3}{1.4-1}$$

$≒ -162\,\text{kJ}$

여기서, (-)는 방출열량을 의미한다.

※ $k = \frac{C_p}{C_v} = \frac{1.0035}{0.7165} = 1.4$

28. 출력 15 kW의 디젤기관에서 마찰 손실이 그 출력의 15 %일 때 그 마찰 손실에 의해서 시간당 발생하는 열량은 약 몇 kJ인가?

① 2.25 ② 25
③ 810 ④ 8100

해설 $Q_f = 15 \times 3600 \times 0.15 = 8100\,\text{kJ/h}$

※ 1kW=3600 kJ/h

29. 다음 중 냉매의 구비 조건으로 틀린 것은 어느 것인가?

① 증발 압력이 대기압보다 낮을 것
② 응축 압력이 높지 않을 것
③ 비열비가 작을 것
④ 증발열이 클 것

해설 냉매는 증발 압력이 대기압보다 높아야 한다. 대기압보다 낮으면 공기의 유입으로 악영향을 초래한다.

30. 가스터빈으로 구동되는 동력 발전소의 출력이 10 MW이고 열효율이 25 %라고 한다. 연료의 발열량이 45000 kJ/kg이라면 시간당 공급해야 할 연료량은 약 몇 kg/h인가?

① 3200 ③ 6400
③ 8320 ④ 12800

해설 $\eta = \frac{3600kW}{H_L m_f} \times 100\%$ 에서

$$m_f = \frac{3600kW}{H_L \eta} = \frac{3600 \times 10 \times 10^3}{45000 \times 0.25}$$

$= 3200\,\text{kg/h}$

31. 어느 발명가가 바닷물로부터 매시간 1800 kJ의 열량을 공급받아 0.5 kW 출력의 열기관을 만들었다고 주장한다면, 이 사실은 열역학 제 몇 법칙에 위반되겠는가?

① 제0법칙 ② 제1법칙
③ 제2법칙 ④ 제3법칙

해설 열역학 제2법칙(비가역 법칙=엔트로피 증가 법칙) : 열효율이 100 %인 열기관은 없다.

$$Q_1 = \frac{1800\,\text{kJ}}{3600\,\text{s}} = 0.5\,\text{kJ/s} = 0.5\,\text{kW}$$

$$\eta = \frac{W_{net}}{Q_1} \times 100\% = \frac{0.5}{0.5} \times 100\% = 100\%$$

열효율이 100 %인 열기관을 만들었다고 주장하는 것은 열역학 제2법칙에 위배된다.

32. 체적이 0.5 m³, 온도가 80℃인 밀폐 압력용기 속에 이상기체가 들어 있다. 이 기체의 분자량이 24이고, 질량이 10 kg이라면 용기 속의 압력은 약 몇 kPa인가?

① 1845.4 ② 2446.9
③ 3169.2 ④ 3885.7

해설 $PV = mRT$에서

$$P = \frac{mRT}{V} = \frac{m\left(\frac{8.314}{M}\right)T}{V}$$

$$= \frac{10 \times \left(\frac{8.314}{24}\right) \times (80 + 273.15)}{0.5}$$

$= 2446.7\,\text{kPa}$

33. 3 kg의 공기가 들어 있는 실린더가 있다. 이 공기가 200 kPa, 10℃인 상태에서 600 kPa이 될 때까지 압축할 때 공기가 한 일은 약 몇 kJ인가? (단, 이 과정은 폴리트로프 변화로서 폴리트로프 지수는 1.3이다. 또한 공기의 기체상수는 0.287 kJ/kg · K이다.)

① -285 ② -235

정답 28. ④ 29. ① 30. ① 31. ③ 32. ② 33. ②

③ 13 ④ 125

해설 $W_c = \frac{1}{n-1}(P_1 V_1 - P_2 V_2)$

$= \frac{mR}{n-1}(T_1 - T_2)$

$= \frac{mRT_1}{n-1}\left(1-\frac{T_2}{T_1}\right) = \frac{mRT_1}{n-1}\left[1-\left(\frac{P_2}{P_1}\right)^{\frac{n-1}{n}}\right]$

$= \frac{3\times 0.287\times(10+273)}{1.3-1}\left[1-\left(\frac{600}{200}\right)^{\frac{1.3-1}{1.3}}\right]$

$= -234.37 ≒ -235\,\text{kJ}$

※ $\frac{T_2}{T_1} = \left(\frac{P_2}{P_1}\right)^{\frac{n-1}{n}} = \left(\frac{V_1}{V_2}\right)^{n-1}$

34. 1 kg의 이상기체가 압력 100 kPa, 온도 20℃의 상태에서 압력 200 kPa, 온도 100℃의 상태로 변화하였다면 체적은 어떻게 되는가? (단, 변화 전 체적을 V라고 한다.)

① 0.65 V ② 1.57 V
③ 3.64 V ④ 4.57 V

해설 $P_1 V_1 = mRT_1$에서

$R = \frac{P_1 V_1}{m T_1} = \frac{100\times V}{1\times(20+273)}$

$= 0.34\,V[\text{kJ/kg}\cdot\text{k}]$

$P_2 V_2 = mRT_2$에서

$V_2 = \frac{mRT_2}{P_2} = \frac{1\times 0.34\,V\times(100+273)}{200}$

$= 0.634\,V$

35. 어떤 냉장고의 소비전력이 2 kW이고, 이 냉장고의 응축기에서 방열되는 열량이 5 kW라면, 냉장고의 성적계수는 얼마인가? (단, 이론적인 증기압축 냉동사이클로 운전된다고 가정한다.)

① 0.4 ② 1.0 ③ 1.5 ④ 2.5

해설 냉장고의 성적계수(ε_R)

$= \frac{Q_e}{W_c} = \frac{Q_c - W_c}{W_c} = \frac{5-2}{2} = 1.5$

36. 이론적인 카르노 열기관의 효율(η)을 구하는 식으로 옳은 것은? (단, 고열원의 절대온도는 T_H, 저열원의 절대온도는 T_L이다.)

① $\eta = 1 - \frac{T_H}{T_L}$ ② $\eta = 1 + \frac{T_L}{T_H}$
③ $\eta = 1 - \frac{T_L}{T_H}$ ④ $\eta = 1 + \frac{T_H}{T_L}$

해설 $\eta_c = 1 - \frac{Q_L}{Q_H} = 1 - \frac{T_L}{T_H}\left(\frac{Q_L}{Q_H} = \frac{T_L}{T_H}\right)$

37. 그림과 같이 다수의 추를 올려놓은 피스톤이 설치된 실린더 안에 가스가 들어 있다. 이때 가스의 최초 압력이 300 kPa이고, 초기 체적은 0.05 m³이다. 여기에 열을 가하여 피스톤을 상승시킴과 동시에 피스톤 추를 덜어내어 가스 온도를 일정하게 유지하여 실린더 내부의 체적을 증가시킬 경우 이 과정에서 가스가 한 일은 약 몇 kJ인가? (단, 이상기체 모델로 간주하고, 상승 후의 체적은 0.2 m³이다.)

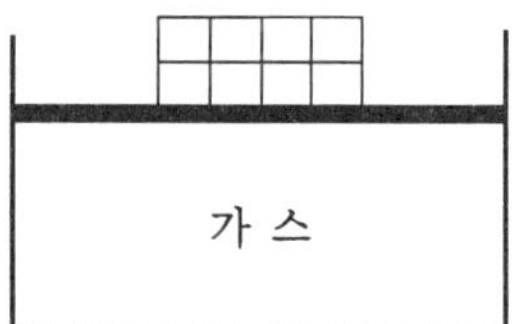

① 10.79 kJ ② 15.79 kJ
③ 20.79 kJ ④ 25.79 kJ

해설 등온변화인 경우 절대일(${}_1W_2$)

$= P_1 V_1 \ln\frac{V_2}{V_1} = 300\times 0.05\times\ln\frac{0.2}{0.05}$

$= 20.79\,\text{kJ}$

38. 어떤 물질 1 kg이 20℃에서 30℃로 되기 위해 필요한 열량은 약 몇 kJ인가? (단, 비열(C, kJ/kg·K)은 온도에 대한 함수로서 $C = 3.594 + 0.0372\,T$이며, 여기서 온도(T)의 단위는 K이다.)

정답 34. ① 35. ③ 36. ③ 37. ③ 38. ④

① 4　② 24　③ 45　④ 147

해설 $Q=m\int_{T_1}^{T_2} CdT$

$=m\int_{293}^{303}(3.594+0.0372T)dT$

$=1\times\left\{3.594\times(303-293)+\frac{0.0372}{2}\times(303^2-293^2)\right\}$

$\fallingdotseq 147\text{ kJ}$

39. 물 2 L를 1 kW의 전열기를 사용하여 20℃로부터 100℃까지 가열하는 데 소요되는 시간은 약 몇 분(min)인가? (단, 전열기 열량의 50 %가 물을 가열하는 데 유효하게 사용되고, 물은 증발하지 않는 것으로 가정한다. 물의 비열은 4.18 kJ/kg·K이다.)

① 22.3　② 27.6
③ 35.4　④ 44.6

해설 물의 가열량$(Q)=mC(t_2-t_1)$

$=2\times4.18\times(100-20)$

$=668.8\text{ kJ}$

전열기 용량$(Q_1)=1\times60\times0.5=30\text{ kJ/min}$

$\therefore$ 소요 시간$(t)=\frac{668.8}{30}\fallingdotseq 22.3\text{ min}$

40. 오토 사이클(Otto cycle) 기관에서 헬륨(비열비 = 1.66)을 사용하는 경우의 효율(η_{He})과 공기(비열비 = 1.4)를 사용하는 경우의 효율(η_{air})을 비교하고자 한다. 이때 η_{He}/η_{air} 값은? (단, 오토 사이클의 압축비는 10이다.)

① 0.681　② 0.770
③ 1.298　④ 1.468

해설 $\eta_{He}=1-\left(\frac{1}{\varepsilon}\right)^{k-1}=1-\left(\frac{1}{10}\right)^{1.66-1}$

$=1-0.1^{0.66}$

$\eta_{air}=1-\left(\frac{1}{\varepsilon}\right)^{k-1}=1-\left(\frac{1}{10}\right)^{1.4-1}$

$=1-0.1^{0.4}$

$\therefore \frac{\eta_{He}}{\eta_{air}}=\frac{1-0.1^{0.66}}{1-0.1^{0.4}}\fallingdotseq 1.298$

제 3 과목 기계유체역학

41. 공기 중에서 무게가 900 N인 돌이 물에 완전히 잠겨 있다. 물속에서의 무게가 400 N이라면, 이 돌의 체적(V)과 비중(SG)은 약 얼마인가?

① $V=0.051\text{ m}^3$, $SG=1.8$
② $V=0.51\text{ m}^3$, $SG=1.8$
③ $V=0.051\text{ m}^3$, $SG=3.6$
④ $V=0.51\text{ m}^3$, $SG=3.6$

해설 $G_a=W+F_B$에서

$F_B=G_a-W=900-400=500\text{N}$

$F_B=\gamma_w V[\text{N}]$에서

$V=\frac{F_B}{\gamma_w}=\frac{500}{9800}=0.051\text{ m}^3$

$SG=\frac{\gamma_{돌}}{\gamma_w}=\frac{\frac{900}{0.051}}{9800}=1.8$

42. 다음 중 밀도가 가장 큰 액체는?

① 1 g/cm^3
② 비중 1.5
③ 1200 kg/m^3
④ 비중량 8000 N/m^3

해설 ① $\rho=1\text{ g/cm}^3=1000\text{ kg/m}^3$

② $\rho=\rho_w S=1000\times1.5=1500\text{ kg/m}^3$

③ $\rho=1200\text{ kg/m}^3$

④ $\rho=\frac{\gamma}{g}=\frac{8000}{9.8}\fallingdotseq 816.33\text{ kg/m}^3$

43. 비행기 이착륙 시 플랩(flap)을 주날개에서 내려 날개의 넓이를 늘리는 이유

정답 39. ①　40. ③　41. ①　42. ②　43. ①

(목적)로 가장 옳게 설명한 것은?

① 양력을 증가시켜 조정을 용이하게 하기 위해
② 항력을 증가시켜 조정을 용이하게 하기 위해
③ 양력을 감소시켜 조정을 용이하게 하기 위해
④ 항력을 감소시켜 조정을 용이하게 하기 위해

해설 플랩(flap)은 비행기 날개에서 양력(lft forde)을 일시적으로 커지게 만드는 장치로 비행기를 지상으로부터 빨리 이륙시키거나, 착륙속도를 느리게 하거나, 이착륙거리의 단축 등의 목적으로 주날개의 뒤쪽이나 앞쪽의 가장자리 부분 양쪽에 장치되어 있다.

44. 안지름 1 cm의 원관 내를 유동하는 0℃의 물의 층류 임계 레이놀즈수가 2100일 때 임계속도는 약 몇 cm/s인가?(단, 0℃ 물의 동점성계수는 0.01787 cm^2/s이다.)

① 75.1 ② 751
③ 37.5 ④ 375

해설 $Re_c = \frac{Vd}{\nu}$ 에서

$$V = \frac{Re_c \nu}{d} = \frac{2100 \times 0.01787}{1} = 37.53 \text{ cm/s}$$

45. 바다 속에서 속도 9 km/h로 운항하는 잠수함이 지름 280 mm인 구형의 음파탐지기를 끌면서 움직일 때 음파탐지기에 작용하는 항력을 풍동실험을 통해 예측하려고 한다. 풍동실험에서 Reynolds 수는 얼마로 맞추어야 하는가?(단, 바닷물의 평균 밀도는 1025 kg/m^3이며, 동점성계수는 1.4×10^{-6} m^2/s이다.)

① 5.0×10^5 ② 5.8×10^6
③ 5.2×10^8 ④ 1.87×10^9

해설 $$Re = \frac{Vd}{\nu} = \frac{\frac{9}{3.6} \times 0.28}{1.4 \times 10^{-6}} = 5.0 \times 10^5$$

46. 반지름 R인 하수도관의 절반이 비중량(specific weight) γ인 물로 채워져 있을 때 하수도관의 1 m 길이당 받는 수직력의 크기는?(단, 하수도관은 수평으로 놓여 있다.)

① $\gamma\left(2 - \frac{\pi}{2}\right)R^2$ ② $\gamma\left(1 + \frac{\pi}{2}\right)R^2$
③ $\frac{\gamma \pi R^2}{2}$ ④ $\gamma\left(1 + \frac{\pi}{4}\right)R^2$

해설 물의 무게$(F_V) = \gamma V = \gamma(AL) \times \frac{1}{2}$

$$= \gamma(\pi R^2 \times 1) \times \frac{1}{2} = \frac{\gamma \pi R^2}{2} \text{ [N]}$$

47. 수평 원관 속을 유체가 층류(laminar flow)로 흐르고 있을 때 유량에 대한 설명으로 옳은 것은?

① 관 지름의 4제곱에 비례한다.
② 점성계수에 비례한다.
③ 관의 길이에 비례한다.
④ 압력 강하에 반비례한다.

해설 수평 층류 원관 유동인 경우 하겐-푸아죄유 법칙을 적용한다.

유량$(Q) = \frac{\Delta P \pi d^4}{128 \mu L}$ $[m^3/s]$

$\therefore Q \propto d^4$

48. 어떤 오일의 점성계수가 0.3 kg/m·s이고 비중이 0.3이라면 동점성계수는 약 몇 m^2/s인가?

① 0.1 ② 0.5
③ 0.001 ④ 0.005

정답 44. ③ 45. ① 46. ③ 47. ① 48. ③

해설 $\nu = \frac{\mu}{\rho} = \frac{\mu}{\rho_w S}$

$= \frac{0.3}{1000 \times 0.3} = 0.001\ \text{m}^2/\text{s}$

49. 비압축성, 비점성 유체가 그림과 같이 반지름 a인 구(sphere) 주위를 일정하게 흐른다. 유동해석에 의해 유선 A–B상에서의 유체속도(V)가 다음과 같이 주어질 때 유체 입자가 이 유선 A–B를 따라 흐를 때의 x방향 가속도(a_x)를 구하면?(단, V_0는 구로부터 먼 상류의 속도이다.)

$$V = u(x)\vec{i} = V_0\left(1+\frac{a^3}{x^3}\right)\vec{i}$$

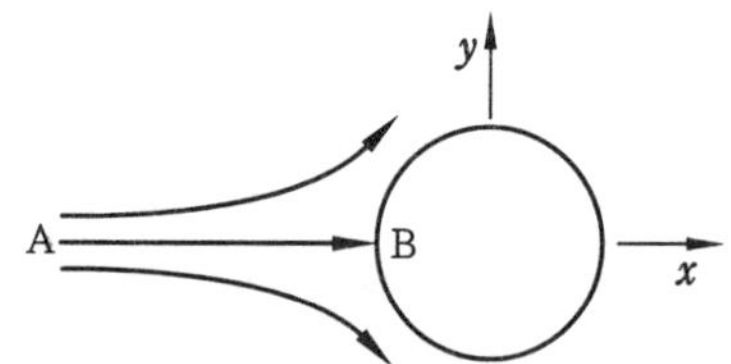

① $a_x = -\frac{V_0^2}{a}\frac{1+\left(\frac{a}{x}\right)^3}{\left(\frac{x}{a}\right)^4}$

② $a_x = -3\frac{V_0^2}{a}\frac{1+\left(\frac{a}{x}\right)^3}{\left(\frac{x}{a}\right)^4}$

③ $a_x = -\frac{V_0^2}{a}\frac{1+\left(\frac{a}{x}\right)^2}{\left(\frac{x}{a}\right)^3}$

④ $a_x = -3\frac{V_0^2}{a}\frac{1+\left(\frac{a}{x}\right)^2}{\left(\frac{x}{a}\right)^4}$

해설 대류가속도(a_x)

$= u\frac{\partial u}{\partial x} = V_0\left(1+\frac{a^3}{x^3}\right) \cdot V_0\left(\frac{-3a^3}{x^4}\right)$

$= -3\frac{V_0^2}{a}\frac{1+\left(\frac{a}{x}\right)^3}{\left(\frac{x}{a}\right)^4}$

50. 다음 중 경계층에 관한 설명으로 옳지 않은 것은?

① 경계층은 물체가 유체유동에서 받는 마찰저항에 관계한다.

② 경계층은 얇은 층이지만 매우 큰 속도구배가 나타나는 곳이다.

③ 경계층은 오일러 방정식으로 취급할 수 있다.

④ 일반적으로 평판 위의 경계층 두께는 평판으로부터 상류속도의 99 % 속도가 나타나는 곳까지의 수직거리로 한다.

해설 경계층은 Navier–Stokes 방정식으로 취급할 수 있다.

51. 피토관으로 가스의 유속을 측정하였는데 정체압과 정압의 차이가 100 Pa이었다. 가스의 밀도가 1 kg/m³이라면 가스의 속도는 약 몇 m/s인가?

① 0.45 m/s　　② 0.9 m/s

③ 10 m/s　　④ 14 m/s

해설 동압(P_d) $= \frac{\rho V^2}{2}$에서

$V = \sqrt{\frac{2P_d}{\rho}} = \sqrt{\frac{2(P_t - P_s)}{\rho}}$

$= \sqrt{\frac{2\times 100}{1}} = 14.14\ \text{m/s}$

52. 지름이 5 cm인 원형관에 비중이 0.7인 오일이 3 m/s의 속도로 흐를 때, 체적유량(Q)과 질량유량(m)은 각각 얼마인가?

① $Q = 0.59\ \text{m}^3/\text{s},\ m = 41.2\ \text{kg/s}$

② $Q = 0.0059\ \text{m}^3/\text{s},\ m = 41.2\ \text{kg/s}$

③ $Q = 0.0059\ \text{m}^3/\text{s},\ m = 4.12\ \text{kg/s}$

정답 49. ② 50. ③ 51. ④ 52. ③

④ $Q=0.59\ \text{m}^3/\text{s}$, $m=4.12\ \text{kg/s}$

해설 $Q=AV=\dfrac{\pi d^2}{4}V=\dfrac{\pi\times0.05^2}{4}\times3$

$\fallingdotseq 0.0059\ \text{m}^3/\text{s}$

$m=\rho AV=\rho Q=(\rho_w S)Q$

$=(1000\times0.7)\times0.0059=4.12\ \text{kg/s}$

53. 그림과 같은 밀폐된 탱크 용기에 압축공기와 물이 담겨 있다. 비중 13.6인 수은을 사용한 마노미터가 대기 중에 노출되어 있으며 대기압이 100 kPa이고, 압축공기의 절대압력이 114 kPa이라면 수은의 높이 h는 약 몇 cm인가?

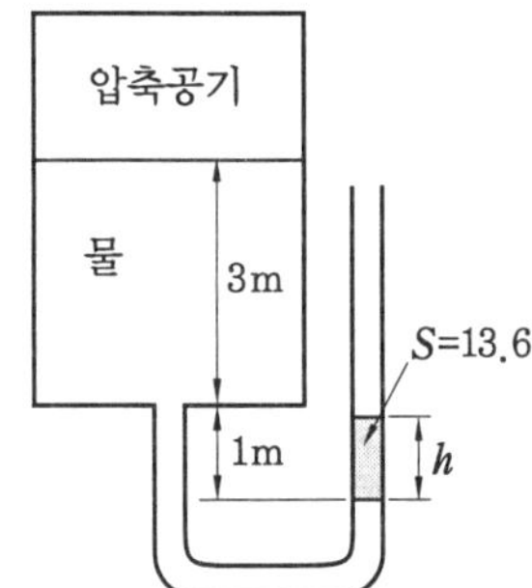

① 20 ② 30
③ 40 ④ 50

해설 $P_a+\gamma_w h_w=P_o+\gamma_{Hg}h$

$h=\dfrac{P_a+\gamma_w h_w-P_o}{\gamma_{Hg}}=\dfrac{P_a+\gamma_w h_w-P_o}{\gamma_w S_{Hg}}$

$=\dfrac{114+9.8\times4-100}{9.8\times13.6}\fallingdotseq 0.3992\ \text{m}$

$=39.92\ \text{cm}\fallingdotseq 40\ \text{cm}$

54. 밀도 890 kg/m³, 점성계수 2.3 kg/m·s인 오일이 지름 40 cm, 길이 100 m인 수평 원관 내를 평균속도 0.5 m/s로 흐른다. 입구의 영향을 무시하고 압력강하를 이길 수 있는 펌프 소요동력은 약 몇 kW인가?

① 0.58 ② 1.45
③ 2.90 ④ 3.63

해설 펌프 소요동력(kW)

$=\Delta PQ=\dfrac{128\mu QL}{\pi d^4}Q=\dfrac{128\mu Q^2L}{\pi d^4}$

$=\dfrac{128\times2.3\times\left(\dfrac{\pi}{4}\times0.4^2\times0.5\right)^2\times100}{\pi\times0.4^4}$

$=1445\ \text{W}\fallingdotseq 1.45\ \text{kW}$

55. 다음 중 수력 기울기선(hydraulic grade line)이란?

① 위치수두, 압력수두 및 속도수두의 합을 연결한 선
② 위치수두와 속도수두의 합을 연결한 선
③ 압력수두와 속도수두의 합을 연결한 선
④ 압력수두와 위치수두의 합을 연결한 선

해설 수력 구배선(HGL)$=\dfrac{P}{\gamma}+Z$

$=$에너지선(EL)$-$속도수두$\left(\dfrac{V^2}{2g}\right)$

56. 항구의 모형을 400 : 1로 축소 제작하려고 한다. 조수 간만의 주기가 12시간이면 모형 항구의 조수 간만의 주기는 몇 시간이 되어야 하는가?

① 0.05 ② 0.1
③ 0.4 ④ 0.6

해설 $(Fr)_p=(Fr)_m$

$\left(\dfrac{V}{\sqrt{Lg}}\right)_p=\left(\dfrac{V}{\sqrt{Lg}}\right)_m$

$g_p\simeq g_m$

$\dfrac{L_m}{L_p}=\left(\dfrac{V_m}{V_p}\right)^2$

$\dfrac{T_m}{T_p}=\dfrac{\dfrac{L_m}{V_m}}{\dfrac{L_p}{V_p}}$

$\dfrac{T_m}{T_p}=\dfrac{L_m}{L_p}\dfrac{V_p}{V_m}=\dfrac{L_m}{L_p}\sqrt{\dfrac{L_p}{L_m}}=\sqrt{\dfrac{L_m}{L_p}}$

정답 53. ③ 54. ② 55. ④ 56. ④

$\therefore\ T_m = T_p\sqrt{\dfrac{L_m}{L_p}} = 12\times\sqrt{\dfrac{1}{400}} = 0.6$시간

57. 그림과 같이 속도 V인 유체가 곡면에 부딪혀 θ의 각도로 유동방향이 바뀌어 같은 속도로 분출된다. 이때 유체가 곡면에 가하는 힘의 크기를 θ에 대함 함수로 옳게 나타낸 것은? (단, 유동단면적은 일정하고, θ의 각도는 $0° \le \theta \le 180°$ 이내에 있다고 가정한다. 또한 Q는 유량, ρ는 유체 밀도이다.)

① $F = \frac{1}{2}\rho QV\sqrt{1-\cos\theta}$

② $F = \frac{1}{2}\rho QV\sqrt{2(1-\cos\theta)}$

③ $F = \rho QV\sqrt{1-\cos\theta}$

④ $F = \rho QV\sqrt{2(1-\cos\theta)}$

해설 $F^2 = F_x^2 + F_y^2$

$= (\rho QV)^2(1-\cos\theta)^2 + (\rho QV)^2\sin^2\theta$

$\therefore\ F = \rho QV\sqrt{2(1-\cos\theta)}$ [N]

58. 그림과 같이 직각으로 된 유리관을 수면으로부터 3 cm 아래에 놓았을 때 수면으로부터 올라온 물의 높이가 10 cm이다. 이곳에서 흐르는 물의 평균 속도는 약 몇 m/s인가?

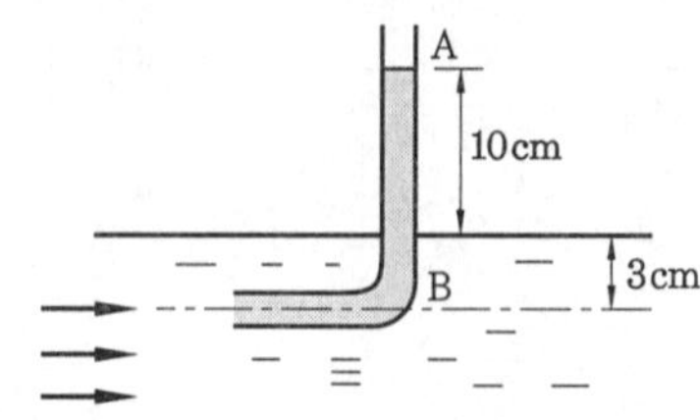

① 0.72 ② 1.40

③ 1.59 ④ 2.52

해설 $V = \sqrt{2g\Delta h} = \sqrt{2\times 9.8\times 0.1}$

$= 1.40$ m/s

59. 원통 좌표계(r, θ, z)에서 무차원 속도 퍼텐셜이 $\phi = 2r$일 때, $r = 2$에서의 반지름 방향(r방향) 속도 성분의 크기는?

① 0.5 ② 1 ③ 2 ④ 4

해설 $V_r = \dfrac{\partial\phi}{\partial r} = 2$

60. 다음 중 이상기체에 대한 음속(acoustic velocity)의 식으로 거리가 먼 것은? (단, ρ는 밀도, P는 압력, k는 비열비, R은 기체상수, T는 절대온도, s는 엔트로피이다.)

① $\sqrt{\dfrac{PT}{\rho}}$ ② $\sqrt{\left(\dfrac{\partial P}{\partial\rho}\right)_s}$

③ $\sqrt{\dfrac{kP}{\rho}}$ ④ $\sqrt{kRT}$

해설 음속$(C) = \sqrt{\left(\dfrac{\partial P}{\partial\rho}\right)_s}$

$= \sqrt{\dfrac{K}{\rho}} = \sqrt{\dfrac{kP}{\rho}} = \sqrt{kRT}$ [m/s]

제4과목 유체기계 및 유압기기

61. 펌프에서 캐비테이션을 방지하기 위한 방법으로 거리가 먼 것은?

① 펌프의 설치 높이를 될 수 있는 대로 낮추어 흡입양정을 짧게 한다.

② 펌프의 회전수를 낮추어 흡입 비속도를 작게 한다.

③ 양흡입펌프보다는 단흡입펌프를 사용한다.

④ 흡입관의 지름을 크게 하고 밸브, 플랜지 등의 부속품 수를 최대한 줄인다.

정답 57. ④ 58. ② 59. ③ 60. ① 61. ③

해설 캐비테이션(공동 현상) 방지 대책
(1) 펌프의 설치 위치를 수원보다 낮게 설치한다.
(2) 펌프의 임펠러 속도를 감속한다.
(3) 펌프의 흡입측 수두 및 마찰손실을 작게 한다.
(4) 펌프의 흡입관경을 크게 한다.
(5) 양흡입펌프를 사용한다.

62. 유체 커플링에 대한 일반적인 설명 중 옳지 않은 것은?

① 시동 시 원동기의 부하를 경감시킬 수 있다.
② 부하 측에서 되돌아오는 진동을 흡수하여 원활하게 운전할 수 있다.
③ 원동기 측에 충격이 전달되는 것을 방지할 수 있다.
④ 출력축 회전수를 입력축 회전수보다 초과하여 올릴 수 있다.

해설 유체 커플링은 유체를 통해서 동력을 전달하는 장치로서, 구동축에 직결해서 돌리는 날개 차(터빈 베인)와 회전되는 날개 차(터빈 베인)가 유체(오일) 속에서 서로 마주 보고 있다. 엔진에 의해 펌프가 회전하면 그 속의 오일에 원심력이 부여되고 속도 에너지가 펌프에서 터빈으로 흘러 들어가며, 터빈을 회전시켜 동력이 전달된다. 또한 저속 시의 토크 변동을 흡수하여 진동, 소음을 저감시키는 작용도 한다.

63. 다음 중 왕복 펌프의 양수량 Q[m^3/min]를 구하는 식으로 옳은 것은? (단, 실린더 지름을 D[m], 행정을 L[m], 크랭크 회전수를 n[rpm], 체적효율을 η_v, 크랭크 각속도를 ω[s^{-1}]라 한다.)

① $Q=\eta_v \frac{\pi}{4} DLn$
② $Q=\frac{\pi}{4} D^2 L\omega$
③ $Q=\eta_v \frac{\pi}{4} D^2 Ln$
④ $Q=\eta_v \frac{\pi}{4} D^2 L\omega$

64. 용적형과 비교해서 터보형 압축기의 일반적인 특징으로 거리가 먼 것은?

① 작동 유체의 맥동이 적다.
② 고압 저속 회전에 적합하다.
③ 전동기나 증기 터빈과 같은 원동기와 직결이 가능하다.
④ 소형으로 할 수 있어서 설치면적이 작아도 된다.

해설 터보형 압축기의 일반적인 특징
(1) 토출 가스가 맥동이 없고 안정적이다.
(2) 윤활유가 혼입되지 않아 깨끗한 가스를 얻을 수 있다.
(3) 고속 회전형으로 같은 마력의 다른 압축기보다 소형 경량이다.
(4) 압력 상승이 가스의 비중 및 회전부분의 속도에 관련되므로 1단당 압력 상승은 용적형과 비교하면 훨씬 낮고, 유량이 적은 경우에는 효율이 저하된다.
(5) 압축 특성이 설계, 기계 가공의 정밀도, 사용 조건에 민감하다.

65. 프란시스 수차의 형식 중 그림과 같은 구조를 가진 형식은?

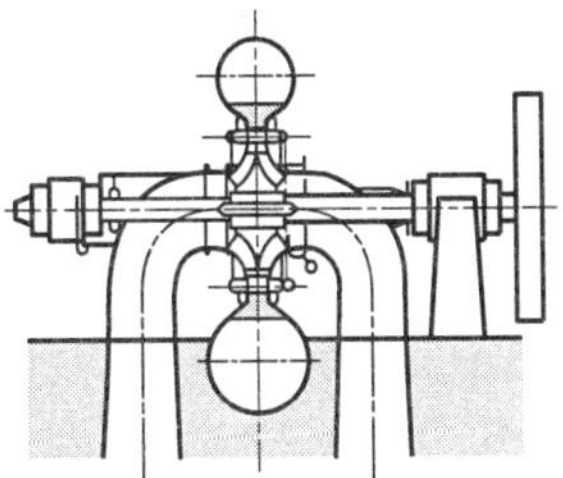

① 횡축 단륜 단류 원심형 수차
② 횡축 이륜 단류 원심형 수차
③ 입축 단륜 단류 원심형 수차
④ 횡축 단륜 복류 원심형 수차

정답 62. ④ 63. ③ 64. ② 65. ④

66. 다음 중 펌프의 비속도(specific speed)를 나타낸 것은?(단, Q는 유량, H는 양정, N은 회전수이다.)

① $\dfrac{NH^{\frac{1}{3}}}{Q^{\frac{4}{3}}}$ ② $\dfrac{NQ^{\frac{1}{2}}}{H^{\frac{3}{4}}}$

③ $\dfrac{QH^{\frac{1}{2}}}{N^{\frac{3}{4}}}$ ④ $\dfrac{NH^{\frac{1}{2}}}{Q^{\frac{3}{4}}}$

해설 비속도(비교회전도)

$$= \frac{NQ^{\frac{1}{2}}}{H^{\frac{3}{4}}} = \frac{N\sqrt{Q}}{H^{\frac{3}{4}}} \text{[rpm · L/min · m]}$$

67. 유효낙차 40 m, 유량 50 m^3/s 하천을 이용하여 정미출력 1.5×10^4 kW를 발생하는 수차의 효율은 약 몇 %인가?

① 67.2 % ② 72.1 %

③ 76.5 % ④ 81.4 %

해설 수차의 효율(η_t)

$$= \frac{\text{정미출력}}{\text{소요동력}} \times 100\,\% = \frac{P_n}{\gamma_w QH_e} \times 100\,\%$$

$$= \frac{1.5 \times 10^4}{9.8 \times 50 \times 40} \times 100\,\% \fallingdotseq 76.5\,\%$$

68. 반동수차의 회전차에서 나온 물의 속도수두와 방수면 사이의 낙차를 유효하게 이용하기 위하여 설치하는 것은?

① 흡출관 ② 안내 깃

③ 니들 밸브 ④ 제트 브레이크

해설 흡출관은 반동수차에 있어서 임펠러 출구에서 방수로까지를 대기에 접촉하는 일 없이 연결하고 있는 관으로 사용 목적은 다음과 같다.

(1) 수차의 러너 출구와 방수면과의 차, 즉 흡출수두를 유효한 낙차로 이용한다.

(2) 러너로부터 유출된 물의 속도수두를 가능한 한 회수하여 수차의 효율을 증가시킨다. 즉 관의 유로 단면을 점차 확대하여 속도에너지를 감소시켜 유출속도에 대응하는 배기손실을 경감시킨다.

69. 다음 중 진공 펌프의 종류가 아닌 것은?

① 너시 진공 펌프

② 유회전 진공 펌프

③ 확산 펌프

④ 벌류트 진공 펌프

해설 진공 펌프는 펌프의 방식을 사용해 내부 공기를 빨아들여 외부로 배출해 진공 상태로 만드는 기구를 의미한다. 진공 펌프의 종류에는 회전 진공 펌프, 왕복 진공 펌프, 확산 진공 펌프 등이 있으며 각각의 특성에 따라 진공되는 정도가 다르다.

70. 유체기계의 에너지 교환 방식은 크게 유체로부터 에너지를 받아 동력을 생산하는 방식과 외부로부터 에너지를 받아서 유체를 운송하거나 압력을 발생하는 등의 방식으로 나눌 수 있다. 다음 유체기계 중 에너지 교환 방식이 나머지 셋과 다른 하나는?

① 펠턴 수차 ② 확산 펌프

③ 축류 송풍기 ④ 원심 압축기

해설 펠턴 수차는 물이 가지고 있는 위치 에너지를 기계적 에너지로 변환하는 기계로서 유체로부터 에너지를 받아 동력을 생산하는 방식이고 확산 펌프, 축류 송풍기, 원심 압축기는 외부로부터 에너지를 받아서 유체를 운송하거나 압력을 발생하는 방식이다.

71. 다음 중 실린더에 배압이 걸리므로 끌어당기는 힘이 작용해도 자주할 염려가 없어서 밀링이나 보링머신 등에 사용하는 회로는?

정답 66. ② 67. ③ 68. ① 69. ④ 70. ① 71. ②

① 미터 인 회로
② 미터 아웃 회로
③ 어큐뮬레이터 회로
④ 싱크로나이즈 회로

해설 ① 미터-인 회로 : 유량 제어 밸브를 실린더의 작동 행정에서 실린더의 오일이 유입되는 입구 측에 설치한 회로이다.
② 어큐뮬레이터 회로 : 유압 회로에 축압기를 이용하면 축압기는 보조 유압원으로 사용되며, 이것에 의해 동력을 크게 절약할 수 있고, 압력 유지, 회로의 안전, 사이클 시간 단축, 완충작용은 물론, 보조 동력원으로 효율을 증진시킬 수 있고, 콘덴서 효과로 유압 장치의 내구성을 향상시킨다.
③ 미터 아웃 회로 : 작동 행정에서 유량 제어 밸브를 실린더의 오일이 유출되는 출구 측에 설치한 회로로서, 실린더에서 유출되는 유량을 제어하여 피스톤 속도를 제어하는 회로이다. 실린더에 배압이 걸리므로 끌어당기는 하중이 작용하더라도 자주(自主)할 염려는 없다.
④ 싱크로나이즈 회로 : 유압 실린더의 치수, 누유량, 마찰 등에 의해 크기가 같은 2개의 실린더가 동시에 작용할 때 발생하는 차이를 보상하는 회로로서 동조 회로라고도 한다.

72. **실린더 입구 분기 회로에 유량 제어 밸브를 설치하여 실린더 입구 측의 불필요한 압유를 배출시켜 작동 효율을 증진시키는 회로는?**

① 미터-인 회로
② 미터-아웃 회로
③ 블리드 오프 회로
④ 카운터 밸런스 회로

해설 블리드 오프 회로(bleed off circuit) : 작동 행정에서의 실린더 입구의 압력 쪽 분기 회로에 유량 제어 밸브를 설치하여 실린더 입구 측의 불필요한 압유를 배출시켜 작동 효율을 증진시킨 회로

73. **피스톤 면적비를 이용하여 큰 압력을 얻을 수 있는 유압기기의 특성은 다음 중 어떠한 원리와 관계가 있는가?**

① 베르누이 정리 ② 파스칼의 원리
③ 연속의 법칙 ④ 샤를의 법칙

해설 파스칼의 원리(principle of Pascal) : 밀폐된 용기의 유체에 가한 압력은 같은 세기로 모든 방향으로 전달된다.

즉, $p_1 = p_2$이므로 $\dfrac{W_1}{A_1} = \dfrac{W_2}{A_2}$

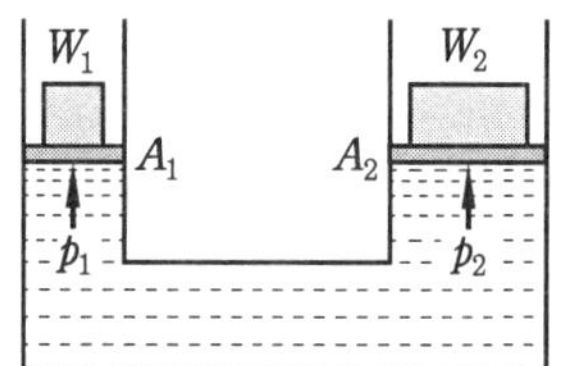

74. **다음 중 유압기기에서 유량 제어 밸브에 속하는 것은?**

① 릴리프 밸브 ② 체크 밸브
③ 감압 밸브 ④ 스로틀 밸브

해설 릴리프 밸브와 감압 밸브는 압력 제어 밸브이고, 체크 밸브는 방향 제어 밸브이다.

75. **유압장치에서 펌프의 무부하 운전 시 특징으로 옳지 않은 것은?**

① 펌프의 수명 연장
② 유온 상승 방지
③ 유압유 노화 촉진
④ 유압장치의 가열 방지

해설 펌프의 무부하 운전
(1) 펌프 구동력의 손실 방지
(2) 유압장치의 가열 방지
(3) 펌프의 수명 연장
(4) 효율이 좋게 안전 작업 가능
(5) 작동유의 노화 방지

정답 72. ③ 73. ② 74. ④ 75. ③

76. **유압회로에서 정규 조작 방법에 우선하여 조작할 수 있는 대체 조작 수단으로 정의되는 에너지 제어·조작 방식 일반에 관한 용어는?**

① 직접 파일럿 조작

② 솔레노이드 조작

③ 간접 파일럿 조작

④ 오버라이드 조작

해설 ① 직접 파일럿 조작 : 밸브 몸체의 위치가 제어 압력의 변화에 의하여 직접 조작되는 방식

② 솔레노이드 조작 : 전자석에 의한 조작 방식

③ 간접 파일럿 조작 : 밸브 몸체의 위치가 파일럿 장치에 대한 제어 압력의 변화에 의하여 조작되는 방식

④ 오버라이드 조작 : 정규 조작 방법에 우선하여 조작할 수 있는 대체 조작 수단

77. **유압모터 한 회전당 배출유량이 50 cc인 베인 모터가 있다. 이 모터에 압력 7 MPa의 압유를 공급할 때 발생되는 최대 토크는 몇 N·m인가?**

① 55.7 ② 557

③ 35 ④ 350

해설 최대 토크(T_{max})

$$=\frac{Pq}{2\pi}=\frac{7\times10^6\times50\times10^{-6}}{2\pi}=55.7\,\text{N}\cdot\text{m}$$

78. **실린더를 임의의 위치에서 고정시킬 수 있고, 펌프를 무부하 운전시킬 수 있는 탠덤 센터형 방향 전환 밸브는?**

①
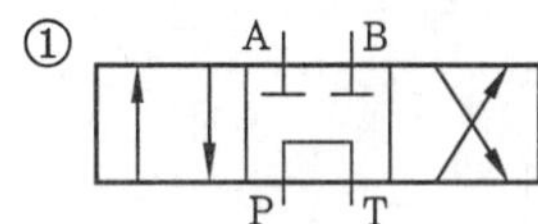

②
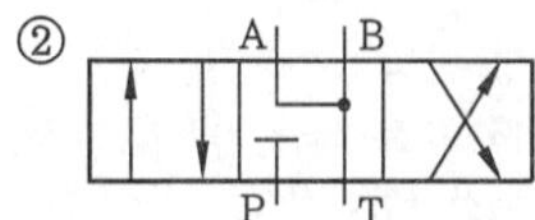

③
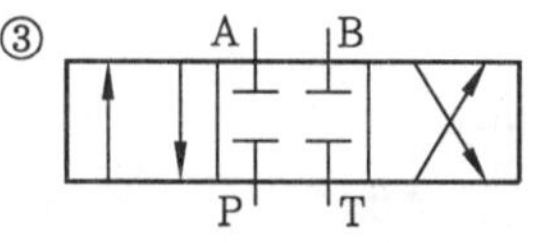

④
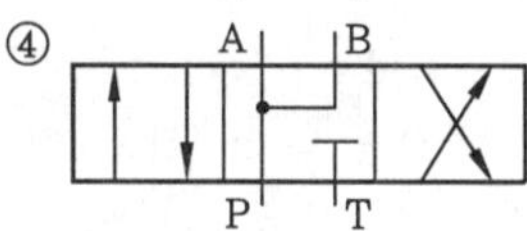

해설 탠덤 센터형 : 4포트 3위치 방향 밸브에서 일명 센터 바이패스형이라고도 하며, 중립 위치에서 A, B 포트가 모두 닫히면 실린더는 임의의 위치에서 고정되고, 또 P 포트와 T 포트가 서로 통하게 되므로 펌프를 무부하시킬 수 있는 형식이다.

79. **작동유가 가지고 있는 에너지를 잠시 저축하였다가 이것을 이용하여 완충 작용도 할 수 있는 부품은?**

① 제어 밸브 ② 유체 커플링

③ 스테이터 ④ 축압기

해설 축압기(어큐뮬레이터)는 맥동 압력이나 충격 압력을 흡수하여 유압장치를 보호하거나 유압펌프의 작동 없이 유압장치에 순간적인 유압을 공급하기 위하여 압력을 저장하는 유압 부속장치이다.

80. **다음 중 베인 펌프의 특징으로 옳지 않은 것은?**

① 기어 펌프나 피스톤 펌프에 비하여 토출압력의 맥동이 거의 없다.

② 상대적으로 작은 크기로 큰 동력을 낼 수 있다.

③ 고장이 적으나 소음이 크다.

④ 부품의 수가 많아 보수 유지에 주의할 필요가 있다.

해설 베인 펌프의 특징

(1) 수명이 길고 장시간 안정된 성능을 발휘할 수 있어서 산업 기계에 많이 쓰인다.

(2) 송출압력의 맥동이 적고 소음이 작다.

(3) 고장이 적고 보수가 용이하다.

정답 76. ④ 77. ① 78. ① 79. ④ 80. ③

(4) 펌프 유동력에 비해 형상치수가 작다.
(5) 피스톤 펌프보다는 단가가 싸다.
(6) 기름의 오염에 주의하고 흡입 진공도가 허용 한도 이하이어야 한다.
(7) 부품의 수가 많아 보수 유지에 주의할 필요가 있다.

제 5 과목 건설기계일반 및 플랜드배관

81. 다음 중 모터 그레이더에서 앞바퀴를 좌우로 경사시켜 회전 반지름을 작게 하기 위해 설치하는 것은?

① 리닝 장치 ② 브레이크 장치
③ 감속 장치 ④ 클러치

해설 리닝 장치는 차체에 측압이 걸리는 블레이드 작업을 할 때 앞바퀴를 압력 받는 쪽으로 기울여서 작업의 직진성을 유지시켜 조향성 및 작업능률을 향상시켜 회전 반지름을 작게 한다. 최대 리닝 각도는 앞바퀴를 좌 또는 우로 경사시켰을 때 바퀴의 원주 평면이 지면에 대한 수직면과 이루는 각도 중 최대치를 말한다.

82. 공기 압축기에서 압축공기의 수분을 제거하여 공기 압축기의 부식을 방지하는 역할을 하는 장치는 무엇인가?

① 공기 압력 조절기
② 공기 청정기
③ 인터 쿨러
④ 드라이어

해설 공기 압축기의 주요 구조
(1) 공기 압력 조절기 : 압력을 설정압력으로 일정하게 유지하기 위한 장치로서 언로드 밸브 또는 원동기의 rpm을 조절한다.
(2) 공기 청정기 : 흡입되는 공기 중의 이물질을 여과하여 공기 압축기 및 부품의 마모를 방지하며 소음기(사일런서)가 있어 소음도 제거한다.
(3) 인터 쿨러 : 공기가 압축되면 열이 발생되므로 이 열로 인하여 공기가 발생하고 다음 단계에서 압축할 때에는 더 많은 동력이 필요하게 되므로 이 열을 압축 단계 사이에서 제거하기 위하여 열 교환기를 두어 열을 제거한다.

83. 다음 중 벨트 컨베이어의 운반 능력 계산에서 고려할 필요가 없는 것은?

① 벨트의 폭
② 벨트 속도
③ 벨트의 거리
④ 운반물의 적재 단면적

해설 벨트 컨베이어의 운반 능력(Q)
$= 60AV\gamma$[t/h]
여기서, A : 운반물의 적재 단면적(m^2)
V : 벨트 속도(m/min)
γ : 운반물의 겉보기 비중(t/m^3)
※ $A = K(0.9B - 0.05)^2$
여기서, K : 정수, B : 벨트 폭(m)

84. 다음 중 수동변속기가 장착된 덤프트럭(dump truck)의 동력전달계통이 아닌 것은?

① 클러치 ② 트랜스미션
③ 분할 장치 ④ 차동기어 장치

해설 동력전달계통은 동력을 전달하는 일련의 장치로 클러치, 트랜스미션(변속기), 추진축, 감속기, 차동기, 후차축 등의 부품들을 말한다.

85. 다음 중 로더의 치수에 대한 설명으로 옳지 않은 것은?

① 덤프 높이는 기준 무부하 상태에서 버킷을 최고 올림 상태로 하여 45° 앞으로 기울인 경우 지면에서 버킷 투스까지의 높이로 한다.

정답 81. ① 82. ④ 83. ③ 84. ③ 85. ④

② 덤프 거리는 기준 무부하 상태에서 버킷을 최고 올림 상태로 하여 45° 앞으로 기울인 경우 버킷의 선단과 차체의 앞부분에서 지표면과 수직으로 그은 선과의 수평거리로 한다.

③ 덤프 거리 산정 시 버킷의 치수는 포함하지 않는다.

④ 덤프 높이 산정 시 슈판의 돌기를 포함한다.

해설 덤프 높이 산정 시 슈판의 돌기를 포함하지 않는다.

86. 금속의 기계 가공 시 절삭성이 우수한 강재가 요구되어 개발된 것으로서 S(황)을 첨가하거나 Pb(납)을 첨가한 강재는?

① 내식강 ② 내열강
③ 쾌삭강 ④ 불변강

해설 쾌삭강(free cutting steel) : 강에 S, Zr, Pb, Ce를 첨가하여 절삭성을 향상시킨 강 (S의 양 : 0.25% 함유)

87. 다음 중 플랜트 기계 설비에 사용되는 티타늄과 그 합금에 관한 설명으로 가장 거리가 먼 것은?

① 가볍고 강하며 녹슬지 않는 금속이다.

② 티타늄 합금은 실용 금속 중 높은 수준의 기계적 성질과 금속학적 특성이 있다.

③ 석유화학공업, 합성섬유공업, 유기약품공업에서는 사용할 수 없다.

④ 생체와의 친화성이 대단히 좋고, 알레르기도 거의 일어나지 않아 의치, 인공뼈 등에도 이용된다.

해설 티타늄(Ti)과 그 합금은 가볍고(Ti은 비중이 4.5인 경금속) 녹이 슬지 않는 내식재료로 임플란트(치공 재료), 각종 밸브, 석유화학공업, 합성섬유공업, 유기약품공업 등에 널리 사용된다.

88. 다음 보기는 불도저의 작업량에 영향을 주는 변수들이다. 이들 중 작업량에 비례하는 변수로 짝지어진 것은?

〈보기〉
ⓐ 블레이드 폭
ⓑ 토공판 용량
ⓒ 작업효율
ⓓ 토량환산계수
ⓔ 사이클 타임(1순환 소요시간)

① ⓐ, ⓑ, ⓒ, ⓓ, ⓔ
② ⓐ, ⓑ, ⓒ, ⓓ
③ ⓐ, ⓑ, ⓒ, ⓔ
④ ⓐ, ⓑ, ⓔ

해설 불도저의 시간당 작업량(Q)

$$= \frac{60qfE}{C_m}[\mathrm{m^3/h}]$$

여기서, q : 토공판(블레이드) 용량($\mathrm{m^3}$)
$= BH^2$(B : 블레이드 폭, H : 블레이드 높이)
f : 토량환산계수(체적환산계수)
E : 작업효율
C_m : 1회 사이클 타임(min)

89. 백호, 클램셸, 드래그 라인 등의 작업량 산정식으로 옳은 것은 어느 것인가? (단, Q : 시간당 작업량($\mathrm{m^3/h}$), q : 버킷 용량($\mathrm{m^3}$), f : 토량환산계수, E : 작업효율, K : 버킷계수, C_m : 1회 사이클 시간(s)이다.)

① $Q = \frac{C_m q}{3600KfE}$

② $Q = \frac{3600KfE}{C_m}$

③ $Q = \frac{3600qKf}{C_m E}$

④ $Q = \frac{C_m E}{3600qKf}$

정답 86. ③ 87. ③ 88. ② 89. ②

90. 콘 크러셔(cone crusher)의 규격을 나타내는 것은?

① 베드의 지름(mm)
② 드럼의 지름(mm)×드럼길이(mm)
③ 베드의 두께(mm)
④ 시간당 쇄석능력(ton/h)

해설 쇄석기의 종류에 따른 규격
(1) 조 쇄석기 : 조간의 최대거리(mm)×쇄석판의 너비(mm)
(2) 롤 쇄석기 : 롤의 지름(mm)×길이(mm)
(3) 자이러토리 쇄석기 : 콘케이브와 맨틀 사이의 간격(mm)×맨틀 지름(mm)
(4) 콘 쇄석기 : 베드의 지름(mm)
(5) 임팩트 또는 해머 쇄석기 : 시간당 쇄석능력(t/h)
(6) 밀 쇄석기 : 드럼 지름(mm)×길이(mm)

91. 다음 중 신축 이음의 종류가 아닌 것은 어느 것인가?

① 슬리브형 신축 이음
② 벨로스형 신축 이음
③ 볼조인트형 신축 이음
④ 글로브형 신축 이음

해설 신축 이음의 종류에는 슬리브형, 벨로스형, 루프형, 스위블형, 볼조인트형 등이 있다.

92. 다음 중 배관이 접속하고 있을 때를 도시하는 기호는?

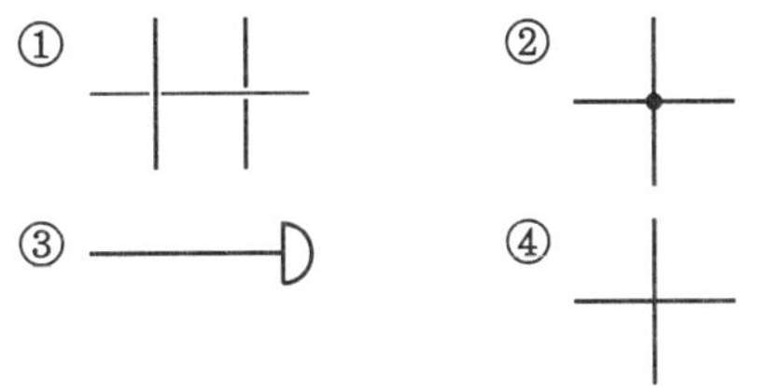

해설 ①, ④는 배관이 접속하고 있지 않을 때를 나타내는 기호이며 ③은 용접식 캡을 표시하는 기호이다.

93. 다음 중 덕타일 주철관의 이음 방법으로 가장 거리가 먼 것은?

① 타이톤 조인트
② 메커니컬 조인트
③ 압축 조인트
④ KP 메커니컬 조인트

해설 덕타일 주철관의 이음 방법
(1) 타이톤 접합
(2) 메커니컬 접합
(3) KP 메커니컬 접합
(4) 소켓 접합
(5) 플랜지 접합
(6) 맞물림 접합
※ 압축 접합(플레어 이음)은 동관의 이음 방법이다.

94. 다음 중 슬리브에 대한 일반적인 설명으로 틀린 것은?

① 벽, 바닥, 보를 관통할 때는 콘크리트를 치고 난 뒤에 슬리브를 설치한다.
② 수조나 풀 등의 벽이나 바닥을 관통할 때 충분한 방수를 고려한 뒤 시공한다.
③ 방수층이 있는 바닥을 관통할 때는 변소, 욕실 바닥 마무리 면보다 5 mm 전후로 늘려 놓는다.
④ 옥상을 관통할 때 파이프 샤프트의 크기만큼 옥상에 콘크리트 샤프트를 연장하여 옥외로 낸다.

해설 슬리브(sleeve)는 배관 시공에서 벽, 바닥, 방수층, 수조 등을 관통하고 콘크리트를 치기 전에 미리 관의 외경보다 조금 크게 넣고 시공하는 것이다.

95. 다음 중 급배수 배관의 기능을 확인하는 배관 시험 방법으로 적절하지 않은 것은?

① 수압 시험 ② 기압 시험

정답 90. ① 91. ④ 92. ② 93. ③ 94. ① 95. ④

③ 연기 시험 ④ 진공 시험

해설 배관 시험 방법

(1) 수압 시험 : 수두 3mAq 또는 수압 0.3 kgf/cm^2 이상으로 30분 이상 유지
(2) 기압 시험 : 압력(기압) 0.3 kgf/cm^2 이상으로 15분 이상 유지
(3) 연기 시험 : 수두 25 mmAq에 상당하는 기압으로 15분 이상 유지
(4) 박하 시험 : 모든 배관과 트랩을 봉수한 다음 주관(수직관) 7.5 m마다 50 g(57 g)의 박하기름을 주입 후 3.8 L의 온수를 붓고 시험수두 25 mmAq로 15분 이상 유지 후 냄새로 누설 확인

96. **각종 수용액과 유기화합물의 내식성이 우수하며 열 및 전기전도성이 높아 일상생활과 공업용으로 널리 사용되는 배관은?**

① 합성수지관 ② 탄소강관
③ 주철관 ④ 동관

해설 동관의 일반적인 특징

(1) 내식성이 좋아 부식의 염려가 없다.
(2) 오래 사용해도 내면에 스케일이 생기지 않아 반영구적이다.
(3) 열전도율이 높아 복사 난방용 코일 재료로 사용하면 난방 효과가 좋다.
(4) 부식에 의한 다른 물질의 혼입 염려가 없어 위생 설비 배관에 좋다.
(5) 굽힘, 절단, 변형, 용접 등이 용이하고 시공비가 적게 든다.

97. **배관의 종류 중 배관용 탄소 강관의 KS 규격 기호는?**

① SPA ② STS
③ SPP ④ STH

해설 STS는 합금 공구강 강재를 표시한다.

98. **다음 배관용 공구에서 측정용 공구가 아닌 것은?**

① 리머
② 직각자
③ 수준기
④ 버니어캘리퍼스

해설 리머는 칼날이 축심에 평행으로 장착되어 있으며, 드릴을 이용하여 구멍을 뚫은 후 그것을 다듬는 데 사용하는 절삭 공구이다.

99. **리스트레인트는 열팽창에 의한 배관의 이동을 구속 또는 제한하는 배관 지지 장치이다. 리스트레인트의 종류로 옳은 것은?**

① 앵커, 스토퍼
② 방진기, 완충기
③ 파이프 슈, 리지드 서포트
④ 스프링 행어, 콘스탄트 행어

해설 리스트레인트의 종류

(1) 앵커 : 배관을 지지점 위치에 완전히 고정하는 지지 금속
(2) 스토퍼 : 배관의 일정 방향의 이동과 회전만 구속하고 다른 방향은 자유롭게 이동하게 하는 배관 지지 금속
(3) 가이드 : 축과 직각방향의 이동을 구속하는 장치(축방향 이동은 가능)

100. **지상 20 m의 높이에 지름이 4 m, 높이 5 m인 물 탱크에 물이 가득 채워져 있을 때 물이 가지고 있는 위치에너지는 몇 kJ인가? (단, 물의 밀도는 1000 kg/m^3, 중력가속도는 9.81 m/s^2로 한다.)**

① 10107 ② 12327
③ 16907 ④ 20021

해설 위치에너지(PE)

$$= WZ = mgZ = \rho VgZ = \rho AhgZ$$
$$= 1000 \times \frac{\pi}{4} \times 4^2 \times 5 \times 9.81 \times 20$$
$$= 12327609.57\ J$$
$$\fallingdotseq 12327\ kJ$$

정답 96. ④ 97. ③ 98. ① 99. ① 100. ②

2018년도 시행문제

건설기계설비기사

2018년 3월 4일(제1회)

제1과목 재료역학

1. 그림과 같은 직사각형 단면의 목재 외팔보에 집중하중 P가 C점에 작용하고 있다. 목재의 허용압축응력을 8 MPa, 끝단 B점에서의 허용처짐량을 23.9 mm라고 할 때 허용압축응력과 허용처짐량을 모두 고려하여 이 목재에 가할 수 있는 집중하중 P의 최댓값은 약 몇 kN인가? (단, 목재의 탄성계수는 12 GPa, 단면 2차 모멘트 1022×10^{-6} m^4, 단면계수는 4.601×10^{-3} m^{3}이다.)

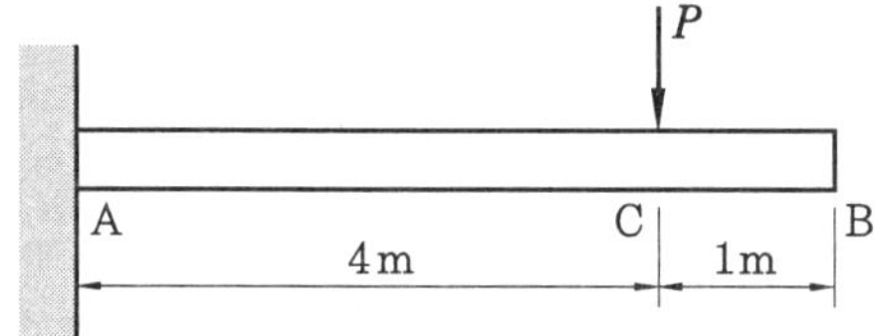

① 7.8 ② 8.5
③ 9.2 ④ 10.0

해설 $\delta_B=\delta_C+\theta_C L_1=\dfrac{PL^3}{3EI}+\dfrac{PL^2}{2EI}\times L_1$

$$=\frac{PL^2}{6EI}(2L+3L_1)\,[\text{m}]$$

$$P=\frac{6EI\delta_B}{L^2(2L+3L_1)}$$

$$=\frac{6\times12\times10^6\times1022\times10^{-6}\times0.0239}{4^2(2\times4+3\times1)}$$

$$≒10\text{ kN}$$

$M_{\max}=\sigma Z$에서 $PL=\sigma Z\,(M_{\max}=PL)$

$$P=\frac{\sigma Z}{L}=\frac{8\times10^3\times4.601\times10^{-3}}{4}=9.2\text{ kN}$$

※ 집중하중(P)의 최댓값은 안전성을 고려하여 작은 값인 9.2 kN으로 한다.

2. 최대 사용강도($\sigma_{\max}$) = 240 MPa, 안지름 1.5 m, 두께 3 mm의 강재 원통형 용기가 견딜 수 있는 최대 압력은 몇 kPa인가? (단, 안전계수는 2이다.)

① 240 ② 480
③ 960 ④ 1920

해설 $\sigma_a=\dfrac{\sigma_{\max}}{S}=\dfrac{240}{2}=120\text{ MPa}$

$\sigma_a=\dfrac{PD}{2t}$ [MPa]에서

$$P=\frac{2\sigma_a t}{D}=\frac{2\times120\times10^3\times0.003}{1.5}$$

$$=480\text{ kPa}$$

3. 길이가 $l+2a$인 균일 단면 봉의 양단에 인장력 P가 작용하고, 양단에서의 거리가 a인 단면에 Q의 축 하중이 가하여 인장될 때 봉에 일어나는 변형량은 약 몇 cm인가? (단, l = 60 cm, a = 30 cm, P = 10 kN, Q = 5kN, 단면적 A = 4 cm^2, 탄성계수는 210 GPa이다.)

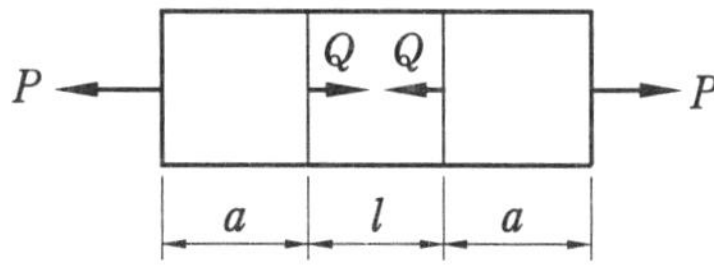

① 0.0107 ② 0.0207
③ 0.0307 ④ 0.0407

해설 $\lambda=\lambda_1+\lambda_2=2\dfrac{Pa}{AE}+\dfrac{(P-Q)l}{AE}$

$$=\frac{1}{AE}[2Pa+(P-Q)l]$$

정답 1. ③ 2. ② 3. ①

$$= \frac{[2\times10\times30+(10-5)\times60]}{4\times210\times10^2}$$

$= 0.0107$ cm

4. 그림과 같은 T형 단면을 갖는 돌출보의 끝에 집중 하중 $P=4.5$ kN이 작용한다. 단면 $A-A$에서의 최대 전단응력은 약 몇 kPa인가? (단, 보의 단면 2차 모멘트는 5313 cm^4이고, 밑면에서 도심까지의 거리는 125 mm이다.)

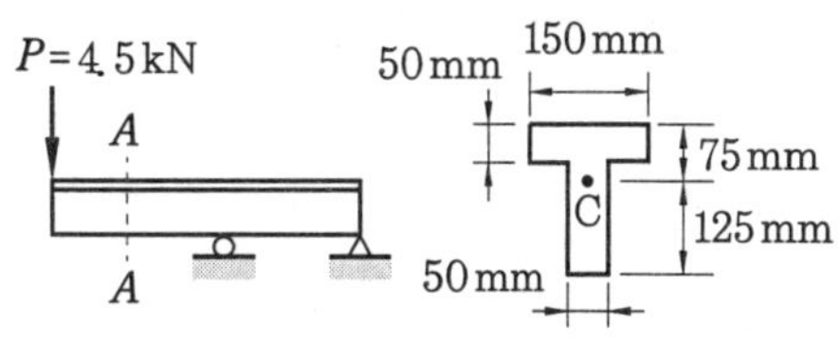

① 421　② 521
③ 662　④ 721

해설 $\tau_{max}=\frac{PQ}{bI_G}=\frac{P(A\bar{y})}{bI_G}$

$$=\frac{4.5\times\left[0.05\times0.125\left(\frac{0.125}{2}\right)\right]}{0.05\times5313\times10^{-8}}$$

$=662$ kPa

5. 비틀림 모멘트 T를 받고 있는 지름이 d인 원형축의 최대 전단응력은?

① $\tau=\frac{8T}{\pi d^3}$　② $\tau=\frac{16T}{\pi d^3}$
③ $\tau=\frac{32T}{\pi d^3}$　④ $\tau=\frac{64T}{\pi d^3}$

해설 $T=\tau Z_p=\tau\frac{\pi d^3}{16}$ [N·m]에서

$\tau=\frac{16T}{\pi d^3}$ [MPa]

6. 다음 정사각형 단면(40 mm×40 mm)을 가진 외팔보가 있다. $a-a$면에서의 수직응력(σ_n)과 전단응력(τ_s)은 각각 몇 kPa인가?

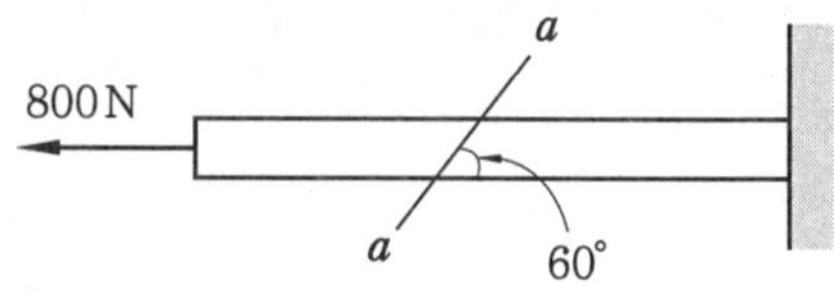

① $\sigma_n=693$, $\tau_s=400$
② $\sigma_n=400$, $\tau_s=693$
③ $\sigma_n=375$, $\tau_s=217$
④ $\sigma_n=217$, $\tau_s=375$

해설 $\sigma_n=\sigma_x\cos^2\theta=\frac{P}{A}\cos^2\theta$

$$=\frac{800}{40\times40}\times\cos^2 30°$$

$=0.375$ MPa $=375$ kPa

$\tau_n=\frac{1}{2}\sigma_x\sin2\theta=\frac{1}{2}\times0.5\times\sin60°$

$=0.217$ MPa $=217$ kPa

7. 그림과 같은 외팔보가 있다. 보의 굽힘에 대한 허용응력을 80 MPa로 하고, 자유단 B로부터 보의 중앙점 C 사이에 등분포하중 w를 작용시킬 때, w의 허용 최댓값은 몇 kN/m인가? (단, 외팔보의 폭×높이는 5 cm×9 cm이다.)

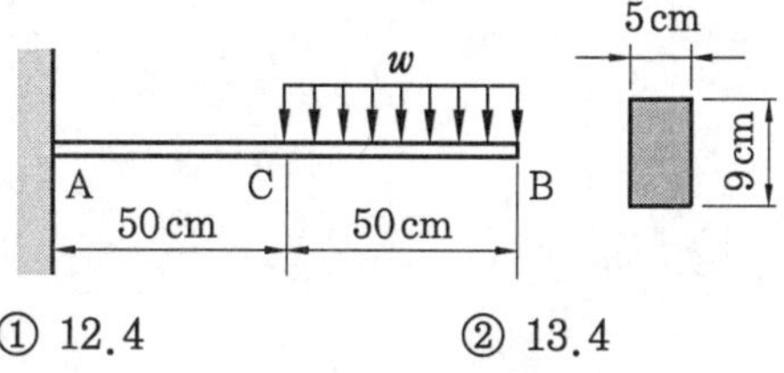

① 12.4　② 13.4
③ 14.4　④ 15.4

해설 $M_{max}=\sigma Z$

$(w\times0.5)\times0.75$

$$=80\times10^3\times\frac{0.05\times(0.09)^2}{6}=5.4\text{ kN}\cdot\text{m}$$

$\therefore\ w=\frac{5.4}{0.375}=14.4$ kN/m

8. 코일스프링의 권수를 n, 코일의 지름 D, 소선의 지름 d인 코일스프링의 전체 처짐

정답 4. ③　5. ②　6. ③　7. ③　8. ①

δ는?(단, 이 코일에 작용하는 힘은 P, 가로탄성계수는 G이다.)

① $\frac{8nPD^3}{Gd^4}$ ② $\frac{8nPD^2}{Gd}$

③ $\frac{8nPD^2}{Gd^2}$ ④ $\frac{8nPD}{Gd^2}$

해설 최대 처짐량(δ_{max})

$= \frac{8nPD^3}{Gd^4} = \frac{64nR^3P}{Gd^4}$

9. 그림과 같이 초기 온도 20℃, 초기 길이 19.95 cm, 지름 5 cm인 봉을 간격이 20 cm인 두 벽면 사이에 넣고 봉의 온도를 220℃로 가열했을 때 봉에 발생되는 응력은 몇 MPa인가?(단, 탄성계수 E= 210 GPa이고, 균일 단면을 갖는 봉의 선팽창계수 $\alpha = 1.2\times10^{-5}$/℃이다.)

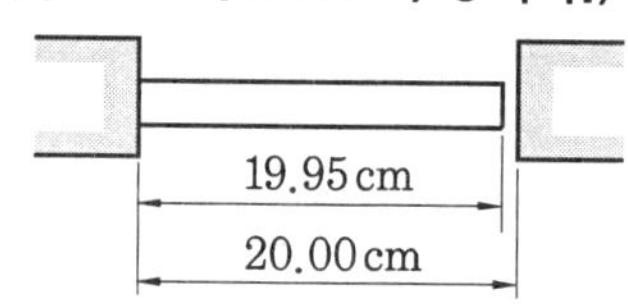

① 0 ② 25.2

③ 257 ④ 504

해설 변형량(δ)

$= L\alpha\Delta t = 19.95\times1.2\times10^{-5}\times(220-20)$

$= 0.0479 < 0.05$ cm

∴ 열응력은 발생하지 않는다($\sigma = 0$).

10. 다음 중 금속 재료의 거동에 대한 일반적인 설명으로 틀린 것은?

① 재료에 가해지는 응력이 일정하더라도 오랜 시간이 경과하면 변형률이 증가할 수 있다.

② 재료의 거동이 탄성한도로 국한된다고 하더라도 반복하중이 작용하면 재료의 강도가 저하될 수 있다.

③ 응력-변형률 곡선에서 하중을 가할 때와 제거할 때의 경로가 다르게 되는 현상을 히스테리시스라 한다.

④ 일반적으로 크리프는 고온보다 저온 상태에서 더 잘 발생한다.

해설 일반적으로 크리프(creep)는 저온보다 고온 상태에서 더 크게 발생한다.

11. 그림과 같은 정삼각형 트러스의 B점에 수직으로, C점에 수평으로 하중이 작용하고 있을 때, 부재 AB에 작용하는 하중은?

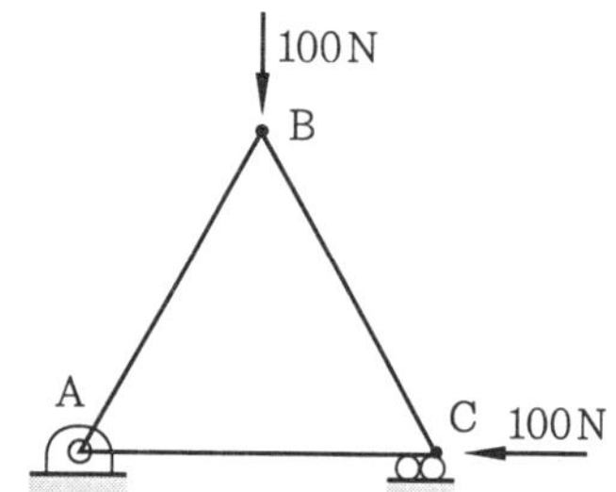

① $\frac{100}{\sqrt{3}}$ N ② $\frac{100}{3}$ N

③ $100\sqrt{3}$ N ④ 50 N

해설 $\frac{100}{\sin60°} = \frac{F_{AB}}{\sin150°}$

$F_{AB} = 100\times\frac{\sin150°}{\sin60°} = 100\times\frac{1}{2}\times\frac{2}{\sqrt{3}}$

$= \frac{100}{\sqrt{3}}$ N

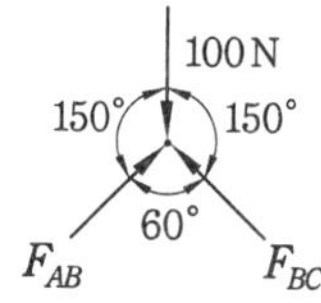

[별해] $F_{AB} = F_{BC} = T$라 하면

$2T\cos30° = 100$

$\therefore T = \frac{100}{2\cos30°} = \frac{100}{2\times\frac{\sqrt{3}}{2}} = \frac{100}{\sqrt{3}}$ N

12. 직사각형 단면(폭×높이 = 12 cm×5 cm)이고, 길이 1 m인 외팔보가 있다. 이 보의

정답 9. ① 10. ④ 11. ① 12. ②

허용굽힘응력이 500 MPa이라면 높이와 폭의 치수를 서로 바꾸면 받을 수 있는 하중의 크기는 어떻게 변화하는가?

① 1.2배 증가　② 2.4배 증가
③ 1.2배 감소　④ 변화 없다.

해설 $M_{max}=\sigma Z$이므로

$$P_1L=\sigma\frac{bh^2}{6}$$

$$P_2L=\sigma\frac{hb^2}{6}$$

$$\therefore \frac{P_2}{P_1}=\frac{b}{h}=\frac{12}{5}=2.4 \text{ 배 증가}$$

13. 다음 보의 자유단 A지점에서 발생하는 처짐은 얼마인가? (단, EI는 굽힘강성이다.)

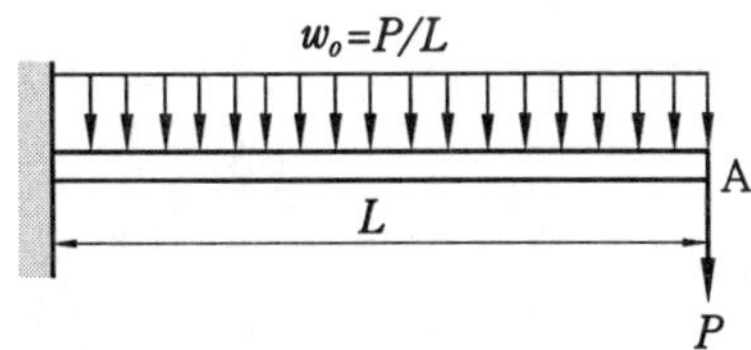

① $\dfrac{5PL^3}{6EI}$　② $\dfrac{7PL^3}{12EI}$
③ $\dfrac{11PL^3}{24EI}$　④ $\dfrac{17PL^3}{48EI}$

해설 중첩법을 적용하여 처짐량을 구한다.

$$\delta_A=\delta_1+\delta_2=\frac{PL^3}{3EI}+\frac{w_oL^4}{8EI}$$

$$=\frac{PL^3}{3EI}+\frac{PL^3}{8EI}(P=w_oL)$$

$$=\frac{11PL^3}{24EI}$$

14. 지름 80 mm의 원형 단면의 중립축에 대한 관성 모멘트는 약 몇 mm^4인가?

① 0.5×10^6　② 1×10^6
③ 2×10^6　④ 4×10^6

해설 $I_G=\dfrac{\pi d^4}{64}=\dfrac{\pi(80)^4}{64}\fallingdotseq 2\times10^6\,mm^4$

15. $\sigma_x=700$ MPa, $\sigma_y=-300$ MPa가 작용하는 평면응력 상태에서 최대 수직응력(σ_{max})과 최대 전단응력(τ_{max})은 각각 몇 MPa인가?

① $\sigma_{max}=700,\ \tau_{max}=300$
② $\sigma_{max}=600,\ \tau_{max}=400$
③ $\sigma_{max}=500,\ \tau_{max}=700$
④ $\sigma_{max}=700,\ \tau_{max}=500$

해설 $\sigma_{max}=\sigma_x=700$ MPa

$$\tau_{max}=\frac{1}{2}(\sigma_x-\sigma_y)=\frac{1}{2}[700-(-300)]$$

$$=500\text{ MPa}$$

16. 다음 그림과 같이 집중 하중 P를 받고 있는 고정 지지보가 있다. B점에서의 반력의 크기를 구하면 몇 kN인가?

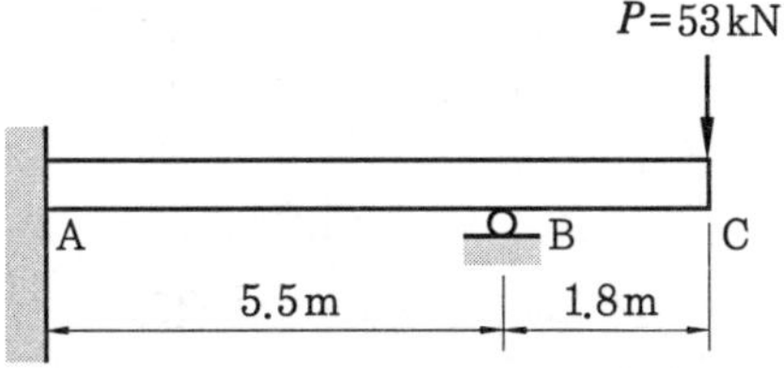

① 54.2　② 62.4
③ 70.3　④ 79.0

해설 $M_B=PL_1=53\times1.8=95.4$ kN·m

$$\frac{(R_B-P)L^3}{3EI}=\frac{M_BL^2}{2EI}\text{에서}$$

$$R_B=P+\frac{3M_B}{2L}=53+\frac{3\times95.4}{2\times5.5}=79.02\text{ kN}$$

17. 양단이 힌지로 지지되어 있고 길이가 1 m인 기둥이 있다. 단면이 30 mm×30 mm인 정사각형이라면 임계하중은 약 몇 kN인가? (단, 탄성계수는 210 GPa이고, Euler의 공식을 적용한다.)

① 133　② 137
③ 140　④ 146

정답 13. ③　14. ③　15. ④　16. ④　17. ③

해설 $P_{\sigma}=n\pi^2\dfrac{EI_G}{L^2}$

$$=1\times\pi^2\times\frac{210\times10^6\times\dfrac{(0.03)^4}{12}}{1^2}=140\text{ kN}$$

18. 아래 그림과 같은 보에 대한 굽힘 모멘트 선도로 옳은 것은?

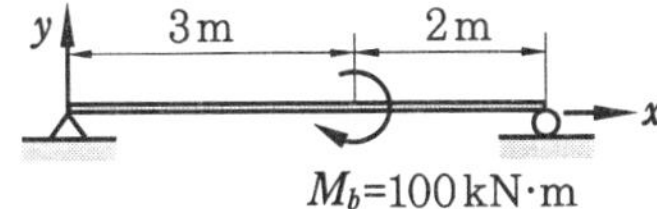

+M_b

① M_b

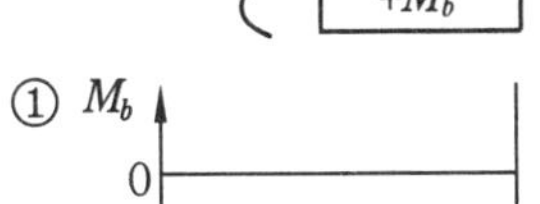

② M_b

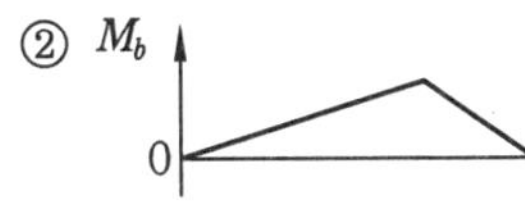

③ M_b

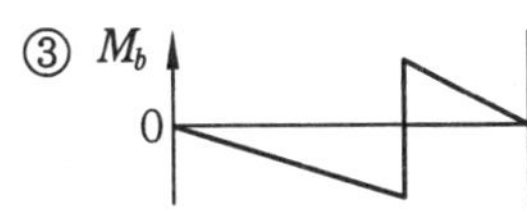

④ M_b 0

19. 지름 50 mm의 알루미늄 봉에 100 kN의 인장하중이 작용할 때 300 mm의 표점거리에서 0.219 mm의 신장이 측정되고, 지름은 0.01215 mm만큼 감소되었다. 이 재료의 전단탄성계수 G는 약 몇 GPa인가?(단, 알루미늄 재료는 탄성거동 범위 내에 있다.)

① 21.2　　② 26.2
③ 31.2　　④ 36.2

해설 푸아송의 비$(\mu)=\dfrac{1}{m}=\dfrac{|\varepsilon'|}{\varepsilon}$

$$=\frac{\dfrac{\delta}{d}}{\dfrac{\sigma}{E}}=\frac{\delta E}{d\sigma}$$

$$E=\frac{\mu d\sigma}{\delta}=\frac{0.33\times50\times50.93\times10^{-3}}{0.01215}$$

$=69.2\text{ GPa}$

$$※\ \mu=\frac{|\varepsilon'|}{\varepsilon}=\frac{\left|\dfrac{-0.01215}{50}\right|}{\dfrac{0.219}{300}}=0.33$$

$$\sigma=\frac{P}{A}=\frac{P}{\dfrac{\pi d^2}{4}}=\frac{4P}{\pi d^2}=\frac{4\times100\times10^3}{\pi\times50^2}$$

$=50.93\text{ MPa}$

$$\therefore\ G=\frac{mE}{2(m+1)}=\frac{E}{2(1+\mu)}$$

$$=\frac{69.2}{2(1+0.33)}=26.02\text{ GPa}$$

20. 길이가 L이며, 관성 모멘트가 I_p이고, 전단탄성계수 G인 부재에 토크 T가 작용될 때 이 부재에 저장된 변형 에너지는?

① $\dfrac{TL}{GI_p}$　　② $\dfrac{T^2L}{2GI_p}$

③ $\dfrac{T^2L}{GI_p}$　　④ $\dfrac{TL}{2GI_p}$

해설 $U=\dfrac{T\theta}{2}=\dfrac{T^2L}{2GI_p}$ [kJ]

제 2 과목 기계열역학

21. 이상적인 복합 사이클(사바테 사이클)에서 압축비는 16, 최고압력비(압력상승비)는 2.3, 체절비는 1.6이고, 공기의 비열비는 1.4일 때 이 사이클의 효율은 약 몇 %인가?

① 55.52　　② 58.41
③ 61.54　　④ 64.88

해설 η_{ths}

$$=\left\{1-\left(\frac{1}{\varepsilon}\right)^{k-1}\frac{\rho\sigma^k-1}{(\rho-1)+k\rho(\sigma-1)}\right\}\times100\%$$

정답 18. ③　19. ②　20. ②　21. ④

$$=\left\{1-\left(\frac{1}{16}\right)^{1.4-1}\frac{2.3\times1.6^{1.4}-1}{(2.3-1)+1.4\times2.3(1.6-1)}\right\}$$
$$\times100\,\%=64.88\,\%$$

22. 열역학적 변화와 관련하여 다음 설명 중 옳지 않은 것은?

① 단위 질량당 물질의 온도를 1℃ 올리는 데 필요한 열량을 비열이라 한다.
② 정압과정으로 시스템에 전달된 열량은 엔트로피 변화량과 같다.
③ 내부 에너지는 시스템의 질량에 비례하므로 종량적(extensive) 상태량이다.
④ 어떤 고체가 액체로 변화할 때 융해(melting)라고 하고, 어떤 고체가 기체로 바로 변화할때 승화(sublimation)라고 한다.

해설 정압과정($P=C$) 시 시스템에 전달된 열량은 엔탈피 변화량과 같다.

$$\delta Q=dH-VdP \quad (dP=0)$$
$$\therefore\ \delta Q=dH=mC_p dT\,[\text{kJ}]$$

23. 랭킨 사이클에서 25℃, 0.01 MPa 압력의 물 1 kg을 5 MPa 압력의 보일러로 공급한다. 이때 펌프가 가역단열과정으로 작용한다고 가정할 경우 펌프가 한 일은 약 몇 kJ인가? (단, 물의 비체적은 0.001 m^3/kg이다.)

① 2.58 ② 4.99
③ 20.10 ④ 40.20

해설 $w_p=-\int_1^2 vdp=v\int_2^1 dp=v(p_1-p_2)$

$$=0.001(5-0.01)\times10^3=4.99\text{ kJ/kg}$$

24. 온도가 각기 다른 액체 A(50℃), B(25℃), C(10℃)가 있다. A와 B를 동일 질량으로 혼합하면 40℃로 되고, A와 C를 동일 질량으로 혼합하면 30℃로 된다. B와 C를 동일 질량으로 혼합할 때는 몇 ℃로 되겠는가?

① 16.0℃ ② 18.4℃
③ 20.0℃ ④ 22.5℃

해설 (1) $C_A(50-40)=C_B(40-25)$

$$C_B=\frac{2}{3}C_A$$

(2) $C_A(50-30)=C_C(30-10)$

$$C_C=C_A$$

(3) $C_B(25-t_m)=C_C(t_m-10)$

$$\therefore\ \frac{C_C}{C_B}=\frac{(25-t_m)}{(t_m-10)}=\frac{3}{2}$$
$$50-2t_m=3t_m-30$$
$$5t_m=80$$
$$\therefore\ t_m=\frac{80}{5}=16\,℃$$

25. 이상기체 공기가 안지름 0.1 m인 관을 통하여 0.2 m/s로 흐르고 있다. 공기의 온도는 20℃, 압력은 100 kPa, 기체상수는 0.287 kJ/kg·K라면 질량유량은 약 몇 kg/s인가?

① 0.0019 ② 0.0099
③ 0.0119 ④ 0.0199

해설 $\dot{m}=\rho AV=\frac{P}{RT}AV$

$$=\frac{100}{0.287\times(20+273)}\times\frac{\pi(0.1)^2}{4}\times0.2$$
$$=0.0019\text{ kg/s}$$

26. 어떤 기체가 5 kJ의 열을 받고 0.18 kN·m의 일을 외부로 하였다. 이때의 내부에너지의 변화량은?

① 3.24 kJ ② 4.82 kJ
③ 5.18 kJ ④ 6.14 kJ

해설 $Q=\Delta U+W\,[\text{kJ}]$

$$\Delta U=Q-W=5-0.18=4.82\text{ kJ}$$

정답 22. ② 23. ② 24. ① 25. ① 26. ②

27. 이상기체가 정압과정으로 dT만큼 온도가 변하였을 때 1 kg당 변화된 열량 Q는?(단, C_v는 정적비열, C_p는 정압비열, k는 비열비를 나타낸다.)

① $Q=C_v dT$　　② $Q=k^2 C_v dT$
③ $Q=C_p dT$　　④ $Q=kC_p dT$

해설 $Q=mC_p dT[\text{kJ}]$

$$q=\frac{Q}{m}=C_p dT[\text{kJ/kg}]$$

28. 이상적인 오토 사이클에서 단열압축되기 전 공기가 101.3 kPa, 21℃이며, 압축비 7로 운전할 때 이 사이클의 효율은 약 몇 %인가?(단, 공기의 비열비는 1.4이다.)

① 62 %　　② 54 %
③ 46 %　　④ 42 %

해설 $\eta_{tho}=1-\left(\frac{1}{\varepsilon}\right)^{k-1}$

$$=1-\left(\frac{1}{7}\right)^{1.4-1}=0.54(54\ \%)$$

29. 단위 질량의 이상기체가 정적과정하에서 온도가 T_1에서 T_2로 변하였고, 압력도 P_1에서 P_2로 변하였다면, 엔트로피 변화량 ds는?(단, C_v와 C_p는 각각 정적비열과 정압비열이다.)

① $ds=C_v\ln\frac{P_1}{P_2}$　　② $ds=C_p\ln\frac{P_2}{P_1}$
③ $ds=C_v\ln\frac{T_2}{T_1}$　　④ $ds=C_p\ln\frac{T_1}{T_2}$

해설 $ds=\frac{\Delta S}{m}=C_v\ln\frac{T_2}{T_1}$

$$=C_v\ln\frac{P_2}{P_1}[\text{kJ/kg}\cdot\text{K}]$$

30. 520 K의 고온 열원으로부터 18.4 kJ 열량을 받고 273 K의 저온 열원에 13 kJ의 열량을 방출하는 열기관에 대하여 옳은 설명은?

① Clausius 적분값은 −0.0122 kJ/K이고, 가역과정이다.
② Clausius 적분값은 −0.0122 kJ/K이고, 비가역과정이다.
③ Clausius 적분값은 +0.0122 kJ/K이고, 가역과정이다.
④ Clausius 적분값은 +0.0122 kJ/K이고, 비가역과정이다.

해설 $\Delta S_{total}=\Delta S_1+\Delta S_2=\frac{Q_1}{T_1}+\frac{Q_2}{T_2}$

$$=\frac{18.4}{520}+\left(\frac{-13}{273}\right)=-0.0122\ \text{kJ/K}$$

$\oint\frac{dQ}{T}<0$이므로 비가역과정이다.

31. 다음 4가지 경우에서 (　) 안의 물질이 보유한 엔트로피가 증가한 경우는?

> ⓐ 컵에 있는 (물)이 증발하였다.
> ⓑ 목욕탕의 (수증기)가 차가운 타일 벽에서 물로 응결되었다.
> ⓒ 실린더 안의 (공기)가 가역단열적으로 팽창되었다.
> ⓓ 뜨거운 (커피)가 식어서 주위온도와 같게 되었다.

① ⓐ　　② ⓑ
③ ⓒ　　④ ⓓ

해설 비가역과정인 경우 엔트로피는 증가한다($\Delta S>0$).

32. 다음 중 강성적(강도성, intensive) 상태량이 아닌 것은?

① 압력　　② 온도
③ 엔탈피　　④ 비체적

해설 강성적(강도성) 상태량은 물질의 양과는 관계없는 상태량으로 압력, 온도, 비체적,

정답 27. ③　28. ②　29. ③　30. ②　31. ①　32. ③

밀도(비질량) 등이 있다. 엔탈피는 열량적 상태량으로 물질의 양에 비례하는 종량성(용량성) 상태량이다.

33. 그림과 같이 온도(T)－엔트로피(S)로 표시된 이상적인 랭킨 사이클에서 각 상태의 엔탈피(h)가 다음과 같다면, 이 사이클의 효율은 약 몇 %인가? (단, $h_1 = 30$ kJ/kg, $h_2 = 31$ kJ/kg, $h_3 = 274$ kJ/kg, $h_4 = 668$ kJ/kg, $h_5 = 764$ kJ/kg, $h_6 = 478$ kJ/kg이다.)

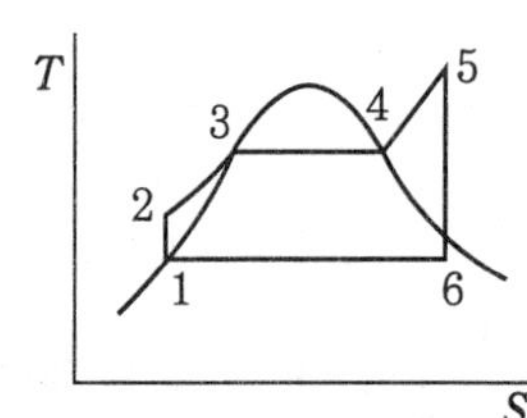

① 39 ② 42
③ 53 ④ 58

해설 $\eta_R = \dfrac{(h_5 - h_6) - (h_2 - h_1)}{(h_5 - h_2)} \times 100\,\%$

$= \dfrac{(764 - 478) - (31 - 30)}{(764 - 31)} \times 100\,\% ≒ 39\,\%$

34. 공기압축기에서 입구 공기의 온도와 압력은 각각 27℃, 100 kPa이고, 체적유량은 0.01 m³/s이다. 출구에서 압력이 400 kPa이고, 이 압축기의 등엔트로피 효율이 0.8일 때, 압축기의 소요동력은 약 몇 kW인가? (단, 공기의 정압비열과 기체상수는 각각 1 kJ/kg · K, 0.287 kJ/kg · K이고, 비열비는 1.4이다.)

① 0.9 ② 1.7
③ 2.1 ④ 3.8

해설 소요동력(H_{kW})

$= \dfrac{k}{k-1} \dfrac{P_1 V_1}{\eta_{ad}} \left[\left(\dfrac{P_2}{P_1} \right)^{\frac{k-1}{k}} - 1 \right]$

$= \dfrac{1.4}{1.4-1} \times \dfrac{100 \times 0.01}{0.8} \left[\left(\dfrac{400}{100} \right)^{\frac{1.4-1}{1.4}} - 1 \right]$

$= 2.13$ kW

35. 엔트로피(s) 변화 등과 같은 직접 측정할 수 없는 양들을 압력(P), 비체적(v), 온도(T)와 같은 측정 가능한 상태량으로 나타내는 Maxwell 관계식과 관련하여 다음 중 틀린 것은?

① $\left(\dfrac{\partial T}{\partial P} \right)_s = \left(\dfrac{\partial v}{\partial s} \right)_P$

② $\left(\dfrac{\partial T}{\partial v} \right)_s = -\left(\dfrac{\partial P}{\partial s} \right)_v$

③ $\left(\dfrac{\partial v}{\partial T} \right)_P = -\left(\dfrac{\partial s}{\partial P} \right)_T$

④ $\left(\dfrac{\partial P}{\partial v} \right)_T = \left(\dfrac{\partial s}{\partial T} \right)_v$

36. 저온실로부터 46.4 kW의 열을 흡수할 때 10 kW의 동력을 필요로 하는 냉동기가 있다면, 이 냉동기의 성능계수는?

① 4.64 ② 5.65
③ 7.49 ④ 8.82

해설 $(COP)_R = \dfrac{Q_e}{W_c} = \dfrac{46.4}{10} = 4.64$

37. 대기압이 100 kPa일 때, 계기 압력이 5.23 MPa인 증기의 절대 압력은 약 몇 MPa인가?

① 3.02 ② 4.12
③ 5.33 ④ 6.43

해설 $P_a = P_o + P_g = 100 \times 10^{-3} + 5.23$
$= 5.33$ MPa

38. 증기터빈 발전소에서 터빈 입구의 증기 엔탈피는 출구의 엔탈피보다 136 kJ/kg

정답 33. ① 34. ③ 35. ④ 36. ① 37. ③ 38. ③

높고, 터빈에서의 열손실은 10 kJ/kg이다. 증기속도는 터빈 입구에서 10 m/s이고, 출구에서 110 m/s일 때 이 터빈에서 발생시킬 수 있는 일은 약 몇 kJ/kg인가?

① 10 ② 90
③ 120 ④ 140

해설 $w_t = (h_1 - h_2) + \frac{1}{2}\left(V_1^2 - V_2^2\right)$

$= (136-10) + \frac{1}{2}(10^2 - 110^2) \times 10^{-3}$

$= (136-10) - 6 = 120\ \text{kJ/kg}$

39. 압력 2 MPa, 온도 300℃의 수증기가 20 m/s 속도로 증기터빈으로 들어간다. 터빈 출구에서 수증기 압력이 100 kPa, 속도는 100 m/s이다. 가역단열과정으로 가정 시, 터빈을 통과하는 수증기 1 kg당 출력일은 약 몇 kJ/kg인가? (단, 수증기표로부터 2 MPa, 300℃에서 비엔탈피는 3023.5 kJ/kg, 비엔트로피는 6.7663kJ/kg · K이고, 출구에서의 비엔탈피 및 비엔트로피는 아래 표와 같다.)

출구	포화액	포화증기
비엔트로피(kJ/kg · K)	1.3025	7.3593
비엔탈피(kJ/kg)	417.44	2675.46

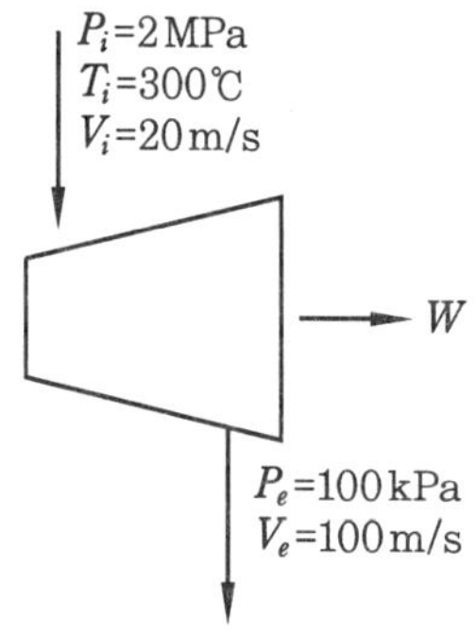

① 1534 ② 564.3
③ 153.4 ④ 764.5

해설 $h_2 = h' + x(h'' - h')$

$= 417.44 + 0.904(2675.46 - 417.44)$

$= 2459.2\ \text{kJ/kg}$

$w_t = (h_1 - h_2) = (3023.5 - 2459.2)$

$= 564.3\ \text{kJ/kg}$

40. 초기 압력 100 kPa, 초기 체적 0.1 m³인 기체를 버너로 가열하여 기체 체적이 정압과정으로 0.5 m³이 되었다면 이 과정 동안 시스템이 외부에 한 일은 몇 kJ인가?

① 10 ② 20
③ 30 ④ 40

해설 ${}_1W_2 = \int_1^2 P\,dV = P(V_2 - V_1)$

$= 100(0.5 - 0.1) = 40\ \text{kJ}$

제 3 과목 기계유체역학

41. 유체(비중량 10 N/m³)가 중량유량 6.28 N/s로 지름 40 cm인 관을 흐르고 있다. 이 관 내부의 평균 유속은 약 몇 m/s인가?

① 50.0 ② 5.0
③ 0.2 ④ 0.8

해설 $G = \gamma A V$[N/s]

$V = \frac{G}{\gamma A} = \frac{6.28}{10 \times \frac{\pi}{4}(0.4)^2} = 5\ \text{m/s}$

42. 어느 물리법칙이 $F(a,\ V,\ \nu,\ L) = 0$과 같은 식으로 주어졌다. 이 식을 무차원수의 함수로 표시하고자 할 때 이에 관계되는 무차원수는 몇 개인가? (단, a, V, ν, L은 각각 가속도, 속도, 동점성계수, 길이이다.)

① 4 ② 3 ③ 2 ④ 1

해설 $\pi = n - m = 4 - 2 = 2$개

여기서, n : 물리량 개수

m : 기본 차원수

정답 39. ② 40. ④ 41. ② 42. ③

43. 다음과 같이 유체의 정의를 설명할 때 괄호 속에 가장 알맞은 용어는 무엇인가?

유체란 아무리 작은 (　)에도 저항할 수 없어 연속적으로 변형하는 물질이다.

① 수직응력　② 중력
③ 압력　④ 전단응력

해설 유체(fluid)란 아무리 작은 전단응력에도 저항할 수 없어 연속적으로 변형하는 물질(정지 상태로 있을 수 없는 물질)이다.

44. 안지름이 20 cm, 높이가 60 cm인 수직 원통형 용기에 밀도 850 kg/m³인 액체가 밑면으로부터 50 cm 높이만큼 채워져 있다. 원통형 용기와 액체가 일정한 각속도로 회전할 때, 액체가 넘치기 시작하는 각속도는 약 몇 rpm인가?

① 134　② 189
③ 276　④ 392

해설 $h = \dfrac{r_o^2\omega^2}{2g}$ [m]에서

$\omega = \dfrac{1}{r_o}\sqrt{2gh} = \dfrac{1}{0.1}\sqrt{2\times 9.8\times 0.2}$

$\fallingdotseq 19.80$ rad/s

$\omega = \dfrac{2\pi N}{60}$ [rad/s]에서

$N = \dfrac{60\omega}{2\pi} = \dfrac{60\times 19.8}{2\pi} = 189.07$ rpm

45. 1/20로 축소한 모형 수력 발전 댐과, 역학적으로 상사한 실제 수력 발전 댐이 생성할 수 있는 동력의 비(모형 : 실제)는 약 얼마인가?

① 1 : 1800　② 1 : 8000
③ 1 : 35800　④ 1 : 160000

해설 $(Fr)_p = (Fr)_m$

$\left(\dfrac{V}{\sqrt{lg}}\right)_p = \left(\dfrac{V}{\sqrt{lg}}\right)_m$

$g_p \simeq g_m$

$\left(\dfrac{V_m}{V_p}\right)^2 = \dfrac{l_m}{l_p} = \dfrac{1}{20}$ 에서 $\dfrac{V_m}{V_p} = \dfrac{1}{\sqrt{20}}$

동력$(P) = DV = C_D A \dfrac{1}{2}\rho V^3$에서

$C_D = \dfrac{2P}{A\rho V^3}$

실형과 모형의 항력계수는 같으므로

$(C_D)_p = (C_D)_m$

$\left(\dfrac{2P}{A\rho V^3}\right)_p = \left(\dfrac{2P}{A\rho V^3}\right)_m$

$\dfrac{P_p}{l_p^2 V_p^3} = \dfrac{P_m}{l_m^2 V_m^3}$

$\therefore$ 동력비$\left(\dfrac{P_m}{P_p}\right) = \left(\dfrac{l_m}{l_p}\right)^2\left(\dfrac{V_m}{V_p}\right)^3$

$= \left(\dfrac{1}{20}\right)^2\left(\dfrac{1}{\sqrt{20}}\right)^3 \fallingdotseq \dfrac{1}{35800}$

$\therefore P_m : P_p = 1 : 35800$

46. 다음 그림에서 압력차$(P_x - P_y)$는 약 몇 kPa인가?

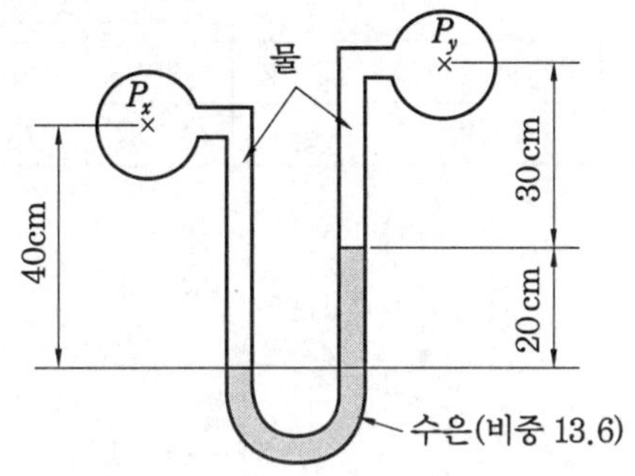

① 25.67　② 2.57
③ 51.34　④ 5.13

해설 $P_x + 9.8\times 0.4$

$= P_y + 9.8\times 0.3 + 13.6\times 9.8\times 0.2$

$P_x - P_y$

$= (9.8\times 0.3 + 13.6\times 9.8\times 0.2) - 9.8\times 0.4$

$= 25.676$ kPa

정답 43. ④　44. ②　45. ③　46. ①

47. 수평면과 60° 기울어진 벽에 지름이 4 m인 원형창이 있다. 창의 중심으로부터 5 m 높이에 물이 차있을 때 창에 작용하는 합력의 작용점과 원형창의 중심(도심)과의 거리(C)는 약 몇 m인가? (단, 원의 2차 면적 모멘트는 $\frac{\pi R^4}{4}$ 이고, 여기서 R은 원의 반지름이다.)

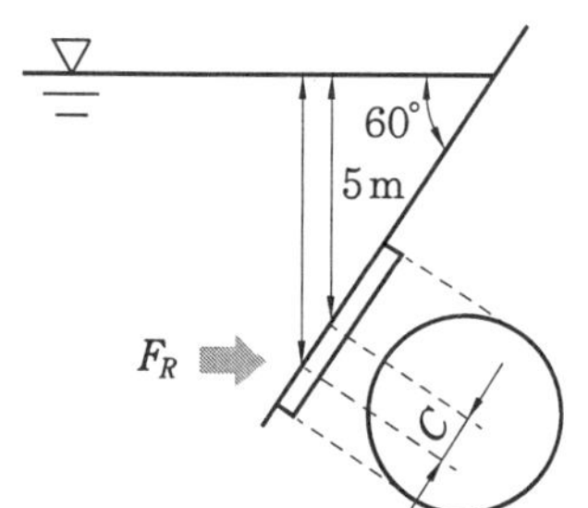

① 0.0866 ② 0.173
③ 0.866 ④ 1.73

해설 $y_p - \bar{y} = \frac{I_G}{A\bar{y}} = \frac{\frac{\pi R^4}{4}}{\pi R^2 \times \left(\frac{5}{\sin 60°}\right)}$

$= \frac{\frac{R^2}{4}}{5.77} = \frac{\frac{2^2}{4}}{5.77} = \frac{1}{5.77} = 0.173\text{ m}$

48. 지름 0.1 mm, 비중 2.3인 작은 모래알이 호수바닥으로 가라앉을 때, 잔잔한 물속에서 가라앉는 속도는 약 몇 mm/s인가? (단, 물의 점성계수는 1.12×10^{-3} N·s/m^{2}이다.)

① 6.32 ② 4.96
③ 3.17 ④ 2.24

해설 $\mu = \frac{d^2(\gamma_s - \gamma_l)}{18V}$ [Pa·s]

$V = \frac{d^2(\gamma_s - \gamma_l)}{18\mu}$

$= \frac{(0.1\times10^{-3})^2 \times (2.3-1)\times 9800}{18\times 1.12\times 10^{-3}}$

$= 6.32\times10^{-3}\text{ m/s} = 6.32\text{ mm/s}$

49. 지름 20 cm, 속도 1 m/s인 물제트가 그림과 같이 넓은 평판에 60° 경사하여 충돌한다. 분류가 평판에 작용하는 수직방향 힘 F_N은 약 몇 N인가? (단, 중력에 대한 영향은 고려하지 않는다.)

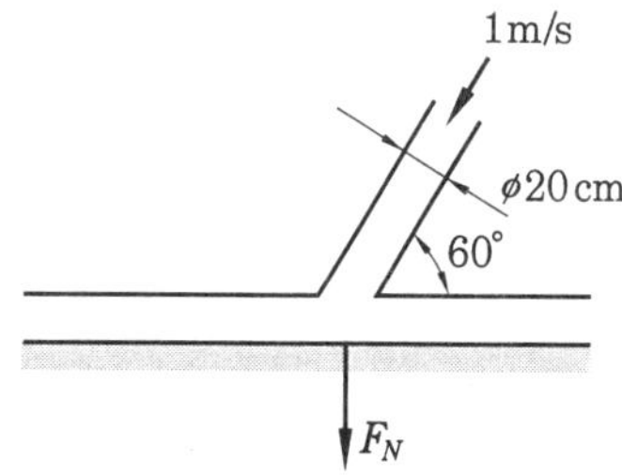

① 27.2 ② 31.4
③ 2.72 ④ 3.14

해설 $F_N = \rho A V^2 \sin\theta$

$= 1000 \times \frac{\pi}{4}(0.2)^2 \times 1^2 \times \sin 60°$

$= 27.2\text{ N}$

50. 공기로 채워진 0.189 m^{3}의 오일 드럼통을 사용하여 잠수부가 해저 바닥으로부터 오래된 배의 닻을 끌어올리려 한다. 바닷물 속에서 닻을 들어 올리는 데 필요한 힘은 1780 N이고, 공기 중에서 드럼통을 들어 올리는 데 필요한 힘은 222 N이다. 공기로 채워진 드럼통을 닻에 연결한 후 잠수부가 이 닻을 끌어올리는 데 필요한 최소 힘은 약 몇 N인가? (단, 바닷물의 비중은 1.025이다.)

① 72.8 ② 83.4
③ 92.5 ④ 103.5

51. 평균 반지름이 R인 얇은 막 형태의 작은 비눗방울의 내부 압력을 P_i, 외부 압력을 P_o라고 할 경우, 표면 장력(σ)에 의한

정답 47. ② 48. ① 49. ① 50. ④ 51. ③

압력차($|P_i - P_o|$)는?

① $\frac{\sigma}{4R}$ ② $\frac{\sigma}{R}$

③ $\frac{4\sigma}{R}$ ④ $\frac{2\sigma}{R}$

해설 비눗방울의 표면 장력(σ)

$$= \frac{\Delta PD}{8} = \frac{\Delta PR}{4} [\text{N/m}]$$

$$\therefore \Delta P = |P_i - P_o| = \frac{4\sigma}{R} [\text{Pa}]$$

52. (x, y) 좌표계의 비회전 2차원 유동장에서 속도 퍼텐셜(potential) ϕ는 $\phi = 2x^2y$로 주어졌다. 이때 점(3, 2)인 곳에서 속도 벡터는? (단, 속도 퍼텐셜 ϕ는 $\overrightarrow{V} \equiv \nabla\phi = grad\phi$로 정의된다.)

① $24\vec{i} + 18\vec{j}$ ② $-24\vec{i} + 18\vec{j}$

③ $12\vec{i} + 9\vec{j}$ ④ $-12\vec{i} + 9\vec{j}$

해설 $\overrightarrow{V} = ui + vj = \frac{\partial}{\partial x}(2x^2y)i + \frac{\partial}{\partial y}(2x^2y)j$

$$= 4xyi + 2x^2j = 4\times3\times2i + 2\times3^2j$$

$$= 24i + 18j$$

53. 연직하방으로 내려가는 물제트에서 높이 10 m인 곳에서 속도는 20 m/s였다. 높이 5 m인 곳에서의 물의 속도는 약 몇 m/s인가?

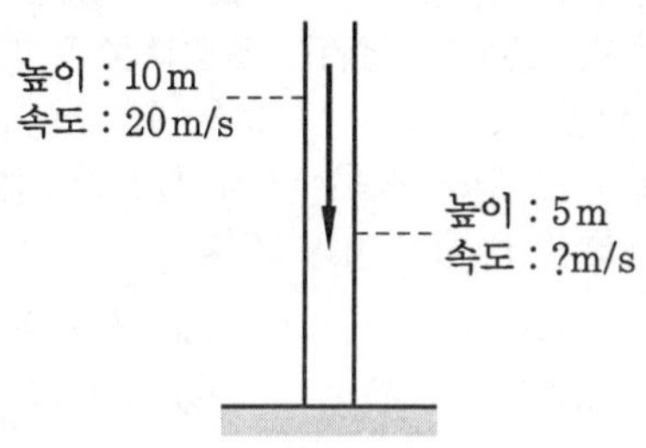

① 29.45 ② 26.34

③ 23.88 ④ 22.32

해설 $y_1 + \frac{V_1^2}{2g} = y_2 + \frac{V_2^2}{2g}$

$$10 + \frac{20^2}{2g} = 5 + \frac{V_2^2}{2g}$$

$$30.41 = 5 + \frac{V_2^2}{19.6}$$

$$V_2 = \sqrt{19.6(30.41-5)} = 22.32 \text{ m/s}$$

54. 안지름 100 mm인 파이프 안에 2.3 m^3/min의 유량으로 물이 흐르고 있다. 관 길이가 15 m라고 할 때 이 사이에서 나타나는 손실수두는 약 몇 m인가? (단, 관마찰계수는 0.01로 한다.)

① 0.92 ② 1.82

③ 2.13 ④ 1.22

해설 $V = \frac{Q}{A} = \frac{\frac{2.3}{60}}{\frac{\pi}{4}(0.1)^2} = 4.88 \text{ m/s}$

$$h_L = \lambda\frac{L}{d}\frac{V^2}{2g}$$

$$= 0.01\times\frac{15}{0.1}\times\frac{(4.88)^2}{2\times9.8} = 1.82 \text{ m}$$

55. 비압축성 유체의 2차원 유동 속도 성분이 $u = x^2t$, $v = x^2 - 2xyt$이다. 시간(t)이 2일 때, (x, y) = (2, −1)에서 x방향 가속도(a_x)는 약 얼마인가? (단, u, v는 각각 x, y방향 속도 성분이고, 단위는 모두 표준단위이다.)

① 32 ② 34

③ 64 ④ 68

56. 원관 내부의 흐름이 층류 정상 유동일 때 유체의 전단응력 분포에 대한 설명으로 알맞은 것은?

① 중심축에서 0이고, 반지름 방향 거리에 따라 선형적으로 증가한다.

② 관 벽에서 0이고, 중심축까지 선형적

정답 52. ① 53. ④ 54. ② 55. ④ 56. ①

으로 증가한다.

③ 단면에서 중심축을 기준으로 포물선 분포를 가진다.

④ 단면적 전체에서 일정하다.

해설 원관내 층류 정상 유동인 경우 속도와 전단응력의 분포도는 다음과 같다.

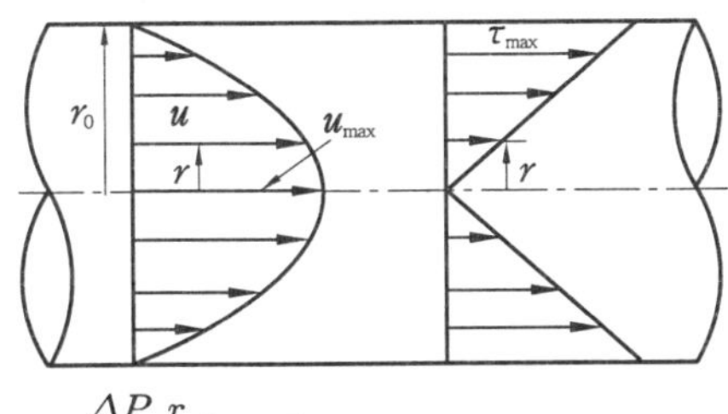

$\tau = \frac{\Delta P}{L}\frac{r}{2}$[MPa]

$\tau \propto r$

(1) $r=0$(관의 중심)일 때 $\tau=0$

(2) $r=r_0$(관 벽)일 때

$\tau_{max} = \frac{\Delta P}{L}\frac{r_0}{2} = \frac{\Delta P}{L}\frac{d}{4}$[MPa]

※ $U = U_{max}\left[1-\left(\frac{r}{r_0}\right)^2\right]$[m/s]

57. 유체 계측과 관련하여 크게 유체의 국소속도를 측정하는 것과 체적유량을 측정하는 것으로 구분할 때 다음 중 유체의 국소속도를 측정하는 계측기는?

① 벤투리미터

② 얇은 판 오리피스

③ 열선 속도계

④ 로터미터

해설 열선 속도계는 두 개의 작은 지지대 사이에 연결된 가는 선을 유동장에 넣고 전기적으로 가열하여 난류 유동과 같이 매우 빠르게 변하는 유체의 속도를 측정할 수 있다.

58. 반지름 R인 파이프 내에 점도 μ인 유체가 완전 발달 층류 유동으로 흐르고 있다. 길이 L을 흐르는 데 압력 손실이 Δp만큼 발생했을 때, 파이프 벽면에서의 평균전단응력은 얼마인가?

① $\mu\frac{R}{4}\frac{\Delta p}{L}$ ② $\mu\frac{R}{2}\frac{\Delta p}{L}$

③ $\frac{R}{4}\frac{\Delta p}{L}$ ④ $\frac{R}{2}\frac{\Delta p}{L}$

해설 $\tau = \frac{\Delta p}{L}\frac{R}{2} = \frac{\Delta p}{L}\frac{D}{4}$[MPa]

59. 경계층(boundary layer)에 관한 설명 중 틀린 것은?

① 경계층 바깥의 흐름은 퍼텐셜 흐름에 가깝다.

② 균일 속도가 크고, 유체의 점성이 클수록 경계층의 두께는 얇아진다.

③ 경계층 내에서는 점성의 영향이 크다.

④ 경계층은 평판 선단으로부터 하류로 갈수록 두꺼워진다.

해설 유체의 점성이 클수록 경계층의 두께는 두꺼워진다.

60. 수력기울기선(Hydraulic Grade Line : HGL)이 관보다 아래에 있는 곳에서의 압력은?

① 완전 진공이다.

② 대기압보다 낮다.

③ 대기압과 같다.

④ 대기압보다 높다.

해설 수력구배선(HGL)이 관보다 아래에 있는 곳의 압력은 진공압이다(대기압보다 낮다).

제 4 과목 유체기계 및 유압기기

61. 유량은 20 m^3/min, 양정은 50 m, 펌프 회전수는 1800 rpm인 2단 편흡입 원심

정답 57. ③ 58. ④ 59. ② 60. ② 61. ③

펌프의 비속도(specific speed, m^3/min · m · rpm)는 약 얼마인가?

① 303 ② 428
③ 720 ④ 1048

해설 비속도$(n_s) = \dfrac{N\sqrt{Q}}{\left(\dfrac{H}{i}\right)^{\frac{3}{4}}}$

$= \dfrac{1800 \times \sqrt{20}}{\left(\dfrac{50}{2}\right)^{\frac{3}{4}}} = 720\,\text{rpm} \cdot m^3/\text{min} \cdot m$

62. 다음 중 풍차의 축 방향이 다른 종류는 어느 것인가?

① 네덜란드형 ② 다리우스형
③ 패들형 ④ 사보니우스형

해설 풍차는 회전축의 설치 방향에 따라 수직축 풍차와 수평축 풍차로 구분된다. 수직축 풍차는 날개의 회전축이 지면에 대하여 수직으로 설치된 풍차로서 다리우스형, 사보니우스형, 크로스플로형, 패들형 등이 있다. 바람의 방향에 관계없이 회전력을 발생할 수 있는 장점이 있으나, 소재가 비싸고 효율이 떨어지는 단점도 함께 가지고 있으며, 주로 사막이나 평원 등에 설치된다. 수평축 풍차는 날개의 회전축이 지면과 수평으로 설치된 풍차로서, 프로펠러형, 세일윙형, 네덜란드형 등이 있다. 구조가 간단하여 설치가 용이하고 수직축 풍차에 비해 상대적으로 효율이 높은 장점이 있으나, 바람의 방향에 영향을 받는 단점이 있다.

63. 다음 중 터보형 펌프의 분류에 속하지 않는 것은?

① 원심식 ② 사류식
③ 왕복식 ④ 축류식

해설 터보형 펌프의 작동 원리에 따른 분류
(1) 원심 펌프 : 원심력에 의하여 액체에 압력 및 속도 에너지를 부여한다.
(2) 축류 펌프 : 양력에 의하여 액체에 압력 및 속도 에너지를 부여한다.
(3) 사류 펌프 : 원심력+양력에 의하여 액체에 압력 및 속도 에너지를 부여한다.

64. 유체 커플링의 구조에 대한 설명 중 옳지 않은 것은?

① 유체 커플링의 일반적인 구조 요소는 입력축에 펌프, 출력축에 터빈을 설치한다.
② 펌프와 터빈의 회전차는 서로 맞대서 케이싱 내에 다수의 깃이 반지름 방향으로 달려 있다.
③ 입력축을 회전하면 그 축에 달린 펌프의 회전차가 회전하며 액체는 임펠러로부터 유출하여 출력축에 달린 터빈의 러너에 유입하여 출력축을 회전시킨다.
④ 펌프와 터빈으로 두 개의 별도 회로로 구성되어 있으므로 일정 시간 작동 후 펌프가 정지하더라도 터빈은 독자적으로 작동할 수 있다.

해설 유체 커플링은 유체를 통해서 동력을 전달하는 장치로서 구동축에 직결해서 돌리는 날개 차(터빈 베인)와 회전되는 날개 차(터빈 베인)가 유체(오일) 속에서 서로 마주 보고 있다. 엔진에 의해 펌프가 회전하면 그 속의 오일에 원심력이 부여되고 속도 에너지가 펌프에서 터빈으로 흘러 들어가며, 터빈을 회전시켜 동력이 전달된다. 또한 저속 시의 토크 변동을 흡수하여 진동, 소음을 저감시키는 작용도 한다.

65. 반동수차 중 하나로 프로펠러 수차와 비슷하나 유량 변화가 심한 곳에 사용할 수 있도록 가동익을 설치하여, 부분부하에 대하여 높은 효율을 얻을 수 있는 수차는?

정답 62. ① 63. ③ 64. ④ 65. ①

① 카플란 수차 ② 펠턴 수차
③ 지라르 수차 ④ 프란시스 수차

해설 프로펠러 수차는 물이 프로펠러 모양의 날개차의 축 방향에서 유입하여 반대 방향으로 방출되는 축류형 반동 수차로서, 저낙차의 많은 유량에 사용된다. 날개차는 3~8매의 날개를 가지고 있으며, 낙차 범위는 5~10 m 정도이고, 부하변동에 의하여 날개 각도를 조정할 수 있는 가동 날개와 고정 날개가 있다. 특히, 가동 날개를 가진 프로펠러 수차를 카플란 수차라 한다.

66. **루츠형 진공 펌프가 동일한 압력 사용 범위에서 다른 진공 펌프와 비교하여 가지는 장점이 아닌 것은?**

① 고속 회전이 가능하다.
② 넓은 압력 범위에서도 양호한 배기성능이 발휘된다.
③ 고압으로 갈수록 모터 용량의 상승폭이 크지 않아 고압에서의 작동에 유리하다.
④ 실린더 안에 오일을 사용하지 않으므로 소요 동력이 적다.

해설 루츠형 진공 펌프의 특징
(1) 저 진공, 중 진공 영역에서 많이 사용한다.
(2) 용량이 대용량이므로 다량의 공기를 배기시키는 데 유리하다.
(3) 실린더 안에서 섭동부가 없고, 로터(rotor)는 축에 대해서 대칭형이며, 정밀한 균형을 갖고 있으므로 고속 회전이 가능하다.
(4) 넓은 압력의 범위에서도 양호한 배기성능이 발휘된다.
(5) 배기 밸브가 없으므로 소음, 진동이 작다.
(6) 실린더 안에 기름을 사용하지 않으므로 동력이 작다.

67. **수차의 수격 현상에 대한 설명으로 옳지 않은 것은?**

① 기동이나 정지 또는 부하가 갑자기 변화할 경우 유입수량이 급변함에 따라 수격 현상이 발생하게 된다.
② 수격 현상은 진동의 원인이 되고 경우에 따라서는 수관을 파괴시키기도 한다.
③ 수차 케이싱에 압력 조절기를 설치하여 부하가 급변할 경우 방출유량을 조절하여 수격 현상을 방지한다.
④ 수차에 서지 탱크를 설치하여 관내 압력 변화를 크게 하여 수격 현상을 방지할 수 있다.

해설 수차에 서지 탱크를 설치하면 물을 보급하여 압력 강하 방지와 압력 상승 흡수 효과를 얻을 수 있고 이로 인해 관내 압력 변화를 작게 하여 수격 현상을 방지할 수 있다.

68. **물이 수차의 회전차를 흐르는 사이에 물의 압력에너지와 속도에너지는 감소되고 그 반동으로 회전차를 구동하는 수차는 어느 것인가?**

① 중력 수차 ② 펠턴 수차
③ 충격 수차 ④ 프란시스 수차

해설 수차의 분류
(1) 충동 수차 : 물이 갖는 속도에너지를 이용하여 회전차를 충격시켜서 회전력을 얻는 수차 예 펠턴 수차
(2) 반동 수차 : 물이 회전차를 지나는 동안 압력에너지와 속도에너지를 회전차에 전달하여 회전력을 얻는 수차 예 프란시스 수차, 프로펠러 수차, 카플란 수차
(3) 중력 수차 : 물이 낙하될 때 중력에 의해 회전력을 얻는 수차 예 물레방아

69. **다음 중 벌류트 펌프(volute pump)의 구성 요소가 아닌 것은?**

정답 66. ③ 67. ④ 68. ④ 69. ②

① 임펠러 ② 안내 깃
③ 와류실 ④ 와실

해설 (1) 원심 펌프는 펌프 본체(와실, 안내 깃, 와류실로 구성), 임펠러, 주축, 축이음, 베어링 본체, 베어링 패킹 상자로 구성되어 있다.
(2) 원심 펌프는 임펠러 바깥둘레에 안내 깃이 없고 바깥둘레에 바로 접하여 와류실이 있는 벌류트 펌프와 임펠러 바깥둘레에 안내 깃을 가지고 있는 터빈 펌프로 분류된다.

70. 다음 중 원심 펌프에서 축추력의 평형을 이루는 방법으로 거리가 먼 것은?
① 스러스트 베어링의 사용
② 글랜드 패킹 사용
③ 회전차 후면에 이면 깃 사용
④ 밸런스 디스크 사용

해설 축추력 방지법
(1) 양흡입형 회전차를 사용한다.
(2) 평형공, 평형원판(밸런스 디스크), 웨어링 링을 설치한다.
(3) 후면 측벽에 방사상의 리브(rib)를 설치한다.
(4) 밸런스 홀을 설치한다.
(5) 스러스트 베어링을 사용한다.

71. 다음 중 기어 모터의 특성에 관한 설명으로 가장 거리가 먼 것은?
① 정회전, 역회전이 가능하다.
② 일반적으로 평기어를 사용한다.
③ 비교적 소형이며 구조가 간단하기 때문에 값이 싸다.
④ 누설량이 적고 토크 변동이 작아서 건설기계에 많이 이용된다.

해설 기어 모터는 누설유량이 많고 토크 변동이 크며, 베어링 작용 하중이 크기 때문에 수명이 짧다.

72. 그림과 같은 유압 회로의 명칭으로 옳은 것은?

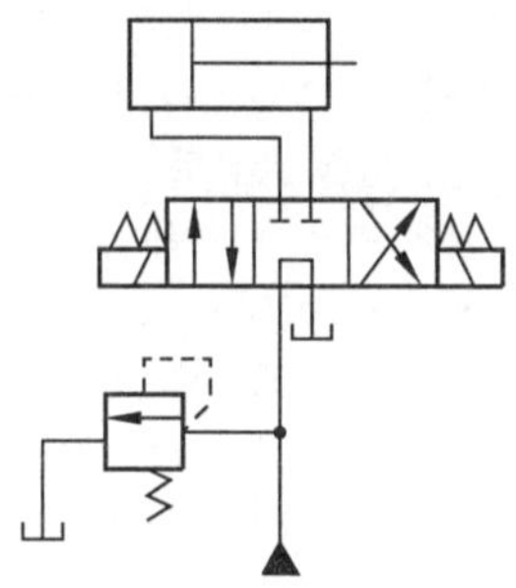

① 브레이크 회로
② 압력 설정 회로
③ 최대압력 제한 회로
④ 임의 위치 로크 회로

해설 로크 회로 : 실린더 행정 중에 임의 위치에서, 혹은 행정 끝에서 실린더를 고정시켜 놓을 필요가 있을 때 피스톤의 이동을 방지하는 회로

73. 온도 상승에 의하여 윤활유의 점도가 낮아질 때 나타나는 현상이 아닌 것은?
① 누설이 잘된다.
② 기포의 제거가 어렵다.
③ 마찰 부분의 마모가 증대된다.
④ 펌프의 용적 효율이 저하된다.

해설 점도가 너무 낮은 경우
(1) 누설이 잘된다.
(2) 펌프의 용적(체적) 효율이 저하된다.
(3) 마찰 부분의 마모가 증대된다(고체 마찰 발생).
(4) 압력 유지가 곤란하다.

74. 다음 중 어큐뮬레이터 용도에 대한 설명으로 틀린 것은?
① 에너지 축적용
② 펌프 맥동 흡수용
③ 충격압력의 완충용

정답 70. ② 71. ④ 72. ④ 73. ② 74. ④

④ 유압유 냉각 및 가열용

해설 축압기(accumulator) 용도
(1) 에너지 축적용(유압에너지 저장)
(2) 펌프 맥동 흡수용
(3) 충격압력의 완충용
(4) 2차 회로 보상
(5) 사이클 방출시간 단축
(6) 고장, 정전 시 긴급 유압원으로 사용
(7) 펌프 역할 대용

75. 다음 중 유압장치의 운동 부분에 사용되는 실(seal)의 일반적인 명칭은?

① 심리스(seamless)
② 개스킷(gasket)
③ 패킹(packing)
④ 필터(filter)

해설 유압장치의 운동 부분에 사용되는 실은 패킹이고, 고정 부분(정지 부분)에 사용되는 실은 개스킷이다.

76. 부하가 급격히 변화하였을 때 그 자중이나 관성력 때문에 소정의 제어를 못하게 된 경우 배압을 걸어주어 자유낙하를 방지하는 역할을 하는 유압 제어 밸브로 체크 밸브가 내장된 것은?

① 카운터 밸런스 밸브
② 릴리프 밸브
③ 스로틀 밸브
④ 감압 밸브

해설 카운터 밸런스 밸브는 중력에 의한 낙하를 방지하기 위해 배압(back pressure)을 유지하는 압력 제어 밸브이다.

77. 크래킹 압력(cracking pressure)에 관한 설명으로 가장 적합한 것은?

① 파일럿 관로에 작용시키는 압력
② 압력 제어 밸브 등에서 조절되는 압력
③ 체크 밸브, 릴리프 밸브 등에서 압력이 상승하고 밸브가 열리기 시작하여 어느 일정한 흐름의 양이 인정되는 압력
④ 체크 밸브, 릴리프 밸브 등의 입구 쪽 압력이 강하하고, 밸브가 닫히기 시작하여 밸브의 누설량이 어느 규정의 양까지 감소했을 때의 압력

해설 ①은 파일럿압(pilot pressure), ②는 설정 압력(set pressure), ④는 리시트 압력(reseat pressure)에 대한 설명이다.

78. 다음 기호에 대한 명칭은?

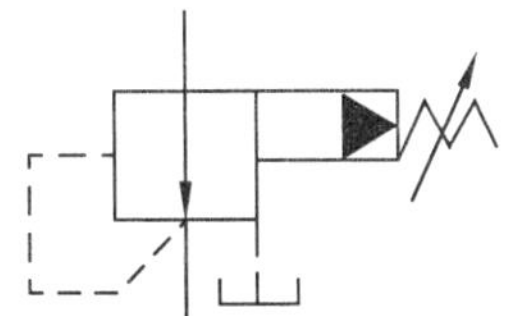

① 비례전자식 릴리프 밸브
② 릴리프 붙이 시퀀스 밸브
③ 파일럿 작동형 감압 밸브
④ 파일럿 작동형 릴리프 밸브

79. 미터-아웃(meter-out) 유량 제어 시스템에 대한 설명으로 옳은 것은?

① 실린더로 유입하는 유량을 제어한다.
② 실린더의 출구 관로에 위치하여 실린더로부터 유출되는 유량을 제어한다.
③ 부하가 급격히 감소되더라도 피스톤이 급진되지 않도록 제어한다.
④ 순간적으로 고압을 필요로 할 때 사용한다.

해설 미터 아웃 회로 : 작동 행정에서 유량 제어 밸브를 실린더의 오일이 유출되는 출구측에 설치한 회로로서 실린더에서 유출되는 유량을 제어하여 피스톤 속도를 제어하는 회로이다. 실린더에 배압이 걸리므로

정답 75. ③ 76. ① 77. ③ 78. ③ 79. ②

끌어당기는 하중이 작용하더라도 자주(自主)할 염려는 없다.

80. 펌프의 압력이 50 Pa, 토출유량은 40 m^3/min인 레이디얼 피스톤 펌프의 축동력은 약 몇 W인가?(단, 펌프의 전효율은 0.85이다.)

① 3921 ② 39.21
③ 2352 ④ 23.52

해설 축동력$(L_s)=\dfrac{PQ}{\eta_P}=\dfrac{50\times\left(\dfrac{40}{60}\right)}{0.85}$
$=39.21\text{ W}$

제 5 과목 건설기계일반 및 플랜트배관

81. 다음 중 도로포장을 위한 다짐작업에 주로 쓰이는 건설기계는?

① 롤러 ② 로더
③ 지게차 ④ 덤프트럭

해설 ① 롤러 : 공사의 막바지에 지반이나 지층을 다지는 기계
② 로더 : 건설 공사 현장에서 토사나 골재를 덤프 차량에 적재 및 운반하는 기계
③ 지게차 : 공장 또는 항만, 공항 등에서 하역 작업 및 화물을 운반하는 데 주로 사용되는 기계
④ 덤프트럭 : 화물 및 골재 등의 원거리 수송에 효율적인 운반 기계

82. 자주식 로드 롤러(road roller)를 축의 배열과 바퀴의 배열로 구분할 때 머캐덤(Macadam)롤러에 해당되는 것은?

① 1축 1륜 ② 2축 2륜
③ 2축 3륜 ④ 3축 3륜

해설 머캐덤 롤러는 앞바퀴인 조향 바퀴 한 개가 차체 중심에 있고 뒷바퀴는 양쪽에 앞바퀴보다 큰 구동바퀴 두 개를 두었으며 (2축 3륜) 지반을 다지거나 아스팔트 초기 압력 다짐에 사용된다.

83. 다음 중 탄소강과 철강의 5대 원소가 아닌 것은?

① C ② Si ③ Mn ④ Mg

해설 5대 원소는 탄소(C), 망간(Mn), 규소(Si), 황(S), 인(P)이다.

84. 불도저의 시간당 작업량 계산에 필요한 사이클 타임 C_m[min]은 다음 중 어느 것인가?(단, l=운반거리(m), v_1=전진속도(m/min), v_2=후진속도(m/min), t=기어변속시간(min)이다.)

① $C_m=\dfrac{v_1}{l}+\dfrac{v_2}{l}-t$

② $C_m=\dfrac{l}{v_1}+\dfrac{l}{v_2}-t$

③ $C_m=\dfrac{l}{v_1}+\dfrac{l}{v_2}+t$

④ $C_m=\dfrac{l}{v_1}-\dfrac{l}{v_2}-t$

85. 다음 중 전압식 롤러에 해당하지 않는 것은?

① 머캐덤 롤러(macadam roller)
② 타이어 롤러(tire roller)
③ 탬핑 롤러(tamping roller)
④ 탬퍼(tamper)

해설 탬퍼는 소형 가솔린 엔진의 회전을 크랭크에 의해 왕복운동으로 바꾸고 스프링을 거쳐 다짐판에 그 운동을 전달하여 한정된 면적을 다지는 기계(충격식 다짐 기계)이다.

86. 난방과 온수 공급에 쓰이는 대규모 보

정답 80. ② 81. ① 82. ③ 83. ④ 84. ③ 85. ④ 86. ①

일러설비의 주요 부분 중 포화증기를 과열증기로 가열시키는 장치의 이름은 무엇인가?

① 과열기 ② 절탄기
③ 통풍장치 ④ 공기예열기

해설 ① 과열기(superheater) : 보일러 본체로부터 나오는 증기를 같은 압력하에서 고온으로 가열하여 과열증기를 만드는 장치(과열도 증가)
② 절탄기(economizer) : 대기로 배출되는 배기가스를 이용하여 연도 속에서 보일러 급수를 미리 예열시켜 보일러 효율을 향상시키는 장치
③ 통풍장치(draft system) : 연소 가스가 보일러 본체, 과열기, 절탄기, 공기 예열기 등을 거쳐 나갈 수 있도록 유도함과 동시에 연소에 필요한 공기를 노에 공급하는 장치(굴뚝, 송풍기 등)
④ 공기예열기(air preheater) : 연소에 필요한 공기를 배기가스의 열로 예열시키는 장치

87. 일반적으로 지게차 조향장치는 어떠한 방식을 사용하는가?

① 전륜 조향식에 유압식으로 제어
② 후륜 조향식에 유압식으로 제어
③ 전륜 조향식에 공압식으로 제어
④ 후륜 조향식에 공압식으로 제어

해설 지게차의 조향 유압 시스템은 지게차의 진행 및 후진 방향을 조절하기 위한 유압 장치로 지게차의 방향 결정은 후륜 조향 방식을 써서 좁은 회전반경으로 회전을 가능하게 한다.

88. 굴삭기의 시간당 작업량 Q[m^3/h]을 산정하는 식으로 옳은 것은?(단, q는 버킷 용량(m^3), f는 체적환산계수, E는 작업효율, k는 버킷계수, C_m은 1회 사이클 시간(초)이다.)

① $Q=\dfrac{3600qkf}{EC_m}$

② $Q=\dfrac{3600qkfE}{C_m}$

③ $Q=\dfrac{3600Ekf}{C_m q}$

④ $Q=\dfrac{Ekfq}{3600C_m}$

89. 모터 그레이더의 동력 전달 순서로 옳은 것은?

① 클러치 – 탠덤 드라이브 – 피니언 베벨 기어 – 감속 기어 – 변속기 – 휠
② 기관 – 클러치 – 감속 기어 – 변속기 – 탠덤 드라이브 – 피니언 베벨 기어 – 휠
③ 기관 – 클러치 – 변속기 – 감속 기어 – 피니언 베벨 기어 – 탠덤 드라이브 – 휠
④ 감속 기어 – 클러치 – 탠덤 드라이브 – 피니언 베벨 기어 – 변속기 – 휠

해설 모터 그레이더의 동력 전달 순서 : 엔진–클러치–변속기–감속 기어–피니언 베벨 기어–탠덤 장치–휠(기어)

90. 유압식 크롤러 드릴 작업 시 주의사항으로 옳지 않은 것은?

① 천공 방법을 확인한다.
② 천공 작업장의 수평 상태를 확인한다.
③ 천공 작업 중 암석 가루가 밖으로 잘 나오는지 확인한다.
④ 천공 작업 시 다른 크롤러 드릴 장비가 이미 천공한 구멍을 다시 천공해도 된다.

91. 다음 중 배관 이음에 관한 설명으로 틀린 것은?

① 유니언은 기계적 강도가 크다.

정답 87. ② 88. ② 89. ③ 90. ④ 91. ①

② 부싱은 이경 소켓에 비해 강도가 약하다.
③ 부싱은 한쪽은 암나사, 다른 쪽은 수나사로 되어 있다.
④ 유니언은 소구경관에 사용하고, 플랜지는 대구경관에 사용한다.

해설 유니언 이음은 유니언 나사와 유니언 컬러 사이에 패킹을 끼우고 유니언 너트를 이용하여 체결 접속하는 관 이음법이다. 관을 회전시킬 수 없을 때 너트만 회전하여 접속과 분리가 가능하며, 관의 고정이나 분해, 수리 등이 요구되는 곳에 많이 사용한다.

92. **증기온도 102℃, 실내온도 21℃로 증기난방을 하고자 할 때 방열면적 1 m^2당 표준 방열량은 몇 kcal/h인가?**

① 450 ② 550
③ 650 ④ 750

해설 방열면적 1 m^2당 증기난방 표준 방열량은 650 kcal/h, 온수난방 표준 방열량은 450 kcal/h이다.

93. **배관용 탄소 강관 또는 아크 용접 탄소 강관에 콜타르 에나멜이나 폴리에틸렌 등으로 피복한 관으로 수도, 하수도 등의 매설 배관에 주로 사용되는 강관은?**

① 배관용 합금 강관
② 수도용 아연 도금 강관
③ 압력 배관용 탄소 강관
④ 상수도용 도복장 강관

해설 상수도용 도복장 강관(KS D 3565)은 상수도에 사용하는 호칭 지름 80A에서 3000A까지의 도복장 강관에 대하여 규정한다.

94. **다음 중 배관의 끝을 막을 때 사용하는 부속은?**

① 플러그 ② 유니언
③ 부싱 ④ 소켓

해설 관 이음쇠의 사용 목적에 따른 분류
(1) 관의 방향을 바꿀 때 : 엘보(elbow), 벤드(bend) 등
(2) 배관을 분기할 때 : 티(tee), 와이(Y), 크로스(cross) 등
(3) 동경의 관을 직선 연결할 때 : 소켓(socket), 유니언(union), 플랜지(flange), 니플(nipple) 등
(4) 이경관을 연결할 때 : 이경엘보, 이경소켓, 이경티, 부싱(bushing) 등
(5) 관의 끝을 막을 때 : 캡(cap), 플러그(plug)
(6) 관의 분해, 수리, 교체가 필요할 때 : 유니언, 플랜지 등

95. **동력 나사 절삭기의 종류가 아닌 것은?**

① 호브식 ② 로터리식
③ 오스터식 ④ 다이헤드식

해설 로터리식은 파이프 벤딩기의 일종으로 공장에서 동일 모양의 벤딩 제품을 다량 생산할 때 적합하다. 관에 심봉을 넣고 구부리므로 관의 단면 변형이 없고 두께에 관계없이 강관, 스테인리스 강관, 동관 등을 쉽게 굽힐 수 있는 장점이 있다. 관의 구부림 반경은 관경의 2.5배 이상이어야 한다.

96. **다음 중 스트레이너를 방치했을 때 발생하는 현상 중 가장 큰 문제점은?**

① 진동이나 발열
② 유체의 흐름 장애
③ 불완전 연소나 폭발
④ 보일러 부식 및 슬러지 생성

해설 스트레이너는 기체나 액체 배관 중 밸브, 트랩, 기기 등의 앞에 설치하여 배관

정답 92. ③ 93. ④ 94. ① 95. ② 96. ②

속의 유체에 섞여 있는 녹, 스케일(scale), 용접 찌꺼기, 모래 및 기타 이물질을 제거하여 기기의 성능을 보호하는 기구로서 방치하는 경우 유체의 흐름 장애를 유발할 수 있다.

97. **방열기의 환수구나 종기 배관의 말단에 설치하고 응축수와 증기를 분리하여 자동으로 환수관에 배출시키고, 증기를 통과하지 않게 하는 장치는?**

① 신축 이음　　② 증기 트랩
③ 감압 밸브　　④ 스트레이너

해설 증기 트랩은 관 속의 증기가 일부 응결하여 물이 되었을 때 자동으로 물만을 밖으로 내보내는 장치로 크게 부조형, 팽창형으로 나눈다.

98. **일반 배관용 스테인리스 강관의 종류로 옳은 것은?**

① STS 304 TPD, STS 316 TPD
② STS 304 TPD, STS 415 TPD
③ STS 316 TPD, STS 404 TPD
④ STS 404 TPD, STS 415 TPD

해설 일반 배관용 스테인리스 강관(KS D 3595)
(1) STS 304 TPD : 통상의 급수, 급탕, 배수, 냉온수 등의 배관용
(2) STS 316 TPD : 수질, 환경 등에서 STS 304보다 높은 내식성이 요구되는 경우
(3) STS 329 FLD TPD : 옥내의 급수, 급탕, 배수, 냉온수 등의 배관용

99. **배수 직수관, 배수 횡주관 및 기구 배수관의 완료 지점에서 각 층마다 분류하여 배관의 최상부로 물을 넣어 이상 여부를 확인하는 시험은?**

① 수압 시험　　② 통수 시험
③ 만수 시험　　④ 기압 시험

해설 만수 시험은 배수관과 같이 수압이 걸릴 염려가 없는 배관 등의 누수 시험으로 실시된다. 계통의 전부를 동시에 하거나 또는 부분적으로 하는데, 어느 것이든 시험 대상 부분의 최고 개구부를 제외한 기구의 접속구를 모두 밀폐하고 관내를 만수상태로 하여 누수의 유무를 검사한다.

100. **관 접합부의 이음쇠 및 부속류 분해 또는 이음 시 사용되는 공구는?**

① 파이프 커터　　② 파이프 리머
③ 파이프 바이스　　④ 파이프 렌치

해설 ① 파이프 커터 : 관을 절단할 때 사용하는 공구
② 파이프 리머 : 파이프 커터로 관을 잘랐을 때 생기는 거스러미(burr)를 제거할 때 사용하는 공구
③ 파이프 바이스 : 관을 절단하거나 나사를 낼 때, 또는 배관 작업 시 조립 해체를 할 때에 단면이 원형인 일감이 움직이지 않도록 고정하여 주는 공구
④ 파이프 렌치 : 관을 회전시키거나 이음쇠를 죄고 풀 때 사용하는 공구

정답 97. ② 98. ① 99. ③ 100. ④

건설기계설비기사 2018년 4월 28일 (제2회)

제1과목 재료역학

1. 원통형 압력용기에 내압 P가 작용할 때, 원통부에 발생하는 축 방향의 변형률 ε_x 및 원주 방향 변형률 ε_y는? (단, 강판의 두께 t는 원통의 지름 D에 비하여 충분히 작고, 강판 재료의 탄성계수 및 푸아송 비는 각각 E, ν이다.)

① $\varepsilon_x = \frac{PD}{4tE}(1-2\nu)$, $\varepsilon_y = \frac{PD}{4tE}(1-\nu)$

② $\varepsilon_x = \frac{PD}{4tE}(1-2\nu)$, $\varepsilon_y = \frac{PD}{4tE}(2-\nu)$

③ $\varepsilon_x = \frac{PD}{4tE}(2-\nu)$, $\varepsilon_y = \frac{PD}{4tE}(1-\nu)$

④ $\varepsilon_x = \frac{PD}{4tE}(1-\nu)$, $\varepsilon_y = \frac{PD}{4tE}(2-\nu)$

해설 $\varepsilon_x = \frac{\sigma_x}{E} - \frac{\sigma_y}{mE} = \frac{\sigma_x}{E} - \frac{\nu\sigma_y}{E}$

$$= \frac{1}{E}\left(\frac{PD}{4t} - \frac{\nu PD}{2t}\right) = \frac{PD}{4tE}(1-2\nu)$$

$$\varepsilon_y = \frac{\sigma_y}{E} - \frac{\sigma_x}{mE} = \frac{\sigma_y}{E} - \frac{\nu\sigma_x}{E}$$

$$= \frac{1}{E}\left(\frac{PD}{2t} - \frac{\nu PD}{4t}\right) = \frac{PD}{4tE}(2-\nu)$$

2. 최대 사용강도 400 MPa의 연강봉에 30 kN의 축방향의 인장하중이 가해질 경우 강봉의 최소 지름은 몇 cm까지 가능한가? (단, 안전율은 5이다.)

① 2.69 ② 2.99

③ 2.19 ④ 3.02

해설 $\sigma_a = \frac{\sigma_u}{S} = \frac{400}{5} = 80\text{ MPa}$

$$\sigma_a = \frac{P}{A} = \frac{P}{\frac{\pi d^2}{4}} = \frac{4P}{\pi d^2}\text{[MPa]}$$

$$\therefore\ d = \sqrt{\frac{4P}{\pi\sigma_a}} = \sqrt{\frac{4\times30\times10^3}{\pi\times80}}$$

$$= 21.9\text{ mm} = 2.19\text{ cm}$$

3. 그림과 같이 A, B의 원형 단면봉은 길이가 같고, 지름이 다르며, 양단에서 같은 압축하중 P를 받고 있다. 응력은 각 단면에서 균일하게 분포된다고 할 때 저장되는 탄성 변형 에너지의 $\frac{U_B}{U_A}$는 얼마가 되겠는가?

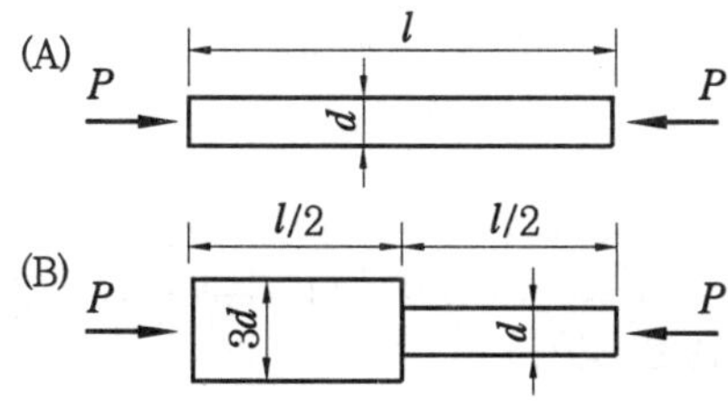

① $\frac{1}{3}$ ② $\frac{5}{9}$ ③ 2 ④ $\frac{9}{5}$

해설 $U_A = \frac{P^2 l}{2AE}$

$$U_B = \frac{P^2\left(\frac{l}{2}\right)}{2(9A)E} + \frac{P^2\left(\frac{l}{2}\right)}{2AE} = \frac{P^2 l}{2AE}\cdot\frac{5}{9}$$

$$\therefore\ \frac{U_B}{U_A} = \frac{5}{9}$$

4. 폭 3 cm, 높이 4 cm의 직사각형 단면을 갖는 외팔보가 자유단에 그림에서와 같이 집중 하중을 받을 때 보 속에 발생하는 최대 전단응력은 몇 N/cm²인가?

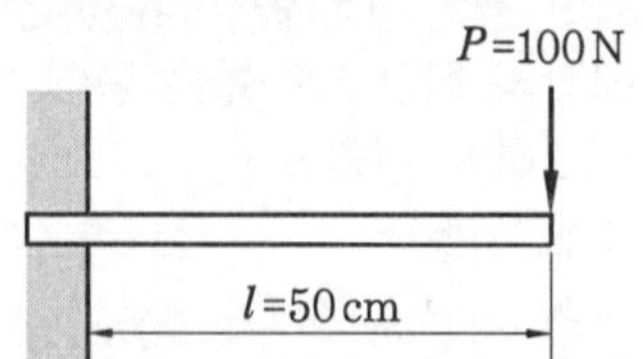

정답 1. ② 2. ③ 3. ② 4. ①

① 12.5 ② 13.5

③ 14.5 ④ 15.5

해설 $\tau = \dfrac{3F}{2A} = \dfrac{3 \times 100}{2(3 \times 4)} = 12.5\ \text{N/cm}^2$

5. 보의 자중을 무시할 때 그림과 같이 자유단 C에 집중 하중 $2P$가 작용할 때 B점에서 처짐 곡선의 기울기각은?

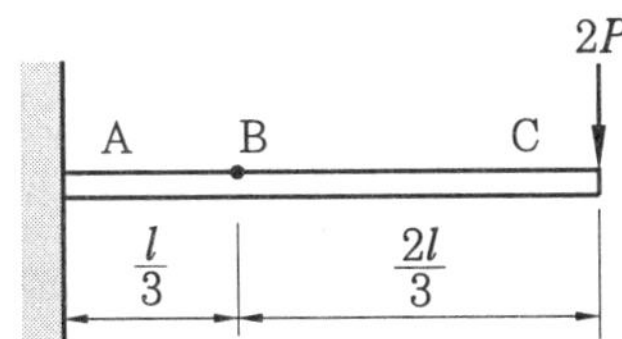

① $\dfrac{5Pl^2}{9EI}$ ② $\dfrac{5Pl^2}{18EI}$

③ $\dfrac{5Pl^2}{27EI}$ ④ $\dfrac{5Pl^2}{36EI}$

해설 $\theta_B = \dfrac{A_M}{EI} = \dfrac{5Pl^2}{9EI}$ [rad]

$A_M = Pl^2 - \dfrac{4}{9}Pl^2 = \dfrac{5}{9}Pl^2$

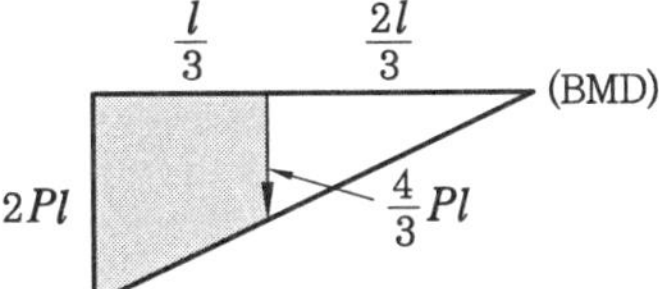

6. 그림에서 784.8 N과 평형을 유지하기 위한 힘 F_1과 F_2는?

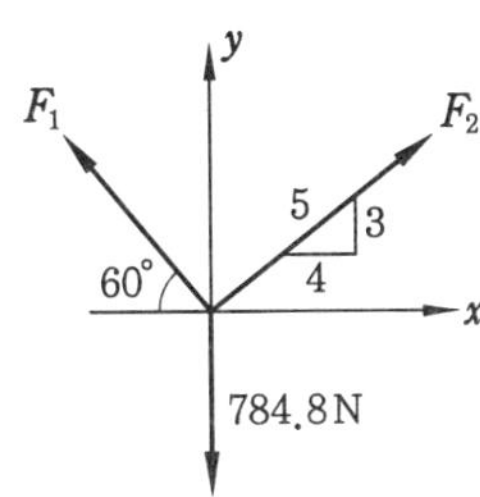

① $F_1 = 392.5\ \text{N}$, $F_2 = 632.4\ \text{N}$

② $F_1 = 790.4\ \text{N}$, $F_2 = 632.4\ \text{N}$

③ $F_1 = 790.4\ \text{N}$, $F_2 = 395.2\ \text{N}$

④ $F_1 = 632.4\ \text{N}$, $F_2 = 395.2\ \text{N}$

해설 (1) $\Sigma F_x = 0$

$-F_1\cos 60° + F_2\cos\theta = 0 \left(\dfrac{1}{2}F_1 = \dfrac{4}{5}F_2\right)$

$\therefore\ F_1 = 1.6F_2$

(2) $\Sigma F_y = 0$

$F_1\sin 60° + F_2\sin\theta - 784.8 = 0$

$784.8 = \dfrac{\sqrt{3}}{2}F_1 + \dfrac{3}{5}F_2$

$= 0.866(1.6F_2) + 0.6F_2$

$= 1.386F_2 + 0.6F_2 = 1.986F_2$

$\therefore\ F_2 = \dfrac{784.8}{1.986} \fallingdotseq 395.2\ \text{N}$

$F_1 = 1.6F_2 = 1.6(395.2) = 632.4\ \text{N}$

7. 원형 단면축이 비틀림을 받을 때, 그 속에 저장되는 탄성 변형에너지 U는 얼마인가? (단, T : 토크, L : 길이, G : 가로탄성계수, I_p : 극관성모멘트, I : 관성모멘트, E : 세로탄성계수이다.)

① $U = \dfrac{T^2L}{2GI}$ ② $U = \dfrac{T^2L}{2EI}$

③ $U = \dfrac{T^2L}{2EI_p}$ ④ $U = \dfrac{T^2L}{2GI_p}$

해설 $U = \dfrac{T\theta}{2} = \dfrac{T^2L}{2GI_P}$ [kJ]

8. 지름이 60 mm인 연강축이 있다. 이 축의 허용전단응력은 40 MPa이며 단위길이 1 m당 허용 회전각도는 1.5°이다. 연강의 전단 탄성계수를 80 GPa이라 할 때 이 축의 최대 허용 토크는 약 몇 N·m인가? (단, 이 코일에 작용하는 힘은 P, 가로탄성계수는 G이다.)

① 696 ② 1696

③ 2664 ④ 3664

정답 5. ① 6. ④ 7. ④ 8. ②

해설 $T=\tau Z_P=40\times10^6\times\dfrac{\pi(0.06)^3}{16}$

$=1696.46\,\text{N}\cdot\text{m}$

9. 그림과 같이 길이가 동일한 2개의 기둥 상단에 중심 압축하중 2500 N이 작용할 경우 전체 수축량은 약 몇 mm인가? (단, 단면적 A_1 = 1000 mm², A_2 = 2000 mm², 길이 L = 300 mm, 재료의 탄성계수 E = 90 GPa이다.)

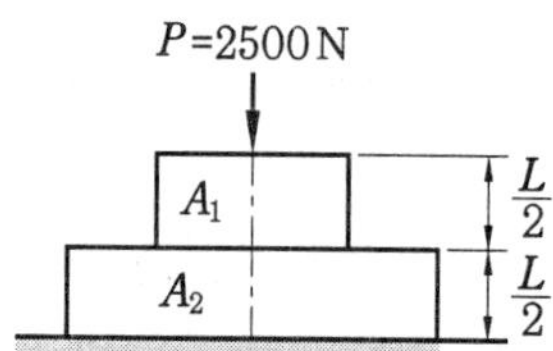

① 0.625 ② 0.0625
③ 0.00625 ④ 0.000625

해설 $\lambda=\dfrac{P}{E}\left(\dfrac{L_1}{A_1}+\dfrac{L_2}{A_2}\right)$

$=\dfrac{2500}{90\times10^3}\left(\dfrac{150}{1000}+\dfrac{150}{2000}\right)$

$=6.25\times10^{-3}\text{mm}$

10. 길이 6 m인 단순 지지보에 등분포 하중 q가 작용할 때 단면에 발생하는 최대 굽힘응력이 337.5 MPa이라면 등분포 하중 q는 약 몇 kN/m인가? (단, 보의 단면은 폭×높이 = 40 mm×100 mm이다.)

① 4 ② 5 ③ 6 ④ 7

해설 $M_{\max}=\sigma Z\left(\dfrac{qL^2}{8}=\sigma\dfrac{bh^2}{6}\right)$

$\therefore\ q=\dfrac{8\sigma bh^2}{6L^2}=\dfrac{4\sigma bh^2}{3L^2}$

$=\dfrac{4\times337.5\times10^3\times0.04\times(0.1)^2}{3\times6^2}$

$=5\,\text{kN/m}$

11. 지름이 0.1 m이고 길이가 15 m인 양단힌지인 원형강 장주의 좌굴임계하중은 약 몇 kN인가? (단, 장주의 탄성계수는 200 GPa이다.)

① 43 ② 55 ③ 67 ④ 79

해설 $P_{cr}=n\pi^2\dfrac{EI}{L^2}=n\pi^2\dfrac{E\left(\dfrac{\pi d^4}{64}\right)}{L^2}$

$=1\times\pi^2\times\dfrac{200\times10^6\times\dfrac{\pi(0.1)^4}{64}}{15^2}$

$=43\,\text{kN}$

12. 지름 3 cm인 강축이 회전수 1590 rpm으로 26.5 kW의 동력을 전달하고 있다. 이 축에 발생하는 최대 전단응력은 약 몇 MPa인가?

① 30 ② 40 ③ 50 ④ 60

해설 $T=9.55\times10^6\times\dfrac{kW}{N}$

$=9.55\times10^6\times\dfrac{26.5}{1590}$

$=159166.67\,\text{N}\cdot\text{mm}$

$T=\tau Z_P$

$\tau=\dfrac{T}{\dfrac{\pi d^3}{16}}=\dfrac{16T}{\pi d^3}=\dfrac{16\times159166.67}{\pi\times30^3}$

$=30\,\text{N/mm}^2\text{(MPa)}$

13. 그림과 같은 외팔보에 대한 전단력 선도로 옳은 것은? (단, 아랫방향을 양(+)으로 본다.)

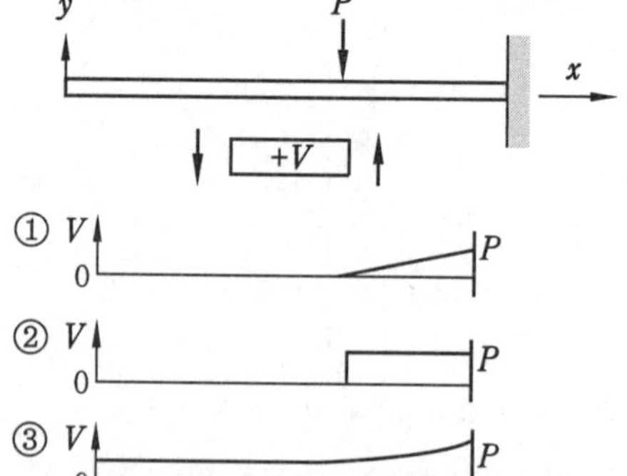

④ 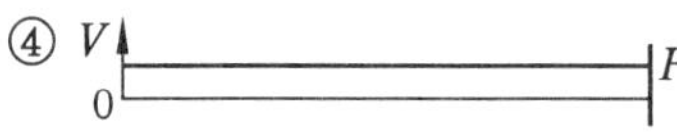

14. 평면 응력 상태에서 $\varepsilon_x = -150\times10^{-6}$, $\varepsilon_y = -280\times10^{-6}$, $\gamma_{xy} = 850\times10^{-6}$일 때, 최대 주변형률($\varepsilon_1$)과 최소 주변형률($\varepsilon_2$)은 각각 약 얼마인가?

① $\varepsilon_1 = 215\times10^{-6}$, $\varepsilon_2 = 645\times10^{-6}$

② $\varepsilon_1 = 645\times10^{-6}$, $\varepsilon_2 = 215\times10^{-6}$

③ $\varepsilon_1 = 315\times10^{-6}$, $\varepsilon_2 = 645\times10^{-6}$

④ $\varepsilon_1 = -545\times10^{-6}$, $\varepsilon_2 = 315\times10^{-6}$

해설 $\varepsilon_1(\varepsilon_{\max})$

$$= \frac{\varepsilon_x+\varepsilon_y}{2} + \sqrt{\left(\frac{\varepsilon_x-\varepsilon_y}{2}\right)^2 + \left(\frac{\gamma_{xy}}{2}\right)^2}$$

$$= \frac{-150\times10^{-6}+(-280\times10^{-6})}{2}$$

$$+ \sqrt{\left(\frac{-150\times10^{-6}+280\times10^{-6}}{2}\right)^2 + \left(\frac{850\times10^{-6}}{2}\right)^2}$$

$$= 215\times10^{-6}$$

$$\varepsilon_2(\varepsilon_{\min}) = \frac{\varepsilon_x+\varepsilon_y}{2} - \sqrt{\left(\frac{\varepsilon_x-\varepsilon_y}{2}\right)^2 + \left(\frac{\gamma_{xy}}{2}\right)^2}$$

$$= -645\times10^{-6}$$

15. 지름 20 mm, 길이 1000 mm의 연강봉이 50 kN의 인장하중을 받을 때 발생하는 신장량은 약 몇 mm인가?(단, 탄성계수 E = 210 GPa이다.)

① 7.58 ② 0.758

③ 0.0758 ④ 0.00758

해설 $\lambda = \frac{PL}{AE} = \frac{50\times10^3\times1000}{\frac{\pi}{4}(20)^2\times210\times10^3}$

$= 0.758$ mm

16. 그림의 H형 단면의 도심축인 Z축에 관한 회전반지름(radius of gyration)은 얼마인가?

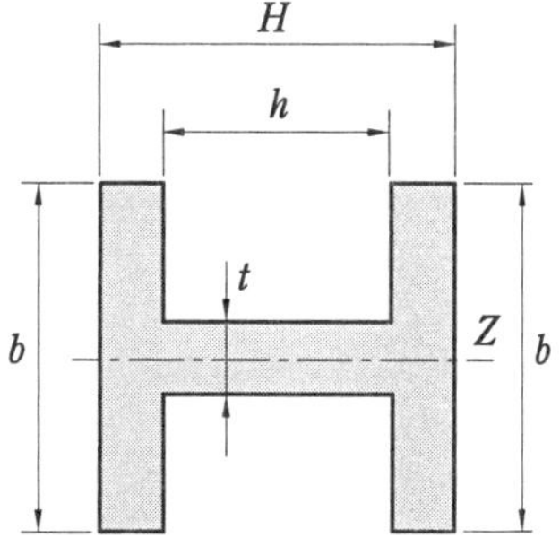

① $K_Z = \sqrt{\frac{Hb^3-(b-t)^3b}{12(bH-bh+th)}}$

② $K_Z = \sqrt{\frac{12Hb^3+(b-t)^3b}{(bH+bh+th)}}$

③ $K_Z = \sqrt{\frac{ht^3+Hb-hb^3}{12(bH-bh+th)}}$

④ $K_Z = \sqrt{\frac{12Hb^3+(b+t)^3b}{(bH+bh-th)}}$

해설 $K_Z = \sqrt{\frac{I_G}{A}} = \sqrt{\frac{ht^3+Hb^3-hb^3}{12(bH-bh+th)}}$ [cm]

$A = b(H-h)+th = (bH-bh+th)$ [m^2]

17. 그림과 같은 전길이에 걸쳐 균일 분포하중 w를 받는 보에서 최대 처짐 $\sigma_{\max}$를 나타내는 식은?(단, 보의 굽힘 강성계수는 EI이다.)

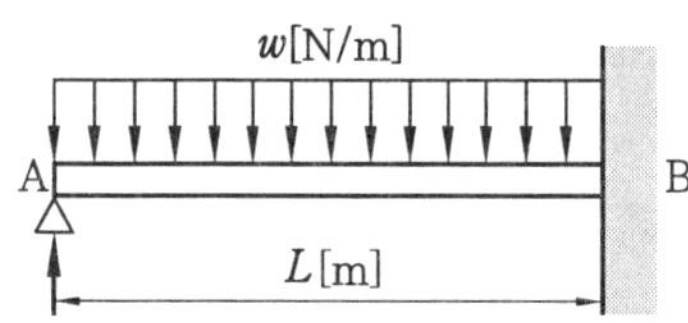

① $\frac{wL^4}{64EI}$ ② $\frac{wL^4}{128.5EI}$

③ $\frac{wL^4}{186.4EI}$ ④ $\frac{wL^4}{192EI}$

해설 $\delta_{\max} = \frac{wL^4}{186.4EI} = 0.0054\frac{wL^4}{EI}$ [cm]

18. 그림에 표시한 단순 지지보에서의 최대 처짐량은?(단, 보의 굽힘 강성은 EI

정답 14. ① 15. ② 16. ③ 17. ③ 18. ④

이고, 자중은 무시한다.)

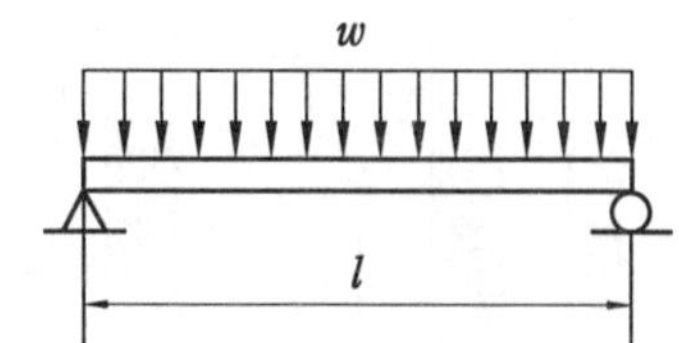

① $\frac{wl^3}{48EI}$ ② $\frac{wl^4}{24EI}$

③ $\frac{5wl^3}{253EI}$ ④ $\frac{5wl^4}{384EI}$

해설 균일 분포 하중 w[N/m]을 받는 단순 지지보의 최대 처짐량(δ_{max}) $= \frac{5wl^4}{384EI}$[cm]

19. 다음과 같이 3개의 링크를 핀을 이용하여 연결하였다. 2000 N의 하중 P가 작용할 경우 핀에 작용되는 전단응력은 약 몇 MPa인가?(단, 핀의 지름은 1 cm이다.)

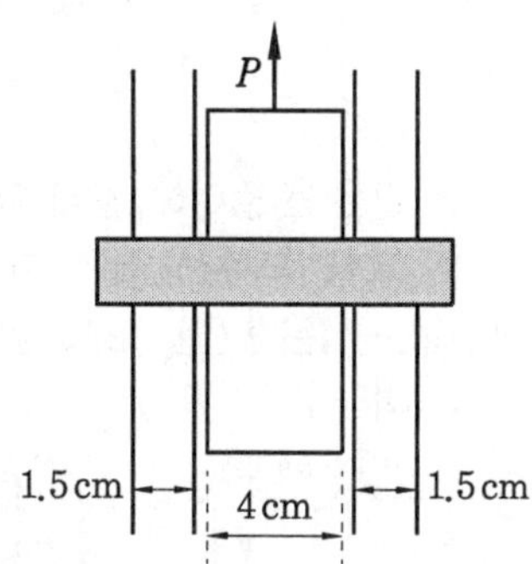

① 12.73 ② 13.24

③ 15.63 ④ 16.56

해설 $\tau = \frac{P}{2A} = \frac{2000}{2\frac{\pi(10)^2}{4}} = 12.73\text{ MPa}$

20. 그림과 같은 보에서 발생하는 최대 굽힘 모멘트는 몇 kN·m인가?

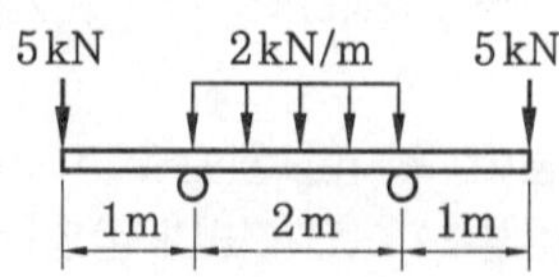

① 2 ② 5

③ 7 ④ 10

해설 $M_{max} = PL_1 = 5 \times 1$
$= 5\text{ kN}\cdot\text{m} = 5\text{ kJ}$

제 2 과목 기계열역학

21. 매시간 20 kg의 연료를 소비하여 74 kW의 동력을 생산하는 가솔린 기관의 열효율은 약 몇 %인가?(단, 가솔린의 저위발열량은 43470 kJ/kg이다.)

① 18 ② 22

③ 31 ④ 43

해설 $\eta = \frac{3600\,kW}{H_L \times m_f} \times 100\,\%$
$= \frac{3600 \times 74}{43470 \times 20} \times 100\,\% = 31\,\%$

22. 유체의 교축과정에서 Joule-Thomson 계수(μ_J)가 중요하게 고려되는데 이에 대한 설명으로 옳은 것은?

① 등엔탈피 과정에 대한 온도 변화와 압력 변화의 비를 나타내며 $\mu_J<0$인 경우 온도 상승을 의미한다.

② 등엔탈피 과정에 대한 온도 변화와 압력 변화의 비를 나타내며 $\mu_J<0$인 경우 온도 강하를 의미한다.

③ 정적과정에 대한 온도 변화와 압력 변화의 비를 나타내며 $\mu_J<0$인 경우 온도 상승을 의미한다.

④ 정적과정에 대한 온도 변화와 압력 변화의 비를 나타내며 $\mu_J<0$인 경우 온도 강하를 의미한다.

해설 줄-톰슨계수(μ_J) $= \left(\frac{\partial T}{\partial P}\right)_{h=c}$

정답 19. ① 20. ② 21. ③ 22. ①

(1) 등온인 경우($\partial T=0$) : 이상기체

$\mu_J=0$

(2) 온도 상승($T_1 < T_2$)

$\mu_J<0$

(3) 온도 강하($T_1 > T_2$)

$\mu_J>0$

23. 내부 에너지가 30 kJ인 물체에 열을 가하여 내부 에너지가 50 kJ이 되는 동안에 외부에 대하여 10 kJ의 일을 하였다. 이 물체에 가해진 열량은?

① 10 kJ　② 20 kJ
③ 30 kJ　④ 60 kJ

해설 $Q=\Delta U+W=(50-30)+10=30\text{ kJ}$

24. 1 kg의 공기가 100℃를 유지하면서 가역등온팽창하여 외부에 500 kJ의 일을 하였다. 이때 엔트로피의 변화량은 약 몇 kJ/K인가?

① 1.895　② 1.665
③ 1.467　④ 1.340

해설 $\Delta S=\dfrac{Q}{T}=\dfrac{500}{373}=1.340\text{ kJ/K}$

25. 온도가 T_1인 고열원으로부터 온도가 T_2인 저열원으로 열전도, 대류, 복사 등에 의해 Q만큼 열전달이 이루어졌을 때 전체 엔트로피 변화량을 나타내는 식은?

① $\dfrac{T_1-T_2}{Q(T_1\times T_2)}$　② $\dfrac{T_1+T_2}{Q(T_1\times T_2)}$

③ $\dfrac{Q(T_1-T_2)}{T_1\times T_2}$　④ $\dfrac{T_1+T_2}{Q(T_1\times T_2)}$

해설 $\Delta S_{total}=\Delta S_1+\Delta S_2$

$=Q\left(\dfrac{-1}{T_1}+\dfrac{1}{T_2}\right)=Q\left(\dfrac{1}{T_2}-\dfrac{1}{T_1}\right)$

$=Q\left(\dfrac{T_1-T_2}{T_1T_2}\right)[\text{kJ/K}]$

26. 이상적인 카르노 사이클의 열기관이 500℃인 열원으로부터 500 kJ을 받고, 25℃에 열을 방출한다. 이 사이클의 일(W)과 효율(η_{th})은 얼마인가?

① $W=307.2\text{ kJ},\ \eta_{th}=0.6143$
② $W=207.2\text{ kJ},\ \eta_{th}=0.5748$
③ $W=250.3\text{ kJ},\ \eta_{th}=0.8316$
④ $W=401.5\text{ kJ},\ \eta_{th}=0.6517$

해설 $\eta_c=\dfrac{W_{net}}{Q_1}=1-\dfrac{T_2}{T_1}$

$=1-\dfrac{298}{773}=0.6144$

$\therefore\ W_{net}=\eta_c Q_1=0.6144\times 500=307.2\text{ kJ}$

27. Brayton 사이클에서 압축기 소요일은 175 kJ/kg, 공급열은 627 kJ/kg, 터빈 발생일은 406 kJ/kg로 작동될 때 열효율은 약 얼마인가?

① 0.28　② 0.37
③ 0.42　④ 0.48

해설 $\eta_B=\dfrac{w_t}{q_1}=\dfrac{(h_1-h_2)}{q_1}$

$=\dfrac{(406-175)}{627}=0.37(37\%)$

28. 어떤 카르노 열기관이 100℃와 30℃ 사이에서 작동되며 100℃의 고온에서 100 kJ의 열을 받아 40 kJ의 유용한 일을 한다면 이 열기관에 대하여 가장 옳게 설명한 것은?

① 열역학 제1법칙에 위배된다.
② 열역학 제2법칙에 위배된다.
③ 열역학 제1법칙과 제2법칙에 모두 위배되지 않는다.
④ 열역학 제1법칙과 제2법칙에 모두 위배된다.

정답 23. ③　24. ④　25. ③　26. ①　27. ②　28. ②

해설 $\eta_c = 1 - \frac{T_2}{T_1} = 1 - \frac{303}{373} = 0.188(18.8\%)$

열기관 열효율$(\eta) = \frac{W_{net}}{Q_1} = \frac{40}{100}$

$= 0.4(40\%)$

카르노 사이클(η_c) < 열기관 열효율(η)이므로 열역학 제2법칙에 위배된다.

29. 다음의 열역학 상태량 중 종량적 상태량(extensive property)에 속하는 것은?

① 압력 ② 체적

③ 온도 ④ 밀도

해설 강도성 상태량(intensive quantity of state)은 물질의 양과 무한한 상태량으로 압력, 온도, 밀도(비질량), 비체적 등이 있으며 종량성 상태량(성질)은 물질의 양에 비례하는 상태량으로 체적, 엔탈피, 엔트로피, 내부에너지 등이 있다.

30. 습증기 상태에서 엔탈피 h를 구하는 식은?(단, h_f는 포화액의 엔탈피, h_g는 포화증기의 엔탈피, x는 건도이다.)

① $h = h_f + (xh_g - h_f)$

② $h = h_f + x(h_g - h_f)$

③ $h = h_g + (xh_f - h_g)$

④ $h = h_g + x(h_g - h_f)$

해설 $h = h_f + x(h_g - h_f) = h_f + x\gamma$ [kJ/kg]

31. 증기 압축 냉동 사이클로 운전하는 냉동기에서 압축기 입구, 응축기 입구, 증발기 입구의 엔탈피가 각각 387.2 kJ/kg, 435.1 kJ/kg, 241.8 kJ/kg일 경우 성능계수는 약 얼마인가?

① 3.0 ② 4.0

③ 5.0 ④ 6.0

해설 $\varepsilon_R = \frac{q_e}{w_c} = \frac{(h_1 - h_3)}{(h_2 - h_1)}$

$= \frac{387.2 - 241.8}{435.1 - 387.2} = 3.04$

32. 이상기체에 대한 관계식 중 옳은 것은?(단, C_p, C_v는 정압 및 정적 비열, k는 비열비이고, R은 기체 상수이다.)

① $C_p = C_v - R$ ② $C_p = \frac{k-1}{k}R$

③ $C_p = \frac{k}{k-1}R$ ④ $R = \frac{C_p + C_v}{2}$

해설 $C_p - C_v = R$, $k = \frac{C_p}{C_v}$

$C_p = \frac{k}{k-1}R = kC_v$

$C_v = C_p - R = \frac{R}{k-1}$

33. 그림과 같이 다수의 추를 올려놓은 피스톤이 장착된 실린더가 있는데, 실린더 내의 압력은 300 kPa, 초기 체적은 0.05 m^3이다. 이 실린더에 열을 가하면서 적절히 추를 제거하여 폴리트로픽 지수가 1.3인 폴리트로픽 변화가 일어나도록 하여 최종적으로 실린더 내의 체적이 0.2 m^3이 되었다면 가스가 한 일은 약 몇 kJ인가?

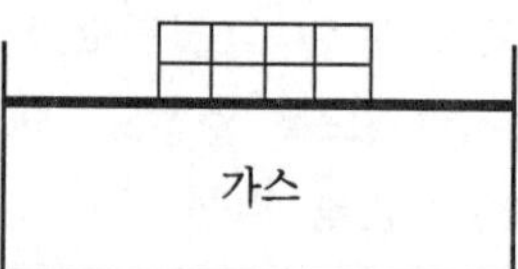

① 17 ② 18

③ 19 ④ 20

해설 $P_2 = P_1\left(\frac{V_1}{V_2}\right)^n = 300\left(\frac{0.05}{0.2}\right)^{1.3}$

$= 49.48$ kPa

${}_1W_2 = \frac{1}{\eta - 1}(P_1V_1 - P_2V_2)$

$= \frac{1}{1.3 - 1}(300 \times 0.05 - 49.48 \times 0.2)$

$= 17$ kJ

정답 29. ② 30. ② 31. ① 32. ③ 33. ①

34. 피스톤-실린더 장치 내에 공기가 0.3 m^3에서 0.1 m^3으로 압축되었다. 압축되는 동안 압력(P)과 체적(V) 사이에 $P = aV^{-2}$의 관계가 성립하며, 계수 a = 6 kPa · m^6이다. 이 과정 동안 공기가 한 일은 약 얼마인가?

① −53.3 kJ ② −1.1 kJ
③ 253 kJ ④ −40 kJ

해설 $_1W_2 = a\int_1^2 V^{-2}dV = a\left[\frac{V^{-2+1}}{-2+1}\right]_1^2$

$= a\left[\frac{V^{1-2}}{1-2}\right]_1^2 = a\left[\frac{V^{-2+1}}{2-1}\right]_2^1$

$= a\left[\frac{V_1^{-1} - V_2^{-1}}{2-1}\right] = 6(0.3^{-1} - 0.1^{-1})$

$= -40$ kJ

35. 천제연 폭포의 높이가 55 m이고 주위와 열교환을 무시한다면 폭포수가 낙하한 후 수면에 도달할 때까지 온도 상승은 약 몇 K인가? (단, 폭포수의 비열은 4.2 kJ/kg · K이다.)

① 0.87 ② 0.31
③ 0.13 ④ 0.68

해설 $mgz = mC\Delta t$(위치에너지 = 가열량)

$\Delta t = \frac{gz}{C} = \frac{9.8 \times 55}{4.2 \times 10^3} \fallingdotseq 0.13\text{K}$

36. 온도 20℃에서 계기압력 0.183 MPa의 타이어가 고속주행으로 온도 80℃로 상승할 때 압력은 주행 전과 비교하여 약 몇 kPa 상승하는가? (단, 타이어의 체적은 변하지 않고, 타이어 내의 공기는 이상기체로 가정한다. 그리고 대기압은 101.3 kPa이다.)

① 37 kPa ② 58 kPa
③ 286 kPa ④ 445 kPa

해설 $\frac{T_2}{T_1} = \frac{P_2}{P_1}$

$P_2 = P_1\left(\frac{T_2}{T_1}\right) = (101.3 + 183)\left(\frac{353}{293}\right)$

$= 342.5$ kPa

$\therefore \Delta P = P_2 - P_1 = 58.2$ kPa

37. 랭킨 사이클의 열효율을 높이는 방법으로 틀린 것은?

① 복수기의 압력을 저하시킨다.
② 보일러 압력을 상승시킨다.
③ 재열(reheat) 장치를 사용한다.
④ 터빈 출구 온도를 높인다.

해설 랭킨 사이클의 열효율을 높이는 방법
(1) 복수기 압력(배압)을 낮춘다.
(2) 보일러 압력을 상승시킨다.
(3) 재열(reheat) 장치를 사용한다.
(4) 터빈 출구 온도를 낮춘다.

38. 마찰이 없는 실린더 내에 온도 500 K, 비엔트로피 3 kJ/kg · K인 이상기체가 2 kg 들어 있다. 이 기체의 비엔트로피가 10 kJ/kg · K이 될 때까지 등온과정으로 가열한다면 가열량은 약 몇 kJ인가?

① 1400 kJ ② 2000 kJ
③ 3500 kJ ④ 7000 kJ

해설 $\theta = T(S_2 - S_1) = Tm(s_2 - s_1)$
$= 500 \times 2(10 - 3) = 7000$ kJ

39. 다음 중 이상적인 증기 터빈의 사이클인 랭킨 사이클을 옳게 나타낸 것은?

① 가역등온압축 → 정압가열 → 가역등온팽창 → 정압냉각
② 가역단열압축 → 정압가열 → 가역단열팽창 → 정압냉각
③ 가역등온압축 → 정적가열 → 가역등온팽창 → 정적냉각
④ 가역단열압축 → 정적가열 → 가역단열팽창 → 정적냉각

정답 34. ④ 35. ③ 36. ② 37. ④ 38. ④ 39. ②

해설 랭킨 사이클 : 가역단열압축($s=c$) → 정압가열($p=c$) → 가역단열팽창($s=c$) → 정압냉각($p=c$)

40. 온도 150℃, 압력 0.5 MPa의 공기 0.2 kg이 압력이 일정한 과정에서 원래 체적의 2배로 늘어난다. 이 과정에서의 일은 약 몇 kJ인가?(단, 공기는 기체상수가 0.287 kJ/kg · K인 이상기체로 가정한다.)

① 12.3 kJ ② 16.5 kJ
③ 20.5 kJ ④ 24.3 kJ

해설 $P_1V_1 = mRT_1$에서

$$V_1 = \frac{mRT_1}{P_1} = \frac{0.2\times0.287\times423}{0.5\times10^3}$$

$= 0.04856\,\text{m}^3 ≒ 0.0486\,\text{m}^3$

$\therefore\ V_2 = 2V_1 = 2\times0.0486 = 0.0972$

$${}_1W_2 = \int_1^2 pdv = P(V_2 - V_1)$$

$= 0.5\times10^3(0.0972-0.0486)$

$= 24.3\,\text{kJ}$

제 3 과목 기계유체역학

41. 여객기가 888 km/h로 비행하고 있다. 엔진의 노즐에서 연소가스를 375 m/s로 분출하고, 엔진의 흡기량과 배출되는 연소가스의 양은 같다고 가정하면 엔진의 추진력은 약 몇 N인가?(단, 엔진의 흡기량은 30 kg/s이다.)

① 3850 N ② 5325 N
③ 7400 N ④ 11250 N

해설 $F_{th} = \dot{m}(V_2 - V_1)$

$= 30(375-246.67) = 3850\,\text{N}$

여기서, $V_1 = \frac{888}{3.6} = 246.67\,\text{m/s}$

42. 경계층의 박리(separation) 현상이 일어나기 시작하는 위치는?

① 하류방향으로 유속이 증가할 때
② 하류방향으로 유속이 감소할 때
③ 경계층 두께가 0으로 감소될 때
④ 하류방향의 압력기울기가 역으로 될 때

해설 경계층의 박리 현상은 하류방향의 역압력구배$\left(\frac{\partial p}{\partial x} > 0,\ \frac{\partial u}{\partial x} < 0\right)$ 때문에 발생한다.

43. 2차원 정상 유동의 속도 방정식이 $V = 3(-xi + yj)$라고 할 때, 이 유동의 유선의 방정식은?(단, C는 상수를 의미한다.)

① $xy = C$ ② $\frac{y}{x} = C$
③ $x^2y = C$ ④ $x^3y = C$

해설 $\frac{dx}{u} = \frac{dy}{v},\ \frac{dx}{-x} = \frac{dy}{y}$

$-\ln x + \ln c = \ln y$

$\ln x + \ln y = \ln c = c'$

$\ln xy = \ln c = c'$

$xy = e^{c'}$

$\therefore\ xy = C$

44. 흐르는 물의 속도가 1.4 m/s일 때 속도 수두는 약 몇 m인가?

① 0.2 ② 10
③ 0.1 ④ 1

해설 $h = \frac{V^2}{2g} = \frac{(1.4)^2}{2\times9.8} = 0.1\,\text{m}$

45. 수평으로 놓인 안지름 5 cm인 곧은 원관 속에서 점성계수 0.4 Pa · s의 유체가 흐르고 있다. 관의 길이 1 m당 압력강하가 8 kPa이고 흐름 상태가 층류일 때 관 중심부에서의 최대 유속(m/s)은?

① 3.125 ② 5.217
③ 7.312 ④ 9.714

정답 40. ④ 41. ① 42. ④ 43. ① 44. ③ 45. ①

해설 $\Delta P = \dfrac{128\mu\left(\dfrac{\pi d^2}{4}V\right)L}{\pi d^4} = \dfrac{32\mu VL}{d^2}$[Pa]

$V = \dfrac{\Delta P d^2}{32\mu L} = \dfrac{8\times 10^3 \times (0.05)^2}{32\times 0.4\times 1}$

$= 1.5625$ m/s

$\therefore U_{max} = 2V = 2\times 1.5625 = 3.125$ m/s

46. 체적탄성계수가 2.086 GPa인 기름의 체적을 1 % 감소시키려면 가해야 할 압력은 몇 Pa인가?

① 2.086×10^7　② 2.086×10^4

③ 2.086×10^3　④ 2.086×10^2

해설 $E = -\dfrac{dP}{\dfrac{dV}{V}}$[Pa]

$\therefore dP = E\times\left(-\dfrac{dV}{V}\right) = 2.086\times 10^9\times 0.01$

$= 2.086\times 10^7$Pa

47. 그림과 같이 비중 0.8인 기름이 흐르고 있는 개수로에 단순 피토관을 설치하였다. Δh = 20 mm, h = 30 mm일 때 속도 V는 약 몇 m/s인가?

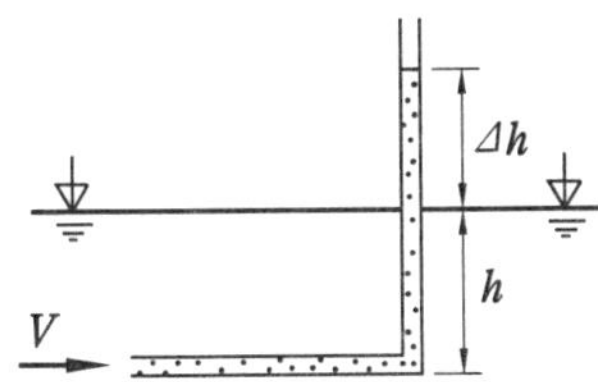

① 0.56　② 0.63

③ 0.77　④ 0.99

해설 $V = \sqrt{2g\Delta h} = \sqrt{2\times 9.8\times 0.02}$

$= 0.63$ m/s

48. 지름 2 cm의 노즐을 통하여 평균속도 0.5 m/s로 자동차의 연료 탱크에 비중 0.9인 휘발유 20 kg을 채우는 데 걸리는 시간은 약 몇 s인가?

① 66　② 78

③ 102　④ 141

해설 $\dot{m} = \rho AV = \rho Q$[kg/s]

$20 = 0.9\times 1000\times\dfrac{\pi(0.02)^2}{4}\times 0.5\times t$

$= 0.1413t$

$\therefore t = \dfrac{20}{0.1413} \fallingdotseq 141$s

49. x, y평면의 2차원 비압축성 유동장에서 유동함수(stream function) ψ는 $\psi = 3xy$로 주어진다. 점 (6, 2)와 점 (4, 2) 사이를 흐르는 유량은?

① 6　② 12

③ 16　④ 24

해설 $\psi_1 = 3xy = 3\times 6\times 2 = 36$

$\psi_2 = 3xy = 3\times 4\times 2 = 24$

$\therefore$ 유량 $= \psi_1 - \psi_2 = 36 - 24 = 12$

50. 구형 물체 주위의 비압축성 점성 유체의 흐름에서 유속이 대단히 느릴 때(레이놀즈수가 1보다 작을 경우) 구형 물체에 작용하는 항력 D_r은?(단, 구의 지름은 d, 유체의 점성계수를 μ, 유체의 평균속도를 V라 한다.)

① $D_r = 3\pi\mu dV$　② $D_r = 6\pi\mu dV$

③ $D_r = \dfrac{3\pi\mu dV}{g}$　④ $D_r = \dfrac{3\pi dV}{\mu g}$

해설 스토크스 법칙(Stokes' law)

$D_r = 3\pi\mu Vd$[N]

51. 표면장력의 차원으로 맞는 것은?(단, M : 질량, L : 길이, T : 시간)

① MLT^{-2}　② ML^2T^{-1}

③ $ML^{-1}T^{-2}$　④ MT^{-2}

해설 표면장력 $\sigma = \dfrac{pd}{4}$[N/m]이므로

차원은 $FL^{-1} = (MLT^{-2})L^{-1} = MT^{-2}$

정답 46. ① 47. ② 48. ④ 49. ② 50. ① 51. ④

52. 벽면에 평행한 방향의 속도(u) 성분만이 있는 유동장에서 전단응력을 τ, 점성계수를 μ, 벽면으로부터의 거리를 y로 표시하면 뉴턴의 점성법칙을 옳게 나타낸 식은?

① $\tau=\mu\dfrac{dy}{du}$　② $\tau=\mu\dfrac{du}{dy}$

③ $\tau=\dfrac{1}{\mu}\dfrac{du}{dy}$　④ $\tau=\mu\sqrt{\dfrac{du}{dy}}$

해설 뉴턴의 점성법칙(Newton's viscosity law)

$\tau=\mu\dfrac{dy}{dy}$ [Pa]

53. 다음의 무차원수 중 개수로와 같은 자유표면 유동과 가장 밀접한 관련이 있는 것은?

① Euler수　② Froude수

③ Mach수　④ Prantl수

해설 중력이 중요시되는 자유표면 유동 관련 무차원수는 Fr(Froude number)이다.

$Fr=\dfrac{\text{관성력}}{\text{중력}}=\dfrac{V}{\sqrt{lg}}$

54. 그림과 같은 수문(폭×높이 = 3 m×2 m)이 있을 경우 수문에 작용하는 힘의 작용점은 수면에서 몇 m 깊이에 있는가?

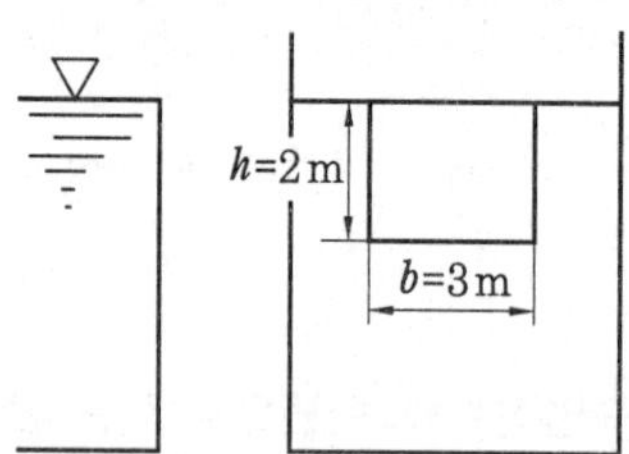

① 약 0.7 m　② 약 1.1 m

③ 약 1.3 m　④ 약 1.5 m

해설 $y_p=\bar{y}+\dfrac{I_G}{A\bar{y}}=1-\dfrac{\dfrac{3\times 2^3}{12}}{(2\times 3)\times 1}$

$\fallingdotseq 1.3$ m

55. 원관 내에 완전 발달 층류 유동에서 유량에 대한 설명으로 옳은 것은?

① 관의 길이에 비례한다.

② 관 지름의 제곱에 반비례한다.

③ 압력강하에 반비례한다.

④ 점성계수에 반비례한다.

해설 $Q=\dfrac{\Delta P\pi d^4}{128\mu L}$ [m³/s]에서 $Q\propto\dfrac{1}{\mu}$

∴ 유량은 점성계수에 반비례한다.

56. 그림과 같이 물이 고여 있는 큰 댐 아래에 터빈이 설치되어 있고, 터빈의 효율이 85%이다. 터빈 이외에서의 다른 모든 손실을 무시할 때 터빈의 출력은 약 몇 kW인가? (단, 터빈 출구관의 지름은 0.8 m, 출구속도 V는 10 m/s이고 출구압력은 대기압이다.)

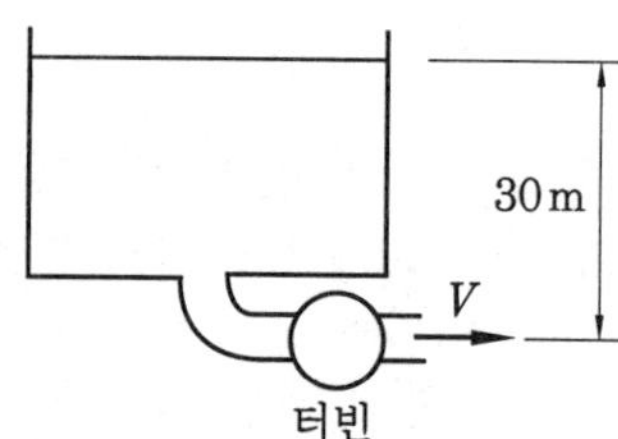

① 1043　② 1227

③ 1470　④ 1732

해설 $\dfrac{P_1}{\gamma}+\dfrac{V_1^2}{2g}+Z_1=\dfrac{P_2}{\gamma}+\dfrac{V_2^2}{2g}+Z_2+H_t$

$P_1=P_2=P_o(\text{대기압})=0$

$V_2\gg V_1(V_1=0)$

$\therefore H_t=(Z_1-Z_2)-\dfrac{V_2^2}{2g}$

$=30-\dfrac{10^2}{19.6}=24.9$ m

$Q=AV=\dfrac{\pi}{4}(0.8)^2\times 10=5.024$ m3/s

$\text{출력}(P)=9.8QH_t\eta_t$

$=9.8\times 5.024\times 24.9\times 0.85$

$\fallingdotseq 1043$ kW

정답 52. ② 53. ② 54. ③ 55. ④ 56. ①

57. 개방된 탱크 내에 비중이 0.8인 오일이 가득 차 있다. 대기압이 101 kPa라면, 오일탱크 수면으로부터 3 m 깊이에서 절대압력은 약 몇 kPa인가?

① 25 ② 249

③ 12.5 ④ 125

해설 $P_{abs} = P_o + P_y = 101 + (9.8 \times 0.8) \times 3$

$\fallingdotseq 125\,\text{kPa}$

58. 원통 속의 물이 중심축에 대하여 ω의 각속도로 강체와 같이 등속회전하고 있을 때 가장 압력이 높은 지점은?

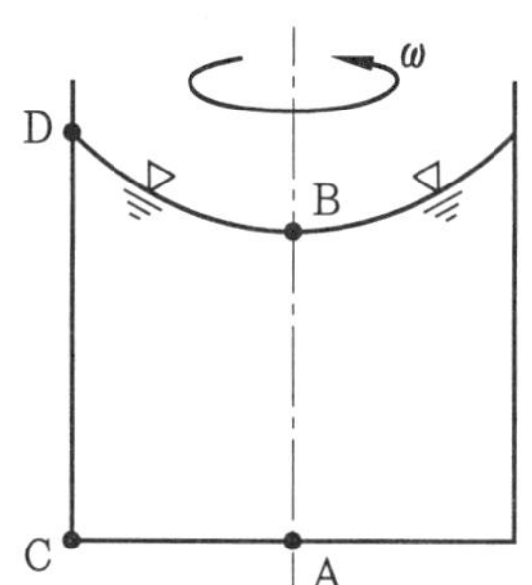

① 바닥면의 중심점 A

② 액체 표면의 중심점 B

③ 바닥면의 가장자리 C

④ 액체 표면의 가장자리 D

해설 $P_C = \gamma h_{\overline{CD}} = 9.8\, h_{\overline{CD}}\,[\text{kPa}]$

59. 길이 150 m의 배가 10 m/s의 속도로 항해하는 경우를 길이 4 m의 모형 배로 실험하고자 할 때 모형 배의 속도는 약 몇 m/s로 해야 하는가?

① 0.133 ② 0.534

③ 1.068 ④ 1.633

해설 $(Fr)_p = (Fr)_m$

$$\left(\frac{V}{\sqrt{Lg}}\right)_p = \left(\frac{V}{\sqrt{Lg}}\right)_m$$

$g_p \simeq g_m$

$$\therefore\ V_m = V_p\sqrt{\frac{L_m}{L_p}} = 10 \times \sqrt{\frac{4}{150}}$$

$$= 1.633\,\text{m/s}$$

60. 지름이 10 mm인 매끄러운 관을 통해서 유량 0.02 L/s의 물이 흐를 때 길이 10 m에 대한 압력손실은 약 몇 Pa인가?

① 1.140 Pa ② 1.819 Pa

③ 1140 Pa ④ 1819 Pa

해설 $\Delta P = \dfrac{128\mu QL}{\pi d^4} = \dfrac{128(\rho\nu)QL}{\pi d^4}$

$$= \frac{128(1000 \times 1.4 \times 10^{-6}) \times 0.02 \times 10^{-3} \times 10}{\pi(0.01)^4}$$

$= 1141\,\text{Pa}$

제 4 과목 유체기계 및 유압기기

61. 펌프의 운전 중 관로에 장치된 밸브를 급폐쇄시키면 관로 내 압력이 변화(상승, 하강반복)되면서 충격파가 발생하는 현상을 무엇이라고 하는가?

① 공동 현상 ② 수격 작용

③ 서징 현상 ④ 부식 작용

해설 수격 작용 : 펌프의 운전 중 정전 등으로 펌프가 급히 정지하는 경우 관내의 물이 역류하여 역지변이 막힘으로 배관 내의 유체의 운동에너지가 압력에너지로 변하여 고압을 발생시키고, 소음과 진동을 수반하는 현상

62. 다음 각 수차에 대한 설명 중 틀린 것은 어느 것인가?

① 중력 수차 : 물이 낙하할 때 중력에 의해 움직이게 되는 수차

② 충동 수차 : 물이 갖는 속도 에너지에 의해 물이 충격으로 회전하는 수차

③ 반동 수차 : 물이 갖는 압력과 속도에

정답 57. ④ 58. ③ 59. ④ 60. ③ 61. ② 62. ④

너지를 이용하여 회전하는 수차

④ 프로펠러 수차 : 물이 낙하할 때 중력과 속도에너지에 의해 회전하는 수차

해설 프로펠러 수차는 물이 프로펠러 모양의 날개차의 축 방향에서 유입하여 반대 방향으로 방출되는 축류형 반동 수차로서, 저낙차의 많은 유량에 사용된다. 날개차는 3~8매의 날개를 가지고 있으며, 낙차 범위는 5~10 m 정도이고, 부하변동에 의하여 날개 각도를 조정할 수 있는 가동 날개와 고정 날개가 있다.

63. 토마계수 σ를 사용하여 펌프의 캐비테이션이 발생하는 한계를 표시할 때, 캐비테이션이 발생하지 않는 영역을 바르게 표시한 것은? (단, H는 유효낙차, H_a는 대기압 수두, H_v는 포화증기압 수두, H_s는 흡출고를 나타낸다. 또한, 펌프가 흡출하는 수면은 펌프 아래에 있다.)

① $H_a - H_v - H_s > \sigma \times H$

② $H_a + H_v - H_s > \sigma \times H$

③ $H_a - H_v - H_s < \sigma \times H$

④ $H_a + H_v - H_s < \sigma \times H$

해설 토마계수(σ) = $\dfrac{\text{필요흡입수두}}{\text{전양정}}$

64. 다음 중 토크 컨버터에 대한 설명으로 틀린 것은?

① 유체 커플링과는 달리 입력축과 출력축의 토크 차를 발생하게 하는 장치이다.

② 토크 컨버터는 유체 커플링의 설계점 효율에 비하여 다소 낮은 편이다.

③ 러너의 출력축 토크는 회전차의 토크에서 스테이터의 토크를 뺀 값으로 나타낸다.

④ 토크 컨버터의 동력 손실은 열에너지로 전환되어 작동 유체의 온도 상승에 영향을 미친다.

65. 터빈 펌프와 비교하여 벌류트 펌프가 일반적으로 가지는 특성에 대한 설명으로 옳지 않은 것은?

① 안내 깃이 없다.

② 구조가 간단하고 소형이다.

③ 고양정에 적합하다.

④ 캐비테이션이 일어나기 쉽다.

해설 터빈 펌프와 벌류트 펌프의 비교

구분	터빈 펌프	벌류트 펌프
안내 날개(깃)	있다.	없다.
크기	구조 복잡, 대형	구조 간단, 소형
양정	고양정에 적합	저양정에 적합
공동현상	발생하지 않는다.	발생하기 쉽다.
효율 변동	비교적 변화가 없다.	변화가 있다 (급상승, 급강하).

66. 수차는 펌프와 마찬가지로 동일한 상사 법칙이 성립하는데, 다음 중 유량(Q)과 관계된 상사 법칙으로 옳은 것은? (단, D는 수차의 크기를 의미하며, N은 회전수를 나타낸다.)

① $\dfrac{Q_1}{D_1^4 N_1^2} = \dfrac{Q_2}{D_2^4 N_2^2}$

② $\dfrac{Q_1}{D_1^4 N_1^2} = \dfrac{Q_2}{D_2^4 N_2^2}$

③ $\dfrac{Q_1}{D_1^3 N_1^2} = \dfrac{Q_2}{D_2^3 N_2^2}$

④ $\dfrac{Q_1}{D_1^3 N_1} = \dfrac{Q_2}{D_2^3 N_2}$

정답 63. ① 64. ③ 65. ③ 66. ④

해설 $\frac{Q_2}{Q_1} = \left(\frac{N_2}{N_1}\right)^1 \times \left(\frac{D_2}{D_1}\right)^3 = \frac{N_2 D_2^3}{N_1 D_1^3}$ 에서

$Q_1 N_2 D_2^3 = Q_2 N_1 D_1^3$

$\therefore \frac{Q_1}{N_1 D_1^3} = \frac{Q_2}{N_2 D_2^3}$

67. 펌프는 크게 터보형과 용적형, 특수형으로 구분하는데, 다음 중 터보형 펌프에 속하지 않은 것은?

① 원심식 펌프 ② 사류식 펌프
③ 왕복식 펌프 ④ 축류식 펌프

해설 펌프의 분류
(1) 터보형 : 원심식 펌프, 사류식 펌프, 축류식 펌프
(2) 용적형 : 왕복식 펌프, 회전식 펌프
(3) 특수형 : 와류 펌프, 수격 펌프, 진공 펌프

68. 유회전 진공 펌프(oil-sealed rotary vacuum pump)의 종류가 아닌 것은?

① 너시(Nush)형 진공 펌프
② 게데(Gaede)형 진공 펌프
③ 키니(Kinney)형 진공 펌프
④ 센코(Senko)형 진공펌프

해설 유회전식 진공 펌프는 케이싱 내에 소량의 기름을 봉입하여 접동부 사이에 유막을 형성시켜서 기체의 누설을 방지함으로써 고진공도를 얻을 수 있도록 되어 있으며 게데(Gaede)형, 키니(Kinney)형, 센코(Cenco)형 등이 있다.

69. 송풍기에서 발생하는 공기가 전압 400 mmAq, 풍량 30 m^3/min이고, 송풍기의 전압효율이 70 %라면 이 송풍기의 축동력은 약 몇 kW인가?

① 1.7 ② 2.8
③ 17 ④ 28

해설 축동력$(L_s) = \frac{P_t Q}{6120\eta_t}$

$= \frac{400 \times 30}{6120 \times 0.7} = 2.8\ \text{kW}$

70. 다음 중 캐비테이션 방지법에 대한 설명으로 틀린 것은?

① 펌프의 설치높이를 최대로 높게 설정하여 흡입양정을 길게 한다.
② 펌프의 회전수를 낮추어 흡입 비속도를 작게 한다.
③ 양흡입펌프를 사용한다.
④ 입축펌프를 사용하고, 회전차를 수중에 완전히 잠기게 한다.

해설 캐비테이션을 방지하려면 펌프의 설치위치를 되도록 낮게 하여 흡입양정을 짧게 한다.

71. 유압 기본 회로 중 미터 인 회로에 대한 설명으로 옳은 것은?

① 유량 제어 밸브는 실린더에서 유압작동유의 출구 측에 설치한다.
② 유량 제어 밸브를 탱크로 바이패스 되는 관로 쪽에 설치한다.
③ 릴리프 밸브를 통하여 분기되는 유량으로 인한 동력손실이 크다.
④ 압력 설정 회로로 체크 밸브에 의하여 양방향만의 속도가 제어된다.

해설 미터 인 회로는 유량 제어 밸브를 실린더에서 유압작동유의 입구 측에 설치하며, 릴리프 밸브를 통해 분기되는 유량으로 인한 동력손실이 크다.

72. 유압 모터의 종류가 아닌 것은?

① 회전 피스톤 모터 ② 베인 모터
③ 기어 모터 ④ 나사 모터

해설 유압 모터의 종류 중 나사 모터(screw

정답 67. ③ 68. ① 69. ② 70. ① 71. ③ 72. ④

motor)는 없으며, 나사 펌프(screw pump)는 있다.

73. 체크 밸브, 릴리프 밸브 등에서 압력이 상승하고 밸브가 열리기 시작하여 어느 일정한 흐름의 양이 인정되는 압력은?

① 토출 압력
② 서지 압력
③ 크래킹 압력
④ 오버라이드 압력

해설 오버라이드 압력(override pressure)은 압력 제어 밸브에서 어느 최소 유량에서 어느 최대 유량까지의 사이에 증대하는 압력으로 설정 압력과 크래킹 압력의 차를 의미한다.

74. 그림은 KS 유압 도면 기호에서 어떤 밸브를 나타낸 것인가?

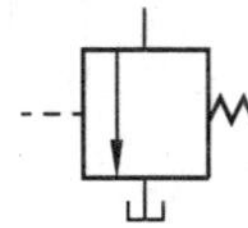

① 릴리프 밸브 ② 무부하 밸브
③ 시퀀스 밸브 ④ 감압 밸브

75. 다음 어큐뮬레이터의 종류 중 피스톤형의 특징에 대한 설명으로 가장 적절하지 않는 것은?

① 대형도 제작이 용이하다.
② 축유량을 크게 잡을 수 있다.
③ 형상이 간단하고 구성품이 적다.
④ 유실에 가스 침입의 염려가 없다.

해설 피스톤형 어큐뮬레이터는 유실에 가스 침입의 우려가 있다.

76. 그림과 같은 유압 잭에서 지름이 $D_2 = 2D_1$일 때 누르는 힘 F_1과 F_2의 관계를 나타낸 식으로 옳은 것은?

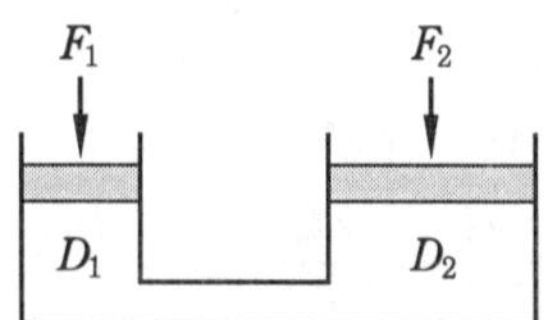

① $F_2 = F_1$ ② $F_2 = 2F_1$
③ $F_2 = 4F_1$ ④ $F_2 = 8F_1$

해설 $P_1 = P_2$

$$\frac{F_1}{A_1} = \frac{F_2}{A_2}\left[\frac{A_2}{A_1} = \left(\frac{D_2}{D_1}\right)^2\right]$$

$$F_2 = F_1\left(\frac{A_2}{A_1}\right) = F_1\left(\frac{D_2}{D_1}\right)^2 = F_1\left(\frac{2}{1}\right)^2 = 4F_1$$

77. 주로 펌프의 흡입구에 설치되어 유압작동유의 이물질을 제거하는 용도로 사용하는 기기는?

① 드레인 플러그 ② 스트레이너
③ 블래더 ④ 배플

해설 스트레이너는 탱크 내의 펌프 흡입구에 설치하며, 펌프 및 회로에 불순물의 흡입을 막는다. 펌프 송출량의 2배 이상의 압유를 통과시킬 수 있는 능력을 가져야 하며, 흡입 저항이 작은 것이 바람직하고 보통 100~200 메시의 철망이 사용된다.

78. 카운터 밸런스 밸브에 관한 설명으로 옳은 것은?

① 두 개 이상의 분기 회로를 가질 때 각 유압 실린더를 일정한 순서로 순차 작동시킨다.
② 부하의 낙하를 방지하기 위해서, 배압을 유지하는 압력 제어 밸브이다.
③ 회로 내의 최고 압력을 설정해 준다.
④ 펌프를 무부하 운전시켜 동력을 절감시킨다.

해설 ①은 시퀀스 밸브, ③은 릴리프 밸브, ④는 무부하 밸브에 대한 설명이다.

정답 73. ③ 74. ② 75. ④ 76. ③ 77. ② 78. ②

79. 다음 유압 회로는 어떤 회로에 속하는가?

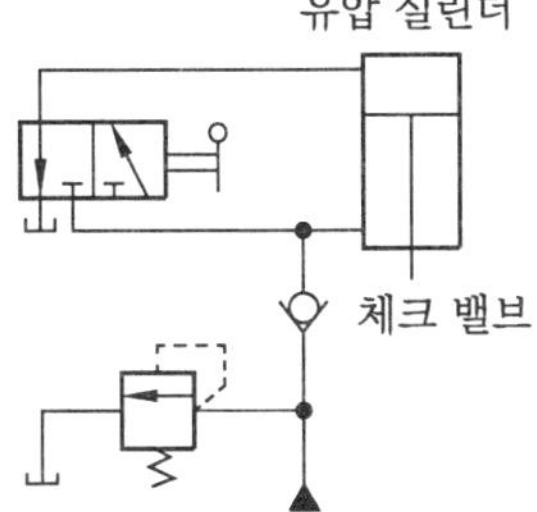

① 로크 회로
② 무부하 회로
③ 블리드 오프 회로
④ 어큐뮬레이터 회로

해설 로크 회로는 실린더 행정 중에 임의 위치에서, 혹은 행정 끝에서 실린더를 고정시켜 놓을 필요가 있을 때 피스톤의 이동을 방지하는 회로이다.

80. 유압 베인 모터의 1회전당 유량이 50 cc일 때, 공급 압력을 800 N/cm², 유량을 30 L/min으로 할 경우 베인 모터의 회전수는 약 몇 rpm인가? (단, 누설량은 무시한다.)

① 600 ② 1200
③ 2666 ④ 5333

해설 $Q = qN$[L/min]에서

$$N = \frac{Q}{q} = \frac{30 \times 10^3}{50} = 600 \text{ rpm}$$

※ $1 \text{ L} = 1000 \text{ cm}^3$(cc)

제 5 과목 건설기계일반 및 플랜트배관

81. 굴삭기 상부 프레임 지지 장치의 종류가 아닌 것은?

① 볼 베어링식 ② 포스트식
③ 롤러식 ④ 링크식

해설 굴삭기 상부 프레임 지지 장치의 종류에는 볼 베어링식, 포스트식, 롤러식이 있다.

82. 중량물을 달아 올려서 운반하는 건설기계의 명칭은?

① 컨베이어 벨트 ② 풀 트레일러
③ 기중기 ④ 트랙터

해설 기중기는 동력을 사용하여 하물을 달아 올리고 상하·전후·좌우로 운반하는 기계를 말한다.

83. 아스팔트 피니셔에서 아스팔트 혼합재를 균일한 두께로 다듬질 하는 기구는?

① 스크리드 ② 드라이어
③ 호퍼 ④ 피더

해설 ① 스크리드 : 스프레더에 의해 균일하게 분포된 아스팔트에 열 및 진동을 이용하여 표면을 고르게 만드는 장치로서 포장 두께와 폭을 조정할 수 있다.
③ 호퍼 : 운송된 혼합재를 받아들이는 장치로서 전방에는 에이프런이 있고 좌우의 날개는 접거나 펼칠 수 있다.
④ 피더 : 호퍼 내부의 아스팔트를 스프레더에 보내는 장치로서 컨베이어와 모양과 기능이 유사하여 제작사에 따라 피더 컨베이어라고도 한다. 일반적으로 좌우 2개 조로 설치되며 재료 공급 센서를 통해 자동 또는 수동으로 작동시킬 수 있다.

84. 다음 중 로더에 대한 설명으로 옳지 않은 것은?

① 타이어식 로더는 이동성이 좋아 고속 작업이 용이하다.
② 쿠션형 로더는 튜브리스 타이어 대신 강철제 트랙을 사용한다.
③ 무한궤도식 로더는 습지 작업이 용이하다.
④ 무한궤도식 로더는 기동성이 떨어진다.

정답 79. ① 80. ① 81. ④ 82. ③ 83. ① 84. ②

해설 쿠션형 로더는 튜브리스 타이어에 강철제 트랙을 감은 것으로 무한궤도형과 휠형의 단점을 보완한 형태이다.

85. 다음 재료 중 일반 구조용 압연 강재는?

① SM490A ② SM45C
③ SS400 ④ HT50

해설 ① SM490A : 용접 구조용 압연 강재
② SM45C : 기계 구조용 탄소 강재

86. 셔블계 굴삭기를 이용한 굴착작업에서 다음과 같을 때, 이 굴삭기의 예상작업량(Q)은 약 몇 m^3/h인가? (단, 버킷용량(q) = 1 m^3, 1회 사이클 시간(C_m) = 20 s, 버킷계수(k)=0.7, 토량환산계수(f)=0.9, 작업효율(E)=0.8이다.)

① 61 ② 71
③ 81 ④ 91

해설 $Q=\dfrac{3600qkfE}{C_m}$

$=\dfrac{3600\times1\times0.7\times0.9\times0.8}{20}$

$=90.72 ≒ 91\ m^3/h$

87. 대규모 항로 준설 등에 사용하는 것으로 선체에 펌프를 설치하고 항해하면서 동력에 의해 해저의 토사를 흡상하는 방식의 준설선은?

① 버킷 준설선 ② 펌프 준설선
③ 디퍼 준설선 ④ 그래브 준설선

해설 ① 버킷 준설선 : 해저의 토사를 일종의 버킷 컨베이어를 사용하여 연속적으로 굴착한다.
② 펌프 준설선 : 해저의 토사를 커터로 굴착 후 해수와 혼합된 것을 펌프로 흡양하여 배송관으로 목적하는 거리까지 배송한다.
③ 디퍼 준설선 : 바다 밑의 토사를 디퍼로 긁어 올리는 방식으로 굴착력은 좋으나 능률이 좋지 않다.
④ 그래브 준설선 : 그래브 버킷으로 해저의 토사를 굴착하여 선회 작동에 따라 토운선에 적재하여 운반한다.

88. 증기사용설비 중 응축수를 자동적으로 외부로 배출하는 장치로서 응축수에 의한 효율 저하를 방지하기 위한 장치는?

① 증발기 ② 탈기기
③ 인젝터 ④ 증기트랩

해설 ① 증발기 : 팽창 밸브를 통과하여 저온·저압으로 감압된 액체 냉매를 유입하여 주위의 공간 또는 피냉각 물체와 열교환시킴으로써 액체 증발에 의한 열흡수로 냉동하는 기기이다.
② 탈기기 : 순환수 속에 혼입된 기포(공기)를 분리하는 장치로 공기 분리기(air separator)라고도 한다.
③ 인젝터 : 노즐로부터 증기를 분출시켜 그 힘으로 물을 고압부로 보내는 장치로 증기의 분류를 이용하여 급수하는 펌프의 일종이다.
④ 증기트랩 : 증기 열교환기 등에서 나오는 응축수를 자동적으로 급속히 환수관 측 등에 배출시키는 기구이다.

89. 콘크리트 말뚝을 박기 위한 천공작업에 사용되는 작업장치는?

① 파일 드라이버 ② 드래그 라인
③ 백호 ④ 클램셸

해설 파일 드라이버는 항타기 또는 항발기라고도 하며 붐에 파일을 때리는 부속장치를 붙여서 드롭 해머나 디젤 해머로 강관 파일이나 콘크리트 파일을 때려 넣는 데 사용된다.

90. 도저의 트랙 슈(shoe)에 대한 설명으로 틀린 것은?

① 습지용 슈 : 접지면적을 작게 하여 연약

정답 85. ③ 86. ④ 87. ② 88. ④ 89. ① 90. ①

지반에서 작업하기 좋다.

② 스노 슈 : 눈이나 얼음판의 현장작업에 적합하다.

③ 고무 슈 : 노면보호 및 소음방지를 할 수 있다.

④ 평활 슈 : 도로파손을 방지할 수 있다.

해설 습지용 슈 : 접지면적을 넓힘으로써 접지압을 낮춰 연약지반에서 탁월한 작업 능력을 발휘한다.

91. 다음 중 사용압력에 따른 동관의 종류가 아닌 것은?

① K형 ② L형 ③ H형 ④ M형

해설 동관은 두께에 따라 K, L, M형으로 나눈다.

(1) K형 : 두께가 가장 두껍고 주로 고압배관에 사용한다.

(2) L형 : 보통의 두께로 지하매설관, 옥내외 냉온수의 급수관, 옥외 상수도관, 온수저압의 증기난방 및 회수관, 건물 내 또는 지하 하수관에 사용한다.

(3) M형 : K형, L형보다 두께가 얇으며 냉온수의 급수관, 온수저압의 증기난방, 지하의 하수관이나 통기관으로 사용한다.

92. 일반적으로 배관의 위치를 결정할 때 기능적인 면과 시공적 또는 유지관리의 관점에서 가장 적절하지 않은 것은?

① 급수배관은 항상 아래쪽으로 배관해야 한다.

② 전기배선, 덕트 및 연도 등은 위쪽에 설치한다.

③ 자연중력식 배관은 배관구배를 엄격히 지켜야 하며 굽힘부를 적게 하여야 한다.

④ 파손 등에 의해 누수가 염려되는 배관의 위치는 위쪽으로 하는 것이 유지관리상 편리하다.

93. 호칭지름 40 mm(바깥지름 48.6 mm)의 관을 곡률반경(R) 120 mm로 90° 열간 구부림할 때 중심부의 곡선길이(L)는 약 몇 mm인가?

① 188.5 ② 227.5

③ 234.5 ④ 274.5

해설 중심부의 곡선길이(L)

$$= R\theta = 120 \times \frac{90°}{57.3°} \fallingdotseq 188.5\,\text{mm}$$

94. 유량 조절이 용이하고 유체가 밸브의 아래로부터 유입하여 밸브 시트의 사이를 통해 흐르는 밸브는?

① 콕 ② 체크 밸브

③ 글로브 밸브 ④ 게이트 밸브

해설 ① 콕 : 원뿔체의 마개를 회전시켜 유체 통로를 개폐하는 간단한 밸브

② 체크 밸브 : 유체를 한쪽 방향으로만 흐르게 하고 반대 방향으로는 흐르지 못하도록 하는 밸브

③ 글로브 밸브 : 스톱 밸브의 일종으로 외형이 구형인 밸브이며 밸브의 개폐를 빠르게 할 수 있고, 밸브 본체와 밸브 시트의 조합도 쉽다.

④ 게이트 밸브 : 배관 도중에 설치하여 유로의 차단에 사용하며 변체가 흐르는 방향에 대하여 직각으로 이동하여 유로를 개폐한다.

95. 다음 중 냉·난방 배관 시험인 기밀 시험에 사용하는 가스의 종류가 아닌 것은?

① 탄산 가스 ② 염소 가스

③ 질소 가스 ④ 건조 공기

해설 기밀 시험은 공기 또는 질소, 탄산 등 불연성 가스를 배관에 주입하여 가스가 누출되는지를 확인한다.

96. 구상흑연 주철관이라고 하며, 땅속 또는 지상에 배관하여 압력 상태 또는 무압

정답 91. ③ 92. ④ 93. ① 94. ③ 95. ② 96. ④

력 상태에서 물의 수송 등에 사용하는 주철관은?

① 원심력 사형 주철관
② 원심력 금형 주철관
③ 입형 주철 직관
④ 덕타일 주철관

해설 덕타일 주철관(KS D 4311)은 지중(땅속) 또는 지상에 배관하여 압력 또는 무압력 상태에서 물의 수송 등에 사용한다. 두께에 따라 1종 관, 2종 관, 3종 관, 4종 관의 4종류로 나누고, 이음 방법에 따라 메커니컬 이음식(mechanical joint type), KP 메커니컬 이음식(KP-mechanical joint type), 타이톤 이음식(tyton joint type) 주철관이 있다.

97. 일반적으로 이음매 없는 관이 사용되며 사용온도가 350℃ 이하, 압력이 9.8 MPa까지의 보일러 증기관 또는 유압관에 사용되는 강관은?

① 배관용 탄소 강관
② 압력 배관용 탄소 강관
③ 일반 배관용 탄소 강관
④ 일반 구조용 탄소 강관

해설 압력 배관용 탄소 강관(KS D 3562)은 350℃정도 이하에서 사용하는 압력 배관에 쓰이는 탄소 강관으로 기호는 SPPS이다.

98. 옥내 및 옥외소화전의 시험으로 수원으로부터 가장 높은 위치와 가장 먼 거리에 대하여 규정된 호스와 노즐을 접속하여 실시하는 시험은?

① 통기 및 수압 시험
② 내압 및 기밀 시험
③ 연기 및 박하 시험
④ 방수 및 방출 시험

99. 관 또는 환봉을 절단하는 기계로서 절삭 시는 톱날에 하중이 걸리고 귀환 시는 하중이 걸리지 않는 공작용 기계는?

① 기계톱
② 파이프 벤딩기
③ 휠 고속 절단기
④ 동력 나사 절삭기

100. 강관용 공구 중 바이스의 종류가 아닌 것은?

① 램 바이스　② 수평 바이스
③ 체인 바이스　④ 파이프 바이스

해설 바이스(vice)의 종류에는 수평 바이스, 체인 바이스, 파이프 바이스, 탁상 바이스 등이 있다.

정답 97. ② 98. ④ 99. ① 100. ①

건설기계설비기사 2018년 8월 19일 (제3회)

제1과목 재료역학

1. 그림과 같이 길이 $L=3$ m의 단순보가 균일 분포하중 $w=5$ kN/m의 작용을 받고 있다. 보의 단면이 폭(b)×높이(h)= 10 cm×20 cm, 탄성계수 $E=10$ GPa일 때, 이 보의 최대 처짐량과 지점 A에서의 기울기는?(단, 보의 굽힘강성 EI는 일정하다.)

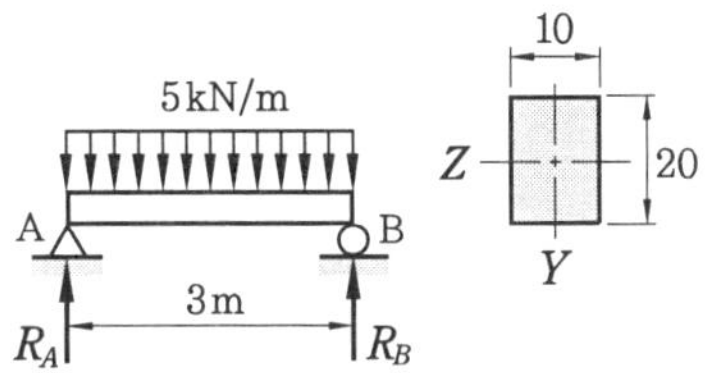

① $\delta_{max}=0.79$ cm, $\theta=0.483°$
② $\delta_{max}=0.89$ cm, $\theta=0.483°$
③ $\delta_{max}=0.79$ cm, $\theta=0.683°$
④ $\delta_{max}=0.89$ cm, $\theta=0.683°$

해설 $\delta_{max}=\dfrac{5wL^4}{384EI}$

$$=\frac{5\times5\times3^4}{384\times10\times10^6\times\dfrac{0.1\times0.2^3}{12}}$$

$=0.0079$ m$=0.79$ cm

$$\theta=57.3°\times\frac{wL^3}{24EI}$$

$$=57.3°\times\frac{5\times3^3}{24\times10\times10^6\times\dfrac{0.1\times0.2^3}{12}}$$

$=0.483°$

2. 지름이 10 mm이고, 길이가 3 m인 원형 축이 957 rpm으로 회전하고 있다. 이 축의 허용전단응력이 160 MPa인 경우 전달할 수 있는 최대 동력은 약 몇 kW인가?

① 2.36 ② 3.15
③ 6.28 ④ 9.42

해설 $T=9.55\times10^6\dfrac{kW}{N}$

$=\tau_a Z_p=\tau_a\dfrac{\pi d^3}{16}$ [N·mm]에서

$$kW=\frac{\tau_a\dfrac{\pi d^3}{16}N}{9.55\times10^6}$$

$$=\frac{160\times\dfrac{\pi\times10^3}{16}\times957}{9.55\times10^6}\fallingdotseq 3.15\text{ kW}$$

3. 그림과 같은 단면의 $x-x$축에 대한 단면 2차 모멘트는?

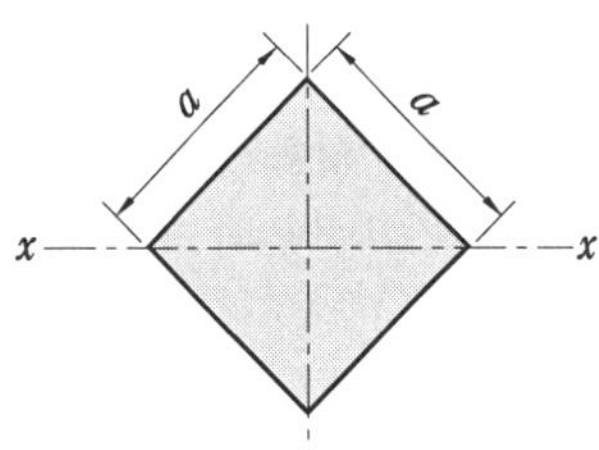

① $\dfrac{a^4}{8}$ ② $\dfrac{a^4}{12}$
③ $\dfrac{a^4}{24}$ ④ $\dfrac{a^4}{32}$

해설 $I_G=I_x=\dfrac{a^4}{12}$ [cm^4]

4. 단면 치수가 8 mm×24 mm인 강대가 인장력 $P=15$ kN을 받고 있다. 그림과 같이 30° 경사진 면에 작용하는 수직응력은 약 몇 MPa인가?

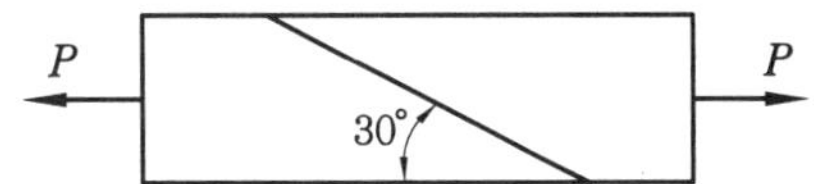

정답 1. ① 2. ② 3. ② 4. ①

① 19.5 ② 29.5
③ 45.3 ④ 72.6

해설 $\sigma_n = \sigma_x \sin^2\theta = \frac{P}{A}\sin^2\theta$

$= \frac{15\times10^3}{8\times24}\sin^2 30° = 19.53\,\text{MPa}$

5. 길이 4 m인 단순보의 중앙에 500 N의 집중하중이 작용하고 있다. 10 cm×10 cm의 4각 단면보라고 하면 굽힘응력은 몇 N/cm^2인가?

① 300 ② 400
③ 500 ④ 600

해설 $\sigma = \frac{M}{Z} = \frac{\frac{PL}{4}}{\frac{a^3}{6}} = \frac{3PL}{2a^3}$

$= \frac{3\times500\times400}{2\times10^3} = 300\,\text{N/cm}^2$

6. 길이가 2 m인 환봉에 인장하중을 가하여 변화된 길이가 0.14 cm일 때 변형률은?

① 70×10^{-6} ② 700×10^{-6}
③ 70×10^{-3} ④ 700×10^{-3}

해설 $\varepsilon = \frac{\lambda}{L} = \frac{0.14}{200}$

$= 0.0007 = 7\times10^{-4} = 700\times10^{-6}$

7. 반지름 1 cm, 길이 150 cm, 탄성계수 200 GPa의 강봉이 90 kN의 인장하중을 받을 때 탄성에너지는 약 몇 N·m인가?

① 129 ② 112
③ 97 ④ 85

해설 $u = \frac{P\lambda}{2} = \frac{P^2L}{2AE}$

$= \frac{(90\times10^3)^2\times1.5}{2\times\pi\times0.01^2\times200\times10^9} \fallingdotseq 97\,\text{N}\cdot\text{m}$

8. 다음 보에 발생하는 최대 굽힘 모멘트는 어느 것인가?

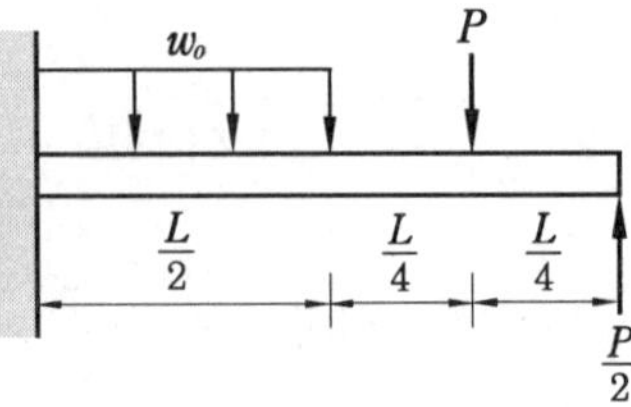

① $\frac{L}{8}(w_oL-2P)$ ② $\frac{L}{8}(w_oL+2P)$
③ $\frac{L}{4}(w_oL-2P)$ ④ $\frac{L}{4}(w_oL+2P)$

해설 $M_{\max} = -\frac{PL}{2} + P\frac{3L}{4} + \frac{w_oL}{2}\frac{L}{4}$

$= \frac{PL}{4} + \frac{w_oL^2}{8} = \frac{L}{8}(w_oL+2P)$

9. 다음 자유 물체도에서 경사하중 P가 작용할 경우 수직반력(R_A) 및 수평반력(R_H)은 각각 얼마인가? (단, 그림에서 보 AB와 P가 이루는 각도는 30°이다.)

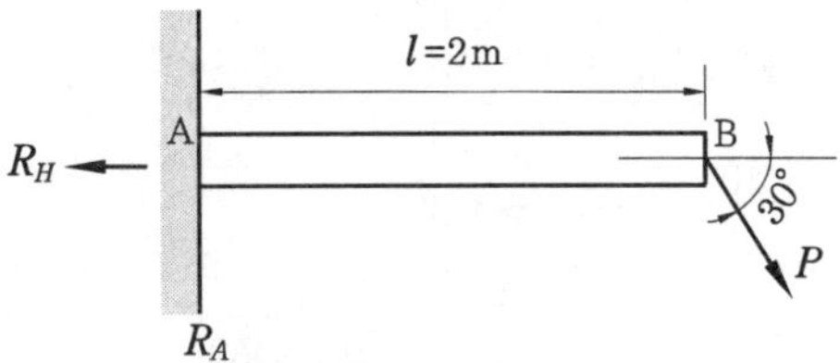

① $R_A = \frac{\sqrt{3}}{2}P,\ R_H = \frac{P}{4}$

② $R_A = \frac{2}{\sqrt{3}}P,\ R_H = \frac{P}{2}$

③ $R_A = \frac{\sqrt{3}}{2}P,\ R_H = \frac{P}{2}$

④ $R_A = \frac{1}{2}P,\ R_H = \frac{\sqrt{3}P}{2}$

해설 $R_A = P\sin30° = \frac{P}{2}[\text{N}]$

$R_H = P\cos30° = \frac{\sqrt{3}}{2}P[\text{N}]$

정답 5. ① 6. ② 7. ③ 8. ② 9. ④

10. 양단이 고정된 균일 단면봉의 중간 단면 C에 축하중 P를 작용시킬 때, A, B에서 반력은?

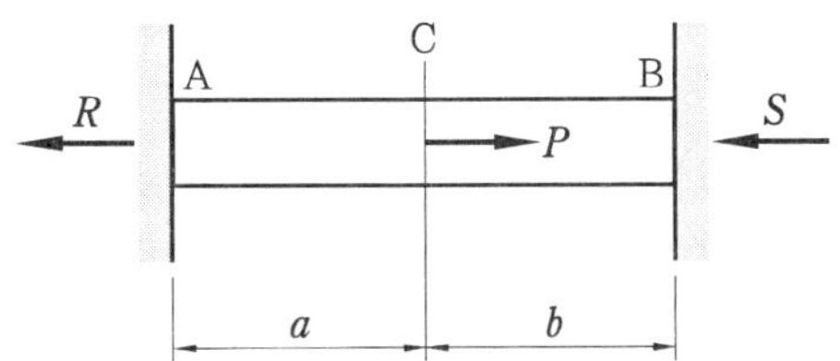

① $R=\dfrac{P(a+b^2)}{a+b}$, $S=\dfrac{P(a^2+b)}{a+b}$

② $R=\dfrac{Pb^2}{a+b}$, $S=\dfrac{Pa^2}{a+b}$

③ $R=\dfrac{Pb}{a+b}$, $S=\dfrac{Pa}{a+b}$

④ $R=\dfrac{Pa}{a+b}$, $S=\dfrac{Pb}{a+b}$

해설 $R=\dfrac{Pb}{l}=\dfrac{Pb}{a+b}$[N]

$S=\dfrac{Pa}{l}=\dfrac{Pa}{a+b}$[N]

11. 다음 보에서 B점의 반력 R_B는 얼마인가?

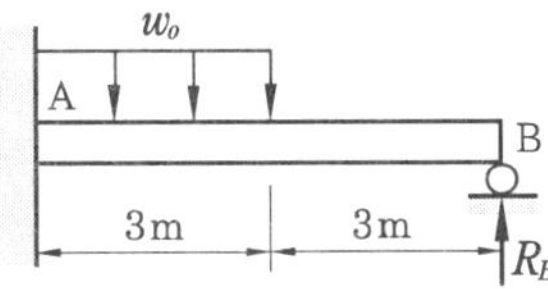

① $\dfrac{21}{64}w_o$　　② $\dfrac{63}{64}w_o$

③ $\dfrac{7}{128}w_o$　　④ $\dfrac{15}{128}w_o$

해설 $\dfrac{R_B\times 6^3}{3EI}=\dfrac{3w_o(1.5\times 3)}{3EI}\times\left(3+\dfrac{3}{4}\times 3\right)$

$\therefore\ R_B=\dfrac{21}{64}w_o$[N]

12. 지름이 d이고 길이가 L인 균일한 단면을 가진 직선축이 전체 길이에 걸쳐 토크 t_0가 작용할 때, 최대 전단응력은?

① $\dfrac{2t_0L}{\pi d^3}$　　② $\dfrac{4t_0L}{\pi d^3}$

③ $\dfrac{16t_0L}{\pi d^3}$　　④ $\dfrac{33t_0L}{\pi d^3}$

해설 $T=\tau_{\max}Z_p$

$t_0L=\tau_{\max}\dfrac{\pi d^3}{16}$

$\tau_{\max}=\dfrac{16t_0L}{\pi d^3}$[MPa]

여기서, $t_0=\dfrac{T}{L}$[N·m/m]

13. 속이 빈 주철제 기둥에 100 kN의 축방향 압축하중이 걸릴 때 오일러의 좌굴길이를 구하면 약 몇 cm인가?(단, 양단은 회전상태이며, E=105 GPa, I=260 cm^4이다.)

① 319　　② 419

③ 519　　④ 619

해설 $P_B=n\pi^2\dfrac{EI}{L^2}$[N]에서

$L=\sqrt{\dfrac{n\pi^2EI}{P_B}}$

$=\sqrt{\dfrac{1\times\pi^2\times 105\times 10^9\times 260\times 10^{-8}}{100\times 10^3}}$

$=5.19\text{ m}=519\text{ cm}$

14. 그림과 같은 외팔보의 임의의 거리 c 되는 점에 집중하중 P가 작용할 때 최대 처짐량은?(단, 보의 굽힘강성 EI는 일정하고, 자중은 무시한다.)

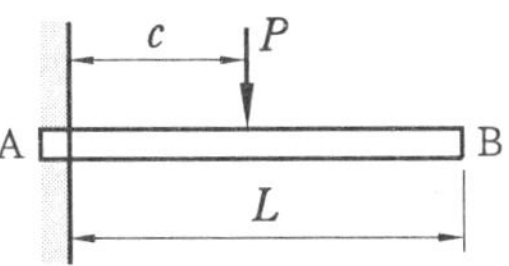

① $\dfrac{Pc^2}{3EI}(3L-c)$　　② $\dfrac{Pc^2}{3EI}(L-\dfrac{c}{3})$

정답 10. ③　11. ①　12. ③　13. ③　14. ④

③ $\frac{Pc^2}{6EI}(L-3c)$ ④ $\frac{Pc^2}{6EI}(3L-c)$

해설 $\delta=\frac{A_M\bar{x}}{EI}=\frac{\frac{Pc^2}{2}}{EI}\left(L-\frac{c}{3}\right)$

$=\frac{Pc^2}{6EI}(3L-c)$

15. 45° 각의 로제트 게이지로 측정한 결과가 $\varepsilon_{0°}=400\times10^{-6}$, $\varepsilon_{45°}=400\times10^{-6}$, $\varepsilon_{90°}=200\times10^{-6}$일 때, 주응력은 약 몇 MPa인가? (단, 푸아송 비 $\nu=0.3$, 탄성계수 $E=206$ GPa이다.)

① $\sigma_1=100,\ \sigma_2=56$

② $\sigma_1=110,\ \sigma_2=66$

③ $\sigma_1=120,\ \sigma_2=76$

④ $\sigma_1=130,\ \sigma_2=86$

해설 $\varepsilon_1=\frac{\varepsilon_{0°}+\varepsilon_{90°}}{2}+\sqrt{\left(\frac{\varepsilon_{0°}-\varepsilon_{90°}}{2}\right)^2+\left(\frac{\varepsilon_{0°}+\varepsilon_{90°}}{2}-\varepsilon_{45°}\right)^2}$

$=441.42\times10^{-6}$

$\varepsilon_2=\frac{\varepsilon_{0°}+\varepsilon_{90°}}{2}-\sqrt{\left(\frac{\varepsilon_{0°}-\varepsilon_{90°}}{2}\right)^2+\left(\frac{\varepsilon_{0°}+\varepsilon_{90°}}{2}-\varepsilon_{45°}\right)^2}$

$=158.58\times10^{-6}$

$\sigma_1=\left(\frac{\varepsilon_1+\nu\varepsilon_2}{1-\nu^2}\right)E$

$=\left(\frac{441.42\times10^{-6}+0.3\times158.58\times10^{-6}}{1-0.3^2}\right)\times206\times10^3\fallingdotseq110$ MPa

$\sigma_2=\left(\frac{\varepsilon_2+\nu\varepsilon_1}{1-\nu^2}\right)E$

$=\left(\frac{158.58\times10^{-6}+0.3\times441.42\times10^{-6}}{1-0.3^2}\right)\times206\times10^3\fallingdotseq66$ MPa

16. 축방향 단면적 A인 임의의 재료를 인장하여 균일한 인장응력이 작용하고 있다. 인장방향 변형률이 ε, 푸아송의 비를 ν라 하면 단면적의 변화량은 약 얼마인가?

① $\nu\varepsilon A$ ② $2\nu\varepsilon A$

③ $3\nu\varepsilon A$ ④ $4\nu\varepsilon A$

해설 단면적의 변화량$(\Delta A)=2\nu\varepsilon A[\mathrm{m}^2]$

17. 그림에서 P가 1800 N, $b=3$ cm, $h=4$ cm, $e=1$ cm라 할 때 최대 압축응력은 몇 N/cm²인가?

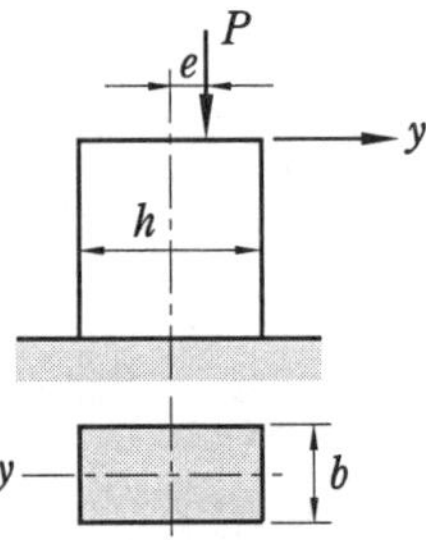

① 375 ② 275

③ 250 ④ 175

해설 $\sigma_{\max}=\sigma_c+\sigma_b=\frac{P}{A}+\frac{M}{Z}=\frac{P}{bh}+\frac{6Pe}{bh^2}$

$=\frac{1800}{3\times4}+\frac{6\times1800\times1}{3\times4^2}=375\ \mathrm{N/cm^2}$

18. 재료와 단면이 같은 두 축의 길이가 각각 l과 $2l$일 때 길이가 l인 축에 비틀림 모멘트 T가 작용하고 길이가 $2l$인 축에 비틀림 모멘트 $2T$가 각각 작용한다면 비틀림각의 크기 비는?

① $1:\sqrt{2}$ ② $1:2\sqrt{2}$

③ $1:2$ ④ $1:4$

해설 $\theta=\frac{TL}{GI_p}$ [radian]

$\frac{\theta_2}{\theta_1}=\left(\frac{2L}{L}\right)\left(\frac{2T}{T}\right)=4$

$\therefore\ \theta_1:\theta_2=1:4$

정답 15. ② 16. ② 17. ① 18. ④

19. 그림과 같은 보가 분포하중과 집중하중을 받고 있다. 지점 B에서의 반력의 크기를 구하면 몇 kN인가?

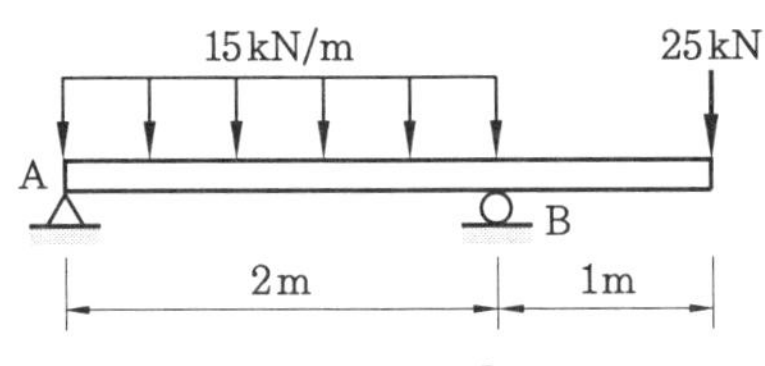

① 28.5 ② 40.0

③ 52.5 ④ 55.0

해설 $\Sigma M_A = 0$

$25 \times 3 - R_B \times 2 + (15 \times 2) \times 1 = 0$

$\therefore R_B = \dfrac{25 \times 3 + 30 \times 1}{2} = 52.5\text{ kN}$

20. 원형 단면보의 임의 단면에 걸리는 전체 전단력이 $3V$일 때, 단면에 생기는 최대 전단응력은? (단, A는 원형 단면의 면적이다.)

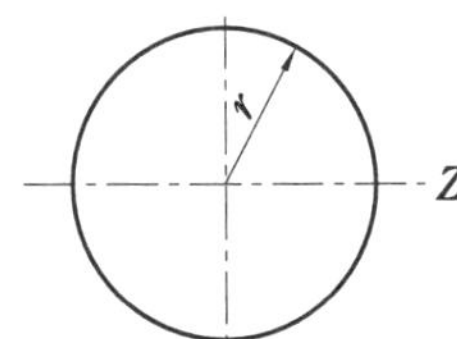

① $\dfrac{4}{3}\dfrac{V}{A}$ ② $2\dfrac{V}{A}$

③ $\dfrac{3}{2}\dfrac{V}{A}$ ④ $4\dfrac{V}{A}$

해설 $\tau_{max} = \dfrac{4V}{3A}$에서 V 대신에 $3V$를 대입하면 $\tau_{max} = \dfrac{4(3V)}{3A} = \dfrac{4V}{A}$ [MPa]

제 2 과목 기계열역학

21. 클라우지우스(Clausius) 적분 중 비가역 사이클에 대하여 옳은 식은? (단, Q는 시스템에 공급되는 열, T는 절대 온도를 나타낸다.)

① $\oint \dfrac{\delta Q}{T} = 0$ ② $\oint \dfrac{\delta Q}{T} < 0$

③ $\oint \delta Q > 0$ ④ $\oint \dfrac{dQ}{T} \geq 0$

해설 (1) 가역 사이클 : $\oint \dfrac{dQ}{T} = 0$

(2) 비가역 사이클 : $\oint \dfrac{dQ}{T} < 0$

22. 다음 중 이상적인 스로틀 과정에서 일정하게 유지되는 양은?

① 압력 ② 엔탈피

③ 엔트로피 ④ 온도

해설 교축(throttle) 과정은 등엔탈피 과정($h_1 = h_2$)이다.

23. 70 kPa에서 어떤 기체의 체적이 12 m^3이었다. 이 기체를 800 kPa까지 폴리트로픽 과정으로 압축했을 때 체적이 2 m^3으로 변화했다면, 이 기체의 폴리트로프 지수는 약 얼마인가?

① 1.21 ② 1.28

③ 1.36 ④ 1.43

해설 $P_1 V_1^n = P_2 V_2^n$

$\ln P_1 + n \ln V_1 = \ln P_2 + n \ln V_2$

$\ln P_1 - \ln P_2 = n(\ln V_2 - \ln V_1)$

$\therefore n = \dfrac{\ln \dfrac{P_1}{P_2}}{\ln \dfrac{V_2}{V_1}} = \dfrac{\ln \dfrac{70}{800}}{\ln \dfrac{2}{12}} = 1.36$

24. 이상기체의 가역 폴리트로픽 과정은 다음과 같다. 이에 대한 설명으로 옳은 것은? (단, P는 압력, v는 비체적, C는 상수이다.)

$$Pv^n = C$$

정답 19. ③ 20. ④ 21. ② 22. ② 23. ③ 24. ④

① $n=0$이면 등온과정
② $n=1$이면 정적과정
③ $n=\infty$이면 정압과정
④ $n=k$(비열비)이면 가역단열과정

해설 $Pv^n=C$에서
(1) $n=0$일 때 $P=C$(등압변화)
(2) $n=1$일 때 $Pv=C$(등온변화)
(3) $n=k$ 일 때 $Pv^k=C$(가역단열변화)
(4) $n=\infty$일 때 $v=C$(등적변화)

25. 공기 표준 사이클로 운전하는 디젤 사이클 엔진에서 압축비는 18, 체절비(분사단절비)는 2일 때 이 엔진의 효율은 약 몇 %인가? (단, 비열비는 1.4이다.)

① 63 % ② 68 %
③ 73 % ④ 78 %

해설 $\eta_{thd}=1-\left(\frac{1}{\varepsilon}\right)^{k-1}\frac{\sigma^k-1}{k(\sigma-1)}$

$=1-\left(\frac{1}{18}\right)^{1.4-1}\frac{2^{1.4}-1}{1.4(2-1)}=0.632(63.2\,\%)$

26. 압력 250 kPa, 체적 0.35 m^{3}의 공기가 일정 압력하에서 팽창하여 체적이 0.5 m^{3}로 되었다. 이때 내부에너지의 증가가 93.9 kJ이었다면, 팽창에 필요한 열량은 약 몇 kJ인가?

① 43.8 ② 56.4
③ 131.4 ④ 175.2

해설 등압과정($P=C$)인 경우 가열량(Q)은 엔탈피 변화량(ΔH)과 같다.

$Q=(H_2-H_1)=(U_2-U_1)+P(V_2-V_1)$
$=93.9+250\times(0.5-0.35)$
$=131.4\text{ kJ}$

27. 이상기체가 등온과정으로 부피가 2배로 팽창할 때 한 일이 W_1이다. 이 이상기체가 같은 초기 조건하에서 폴리트로픽 과정(지수 = 2)으로 부피가 2배로 팽창할 때 한 일은?

① $\frac{1}{2\ln 2}\times W_1$ ② $\frac{2}{\ln 2}\times W_1$
③ $\frac{\ln 2}{2}\times W_1$ ④ $2\ln 2\times W_1$

해설 (1) $T=C$일 때

$W_1=P_1V_1\ln\frac{V_2}{V_1}=P_1V_1\ln 2$

(2) 폴리트로픽 과정일 때

$W_1=\frac{P_1V_1-P_2V_2}{n-1}$

$=\frac{P_1V_1}{n-1}\left[1-\left(\frac{V_1}{V_2}\right)^{n-1}\right]=\frac{W_1}{2\ln 2}$

28. 역카르노 사이클로 운전하는 이상적인 냉동사이클에서 응축기 온도가 40℃, 증발기 온도가 −10℃이면 성능 계수는?

① 4.26 ② 5.26
③ 3.56 ④ 6.56

해설 $\varepsilon_R=\frac{T_2}{T_1-T_2}$

$=\frac{-10+273}{40+273-(-10+273)}=5.26$

29. 이상기체가 등온과정으로 체적이 감소할 때 엔탈피는 어떻게 되는가?

① 변하지 않는다.
② 체적에 비례하여 감소한다.
③ 체적에 반비례하여 증가한다.
④ 체적의 제곱에 비례하여 감소한다.

해설 이상기체인 경우 엔탈피는 온도만의 함수이다($dH=C_pdT$).

30. 밀폐 시스템에서 초기 상태가 300 K, 0.5 m^{3}인 이상기체를 등온과정으로 150 kPa에서 600 kPa까지 천천히 압축하였다. 이 압축 과정에 필요한 일은 약 몇 kJ인가?

정답 25. ① 26. ③ 27. ① 28. ② 29. ① 30. ①

① 104 ② 208
③ 304 ④ 612

해설 등온과정 시 $W_t = {}_1W_2 = P_1V_1\ln\frac{P_1}{P_2}$

$$= 150 \times 0.5 \times \ln\frac{150}{600} ≒ -104\,\text{kJ}$$

31. 이상적인 디젤 기관의 압축비가 16일 때 압축 전의 공기 온도가 90℃라면, 압축 후의 공기의 온도는 약 몇 ℃인가? (단, 공기의 비열비는 1.4이다.)

① 1101℃ ② 718℃
③ 808℃ ④ 828℃

해설 $\frac{T_2}{T_1} = \left(\frac{V_1}{V_2}\right)^{k-1}$

$$\therefore\ T_2 = T_1\left(\frac{V_1}{V_2}\right)^{k-1} = T_1\varepsilon^{k-1}$$
$$= (90+273) \times 16^{1.4-1}$$
$$= 1100.41\,\text{K} = 1100.41 - 273$$
$$≒ 828℃$$

32. 공기의 정압비열(C_p, kJ/kg · ℃)이 다음과 같다고 가정한다. 이때 공기 5 kg을 0℃에서 100℃까지 일정한 압력하에서 가열하는 데 필요한 열량은 약 몇 kJ인가? (단, 다음 식에서 t는 섭씨온도를 나타낸다.)

$C_p = 1.0053 + 0.000079 \times t$[kJ/kg · ℃]

① 85.5 ② 100.9
③ 312.7 ④ 504.6

해설 $Q = m\int_1^2 C_p\,dT$

$$= m\int_1^2 (1.0053 + 0.000079t)\,dt$$
$$= m\left[1.0053(t_2 - t_1) + \frac{0.000079}{2}(t_2^2 - t_1^2)\right]$$
$$= 5\left[1.0053 \times 100 + \frac{0.000079}{2}(100)^2\right]$$
$$= 504.6\,\text{kJ}$$

33. 500℃의 고온부와 50℃의 저온부 사이에서 작동하는 Carnot 사이클 열기관의 열효율은 얼마인가?

① 10 % ② 42 %
③ 58 % ④ 90 %

해설 $\eta_c = \left(1 - \frac{T_2}{T_1}\right) \times 100\%$

$$= \left(1 - \frac{50+273}{500+273}\right) \times 100\% = 58\%$$

34. 어떤 기체 1 kg이 압력 50 kPa, 체적 2.0 m^{3}의 상태에서 압력 1000 kPa, 체적 0.2 m^{3}의 상태로 변화하였다. 이 경우 내부에너지의 변화가 없다고 한다면, 엔탈피의 변화는 얼마나 되겠는가?

① 57 kJ ② 79 kJ
③ 91 kJ ④ 100 kJ

해설 $(H_2 - H_1) = (U_2 - U_1) + (P_2V_2 - P_1V_1)$ (여기서 $U_2 - U_1 = 0$)

$$= 1000 \times 0.2 - 50 \times 2 = 100\,\text{kJ}$$

35. 두 물체가 각각 제3의 물체와 온도가 같을 때는 두 물체도 역시 서로 온도가 같다는 것을 말하는 법칙으로 온도 측정의 기초가 되는 것은?

① 열역학 제0법칙
② 열역학 제1법칙
③ 열역학 제2법칙
④ 열역학 제3법칙

해설 열역학 제0법칙은 열적 평형 상태를 설명하는 법칙으로 두 열역학계 A와 B가 열역학계 C와 각각 열평형 상태이면 A와 B도 열평형 상태에 있다.

36. 그림과 같이 카르노 사이클로 운전하는

정답 31. ④ 32. ④ 33. ③ 34. ④ 35. ① 36. ②

기관 2개가 직렬로 연결되어 있는 시스템에서 두 열기관의 효율이 똑같다고 하면 중간 온도 T는 약 몇 K인가?

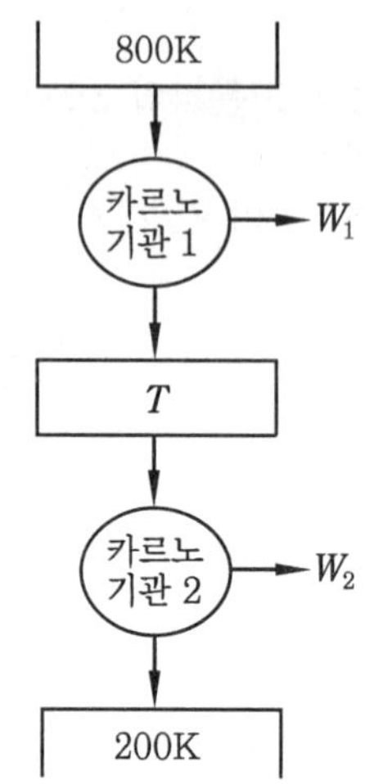

① 330 K ② 400 K
③ 500 K ④ 660 K

해설 $\eta_1 = \eta_2$, $\frac{T}{800} = \frac{200}{T}$

$T^2 = 200 \times 800 = 160000$

$\therefore\ T = \sqrt{160000} = 400\text{ K}$

37. 카르노 냉동기 사이클과 카르노 열펌프 사이클에서 최고 온도와 최소 온도가 서로 같다. 카르노 냉동기의 성적계수는 COP_R이라고 하고, 카르노 열펌프의 성적계수는 COP_{HP}라고 할 때 다음 중 옳은 것은?

① $COP_{HP} + COP_R = 1$

② $COP_{HP} + COP_R = 0$

③ $COP_R - COP_{HP} = 1$

④ $COP_{HP} - COP_R = 1$

해설 $COP_{HP} - COP_R = 1$

$COP_{HP} = COP_R + 1$

38. 에어컨을 이용하여 실내의 열을 외부로 방출하려 한다. 실외 35℃, 실내 20℃인 조건에서 실내로부터 3 kW의 열을 방출하려 할 때 필요한 에어컨의 최소 동력은 약 몇 kW인가?

① 0.154 ② 1.54
③ 0.308 ④ 3.08

해설 $\varepsilon_R = \frac{T_2}{T_1 - T_2}$

$= \frac{20+273}{(35+273)-(20+273)} = 19.53$

$\varepsilon_R = \frac{Q_e}{W_c}$ 에서

$W_c = \frac{Q_e}{\varepsilon_R} = \frac{3}{19.53} = 0.154\text{ kW}$

39. 랭킨 사이클의 각각의 지점에서 엔탈피는 다음과 같다. 이 사이클의 효율은 약 몇 %인가? (단, 펌프일은 무시한다.)

- 보일러 입구 : 290.5 kJ/kg
- 보일러 출구 : 3476.9 kJ/kg
- 응축기 입구 : 2622.1 kJ/kg
- 응축기 출구 : 286.3 kJ/kg

① 32.4 % ② 29.8 %
③ 26.8 % ④ 23.8 %

해설 $\eta_R = \frac{w_{net}}{q_1} = \frac{h_3 - h_4}{h_3 - h_1} \times 100\%$

$= \frac{3476.9 - 2622.1}{3476.9 - 286.3} \times 100\% = 26.8\%$

40. 열과 일에 대한 설명 중 옳은 것은?

① 열역학적 과정에서 열과 일은 모두 경로에 무관한 상태함수로 나타낸다.

② 일과 열의 단위는 대표적으로 watt(W)를 사용한다.

③ 열역학 제1법칙은 열과 일의 방향성을 제시한다.

④ 한 사이클 과정을 지나 원래 상태로 돌아왔을 때 시스템에 가해진 전체 열량은

정답 37. ④ 38. ① 39. ③ 40. ④

시스템이 수행한 전체 일의 양과 같다.

해설 $\oint \delta Q = \oint \delta W$

제 3 과목 기계유체역학

41. 유체 경계층 밖의 유동에 대한 설명으로 가장 알맞은 것은?

① 퍼텐셜(potential) 유동으로 가정할 수 있다.
② 전단응력이 크게 작용한다.
③ 각속도 성분이 항상 양의 값을 갖는다.
④ 항상 와류가 발생한다.

해설 경계층 바깥은 점성의 영향을 받지 않는 이상 유체와 같은 흐름, 즉 퍼텐셜 흐름을 이룬다.

42. 다음 중 점성계수를 측정하는 점도계의 종류에 속하지 않는 것은?

① 오스트발트(Ostwald) 점도계
② 세이볼트(Saybolt) 점도계
③ 낙구식 점도계
④ 마노미터식 점도계

해설 점도계의 종류

(1) 뉴턴(Newton)의 점성 법칙을 이용한 점도계
- 스토머 점도계
- 맥미첼(MacMichael) 점도계
- 회전식 점도계

(2) 하겐-푸아죄유(Hagen-Poiseuille)의 원리를 이용한 점도계
- 세이볼트(Saybolt) 점도계
- 오스트발트(Ostwald) 점도계

(3) 스토크스 법칙의 원리를 이용한 점도계 : 낙구식 점도계

43. 개방된 물탱크 속에 지름 1 m의 원판이 잠겨 있다. 이 원판의 도심이 자유표면보다 1 m 아래쪽에 있고, 수평 상태로 있다. 이때 도심의 깊이를 바꾸지 않은 상태에서 원판을 수직으로 세우면 원판의 한쪽 면이 받는 정수력학적 합력의 크기와 합력의 작용점은 어떻게 달라지는가?(단, 평판의 두께는 무시한다.)

① 합력의 크기는 커지고 작용점은 도심 아래로 내려간다.
② 합력의 크기는 안 변하고 작용점은 도심 아래로 내려간다.
③ 합력의 크기는 커지고 작용점은 안 변한다.
④ 합력의 크기와 작용점 모두 안 변한다.

44. 체적 0.2 m^3인 물체를 물속에 잠겨 있게 하는 데 300 N의 힘이 필요하다. 만약 이 물체를 어떤 유체 속에 잠겨 있게 하는 데 200 N의 힘이 필요하다면 이 유체의 비중은 약 얼마인가?

① 0.79 ② 0.86
③ 0.91 ④ 0.95

해설 부력(F_B)=물체의 무게(W)+W'

$9800 \times 0.2 = W + 300$

$\therefore W = 1660$ N

$9800S \times 0.2 = 1660 + 200$

$\therefore S \fallingdotseq 0.95$

45. 공기 중에서 무게가 1540 N인 통나무가 있다. 이 통나무를 물속에 잠겨 평형이 되도록 하기 위해 34 kg의 납(밀도 11300 kg/m^3)이 필요하다고 할 때 통나무의 평균 밀도는 약 몇 kg/m^3인가?

① 782 ② 835
③ 891 ④ 982

해설 물체의 무게(W)=부력(F_B)

통나무의 무게+납의 무게=$\gamma_w V$

정답 41. ① 42. ④ 43. ② 44. ④ 45. ②

$1540 + 34 \times 9.81 = 9800\,V$
$V = 0.1912\text{ m}^3$
$W_{납} = mg = 34 \times 9.81 = 372.78\text{ N}$
$V_{납} = \dfrac{m_{납}}{\rho_{납}} = \dfrac{34}{11300} = 3 \times 10^{-3}\text{ m}^3$
$V_{통나무} = 0.1912 - 3 \times 10^{-3} = 0.1882\text{ m}^3$
$1540 = \gamma V_{통나무} = \rho_{통나무} g V_{통나무}$
$= \rho_{통나무} \times 9.81 \times 0.1882$
$\therefore \rho_{통나무} = \dfrac{1540}{9.81 \times 0.1882}$
$\fallingdotseq 835\text{ kg/m}^3(\text{N}\cdot\text{s}^2/\text{m}^4)$

46. 유체의 체적탄성계수와 같은 차원을 갖는 것은?

① 부피　② 속도
③ 가속도　④ 압력

해설 체적탄성계수$(E) = -\dfrac{dP}{\dfrac{dV}{V}}$ [Pa]이므로
압력과 같은 단위, 같은 차원을 갖는다.

47. 실온에서 공기의 점성계수는 1.8×10^{-5} Pa·s, 밀도는 1.2 kg/m^{3}이고, 물의 점성계수가 1.0×10^{-3} Pa·s, 밀도는 1000 kg/m^{3}이다. 지름이 25 mm인 파이프 내의 유동을 고려할 때, 층류 상태를 유지할 수 있는 최대 Reynolds수가 2300이라면, 층류 유동 시 공기의 최대 평균 속도는 물의 최대 평균 속도의 약 몇 배인가?

① 3.2　② 8.4
③ 15　④ 180

해설 $Re_c = \dfrac{\rho V d}{\mu} = \dfrac{Vd}{\nu}$
$\dfrac{1.2 \times V_a \times 0.025}{1.8 \times 10^{-5}} = \dfrac{1000 \times V_w \times 0.025}{1.0 \times 10^{-3}}$
$\therefore \dfrac{V_a}{V_w} = \dfrac{1000 \times 0.025 \times 1.8 \times 10^{-5}}{1.2 \times 0.025 \times 1.0 \times 10^{-3}}$
$= 15$

48. 유량이 일정한 완전 난류 유동에서 파이프의 마찰 손실을 줄이기 위한 방법으로 가장 거리가 먼 것은?

① 레이놀즈수를 감소시킨다.
② 관 지름을 높인다.
③ 상대조도를 낮춘다.
④ 곡관의 사용을 줄인다.

49. 입출구의 지름과 높이가 같은 팬을 통해 공기(밀도 1.2 kg/m^3)가 0.01 kg/s의 유량으로 송출될 때, 압력 상승이 100 Pa이다. 팬에 공급되는 동력이 1 W일 때 팬의 동력 손실은 약 몇 W인가? (단, 유입 및 유출 공기 속도가 균일하다.)

① 0.17　② 0.83
③ 1.7　④ 8.3

해설 팬의 동력 손실 = 공급 동력 − 송출 동력
$= 1 - \Delta PQ = 1 - \Delta P \dfrac{\dot{m}}{\rho}$
$= 1 - 100 \times \dfrac{0.01}{1.2} \fallingdotseq 0.17\text{ N}\cdot\text{m/s} = 0.17\text{ W}$

50. 단면적이 0.005 m^{2}인 물 제트가 4 m/s의 속도로 U자 모양의 깃(vane)을 때리고 나서 방향이 180° 바뀌어 일정하게 흘러나갈 때 깃을 고정시키는 데 필요한 힘은 몇 N인가? (단, 중력과 마찰은 무시하고 물 제트의 단면적은 변함이 없다.)

① 8　② 20
③ 80　④ 160

해설 $F = \rho QV(1 - \cos\theta)$
$= \rho QV(1 - \cos 180°)$
$= 2\rho QV = 2\rho A V^2 = 2 \times 1000 \times 0.005 \times 4^2$
$= 160\text{ N}$

51. 지름이 1 m인 원형 탱크에 단면적이 0.1 m^{2}인 관을 통해 물이 0.5 m/s의 평균

정답 46. ④　47. ③　48. ①　49. ①　50. ④　51. ②

속도로 유입되고, 같은 단면적의 관을 통해 1 m/s의 속도로 유출된다. 이때 탱크 수위의 변화 속도는 약 얼마인가?

① -0.032 m/s　② -0.064 m/s
③ -0.128 m/s　④ -0.256 m/s

해설 $\Delta Q = 0.1(0.5-1) = -0.05\ \text{m}^3/\text{s}$

$\Delta Q = AV[\text{m}^3/\text{s}]$에서

$V = \dfrac{\Delta Q}{A} = \dfrac{-0.05}{\pi \times 0.5^2} = -0.064\ \text{m/s}$

52. 극좌표계(r, θ)에서 정상상태 2차원 이상 유체의 연속방정식으로 옳은 것은? (단, v_r, v_θ는 각각 r, θ 방향의 속도성분을 나타내며, 비압축성 유체로 가정한다.)

① $\dfrac{\partial v_r}{\partial r} + \dfrac{\partial v_\theta}{\partial \theta} = 0$

② $\dfrac{\partial v_r}{\partial r} + \dfrac{1}{r}\dfrac{\partial v_\theta}{\partial \theta} = 0$

③ $\dfrac{1}{r}\dfrac{\partial (r v_r)}{\partial r} + \dfrac{1}{r}\dfrac{\partial v_\theta}{\partial \theta} = 0$

④ $\dfrac{1}{r}\dfrac{\partial v_r}{\partial r} + \dfrac{1}{r}\dfrac{\partial (r v_\theta)}{\partial \theta} = 0$

53. 그림과 같은 사이펀에서 마찰손실을 무시할 때, 흐를 수 있는 이론적인 최대 유속은 약 몇 m/s인가?

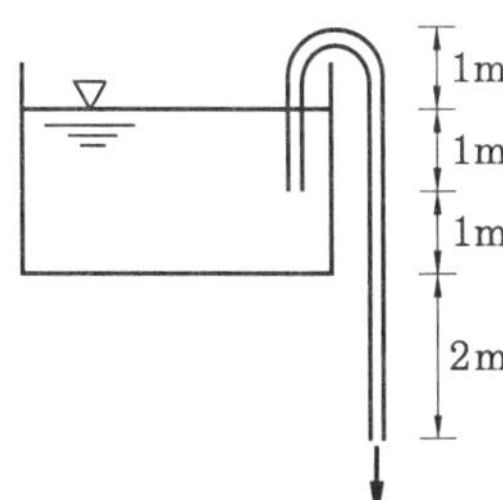

① 6.26　② 7.67
③ 8.85　④ 9.90

해설 $V = \sqrt{2gh} = \sqrt{2 \times 9.8 \times 4} = 8.85\ \text{m/s}$

54. 다음 중 무차원수인 것만을 모두 고른 것은? (단, P는 압력, ρ는 밀도, V는 속도, H는 높이, g는 중력가속도, μ는 점성계수, a는 음속이다.)

㉮ $\dfrac{P}{\rho V^2}$	㉯ $\sqrt{\dfrac{V}{gH}}$
㉰ $\dfrac{\rho VH}{\mu}$	㉱ $\dfrac{V}{a}$

① ㉮, ㉯
② ㉮, ㉯, ㉱
③ ㉮, ㉰, ㉱
④ ㉮, ㉯, ㉰, ㉱

해설 ㉮ $\dfrac{P}{\rho V^2} = \dfrac{\text{N/m}^2}{\text{N}\cdot\text{s}^2/\text{m}^4 \times \text{m}^2/\text{s}^2} = 1$

㉯ $\sqrt{\dfrac{V}{gH}} = \left(\dfrac{\text{m/s}}{\text{m/s}^2 \times \text{m}}\right)^{\frac{1}{2}} = (\text{s/m})^{\frac{1}{2}}$

㉰ $\dfrac{\rho VH}{\mu} = \dfrac{\text{N}\cdot\text{s}^2/\text{m}^4 \times \text{m/s} \times \text{m}}{\text{N}\cdot\text{s/m}^2} = 1$

㉱ $\dfrac{V}{a} = \dfrac{\text{m/s}}{\text{m/s}} = 1$

55. 지름 D인 구가 밀도 ρ, 점성계수 μ인 유체 속에서 느린 속도 V로 움직일 때 구가 받는 항력은 $3\pi\mu VD$이다. 이 구의 항력계수는 얼마인가? (단, Re는 레이놀즈수$\left(Re = \dfrac{\rho VD}{\mu}\right)$를 나타낸다.)

① $\dfrac{6}{Re}$　② $\dfrac{12}{Re}$
③ $\dfrac{24}{Re}$　④ $\dfrac{64}{Re}$

해설 항력$(D) = C_D \dfrac{A\rho V^2}{2} = 3\pi\mu VD[\text{N}]$

$A = \dfrac{\pi D^2}{4}$를 대입하여 풀면

$\therefore C_D = \dfrac{24\mu}{\rho VD} = \dfrac{24}{Re}$

정답 52. ③　53. ③　54. ③　55. ③

56. 다음 중 퍼텐셜 유동장에 관한 설명으로 옳지 않은 것은?

① 퍼텐셜 유동장은 비점성 유동장이다.
② 등퍼텐셜선(equipotential line)은 유선과 평행하다.
③ 퍼텐셜 유동장에서는 모든 두 점에 대해 베르누이 정리를 적용할 수 있다.
④ 퍼텐셜 유동장의 와도(vorticity)는 0이다.

해설 등퍼텐셜선과 유선은 서로 수직이다.

57. 위가 열린 원뿔형 용기에 그림과 같이 물이 채워져 있을 때 아랫면에 작용하는 정수압은 약 몇 Pa인가? (단, 물이 채워진 공간의 높이는 0.4 m, 윗면 반지름은 0.3 m, 아랫면 반지름은 0.5 m이다.)

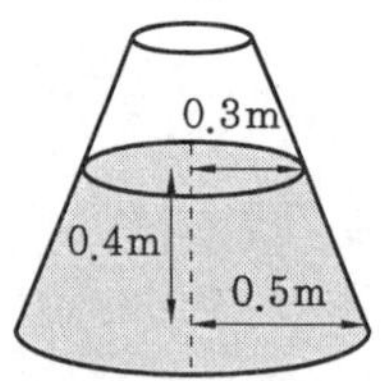

① 1944　② 2920
③ 3920　④ 4925

해설 $P=\gamma h=9800\times 0.4=3920\ \text{Pa(N/m}^2)$

58. 안지름이 30 mm, 길이 1.5 m인 파이프 안을 유체가 난류 상태로 유동하여 압력손실이 14715 Pa로 나타났다. 관 벽에 작용하는 평균전단응력은 약 몇 Pa인가?

① 7.36×10^{-3}　② 73.6
③ 1.47×10^{-2}　④ 147

해설 $\tau=\dfrac{\Delta P}{L}\dfrac{R}{2}=\dfrac{14715}{1.5}\times\dfrac{0.015}{2}$

$\fallingdotseq 73.6\ \text{Pa(N/m}^2)$

59. 두 원관 내에 비압축성 액체가 흐르고 있을 때 역학적 상사를 이루려면 어떤 무차원 수가 같아야 하는가?

① Reynolds number
② Froude number
③ Mach number
④ Weber number

해설 원관 내 유동은 점성력이 중요시되므로 역학적 상사를 이루려면 레이놀즈수(Reynolds number)가 같아야 한다.

60. 길이 125 m, 속도 9 m/s인 선박이 있다. 이를 길이 5 m인 모형선으로 프루드(Froude) 상사가 성립되게 실험하려면 모형선의 속도는 약 몇 m/s로 해야 하는가?

① 1.8　② 4.0
③ 0.36　④ 36

해설 $(Fr)_p=(Fr)_m$

$$\left(\frac{V}{\sqrt{Lg}}\right)_p=\left(\frac{V}{\sqrt{Lg}}\right)_m$$

$g_p\simeq g_m$

$$\therefore\ V_m=V_p\times\sqrt{\frac{L_m}{L_p}}$$

$$=9\times\sqrt{\frac{5}{125}}=1.8\ \text{m/s}$$

제 4 과목 유체기계 및 유압기기

61. 원심 펌프에서 축추력(axial thrust) 방지법으로 거리가 먼 것은?

① 브레이크다운 부시 설치
② 스러스트 베어링 사용
③ 웨어링 링의 사용
④ 밸런스 홀의 설치

해설 축추력 방지법
(1) 양흡입형 회전차를 사용한다.
(2) 평형공, 평형원판, 웨어링 링을 설치한다.

정답 56. ②　57. ③　58. ②　59. ①　60. ①　61. ①

(3) 후면 측벽에 방사상의 리브(rib)를 설치한다.
(4) 밸런스 홀을 설치한다.
(5) 스러스트 베어링을 사용한다.

62. 터보팬에서 송풍기 전압이 150 mmAq일 때 풍량은 4 m^3/min이고, 이때의 축동력은 0.59 kW이다. 이때 전압 효율은 약 몇 %인가?

① 16.6 ② 21.7
③ 31.6 ④ 48.7

해설 축동력$(L_s) = \dfrac{P_t Q}{6120\eta_t}$[kW]에서

$$\eta_t = \frac{P_t Q}{6120 L_s} = \frac{150 \times 4}{6120 \times 0.59} = 0.166 = 16.6\%$$

63. 수차에서 무구속 속도(run away speed)에 관한 설명으로 옳지 않은 것은?

① 밸브의 열림 정도를 일정하게 유지하면서 수차가 무부하 운전에 도달하는 최대 회전수를 무구속 속도(run away speed)라고 한다.
② 프로펠러 수차의 무구속 속도는 정격 속도의 1.2~1.5배 정도이다.
③ 펠턴 수차의 무구속 속도는 정격 속도의 1.8~1.9배 정도이다.
④ 프란시스 수차의 무구속 속도는 정격 속도의 1.6~2.2배 정도이다.

해설 프로펠러 수차의 무구속 속도는 정격 속도의 2.0~2.5배 정도이다.

64. 펠턴 수차에서 전향기(deflector)를 설치하는 목적은?

① 유량 방향 전환
② 수격 작용 방지
③ 유량 확대
④ 동력 효율 증대

해설 부하가 급감소하였을 때 수압관 내의 수격 현상을 방지하기 위해 전향기(deflector)를 설치한다.

65. 펌프에서 발생하는 공동 현상의 영향으로 거리가 먼 것은?

① 유동깃 침식
② 손실 수두의 감소
③ 소음과 진동이 수반
④ 양정이 낮아지고 효율은 감소

해설 공동 현상의 영향
(1) 소음과 진동 발생
(2) 관 부식
(3) 임펠러의 손상
(4) 펌프의 성능 저하
(5) 살수 밀도 저하
(6) 양정 곡선과 효율 곡선의 저하
(7) 깃에 대한 침식

66. 대기압 이하의 저압력 기체를 대기압까지 압축하여 송출시키는 일종의 압축기인 진공 펌프의 종류로 틀린 것은?

① 왕복형 진공 펌프
② 루츠형 진공 펌프
③ 액봉형 진공 펌프
④ 원심형 진공 펌프

해설 진공 펌프의 종류
(1) 왕복형 진공 펌프
(2) 루츠형 진공 펌프
(3) 액봉형 진공 펌프
(4) 원심형 진공 펌프
(5) 로터리 진공 펌프
(6) 유회전식 진공 펌프

67. 유체 커플링에서 드래그 토크(drag torque)란 무엇인가?

정답 62. ① 63. ② 64. ② 65. ② 66. 전항 정답 67. ①

① 원동축은 회전하고 종동축이 정지해 있을 때의 토크
② 종동축과 원동축의 토크 비가 1일 때의 토크
③ 종동축에 부하가 걸리지 않을 때의 토크
④ 종동축의 속도가 원동축의 속도보다 커지기 시작할 때의 토크

해설 드래그 토크(drag torque)란 동력 전달 계통의 회전 저항을 말하며, 부하가 걸려 있지 않은 상태의 동력 전달 계통을 회전시키는 데 필요한 토크를 이른다. 변속기나 종감속 기어의 맞물림 손실(저항), 오일의 교반 저항, 베어링의 마찰 손실 또는 브레이크의 끌림에 따라 발생하는 저항, 휠 베어링의 회전 저항 등이 포함된다.

68. **펌프의 분류에서 터보형에 속하지 않는 것은?**

① 원심식 ② 사류식
③ 왕복식 ④ 축류식

해설 펌프의 분류
(1) 터보형 : 원심식 펌프, 사류식 펌프, 축류식 펌프
(2) 용적형 : 왕복식 펌프, 회전식 펌프
(3) 특수형 : 와류 펌프, 수격 펌프, 진공 펌프

69. **회전차를 정방향과 역방향으로 자유롭게 변경하여 펌프의 작용도 하고, 수차의 역할도 하는 펌프 수차(pump-turbine)가 주로 이용되는 발전 분야는?**

① 댐 발전
② 수로식 발전
③ 양수식 발전
④ 저수식 발전

해설 양수식 발전은 수력 발전의 일종으로 전력 소비가 적은 밤에 높은 곳에 있는 저수지로 물을 퍼 올려 저장한 후 전력 소비가 많은 낮 시간에 이 물을 떨어뜨려 발전하는 방식이다. 양수식 발전소에서 수차를 역회전시키게 되면 펌프 기능이 가능한 반동수차가 되는데 이를 펌프 수차라 한다.

70. **왕복 펌프에서 공기실의 역할을 가장 옳게 설명한 것은?**

① 펌프에서 사용하는 유체의 온도를 일정하게 하기 위해
② 펌프의 효율을 증대시키기 위해
③ 송출되는 유량의 변동을 일정하게 하기 위해
④ 피스톤 또는 플런저의 운동을 원활하게 하기 위해

해설 공기실은 용기 내 공기의 신축을 이용하여 왕복 펌프의 맥동을 억제함으로써 안정된 액체의 흐름을 만드는 역할을 한다.

71. **다음 중 어큐뮬레이터의 사용 목적이 아닌 것은?**

① 맥동의 증가
② 충격 압력의 완화
③ 유압에너지의 축적
④ 유해성 액체의 수송

해설 어큐뮬레이터(축압기)의 용도
(1) 에너지의 축적
(2) 압력 보상
(3) 서지 압력 방지
(4) 충격 압력 흡수
(5) 유체의 맥동 감쇠(맥동 흡수)
(6) 사이클 시간 단축
(7) 2차 유압회로의 구동
(8) 펌프 대용 및 안전장치의 역할
(9) 액체 수송(펌프 작용)
(10) 에너지의 보조

72. **다음 중 점성 및 점도에 관한 설명으로 틀린 것은?**

정답 68. ③ 69. ③ 70. ③ 71. ① 72. ④

① 동점성계수의 단위는 stokes이다.
② 유압 작동유의 점도는 온도에 따라 변한다.
③ 점성계수의 단위는 poise이다.
④ 점성계수의 차원은 $ML^{-1}T$이다. (M : 질량, L : 길이, T : 시간)

해설 점성계수(μ)의 단위는 Pa · s = N · s/m² 이므로 차원은 $FTL^{-2} = (MLT^{-2})TL^{-2} = ML^{-1}T^{-1}$이다.

73. 그림과 같은 유압 기호는 무슨 밸브의 기호인가?

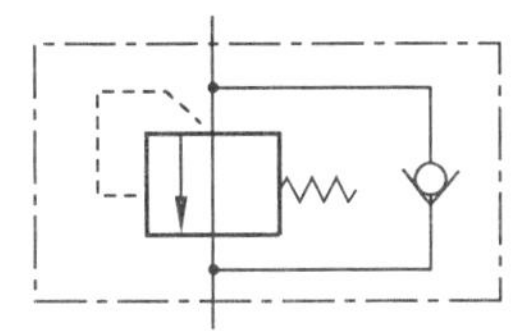

① 무부하 밸브
② 시퀀스 밸브
③ 릴리프 밸브
④ 카운터 밸런스 밸브

74. 유압장치에서 조작 사이클의 일부에서 짧은 행정 또는 순간적으로 고압을 필요로 할 경우에 사용하는 회로는?

① 감압 회로 ② 로킹 회로
③ 증압 회로 ④ 동기 회로

해설 ① 감압 회로 : 주 조작 회로의 압력이 너무 높거나 부하에 의해 변화하는 경우 감압밸브에 의하여 정량의 2차압을 설정할 수 있는 회로이다.
② 로킹 회로 : 실린더 행정 중에 임의 위치에서 혹은 행정 끝에서 실린더를 고정시켜 놓을 필요가 있을 때 피스톤의 이동을 방지하는 회로이다.
③ 증압 회로 : 유압장치에서 조작 사이클의 일부에서 짧은 행정 또는 순간적으로 고압을 필요로 할 경우에 사용하는 회로이다.
④ 동기 회로 : 유압 실린더의 치수, 누유량, 마찰 등에 의해 크기가 같은 2개의 실린더가 동시에 작용할 때 발생하는 차이를 보상하는 회로로서 동조 회로라고도 한다.

75. 유압 회로에서 분기 회로의 압력을 주 회로의 압력보다 저압으로 사용하려 할 때 사용되는 밸브는?

① 리밋 밸브
② 리듀싱 밸브
③ 시퀀스 밸브
④ 카운터 밸런스 밸브

해설 리듀싱 밸브 : 입구 쪽의 압력에 관계없이 출구 쪽 압력을 입구 쪽 압력보다도 낮은 설정 압력으로 조정하는 압력 제어 밸브

76. 유압 신호를 전기 신호로 전환시키는 일종의 스위치로 전동기의 기동, 솔레노이드 조작 밸브의 개폐 등의 목적에 사용되는 유압 기기인 것은?

① 축압기(accumulator)
② 유압 퓨즈(fluid fuse)
③ 압력 스위치(pressure switch)
④ 배압형 센서(back pressure sensor)

해설 ① 축압기 : 유체를 에너지원 등으로 사용하기 위하여 가압 상태로 저장하는 용기
② 유압 퓨즈 : 전기 퓨즈와 같이 유압 장치 내의 압력이 어느 한계 이상이 되면 얇은 금속막이 유체 압력에 의하여 파열되어 압유를 탱크로 귀환시킴과 동시에 압력 상승을 막아 기기를 보호하는 역할을 한다.
③ 압력 스위치 : 유체 압력이 정해진 값에 도달했을 때 전기 접점을 개폐하는 기기
④ 배압형 센서 : 센서의 출구 저항의 변화에 의하여 생기는 압력 변화를 이용한 근접 센서

정답 73. ④ 74. ③ 75. ② 76. ③

77. 지름이 15 cm인 램의 머리부에 2 MPa의 압력이 작용할 때 프레스의 작용하는 힘은 약 몇 N인가?

① 35342 ② 42525
③ 23535 ④ 62555

해설 $P=\dfrac{F}{A}$ 에서

$F=PA=2\times\dfrac{\pi}{4}\times 150^2=35343\ \mathrm{N}$

78. 유압 펌프의 전 효율을 정의한 것은?

① 축 출력과 유체 입력의 비
② 실 토크와 이론 토크의 비
③ 유체 출력과 축 쪽 입력의 비
④ 실제 토출량과 이론 토출량의 비

해설 유압 펌프의 전 효율은 유체 출력과 축 쪽 입력의 비이며 유압 모터의 전 효율은 축 출력과 유체 입력의 비이다.

79. 유압 부속장치인 스풀 밸브 등에서 마찰, 고착 현상 등의 영향을 감소시켜, 그 특성을 개선하기 위해서 주는 비교적 높은 주파수의 진동을 나타내는 용어는?

① chatter ② dither
③ surge ④ cut-in

해설 ① chatter : 감압 밸브, 체크 밸브, 릴리프 밸브 등에서 밸브 시트를 두드려 비교적 높은 음을 내는 일종의 자려 진동 현상
② dither : 스풀 밸브 등에서 마찰, 고착 현상 등의 영향을 감소시켜, 그 특성을 개선하기 위해서 주는 비교적 높은 주파수의 진동
③ surge : 계통 내 흐름의 과도적인 변동
④ cut-in : 언로드 밸브 등에서 압력원 쪽에 부하를 주는 것. 그 한계의 압력을 컷인 압력(cut-in pressure, unloading pressure)이라 한다.

80. 모듈이 10, 잇수가 30개, 이의 폭이 50 mm일 때, 회전수가 600 rpm, 체적 효율은 80 %인 기어 펌프의 송출 유량은 약 몇 m^3/min인가?

① 0.45 ② 0.27
③ 0.64 ④ 0.77

해설 $Q=2\pi m^2 ZbN\eta_v\times 10^{-9}$

$=2\pi\times 10^2\times 30\times 50\times 600\times 0.8\times 10^{-9}$

$\fallingdotseq 0.452\ \mathrm{m^3/min}$

제 5 과목 건설기계일반 및 플랜트배관

81. 도저의 작업 장치별 분류에서 삽날면 각을 변화시킬 수 있으며 광석이나 석탄 등을 긁어 모을 때 주로 사용하는 것은?

① 푸시 블레이드
② 레이크 블레이드
③ 트리밍 블레이드
④ 스노우 플로 블레이드

82. 강재의 크기에 따라 담금질 효과가 달라지는 것은?

① 단류선 ② 잔류응력
③ 노치효과 ④ 질량효과

해설 질량효과 : 조성이 같은 탄소강을 담금질함에 있어서 질량의 대소에 따라 담금질 효과가 다른 현상

83. 건설기계 기관에서 윤활유의 역할이 아닌 것은?

① 밀봉 작용 ② 냉각 작용
③ 방청 작용 ④ 응착 작용

해설 기관 윤활유의 역할
(1) 감마 작용 : 기관의 각 회전 부분의 마찰을 작게 하여 마모를 감소시킨다.

정답 77. ① 78. ③ 79. ② 80. ① 81. ③ 82. ④ 83. ④

(2) 냉각 작용 : 마찰에 의해서 생긴 열을 흡수하여 외부로 방열한다(열전도 작용).
(3) 밀봉작용 : 실린더와 피스톤 링 사이에 유막을 형성하여 압축과 폭발 시의 가스 누출을 방지한다(기밀 유지 작용).
(4) 완충 작용 : 회전 부분이나 미끄럼 운동 부분에는 일시적으로 압력이 집중되어 점 접촉 또는 선 접촉하기 때문에 국부 충격을 받는다. 이 경우 형성된 유막이 충격을 흡수하고 소음을 줄인다(충격 완화 장치).
(5) 청정 작용 : 기관 내부에 생긴 카본, 슬러지, 마찰 부분의 금속 입자 등을 신속히 제거한다.
(6) 방청 작용 : 금속 표면에 유막을 형성하여 외부의 공기나 습기, 부식성 가스 등을 차단해 준다(부식 방지 작용).
(7) 응력 분산 작용 : 기관의 국부적 압력을 분산한다.

84. **롤러의 다짐 방법에 따른 분류에서 전압식에 속하며 아스팔트 포장의 표층 다짐에 적합하여 아스팔트의 끝마무리 작업에 가장 적합한 장비는?**

① 탬퍼 ② 진동 롤러
③ 탠덤 롤러 ④ 탬핑 롤러

해설 ① 탬퍼 : 소형 가솔린 엔진의 회전을 크랭크에 의해 왕복운동으로 바꾸고 스프링을 거쳐 다짐판에 그 운동을 전달하여 한정된 면적을 다지는 기계이다.
② 진동 롤러 : 자체 중량 0.5~0.6톤 정도로 롤러와 휠식 도저가 조합되거나 롤러 자체에 주행장치가 있으며 기계식, 유압식, 전자식, 공기식, 기진 장치가 부착된다.
③ 탠덤 롤러 : 2륜식과 3륜식이 있으며, 포장의 완성 다짐이나 차가운 아스팔트 다짐에 사용된다.
④ 탬핑 롤러 : 강판으로 된 드럼에 돌기를 50~150개 정도 부착하여 돌기에 의해 강력한 다짐 효과를 낸다.

85. **다음의 지게차 중 선내하역 작업이나 천장이 낮은 장소에 적합한 형식은?**

① 프리 리프트 마스트
② 로테이팅 포크
③ 드럼 클램프
④ 힌지드 버킷

해설 ① 프리 리프트 마스트형 : 마스트가 2단으로 늘어나게 되어 있으며 프리 리프트 양이 아주 커서 마스트 상승이 불가능한 장소인 선내의 하역작업이나 천장이 낮은 장소 등의 위치에 물건을 쌓거나 내리는 데 사용된다.
② 로테이팅 포크 : 포크를 좌우로 360° 회전시킬 수 있어서 제품을 운반하고 부리기에 편리하다.
③ 드럼 클램프 : 각종 드럼통을 운반 또는 적재하는 작업을 안전하고 신속하게 하여 준다. 석유, 화학, 도료, 식품 운송 및 주류 등을 취급하는 업체에서 많이 사용한다.
④ 힌지드 버킷 : 힌지드 포크에 버킷을 끼워서 로더 역할을 수행하며 버킷은 핀으로 고정되어 탈부착이 용이하고, 일반적인 파레트 작업도 수행할 수 있다.

86. **버킷 평적 용량이 0.4 m^3인 굴삭기로 30초에 1회의 속도로 작업을 하고 있을 때 1시간 동안의 이론 작업량은 약 몇 m^3/h인가? (단, 버킷계수는 0.7, 작업효율은 0.6, 토량환산계수는 0.9이다.)**

① 15.1 ② 18.1
③ 30.2 ④ 36.2

해설 $Q=\dfrac{3600qkfE}{C_m}$

$=\dfrac{3600\times0.4\times0.7\times0.9\times0.6}{30}$

$=18.14\ m^3/h$

87. **대규모 항로 준설 등에 사용하는 준설**

정답 84. ③ 85. ① 86. ② 87. ②

선으로 선체 중앙에 진흙창고를 설치하고 항해하면서 해저의 토사를 준설 펌프로 흡상하여 진흙창고에 적재하는 준설선은?

① 드래그 블로어 준설선
② 드래그 석션 준설선
③ 버킷 준설선
④ 디퍼 준설선

해설 ③ 버킷 준설선 : 해저의 토사를 일종의 버킷 컨베이어를 사용하여 연속적으로 굴착한다.
④ 디퍼 준설선 : 바다 밑의 토사를 디퍼로 긁어 올리는 방식으로 굴착력은 좋으나 능률이 좋지 않다.

88. 휠 크레인의 아우트리거(outrigger)의 주된 용도는?

① 주행용 엔진의 보호 장치이다.
② 와이어 로프의 보호 장치이다.
③ 붐과 훅의 절단 또는 굴곡을 방지하는 장치이다.
④ 크레인의 안정성을 유지하고 전도를 방지하는 장치이다.

해설 아우트리거(outrigger)는 전도사고를 방지하고 진동이 감소된 안정된 작업을 하기 위해 크레인이 설치된 차량의 좌우에 부착하여 전도모멘트를 효과적으로 지탱할 수 있도록 한 장치를 말한다.

89. 아스팔트 피니셔에서 호퍼 바닥에 설치되어 혼합재를 스프레딩 스크루로 보내는 역할을 하는 것은?

① 피더 ② 댐퍼
③ 스크리드 ④ 리시빙 호퍼

해설 피더(feeder)는 호퍼 내부의 아스팔트를 스프레딩 스크루로 보내는 장치로서 컨베이어와 모양과 기능이 유사하여 제작사에 따라 피더 컨베이어라고도 한다. 일반적으로 좌우 2개 조로 설치되며 재료 공급 센서를 통해 자동 또는 수동으로 작동시킬 수 있다.

90. 플랜트 배관 설비의 제작, 설치 시에 발생한 녹이나 배관계통에 침입한 분진, 유지분 등을 제거하고 플랜트의 고효율 및 안전운전을 위한 세정 작업으로 화학 세정 방법인 것은?

① 순환 세정법
② 물분사 세정법
③ 피그 세정법
④ 숏블라스트 세정법

해설 ②, ③, ④는 기계적(물리적) 세정 방법에 해당한다.
② 물분사(water jet)세정법 : 고압 펌프를 설치 압송하는 제트차를 사용해 고압의 가스 상태로 분사하여 스케일을 제거하는 방법
③ 피그(pig) 세정법 : 스펀지, 우레탄 재질의 세척볼을 배관 내부에 삽입하고 수압 또는 공압에 의해 배관을 통과하며 스케일을 제거하는 공법
④ 숏블라스트(shot blast) 세정법 : 공기 압송장치 등으로 강구(steel ball)를 분사하여 스케일을 제거하는 방법

91. 밸브를 완전히 열면 유체 흐름의 저항이 다른 밸브에 비해 아주 적어 큰 관에서 완전히 열거나 막을 때 적합한 밸브는?

① 게이트 밸브 ② 글로브 밸브
③ 안전 밸브 ④ 콕 밸브

해설 게이트 밸브는 배관 도중에 설치하여 유로의 차단에 사용하고, 변체가 흐르는 방향에 대하여 직각으로 이동하여 유로를 개폐하며, 유량의 미세 제어에는 부적합하다.

92. 동관의 두께별 분류가 아닌 것은?

① K type ② L type

정답 88. ④ 89. ① 90. ① 91. ① 92. ④

③ M type ④ H type

해설 동관의 두께에 따른 분류

(1) K형 : 두께가 가장 두껍고 주로 고압배관에 사용한다.

(2) L형 : 보통의 두께로 지하매설관, 옥내외 냉온수의 급수관, 옥외 상수도관, 온수저압의 증기난방 및 회수관, 건물 내 또는 지하 하수관에 사용한다.

(3) M형 : K형, L형보다 두께가 얇으며 냉온수의 급수관, 온수저압의 증기난방, 지하의 하수관이나 통기관으로 사용한다.

93. 배관 시공 계획에 따라 관 재료를 선택할 때 물리적 성질이 아닌 것은?

① 수송유체에 따른 관의 내식성

② 지중 매설배관일 때 외압으로 인한 강도

③ 유체의 온도 변화에 따른 물리적 성질의 변화

④ 유체의 맥동이나 수격 작용이 발생할 때 내압강도

해설 ①은 화학적 성질에 해당한다.

94. 유체에 의한 진동 등에 의해 배관이 움직이거나 진동되는 것을 막아주는 배관의 지지 장치는?

① 행어 ② 스폿

③ 브레이스 ④ 리스트레인트

해설 브레이스는 배관계의 진동을 억제하는 장치로 방진기, 완충기가 있다.

95. 고가탱크식 급수설비 방식에 대한 설명으로 틀린 것은?

① 대규모 급수설비에 적합하다.

② 일정한 수압으로 급수할 수 있다.

③ 국부적으로 고압을 필요로 하는 데 적합하다.

④ 저수량을 확보할 수 있어 단수가 되지 않는다.

해설 고가탱크식 급수설비의 특징

(1) 항상 일정한 수압을 얻을 수 있다.

(2) 정전, 단수 시 탱크에 받은 물을 사용할 수 있다.

(3) 옥상 탱크 때문에 건물의 구조 계산 시 하중을 고려해야 하며 건축비가 증가한다.

(4) 탱크에서 오염 우려가 있고 수시로 청소해야 한다.

(5) 운전비는 압력탱크식이나 부스터식에 비하여 적다.

(6) 화재 시 소화용수를 사용할 수 있다.

(7) 4층 이상의 건축물에서 가장 많이 이용된다.

※ ③은 압력탱크식 급수설비 방식에 대한 설명이다.

96. 배관 지지 장치의 필요 조건으로 거리가 먼 것은?

① 관내의 유체 및 피복제의 합계 중량을 지지하는 데 충분한 재료일 것

② 외부에서의 진동과 충격에 대해서도 견고할 것

③ 배관 시공에 있어서 기울기의 조정이 용이하게 될 수 있는 구조일 것

④ 압력 변화에 따른 관의 신축과 관계없고, 관의 지지 간격이 좁을 것

해설 배관 지지 장치의 필요 조건

(1) 관의 자중과 관의 피복제 및 관내의 유체를 합한 중량에 견딜 것

(2) 온도의 변화에 따른 관의 신축에 순응할 것

(3) 외력이나 진동, 충격에 견딜 수 있도록 견고할 것

(4) 수평 배관의 구배 조절이 용이할 것

(5) 관의 진동이 구조체에 진행되지 않도록 할 것

(6) 기기 주위의 배관은 기기에 하중이 걸리지 않도록 지지할 것

정답 93. ① 94. ③ 95. ③ 96. ④

97. 다음 중 두께 0.5~3 mm 정도의 알런덤(alundum), 카보런덤(carborundum)의 입자를 소결한 얇은 연삭 원판을 고속 회전시켜 재료를 절단하는 공작용 기계는?

① 커팅 휠 절단기

② 고속 숫돌 절단기

③ 포터블 소잉 머신

④ 고정식 소잉 머신

98. 밸브 몸통 내에서 밸브대를 축으로 하여 원판 형태의 디스크가 회전함에 따라서 개폐하는 밸브는?

① 다이어프램 밸브

② 버터플라이 밸브

③ 플랩 밸브

④ 볼 밸브

해설 버터플라이 밸브는 볼 밸브와 같은 기능을 가지고 있고, 90° 회전각에 의하여 개방 및 폐쇄가 되며 조작이 아주 편리하다. 동일 호칭의 밸브보다 적으며 설치공간이 적게 소요되어 설치하기가 쉬운 것이 특징이다.

99. 감압 밸브를 작동 방법에 따라 분류할 때 속하지 않는 것은?

① 다이어프램식 ② 벨로스식

③ 파일럿식 ④ 피스톤식

100. 공기 시험이라고 하며 물 대신 압축공기를 관 속에 삽입하여 이음매에서 공기가 새는 것을 조사하는 시험은?

① 수밀 시험 ② 진공 시험

③ 통기 시험 ④ 기압 시험

해설 기압 시험은 공기 시험이라고도 하며, 물 대신 압축공기를 관 속에 삽입하여 이음매에서 공기가 새는 것을 조사한다. 다른 모든 개구부를 밀폐하고, 공기 압축기로 한 개구부를 통해 공기를 압입하여 0.35 kg/cm^2 게이지 압(또는 수은주 250 mmHg)이 될 때까지 압력을 올렸을 때 공기가 보급되지 않은 채 15분 이상, 그 압력이 유지되어야 한다. 압력이 강하하면 배관계의 어느 부분에서 공기가 새는 것을 뜻한다. 누설개소를 알려면 접속부분 등 누설할 만한 곳에 비눗물을 발라 기포가 생기느냐의 여부를 시험하면 된다.

정답 97. ② 98. ② 99. ③ 100. ④

2019년도 시행문제

건설기계설비기사

2019년 3월 3일(제1회)

제1과목 재료역학

1. 그림과 같은 막대가 있다. 길이는 4 m이고 힘은 지면에 평행하게 200 N만큼 주었을 때 o점에 작용하는 힘과 모멘트는?

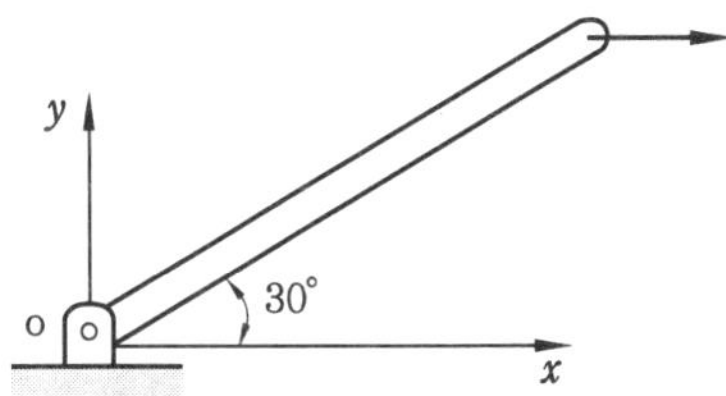

① $F_{ox}=0$, $F_{oy}=200\text{ N}$, $M_z=200\text{ N}\cdot\text{m}$

② $F_{ox}=200\text{ N}$, $F_{oy}=0$, $M_z=400\text{ N}\cdot\text{m}$

③ $F_{ox}=200\text{ N}$, $F_{oy}=200\text{ N}$, $M_z=200\text{ N}\cdot\text{m}$

④ $F_{ox}=0$, $F_{oy}=0$, $M_z=400\text{ N}\cdot\text{m}$

해설 $F_{ox}=200\text{ N}$, $F_{oy}=0$

$M_z=FL\sin 30°=200\times 4\sin 30°$

$=400\text{ N}\cdot\text{m}$

2. 두께 8 mm의 강판으로 만든 안지름 40 cm의 얇은 원통에 1 MPa의 내압이 작용할 때 강판에서 발생하는 후프 응력(원주 응력)은 몇 MPa인가?

① 25　② 37.5

③ 12.5　④ 50

해설 $\sigma=\dfrac{PD}{2t}=\dfrac{1\times 400}{2\times 8}=25\text{ MPa}$

3. 그림과 같은 균일 단면을 갖는 부정정보가 단순 지지단에서 모멘트 M_o를 받는다. 단순 지지단에서의 반력 R_a는? (단 굽힘강성 EI는 일정하고, 자중은 무시한다.)

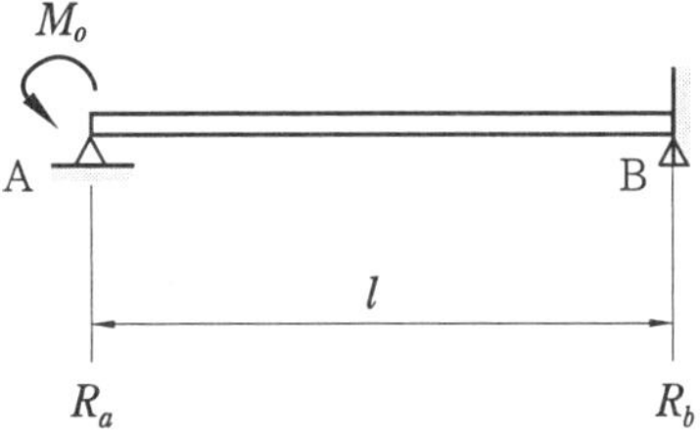

① $\dfrac{3M_o}{2l}$　② $\dfrac{3M_o}{4l}$

③ $\dfrac{2M_o}{3l}$　④ $\dfrac{4M_o}{3l}$

해설 우력(M_o)이 작용하는 외팔보 처짐량(δ_1)

$=\dfrac{M_o l^2}{2EI}$

미지 반력(R_a)에 의한 처짐량(δ_2) $=\dfrac{R_a l^3}{3EI}$

지점 A에서의 처짐량은 0이므로

$\delta_1=\delta_2\left(\dfrac{M_o l^2}{2EI}=\dfrac{R_a l^3}{3EI}\right)$

$\therefore\ R_a=\dfrac{3M_o}{2l}$ [N]

4. 진변형률(ε_T)과 진응력(σ_T)을 공칭응력(σ_n)과 공칭변형률(ε_n)로 나타낼 때 옳은 것은?

① $\sigma_T=\ln(1+\sigma_n)$, $\varepsilon_T=\ln(1+\varepsilon_n)$

② $\sigma_T=\ln(1+\sigma_n)$, $\varepsilon_T=\ln\left(\dfrac{\sigma_T}{\sigma_n}\right)$

③ $\sigma_T=\sigma_n(1+\varepsilon_n)$, $\varepsilon_T=\ln(1+\varepsilon_n)$

④ $\sigma_T=\ln(1+\varepsilon_n)$, $\varepsilon_T=\varepsilon_n(1+\sigma_n)$

정답 1. ② 2. ① 3. ① 4. ③

해설 공칭응력(σ_n)은 응력 계산 시 최초 시편의 단면적(A_o)을 기준으로 하고 진응력(σ_T)은 변하는 실제 단면적을 기준으로 한다.(표점거리 내의 체적은 일정하다고 가정한다.)

$$A_oL_o = AL\left(\frac{A_o}{A} = \frac{L}{L_o}\right)$$

$$\sigma_T = \frac{P}{A} = \frac{P}{A_o}\frac{A_o}{A} = \sigma_n\frac{L}{L_o}$$

$$= \sigma_n\frac{L - L_o + L_o}{L_o} = \sigma_n(1+\varepsilon_n)$$

공칭변형률(ε_n)은 신장량을 본래 길이로 나눈 값이다. 진변형률(ε_T)은 매순간 변화된 시편의 길이를 고려하여 계산한 값이다.

$$\varepsilon_T = \int_{L_o}^{L}\frac{dL}{L} = \ln\left(\frac{L}{L_o}\right) = \ln\left(\frac{L - L_o + L_o}{L_o}\right)$$

$$= \ln(1+\varepsilon_n)$$

※ $\varepsilon_n = \frac{\delta}{L_o} = \frac{L - L_o}{L_o}$

5. 폭 b = 60 mm, 길이 L = 340 mm의 균일 강도 외팔보의 자유단에 집중 하중 P = 3 kN이 작용한다. 허용 굽힘응력을 65 MPa이라 하면 자유단에서 250 mm 되는 지점의 두께 h는 약 몇 mm인가? (단, 보의 단면은 두께는 변하지만 일정한 폭 b를 갖는 직사각형이다.)

① 24 ② 34
③ 44 ④ 54

해설 $\sigma = \frac{M}{Z} = \frac{M}{\frac{bh^2}{6}} = \frac{6M}{bh^2}$

$$= \frac{6Px}{bh^2} = \frac{6PL}{bh_o^2} = \text{일정}$$

$$\frac{x}{h^2} = \frac{L}{h_o^2}$$

$$\therefore\ h = h_o\sqrt{\frac{x}{L}} = 39.61\sqrt{\frac{250}{340}} \fallingdotseq 34\ \text{mm}$$

$$h_o = \sqrt{\frac{6PL}{\sigma b}} = \sqrt{\frac{6\times3000\times340}{65\times60}}$$

$$\fallingdotseq 39.61\ \text{mm}$$

※ $h = \sqrt{\frac{6Px}{\sigma b}} = \sqrt{\frac{6\times3000\times250}{65\times60}}$

$\fallingdotseq 34$ mm

6. 부재의 양단이 자유롭게 회전할 수 있도록 되어 있고, 길이가 4 m인 압축 부재의 좌굴 하중을 오일러 공식으로 구하면 약 몇 kN인가? (단, 세로탄성계수는 100 GPa이고, 단면 $b\times h$ = 100 mm×50 mm이다.)

① 52.4 ② 64.4
③ 72.4 ④ 84.4

해설 $P_B = n\pi^2\frac{EI_G}{L^2}$

$$= 1\times\pi^2\times\frac{100\times10^6\left(\frac{0.1\times0.05^3}{12}\right)}{4^2}$$

$$= 64.26\ \text{kN}$$

7. 평면 응력상태의 한 요소에 σ_x = 100 MPa, σ_y = −50 MPa, τ_{xy} = 0을 받는 평판에서 평면 내에서 발생하는 최대 전단응력은 몇 MPa인가?

① 75 ② 50
③ 25 ④ 0

해설 $\tau_{\max} = \sqrt{\left(\frac{\sigma_x - \sigma_y}{2}\right)^2 + \tau_{xy}^2}$

$$= \sqrt{\left(\frac{100+50}{2}\right)^2 + 0} = 75\ \text{MPa}$$

8. 탄성계수(영계수) E, 전단 탄성계수 G, 체적 탄성계수 K 사이에 성립되는 관계식은?

① $E = \frac{9KG}{2K+G}$

② $E = \frac{3K-2G}{6K+2G}$

정답 5. ② 6. ② 7. ① 8. ③

③ $K=\dfrac{EG}{3(3G-E)}$

④ $K=\dfrac{9EG}{3E+G}$

해설 $K=\dfrac{GE}{3(3G-E)}=\dfrac{GE}{9G-3E}$[GPa]

9. 바깥지름 50 cm, 안지름 30 cm의 속이 빈 축은 동일한 단면적을 가지며 같은 재질의 원형축에 비하여 약 몇 배의 비틀림 모멘트에 견딜 수 있는가? (단, 중공축과 중실축의 전단응력은 같다.)

① 1.1배　② 1.2배

③ 1.4배　④ 1.7배

해설 $A=\dfrac{\pi d^2}{4}=\dfrac{\pi}{4}\left(d_2^2-d_1^2\right)$

$=\dfrac{\pi}{4}\left(50^2-30^2\right)[\mathrm{cm}^2]$

$\therefore\ d=40\ \mathrm{cm}$

$\dfrac{T_2}{T_1}=\dfrac{Z_{P_2}}{Z_{P_1}}=\dfrac{\pi d_2^3}{16}(1-x^4)\times\dfrac{16}{\pi d^3}$

$=\left(\dfrac{d_2}{d}\right)^3\times(1-x^4)$

$=\left(\dfrac{50}{40}\right)^3\times\left[1-\left(\dfrac{3}{5}\right)^4\right]=1.7$

10. 그림과 같은 단면에서 대칭축 $n-n$에 대한 단면 2차 모멘트는 약 몇 cm^4인가?

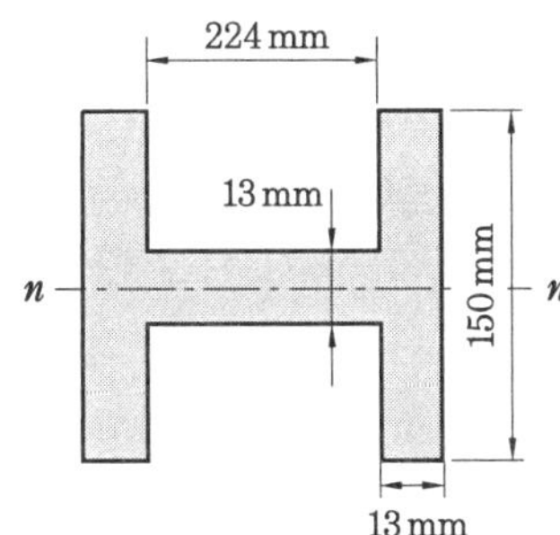

① 535　② 635

③ 735　④ 835

해설 $I_G=2\times\dfrac{bh^3}{12}+\dfrac{BH^3}{12}$

$=2\times\dfrac{1.3\times15^3}{12}+\dfrac{22.4\times1.3^3}{12}$

$=731.25+4.10=735.35\ \mathrm{cm}^4$

11. 단면적이 2 cm^2이고 길이가 4 m인 환봉에 10 kN의 축 방향 하중을 가하였다. 이때 환봉에 발생한 응력은 몇 $\mathrm{N/m}^2$인가?

① 5000　② 2500

③ 5×10^5　④ 5×10^7

해설 $\sigma=\dfrac{P}{A}=\dfrac{10\times10^3}{2\times10^{-4}}=5\times10^7\ \mathrm{N/m^2\ Pa}$

12. 양단이 고정된 지름 30 mm, 길이가 10 m인 중실축에서 그림과 같이 비틀림 모멘트 1.5 kN·m가 작용할 때 모멘트 작용점에서의 비틀림각은 약 몇 rad인가? (단, 봉재의 전단 탄성계수 $G=100$ GPa이다.)

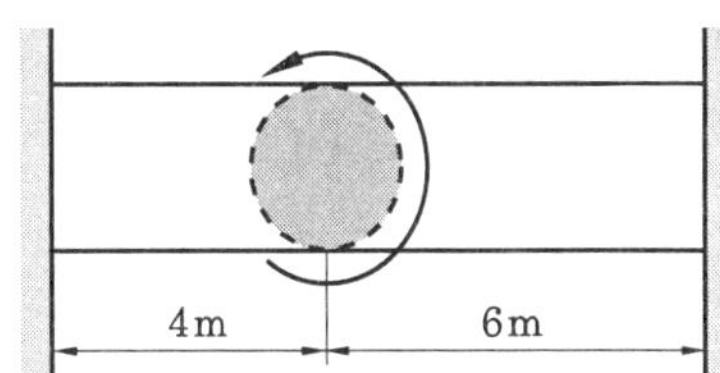

① 0.45　② 0.56

③ 0.63　④ 0.77

해설 모멘트 작용점에서 좌우 비틀림각은 같으므로($\theta_A=\theta_B$)

$\dfrac{T_A a}{G\tau_P}=\dfrac{T_B b}{G\tau_P}=\dfrac{32T_A a}{G\pi d^4}$

$=\dfrac{32\times0.9\times4}{100\times10^6\times\pi(0.03)^4}=0.45\mathrm{rad}$

$T_A=\dfrac{T_b}{l}=\dfrac{1.5\times6}{10}=0.9\ \mathrm{kN\cdot m}$

$T_B=\dfrac{T_a}{l}=\dfrac{1.5\times4}{10}=0.6\ \mathrm{kN\cdot m}$

정답 9. ④　10. ③　11. ④　12. ①

13. 그림과 같이 길이 l인 단순 지지된 보 위를 하중 W가 이동하고 있다. 최대 굽힘응력은?

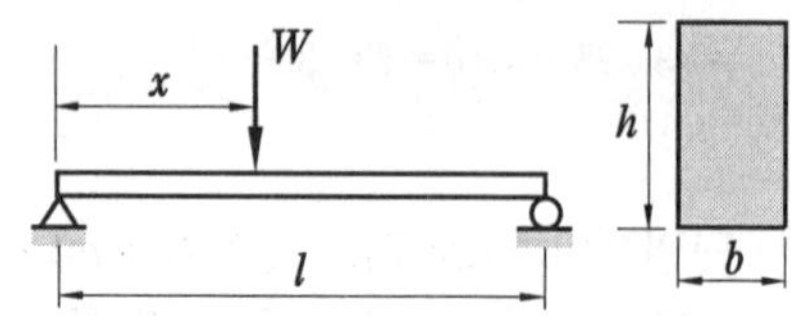

① $\dfrac{Wl}{bh^2}$　② $\dfrac{9Wl}{4bh^3}$

③ $\dfrac{Wl}{2bh^2}$　④ $\dfrac{3Wl}{2bh^2}$

해설 $\sigma = \dfrac{M}{Z} = \dfrac{Wl}{4} \times \dfrac{6}{bh^2} = \dfrac{3Wl}{2bh^2}$ [MPa]

14. 그림과 같은 트러스가 점 B에서 그림과 같은 방향으로 5 kN의 힘을 받을 때 트러스에 저장되는 탄성에너지는 약 몇 kJ인가? (단, 트러스의 단면적은 1.2 cm^2, 탄성계수는 10^6 Pa이다.)

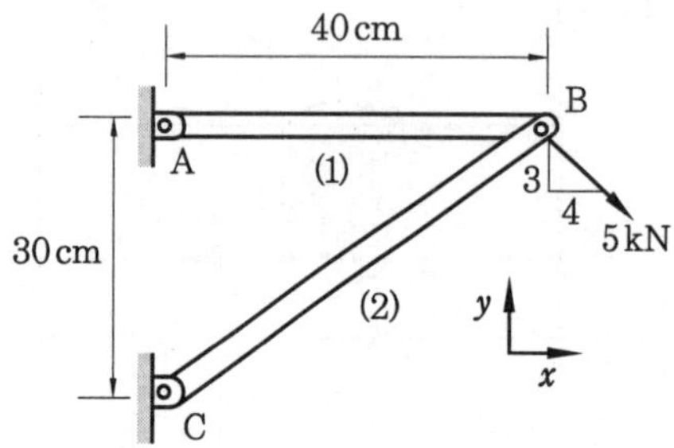

① 21.1　② 106.7

③ 159.0　④ 267.7

해설 $U = U_{AB} + U_{BC}$

$= \dfrac{1}{2AE}\left(P_{AB}^2 l_{AB} + P_{BC}^2 l_{BC}\right)$

$= \dfrac{1}{2 \times 1.2 \times 10^{-4} \times 10^3}(8^2 \times 0.4 + 5^2 \times 0.5)$

≒ 159 kJ

라미의 정리(Lami's theorem) 적용

$\dfrac{5}{\sin 143.13°} = \dfrac{P_{AB}}{\sin 73.74°} = \dfrac{P_{BC}}{\sin 143.13°}$

$\therefore P_{AB} = 8$ kN, $P_{BC} = 5$ kN

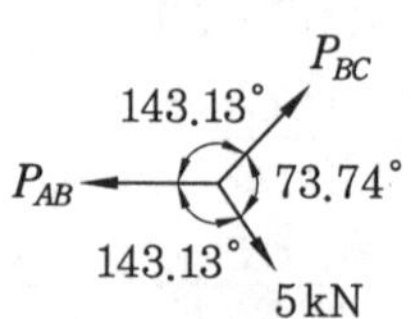

15. 길이 1 m인 외팔보가 아래 그림처럼 q = 5 kN/m의 균일 분포 하중과 P = 1 kN의 집중 하중을 받고 있을 때 B점에서의 회전각은 얼마인가? (단, 보의 굽힘강성은 EI이다.)

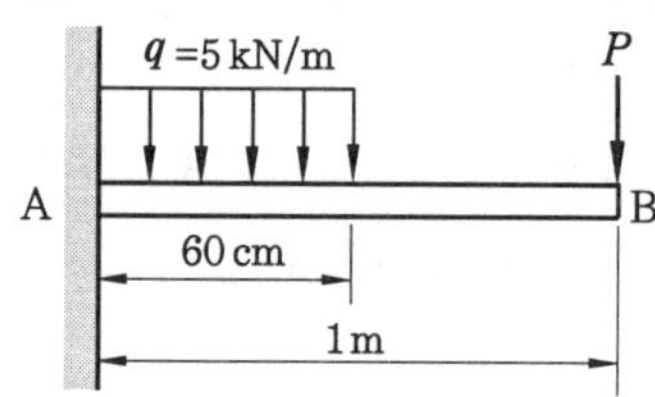

① $\dfrac{120}{EI}$　② $\dfrac{260}{EI}$

③ $\dfrac{486}{EI}$　④ $\dfrac{680}{EI}$

해설 $\theta_{max} = \theta_1 + \theta_2 = \dfrac{PL^2}{2EI} + \dfrac{A_M}{EI}$

$= \dfrac{1}{EI}\left(\dfrac{PL^2}{2} + \dfrac{bh}{3}\right)$

$= \dfrac{1}{EI}\left(\dfrac{1000 \times 1^2}{2} + \dfrac{0.6}{3}\left(\dfrac{5000 \times 0.6^2}{2}\right)\right)$

$= \dfrac{680}{EI}$ [rad]

16. 그림과 같은 단순 지지보에서 2 kN/m의 분포 하중이 작용할 경우 중앙의 처짐이 0이 되도록 하기 위한 힘 P의 크기는 몇 kN인가?

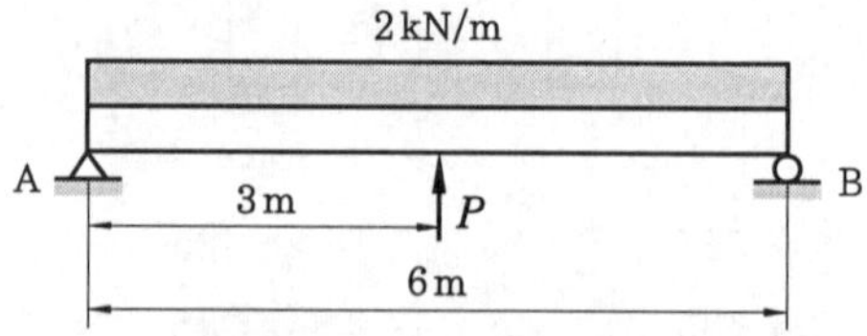

정답 13. ④　14. ③　15. ④　16. ④

① 6.0 ② 6.5
③ 7.0 ④ 7.5

해설 $\frac{5wL^4}{384EI} = \frac{PL^3}{48EI}$

$P = \frac{5wL}{8} = \frac{5 \times 2 \times 6}{8} = \frac{60}{8} = 7.5\,\text{kN}$

17. 다음 그림과 같이 길이 $L = 4$ m인 단순보에 균일 분포 하중 w가 작용하고 있으며 보의 최대 굽힘응력 $\sigma_{max} = 85$ N/cm^{2}일 때 최대 전단응력은 약 몇 kPa인가? (단, 보의 단면적은 지름이 11 cm인 원형 단면이다.)

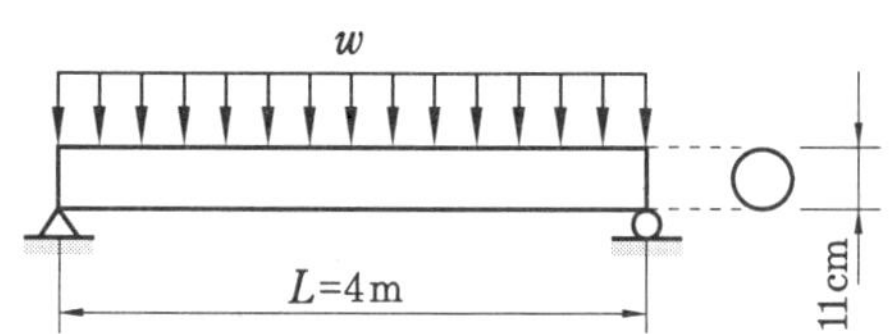

① 1.7 ② 15.6
③ 22.9 ④ 25.5

해설 $M_{max} = \sigma Z$

$\frac{wL}{8} = \sigma \frac{\pi d^3}{32}$

$w = \frac{8\sigma\pi d^3}{32L} = \frac{8 \times 850 \times \pi(0.11)^3}{32 \times 4^2}$

$= 0.0555\,\text{kN/m}$

$\tau_{max} = \frac{4F}{3A} = \frac{4 \times 0.111}{3(\pi \times 0.055^2)} = 15.57$

$\fallingdotseq 15.6\,\text{kPa}$

※ $\sigma = 85 \times 10^4\,\text{N/m}^2 = 850\,\text{kN/m}^2(\text{kPa})$

$F = R_A = R_B = \frac{wL}{2}$

$= \frac{0.0556 \times 4}{2} = 0.111\,\text{kN}$

18. 그림과 같은 치차 전동 장치에서 A치차로부터 D치차로 동력을 전달한다. B와 C치차의 피치원의 지름의 비가 $\frac{D_B}{D_C} = \frac{1}{9}$일 때, 두 축의 최대 전단응력들이 같아지게 되는 지름의 비$\left(\frac{d_2}{d_1}\right)$는 얼마인가?

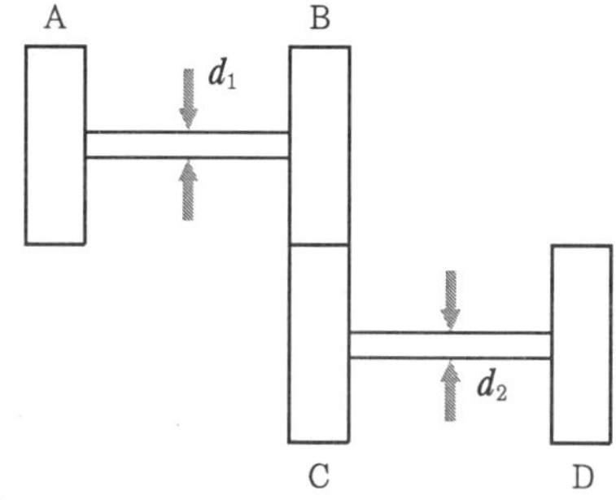

① $\left(\frac{1}{9}\right)^{\frac{1}{3}}$ ② $\frac{1}{9}$ ③ $9^{\frac{1}{3}}$ ④ $9^{\frac{2}{3}}$

해설 $T_1 = \tau_1 Z_{P_1} = \tau_1 \frac{\pi d_1^3}{16} = P_B D_B$

$T_2 = \tau_2 Z_{P_2} = \tau_2 \frac{\pi d_2^3}{16} = P_C D_C$

$P_B = \frac{T_1}{D_B} = \left(\tau_1 \frac{\pi d_1^3}{16}\right)\frac{1}{D_B}$

$P_C = \frac{T_2}{D_C} = \left(\tau_2 \frac{\pi d_2^3}{16}\right)\frac{1}{D_C}$

$\frac{T_2}{T_1} = \frac{Z_{P_2}}{Z_{P_1}} = \left(\frac{d_2}{d_1}\right)^3 = \left(\frac{D_C}{D_B}\right) = 9$

$\therefore \frac{d_2}{d_1} = 9^{\frac{1}{3}} (= \sqrt[3]{9})$

19. 그림과 같은 외팔보에 균일 분포 하중 w가 전 길이에 걸쳐 작용할 때 자유단의 처짐 δ는 얼마인가? (단, E : 탄성계수, I : 단면 2차 모멘트이다.)

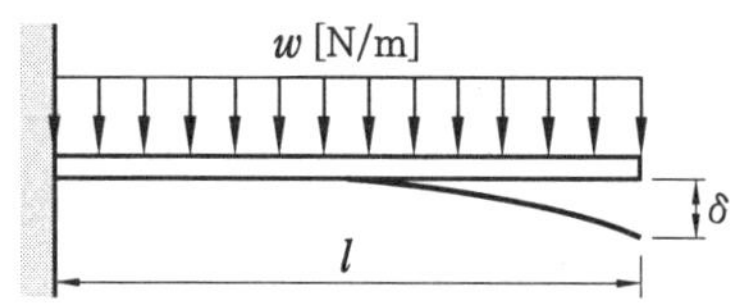

① $\frac{wl^4}{3EI}$ ② $\frac{wl^4}{6EI}$

정답 17. ② 18. ③ 19. ③

③ $\dfrac{wl^4}{8EI}$ ④ $\dfrac{wl^4}{24EI}$

해설 균일 분포 하중 w[N/m]을 받는 외팔보 자유단의 최대 처짐량$(\delta) = \dfrac{Wl^4}{8EI}$

※ 최대 처짐각$(\theta_{max}) = \dfrac{Wl^3}{6EI}$[rad]

20. 그림과 같이 단면적이 2 cm²인 AB 및 CD 막대의 B점과 C점이 1 cm 만큼 떨어져 있다. 두 막대에 인장력을 가하여 늘인 후 B점과 C점에 핀을 끼워 두 막대를 연결하려고 한다. 연결 후 두 막대에 작용하는 인장력은 약 몇 kN인가?(단, 재료의 세로탄성계수는 200 GPa이다.)

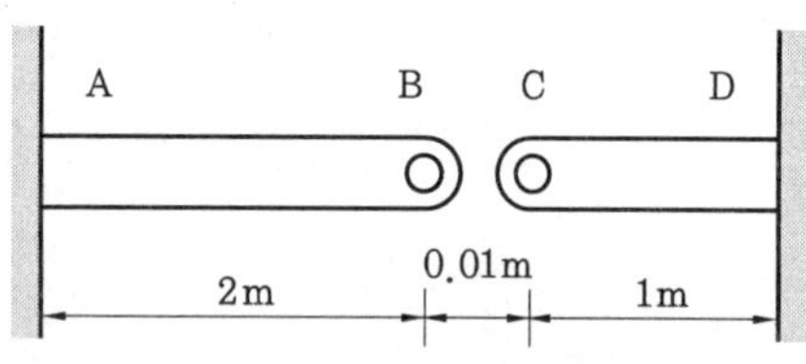

① 33.3 ② 66.6
③ 99.9 ④ 133.3

해설 $\lambda = \dfrac{PL}{AE}$에서

$$P = \frac{AE\lambda}{L} = \frac{2\times10^{-4}\times200\times10^6\times0.01}{3}$$

$= 133.33$ kN

제 2 과목 기계열역학

21. 압력 2 MPa, 300℃의 공기 0.3 kg이 폴리트로픽 과정으로 팽창하여, 압력이 0.5 MPa로 변화하였다. 이때 공기가 한 일은 약 몇 kJ인가?(단, 공기는 기체상수가 0.287 kJ/kg·K인 이상기체이고, 폴리트로픽 지수는 1.3이다.)

① 416 ② 157 ③ 573 ④ 45

해설 $_1W_2 = \dfrac{mRT_1}{n-1}\left[1-\left(\dfrac{P_2}{P_1}\right)^{\frac{n-1}{n}}\right]$

$$= \frac{0.3\times0.287\times573}{1.3-1}\left[1-\left(\frac{0.5}{2}\right)^{\frac{1.3-1}{1.3}}\right]$$

$= 45.02$ kJ

22. 다음 중 기체상수(gas constant) R [kJ/kg·K] 값이 가장 큰 기체는?

① 산소(O_2)
② 수소(H_2)
③ 일산화탄소(CO)
④ 이산화탄소(CO_2)

해설 $mR = \overline{R} = 8.314$ kJ/kg·K
분자량(m)과 기체상수(R)는 반비례하므로 분자량이 작을수록 기체상수(R)는 커진다.
∴ 수소(H_2)는 분자량이 2이므로
기체상수$(R) = \dfrac{\overline{R}}{m} = \dfrac{8.314}{2}$
$= 4.157$ kJ/kg·K이다.
※ 분자량의 크기 순서 : $CO_2(44) > O_2(32) > CO(28) > H_2(2)$

23. 이상기체 1 kg이 초기에 압력 2 kPa, 부피 0.1 m³를 차지하고 있다. 가역 등온과정에 따라 부피가 0.3 m³로 변화했을 때 기체가 한 일은 약 몇 J인가?

① 9540 ② 2200
③ 954 ④ 220

해설 $_1W_2 = P_1V_1\ln\dfrac{V_2}{V_1}$

$= 2000\times0.1\ln\left(\dfrac{0.3}{0.1}\right) = 220$ J

24. 이상적인 오토 사이클에서 열효율을 55 %로 하려면 압축비를 약 얼마로 하면 되겠는가?(단, 기체의 비열비는 1.4이다.)

① 5.9 ② 6.8 ③ 7.4 ④ 8.5

정답 20. ④ 21. ④ 22. ② 23. ④ 24. ③

해설 $\eta_{tho}=1-\left(\frac{1}{\varepsilon}\right)^{k-1}$ 에서

$$\varepsilon=\left(\frac{1}{1-\eta_{tho}}\right)^{\frac{1}{k-1}}=\left(\frac{1}{1-0.55}\right)^{\frac{1}{1.4-1}}\fallingdotseq 7.4$$

25. 밀폐계가 가역정압 변화를 할 때 계가 받은 열량은?

① 계의 엔탈피 변화량과 같다.
② 계의 내부에너지 변화량과 같다.
③ 계의 엔트로피 변화량과 같다.
④ 계가 주위에 대해 한 일과 같다.

해설 $\delta Q=dH-vdp$[kJ]에서 $p=c(dp=0)$

$\therefore\ \delta Q=dH=mC_pdT$[kJ]

따라서 가역정압 변화 시 가열량은 엔탈피 변화량과 같다.

26. 유리창을 통해 실내에서 실외로 열전달이 일어난다. 이때 열전달량은 약 몇 W인가? (단, 대류 열전달계수는 50 W/m²·K, 유리창 표면온도는 25℃, 외기온도는 10℃, 유리창 면적은 2 m²이다.)

① 150 ② 500
③ 1500 ④ 5000

해설 $q_{conv}=hA(t_i-t_o)$

$=50\times2(25-10)\fallingdotseq 1500$ W

27. 어느 내연기관에서 피스톤의 흡기과정으로 실린더 속에 0.2 kg의 기체가 들어왔다. 이것을 압축할 때 15 kJ의 일이 필요하였고, 10 kJ의 열을 방출하였다고 한다면, 이 기체 1 kg당 내부에너지의 증가량은?

① 10 kJ/kg ② 25 kJ/kg
③ 35 kJ/kg ④ 50 kJ/kg

해설 $(U_2-U_1)=\frac{{}_1W_2}{m}=\frac{(15-10)}{0.2}$

$=25$ kJ/kg

28. 강도성 상태량(intensive property)이 아닌 것은?

① 온도 ② 압력
③ 체적 ④ 밀도

해설 강도성 상태량(성질)은 물질의 양과 무관한 상태량으로 비체적, 온도, 압력, 밀도(비질량) 등이 있으며, 체적은 용량성(종량성) 상태량이다.

29. 600 kPa, 300 K 상태의 이상기체 1 kmol이 엔탈피가 일정한 등온과정을 거쳐 압력이 200 kPa로 변했다. 이 과정 동안의 엔트로피 변화량은 약 몇 kJ/K인가? (단, 일반기체상수($\overline{R}$)는 8.31451 kJ/kmol·K이다.)

① 0.782 ② 6.31
③ 9.13 ④ 18.6

해설 $\Delta S=n\overline{R}\ln\frac{P_1}{P_2}$

$=1\times8.31451\ln\left(\frac{600}{200}\right)=9.13$ kJ/K

30. 그림과 같은 단열된 용기 안에 25℃의 물이 0.8 m³ 들어 있다. 이 용기 안에 100℃, 50 kg의 쇳덩어리를 넣은 후 열적 평형이 이루어졌을 때 최종 온도는 약 몇 ℃인가? (단, 물의 비열은 4.18 kJ/kg·K, 철의 비열은 0.45 kJ/kg·K이다.)

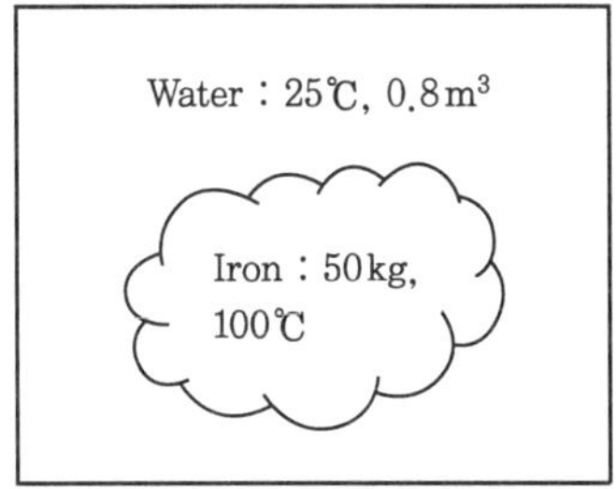

① 25.5 ② 27.4
③ 29.2 ④ 31.4

정답 25. ① 26. ③ 27. ② 28. ③ 29. ③ 30. ①

해설 철의 방열량(고온체 방열량)
= 물의 흡열량(저온체 흡열량)

$$m_1c_1(t_1-t_m)=m_2c_2(t_m-t_2)$$

$$t_m=\frac{m_1c_1t_1+m_2c_2t_2}{mc_1+m_2c_2}$$

$$=\frac{50\times0.45\times100+800\times4.18\times25}{50\times0.45+800\times4.18}$$

$$≒25.5℃$$

31. **실린더에 밀폐된 8 kg의 공기가 그림과 같이 P_1 = 800 kPa, 체적 V_1 = 0.27 m³에서 P_2 = 350 kPa, 체적 V_2 = 0.80 m³으로 직선 변화하였다. 이 과정에서 공기가 한 일은 약 몇 kJ인가?**

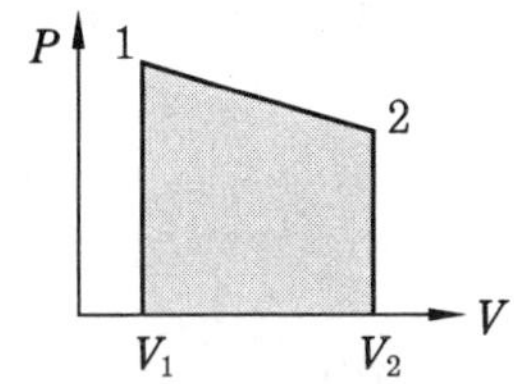

① 305 ② 334
③ 362 ④ 390

해설 절대일은 $P-V$ 선도의 면적과 같다.

$${}_1W_2=P_2(V_2-V_1)+\frac{1}{2}(P_1-P_2)\cdot(V_2-V_1)$$

$$=(V_2-V_1)\left[P_2+\frac{1}{2}(P_1-P_2)\right]$$

$$=(0.80-0.27)\left[350+\frac{1}{2}(800-350)\right]$$

$$=185.5+119.25≒305\text{ kJ}$$

32. **이상기체에 대한 다음 관계식 중 잘못된 것은?(단, C_v는 정적비열, C_p는 정압비열, u는 내부에너지, T는 온도, V는 부피, h는 엔탈피, R은 기체상수, k는 비열비이다.)**

① $C_v=\left(\frac{\partial u}{\partial T}\right)_V$ ② $C_p=\left(\frac{\partial h}{\partial T}\right)_V$

③ $C_p-C_v=R$ ④ $C_p=\frac{kR}{k-1}$

해설 $C_p=\left(\frac{\partial q}{\partial T}\right)_p=\left(\frac{\partial h}{\partial T}\right)_p$

33. **어떤 기체 동력 장치가 이상적인 브레이턴 사이클로 다음과 같이 작동할 때 이 사이클의 열효율은 약 몇 %인가?(단, 온도(T)-엔트로피(s) 선도에서 T_1 = 30℃, T_2 = 200℃, T_3 = 1060℃, T_4 = 160℃이다.)**

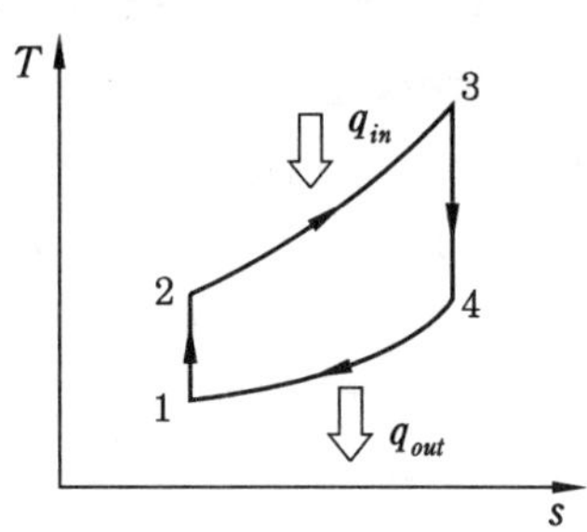

① 81 % ② 85 %
③ 89 % ④ 92 %

해설 $\eta_{thB}=1-\frac{q_{out}}{q_{in}}=1-\frac{T_4-T_1}{T_3-T_2}$

$$=\left(1-\frac{160-30}{1060-200}\right)\times100\,\%≒85\,\%$$

$$q_{in}=C_p(T_3-T_2)$$

$$q_{out}=C_p(T_4-T_1)$$

34. **열역학 제2법칙에 관해서는 여러 가지 표현으로 나타낼 수 있는데, 다음 중 열역학 제2법칙과 관계되는 설명으로 볼 수 없는 것은?**

① 열을 일로 변환하는 것은 불가능하다.
② 열효율이 100 %인 열기관을 만들 수 없다.
③ 열은 저온 물체로부터 고온 물체로 자연적으로 전달되지 않는다.
④ 입력되는 일 없이 작동하는 냉동기를 만들 수 없다.

해설 열을 일로 변환하는 것은 가능하지만,

정답 31. ① 32. ② 33. ② 34. ①

100 % 변환시키는 것은 불가능하다. 열역학 제2법칙 = 비가역 법칙(엔트로피 증가 법칙)

35. 계의 엔트로피 변화에 대한 열역학적 관계식 중 옳은 것은? (단, T는 온도, S는 엔트로피, U는 내부에너지, V는 체적, P는 압력, H는 엔탈피를 나타낸다.)

① $TdS = dU - PdV$
② $TdS = dH - PdV$
③ $TdS = dU - PdP$
④ $TdS = dH - VdP$

해설 $\delta Q = TdS = dH - VdP$[kJ]

$dS = \frac{\delta Q}{T}$

36. 공기 1 kg이 압력 50 kPa, 부피 3 m³인 상태에서 압력 900 kPa, 부피 0.5 m³인 상태로 변화할 때 내부에너지가 160 kJ 증가하였다. 이때 엔탈피는 약 몇 kJ이 증가하였는가?

① 30 ② 185
③ 235 ④ 460

해설 $H_2 - H_1 = (U_2 - U_1) + P_2V_2 - P_1V_1$
$= 160 + (900 \times 0.5 - 50 \times 3) = 460$ kJ

37. 체적이 일정하고 단열된 용기 내에 80 ℃, 320 kPa의 헬륨 2 kg이 들어 있다. 용기 내에 있는 회전날개가 20 W의 동력으로 30분 동안 회전한다고 할 때 용기 내의 최종 온도는 약 몇 ℃인가? (단, 헬륨의 정적 비열은 3.12 kJ/kg · K이다.)

① 81.9℃ ② 83.3℃
③ 84.9℃ ④ 85.8℃

해설 $Q = mC_v(t_2 - t_1)$에서

$t_2 = t_1 + \frac{Q}{mC_v} = 80 + \frac{0.02 \times 3600 \times 0.5}{2 \times 3.12}$

≒ 85.8 ℃

38. 그림과 같은 Rankine 사이클로 작동하는 터빈에서 발생하는 일은 약 몇 kJ/kg인가? (단, h는 엔탈피, s는 엔트로피를 나타내며, h_1 = 191.8 kJ/kg, h_2 = 193.8 kJ/kg, h_3 = 2799.5 kJ/kg, h_4 = 2007.5 kJ/kg이다.)

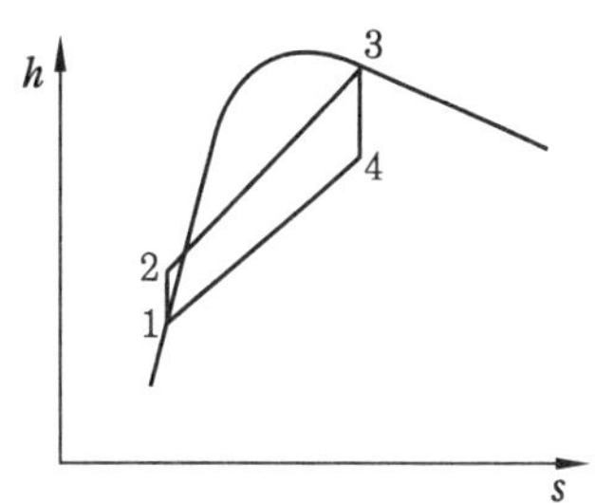

① 2.0 kJ/kg ② 792.0 kJ/kg
③ 2605.7 kJ/kg ④ 1815.7 kJ/kg

해설 $w_t = (h_3 - h_4)$
$= (2799.5 - 2007.5) = 792$ kJ/kg

39. 시간당 380000 kg의 물을 공급하여 수증기를 생산하는 보일러가 있다. 이 보일러에 공급하는 물의 엔탈피는 830 kJ/kg이고, 생산되는 수증기의 엔탈피는 3230 kJ/kg이라고 할 때, 발열량이 32000 kJ/kg인 석탄을 시간당 34000 kg씩 보일러에 공급한다면 이 보일러의 효율은 약 몇 %인가?

① 66.9 % ② 71.5 %
③ 77.3 % ④ 83.8 %

해설 $\eta_B = \frac{G_a(h_2 - h_1)}{H_L \times m_f} \times 100$ %

$= \frac{380000(3230 - 830)}{32000 \times 34000} \times 100$ %

≒ 83.8 %

40. 터빈, 압축기 노즐과 같은 정상 유동장치의 해석에 유용한 몰리에르(Mollier) 선도를 옳게 설명한 것은?

정답 35. ④ 36. ④ 37. ④ 38. ② 39. ④ 40. ①

① 가로축에 엔트로피, 세로축에 엔탈피를 나타내는 선도이다.
② 가로축에 엔탈피, 세로축에 온도를 나타내는 선도이다.
③ 가로축에 엔트로피, 세로축에 밀도를 나타내는 선도이다.
④ 가로축에 비체적, 세로축에 압력을 나타내는 선도이다.

해설 수증기 몰리에르(Mollier) 선도는 세로(y)축에 엔탈피를, 가로(x)축에 엔트로피를 나타내는 선도이다. 터빈, 압축기 노즐과 같은 정상 유동장치의 해석에 유용하다.

제 3 과목 기계유체역학

41. 원관에서 난류로 흐르는 어떤 유체의 속도가 2배로 변하였을 때, 마찰계수가 변경 전 마찰계수의 $\frac{1}{\sqrt{2}}$로 줄었다. 이때 압력손실은 몇 배로 변하는가?

① $\sqrt{2}$배 ② $2\sqrt{2}$배
③ 2배 ④ 4배

해설 $\Delta P = f\frac{L}{d}\frac{\gamma V^2}{2g}$[kPa]

$$\frac{\Delta P_2}{\Delta P_1} = \left(\frac{f_2}{f_1}\right)\left(\frac{V_2}{V_1}\right)^2 = \frac{1}{\sqrt{2}} \times 2^2 = \frac{4}{\sqrt{2}} = \frac{4\sqrt{2}}{2} = 2\sqrt{2}$$

42. 점성계수가 0.3 N·s/m^{2}이고, 비중이 0.9인 뉴턴유체가 지름 30 mm인 파이프를 통해 3 m/s의 속도로 흐를 때 Reynolds 수는?

① 24.3 ② 270
③ 2700 ④ 26460

해설 $Re = \frac{\rho v d}{\mu} = \frac{1000 \times 0.9 \times 3 \times 0.03}{0.3} = 270$

43. 어떤 액체의 밀도는 890 kg/m^3, 체적 탄성계수는 2200 MPa이다. 이 액체 속에서 전파되는 소리의 속도는 약 몇 m/s 인가?

① 1572 ② 1483
③ 981 ④ 345

해설 $C = \sqrt{\frac{E}{\rho}} = \sqrt{\frac{2200 \times 10^6}{890}} = 1572\text{ m/s}$

44. 펌프로 물을 양수할 때 흡입측에서의 압력이 진공 압력계로 75 mmHg(부압)이다. 이 압력은 절대 압력으로 약 몇 kPa인가? (단, 수은의 비중은 13.6이고, 대기압은 760 mmHg이다.)

① 91.3 ② 10.4
③ 84.5 ④ 23.6

해설 $P_a = P_o - P_g = 101.325 - \frac{75}{760} \times 101.325 = 91.33\text{ kPa(abs)}$

45. 동점성계수가 10 cm^2/s이고 비중이 1.2인 유체의 점성계수는 몇 Pa·s인가?

① 0.12 ② 0.24
③ 1.2 ④ 2.4

해설 $\mu = \nu\rho = 10 \times 10^{-4} \times 1200 = 1.2\text{ Pa}\cdot\text{S}$

46. 평판 위를 어떤 유체가 층류로 흐를 때, 선단으로부터 10 cm 지점에서 경계층 두께가 1 mm일 때, 20 cm 지점에서의 경계층 두께는 얼마인가?

① 1 mm ② $\sqrt{2}$ mm
③ $\sqrt{3}$ mm ④ 2 mm

정답 41. ② 42. ② 43. ① 44. ① 45. ③ 46. ②

해설 경계층 층류 유동 시 경계층의 두께(δ)는 선단으로부터 떨어진 거리(x)의 제곱근에 비례한다($\delta \propto \sqrt{x}$).

$$\therefore \frac{\delta_2}{\delta_1} = \sqrt{\frac{x_2}{x_1}}$$

$$\therefore \delta_2 = \delta_1 \sqrt{\frac{x_2}{x_1}} = 1 \times \sqrt{\frac{20}{10}} = \sqrt{2}\ \text{mm}$$

47. 온도 27℃, 절대압력 380 kPa인 기체가 6 m/s로 지름 5 cm인 매끈한 원관 속을 흐르고 있을 때 유동상태는?(단, 기체상수는 187.8 N · m/kg · K, 점성계수는 1.77×10^{-5} kg/m · s, 상 · 하 임계 레이놀즈수는 각각 4000, 2100이라 한다.)

① 층류영역　② 천이영역
③ 난류영역　④ 퍼텐셜영역

해설 $Re = \frac{\rho v d}{\mu} = \frac{6.74 \times 6 \times 0.05}{1.77 \times 10^{-5}}$

$= 114237.28 > 4000$(난류영역)

$\rho = \frac{P}{RT} = \frac{380}{0.1878 \times (27+273)}$

$= 6.74\ \text{kg/m}^3$

48. 2 m×2 m×2 m의 정육면체로 된 탱크 안에 비중이 0.8인 기름이 가득 차 있고, 위 뚜껑이 없을 때 탱크의 한 옆면에 작용하는 전체 압력에 의한 힘은 약 몇 kN인가?

① 7.6　② 15.7
③ 31.4　④ 62.8

해설 $F = \gamma \bar{h} A = 9.8 \times 0.8 \times 1 \times (2 \times 2)$

$\fallingdotseq 31.4\ \text{kN}$

49. 일정 간격의 두 평판 사이에 흐르는 완전 발달된 비압축성 정상유동에서 x는 유동방향, y는 평판 중심을 0으로 하여 x방향에 직교하는 방향의 좌표를 나타낼 때 압력강하와 마찰손실의 관계로 옳은 것은?(단, P는 압력, τ는 전단응력, μ는 점성계수(상수)이다.)

① $\frac{dP}{dy} = \mu \frac{d\tau}{dx}$　② $\frac{dP}{dy} = \frac{d\tau}{dx}$
③ $\frac{dP}{dx} = \frac{d\tau}{dy}$　④ $\frac{dP}{dx} = \frac{1}{\mu} \frac{d\tau}{dy}$

50. 비중 0.85인 기름의 자유표면으로부터 10 m 아래에서의 계기압력은 약 몇 kPa인가?

① 83　② 830
③ 98　④ 980

해설 $P = \gamma h = \gamma_w S h$

$= 9.8 \times 0.85 \times 10 = 83.3\ \text{kPa}$

※ 물의 비중량(γ_w)

$= 9800\ \text{N/m}^3 = 9.8\ \text{kN/m}^3$

51. 그림과 같은 원형관에 비압축성 유체가 흐를 때 A 단면의 평균속도가 V_1일 때 B 단면에서의 평균속도 V는?

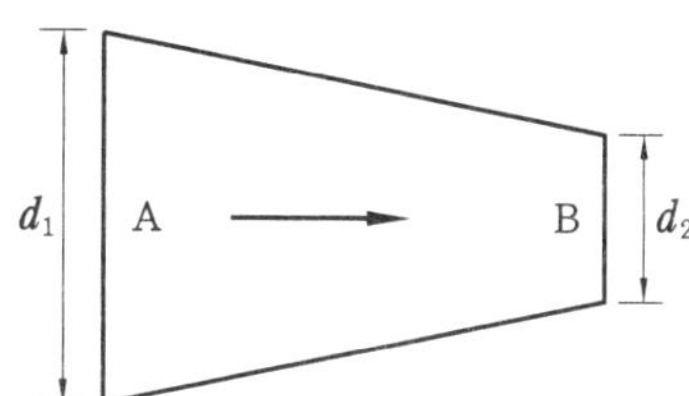

① $V = \left(\frac{d_1}{d_2}\right)^2 V_1$　② $V = \frac{d_1}{d_2} V_1$
③ $V = \left(\frac{d_2}{d_1}\right)^2 V_1$　④ $V = \frac{d_2}{d_1} V_1$

해설 $Q = AV[\text{m}^3/\text{s}]$에서 $A_1 V_1 = A_2 V_2$이므로

$V_2 = V_1 \left(\frac{A_1}{A_2}\right) = V_1 \left(\frac{d_1}{d_2}\right)^2 [\text{m/s}]$

52. 물을 사용하는 원심 펌프의 설계점에서의 전양정이 30 m이고 유량은 1.2 m^3/min

정답 47. ③　48. ③　49. ③　50. ①　51. ①　52. ②

이다. 이 펌프를 설계점에서 운전할 때 필요한 축동력이 7.35 kW라면 이 펌프의 효율은 약 얼마인가?

① 75 %   ② 80 %

③ 85 %   ④ 90 %

해설 $\eta_P = \frac{L_w}{L_s} = \frac{9.8QH}{7.35}$

$= \frac{9.8\left(\frac{1.2}{60}\right)\times 30}{7.35}\times 100\,\% = 80\,\%$

53. 유속 3 m/s로 흐르는 물속에 흐름방향의 직각으로 피토관을 세웠을 때, 유속에 의해 올라가는 수주의 높이는 약 몇 m인가?

① 0.46   ② 0.92

③ 4.6   ④ 9.2

해설 $h = \frac{V^2}{2g} = \frac{3^2}{2\times 9.8} \fallingdotseq 0.46\text{ m}$

54. 2차원 유동장이 $\vec{V}(x,\ y) = cx\vec{i} - cy\vec{j}$로 주어질 때, 가속도장 $\vec{a}(x,\ y)$는 어떻게 표시되는가? (단, 유동장에서 c는 상수를 나타낸다.)

① $\vec{a}(x,\ y) = cx^2\vec{i} - cy^2\vec{j}$

② $\vec{a}(x,\ y) = cx^2\vec{i} + cy^2\vec{j}$

③ $\vec{a}(x,\ y) = c^2x\vec{i} - c^2y\vec{j}$

④ $\vec{a}(x,\ y) = c^2x\vec{i} + c^2y\vec{j}$

해설 $\vec{a} = \frac{d\vec{V}}{dt} = u\frac{\partial \vec{V}}{\partial x} + v\frac{\partial \vec{V}}{\partial y}$

$= cx \cdot c\vec{i} + (-cy)(-c\vec{j}) = c^2x\vec{i} + c^2y\vec{j}$

55. 물(비중량 9800 N/m^3) 위를 3 m/s의 속도로 항진하는 길이 2 m인 모형선에 작용하는 조파저항이 54 N이다. 길이 50 m인 실선을 이것과 상사한 조파상태인 해상에서 항진시킬 때 조파저항은 약 얼마인가? (단, 해수의 비중량은 10075 N/ m^{3}이다.)

① 43 kN   ② 433 kN

③ 87 kN   ④ 867 kN

해설 $\left(\frac{V}{\sqrt{lg}}\right)_p = \left(\frac{V}{\sqrt{lg}}\right)_m$

$g_p \simeq g_m$

$V_p = V_m\sqrt{\frac{l_p}{l_m}} = 3\times\sqrt{\frac{50}{2}} = 15\text{ m/s}$

$\left(\frac{2D}{\gamma A V^2}\right)_p = \left(\frac{2D}{\gamma A V^2}\right)_m$

$D_p = D_m\left(\frac{\gamma_p}{\gamma_m}\right)\left(\frac{L_p}{L_m}\right)^2\left(\frac{V_p}{V_m}\right)^2$

$= 54\left(\frac{10075}{9800}\right)\left(\frac{50}{2}\right)^2\left(\frac{15}{3}\right)^2$

$= 867427\text{ N} \fallingdotseq 867.43\text{ kN}$

56. 그림과 같이 유속 10 m/s인 물 분류에 대하여 평판을 3 m/s의 속도로 접근하기 위하여 필요한 힘은 약 몇 N인가? (단, 분류의 단면적은 0.01 m^{2}이다.)

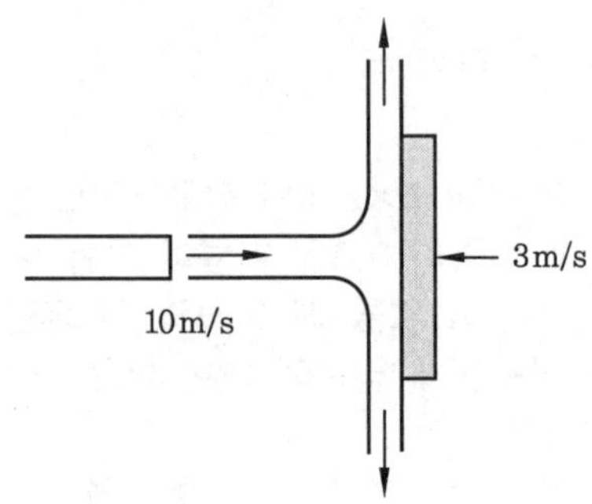

① 130   ② 490

③ 1350   ④ 1690

해설 $F = \rho Q(V-U) = \rho A(V-U)^2$

$= 1000\times 0.01[10-(-3)]^2$

$= 1690\text{ N}$

57. 골프공 표면의 딤플(dimple, 표면 굴곡)이 항력에 미치는 영향에 대한 설명으로 잘못된 것은?

정답 53. ① 54. ④ 55. ④ 56. ④ 57. ④

① 딤플은 경계층의 박리를 지연시킨다.

② 딤플이 층류경계층을 난류경계층으로 천이시키는 역할을 한다.

③ 딤플이 골프공의 전체적인 항력을 감소시킨다.

④ 딤플은 압력저항보다 점성저항을 줄이는 데 효과적이다.

해설 딤플(dimple)은 점성저항보다 압력저항을 줄이는 데 더 효과적이다.

58. 다음과 같은 베르누이 방정식을 적용하기 위해 필요한 가정과 관계가 먼 것은? (단, 식에서 P는 압력, ρ는 밀도, V는 유속, γ는 비중량, Z는 유체의 높이를 나타낸다.)

$$P_1 + \frac{1}{2}\rho V_1^2 + \gamma Z_1 = P_2 + \frac{1}{2}\rho V_2^2 + \gamma Z_2$$

① 정상 유동　　② 압축성 유체

③ 비점성 유체　　④ 동일한 유선

해설 Bernoulli Equation($P + \frac{\rho V^2}{2} + \gamma Z = c$)

가정은 다음과 같다.

(1) 정상류($\frac{\partial v}{\partial t} = 0$)일 것

(2) 유체 입자는 유선을 따른다.

(3) 무마찰(비점성 유동)

(4) 비압축성 유체($\rho = c$, $\gamma = c$)

59. 중력은 무시할 수 있으나 관성력과 점성력 및 표면장력이 중요한 역할을 하는 미세구조물 중 마이크로 채널 내부의 유동을 해석하는 데 중요한 역할을 하는 무차원수만으로 짝지어진 것은?

① Reynolds수, Froude수

② Reynolds수, Mach수

③ Reynolds수, Weber수

④ Reynolds수, Cauchy수

해설 레이놀즈수는 점성력, 웨버수는 표면장력이 중요시되는 무차원수이다.

$$Re = \frac{\text{관성력}}{\text{점성력}}, \quad We = \frac{\text{관성력}}{\text{표면장력}}$$

60. 정상, 2차원, 비압축성 유동장의 속도 성분이 아래와 같이 주어질 때 가장 간단한 유동함수(Ψ)의 형태는? (단, u는 x방향, v는 y방향의 속도성분이다.)

$$u = 2y, \quad v = 4x$$

① $\psi = -2x^2 + y^2$

② $\psi = -x^2 + y^2$

③ $\psi = -x^2 + 2y^2$

④ $\psi = -4x^2 + 4y^2$

해설 유동함수(stream function)라 함은 두 유선 사이에 유동하는 체적유량(volume flow rate)을 말한다.

※ $d\psi = udy = -vdx$를 편미분으로 나타내면 다음과 같다.

$$u = \frac{\partial(-2x^2 + y^2)}{\partial y} = 2y$$

$$v = -\frac{\partial(-2x^2 + y^2)}{\partial x} = 4x$$

제 4 과목 유체기계 및 유압기기

61. 유체기계의 일종인 공기기계에 관한 설명으로 옳지 않은 것은?

① 기체의 단위체적당 중량이 물의 약 1/830(20℃ 기준)로서 작은 편이다.

② 기체는 압축성이므로 압축, 팽창을 할 때 거의 온도 변화가 발생하지 않는다.

③ 각 유로나 관로에서의 유속은 물인 경우보다 수배 이상으로 높일 수 있다.

④ 공기기계의 일종인 압축기는 보통 압력

정답 58. ② 59. ③ 60. ① 61. ②

상승이 1 kgf/cm^2 이상인 것을 말한다.

해설 기체는 압축성이므로 온도의 변화에 따른 압축 및 팽창이 발생한다.

62. 다음 중 프로펠러 수차에 관한 설명으로 옳지 않은 것은?

① 일반적으로 3~90 m의 저낙차로서 유량이 큰 곳에 사용한다.

② 반동 수차에 속하며, 물이 미치는 형식은 축류 형식에 속한다.

③ 회전차의 형식에서 고정익의 형태를 가지면 카플란 수차, 가동익의 형태를 가지면 지라르 수차라고 한다.

④ 프로펠러 수차의 형식은 축류 펌프와 같고, 다만 에너지의 주고 받는 방향이 반대일 뿐이다.

해설 가동익(가동 날개)을 가진 프로펠러 수차를 카플란 수차(kaplan turbine)라 한다.

63. 토크 컨버터의 주요 구성요소들을 나타낸 것은?

① 구동 기어, 종동 기어, 버킷

② 피스톤, 실린더, 체크 밸브

③ 밸런스 디스크, 베어링, 프로펠러

④ 펌프 회전차, 터빈 회전차, 안내 깃(스테이터)

해설 토크 컨버터는 펌프 임펠러, 스테이터(안내 깃), 터빈 러너로 구성되어 있으며, 분해 및 조립을 할 수 없는 비분해식이다.

64. 진공 펌프는 기체를 대기압 이하의 저압에서 대기압까지 압축하는 압축기의 일종이다. 다음 중 일반 압축기와 다른 점을 설명한 것으로 옳지 않은 것은?

① 흡입압력을 진공으로 함에 따라 압력비는 상당히 커지므로 격간용적, 기체누설을 가급적 줄여야 한다.

② 진공화에 따라서 외부의 액체, 증기, 기체를 빨아들이기 쉬워서 진공도를 저하시킬 수 있으므로 이에 주의를 요한다.

③ 기체의 밀도가 낮으므로 실린더 체적은 축동력에 비해 크다.

④ 송출압력과 흡입압력의 차이가 작으므로 기체의 유로 저항이 커져도 손실동력이 비교적 적게 발생한다.

65. 다음 각 수차들에 관한 설명 중 옳지 않은 것은?

① 펠턴 수차는 비속도가 가장 높은 형식의 수차이다.

② 프란시스 수차는 반동형 수차에 속한다.

③ 프로펠러 수차는 저낙차 대유량인 곳에 주로 사용된다.

④ 카플란 수차는 축류 수차에 해당한다.

해설 펠턴 수차는 비속도가 가장 낮은 형식의 수차이고, 비속도가 가장 높은 형식의 수차는 카플란 수차이다.

66. 다음 중 일반적으로 유체기계에 속하지 않는 것은?

① 유압기계 ② 공기기계

③ 공작기계 ④ 유체전송장치

해설 유체기계의 분류

(1) 수력기계 : 펌프, 수차, 유압기계

(2) 공기기계 : 저압식(송풍기, 풍차), 고압식(압축기, 진공 펌프, 압축공기기계)

(3) 유체수송장치 : 수력 컨베이어, 공기 컨베이어

67. 공동현상(cavitation)이 발생했을 때 일어나는 현상이 아닌 것은?

정답 62. ③ 63. ④ 64. ④ 65. ① 66. ③ 67. ③

① 압력의 급변화로 소음과 진동이 발생한다.
② 펌프 흡입관의 손실수두나 부차적 손실이 큰 경우 공동현상이 발생되기 쉽다.
③ 양정, 효율 및 축동력이 동시에 급격히 상승한다.
④ 깃의 벽면에 부식(pitting)이 일어나 사고로 이어질 수 있다.

해설 공동현상이 발생하면 양정, 효율 및 축동력이 동시에 급격히 저하한다.

68. 다음 왕복펌프의 효율에 관한 설명 중 옳지 않은 것은?

① 피스톤 1회 왕복 중의 실제 흡입량 V와 행정체적 V_0의 비를 체적효율(η_v)이라고 하며, $\eta_v = \frac{V}{V_0}$로 나타낸다.
② 피스톤이 유체에 주는 도시동력 L과 펌프의 축동력 L_1과의 비를 기계효율(η_m)이라고 하며, $\eta_m = \frac{L_1}{L}$로 나타낸다.
③ 펌프에 의하여 최종적으로 얻어지는 압력증가량 p와 흡입 행정 중에 피스톤 작동면에 작용하는 평균유효압력 p_m의 비를 수력효율(η_h)이라고 하며, $\eta_h = \frac{p}{p_m}$으로 나타낸다.
④ 펌프의 전효율 η는 체적효율, 기계효율, 수력효율의 전체 곱으로 나타낸다.

해설 피스톤이 유체에 주는 도시동력 L과 펌프의 축동력 L_1과의 비를 기계효율(η_m)이라고 하며, $\eta_m = \frac{L}{L_1}$로 나타낸다.

69. 수차에 직결되는 교류 발전기에 대해서 주파수를 f[Hz], 발전기의 극수를 p라고 할 때 회전수 n[rpm]을 구하는 식은?

① $n = 60\frac{p}{f}$ ② $n = 60\frac{f}{p}$
③ $n = 120\frac{p}{f}$ ④ $n = 120\frac{f}{p}$

70. 양정 20 m, 송출량 0.3 m^3/min, 효율 70 %인 물펌프의 축동력은 약 얼마인가?

① 1.4 kW ② 4.2 kW
③ 1.4 MW ④ 4.2 MW

해설 축동력(L_s)

$$= \frac{9.8QH}{\eta_p} = \frac{9.8 \times \frac{0.3}{60} \times 20}{0.7} = 1.4\,\text{kW}$$

71. 유공압 실린더의 미끄러짐 면의 운동이 간헐적으로 되는 현상은?

① 모노 피딩(mono-feeding)
② 스틱 슬립(stick-slip)
③ 컷 인 다운(cut in-down)
④ 듀얼 액팅(dual acting)

72. 한쪽 방향으로 흐름은 자유로우나 역방향의 흐름을 허용하지 않는 밸브는?

① 체크 밸브 ② 셔틀 밸브
③ 스로틀 밸브 ④ 릴리프 밸브

해설 ① 체크 밸브 : 한 방향만으로 유체의 흐름을 허락하고, 반대 방향으로는 흐름을 저지하는 밸브
② 셔틀 밸브 : 2개의 입구와 1개의 공통 출구를 가지고, 출구는 입구 압력의 작용에 의하여 한쪽 방향에 자동적으로 접속되는 밸브
③ 스로틀 밸브 : 죔 작용에 의하여 유량을 규제하는 압력 보상 기능이 없는 유량 제어 밸브

정답 68. ② 69. ④ 70. ① 71. ② 72. ①

④ 릴리프 밸브 : 회로 내의 압력을 설정값으로 유지하기 위해서 유체의 일부 또는 전부를 흐르게 하는 압력 제어 밸브

73. **감압 밸브, 체크 밸브, 릴리프 밸브 등에서 밸브 시트를 두드려 비교적 높은 음을 내는 일종의 자려 진동 현상은?**

① 유격 현상
② 채터링 현상
③ 폐입 현상
④ 캐비테이션 현상

해설 채터링(chattering) 현상은 스위치나 릴레이 등의 접점이 개폐될 때 발생하는 진동이다.

74. **저압력을 어떤 정해진 높은 출력으로 증폭하는 회로의 명칭은?**

① 부스터 회로 ② 플립플롭 회로
③ 온오프 제어 회로 ④ 레지스터 회로

해설 (1) 플립플롭 회로 : 2개의 안정된 출력 상태를 가지고, 입력 유무에 관계없이 직전에 가해진 입력의 상태를 출력 상태로서 유지하는 회로
(2) 온오프 제어 회로 : 제어 동작이 밸브의 개폐와 같은 2개의 정해진 상태만을 취하는 제어 회로
(3) 레지스터 회로 : 2진수로서의 정보를 일단 내부에 기억하고, 적당한 때에 그 내용을 이용할 수 있도록 구성한 회로

75. **점성계수(coefficient of viscosity)는 기름의 중요 성질이다. 점도가 너무 낮을 경우 유압기기에 나타나는 현상은 어느 것인가?**

① 유동저항이 지나치게 커진다.
② 마찰에 의한 동력손실이 증대된다.
③ 각 부품 사이에서 누출 손실이 커진다.
④ 밸브나 파이프를 통과할 때 압력손실이 커진다.

해설 점도가 너무 낮을 경우
(1) 내부 및 외부의 기름 누출 증대
(2) 마모증대와 압력 유지 곤란(고체 마찰)
(3) 유압 펌프, 모터 등의 용적(체적) 효율 저하
(4) 압력 발생 저하로 정확한 작동 불가

76. **다음 중 유량 제어 밸브에 의한 속도 제어 회로를 나타낸 것이 아닌 것은?**

① 미터 인 회로
② 블리드 오프 회로
③ 미터 아웃 회로
④ 카운터 회로

해설 속도 제어 회로의 종류
(1) 미터 인 회로
(2) 미터 아웃 회로
(3) 블리드 오프 회로

77. **유체를 에너지원 등으로 사용하기 위하여 가압 상태로 저장하는 용기는 어느 것인가?**

① 디퓨저 ② 액추에이터
③ 스로틀 ④ 어큐뮬레이터

해설 어큐뮬레이터(accumulator : 축압기)는 각종 제어 시스템에서 액추에이터(actuator : 작동기)를 작동시키는 유체를 가압 상태로 저장하는 용기이다. 유체의 가압에 질소, 불활성 가스 등을 사용하는 경우는 유체와의 격리 방법에 의해 블래더형, 다이어프램형, 피스톤형으로 분류된다. 어큐뮬레이터는 맥동이나 충격을 흡수하여 제거하는 기능도 가지고 있다.

78. **베인 펌프의 일반적인 구성 요소가 아닌 것은?**

① 캠링 ② 베인
③ 로터 ④ 모터

정답 73. ② 74. ① 75. ③ 76. ④ 77. ④ 78. ④

해설 베인 펌프는 흡입구, 송출구, 구동회전자(driven rotor), 활동베인(sliding vane), 캠링(cam ring), 케이싱(casing)으로 구성되어 있다.

79. **유압 파워 유닛의 펌프에서 이상 소음 발생의 원인이 아닌 것은?**

① 흡입관의 막힘
② 유압유에 공기 혼입
③ 스트레이너가 너무 큼
④ 펌프의 회전이 너무 빠름

해설 스트레이너의 용량이 너무 작을 때 소음이 발생한다.

80. **지름이 2 cm인 관 속을 흐르는 물의 속도가 1 m/s이면 유량은 약 몇 cm^3/s인가?**

① 3.14　② 31.4
③ 314　④ 3140

해설 $Q = AV = \frac{\pi \times 2^2}{4} \times 100$

$= 314.16\ cm^3/s$

제 5 과목 건설기계일반 및 플랜트배관

81. **타이어식과 비교한 무한궤도식 불도저의 특징으로 틀린 것은?**

① 접지압이 작다.
② 견인력이 강하다.
③ 기동성이 빠르다.
④ 습지, 사지에서 작업이 용이하다.

해설 • 타이어식 : 무한궤도식에 비해 이동성과 기동성이 양호하여 평탄한 지면 또는 포장도로의 작업이나 작업거리가 비교적 긴 현장에 효과적이다. 그러나 접지압이 높아서 연약지반이나 습지 작업에는 적합하지 않다.

• 무한궤도식 : 무한궤도를 장착하여 접지압이 작기 때문에 습지, 연약지반 및 경사지의 작업에 효율적이다. 타이어식에 비해 이동속도가 느리고 주행노면을 손상시킬 수 있으며 장소를 이동할 때는 별도 운반장비를 사용해야 하는 단점이 있다.

82. **버킷 용량은 1.34 m^3, 버킷 계수는 1.2, 작업효율은 0.8, 체적환산계수는 1, 1회 사이클 시간은 40초라고 할 때 이 로더의 운전시간당 작업량은 약 몇 m^3/h인가?**

① 24　② 53
③ 84　④ 116

해설 $Q = \frac{3600qkfE}{C_m}$

$= \frac{3600 \times 1.34 \times 1.2 \times 1 \times 0.8}{40}$

$= 115.776 ≒ 116\ m^3/h$

83. **셔블계 굴삭기계의 작업구동방식에서 기계 로프식과 유압식을 비교한 것 중 틀린 것은?**

① 기계 로프식은 굴삭력이 크다.
② 유압식은 구조가 복잡하여 고장이 많다.
③ 유압식은 운전 조작이 용이하다.
④ 기계 로프식은 작업성이 나쁘다.

해설 (1) 기계 로프식
• 굴삭력이 크다.
• 작업의 범용성이 넓다.
• 급유 및 조장 작업이 많아서 유지보수가 곤란하다.
• 운전 조작이 어렵다.
• 좁은 장소에서의 작업성이 나쁘다.

(2) 유압식
• 굴삭력이 작다.
• 작업의 범용성이 좁다.
• 유지보수가 쉽다.
• 레버의 조작이 용이해서 오조작해도

정답 79. ③　80. ③　81. ③　82. ④　83. ②

안전하다.
- 주행성이 좋아서 좁은 장소에서의 작업성이 좋다.

84. 짐칸을 옆으로 기울게 하여 짐을 부리는 트럭은?

① 사이드(side) 덤프트럭
② 리어(rear) 덤프트럭
③ 다운(down) 덤프트럭
④ 보텀(bottom) 덤프트럭

해설 적재함 경사 방향에 따른 덤프트럭의 분류
(1) 사이드 덤프트럭 : 적재함을 옆으로 기울일 수 있는 구조
(2) 리어 덤프트럭 : 적재함을 뒤쪽으로 기울일 수 있는 구조
(3) 3방향 열림 덤프트럭 : 적재함을 좌·우·뒤쪽으로 기울일 수 있는 구조
(4) 보텀 덤프트럭 : 적재함의 밑부분이 열리는 구조

85. 콘크리트를 구성하는 재료를 저장하고 소정의 배합 비율대로 계량하고 MIXER에 투입하여 요구되는 품질의 콘크리트를 생산하는 설비는?

① ASPHALT PLANT
② BATCHER PLANT
③ CRUSHING PLANT
④ CHEMICAL PLANT

해설 배처 플랜트(batcher plant)란 콘크리트를 만드는 데 필요한 재료(물, 시멘트, 골재, 혼화재료 등)를 넣고 혼합하여 콘크리트를 생산하는 설비를 말한다.

86. 건설기계의 내연기관에서 연소실의 체적이 30 cc이고 행정체적이 240 cc인 경우, 압축비는 얼마인가?

① 6 : 1 ② 7 : 1
③ 8 : 1 ④ 9 : 1

해설 $압축비(\varepsilon) = \frac{실린더\ 체적(V)}{연소실\ 체적(V_c)}$

$$= \frac{V_c + V_s}{V_c} = 1 + \frac{240}{30} = 9$$

87. 다음 중 1차 쇄석기(crusher)는?

① 조(jaw) 쇄석기
② 콘(cone) 쇄석기
③ 로드 밀(rod mill) 쇄석기
④ 해머 밀(hammer mill) 쇄석기

해설 (1) 1차 쇄석기 : 조(jaw) 쇄석기, 자이러토리 쇄석기, 임팩트 쇄석기, 해머 쇄석기
(2) 2차 쇄석기 : 콘 쇄석기, 롤 쇄석기, 해머 밀
(3) 3차 쇄석기 : 트리플 롤 쇄석기, 로드 밀, 볼 밀

88. 버킷 준설선에 관한 설명으로 옳지 않은 것은?

① 토질에 영향이 적다.
② 암반 준설에는 부적합하다.
③ 준선 능력이 크며 대용량 공사에 적합하다.
④ 협소한 장소에서도 작업이 용이하다.

해설 버킷 준설선의 장단점
(1) 준설 능력이 크고, 대규모 공사에 적합하다.
(2) 준설 단가가 저렴하다.
(3) 토질에 영향이 적다.
(4) 악천후나 조류에 강하다.
(5) 바닥면을 평탄하게 시공이 가능하다.
(6) 점착력이 매우 큰 점토의 경우 작업 효율이 낮다.
(7) 작업 반경이 넓어 다른 선박의 항해에 지장을 초래한다.
(8) 다른 준설선에 비해 소음이 크다.
(9) 토운선이 필요하고 매립 공사용으로는 부적합하다.

정답 84. ① 85. ② 86. ④ 87. ① 88. ④

89. 기계부품에서 예리한 모서리가 있으면 국부적인 집중응력이 생겨 파괴되기 쉬워지는 것으로 강도가 감소하는 것은?

① 잔류응력 ② 노치효과
③ 질량효과 ④ 단류선

해설 노치 효과(notch effect) : 편평하게 가공한 재료에 부분적으로 오목하게 팬 곳을 탄성학에서 '노치'라고 하는데, 이 부분에 힘이 주어질 경우 다른 부분보다 훨씬 더 큰 응력의 집중이 발생하여 반복해서 힘을 받는 경우에 피로도가 증가하여 노치부분에서 피로파괴가 일어나게 되는 효과를 말한다.

90. 기중기의 작업장치(전부장치)에 대한 설명으로 옳지 않은 것은?

① 드래그라인 : 수중 굴착에 용이
② 백호 : 지면보다 아래 굴착에 용이
③ 셔블 : 지면보다 낮은 곳의 굴착에 용이
④ 크램셸 : 수중 굴착 및 깊은 구멍 굴착에 용이

해설 셔블 : 지면보다 높은 곳의 굴착에 용이

91. 슬루스 밸브라고 하며, 유체의 흐름을 단속하려고 할 때 사용하는 밸브는?

① 글로브 밸브
② 게이트 밸브
③ 볼 밸브
④ 버터플라이 밸브

해설 게이트 밸브는 배관 도중에 설치하여 유로의 차단에 사용하며 변체가 흐르는 방향에 대하여 직각으로 이동하여 유로를 개폐한다.

92. 동관용 공작용 공구가 아닌 것은?

① 링크형 파이프 커터
② 플레어링 툴 세트
③ 사이징 툴
④ 익스팬더

해설 ① 링크형 파이프 커터 : 주철관 전용 절단 공구
② 플레어링 툴 : 동관의 끝을 나팔 모양으로 만들어 압축접합 시 사용하는 공구
③ 사이징 툴 : 동관 끝을 원형으로 정형하는 공구
④ 익스팬더(확관기) : 동관 끝을 확관하는 공구

93. 관 또는 환봉을 동력에 의해 톱날이 상하 또는 좌우 왕복을 하며 공작물을 한쪽 방향으로 절단하는 기계는?

① 동력 나사 절삭기
② 파이프 가스 절단기
③ 숫돌 절단기
④ 핵 소잉 머신

해설 기계톱(핵 소잉 머신)은 관 또는 환봉을 절단하는 기계로서 절삭 시는 톱날의 하중이 걸리고 귀환 시는 하중이 걸리지 않는다. 작동 시 단단한 재료일수록 톱날의 왕복운동은 천천히 하며 절단이 진행되는 시점부터 절삭유의 공급을 필요로 한다.

94. 최고사용압력이 5 MPa인 배관에서 압력 배관용 탄소 강관의 인장강도가 38 kg/mm^{2}인 것을 사용할 때 스케줄 번호(Sch No)는 어느 것인가?(단, 안전율은 5이며, SPPS-38의 Sch No는 10, 20, 40, 60, 80이다.)

① 20 ② 40 ③ 60 ④ 80

해설 스케줄 번호(Sch No)

$$= \frac{P}{\sigma_a} \times 10 = \frac{5}{76} \times 1000 = 65.79$$

$$\sigma_a = \frac{\sigma_u}{S} = \frac{380}{5} = 76 \text{ N/mm}^2$$

∴ 스케줄 번호(Sch No)는 80이다.

정답 89. ② 90. ③ 91. ② 92. ① 93. ④ 94. ④

95. **나사 내는 탭(tap)의 재질은 탄소공구강, 합금공구강, 고속도강이 있는데 표준 경도로 적당한 것은?**

① H_{RC} 40 ② H_{RC} 50

③ H_{RC} 60 ④ H_{RC} 70

96. **배관 용접부의 비파괴 검사 방법 중에서 널리 사용하고 있는 방법으로 물질을 통과하기 쉬운 X선 등을 사용하며 균열, 융합 불량, 용입 불량, 기공, 슬래그 섞임, 언더 컷 등의 결함을 검출할 때 가장 적절한 방법은?**

① 누설 검사

② 육안 검사

③ 초음파 검사

④ 방사선 투과 검사

해설 방사선 투과 검사는 비파괴 시험법 중 가장 신뢰성이 있어 널리 사용된다. 재료의 두께와 밀도 차이에 의한 방사선(X선, γ선 등)의 흡수량의 차이에 따라 방사선 투과 사진이나 형광 스크린(증감지) 위에 결함이나 내부 구조 등을 나타내어 관찰하는 방법이다. 주로 주조품 또는 용접부의 결함이나 불균일한 조직을 검출하는 데 사용한다.

97. **강관의 표시 방법 중 냉간가공 아크 용접 강관은?**

① -S-H ② -A-C

③ -E-C ④ -S-C

해설 ① -S-H : 열간가공 이음매 없는 강관
② -A-C : 냉간가공 아크 용접 강관
③ -E-C : 냉간가공 전기저항 용접 강관
④ -S-C : 냉간가공 이음매 없는 강관

98. **글로브 밸브(globe valve)에 관한 설명으로 틀린 것은?**

① 유체의 흐름에 따른 관내 마찰 저항 손실이 작다.

② 개폐가 쉽고 유량 조절용으로 적합하다.

③ 평면형, 원뿔형, 반구형, 반원형 디스크가 있다.

④ 50 mm 이하는 나사형, 65 mm 이상은 플랜지형 이음을 사용한다.

해설 글로브 밸브 내에서는 흐르는 방향이 바뀌는 것 외에 밸브가 전부 열려도 밸브 본체가 유체 중에 있기 때문에 유체의 에너지 손실이 크다.

99. **유류 배관 설비의 기밀 시험을 할 때 사용해서는 안 되는 가스는?**

① 질소가스 ② 수소

③ 탄산가스 ④ 아르곤

해설 기밀 시험에는 공기 또는 아르곤, 질소, 탄산 가스 등의 불활성 가스를 사용한다. 수소는 가연성 가스이므로 부적합하다.

100. **스테인리스 강관의 용접 시 열 영향 방지 대책으로 옳은 것은?**

① 용접봉은 가능한 한 직경이 작은 것을 사용하여 모재에 입열을 적게 하는 것이 좋다.

② 티타늄(Ti) 등의 안정화 원소를 첨가하여 니켈 탄화물의 형성을 방지한다.

③ 탄소(C)가 0.1 % 이상 함유된 오스테나이트 스테인리스강에는 일반적으로 304L, 316L 등의 용접봉이 사용된다.

④ 탄화물 석출의 억제를 위해 모재 및 용착금속의 탄화물 석출온도 범위를 가능한 장시간에 걸쳐 냉각시킨다.

정답 95. ③ 96. ④ 97. ② 98. ① 99. ② 100. ①

건설기계설비기사 2019년 8월 4일 (제3회)

제1과목 재료역학

1. 그림과 같이 두께가 20 mm, 외경이 200 mm인 원관을 고정벽으로부터 수평으로 4 m만큼 돌출시켜 물을 방출한다. 원관 내에 물이 가득 차서 방출될 때 자유단의 처짐은 약 몇 mm인가? (단, 원관 재료의 세로탄성계수는 200 GPa, 비중은 7.8이고 물의 밀도는 1000 kg/m³이다.)

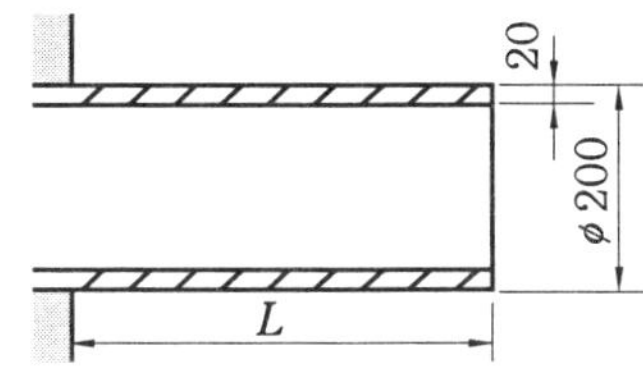

① 9.66 ② 7.66
③ 5.66 ④ 3.66

해설 (1) 원관 $w=\gamma A=\rho g\frac{\pi}{4}(d_2^2-d_1^2)$

$=\rho_w Sg\frac{\pi}{4}(d_2^2-d_1^2)$

$=1000\times 7.8\times 9.8\times\frac{\pi}{4}\times(0.2^2-0.16^2)$

$=864.08\text{ N/m}$

(2) 물 $w=\gamma A=\rho_w g\frac{\pi}{4}d^2$

$=1000\times 9.8\times\frac{\pi}{4}\times 0.16^2=196.94\text{ N/m}$

$\therefore\ \delta=\frac{wL^4}{8EI}$

$=\frac{(864.08+196.94)\times 4^4}{8\times 200\times 10^9\times\frac{\pi}{64}(0.2^4-0.16^4)}$

$=3.66\times 10^{-3}\text{ m}=3.66\text{ mm}$

2. 평면응력 상태에서 σ_x =1750 MPa, σ_y = 350 MPa, τ_{xy} = −600 MPa일 때 최대 전단응력($\tau_{\max}$)은 약 몇 MPa인가?

① 634 ② 740
③ 826 ④ 922

해설 $\tau_{\max}=\sqrt{\left(\frac{\sigma_x-\sigma_y}{2}\right)^2+\tau_{xy}^2}$

$=\sqrt{\left(\frac{1750-350}{2}\right)^2+(-600)^2}\fallingdotseq 922\text{ MPa}$

3. 그림과 같은 볼트에 축 하중 Q가 작용할 때, 볼트 머리부의 높이 H는? (단, d : 볼트 지름, 볼트 머리부에서 축 하중 방향으로의 전단응력은 볼트 축에 작용하는 인장응력의 1/2까지 허용한다.)

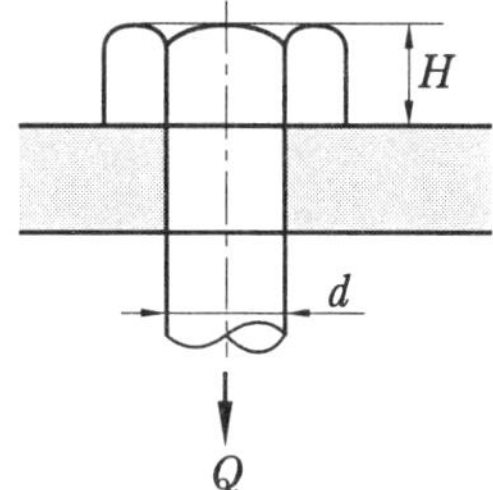

① $\frac{1}{4}d$ ② $\frac{3}{5}d$ ③ $\frac{3}{8}d$ ④ $\frac{1}{2}d$

해설 $\tau=\frac{1}{2}\sigma_t\left(\frac{Q}{A'}=\frac{1}{2}\frac{Q}{A}\right)$

$\frac{Q}{\pi dH}=\frac{1}{2}\frac{Q}{\frac{\pi d^2}{4}}=\frac{2Q}{\pi d^2}$

$\therefore\ H=\frac{d}{2}[\text{m}]$

4. 그림과 같이 한 끝이 고정된 지름 15 mm인 원형 단면 축에 두 개의 토크가 작용하고 있다. 고정단에서 축에 작용하는 전단응력은 약 몇 MPa인가?

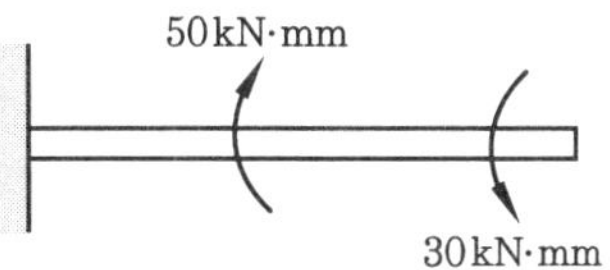

정답 1. ④ 2. ④ 3. ④ 4. ③

① 10 ② 20 ③ 30 ④ 40

해설 $\tau = \frac{T}{Z_p} = \frac{T}{\frac{\pi d^3}{16}} = \frac{16T}{\pi d^3}$

$= \frac{16 \times (50-30) \times 10^3}{\pi \times 15^3} \fallingdotseq 30\text{ MPa}$

5. 길이가 500 mm, 단면적 500 mm^{2}인 환봉이 인장하중을 받고 1.0 mm 신장되었다. 봉에 저장된 탄성에너지는 약 몇 N·m인가?(단, 봉의 세로탄성계수는 200 GPa이다.)

① 100 ② 300
③ 500 ④ 1000

해설 $U = \frac{P\delta}{2} = \left(\frac{AE\delta}{2L}\right)\delta = \frac{AE\delta^2}{2L}$

$= \frac{500 \times 10^{-6} \times 200 \times 10^9 \times 0.001^2}{2 \times 0.5}$

$= 100\text{ N} \cdot \text{m}$

※ $\delta = \frac{PL}{AE}$ [mm]

6. 단면의 폭과 높이가 $b \times h$이고 길이가 L인 연강 사각형 단면의 기둥이 양단에서 핀으로 지지되어 있을 때 좌굴응력은?(단, 재료의 세로탄성계수는 E이다.)

① $\frac{\pi^2 E h^2}{L^2}$ ② $\frac{\pi^2 E h^2}{3L^2}$
③ $\frac{\pi^2 E h^2}{6L^2}$ ④ $\frac{\pi^2 E h^2}{12L^2}$

해설 $\sigma_B = \frac{P_B}{A} = \frac{n\pi^2 \frac{EI_G}{L^2}}{bh} = n\pi^2 \frac{E\frac{bh^3}{12}}{bhL^2}$

$= \frac{\pi^2 E h^2}{12L^2}$ [MPa]

※ 양단 힌지단인 경우 단말계수$(n) = 1$

7. 그림과 같이 삼각형으로 분포하는 하중을 받고 있는 단순보에서 지점 A의 반력은 얼마인가?

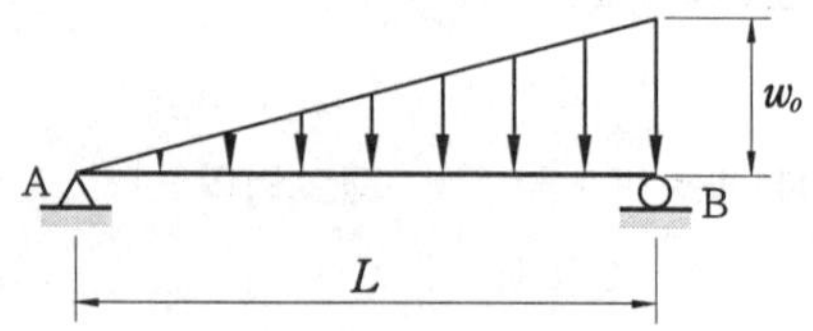

① $\frac{w_o L}{6}$ ② $\frac{w_o L}{3}$
③ $\frac{w_o L}{2}$ ④ $w_o L$

해설 $\Sigma M_B = 0$

$R_A \times L - \frac{w_o L}{2} \times \frac{L}{3} = 0$

$\therefore R_A = \frac{w_o L}{6}$ [N]

※ $\Sigma F_y = 0$

$R_A + R_B = \frac{w_o L}{2}$

$\therefore R_B = \frac{w_o L}{2} - R_A = \frac{w_o L}{3}$ [N]

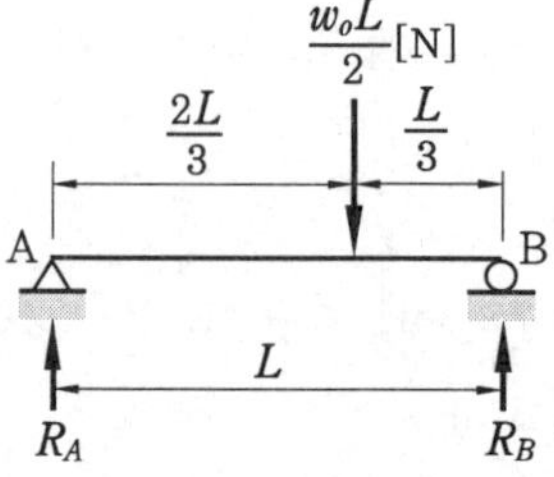

8. 그림과 같은 구조물의 부재 BC에 작용하는 힘은 얼마인가?

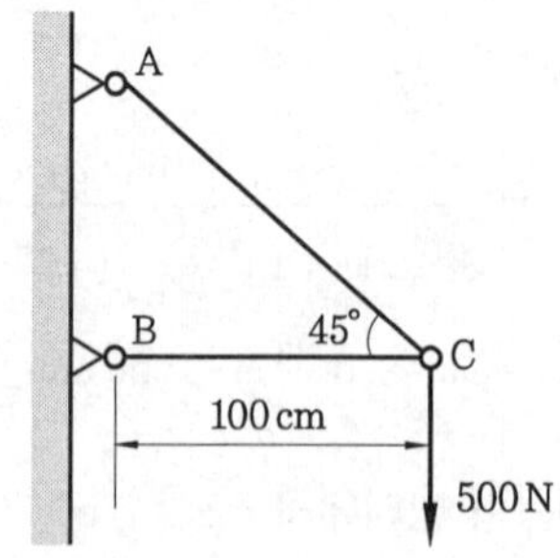

① 500 N 압축 ② 500 N 인장
③ 707 N 압축 ④ 707 N 인장

정답 5. ① 6. ④ 7. ① 8. ①

해설 $\frac{500}{\sin 45°} = \frac{F_{BC}(\text{압축})}{\sin 45°}$

$\therefore F_{BC} = 500$ N(압축)

9. 바깥지름 d, 안지름 $\frac{d}{3}$인 중공 원형 단면의 단면계수는 얼마인가?

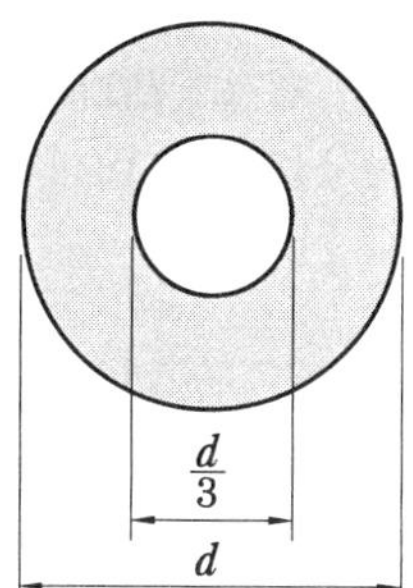

① $\frac{5\pi d^3}{9}$　② $\frac{5\pi d^3}{81}$

③ $\frac{5\pi d^3}{162}$　④ $\frac{5\pi d^3}{324}$

해설 단면계수$(Z) = \frac{\pi d^3}{32}(1-x^4)$

$= \frac{\pi d^3}{32}\left[1-\left(\frac{1}{3}\right)^4\right] = \frac{5\pi d^3}{162}$ [cm³]

10. 보의 중앙부에 집중하중을 받는 일단고정, 타단지지보에서 A점의 반력은?(단, 보의 굽힘강성 EI는 일정하다.)

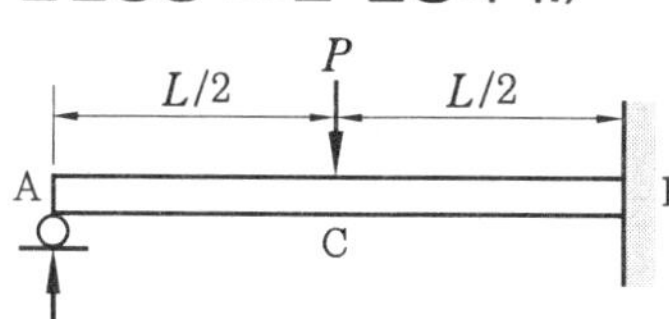

① $R_A = \frac{3}{16}P$　② $R_A = \frac{5}{16}P$

③ $R_A = \frac{7}{16}P$　④ $R_A = \frac{11}{16}P$

해설 일단고정, 타단지지보(부정정보)에서 고정단 반력이 항상 더 크다.

$R_A = \frac{5}{16}P,\ R_B = \frac{11}{16}P$

11. 직경 2 cm의 원형 단면축을 1800 rpm으로 회전시킬 때 최대 전달 마력은 약 몇 kW인가?(단, 재료의 허용전단응력은 20 MPa이다.)

① 3.59　② 4.62

③ 5.92　④ 7.13

해설 $T = 9.55 \times 10^6 \frac{kW}{N}$

$= \tau_a Z_p = 20 \times \frac{\pi \times 20^3}{16}$ [N · mm]

$kW = \frac{TN}{9.55 \times 10^6}$

$= \frac{20 \times \frac{\pi \times 20^3}{16} \times 1800}{9.55 \times 10^6} = 5.92$ kW

12. 길이가 L인 외팔보의 중앙에 그림과 같이 M_B가 작용할때, C점에서의 처짐량은?(단, 보의 굽힘 강성 EI는 일정하고, 자중은 무시한다.)

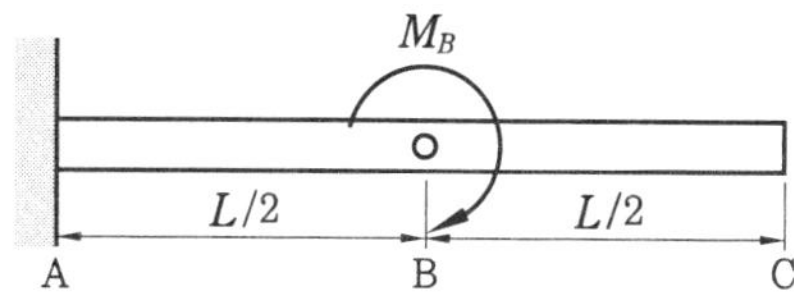

① $\frac{M_B L^2}{2EI}$　② $\frac{M_B L^2}{4EI}$

③ $\frac{M_B L^2}{8EI}$　④ $\frac{3M_B L^2}{8EI}$

해설 $\delta_c = \frac{A_M \bar{x}}{EI} = \frac{M_B L}{2EI}\left(\frac{3}{4}L\right)$

$= \frac{3M_B L^2}{8EI}$ [cm]

13. 지름이 50 mm이고 길이가 200 mm인 시편으로 비틀림 실험을 하여 얻은 결과, 토크 30.6 N · m에서 전 비틀림 각이 7°로 기록되었다. 이 재료의 전단 탄성계수는 약 몇 MPa인가?

정답 9. ③　10. ②　11. ③　12. ④　13. ①

① 81.6 ② 40.6

③ 66.6 ④ 97.6

해설 $\theta[°] = 57.3° \dfrac{TL}{GI_p}$

$= 57.3° \dfrac{TL}{G\dfrac{\pi d^4}{32}} \fallingdotseq 584 \dfrac{TL}{Gd^4}[°]$

$G = \dfrac{584\,TL}{d^4\theta} = \dfrac{584 \times 30.6 \times 10^3 \times 200}{50^4 \times 7}$

$= 81.6\ \text{MPa}$

14. 다음과 같은 길이 4.5 m의 보에 분포하중 3 kN/m가 작용된다. 이 보에 작용되는 굽힘 모멘트 절댓값의 최대치는 약 몇 kN · m인가?

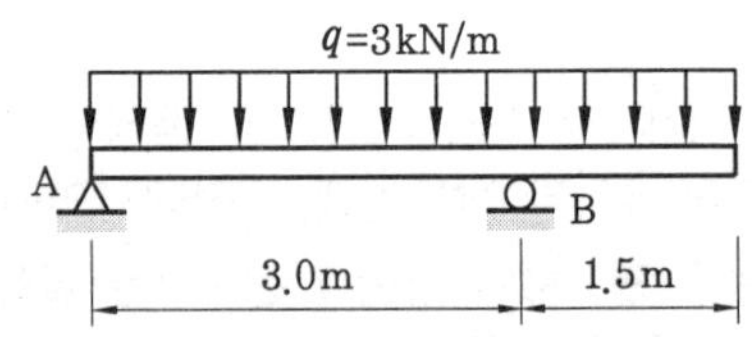

① 1.898 ② 3.375

③ 18.98 ④ 33.75

해설 $M_{\max}(= M_B) = (qL_1)\dfrac{L_1}{2} = \dfrac{qL_1^2}{2}$

$= \dfrac{3 \times 1.5^2}{2} = 3.375\ \text{kN} \cdot \text{m(kJ)}$

15. 그림과 같이 정사각형 단면을 갖는 외팔보에 작용하는 최대 굽힘응력은?

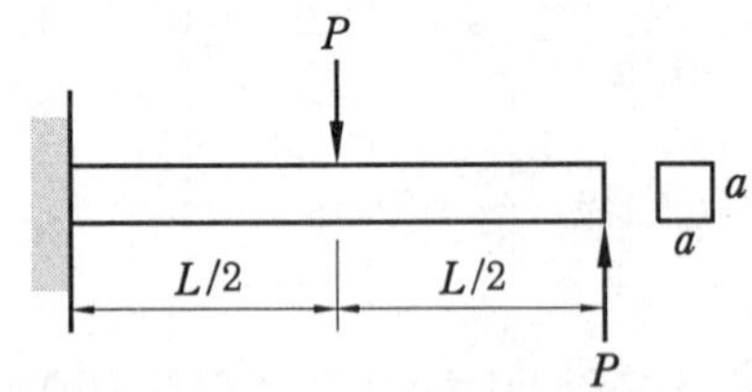

① $\dfrac{2PL}{a^3}$ ② $\dfrac{3PL}{a^3}$

③ $\dfrac{4PL}{a^3}$ ④ $\dfrac{5PL}{a^3}$

해설 $\sigma = \dfrac{M_{\max}}{Z} = \dfrac{M_{\max}}{\dfrac{a^3}{6}} = \dfrac{6M_{\max}}{a^3}$

$= \dfrac{6\left(PL - \dfrac{PL}{2}\right)}{a^3} = \dfrac{3PL}{a^3}[\text{MPa}]$

16. 다음과 같은 균일 단면보가 순수 굽힘 작용을 받을 때 이 보에 저장된 탄성 변형에너지는?(단, 굽힘 강성 EI는 일정하다.)

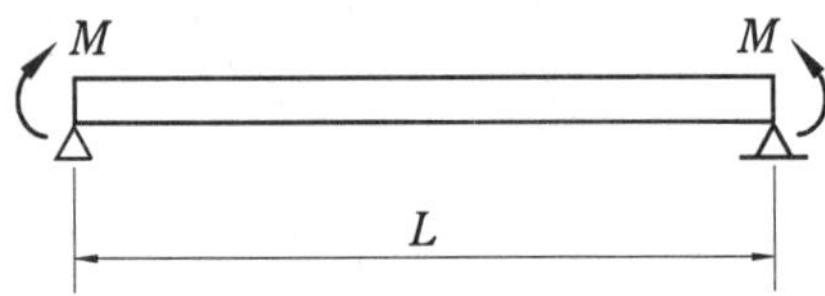

① $\dfrac{M^2L}{2EI}$ ② $\dfrac{M^2L}{3EI}$

③ $\dfrac{3M^2L}{4EI}$ ④ $\dfrac{4M^2L}{3EI}$

해설 $U = \dfrac{M\theta}{Z} = \dfrac{M^2L}{2EI}[\text{kJ}]$

$\dfrac{1}{\rho} = \dfrac{M}{EI} = \dfrac{\theta}{L}\left(\theta = \dfrac{ML}{EI}\right)$

17. 그림과 같이 노치가 있는 원형 단면봉이 인장력 P=9.5 kN을 받고 있다. 노치의 응력 집중계수가 α=2.5라면, 노치부에서 발생하는 최대응력은 약 몇 MPa인가?(단, 그림의 단위는 mm이다.)

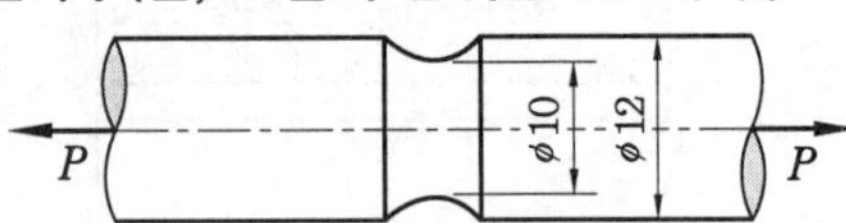

① 3024 ② 302

③ 221 ④ 51

해설 $\alpha = \dfrac{\sigma_{\max}}{\sigma_{av}}$ 이므로

$\sigma_{\max} = \alpha\sigma_{av} = \alpha\dfrac{P}{A} = 2.5 \times \dfrac{9.5 \times 10^3}{\dfrac{\pi}{4} \times 10^2}$

$\fallingdotseq 302\ \text{MPa}$

정답 14. ② 15. ② 16. ① 17. ②

18. 길이 L인 막대의 일단에 축방향 하중 P가 작용하여 인장 응력이 발생하고 있는 재료의 세로탄성계수는? (단, A는 막대의 단면적, δ는 신장량이다.)

① $\frac{P\delta}{AL}$ ② $\frac{PL}{A\delta}$

③ $\frac{PL\delta}{A}$ ④ $\frac{A\delta}{PL}$

해설 $\sigma = E\varepsilon\left(\frac{P}{A} = E\frac{\delta}{L}\right)$에서

$E = \frac{PL}{A\delta}$ [GPa]

19. 그림과 같은 하중을 받는 단면봉의 최대 인장응력은 약 몇 MPa인가? (단, 한 변의 길이가 10 cm인 정사각형이다.)

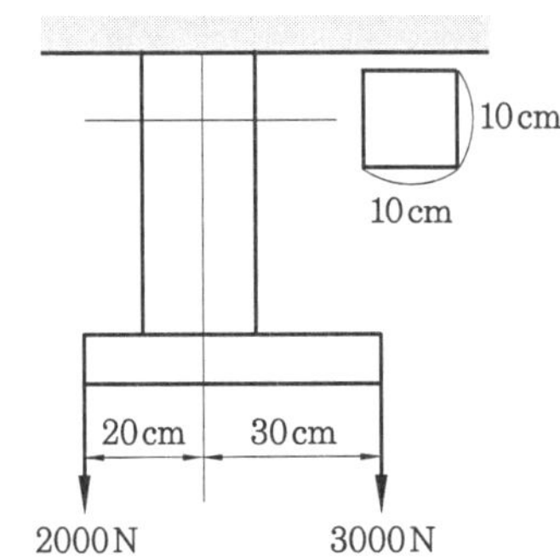

① 2.3 ② 3.1

③ 3.5 ④ 4.1

해설 $\sigma_{\max} = \frac{P}{A} + \frac{M}{Z}$

$= \frac{5000}{100^2} + \frac{6\times(9-4)\times10^5}{100^3}$

$= 3.5$ MPa(N/mm^2)

20. 선형 탄성 재질의 정사각형 단면봉에 500 kN의 압축력이 작용할 때 80 MPa의 압축응력이 생기도록 하려면 한 변의 길이를 약 몇 cm로 해야 하는가?

① 3.9 ② 5.9

③ 7.9 ④ 9.9

해설 $\sigma_c = \frac{P_c}{A} = \frac{P_c}{a^2}$ [MPa]에서

$a = \sqrt{\frac{P_c}{\sigma_c}} = \sqrt{\frac{500\times10^3}{80}}$

$\fallingdotseq 79.06$ mm $\fallingdotseq 7.9$ cm

제 2 과목 기계열역학

21. 체적이 1 m^{3}인 용기에 물이 5 kg 들어 있으며 그 압력을 측정해보니 500 kPa이었다. 이 용기에 있는 물 중에 증기량(kg)은 얼마인가? (단, 500 kPa에서 포화액체와 포화증기의 비체적은 각각 0.001093 m^3/kg, 0.37489 m^3/kg이다.)

① 0.005 ② 0.94

③ 1.87 ④ 2.66

해설 $v_x = v' + x(v'' - v')$

$x = \frac{v_x - v'}{v'' - v'} = \frac{\frac{1}{5} - 0.001093}{0.37489 - 0.001093} = 0.532$

$\therefore\ mx = 5\times0.532 = 2.66$ kg

22. 5 kg의 산소가 정압하에서 체적이 0.2 m^{3}에서 0.6 m^{3}로 증가했다. 이때의 엔트로피의 변화량(kJ/K)은 얼마인가? (단, 산소는 이상기체이며, 정압비열은 0.92 kJ/kg · K이다.)

① 1.857 ② 2.746

③ 5.054 ④ 6.507

해설 $\Delta S = mC_p\ln\frac{V_2}{V_1} = 5\times0.92\times\ln\frac{0.6}{0.2}$

$= 5.054$ kJ/K

23. 증기가 디퓨저를 통하여 0.1 MPa, 150 ℃, 200 m/s의 속도로 유입되어 출구에서 50 m/s의 속도로 빠져나간다. 이때 외부로 방열된 열량이 500 J/kg일 때 출구 엔

정답 18. ② 19. ③ 20. ③ 21. ④ 22. ③ 23. ③

탈피(kJ/kg)는 얼마인가? (단, 입구의 0.1 MPa, 150℃ 상태에서 엔탈피는 2776.4 kJ/kg이다.)

① 2751.3 ② 2778.2
③ 2794.7 ④ 2812.4

해설 $q=(h_2-h_1)+\frac{1}{2}(V_2^2-V_1^2)$ [kJ/kg]

$h_2=h_1+q-\frac{1}{2}(V_2^2-V_1^2)$

$=2776.4-0.5-\frac{1}{2}(50^2-200^2)\times10^{-3}$

$=2794.6$ kJ/kg

24. 그림과 같이 다수의 추를 올려놓은 피스톤이 끼워져 있는 실린더에 들어 있는 가스를 계로 생각한다. 초기 압력이 300 kPa이고, 초기 체적은 0.05 m³이다. 피스톤을 고정하여 체적을 일정하게 유지하면서 압력이 200 kPa로 떨어질 때까지 계에서 열을 제거한다. 이때 계가 외부에 한 일(kJ)은 얼마인가?

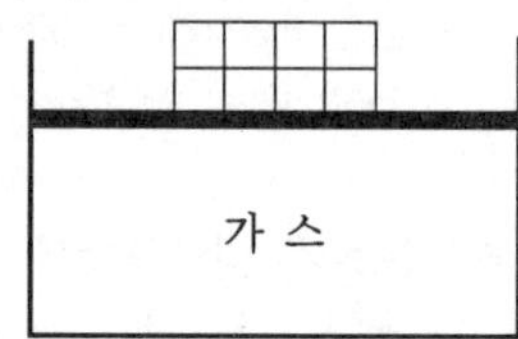

① 0 ② 5
③ 10 ④ 15

해설 ${}_1W_2=\int_1^2 PdV$[kJ]에서

$V=C(dV=0)$이므로

$\therefore {}_1W_2=0$

25. 표준대기압 상태에서 물 1 kg이 100℃로부터 전부 증기로 변하는 데 필요한 열량이 0.652 kJ이다. 이 증발과정에서의 엔트로피 증가량(J/K)은 얼마인가?

① 1.75 ② 2.75
③ 3.75 ④ 4.00

해설 $\Delta S=\frac{Q}{T_s}=\frac{0.652\times10^3}{373}\fallingdotseq1.75$ J/K

26. 체적이 0.5 m³인 탱크에 분자량이 24 kg/kmol인 이상기체 10 kg이 들어 있다. 이 기체의 온도가 25℃일 때 압력(kPa)은 얼마인가? (단, 일반기체상수는 8.3143 kJ/kmol · K이다.)

① 126 ② 845
③ 2066 ④ 49578

해설 $PV=mRT$에서

$P=\frac{m\left(\frac{8.314}{M}\right)T}{V}$

$=\frac{10\times\frac{8.314}{24}\times(25+273)}{0.5}=2066$ kPa

27. 질량 4 kg의 액체를 15℃에서 100℃까지 가열하기 위해 714 kJ의 열을 공급하였다면 액체의 비열(kJ/kg · K)은 얼마인가?

① 1.1 ② 2.1
③ 3.1 ④ 4.1

해설 $Q=mC(t_2-t_1)$ [kJ]에서

$C=\frac{Q}{m(t_2-t_1)}=\frac{714}{4\times(100-15)}$

$=2.1$ kJ/kg · K

28. 배기량(displacement volume)이 1200 cc, 극간체적(clearance volume)이 200 cc인 가솔린 기관의 압축비는 얼마인가?

① 5 ② 6 ③ 7 ④ 8

해설 압축비$(\varepsilon)=\frac{V}{V_c}=\frac{V_c+V_s}{V_c}$

$=1+\frac{V_s}{V_c}=1+\frac{1200}{200}=7$

정답 24. ① 25. ① 26. ③ 27. ② 28. ③

29. 열역학적 상태량은 일반적으로 강도성 상태량과 용량성 상태량으로 분류할 수 있다. 강도성 상태량에 속하지 않는 것은?

① 압력 ② 온도
③ 밀도 ④ 체적

해설 종량성 상태량은 물질의 양에 비례하고 강도성 상태량은 물질의 양과 무관하다. 체적(V) = 질량(m) × 비체적(v)이므로 체적은 종량성 상태량이다.

30. 두께 10 mm, 열전도율 15 W/m · ℃인 금속판 두 면의 온도가 각각 70℃와 50℃일 때 전열면 1 m^2당 1분 동안에 전달되는 열량(kJ)은 얼마인가?

① 1800 ② 14000
③ 92000 ④ 162000

해설 $Q_c = \lambda F \dfrac{\Delta T}{L}$

$= 15 \times 10^{-3} \times 1 \times \dfrac{(70-50)}{0.01}$

$= 30$ kW(kJ/s)이므로 1분 동안에 전달되는 열량은 $30 \times 60 = 1800$ kJ

31. 공기 3 kg이 300 K에서 650 K까지 온도가 올라갈 때 엔트로피 변화량(J/K)은 얼마인가?(단, 이때 압력은 100 kPa에서 550 kPa로 상승하고, 공기의 정압비열은 1.005 kJ/kg · K, 기체상수는 0.287 kJ/kg · K이다.)

① 712 ② 863
③ 924 ④ 966

해설 $\Delta S = S_2 - S_1 = m C_p \ln\dfrac{T_2}{T_1} - mR\ln\dfrac{P_2}{P_1}$

$= m C_p \ln\dfrac{T_2}{T_1} + mR\ln\dfrac{P_1}{P_2}$

$= 3 \times 1.005 \times \ln\dfrac{650}{300} + 3 \times 0.287 \times \ln\dfrac{100}{550}$

$= 0.863$ kJ/K $= 863$ J/K

32. 압축비가 18인 오토 사이클의 효율(%)은?(단, 기체의 비열비는 1.41이다.)

① 65.7 ② 69.4
③ 71.3 ④ 74.6

해설 $\eta_{tho} = 1 - \left(\dfrac{1}{\varepsilon}\right)^{k-1} = 1 - \left(\dfrac{1}{18}\right)^{1.41-1}$

$= 0.694(69.4\%)$

33. 공기 표준 브레이튼(Brayton) 사이클 기관에서 최고 압력이 500 kPa, 최저 압력은 100 kPa이다. 비열비(k)가 1.4일 때, 이 사이클의 열효율(%)은?

① 3.9 ② 18.9
③ 36.9 ④ 26.9

해설 $\eta_{thB} = 1 - \left(\dfrac{1}{\gamma}\right)^{\frac{k-1}{k}} = 1 - \left(\dfrac{1}{5}\right)^{\frac{1.4-1}{1.4}}$

$\fallingdotseq 0.369(36.9\%)$

※ 압력비$(\gamma) = \dfrac{P_2}{P_1} = \dfrac{500}{100} = 5$

34. 800 kPa, 350℃의 수증기를 200 kPa로 교축한다. 이 과정에 대하여 운동 에너지의 변화를 무시할 수 있다고 할 때 이 수증기의 Joule-Thomson 계수(K/kPa)는 얼마인가?(단, 교축 후의 온도는 344℃이다.)

① 0.005 ② 0.01
③ 0.02 ④ 0.03

해설 줄-톰슨 계수(μ_T)

$= \left(\dfrac{\partial T}{\partial P}\right)_{h=C} = \dfrac{350-344}{800-200} = 0.01$ K/kPa

35. 최고 온도(T_H)와 최저 온도(T_L)가 모두 동일한 이상적인 가역 사이클 중 효율이 다른 하나는?(단, 사이클 작동에 사용되는 가스(기체)는 모두 동일하다.)

① 카르노 사이클

정답 29. ④ 30. ① 31. ② 32. ② 33. ③ 34. ② 35. ②

② 브레이튼 사이클
③ 스털링 사이클
④ 에릭슨 사이클

해설 ① 카르노 사이클 : 등온과정 2개, 단열과정 2개
② 브레이튼 사이클 : 등압과정 2개, 단열과정 2개
③ 스털링 사이클 : 등적과정 2개, 등온과정 2개
④ 에릭슨 사이클 : 등온과정 2개, 등압과정 2개

36. **이상적인 카르노 사이클 열기관에서 사이클당 585.5 J의 일을 얻기 위하여 필요로 하는 열량이 1 kJ이다. 저열원의 온도가 15℃라면 고열원의 온도(℃)는 얼마인가?**

① 422 ② 595
③ 695 ④ 722

해설 $\eta_c = \dfrac{W_{net}}{Q_1} = \dfrac{585.5}{1000} ≒ 0.586$

$\eta_c = \dfrac{W_{net}}{Q_1} = 1 - \dfrac{T_2}{T_1}$ 에서

$T_1 = \dfrac{T_2}{1-\eta_c} = \dfrac{15+273}{1-0.586}$

$= 695.65\text{ K} - 273\text{ K} = 422.65℃$

37. **다음 냉동 사이클에서 열역학 제1법칙과 제2법칙을 모두 만족하는 Q_1, Q_2, W는 얼마인가?**

T_1=320K | T_2=370K
Q_1 Q_2
사이클 ← W
Q_3=30kJ
T_3=240K

① $Q_1 = 20\text{ kJ}$, $Q_2 = 20\text{ kJ}$, $W = 20\text{ kJ}$
② $Q_1 = 20\text{ kJ}$, $Q_2 = 30\text{ kJ}$, $W = 20\text{ kJ}$
③ $Q_1 = 20\text{ kJ}$, $Q_2 = 20\text{ kJ}$, $W = 10\text{ kJ}$
④ $Q_1 = 20\text{ kJ}$, $Q_2 = 15\text{ kJ}$, $W = 5\text{ kJ}$

해설 (1) 열역학 제1법칙 : 에너지 보존의 법칙
응축부하$(Q_1 + Q_2)$
$=$ 냉동능력(Q_3) + 압축일(W_c)
$W_c = (Q_1 + Q_2) - Q_3$
(2) 열역학 제2법칙 : 엔트로피 증가 법칙
$\dfrac{Q_3}{T_3} < \dfrac{Q_1}{T_1} + \dfrac{Q_2}{T_2}\left(\dfrac{30}{240} < \dfrac{20}{320} + \dfrac{30}{370}\right)$

38. **냉동능력이 70 kW인 냉동기의 방열기 온도가 20℃, 흡열기 온도가 −10℃이다. 이 냉동기를 운전하는 데 필요한 압축기의 이론 동력(kW)은 얼마인가?**

① 6.02 ② 6.98
③ 7.98 ④ 8.99

해설 $\varepsilon_R = \dfrac{T_2}{T_1 - T_2} = \dfrac{263}{293-263} ≒ 8.77$

$\therefore\ W_c = \dfrac{Q_e}{\varepsilon_R} = \dfrac{70}{8.77} ≒ 7.98\text{ kW}$

39. **냉동기 팽창밸브 장치에서 교축과정을 일반적으로 어떤 과정이라고 하는가? (단, 이때 일반적으로 운동에너지 차이를 무시한다.)**

① 정압과정
② 등엔탈피 과정
③ 등엔트로피 과정
④ 등온과정

해설 냉동기 팽창밸브 장치에서 교축과정은 압력 강하$(P_1 > P_2)$, 온도 강하$(T_1 > T_2)$, 엔탈피 일정$(h_1 = h_2)$ 과정이며 비가역 과정으로 엔트로피는 증가한다$(\Delta S > 0)$.

40. **국소대기압력이 0.099 MPa일 때 용기 내 기체의 게이지 압력이 1 MPa이었다. 기체의 절대압력(MPa)은 얼마인가?**

① 0.901 ② 1.099

정답 36. ① 37. ② 38. ③ 39. ② 40. ②

③ 1.135 ④ 1.275

해설 $P_a = P_o + P_g = 0.099 + 1 = 1.099\text{ MPa}$

제 3 과목 기계유체역학

41. 다음 중 유체의 중량(weight)당 가지는 에너지(energy)와 같은 차원을 갖는 것을 모두 고른 것은? (단, P는 압력, ρ는 밀도, v는 속도, z는 높이를 나타낸다.)

> ㉠ $\dfrac{P}{\rho}$ ㉡ $\dfrac{\rho v^2}{2}$ ㉢ z

① ㉠ ② ㉢
③ ㉠, ㉡ ④ ㉡, ㉢

해설 중량당 가지는 에너지의 단위는

$\dfrac{\text{N}\cdot\text{m}}{\text{N}} = \text{m}$이고 차원은 L이다.

㉠ $\dfrac{P}{\rho}$의 단위는 $\dfrac{\text{N}}{\text{m}^2} \times \dfrac{\text{m}^3}{\text{kg}} = \dfrac{\text{N}\cdot\text{m}}{\text{kg}}$

$= \dfrac{\text{kg}\cdot\text{m}^2/\text{s}^2}{\text{kg}} = \text{m}^2/\text{s}^2$이고 차원은

L^2T^{-2}이다.

㉡ $\dfrac{\rho v^2}{2}$의 단위는 $\dfrac{\text{kg}}{\text{m}^3} \times \dfrac{\text{m}^2}{\text{s}^2} = \text{kg/m}\cdot\text{s}^2$

이고 차원은 $ML^{-1}T^{-2}$이다.

㉢ z의 단위는 m이고 차원은 L이다.

42. 깊이가 10 cm이고 지름이 6 cm인 물컵에 물이 바닥으로부터 일정 높이만큼 담겨있다. 이 컵을 회전반 위의 중심축에 올려놓고 서서히 각속도를 올리면서 회전한 결과 40 rad/s의 각속도가 되었을 때 물이 막 넘치게 된다면 초기에 물은 바닥으로부터 몇 cm 높이까지 담겨 있었는가?

① 6.33 ② 5.46
③ 4.75 ④ 7.84

해설 $h = \dfrac{r^2\omega^2}{2g} = \dfrac{0.03^2 \times 40^2}{2 \times 9.8}$

$= 0.0735\text{ m} = 7.35\text{ cm}$

용기 내 물의 높이 $= (10 - 7.35) + \dfrac{7.35}{2}$

$\fallingdotseq 6.33\text{ cm}$

43. $(x,\ y)$ 평면에서 다음과 같은 속도 퍼텐셜 함수가 2차원 퍼텐셜 유동이 되려면 상수 A, B, C, D, E가 만족시켜야 하는 조건은?

> $\Phi = Ax + By + Cx^2 + Dxy + Ey^2$

① $A = B = 0$
② $D = 0$
③ $C + E = 0$
④ $2C + D + E =$ 상수(constant)

해설 $u = \dfrac{\partial \phi}{\partial x} = A + 2Cx + Dy = \dfrac{\partial \phi}{\partial y}$

$v = \dfrac{\partial \phi}{\partial y} = B + Dx + 2Ey = -\dfrac{\partial \phi}{\partial x}$

$\phi = Ay - Bx + (2C - 2E)xy + \dfrac{D}{2}y^2 - \dfrac{D}{2}x^2$

$C = -E\,(C + E = 0)$

44. 점성계수가 0.01 kg/m·s인 유체가 지면과 수평으로 놓인 평판 위를 흐른다. 평판 위의 속도분포가 $u = 2.5 - 10(0.5 - y)^2$일 때 평판면에서의 전단응력은 약 몇 Pa인가? (단, y[m]는 평판면에서 수직방향으로의 거리이고, u[m/s]는 평판과 평행한 방향의 속도이다.)

① 0.1 ② 0.5 ③ 1 ④ 5

해설 $\tau = \mu \left|\dfrac{du}{dy}\right|_{y=0} = 0.01 \times 10$

$= 0.1\text{ Pa(N/m}^2)$

45. 지름이 0.5 m인 원형 교통표지판이 그림과 같이 1.5 m 지지대에 부착되어 있다. 평균속력 20 m/s의 강풍이 불 때, 교통표지판에 의해 발생하는 최대 모멘트는 약

정답 41. ② 42. ① 43. ③ 44. ① 45. ③

몇 N · m인가?(단, 원판의 항력계수는 1.17이고 공기의 밀도는 1.2 kg/m³이다. 지지대에 의한 항력은 무시한다.)

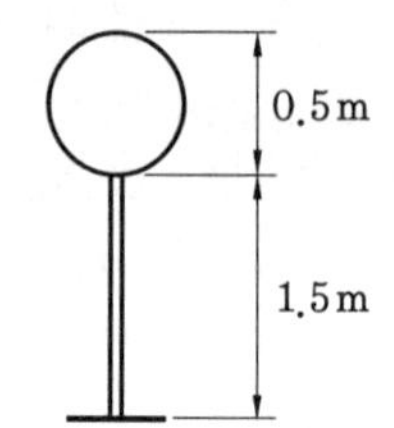

① 55 ② 83 ③ 96 ④ 128

해설 $D = C_D \dfrac{\rho A V^2}{2}$ [N]

$$M = DH = 1.17 \times \frac{1.2 \times \dfrac{\pi \times 0.5^2}{4} \times 20^2}{2} \times (1.5 + 0.25) \fallingdotseq 96.5\ \mathrm{N \cdot m}$$

46. 어떤 2차원 유동장 내에서 속도 벡터는 다음과 같을 때 점 (1, 1)을 지나는 유선의 방정식은?

$$\vec{V} = -x\vec{i} + y\vec{j}$$

① $y = x$ ② $y = \dfrac{1}{x}$

③ $y = x^2$ ④ $y = \dfrac{1}{x^2}$

47. 공기의 유속을 측정하기 위하여 피토관을 사용했다. 피토관 내에 물을 담은 U자관 수주의 높이 차가 2.5 cm라면 공기의 유속은 약 몇 m/s인가?(단, 공기의 밀도는 1.25 kg/m³이다.)

① 9.8 ② 19.8

③ 29.6 ④ 39.6

해설 $V = \sqrt{2gh\left(\dfrac{\rho_w}{\rho_a} - 1\right)}$

$= \sqrt{2 \times 9.8 \times 0.025 \times \left(\dfrac{1000}{1.25} - 1\right)}$

$\fallingdotseq 19.8$ m/s

48. 모세관을 이용한 점도계에서 원형관 내의 유동은 비압축성 뉴턴 유체의 층류유동으로 가정할 수 있다. 여기에 두 모세관이 있는데 큰 모세관 지름은 작은 모세관 지름의 2배이고 길이는 동일하다. 두 모세관의 입구 측과 출구 측의 압력차가 동일할 때 큰 모세관에서의 유량은 작은 모세관 유량의 약 몇 배인가?(단, 두 모세관에서 흐르는 유체는 동일하다.)

① 2배 ② 4배

③ 8배 ④ 16배

해설 유량$(Q) = \dfrac{\Delta P \pi d^4}{128 \mu L}$ [m³/s]에서

$$\frac{Q_2}{Q_1} = \left(\frac{d_2}{d_1}\right)^4 = \left(\frac{2d_1}{d_1}\right)^4 = 16$$

49. 폭 a, 높이 b인 직사각형 수문이 수직으로 물속에 서 있다. 수문의 도심이 수면에서 h의 깊이에 있을 때 힘의 작용점의 위치는 수면 아래 어디에 위치하겠는가?

① $h + \dfrac{b^2}{6h}$ ② $h + \dfrac{b^2}{3h}$

③ $h + \dfrac{b^2}{24h}$ ④ $h + \dfrac{b^2}{12h}$

해설 $y_p = \bar{y} + \dfrac{I_G}{A\bar{y}} = h + \dfrac{\dfrac{ab^3}{12}}{(ab)h}$

$= h + \dfrac{b^2}{12h}$ [m]

50. 물리량과 차원이 바르게 연결된 것은?(단, M : 질량, L : 길이, T : 시간)

① 동력 : ML^2T^{-3}

② 점성계수 : $ML^{-2}T$

③ 에너지 : ML^2T^{-1}

④ 압력 : $ML^{-2}T^{-1}$

해설 ① 동력의 단위는 $\mathrm{N \cdot m/s = kg \cdot m^2/s^3}$

정답 46. ② 47. ② 48. ④ 49. ④ 50. ①

이므로 차원은 ML^2T^{-3}이다.

② 점성계수의 단위는 Pa · s = kg/m · s 이므로 차원은 $ML^{-1}T^{-1}$이다.

③ 에너지의 단위는 N · m = kg · m^2/s^2이므로 차원은 ML^2T^{-2}이다.

④ 압력의 단위는 N/m^2 = kg/m · s^2이므로 차원은 $ML^{-1}T^{-2}$이다.

51. 밀도가 800 kg/m³인 원통형 물체가 그림과 같이 $\frac{1}{3}$이 수면 위에 떠 있는 것으로 관측되었다. 이 액체의 비중은 약 얼마인가?

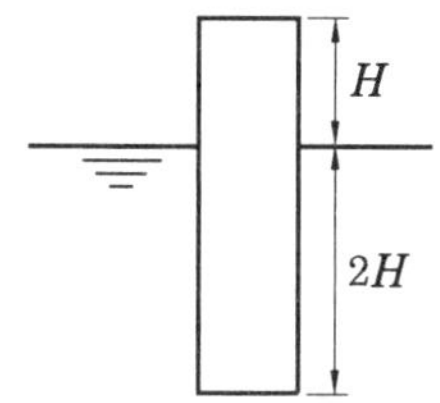

① 0.2　　② 0.67

③ 1.2　　④ 1.5

해설 부력(F_B) = 물체의 무게(W)

$\gamma(A \cdot 2H) = \rho g(A \cdot 3H)$

$\gamma = \frac{3}{2}\rho g = \frac{3}{2} \times 800 \times 9.8 = 11760\ \text{N/m}^3$

$\therefore\ S = \frac{\gamma}{\gamma_w} = \frac{11760}{9800} = 1.2$

52. 안지름이 100 mm인 파이프에 비중 0.8인 기름이 평균속도 4 m/s로 흐를 때 질량유량은 몇 kg/s인가?

① 2.56　　② 4.25

③ 25.1　　④ 44.8

해설 $m = \rho A V$

$= (0.8 \times 1000) \times \frac{\pi \times 0.1^2}{4} \times 4 = 25.1\ \text{kg/s}$

53. 어떤 잠수정이 시속 12 km의 속도로 잠항하는 상태를 관찰하기 위하여 실물의 $\frac{1}{10}$ 길이의 모형을 만들어 같은 바닷물을 넣은 탱크 안에서 실험하려고 한다. 모형의 속도는 몇 km/h로 움직여야 상사법칙이 성립하는가?

① 1.2　　② 20

③ 100　　④ 120

해설 $(Re)_p = (Re)_m$

$\left(\frac{VL}{\nu}\right)_p = \left(\frac{VL}{\nu}\right)_m$

$\nu_p \simeq \nu_m$

$\therefore\ V_m = V_p \times \frac{L_p}{L_m} = 12 \times 10 = 120\ \text{km/h}$

54. 그림과 같은 U자관 액주계에서 두 지점의 압력차 $P_x - P_y$는? (단, γ_1, γ_2, γ_3는 액체의 비중량이다.)

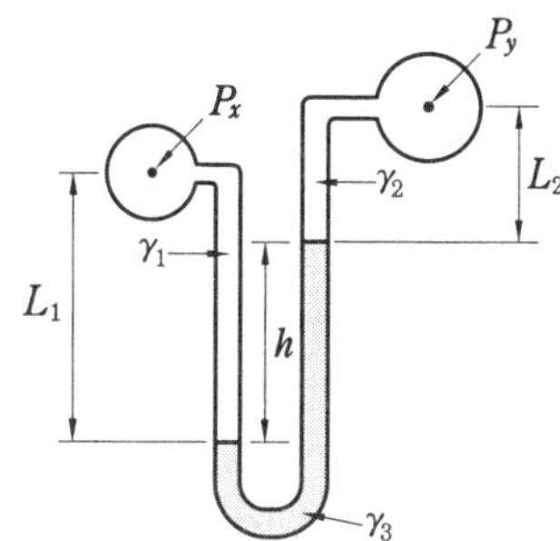

① $P_x - P_y = \gamma_2 L_2 + \gamma_3 h - \gamma_1 L_1$

② $P_x - P_y = \gamma_2 L_2 - \gamma_3 h + \gamma_1 L_1$

③ $P_x - P_y = \gamma_1 L_1 - \gamma_2 L_2 + \gamma_3 h$

④ $P_x - P_y = \gamma_1 L_1 + \gamma_2 L_2 + \gamma_3 h$

해설 $P_x + \gamma_1 L_1 = P_y + \gamma_2 L_2 + \gamma_3 h$

$\therefore\ P_x - P_y = \gamma_2 L_2 + \gamma_3 h - \gamma_1 L_1$

55. 노즐에서 분사된 물이 고정된 평판에 수직으로 충돌하고 있다. 물제트의 지름은 20 mm이고 유속이 30 m/s일 때 평판이 물제트로부터 받는 힘은 약 몇 N인가?

① 283　　② 372

정답 51. ③　52. ③　53. ④　54. ①　55. ①

③ 435 ④ 527

해설 $F = \rho QV = \rho AV^2$

$$= 1000 \times \frac{\pi \times 0.02^2}{4} \times 30^2 ≒ 283\text{ N}$$

56. 평판 위를 지나는 경계층 유동에서 레이놀즈수는? (단, ν는 동점성계수, u_∞는 자유 흐름 속도, μ는 점성계수, x는 평판 선단으로부터의 거리, ρ는 밀도이다.)

① $\frac{\rho u_\infty x}{\nu}$ ② $\frac{u_\infty x}{\mu}$

③ $\frac{\rho u_\infty}{\nu}$ ④ $\frac{u_\infty x}{\nu}$

해설 $Re_x = \frac{\rho u_\infty x}{\mu} = \frac{u_\infty x}{\nu}$

57. 다음 중 관성력과 중력의 상대적 크기에 의해 정해지는 무차원수는?

① Froude수 ② Euler수

③ Weber수 ④ Mach수

해설 프루드수(Fr)

$$= \frac{\text{관성력}}{\text{중력}} = \frac{V^2}{Lg} = \frac{V}{\sqrt{Lg}}$$

58. 20℃의 물이 지면에 대해 30° 경사진 파이프의 A 지점에서 파이프 방향으로 30 m 떨어진 B 지점으로 흘러내린다. 파이프 안지름은 200 mm이며 A와 B 지점에서 압력이 같도록 유량을 조절할 때 A와 B 사이에서 발생하는 손실수두(m)는 약 얼마인가?

① 0 ② 15 ③ 25.9 ④ 30

해설 $\frac{P_A}{\gamma} + \frac{V_A^2}{2g} + Z_A = \frac{P_B}{\gamma} + \frac{V_B^2}{2g} + Z_B + h_L$

$h_L = Z_A - Z_B = 30 \times \sin 30° = 15\text{ m}$

59. 파이프 유동의 해석에 있어서 완전난류 영역에서의 관마찰계수 f에 대한 설명으로 가장 옳은 것은?

① 레이놀즈수만의 함수가 된다.

② 상대조도와 오일러수의 함수가 된다.

③ 마하수와 코시수의 함수가 된다.

④ 상대조도만의 함수가 된다.

해설 파이프 유동에서 완전난류인 경우 관마찰계수는 상대조도$\left(\frac{\text{절대조도}}{\text{관의 안지름}}\right)$만의 함수이다. $f = F\left(\frac{\varepsilon}{d}\right)$

60. 물이 30 m/s의 속도로 수직 방향 위로 분출되고 있다. 이때 물의 최고 도달 높이는 약 몇 m인가?

① 11.5 ② 22.9

③ 45.9 ④ 91.7

해설 $h = \frac{V^2}{2g} = \frac{30^2}{2 \times 9.8} ≒ 45.92\text{ m}$

제 4 과목 유체기계 및 유압기기

61. 원심 펌프의 특성 곡선(characteristic curve)에 대한 설명 중 틀린 것은?

① 유량이 최대일 때의 양정을 체절 양정(shut off head)이라 한다.

② 유량에 대하여 전양정, 효율, 축동력에 대한 관계를 알 수 있다.

③ 효율이 최대일 때를 설계점으로 설정하여 이때의 양정을 규정 양정(normal head)이라 한다.

④ 유량과 양정의 관계 곡선에서 서징(surging) 현상을 고려할 때 왼편 하강 특성 곡선 구간에서 운전하는 것은 피하는 것이 좋다.

해설 유량(Q)=0일 때의 양정을 체절 양정(H_0)이라 한다.

정답 56. ④ 57. ① 58. ② 59. ④ 60. ③ 61. ①

62. **다음 중 사류 수차에 대한 설명으로 틀린 것은?**

① 프란시스 수차와 프로펠러 수차 사이의 비속도와 유효낙차를 가진다.
② 비교적 유량이 많은 댐식에 주로 사용된다.
③ 프란시스 수차와는 다르게 흡출관이 없다.
④ 러너 베인의 기울어진 각도는 고낙차용은 축방향과 45° 정도이고, 저낙차용은 60° 정도이다.

해설 사류 수차는 임펠러에 대한 물의 움직임이 프란시스 수차와 프로펠러 수차의 중간 형식인 수차로 흡출관이 설치되어 있다.

63. **다음 수력기계에서 특수형 펌프에 속하지 않는 것은?**

① 진공 펌프 ② 재생 펌프
③ 분사 펌프 ④ 수격 펌프

해설 수력기계의 특수형 펌프에는 마찰(재생, 와류, 웨스코) 펌프, 분사(제트) 펌프, 기포 펌프, 수격 펌프 등이 있다.

64. **일반적인 토크 컨버터의 최고 효율은 약 몇 % 수준인가?**

① 97 ② 90
③ 83 ④ 75

해설 일반적인 토크 컨버터의 최고 효율은 90~95 % 정도이다.

65. **수차에 대하여 일반적으로 운전하는 비속도가 작은 것으로부터 큰 순으로 바르게 나타낸 것은?**

① 프로펠러 수차<프란시스 수차<펠턴 수차
② 프로펠러 수차<펠턴 수차<프란시스 수차
③ 프란시스 수차<펠턴 수차<프로펠러 수차
④ 펠턴 수차<프란시스 수차<프로펠러 수차

해설 수차의 비교회전도

수차의 종류		비교회전도
펠턴 수차	노즐 1개 노즐 2개	10~25 20~40
프란시스 수차	저속 중속 고속 초고속	30~100 100~200 200~350 350~450
프로펠러 수차		400~700
카플란 수차		450~1000

66. **유회전식 진공 펌프(oil rotary vacuum pump)에 해당하지 않는 것은?**

① 엘모형(Elmo type)
② 센코형(Cenco type)
③ 게데형(Gaede type)
④ 키니형(Kinney type)

해설 유회전식 진공 펌프는 케이싱 내에 소량의 기름을 봉입하여 접동부 사이에 유막을 형성시켜서 기체의 누설을 방지함으로써 고진공도를 얻을 수 있도록 되어 있으며 게데(Gaede)형, 키니(Kinney)형, 센코(Cenco)형 등이 있다.

67. **펌프보다 낮은 수위에서 액체를 퍼 올릴 때 풋 밸브(foot valve)를 설치하는 이유로 가장 옳은 것은?**

① 관내 수격작용을 방지하기 위하여
② 펌프의 한계 유량을 넘지 않도록 하기 위해
③ 펌프 내에 공동현상을 방지하기 위하여

정답 62. ③ 63. ① 64. ② 65. ④ 66. ① 67. ④

④ 운전이 정지되더라도 흡입관 내에 물이 역류하는 것을 방지하기 위해

해설 풋 밸브는 원심 펌프의 흡입관 아래에 설치하는 체크 밸브로, 펌프가 시동할 때 흡입관 속을 만수 상태로 만들기 위하여 설치한다. 원심 펌프의 흡입측 파이프 입구에 설치하여 이물질의 흡입을 방지하고, 펌프 정지 시 물이 역류하는 것을 방지해 준다.

68. 시로코 팬(sirocco fan)의 일반적인 특징에 대한 설명으로 옳지 않은 것은?

① 회전차의 깃이 회전방향으로 경사되어 있다.
② 익현 길이가 짧다.
③ 풍량이 적다.
④ 깃폭이 넓은 깃을 다수 부착한다.

해설 시로코 팬(sirocco fan)은 다익 송풍기로 앞으로 향한 다수의 날개에 의해 공기를 불어내는 팬이다. 날개가 회전차의 회전방향으로 기울어져 있고, 익현 길이가 짧으며, 깃의 폭이 넓은 깃이 다수 부착되어 있다. 풍압 150 mmAq 이하의 저압에서 다량의 공기 또는 가스를 취급하는 데 가장 적합한 팬으로 공기의 유동 상태가 매우 원활하고 불쾌한 소음, 진동이 없다. 원주속도가 같은 다른 팬과 비교하면 풍량이 가장 크고 다량의 기체를 취급할 수 있다.

69. 수차에 작용하는 물의 에너지 종류에 따라 수차를 구분하였을 때, 물레방아가 해당되는 수차의 형식은?

① 충격 수차 ② 중력 수차
③ 펠턴 수차 ④ 반동 수차

해설 수차의 분류
(1) 충동 수차 : 물이 갖는 속도에너지를 이용하여 회전차를 충격시켜서 회전력을 얻는 수차 예 펠턴 수차
(2) 반동 수차 : 물이 회전차를 지나는 동안 압력에너지와 속도에너지를 회전차에 전달하여 회전력을 얻는 수차 예 프란시스 수차, 프로펠러 수차, 카플란 수차
(3) 중력 수차 : 물이 낙하될 때 중력에 의해 회전력을 얻는 수차 예 물레방아

70. 운전 중인 급수펌프의 유량이 4 m^3/min, 흡입관에서의 게이지 압력이 −40 kPa, 송출관에서의 게이지 압력이 400 kPa이다. 흡입관경과 송출관경이 같고, 송출관의 압력 측정 장치는 흡입관의 압력 측정 장치의 설치 위치보다 30 cm 높게 설치가 되어 있다면, 이 펌프의 전양정(m)과 동력(kW)은 각각 얼마 정도인가?

① 27.2 m, 27.3 kW
② 45.2 m, 45.4 kW
③ 27.2 m, 57.3 kW
④ 45.2 m, 29.5 kW

해설 전양정$(H_p) = \dfrac{P_2 - P_1}{\gamma} + Z_2 - Z_1$

$$= \frac{(101.325+400)-(101.325-40)}{9.8} + 0.3$$

$\fallingdotseq 45.2$ m

$\therefore$ 동력$(L_s) = \gamma_w QH$

$$= 9.8 \times \frac{4}{60} \times 45.2 = 29.53 \text{ kW}$$

71. 베인 펌프의 일반적인 특징으로 옳지 않은 것은?

① 송출 압력의 맥동이 적다.
② 고장이 적고 보수가 용이하다.
③ 펌프의 유동력에 비하여 형상치수가 작다.
④ 베인의 마모로 인하여 압력 저하가 커진다.

해설 베인 펌프의 특징
(1) 수명이 길고 장시간 안정된 성능을 발휘할 수 있어서 산업 기계에 많이 쓰인다.

정답 68. ③ 69. ② 70. ④ 71. ④

(2) 송출 압력의 맥동이 적고 소음이 작다.
(3) 고장이 적고 보수가 용이하다.
(4) 펌프 중량에 비해 형상치수가 작다.
(5) 피스톤 펌프보다는 단가가 싸다.
(6) 기름의 오염에 주의하고 흡입 진공도가 허용 한도 이하이어야 한다.
(7) 베인의 마모에 의한 압력 저하가 발생되지 않는다.

72. **그림과 같은 도시 기호로 표시된 밸브의 명칭은?**

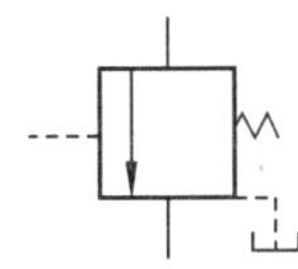

① 직접 작동형 릴리프 밸브
② 파일럿 작동형 릴리프 밸브
③ 2방향 감압 밸브
④ 시퀀스 밸브

73. **단단 베인 펌프 2개를 1개의 본체 내에 직렬로 연결시킨 베인 펌프는?**

① 2중 베인 펌프(double type vane pump)
② 2단 베인 펌프(two stage vane pump)
③ 복합 베인 펌프(combination vane pump)
④ 가변 용량형 베인 펌프(variable delivery vane pump)

해설 베인 펌프의 종류
(1) 단단 베인 펌프 : 로터(rotor) 홈에 끼워진 베인은 원심력과 토출압력에 의해 캠링 내벽에 접촉력을 발생시키며 회전한다.
(2) 2중 베인 펌프 : 토출구가 2개 있으므로 각각 다른 유압원이 필요한 경우나 서로 다른 유량이 필요로 할 때 사용된다.
(3) 2단 베인 펌프 : 단단 베인 펌프 2개를 1개의 본체 내에 직렬로 연결(고압이므로 대출력이 요구되는 구동에 적합)
(4) 복합 베인 펌프 : 압력 제어를 자유로이 조절할 수 있고 오일 온도가 상승하는 것을 방지한다.
(5) 가변 용량형 베인 펌프 : 로터와 링의 편심량을 바꿈으로써 토출량을 변화시킬 수 있는 비평형형 펌프이다.

74. **펌프의 무부하 운전에 대한 장점이 아닌 것은?**

① 작업시간 단축
② 구동동력 경감
③ 유압유의 열화 방지
④ 고장 방지 및 펌프의 수명 연장

해설 펌프의 무부하 운전
(1) 펌프 구동력의 손실 방지
(2) 유압장치의 가열 방지
(3) 펌프의 수명 연장
(4) 효율이 좋게 안전 작업 가능
(5) 작동유의 노화 방지

75. **슬라이드 밸브 등에서 밸브가 중립점에 있을 때, 이미 포트가 열리고, 유체가 흐르도록 중복된 상태를 의미하는 용어는?**

① 제로랩 ② 오버랩
③ 언더랩 ④ 랜드랩

해설 ① 제로랩 : 슬라이드 밸브 등에서 밸브가 중립점에 있을 때 포트는 닫혀 있고, 밸브가 조금이라도 변위하는 포트가 열리고 유체가 흐르도록 중복된 상태
② 오버랩 : 슬라이드 밸브 등에서 밸브가 중립점에서 조금 변위하여 처음 포트가 열리고 유체가 흐르도록 중복된 상태
③ 언더랩 : 슬라이드 밸브 등에서 밸브가 중립점에 있을 때, 이미 포트가 열리고, 유체가 흐르도록 중복된 상태

76. **1개의 유압 실린더에서 전진 및 후진 단에 각각의 리밋 스위치를 부착하는 이유로 가장 적합한 것은?**

정답 72. ④ 73. ② 74. ① 75. ③ 76. ①

① 실린더의 위치를 검출하여 제어에 사용하기 위하여
② 실린더 내의 온도를 제어하기 위하여
③ 실린더의 속도를 제어하기 위하여
④ 실린더 내의 압력을 계측하고 제어하기 위하여

77. 기능적으로 구분할 때 릴리프 밸브와 리듀싱 밸브는 어떤 밸브에 속하는가?

① 방향 제어 밸브
② 압력 제어 밸브
③ 비례 제어 밸브
④ 유량 제어 밸브

해설 • 릴리프 밸브 : 회로 내의 압력을 설정값으로 유지하기 위해서 유체의 일부 또는 전부를 흐르게 하는 압력 제어 밸브
• 리듀싱 밸브 : 입구 쪽의 압력에 관계없이 출구 쪽 압력을 입구 쪽 압력보다도 낮은 설정 압력으로 조정하는 압력 제어 밸브

78. 일정한 유량(Q) 및 유속(V)으로 유체가 흐르고 있는 관의 지름 D를 $5D$로 크게 하면 유속은 어떻게 변화하는가?

① $\frac{1}{5}V$ ② $25V$
③ $5V$ ④ $\frac{1}{25}V$

해설 $Q = A_1V_1 = A_2V_2[\text{m}^3/\text{s}]$에서

$$V_2 = V_1\left(\frac{A_1}{A_2}\right) = V_1\left(\frac{D_1}{D_2}\right)^2$$
$$= V_1\left(\frac{D_1}{5D_1}\right)^2 = \frac{1}{25}V_1[\text{m/s}]$$

79. 유압기기에서 실(seal)의 요구 조건과 관계가 먼 것은?

① 압축 복원성이 좋고 압축 변형이 적을 것
② 체적 변화가 적고 내약품성이 양호할 것
③ 마찰저항이 크고 온도에 민감할 것
④ 내구성 및 내마모성이 우수할 것

해설 실(seal)의 구비 조건
(1) 압축 복원성이 좋고, 압축 변형이 작아야 한다.
(2) 기름 속에서 체적 변화나 열화가 적고, 내약품성이 양호해야 한다.
(3) 고온에서의 노화나 저온에서의 탄성 저하가 작아야 한다.
(4) 오랜 시간의 사용에 견딜 수 있도록 내구성 및 내마모성이 풍부해야 한다.
(5) 마찰저항이 작고 온도에 민감하지 않아야 한다.

80. 그림과 같이 유체가 단면적이 다른 파이프를 통과할 때 단면적 A_2 지점에서의 유량은 몇 L/s인가?(단, 단면적 A_1에서의 유속 $V_1 = 4$ m/s이고, 단면적은 $A_1 = 0.2\text{ cm}^2$이며, 연속의 법칙을 만족한다.)

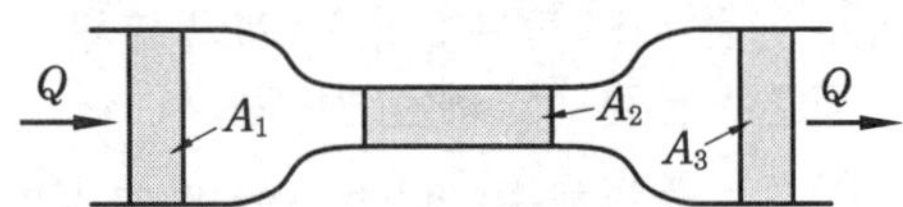

① 0.008 ② 0.08
③ 0.8 ④ 8

해설 $Q_2 = A_1V_1 = A_2V_2 = 0.2 \times 400$
$= 80\text{ cm}^3/\text{s} = 0.08\text{ L/s}$

제5과목 건설기계일반 및 플랜트배관

81. 무한궤도식 불도저의 트랙 프레임 구성요소가 아닌 것은?

① 프런트 아이들러 ② 리코일 스프링
③ 블레이드 ④ 상부 롤러

해설 트랙 프레임 구성요소
(1) 아이들러 : 트랙 앞부분에 설치되어 트랙 프레임 위를 전후로 움직일 수 있으

정답 77. ② 78. ④ 79. ③ 80. ② 81. ③

며 트랙의 진행방향을 유도해 주는 역할을 한다.

(2) 리코일 스프링 : 주행 중 아이들러에서 전달되는 충격을 완화하여 차체의 손상을 방지하고 트랙의 원활한 회전을 가능하게 한다. 서징 현상을 방지하기 위하여 이중 스프링을 사용하는데 아이들러와 함께 트랙의 장력을 조절한다.

(3) 상부 롤러 : 트랙 프레임의 브래킷에 설치되어 트랙의 쳐짐을 방지하고 트랙의 회전 위치를 유지해 주는 역할을 한다.

(4) 하부 롤러 : 트랙 프레임의 아래에 설치되며 장비의 전중량을 균등하게 트랙 위에 분배하고 트랙의 회전 위치를 유지해 주는 역할을 한다.

82. **플랜트 기계설비용 알루미늄계 재료의 특징으로 틀린 것은?**

① 내식성이 양호하다.

② 열과 전기의 전도성이 나쁘다.

③ 가공성, 성형성이 양호하다.

④ 빛이나 열의 반사율이 높다.

해설 알루미늄의 특징

(1) 비중(2.6989)이 작다.

(2) 용융점(660.2℃)이 낮다.

(3) 전기의 전도율이 좋다.

(4) 가볍고 전연성이 커서 가공이 쉽다.

(5) 은백색의 아름다운 광택이 있다.

(6) 변태점이 없다.

(7) 내식성이 좋다.

83. **다음 중 건설기계의 규격을 설명한 것으로 틀린 것은?**

① 아스팔트 피니셔 : 시공할 수 있는 표준 폭(cm)

② 아스팔트 믹싱 플랜트 : 혼합 용기 내에서 1회 혼합할 수 있는 탱크 용량(m^3)

③ 아스팔트 살포기 : 탱크 용량(m^3)

④ 콘크리트 살포기 : 시공할 수 있는 표준 폭(m)

해설 아스팔트 믹싱 플랜트의 규격은 아스팔트콘크리트의 시간당 생산능력(m^3/h)으로 표시한다.

84. **다음 중 도랑파기 작업에 가장 적합한 건설기계는?**

① 로더 ② 굴삭기

③ 지게차 ④ 천공기

해설 ① 로더 : 건설 공사 현장에서 토사나 골재를 덤프 차량에 적재 및 운반하는 기계

② 굴삭기 : 배수로 묻기, 파이프 묻기, 건물 기초 바닥 파기, 토사 적재 등 거의 모든 건설 작업에 효과적으로 사용된다.

③ 지게차 : 공장 또는 항만, 공항 등에서 하역 작업 및 화물을 운반하는 데 주로 사용되는 기계

④ 천공기 : 바위나 지면에 구멍을 뚫는 기계

85. **다음 중 전압식 롤러에 속하지 않는 것은?**

① 타이어 롤러 ② 머캐덤 롤러

③ 탠덤 롤러 ④ 탬퍼

해설 롤러는 도로공사 등에서 지면을 평평하게 다지기 위해 지면 위를 이동하면서 일정한 압력을 연속적으로 가하는 다짐용 기계이며, 작업 방식에 따라 전압식, 충격식, 진동식으로 구분한다.

(1) 전압식 : 머캐덤 롤러, 탠덤 롤러, 탬핑 롤러, 타이어 롤러 등

(2) 충격식 : 래머, 탬퍼 등

(3) 진동식 : 바이브레이팅 롤러, 바이브로 콤팩터 롤러 등

86. **트랙터에 고정시키는 작업장치의 용도에 대한 설명으로 틀린 것은?**

① 트리밍 도저는 토공용이다.

② 레이크 도저는 뿌리를 뽑고, 개간하는

정답 82. ② 83. ② 84. ② 85. ④ 86. ①

데 쓰인다.

③ 앵글 도저는 토사를 한쪽 방향으로 밀어낼 수 있다.

④ 틸트 도저는 굳은 땅 파기 작업이 가능하다.

해설 트리밍 도저는 좁은 장소에서 곡물, 소금, 설탕, 철광석 등을 내밀거나 끌어당겨 모으는 데 효과적이다.

87. 피견인 스크레이퍼에서 흙의 운반량(m^3/h) Q를 구하는 식으로 옳은 것은? (단, q : 볼의 1회 운반량(m^3), f : 토량환산계수, E : 스크레이퍼의 작업효율, C_m : 사이클 시간(min)이다.)

① $Q = \dfrac{C_m}{60qfE}$　② $Q = \dfrac{60qC_m}{fE}$

③ $Q = \dfrac{60qfE}{C_m}$　④ $Q = \dfrac{fE}{60qC_m}$

88. 다음 중 앞쪽에서 굴착하여 로더 차체 위를 넘어서 뒤쪽에 적재할 수 있는 로더 형식은?

① 사이드 덤프 형

② 프런트 엔드 형

③ 리어 덤프 형

④ 오버 헤드 형

해설 로더의 적하 방법에 따른 분류

(1) 프런트 엔드형 로더 : 앞으로 적하 또는 차체의 전방으로 굴착

(2) 사이드 덤프형 로더 : 버킷을 좌우로 기울여 협소한 장소에서 굴착, 적재

(3) 오버 헤드형 로더 : 앞쪽에서 굴착, 로더 차체 위를 넘어서 뒤쪽에 적재

(4) 스윙형 로더 : 프런트 엔드형과 오버 헤드형의 조합

(5) 백호 셔블형 로더 : 트랙터 후부에 유압식 백호 셔블을 장착하여 굴착, 적재

89. 지게차에서 하중을 실어 오르내리게 하는 유압장치로 단동 실린더로 되어 있는 것은?

① 마스터 실린더

② 틸트 실린더

③ 조향 부스터

④ 스티어링 실린더

해설 마스터 실린더는 유압식 브레이크에 있는 부품으로서, 브레이크 페달을 밟는 힘, 즉 답력(踏力)을 유압으로 전환하는 장치이다.

90. 다음 중 건설기계에 쓰이는 터빈 펌프의 구조와 관계없는 것은?

① 와류실

② 임펠러

③ 안내날개

④ 스파크 플러그

해설 터빈 펌프는 임펠러와 스파이럴 케이싱 사이에 안내 깃이 있는 펌프로서, 양정 20 m 이상의 고양정에 사용된다.

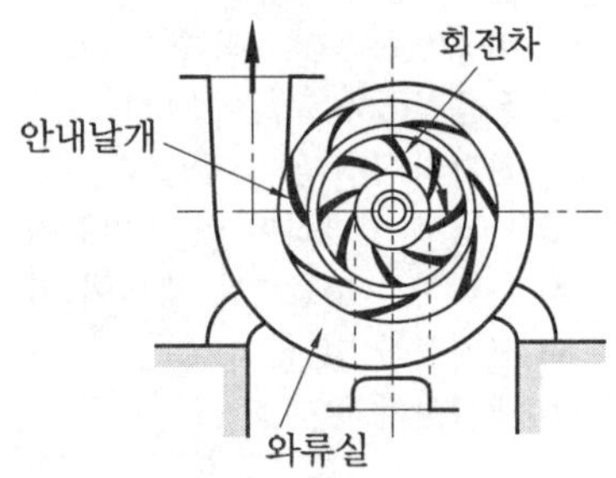

터빈 펌프의 구조

91. 루프형 신축 이음재의 곡률 반경은 일반적으로 관 지름의 몇 배인가?

① 2배　② 4배

③ 6배　④ 8배

해설 루프형 신축 이음재의 특징

(1) 설치 공간을 많이 차지한다.

정답 87. ③　88. ④　89. ①　90. ④　91. ③

(2) 신축에 따른 자체 응력이 생긴다.
(3) 고온·고압의 옥외 배관에 많이 사용된다.
(4) 관의 곡률 반지름은 관 지름의 6배 이상으로 한다.

92. **관 속을 흐르는 유체의 온도와 관 벽에 접하는 외부 온도의 변화에 따른 관은 팽창, 수축을 하게 되는데 이러한 사고를 미연에 방지하기 위한 신축 이음쇠의 종류가 아닌 것은?**

① 슬리브형(sleeve type) 신축 이음쇠
② 벨로스형(bellows type) 신축 이음쇠
③ 루프형(loop type) 신축 이음쇠
④ 슬라이드형(slide type) 신축 이음쇠

해설 신축 이음의 종류에는 슬리브형, 벨로스형, 루프형, 스위블형, 볼 조인트형 등이 있다.

93. **다음 파이프 래크의 설명에서 Ⓐ, Ⓑ에 적절한 간격은?**

> 일반적으로 파이프 래크(pipe rack)의 폭을 결정할 때 고려할 사항으로 인접하는 파이프의 외측과 외측과의 최소 간격은 (Ⓐ)이고, 인접하는 플랜지 외측과 외측과의 간격은 (Ⓑ)로 한다.

① Ⓐ : 75 mm, Ⓑ : 25 mm
② Ⓐ : 25 mm, Ⓑ : 25 mm
③ Ⓐ : 25 mm, Ⓑ : 75 mm
④ Ⓐ : 75 mm, Ⓑ : 75 mm

해설 인접하는 파이프의 외측과 외측과의 최소 간격은 75 mm이고, 인접하는 플랜지 외측과 외측과의 간격은 25 mm이다.

94. **가스 절단 시 가스 절단 조건에 대한 설명 중 틀린 것은?**

① 모재의 연소온도가 모재의 용융온도보다 낮아야 한다.
② 모재의 성분 중 연소를 방해하는 원소가 적어야 한다.
③ 금속 산화물의 용융온도가 모재의 용융온도보다 높아야 한다.
④ 금속 산화물의 유동성이 좋아야 한다.

해설 절단 재료에 열을 가해 생성되는 산화물의 용융온도는 절단 재료의 용융온도보다 낮아야 한다.

95. **다음 중 배관 지지 장치를 설치할 때 고려사항으로 거리가 먼 것은?**

① 유체 및 피복제의 합계 중량
② 공기 및 유해가스 발생 여부
③ 온도 변화에 따른 관의 신축
④ 외부에서의 진동과 충격

해설 배관 지지 장치의 구비 조건
(1) 관의 자중과 관의 피복제 및 관내의 유체를 합한 중량에 견딜 것
(2) 온도의 변화에 따른 관의 신축에 순응할 것
(3) 외력이나 진동, 충격에 견딜 수 있도록 견고할 것
(4) 수평 배관의 구배 조절이 용이할 것
(5) 관의 진동이 구조체에 진행되지 않도록 할 것
(6) 기기 주위의 배관은 기기에 하중이 걸리지 않도록 지지할 것

96. **동관 연결 부속인 90° 엘보의 접합부 기호가 C×C라 할 때 "C"에 대한 설명으로 옳은 것은?**

① 이음쇠 내로 관이 들어가 접합되는 형태
② 나사가 안으로 난 나사이음용 부속의 끝부분
③ 나사가 밖으로 난 나사이음용 부속의 끝부분

정답 92. ④ 93. ① 94. ③ 95. ② 96. ①

④ 이음쇠 바깥지름이 동관의 안지름 치수에 맞게 만들어진 부속의 끝부분

97. 배관용 공구에 대한 설명으로 옳은 것은?

① 수직 바이스의 크기는 조의 폭으로 나타낸다.

② 손톱 날의 크기는 전체 길이로 나타낸다.

③ 강관을 절단 시 사용하는 쇠톱 날의 산수는 1인치당 14~18산이 적당하다.

④ 줄의 종류는 줄 날의 크기에 따라 황목, 중목, 세목, 유목으로 나눈다.

해설 ② 톱날의 길이는 프레임에 끼우기 위한 구멍과 구멍의 거리로 표시한다.
③ 강관을 절단 시 사용하는 쇠톱 날의 산수는 1인치당 24산이 적당하다.
④ 줄눈의 크기에 따라 황목, 중목, 세목, 유목으로 분류되는데, 황목이 가장 거친 날이며, 중목이 보통 날, 세목이 고운 날, 유목이 아주 고운 날이다.

98. 실린더의 직경이 500 mm이고 높이가 1 m일 때 실린더 내 유체 질량이 200 kg 이면 밀도는 약 몇 kg/m³인가?

① 39.2 ② 100
③ 1020 ④ 3900

해설 $\rho = \frac{m}{V} = \frac{m}{Ah}$

$$= \frac{200}{\frac{\pi}{4} \times 0.5^2 \times 1} = 1018.6 \fallingdotseq 1020\ \text{kg/m}^3$$

99. 다음 중 배관 내 기기 및 라인 점검 방법으로 거리가 먼 것은?

① 드레인 배출은 완전한지 확인한다.

② 도면과 시방서의 기준에 맞도록 설비가 되었는지 확인한다.

③ 각종 기기 및 자재와 부속품은 시방서에 명시된 규격품인지 확인한다.

④ 각 배관의 기울기는 급경사로 하고 에어 포켓(air pocket)부는 없는지 확인한다.

100. 동관에 관한 일반적인 설명으로 틀린 것은?

① 두께별로 분류할 때 K, L, M형으로 구분한다.

② 알칼리성에는 내식성이 약하나, 산성에는 강하다.

③ 열 및 전기의 전도율이 양호하다.

④ 전연성이 풍부하고 마찰저항이 적다.

해설 동관은 알칼리성에는 내식성이 강하나, 산성에는 약하다.

정답 97. ④ 98. ③ 99. ④ 100. ②

2020년도 시행문제

건설기계설비기사

2020년 6월 6일 (제1회, 제2회)

제 1 과목 **재료역학**

1. 지름 300 mm의 단면을 가진 속이 찬 원형 보가 굽힘을 받아 최대 굽힘 응력이 100 MPa이 되었다. 이 단면에 작용한 굽힘 모멘트는 약 몇 kN · m인가?

① 265 ② 315
③ 360 ④ 425

해설 $M_{max} = \sigma Z = 100 \times 10^3 \times \dfrac{\pi \times 0.3^3}{32}$

$= 265.07\ \mathrm{kN \cdot m(kJ)}$

2. 원형 봉에 축방향 인장하중 $P = 88$ kN이 작용할 때 직경의 감소량은 약 몇 mm인가? (단, 봉은 길이 $L = 2$ m, 직경 $d = 40$ mm, 세로탄성계수는 70 GPa, 푸아송비 $\nu = 0.3$이다.)

① 0.006 ② 0.012
③ 0.018 ④ 0.036

해설 $\sigma = \dfrac{P}{A} = \dfrac{P}{\dfrac{\pi d^2}{4}} = \dfrac{4P}{\pi d^2}$

$= \dfrac{4 \times 88 \times 10^3}{\pi \times 40^2} = 70.03\ \mathrm{MPa}$

$\therefore\ \delta = \dfrac{d\sigma}{mE} = \dfrac{\nu d\sigma}{E} = \dfrac{0.3 \times 40 \times 70.03}{70 \times 10^3}$

$= 0.012\ \mathrm{mm}$

3. 동일한 길이와 재질로 만들어진 두 개의 원형 단면 축이 있다. 각각의 지름이 d_1, d_2일 때 각 축에 저장되는 변형 에너지 u_1, u_2의 비는? (단, 두 축은 모두 비틀림 모멘트 T를 받고 있다.)

① $\dfrac{u_1}{u_2} = \left(\dfrac{d_2}{d_1}\right)^4$ ② $\dfrac{u_2}{u_1} = \left(\dfrac{d_2}{d_1}\right)^3$

③ $\dfrac{u_1}{u_2} = \left(\dfrac{d_2}{d_1}\right)^3$ ④ $\dfrac{u_2}{u_1} = \left(\dfrac{d_2}{d_1}\right)^4$

해설 비틀림 탄성 변형 에너지(u)

$= \dfrac{T\theta}{2} = \dfrac{T}{2}\left(\dfrac{TL}{GI_p}\right) = \dfrac{T^2 L}{2GI_p}$ [kJ]에서

$u \propto \dfrac{1}{I_p}\left(u \propto \dfrac{1}{d^4}\right) \quad \therefore\ \dfrac{u_1}{u_2} = \dfrac{I_2}{I_1} = \left(\dfrac{d_2}{d_1}\right)^4$

※ $\dfrac{1}{\rho} = \dfrac{M}{EI} = \dfrac{\theta}{L} \rightarrow \theta = \dfrac{ML}{EI}$ [rad]

4. 그림과 같은 음영 표시된 단면을 갖는 중공축이 있다. 이 단면의 O점에 관한 극단면 2차 모멘트는?

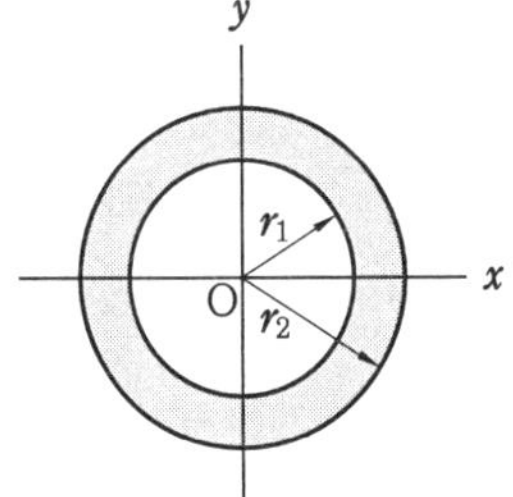

① $\pi\left(r_2^4 - r_1^4\right)$ ② $\dfrac{\pi}{2}\left(r_2^4 - r_1^4\right)$

③ $\dfrac{\pi}{4}\left(r_2^4 - r_1^4\right)$ ④ $\dfrac{\pi}{16}\left(r_2^4 - r_1^4\right)$

해설 $I_p = \dfrac{\pi}{32}(d_2^4 - d_1^4)$

$= \dfrac{\pi}{32}\left[(2r_2)^4 - (2r_1)^4\right]$

정답 1. ① 2. ② 3. ① 4. ②

$$=\frac{\pi}{2}\left(r_2^{\ 4}-r_1^{\ 4}\right)[\text{cm}^4]$$

5. 직사각형 단면의 단주에 150 kN 하중이 중심에서 1 m만큼 편심되어 작용할 때 이 부재 BD에서 생기는 최대 압축응력은 약 몇 kPa인가?

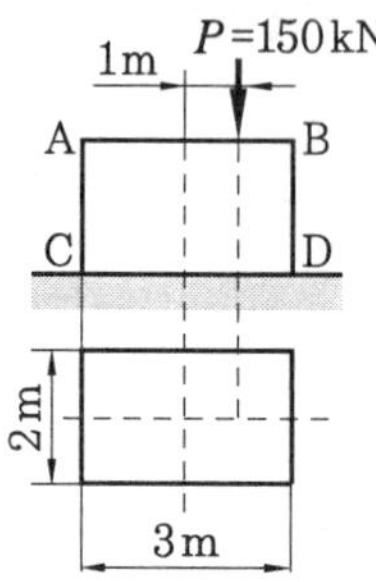

① 25　　② 50
③ 75　　④ 100

해설 $\sigma_{max}=\sigma_c+\sigma_b=\frac{P}{A}+\frac{M}{Z}$

$$=\frac{P}{bh}+\frac{Pa}{Z}=\frac{P}{bh}+\frac{6Pa}{bh^2}$$

$$=\frac{150}{2\times3}+\frac{6\times150\times1}{2\times3^2}=75\,\text{kPa}$$

6. 원형 단면 축에 147 kW의 동력을 회전수 2000 rpm으로 전달시키고자 한다. 축 지름은 약 몇 cm로 해야 하는가? (단, 허용전단응력은 τ_w = 50 MPa이다.)

① 4.2　　② 4.6
③ 8.5　　④ 9.9

해설 $T=9.55\times10^6\frac{kW}{N}[\text{N}\cdot\text{mm}]$

$$=9.55\times10^6\times\frac{147}{2000}$$

$$=701925\,\text{N}\cdot\text{mm}$$

$$T=\tau Z_P=\tau_w\frac{\pi d^3}{16}[\text{N}\cdot\text{mm}]$$

$$\therefore\ d=\sqrt[3]{\frac{16T}{\pi\tau_w}}=\sqrt[3]{\frac{16\times701925}{\pi\times50}}$$

$$=41.5\,\text{mm}\fallingdotseq4.2\,\text{cm}$$

7. 단면적이 4 cm²인 강봉에 그림과 같은 하중이 작용하고 있다. W= 60 kN, P= 25 kN, l= 20 cm일 때 BC 부분의 변형률 ε은 약 얼마인가? (단, 세로탄성계수는 200 GPa이다.)

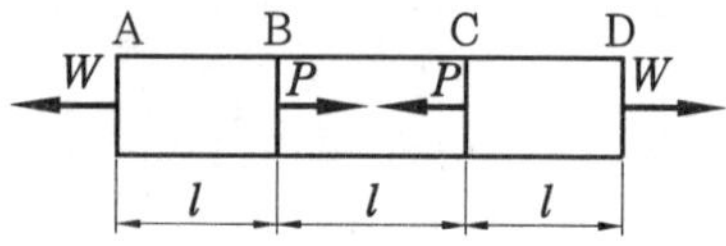

① 0.00043　　② 0.0043
③ 0.043　　④ 0.43

해설 $\varepsilon_{BC}=\frac{\sigma_{BC}}{E}=\frac{W-P}{AE}$

$$=\frac{60-25}{4\times10^{-4}\times200\times10^6}=0.00043$$

8. 오일러 공식이 세장비 $\frac{l}{k}>$ 100에 대해 성립한다고 할 때, 양단이 힌지인 원형 단면 기둥에서 오일러 공식이 성립하기 위한 길이 l과 지름 d와의 관계가 옳은 것은 어느 것인가? (단, 단면의 회전반지름을 k라 한다.)

① $l>4d$　　② $l>25d$
③ $l>50d$　　④ $l>100d$

해설 지름이 d인 원형 단면의 최소 회전반지름(k)

$$=\sqrt{\frac{I_G}{A}}=\sqrt{\frac{\pi d^4}{64}\times\frac{4}{\pi d^2}}=\sqrt{\frac{d^2}{16}}=\frac{d}{4}[\text{m}]$$

$$\therefore\ l>100k=100\times\frac{d}{4}=25d$$

9. 양단이 고정된 축을 다음 그림과 같이 $m-n$ 단면에서 T만큼 비틀면 고정단 AB에서 생기는 저항 비틀림 모멘트의 비 T_A/T_B는?

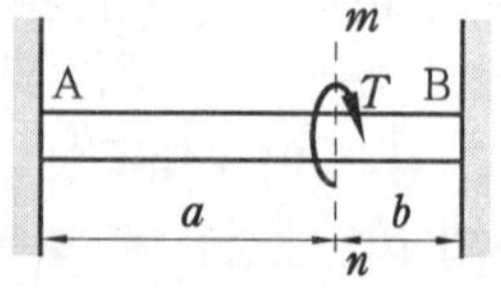

정답 5. ③　6. ①　7. ①　8. ②　9. ②

① $\frac{b^2}{a^2}$ ② $\frac{b}{a}$

③ $\frac{a}{b}$ ④ $\frac{a^2}{b^2}$

해설 $\frac{T_A}{T_B} = \frac{Tb}{l} \times \frac{l}{Ta} = \frac{b}{a}$

10. 전체 길이가 L이고, 일단 지지 및 타단 고정보에서 삼각형 분포하중이 작용할 때, 지지점 A에서의 반력은?(단, 보의 굽힘 강성 EI는 일정하다.)

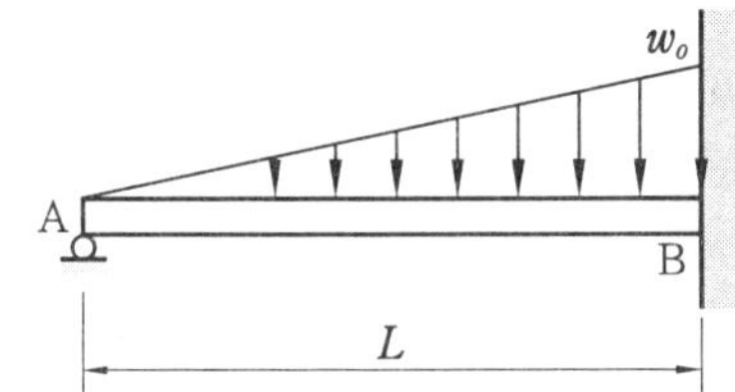

① $\frac{1}{2}w_oL$ ② $\frac{1}{3}w_oL$

③ $\frac{1}{5}w_oL$ ④ $\frac{1}{10}w_oL$

해설 $\frac{R_A L^3}{3EI} = \frac{w_o L^4}{30EI}$

$\therefore R_A = \frac{w_o L}{10}$ [N]

11. 그림과 같은 트러스 구조물에서 B점에서 10 kN의 수직 하중을 받으면 BC에 작용하는 힘은 몇 kN인가?

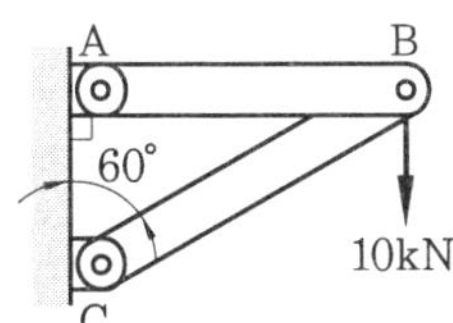

① 20 ② 17.32

③ 10 ④ 8.66

해설 $F_{BC}\cos\theta = 10$

$\therefore F_{BC} = \frac{10}{\cos 60°} = 20$ kN

12. 외팔보의 자유단에 연직 방향으로 10 kN의 집중하중이 작용하면 고정단에 생기는 굽힘 응력은 약 몇 MPa인가?(단, 단면(폭×높이) $b \times h$ = 10 cm×15 cm, 길이 1.5 m이다.)

① 0.9 ② 5.3 ③ 40 ④ 100

해설 $M_{max} = PL = 10 \times 10^3 \times 1500$

$= 15 \times 10^6$ N · mm

$$\therefore \sigma = \frac{M_{max}}{Z} = \frac{M_{max}}{\frac{bh^2}{6}} = \frac{6M_{max}}{bh^2}$$

$$= \frac{6 \times 15 \times 10^6}{100 \times 150^2} = 40 \text{ MPa}$$

13. 다음 그림과 같이 길고 얇은 평판이 평면 변형률 상태로 σ_x를 받고 있을 때, ε_x는?

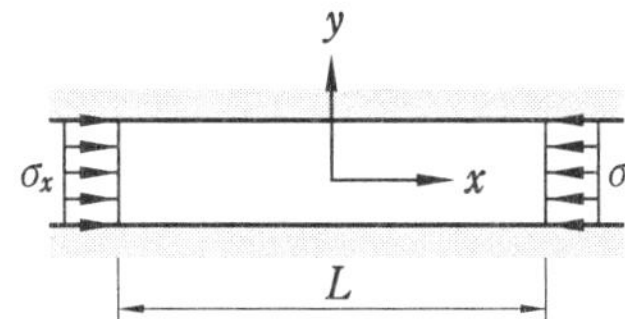

① $\varepsilon_x = \left(\frac{1-\nu}{E}\right)\sigma_x$

② $\varepsilon_x = \left(\frac{1+\nu}{E}\right)\sigma_x$

③ $\varepsilon_x = \left(\frac{1-\nu^2}{E}\right)\sigma_x$

④ $\varepsilon_x = \left(\frac{1+\nu^2}{E}\right)\sigma_x$

해설 $\varepsilon_x = \frac{\sigma_x}{E} - \frac{\sigma_y}{mE} = \frac{\sigma_x}{E} - \frac{\nu\sigma_y}{E}$ $(\sigma_y = \nu\sigma_x)$

$= \frac{\sigma_x}{E} - \frac{\nu(\nu\sigma_x)}{E} = \frac{\sigma_x}{E}(1-\nu^2)$

$= \left(\frac{1-\nu^2}{E}\right)\sigma_x$

14. 다음 그림과 같은 균일 단면의 돌출보에서 반력 R_A는?(단, 보의 자중은 무시

정답 10. ④ 11. ① 12. ③ 13. ③ 14. ①

한다.)

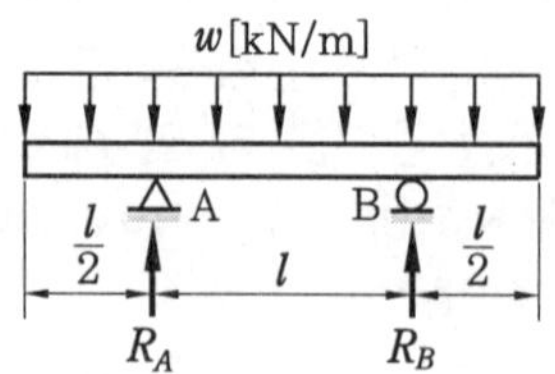

① wl ② $\frac{wl}{4}$ ③ $\frac{wl}{3}$ ④ $\frac{wl}{2}$

해설 $\Sigma F_y = 0$

$R_A + R_B =$ 면적$(=2wl)$ [kN]

$\therefore R_A = R_B = wl$ [kN]

15. 그림의 평면응력상태에서 최대 주응력은 약 몇 MPa인가? (단, $\sigma_x = 175$ MPa, $\sigma_y = 35$ MPa, $\tau_{xy} = 60$ MPa이다.)

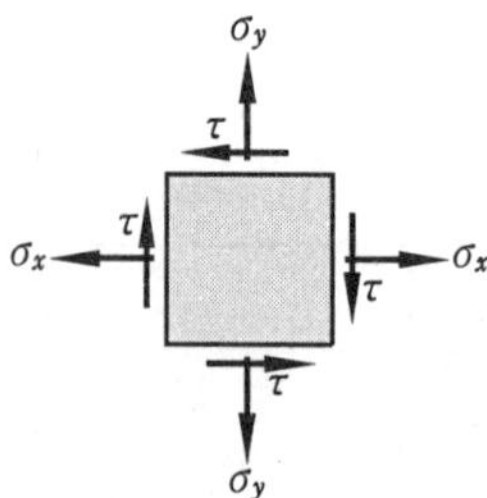

① 95 ② 105 ③ 163 ④ 197

해설 $\sigma_{\max} = \frac{1}{2}(\sigma_x + \sigma_y) + \sqrt{\left(\frac{\sigma_x - \sigma_y}{2}\right)^2 + \tau_{xy}^2}$

$= \frac{1}{2} \times (175+35) + \sqrt{\left(\frac{175-35}{2}\right)^2 + 60^2}$

$= 197$ MPa

16. 그림과 같이 양단에서 모멘트가 작용할 경우 A지점의 처짐각 θ_A는? (단, 보의 굽힘 강성 EI는 일정하고, 자중은 무시한다.)

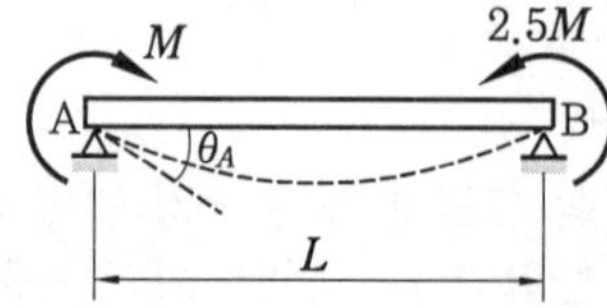

① $\frac{ML}{2EI}$ ② $\frac{2ML}{5EI}$

③ $\frac{ML}{6EI}$ ④ $\frac{3ML}{4EI}$

해설 $\theta_a = \frac{(2M_A + M_B)L}{6EI} = \frac{(2M + 2.5M)L}{6EI}$

$= \frac{4.5ML}{6EI} = \frac{3ML}{4EI}$ [rad]

※ $\theta_b = \frac{(M_A + 2M_B)L}{6EI}$ [rad]

17. 그림과 같은 단면을 가진 외팔보가 있다. 그 단면의 자유단에 전단력 $V = 40$ kN이 발생한다면 단면 $a-b$ 위에 발생하는 전단응력은 약 몇 MPa인가?

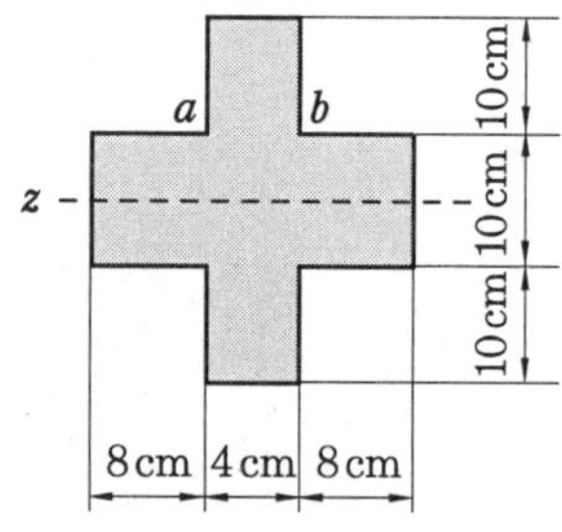

① 4.57 ② 4.22

③ 3.87 ④ 3.14

해설 $I_G = \frac{BH^3}{12} + \frac{2bh^3}{12}$

$= \frac{4 \times 30^3}{12} + \frac{2 \times 8 \times 10^3}{12}$

$= 10333.33\,\text{cm}^4 = 10333.33 \times 10^4\,\text{mm}^4$

$\therefore \tau = \frac{VQ}{bI_G}$

$= \frac{40 \times 10^3 \times (40 \times 100) \times 100}{40 \times 10333.33 \times 10^4}$

$= 3.87$ MPa$(=\text{N/mm}^2)$

18. 다음 그림과 같이 외팔보의 중앙에 집중하중 P가 작용하는 경우 집중하중 P가 작용하는 지점에서의 처짐은? (단, 보의 굽힘강성 EI는 일정하고, L은 보의 전체

정답 15. ④ 16. ④ 17. ③ 18. ②

길이이다.)

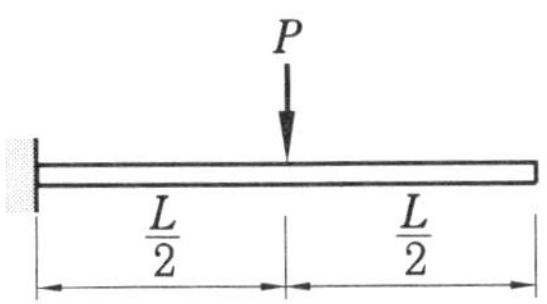

① $\dfrac{PL^3}{3EI}$　　② $\dfrac{PL^3}{24EI}$

③ $\dfrac{PL^3}{8EI}$　　④ $\dfrac{5PL^3}{48EI}$

해설 $\delta = \dfrac{A_m \bar{x}}{EI} = \dfrac{\dfrac{L}{2} \times \dfrac{PL}{2} \times \dfrac{1}{2} \times \dfrac{L}{3}}{EI}$

$= \dfrac{PL^3}{24EI}$[cm]

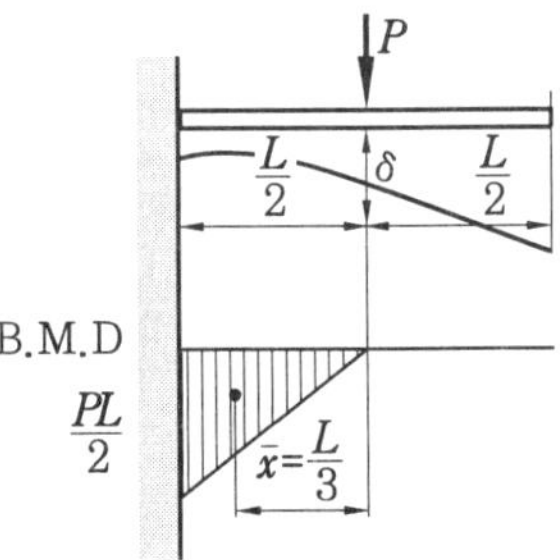

[별해] $\delta = \dfrac{P\left(\dfrac{L}{2}\right)^3}{3EI} = \dfrac{PL^3}{24EI}$[cm]

19. 지름 D인 두께가 얇은 링(ring)을 수평면 내에서 회전시킬 때, 링에 생기는 인장응력을 나타내는 식은? (단, 링의 단위 길이에 대한 무게를 W, 링의 원주속도를 V, 링의 단면적을 A, 중력가속도를 g로 한다.)

① $\dfrac{WV^2}{DAg}$　　② $\dfrac{WDV^2}{Ag}$

③ $\dfrac{WV^2}{Ag}$　　④ $\dfrac{WV^2}{Dg}$

해설 $\sigma = \dfrac{\gamma V^2}{g} = \dfrac{WV^2}{gA}$ [MPa]

※ 비중량$(\gamma) = \dfrac{W}{V_{부피}} = \dfrac{W}{A \times 1} = \dfrac{W}{A}$

20. 철도 레일의 온도가 50℃에서 15℃로 떨어졌을 때 레일에 생기는 열응력은 약 몇 MPa인가? (단, 선팽창계수는 0.000012 /℃, 세로탄성계수는 210 GPa이다.)

① 4.41　　② 8.82

③ 44.1　　④ 88.2

해설 $\sigma = E\alpha\Delta t = 210 \times 10^3 \times 0.000012 \times 35$
$= 88.2\,\text{MPa}$

제 2 과목 기계열역학

21. 단열된 가스 터빈의 입구 측에서 압력 2 MPa, 온도 1200 K인 가스가 유입되어 출구 측에서 압력 100 kPa, 온도 600 K로 유출된다. 5 MW의 출력을 얻기 위해 가스의 질량유량(kg/s)은 얼마이어야 하는가? (단, 터빈의 효율은 100 %이고, 가스의 정압비열은 1.12 kJ/kg · K이다.)

① 6.44　　② 7.44

③ 8.44　　④ 9.44

해설 $W_t = mC_p(T_1 - T_2)$

$\therefore m = \dfrac{W_t}{C_p(T_1 - T_2)}$

$= \dfrac{5000}{1.12 \times (1200 - 600)} = 7.44\,\text{kg/s}$

22. 초기 압력 100 kPa, 초기 체적 0.1 m³인 기체를 버너로 가열하여 기체 체적이 정압 과정으로 0.5 m³이 되었다면 이 과정 동안 시스템이 외부에 한 일(kJ)은?

① 10　② 20　③ 30　④ 40

해설 ${}_1W_2 = \int_1^2 PdV = P(V_2 - V_1)$

$= 100 \times (0.5 - 0.1) = 40\,\text{kJ}$

23. 펌프를 사용하여 150 kPa, 26℃의 물을

정답 19. ③　20. ④　21. ②　22. ④　23. ②

가역단열 과정으로 650 kPa까지 변화시킨 경우, 펌프의 일(kJ/kg)은 얼마인가?(단, 26℃의 포화액의 비체적은 0.001 m³/kg이다.)

① 0.4 ② 0.5
③ 0.6 ④ 0.7

해설 $w_p = -\int_1^2 vdP = v(P_1 - P_2)$

$= 0.001 \times (650 - 150) = 0.5\ \text{kJ/kg}$

24. 1 kW의 전기 히터를 이용하여 101 kPa, 15℃의 공기로 차 있는 100 m³의 공간을 난방하려고 한다. 이 공간은 견고하고 밀폐되어 있으며 단열되어 있다. 히터를 10분 동안 작동시킨 경우, 이 공간의 최종 온도(℃)는?(단, 공기의 정적비열은 0.718 kJ/kg · K이고, 기체상수는 0.287 kJ/kg · K이다.)

① 18.1 ② 21.8
③ 25.3 ④ 29.4

해설 $PV = mRT$

$\therefore m = \frac{PV}{RT} = \frac{101 \times 100}{0.287 \times 288} = 122.19\ \text{kg}$

$Q = mC_v(T_2 - T_1)\ [\text{kJ}]$

$\therefore T_2 = T_1 + \frac{Q}{mC_v} = 288 + \frac{1 \times 60 \times 10}{122.19 \times 0.718}$

$\fallingdotseq 294.84\text{K} = (294.84 - 273)℃$

$= 21.84℃$

※ 1 kW = 1 kJ/s = 60 kJ/min = 3600 kJ/h

25. 랭킨 사이클에서 보일러 입구 엔탈피 192.5 kJ/kg, 터빈 입구 엔탈피 3002.5 kJ/kg, 응축기 입구 엔탈피 2361.8 kJ/kg일 때 열효율(%)은?(단, 펌프의 동력은 무시한다.)

① 20.3 ② 22.8
③ 25.7 ④ 29.5

해설 $\eta_R = \frac{h_3 - h_4}{h_2 - h_1} \times 100\%$

$= \frac{3002.5 - 2361.8}{3002.5 - 192.5} \times 100\% = 22.8\%$

26. 실린더 내의 공기가 100 kPa, 20℃ 상태에서 300 kPa이 될 때까지 가역단열 과정으로 압축된다. 이 과정에서 실린더 내의 계에서 엔트로피의 변화(kJ · K)는?(단, 공기의 비열비(k)는 1.4이다.)

① −1.35 ② 0
③ 1.35 ④ 13.5

해설 가역단열 과정($q = 0$) 시 엔트로피 변화량은 0이다. 즉 등엔트로피 과정($S = C$)이다.

27. 이상기체 1 kg을 300 K, 100 kPa에서 500 K까지 "PV^n = 일정"의 과정($n = 1.2$)을 따라 변화시켰다. 이 기체의 엔트로피 변화량(kJ/K)은 얼마인가?(단, 기체의 비열비는 1.3, 기체상수는 0.287 kJ/kg · K이다.)

① −0.244 ② −0.287
③ −0.344 ④ −0.373

해설 폴리트로픽 변화일 때

$C_v = \frac{R}{k-1} = \frac{0.287}{1.3-1} \fallingdotseq 0.957\ \text{kJ/kg} \cdot \text{K}$

$\therefore dS = \frac{\delta Q}{T} = \frac{mC_n dT}{T}$

$= mC_n \ln\frac{T_2}{T_1} = mC_v\left(\frac{n-k}{n-1}\right)\ln\frac{T_2}{T_1}$

$= 1 \times 0.957 \times \left(\frac{1.2-1.3}{1.2-1}\right) \times \ln\frac{500}{300}$

$= -0.244\ \text{kJ/K}$

28. 열역학적 관점에서 다음 장치들에 대한 설명으로 옳은 것은?

① 노즐은 유체를 서서히 낮은 압력으로 팽창하여 속도를 감속시키는 기구이다.
② 디퓨저는 저속의 유체를 가속하는 기구이며 그 결과 유체의 압력이 증가한다.

정답 24. ② 25. ② 26. ② 27. ① 28. ④

③ 터빈은 작동유체의 압력을 이용하여 열을 생성하는 회전식 기계이다.

④ 압축기의 목적은 외부에서 유입된 동력을 이용하여 유체의 압력을 높이는 것이다.

해설 압축기는 외부에서 유입된 동력을 이용하여 저압의 유체를 고압으로 토출시킨다.

29. 열역학 제2법칙에 대한 설명으로 틀린 것은?

① 효율이 100 %인 열기관은 얻을 수 없다.

② 제2종의 영구 기관은 작동 물질의 종류에 따라 가능하다.

③ 열은 스스로 저온의 물질에서 고온의 물질로 이동하지 않는다.

④ 열기관에서 작동 물질의 일을 하게 하려면 그보다 더 저온인 물질이 필요하다.

해설 열역학 제2법칙은 비가역 법칙(엔트로피 증가 법칙)으로 제2종 영구 기관(열효율이 100 %인 기관)의 존재를 부정하는 법칙이다.

30. 다음 그림과 같은 공기 표준 브레이튼(Brayton) 사이클에서 작동유체 1 kg당 터빈 일(kJ/kg)은 얼마인가? (단, T_1 = 300 K, T_2 = 475.1 K, T_3 = 1100 K, T_4 = 694.5 K이고, 공기의 정압비열과 정적비열은 각각 1.0035 kJ/kg · K, 0.7165 kJ/kg · K이다.)

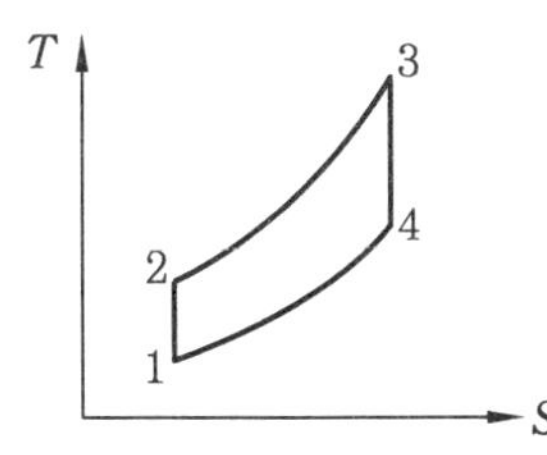

① 290 ② 407

③ 448 ④ 627

해설 $w_t = h_3 - h_4 = C_p(T_3 - T_4)$

$= 1.0035 \times (1100 - 694.5) = 407$ kJ/kg

31. 다음 중 가장 큰 에너지는?

① 100 kW 출력의 엔진이 10시간 동안 한 일

② 발열량 10000 kJ/kg의 연료를 100 kg 연소시켜 나오는 열량

③ 대기압하에서 10℃ 물 10 m³를 90℃로 가열하는 데 필요한 열량(단, 물의 비열은 4.2 kJ/kg · K이다.)

④ 시속 100 km로 주행하는 총 질량 2000 kg인 자동차의 운동에너지

해설 ① 1 kW=3600 kJ/h이므로

$W = 100 \times 3600 \times 10 = 3600000$ kJ

$= 3600$ MJ

② $Q = mH_l = 100 \times 10000$

$= 1000000$ kJ $= 1000$ MJ

③ $Q = mC(t_2 - t_1) = \rho_w VC(t_2 - t_1)$

$= 1000 \times 10 \times 4.2 \times (90 - 10)$

$= 3360000$ kJ $= 3360$ MJ

④ $KE = \frac{1}{2}mv^2 = \frac{1}{2} \times 2000 \times \left(\frac{100}{3.6}\right)^2$

$= 771604.94$ J $= 771.60$ kJ

$\fallingdotseq 0.772$ MJ

32. 보일러에 온도 40℃, 엔탈피 167 kJ/kg인 물이 공급되어 온도 350℃, 엔탈피 3115 kJ/kg인 수증기가 발생한다. 입구와 출구에서의 유속은 각각 5 m/s, 50 m/s이고 공급되는 물의 양이 2000 kg/h일 때 보일러에 공급해야 할 열량(kW)은 얼마인가? (단, 위치에너지 변화는 무시한다.)

① 631 ② 832

③ 1237 ④ 1638

해설 보일러에 공급해야 할 열량

$= m\Delta h + m\Delta KE = \frac{2000 \times (3115 - 167)}{3600}$

정답 29. ② 30. ② 31. ① 32. ④

$$+\frac{2000}{3600}\times\frac{50^2-5^2}{2}\times 10^{-3}$$
$$\fallingdotseq 1638.46\,\text{kW}$$

33. 용기 안에 있는 유체의 초기 내부에너지는 700 kJ이다. 냉각 과정 동안 250 kJ의 열을 잃고, 용기 내에 설치된 회전날개로 유체에 100 kJ의 일을 한다. 최종 상태의 유체의 내부에너지(kJ)는 얼마인가?

① 350 ② 450
③ 550 ④ 650

해설 $Q=(U_2-U_1)+W[\text{kJ}]$

$U_2-U_1=Q-W=-250-(-100)=-150$

$\therefore\ U_2=U_1-150=700-150=550\,\text{kJ}$

34. 다음은 시스템(계)과 경계에 대한 설명이다. 옳은 내용을 모두 고른 것은?

> ㉮ 검사하기 위하여 선택한 물질의 양이나 공간 내의 영역을 시스템(계)이라 한다.
> ㉯ 밀폐계는 일정한 양의 체적으로 구성된다.
> ㉰ 고립계의 경계를 통한 에너지 출입은 불가능하다.
> ㉱ 경계는 두께가 없으므로 체적을 차지하지 않는다.

① ㉮, ㉰ ② ㉯, ㉱
③ ㉮, ㉰, ㉱ ④ ㉮, ㉯, ㉰, ㉱

해설 밀폐계는 물질이 경계를 통해 주위와 교환되지 않는 시스템이며 밀폐계에서 에너지는 열과 일의 형태로 경계를 통과할 수 있다. 물질의 질량은 일정하며 체적은 변화가 가능하기 때문에 경계는 움직일 수 있다.

35. 피스톤-실린더 장치에 들어 있는 100 kPa, 27℃의 공기가 600 kPa까지 가역단열 과정으로 압축된다. 비열비가 1.4로 일정하다면 이 과정 동안에 공기가 받은 일(kJ/kg)은? (단, 공기의 기체상수는 0.287 kJ/kg · K이다.)

① 263.6 ② 171.8
③ 143.5 ④ 116.9

해설 $w_t=\frac{R}{k-1}(T_1-T_2)=\frac{RT_1}{k-1}\left(1-\frac{T_2}{T_1}\right)$

$=\frac{RT_1}{k-1}\left[1-\left(\frac{P_2}{P_1}\right)^{\frac{k-1}{k}}\right]$

$=\frac{0.287\times(27+273)}{1.4-1}\left[1-\left(\frac{600}{100}\right)^{\frac{1.4-1}{1.4}}\right]$

$=-143.9\,\text{kJ/kg}$

36. 300 L 체적의 진공인 탱크가 25℃, 6 MPa의 공기를 공급하는 관에 연결된다. 밸브를 열어 탱크 안의 공기 압력이 5 MPa이 될 때까지 공기를 채우고 밸브를 닫았다. 이 과정이 단열이고 운동에너지와 위치에너지의 변화를 무시한다면 탱크 안의 공기의 온도(℃)는 얼마가 되는가? (단, 공기의 비열비는 1.4이다.)

① 1.5 ② 25.0
③ 84.4 ④ 144.2

해설 $C_pT_1=C_vT_2$

$\therefore\ T_2=\frac{C_p}{C_v}T_1=kT_1=1.4\times(25+273)$

$=417.2\,\text{K}-273\,\text{K}=144.2℃$

37. 이상적인 냉동사이클에서 응축기 온도가 30℃, 증발기 온도가 −10℃일 때 성적계수는?

① 4.6 ② 5.2 ③ 6.6 ④ 7.5

해설 $\varepsilon_R=\frac{T_2}{T_1-T_2}=\frac{263}{(30+273)-263}=6.6$

38. 준평형 정적 과정을 거치는 시스템에 대한 열전달량은? (단, 운동에너지와 위치에너지의 변화는 무시한다.)

정답 33. ③ 34. ③ 35. ③ 36. ④ 37. ③ 38. ④

① 0이다.

② 이루어진 일량과 같다.

③ 엔탈피 변화량과 같다.

④ 내부에너지 변화량과 같다.

해설 준평형 정적 과정($V=C$) 시 열전달량은 내부에너지 변화량과 같다.

※ $\delta Q = dU + PdV$[kJ]에서 $dV=0$이므로 $\delta Q = dU = mC_v dT$[kJ]이다.

39. 압력 1000 kPa, 온도 300℃ 상태의 수증기(엔탈피 3051.15 kJ/kg, 엔트로피 7.1228 kJ/kg·K)가 증기 터빈으로 들어가서 100 kPa 상태로 나온다. 터빈의 출력 일이 370 kJ/kg일 때 터빈의 효율(%)은 얼마인가?

수증기의 포화상태표 (압력 100kPa/ 온도 99.62℃)			
엔탈피(kJ/kg)		엔트로피(kJ/kg·K)	
포화액체	포화증기	포화액체	포화증기
417.44	2675.46	1.3025	7.3593

① 15.6 ② 33.2

③ 66.8 ④ 79.8

해설 증발열$(\gamma) = h'' - h'$

$= 2675.46 - 417.44 = 2258.02$ kJ/kg

$s_x = s' + x(s'' - s')$ [kJ/kg·K]

$\therefore\ x = \dfrac{s_x - s'}{s'' - s'} = \dfrac{7.1228 - 1.3025}{7.3593 - 1.3025} \fallingdotseq 0.961$

$h_x = h' + x(h'' - h') = h' + x\gamma$

$= 417.44 + 0.961 \times 2258.02$

$\fallingdotseq 2587.4$ kJ/kg

가역일$(w_t) = h - h_x = 3051.15 - 2587.4$

$= 463.75$ kJ/kg

$\therefore$ 터빈 효율$(\eta_t) = \dfrac{\text{비가역일(실제 일)}}{\text{가역일(이론 일)}}$

$= \dfrac{370}{463.75} \times 100\% \fallingdotseq 79.8\%$

40. 공기 10 kg이 압력 200 kPa, 체적 5 m^{3}인 상태에서 압력 400 kPa, 온도 300℃인 상태로 변한 경우 최종 체적(m^3)은 얼마인가? (단, 공기의 기체상수는 0.287 kJ/kg·K이다.)

① 10.7 ② 8.3

③ 6.8 ④ 4.1

해설 $P_2 V_2 = mRT_2$

$V_2 = \dfrac{mRT_2}{P_2} = \dfrac{10 \times 0.287 \times (300 + 273)}{400}$

$= 4.11\ \text{m}^3$

제 3 과목 기계유체역학

41. 관로의 전 손실수두가 10 m인 펌프로부터 21 m 지하에 있는 물을 지상 25 m의 송출 액면에 10 m^3/min의 유량으로 수송할 때 축동력이 124.5 kW이다. 이 펌프의 효율은 약 얼마인가?

① 0.70 ② 0.73

③ 0.76 ④ 0.80

해설 $\eta_p = \dfrac{L_w}{L_s} = \dfrac{9.8QH}{L_s}$

$= \dfrac{9.8 \times \dfrac{10}{60} \times (10 + 21 + 25)}{124.5}$

$\fallingdotseq 0.73(=73\%)$

42. 평판 위에 점성, 비압축성 유체가 흐르고 있다. 경계층 두께 δ에 대하여 유체의 속도 u의 분포는 아래와 같다. 이때 경계층 운동량 두께에 대한 식으로 옳은 것은? (단, U는 상류속도, y는 평판과의 수직거리이다.)

- $0 \le y \le \delta$: $\dfrac{u}{U} = \dfrac{2y}{\delta} - \left(\dfrac{y}{\delta}\right)^2$
- $y > \delta$: $u = U$

정답 39. ④ 40. ④ 41. ② 42. ③

① 0.1δ　　② 0.125δ
③ 0.133δ　　④ 0.166δ

해설 $\delta_m = \dfrac{1}{\rho U_0^2}\displaystyle\int_0^\delta \rho U(U_\infty - U)dy$

$= \displaystyle\int_0^\delta \frac{U}{U_\infty}\left(1-\frac{U}{U_\infty}\right)dy$

$= \displaystyle\int_0^\delta \left(\frac{2y}{\delta}-\frac{5y^2}{\delta^2}+\frac{4y^3}{\delta^3}-\frac{y^4}{\delta^4}\right)dy$

$= \delta - \dfrac{5}{3}\delta + \delta - \dfrac{1}{5}\delta = \dfrac{2}{15}\delta = 0.133\delta$

43. 그림과 같이 비중이 1.3인 유체 위에 깊이 1.1 m로 물이 채워져 있을 때 직경 5 cm의 탱크 출구로 나오는 유체의 평균 속도는 약 몇 m/s인가? (단, 탱크의 크기는 충분히 크고 마찰손실은 무시한다.)

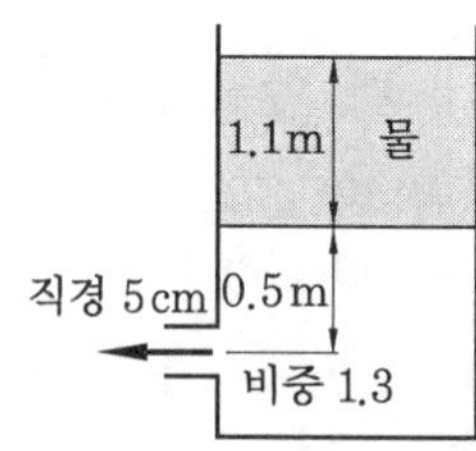

① 3.9　　② 5.1
③ 7.2　　④ 7.7

해설 $P = \gamma_w h = 9800 \times 1.1 = 10780$ Pa

$P = \gamma' h_e$ [Pa]

$\therefore$ 등가깊이$(h_e) = \dfrac{P}{\gamma'} = \dfrac{10780}{9800 \times 1.3} = 0.846$ m

$H = h_e + 0.5 = 0.846 + 0.5 = 1.346$ m

$\therefore V = \sqrt{2gH} = \sqrt{2 \times 9.8 \times 1.346} \fallingdotseq 5.14$ m/s

44. 그림과 같이 오일이 흐르는 수평관 사이로 두 지점의 압력차 $p_1 - p_2$를 측정하기 위하여 오리피스와 수은을 넣어 U자관을 설치하였다. $p_1 - p_2$로 옳은 것은? (단, 오일의 비중량은 γ_{oil}이며, 수은의 비중량은 γ_{Hg}이다.)

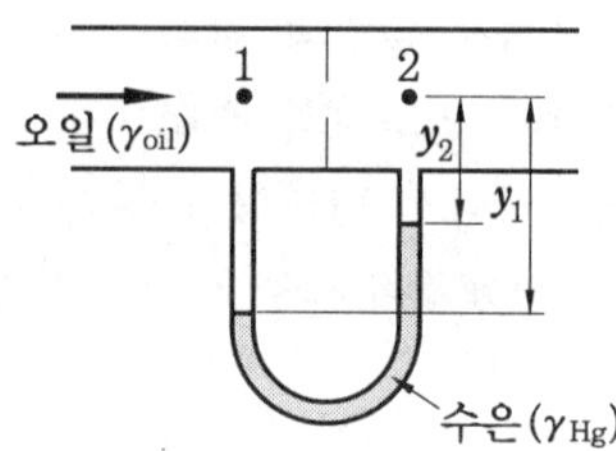

① $(y_1 - y_2)(\gamma_{Hg} - \gamma_{oil})$
② $y_2(\gamma_{Hg} - \gamma_{oil})$
③ $y_1(\gamma_{Hg} - \gamma_{oil})$
④ $(y_1 - y_2)(\gamma_{oil} - \gamma_{Hg})$

해설 $p_1 - p_2 = h(\gamma_{Hg} - \gamma_{oil})$

$= (y_1 - y_2)(\gamma_{Hg} - \gamma_{oil})$ [kPa]

45. 그림과 같이 폭이 2 m인 수문 ABC가 A점에서 힌지로 연결되어 있다. 그림과 같이 수문이 고정될 때 수평인 케이블 CD에 걸리는 장력은 약 몇 kN인가? (단, 수문의 무게는 무시한다.)

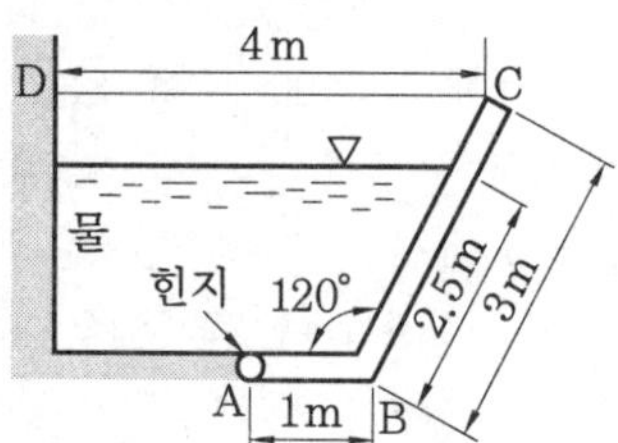

① 38.3　　② 35.4
③ 25.2　　④ 22.9

해설 $F = \gamma \bar{h} A = \gamma \bar{y} \sin\theta A$

$= 9.8 \times \dfrac{2.5}{2} \times \sin 60° \times (2.5 \times 2)$

$= 53.04$ kN

$y_p = \bar{y} + \dfrac{I_G}{A\bar{y}} = 1.25 + \dfrac{\dfrac{2 \times 2.5^3}{12}}{(2.5 \times 2) \times 1.25} \fallingdotseq 1.67$ m

$T_{CD} \times 3\sin 60°$

$= 53.04\sin 30° \times \{(2.5 - 1.67)\sin 30° + 1\}$
$+ 53.04\cos 30° \times (2.5 - 1.67)\cos 30°$

정답 43. ②　44. ①　45. ②

$+1\times 2.5\sin 60°\times 2\times 9.8\times 0.5$

$\therefore\ T_{CD}=35.3\text{ kN}$

46. 그림과 같이 속도가 V인 유체가 속도 U로 움직이는 곡면에 부딪혀 90°의 각도로 유동 방향이 바뀐다. 다음 중 유체가 곡면에 가하는 힘의 수평방향 성분의 크기가 가장 큰 것은? (단, 유체의 유동 단면적은 일정하다.)

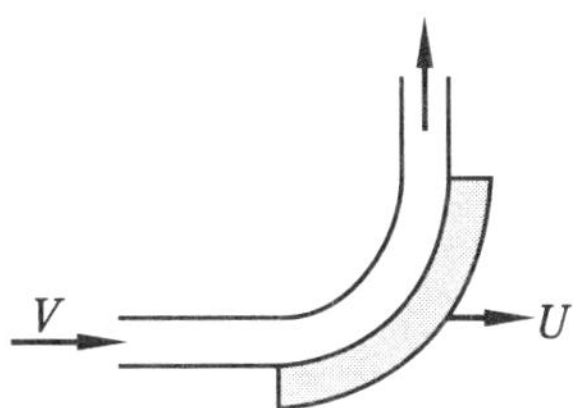

① $V=10\text{ m/s},\ U=5\text{ m/s}$

② $V=20\text{ m/s},\ U=15\text{ m/s}$

③ $V=10\text{ m/s},\ U=4\text{ m/s}$

④ $V=25\text{ m/s},\ U=20\text{ m/s}$

해설 $F=\rho A(V-U)^2(1-\cos\theta)$ [N]이므로 동일 조건에서는 곡면에 대한 분류의 상대속도 $(V-U)$가 큰 값이 수평방향에 가해지는 힘이 크다.

47. 담배 연기가 비정상 유동으로 흐를 때 순간적으로 눈에 보이는 담배 연기는 다음 중 어떤 것에 해당하는가?

① 유맥선

② 유적선

③ 유선

④ 유선, 유적선, 유맥선 모두에 해당됨

해설 유맥선(strek line)은 모든 유체 입자의 순간 궤적이다.

48. 지름이 10 cm인 원통에 물이 담겨져 있다. 수직인 중심축에 대하여 300 rpm의 속도로 원통을 회전시킬 때 수면의 최고점과 최저점의 수직 높이차는 약 몇 cm인가?

① 0.126 ② 4.2

③ 8.4 ④ 12.6

해설 $\omega=\frac{2\pi N}{60}=\frac{2\pi\times 300}{60}=31.42\text{ rad/s}$

$$\therefore\ h=\frac{r^2\omega^2}{2g}=\frac{0.05^2\times 31.42^2}{2\times 9.8}$$

$$≒0.126\text{ m}=12.6\text{ cm}$$

49. 밀도가 0.84 kg/m^{3}이고 압력이 87.6 kPa인 이상기체가 있다. 이 이상기체의 절대온도를 2배 증가시킬 때 이 기체에서의 음속은 약 몇 m/s인가? (단, 비열비는 1.4이다.)

① 380 ② 340

③ 540 ④ 720

해설 $P=\rho RT$에서

$$T=\frac{P}{\rho R}=\frac{87.6\times 10^3}{0.84\times 287}=363\text{ K}$$

$$\therefore\ C=\sqrt{\frac{kP}{\rho}}=\sqrt{kR(2T)}$$

$$=\sqrt{1.4\times 287\times 2\times 363}=540\text{ m/s}$$

50. 모세관을 이용한 점도계에서 원형관 내의 유동은 비압축성 뉴턴 유체의 층류 유동으로 가정할 수 있다. 원형관의 입구 측과 출구 측의 압력차를 2배로 늘렸을 때, 동일한 유체의 유량은 몇 배가 되는가?

① 2배 ② 4배

③ 8배 ④ 16배

해설 모세관을 이용한 점도계에서 원형관 내의 유동은 비압축성 뉴턴 유체의 층류 유동으로 가정하여 하겐-푸아죄유 방정식을 적용한다.

$Q=\frac{\Delta P\pi d^4}{128\mu L}$ [m^3/s]에서 $Q\propto\Delta P$ (유량은 압력차에 비례)이므로 2배가 된다.

51. 그림과 같이 날카로운 사각 모서리 입출구를 갖는 관로에서 전수두 H는? (단,

관의 길이를 l, 지름은 d, 관 마찰계수는 f, 속도수두는 $\frac{V^2}{2g}$이고, 입구 손실계수는 0.5, 출구 손실계수는 1.0이다.)

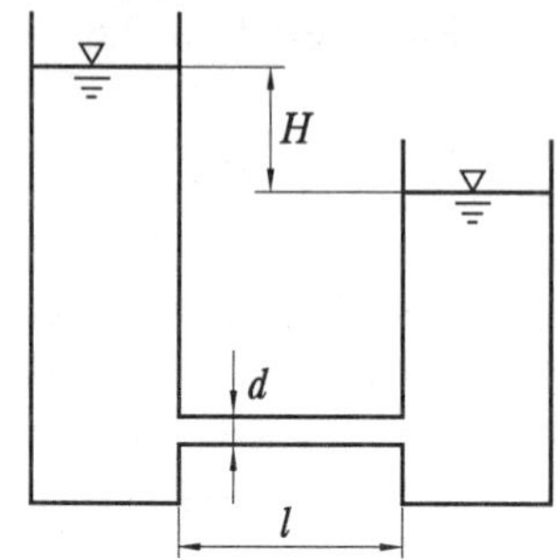

① $H=\left(1.5+f\frac{l}{d}\right)\frac{V^2}{2g}$

② $H=\left(1+f\frac{l}{d}\right)\frac{V^2}{2g}$

③ $H=\left(0.5+f\frac{l}{d}\right)\frac{V^2}{2g}$

④ $H=f\frac{l}{d}\frac{V^2}{2g}$

해설 $H=\left(K_1+f\frac{l}{d}+K_2\right)\frac{V^2}{2g}$

$=\left(0.5+f\frac{l}{d}+1\right)\frac{V^2}{2g}$

$=\left(1.5+f\frac{l}{d}\right)\frac{V^2}{2g}$ [m]

52. 길이 150 m인 배를 길이 10 m 모형으로 조파 저항에 관한 실험을 하고자 한다. 실형의 배가 70 km/h로 움직인다면 실형과 모형 사이의 역학적 상사를 만족하기 위한 모형의 속도는 몇 km/h인가?

① 271 ② 56
③ 18 ④ 10

해설 조파 저항은 프루드 수(Froude number)를 만족시켜야 하므로 $(Fr)_p=(Fr)_m$

$\left(\frac{V}{\sqrt{lg}}\right)_p=\left(\frac{V}{\sqrt{lg}}\right)_m$

$g_p \simeq g_m$

$\therefore V_m=V_p\sqrt{\frac{l_m}{l_p}}=70\times\sqrt{\frac{10}{150}}$

$=18.07$ km/h

53. 속도 퍼텐셜 $\phi=K\theta$인 와류 유동이 있다. 중심에서 반지름 r인 원주에 따른 순환(circulation)식으로 옳은 것은? (단, K는 상수이다.)

① 0 ② K
③ πK ④ $2\pi K$

해설 임의의 공간 곡선에 따른 순환(Γ)은 그 곡선을 경계에 갖고 임의의 공간 곡선 순환에 수직인 와도 성분(w_n)을 면적 적분한 것과 같다. 소용돌이 없는 흐름에 있어서 폐곡선을 일주할 때 속도 퍼텐셜($\phi=K\theta$)의 변화와 같다.

$\therefore$ 순환(Γ)$=2\pi K$

※ 비회전유동(소용돌이 없는 흐름) 시 순환은 0이다.

54. 그림과 같이 평행한 두 원판 사이에 점성계수 $\mu=0.2\,\mathrm{N\cdot s/m^2}$인 유체가 채워져 있다. 아래 판은 정지되어 있고 위 판은 1800 rpm으로 회전할 때 작용하는 돌림힘은 몇 N인가?

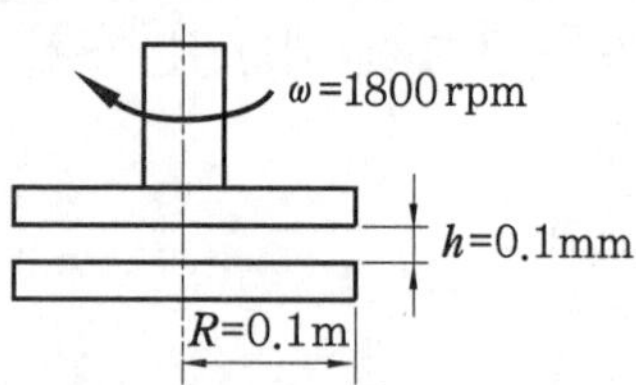

① 9.4 ② 38.3 ③ 46.3 ④ 59.2

해설 미소회전토크(dT)

$=r\tau dA=r\mu\frac{r\omega}{h}2\pi rdr$

여기서, $\tau=\mu\frac{r\omega}{h}$ [Pa]

$\therefore T=2\pi\mu\frac{\omega}{h}\int_0^R r^3dr$

정답 52. ③ 53. ④ 54. ④

$= 2\pi\mu \frac{\omega}{h}\left[\frac{r^4}{4}\right]_0^R = \frac{\pi}{2}\mu\frac{\omega R^4}{h}$

$= \frac{\pi}{2} \times 0.2 \times \frac{1}{0.1\times10^{-3}} \times \frac{2\pi\times1800}{60} \times 0.1^4$

$\fallingdotseq 59.2\,\text{N}\cdot\text{m}$

55. **피에조미터관에 대한 설명으로 틀린 것은?**

① 계기유체가 필요 없다.
② U자관에 비해 구조가 단순하다.
③ 기체의 압력 측정에 사용할 수 있다.
④ 대기압 이상의 압력 측정에 사용할 수 있다.

해설 피에조미터관은 압력 측정용 액주계로 용기 속의 유체는 기체가 아닌 액체이어야 한다.

56. **지름 100 mm 관에 글리세린이 9.42 L/min의 유량으로 흐른다. 이 유동은? (단, 글리세린의 비중은 1.26, 점성계수는 $\mu = 2.9\times10^{-4}$ kg/m · s이다.)**

① 난류 유동　② 층류 유동
③ 천이 유동　④ 경계층 유동

해설 $Q = AV\,[\text{m}^3/\text{s}]$에서

$$V = \frac{Q}{A} = \frac{Q}{\frac{\pi d^2}{4}} = \frac{4Q}{\pi d^2} = \frac{4\times\frac{9.42\times10^{-3}}{60}}{\pi\times0.1^2}$$

$= 0.02\,\text{m/s}$

$\therefore\ Re = \frac{\rho V d}{\mu}$

$= \frac{(1000\times1.26)\times0.02\times0.1}{2.9\times10^{-4}}$

$= 8690 > 4000$이므로 난류 유동

57. **중력 가속도 g, 체적유량 Q, 길이 L로 얻을 수 있는 무차원수는?**

① $\frac{Q}{\sqrt{gL}}$　② $\frac{Q}{\sqrt{gL^3}}$
③ $\frac{Q}{\sqrt{gL^5}}$　④ $Q\sqrt{gL^3}$

해설 $\Pi = \frac{Q}{\sqrt{gL^5}} = \frac{\text{m}^3/\text{s}}{(\text{m/s}^2\times\text{m}^5)^{\frac{1}{2}}}$

$= \frac{\text{m}^3/\text{s}}{(\text{m}^6/\text{s}^2)^{\frac{1}{2}}} = 1$

58. **다음 유체역학적 양 중 질량 차원을 포함하지 않는 양은 어느 것인가? (단, MLT 기본 차원을 기준으로 한다.)**

① 압력　② 동점성계수
③ 모멘트　④ 점성계수

해설 동점성계수의 단위는 m^2/s로 차원이 L^2T^{-1}이므로 질량 차원(M)을 포함하지 않는다.

① 압력(P)
$= FL^{-2} = (MLT^{-2})L^{-2} = ML^{-1}T^{-2}$

③ 모멘트(M)
$= FL = (MLT^{-2})L^{-2} = ML^2T^{-2}$

④ 점성계수(μ)
$= FTL^{-2} = (MLT^{-2})TL^{-2} = ML^{-1}T^{-1}$

59. **그림과 같이 물이 유량 Q로 저수조로 들어가고, 속도 $V = \sqrt{2gh}$로 저수조 바닥에 있는 면적 A_2의 구멍을 통하여 나간다. 저수조의 수면 높이가 변화하는 속도 $\frac{dh}{dt}$는?**

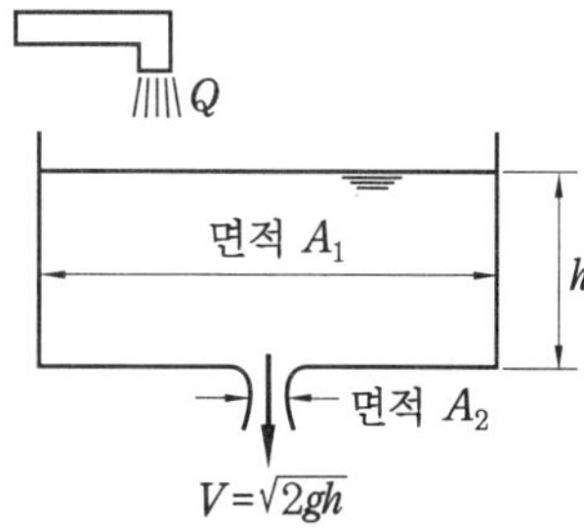

① $\frac{Q}{A_2}$　② $\frac{A_2\sqrt{2gh}}{A_1}$

③ $\dfrac{Q-A_2\sqrt{2gh}}{A_2}$ ④ $\dfrac{Q-A_2\sqrt{2gh}}{A_1}$

해설 $V=\dfrac{dh}{dt}=\dfrac{Q-A_2\sqrt{2gh}}{A_1}$ [m/s]

60. 현의 길이가 7 m인 날개의 속력이 500 km/h로 비행할 때 이 날개가 받는 양력이 4200 kN이라고 하면 날개의 폭은 약 몇 m인가? (단, 양력계수 $C_L=1$, 항력계수 $C_D=0.02$, 밀도 $\rho=1.2\,\text{kg/m}^3$이다.)

① 51.84 ② 63.17
③ 70.99 ④ 82.36

해설 $V=500\,\text{km/h}=\dfrac{500}{3.6}\,\text{m/s}=138.89\,\text{m/s}$

$L=C_L\dfrac{\rho AV^2}{2}=C_L\dfrac{\rho bl V^2}{2}$ [N]

$\therefore\ b=\dfrac{2L}{C_L\rho l V^2}=\dfrac{2\times4200\times10^3}{1\times1.2\times7\times138.89^2}$

$\fallingdotseq 51.84\,\text{m}$

제 4 과목 **유체기계 및 유압기기**

61. 다음 중 액체에 에너지를 주어 이것을 저압부(낮은 곳)에서 고압부(높은 곳)로 송출하는 기계를 무엇이라고 하는가?

① 수차 ② 펌프
③ 송풍기 ④ 컨베이어

해설 유체를 낮은 곳에서 높은 곳으로 올리거나 유체에 압력을 주어서 멀리 수송하는 유체 기계를 펌프(pump)라 한다.

62. 원심 펌프의 송출유량이 $0.7\,\text{m}^3/\text{min}$이고, 관로의 손실수두가 7 m이었다. 이 펌프로 펌프 중심에서 1 m 아래에 있는 저수조에서 물을 흡입하여 26 m의 높이에 있는 송출 탱크 면으로 양수하려고 할 때 이 펌프의 수동력(kW)은?

① 3.9 ② 5.1 ③ 7.4 ④ 9.6

해설 전양정$(H)=1+26+7=34\,\text{m}$

수동력$(L_w)=\gamma_w QH=9.8QH$

$=9.8\times\dfrac{0.7}{60}\times34\fallingdotseq3.9\,\text{kW}$

63. 풍차에 관한 설명으로 틀린 것은?

① 후단의 방향날개로써 풍차축의 방향 조정을 하는 형식을 미국형 풍차라고 한다.
② 보조풍차가 회전하기 시작하여 터빈축의 방향을 바람의 방향에 맞추는 형식을 유럽형 풍차라고 한다.
③ 바람의 방향이 바뀌어도 회전수를 일정하게 유지하기 위해서는 깃 각도를 조절하는 방식이 유용하다.
④ 풍속을 일정하게 하여 회전수를 줄이면 바람에 대한 영각이 감소하여 흡수동력이 감소한다.

64. 터보형 유체 전동장치의 장점으로 틀린 것은?

① 구조가 비교적 간단하다.
② 기계를 시동할 때 원동기에 무리가 생기지 않는다.
③ 부하토크의 변동에 따라 자동적으로 변속이 이루어진다.
④ 출력축의 양방향 회전이 가능하다.

해설 터보형 유체 전동장치인 원심 펌프는 임펠러(회전차)의 속도에너지를 압력에너지로 변화시키는 장치로 출력축의 한방향 회전이 가능(양방향 회전은 불가능)하다.

65. 유효 낙차를 H[m], 유량을 $Q[\text{m}^3/\text{s}]$, 물의 비중량을 $\gamma[\text{kg/m}^3]$라고 할 때 수차의 이론출력 L_{th}[kW]을 나타내는 식으로

정답 60. ① 61. ② 62. ① 63. ④ 64. ④ 65. ②

옳은 것은?

① $L_{th} = \frac{\gamma QH}{75}$

② $L_{th} = \frac{\gamma QH}{102}$

③ $L_{th} = \gamma QH$

④ $L_{th} = 102\gamma QH$

66. **펌프계에서 발생할 수 있는 수격 작용(water hammer)의 방지 대책으로 틀린 것은?**

① 토출배관은 가능한 적은 구경을 사용한다.

② 펌프에 플라이휠을 설치한다.

③ 펌프가 급정지하지 않도록 한다.

④ 토출 관로에 서지탱크 또는 서지밸브를 설치한다.

해설 수격 현상의 방지 대책

(1) 관로의 관경을 크게 한다.
(2) 관로 내의 유속을 낮게 한다.
(3) 조압수조(surge tank)를 설치한다.
(4) 플라이휠을 설치한다.
(5) 펌프 송출구 가까이에 밸브를 설치한다.

67. **펠턴 수차의 니들 밸브가 주로 조절하는 것은 무엇인가?**

① 노즐에서의 분류 속도

② 분류의 방향

③ 유량

④ 버킷의 각도

해설 펠턴 수차의 구조

- 니들 밸브 : 유량 조절 밸브
- 전향기(디플렉터) : 수압관 내의 수격 현상 방지

68. **다음 중 베인 펌프의 장점으로 틀린 것은?**

① 송출 압력의 맥동이 거의 없다.

② 깃의 마모에 의한 압력 저하가 일어나지 않는다.

③ 펌프의 유동력에 비하여 형상치수가 작다.

④ 구성 부품 수가 적고 단순한 형상을 하고 있으므로 고장이 적다.

해설 베인 펌프의 특징

(1) 수명이 길고 장시간 안정된 성능을 발휘할 수 있어서 산업 기계에 많이 쓰인다.
(2) 송출압력의 맥동이 적고 소음이 작다.
(3) 고장이 적고 보수가 용이하다.
(4) 펌프 유동력에 비해 형상치수가 작다.
(5) 피스톤 펌프보단 단가가 싸다.
(6) 기름의 오염에 주의하고 흡입 진공도가 허용 한도 이하이어야 한다.
(8) 부품의 수가 많아 보수 유지에 주의할 필요가 있다.

69. **펌프를 회전차의 형상에 따라 분류할 때, 다음 중 펌프의 분류가 다른 하나는 어느 것인가?**

① 피스톤 펌프 ② 플런저 펌프

③ 베인 펌프 ④ 사류 펌프

해설 (1) 터보형 펌프 : 원심 펌프, 축류 펌프, 사류 펌프

(2) 용적형 펌프

- 왕복식 : 피스톤 펌프, 플런저 펌프, 다이어프램 펌프
- 회전식 : 기어 펌프, 나사 펌프, 베인 펌프

70. **프란시스 수차에서 스파이럴(spiral)형에 속하지 않는 것은?**

① 횡축 단륜 단사 수차

② 횡축 단륜 복사 수차

③ 입축 단륜 단사 수차

④ 입축 이륜 단류 수차

정답 66. ① 67. ③ 68. ④ 69. ④ 70. ④

71. 펌프에 대한 설명으로 틀린 것은?

① 피스톤 펌프는 피스톤을 경사판, 캠, 크랭크 등에 의해서 왕복 운동시켜 액체를 흡입 쪽에서 토출 쪽으로 밀어내는 형식의 펌프이다.

② 레이디얼 피스톤 펌프는 피스톤의 왕복 운동 방향이 구동축에 거의 직각인 피스톤 펌프이다.

③ 기어 펌프는 케이싱 내에 물리는 2개 이상의 기어에 의해 액체를 흡입 쪽에서 토출 쪽으로 밀어내는 형식의 펌프이다.

④ 터보 펌프는 덮개차를 케이싱 외에 회전시켜 액체로부터 운동에너지를 뺏어 액체를 토출하는 형식의 펌프이다.

해설 터보(터빈) 펌프는 임펠러를 케이싱 내에 회전시켜 액체에 운동에너지를 공급하는 형식의 펌프이다.

72. 그림의 유압 회로도에서 ⓐ의 밸브 명칭으로 옳은 것은?

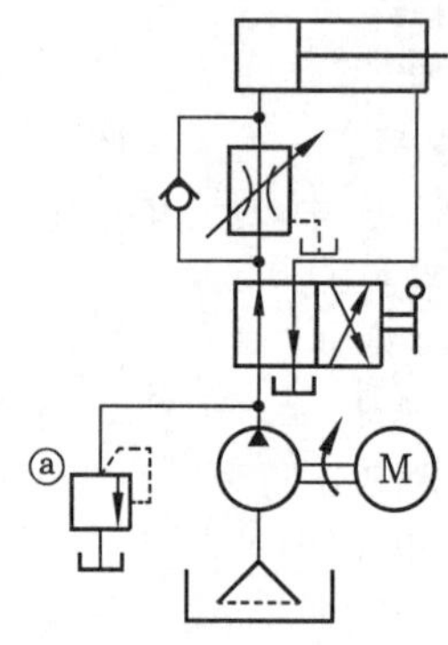

① 스톱 밸브

② 릴리프 밸브

③ 무부하 밸브

④ 카운터 밸런스 밸브

73. 미터 아웃 회로에 대한 설명으로 틀린 것은?

① 피스톤 속도를 제어하는 회로이다.

② 유량 제어 밸브를 실린더의 입구 측에 설치한 회로이다.

③ 기본형은 부하변동이 심한 공작기계의 이송에 사용된다.

④ 실린더에 배압이 걸리므로 끌어당기는 하중이 작용해도 자주할 염려가 없다.

해설 미터 아웃 회로(meter out circuit)는 유량 제어 밸브를 실린더의 출구 측에 설치한 회로이고, 미터 인 회로(meter in circuit)는 유량 제어 밸브를 실린더의 입구 측에 설치한 회로이다.

74. 압력 제어 밸브의 종류가 아닌 것은?

① 체크 밸브

② 감압 밸브

③ 릴리프 밸브

④ 카운터 밸런스 밸브

해설 체크 밸브(check valve)는 방향 제어 밸브의 대표적인 밸브로 유체를 한쪽 방향으로만 흐르게 하고, 반대 쪽은 차단시켜주는 역류 방지용 밸브이다.

75. 유압유의 구비 조건으로 적절하지 않은 것은?

① 압축성이어야 한다.

② 점도 지수가 커야 한다.

③ 열을 방출시킬 수 있어야 한다.

④ 기름 중의 공기를 분리시킬 수 있어야 한다.

해설 유압유의 구비 조건

(1) 비압축성($\rho = C$)이어야 한다.

(2) 적절한 점도가 유지되어야 한다.

(3) 장시간 사용하여도 화학적으로 안정하여야 한다.

(4) 녹이나 부식 발생 등이 방지되어야 한다.

(5) 열을 방출시킬 수 있어야 한다.

정답 71. ④ 72. ② 73. ② 74. ① 75. ①

(6) 외부로부터 침입한 불순물을 침전 분리시킬 수 있고, 기름 중의 공기를 분리시킬 수 있어야 한다.

76. 유압 실린더 취급 및 설계 시 주의사항으로 적절하지 않은 것은?

① 적당한 위치에 공기구멍을 장치한다.
② 쿠션 장치인 쿠션 밸브는 감속범위의 조정용으로 사용한다.
③ 쿠션 장치인 쿠션링은 헤드 엔드축에 흐르는 오일을 촉진한다.
④ 원칙적으로 더스트 와이퍼를 연결해야 한다.

해설 유압 실린더의 쿠션 장치는 유압 실린더의 피스톤이 고속으로 후진할 때 발생하는 관성 에너지를 유체의 저항력, 즉 열에너지로 흡수함으로써 초과압력에 의한 누유 발생 위험을 제거한다.

77. 유체 토크 컨버터의 주요 구성 요소가 아닌 것은?

① 펌프 ② 터빈
③ 스테이터 ④ 릴리프 밸브

해설 유체 토크 컨버터는 토크를 변환하여 동력을 전달하는 장치로 펌프, 스테이터, 터빈으로 구성되어 있다.

78. 유압 장치의 특징으로 적절하지 않은 것은?

① 원격 제어가 가능하다.
② 소형 장치로 큰 출력을 얻을 수 있다.
③ 먼지나 이물질에 의한 고장의 우려가 없다.
④ 오일에 기포가 섞여 작동이 불량할 수 있다.

해설 유압 장치는 먼지나 이물질에 의한 고장의 우려가 크다.

79. 그림과 같은 유압 기호의 명칭은?

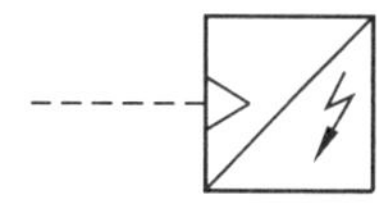

① 경음기
② 소음기
③ 리밋 스위치
④ 아날로그 변환기

80. 채터링 현상에 대한 설명으로 적절하지 않은 것은?

① 소음을 수반한다.
② 일종의 자려 진동 현상이다.
③ 감압 밸브, 릴리프 밸브 등에서 발생한다.
④ 압력, 속도 변화에 의한 것이 아닌 스프링의 강성에 의한 것이다.

해설 채터링 현상 : 감압 밸브, 체크 밸브, 릴리프 밸브 등에서 밸브 시트를 두드려 높은 소음을 내는 자려 진동 현상

제 5 과목 건설기계일반 및 플랜트배관

81. 오스테나이트계 스테인리스강의 설명으로 틀린 것은?

① 18-8 스테인리스강으로 통용된다.
② 비자성체이며 열처리하여도 경화되지 않는다.
③ 저온에서는 취성이 크며 크리프강도가 낮다.
④ 인장강도에 비하여 낮은 내력을 가지며, 가공 경화성이 높다.

해설 오스테나이트계 스테인리스강은 18Cr-8Ni 스테인리스강으로 담금질이 되지 않는다. 연전성이 크고 비자성체이며, 13Cr

정답 76. ③ 77. ④ 78. ③ 79. ④ 80. ④ 81. ③

보다 내식·내열성이 우수하다. 오스테나이트 스테인리스강의 연성-취성 천이 온도는 최저 -269℃까지 유지될 수 있을 정도로 저온 특성이 우수하다. 그러나 마텐자이트나 페라이트계 스테인리스강은 일반 탄소강과 비슷한 저온 한계를 가진다.

82. 굴삭기의 3대 주요 구성 요소가 아닌 것은?

① 작업장치 ② 상부 회전체
③ 중간 선회체 ④ 하부 구동체

해설 굴삭기의 구조는 상부 선회부, 하부 주행부, 전부장치 등 3등분으로 구성되며 상부 선회체의 앞부분은 핀에 의해 붐과 작업장치가 연결되어 있고 하부는 선회 베어링에 의해 연결되어 있다. 상부 선회체의 왼쪽에는 조종실, 오른쪽에는 연료 탱크와 오일 탱크, 뒤쪽에는 엔진과 펌프가 설치되어 있다.

83. 타이어식 굴삭기와 무한궤도식 굴삭기를 비교할 때, 타이어식 굴삭기의 특징으로 틀린 것은?

① 기동성이 나쁘다.
② 견인력이 약하다.
③ 습지, 사지, 활지의 운행이 곤란하다.
④ 암석지에서 작업 시 타이어가 손상되기 쉽다.

해설 (1) 무한궤도식 굴삭기 : 하부장치의 주행부에 무한궤도 벨트를 장착한 자주식 굴삭기로서, 견인력이 크고 습지, 모래지반, 경사지 및 채석장 등 험난한 작업장 등에서 굴삭 능률이 높은 장비이다.
(2) 타이어식 굴삭기 : 하부장치의 주행부에 타이어를 장착한 자주식 굴삭기로서, 주행속도가 30~40 km/h 정도로 기동성이 좋아 이동거리가 긴 작업장에서는 무한궤도식 굴삭기보다 작업 능률이 높은 장비이다.

84. 덤프트럭의 축간거리가 1.2 m인 차를 왼쪽으로 완전히 꺾을 때 오른쪽 바퀴의 각도가 45°이고, 왼쪽 바퀴의 각도가 30°일 때, 이 덤프트럭의 최소회전반경은 약 몇 m인가?(단, 킹핀과 타이어 중심 간의 거리는 무시한다.)

① 1.7 ② 3.4
③ 5.4 ④ 7.8

해설 최소회전반경(R)

$$= \frac{L}{\sin\alpha} = \frac{1.2}{\sin 45°} \fallingdotseq 1.7\,\text{m}$$

85. 수중의 토사, 암반 등을 파내는 건설기계로 항만, 항로, 선착장 등의 축항 및 기초공사에 사용되는 것은?

① 준설선 ② 쇄석기
③ 노상 안정기 ④ 스크레이퍼

해설 준설선은 강·항만·항로 등의 바닥에 있는 흙·모래·자갈·돌 등을 파내는 시설을 장비한 배로, 펌프식, 버킷식, 디퍼식, 그래브식 등이 있다.

86. 조향장치에서 조향력을 바퀴에 전달하는 부품 중에 바퀴의 토(toe) 값을 조정할 수 있는 것은?

① 피트먼 암 ② 너클 암
③ 드래그 링크 ④ 스크레이퍼

해설 ① 피트먼 암 : 축의 회전 운동을 릴레이 로드에서 수평 운동으로 바꾸어 주는 스티어링 기어 섹터 샤프트에 연결된 암을 말한다. 한쪽은 섹터 축에 설치되고, 다른 한쪽은 볼 이음으로 릴레이 로드에 연결되어, 조향력을 드래그 링크나 릴레이 로드에 전달한다.
② 너클 암 : 타이 로드에 연결되어 타이 로드로부터의 힘을 너클에 전하는 팔과 같은 작용을 하는데, 앞바퀴는 핸들을 꺾는 것으로 방향을 바꾸고, 앞바퀴 서스

정답 82. ③ 83. ① 84. ① 85. ① 86. ④

펜션을 구성하는 부품 중에서 좌우 방향으로 목을 흔드는 부분을 너클이라고 부른다. 너클을 좌우로 움직이는 것은 핸들 장치로부터의 힘이고, 그 힘을 받아 너클을 움직이는 팔이 너클 암이다.

③ 드래그 링크 : 피트먼 암과 조향 너클을 연결하는 로드로, 양 끝이 볼 이음으로 되어 있다. 볼 섭동부 마모를 적게 하고 노면 충격을 흡수하기 위하여 볼 속에는 스프링이 들어 있다.

87. **표준 버킷용량(m^3)으로 규격을 나타내는 건설기계는?**

① 모터 그레이더
② 기중기
③ 지게차
④ 로더

해설 건설기계의 규격 표시

① 모터 그레이더 : 표준 배토판의 길이(m)
② 기중기 : 들어올림능력(t)과 그때의 작업반경(m)
③ 지게차 : 최대들어올림 용량(t)
④ 로더 : 표준 버킷의 산적용량(m^3)

88. **쇄석기의 종류 중 임팩트 크러셔의 규격은?**

① 시간당 쇄석능력(ton/h)
② 시간당 이동거리(km/h)
③ 롤의 지름(mm)×길이(mm)
④ 쇄석 판의 폭(mm)×길이(mm)

해설 쇄석기의 종류에 따른 규격

(1) 조 쇄석기 : 조간의 최대거리(mm)×쇄석판의 너비(mm)
(2) 롤 쇄석기 : 롤의 지름(mm)×길이(mm)
(3) 자이러토리 쇄석기 : 콘케이브와 맨틀 사이의 간격(mm)×맨틀 지름(mm)
(4) 콘 쇄석기 : 맨틀의 최대지름(mm)
(5) 임팩트 또는 해머 쇄석기 : 시간당 쇄석능력(t/h)
(6) 밀 쇄석기 : 드럼 지름(mm)×길이(mm)

89. **아스팔트 피니셔의 각 부속장치에 대한 설명으로 틀린 것은?**

① 리시빙 호퍼 : 운반된 혼합재(아스팔트)를 저장하는 용기이다.
② 피더 : 노면에 살포된 혼합재를 매끈하게 다듬는 판이다.
③ 스프레이팅 스쿠루 : 스크리드에 설치되어 혼합재를 균일하게 살포하는 장치이다.
④ 댐퍼 : 스크리드 앞쪽에 설치되어 노면에 살포된 혼합재를 요구되는 두께로 다져주는 장치이다.

해설 피더는 호퍼 내부의 아스팔트를 스프레더에 보내는 장치로서 컨베이어와 모양과 기능이 유사하여 제작사에 따라 피더 컨베어이라고도 한다. 일반적으로 좌우 2개 조로 설치되며 재료 공급 센서를 통해 자동 또는 수동으로 작동시킬 수 있다.

※ 노면에 살포된 혼합재를 매끈하게 다듬는 판은 스크리드이다.

90. **플랜트 배관 설비에서 열응력이 주요 요인이 되는 경우의 파이프 래크상의 배관 배치에 관한 설명으로 틀린 것은?**

① 루프형 신축 곡관을 많이 사용한다.
② 온도가 높은 배관일수록 내측(안쪽)에 배치한다.
③ 관 지름이 큰 것일수록 외측(바깥쪽)에 배치한다.
④ 루프형 신축 곡관은 파이프 래크상의 다른 배관보다 높게 배치한다.

해설 최대 구경, 최고 온도일수록 외측에 배열한다.

91. **배관 지지 장치인 브레이스에 대한 설**

정답 87. ④ 88. ① 89. ② 90. ② 91. ①

명으로 적절하지 않은 것은?

① 방진 효과를 높이려면 스프링 정수를 낮춰야 한다.

② 진동을 억제하는 데 사용되는 지지 장치이다.

③ 완충기는 수격작용, 안전밸브의 반력 등의 충격을 완화하여 준다.

④ 유압식은 구조상 배관의 이동에 대하여 저항이 없고 방진효과도 크므로 규모가 큰 배관에 많이 사용한다.

92. 감압 밸브 설치 시 주의사항으로 적절하지 않은 것은?

① 감압 밸브는 수평 배관에 수평으로 설치하여야 한다.

② 배관의 열응력이 직접 감압 밸브에 가해지지 않도록 전후 배관에 고정이나 지지를 한다.

③ 감압 밸브에 드레인이 들어오지 않는 배관 또는 드레인 빼기를 행하여 설치해야 한다.

④ 감압 밸브의 전후에 압력계를 설치하고 입구 측에는 글로브 밸브를 설치한다.

해설 감압 밸브(reducing valve)는 수평 배관에 수직으로 설치하여야 한다.

93. 물의 비중량이 9810 N/m^{3}이며, 500 kPa의 압력이 작용할 때 압력수두는 약 몇 m인가?

① 1.962 ② 19.62

③ 5.097 ④ 50.97

해설 압력(P)=비중량(γ)×수두(H)

$$\therefore \text{수두}(H) = \frac{P}{\gamma} = \frac{500 \times 10^3}{9810} = 50.97\,\text{m}$$

94. 빙점(0℃) 이하의 낮은 온도에 사용하며 저온에서도 인성이 감소되지 않아 각종 화학공업, LPG, LNG 탱크 배관에 적합한 배관용 강관은?

① 배관용 탄소 강관

② 저온 배관용 강관

③ 압력 배관용 강관

④ 고온 배관용 강관

해설 저온 배관용 강관은 빙점 이하의 특히 낮은 온도에서 배관에 사용되는 강관으로 KS D 3569에서 규정하고 있다.

95. KS 규격에 따른 고압 배관용 탄소 강관의 기호로 옳은 것은?

① SPHL ② SPHT

③ SPPH ④ SPPS

해설 (1) SPLT : 저온 배관용 탄소 강관

(2) SPHT : 고온 배관용 탄소 강관

(3) SPPH : 고압 배관용 탄소 강관

(4) SPPS : 압력 배관용 탄소 강관

96. 호브식 나사 절삭기에 대한 설명으로 적절하지 않은 것은?

① 나사 절삭 전용 기계로서 호브를 저속으로 회전시키면서 나사 절삭을 한다.

② 관은 어미나사와 척의 연결에 의해 1회전할 때마다 1피치만큼 이동하여 나사가 절삭된다.

③ 이 기계에 호브와 파이프 커터를 함께 장착하면 관의 나사 절삭과 절단을 동시에 할 수 있다.

④ 관의 절단, 나사 절삭, 거스러미 제거 등의 일을 연속적으로 할 수 있기 때문에 현장에서 가장 많이 사용한다.

해설 ④는 다이헤드식 나사 절삭기에 대한 설명이다.

97. 일반적으로 배관의 위치를 결정할 때

정답 92. ① 93. ④ 94. ② 95. ③ 96. ④ 97. ④

기능, 시공, 유지관리의 관점에서 적절하지 않은 것은?

① 급수 배관은 아래쪽으로 배관해야 한다.
② 전기 배선, 덕트 및 연도 등은 위쪽에 설치한다.
③ 자연중력식 배관은 배관구배를 엄격히 지켜야 하며 굽힘부를 적게 하여야 한다.
④ 파손 등에 의해 누수가 염려되는 배관의 위치는 위쪽으로 하는 것이 유지관리상 편리하다.

98. **관 절단 후 관 단면의 안쪽에 생기는 거스러미(쇳밥)를 제거하는 공구는?**

① 파이프 커터
② 파이프 리머
③ 파이프 렌치
④ 바이스

해설 ① 파이프 커터 : 관을 절단할 때 사용하는 공구
② 파이프 리머 : 파이프 커터로 관을 잘랐을 때 생기는 거스러미(burr)를 제거할 때 사용하는 공구
③ 파이프 렌치 : 관을 회전시키거나 이음쇠를 죄고 풀 때 사용하는 공구
④ 바이스 : 기계 공작에서 공작물을 끼워 고정하는 기구

99. **배관의 부식 및 마모 등으로 작은 구멍이 생겨 유체가 누설될 경우에 다른 방법으로는 누설을 막기가 곤란할 때 사용하는 응급조치법은?**

① 핫태핑법 ② 인젝션법
③ 박스 설치법 ④ 스터핑 박스법

해설 배관설비의 응급조치법
(1) 코킹법 : 관내의 압력과 온도가 비교적 낮고 누설 부분이 작은 경우 정을 대고 때려서 기밀을 유지하는 응급조치 방법
(2) 인젝션법 : 부식, 마모 등으로 작은 구멍이 생겨 유체가 누설될 경우 고무 제품의 각종 크기로 된 볼을 일정량 넣고, 유체를 채운 후 펌프를 작동시켜 누설 부분을 통과하려는 볼이 누설 부분에 정착, 누설을 미량이 되게 하거나 정지시키는 응급조치법
(3) 스터핑 박스법 : 밸브류 등의 글랜드 패킹부에서 너트를 조여도 조일 여분이 없어 누설이 계속될 때 스터핑 박스를 설치하여 누설을 방지하는 방법
(4) 박스 설치법 : 내압이 높고 고온인 유체가 누설될 경우 벤트 밸브를 설치하여 누설을 방지하는 응급조치 방법
(5) 핫태핑법 및 플러깅법 : 장치의 운전을 정지시키지 않고 유체가 흐르는 상태에서 고장을 수리하는 것으로 바이패스를 시키거나 분기하여 유체를 우회 통과시키는 응급조치 방법

100. **평면상의 변위 뿐 아니라 입체적인 변위까지 안전하게 흡수하므로 어떠한 형상에 의한 신축에도 배관이 안전하며 설치공간이 적은 신축 이음의 형태는?**

① 슬리브형 ② 벨로스형
③ 스위블형 ④ 볼조인트형

해설 ① 슬리브형 : 이음쇠의 본체와 슬리브 파이프로 되어 있으며, 관의 팽창과 수축은 본체 속을 미끄러지는 이음쇠 파이프에 의해 흡수된다.
② 벨로스형 : 팩리스 이음이라고도 하며, 벨로스의 변형으로 신축을 흡수한다.
③ 스위블형 : 2개 이상의 엘보를 사용하여 이음부 나사의 회전을 이용해서 신축을 흡수한다.
④ 볼조인트형 : 증기 · 물 · 기름 등의 배관에서 평면 및 입체적인 변위까지 안전하게 흡수하는 최근 개발된 방식이다.

정답 98. ② 99. ② 100. ④

건설기계설비기사 2020년 8월 22일 (제3회)

제1과목 재료역학

1. 길이 10 m, 단면적 2 cm^{2}인 철봉을 100℃에서 그림과 같이 양단을 고정했다. 이 봉의 온도가 20℃로 되었을 때 인장력은 약 몇 kN인가? (단, 세로탄성계수는 200 GPa, 선팽창계수 $\alpha=0.000012$/℃이다.)

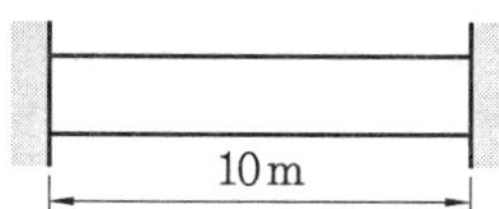

① 19.2 ② 25.5
③ 38.4 ④ 48.5

해설 $P=\sigma A=EA\alpha\Delta t$

$=200\times10^6\times2\times10^{-4}\times0.000012\times80$

$=38.4\text{ kN}$

2. 다음 외팔보가 균일 분포하중을 받을 때, 굽힘에 의한 탄성 변형 에너지는? (단, 굽힘 강성 EI는 일정하다.)

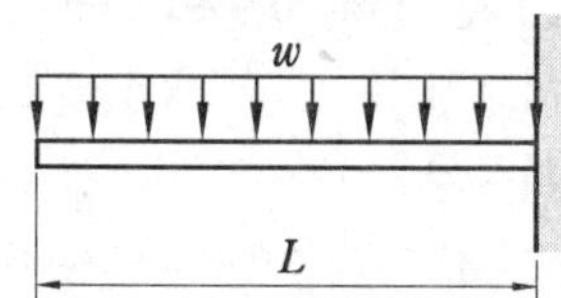

① $U=\dfrac{w^2L^5}{20EI}$ ② $U=\dfrac{w^2L^5}{30EI}$

③ $U=\dfrac{w^2L^5}{40EI}$ ④ $U=\dfrac{w^2L^5}{50EI}$

해설 $U=\dfrac{1}{2EI}\int_0^L M_x^2dx$

$=\dfrac{1}{2EI}\int_0^L\left(\dfrac{wx^2}{2}\right)^2dx$

$=\dfrac{w^2}{8EI}\int_0^L x^4dx=\dfrac{w^2}{8EI}\left[\dfrac{x^5}{5}\right]_0^L=\dfrac{w^2}{8EI}\times\dfrac{L^5}{5}$

$=\dfrac{w^2L^5}{40EI}$ [kJ]

3. 그림과 같은 단순 지지보에 모멘트(M)와 균일 분포하중(w)이 작용할 때, A점의 반력은?

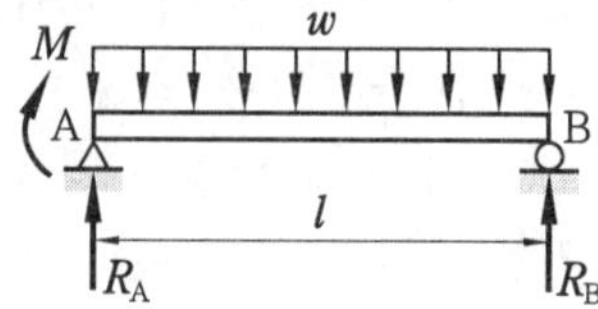

① $\dfrac{wl}{2}-\dfrac{M}{l}$ ② $\dfrac{wl}{2}-M$

③ $\dfrac{wl}{2}+M$ ④ $\dfrac{wl}{2}+\dfrac{M}{l}$

해설 $\Sigma M_B=0$ ⊕ ⊖

$M+R_Al-wl\dfrac{l}{2}=0$

$R_Al=\dfrac{wl^2}{2}-M$

$\therefore\ R_A=\dfrac{wl}{2}-\dfrac{M}{l}$ [N]

4. 그림과 같은 부채꼴의 도심(centroid)의 위치 $\bar{x}$는?

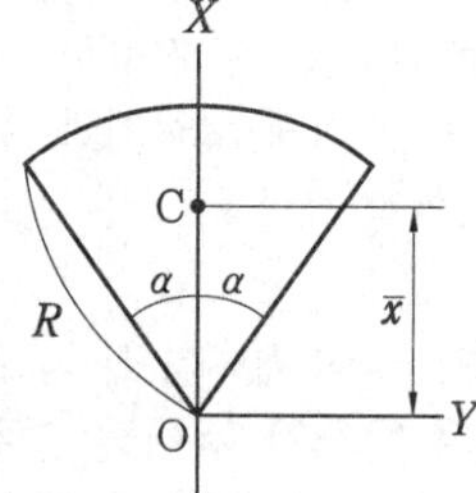

① $\bar{x}=\dfrac{2}{3}R$ ② $\bar{x}=\dfrac{3}{4}R$

③ $\bar{x}=\dfrac{3}{4}R\sin\alpha$ ④ $\bar{x}=\dfrac{2R}{3\alpha}\sin\alpha$

해설 $2\pi:\pi R^2=2\alpha:A$에서

$A=\alpha R^2$ [cm^2]

$G_y=\int_A xdA=A\bar{x}$ [cm^3]

정답 1. ③ 2. ③ 3. ① 4. ④

$$= \alpha R^2\left(\frac{2R}{3\alpha}\sin\alpha\right) = \frac{2}{3}R^3\sin\alpha\,[\text{cm}^3]$$

$$\therefore\ \bar{x} = \frac{G_y}{A} = \frac{\frac{2}{3}R^3\sin\alpha}{\alpha R^2} = \frac{2R}{3\alpha}\sin\alpha\,[\text{cm}]$$

5. 비틀림모멘트 2 kN·m가 지름 50 mm인 축에 작용하고 있다. 축의 길이가 2 m일 때 축의 비틀림각은 약 몇 rad인가? (단, 축의 전단탄성계수는 85 GPa이다.)

① 0.019 ② 0.028
③ 0.054 ④ 0.077

해설 $\theta = \frac{TL}{GI_P} = \frac{32TL}{G\pi d^4}$

$$= \frac{32\times2\times2}{85\times10^6\times\pi\times0.05^4} \fallingdotseq 0.077\text{rad}$$

6. 그림과 같이 원형 단면을 가진 보가 인장하중 P= 90 kN을 받는다. 이 보는 강(steel)으로 이루어져 있고, 세로탄성계수는 210 GPa이며 푸아송비 $\mu = \frac{1}{3}$이다. 이 보의 체적 변화 ΔV는 약 몇 mm^{3}인가? (단, 보의 직경 d= 30 mm, 길이 L= 5 m이다.)

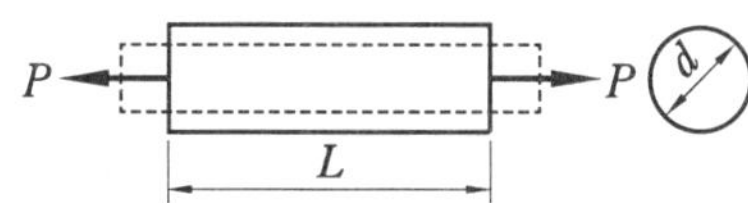

① 114.28 ② 314.28
③ 514.28 ④ 714.28

해설 $\Delta V = V\varepsilon(1-2\mu) = AL\frac{\sigma}{E}(1-2\mu)$

$$= AL\frac{P}{AE}(1-2\mu) = \frac{PL}{E}(1-2\mu)$$

$$= \frac{90\times10^3\times5000}{210\times10^3}\times\left(1-2\times\frac{1}{3}\right)$$

$$= 714.28\,\text{mm}^3$$

7. 판 두께 3 mm를 사용하여 내압 20 kN/cm^{2}를 받을 수 있는 구형(spherical) 내압 용기를 만들려고 할 때 이 용기의 최대 안전내경 d를 구하면 몇 cm인가? (단, 이 재료의 허용 인장응력을 σ_w= 800 kN/cm^{2}로 한다.)

① 24 ② 48 ③ 72 ④ 96

해설 $\sigma_a = \frac{Pd}{4t}\,[\text{kN/cm}^2]$

$$\therefore\ d = \frac{4\sigma_a t}{P} = \frac{4\times800\times0.3}{20} = 48\,\text{cm}$$

8. 그림과 같이 800 N의 힘이 브래킷의 A에 작용하고 있다. 이 힘의 점 B에 대한 모멘트는 약 몇 N·m인가?

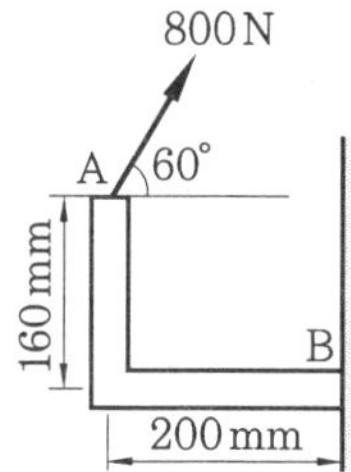

① 160.6 ② 202.6
③ 238.6 ④ 253.6

해설 $M_B = 800\times\cos60°\times0.16$
$+800\times\sin60°\times0.2 \fallingdotseq 202.6\,\text{N}\cdot\text{m}$

9. 다음과 같이 스팬(span) 중앙에 힌지(hinge)를 가진 보의 최대 굽힘모멘트는 얼마인가?

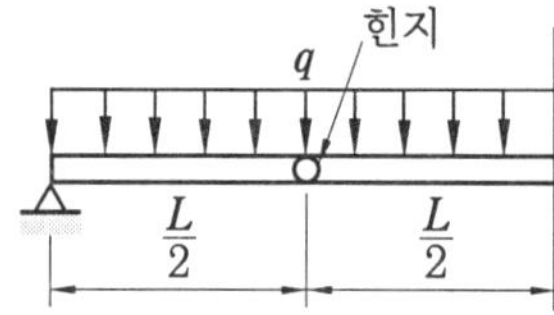

① $\frac{qL^2}{4}$ ② $\frac{qL^2}{6}$

③ $\frac{qL^2}{8}$ ④ $\frac{qL^2}{12}$

해설 $M_{\max} = \frac{qL}{4}\times\frac{L}{2} + \frac{qL}{2}\times\frac{L}{4}$

정답 5. ④ 6. ④ 7. ② 8. ② 9. ①

$$= \frac{qL^2}{8} + \frac{qL^2}{8} = \frac{qL^2}{4} \text{[N/m]}$$

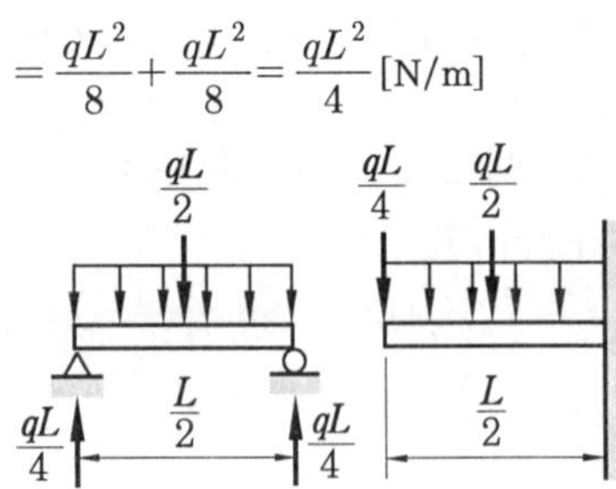

10. 그림과 같이 균일 단면을 가진 단순보에 균일 하중 w[kN/m]이 작용할 때, 이 보의 탄성 곡선식은? (단, 보의 굽힘 강성 EI는 일정하고, 자중은 무시한다.)

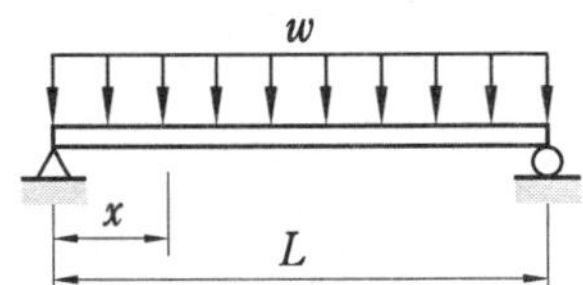

① $y = \frac{wx}{24EI}(L^3 - 2Lx^2 + x^3)$

② $y = \frac{w}{24EI}(L^3 - Lx^2 + x^3)$

③ $y = \frac{w}{24EI}(L^3x - Lx^2 + x^3)$

④ $y = \frac{wx}{24EI}(L^3 - 2x^2 + x^3)$

해설 $EI\frac{d^2y}{dx^2} = -M_x\,(EIy'' = -M)$

$$M_x = R_Ax - wx\frac{x}{2} = \frac{wL}{2}x - \frac{wx^2}{2}$$

$$EI\frac{d^2y}{dx^2} = \frac{wx^2}{2} - \frac{wLx}{2}$$

$$EI\frac{dy}{dx} = \frac{wx^3}{6} - \frac{wLx^2}{4} + C_1$$

$$EIy = \frac{wx^4}{24} - \frac{wLx^3}{12} + C_1x + C_2$$

$$= \frac{wx^4}{24} - \frac{wLx^3}{12} + \frac{wL^3x}{24}$$

$$\therefore\ y = \frac{wx}{24EI}(L^3 - 2Lx^2 + x^3)$$

※ $x = 0,\ y = 0\ ;\ C_2 = 0$

$x = L,\ y = 0\ ;\ C_1 = \frac{wL^3}{24}$

11. 길이 3 m, 단면의 지름 3 cm인 균일 단면의 알루미늄 봉이 있다. 이 봉에 인장하중 20 kN이 걸리면 봉은 약 몇 cm 늘어나는가? (단, 세로탄성계수는 72 GPa이다.)

① 0.118 ② 0.239
③ 1.18 ④ 2.39

해설 $\lambda = \frac{PL}{AE} = \frac{20 \times 3}{\frac{\pi}{4} \times 0.03^2 \times 72 \times 10^6}$

$\fallingdotseq 0.001178\text{ m} \fallingdotseq 0.118\text{ cm}$

12. 길이가 5 m이고 직경이 0.1 m인 양단 고정보 중앙에 200 N의 집중하중이 작용할 경우 보의 중앙에서의 처짐은 약 몇 m인가? (단, 보의 세로탄성계수는 200 GPa이다.)

① 2.36×10^{-5} ② 1.33×10^{-4}
③ 4.58×10^{-4} ④ 1.06×10^{-3}

해설 $\sigma_{\max} = \frac{PL^3}{192EI}$

$$= \frac{200 \times 5000^3}{192 \times 200 \times 10^3 \times \frac{\pi \times 100^4}{64}}$$

$= 0.1326\text{ mm} \fallingdotseq 1.33 \times 10^{-4}\text{ m}$

13. 다음 구조물에 하중 P= 1 kN이 작용할 때 연결핀에 걸리는 전단응력은 약 얼마인가? (단, 연결핀의 지름은 5 mm이다.)

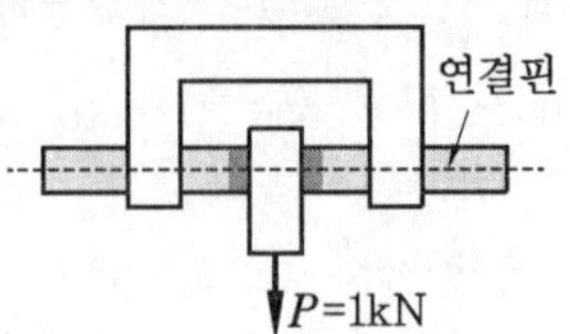

① 25.46 kPa ② 50.92 kPa
③ 25.46 MPa ④ 50.92 MPa

정답 10. ① 11. ① 12. ② 13. ③

해설 $\tau = \frac{P}{2A} = \frac{1000}{2 \times \frac{\pi}{4} \times 5^2} = 25.46\,\text{MPa}$

14. 100 rpm으로 30 kW를 전달시키는 길이 1 m, 지름 7 cm인 둥근 축단의 비틀림각은 약 몇 rad인가?(단, 전단탄성계수는 83 GPa이다.)

① 0.26　　② 0.30
③ 0.015　　④ 0.009

해설 $T = 9.55 \times 10^6 \frac{kW}{N}\,[\text{N} \cdot \text{mm}]$

$= 9.55 \times 10^6 \times \frac{30}{100}$

$= 2865000\,\text{N} \cdot \text{mm}$

$\therefore \theta = \frac{TL}{GI_P} = \frac{TL}{G\frac{\pi d^4}{32}} = \frac{32\,TL}{G\pi d^4}$

$= \frac{32 \times 2865000 \times 1000}{83 \times 10^3 \times \pi \times 70^4} \fallingdotseq 0.015\,\text{rad}$

15. 그림과 같은 돌출보에서 w = 120 kN/m의 등분포 하중이 작용할 때 중앙 부분에서의 최대 굽힘응력은 약 몇 MPa 인가?(단, 단면은 표준 I형 보로 높이 h = 60 cm이고, 단면 2차 모멘트 I = 98200 cm^{4}이다.)

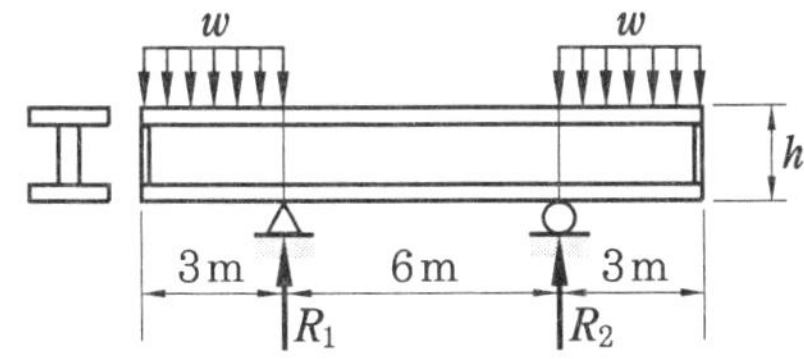

① 125　　② 165
③ 185　　④ 195

해설 $M_{max} = (wL_1)\frac{L_1}{2} = \frac{wL_1^2}{2} = \frac{120 \times 3^2}{2}$

$= 540\,\text{kN} \cdot \text{m} = 540 \times 10^6\,\text{N} \cdot \text{mm}$

$\therefore \sigma = \frac{M_{max}}{Z} = \frac{M_{max}y}{I}$

$= \frac{540 \times 10^6 \times \frac{600}{2}}{98200 \times 10^4} \fallingdotseq 165\,\text{MPa}$

16. 다음과 같은 평면응력 상태에서 최대 주응력 σ_1은?

$\sigma_x = \tau,\ \sigma_y = 0,\ \tau_{xy} = -\tau$

① 1.414τ　　② 1.80τ
③ 1.618τ　　④ 2.828τ

해설 $\sigma_{max}(=\sigma_1)$

$= \frac{1}{2}(\sigma_x + \sigma_y) + \frac{1}{2}\sqrt{(\sigma_x - \sigma_y)^2 + 4\tau_{xy}^2}$

$= \frac{1}{2}(\sigma_x + \sigma_y) + \sqrt{\left(\frac{\sigma_x - \sigma_y}{2}\right)^2 + \tau_{xy}^2}$

$= \frac{1}{2}(\tau_x + 0) + \sqrt{\left(\frac{\tau}{2}\right)^2 + (-\tau)^2} = 1.618\tau$

17. 그림과 같이 외팔보의 끝에 집중하중 P가 작용할 때 자유단에서의 처짐각 θ는?(단, 보의 굽힘 강성 EI는 일정하다.)

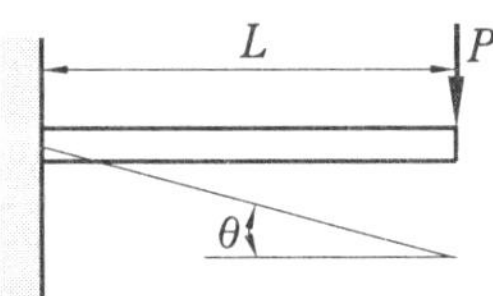

① $\frac{PL^2}{2EI}$　　② $\frac{PL^3}{6EI}$
③ $\frac{PL^2}{8EI}$　　④ $\frac{PL^2}{12EI}$

해설 $\theta_{max} = \frac{A_M}{EI} = \frac{\frac{1}{2}PL^2}{EI} = \frac{PL^2}{2EI}\,[\text{rad}]$

18. 그림과 같은 단주에서 편심 거리 e에 압축하중 P = 80 kN이 작용할 때 단면에 인장응력이 생기지 않기 위한 e의 한계는 몇 cm인가?(단, G는 편심 하중이 작용하는 단주 끝단의 평면상 위치를 의미

정답 14. ③　15. ②　16. ③　17. ①　18. ②

한다.)

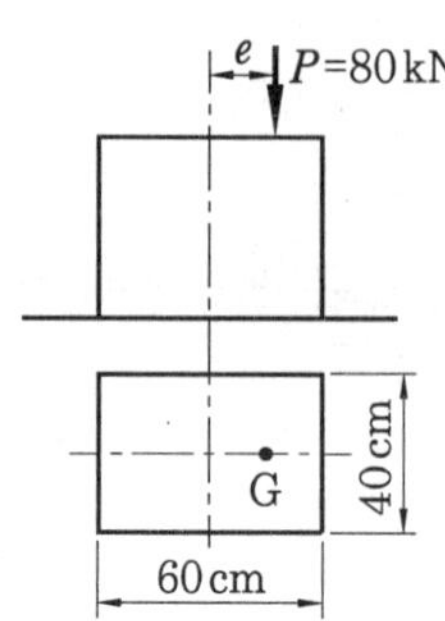

① 8 ② 10
③ 12 ④ 14

해설 $e=\frac{Z}{A}=\frac{\frac{bh^2}{6}}{bh}$

$=\frac{h}{6}=\frac{60}{6}=10\text{ cm}$

19. 0.4 m×0.4 m인 정사각형 ABCD를 아래 그림에 나타내었다. 하중을 가한 후의 변형 상태는 점선으로 나타내었다. 이때 A 지점에서 전단 변형률 성분의 평균값(γ_{xy})는?

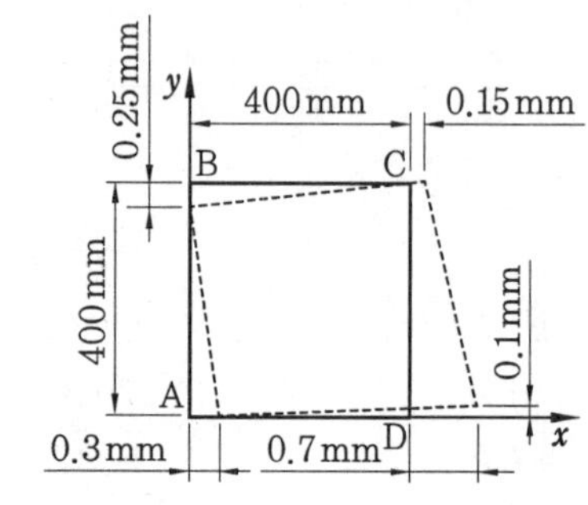

① 0.001 ② 0.000625
③ −0.0005 ④ −0.000625

20. 지름 70 mm인 환봉에 20 MPa의 최대 전단응력이 생겼을 때 비틀림 모멘트는 약 몇 kN·m인가?

① 4.50 ② 3.60
③ 2.70 ④ 1.35

해설 $T=\tau Z_P=\tau\frac{\pi d^3}{16}$

$=20\times10^3\times\frac{\pi\times0.07^3}{16}$

$\fallingdotseq 1.35\text{ kN}\cdot\text{m}(=\text{kJ})$

제 2 과목 기계열역학

21. 다음 중 강도성 상태량(intensive property)이 아닌 것은?

① 온도 ② 내부에너지
③ 밀도 ④ 압력

해설 강도성 상태량은 물질의 양과는 관계없는 상태량으로 온도, 압력, 밀도(비질량), 비체적 등이 있고 내부에너지는 물질의 양에 비례하는 상태량으로 종량성 상태량(extensive property)이다.

22. 클라우지우스(Clausius)의 부등식을 옳게 나타낸 것은? (단, T는 절대온도, Q는 시스템으로 공급된 전체 열량을 나타낸다.)

① $\oint T\delta Q\leq 0$ ② $\oint T\delta Q\geq 0$
③ $\oint\frac{\delta Q}{T}\leq 0$ ④ $\oint\frac{\delta Q}{T}\geq 0$

해설 클라우지우스의 부등식은 가역 사이클이면 등호, 비가역 사이클이면 부등호이다.

$\therefore \oint\frac{\delta Q}{T}\leq 0$

23. 이상적인 랭킨 사이클에서 터빈 입구 온도가 350℃이고 75 kPa과 3 MPa의 압력 범위에서 작동한다. 펌프 입구와 출구, 터빈 입구와 출구에서 엔탈피는 각각 384.4 kJ/kg, 387.5 kJ/kg, 3116 kJ/kg, 2403 kJ/kg이다. 펌프일을 고려한 사이클의 열효율과 펌프일을 무시한 사이클의

정답 19. ③ 20. ④ 21. ② 22. ③ 23. ③

열효율 차이는 약 몇 %인가?

① 0.0011　② 0.092
③ 0.11　④ 0.18

해설 $h_1 = 384.4\,\text{kJ/kg}$, $h_2 = 387.5\,\text{kJ/kg}$

$h_3 = 3116\,\text{kJ/kg}$, $h_4 = 2403\,\text{kJ/kg}$

$$\eta_R = \frac{w_t - w_p}{q_1} \times 100\%$$

$$= \frac{(h_3 - h_4) - (h_2 - h_1)}{(h_3 - h_2)} \times 100\%$$

$$= \frac{(3116 - 2403) - (387.5 - 384.4)}{(3116 - 387.5)} \times 100\%$$

$= 26\%$

펌프일량(w_p) 무시($h_2 \fallingdotseq h_1$)

$$\eta_R{}' = \frac{w_t}{q_1{}'} = \frac{h_3 - h_4}{h_3 - h_1} \times 100\%$$

$$= \frac{3116 - 2403}{3116 - 384.4} \times 100\% = 26.1\%$$

$\eta_R{}' - \eta_R = 26.1 - 26 = 0.1\%$

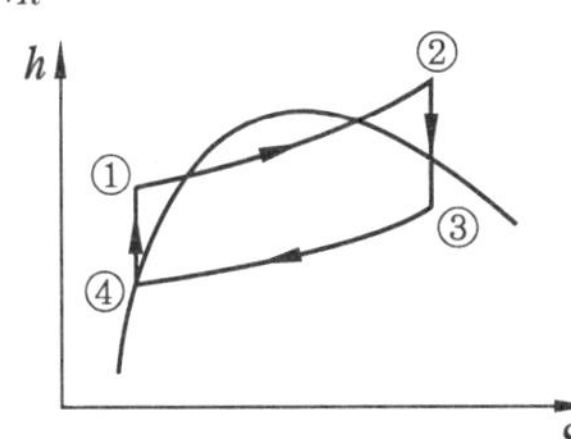

24. 이상기체 2 kg이 압력 98 kPa, 온도 25℃ 상태에서 체적이 0.5 m^3였다면 이 이상기체의 기체상수는 약 몇 J/kg · K인가?

① 79　② 82
③ 97　④ 102

해설 $PV = mRT$

$$\therefore\ R = \frac{PV}{mT} = \frac{98 \times 10^3 \times 0.5}{2 \times (25 + 273)} = 82.21$$

$= 82.21\,\text{J/kg} \cdot \text{K}$

25. 단열된 노즐에 유체가 10 m/s의 속도로 들어와서 200 m/s의 속도로 가속되어 나간다. 출구에서의 엔탈피가 2770 kJ/kg일 때 입구에서의 엔탈피는 약 몇 kJ/kg인가?

① 4370　② 4210
③ 2850　④ 2790

해설 단열유동인 경우 노즐 출구의 속도(V_2) $= 44.72\sqrt{h_1 - h_2}$ [m/s]이므로

$$h_1 - h_2 = \left(\frac{V_2}{44.72}\right)^2 = \left(\frac{200}{44.72}\right)^2 = 20\,\text{kJ/kg}$$

∴ 입구에서의 비엔탈피(h_1) $= h_2 + 20$

$= 2770 + 20 = 2790\,\text{kJ/kg}$

26. 고온열원(T_1)과 저온열원(T_2) 사이에서 작동하는 역카르노 사이클에 의한 열펌프(heat pump)의 성능계수는?

① $\dfrac{T_1 - T_2}{T_1}$　② $\dfrac{T_2}{T_1 - T_2}$

③ $\dfrac{T_1}{T_1 - T_2}$　④ $\dfrac{T_1 - T_2}{T_2}$

해설 열펌프의 성능(성적)계수$(COP)_{HP}$

$$= \frac{Q_1}{Q_1 - Q_2} = \frac{T_1}{T_1 - T_2} = (COP)_R + 1$$

참고 냉동기의 성능계수 $(COP)_R$

$$= \frac{Q_2}{Q_1 - Q_2} = \frac{T_2}{T_1 - T_2} = (COP)_{HP} - 1$$

27. 카르노 사이클로 작동하는 열기관이 1000℃의 열원과 300 K의 대기 사이에서 작동한다. 이 열기관이 사이클당 100 kJ의 일을 할 경우 사이클당 1000℃의 열원으로부터 받은 열량은 약 몇 kJ인가?

① 70.0　② 76.4
③ 130.8　④ 142.9

해설 $\eta_c = \dfrac{W_{net}}{Q} = 1 - \dfrac{T_2}{T_1}$

$$= 1 - \frac{300}{1000 + 273} = 0.764$$

$$\therefore\ Q = \frac{W_{net}}{\eta_c} = \frac{100}{0.764} = 130.8\,\text{kJ}$$

정답 24. ②　25. ④　26. ③　27. ③

28. 이상기체로 작동하는 어떤 기관의 압축비가 17이다. 압축 전의 압력 및 온도는 112 kPa, 25℃이고 압축 후의 압력은 4350 kPa이었다. 압축 후의 온도는 약 몇 ℃인가?

① 53.7 ② 180.2
③ 236.4 ④ 407.8

해설 $P_1V_1^k = P_2V_2^k$에서 $\dfrac{P_2}{P_1} = \left(\dfrac{V_1}{V_2}\right)^k$

양변에 ln을 취하면

$\ln\dfrac{P_2}{P_1} = k\ln\dfrac{V_1}{V_2} = k\ln\varepsilon$이므로

$$k = \frac{\ln\dfrac{P_2}{P_1}}{\ln\dfrac{V_1}{V_2}} = \frac{\ln\dfrac{4350}{112}}{\ln\varepsilon} = \frac{\ln\dfrac{4350}{112}}{\ln 17} = 1.2916$$

$\dfrac{T_2}{T_1} = \left(\dfrac{V_1}{V_2}\right)^{k-1}$ 이므로

$$\therefore\ T_2 = T_1\left(\frac{V_1}{V_2}\right)^{k-1} = T_1\varepsilon^{k-1}$$

$$= 298 \times 17^{1.2916-1} = 680.79\ \text{K}$$

$$\fallingdotseq (680.79 - 273)℃ \fallingdotseq 407.8℃$$

29. 어떤 유체의 밀도가 741 kg/m^{3}이다. 이 유체의 비체적은 약 몇 m^3/kg인가?

① 0.78×10^{-3} ② 1.35×10^{-3}
③ 2.35×10^{-3} ④ 2.98×10^{-3}

해설 비체적(v)은 밀도(ρ)의 역수이므로

$$\therefore\ v = \frac{V}{m} = \frac{1}{\rho} = \frac{1}{741}$$

$$\fallingdotseq 1.35 \times 10^{-3}\,\text{m}^3/\text{kg}$$

30. 다음 중 슈테판-볼츠만의 법칙과 관련이 있는 열전달은?

① 대류 ② 복사
③ 전도 ④ 응축

해설 슈테판-볼츠만(Stefan-Boltzmann)의 법칙은 복사 열전달의 법칙으로 복사 열전달량은 흑체 표면의 절대온도의 4승에 비례한다는 법칙이다($q_R \propto T^4$).

31. 기체가 0.3 MPa로 일정한 압력하에 8 m^{3}에서 4 m^{3}까지 마찰 없이 압축되면서 동시에 500 kJ의 열을 외부로 방출하였다면, 내부에너지의 변화는 약 몇 kJ인가?

① 700 ② 1700
③ 1200 ④ 1400

해설 ${}_1W_2 = \int_1^2 PdV = P(V_2 - V_1)$

$$= 0.3 \times 10^3 \times (4-8) = -1200\ \text{kJ}$$

$Q_2 = (U_2 - U_1) + {}_1W_2$ [kJ]

$\therefore\ U_2 - U_1 = Q_2 - {}_1W_2$

$$= -500 - (-1200) = 700\ \text{kJ}$$

32. 어떤 물질에서 기체상수(R)가 0.189 kJ/kg·K, 임계온도가 305 K, 임계압력이 7380 kPa이다. 이 기체의 압축성 인자(compressibility factor, Z)가 다음과 같은 관계식을 나타낸다고 할 때 이 물질의 20℃, 1000 kPa 상태에서의 비체적(v)은 약 몇 m^3/kg인가? (단, P는 압력, T는 절대온도, P_r은 환산압력, T_r은 환산온도를 나타낸다.)

$$Z = \frac{Pv}{RT} = 1 - 0.8\frac{P_r}{T_r}$$

① 0.0111 ② 0.0303
③ 0.0491 ④ 0.0554

해설 $T_r = \dfrac{T}{T_c} = \dfrac{20+273}{305} = 0.961$

$$P_r = \frac{P}{P_c} = \frac{1000}{7380} = 0.136$$

$$v = \frac{ZRT}{P} = \left(1 - 0.8\frac{P_r}{T_r}\right)\frac{RT}{P}$$

$$= \left(1 - 0.8 \times \frac{0.136}{0.961}\right) \times \frac{0.189 \times (20+273)}{1000}$$

$$= 0.0491\,\text{m}^3/\text{kg}$$

정답 28. ④ 29. ② 30. ② 31. ① 32. ③

33. 전류 25 A, 전압 13 V를 가하여 축전지를 충전하고 있다. 충전하는 동안 축전지로부터 15 W의 열손실이 있다. 축전지의 내부에너지 변화율은 약 몇 W인가?

① 310 ② 340
③ 370 ④ 420

해설 내부에너지$(dU) = VI-$ 열손실량
$= 13 \times 25 - 15 = 310$ W

34. 다음 중 냉매가 갖추어야 할 요건으로 틀린 것은?

① 증발온도에서 높은 잠열을 가져야 한다.
② 열전도율이 커야 한다.
③ 표면장력이 커야 한다.
④ 불활성이고 안전하며 비가연성이어야 한다.

해설 냉매는 표면장력(surface tension)이 작아야 한다.

35. 100℃의 구리 10 kg을 20℃의 물 2 kg이 들어 있는 단열 용기에 넣었다. 물과 구리 사이의 열전달을 통한 평형온도는 약 몇 ℃인가?(단, 구리의 비열은 0.45 kJ/kg·K, 물의 비열은 4.2 kJ/kg·K이다.)

① 48 ② 54 ③ 60 ④ 68

해설 열역학 제0법칙=열평형의 법칙
고온체 방열량=저온체 흡열량
$m_1C_1(t_1 - t_m) = m_2C_2(t_m - t_2)$

$$\therefore \text{평균온도}(t_m) = \frac{m_1C_1t_1 + m_2C_2t_2}{m_1C_1 + m_2C_2}$$

$$= \frac{10 \times 0.45 \times 100 + 2 \times 4.2 \times 20}{10 \times 0.45 + 2 \times 4.2} \fallingdotseq 48℃$$

36. 압력이 0.2 MPa, 온도가 20℃의 공기를 압력이 2 MPa로 될 때까지 가역단열 압축했을 때 온도는 약 몇 ℃인가?(단, 공기는 비열비가 1.4인 이상기체로 간주한다.)

① 225.7 ② 273.7
③ 292.7 ④ 358.7

해설 $\frac{T_2}{T_1} = \left(\frac{P_2}{P_1}\right)^{\frac{k-1}{k}}$ 에서

$$T_2 = T_1\left(\frac{P_2}{P_1}\right)^{\frac{k-1}{k}} = 293 \times \left(\frac{2}{0.2}\right)^{\frac{1.4-1}{1.4}}$$

$$= 565.69 \text{ K} \fallingdotseq (565.69 - 273)℃$$

$$\fallingdotseq 292.7℃$$

37. 다음은 오토(Otto) 사이클의 온도-엔트로피($T-S$) 선도이다. 이 사이클의 열효율을 온도를 이용하여 나타낼 때 옳은 것은?(단, 공기의 비열은 일정한 것으로 본다.)

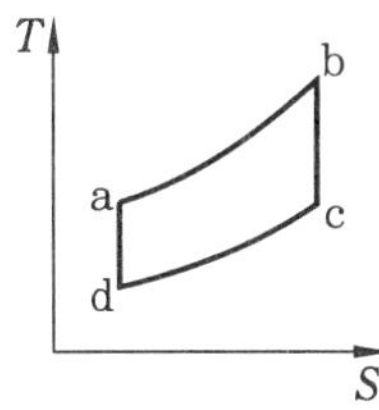

① $1 - \frac{T_c - T_d}{T_b - T_a}$ ② $1 - \frac{T_b - T_a}{T_c - T_d}$

③ $1 - \frac{T_a - T_d}{T_b - T_c}$ ④ $1 - \frac{T_b - T_c}{T_a - T_d}$

해설 $\eta_{tho} = 1 - \frac{Q_2}{Q_1} = 1 - \frac{T_c - T_d}{T_b - T_a}$

여기서, Q_1(공급열량)$= mC_v(T_b - T_a)$
Q_2(방출열량)$= mC_v(T_c - T_d)$

38. 이상적인 교축 과정(throttling process)을 해석하는 데 있어서 다음 설명 중 옳지 않은 것은?

① 엔트로피는 증가한다.
② 엔탈피의 변화가 없다고 본다.
③ 정압과정으로 간주한다.
④ 냉동기의 팽창 밸브의 이론적인 해석에 적용될 수 있다.

정답 33. ① 34. ③ 35. ① 36. ③ 37. ① 38. ③

해설 이상적인 교축 과정은 비가역 과정으로 엔트로피 증가, 등엔탈피 과정이다. 냉동기 팽창 밸브에서 압력을 강하($P_1 > P_2$)시키는데 적용되며, 실제 기체(냉매)에서는 교축 팽창 시 온도도 강하한다($T_1 > T_2$).

39. 어떤 습증기의 엔트로피가 6.78 kJ/kg · K이라고 할 때 이 습증기의 엔탈피는 약 몇 kJ/kg인가?(단, 이 기체의 포화액 및 포화증기의 엔탈피와 엔트로피는 다음과 같다.)

구분	포화액	포화증기
엔탈피(kJ/kg)	384	2666
엔트로피(kJ/kg · K)	1.25	7.62

① 2365 ② 2402
③ 2473 ④ 2511

해설 $s_x = s' + x(s'' - s')$ [kJ/kg · K]

$$\therefore x = \frac{s_x - s'}{s'' - s'} = \frac{6.78 - 1.25}{7.62 - 1.25} = 0.868$$

$$h_x = h' + x(h'' - h')$$
$$= 384 + 0.868 \times (2666 - 384)$$
$$\fallingdotseq 2365 \text{ kJ/kg}$$

40. 압력(P)−부피(V) 선도에서 이상기체가 그림과 같은 사이클로 작동한다고 할 때 한 사이클 동안 행한 일은 어떻게 나타내는가?

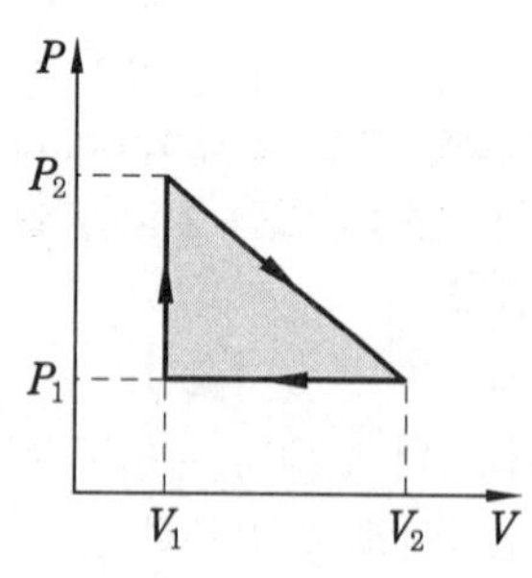

① $\dfrac{(P_2 + P_1)(V_2 + V_1)}{2}$

② $\dfrac{(P_2 - P_1)(V_2 + V_1)}{2}$

③ $\dfrac{(P_2 + P_1)(V_2 - V_1)}{2}$

④ $\dfrac{(P_2 - P_1)(V_2 - V_1)}{2}$

해설 $P-V$ 선도에서 면적은 일량을 의미한다. 따라서 음영 부분(삼각형)의 면적이 한 사이클 동안 행한 일이므로

$${}_1W_2 = \frac{(P_2 - P_1)(V_2 - V_1)}{2} \text{ [kJ]}$$

제 3 과목 기계유체역학

41. 어떤 물리적인 계(system)에서 물리량 F가 물리량 A, B, C, D의 함수 관계가 있다고 할 때 차원 해석을 한 결과 두 개의 무차원수 $\dfrac{F}{AB^2}$와 $\dfrac{B}{CD^2}$를 구할 수 있었다. 그리고 모형실험을 하여 $A=1$, $B=1$, $C=1$, $C=1$일 때 $F=F_1$을 구할 수 있었다. 여기서 $A=2$, $B=4$, $C=1$, $D=2$인 원형의 F는 어떤 값을 가지는가?(단, 모든 값들을 SI 단위를 가진다.)

① F_1

② $16F_1$

③ $32F_1$

④ 위의 자료만으로는 예측할 수 없다.

해설 $\dfrac{F}{F_1} = \dfrac{AB^3}{CD^2} = \dfrac{2 \times 4^3}{1 \times 2^2} = 32$

$\therefore F = 32F_1$

42. 직경 1 cm인 원형관 내의 물의 유동에 대한 천이 레이놀즈수는 2300이다. 천이가 일어날 때 물의 평균 유속(m/s)은 얼

정답 39. ① 40. ④ 41. ③ 42. ①

마인가?(단, 물의 동점성계수는 10^{-6} m^2/s이다.)

① 0.23 ② 0.46 ③ 2.3 ④ 4.6

해설 $Re_c = \dfrac{Vd}{\nu}$

$$\therefore V = \frac{Re_c \nu}{d} = \frac{2300 \times 10^{-6}}{0.01} = 0.23 \text{ m/s}$$

43. 그림과 같은 노즐을 통하여 유량 Q만큼의 유체가 대기로 분출될 때 노즐에 미치는 유체의 힘 F는?(단, A_1, A_2는 노즐의 단면 1, 2에서의 단면적이고, ρ는 유체의 밀도이다.)

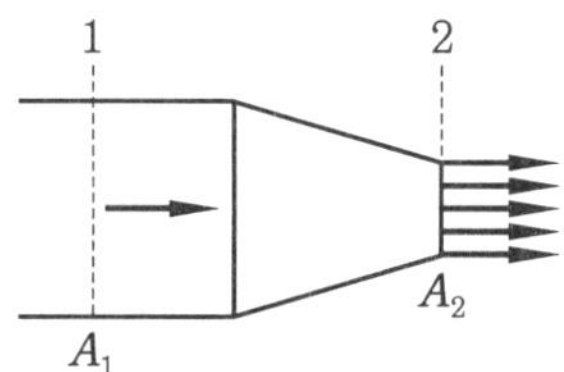

① $F = \dfrac{\rho A_2 Q^2}{2}\left(\dfrac{A_2 - A_1}{A_1 A_2}\right)^2$

② $F = \dfrac{\rho A_2 Q^2}{2}\left(\dfrac{A_2 + A_1}{A_1 A_2}\right)^2$

③ $F = \dfrac{\rho A_1 Q^2}{2}\left(\dfrac{A_2 + A_1}{A_1 A_2}\right)^2$

④ $F = \dfrac{\rho A_1 Q^2}{2}\left(\dfrac{A_1 - A_2}{A_1 A_2}\right)^2$

해설 ① 단면 & ② 단면에 베르누이 방정식을 적용

$V_1 = \dfrac{Q}{A_1}$, $V_2 = \dfrac{Q}{A_2}$

$$P_1 = \frac{\rho}{2}(V_2^2 - V_1^2) = \frac{\rho}{2}\left[\left(\frac{Q}{A_2}\right)^2 - \left(\frac{Q}{A_1}\right)^2\right] \cdots\cdots ①식$$

$$F = P_1 A_1 + \rho Q(V_1 - V_2) = P_1 A_1 + \rho Q\left(\frac{Q}{A_1} - \frac{Q}{A_2}\right) \cdots\cdots ②식$$

①식을 ②식에 대입하면

$$F = \frac{\rho Q^2}{2}\left(\frac{A_1^2 - A_2^2}{A_1^2 \cdot A_2^2}\right) \cdot A_1 - \rho Q^2\left(\frac{A_1 - A_2}{A_1 \cdot A_2}\right)$$

$$= \frac{\rho A_1 \cdot Q^2}{2}\left(\frac{A_1^2 - A_2^2}{A_1^2 \cdot A_2^2} - \frac{2}{A_1} \cdot \frac{A_1 - A_2}{A_1 \cdot A_2}\right)$$

$$= \frac{\rho A_1 \cdot Q^2}{2}\left[\frac{(A_1 - A_2)^2}{(A_1 \cdot A_2)^2}\right]$$

$$= \frac{\rho A_1 Q^2}{2}\left(\frac{A_1 - A_2}{A_1 A_2}\right)^2$$

44. 낙차가 100 m인 수력발전소에서 유량이 5 m^3/s이면 수력 터빈에서 발생하는 동력(MW)은 얼마인가?(단, 유도관의 마찰손실은 10 m이고, 터빈의 효율은 80 %이다.)

① 3.53 ② 3.92
③ 4.41 ④ 5.52

해설 동력 $= \gamma_w Q H_e \eta = \gamma_w Q(H_t - H_l)\eta$

$= 9.8 \times 5 \times (100 - 10) \times 0.8$

$= 3528 \text{ kW} \fallingdotseq 3.53 \text{ MW}$

45. 어떤 물리량 사이의 함수 관계가 다음과 같이 주어졌을 때 독립 무차원수 π항은 몇 개인가?(단, a는 가속도, V는 속도, t는 시간, ν는 동점성계수, L은 길이이다.)

$F(a,\ V,\ t,\ \nu,\ L) = 0$

① 1 ② 2 ③ 3 ④ 4

해설 독립 무차원수(π)

= 물리량(n) − 기본차원수(m)

= 5 − 2 = 3개

46. 공기의 속도 24 m/s인 풍동 내에서 익현 길이 1 m, 익의 폭 5 m인 날개에 작용

정답 43. ④ 44. ① 45. ③ 46. ②

하는 양력(N)은 얼마인가?(단, 공기의 밀도는 1.2 kg/m^3, 양력계수는 0.455이다.)

① 1572 ② 786
③ 393 ④ 91

해설 $D = C_D \dfrac{\rho A V^2}{2}$

$= 0.455 \times \dfrac{1.2 \times (5 \times 1) \times 24^2}{2} \fallingdotseq 786.24\ \text{N}$

47. 수면의 차이가 H인 두 저수지 사이에 지름 d, 길이 l인 관로가 연결되어 있을 때 관로에서의 평균 유속(V)을 나타내는 식은?(단, f는 관마찰계수이고, g는 중력가속도이며, K_1, K_2는 관입구와 출구에서의 부차적 손실계수이다.)

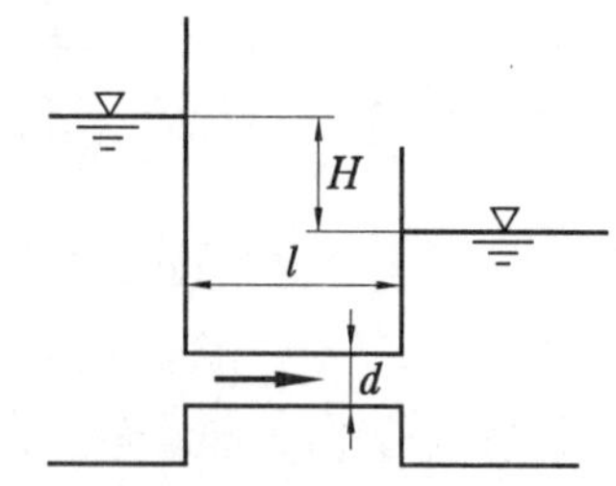

① $V = \sqrt{\dfrac{2gdH}{K_1 + fl + K_2}}$

② $V = \sqrt{\dfrac{2gH}{K_1 + fdl + K_2}}$

③ $V = \sqrt{\dfrac{2gdH}{K_1 + \dfrac{f}{l} + K_2}}$

④ $V = \sqrt{\dfrac{2gH}{K_1 + f\dfrac{l}{d} + K_2}}$

해설 $H = (K_1 + f\dfrac{l}{d} + K_2)\dfrac{V^2}{2g}$[m]

$\therefore\ V = \sqrt{\dfrac{2gH}{K_1 + f\dfrac{l}{d} + K_2}}$ [m/s]

48. 수평 원관 속에 정상류의 층류 흐름이 있을 때 전단응력에 대한 설명으로 옳은 것은?

① 단면 전체에서 일정하다.
② 벽면에서 0이고 관 중심까지 선형적으로 증가한다.
③ 관 중심에서 0이고 반지름 방향으로 선형적으로 증가한다.
④ 관 중심에서 0이고 반지름 방향으로 중심으로부터 거리의 제곱에 비례하여 증가한다.

해설 수평 원관 속에 정상류 층류 유동 시 전단응력(τ)은 관의 중심에서 0이고 반지름 방향으로 선형적(직선적)으로 증가한다(벽면에서 최대).

49. 프란틀의 혼합거리(mixing length)에 대한 설명으로 옳은 것은?

① 전단응력과 무관하다.
② 벽에서 0이다.
③ 항상 일정하다.
④ 층류 유동 문제를 계산하는 데 유용하다.

해설 $l = ky$[m]

$l \propto y$(벽면에서 수직거리 y에 비례한다.)

$\therefore\ y = 0$일 때 벽에서 $l = 0$이다.

50. $(x,\ y)$ 평면에서의 유동함수(정상, 비압축성 유동)가 다음과 같이 정의된다면 $x = 4$ m, $y = 6$ m의 위치에서의 속도(m/s)는 얼마인가?

$\psi = 3x^2y - y^3$

① 156 ② 92
③ 52 ④ 38

해설 $U = -\dfrac{\partial\psi}{\partial y}$, $V = \dfrac{\partial\psi}{\partial x}$

$\partial\psi = -Udy = Vdx$

정답 47. ④ 48. ③ 49. ② 50. ①

$\therefore\ \overrightarrow{V} = \frac{\partial \psi}{\partial y} = 3x^2 + 3y^2$

$= 3 \times 4^2 + 3 \times 6^2 = 156\ \text{m/s}$

51. 체적이 30 m³인 어느 기름의 무게가 247 kN이었다면 비중은 얼마인가? (단, 물의 밀도는 1000 kg/m³이다.)

① 0.80　② 0.82
③ 0.84　④ 0.86

해설 $\gamma = \frac{W}{V} = \frac{247}{30} = 8.23\ \text{kN/m}^3$

$\therefore\ S = \frac{\gamma}{\gamma_w} = \frac{8.23}{9.8} \fallingdotseq 0.84$

52. 3.6 m³/min을 양수하는 펌프의 송출구의 안지름이 23 cm일 때 평균 유속(m/s)은 얼마인가?

① 0.96　② 1.20
③ 1.32　④ 1.44

해설 $Q = AV\,[\text{m}^3/\text{s}]$

$\therefore\ V = \frac{Q}{A} = \frac{Q}{\frac{\pi d^2}{4}} = \frac{4Q}{\pi d^2} = \frac{4 \times \frac{3.6}{60}}{\pi \times 0.23^2}$

$= 1.44\ \text{m/s}$

53. 그림과 같이 원판 수문이 물속에 설치되어 있다. 그림 중 C는 압력의 중심이고, G는 원판의 도심이다. 원판의 지름을 d라 하면 작용점의 위치 η는?

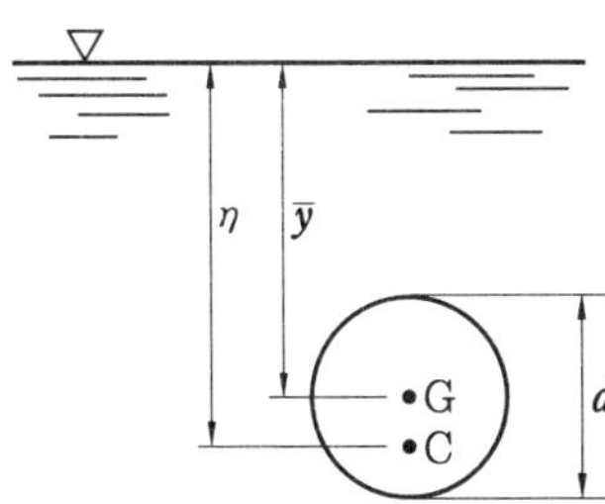

① $\eta = \bar{y} + \frac{d^2}{8\bar{y}}$　② $\eta = \bar{y} + \frac{d^2}{16\bar{y}}$

③ $\eta = \bar{y} + \frac{d^2}{32\bar{y}}$　④ $\eta = \bar{y} + \frac{d^2}{64\bar{y}}$

해설 $\eta = \bar{y} + \frac{I_G}{A\bar{y}} = \bar{y} + \frac{\frac{\pi d^4}{64}}{\frac{\pi d^2}{4}\bar{y}}$

$= \bar{y} + \frac{d^2}{16\bar{y}}\,[\text{m}]$

54. 국소 대기압이 1 atm이라고 할 때, 다음 중 가장 높은 압력은?

① 0.13 atm(gage pressure)
② 115 kPa(absolute pressure)
③ 1.1 atm(absolute pressure)
④ 11 mH_2O(absolute pressure)

해설 1 kPa=0.01 atm, 1 mH_2O=0.1 atm
② 115 kPa=1.15 atm
④ 11 mH_2O=1.1 atm

55. 그림과 같이 유리관 A, B 부분의 안지름은 각각 30 cm, 10 cm이다. 이 관에 물을 흐르게 하였더니 A에 세운 관에는 물이 60 cm, B에 세운 관에는 물이 30 cm 올라갔다. A와 B 각 부분에서 물의 속도(m/s)는?

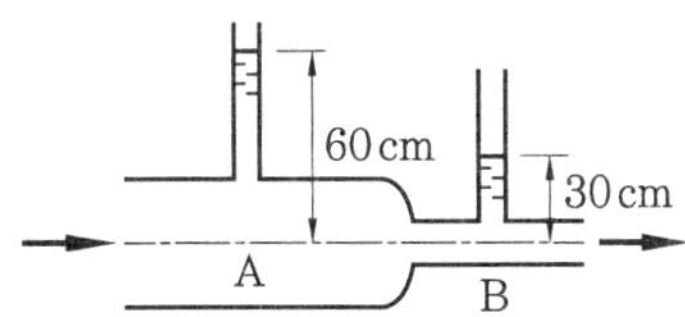

① $V_A = 2.73,\ V_B = 24.5$
② $V_A = 2.44,\ V_B = 22.0$
③ $V_A = 0.542,\ V_B = 4.88$
④ $V_A = 0.271,\ V_B = 2.44$

해설 $\frac{P_A}{\gamma} + \frac{V_A^2}{2g} = \frac{P_B}{\gamma} + \frac{V_B^2}{2g}$

정답 51. ③　52. ④　53. ②　54. ②　55. ④

$$\frac{P_A - P_B}{\gamma} = \frac{V_B^2 - V_A^2}{2g} = 0.6 - 0.3 = 0.3\text{ m}$$

$$A_A V_A = A_B V_B$$

$$V_A = V_B\left(\frac{A_B}{A_A}\right) = V_B\left(\frac{d_B}{d_A}\right)^2$$

$$= V_B \times \left(\frac{10}{30}\right)^2 = \frac{1}{9} V_B$$

$$\frac{(9V_A)^2 - V_A^2}{2g} = \frac{80V_A^2}{2g} = 0.3$$

$$\therefore\ V_A = \sqrt{\frac{2 \times 9.8 \times 0.3}{80}} = 0.271\text{ m/s}$$

$$V_B = 9V_A = 9 \times 0.271 \fallingdotseq 2.44\text{ m/s}$$

56. 유체의 정의를 가장 올바르게 나타낸 것은?

① 아무리 작은 전단응력에도 저항할 수 없어 연속적으로 변형하는 물질
② 탄성계수가 0을 초과하는 물질
③ 수직응력을 가해도 물체가 변하지 않는 물질
④ 전단응력이 가해질 때 일정한 양의 변형이 유지되는 물질

해설 유체(fluid)란 아무리 작은 전단응력에도 저항할 수 없어 연속적으로 변형하는 물질(정지 상태로 있을 수 없는 물질)이다.

57. 해수의 비중은 1.025이다. 바닷물 속 10 m 깊이에서 작업하는 해녀가 받는 계기압력(kPa)은 약 얼마인가?

① 94.4　　② 100.5
③ 105.6　　④ 112.7

해설 $P = \gamma' h = \gamma_w S h$

$$= 9.8 \times 1.025 \times 10 \fallingdotseq 100.5\text{ kPa}$$

58. 밀도 1.6 kg/m^{3}인 기체가 흐르는 관에 설치한 피토 정압관(pitot-static tube)의 두 단자 간 압력차가 4 cmH$_2$O이었다면 기체의 속도(m/s)는 얼마인가?

① 7　　② 14
③ 22　　④ 28

해설 $V = \sqrt{2gh\left(\frac{\rho_w}{\rho} - 1\right)}$

$$= \sqrt{2 \times 9.8 \times 0.04\left(\frac{1000}{1.6} - 1\right)} = 22\text{ m/s}$$

59. 비압축성 유체가 그림과 같이 단면적 $A(x) = 1 - 0.04x$[m^2]로 변화하는 통로 내를 정상상태로 흐를 때 P점($x = 0$)에서의 가속도(m/s^2)는 얼마인가? (단, P점에서의 속도는 2 m/s, 단면적은 1 m^{2}이며, 각 단면에서 유속은 균일하다고 가정한다.)

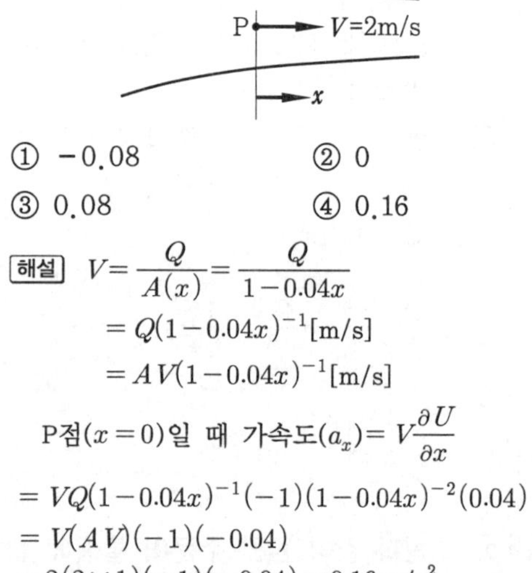

① −0.08　　② 0
③ 0.08　　④ 0.16

해설 $V = \frac{Q}{A(x)} = \frac{Q}{1 - 0.04x}$

$$= Q(1 - 0.04x)^{-1}\text{[m/s]}$$

$$= AV(1 - 0.04x)^{-1}\text{[m/s]}$$

P점($x = 0$)일 때 가속도(a_x)$= V\frac{\partial U}{\partial x}$

$$= VQ(1 - 0.04x)^{-1}(-1)(1 - 0.04x)^{-2}(0.04)$$

$$= V(AV)(-1)(-0.04)$$

$$= 2(2 \times 1)(-1)(-0.04) = 0.16\text{ m/s}^2$$

60. 그림과 같은 두 개의 고정된 평판 사이에 얇은 판이 있다. 얇은 판 상부에는 점성계수가 0.05 N·s/m^{2}인 유체가 있고 하부에는 점성계수가 0.1 N·s/m^{2}인 유체가 있다. 이 판을 일정 속도 0.5 m/s로 끌 때, 끄는 힘이 최소가 되는 거리 y는? (단, 고정 평판 사이의 폭은 h[m], 평판들 사이의 속도분포는 선형이라고 가정한다.)

정답 56. ①　57. ②　58. ③　59. ④　60. ③

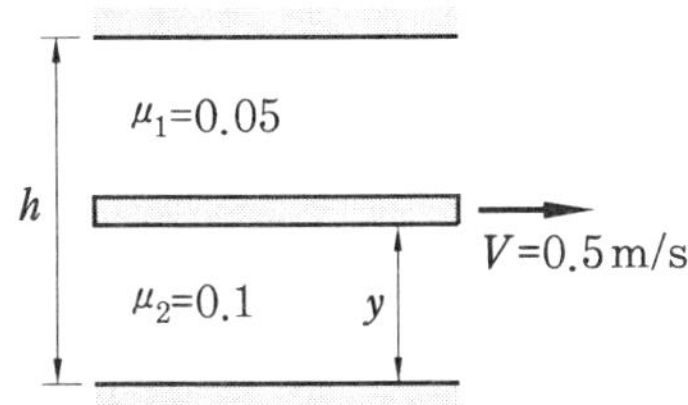

① 0.293 h ② 0.482 h
③ 0.586 h ④ 0.879 h

해설 F=윗면이 받는 전단력+아랫면이 받는 전단력$=\mu A\left(\frac{V}{h-y}\right)+2\mu A\frac{V}{y}$

$=\mu A V\left(\frac{1}{h-y}+\frac{2}{y}\right)$[N]

끄는 힘이 최소가 되는 조건은 $\frac{dF}{dy}=0$일 때이므로 $\frac{dF}{dy}=\mu A V\left[\frac{1}{(h-y)^2}-\frac{2}{y^2}\right]=0$

평판의 면적을 A, 아랫면으로부터 y인 위치에서 평판을 끄는 힘이 최소가 되는 거리 y는 $y^2-4hy+2h^2=0$

$\therefore\ y=(2-\sqrt{2})h=0.586h$ [m]

제 4 과목 유체기계 및 유압기기

61. 다음 수력기기 중 반동 수차에 해당하는 것은?

① 펠턴 수차, 프란시스 수차
② 프란시스 수차, 프로펠러 수차
③ 카플란 수차, 펠턴 수차
④ 펠턴 수차, 프로펠러 수차

해설 수차의 분류

(1) 충동 수차 : 물이 갖는 속도에너지를 이용하여 회전차를 충격시켜서 회전력을 얻는 수차 예 펠턴 수차

(2) 반동 수차 : 물이 회전차를 지나는 동안 압력에너지와 속도에너지를 회전차에 전달하여 회전력을 얻는 수차 예 프란시스 수차, 프로펠러 수차, 카플란 수차

(3) 중력 수차 : 물이 낙하될 때 중력에 의해 회전력을 얻는 수차 예 물레방아

62. 프란시스 수차에서 사용하는 흡출관에 관한 설명으로 틀린 것은?

① 흡출관은 회전차에서 나온 물이 가진 속도수두와 방수면 사이의 낙차를 유효하게 이용하기 위해 사용한다.
② 캐비테이션을 일으키지 않기 위해서 흡출관의 높이는 일반적으로 7 m 이하로 한다.
③ 흡출관 입구의 속도가 빠를수록 흡출관의 효율은 커진다.
④ 흡출관은 일반적으로 원심형, 무디형, 엘보형이 있고, 이 중 엘보형이 효율이 제일 높다.

해설 흡출관은 일반적으로 원심형, 무디형, 엘보형이 있고, 이 중 원심형이 효율이 제일 높다.

63. 수차 중 물의 송출 방향이 축방향이 아닌 것은?

① 펠턴 수차 ② 프란시스 수차
③ 사류 수차 ④ 프로펠러 수차

해설 펠턴 수차는 고낙차용(접선방향) 충격 수차이다.

64. 송풍기를 특성 곡선의 꼭짓점 이하 닫힘 상태점 근방에서 풍량을 조정할 때 풍압이 진동하고 풍량에 맥동이 일어나며, 격렬한 소음과 운전불능에 빠질 수 있게 되는 현상은?

① 서징 현상
② 선회 실속 현상
③ 수격 현상
④ 초킹 현상

해설 서징(맥동) 현상은 펌프(송풍기)가 운전

정답 61. ② 62. ④ 63. ① 64. ①

중에 일정 주기로 압력과 유량이 변하는 현상으로 진동, 소음 등이 발생하며 장시간 계속되면 유체 관로를 연결하는 기계나 장치 등의 파손을 초래한다.

65. 다음 중 수차의 에너지 변화 과정으로 옳은 것은?

① 위치 에너지 → 기계 에너지
② 기계 에너지 → 위치 에너지
③ 열 에너지 → 기계 에너지
④ 기계 에너지 → 열 에너지

해설 수차는 물이 가지고 있는 위치 에너지를 기계적 에너지로 변환하는 기계로서, 주로 수력 발전용에 사용된다.

66. 다음 중 기어 펌프는 어느 형식의 펌프에 해당하는가?

① 축류 펌프 ② 원심 펌프
③ 왕복식 펌프 ④ 회전 펌프

해설 펌프의 분류
(1) 터보형 펌프
- 원심식 펌프 : 원심형 벌류트 펌프, 원심형 터빈 펌프
- 사류식 펌프 : 사류형 벌류트 펌프, 사류형 터빈 펌프
- 축류식 펌프 : 축류 펌프

(2) 용적형 펌프
- 왕복식 펌프 : 피스톤 펌프, 플런저 펌프, 다이어프램 펌프
- 회전식 펌프 : 기어 펌프, 베인 펌프, 로터리 펌프

(3) 특수형 펌프 : 와류 펌프, 수격 펌프, 진공 펌프

67. 토크 컨버터에서 임펠러가 작동유에 준 토크를 T_p, 스테이터가 작동유에 준 토크를 T_S, 러너가 받는 토크를 T_t라고 할 때 이들의 관계를 바르게 표현한 것은?

① $T_p = T_s + T_t$ ② $T_s = T_p + T_t$
③ $T_t = T_p + T_s$ ④ $T_t = T_p - T_s$

68. 원심 펌프 회전차 출구의 직경 450 mm, 회전수 1200 rpm, 유체의 유입각도(α_1) 90°, 유체의 유출각도(β_2) 25°, 유속은 12 m/s일 때, 이론양정(m)은 얼마인가?

① 32.5 ② 41.7
③ 48.6 ④ 50.3

해설 $u_2 = \frac{\pi DN}{60} = \frac{\pi \times 0.45 \times 1200}{60}$

$\fallingdotseq 28.3\,\text{m/s}$

$H_{th\infty} = \frac{1}{g} u_2 (u_2 - \omega_2 \cos\beta_2)$

$= \frac{1}{9.8} \times 28.3 \times (28.3 - 12 \times \cos 25°)$

$= 50.3\,\text{m}$

69. 진공 펌프의 설치 목적에 대한 설명으로 옳은 것은?

① 용기에 있는 공기 분자를 펌프를 통해 배기시키는 것, 즉 용기 내의 기체 밀도를 감소시키는 것이 펌프의 목적이다.
② 용기에 있는 물을 펌프를 통해 배기시키는 것, 즉 용기 내 유체의 체적을 감소시키는 것이 펌프의 목적이다.
③ 용기에 있는 공기 분자를 펌프를 통해 흡입시키는 것, 즉 용기 내의 기체 밀도를 증가시키는 것이 펌프의 목적이고, 기체 밀도가 클수록 좋은 진공이라 할 수 있다.
④ 용기에 있는 물을 펌프를 통해 배기시키는 것, 즉, 용기 내 유체의 체적을 증가시키는 것이 펌프의 목적이다.

해설 진공 펌프는 펌프의 방식을 사용해 내부 공기를 빨아들여 외부로 배출해 진공

정답 65. ① 66. ④ 67. ③ 68. ④ 69. ①

상태로 만드는 기구를 의미한다.

70. **원심 펌프의 원리와 구조에 관한 설명으로 틀린 것은?**

① 변곡된 다수의 깃(blade)이 달린 회전차가 밀폐된 케이싱 내에서 회전함으로써 발생하는 원심력의 작용에 따라 송수된다.

② 액체(주로 물)는 회전차의 중심에서 흡입되어 반지름 방향으로 흐른다.

③ 와류실은 와실에서 나온 물을 모아서 송출관 쪽으로 보내는 스파이럴형의 동체이다.

④ 와실은 송출되는 물의 압력 에너지를 되도록 손실을 적게 하여 속도 에너지로 변화하는 역할을 한다.

해설 와실은 임펠러의 바깥 둘레에 배치되어 있는 환상 부분으로 그 내부에 안내깃이 들어가게 된다. 안내깃은 임펠러에서 송출되는 물을 와류실로 유도하여 속도 에너지의 손실을 적게 하면서 압력 에너지로 바꾸는 역할을 한다.

71. **일반적인 베인 펌프의 특징으로 적절하지 않은 것은?**

① 부품수가 많다.

② 비교적 고장이 적고 보수가 용이하다.

③ 펌프의 구동 동력에 비해 형상이 소형이다.

④ 기어 펌프나 피스톤 펌프에 비해 토출 압력의 맥동이 크다.

해설 베인 펌프는 기어 펌프나 피스톤 펌프에 비해 토출 압력의 맥동과 소음이 작다.

72. **어큐뮬레이터의 용도와 취급에 대한 설명으로 틀린 것은?**

① 누설유량을 보충해 주는 펌프 대용 역할을 한다.

② 어큐뮬레이터에 부속쇠 등을 용접하거나 가공, 구멍 뚫기 등을 해서는 안된다.

③ 어큐뮬레이터를 운반, 결합, 분리 등을 할 때는 봉입가스를 유지하여야 한다.

④ 유압 펌프에 발생하는 맥동을 흡수하여 이상 압력을 억제하여 진동이나 소음을 방지한다.

해설 어큐뮬레이터를 운반, 결합, 분리 등을 할 때는 봉입가스를 반드시 빼고 작업해야 한다.

73. **상시 개방형 밸브로 옳은 것은?**

① 감압 밸브

② 무부하 밸브

③ 릴리프 밸브

④ 카운터 밸런스 밸브

74. **그림과 같은 유압 기호가 나타내는 것은?(단, 그림의 기호는 간략 기호이며, 간략 기호에서 유로의 화살표는 압력의 보상을 나타낸다.)**

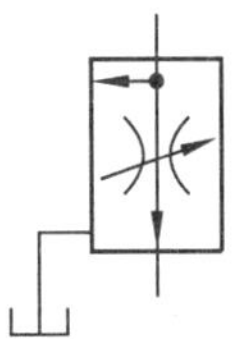

① 가변 교축 밸브

② 무부하 릴리프 밸브

③ 직렬형 유량 조정 밸브

④ 바이패스형 유량 조정 밸브

75. **유압유의 점도가 낮을 때 유압 장치에 미치는 영향으로 적절하지 않은 것은?**

① 배관 저항 증대

② 유압유의 누설 증가

정답 70. ④ 71. ④ 72. ③ 73. ① 74. ④ 75. ①

③ 펌프의 용적 효율 저하

④ 정확한 작동과 정밀한 제어의 곤란

해설 유압유의 점도가 낮을 때 영향

(1) 내부 및 외부의 기름 누출 증대
(2) 마모증대와 압력 유지 곤란(고체 마찰)
(3) 유압 펌프, 모터 등의 용적(체적) 효율 저하
(4) 압력 발생 저하로 정확한 작동 불가
※ ①은 점도가 높을 때 유압 장치에 미치는 영향이다.

76. 실린더 입구의 분기 회로에 유량 제어 밸브를 설치하여 실린더 입구 측의 불필요한 압유를 배출시켜 작동 효율을 증진시키는 회로는?

① 로킹 회로

② 증강 회로

③ 동조 회로

④ 블리드 오프 회로

해설 블리드 오프 회로 : 액추에이터의 공급 쪽 관로에 설정된 바이패스 관로의 흐름을 제어함으로써 속도를 제어하는 회로

77. 유압 회로에서 속도 제어 회로의 종류가 아닌 것은?

① 미터 인 회로

② 미터 아웃 회로

③ 블리드 오프 회로

④ 최대 압력 제한 회로

해설 속도 제어 회로의 종류

(1) 미터 인 회로
(2) 미터 아웃 회로
(3) 블리드 오프 회로

78. 기어 펌프의 폐입 현상에 관한 설명으로 적절하지 않은 것은?

① 진동, 소음의 원인이 된다.

② 한 쌍의 이가 맞물려 회전할 경우 발생한다.

③ 폐입 부분에서 팽창 시 고압이, 압축 시 진공이 형성된다.

④ 방지책으로 릴리프 홈에 의한 방법이 있다.

해설 폐입 부분에서 압축 시에는 고압이, 팽창 시에는 진공이 형성된다.

79. 감압 밸브, 체크 밸브, 릴리프 밸브 등에서 밸브시트를 두드려 비교적 높은 음을 내는 일종의 자려 진동 현상은?

① 컷인 ② 점핑

③ 채터링 ④ 디컴프레션

80. 그림과 같은 단동 실린더에서 피스톤에 $F=$ 500 N의 힘이 발생하면 압력 P는 약 몇 kPa이 필요한가?(단, 실린더의 직경은 40 mm이다.)

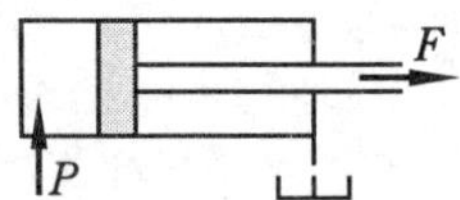

① 39.8 ② 398 ③ 79.6 ④ 796

해설 $P=\frac{F}{A}=\frac{500\times10^{-3}}{\frac{\pi}{4}\times0.04^2}$

$\fallingdotseq 398\ \text{kPa(kN/m}^2)$

제 5 과목 **건설기계일반 및 플랜트배관**

81. 타이어식 기중기에서 전후, 좌우 방향에 안전성을 주어 기중 작업 시 전도되는 것을 방지해 주는 안전장치는?

① 아우트리거

② 종감속 장치

③ 과권 경보장치

④ 과부하 방지장치

정답 76. ④ 77. ④ 78. ③ 79. ③ 80. ② 81. ①

해설 아우트리거는 전도사고를 방지하고 진동이 감소된 안정된 작업을 하기 위해 크레인이 설치된 차량의 좌우에 부착하여 전도모멘트를 효과적으로 지탱할 수 있도록 한 장치를 말한다.

82. 일반적으로 지게차에서 사용하는 조향 방식은?

① 전륜 조향 방식
② 포크 조향 방식
③ 후륜 조향 방식
④ 마스트 조향 방식

해설 지게차는 하물을 포크에 적재해 운반하거나 유압 마스트의 승강작용을 이용하여 하물을 적재 또는 하역하는 작업에 사용하는 운반기계로 일반적으로 전륜 구동, 후륜 조향 방식이다.

83. 스크레이퍼의 흙 운반량(m^3/h)에 대한 설명으로 틀린 것은?

① 볼의 용량에 비례한다.
② 사이클 시간에 반비례한다.
③ 흙(토량)환산계수에 반비례한다.
④ 스크레이퍼 작업 효율에 비례한다.

해설 스크레이퍼의 시간당 작업량(W)

$$= \frac{60QfE}{C_m}[m^3/h]$$

여기서, Q : 볼의 용량(m^3)
f : 토량환산계수
E : 스크레이퍼 작업 효율
C_m : 사이클 시간(min)

∴ 스크레이퍼의 흙 운반량(m^3/h)은 흙(토량)환산계수에 비례한다.

84. 도로포장을 위한 다짐 작업에 사용되는 건설기계는?

① 롤러 ② 로더
③ 지게차 ④ 덤프트럭

해설 롤러는 도로공사 등에서 지면을 평평하게 다지기 위해 지면 위를 이동하면서 일정한 압력을 연속적으로 가하는 다짐 작업에 사용된다.

85. 아스팔트 피니셔에 대한 설명으로 적절하지 않은 것은?

① 혼합재료를 균일한 두께로 포장 폭만큼 노면 위에 깔고 다듬는 건설기계이다.
② 주행방식에 따라 타이어식과 무한궤도식으로 분류할 수 있다.
③ 피더는 혼합재료를 이동시키는 역할을 한다.
④ 스크리드는 운반된 혼합재료(아스팔트)를 저장하는 용기이다.

해설 스크리드(screed)는 아스팔트 페이버의 끝에 부착된 부분으로 포장의 면을 평탄하게 만들어주는 장치이며, 포장 폭에 따라 길이를 변화시킬 수 있다.
※ 호퍼는 운반된 혼합재료(아스팔트)를 저장하는 용기이다.

86. 트랙터의 앞에 블레이드(배토판)를 설치한 것으로 송토, 굴토, 확토 작업을 하는 건설기계는?

① 굴삭기 ② 지게차
③ 도저 ④ 컨베이어

해설 도저는 트랙터에 블레이드(토공판, 배토판)를 부착하고 10~100 m 이내의 작업거리에서 송토(흙 운반), 굴토(흙 파기), 확토(흙 넓히기) 등을 할 수 있는 건설기계이다.

87. 굴삭기를 주행 장치에 따라 구분하여 설명한 내용으로 적절하지 않은 것은?

① 주행 장치에 따라 무한궤도식과 타이어식으로 분류할 수 있다.
② 타이어식은 이동거리가 긴 작업장에서 작업 능률이 좋다.

정답 82. ③ 83. ③ 84. ① 85. ④ 86. ③ 87. ④

③ 타이어식은 주행저항이 적으며 기동성이 좋다.

④ 무한궤도식은 습지나 경사지에서의 작업이 곤란하다.

해설 무한궤도식 굴삭기는 견인력이 크고 습지, 모래지반, 경사지 및 채석장 등 험난한 작업장 등에서 굴삭 능률이 높은 장비이다.

88. 강재의 크기에 따라 담금질 효과가 달라지는 현상을 의미하는 용어는?

① 단류선 ② 질량효과

③ 잔류응력 ④ 노치효과

해설 질량효과란 조성이 같은 탄소강을 담금질함에 있어서 질량의 대소에 따라 담금질 효과가 다른 현상을 말한다. 담금질할 물품의 크기가 작은 경우 중심부까지 충분히 담금질되지만 크기가 커지면 표면부는 경화해도 중심부는 경화하지 않게 된다.

89. 모터 그레이더에서 사용하는 리닝 장치에 대한 설명으로 옳은 것은?

① 블레이드를 올리고 내리는 장치이다.

② 앞바퀴를 좌우로 경사시키는 장치이다.

③ 기관의 가동시간을 기록하는 장치이다.

④ 큰 견인력을 얻기 위해 저압 타이어를 사용하는 장치이다.

해설 리닝 장치는 차체에 측압이 걸리는 블레이드 작업을 할 때 앞바퀴를 압력 받는 쪽으로 기울여서 작업의 직진성을 유지하여 조향성 및 작업능률을 향상시켜 회전반경을 작게 한다.

90. 열팽창에 의한 배관의 이동을 제한하는 리스트레인트의 종류가 아닌 것은?

① 앵커 ② 스토퍼

③ 가이드 ④ 파이프슈

해설 리스트레인트의 종류

(1) 앵커 : 배관을 지지점 위치에 완전히 고정하는 지지구

(2) 스토퍼 : 배관의 일정 방향의 이동과 회전만 구속하고 다른 방향은 자유롭게 이동하게 한다.

(3) 가이드 : 축과 직각 방향의 이동을 구속한다.

91. 동력을 이용하여 나사를 절삭하는 동력 나사 절삭기의 종류가 아닌 것은?

① 호브식 ② 램식

③ 오스터식 ④ 다이헤드식

해설 램식은 파이프 벤딩기의 일종으로 현장용으로 많이 쓰이며 수동식(유압식)은 50A, 모터를 부착한 동력식은 100A 이하의 관을 굽힐 수 있다.

92. 15℃인 강관 25 m가 있다. 이 강관에 온수 60℃의 온수를 공급할 때 강관의 신축량은 몇 mm인가? (단, 강관의 열팽창 계수는 0.012 mm/m · ℃이다.)

① 5.5 ② 8.5

③ 13.5 ④ 16.5

해설 $\lambda = L\alpha(t_2 - t_1)$

$= 25 \times 0.012 \times (60 - 15) = 13.5\text{ mm}$

93. 관 공작용 기계가 아닌 것은?

① 로터리식 파이프 벤딩기

② 동력 나사 절삭기

③ 파이프 렌치

④ 기계톱

해설 파이프 렌치는 관을 회전시키거나 이음쇠를 죄고 풀 때 사용하는 공구이다.

94. 주철관의 인장강도가 낮기 때문에 피해야 하는 관 이음 방법은?

① 용접 이음 ② 소켓 이음

③ 플랜지 이음 ④ 기계식 이음

정답 88. ② 89. ② 90. ④ 91. ② 92. ③ 93. ③ 94. ①

해설 주철관 이음 방법
(1) 소켓 이음
(2) 플랜지 이음
(3) 메커니컬 이음(기계식 이음)
(4) 빅토릭 이음
(5) 타이튼 이음

95. **배수배관의 구배에 대한 설명으로 틀린 것은?**

① 물 포켓이나 에어포켓이 만들어지는 요철 배관의 시공은 하지 않도록 한다.
② 배수 배관과 중력식 증기 배관의 환수관은 일정한 구배로 관 말단까지 상향 구배로 한다.
③ 배수 배관은 구배의 경사가 완만하면 유속이 떨어져 밀어내는 힘이 감소하여 고형물이 남게 된다.
④ 배수 배관은 구배를 급경사지게 하면 물이 관 바닥을 급속히 흐르게 되므로 고형물을 부유시키지 않는다.

96. **부식의 외관상 분류 중 국부부식의 종류가 아닌 것은?**

① 전면부식 ② 입계부식
③ 선택부식 ④ 극간부식

해설 부식은 외관상 크게 전면부식(균일부식)과 국부부식으로 분류하며, 국부부식은 점부식, 선택부식, 극간부식(틈새부식), 입계부식 등으로 분류한다.

97. **밸브를 나사봉에 의하여 파이프의 횡단면과 평행하게 개폐하는 것으로 슬루스 밸브라고 불리는 밸브는?**

① 게이트 밸브 ② 앵글 밸브
③ 체크 밸브 ④ 콕

해설 슬루스 밸브는 밸브 본체가 흐름에 직각으로 놓여 있어 밸브 시트에 대해 미끄럼 운동을 하면서 개폐하는 형식의 밸브로 게이트 밸브라고도 한다.

98. **배수관 시공 완료 후 각 기구의 접속부 기타 개구부를 밀폐하고, 배관의 최고부에서 물을 가득 넣어 누수 유무를 판정하는 시험은?**

① 응력 시험 ② 통수 시험
③ 연기 시험 ④ 만수 시험

해설 만수 시험은 배수관과 같이 수압이 걸릴 염려가 없는 배관 등의 누수 시험으로 실시된다. 계통의 전부를 동시에 하거나 또는 부분적으로 하는데, 어느 것이든 시험 대상 부분의 최고 개구부를 제외한 기구의 접속구를 모두 밀폐하고 관내를 만수 상태로 하여 누수의 유무를 검사한다.

99. **탄소 강관의 내면 또는 외면을 폴리에틸렌이나 경질 염화비닐로 피복하여 내구성과 내식성이 우수한 관은?**

① 주철관
② 탄소 강관
③ 라이닝 강관
④ 스테인리스 강관

해설 라이닝 강관은 배관용 탄소 강관에 PVC, 폴리에틸렌 등의 합성수지를 라이닝하여 부식을 방지한 강관으로 내식성, 내약품성, 내한성 등이 우수하여 상수도관, 석유화학공업 분야 등에 쓰인다.

100. **배관용 탄소 강관의 설명으로 틀린 것은?**

① 종류에는 흑관과 백관이 있다.
② 고압 배관용으로 주로 사용된다.
③ 호칭지름은 6~600 A까지가 있다.
④ KS 규격 기호는 SPP이다.

해설 배관용 탄소 강관은 사용압력이 비교적 낮은 증기, 물, 기름, 가스, 공기 등의 배관에 사용된다.

정답 95. ② 96. ① 97. ① 98. ④ 99. ③ 100. ②

2021년도 시행문제

건설기계설비기사

2021년 3월 7일 (제1회)

제1과목 재료역학

1. 직사각형($b \times h$)의 단면적 A를 갖는 보에 전단력 V가 작용할 때 최대 전단응력은?

① $\tau_{\max} = 0.5\dfrac{V}{A}$ ② $\tau_{\max} = \dfrac{V}{A}$

③ $\tau_{\max} = 1.5\dfrac{V}{A}$ ④ $\tau_{\max} = 2\dfrac{V}{A}$

해설 $\tau_{\max} = \dfrac{3V}{2A} = 1.5\dfrac{V}{A}$ [MPa]

2. 상단이 고정된 원추 형체의 단위체적에 대한 중량을 γ라 하고 원추 밑면의 지름이 d, 높이가 l일 때 이 재료의 최대 인장응력을 나타낸 식은?(단, 자중만을 고려한다.)

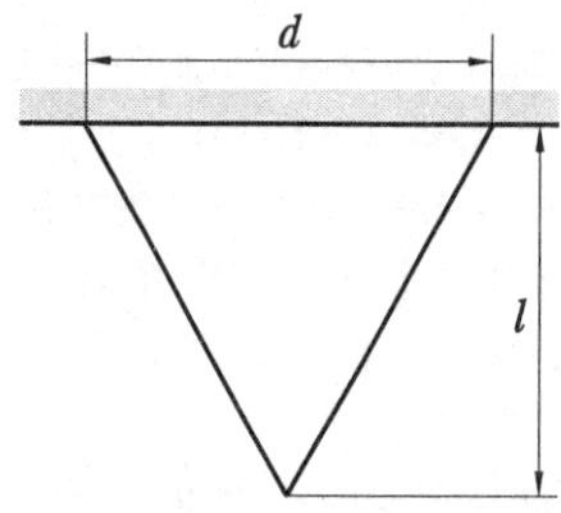

① $\sigma_{\max} = \gamma l$ ② $\sigma_{\max} = \dfrac{1}{2}\gamma l$

③ $\sigma_{\max} = \dfrac{1}{3}\gamma l$ ④ $\sigma_{\max} = \dfrac{1}{4}\gamma l$

해설 그림에서 omn의 무게(W_x)

$= \gamma V_x = \dfrac{\gamma A_x x}{3}$ [N]

$\sigma_x = \dfrac{W_x}{A_x} = \dfrac{\gamma x}{3}$ [MPa]

(1) $x = 0$일 때 $\sigma_{\min} = 0$

(2) $x = l$일 때 $\sigma_{\max} = \dfrac{\gamma l}{3}$ [MPa]

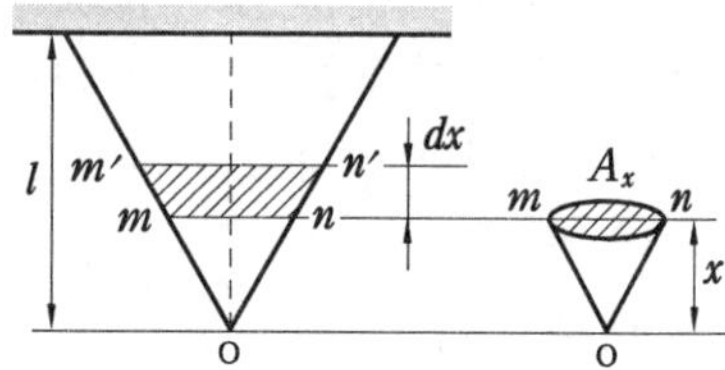

3. 그림과 같이 균일단면 봉이 100 kN의 압축하중을 받고 있다. 재료의 경사 단면 $Z-Z$에 생기는 수직응력 σ_n, 전단응력 τ_n의 값은 각각 약 몇 MPa인가?(단, 균일 단면 봉의 단면적은 1000 mm^{2}이다.)

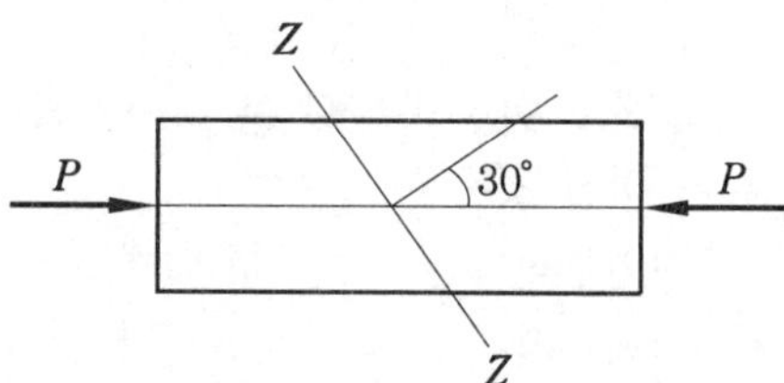

① $\sigma_n = -38.2,\ \tau_n = 26.7$

② $\sigma_n = -68.4,\ \tau_n = 58.8$

③ $\sigma_n = -75.0,\ \tau_n = 43.3$

④ $\sigma_n = -86.2,\ \tau_n = 56.8$

해설 $\sigma_n = -\sigma_x \cos^2\theta = -\dfrac{P}{A}\cos^2\theta$

$= -\dfrac{100 \times 10^3}{1000} \times \cos^2 30°$

$= -75$ MPa

$\tau_n = \dfrac{1}{2}\sigma_x \sin 2\theta = \dfrac{1}{2} \times 100 \times \sin(2 \times 30°)$

$= 43.3$ MPa

정답 1. ③ 2. ③ 3. ③

$$\sigma_x = \frac{P}{A} = \frac{100 \times 10^3}{1000} = 100\ \text{N/mm}^2(\text{MPa})$$

4. 반원 부재에 그림과 같이 0.5R 지점에 하중 P가 작용할 때 지지점 B에서의 반력은?

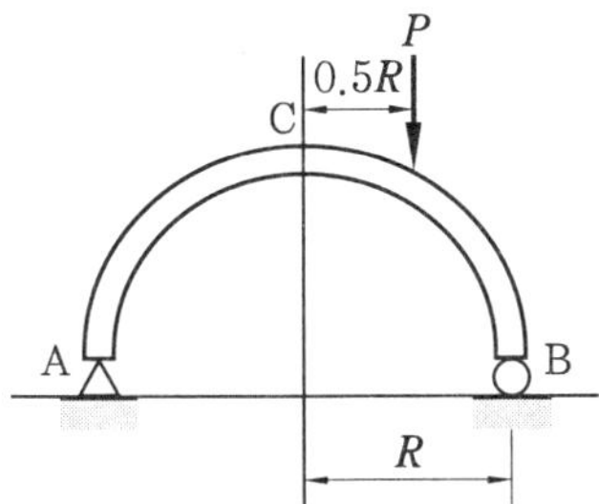

① $\frac{P}{4}$　　② $\frac{P}{2}$

③ $\frac{3P}{4}$　　④ P

해설 $\Sigma M_A = 0$

$$R_B \times 2R - P \times \frac{3}{2}R = 0$$

$$R_B = \frac{P \times \frac{3}{2}R}{2R} = \frac{3}{4}P[\text{N}]$$

5. 두께 10 mm인 강판으로 직경 2.5 m의 원통형 압력 용기를 제작하였다. 최대 내부 압력이 1200 kPa일 때 축방향 응력은 몇 MPa인가?

① 75　　② 100

③ 125　　④ 150

해설 $\sigma_t = \frac{PD}{4t} = \frac{1200 \times 2.5}{4 \times 0.01}$

$= 75000\ \text{kPa} = 75\ \text{MPa}$

6. 보의 길이 l에 등분포하중 w를 받는 직사각형 단순보의 최대 처짐량에 대한 설명으로 옳은 것은? (단, 보의 자중은 무시한다.)

① 보의 폭에 정비례한다.

② l의 3승에 정비례한다.

③ 보의 높이의 2승에 반비례한다.

④ 세로탄성계수에 반비례한다.

해설 $\delta_{max} = \frac{5wl^4}{384EI} = \frac{5wl^4}{384E\frac{bh^3}{12}} = \frac{60wl^4}{384Ebh^3}$

$\therefore \delta_{max} \propto \frac{1}{E}$

7. 두 변의 길이가 각각 b, h인 직사각형의 A점에 관한 극관성 모멘트는?

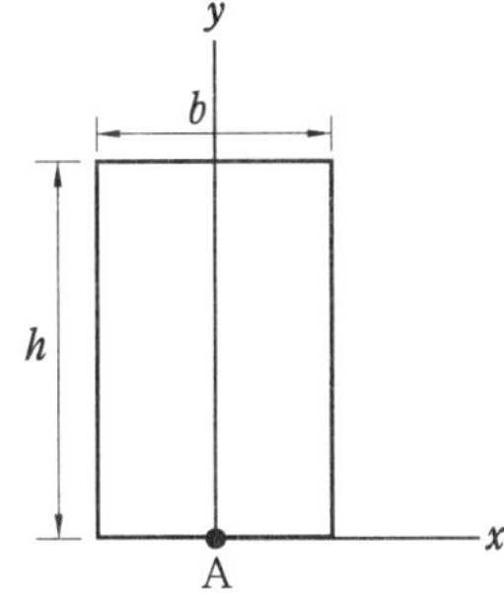

① $\frac{bh}{12}(b^2+h^2)$　　② $\frac{bh}{12}(b^2+4h^2)$

③ $\frac{bh}{12}(4b^2+h^2)$　　④ $\frac{bh}{3}(b^2+h^2)$

해설 $I_P = I_x + I_y = \frac{bh^3}{3} + \frac{hb^3}{12} = \frac{bh}{12}(4h^2+b^2)$

8. 그림에서 고정단에 대한 자유단의 전 비틀림각은? (단, 전단탄성계수는 100 GPa이다.)

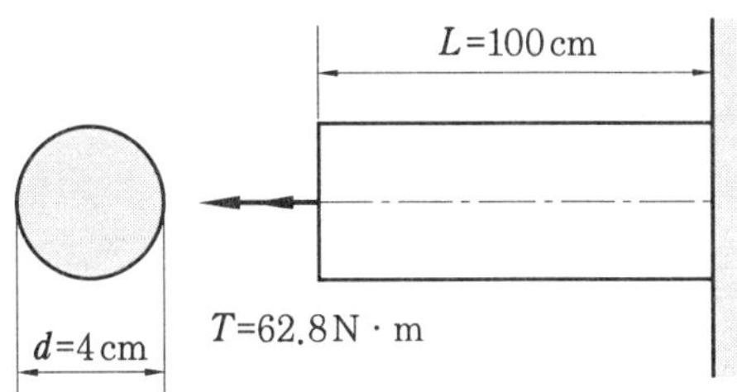

① 0.00025 rad　　② 0.0025 rad

③ 0.025 rad　　④ 0.25 rad

정답 4. ③　5. ①　6. ④　7. ②　8. ②

해설 $\theta=\frac{TL}{GI_P}=\frac{62.8\times1}{100\times10^9\times\frac{\pi(0.04)^4}{32}}$

$=2.5\times10^{-3}(0.0025\text{rad})$

9. 지름 20 mm인 구리합금 봉에 30 kN의 축 방향 인장하중이 작용할 때 체적 변형률은 약 얼마인가?(단, 세로탄성계수는 100 GPa, 푸아송비는 0.3이다.)

① 0.38 ② 0.038

③ 0.0038 ④ 0.00038

해설 $\varepsilon_v=\frac{\Delta V}{V}=\varepsilon(1-2\mu)=\frac{\sigma}{E}(1-2\mu)$

$=\frac{P}{AE}(1-2\mu)$

$=\frac{30\times10^3}{\frac{\pi(20)^2}{4}\times100\times10^3}(1-2\times0.3)$

$=3.8\times10^{-4}(0.00038)$

10. 원통형 코일스프링에서 코일 반지름을 R, 소선의 지름을 d, 전단탄성계수를 G라고 하면 코일스프링 한 권에 대해서 하중 P가 작용할 때 소선의 비틀림각 ϕ를 나타내는 식은?

① $\frac{32PR}{Gd^2}$ ② $\frac{32PR^2}{Gd^2}$

③ $\frac{64PR}{Gd^4}$ ④ $\frac{64PR^2}{Gd^4}$

해설 $\delta=R\phi=\frac{64nR^3P}{Gd^4}$

한 권이므로 $n=1$

$\therefore\ \phi=\frac{\delta}{R}=\frac{64R^2P}{Gd^4}$[radian]

11. 그림과 같은 일단고정 타단지지보의 중앙에 $P=4800$ N의 하중이 작용하면 지지점의 반력(R_B)은 약 몇 kN인가?

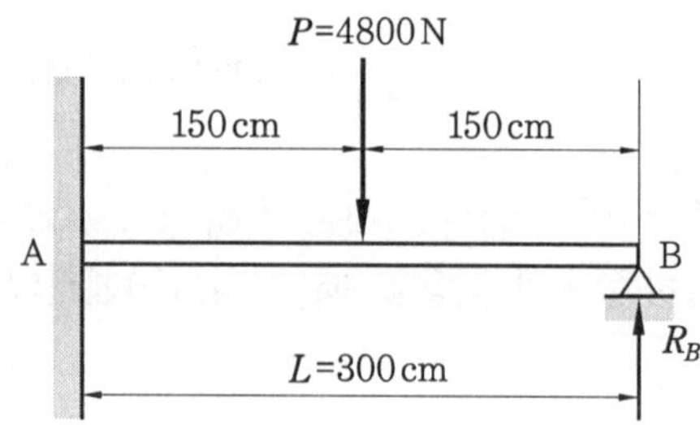

① 3.2 ② 2.6

③ 1.5 ④ 1.2

해설 $R_B=\frac{5}{16}P=\frac{5}{16}\times4800$

$=1500\text{ N}(=1.5\text{ kN})$

12. 단면적이 각각 A_1, A_2, A_3이고, 탄성계수가 각각 E_1, E_2, E_3인 길이 l인 재료가 강성판 사이에서 인장하중 P를 받아 탄성변형 했을 때 재료 1, 3 내부에 생기는 수직응력은?(단, 2개의 강성판은 항상 수평을 유지한다.)

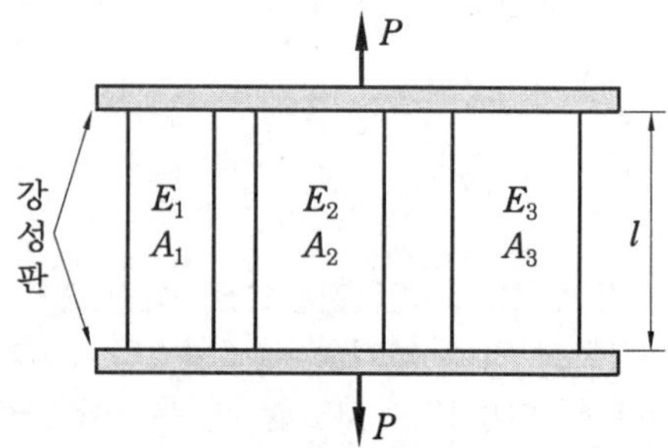

① $\sigma_1=\frac{PE_1}{A_1E_1+A_2E_2+A_3E_3}$,

$\sigma_3=\frac{PE_3}{A_1E_1+A_2E_2+A_3E_3}$

② $\sigma_1=\frac{PE_2E_3}{E_1(A_1E_1+A_2E_2+A_3E_3)}$,

$\sigma_3=\frac{PE_1E_2}{E_3(A_1E_1+A_2E_2+A_3E_3)}$

③ $\sigma_1=\frac{PE_1}{A_3A_2E_1+A_3A_1E_2+A_1A_2E_3}$,

정답 9. ④ 10. ④ 11. ③ 12. ①

$$\sigma_3 = \frac{PE_3}{A_3A_2E_1 + A_3A_1E_2 + A_1A_2E_3}$$

④ $\sigma_1 = \dfrac{PE_2E_3}{A_3A_2E_1 + A_3A_1E_2 + A_1A_2E_3}$,

$$\sigma_3 = \frac{PE_1E_2}{A_3A_2E_1 + A_3A_1E_2 + A_1A_2E_3}$$

해설 병렬로 조합된 봉은 응력과 종탄성계수가 서로 비례한다($\sigma \propto E$).

13. 그림과 같이 등분포하중 w가 가해지고 B점에서 지지되어 있는 고정 지지보가 있다. A점에 존재하는 반력 중 모멘트는?

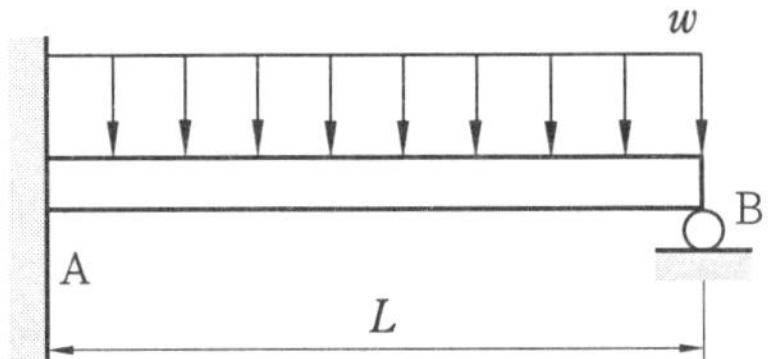

① $\frac{1}{8}wL^2$ (시계방향)

② $\frac{1}{8}wL^2$ (반시계방향)

③ $\frac{7}{8}wL^2$ (시계방향)

④ $\frac{7}{8}wL^2$ (반시계방향)

해설 $M_A = R_BL - wL\frac{L}{2}$

$$= \frac{3wL^2}{8} - \frac{wL^2}{2} = \frac{3wL^2}{8} - \frac{4wL^2}{8}$$

$$= -\frac{wL^2}{8}(\circlearrowleft)$$

14. 지름 6 mm인 곧은 강선을 지름 1.2 m의 원통에 감았을 때 강선에 생기는 최대 굽힘응력은 약 몇 MPa인가?(단, 세로탄성계수는 200 GPa이다.)

① 500　　② 800

③ 900　　④ 1000

해설 $\sigma = \frac{Ey}{\rho} = \frac{200 \times 10^3 \times 3}{600} = 1000\,\text{MPa}$

※ 곡률 반경$(\rho) = \frac{1200}{2} = 600\,\text{mm}$

15. 지름 20 mm, 길이 50 mm의 구리 막대의 양단을 고정하고 막대를 가열하여 40 ℃ 상승했을 때 고정단을 누르는 힘은 약 몇 kN인가?(단, 구리의 선팽창계수 $\alpha = 0.16 \times 10^{-4}$/℃, 세로탄성계수는 110 GPa이다.)

① 52　　② 30

③ 25　　④ 22

해설 $P = \sigma A = EA\alpha\Delta t$

$$= 110 \times 10^6 \times \frac{\pi}{4}(0.02)^2 \times 0.16 \times 10^{-4} \times 40$$

$$\fallingdotseq 22\,\text{kN}$$

16. 지름 10 mm, 길이 2 m인 둥근 막대의 한끝을 고정하고 타단을 자유로이 10°만큼 비틀었다면 막대에 생기는 최대 전단응력은 약 몇 MPa인가?(단, 재료의 전단탄성계수는 84 GPa이다.)

① 18.3　　② 36.6

③ 54.7　　④ 73.2

해설 $\theta° = 584\frac{TL}{Gd^4}[°]$

$\theta° = 584\frac{(\tau Z_P)L}{Gd^4}[°]$에서

$$\tau = \frac{Gd^4\theta°}{584Z_PL} = \frac{84 \times 10^3 \times 10^4 \times 10}{584 \times \frac{\pi(10)^3}{16} \times 2000}$$

$$= 36.63\,\text{MPa}$$

17. 단면계수가 0.01 m³인 사각형 단면의 양단 고정보가 2 m의 길이를 가지고 있다. 중앙에 최대 몇 kN의 집중하중을 가할 수 있는가?(단, 재료의 허용굽힘응력은 80 MPa이다.)

정답 13. ② 14. ④ 15. ④ 16. ② 17. ④

① 800 ② 1600
③ 2400 ④ 3200

해설 $M_{max} = \sigma Z,\ \frac{PL}{8} = 80 \times 10^3 \times 0.01$

$$P = \frac{8 \times 80 \times 10^3 \times 0.01}{L}$$

$$= \frac{8 \times 80 \times 10^3 \times 0.01}{2} = 3200\text{ kN}$$

18. 그림과 같이 균일분포 하중을 받는 보의 지점 B에서의 굽힘모멘트는 몇 kN·m인가?

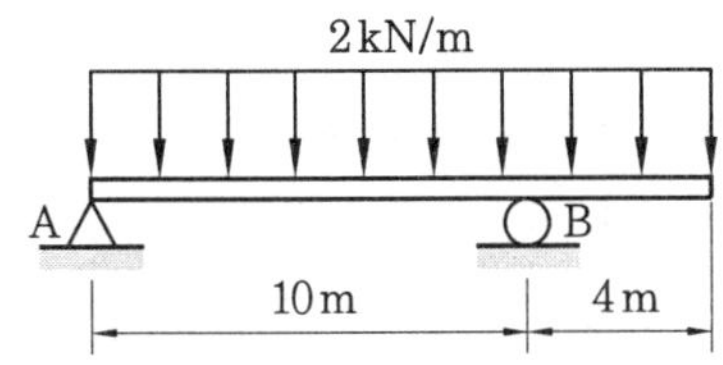

① 16 ② 10
③ 8 ④ 1.6

해설 $M_B = (wL_1) \times 2 = (2 \times 4) \times 2$

$= 16\text{ kN} \cdot \text{m}$

19. 길이 500 mm, 지름 16 mm의 균일한 강봉의 양 끝에 12 kN의 축방향 하중이 작용하여 길이는 300 μm가 증가하고 지름은 2.4 μm가 감소하였다. 이 선형 탄성 거동하는 봉 재료의 푸아송비는?

① 0.22 ② 0.25
③ 0.29 ④ 0.32

해설 푸아송비(μ) $= \frac{1}{m} = \frac{|\varepsilon'|}{\varepsilon} = \frac{\frac{\delta}{d}}{\frac{\lambda}{L}} = \frac{\delta L}{d\lambda}$

$$= \frac{2.4 \times 10^{-3} \times 500}{16 \times 300 \times 10^{-3}} = 0.25$$

20. 지름이 2 cm이고 길이가 1 m인 원통형 중실기둥의 좌굴에 관한 임계하중을 오일러 공식으로 구하면 약 몇 kN인가? (단, 기둥의 양단은 회전단이고, 세로탄성계수는 200 GPa이다.)

① 11.5 ② 13.5
③ 15.5 ④ 17.5

해설 $P_B = n\pi^2 \frac{EI_G}{L^2}$

$$= 1 \times \pi^2 \times \frac{200 \times 10^6 \times \frac{\pi \times (0.02)^4}{64}}{1^2}$$

$= 15.5\text{ kN}$

제 2 과목 기계열역학

21. 증기터빈에서 질량유량이 1.5 kg/s이고, 열손실률이 8.5 kW이다. 터빈으로 출입하는 수증기에 대한 값은 아래 그림과 같다면 터빈의 출력은 약 몇 kW인가?

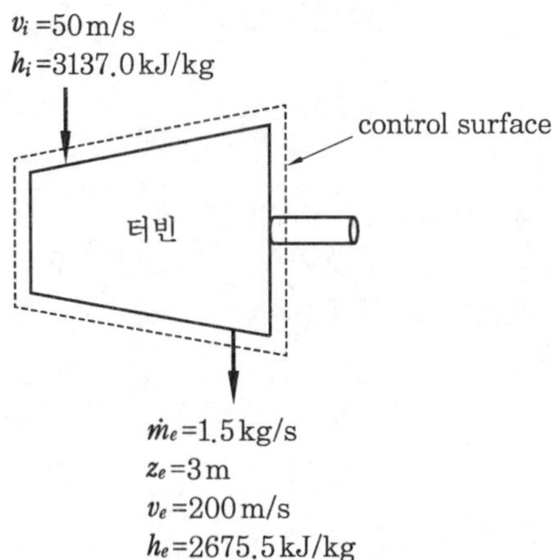

① 273 kW ② 656 kW
③ 1357 kW ④ 2616 kW

해설 $Q_L = w_t + \dot{m}(h_e - h_i) + \frac{\dot{m}}{2}(v_e^2 - v_i^2)$

$\times 10^{-3} + \dot{m}g(z_e - z_i) \times 10^{-3}$

$-8.5 = w_t + 1.5(2675.5 - 3137)$

$$+\frac{1.5}{2}\times(200^2-50^2)\times10^{-3}$$

$$+1.5\times9.8\times(3-6)\times10^{-3}$$

$$-8.5=w_t-692.25+28.125-0.0441$$

$$\therefore\ w_t=-8.5+692.25-28.125+0.0441$$

$$=655.67 ≒ 656\,\text{kW}$$

22. 수소(H_2)가 이상기체라면 절대압력 1 MPa, 온도 100℃에서의 비체적은 약 몇 m^3/kg인가?(단, 일반기체상수는 8.3145 kJ/kmol · K이다.)

① 0.781 ② 1.26

③ 1.55 ④ 3.46

해설 $Pv=RT$에서

$$v=\frac{RT}{P}=\frac{\frac{8.3145}{2}\times373}{1\times10^3}=1.55\,\text{m}^3/\text{kg}$$

23. 열펌프를 난방에 이용하려 한다. 실내 온도는 18℃이고, 실외 온도는 −15℃이며 벽을 통한 열손실은 12 kW이다. 열펌프를 구동하기 위해 필요한 최소 동력은 약 몇 kW인가?

① 0.65 kW ② 0.74 kW

③ 1.36 kW ④ 1.53 kW

해설 $\varepsilon_H=\frac{T_1}{T_1-T_2}=\frac{291}{291-258}≒8.82$

$$H_{kW}=\frac{Q_L}{\varepsilon_H}=\frac{12}{8.82}=1.36\,\text{kW}$$

24. 계가 정적 과정으로 상태 1에서 상태 2로 변화할 때 단순압축성 계에 대한 열역학 제1법칙을 바르게 설명한 것은?(단, U, Q, W는 각각 내부에너지, 열량, 일량이다.)

① $U_1-U_2=Q_{12}$

② $U_2-U_1=W_{12}$

③ $U_1-U_2=W_{12}$

④ $U_2-U_1=Q_{12}$

해설 $Q_{12}=(U_2-U_1)+W_{12}$[kJ]

등적변화($V=C$)인 경우

$W_{12}=\int_1^2 PdV=0$이므로

∴ 가열량은 내부에너지 변화량과 같다.

$Q_{12}=(U_2-U_1)$

25. 완전가스의 내부에너지(U)는 어떤 함수인가?

① 압력과 온도의 함수이다.

② 압력만의 함수이다.

③ 체적과 압력의 함수이다.

④ 온도만의 함수이다.

해설 완전가스인 경우 내부에너지(U)는 절대온도(T)만의 함수이다.

※ 줄의 법칙 : $U=f(T)$

26. 비열비가 1.29, 분자량이 44인 이상 기체의 정압비열은 약 몇 kJ/kg · K인가?(단, 일반기체상수는 8.314 kJ/kmol · K이다.)

① 0.51 ② 0.69

③ 0.84 ④ 0.91

해설 $C_p=\frac{k}{k-1}R=\frac{1.29}{1.29-1}\times0.189$

$=0.84$ kJ/kg · K

$mR=\overline{R}=8.314$ kJ/kmol · K이므로

기체상수$(R)=\frac{\overline{R}}{\text{분자량}(m)}=\frac{8.314}{44}$

$≒0.189$ kJ/kg · K

27. 계가 비가역 사이클을 이룰 때 클라우지우스(Clausius)의 적분을 옳게 나타낸 것은?(단, T는 온도, Q는 열량이다.)

① $\oint\frac{\delta Q}{T}<0$ ② $\oint\frac{\delta Q}{T}>0$

정답 22. ③ 23. ③ 24. ④ 25. ④ 26. ③ 27. ①

③ $\oint \frac{\delta Q}{T} \geq 0$ ④ $\oint \frac{\delta Q}{T} \leq 0$

해설 비가역 사이클인 경우 클라우지우스의 폐적분 값은 부등호이다$\left(\oint \frac{\delta Q}{T} < 0\right)$.

28. 한 밀폐계가 190 kJ의 열을 받으면서 외부에 20 kJ의 일을 한다면 이 계의 내부에너지의 변화는 약 얼마인가?

① 210 kJ만큼 증가한다.
② 210 kJ만큼 감소한다.
③ 170 kJ만큼 증가한다.
④ 170 kJ만큼 감소한다.

해설 $Q = (U_2 - U_1) + W$[kJ]

$(U_2 - U_1) = Q - W = 190 - 20 = 170$ kJ

∴ 내부에너지는 170 kJ만큼 증가한다.

29. 밀폐용기에 비내부에너지가 200 kJ/kg인 기체가 0.5 kg 들어 있다. 이 기체를 용량이 500 W인 전기가열기로 2분 동안 가열한다면 최종상태에서 기체의 내부에너지는 약 몇 kJ인가? (단, 열량은 기체로만 전달된다고 한다.)

① 20 kJ ② 100 kJ
③ 120 kJ ④ 160 kJ

해설 전열기 발생 열량(Q)

$= 0.5 \times (2 \times 60) = 60$ kJ

∴ $Q = (U_2 - U_1)$에서

$U_2 = Q + U_1 = 60 + 200 \times 0.5 = 160$ kJ

30. 온도가 127℃, 압력이 0.5 MPa, 비체적이 0.4 m^3/kg인 이상기체가 같은 압력하에서 비체적이 0.3 m^3/kg으로 되었다면 온도는 약 몇 ℃가 되는가?

① 16 ② 27 ③ 96 ④ 300

해설 $T_2 = T_1\left(\frac{v_2}{v_1}\right) = 400\left(\frac{0.3}{0.4}\right)$

$= 300$ K $= (300 - 273)$ ℃ $= 27$ ℃

31. 온도 20℃에서 계기압력 0.183 MPa의 타이어가 고속주행으로 온도 80℃로 상승할 때 압력은 주행 전과 비교하여 약 몇 kPa 상승하는가? (단, 타이어의 체적은 변하지 않고, 타이어 내의 공기는 이상기체로 가정하며, 대기압은 101.3 kPa이다.)

① 37 kPa ② 58 kPa
③ 286 kPa ④ 445 kPa

해설 $V = C$, $\frac{P}{T} = C$, $\frac{P_1}{T_1} = \frac{P_2}{T_2}$에서

$P_2 = P_1\left(\frac{T_2}{T_1}\right) = (101.3 + 183) \times \left(\frac{80 + 273}{20 + 273}\right)$

$= 342.52$ kPa

∴ $\Delta P = P_2 - P_1 = 342.52 - 284.3$

$= 58.22$ kPa

32. 다음 중 가장 낮은 온도는?

① 104℃ ② 284℉
③ 410 K ④ 684 R

해설 284℉ : $t_C = \frac{5}{9}(t_F - 32)$

$= \frac{5}{9}(284 - 32) = 140$℃

410 K : $T = t_C + 273$[K]에서

$t_C = T - 273 = 410 - 273 = 137$℃

684 R : $R = t_F + 460$[R]에서

$t_F = R - 460 = 684 - 460 = 224$℉

$t_C = \frac{5}{9}(t_F - 32) = \frac{5}{9}(224 - 32) = 106.67$℃

33. 온도 15℃, 압력 100 kPa 상태의 체적이 일정한 용기 안에 어떤 이상기체 5 kg이 들어 있다. 이 기체가 50℃가 될 때까지 가열되는 동안의 엔트로피 증가량은 약 몇 kJ/K인가? (단, 이 기체의 정압비열과 정적비열은 각각 1.001 kJ/kg · K, 0.7171 kJ/kg · K이다.)

① 0.411 ② 0.486

정답 28. ③ 29. ④ 30. ② 31. ② 32. ① 33. ①

③ 0.575 ④ 0.732

해설 $\Delta S = m C_v \ln \frac{T_2}{T_1}$

$= 5 \times 0.7171 \ln \frac{(50+273)}{(15+273)}$

$= 0.411\ \text{kJ/K}$

34. 증기를 가역 단열과정을 거쳐 팽창시키면 증기의 엔트로피는?

① 증가한다.

② 감소한다.

③ 변하지 않는다.

④ 경우에 따라 증가도 하고, 감소도 한다.

해설 가역 단열변화($Q=0$)인 경우 엔트로피 변화량(ΔS)은 0이다. 즉, 엔트로피는 변하지 않는다.

35. 증기동력 사이클의 종류 중 재열 사이클의 목적으로 가장 거리가 먼 것은?

① 터빈 출구의 습도가 증가하여 터빈 날개를 보호한다.

② 이론 열효율이 증가한다.

③ 수명이 연장된다.

④ 터빈 출구의 질(quality)을 향상시킨다.

해설 재열 사이클의 목적은 습도로 인한 터빈 날개의 부식 방지와 열효율 향상에 있다.

36. 오토 사이클의 압축비(ε)가 8일 때 이론 열효율은 약 몇 %인가?(단, 비열비(k)는 1.4이다.)

① 36.8 % ② 46.7 %

③ 56.5 % ④ 66.6 %

해설 $\eta_{tho} = 1 - \left(\frac{1}{\varepsilon}\right)^{k-1} = 1 - \left(\frac{1}{8}\right)^{1.4-1}$

$= 0.565(56.5\%)$

37. 10℃에서 160℃까지 공기의 평균 정적비열은 0.7315 kJ/kg · K이다. 이 온도 변화에서 공기 1 kg의 내부에너지 변화는 약 몇 kJ인가?

① 101.1 kJ ② 109.7 kJ

③ 120.6 kJ ④ 131.7 kJ

해설 $\Delta U = U_2 - U_1 = m C_v (t_2 - t_1)$

$= 1 \times 0.7315(160 - 10) \fallingdotseq 109.7\ \text{kJ}$

38. 이상적인 카르노 사이클의 열기관이 500℃인 열원으로부터 500 kJ을 받고, 25℃에 열을 방출한다. 이 사이클의 일(W)과 효율(η_{th})은 얼마인가?

① $W = 307.2\ \text{kJ}$, $\eta_{th} = 0.6143$

② $W = 307.2\ \text{kJ}$, $\eta_{th} = 0.5748$

③ $W = 250.3\ \text{kJ}$, $\eta_{th} = 0.6143$

④ $W = 250.3\ \text{kJ}$, $\eta_{th} = 0.5748$

해설 $\eta_{th} = 1 - \frac{T_2}{T_1} = 1 - \frac{25+273}{500+273}$

$= 0.6143(61.43\%)$

$\eta_{th} = \frac{W_{net}}{Q_1}$

$\therefore W_{net} = \eta_{th} Q_1 = 0.6143 \times 500 = 307.2\ \text{kJ}$

39. 과열증기를 냉각시켰더니 포화영역 안으로 들어와서 비체적이 0.2327 m^3/kg이 되었다. 이때 포화액과 포화증기의 비체적이 각각 $1.079 \times 10^{-3}\ \text{m}^3$/kg, 0.5243 m^3/kg이라면 건도는 얼마인가?

① 0.964 ② 0.772

③ 0.653 ④ 0.443

해설 $v_x = v' + x(v'' - v')\ [\text{m}^3/\text{kg}]$

건도$(x) = \frac{v_x - v'}{v'' - v'}$

$= \frac{0.2327 - 1.079 \times 10^{-3}}{0.5243 - 1.079 \times 10^{-3}} \fallingdotseq 0.443$

40. 어떤 냉동기에서 0℃의 물로 0℃의 얼음 2 ton을 만드는 데 180 MJ의 일이 소

정답 34. ③ 35. ① 36. ③ 37. ② 38. ① 39. ④ 40. ④

요된다면 이 냉동기의 성적계수는?(단, 물의 융해열은 334 kJ/kg이다.)

① 2.05 ② 2.32

③ 2.65 ④ 3.71

해설 $(COP)_R = \frac{Q_c}{W_c} = \frac{2000 \times 334}{180 \times 10^3} = 3.71$

제 3 과목 기계유체역학

41. 유동장에 미치는 힘 가운데 유체의 압축성에 의한 힘만이 중요할 때에 적용할 수 있는 무차원수로 옳은 것은?

① 오일러수 ② 레이놀즈수

③ 프루드수 ④ 마하수

해설 마하수(Mach number)는 압축성 유동에 의한 힘만이 중요할 때 적용하는 무차원수이다.

42. Stokes의 법칙에 의해 비압축성 점성유체에 구(sphere)가 낙하될 때 항력(D)을 나타낸 식으로 옳은 것은?(단, μ : 유체의 점성계수, a : 구의 반지름, V : 구의 평균속도, C_D : 항력계수, 레이놀즈수가 1보다 작아 박리가 존재하지 않는다고 가정한다.)

① $D = 6\pi a\mu V$ ② $D = 4\pi a\mu V$

③ $D = 2\pi a\mu V$ ④ $D = C_D\pi a\mu V$

해설 구(sphere) 주위의 점성 비압축성 유동에서 $Re \leq 1$(또는 0.6) 정도이면 박리가 존재하지 않으므로 항력은 점성력만의 영향을 받는다(스토크스의 법칙).
항력$(D) = 3\pi\mu d V = 6\pi\mu a V$[N]

43. 경계층의 박리(separation)가 일어나는 주원인은?

① 압력이 증기압 이하로 떨어지기 때문에

② 유동방향으로 밀도가 감소하기 때문에

③ 경계층의 두께가 0으로 수렴하기 때문에

④ 유동과정에 역압력 구배가 발생하기 때문에

해설 경계층의 박리 현상은 하류방향의 역압력 구배$\left(\frac{\partial p}{\partial x} > 0,\ \frac{\partial u}{\partial x} < 0\right)$ 때문에 발생한다.

44. 길이 600 m이고 속도 15 km/h인 선박에 대해 물속에서의 조파 저항을 연구하기 위해 길이 6 m인 모형선의 속도는 몇 km/h으로 해야 하는가?

① 2.7 ② 2.0

③ 1.5 ④ 1.0

해설 $(Fr)_p = (Fr)_m$

$$\left(\frac{V}{\sqrt{lg}}\right)_p = \left(\frac{V}{\sqrt{lg}}\right)_m$$

$g_p \simeq g_m$

$$\therefore V_m = V_p \times \sqrt{\frac{l_m}{l_p}} = 15 \times \sqrt{\frac{6}{600}} = 1.5 \text{ km/h}$$

45. 안지름 1 cm의 원관 내를 유동하는 0℃의 물의 층류 임계 레이놀즈수가 2100일 때 임계 속도는 약 몇 cm/s인가?(단, 0℃ 물의 동점성계수는 0.01787 cm²/s이다.)

① 37.5 ② 375

③ 75.1 ④ 751

해설 $Re_c = \frac{Vd}{\nu}$

$$\therefore V = \frac{Re_c \nu}{d} = \frac{2100 \times 0.01787}{1} ≒ 37.53 \text{ cm/s}$$

46. 어떤 물체가 대기 중에서 무게는 6 N이고 수중에서 무게는 1.1 N이었다. 이 물체의 비중은 약 얼마인가?

정답 41. ④ 42. ① 43. ④ 44. ③ 45. ① 46. ②

① 1.1 ② 1.2
③ 2.4 ④ 5.5

해설 대기(공기) 중의 무게(G_a) = 물속의 무게(W) + 부력(F_B)

$G_a = W + F_B$

$G_a = W + \gamma V$

$G_a - W = \gamma V$

$$V = \frac{G_a - W}{\gamma_w} = \frac{6-1.1}{9800} = 5\times10^{-4}\,\text{m3}$$

$$\gamma = \frac{G_a}{V} = \frac{6}{5\times10^{-4}} = 12000\,\text{N/m3}$$

$$\therefore\ S = \frac{\gamma}{\gamma_w} = \frac{12000}{9800} = 1.2$$

47. 기준면에 있는 어떤 지점에서의 물의 유속이 6 m/s, 압력이 40 kPa일 때 이 지점에서의 물의 수력기울기선의 높이는 약 몇 m인가?

① 3.24 ② 4.08
③ 5.92 ④ 6.81

해설 $HGL = \dfrac{P}{\gamma_w} = \dfrac{40}{9.8} = 4.08\,\text{m}$

참고 EL(에너지선) $= HGL + \dfrac{V^2}{2g}$

$$= 4.08 + \frac{6^2}{2\times9.8} = 5.92\,\text{m}$$

48. (x, y) 좌표계의 비회전 2차원 유동장에서 속도 퍼텐셜(potential) ϕ는 $\phi = 2x^2y$로 주어졌다. 이때 점(3, 2)인 곳에서 속도 벡터는? (단, 속도 퍼텐셜 ϕ는 $\vec{V} \equiv \nabla\phi = grad\phi$로 정의된다.)

① $24\vec{i} + 18\vec{j}$ ② $-24\vec{i} + 18\vec{j}$
③ $12\vec{i} + 9\vec{j}$ ④ $-12\vec{i} + 9\vec{j}$

해설 점(3, 2)인 곳에서 속도 벡터는

$$\vec{V} = \nabla\cdot\phi = grad\phi = \left(\frac{\partial}{\partial x}i + \frac{\partial}{\partial y}j\right)2x^2y$$

$$\frac{\partial\phi}{\partial x} = 4xy = 4\times3\times2 = 24$$

$$\frac{\partial\phi}{\partial y} = 2x^2 = 2(3)^2 = 18$$

$$\vec{V} = \frac{\partial\phi}{\partial x}i + \frac{\partial\phi}{\partial y}j = 24\vec{i} + 18\vec{j}$$

49. 지름 D_1 = 30 cm의 원형 물제트가 대기압 상태에서 V의 속도로 중앙 부분에 구멍이 뚫린 고정 원판에 충돌하여 원판 뒤로 지름 D_2 = 10 cm의 원형 물제트가 같은 속도로 흘러나가고 있다. 이 원판이 받는 힘이 100 N이라면 물제트의 속도 V는 약 몇 m/s인가?

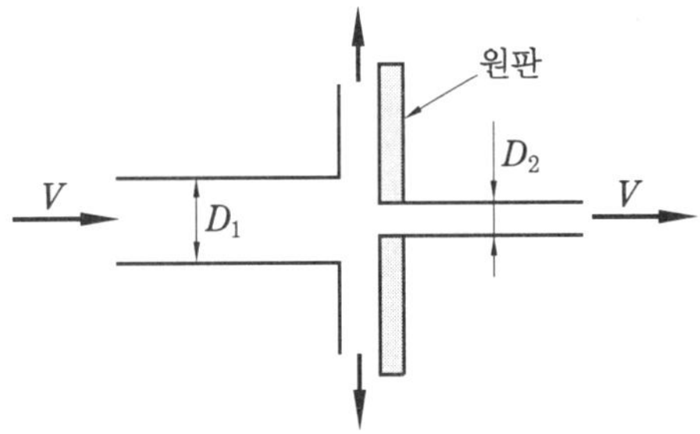

① 0.95 ② 1.26
③ 1.59 ④ 2.35

해설 $F = \rho(A_1 - A_2)V^2$[N]에서

$$V = \sqrt{\frac{F}{\rho(A_1 - A_2)}} = \sqrt{\frac{100}{1000A_1\left[1-\left(\frac{A_2}{A_1}\right)\right]}}$$

$$= \sqrt{\frac{100}{1000\times\frac{\pi}{4}(0.3)^2\left[1-\left(\frac{D_2}{D_1}\right)^2\right]}}$$

$$= \sqrt{\frac{100}{1000\times\frac{\pi}{4}(0.3)^2\left[1-\left(\frac{1}{3}\right)^2\right]}}$$

$= 1.26$ m/s

50. 가스 속에 피토관을 삽입하여 압력을 측정하였더니 정체압이 128 Pa, 정압이 120 Pa이었다. 이 위치에서의 유속은 몇 m/s인

정답 47. ② 48. ① 49. ② 50. ③

가?(단, 가스의 밀도는 1.0 kg/m³이다.)

① 1 ② 2
③ 4 ④ 8

해설 P_s(정체압) $= P$(정압) $+ P_v$(동압)

$$P_s = P + \frac{\rho V^2}{2}\text{[Pa]}$$

$$\therefore V = \sqrt{\frac{2(P_s - P)}{\rho}} = \sqrt{\frac{2(128-120)}{1.0}}$$

$= 4$ m/s

51. 지름 4 m의 원형수문이 수면과 수직방향이고 그 최상단이 수면에서 3.5 m만큼 잠겨있을 때 수문에 작용하는 힘 F와 수면으로부터 힘의 작용점까지의 거리 x는 각각 얼마인가?

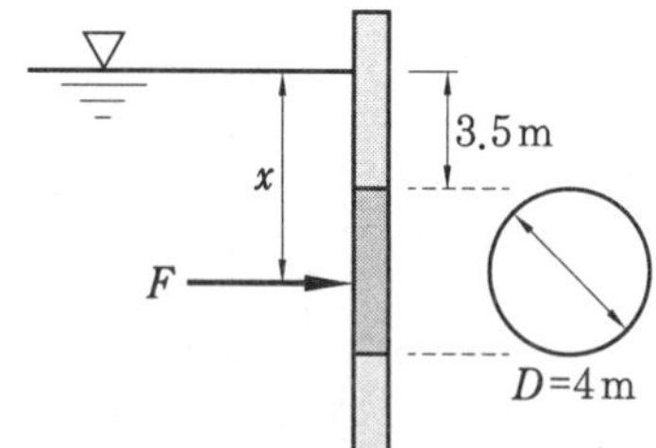

① 638 kN, 5.68 m
② 677 kN, 5.68 m
③ 638 kN, 5.57 m
④ 677 kN, 5.57 m

해설 $F = \gamma \bar{h} A = 9.8 \times \left(3.5 + \frac{4}{2}\right) \times \frac{\pi \times 4^2}{4}$

$\fallingdotseq 677.33$ kN

$$x = \bar{h} + \frac{I_G}{A\bar{h}} = 5.5 + \frac{\frac{\pi \times 4^4}{64}}{\frac{\pi \times 4^2}{4} \times 5.5}$$

$= 5.68$ m

52. 그림과 같은 탱크에서 A점에 표준대기압이 작용하고 있을 때, B점의 절대압력은 약 몇 kPa인가?(단, A점과 B점의 수직거리는 2.5 m이고 기름의 비중은 0.92이다.)

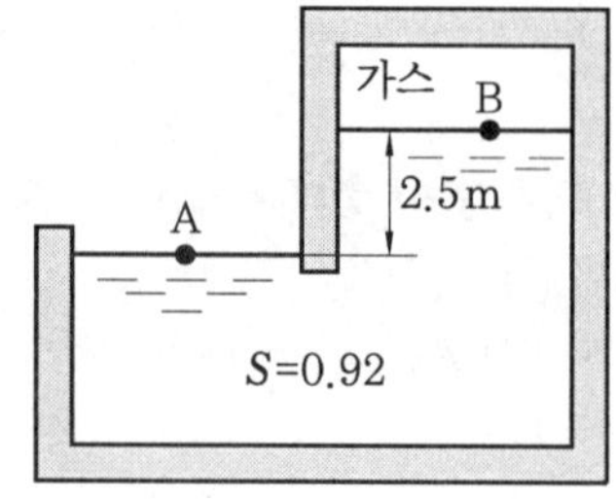

① 78.8 ② 788
③ 179.8 ④ 1798

해설 $P_B = P_A - \gamma_w S h$

$= 101.325 - 9.8 \times 0.92 \times 2.5$

$\fallingdotseq 78.8$ kPa

53. 2차원 직각좌표계(x, y) 상에서 x방향의 속도 $u=1$, y방향의 속도 $v=2x$인 어떤 정상상태의 이상유체에 대한 유동장이 있다. 다음 중 같은 유선 상에 있는 점을 모두 고르면?

㉠ (1, 1)	㉡ (1, −1)	㉢ (−1, 1)

① ㉠, ㉡ ② ㉡, ㉢
③ ㉠, ㉢ ④ ㉠, ㉡, ㉢

54. 표면장력이 0.07 N/m인 물방울의 내부압력이 외부압력보다 10 Pa 크게 되려면 물방울의 지름은 몇 cm인가?

① 0.14 ② 1.4
③ 0.28 ④ 2.8

해설 물방울의 표면장력(σ) $= \frac{PD}{4}$[Pa]

$$\therefore D = \frac{4\sigma}{P} = \frac{4 \times 0.07}{10} = 0.028\text{ m} = 2.8\text{cm}$$

55. 일률(power)을 기본 차원인 M(질량), L(길이), T(시간)로 나타내면?

① L^2T^{-2} ② $ML^{-2}L^{-1}$
③ ML^2T^{-2} ④ ML^2T^{-3}

해설 일률(power), 동력의 단위는 watt(N ·

정답 51. ② 52. ① 53. ③ 54. ④ 55. ④

m/s = J/s)이므로 차원으로 나타내면
$FLT^{-1} = (MLT^{-2})LT^{-1} = ML^2T^{-3}$
$F = ma = \text{kg} \cdot \text{m/s}^2$이므로 MLT^{-2}

56. 평면 벽과 나란한 방향으로 점성계수가 2×10^{-5} Pa · s인 유체가 흐를 때, 평면과의 수직거리 y[m]인 위치에서 속도가 $u = 5(1 - e^{-0.2y})$[m/s]이다. 유체에 걸리는 최대 전단응력은 약 몇 Pa인가?

① 2×10^{-5} ② 2×10^{-6}
③ 5×10^{-6} ④ 10^{-4}

해설 $\tau = \mu \dfrac{du}{dy} = 2\times10^{-5}$

57. 수평으로 놓인 지름 10 cm, 길이 200 m인 파이프에 완전히 열린 글로브 밸브가 설치되어 있고, 흐르는 물의 평균속도는 2 m/s이다. 파이프의 관 마찰계수가 0.02이고, 전체 수두 손실이 10 m이면 글로브 밸브의 손실계수는 약 얼마인가?

① 0.4 ② 1.8 ③ 5.8 ④ 9.0

해설 $h_L = \left(f\dfrac{L}{d} + K\right)\dfrac{V^2}{2g}$

$10 = \left(0.02\times\dfrac{200}{0.1} + K\right)\times\dfrac{2^2}{2\times9.8}$
$= (40 + K)\times0.204$
$\therefore\ K \fallingdotseq 49.02 - 40 = 9.02$

58. 동점성계수가 1×10^{-4} m^2/s인 기름이 안지름 50 mm의 관을 3 m/s의 속도로 흐를 때 관의 마찰계수는?

① 0.015 ② 0.027
③ 0.043 ④ 0.061

해설 $Re = \dfrac{Vd}{\nu} = \dfrac{3\times0.05}{1\times10^{-4}} = 1500 < 2100$

이므로 층류

$\therefore\ f = \dfrac{64}{Re} = \dfrac{64}{1500} \fallingdotseq 0.043$

59. 유체역학에서 연속방정식에 대한 설명으로 옳은 것은?

① 뉴턴의 운동 제2법칙이 유체 중의 모든 점에서 만족하여야 함을 요구한다.
② 에너지와 일 사이의 관계를 나타낸 것이다.
③ 한 유선 위에 두 점에 대한 단위 체적당의 운동량의 관계를 나타낸 것이다.
④ 검사체적에 대한 질량 보존을 나타내는 일반적인 표현식이다.

해설 연속방정식 : 검사체적(control volume)에 대한 질량 보존의 원리를 적용한 표현식

60. 다음 중 정체압의 설명으로 틀린 것은 어느 것인가?

① 정체압은 정압과 같거나 크다.
② 정체압은 액주계로 측정할 수 없다.
③ 정체압은 유체의 밀도에 영향을 받는다.
④ 같은 정압의 유체에서는 속도가 빠를수록 정체압이 커진다.

해설 정체압(stagnation pressure)은 액주계로 측정할 수 있다. 정체압(P_s)=정압(P)+동압$\left(\dfrac{\rho v^2}{2}\right)$이므로 유속이 0인 지점에서 정체압은 정압과 같다. 따라서 정체압은 정압과 같거나 크다.

제 4 과목 유체기계 및 유압기기

61. 압축기의 손실을 기계손실과 유체손실로 구분할 때 다음 중 유체손실에 속하지 않는 것은?

① 흡입구에서 송출구에 이르기까지 유체 전체에 관한 마찰 손실
② 곡관이나 단면 변화에 의한 손실

정답 56. ① 57. ④ 58. ③ 59. ④ 60. ② 61. ③

③ 베어링, 패킹상자 및 기밀장치 등에 의한 손실

④ 회전차 입구 및 출구에서의 충돌 손실

해설 (1) 유체손실 : 압축기의 성능에 가장 큰 영향을 미친다.

- 압축기의 흡입구에서 송출구에 이르기까지 유로 전체에 관한 마찰 손실
- 곡관이나 단면 변화에 의한 와류 손실(부차 손실)
- 회전차 입·출구에서의 충돌 손실

(2) 기계손실 : 베어링, 패킹박스, 기밀장치 등의 마찰 손실

62. 펌프의 운전 중 관로에 장치된 밸브를 급폐쇄한 경우 관로 내 압력이 변화(상승, 하강 반복)되어 충격파가 발생하는 것은 어느 것인가?

① 공동현상 ② 수격현상

③ 서징현상 ④ 부식작용

해설 수격현상 : 펌프의 운전 중 정전 등으로 펌프가 급히 정지하는 경우 관내의 물이 역류하여 역지변이 막힘으로 배관 내의 유체의 운동에너지가 압력에너지로 변하여 고압을 발생시키고, 소음과 진동을 수반하는 현상

63. 진공 펌프의 성능 표시에 대한 설명으로 틀린 것은?

① 규정압력과 그때의 배기용량으로 표시한다.

② 도달 가능한 흡입 최소압은 성능을 평가하는 중요한 요소이다.

③ 대기압 이하의 압력 표시에는 계기압력을 기준으로 한다.

④ 진공 펌프의 압축비는 배기구의 압력을 흡기구의 압력으로 나눈 값이다.

해설 완전 진공에 가까운 고진공의 경우에는 대기압력이 표준대기압의 경우, 완전 진공이 −101.3 kPa이라고 정의되지만, 대기압력(기압)은 상시 변동하고 있기 때문에, 그때마다의 완전 진공을 알 수 없게 되고 게이지 압력으로 표시할 수도 없다. 이러한 이유 때문에 고진공의 경우에는 절대 압력으로 표시한다.

64. 다음 중 터보형 펌프가 아닌 것은?

① 원심형 펌프 ② 벌류트 펌프

③ 사류 펌프 ④ 피스톤 펌프

해설 터보형 펌프에는 원심 펌프(벌류트 펌프, 터빈 펌프), 사류 펌프, 축류 펌프 등이 있으며, 피스톤 펌프는 용적형 펌프로 왕복동식 펌프이다.

65. 비교회전도 176 m³/min, 회전수 2900 rpm, 양정 220 m인 4단 원심 펌프에서 유량(m³/min)은 얼마인가?

① 2.3 ② 2.7

③ 1.5 ④ 1.9

해설 $n_s = \dfrac{N\sqrt{Q}}{\left(\dfrac{H}{i}\right)^{\frac{3}{4}}}$ [rpm · m³/min · m]에서

$$Q = \frac{n_s^2\left(\dfrac{H}{i}\right)^{\frac{3}{2}}}{N^2} = \frac{176^2\left(\dfrac{220}{4}\right)^{1.5}}{2900^2}$$

$= 1.5\ \text{m}^3/\text{min}$

66. 토마계수 σ를 사용하여 펌프의 캐비테이션이 발생하는 한계를 표시할 때, 캐비테이션이 발생하지 않는 영역을 바르게 표시한 것은? (단, H는 유효낙차, H_a는 대기압 수두, H_v는 포화증기압 수두, H_s는 흡출고를 나타낸다. 또한, 펌프가 흡출하는 수면은 펌프 아래에 있다.)

① $H_a - H_v - H_s > \sigma \times H$

정답 62. ② 63. ③ 64. ④ 65. ③ 66. ①

② $H_a + H_v - H_s > \sigma \times H$

③ $H_a - H_v - H_s < \sigma \times H$

④ $H_a + H_v - H_s < \sigma \times H$

해설 토마계수$(\sigma) = \dfrac{\text{필요흡입수두}}{\text{전양정}}$

67. 입력축과 출력축의 토크를 변환시키기 위해 펌프 회전차와 터빈 회전차 중간에 스테이터를 설치한 유체 전동 기구는?

① 토크 컨버터 ② 유체 커플링
③ 축압기 ④ 서보 밸브

해설 토크 컨버터의 구조는 유체 커플링에서 펌프와 터빈의 날개를 적당한 각도로 만곡시키고, 유체의 유동방향을 변화시키는 역할을 하는 스테이터(stator)를 추가한 형태이다.

68. 수차의 유효 낙차(effective head)를 가장 올바르게 설명한 것은?

① 총 낙차에서 도수로와 방수로의 손실 수두를 뺀 것
② 총 낙차에서 수압관 내의 손실 수두를 뺀 것
③ 총 낙차에서 도수로, 수압관, 방수로의 손실 수두를 뺀 것
④ 총 낙차에서 터빈의 손실 수두를 뺀 것

해설 수력발전소에서 취수구로 들어간 물은 수압관을 지나서 수차를 회전시킨 후 방수로에 방류된다. 이때 방수면에서 취수구의 수면까지 높이를 총 낙차라 하고 총 낙차에서 도수로 손실, 수압관 내의 손실, 방수로 손실 수두를 뺀 실제로 이용되는 낙차를 유효 낙차(effective head)라 한다.

69. 다음 유체기계 중 유체로부터 에너지를 받아 기계적 에너지로 변환시키는 장치로 볼 수 없는 것은?

① 송풍기 ② 수차
③ 유압 모터 ④ 풍차

해설 송풍기는 원동기로부터 기계적 에너지를 공급받아 유체를 기계 내부로 흡입한 후 이 유체에 에너지를 공급(주로 압력 에너지로 변환)하는 기계이다.

70. 프란시스 수차의 안내깃에 대한 설명으로 틀린 것은?

① 회전차의 바깥에 위치한다.
② 부하 변동에 따라서 열림각이 변한다.
③ 회전축에 의해 구동된다.
④ 물의 선회 속도 성분을 주는 역할을 한다.

해설 안내깃은 회전차 바깥쪽에 배치되어 유입되는 물을 가속과 함께 선회 속도 성분을 주는 역할을 한다. 안내깃을 통과한 물은 회전차에 유입되고 유입된 물은 회전차를 통과하는 사이에 압력의 감소와 함께 선회속도 성분이 감소되면서 축방향으로 송출된다. 즉 물이 회전차 중에서 잃은 선회 속도 성분만큼의 각운동량이 회전차의 구동토크로 된다.

71. 압력 제어 밸브에서 어느 최소 유량에서 어느 최대 유량까지의 사이에 증대하는 압력은?

① 오버라이드 압력 ② 전량 압력
③ 정격 압력 ④ 서지 압력

해설 ① 오버라이드 압력 : 압력 제어 밸브에서 어느 최소 유량에서 어느 최대 유량까지의 사이에 증대하는 압력으로 설정 압력과 크래킹 압력의 차이를 말하며, 이 압력차가 클수록 릴리프 밸브의 성능이 나쁘고 포핏을 진동시키는 원인이 된다.
③ 정격 압력 : 정해진 조건하에서 성능을 보증할 수 있고, 또 설계 및 사용상의 기준이 되는 압력

정답 67. ① 68. ③ 69. ① 70. ③ 71. ①

④ 서지 압력 : 계통 내 흐름의 과도적인 변동의 결과가 발생하는 압력

72. 개스킷(gasket)에 대한 설명으로 옳은 것은?

① 고정 부분에 사용되는 실(seal)
② 운동 부분에 사용되는 실(seal)
③ 대기로 개방되어 있는 구멍
④ 흐름의 단면적을 감소시켜 관로 내 저항을 갖게 하는 기구

해설 유압장치의 운동 부분에 사용되는 실은 패킹이고, 고정 부분(정지 부분)에 사용되는 실은 개스킷이다.

73. 유압에서 체적탄성계수에 대한 설명으로 틀린 것은?

① 압력의 단위와 같다.
② 압력의 변화량과 체적의 변화량과 관계 있다.
③ 체적탄성계수의 역수는 압축률로 표현한다.
④ 유압에 사용되는 유체가 압축되기 쉬운 정도를 나타낸 것으로 체적탄성계수가 클수록 압축이 잘 된다.

해설 체적탄성계수는 어떤 물질이 압축에 저항하는 정도를 나타내는 것으로 체적탄성계수가 크다는 것은 압축하기 어렵다는 것을 의미한다.

$$E=\frac{dP}{-\frac{dV}{V}}\,[\text{Pa}]$$

74. 자중에 의한 낙하, 운동물체의 관성에 의한 액추에이터의 자중 등을 방지하기 위해 배압을 생기게 하고 다른 방향의 흐름이 자유롭게 흐르도록 한 밸브는?

① 풋 밸브
② 스풀 밸브
③ 카운터 밸런스 밸브
④ 변환 밸브

해설 카운터 밸런스 밸브 : 부하의 낙하를 방지하기 위해서 배압을 유지하는 압력 제어 밸브

75. 펌프의 효율을 구하는 식으로 틀린 것은?(단, 펌프에 손실이 없을 때 토출 압력은 P_0, 실제 펌프 토출 압력은 P, 이론 펌프 토출량은 Q_0, 실제 펌프 토출량은 Q, 유체동력은 L_h, 축동력은 L_s이다.)

① 용적 효율 $=\frac{Q}{Q_0}$
② 압력 효율 $=\frac{P_0}{P}$
③ 기계 효율 $=\frac{L_h}{L_s}$
④ 전 효율 = 용적 효율×압력 효율×기계 효율

해설 압력 효율$(\eta)=\frac{P}{P_0}\times 100\,\%$

76. 오일의 팽창, 수축을 이용한 유압 응용장치로 적절하지 않은 것은?

① 진동 개폐 밸브 ② 압력계
③ 온도계 ④ 쇼크 업소버

해설 쇼크 업소버(shock absorber) : 기계적 충격을 완화하는 장치로 점성을 이용하여 운동에너지를 흡수한다.

77. 토출량이 일정한 용적형 펌프의 종류가 아닌 것은?

① 기어 펌프 ② 베인 펌프
③ 터빈 펌프 ④ 피스톤 펌프

해설 용적형 펌프의 종류에는 기어 펌프, 베인 펌프, 피스톤 펌프 등이 있으며, 터빈펌프는 고양정 저유량의 원심 펌프이다.

정답 72. ① 73. ④ 74. ③ 75. ② 76. ④ 77. ③

78. 다음 그림과 같은 기호의 밸브 명칭은 어느 것인가?

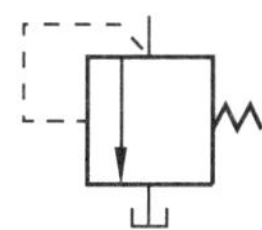

① 스톱 밸브
② 릴리프 밸브
③ 체크 밸브
④ 가변 교축 밸브

79. 유압 모터의 효율에 대한 설명으로 틀린 것은?

① 전 효율은 체적 효율에 비례한다.
② 전 효율은 기계 효율에 반비례한다.
③ 전 효율은 축 출력과 유체 입력의 비로 표현한다.
④ 체적 효율은 실제 송출유량과 이론 송출유량의 비로 표현한다.

해설 전 효율(η_t)=기계 효율(η_m)×수력 효율(η_h)×체적 효율(η_v)이므로 전 효율은 기계 효율에 비례한다.

80. 그림과 같은 유압회로의 명칭으로 적합한 것은?

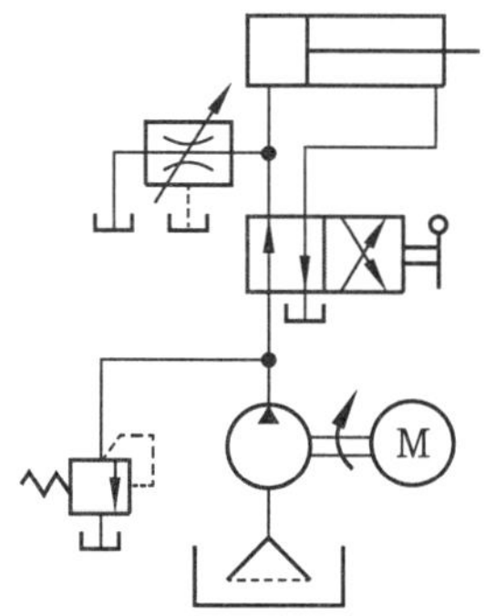

① 어큐뮬레이터 회로
② 시퀀스 회로
③ 블리드 오프 회로
④ 로킹(로크) 회로

해설 블리드 오프 회로 : 액추에이터의 공급 쪽 관로에 설정된 바이패스 관로의 흐름을 제어함으로써 속도를 제어하는 회로

제 5 과목 건설기계일반 및 플랜트배관

81. 굴삭기의 작업 장치 중 유압 셔블(shovel)에 대한 설명으로 적절하지 않은 것은?

① 백호 버킷을 뒤집어 사용하기도 한다.
② 페이스 셔블이라고 한다.
③ 장비가 있는 지면보다 낮은 곳을 굴착하기에 적합하다.
④ 산악지역에서 토사, 암반 등을 굴착하여 트럭에 싣기에 적합한 장치이다.

해설 유압 셔블은 굴삭기가 위치한 지면보다 높은 곳을 굴삭하는 데 적합하다.

82. 앞쪽에서 굴착하여 로더 차체 위를 넘어 후면에 적재할 수 있는 것으로 터널공사 등에 효과적인 것은?

① 오버 헤드형 로더
② 백호 셔블형 로더
③ 프런트 엔드형 로더
④ 사이드 덤프형 로더

해설 로더의 적하 방법에 따른 분류
(1) 프런트 엔드형 로더 : 앞으로 적하, 또는 차체의 전방으로 굴착
(2) 사이드 덤프형 로더 : 버킷을 좌우로 기울여 협소한 장소에서 굴착, 적재
(3) 오버 헤드형 로더 : 앞쪽에서 굴착, 로더 차체 위를 넘어서 뒤쪽에 적재
(4) 스윙형 로더 : 프런트 엔드형과 오버 헤드형의 조합
(5) 백호 셔블형 로더 : 트랙터 후부에 유압식 백호 셔블을 장착하여 굴착, 적재

정답 78. ② 79. ② 80. ③ 81. ③ 82. ①

83. **아스팔트 피니셔에서 노면에 살포된 혼합재료를 매끈하게 다듬는 판은?**

① 스크리드 ② 피더
③ 리시빙 호퍼 ④ 아스팔트 캐틀

해설 스크리드는 스프레더에 의해 균일하게 분포된 아스팔트에 열 및 진동을 이용하여 표면을 고르게 만드는 장치로서 포장 두께와 폭을 조정할 수 있다.

84. **스크레이퍼에서 시간당 작업량(W)을 구하는 식으로 옳은 것은?(단, 볼의 용량 Q[m^3], 토량환산계수 f, 스크레이퍼 작업효율 E, 사이클시간 C_m[min]이다.)**

① $W = \frac{QfE}{60C_m}$ [m^3/h]

② $W = \frac{60Qf}{C_mE}$ [m^3/h]

③ $W = \frac{Qf}{C_mE}$ [m^3/h]

④ $W = \frac{60QfE}{C_m}$ [m^3/h]

85. **증기사용설비 중 응축수를 외부로 자동배출하는 장치로서 응축수에 의한 효율 저하를 방지하기 위한 것은?**

① 증발기 ② 탈기기
③ 인젝터 ④ 증기트랩

해설 증기트랩은 증기 열교환기 등에서 나오는 응축수를 자동적으로 급속히 환수관측 등에 배출시키는 기구이다.

86. **강판제의 드럼 바깥둘레에 여러 개의 돌기가 용접으로 고정되어 있어 흙을 다지는 데 매우 효과적인 것은?**

① 타이어형 롤러 ② 탬핑 롤러
③ 머캐덤 롤러 ④ 탠덤 롤러

해설 탬핑 롤러는 원통형의 드럼 표면에 발굽 모양의 돌기물을 붙여 다짐하는 기계로 비교적 굵은 입자의 암석이나 흙덩어리 등을 파쇄하거나 함수비가 높은 점토질의 다짐에 좋은 성능을 나타낸다.

87. **굴삭기의 작업장치가 아닌 것은?**

① 붐 ② 암
③ 버킷 ④ 마스트

해설 굴삭기의 작업장치는 붐, 암, 버킷 등의 구조물과 이들을 작동시키는 유압 실린더와 유압 파이프 등의 회로로 구성된다.

88. **일반적인 지게차 조향장치로 가장 적절한 방식은?**

① 전륜(앞바퀴 조향식에 유압식으로 제어
② 후륜(뒷바퀴) 조향식에 유압식으로 제어
③ 전륜(앞바퀴) 조향식에 공압식으로 제어
④ 후륜(뒷바퀴) 조향식에 공압식으로 제어

해설 지게차는 거의 전륜 구동 방식이며 방향의 결정은 후륜 조향 방식을 써서 좁은 회전반경으로 회전을 가능하게 한다. 조향 유압 시스템은 지게차의 진행 및 후진 방향을 조절하기 위한 유압장치이다.

89. **강의 표면을 경화시키는 방법으로 화학적 경화법이 아닌 것은?**

① 침탄법 ② 질화법
③ 고주파 경화법 ④ 청화법

해설 (1) 물리적 표면 경화법 : 고주파 경화법, 화염 경화법, 하드 페이싱, 쇼트 피닝
(2) 화학적 표면 경화법 : 침탄법, 질화법, 청화법, 금속 침투법

90. **조향 기어의 섹터축과 세레이션으로 연결되며 조향핸들을 움직이면 중심링크나 드래그링크를 밀거나 당기는 것은?**

정답 83. ① 84. ④ 85. ④ 86. ② 87. ④ 88. ② 89. ③ 90. ②

① 센터 링크 ② 피트먼 암
③ 타이로드 ④ 조향 너클

해설 피트먼 암은 축의 회전 운동을 릴레이 로드에서 수평 운동으로 바꾸어 주는 스티어링 기어 섹터 샤프트에 연결된 암을 말한다. 한쪽은 섹터 축에 설치되고, 다른 한쪽은 볼 이음으로 릴레이 로드에 연결되어, 조향력을 드래그 링크나 릴레이 로드에 전달한다.

91. **일반적인 스테인리스 강관에 대한 설명으로 적절하지 않은 것은?**

① 크롬을 첨가하며 크롬이 산소나 수산기와 결합하여 강의 표면에 얇은 보호피막을 만들며 이 피막이 부식의 진행을 막는다.
② 용도별로 배관용, 보일러용, 기계구조용 등으로 구분할 수 있다.
③ 강관에 비해 기계적 성질이 좋으나 두께가 두꺼워 운반에 어려움이 있다.
④ 나사식, 용접식, 몰코식 이음법 등 특수 시공법으로 시공이 간단하다.

해설 스테인리스 강관은 강도가 높아 기계적 성질은 우수하나 두께가 얇아(강관의 1/3 정도) 내충격성, 내압성이 떨어진다.

92. **배관 부식에 대한 설명으로 틀린 것은?**

① 전면 부식에는 극간 부식, 입계 부식, 선택 부식이 있다.
② 배관 부식에는 금속의 이온화에 의한 부식, 외부에서의 전류에 의한 부식 등이 있다.
③ 부식은 물에 접하는 관의 내면에 많이 생기나, 지중 매설관 등은 지하수에 접하는 외벽에도 생긴다.
④ 관의 부식 상태는 관의 재질에 따라 따르나, 이에 접하는 물이나 공기가 크게 관계한다.

해설 국부 부식에는 극간 부식, 입계 부식, 선택 부식이 있다.

93. **파이프와 파이프를 홈 조인트로 체결하기 위해 파이프 끝을 가공하는 기계는?**

① 기계톱 머신
② 휠 고속절단기 머신
③ CNC 파이프 벤더
④ 그루빙 조인트 머신

해설 ① 기계톱 머신 : 관 또는 환봉을 절단하는 기계로서 절삭 시는 톱날의 하중이 걸리고 귀환 시는 하중이 걸리지 않는다.
② 휠 고속절단기 머신 : 두께 0.5~3 mm 정도의 얇고 지름이 큰 원반형 연삭 숫돌을 고속 회전시켜 관을 절단하는 기계이다.
③ CNC 파이프 벤더 : 대상 재료를 관(파이프) 전용으로 상온에서 구부리기 위한 공구 또는 기계이다.

94. **유체의 흐름을 한쪽 방향으로만 흐르게 하고 역류 방지를 위해 수평·수직 배관에 사용하는 체크 밸브의 형식은?**

① 풋형 ② 스윙형
③ 리프트형 ④ 다이어프램형

해설 ① 풋형 : 펌프 운전 중에 흡입측 배관 내 물이 없어지는 것을 방지하기 위해 사용된다.
② 스윙형 : 체크 밸브 중에서 가장 많이 사용되는 형태로 디스크가 몸통 시트에 평면으로 접촉되며 수평, 수직 배관 어느 곳에나 사용된다.
③ 리프트형 : 고압 및 빠른 유속의 이동에 적합한 방식으로 수평 배관에만 사용된다.

95. **배관 중심선 간의 길이(L)를 나타내는 식으로 옳은 것은?(단, 이음쇠 중심에서 단면까지의 길이는 A, 나사가 물리는**

정답 91. ③ 92. ① 93. ④ 94. ② 95. ①

최소길이(여유치수)는 a, 관의 길이는 l이다.)

① $L=l+2(A-a)$
② $L=l-2(A-a)$
③ $L=l+(A-a)$
④ $L=l-(A-a)$

해설 $L=l+2(A-a)$

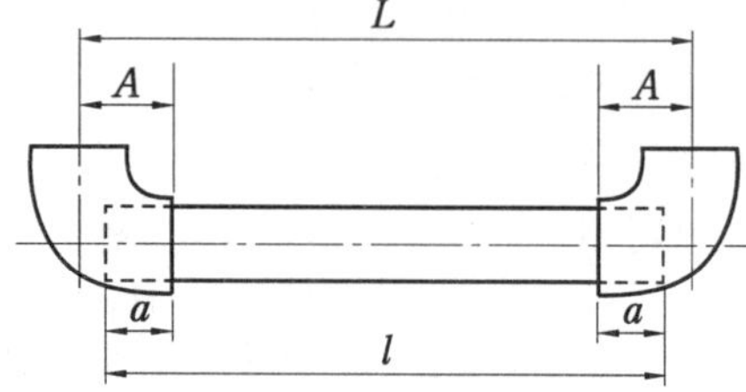

96. 압축 공기를 관 속에 압입하여 이음매에서 공기가 새는 것을 조사하는 시험은?

① 만수 시험 ② 통수 시험
③ 수압 시험 ④ 기압 시험

해설 기압 시험은 공기 시험이라고도 하며, 물 대신 압축 공기를 관 속에 삽입하여 이음매에서 공기가 새는 것을 조사한다. 압력이 강하하면 배관계의 어느 부분에서 공기가 새는 것을 뜻한다. 누설개소를 알려면 접속부분 등 누설할 만한 곳에 비눗물을 발라 기포가 생기느냐의 여부를 시험하면 된다.

97. 관 공작용 기계에서 동력 나사 절삭기의 종류가 아닌 것은?

① 램식 나사 절삭기
② 호브식 나사 절삭기
③ 오스터식 나사 절삭기
④ 다이헤드식 나사 절삭기

해설 램식은 파이프 벤딩기의 일종으로 현장용으로 많이 쓰이며 수동식(유압식)은 50A, 모터를 부착한 동력식은 100A 이하의 관을 굽힐 수 있다.

98. 배관 지지 장치에 대한 설명으로 틀린 것은?

① 온도 변화에 따른 관의 신축이 적합하고 관의 지지 간격이 적당할 것
② 무거운 밸브나 계전기 등이 있는 경우 그 기기 가까이에 지지할 것
③ 곡관부가 있을 경우 곡관부 멀리서 지지할 것
④ 외부 충격, 진동에 충분히 견딜 수 있을 것

해설 배관의 곡부, 분기부 등은 그 가까이에서 지지할 것

99. 배관 재료를 재질별로 분류한 것으로 틀린 것은?

① 강관 : 탄소강 강관, 합금강 강관
② 주철관 : 보통 주철관, 고급 주철관
③ 비철금속관 : 동관, 석면 시멘트관
④ 합성수지관 : 염화비닐관, 폴리에틸렌관

해설 석면 시멘트관은 비금속관에 속한다.

100. 동관의 끝부분을 원형으로 정형하는 동관용 공구는?

① 리머(reamer)
② 사이징 툴(sizig tool)
③ 튜브 커터(tube cutter)
④ 파이프 커터(pipe cutter)

해설 ① 리머 : 동관 절단 후에 생기는 거스러미를 제거하는 공구
② 사이징 툴 : 동관의 끝부분을 원형으로 정형하는 공구
③ 튜브 커터, ④ 파이프 커터 : 관을 절단하는 공구

정답 96. ④ 97. ① 98. ③ 99. ③ 100. ②

건설기계설비기사

2021년 8월 14일 (제3회)

제 1 과목 재료역학

1. 그림과 같은 보의 양단에서 경사각의 비(θ_A/θ_B)가 3/4이면 하중 P의 위치, 즉 B점으로부터 거리 b는 얼마인가? (단, 보의 전체길이는 L이다.)

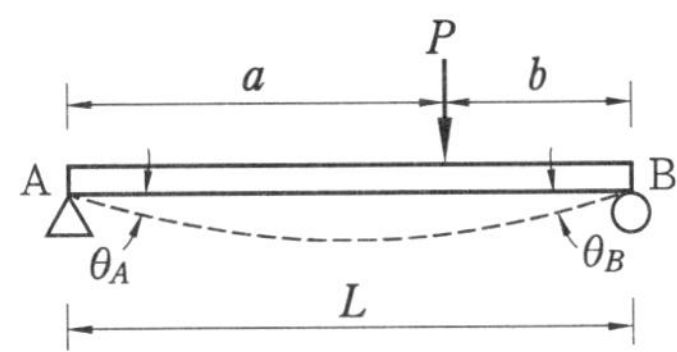

① $b=\frac{2}{7}L$ ② $b=\frac{1}{7}L$

③ $b=\frac{2}{9}L$ ④ $b=\frac{1}{9}L$

해설 $\theta_A=\frac{Pab}{6LEI}(L+b)[\text{rad}]$

$\theta_B=\frac{Pab}{6LEI}(L+a)[\text{rad}]$

$\frac{\theta_A}{\theta_B}=\frac{3}{4}=\frac{L+b}{L+a}$

$4L+4b=3L+3a$

$=3L+3(L-b)=6L-3b$

$7b=2L$

$\therefore\ b=\frac{2}{7}L[\text{m}]$

2. 단면적이 A, 탄성계수가 E, 길이가 L인 막대에 길이방향의 인장하중을 가하여 그 길이가 δ만큼 늘어났다면, 이때 저장된 탄성변형 에너지는?

① $\frac{AE\delta^2}{L}$ ② $\frac{AE\delta^2}{2L}$

③ $\frac{EL^3\delta^2}{A}$ ④ $\frac{EL^3\delta^2}{2A}$

해설 $\sigma=E\varepsilon$

$\frac{P}{A}=E\frac{\delta}{L}$에서 $P=\frac{AE\delta}{L}[\text{N}]$

$u=\frac{P\delta}{2}=\frac{\left(\frac{AE\delta}{L}\right)\delta}{2}=\frac{AE\delta^2}{2L}[\text{kJ}]$

3. 지름이 1.2 m, 두께가 10 mm인 구형 압력용기가 있다. 용기 재질의 허용인장응력이 42 MPa일 때 안전하게 사용할 수 있는 최대 내압은 약 몇 MPa인가?

① 1.1 ② 1.4

③ 1.7 ④ 2.1

해설 $\sigma=\frac{Pr}{2t}[\text{MPa}]$에서

$P=\frac{2\sigma t}{r}=\frac{2\times42\times10}{600}=1.4\text{ MPa}$

4. 그림과 같이 길이 10 m인 단순보의 중앙에 200 kN · m의 우력(couple)이 작용할 때, B지점의 반력(R_B)의 크기는 몇 kN인가?

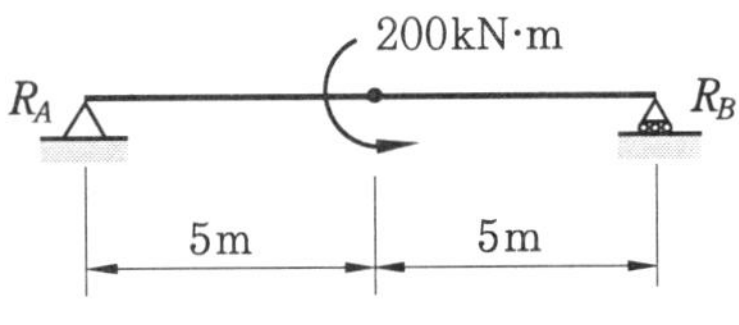

① 10 ② 20

③ 30 ④ 40

해설 $\Sigma M_A=0$

$-R_B\times10+200=0$

$\therefore\ R_B=\frac{200}{10}=20\text{ kN}$

5. 외팔보의 자유단에 하중 P가 작용할 때, 이 보의 굽힘에 의한 탄성 변형에너지를 구하면? (단, 보의 굽힘강성 EI는 일정하다.)

정답 1. ① 2. ② 3. ② 4. ② 5. ①

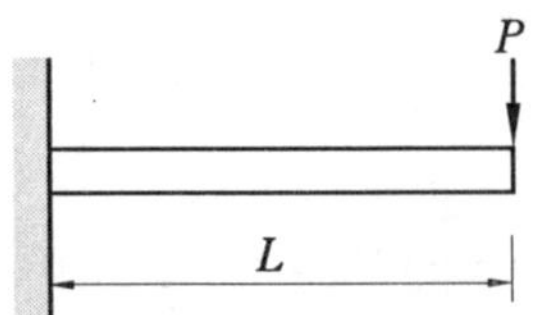

① $\dfrac{P^2L^3}{6EI}$ ② $\dfrac{PL^3}{6EI}$

③ $\dfrac{P^2L^3}{3EI}$ ④ $\dfrac{PL^3}{3EI}$

해설 $u=\dfrac{1}{2EI}\int_0^L M_x^2 dx$

$=\dfrac{1}{2EI}\int_0^L(-Px)^2dx$

$=\dfrac{P^2}{2EI}\int_0^L x^2dx=\dfrac{P^2}{2EI}\left[\dfrac{x^3}{3}\right]_0^L$

$=\dfrac{P^2L^3}{6EI}[\text{kJ}]$

6. 그림과 같이 외팔보에서 하중 $2P$가 두 군데 각각 작용할 때 이 보에 작용하는 최대굽힘모멘트의 크기는?

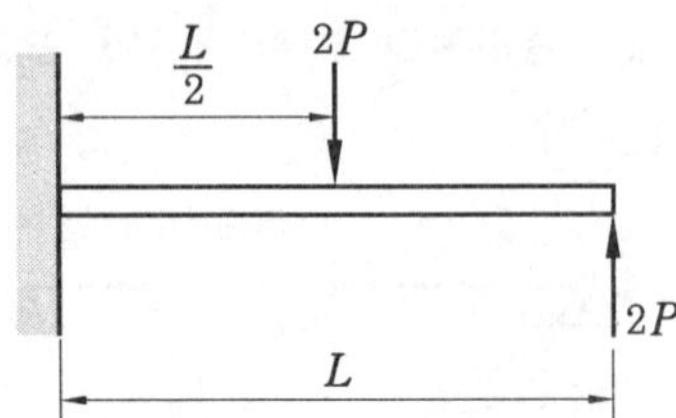

① $\dfrac{PL}{3}$ ② $\dfrac{PL}{2}$

③ PL ④ $2PL$

해설 $M_{max}=2PL-2P\dfrac{L}{2}$

$=2PL-PL=PL[\text{kN}\cdot\text{m}=\text{kJ}]$

7. 그림과 같이 4 kN/cm의 균일분포하중을 받는 일단 고정 타단 지지보에서 B점에서의 모멘트 M_B는 약 몇 kN·m인가? (단, 균일단면보이며, 굽힘강성(EI)은 일정하다.)

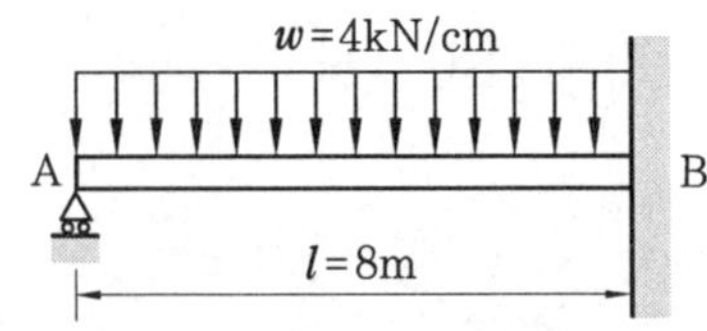

① 800 ② 2400

③ 3200 ④ 4800

해설 $w=4\text{ kN/cm}=400\text{ kN/m}$

$R_Al-wl\dfrac{l}{2}+M_B=0$

$M_B=\dfrac{wl^2}{2}-\dfrac{3}{8}wl^2$

$=\dfrac{400\times8^2}{2}-\dfrac{3}{8}\times400\times8^2$

$=3200\text{ kN}\cdot\text{m}$

8. 단면 치수가 8 mm×24 mm인 강대가 인장력 $P=15$ kN을 받고 있다. 그림과 같이 30° 경사진 면에 작용하는 수직응력은 약 몇 MPa인가?

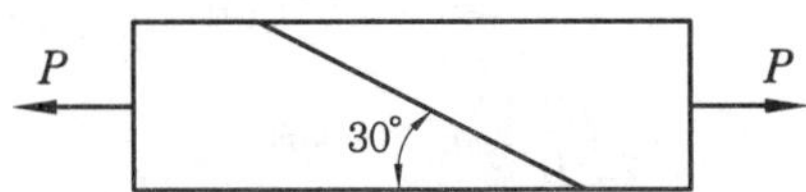

① 19.5 ② 29.5

③ 45.3 ④ 72.6

해설 $\sigma_n=\dfrac{P\sin\theta}{A_n}=\dfrac{P\sin\theta}{\dfrac{A}{\sin\theta}}=\dfrac{P}{A}\sin^2\theta$

$=\dfrac{P}{bh}\sin^2\theta=\dfrac{15\times10^3}{8\times24}\times\sin^2 30°$

$=19.53\text{ MPa}$

9. 보기와 같은 A, B, C 장주가 같은 재질, 같은 단면이라면 임계 좌굴하중의 관계가 옳은 것은?

〈보기〉
- A : 일단고정타단자유, 길이 $=l$
- B : 양단회전, 길이 $=2l$
- C : 양단고정, 길이 $=3l$

① A>B>C ② A>B=C

③ A = B = C ④ A = B < C

해설 $P_B = n\pi^2 \frac{EI_G}{l^2}$ [N]이므로 같은 조건에서

$\frac{n}{l^2}$ 을 비교하면

A : $\frac{\frac{1}{4}}{l^2} = \frac{1}{4l^2}$

B : $\frac{1}{(2l)^2} = \frac{1}{4l^2}$

C : $\frac{4}{(3l)^2} = \frac{4}{9l^2}$

∴ A = B < C

10. 원형 막대의 비틀림을 이용한 토션바(torsionbar) 스프링에서 길이와 지름을 모두 10 %씩 증가시킨다면 토션바의 비틀림 강성(torsional stiffness, 비틀림 토크/비틀림 각도)은 약 몇 배로 되겠는가?

① 1.1배 ② 1.21배

③ 1.33배 ④ 1.46배

해설 비틀림각$(\theta) = \frac{TL}{GI_p} = \frac{32TL}{G\pi d^4}$ [rad]

$k_t = \frac{T}{\theta} = \frac{G\pi d^4}{32L}$ 이므로 $k_t \propto d^4$, $k_t \propto \frac{1}{L}$

∴ $\frac{d^4}{L} = \frac{1.1^4}{1.1} = 1.1^3 = 1.33$

11. 그림과 같이 균일한 단면을 가진 봉에서 자중에 의한 처짐(신장량)을 옳게 설명한 것은?

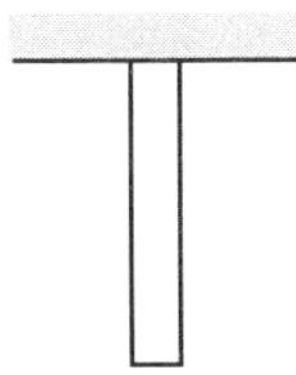

① 비중량에 반비례한다.

② 길이에 정비례한다.

③ 세로탄성계수에 정비례한다.

④ 단면적과는 무관하다.

해설 균일한 단면을 가진 봉에서 자중에 의한 신장량$(\delta) = \frac{\gamma L^2}{2E}$ [cm]

비중량$(\gamma) = \frac{W}{V} = \frac{W}{AL}$ [N/m³]

$\delta = \frac{WL}{2AE}$ [cm]

12. 다음 그림과 같은 직사각형 단면에서 x, y축이 도심을 통과할 때 극관성 모멘트는 약 몇 cm⁴인가? (단, b = 6 cm, h = 12 cm이다.)

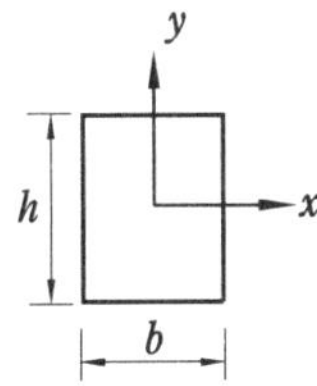

① 1080 ② 3240

③ 9270 ④ 12960

해설 $I_p = I_x + I_y = \frac{bh^3}{12} + \frac{hb^3}{12} = \frac{bh}{12}(h^2 + b^2)$

$= \frac{6 \times 12}{12}(12^2 + 6^2) = 1080 \text{ cm}^4$

13. 그림과 같이 외팔보의 자유단에 집중하중 P와 굽힘모멘트 M_o가 동시에 작용할 때 그 자유단의 처짐은 얼마인가? (단, 보의 굽힘강성 EI는 일정하고, 자중은 무시한다.)

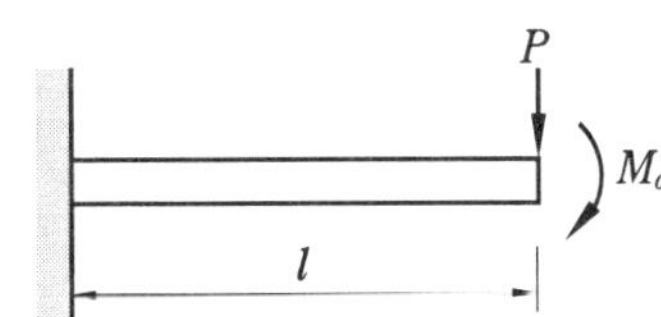

① $\frac{M_o l^2}{EI} + \frac{Pl^3}{2EI}$ ② $\frac{M_o l^2}{2EI} + \frac{Pl^3}{3EI}$

③ $\frac{M_o l^2}{3EI} + \frac{Pl^3}{4EI}$ ④ $\frac{M_o l^2}{4EI} + \frac{Pl^3}{5EI}$

정답 10. ③ 11. ② 12. ① 13. ②

해설 중첩법을 적용하면

$$\delta = \delta_1 + \delta_2 = \frac{M_o l^2}{2EI} + \frac{Pl^3}{3EI}$$

$$= \frac{l^2}{6EI}(3M_o + 2l)\,[\text{cm}]$$

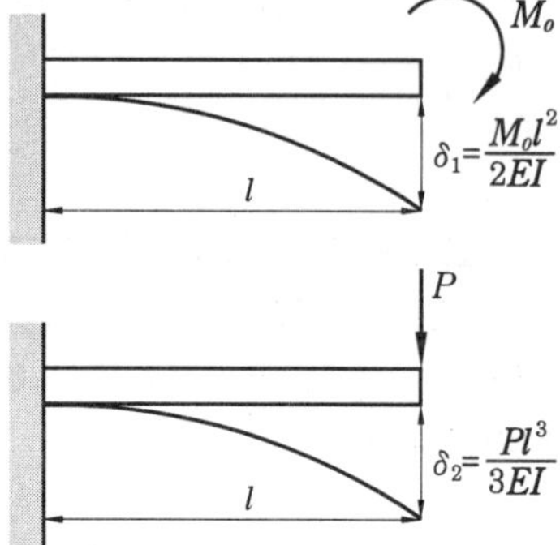

14. 다음 그림과 같은 사각형 단면에서 직교하는 2축 응력 σ_x =200 MPa, σ_y = −200 MPa이 작용할 때, 경사면(a−b)에서 발생하는 전단변형률의 크기는 약 얼마인가? (단, 재료의 전단탄성계수는 80 GPa이고, 경사각(θ)는 45°이다.)

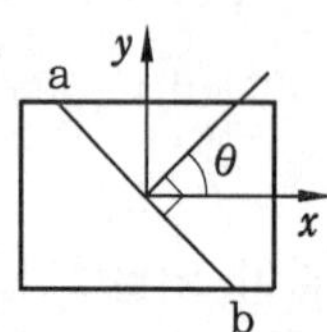

① 0.003125 ② 0.0025
③ 0.001875 ④ 0.00125

해설 $\tau = G\gamma$에서

$$\gamma = \frac{\tau}{G} = \frac{\frac{1}{2}(\sigma_x - \sigma_y)}{G} = \frac{200-(-200)}{2\times 80\times 10^3}$$

$$= \frac{400}{2\times 80\times 10^3} = 0.0025$$

15. 지름 3 mm의 철사로 코일의 평균지름 75 mm인 압축코일 스프링을 만들고자 한다. 하중 10 N에 대하여 3 cm의 처짐량을 생기게 하려면 감은 횟수(n)는 대략 얼마로 해야 하는가? (단, 철사의 가로탄성계수는 88 GPa이다.)

① n=9.9 ② n=8.5
③ n=5.2 ④ n=6.3

해설 $\delta_{max} = \frac{8nD^3P}{Gd^4}$ [mm]

$$n = \frac{Gd^4\delta_{max}}{8D^3P} = \frac{88\times 10^3 \times 3^4 \times 30}{8\times 75^3 \times 10}$$

=6.3회

16. 강 합금에 대한 응력−변형률 선도가 그림과 같다. 세로탄성계수(E)는 약 얼마인가?

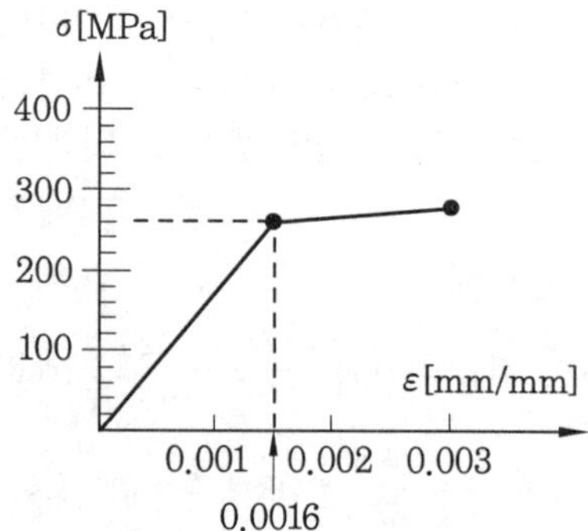

① 162.5 MPa ② 615.4 MPa
③ 162.5 GPa ④ 615.4 GPa

해설 $\sigma = E\varepsilon$에서

$$E = \frac{\sigma}{\varepsilon} = \frac{260}{0.0016}$$

=162500 MPa=162.5 GPa

17. 바깥지름 4 cm, 안지름 2 cm의 속이 빈 원형축에 10 MPa의 최대전단응력이 생기도록 하려면 비틀림 모멘트의 크기는 약 몇 N·m로 해야 하는가?

① 54 ② 212
③ 135 ④ 118

정답 14. ② 15. ④ 16. ③ 17. ④

해설 $T = \tau Z_p = \tau \dfrac{\pi d_2^3}{16}(1 - x^4)$

$= \tau \dfrac{\pi d_2^3}{16}\left[1 - \left(\dfrac{d_1}{d_2}\right)^4\right]$

$= 10 \times 10^6 \times \dfrac{\pi \times 0.04^3}{16}\left[1 - \left(\dfrac{1}{2}\right)^4\right]$

$\fallingdotseq 118\,\text{N}\cdot\text{m}$

18. 그림과 같이 반지름 r인 반원형 단면을 갖는 단순보가 일정한 굽힘모멘트를 받고 있을 때, 최대인장응력(σ_t)과 최대압축응력(σ_c)의 비(σ_t/σ_c)는? (단, e_1과 e_2는 단면 도심까지의 거리이며, 최대인장응력은 단면의 하단에서, 최대압축응력은 단면의 상단에서 발생한다.)

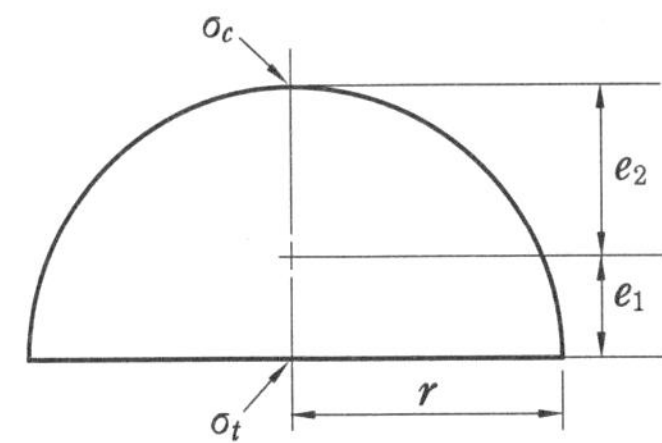

① 0.737 ② 0.651
③ 0.534 ④ 0.425

해설 $\dfrac{1}{\rho} = \dfrac{\sigma}{Ey} = \dfrac{M}{Ey}\ (\sigma \propto y)$

$\therefore \dfrac{\sigma_t}{\sigma_c} = \dfrac{e_1}{e_2} = \dfrac{4r}{3\pi} \times \dfrac{3\pi}{r(3\pi - 4)}$

$= \dfrac{4}{3\pi - 4} = 0.737$

19. 표점길이가 100 mm, 지름이 12 mm인 강재 시편에 10 kN의 인장하중을 작용하였더니 변형률이 0.000253이었다. 세로탄성계수는 약 몇 GPa인가? (단, 시편은 선형 탄성거동을 한다고 가정한다.)

① 206 ② 258
③ 303 ④ 349

해설 $\sigma = \dfrac{P}{A} = \dfrac{P}{\dfrac{\pi d^2}{4}} = \dfrac{4P}{\pi d^2} = \dfrac{4 \times 10 \times 10^3}{\pi \times 12^2}$

$= 88.42\,\text{MPa} = 0.08842\,\text{GPa}$

$\sigma = E\varepsilon$에서

$E = \dfrac{\sigma}{\varepsilon} = \dfrac{0.08842}{0.000253} \fallingdotseq 349\,\text{GPa}$

20. 그림에서 784.8 N과 평형을 유지하기 위한 힘 F_1과 F_2는?

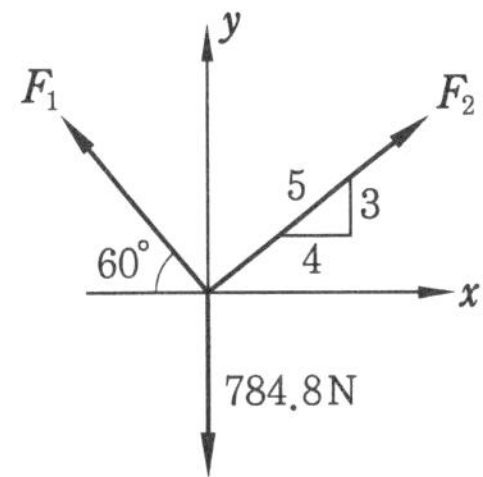

① $F_1 = 395.2$ N, $F_2 = 632.4$ N
② $F_1 = 790.4$ N, $F_2 = 632.4$ N
③ $F_1 = 790.4$ N, $F_2 = 395.2$ N
④ $F_1 = 632.4$ N, $F_2 = 395.2$ N

해설 (1) $\Sigma F_x = 0$ ⊕→ ←⊖ (put)

$-F_1 \cos 60° + F_2 \cos\theta = 0$

$F_1 \cos 60° = F_2 \times \dfrac{4}{5}$

$\therefore F_1 = 1.6 F_2$

(2) $\Sigma F_y = 0$ ↑⊕ ↓⊖ (put)

$F_1 \sin 60° + F_2 \sin\theta - 784.8 = 0$

$F_1 \times \dfrac{\sqrt{3}}{2} + F_2 \times \dfrac{3}{5} = 784.8$

$1.6 F_2 \times \dfrac{\sqrt{3}}{2} + F_2 \times \dfrac{3}{5} = 784.8$

$F_2 \times (1.386 + 0.6) = 784.8$

$\therefore F_2 = \dfrac{784.8}{1.986} \fallingdotseq 395.2\,\text{N}$

$\therefore F_1 = 1.6 F_2 \fallingdotseq 632.4\,\text{N}$

정답 18. ① 19. ④ 20. ④

제 2 과목 **기계열역학**

21. 비열비 1.3, 압력비 3인 이상적인 브레이턴 사이클(Brayton cycle)의 이론 열효율이 X[%]였다. 여기서 열효율 12 %를 추가 향상시키기 위해서는 압력비를 약 얼마로 해야 하는가? (단, 향상된 후 열효율은 (X+12)[%]이며, 압력비를 제외한 다른 조건은 동일하다.)

① 4.6　② 6.2　③ 8.4　④ 10.8

해설 $\eta_B = 1-\left(\frac{1}{\gamma}\right)^{\frac{k-1}{k}} = 1-\left(\frac{1}{3}\right)^{\frac{1.3-1}{1.3}}$

$= 0.224(22.4\%)$

$\eta_B{}' = (X+12)\% = (22.4+12)\% = 34.4\%$

$\therefore\ \gamma = \left(\frac{1}{1-\eta_B{}'}\right)^{\frac{k}{k-1}} = \left(\frac{1}{1-0.344}\right)^{\frac{1.3}{1.3-1}}$

$≒ 6.21$

22. 질량이 m이고, 한 변의 길이가 a인 정육면체 상자 안에 있는 기체의 밀도가 ρ이라면 질량이 $2m$이고 한 변의 길이가 $2a$인 정육면체 상자 안에 있는 기체의 밀도는?

① ρ　② $\frac{1}{2}\rho$　③ $\frac{1}{4}\rho$　④ $\frac{1}{8}\rho$

해설 $\rho = \frac{m}{V} = \frac{m}{a^3}$ [kg/m³]

$\rho' = \frac{m'}{V'} = \frac{2m}{(2a)^3} = \frac{m}{4a^3} = \frac{1}{4}\rho$ [kg/m³]

23. 500℃와 100℃ 사이에서 작동하는 이상적인 Carnot 열기관이 있다. 열기관에서 생산되는 일이 200 kW이라면 공급되는 열량은 약 몇 kW인가?

① 255　② 284　③ 312　④ 387

해설 $\eta_c = 1-\frac{T_2}{T_1} = 1-\frac{100+273}{500+273} = 0.517$

$\eta_c = \frac{W_{net}}{Q_1}$ 에서

$Q_1 = \frac{W_{net}}{\eta_c} = \frac{200}{0.517} ≒ 387$ kW

24. 상온(25℃)의 실내에 있는 수은 기압계에서 수은주의 높이가 730 mm라면 이때 기압은 약 몇 kPa인가? (단, 25℃ 기준, 수은 밀도는 13534 kg/m³이다.)

① 91.4　② 96.9　③ 99.8　④ 104.2

해설 $P_g = \gamma h = \rho g h$

$= 13534 \times 9.8 \times 0.73 \times 10^{-3} = 96.82$ kPa

25. 어느 이상기체 2 kg이 압력 200 kPa, 온도 30℃의 상태에서 체적 0.8 m³를 차지한다. 이 기체의 기체상수(kJ/kg · K)는 약 얼마인가?

① 0.264　② 0.528　③ 2.34　④ 3.53

해설 $PV = mRT$ 에서

$R = \frac{PV}{mT} = \frac{200\times0.8}{2\times(30+273)}$

$= 0.264$ kJ/kg · K

26. 흑체의 온도가 20℃에서 80℃로 되었다면 방사하는 복사 에너지는 약 몇 배가 되는가?

① 1.2　② 2.1　③ 4.7　④ 5.5

해설 $\frac{E_2}{E_1} = \left(\frac{T_2}{T_1}\right)^4 = \left(\frac{80+273}{20+273}\right)^4 = 2.1$

※ 슈테판-볼츠만의 법칙

열복사량$(E) = \sigma T^4 (E \propto T^4)$

정답 21. ② 22. ③ 23. ④ 24. ② 25. ① 26. ②

27. 열전도계수 1.4 W/m · K, 두께 6 mm 유리창의 내부 표면 온도는 27℃, 외부 표면 온도는 30℃이다. 외기 온도는 36℃이고 바깥에서 창문에 전달되는 총 복사열전달이 대류열전달의 50배라면 외기에 의한 대류열전달계수($W/m^2 \cdot K$)는 약 얼마인가?

① 22.9　② 11.7
③ 2.29　④ 1.17

28. 그림과 같이 다수의 추를 올려놓은 피스톤이 끼워져 있는 실린더에 들어 있는 가스를 계기로 생각한다. 초기 압력이 300 kPa이고, 초기 체적은 0.05 m^3이다. 압력을 일정하게 유지하면서 열을 가하여 가스의 체적을 0.2 m^3으로 증가시킬 때 계가 한 일(kJ)은?

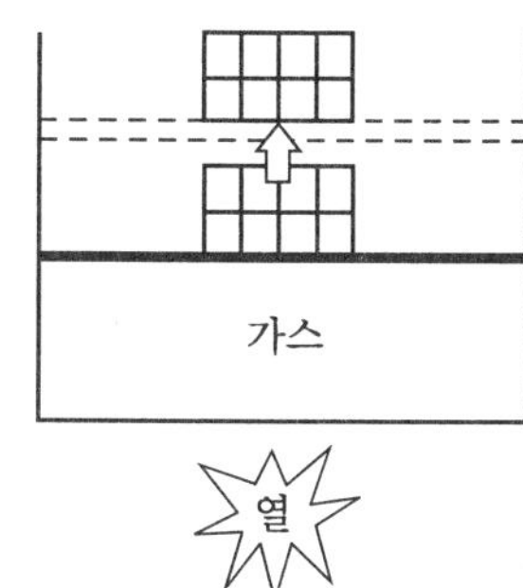

① 30　② 35
③ 40　④ 45

해설 $_1W_2 = \int_1^2 PdV = P(V_2 - V_1)$

$= 300(0.2 - 0.05) = 45\ \text{kJ}$

29. 고열원의 온도가 157℃이고, 저열원의 온도가 27℃인 카르노 냉동기의 성적계수는 약 얼마인가?

① 1.5　② 1.8
③ 2.3　④ 3.3

해설 $\varepsilon_R = \dfrac{T_2}{T_1 - T_2}$

$= \dfrac{27+273}{(157+273)-(27+273)} = 2.31$

30. 외부에서 받은 열량이 모두 내부에너지 변화만을 가져오는 완전가스의 상태변화는?

① 정적변화　② 정압변화
③ 등온변화　④ 단열변화

해설 정적변화인 경우 가열량(Q)은 내부에너지 변화량($u_2 - u_1$)과 같다.

31. 밀폐 시스템이 압력(P_1) 200 kPa, 체적(V_1) 0.1 m^3인 상태에서 압력(P_2) 100 kPa, 체적(V_2) 0.3 m^3인 상태까지 가역 팽창되었다. 이 과정이 선형적으로 변화한다면 이 과정 동안 시스템이 한 일(kJ)은?

① 10　② 20
③ 30　④ 45

해설 $P-V$ 선도의 면적은 일량과 같다.

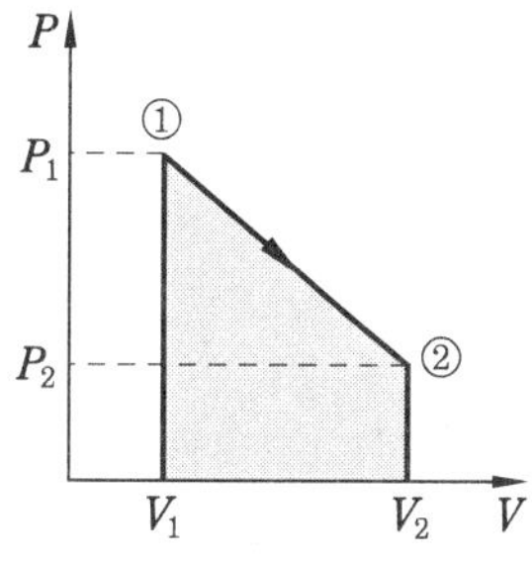

$_1W_2 = P_2(V_2 - V_1) + (P_1 - P_2)\dfrac{(V_2 - V_1)}{2}$

$= 100(0.3-0.1) + (200-100)\dfrac{(0.3-0.1)}{2}$

$= 30\ \text{kJ}$

32. 절대압력 100 kPa, 온도 100℃인 상태에 있는 수소의 비체적(m^3/kg)은? (단, 수소의 분자량은 2이고, 일반기체상

정답 27. ③　28. ④　29. ③　30. ①　31. ③　32. ②

수는 8.3145 kJ/kmol · K이다.)

① 31.0 ② 15.5
③ 0.428 ④ 0.0321

해설 $Pv = RT$에서

$$v = \frac{RT}{P} = \frac{\left(\frac{8.3145}{M}\right)T}{P}$$

$$= \frac{\left(\frac{8.3145}{2}\right)(100+273)}{100} ≒ 15.51\ \text{m}^3/\text{kg}$$

33. 1 kg의 헬륨이 100 kPa하에서 정압 가열되어 온도가 27℃에서 77℃로 변하였을 때 엔트로피의 변화량은 약 몇 kJ/K인가? (단, 헬륨의 엔탈피(h, kJ/kg)는 아래와 같은 관계식을 가진다.)

> $h = 5.238T$
> 여기서, T는 온도(K)

① 0.694 ② 0.756
③ 0.807 ④ 0.968

해설 $(S_2 - S_1) = mC_p \ln\frac{T_2}{T_1}$

$$= 1 \times 5.238 \times \ln\left(\frac{77+273}{27+273}\right) = 0.807\ \text{kJ/K}$$

34. 카르노 열펌프와 카르노 냉동기가 있는데, 카르노 열펌프의 고열원 온도는 카르노 냉동기의 고열원 온도와 같고, 카르노 열펌프의 저열원 온도는 카르노 냉동기의 저열원 온도와 같다. 이때 카르노 열펌프의 성적계수(COP_{HP})와 카르노 냉동기의 성적계수(COP_R)의 관계로 옳은 것은?

① $COP_{HP} = COP_R + 1$
② $COP_{HP} = COP_R - 1$
③ $COP_{HP} = \frac{1}{COP_R + 1}$
④ $COP_{HP} = \frac{1}{COP_R - 1}$

해설 열펌프의 성적계수(COP_{HP})는 항상 냉동기의 성적계수(COP_R)보다 1만큼 크다.

35. 8℃의 이상기체를 가역단열 압축하여 그 체적을 1/5로 하였을 때 기체의 최종 온도(℃)는? (단, 이 기체의 비열비는 1.4이다.)

① −125 ② 294
③ 222 ④ 262

해설 가역단열변화이므로 $TV^{k-1} = C$

$$T_1V_1^{k-1} = T_2V_2^{k-1}$$

$$\therefore\ T_2 = T_1\left(\frac{V_1}{V_2}\right)^{k-1}$$

$$= (8+273) \times (5)^{1.4-1}$$

$$= 535\,\text{K} - 273\,\text{K} ≒ 262\,℃$$

36. 어느 발명가가 바닷물로부터 매시간 1800 kJ의 열량을 공급받아 0.5 kW 출력의 열기관을 만들었다고 주장한다면 이 사실은 열역학 제 몇 법칙에 위배되는가?

① 제0법칙 ② 제1법칙
③ 제2법칙 ④ 제3법칙

해설 $W_{net} = 0.5\ \text{kW} = 0.5 \times 3600 = 1800\ \text{kJ/h}$

$$\eta = \frac{W_{net}}{Q_1} \times 100\,\% = \frac{1800}{1800} \times 100\,\% = 100\,\%$$

∴ 열효율이 100 %이므로 열역학 제2법칙(비가역 법칙)에 위배된다.

37. 열교환기의 1차 측에서 압력 100 kPa, 질량유량 0.1 kg/s인 공기가 50℃로 들어가서 30℃로 나온다. 2차 측에서는 물이 10℃로 들어가서 20℃로 나온다. 이때 물의 질량유량(kg/s)은 약 얼마인가? (단, 공기의 정압비열은 1 kJ/kg · K이고, 물의 정압비열은 4 kJ/kg · K로 하며, 열

정답 33. ③ 34. ① 35. ④ 36. ③ 37. ④

교환과정에서 에너지 손실은 무시한다.)

① 0.005 ② 0.01
③ 0.03 ④ 0.05

해설 $m_1 C_1 \Delta T_1 = m_2 C_2 \Delta T_2$ 에서

$$m_2 = \frac{m_1 C_1 \Delta T_1}{C_2 \Delta T_2} = \frac{0.1\times 1\times(50-30)}{4\times(20-10)}$$
$$= 0.05\text{ kg/s}$$

38. 다음 중 그림과 같은 냉동사이클로 운전할 때 열역학 제1법칙과 제2법칙을 모두 만족하는 경우는?

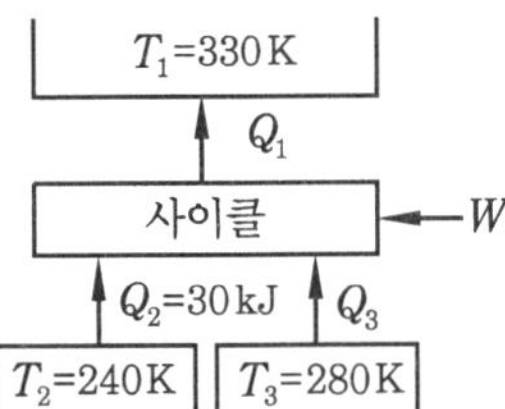

① $Q_1 = 100\text{ kJ}$, $Q_3 = 30\text{ kJ}$, $W = 30\text{ kJ}$
② $Q_1 = 80\text{ kJ}$, $Q_3 = 40\text{ kJ}$, $W = 10\text{ kJ}$
③ $Q_1 = 90\text{ kJ}$, $Q_3 = 50\text{ kJ}$, $W = 10\text{ kJ}$
④ $Q_1 = 100\text{ kJ}$, $Q_3 = 30\text{ kJ}$, $W = 40\text{ kJ}$

해설 (1) 열역학 제1법칙(에너지 보존의 법칙)

$$Q_1 = W + Q_2 + Q_3$$

(2) 열역학 제2법칙(엔트로피 증가 법칙)

$$\frac{Q_1}{T_1} > \frac{Q_2}{T_2} + \frac{Q_3}{T_3}\left(\frac{100}{330} > \frac{30}{240} + \frac{30}{280}\right)$$

39. 보일러 입구의 압력이 9800 kN/m^{2}이고, 응축기의 압력이 4900 N/m^{2}일 때 펌프가 수행한 일(kJ/kg) 은? (단, 물의 비체적은 0.001 m^3/kg이다.)

① 9.79 ② 15.17
③ 87.25 ④ 180.52

해설 $w_p = -\int_1^2 v dp = v\int_2^1 dp$

$$= v(p_1 - p_2) = 0.001(9800 - 4.9)$$
$$= 9.79\text{ kJ/kg}$$

40. 다음 그림은 이상적인 오토 사이클의 압력(P)–부피(V) 선도이다. 여기서 "ㄱ"의 과정은 어떤 과정인가?

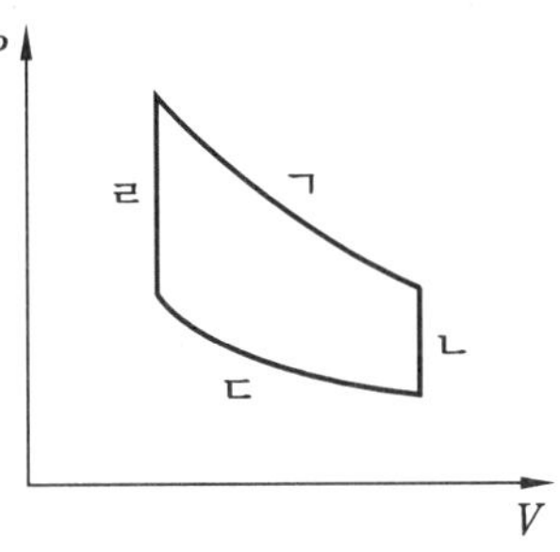

① 단역 압축과정 ② 단열 팽창과정
③ 등온 압축과정 ④ 등온 팽창과정

해설 • ㄱ : 단열 팽창과정
• ㄴ : 등적 방열과정
• ㄷ : 단역 압축과정
• ㄹ : 등적 연소과정

제 3 과목 기계유체역학

41. 관내 유동에서 속도를 측정하기 위하여 그림과 같이 관을 삽입하였다. 이 관을 흐르는 유체의 속도(V)를 구하는 식으로 옳은 것은? (단, g는 중력가속도이고, 속도는 단면에서 일정하다고 가정한다.)

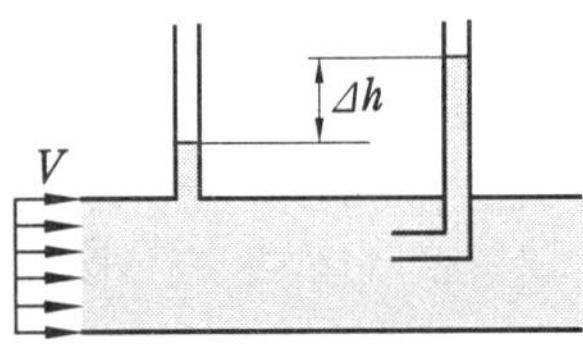

① $V = \sqrt{2g\Delta h}$ ② $V = \sqrt{g\Delta h}$
③ $V = \sqrt{\frac{g\Delta h}{2}}$ ④ $V = \sqrt{\frac{g\Delta h}{4}}$

42. 입구 지름 0.3 m, 출구 지름 0.5 m인 터빈으로 물이 공급되고 있다. 터빈의 발

정답 38. ④ 39. ① 40. ② 41. ① 42. ④

생 동력은 180 kW, 유량은 1 m^3/s이라면 입구와 출구 사이의 압력강하(kPa)는?(단, 열전달, 내부에너지, 위치에너지 변화 및 마찰손실은 무시하며, 정상 비압축성 유동이다.)

① 11.9 ② 23.8
③ 46.5 ④ 92.9

해설 $V_1 = \frac{Q}{A_1} = \frac{1}{\frac{\pi \times 0.3^2}{4}} \fallingdotseq 14.15\,\text{m/s}$

$V_2 = \frac{Q}{A_2} = \frac{1}{\frac{\pi \times 0.5^2}{4}} \fallingdotseq 5.09\,\text{m/s}$

$H_{kW} = \gamma Q E_T = PQ$에서

$\frac{H_{kW}}{Q} = P = \gamma E_T[\text{kPa}]$

$\frac{P_1}{\gamma} + \frac{V_1^2}{2g} + Z_1 = \frac{P_2}{\gamma} + \frac{V_2^2}{2g} + Z_2 + E_T$

$Z_1 = Z_2$

$\frac{P_1 - P_2}{\gamma} = \frac{V_2^2 - V_1^2}{2g} + E_T$

$P_1 - P_2 = \frac{\gamma(V_2^2 - V_1^2)}{2g} + \gamma E_T$

$= \frac{\rho(V_2^2 - V_1^2)}{2} + \frac{H_{kW}}{Q}$

$= \frac{1 \times (5.09^2 - 14.15^2)}{2} + \frac{180}{1}$

$\fallingdotseq 92.9\,\text{kPa}$

43. 속에 물이 가득 찬 물방울의 표면장력은 0.075 N/m이고, 내부에 공기가 들어 있어 내부와 외부의 두 개의 면을 가진 얇은 비눗방울의 표면장력은 0.025 N/m이다. 물방울 내외의 압력차가 비눗방울의 압력차와 같을 때, $d_w : d_s$로 옳은 것은?(단, 물방울의 지름은 d_w, 비눗방울의 지름은 d_s이다.)

① 1 : 3 ② 2 : 3
③ 3 : 2 ④ 3 : 1

해설 물방울의 표면장력$(\sigma_w) = \frac{\Delta p d_w}{4}$[N/m]

비눗방울의 표면장력$(\sigma_s) = \frac{\Delta p d_s}{8}$[N/m]

$\frac{d_w}{d_s} = \frac{4\sigma_w}{8\sigma_s} = \frac{4 \times 0.075}{8 \times 0.025} = \frac{3}{2}$ (3 : 2)

44. 그림과 같이 날개가 유량 0.1 m^3/s, 속도 20 m/s의 물 분류를 받을 경우, 이 날개를 고정하는 데 필요한 힘 F의 크기(절댓값)는 약 몇 N인가?(단, 날개의 마찰은 무시한다.)

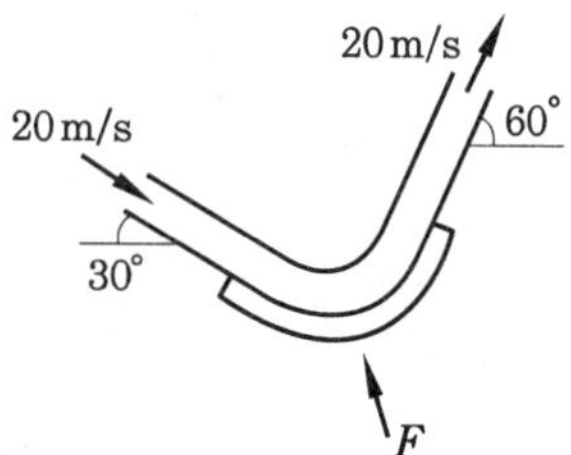

① 4236 ② 2828
③ 1983 ④ 1035

해설 $F_x = \rho Q(V_{x1} - V_{x2})$

$= \rho Q(20\cos 30° - 20\cos 60°)$

$= 1000 \times 0.1 \times (17.32 - 10)$

$= 732\,\text{N}$

$F_y = \rho Q(V_{y2} - V_{y1})$

$= \rho Q(20\sin 60° - (-20\sin 30°))$

$= 1000 \times 0.1 \times (17.32 - (-10))$

$= 2732\,\text{N}$

$\therefore F = \sqrt{F_x^2 + F_y^2} = \sqrt{732^2 + 2732^2}$

$\fallingdotseq 2828\,\text{N}$

45. 공기가 평판 위를 3 m/s의 속도로 흐르고 있다. 선단에서 50 cm 떨어진 곳에서의 경계층 두께(mm)는 얼마인가?(단, 공기의 동점성계수는 $16 \times 10^{-6}\,m^2/s$이고, 평판에서 층류유동이 난류유동으로 변하는 경계점은 레이놀즈수가 5×10^5인 경우로 한다.)

정답 43. ③ 44. ② 45. ④

① 0.41 ② 0.82
③ 4.1 ④ 8.2

해설 $Re_x = \frac{u_\infty x}{\nu} = \frac{3 \times 0.5}{16 \times 10^{-6}}$

$= 93750 < 5 \times 10^5$(층류유동)

$\therefore \delta = \frac{5x}{\sqrt{Re_x}} = \frac{5 \times 500}{\sqrt{93750}} \fallingdotseq 8.2\,\text{mm}$

46. 지름 8 cm의 구가 공기 중을 20 m/s의 속도로 운동할 때 항력(N)은 얼마인가? (단, 공기 밀도는 1.2 kg/m³, 항력계수는 0.6이다.)

① 0.362 ② 0.724
③ 3.62 ④ 7.24

해설 $D = C_D \frac{\rho A V^2}{2}$

$= 0.6 \times \frac{1.2 \times \frac{\pi \times 0.08^2}{4} \times 20^2}{2} \fallingdotseq 0.724\,\text{N}$

47. 그림과 같이 안지름이 3 m인 수도관에 정지된 물이 절반만큼 채워져 있다. 길이 1 m의 수도관에 대하여 곡면 B–C 부분에 가해지는 합력의 크기는 약 몇 kN인가?

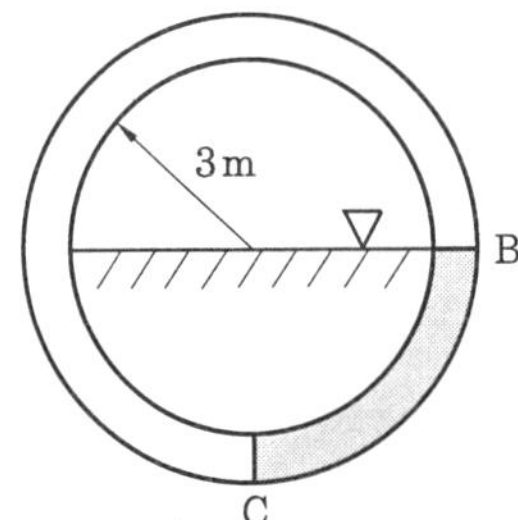

① 59.6 ② 65.8
③ 74.3 ④ 82.2

해설 $F_x = \gamma \bar{h} A = 9.8 \times 1.5 \times (3 \times 1)$

$= 44.1\,\text{kN}$

$F_y = \gamma V = 9.8 \times \left(\frac{\pi \times 3^2}{4} \times 1\right) = 69.31\,\text{kN}$

$\therefore F = \sqrt{F_x^2 + F_y^2} = \sqrt{44.1^2 + 69.31^2}$

$\fallingdotseq 82.2\,\text{kN}$

48. 수면에 떠 있는 배의 저항 문제에 있어서 모형과 원형 사이에 역학적 상사(相似)를 이루려면 다음 중 어느 것이 가장 중요한 요소가 되는가?

① Reynolds number, Mach number
② Reynolds number, Froude number
③ Weber number, Euler number
④ Mach number, Weber number

해설 수면 위에 떠 있는 배의 저항(마찰저항과 압력저항) 문제에서 역학적 상사 조건을 만족하려면 점성력이 중요시되는 레이놀즈수(Re)와 중력이 중요시되는 프루드수(Fr)가 가장 중요한 요소가 된다.

49. 세 액체가 그림과 같은 U자관에 들어 있고, $h_1 = 20$ cm, $h_2 = 40$ cm, $h_3 = 50$ cm이고, 비중 $S_1 = 0.8$, $S_3 = 2$일 때, 비중 S_2는 얼마인가?

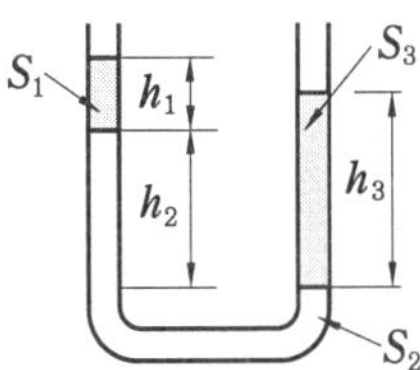

① 1.2 ② 1.8 ③ 2.1 ④ 2.8

해설 동일수평면상에서 압력이 같으므로

$S_1 h_1 + S_2 h_2 = S_3 h_3$

$S_2 = \frac{S_3 h_3 - S_1 h_1}{h_2} = \frac{2 \times 50 - 0.8 \times 20}{40}$

$= 2.1$

50. 평판으로부터의 거리를 y라고 할 때 평판에 평행한 방향의 속도 분포 $u(y)$가 아래와 같은 식으로 주어지는 유동장이 있다. 유동장에서는 속도 $u(y)$만 있고,

정답 46. ② 47. ④ 48. ② 49. ③ 50. ②

유체는 점성계수가 μ인 뉴턴 유체일 때 $y=\dfrac{L}{8}$에서의 전단응력은?(단, U와 L은 각각 유동장의 특성속도와 특성길이로서 상수이다.)

$$u(y)=U\left(\frac{y}{L}\right)^{\frac{2}{3}}$$

① $\dfrac{2\mu L}{3L}$ ② $\dfrac{4\mu L}{3L}$

③ $\dfrac{8\mu L}{3L}$ ④ $\dfrac{16\mu L}{3L}$

해설 $\tau=\mu\dfrac{du}{dy}\Big|_{y=\frac{L}{8}}=\mu U\dfrac{\frac{2}{3}y^{-\frac{1}{3}}}{L^{\frac{2}{3}}}\Big|_{y=\frac{L}{8}}$

$=\dfrac{2}{3}\mu U\dfrac{2}{L}=\dfrac{4\mu U}{3L}$[Pa]

51. 다음 중 표면장력(surface tension)의 차원은?(단, M : 질량, L : 길이, T : 시간이다.)

① MT^{-2} ② ML^{-2}

③ M^2L ④ MLT

해설 표면장력(σ)의 단위는 N/m이므로 차원은 $FL^{-1}=(MLT^{-2})L^{-1}=MT^{-2}$이다.

52. 가로 2 cm, 세로 3 cm의 크기를 갖는 사각형 단면의 매끈한 수평관 속을 평균유속 1.2 m/s로 20℃의 물이 흐르고 있다. 관의 길이 1 m당 손실 수두(m)는 얼마인가?(단, 수력직경에 근거한 관마찰계수는 0.024이다.)

① 0.018 ② 0.054

③ 0.073 ④ 0.0026

해설 $h_L=f\dfrac{L}{4R_h}\dfrac{V^2}{2g}$

$=0.024\times\dfrac{1}{4\times0.006}\times\dfrac{1.2^2}{2\times9.8}=0.073\text{ m}$

$R_h=\dfrac{A}{P}=\dfrac{ab}{2(a+b)}=\dfrac{2\times3}{2(2+3)}$

$=0.6\text{ cm}=0.006\text{ m}$

53. 안지름 240 mm인 관 속을 흐르고 있는 공기의 평균 유속이 10 m/s이면 공기의 질량유량(kg/s)은?(단, 관 속의 압력은 2.45×10^5 Pa, 온도는 15℃, 공기의 기체상수 $R=287$ J/kg · K이다.)

① 1.34 ② 2.96

③ 3.75 ④ 5.12

해설 $m=\rho AV=\dfrac{P}{RT}AV$

$=\dfrac{2.45\times10^5}{287\times(15+273)}\times\dfrac{\pi\times0.24^2}{4}\times10$

$=1.34\text{ kg/s}$

54. 0.002 m^3/s의 유량으로 지름 4 cm, 길이 10 m인 수평 원관 속을 기름(비중 $S=0.85$, 점성계수 $\mu=0.056$ N · s/m^2)이 흐르고 있다. 이 기름을 수송하는 데 필요한 펌프의 압력(kPa)은?

① 15.2 ② 17.8

③ 19.1 ④ 22.6

해설 $\Delta P=\dfrac{128\mu QL}{\pi d^4}$

$=\dfrac{128\times0.056\times0.002\times10}{\pi\times0.04^4}$

$=17825\text{ Pa}\fallingdotseq17.8\text{ kPa}$

55. 2 m^3의 탱크에 지름이 0.05 m의 파이프를 통하여 점성계수가 0.001 Pa · s인 물을 채우려고 한다. 파이프 내의 유동이 계속 층류를 유지시키면서 물을 완전히 채우려면 최소 몇 시간이 걸리는가?(단, 임계 레이놀즈수는 2000이다.)

① 2.4 ② 6.5

③ 7.1 ④ 11.2

정답 51. ① 52. ③ 53. ① 54. ② 55. ③

해설 $Re_c = \frac{\rho V d}{\mu}$에서

$$V = \frac{Re_c \mu}{\rho d} = \frac{2000 \times 0.001}{1000 \times 0.05} = 0.04\ \text{m/s}$$

$$Q = AV = \frac{\pi}{4} d^2 V = \frac{\pi}{4} \times 0.05^2 \times 0.04$$

$$= 7.85 \times 10^{-5}\ \text{m}^3/\text{s}$$

$$\therefore\ t = \frac{2}{7.85 \times 10^{-5} \times 3600} ≒ 7.1\ \text{시간(h)}$$

56. 그림과 같이 물이 들어 있는 아주 큰 탱크 사이펀이 장치되어 있다. 사이펀이 정상적으로 작동하는 범위에서, 출구에서의 속도 V와 관련하여 옳은 것을 모두 고른 것은?(단, 관의 지름은 일정하고 모든 손실은 무시한다. 또한 각각의 h가 변화할 때 다른 h의 크기는 변하지 않는다고 가정한다.)

㉠ h_1이 증가하면 속도 V는 커진다. ㉡ h_2가 증가하면 속도 V는 커진다. ㉠ h_3이 증가하면 속도 V는 커진다.

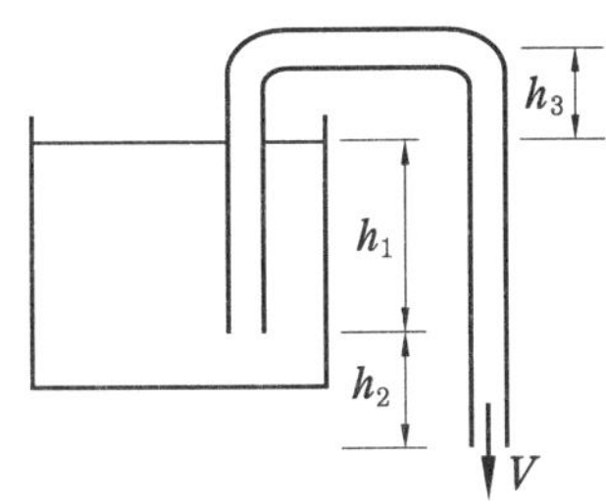

① ㉠, ㉡　　② ㉠, ㉢
③ ㉡, ㉢　　④ ㉠, ㉡, ㉢

해설 $V = \sqrt{2g(h_1 + h_2)}$ [m/s]

57. 다음 ΔP, L, Q, ρ 변수들을 이용하여 만든 무차원수로 옳은 것은?(단, ΔP : 압력차, L : 길이, Q : 체적유량, ρ : 밀도이다.)

① $\frac{\rho Q}{\Delta P L^2}$　　② $\frac{\rho Q}{\Delta P Q^2}$

③ $\frac{\Delta P L Q}{\rho}$　　④ $\frac{Q}{L^2}\sqrt{\frac{\rho}{\Delta P}}$

해설 무차원수$(\Pi) = \Delta P^x L^y Q^z \rho$

$= (ML^{-1}T^{-2})^x L^y (L^3 T^{-1})^z ML^{-3}$

$M^0 : 0 = x + 1,\ x = -1$

$L^0 : 0 = -x + y + 3z - 3,\ y = -4$

$T^0 : 0 = -2x - z,\ z = -2x = -2(-1) = 2$

$\Pi = \Delta P^{-1} L^{-4} Q^2 \rho$

$= \frac{\rho}{\Delta P} \frac{Q^2}{L^4} = \sqrt{\frac{\rho}{\Delta P}} \frac{Q}{L^2}$

58. 그림처럼 수축 수로를 통과하는 1차원 정상, 비압축성 유동에서 수평 중심선상의 속도가 $\vec{V} = A\left(1 + \frac{x}{L}\right)\hat{i}$로 주어질 때 $x = 0.5L$에 위치한 유체 입자의 x방향 가속도(m/s²)는?(단, A = 0.2 m/s, L = 2 m이다.)

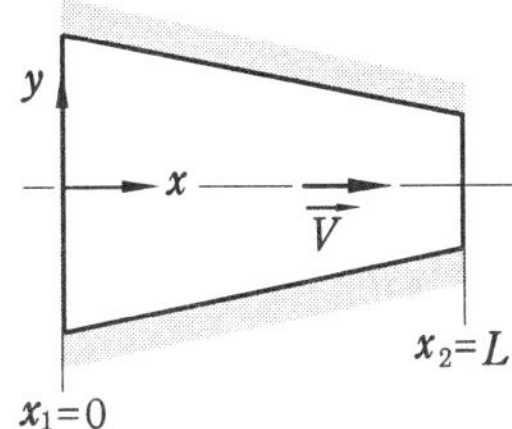

① 0.01　　② 0.02
③ 0.03　　④ 0.04

59. 해수 위에 떠 있는 빙산이 있다. 물 위에 노출된 빙산의 부피가 전체 빙산의 부피에서 차지하는 비율(%)은?(단, 얼음의 밀도는 920 kg/m³, 해수의 밀도는 1030 kg/m³이다.)

① 9.53　　② 10.01
③ 10.68　　④ 11.24

해설 빙산의 무게(W)

$= 9800SV = 9800 \times 0.92 \times V$[N]

빙산이 해수 밖으로 나온 체적을 V'라 하면 빙산의 무게(W)=부력(F_B)

정답 56. ①　57. ④　58. ③　59. ③

$$9800 \times 0.92 \times V = 9800 \times 1.03(V - V')$$

$$0.92 = 1.03\left(1 - \frac{V'}{V}\right)$$

$$\therefore \ \frac{V'}{V} = 1 - \frac{0.92}{1.03} \fallingdotseq 0.1068 = 10.68\%$$

60. 다음 중 2차원 비압축성 유동이 가능한 유동은?(단, u는 x방향 속도 성분이고, v는 y방향 속도 성분이다.)

① $u = x^2 - y^2$, $v = -2xy$

② $u = 2x^2 - y^2$, $v = 4xy$

③ $u = x^2 + y^2$, $v = 3x^2 - 2y^2$

④ $u = 2x + 3xy$, $v = -4xy + 3y$

해설 ①의 경우 $\frac{\partial u}{\partial x} + \frac{\partial v}{\partial y} = 2x - 2x = 0$이므로 2차원 비압축성($\rho = C$) 정상 유동의 연속방정식을 만족한다.

제 4 과목 유체기계 및 유압기기

61. 절대 진공에 가까운 저압의 기체를 대기압까지 압축하는 펌프는?

① 왕복 펌프 ② 진공 펌프

③ 나사 펌프 ④ 축류 펌프

해설 진공 펌프는 밀폐된 용기 속의 공기를 뽑아 진공 상태를 만드는 데 쓰이는 펌프로 왕복형과 회전형으로 분류된다.

62. 다음 중 축류 펌프의 일반적인 장점으로 볼 수 없는 것은?

① 토출량이 50% 이하로 급감하여도 안정적으로 운전할 수 있다.

② 유량 대비 형태가 작아 설치면적이 작게 요구된다.

③ 양정이 변화하여도 유량의 변화가 적다.

④ 가동익으로 할 경우 넓은 범위의 양정에서도 좋은 효율을 기대할 수 있다.

해설 축류 펌프의 장점

(1) 동일 유량 다른 형태 펌프보다 크기가 작다.

(2) 유로 단면적의 변화가 적어 수력손실이 적다.

(3) 양정의 변화에 따른 유량 변화가 적다.

(4) 구조가 간단하고, 유로가 짧으며 흐름의 굴곡이 적다.

(5) 가동익의 경우 넓은 범위의 양정에서 높은 효율을 얻을 수 있다.

(6) 비속도가 크므로 저양정에서도 고속회전이 가능하다.

63. 유체 커플링에 대한 일반적인 설명 중 옳지 않은 것은?

① 시동 시 원동기의 부하를 경감시킬 수 있다.

② 부하측에서 되돌아오는 진동을 흡수하여 원활하게 운전할 수 있다.

③ 원동기측에 충격이 전달되는 것을 방지할 수 있다.

④ 출력축 회전수를 입력축 회전수보다 초과하여 올릴 수 있다.

64. 동일한 물에서 운전되는 두 개의 수차가 서로 상사법칙이 성립할 때 관계식으로 옳은 것은?(단, Q : 유량, D : 수차의 지름, n : 회전수이다.)

① $\frac{Q_1}{D_1^3 n_1} = \frac{Q_2}{D_2^3 n_2}$

② $\frac{Q_1}{D_1^3 n_1^2} = \frac{Q_2}{D_2^3 n_2^2}$

③ $\frac{Q_1}{D_1^2 n_1} = \frac{Q_2}{D_2^2 n_2}$

④ $\frac{Q_1}{D_1^2 n_1^2} = \frac{Q_2}{D_2^2 n_2^2}$

정답 60. ① 61. ② 62. ① 63. ④ 64. ①

해설 $\frac{Q_2}{Q_1} = \left(\frac{n_2}{n_1}\right) \times \left(\frac{D_2}{D_1}\right)^3$ 이므로

$$\frac{Q_1}{D_1^3 n_1} = \frac{Q_2}{D_2^3 n_2}$$

65. 펠턴 수차와 프로펠러 수차의 무구속 속도(run away speed, N_R)와 정격회전수(N_0)와의 관계가 가장 옳은 것은?

① 펠턴 수차 $N_R = (2.3 \sim 2.6) N_0$
프로펠러 수차 $N_R = (1.6 \sim 2.0) N_0$

② 펠턴 수차 $N_R = (2.3 \sim 2.6) N_0$
프로펠러 수차 $N_R = (2.0 \sim 2.5) N_0$

③ 펠턴 수차 $N_R = (1.8 \sim 1.9) N_0$
프로펠러 수차 $N_R = (1.6 \sim 2.0) N_0$

④ 펠턴 수차 $N_R = (1.8 \sim 1.9) N_0$
프로펠러 수차 $N_R = (2.0 \sim 2.5) N_0$

해설 무구속 속도(run away speed)란 밸브의 열림 정도를 일정하게 유지하면서 무부하 운전을 할 때 도달하는 최대 회전수를 말한다.

(1) 펠턴 수차의 무구속 속도는 정격 속도의 1.8~1.9배 정도이다.
(2) 프란시스 수차의 무구속 속도는 정격 속도의 1.6~2.2배 정도이다.
(3) 프로펠러 수차의 무구속 속도는 정격 속도의 2.0~2.5배 정도이다.

66. 다음 수력기계 중에서 반동 수차에 속하는 것은?

① 프란시스 수차, 프로펠러 수차, 카플란 수차
② 프란시스 수차, 펠턴 수차, 프로펠러 수차
③ 펠턴 수차, 프로펠러 수차, 카플란 수차
④ 카플란 수차, 프란시스 수차, 펠턴 수차

해설 • 충격 수차 : 펠턴 수차
• 반동 수차 : 프란시스 수차, 프로펠러 수차, 카플란 수차

67. 전동기에 연결하여 펌프를 운전하고자 한다. 전동기에 극수가 6개, 전원 주파수가 60 Hz, 미끄럼률(슬립률)이 5 %일 때 펌프의 회전수는 약 몇 rpm인가?

① 342 ② 570
③ 1140 ④ 2280

해설 $N = \frac{120f}{P}(1-S)$

$$= \frac{120 \times 60}{6}(1-0.05) = 1140 \text{ rpm}$$

68. 다음 중 송풍기를 압력에 따라 분류할 때 blower의 압력 범위로 옳은 것은?

① 1 kPa 미만
② 1 kPa~10 kPa
③ 10 kPa~100 kPa
④ 100 kPa~1000 kPa

해설 송풍기의 압력에 따른 분류

(1) 팬(fan) : 압력 상승이 0.1 kgf/cm^2(10 kPa) 미만인 것
(2) 블로어(blower) : 압력 상승이 0.1 kgf/cm^2(10 kPa) 이상, 1.0 kgf/cm^2(100 kPa) 미만인 것
(3) 압축기(compressor) : 압력 상승이 1.0 kgf/cm^2(100 kPa) 이상인 것

69. 프란시스 수차의 형식 중 그림과 같은 구조를 가진 형식은?

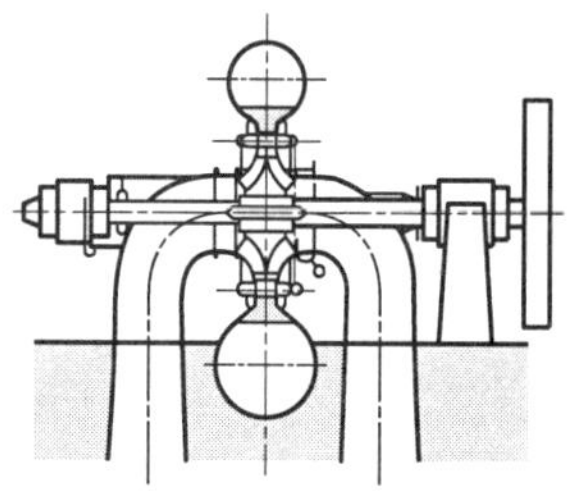

① 횡축 단륜 단류 원심형 수차

정답 65. ④ 66. ① 67. ③ 68. ③ 69. ④

② 횡축 이류 단류 원심형 수차
③ 입축 단륜 다류 원심형 수차
④ 횡축 단륜 복류 원심형 수차

70. **펌프 관로에서 수격 현상을 방지하기 위한 대책으로 옳지 않은 것은?**

① 펌프에 플라이휠(fly wheel)을 설치한다.
② 밸브를 펌프 송출구에서 되도록 멀리 설치한다.
③ 관의 지름을 되도록 크게 한다.
④ 관로에 조압수조(surge tank)를 설치한다.

해설 수격 현상의 방지 대책
(1) 관로의 관경을 크게 한다.
(2) 관로 내의 유속을 낮게 한다.
(3) 조압수조(surge tank)를 설치한다.
(4) 플라이휠을 설치한다.
(5) 펌프 송출구 가까이에 밸브를 설치한다.

71. **다음 유압 회로는 어떤 회로에 속하는가?**

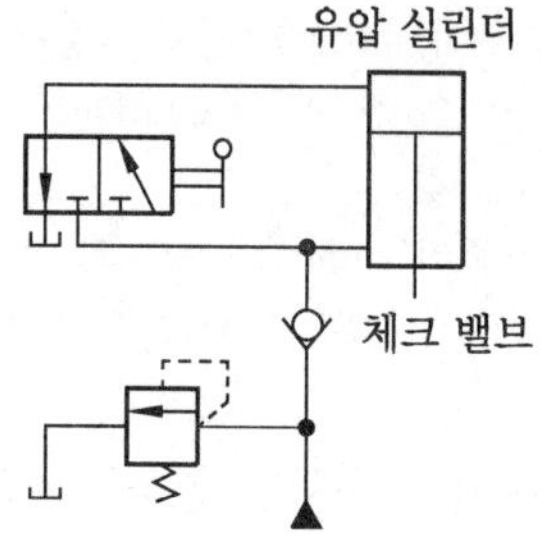

① 로크 회로
② 무부하 회로
③ 블리드 오프 회로
④ 어큐뮬레이터 회로

해설 로크 회로는 실린더 행정 중에 임의 위치에서, 혹은 행정 끝에서 실린더를 고정시켜 놓을 필요가 있을 때 피스톤의 이동을 방지하는 회로이다.

72. **다음 중 어큐뮬레이터 용도로 적절하지 않은 것은?**

① 에너지 축적용
② 펌프 맥동 흡수용
③ 충격압력의 완충용
④ 유압유 냉각 및 가열용

해설 축압기(accumulator) 용도
(1) 에너지 축적용(유압에너지 저장)
(2) 펌프 맥동 흡수용
(3) 충격압력의 완충용
(4) 2차 회로 보상
(5) 사이클 방출시간 단축
(6) 고장, 정전 시 긴급 유압원으로 사용
(7) 펌프 역할 대용

73. **다음 중 방향 제어 밸브의 종류로 옳은 것은?**

① 감압 밸브
② 체크 밸브
③ 릴리프 밸브
④ 카운터 밸런스 밸브

해설 체크 밸브는 유체를 한쪽 방향으로만 흐르게 하는 역류 방지용 밸브로 방향 제어 밸브이며, 감압 밸브, 릴리프 밸브, 카운터 밸런스 밸브는 압력 제어 밸브이다.

74. **유압 펌프의 전 효율에 대한 정의로 옳은 것은?**

① 축 출력과 유체 입력의 비
② 실 토크와 이론 토크의 비
③ 유체 출력과 축 쪽 입력의 비
④ 실제 토출량과 이론 토출량의 비

해설 유압 펌프의 전 효율은 유체 출력과 축 쪽 입력의 비이며 유압 모터의 전 효율은 축 출력과 유체 입력의 비이다.

75. **유압 장치를 이용한 기계의 특징으로 적절하지 않은 것은?**

정답 70. ② 71. ① 72. ④ 73. ② 74. ③ 75. ④

① 입력에 대한 출력의 응답이 빠르다.
② 정지부터 정격속도까지 무단 변속이 가능하다.
③ 동작이 원활하고 자동제어가 가능하다.
④ 먼지나 이물질에 의한 고장의 우려가 없다.

해설 유압 장치는 먼지나 이물질에 의한 고장의 우려가 크다.

76. 다음 중 유압 작동유의 구비 조건이 아닌 것은?

① 녹이나 부식 발생을 방지할 수 있을 것
② 동력을 확실히 전달하기 위해서 압축성일 것
③ 운전온도 범위에서 적절한 점도를 유지할 것
④ 연속 사용해도 화학적, 물리적 성질의 변화가 적을 것

해설 유압 작동유의 구비 조건
(1) 동력을 확실히 전달하기 위해 비압축성 유체($\rho = C$)일 것
(2) 장치의 운전온도 범위에서 적절한 점도를 유지할 것
(3) 장시간 사용하여도 화학적으로 안정하여야 한다.
(4) 녹이나 부식 발생을 방지할 수 있을 것
(5) 열을 빨리 방출시킬 수 있어야 한다(방열성).
(6) 외부로부터 침입한 불순물을 침전 분리시키고 기름 중의 공기를 신속히 분리시킬 수 있을 것
(7) 비중과 열팽창계수는 작고 비열은 클수록 좋다.

77. 유압 회로에서 파선이 의미하는 용도로 옳은 것은?

① 전기 신호선　　② 주관로
③ 필터　　④ 귀환 관로

해설 파선의 용도
(1) 파일럿 조작 관로
(2) 드레인 관로
(3) 필터
(4) 밸브의 과도 위치

78. 에너지 제어·조작 방식 일반에 관한 용어로 유압회로에서 정규 조작 방법에 우선하여 조작할 수 있는 대체 조작 수단으로 정의되는 것은?

① 직접 파일럿 조작
② 솔레노이드 조작
③ 간접 파일럿 조작
④ 오버라이드 조작

해설 ① 직접 파일럿 조작 : 밸브 몸체의 위치가 제어 압력의 변화에 의하여 직접 조작되는 방식
② 솔레노이드 조작 : 전자석에 의한 조작 방식
③ 간접 파일럿 조작 : 밸브 몸체의 위치가 파일럿 장치에 대한 제어 압력의 변화에 의하여 조작되는 방식

79. 유압 펌프의 토출압력 7.84 MPa, 토출유량 $3\times10^4\ \text{cm}^3/\text{min}$인 유압 펌프의 펌프 동력은 약 몇 kW인가?

① 3.92　　② 4.64
③ 235.2　　④ 3920

해설 유압 펌프의 동력(L_p)

$$= PQ = 7.84\times10^3\times\frac{3\times10^4\times10^{-6}}{60}$$

$= 3.92\ \text{kW}$

80. 다음 중 캐비테이션 방지 대책으로 가장 적절한 것은?

정답 76. ② 77. ③ 78. ④ 79. ① 80. ④

① 흡입관에 급속 차단장치를 설치한다.
② 흡입 유체의 유온을 높게 하여 흡입한다.
③ 과부하 시 패킹부에서 공기가 흡입되도록 한다.
④ 흡입관 내의 평균유속이 일정 속도 이하가 되도록 한다.

해설 캐비테이션(공동 현상)의 방지 대책
(1) 펌프의 설치위치를 낮추어 흡입양정을 작게 한다.
(2) 흡입관 지름을 크게 한다.
(3) 펌프의 회전수를 낮추어 비속도(비교회전도)를 작게 한다.
(4) 회전차를 수중에 완전히 잠기게 한다.
(5) 양흡입펌프를 사용한다.
(6) 흡입관에 밸브, 플랜지 등 배관 부품을 적게 하여 손실수두를 줄인다.
(7) 흡입관 내의 평균유속이 3.5 m/s 이하가 되도록 한다.

제 5 과목 건설기계일반 및 플랜트배관

81. 다음 중 운반기계에 해당하지 않는 것은 어느 것인가?
① 덤프트럭 ② 롤러
③ 컨베이어 ④ 지게차

해설 롤러는 도로공사 등에서 지면을 평평하게 다지기 위해 지면 위를 이동하면서 일정한 압력을 연속적으로 가하는 다짐용 기계이다.

82. 불도저가 30 m 떨어진 곳에 흙을 운반할 때 1회 사이클 시간(C_m)은 약 얼마인가? (단, 전진속도는 2.4 km/h, 후진속도는 3.6 km/h, 변속 시간(기어변환 시간)은 12초이다.)
① 1분 15초 ② 1분 20초
③ 1분 27초 ④ 1분 36초

해설 $C_m = \frac{L}{V_1} + \frac{L}{V_2} + t$

$= \frac{30}{\frac{2400}{60}} + \frac{30}{\frac{3600}{60}} + \frac{12}{60}$

$= 1.45\,\text{min} =$ 1분 27초

83. 도저의 각종 트랙 슈(shoe)에 대한 설명으로 틀린 것은?
① 습지용 슈 : 슈의 너비를 작게 하여 접지면적을 줄여 연약지반에서 작업하기 좋다.
② 스노 슈 : 눈이나 얼음판의 현장작업에 적합하다.
③ 고무 슈 : 노면 보호 및 소음 방지를 할 수 있다.
④ 평활 슈 : 도로 파손을 방지할 수 있다.

해설 습지용 슈 : 전·후방으로 하체를 길게 만들어 접지면적을 넓힘으로써 접지압을 낮춰 연약지반에서 탁월한 작업 능력을 발휘한다.

84. 롤러 및 롤러의 진동장치에 대한 설명으로 적절하지 않은 것은?
① 타이어식 롤러의 타이어 진동장치는 조종석에서 쉽게 잠글 수 있어야 한다.
② 타이어식 롤러의 타이어 배열이 복열인 경우에는 앞바퀴가 다지지 아니한 부분은 뒷바퀴가 다지도록 배열되어야 한다.
③ 롤러의 돌기부는 강판, 주강 또는 강봉 등을 사용하여야 하고, 돌기부의 선단 접지부는 내마모성 강재를 사용하여야 한다.
④ 원심력을 이용해 노면을 다지는 롤러에는 머캐덤, 탠덤 롤러가 있으며

정답 81. ② 82. ③ 83. ① 84. ④

정적 자중을 이용하는 것에는 진동 롤러가 있다.

85. **건설기계관리업무처리규정에 따른 준설선의 구조 및 규격 표시 방법으로 틀린 것은?**

① 그래브(grab) : 그래브 버킷의 평적용량
② 디퍼(dipper)식 : 버킷의 용량
③ 버킷(bucket)식 : 버킷의 용량
④ 펌프식 : 준설펌프 구동용 주기관의 정격출력

해설 준설선의 구조 및 규격 표시 방법
(1) 펌프식 : 준설펌프 구동용 주기관의 정격출력(HP)
(2) 버킷식 : 주기관의 연속 정격출력(HP)
(3) 그래브식 : 그래브 버킷의 평적용량(m^3)
(4) 디퍼식 : 버킷의 용량(m^3)

86. **보기는 도저의 작업량에 영향을 주는 변수들이다. 이 중 도저의 작업능력에 비례하는 변수로 짝지어진 것은?**

〈보기〉
ⓐ 블레이드 폭
ⓑ 토공판 용량
ⓒ 작업효율
ⓓ 토량환산계수
ⓔ 사이클 타임(1순환 소요시간)

① ⓐ, ⓑ, ⓒ, ⓓ, ⓔ
② ⓐ, ⓑ, ⓒ, ⓓ
③ ⓐ, ⓑ, ⓒ, ⓔ
④ ⓐ, ⓑ, ⓔ

해설 불도저의 시간당 작업량(Q)

$$= \frac{60qfE}{C_m}[m^3/h]$$

여기서, q : 토공판(블레이드) 용량(m^3)
$= BH^2$(B : 블레이드 폭, H : 블레이드 높이)
f : 토량환산계수(체적환산계수)
E : 작업효율
C_m : 1회 사이클 타임(min)

87. **건설플랜트용 공조설비를 건설할 때 합성섬유의 방사, 사진 필름 제조, 정밀기계 가공공정과 같이 일정 온도와 일정 습도를 유지할 필요가 있는 경우 적용하여야 하는 설비는?**

① 난방설비　② 배기설비
③ 제빙설비　④ 항온항습설비

88. **스크레이퍼에 대한 설명으로 적절하지 않은 것은?**

① 규격은 작업가능상태의 중량(t)으로 표현한다.
② 도로의 신설 등과 같은 대규모 정지작업에 적합하다.
③ 굴착, 적재, 운반 등의 작업을 할 수 있는 기계이다.
④ 스크레이퍼를 운전할 경우에는 전복되지 않도록 중심을 가능한 낮추어야 한다.

해설 규격은 볼의 평적용량(m^3)으로 표시한다.

89. **강재의 크기에 따라 담금질 효과가 달라지는 것과 관련 있는 용어는?**

① 단류선　② 잔류응력
③ 노치효과　④ 질량효과

해설 질량효과란 조성이 같은 탄소강을 담금질함에 있어서 질량의 대소에 따라 담금질 효과가 다른 현상을 말한다.

90. **덤프트럭의 동력 전달 계통과 직접적인 관계가 없는 것은?**

① 배전기　② 변속기

정답 85. ③　86. ②　87. ④　88. ①　89. ④　90. ①

③ 구동륜 ④ 클러치

해설 덤프트럭 동력 전달 순서 : 엔진 → 클러치 → 변속기 → 추진축 → 차동장치 → 차축 → 종감속장치 → 구동바퀴

91. **다음 보기에서 설명하는 신축 이음의 형식으로 가장 적절한 것은?**

〈보기〉

㉠ 설치장소가 넓다.
㉡ 고압에 잘 견디며 고장이 적다.
㉢ 고온 고압용 옥외 배관에 많이 사용한다.
㉣ 관의 곡률 반경은 보통 관경의 6배 이상이다.

① 루프형 ② 슬리브형
③ 벨로스형 ④ 스위블형

해설 루프형 신축 이음
(1) 설치 공간이 넓다.
(2) 고온 고압의 옥외 배관에 사용된다.
(3) 배관의 신축에 따른 자체 응력이 발생한다.
(4) 곡률 반경은 관경의 6배 이상이 좋다.

92. **관의 절단과 나사 절삭 및 조립 시 관을 고정시키는 데 사용되는 배관용 공구는 어느 것인가?**

① 파이프 커터 ② 파이프 리머
③ 파이프 렌치 ④ 파이프 바이스

해설 ① 파이프 커터 : 관을 절단할 때 사용하는 공구
② 파이프 리머 : 관 절단 후 절단 부위의 거스러미를 제거하는 공구
③ 파이프 렌치 : 관 접속부의 관 부속품들을 분해, 조립 시에 사용하는 공구
④ 파이프 바이스 : 파이프 공작 시 파이프를 죄어 고정시킬 때 사용하는 공구

93. **배관용 탄소 강관(KS D 3507)에서 나타내는 배관용 탄소 강관의 기호는?**

① SPP ② STH
③ STM ④ STA

94. **일반적으로 배관용 가스 절단기의 절단 조건이 아닌 것은?**

① 모재의 성분 중 연소를 방해하는 원소가 적어야 한다.
② 모재의 연소온도가 모재의 용융온도보다 높아야 한다.
③ 금속 산화물의 용융온도가 모재의 용융온도보다 낮아야 한다.
④ 금속산화물의 유동성이 좋으며, 모재로부터 쉽게 이탈될 수 있어야 한다.

해설 절단 재료에 열을 가해 생성되는 산화물의 용융온도는 절단 재료의 용융온도보다 낮아야 한다.

95. **급수 배관의 시공 및 점검에 대한 설명으로 적절하지 않은 것은?**

① 급수관에서 상향 급수는 선단 상향 구배하고 하향 급수에서는 선단 하향 구배로 한다.
② 급수 배관에서 수격 작용을 방지하기 위해 공기실, 충격 흡수장치들의 설치 여부를 확인한다.
③ 역류를 방지하기 위해 체크 밸브를 설치하는 것이 좋다.
④ 급수관에서 분기할 때에는 크로스 이음이나 T이음을 +자 형으로 사용한다.

96. **배관 시공에서 벽, 바닥, 방수층, 수조 등을 관통하고 콘크리트를 치기 전에 미리 관의 외경보다 조금 크게 넣고 시공하는 것과 관련 있는 것은?**

① 인서트 ② 쇼트피닝
③ 슬리브 ④ 테이핑

정답 91. ① 92. ④ 93. ① 94. ② 95. ④ 96. ③

해설 슬리브(sleeve)는 콘크리트 구조물에 관통하는 배관 등을 후 설치할 때 파쇄나 천공하지 않고 바로 설치하기 위해 콘크리트 타설 전에 콘크리트가 채워지지 않도록 미리 배관과 유사한 재료를 설치하는 것이다.

97. 배관용 탄소 강관 또는 아크 용접 탄소 강관에 콜타르에나멜이나 폴리에틸렌 등으로 피복한 관으로 수도, 하수도 등의 매설 배관에 주로 사용되는 강관은?

① 배관용 합금강 강관
② 수도용 아연도금 강관
③ 압력 배관용 탄소 강관
④ 상수도용 도복장 강관

해설 상수도용 도복장 강관(KS D 3565)은 상수도에 사용하는 호칭 지름 80A에서 3000A까지의 도복장 강관에 대하여 규정한다.

98. 관의 구부림 작업에서 곡률 반경은 100 mm, 구부림 각도를 45°라 할 때 관 중심부의 곡선길이는 약 몇 mm인가?

① 39.27　② 78.54
③ 157.08　④ 314.16

해설 관 중심부의 곡선길이(L)

$$= R\theta = 100 \times \frac{45°}{57.3°} \fallingdotseq 78.54\,\text{mm}$$

99. 배관 시험에 대한 설명으로 적절하지 않은 것은?

① 수압 시험은 일반적으로 1차 시험으로 많이 사용되며, 접합부가 누수와 수압을 견디는가를 조사하는 것이다.
② 통수 시험은 배관계를 각각 연결하기 전 누수 부분이 없는지 확인하기 위해 수행하며 특히 옥외 매설관은 매설하고 난 후 물을 통과시켜 검사한다.
③ 기압 시험은 배관 내에 시험용 가스를 흐르게 할 경우 수압 시험에 통과되었더라도 공기가 새는 일이 있을 수 있으므로 행해준다.
④ 연기 시험은 적당한 개구부에서 1개조 이상의 연기발생기로 짙은 색의 연기를 배관 내에 압송한다.

해설 통수 시험은 기기류와 배관을 접속하여 모든 공사가 완료된 다음 실제로 사용할 때와 같은 상태에서 물을 배출하여 배관 기능이 충분히 발휘되는가를 조사함과 동시에 기기 설치 부분의 누수를 점검한다.
(1) 배수 통기관 : 각 기구의 급수전에서 나온 물을 배수시켜 배수 상태와 기구 접합부의 누수를 검사한다.
(2) 옥외 매설관 : 매설하기 전에 물을 통과시켜 검사한다.

100. 유량 조절이 용이하고 유체가 밸브의 아래로부터 유입하여 밸브 시트의 사이를 통해 흐르는 밸브는?

① 콕　② 체크 밸브
③ 글로브 밸브　④ 게이트 밸브

해설 ① 콕 : 원뿔체의 마개를 회전시켜 유체 통로를 개폐하는 간단한 밸브
② 체크 밸브 : 유체를 한쪽 방향으로만 흐르게 하고 반대 방향으로는 흐르지 못하도록 하는 밸브
③ 글로브 밸브 : 스톱 밸브의 일종으로 외형이 구형인 밸브로 밸브의 개폐를 빠르게 할 수 있고, 밸브 본체와 밸브 시트의 조합도 쉽다.
④ 게이트 밸브 : 배관 도중에 설치하여 유로의 차단에 사용하며 변체가 흐르는 방향에 대하여 직각으로 이동하여 유로를 개폐한다.

정답 97. ④　98. ②　99. ②　100. ③

2022년도 시행문제

건설기계설비기사

2022년 3월 5일(제1회)

제1과목 재료역학

1. 지름 20 cm, 길이 40 cm인 콘크리트 원통에 압축하중 20 kN이 작용하여 지름이 0.0006 cm만큼 늘어나고 길이는 0.0057 cm만큼 줄었을 때 푸아송 비는 약 얼마인가?

① 0.18 ② 0.24 ③ 0.21 ④ 0.27

해설 $\mu = \dfrac{1}{m} = \dfrac{|\varepsilon'|}{\varepsilon} = \dfrac{\frac{\delta}{d}}{\frac{\lambda}{L}} = \dfrac{\delta L}{d\lambda}$

$= \dfrac{0.0006 \times 40}{20 \times 0.0057} \fallingdotseq 0.21$

2. 그림의 구조물이 수직하중 $2P$를 받을 때 구조물 속에 저장되는 총 탄성변형에너지는? (단, 구조물의 단면적은 A, 세로탄성계수는 E로 모두 같다.)

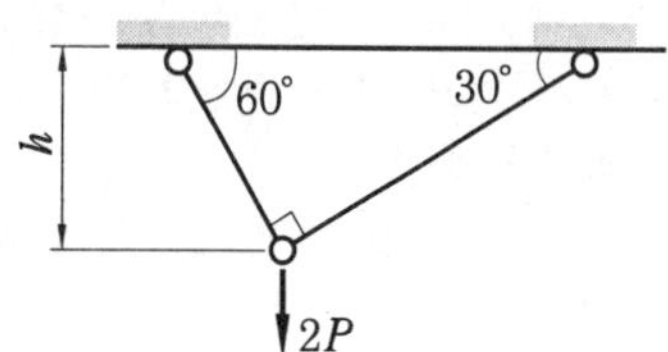

① $\dfrac{P^2h}{4AE}(1+\sqrt{3})$ ② $\dfrac{P^2h}{2AE}(1+\sqrt{3})$

③ $\dfrac{P^2h}{AE}(1+\sqrt{3})$ ④ $\dfrac{2P^2h}{AE}(1+\sqrt{3})$

해설 그림에서 $\sin60° = \dfrac{h}{l_{AC}}$이므로

$l_{AC} = \dfrac{h}{\sin60°} = \dfrac{2h}{\sqrt{3}}$

$\sin30° = \dfrac{h}{l_{BC}}$에서 $l_{BC} = \dfrac{h}{\sin30°} = 2h$

sine(사인) 정리를 적용하면

$\dfrac{T_{AC}}{\sin120°} = \dfrac{T_{BC}}{\sin150°} = \dfrac{2P}{\sin90°}$

$\therefore\ T_{AC} = \sqrt{3}P,\ T_{BC} = P$

$U = \dfrac{P^2 l}{2AE}$[kJ]을 적용하면

$\therefore\ U = U_{AC} + U_{BC}$

$= \dfrac{(\sqrt{3}P)^2 \times \frac{2h}{\sqrt{3}}}{2AE} + \dfrac{P^2 \times 2h}{2AE}$

$= \dfrac{P^2h}{AE}(1+\sqrt{3})$

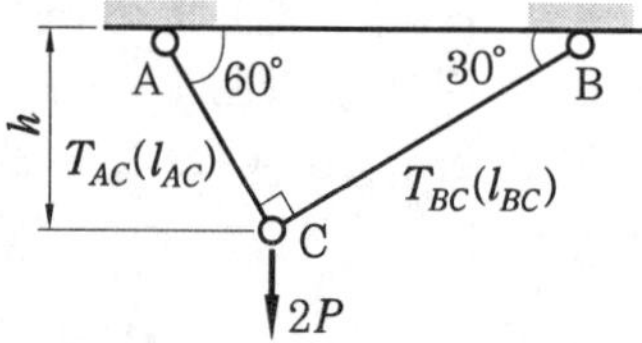

3. 지름 100 mm의 원에 내접하는 정사각형 단면을 가진 강봉이 10 kN의 인장력을 받고 있다. 단면에 작용하는 인장응력은 약 몇 MPa인가?

① 2 ② 3.1 ③ 4 ④ 6.3

해설 $\sigma_n = \dfrac{P}{a^2} = \dfrac{10000}{5000} = 2\ \text{MPa(N/mm}^2)$

$d^2 = 2a^2$이므로 $a^2 = \dfrac{d^2}{2} = \dfrac{100^2}{2} = 5000\ \text{mm}^2$

4. 도심축에 대한 단면 2차 모멘트가 가장 크도록 직사각형 단면[폭(b)×높이(h)]을 만들 때 단면 2차 모멘트를 직사각형 폭

정답 1. ③ 2. ③ 3. ① 4. ①

(b)에 관한 식으로 옳게 나타낸 것은? (단, 직사각형 단면은 지름 d인 원에 내접한다.)

① $\dfrac{\sqrt{3}}{4}b^4$　　② $\dfrac{\sqrt{3}}{3}b^4$

③ $\dfrac{3}{\sqrt{3}}b^4$　　④ $\dfrac{4}{\sqrt{3}}b^4$

해설 $d^2 = b^2 + h^2,\ b = \sqrt{d^2 - h^2}$

$$I = \frac{bh^3}{12} = \frac{h^3}{12}(d^2 - h^2)^{\frac{1}{2}} = \frac{h^3}{12}\sqrt{d^2 - h^2}$$

$$\frac{dI}{dh} = \frac{3h^2}{12}(d^2 - h^2)^{\frac{1}{2}} - \frac{h^3}{12}\frac{(d^2-h^2)^{-\frac{1}{2}} \cdot 2h}{2}$$

$$= 0$$

$$d^2 = b^2 + h^2 = \frac{4}{3}h^2$$

$$\left(h^2 = \frac{3}{4}d^2,\ h = \frac{\sqrt{3}}{2}d,\ d = \frac{2}{\sqrt{3}}h\right)$$

$$\therefore\ h^2 = 3b^2 (h = \sqrt{3}b)$$

$$I = \frac{bh^3}{12} = \frac{b(3\sqrt{3}b^3)}{12} = \frac{\sqrt{3}}{4}b^4[\text{cm}^4]$$

5. 바깥지름 80 mm, 안지름 60 mm인 중공축에 4 kN · m의 토크가 작용하고 있다. 최대 전단변형률은 얼마인가? (단, 축 재료의 전단탄성계수는 27 GPa이다.)

① 0.00122　　② 0.00216

③ 0.00324　　④ 0.00410

해설 $\tau = \dfrac{P}{A} = G\gamma = \dfrac{T}{Z_p}$ [MPa]

전단변형률(γ)

$$= \frac{T}{GZ_p} = \frac{4\times10^6}{27\times10^3 \times \dfrac{\pi\times80^3}{16}\left[1-\left(\dfrac{60}{80}\right)^4\right]}$$

$$\fallingdotseq 2.16\times10^{-3} (= 0.00216\ \text{radian})$$

6. 외팔보 AB에서 중앙(C)에 모멘트 M_C와 자유단에 하중 P가 동시에 작용할 때, 자유단(B)에서의 처짐량이 영(0)이 되도록 M_C를 결정하면? (단, 굽힘강성 EI는 일정하다.)

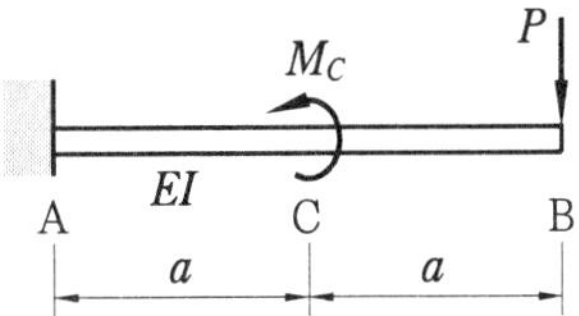

① $M_C = \dfrac{8}{9}Pa$　　② $M_C = \dfrac{16}{9}Pa$

③ $M_C = \dfrac{24}{9}Pa$　　④ $M_C = \dfrac{32}{9}Pa$

해설 $\dfrac{P(2a)^3}{3EI} = \dfrac{M_C a \times \dfrac{3}{2}a}{EI} = \dfrac{3M_C a^2}{2EI}$

$$\therefore\ M_C = \frac{16}{9}Pa[\text{N}\cdot\text{m}]$$

7. 5 cm×10 cm 단면의 3개의 목재를 목재용 접착제로 접착하여 다음 그림과 같은 10 cm×15 cm의 사각 단면을 갖는 합성 보를 만들었다. 접착부에 발생하는 전단응력은 약 몇 kPa인가? (단, 이 합성보는 양단이 길이 2 m인 단순 지지보이며 보의 중앙에 800 N의 집중하중을 받는다.)

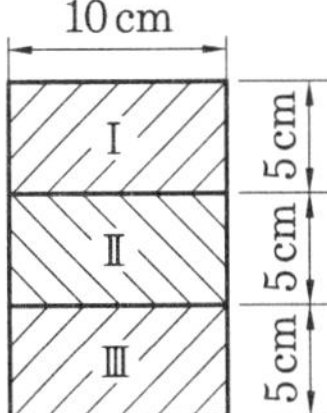

① 57.6　　② 35.5

③ 82.4　　④ 160.8

해설 $\tau = \dfrac{VQ}{bI_G} = \dfrac{400\times250000}{100\times\dfrac{100\times150^3}{12}}$

$$= 0.03555\ \text{MPa} = 35.55\ \text{kPa}$$

$$V_{max} = \frac{P}{2} = \frac{800}{2} = 400\ \text{N}$$

정답 5. ② 6. ② 7. ②

$$Q=\frac{b}{2}\left(\frac{h^2}{4}-y_1^2\right)=\frac{100}{2}\left(\frac{150^2}{4}-25^2\right)$$
$$=250000\text{ mm}^3$$

8. 그림과 같이 지름 50 mm의 연강봉의 일단을 벽에 고정하고, 자유단에는 50 cm 길이의 레버 끝에 600 N의 하중을 작용시킬 때 연강봉에 발생하는 최대 굽힘응력과 최대 전단응력은 각각 몇 MPa인가?

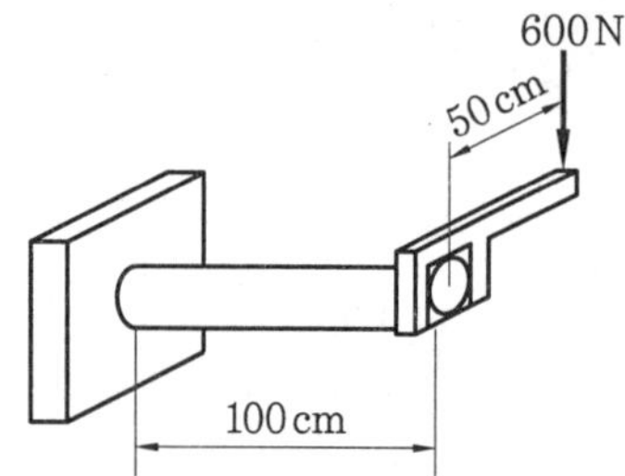

① 최대 굽힘응력 : 51.8, 최대 전단응력 : 27.3

② 최대 굽힘응력 : 27.3, 최대 전단응력 : 51.8

③ 최대 굽힘응력 : 41.8, 최대 전단응력 : 27.3

④ 최대 굽힘응력 : 27.3, 최대 전단응력 : 41.8

해설 $T_e=\sqrt{M^2+T^2}$

$=\sqrt{600000^2+300000^2}$

$=670820.3932\text{ N}\cdot\text{mm}$

$M_e=\frac{1}{2}(M+T_e)$

$=\frac{1}{2}(600000+670820.3932)$

$=635410.1966\text{ N}\cdot\text{mm}$

$\sigma=\frac{M_e}{Z}=\frac{32}{\pi d^3}=\frac{32\times 635410.1966}{\pi\times 50^3}$

$\fallingdotseq 51.78\text{ MPa}$

$\tau=\frac{T_e}{Z_p}=\frac{16T_e}{\pi d^3}=\frac{16\times 670820.3932}{\pi\times 50^3}$

$\fallingdotseq 27.33\text{ MPa}$

9. 양단이 회전지지로 된 장주에서 거리 e만큼 편심된 곳에 축방향 하중 P가 작용할 때 이 기둥에서 발생하는 최대 압축응력(σ_{max})은? (단, A는 기둥 단면적, $2c$는 단면의 두께, r은 단면의 회전반경, E는 세로탄성계수이다.)

① $\sigma_{max}=\frac{P}{A}\left[1+\frac{ec}{r^2}\sec\left(\frac{L}{r}\sqrt{\frac{P}{4EA}}\right)\right]$

② $\sigma_{max}=\frac{P}{A}\left[1+\frac{ec}{r^2}\sec\left(\frac{L}{r}\sqrt{\frac{P}{2EA}}\right)\right]$

③ $\sigma_{max}=\frac{P}{A}\left[1+\frac{ec}{r^2}\operatorname{cosec}\left(\frac{L}{r}\sqrt{\frac{P}{4EA}}\right)\right]$

④ $\sigma_{max}=\frac{P}{A}\left[1+\frac{ec}{r^2}\operatorname{cosec}\left(\frac{L}{r}\sqrt{\frac{P}{2EA}}\right)\right]$

해설 $\sigma_{max}=\frac{P}{A}+\frac{Mc}{I}$

$=\frac{P}{A}+\frac{PV_{max}c}{Ar^2}$

$=\frac{P}{A}\left(1+\frac{ec}{r^2}\sec\frac{\lambda L}{2}\right)$

$\lambda=\sqrt{\frac{P}{EI}}=\sqrt{\frac{P}{EAr^2}}$

$\therefore\ \sigma_{max}=\frac{P}{A}\left[1+\frac{ec}{r^2}\sec\left(\frac{L}{r}\sqrt{\frac{P}{4EA}}\right)\right]$

→ secant 공식

10. 그림과 같은 막대가 있다. 길이는 4 m이고 힘(F)은 지면에 평행하게 200 N만큼 주었을 때 O점에 작용하는 힘(F_{ox}, F_{oy})과 모멘트(M_z)의 크기는?

정답 8. ① 9. ① 10. ①

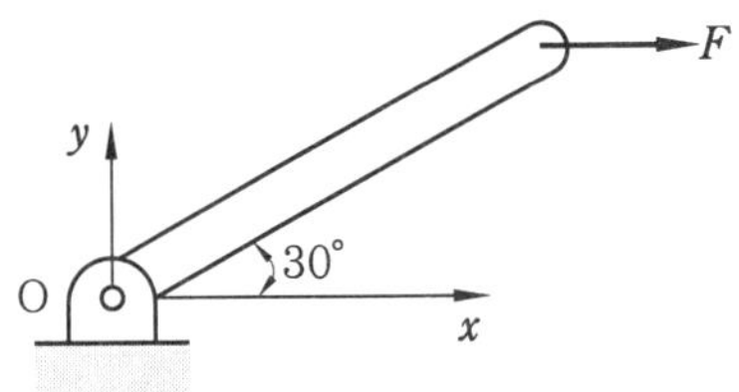

① $F_{ox} = 200\text{ N}$, $F_{oy} = 0$, $M_z = 400\text{ N}\cdot\text{m}$
② $F_{ox} = 0$, $F_{oy} = 200\text{ N}$, $M_z = 200\text{ N}\cdot\text{m}$
③ $F_{ox} = 200\text{ N}$, $F_{oy} = 200\text{ N}$, $M_z = 200\text{ N}\cdot\text{m}$
④ $F_{ox} = 0$, $F_{oy} = 0$, $M_z = 400\text{ N}\cdot\text{m}$

해설 $F_{ox} = 200\text{ N}$, $F_{oy} = 0$

$M_z = FL\sin\theta = 200\times4\times\sin30°$

$= 200\times4\times\frac{1}{2} = 400\text{ N}\cdot\text{m}$

11. 그림과 같은 직육면체 블록은 전단탄성계수 500 MPa이고, 상하면에 강체 평판이 부착되어 있다. 아래쪽 평판은 바닥면에 고정되어 있으며, 위쪽 평판은 수평방향 힘 P가 작용한다. 힘 P에 의해서 위쪽 평판이 수평방향으로 0.8 mm 이동되었다면 가해진 힘 P는 약 몇 kN인가?

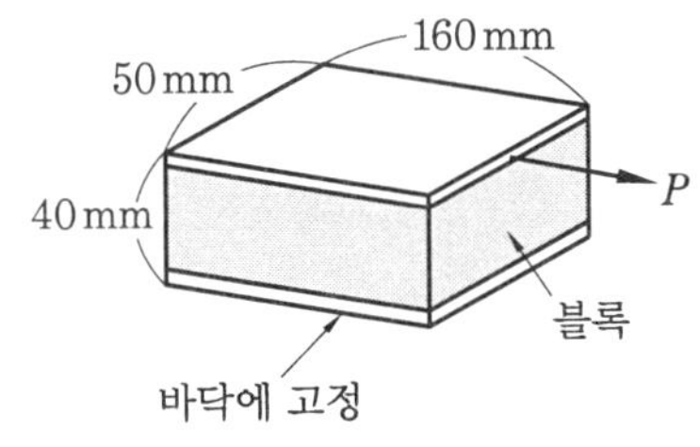

① 60　② 80　③ 100　④ 120

해설 $\tau = G\gamma$, $\frac{P}{A} = G\frac{\lambda_s}{L}$

$P = AG\frac{\lambda_s}{L}$

$= (0.05\times0.16)\times500\times10^3\times\frac{0.8}{40} = 80\text{ kN}$

12. 다음 그림과 같이 2개의 비틀림 모멘트를 받고 있는 중공축의 a-a 단면에서 비틀림 모멘트에 의한 최대 전단응력은 약 몇 MPa인가? (단, 중공축의 바깥지름은 10 cm, 안지름은 6 cm이다.)

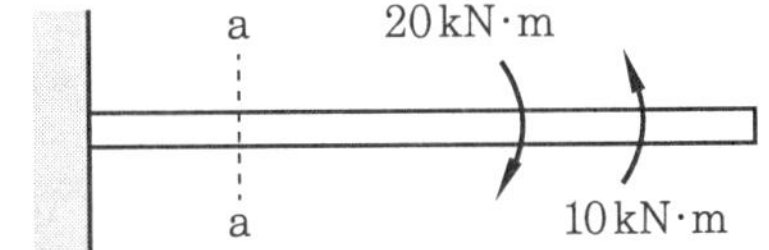

① 25.5　② 36.5
③ 47.5　④ 58.5

해설 $\tau_{\max} = \frac{T}{Z_p} = \frac{10\times10^6}{\frac{\pi d_2^3}{16}(1-x^4)}$

$= \frac{16\times10^7}{\pi\times100^3\times\left[1-\left(\frac{6}{10}\right)^4\right]} = 58.51\text{M}$

13. 그림과 같이 w[N/m]의 분포하중을 받는 길이 L의 양단 고정보에서 굽힘 모멘트가 0이 되는 곳은 보의 왼쪽으로부터 대략 어디에 위치해 있는가?

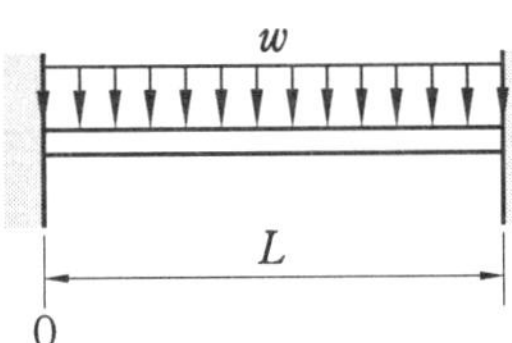

① $0.5L$
② $0.33L$, $0.67L$
③ $0.21L$, $0.79L$
④ $0.26L$, $0.74L$

해설 $M_x = 0 = -\frac{wL^3}{12} + \frac{wL^2}{2}x - \frac{wL}{2}x^2$

$= -\frac{wL}{12}(6x^2 - 6Lx + L^2)$

$\therefore\ x = 0.21L$ 또는 $0.79L$

14. 길이 15 m, 지름 10 mm의 강봉에 8 kN의 인장하중을 걸었더니 탄성 변형이 생겼다. 이때 늘어난 길이는 약 몇 mm인

정답 11. ②　12. ④　13. ③　14. ④

가?(단, 이 강재의 세로탄성계수는 210 GPa이다.)

① 1.46　② 14.6
③ 0.73　④ 7.3

해설 $\lambda = \dfrac{PL}{AE} = \dfrac{8\times15}{\dfrac{\pi}{4}\times0.01^2\times210\times10^6}$

$= 7.28\times10^{-3}\,\text{m} \fallingdotseq 7.3\,\text{mm}$

15. 그림과 같이 전체 길이가 l인 보의 중앙에 집중하중 P[N]와 균일분포하중 w[N/m]가 동시에 작용하는 단순보에서 최대 처짐은?(단, $w\times l = P$이고, 보의 굽힘강성 EI는 일정하다.)

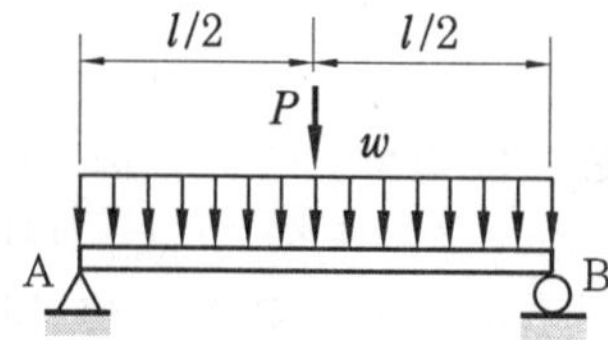

① $\dfrac{5Pl^3}{48EI}$　② $\dfrac{13Pl^3}{64EI}$
③ $\dfrac{5Pl^3}{192EI}$　④ $\dfrac{13Pl^3}{384EI}$

해설 $\delta_{max} = \dfrac{Pl^3}{48EI} + \dfrac{5Pl^3}{384EI} = \dfrac{8Pl^3+5Pl^3}{384EI}$

$= \dfrac{13Pl^3}{384EI}$

※ 균일분포하중 w[N/m]을 받는 단순보 중앙에서 최대 처짐량$(\delta) = \dfrac{5wl^4}{384EI} = \dfrac{5Pl^3}{384EI}$

16. 한 변이 50 cm이고, 얇은 두께를 가진 정사각형 파이프가 20000 N · m의 비틀림 모멘트를 받을 때 파이프 두께는 약 몇 mm 이상으로 해야 하는가?(단, 파이프 재료의 허용비틀림응력은 40 MPa이다.)

① 0.5 mm　② 1.0 mm
③ 1.5 mm　④ 2.0 mm

해설 $A_o = (a-t)^2$, $T = 2t\tau A_o$에서

$20000\times1000 = 2\times40\times t(500-t)^2$

$250000 = t(500-t)^2$

$= t(500^2 - 2\times500t + t^2)$

$= 500^2t - 1000t^2 + t^3$(3차항 무시)

$1000t^2 - 500^2t + 250000 = 0$

$t^2 - 250t + 250 = 0$

$\therefore\ t = \dfrac{250-\sqrt{250^2-4\times250}}{2\times1} = 1\,\text{mm}$

17. 기계요소의 임의의 점에 대하여 스트레인을 측정하여 보니 다음과 같이 나타났다. 현 위치로부터 시계방향으로 30° 회전된 좌표계의 y방향의 스트레인 ε_y는 얼마인가?(단, ε은 각 방향별 수직변형률, γ는 전단변형률을 나타낸다.)

- $\varepsilon_x = -30\times10^{-6}$
- $\varepsilon_y = -10\times10^{-6}$
- $\gamma_{xy} = 10\times10^{-6}$

① -14.95×10^{-6}　② -12.64×10^{-6}
③ -10.67×10^{-6}　④ -9.32×10^{-6}

해설 $\varepsilon_y = \dfrac{1}{2}(\varepsilon_x+\varepsilon_y) - \dfrac{1}{2}(\varepsilon_x-\varepsilon_y)\cos2\phi + \dfrac{1}{2}\gamma_{xy}\sin2\phi$

$= \dfrac{1}{2}(-30-10)\times10^{-6} - \dfrac{1}{2}(-30+10)\times10^{-6}\times\cos(2\times30°) + \dfrac{1}{2}\times10\times10^{-6}\times\sin(2\times30°)$

$= -10.67\times10^{-6}$

18. 다음 그림과 같은 보에서 P_1 = 800 N, P_2 = 500 N이 작용할 때 보의 왼쪽에서 2 m 지점에 있는 a 위치에서의 굽힘모멘트의 크기는 약 몇 N · m인가?

정답 15. ④　16. ②　17. ③　18. ②

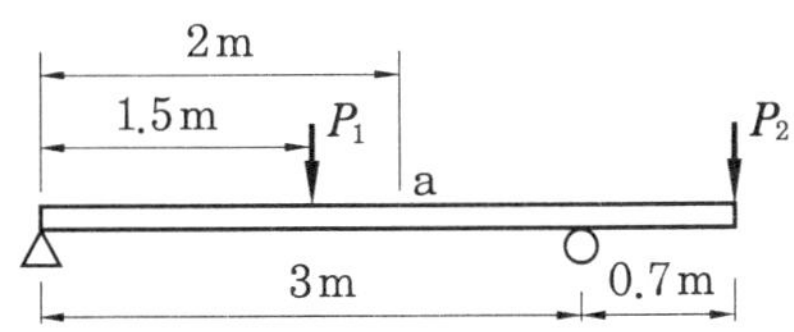

① 133.3 ② 166.7
③ 204.6 ④ 257.4

해설 $\Sigma M_B = 0$

$$R_A \times 3 - P_1 \times 1.5 + P_2 \times 0.7 = 0$$

$$R_A = \frac{P_1 \times 1.5 - P_2 \times 0.7}{3}$$

$$= \frac{800 \times 1.5 - 500 \times 0.7}{3} = 283.33\text{ N}$$

$$M_a = R_A \times 2 - P_1 \times 0.5$$

$$= 283.33 \times 2 - 800 \times 0.5 ≒ 166.7\text{ N}\cdot\text{m}$$

19. 다음 그림과 같이 10 kN의 집중하중과 4 kN·m의 굽힘모멘트가 작용하는 단순지지보에서 A위치의 반력 R_A는 약 몇 kN인가? (단, 4 kN·m의 모멘트는 보의 중앙에서 작용한다.)

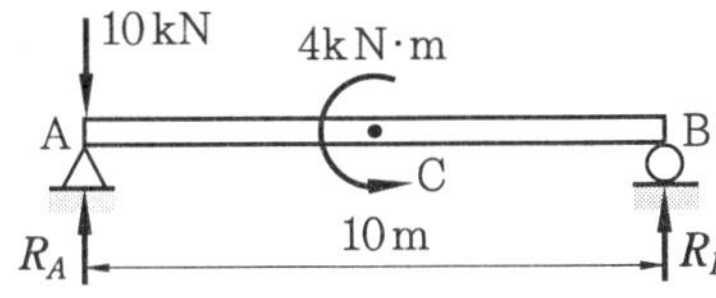

① 6.8 ② 14.2
③ 8.6 ④ 10.4

해설 $\Sigma M_B = 0$

$$R_A \times 10 - 10 \times 10 - 4 = 0$$

$$R_A = \frac{10 \times 10 + 4}{10} = \frac{104}{10} = 10.4\text{ kN}$$

20. 그림과 같은 외팔보가 있다. 보의 굽힘에 대한 허용응력을 80 MPa로 하고, 자유단 B로부터 보의 중앙점 C 사이에 등분포하중 w를 작용시킬 때 w의 최대 허용값은 몇 kN/m인가? (단, 외팔보의 폭×높이는 5 cm×9 cm이다.)

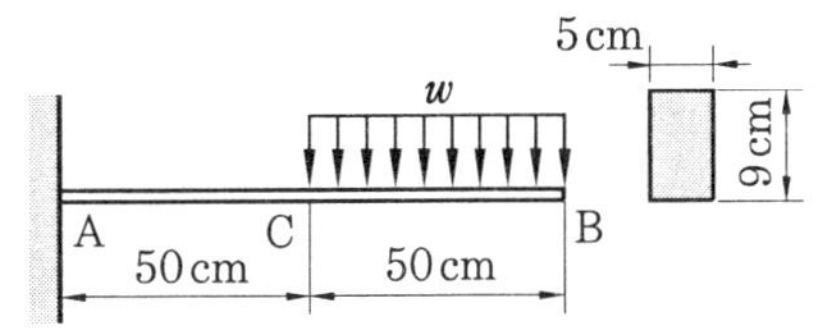

① 12.4 ② 13.4
③ 14.4 ④ 15.4

해설 $\sigma_a = \dfrac{M}{Z} = \dfrac{(w \times 0.5) \times 0.75}{\dfrac{0.05 \times 0.09^2}{6}}$

$$= \frac{6 \times (w \times 0.5) \times 0.75}{0.05 \times 0.09^2} = 80000\text{ kPa}$$

$$\therefore\ w = 14.4\text{ kN/m}$$

제 2 과목 기계열역학

21. 비열이 0.9 kJ/kg·K, 질량이 0.7 kg으로 동일하며, 온도가 각각 200℃와 100℃인 두 금속 덩어리를 접촉시켜서 온도가 평형에 도달하였을 때 총 엔트로피 변화량은 약 몇 J/K인가?

① 8.86 ② 10.42
③ 13.25 ④ 16.87

해설 평균온도$(t_m) = \dfrac{m_1 t_1 + m_2 t_2}{m_1 + m_2}$

$$= \frac{0.7 \times 200 + 0.7 \times 100}{0.7 + 0.7} = 150℃$$

$$\Delta S = m_1 C_1 \ln\frac{T_m}{T_1} + m_2 C_2 \ln\frac{T_m}{T_2}$$

$$= 0.7 \times 900 \times \ln\frac{423}{373} + 0.7 \times 900 \times \ln\frac{423}{473}$$

$$= 8.86\text{ J/K}$$

22. 랭킨 사이클로 작동되는 증기동력 발전소에서 20 MPa의 압력으로 물이 보일러에 공급되고, 응축기 출구에서 온도는 20℃, 압력은 2.339 kPa이다. 이때 급수펌프에서 수행하는 단위 질량당 일은 약 몇

정답 19. ④ 20. ③ 21. ① 22. ②

kJ/kg인가? (단, 20℃에서 포화액 비체적은 0.001002 m³/kg, 포화증기 비체적은 57.79 m³/kg이며, 급수펌프에서는 등엔트로피 과정으로 변화한다고 가정한다.)

① 0.4681 ② 20.04
③ 27.14 ④ 1020.6

해설 $w_p = -\int_1^2 vdp = \int_2^1 vdp$

$= v(p_1 - p_2) = 0.001002 \times (20 \times 10^3 - 2.339)$

$\fallingdotseq 20.04\ \text{kJ/kg}$

23. 다음의 물리량 중 물질의 최초, 최종 상태뿐 아니라 상태 변화의 경로에 따라서도 그 변화량이 달라지는 것은?

① 일
② 내부에너지
③ 엔탈피
④ 엔트로피

해설 열과 일은 경로함수(path function)로서 과정(경로)에 따라 값이 달라진다.
※ 내부에너지, 엔탈피, 엔트로피는 완전 미분 적분이 가능한 상태함수(점함수)이다.

24. 압력이 0.2 MPa이고, 초기 온도가 120℃인 1 kg의 공기를 압축비 18로 가역 단열 압축하는 경우 최종 온도는 약 몇 ℃인가? (단, 공기는 비열비가 1.4인 이상기체이다.)

① 676℃ ② 776℃
③ 876℃ ④ 976℃

해설 $\frac{T_2}{T_1} = \left(\frac{V_1}{V_2}\right)^{k-1} = \varepsilon^{k-1}$

$\therefore T_2 = T_1 \varepsilon^{k-1} = (120 + 273) \times 18^{1.4-1}$

$\fallingdotseq 1249\ \text{K} - 273\ \text{K} = 976\ ℃$

25. 공기 표준 사이클로 운전하는 이상적인 디젤 사이클이 있다. 압축비는 17.5, 비열비는 1.4, 체절비(또는 분사단절비, cut-off ratio)는 2.1일 때 이 디젤 사이클의 효율은 약 몇 %인가?

① 60.5 ② 62.3
③ 64.7 ④ 66.8

해설 $\eta_{thd} = 1 - \left(\frac{1}{\varepsilon}\right)^{k-1} \frac{\sigma^k - 1}{k(\sigma - 1)}$

$= 1 - \left(\frac{1}{17.5}\right)^{1.4-1} \times \frac{2.1^{1.4} - 1}{1.4 \times (2.1 - 1)}$

$\fallingdotseq 0.623\,(62.3\ \%)$

26. 고열원 500℃와 저열원 35℃ 사이에 열기관을 설치하였을 때 사이클당 10 MJ의 공급열량에 대해서 7 MJ의 일을 하였다고 주장한다면 이 주장은?

① 열역학적으로 타당한 주장이다.
② 가역기관이라면 타당한 주장이다.
③ 비가역기관이라면 타당한 주장이다.
④ 열역학적으로 타당하지 않은 주장이다.

해설 $\eta_c = 1 - \frac{T_2}{T_1} = 1 - \frac{35 + 273}{500 + 273}$

$\fallingdotseq 0.602\,(60.2\ \%)$

$\eta = \frac{W_{net}}{Q_1} = \frac{7}{10} = 0.7\,(70\ \%)$

∴ 열역학 제2법칙에 위배된다. 즉, 열역학적으로 타당하지 않은 주장이다.

27. 수평으로 놓여진 노즐에서 증기가 흐르고 있다. 입구에서의 엔탈피는 3106 kJ/kg이고, 입구 속도는 13 m/s, 출구 속도는 300 m/s일 때 출구에서의 증기 엔탈피는 약 몇 kJ/kg인가? (단, 노즐에서의 열교환 및 외부로의 일량은 무시할 수 있을 정도로 작다고 가정한다.)

① 3146 ② 3206
③ 2963 ④ 3061

정답 23. ① 24. ④ 25. ② 26. ④ 27. ④

해설 노즐 출구 유속(w_2)

$=44.72\sqrt{h_1-h_2}$ [m/s]에서

$h_1-h_2=\left(\frac{w_2}{44.72}\right)^2=\left(\frac{300}{44.72}\right)^2=45$ kJ/kg

$\therefore\ h_2=h_1-45=3106-45$

$=3061$ kJ/kg

28. 질량이 4 kg인 단열된 강재 용기 속에 물 18 L가 들어 있으며, 25℃로 평형상태에 있다. 이 속에 200℃의 물체 8 kg을 넣었더니 열평형에 도달하여 온도가 30℃가 되었다. 물의 비열은 4.187 kJ/kg · K이고, 강재(용기)의 비열은 0.4648 kJ/kg · K일 때 물체의 비열은 약 몇 kJ/kg · K인가? (단, 외부와의 열교환은 없다고 가정한다.)

① 0.244 ② 0.267
③ 0.284 ④ 0.302

해설 고온체의 방열량 = 저온체의 흡열량

$m_1C_1(t_1-t_m)=(m_2C_2+m_3C_3)(t_m-t_o)$

$8\times C_1\times(200-30)$

$=(4\times0.4648+18\times4.187)\times(30-25)$

$\therefore\ C_1=\frac{386.126}{1360}\fallingdotseq 0.284$ kJ/kg · K

29. 다음 그림과 같은 이상적인 열펌프의 압력(P)-엔탈피(h) 선도에서 각 상태의 엔탈피는 다음과 같을 때 열펌프의 성능계수는? (단, h_1 = 155 kJ/kg, h_3 = 593 kJ/kg, h_4 = 827 kJ/kg이다.)

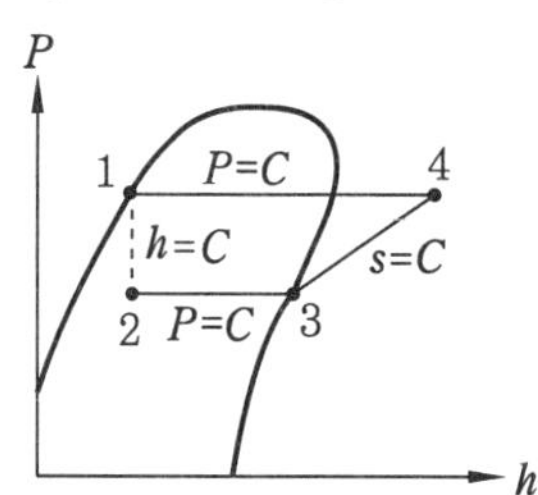

① 1.8 ② 2.9 ③ 3.5 ④ 4.0

해설 $\varepsilon_{HP}=\frac{q_c}{w_c}=\frac{h_4-h_1}{h_4-h_3}=\frac{827-155}{827-593}$

$=2.87\fallingdotseq 2.9$

30. 효율이 40 %인 열기관에서 유효하게 발생되는 동력이 110 kW라면 주위로 방출되는 총열량은 약 몇 kW인가?

① 375 ② 165
③ 135 ④ 85

해설 $\eta=\frac{w_{net}}{Q_1}=1-\frac{Q_2}{Q_1}$에서

$Q_2=(1-\eta)Q_1=(1-0.4)\times275=165$ kW

$Q_1=\frac{w_{net}}{\eta}=\frac{110}{0.4}=275$ kW

31. 압력이 일정할 때 공기 5 kg을 0℃에서 100℃까지 가열하는 데 필요한 열량은 약 몇 kJ인가? (단, 비열(C_p)은 온도 T[℃]에 관계한 함수로 C_p[kJ/kg · ℃] = 1.01+0.000079× T이다.)

① 365 ② 436
③ 480 ④ 507

해설 $Q=m\int_{t1}^{t2}C_p dT$

$=m\int_{t1}^{t2}(1.01+0.000079T)dT$

$=m\left[1.01(t_2-t_1)+\frac{0.000079}{2}(t_2^2-t_1^2)\right]_0^{100}$

$=5\left[1.01\times100+\frac{0.000079}{2}\times100^2\right]$

$\fallingdotseq 507$kJ

32. Van der Waals 상태 방정식은 다음과 같이 나타낸다. 이 식에서 $\frac{a}{v^2}$, b는 각각 무엇을 의미하는 것인가? (단, P는 압력, v는 비체적, R은 기체상수, T는

정답 28. ③ 29. ② 30. ② 31. ④ 32. ③

온도를 나타낸다.)

$$\left(P+\frac{a}{v^2}\right)\times(v-b)=RT$$

① 분자 간의 작용력, 분자 내부 에너지
② 분자 자체의 질량, 분자 내부 에너지
③ 분자 간의 작용력, 기체 분자들이 차지하는 체적
④ 분자 자체의 질량, 기체 분자들이 차지하는 체적

해설 $\frac{a}{v^2}$는 분자 간의 작용 인력(분자 간에 서로 잡아당기는 힘), b는 기체 분자들이 차지하는 체적을 의미한다.

33. 피스톤-실린더에 기체가 존재하며 피스톤의 단면적은 5 cm²이고 피스톤에 외부에서 500 N의 힘이 가해진다. 이때 주변 대기압력이 0.099 MPa이면 실린더 내부 기체의 절대압력(MPa)은 약 얼마인가?

① 0.901 ② 1.099
③ 1.135 ④ 1.275

해설 $P_a=P_o+P_g=0.099+\frac{P}{A}$

$=0.099+\frac{500}{500}=1.099$ MPa

34. 물질의 양을 1/2로 줄이면 강도성(강성적) 상태량(intensive properties)은 어떻게 되는가?

① 1/2로 줄어든다.
② 1/4로 줄어든다.
③ 변화가 없다.
④ 2배로 늘어난다.

해설 강도성 상태량(성질)은 물질의 양과 관계없는(무관한) 상태량이다(변화가 없다).

35. 고온 400℃, 저온 50℃의 온도 범위에서 작동하는 Carnot 사이클 열기관의 효율을 구하면 약 몇 %인가?

① 43 ② 46
③ 49 ④ 52

해설 $\eta_c=1-\frac{T_2}{T_1}=1-\frac{50+273}{400+273}$

$=0.52(52\%)$

36. 기관의 실린더 내에서 1 kg의 공기가 온도 120℃에서 열량 40 kJ를 얻어 등온 팽창한다고 하면 엔트로피의 변화는 얼마인가?

① 0.102 kJ/kg·K
② 0.132 kJ/kg·K
③ 0.162 kJ/kg·K
④ 0.192 kJ/kg·K

해설 $\Delta s=s_2-s_1=\frac{q}{T}=\frac{40}{120+273}$

$=0.102$ kJ/kg·K

37. 이상기체의 상태 변화에서 내부에너지가 일정한 상태 변화는?

① 등온 변화 ② 정압 변화
③ 단열 변화 ④ 정적 변화

해설 이상기체인 경우 내부에너지가 일정한 과정은 등온 변화이다. $u=f(T)$
$du=C_v dT(dT=0,\ du=0)$

38. 물 10 kg을 1 기압하에서 20℃로부터 60℃까지 가열할 때 엔트로피의 증가량은 약 몇 kJ/K인가? (단, 물의 정압비열은 4.18 kJ/kg·K이다.)

① 9.78 ② 5.35
③ 8.32 ④ 14.8

해설 $\Delta S=mC_p\ln\frac{T_2}{T_1}$

$=10\times4.18\times\ln\frac{60+273}{20+273}\fallingdotseq5.35$ kJ/K

정답 33. ② 34. ③ 35. ④ 36. ① 37. ① 38. ②

39. 단열 노즐에서 공기가 팽창한다. 노즐 입구에서 공기 속도는 60 m/s, 온도는 200℃이며, 출구에서 온도는 50℃일 때 출구에서 공기 속도는 약 얼마인가?(단, 공기 비열은 1.0035 kJ/kg · K이다.)

① 62.5 m/s ② 328 m/s
③ 552 m/s ④ 1901 m/s

해설 $V_2 = 44.72\sqrt{h_1 - h_2}$
$= 44.72\sqrt{C_p(T_1 - T_2)}$
$= 44.72\sqrt{1.0035 \times (473 - 323)}$
$\fallingdotseq 549$ m/s

40. 1 MPa, 230℃ 상태에서 압축계수(compressibility factor)가 0.95인 기체가 있다. 이 기체의 실제 비체적은 약 몇 m³/kg인가?(단, 이 기체의 기체상수는 461 J/kg · K이다.)

① 0.14 ② 0.18
③ 0.22 ④ 0.26

해설 $pv = CRT$에서
$v = \dfrac{CRT}{p} = \dfrac{0.95 \times 0.461 \times (230 + 273)}{1 \times 10^3}$
$= 0.22$ m³/kg

제 3 과목 기계유체역학

41. 점성계수가 0.7 poise이고 비중이 0.7인 유체의 동점성계수는 몇 stokes인가?

① 0.1 ② 1.0
③ 10 ④ 100

해설 $\nu = \dfrac{\mu}{\rho} = \dfrac{\mu}{\rho_w S} = \dfrac{0.7\,\text{g/cm} \cdot \text{s}}{1 \times 0.7\,\text{g/cm}^3}$
$= 1\,\text{cm}^2/\text{s}$ (stokes)
※ $\rho_w = 1000\,\text{kg/m}^3 = 1\,\text{g/cm}^3$

42. 정지 유체 속에 잠겨 있는 평면에 대하여 유체에 의해 받는 힘에 관한 설명 중 틀린 것은?

① 깊게 잠길수록 받는 힘이 커진다.
② 크기는 도심에서의 압력에 전체 면적을 곱한 것과 같다.
③ 평면이 수평으로 놓인 경우 압력중심은 도심과 일치한다.
④ 평면이 수직으로 놓인 경우 압력중심은 도심보다 약간 위쪽에 있다.

해설 평면이 수직으로 놓인 경우 압력중심은 도심보다 $\left(\dfrac{I_G}{Ay}\right)$만큼 아래쪽에 있다.

43. 유체의 회전 벡터(각속도)가 ω인 회전 유동에서 와도(vorticity, ζ)는?

① $\zeta = \dfrac{\omega}{2}$ ② $\zeta = \sqrt{\dfrac{\omega}{2}}$
③ $\zeta = 2\omega$ ④ $\zeta = \sqrt{2\omega}$

해설 유체의 회전 벡터(각속도)가 ω인 회전 유동에서 와도(vorticity) $\zeta = 2\omega$이다.

44. 날개 길이(span)는 10 m, 날개 시위(chord length)는 1.8 m인 비행기가 112 m/s의 속도로 날고 있다. 이 비행기의 항력계수가 0.0761일 때 비행에 필요한 동력은 약 몇 kW인가?(단, 공기의 밀도는 1.2173 kg/m³, 날개는 사각형으로 단순화하며, 양력은 충분히 발생한다고 가정한다.)

① 1172 ② 1343
③ 1570 ④ 3733

해설 동력(power)
$= DV = C_D \dfrac{\rho A V^2}{2} V = C_D \dfrac{\rho A V^3}{2}$
$= 0.0761 \times \dfrac{1.2173 \times (10 \times 1.8) \times 112^3}{2} \times 10^{-3}$
$\fallingdotseq 1172$ kW

정답 39. ③ 40. ③ 41. ② 42. ④ 43. ③ 44. ①

45. 그림과 같이 평판의 왼쪽 면에 단면적이 $0.01\,m^2$, 속도 10 m/s인 물 제트가 직각으로 충돌하고 있다. 평판의 오른쪽 면에 단면적이 $0.04\,m^2$인 물 제트를 쏘아 평판이 정지 상태를 유지하려면 속도 V_2는 약 몇 m/s여야 하는가?

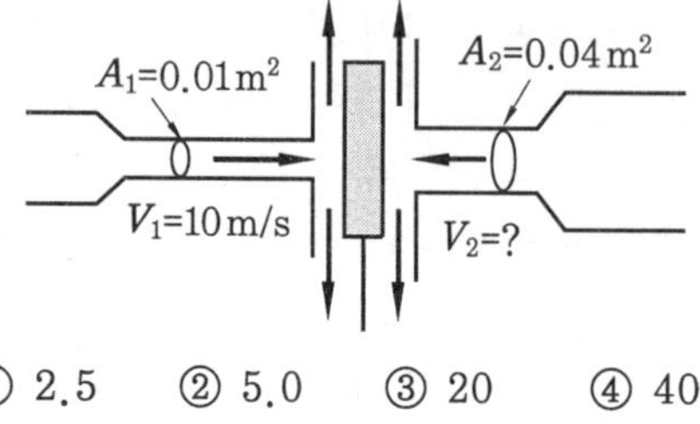

① 2.5 ② 5.0 ③ 20 ④ 40

해설 $F = F_1 - F_2 = \rho Q_1 V_1 - \rho Q_2 V_2 = 0$

$\rho A_1 V_1^2 = \rho A_2 V_2^2$

$\therefore\ V_2 = V_1 \sqrt{\dfrac{A_1}{A_2}} = 10 \times \sqrt{\dfrac{0.01}{0.04}} = 5\,\text{m/s}$

46. $(r,\ \theta)$ 좌표계에서 코너를 흐르는 비점성, 비압축성 유체의 2차원 유동함수(ψ, m^2/s)는 아래와 같다. 이 유동함수에 대한 속도 퍼텐셜(ϕ)의 식으로 옳은 것은 어느 것인가? (단, r은 m 단위이고 C는 상수이다.)

$$\psi = 2r^2 \sin 2\theta$$

① $\phi = 2r^2 \cos 2\theta + C$

② $\phi = 2r^2 \tan 2\theta + C$

③ $\phi = 4r \cos^2\theta + C$

④ $\phi = 4r \tan^2\theta + C$

해설 극좌표계(polar coordinate) $(r,\ \theta)$에서 비압축성 평면 2차원 유동의 연속방정식과 유동함수의 정의는 다음과 같다.

$$\frac{1}{r}\frac{\partial (rV_r)}{\partial r} + \frac{1}{r}\frac{\partial V_\theta}{\partial \theta} = 0$$

$$V_r = \frac{\partial \psi}{r\partial \theta},\ V_\theta = -\frac{\partial \psi}{\partial r}$$

속도 퍼텐셜$(\phi) = 2r^2 \cos 2\theta + C$

2차원 유동에서 속도 퍼텐셜 $\phi(x,\ y)$의 정의는 다음과 같다.

$$u = \frac{\partial \phi}{\partial x},\ v = \frac{\partial \phi}{\partial y}$$

47. 피토-정압관과 액주계를 이용하여 공기의 속도를 측정하였다. 비중이 약 1인 액주계 유체의 높이 차이는 10 mm이고, 공기 밀도는 $1.22\,kg/m^3$일 때 공기의 속도는 약 몇 m/s인가?

① 2.1 ② 12.7

③ 68.4 ④ 160.2

해설 $V = \sqrt{2gh\left(\dfrac{\rho_o}{\rho} - 1\right)}$

$= \sqrt{2 \times 9.8 \times 0.01 \times \left(\dfrac{1000}{1.22} - 1\right)}$

$\fallingdotseq 12.7\,\text{m/s}$

48. 경계층(boundary layer)에 관한 설명 중 틀린 것은?

① 경계층 바깥의 흐름은 퍼텐셜 흐름에 가깝다.

② 균일 속도가 크고, 유체의 점성이 클수록 경계층의 두께는 얇아진다.

③ 경계층 내에서는 점성의 영향이 크다.

④ 경계층은 평판 선단으로부터 하류로 갈수록 두꺼워진다.

해설 유체의 점성이 클수록 경계층의 두께는 두꺼워진다.

49. 반지름 0.5 m인 원통형 탱크에 1.5 m 높이로 물을 채우고 중심축을 기준으로 각속도 10 rad/s로 회전시킬 때 탱크 저면의 중심에서 압력은 계기압력으로 약 몇 kPa인가? (단, 탱크의 윗면은 열려 대기 중에 노출되어 있으며 물은 넘치지 않는다고 한다.)

정답 45. ② 46. ① 47. ② 48. ② 49. ④

① 2.26　　② 4.22

③ 6.42　　④ 8.46

해설 기준면에서 강하깊이(H)

$=\dfrac{r_o^2\omega^2}{4g}=\dfrac{0.5^2\times10^2}{4\times9.8}=0.64\text{ m}$

탱크 저면의 중심에서 압력(P)

$=\gamma(1.5-H)=9.8\times(1.5-0.64)$

$=8.43\text{ kPa}$

50. 개방된 탱크 내에 비중이 0.8인 오일이 가득 차 있다. 대기압이 101 kPa라면 오일 탱크 수면으로부터 3 m 깊이에서 절대압력은 약 몇 kPa인가?

① 208　　② 249

③ 174　　④ 125

해설 $P_a=P_o+P_g=P_o+\gamma h=P_o+\gamma_w Sh$

$=101+(9.8\times0.8)\times3$

$\fallingdotseq 125\text{ kPa}$

51. 밀도 890 kg/m^3, 점성계수 2.3 kg/m·s인 오일이 지름 40 cm, 길이 100 m인 수평 원관 내를 평균속도 0.5 m/s로 흐른다. 입구의 영향을 무시하고 압력강하를 이길 수 있는 펌프 소요동력은 약 몇 kW인가?

① 0.58　　② 1.45

③ 2.90　　④ 3.63

해설 펌프 소요동력(kW)

$=\Delta PQ=\dfrac{128\mu Q^2L}{\pi d^4}$

$=\dfrac{128\times2.3\times\left(\dfrac{\pi}{4}\times0.4^2\times0.5\right)^2\times100}{\pi\times0.4^4}$

$=\dfrac{128\times2.3\times0.0628^2\times100}{\pi\times0.4^4}$

$=1443.67\text{ W}\fallingdotseq1.45\text{ kW}$

52. 그림과 같은 반지름 R인 원관 내의 층류유동 속도분포는 $u(r)=U\left(1-\dfrac{r^2}{R^2}\right)$으로 나타내어진다. 여기서 원관 내 전체가 아닌 $0\le r\le\dfrac{R}{2}$인 원형 단면을 흐르는 체적유량 Q를 구하면? (단, U는 상수이다.)

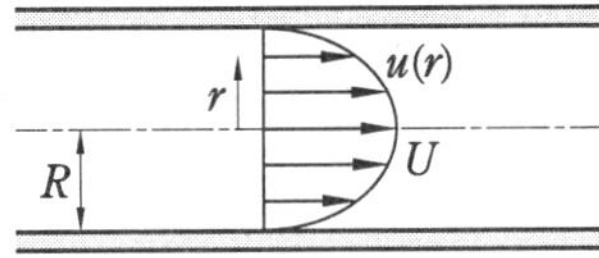

① $Q=\dfrac{5\pi UR^2}{16}$　　② $Q=\dfrac{7\pi UR^2}{16}$

③ $Q=\dfrac{5\pi UR^2}{32}$　　④ $Q=\dfrac{7\pi UR^2}{32}$

해설 $Q=udA=u(2\pi rdr)$

$=2\pi U\displaystyle\int_0^{\frac{R}{2}}\left(1-\frac{r^2}{R^2}\right)rdr$

$=2\pi U\left[\dfrac{r^2}{2}-\dfrac{r^4}{4R^2}\right]_0^{\frac{R}{2}}$

$=2\pi U\left[\dfrac{R^2}{8}-\dfrac{R^2}{64}\right]$

$=2\pi U\times\dfrac{7R^2}{64}=\dfrac{7\pi UR^2}{32}\,[\text{m}^3/\text{s}]$

53. 밀도가 800 kg/m^{3}인 원통형 물체가 그림과 같이 1/3이 액체면 위에 떠있는 것으로 관측되었다. 이 액체의 비중은 약 얼마인가?

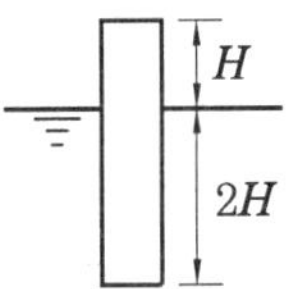

① 0.2　　② 0.67

③ 1.2　　④ 1.5

해설 물체의 무게(W) = 부력(F_B)

$\rho gA(3H)=9800SA(2H)$

정답 50. ④　51. ②　52. ④　53. ③

$$\therefore\ S = \frac{3\rho g}{9800 \times 2} = \frac{3 \times 800 \times 9.8}{9800 \times 2} = 1.2$$

54. 원형 관내를 완전한 층류로 물이 흐를 경우 관마찰계수(f)에 대한 설명으로 옳은 것은?

① 상대 조도(ε/D)만의 함수이다.
② 마하수(Ma)만의 함수이다.
③ 오일러수(Eu)만의 함수이다.
④ 레이놀즈수(Re)만의 함수이다.

해설 층류($Re < 2100$)인 경우 관마찰계수(f)는 레이놀즈수(Re)만의 함수이다.

$$f = \frac{64}{Re}$$

55. 다음 그림과 같은 노즐에서 나오는 유량이 0.078 m^3/s일 때 수위(H)는 약 얼마인가?(단, 노즐 출구의 안지름은 0.1 m이다.)

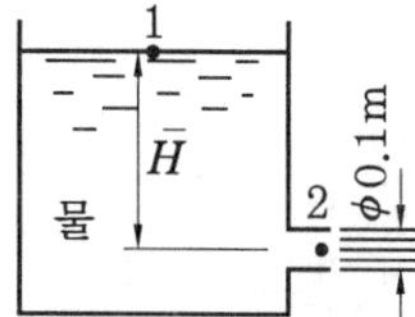

① 5 m　　② 10 m
③ 0.5 m　　④ 1 m

해설 $Q = AV = A\sqrt{2gH}\,[m^3/s]$

$$H = \frac{1}{2g}\left(\frac{Q}{A}\right)^2 = \frac{1}{2\times 9.8}\left(\frac{0.078}{\frac{\pi}{4}\times 0.1^2}\right)^2$$

$= 5.03\text{ m}$

56. 실형의 1/25인 기하학적으로 상사한 모형 댐을 이용하여 유동 특성을 연구하려고 한다. 모형 댐의 상부에서 유속이 1 m/s일 때 실제 댐에서 해당 부분의 유속은 약 몇 m/s인가?

① 0.025　　② 0.2
③ 5　　④ 25

해설 $(Fr)_p = (Fr)_m$

$$\left(\frac{V}{\sqrt{Lg}}\right)_p = \left(\frac{V}{\sqrt{Lg}}\right)_m$$

$g_p \simeq g_m$

$$V_p = V_m\sqrt{\frac{L_p}{L_m}} = 1 \times \sqrt{\frac{25}{1}} = 5\text{ m/s}$$

57. 어느 물리 법칙이 $F(a,\ V,\ v,\ L) = 0$과 같은 식으로 주어졌다. 이 식을 무차원수의 함수로 표시하고자 할 때 이에 관계되는 무차원수는 몇 개인가?(단, a, V, ν, L은 각각 가속도, 속도, 동점성계수, 길이이다.)

① 4　　② 3
③ 2　　④ 1

해설 무차원 개수(π)
= 변수의 개수(n) − 기본차원의 개수(m)
= 4 − 2 = 2개

58. 축동력이 10 kW인 펌프를 이용하여 호수에서 30 m 위에 위치한 저수지에 25 L/s의 유량으로 물을 양수한다. 펌프에서 저수지까지 파이프 시스템의 비가역적 수두손실이 4 m라면 펌프의 효율은 약 몇 %인가?

① 63.7　　② 78.5
③ 83.3　　④ 88.7

해설 $\eta_p = \frac{L_w}{L_s} = \frac{9.8QH}{L_s}$

$$= \frac{9.8 \times (25 \times 10^{-3}) \times (30 + 4)}{10} \times 100\%$$

$= 83.3\%$

59. 두 평판 사이에 점성계수가 2 $N \cdot s/m^2$인 뉴턴 유체가 다음과 같은 속도분포(u, m/s)로 유동한다. 여기서 y는 두 평판 사이의 중심으로부터 수직방향 거리(m)를 나타낸다. 평판 중심으로부터 y =

정답 54. ④　55. ①　56. ③　57. ③　58. ③　59. ②

0.5 cm 위치에서의 전단응력의 크기는 약 몇 N/m^2인가?

$u(y) = 1 - 10000 \times y^2$

① 100 ② 200
③ 1000 ④ 2000

해설 $\tau = \mu \left| \dfrac{du}{dy} \right|_{y=0.005} = 2 \times (-20000y)$

$= 2 \times (-20000 \times 0.005)$

$= -200 \text{ Pa}(N/m^2)$

60. 그림과 같이 탱크로부터 15℃의 공기가 수평한 호스와 노즐을 통해 Q의 유량으로 대기 중으로 흘러나가고 있다. 탱크 안의 게이지압력이 10 kPa일 때, 유량 Q는 약 몇 m^3/s인가? (단, 노즐 끝단의 지름은 0.02 m, 대기압은 101 kPa이고, 공기의 기체상수는 287 J/kg · K이다.)

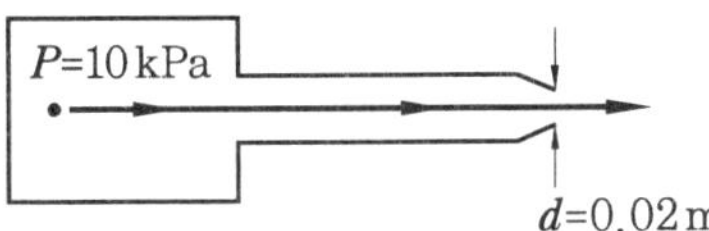

① 0.038 ② 0.042
③ 0.046 ④ 0.054

해설 $\rho = \dfrac{P}{RT} = \dfrac{101+10}{0.287 \times (15+273)}$

$= 1.34 \text{ kg/m}^3$

$V_2 = \sqrt{\dfrac{2P_1}{\rho}} = \sqrt{\dfrac{2 \times 10 \times 10^3}{1.34}}$

$= 122.17 \text{ m/s}$

$Q = A_2 V_2 = \dfrac{\pi}{4} \times 0.02^2 \times 122.17$

$= 0.038 \text{ m}^3/\text{s}$

제 4 과목 유체기계 및 유압기기

61. 수력 발전소에서 유효낙차 60 m, 유량 $3 \text{ m}^3/\text{s}$인 수차의 출력이 1440 kW일 때 이 수차의 효율은 약 몇 %인가?

① 81.6 % ② 71.8 %
③ 61.4 % ④ 51.2 %

해설 $\eta_t = \dfrac{\text{실제 출력}}{\text{이론 출력}} \times 100\%$

$= \dfrac{1440}{9.8 QH_e} \times 100\%$

$= \dfrac{1440}{9.8 \times 3 \times 60} \times 100\% \fallingdotseq 81.6\%$

62. 펌프, 송풍기 등이 운전 중에 한숨을 쉬는 것과 같은 상태가 되어 펌프인 경우 입구와 출구의 진공계, 압력계의 지침이 흔들리고 동시에 송출유량이 변화하는 현상은?

① 서징현상 ② 수격현상
③ 공동현상 ④ 과열현상

해설 서징현상은 유체의 유량 변화에 의해 관로나 수조 등의 압력, 수위가 주기적으로 변동하여 펌프 입구 및 출구에 설치된 진공계 · 압력계의 지침이 흔들리는 현상이다.

63. 다음 중 펌프의 공동현상(cavitation) 방지 대책으로 옳지 않은 것은?

① 펌프의 설치 높이를 가능한 한 낮춘다.
② 양흡입 펌프를 사용한다.
③ 펌프의 회전수를 높게 한다.
④ 밸브, 플랜지 등의 부속품 수를 적게 사용한다.

해설 공동현상 방지 대책

(1) 펌프의 설치 위치를 수원보다 낮게 설치한다.
(2) 펌프의 임펠러 속도, 즉 회전수를 낮게 한다.
(3) 펌프의 흡입측 수두 및 마찰손실을 작게 한다.
(4) 펌프의 흡입관경을 크게 한다.
(5) 양흡입 펌프를 사용한다.
(6) 회전차(임펠러)를 수중에 잠기게 한다.

정답 60. ① 61. ① 62. ① 63. ③

64. **수차의 종류에 대하여 비속도(또는 비교회전도, specific speed)의 크기 관계를 옳게 나타낸 것은? (단, 각 수차가 일반적으로 가질 수 있는 비속도의 최댓값으로 비교한다.)**

① 펠턴 수차<프란시스 수차<프로펠러 수차

② 펠턴 수차<프로펠러 수차<프란시스 수차

③ 프란시스 수차<펠턴 수차<프로펠러 수차

④ 프로펠러 수차<프란시스 수차<펠턴 수차

해설 수차의 비교회전도

수차의 종류		비교회전도
펠턴 수차	노즐 1개 노즐 2개	10~25 20~40
프란시스 수차	저속 중속 고속 초고속	30~100 100~200 200~350 350~450
프로펠러 수차		400~700
카플란 수차		450~1000

65. **다음 중 진공 펌프를 일반 압축기와 비교하여 다른 점을 설명한 것으로 옳지 않은 것은?**

① 흡입압력을 진공으로 함에 따라 압력비는 상당히 커지므로 격간용적, 기체누설을 가급적 줄여야 한다.

② 진공화에 따라서 외부의 액체, 증기, 기체를 빨아들이기 쉬워서 진공도를 저하시킬 수 있으므로 이에 주의를 요한다.

③ 기체의 밀도가 낮으므로 실린더 체적은 축동력에 비해 크다.

④ 송출압력과 흡입압력의 차이가 작으므로 기체의 유로 저항이 커져도 손실동력이 비교적 적게 발생한다.

66. **토크 컨버터의 주요 구성 요소들을 나타낸 것은?**

① 구동 기어, 종동 기어, 버킷

② 피스톤, 실린더, 체크 밸브

③ 밸런스 디스크, 베어링, 프로펠러

④ 펌프 회전차, 터빈 회전차, 안내 깃(스테이터)

해설 토크 컨버터는 펌프 임펠러, 스테이터(안내 깃), 터빈 러너로 구성되어 있으며, 분해 및 조립을 할 수 없는 비분해식이다.

67. **터보형 펌프에서 액체가 회전차 입구에서 반지름 방향 또는 경사 방향에서 유입하고 회전차 출구에서 반지름 방향으로 유출하는 구조는?**

① 왕복식 ② 원심식

③ 회전식 ④ 용적식

해설 터보형 펌프의 구조

(1) 원심 펌프 : 액체가 회전차 입구에서 반지름 방향 또는 경사 방향에서 유입하고, 회전차 출구에서 반지름 방향으로 유출하는 구조

(2) 사류 펌프 : 액체가 회전차 입구, 출구에서 다 같이 경사 방향으로 유입하여 경사 방향으로 유출하는 구조

(3) 축류 펌프 : 액체가 회전차 입구, 출구에서 다 같이 축 방향으로 유입하여 축 방향으로 유출하는 구조

68. **펠턴 수차에서 전향기(deflector)를 설치하는 목적은?**

① 유량 방향 전환

② 수격 작용 방지

정답 64. ① 65. ④ 66. ④ 67. ② 68. ②

③ 유량 확대
④ 동력 효율 증대

해설 부하가 급감소하였을 때 수압관 내의 수격 현상을 방지하기 위해 전향기(deflector)를 설치한다.

69. 다음 중 유체가 갖는 에너지를 기계적인 에너지로 변환하는 유체기계는?

① 축류 펌프 ② 원심 송풍기
③ 펠턴 수차 ④ 기어 펌프

해설 펠턴 수차는 물이 가지고 있는 위치 에너지를 기계적 에너지로 변환하는 기계이고, 축류 펌프, 원심 송풍기, 기어 펌프는 기계적 에너지를 유체 에너지(주로 압력 에너지 형태)로 변환시키는 장치이다.

70. 운전 중인 송풍기에서 전압 400 mmAq, 풍량 30 m^3/min을 만족하는 송풍기를 설계하고자 한다. 이 송풍기의 효율이 70 %라고 하면 송풍기를 작동시키기 위한 모터의 축동력은 약 몇 kW인가?

① 1.8 ② 2.8
③ 18 ④ 28

해설 축동력$(L_s) = \dfrac{P_t Q}{6120 \eta_t}$

$= \dfrac{400 \times 30}{6120 \times 0.7} = 2.8\,\text{kW}$

71. 다음 중 상시 개방형 밸브는?

① 감압 밸브 ② 언로드 밸브
③ 릴리프 밸브 ④ 시퀀스 밸브

해설 릴리프 밸브는 상시 폐쇄형 밸브이고 감압 밸브는 상시 개방형 밸브이다.

72. 다음 중 압력계를 나타내는 기호는?

①  ② 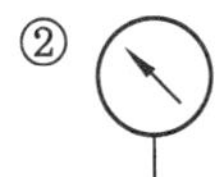

③ 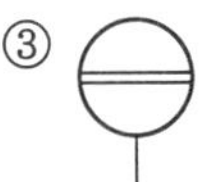 ④ 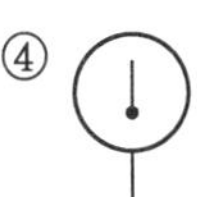

해설 ①은 차압계, ②는 압력계, ③은 유면계, ④는 온도계이다.

73. 유압을 이용한 기계의 유압 기술 특징에 대한 설명으로 적절하지 않은 것은?

① 무단 변속이 가능하다.
② 먼지나 이물질에 의한 고장 우려가 있다.
③ 자동제어가 어렵고 원격 제어는 불가능하다.
④ 온도의 변화에 따른 점도 영향으로 출력이 변할 수 있다.

해설 유압 기술은 자동제어가 쉽고 원격 제어가 가능하다.

74. 주로 펌프의 흡입구에 설치되어 유압 작동유의 이물질을 제거하는 용도로 사용하는 기기는?

① 드레인 플러그 ② 블래더
③ 스트레이너 ④ 배플

해설 스트레이너는 탱크 내의 펌프 흡입구에 설치하며, 펌프 및 회로에 불순물의 흡입을 막는다.

75. 유체가 압축되기 어려운 정도를 나타내는 체적탄성계수의 단위와 같은 것은?

① 체적 ② 동력
③ 압력 ④ 힘

해설 체적탄성계수$(E) = -\dfrac{dP}{\dfrac{dV}{V}}$ [Pa]

※ 체적탄성계수(E)의 단위는 Pa(N/m^2)로 압력(P)의 단위와 같다.

76. 다음 중 속도 제어 회로의 종류가 아

정답 69. ③ 70. ② 71. ① 72. ② 73. ③ 74. ③ 75. ③ 76. ①

닌 것은?

① 로크(로킹) 회로
② 미터 인 회로
③ 미터 아웃 회로
④ 블리드 오프 회로

해설 속도 제어 회로에는 미터 인 회로, 미터 아웃 회로, 블리드 오프 회로, 재생 회로 등이 있으며, 로크(로킹) 회로는 위치, 방향 제어 회로에 속한다.

77. 다음 기호의 명칭은 어느 것인가?

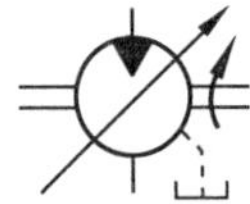

① 공기 탱크 ② 유압 모터
③ 드레인 배출기 ④ 유면계

78. 유압 펌프 중 용적형 펌프의 종류가 아닌 것은?

① 피스톤 펌프 ② 기어 펌프
③ 베인 펌프 ④ 축류 펌프

해설 용적형 펌프의 종류에는 기어 펌프, 베인 펌프, 피스톤 펌프, 나사 펌프 등이 있으며, 축류 펌프는 비용적형 펌프이다.

79. 유압 기호 요소에서 파선의 용도가 아닌 것은?

① 필터
② 주관로
③ 드레인 관로
④ 밸브의 과도 위치

해설 유압 기호 요소에서 주관로는 실선으로 나타낸다.

80. 유압장치에서 사용되는 유압유가 갖추어야 할 조건으로 적절하지 않은 것은?

① 열을 방출시킬 수 있어야 한다.
② 동력 전달의 확실성을 위해 비압축성이어야 한다.
③ 장치의 운전온도 범위에서 적절한 점도가 유지되어야 한다.
④ 비중과 열팽창계수가 크고 비열은 작아야 한다.

해설 유압유는 비중과 열팽창계수가 작고 비열은 커야 한다.

제5과목 건설기계일반 및 플랜트배관

81. 준설 방식에 따른 준설선의 종류가 아닌 것은?

① 드롭 준설선
② 펌프 준설선
③ 버킷 준설선
④ 그래브(그랩) 준설선

해설 준설선의 종류

① 버킷 준설선 : 해저의 토사를 일종의 버킷 컨베이어를 사용하여 연속적으로 굴착한다.
② 펌프 준설선 : 해저의 토사를 커터로 굴착 후 해수와 혼합된 것을 펌프로 흡양하여 배송관으로 목적하는 거리까지 배송한다.
③ 디퍼 준설선 : 바다 밑의 토사를 디퍼로 긁어 올리는 방식으로 굴착력은 좋으나 능률이 좋지 않다.
④ 그래브 준설선 : 그래브 버킷으로 해저의 토사를 굴착하여 선회 작동에 따라 토운선에 적재하여 운반한다.

82. 굴착기에서 버킷의 굴착 방향이 백호와 반대이며, 장비가 있는 지면보다 높은 곳을 굴착하는 데 적합한 장치는?

① 브레이커 ② 유압 셔블

정답 77. ② 78. ④ 79. ② 80. ④ 81. ① 82. ②

③ 어스 오거　　　④ 우드 그래플

해설 셔블(shovel)이란 버킷의 굴착 방향이 백호(버킷의 굴착 방향이 조종사 쪽으로 끌어 당기는 방향인 것)와 반대인 것을 말하며, 작업 위치보다 높은 곳의 굴착 작업에 이용되는 것으로 삽의 역할을 한다.

83. 로더에 대한 설명으로 적절하지 않은 것은?

① 타이어식과 무한궤도식 있다.

② 동력 전달 순서는 기관 → 종감속장치 → 유압 변속기 → 토크 컨버터 → 구동바퀴 순서이다.

③ 각종 토사, 자갈 등을 다른 곳으로 운반하거나 덤프차(덤프트럭)에 적재하는 장비이다.

④ 적하 방식에 따라 프런트 엔드형, 사이드 덤프형 등으로 구분할 수 있다.

해설 로더의 동력 전달 순서는 기관(엔진) → 토크 컨버터 → 유압 변속기 → 종감속장치 → 구동바퀴 순서이다.

84. 금속의 기계 가공 시 절삭성이 우수한 강재가 요구되어 개발된 것으로서 S(황)을 첨가하거나 Pb(납)을 첨가한 강재는 어느 것인가?

① 내식강　　　② 내열강

③ 쾌삭강　　　④ 불변강

해설 쾌삭강(free cutting steel) : 강에 S, Zr, Pb, Ce를 첨가하여 절삭성을 향상시킨 강(S의 양 : 0.25% 함유)

85. 건설기계관리업무처리규정에 따른 굴착기(굴삭기)의 규격 표시 방법은?

① 작업 가능 상태의 중량(t)

② 볼의 평적용량(m^3)

③ 유제탱크의 용량(m^3)

④ 표준 배토판의 길이(m)

해설 굴삭기는 주행차대에 상부선회체를 설치하고 굴삭용 버킷을 장착한 것으로서 다른 용도의 작업장치를 부착 사용할 수 있는 것도 이에 속하며, 규격은 작업 가능 상태의 중량(t)으로 표시한다.

86. 무한궤도식 건설기계의 주행장치에서 하부 구동체의 구성품이 아닌 것은?

① 트랙 롤러　　　② 캐리어 롤러

③ 스프로킷　　　④ 클러치 요크

해설 하부 구동체의 구성품으로는 상부 롤러(캐리어 롤러), 하부 롤러(트랙 롤러), 스프로킷, 트랙, 주행 모터, 프런트 아이들러 등이 있다.

87. 아스팔트 피니셔의 평균 작업속도가 3 m/min, 공사의 폭이 3 m, 완성 두께가 6 cm, 작업효율이 65 %이고, 다져진 후의 밀도는 2.2 t/m^3일 때 시간당 포설량은 약 몇 t/h인가?

① 0.72　　　② 19.66

③ 46.33　　　④ 72.07

해설 시간당 포설량(C) $= wtdVE$ [t/h]

여기서, w : 포설 폭(m)

t : 포설 두께(m)

d : 다짐 후의 밀도(t/m^3)

V : 작업속도(m/h)

E : 작업효율(%)

$\therefore C = 3 \times 0.06 \times 2.2 \times 3 \times 60 \times 0.65$
$= 46.33$ t/h

88. 기체 수송 설비 및 압축기에 대한 설명으로 적절하지 않은 것은?

① 기체를 수송하는 장치는 그 압력차에 의하여 환풍기, 송풍기, 압축기 등으로 나눌 수 있다.

② 터보형 압축기에는 원심식, 축류식,

정답 83. ②　84. ③　85. ①　86. ④　87. ③　88. ④

혼류식 등이 있다.

③ 왕복식 압축기는 피스톤으로 실린더 내의 기체를 압축하고 원심식 압축기는 펌프와 원심력을 이용하여 기체를 압축하는 방식이다.

④ 팬(fan)은 송풍기보다 높은 사용압력에서 사용된다.

해설 송풍기의 압력에 따른 분류

(1) 팬(fan) : 압력 상승이 0.1 kgf/cm^2(10 kPa) 미만인 것

(2) 블로어(blower) : 압력 상승이 0.1 kgf/cm^2 (10 kPa) 이상, 1.0 kgf/cm^2(100 kPa) 미만인 것

(3) 압축기(compressor) : 압력 상승이 1.0 kgf/cm^2(100 kPa) 이상인 것

89. 건설기계 안전기준에 관한 규칙상 지게차의 내부압력을 받는 호스, 배관, 그 밖의 연결 부분 장치는 유압회로가 받을 수 있는 작동압력의 몇 배 이상의 압력을 견딜 수 있어야 하는가?

① 1.5배 ② 2배

③ 2.5배 ④ 3배

해설 건설기계 안전기준에 관한 규칙 제25조(유압회로 장치) : 지게차의 내부압력을 받는 호스, 배관, 그 밖의 연결 부분 장치는 유압회로가 받을 수 있는 작동압력의 3배 이상의 압력에 견딜 수 있어야 한다.

90. 모터 그레이더의 작업 내용으로 적절하지 않은 것은?

① 제설 작업

② 운동장의 땅을 평평하게 고르는 정지 작업

③ 터널 및 암석, 암반지대를 뚫기 위한 천공 작업

④ 노면에 뿌려 놓은 자갈, 모래 더미를 골고루 넓게 펴는 산포 작업

해설 모터 그레이더의 작업 내용

(1) 정지(지균) 작업

(2) 산포 작업

(3) 제방 경사 작업

(4) 제설 작업

(5) 측각(측구) 작업

(6) 스캐리파이어(쇠스랑) 작업

91. 다음 중 동력 나사 절삭기의 종류가 아닌 것은?

① 오스터식 나사 절삭기

② 호브식 나사 절삭기

③ 다이헤드식 나사 절삭기

④ 그루빙 조인트식 나사 절삭기

해설 그루빙 조인트 머신은 파이프와 파이프를 홈 조인트로 체결하기 위해 파이프 끝을 가공하는 기계이다.

92. 플랜트 배관에서 운전 중 누설과 관련한 응급조치 방법이 아닌 것은?

① 박스 설치법

② 인젝션법

③ 천공법

④ 코킹법

해설 배관설비의 응급조치법

(1) 코킹법 : 관내의 압력과 온도가 비교적 낮고 누설 부분이 작은 경우 정을 대고 때려서 기밀을 유지하는 응급조치 방법

(2) 인젝션법 : 부식, 마모 등으로 작은 구멍이 생겨 유체가 누설될 경우 고무제품의 각종 크기로 된 볼을 일정량 넣고, 유체를 채운 후 펌프를 작동시켜 누설 부분을 통과하려는 볼이 누설 부분에 정착, 누설을 미량이 되게 하거나 정지시키는 응급조치법

(3) 스터핑 박스법 : 밸브류 등의 글랜드 패킹부에서 너트를 조여도 조일 여분이

정답 89. ④ 90. ③ 91. ④ 92. ③

없어 누설이 계속될 때 스터핑 박스를 설치하여 누설을 방지하는 방법

(4) 박스 설치법 : 내압이 높고 고온인 유체가 누설될 경우 벤트 밸브를 설치하여 누설을 방지하는 응급조치 방법

(5) 핫태핑법 및 플러깅법 : 장치의 운전을 정지시키지 않고 유체가 흐르는 상태에서 고장을 수리하는 것으로 바이패스를 시키거나 분기하여 유체를 우회 통과시키는 응급조치 방법

93. 강관용 공구 중 바이스의 종류가 아닌 것은?

① 램 바이스

② 수평 바이스

③ 체인 바이스

④ 파이프 바이스

해설 바이스(vice)의 종류에는 수평 바이스, 체인 바이스, 파이프 바이스, 탁상 바이스 등이 있다.

94. 배관의 무게를 위에서 잡아주는 데 사용되는 배관 지지 장치는?

① 파이프 슈

② 리지드 행어

③ 롤러 서포트

④ 리지드 서포트

해설 행어는 배관의 하중을 위에서 걸어 당겨 받치는 지지구이며 리지드 행어, 스프링 행어, 콘스턴트 행어 등이 있다.

95. 배관공사에서 배관의 배치에 관한 설명으로 적절하지 않은 것은?

① 경제적인 시공을 고려하여 그룹화시켜 최단거리로 배치한다.

② 고온 고유속의 배관은 진동의 충격이 감소할 수 있도록 굴곡부나 분기를 가능한 많게 배치한다.

③ 고온·고압 배관은 기기와의 접속용 플랜지 이외는 가급적 플랜지 접합을 적게 하고 용접에 의한 접합을 시행한다.

④ 배관은 불필요한 에어 포켓이 생기지 않게 한다.

해설 고온 고유속의 배관은 진동의 충격이 감소할 수 있도록 굴곡부나 분기를 가능한 적게 배치한다.

96. 배관 공사 중 또는 완공 후에 각종 기기와 배관라인 전반의 이상 유무를 확인하기 위한 배관 시험의 종류가 아닌 것은?

① 수압 시험

② 기압 시험

③ 만수 시험

④ 통전 시험

해설 배관 시험의 종류에는 수압 시험, 기압 시험, 만수 시험, 박하 시험, 연기 시험 등이 있다.

97. 어떤 관을 곡률반경 120 mm로 90° 열간 구부림할 때 중심부의 곡선길이는 약 몇 mm인가?

① 188.5　　② 227.5

③ 234.5　　④ 274.5

해설 중심부의 곡선길이(L)

$$= R\theta = 120 \times \frac{90°}{57.3°} \fallingdotseq 188.5 \text{ mm}$$

98. 보일러, 열 교환기용 합금 강관(KS D 3572)의 기호는?

① STS　　② STHA

③ STWW　　④ SCW

해설 ① STS : 합금 공구강 강재

② STHA : 보일러, 열 교환기용 합금 강관

③ STWW : 상수도용 도복장 강관

정답 93. ①　94. ②　95. ②　96. ④　97. ①　98. ②

99. 관의 끝을 막을 때 사용하는 것이 아닌 것은?

① 캡
② 플러그
③ 엘보
④ 맹(블라인드) 플랜지

해설 관 이음쇠의 사용 목적에 따른 분류

(1) 관의 방향을 바꿀 때 : 엘보 (elbow), 벤드 (bend) 등
(2) 배관을 분기할 때 : 티 (tee), 와이 (Y), 크로스 (cross) 등
(3) 동경의 관을 직선 연결할 때 : 소켓 (socket), 유니언 (union), 플랜지 (flange), 니플 (nipple) 등
(4) 이경관을 연결할 때 : 이경엘보, 이경소켓, 이경티, 부싱 (bushing) 등
(5) 관의 끝을 막을 때 : 캡 (cap), 플러그 (plug)
(6) 관의 분해 수리 교체가 필요할 때 : 유니언, 플랜지 등

※ 블라인드 플랜지 : 플랜지 내경 부분이 막혀 있는 형태로서 압력탱크의 개폐부나 파이프의 끝단을 막을 때 사용되는 배관자재

100. 스트레이너의 특징으로 적절하지 않은 것은?

① 밸브, 트랩, 기기 등의 뒤에 스트레이너를 설치하여 관 속의 유체에 섞여 있는 모래, 쇠부스러기 등 이물질을 제거한다.
② Y형은 유체의 마찰이 적고, 아래쪽에 있는 플러그를 열어 망을 꺼내 불순물을 제거하도록 되어 있다.
③ U형은 주철제의 본체 안에 원통형 망을 수직으로 넣어 유체가 망의 안쪽에서 바깥쪽으로 흐르고 Y형에 비해 유체 저항이 크다.
④ V형은 주철제의 본체 안에 금속 여과망을 끼운 것이며 불순물을 통과하는 것은 Y형, U형과 같으나 유체가 직선적으로 흘러 유체 저항이 적다.

해설 밸브, 트랩, 기기 등의 앞에 스트레이너를 설치하여 관 속의 유체에 섞여 있는 모래, 쇠부스러기 등 이물질을 제거한다.

정답 99. ③ 100. ①

건설기계설비기사 2022년 4월 24일 (제2회)

제 1 과목 재료역학

1. 그림과 같은 분포하중을 받는 단순보의 반력 R_A, R_B는 각각 몇 kN인가?

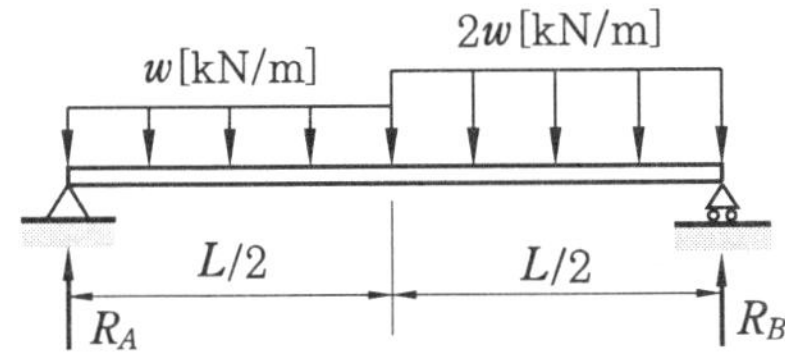

① $R_A = \frac{3}{8}wL,\ R_B = \frac{9}{8}wL$

② $R_A = \frac{5}{8}wL,\ R_B = \frac{7}{8}wL$

③ $R_A = \frac{9}{8}wL,\ R_B = \frac{3}{8}wL$

④ $R_A = \frac{7}{8}wL,\ R_B = \frac{5}{8}wL$

해설 (1) $\Sigma M_B = 0$

$$R_A L - \frac{wL}{2} \times \frac{3L}{4} - wL \times \frac{L}{4} = 0$$

$$R_A = \frac{\frac{3wL^2}{8} + \frac{wL^2}{4}}{L} = \frac{3wL}{8} + \frac{wL}{4}$$

$$= \frac{3wL}{8} + \frac{2wL}{8} = \frac{5wL}{8}\ [\mathrm{N}]$$

(2) $\Sigma F_y = 0$

$$R_A + R_B - \frac{wL}{2} - wL = 0$$

$$R_A + R_B = \frac{3wL}{2}\ [\mathrm{N}]$$

$$\therefore\ R_B = \frac{3wL}{2} - \frac{5wL}{8} = \frac{12wL}{8} - \frac{5wL}{8}$$

$$= \frac{7wL}{8}\ [\mathrm{N}]$$

2. 안지름 1 m, 두께 5 mm의 구형 압력 용기에 길이 15 mm 스트레인 게이지를 그림과 같이 부착하고, 압력을 가하였더니 게이지의 길이가 0.009 mm만큼 증가했을 때 내압 p의 값은 약 몇 MPa인가? (단, 세로탄성계수는 200 GPa, 푸아송비는 0.3이다.)

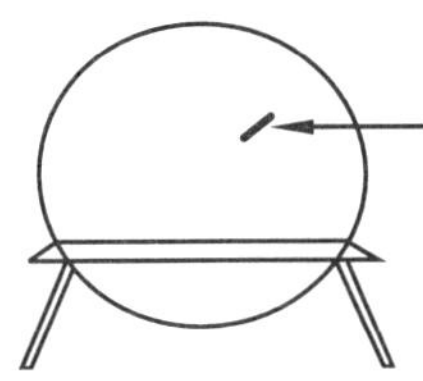

① 3.43 MPa ② 6.43 MPa

③ 13.4 MPa ④ 16.4 MPa

해설 $\varepsilon_x = \frac{\sigma_x}{E} - \frac{\sigma_y}{mE}$

$$= \frac{\sigma_x}{E} - \frac{\nu\sigma_y}{E} = \frac{\sigma}{E}(1-\nu)$$

$$\sigma_x = \sigma_y = \frac{pd}{4t}\ [\mathrm{MPa}]$$

$$\frac{\lambda}{L} = \frac{pd}{4tE}(1-\nu)$$

$$\therefore\ p = \frac{4tE\lambda}{dL(1-\nu)}$$

$$= \frac{4 \times 5 \times 200 \times 10^3 \times 0.009}{1000 \times 15 \times (1-0.3)}$$

$$= 3.43\ \mathrm{MPa}$$

3. 굽힘 모멘트 20.5 kN · m의 굽힘을 받는 보의 단면은 폭 120 mm, 높이 160 mm의 사각 단면이다. 이 단면이 받는 최대굽힘응력은 약 몇 MPa인가?

① 10 MPa ② 20 MPa

③ 30 MPa ④ 40 MPa

해설 $M_{max} = \sigma Z = \sigma \frac{bh^2}{6}$ 에서

$$\sigma = \frac{6M_{max}}{bh^2} = \frac{6 \times 20.5 \times 10^6}{120 \times 160^2} = 40\ \mathrm{MPa}$$

정답 1. ② 2. ① 3. ④

4. 가로탄성계수가 5 GPa인 재료로 된 봉의 지름이 4 cm이고, 길이가 1 m이다. 이 봉의 비틀림 강성(단위 회전각을 일으키는 데 필요한 토크, torsional stiffness)은 약 몇 kN · m인가?

① 1.26 ② 1.08

③ 0.74 ④ 0.53

해설 $\theta = \frac{TL}{GI_p} = \frac{32TL}{G\pi d^4}$ [rad]

$T = \frac{G\pi d^4 \theta}{32L} = \frac{5\times10^6\times\pi\times0.04^4\times1}{32\times1}$

≒ 1.26 kN · m

5. 양단이 고정된 막대의 한 점(B점)에 그림과 같이 축방향 하중 P가 작용하고 있다. 막대의 단면적이 A이고 탄성계수가 E일 때, 하중 작용점(B점)의 변위 발생량은?

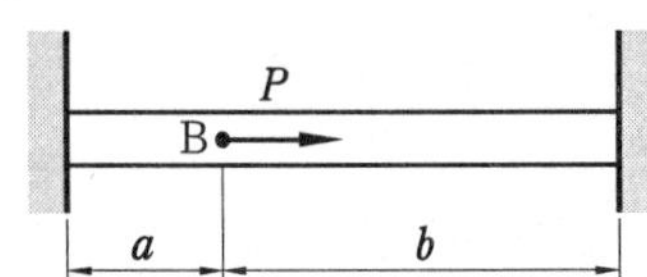

① $\frac{abP}{EA(a+b)}$ ② $\frac{abP}{2EA(a+b)}$

③ $\frac{abP}{EA(b-a)}$ ④ $\frac{abP}{2EA(b-a)}$

해설 $R_A = \frac{Pb}{a+b}$ [N]

$R_B = \frac{Pa}{a+b}$ [N]

$\therefore \lambda_B = \frac{R_A a}{EA} = \frac{abP}{EA(a+b)}$ [cm]

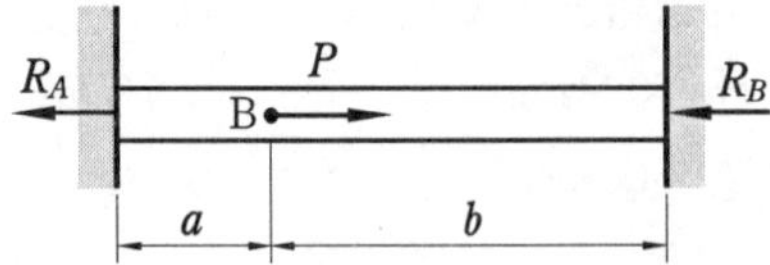

6. 지름이 d인 중실 환봉에 비틀림 모멘트가 작용하고 있고 환봉의 표면에서 봉의 축에 대하여 45° 방향으로 측정한 최대 수직변형률이 ε이었다. 환봉의 전단탄성계수를 G라고 한다면 이때 가해진 비틀림 모멘트 T의 식으로 가장 옳은 것은? (단, 발생하는 수직변형률 및 전단변형률은 다른 값에 비해 매우 작은 값으로 가정한다.)

① $\frac{\pi G\varepsilon d^3}{2}$ ② $\frac{\pi G\varepsilon d^3}{4}$

③ $\frac{\pi G\varepsilon d^3}{8}$ ④ $\frac{\pi G\varepsilon d^3}{16}$

해설 $T = \tau Z_p = \tau\frac{\pi d^3}{16} = \frac{(G\gamma)\pi d^3}{16}$

$= \frac{G(2\varepsilon)\pi d^3}{16} = \frac{\pi G\varepsilon d^3}{8}$

7. 그림과 같은 사각 단면보에 100 kN의 인장력이 작용하고 있다. 이때 부재에 걸리는 인장응력은 약 얼마인가?

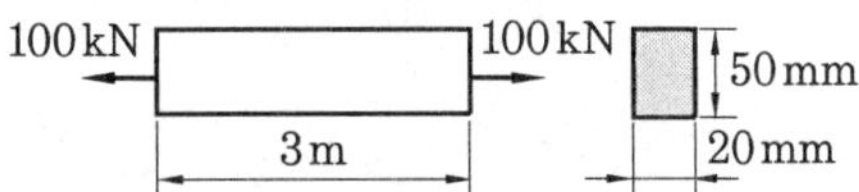

① 100 Pa ② 100 kPa

③ 100 MPa ④ 100 GPa

해설 $\sigma_t = \frac{P_t}{A} = \frac{P_t}{bh}$

$= \frac{100\times10^3}{20\times50} = 100$ MPa

8. 한 변의 길이가 10 mm인 정사각형 단면의 막대가 있다. 온도를 초기 온도로부터 60℃만큼 상승시켜서 길이가 늘어나지 않게 하기 위해 8 kN의 힘이 필요할 때 막대의 선팽창계수(α)는 약 몇 ℃$^{-1}$인가? (단, 세로탄성계수 E=200 GPa이다.)

① $\frac{5}{3}\times10^{-6}$ ② $\frac{10}{3}\times10^{-6}$

③ $\frac{15}{3}\times10^{-6}$ ④ $\frac{20}{3}\times10^{-6}$

정답 4. ① 5. ① 6. ③ 7. ③ 8. ④

해설 $P=EA\alpha\Delta t$[N]에서

$$\alpha=\frac{P}{EA\Delta t}=\frac{8000}{200\times10^3\times10^2\times60}=\frac{20}{3}\times10^{-6}℃^{-1}$$

9. 다음 단면에서 도심의 y축 좌표는 얼마인가?(단, 길이 단위는 mm이다.)

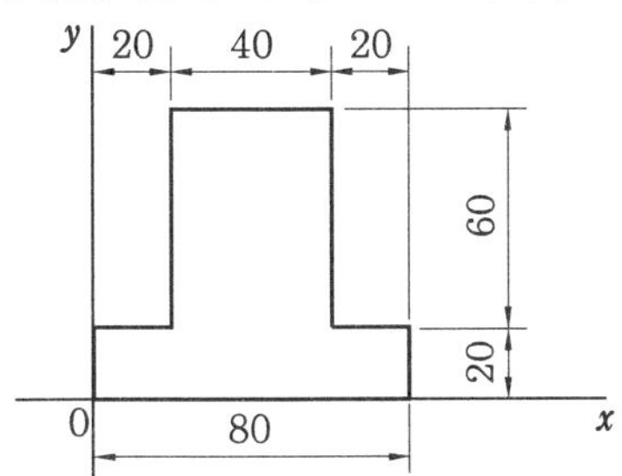

① 32 mm ② 34 mm
③ 36 mm ④ 38 mm

해설 $G_X=\int_A ydA=A\bar{y}$ 에서

$$\bar{y}=\frac{G_X}{A}=\frac{A_1\overline{y_1}+A_2\overline{y_2}}{A_1+A_2}=\frac{20\times80\times10+40\times60\times50}{20\times80+40\times60}=34\text{ mm}$$

10. 그림과 같이 강선이 천장에 매달려 100 kN의 무게를 지탱하고 있을 때, AC 강선이 받고 있는 힘은 약 몇 kN인가?

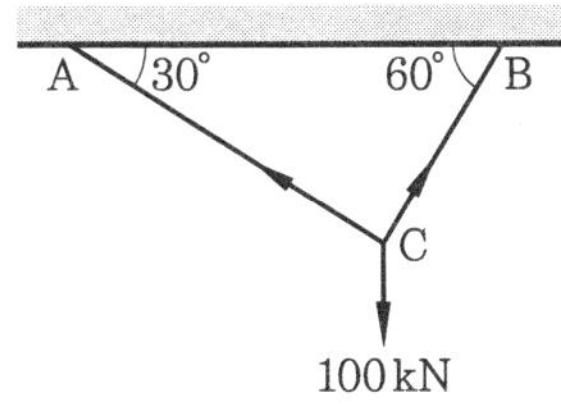

① 50 ② 25
③ 86.6 ④ 13.3

해설 $\frac{100}{\sin90°}=\frac{F_{AC}}{\sin150°}$ 에서

$$F_{AC}=100\left(\frac{\sin150°}{\sin90°}\right)=100\times\frac{1}{2}=50\text{ kN}$$

11. 직사각형 단면을 가진 단순 지지보의 중앙에 집중하중 W를 받을 때 보의 길이 l이 단면의 높이 h의 10배라 하면 보에 생기는 최대굽힘응력 σ_{max}와 최대전단응력 τ_{max}의 비$\left(\frac{\sigma_{max}}{\tau_{max}}\right)$는?

① 4 ② 8 ③ 16 ④ 20

해설 $\sigma_{max}=\frac{M_{max}}{Z}=\frac{\frac{Wl}{4}}{\frac{bh^2}{6}}=\frac{6Wl}{4bh^2}$

$$=\frac{6W(10h)}{4bh^2}=\frac{15W}{bh}\text{[MPa]}$$

$$\tau_{max}=\frac{3V}{2A}=\frac{3\left(\frac{W}{2}\right)}{2bh}=\frac{3W}{4bh}\text{[MPa]}$$

$$\therefore \frac{\sigma_{max}}{\tau_{max}}=\frac{15W}{bh}\times\frac{4bh}{3W}=20$$

12. 보기와 같은 평면응력상태에서 최대전단응력은 약 몇 MPa인가?

〈보기〉
- x 방향 인장응력 : 175 MPa
- y 방향 인장응력 : 35 MPa
- xy 방향 전단응력 : 60 MPa

① 127 ② 104
③ 76 ④ 92

해설 $\tau_{max}=\sqrt{\left(\frac{\sigma_x-\sigma_y}{2}\right)^2+\tau_{xy}^2}$

$$=\sqrt{\left(\frac{175-35}{2}\right)^2+60^2}=92.2\text{ MPa}$$

13. 비틀림 모멘트 T를 받는 평균반지름이 r_m이고, 두께가 t인 원형의 박판 튜브에서 발생하는 평균 전단응력의 근사식으로 가장 옳은 것은?

① $\frac{2T}{\pi tr_m^2}$ ② $\frac{4T}{\pi tr_m^2}$

정답 9. ② 10. ① 11. ④ 12. ④ 13. ③

③ $\dfrac{T}{2\pi t r_m^2}$　　④ $\dfrac{T}{4\pi t r_m^2}$

해설 $\tau_{mean} = \dfrac{T}{Z_p} = \dfrac{T}{2\pi t r_m^2}$ [MPa]

14. 한쪽을 고정한 L형 보에 다음 그림과 같이 분포하중(w)과 집중하중(50 N)이 작용할 때 고정단 A 점에서의 모멘트는 얼마인가?

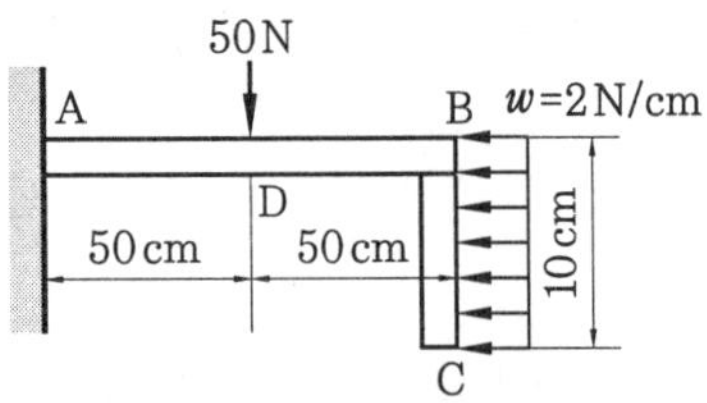

① 2600 N · cm　② 2900 N · cm
③ 3200 N · cm　④ 3500 N · cm

해설 $M_A = wl\left(\dfrac{l}{2}\right) + PL_1$

$= 2 \times 10 \times \dfrac{10}{2} + 50 \times 50$

$= 100 + 2500 = 2600$ N · cm

15. 그림과 같은 부정정보가 등분포하중(w)을 받고 있을 때 B점의 반력 R_b는?

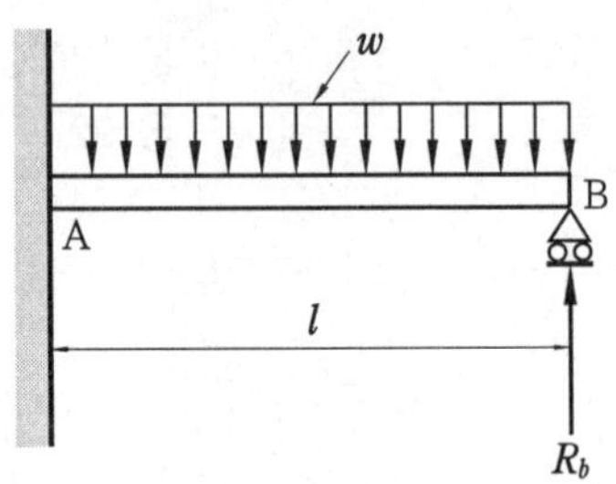

① $\dfrac{1}{8}wl$　② $\dfrac{1}{3}wl$　③ $\dfrac{3}{8}wl$　④ $\dfrac{5}{8}wl$

해설 $\delta_1 = \dfrac{wl^4}{8EI}$, $\delta_2 = \dfrac{R_b l^4}{3EI}$

지점 B에서는 처짐량이 0이므로 $\delta_1 = \delta_2$

$\dfrac{wl^4}{8EI} = \dfrac{R_b l^4}{3EI}$

$\therefore R_b = \dfrac{3wl}{8}$ [N]

16. 다음 그림과 같이 일단 고정 타단 자유인 기둥이 축방향으로 압축력을 받고 있다. 단면은 한쪽 길이가 10 cm인 정사각형이고 길이(l)는 5 m, 세로탄성계수는 10 GPa이다. Euler 공식에 따라 좌굴에 안전하기 위한 하중은 약 몇 kN인가? (단, 안전계수를 10으로 적용한다.)

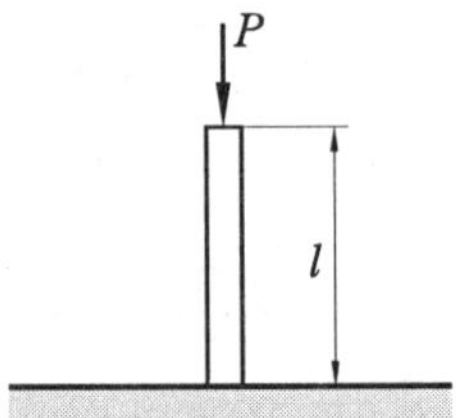

① 0.72　② 0.82
③ 0.92　④ 1.02

해설 $P_B = n\pi^2 \dfrac{EI_G}{l^2}$

$= \dfrac{1}{4}\pi^2 \times \dfrac{10 \times 10^6 \times \dfrac{0.1^4}{12}}{5^2} \fallingdotseq 8.22$ kN

$\therefore P_a = \dfrac{P_B}{S} = \dfrac{8.22}{10} = 0.822$ kN

17. 비례한도까지 응력을 가할 때 재료의 변형에너지 밀도(탄력계수, modulus of resilience)를 옳게 나타낸 식은? (단, E는 세로탄성계수, σ_{pl}은 비례한도를 나타낸다.)

① $\dfrac{E^2}{2\sigma_{pl}}$　② $\dfrac{\sigma_{pl}}{2E^2}$

③ $\dfrac{\sigma_{pl}^2}{2E}$　④ $\dfrac{E}{2\sigma_{pl}^2}$

해설 $u = \dfrac{U}{V} = \dfrac{U}{Al} = \dfrac{\dfrac{\sigma_{pl}^2}{2E}Al}{Al} = \dfrac{\sigma_{pl}^2}{2E}$ [kJ/m³]

정답 14. ①　15. ③　16. ②　17. ③

18. 그림과 같은 단순보에 w의 등분포하중이 작용하고 있을 때 보의 양단에서의 처짐각(θ)은 얼마인가? (단, E는 세로탄성계수, I는 단면 2차 모멘트이다.)

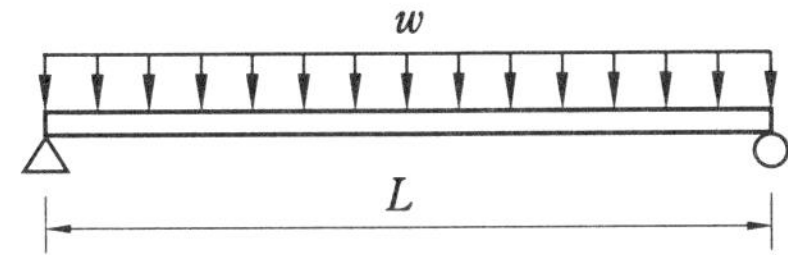

① $\theta = \dfrac{wL^3}{16EI}$ ② $\theta = \dfrac{wL^3}{24EI}$

③ $\theta = \dfrac{wL^3}{48EI}$ ④ $\theta = \dfrac{wL^3}{128EI}$

해설 균일분포하중 w[N/m]를 받는 단순보에서 최대처짐각 $\left(\dfrac{dy}{dx}\right)_{max}$

$= \theta_A = -\theta_B = \dfrac{wL^3}{24EI}$[rad]

19. 그림과 같이 크기가 같은 집중하중 P를 받고 있는 외팔보에서 자유단의 처짐값을 구한 식으로 옳은 것은? (단, 보의 전체 길이는 l이며, 세로탄성계수는 E, 보의 단면 2차 모멘트는 I이다.)

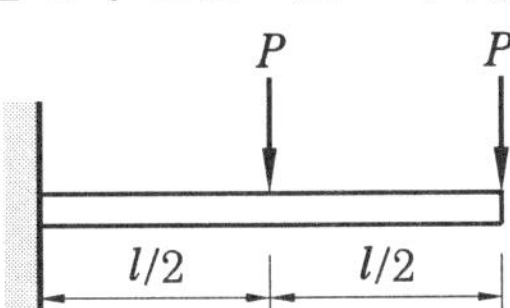

① $\dfrac{2Pl^3}{3EI}$ ② $\dfrac{5Pl^3}{8EI}$

③ $\dfrac{7Pl^3}{16EI}$ ④ $\dfrac{5Pl^3}{24EI}$

해설 $\delta_{max} = \delta_1 + \delta_2 + \delta_3$

$= \dfrac{Pl^3}{3EI} + \dfrac{P\left(\dfrac{l}{2}\right)^3}{3EI} + \dfrac{P\left(\dfrac{l}{2}\right)^2}{2EI} \times \dfrac{l}{2}$

$= \dfrac{Pl^3}{3EI} + \dfrac{Pl^3}{24EI} + \dfrac{Pl^3}{16EI}$

$= \dfrac{16Pl^3}{48EI} + \dfrac{2Pl^3}{48EI} + \dfrac{3Pl^3}{48EI}$

$= \dfrac{21Pl^3}{48EI} = \dfrac{7Pl^3}{16EI}$[cm]

20. 단면적이 같은 원형과 정사각형의 도심축을 기준으로 한 단면 계수의 비는? (단, 원형 : 정사각형의 비율이다.)

① 1 : 0.509 ② 1 : 1.18

③ 1 : 2.36 ④ 1 : 4.68

해설 $\dfrac{\pi d^2}{4} = a^2$이므로 $a = \dfrac{\sqrt{\pi}\,d}{2}$[cm]

원형 단면 계수 $Z_1 = \dfrac{\pi d^3}{32}$[cm^3]

정사각형 단면 계수 Z_2

$= \dfrac{a^3}{6} = \dfrac{\left(\dfrac{\sqrt{\pi}\,d}{2}\right)^3}{6} = \dfrac{\pi\sqrt{\pi}\,d^3}{48}$[cm^3]

$\therefore Z_1 : Z_2 = \dfrac{\pi d^3}{32} : \dfrac{\pi\sqrt{\pi}\,d^3}{48}$

$= 1 : 1.18$

제 2 과목 기계열역학

21. 어떤 물질 1000 kg이 있고 부피는 1.404 m^{3}이다. 이 물질의 엔탈피가 1344.8 kJ/kg이고 압력이 9 MPa이라면 물질의 내부에너지는 약 몇 kJ/kg인가?

① 1332 ② 1284

③ 1048 ④ 875

해설 $u = h - Pv = h - P\left(\dfrac{V}{m}\right)$

$= 1344.8 - 9 \times 10^3 \times \dfrac{1.404}{1000}$

$≒ 1332.2$ kJ/kg

22. 열교환기를 흐름 배열(flow arrangement)에 따라 분류할 때 그림과 같은 형식은?

정답 18. ② 19. ③ 20. ② 21. ① 22. ④

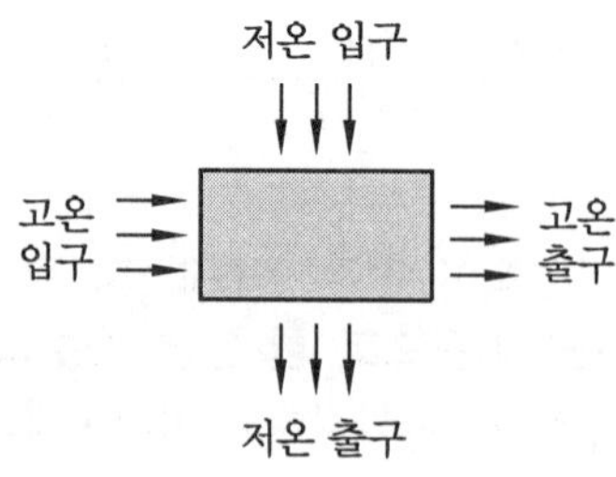

① 평행류　② 대향류
③ 병행류　④ 직교류

해설 고온 유체와 저온 유체의 흐름의 방향이 열교환벽을 사이에 두고 서로 직교하고 있는 열교환기를 직교류형 열교환기(cross flow heat exchanger)라고 한다.

23. 밀폐 시스템에서 가역정압과정이 발생할 때 다음 중 옳은 것은?(단, U는 내부에너지, Q는 열량, H는 엔탈피, S는 엔트로피, W는 일량을 나타낸다.)

① $dH=dQ$　② $dU=dQ$
③ $dS=dQ$　④ $dW=dQ$

해설 정압과정($P=C$) 시 가열량(dQ)은 엔탈피 변화량($dH=mC_pdT$)과 크기가 같다.

24. −15℃와 75℃의 열원 사이에서 작동하는 카르노 사이클 열펌프의 난방 성능계수는 얼마인가?

① 2.87　② 3.87
③ 6.16　④ 7.16

해설 $\varepsilon_{HP}=\dfrac{T_1}{T_1-T_2}$

$=\dfrac{75+273}{(75+273)-(-15+273)}=\dfrac{348}{90}\fallingdotseq 3.87$

25. 질량이 m으로 동일하고, 온도가 각각 T_1, $T_2(T_2>T_1)$인 두 개의 금속 덩어리가 있다. 이 두 개의 금속 덩어리가 서로 접촉되어 온도가 평형상태에 도달하였을 때 총 엔트로피 변화량(ΔS)은?(단, 두 금속의 비열은 c로 동일하고, 다른 외부로의 열교환은 전혀 없다.)

① $mc\times\ln\dfrac{T_1-T_2}{2\sqrt{T_1T_2}}$

② $mc\times\ln\dfrac{T_1-T_2}{\sqrt{T_1T_2}}$

③ $2mc\times\ln\dfrac{T_1+T_2}{2\sqrt{T_1T_2}}$

④ $2mc\times\ln\dfrac{T_1+T_2}{\sqrt{T_1T_2}}$

26. 밀폐 시스템에서 압력(P)이 보기와 같이 체적(V)에 따라 변한다고 할 때 체적이 0.1 m³에서 0.3 m³로 변하는 동안 이 시스템이 한 일은 약 몇 J인가?(단, P의 단위는 kPa, V의 단위는 m³이다.)

〈보기〉

$P=5-15\times V$

① 200　② 400
③ 800　④ 1600

해설 ${}_1W_2=\int_1^2(5-15V)dV$

$=5(V_2-V_1)-15\left(\dfrac{V_2^2-V_1^2}{2}\right)$

$=5(0.3-0.1)-15\left(\dfrac{0.3^2-0.1^2}{2}\right)$

$=5\times0.2-7.5\times(0.3^2-0.1^2)$

$=1-0.6=0.4\text{ kJ}=400\text{ J}$

27. 0℃ 얼음 1 kg이 열을 받아서 100℃ 수증기가 되었다면 엔트로피 증가량은 약 몇 kJ/K인가?(단, 얼음의 융해열은 336 kJ/kg이고, 물의 기화열은 2264 kJ/kg이며, 물의 정압비열은 4.186 kJ/kg · K이다.)

① 8.6　② 10.2

정답 23. ①　24. ②　25. ③　26. ②　27. ①

③ 12.8　　④ 14.4

해설 $\Delta S = mC_p \ln\frac{T_2}{T_1} + \frac{m(\gamma_o + R_o)}{T_s}$

$= 1 \times 4.186 \times \ln\frac{373}{273} + \frac{1 \times (336 + 2264)}{373}$

$= 1.306 + 6.971$

$= 8.28\ \text{kJ/kg} \cdot \text{K}$

28. 피스톤 – 실린더 내부에 존재하는 온도 150℃, 압력 0.5 MPa의 공기 0.2 kg은 압력이 일정한 과정에서 원래 체적의 2배로 늘어난다. 이 과정에서의 일은 약 몇 kJ인가? (단, 공기는 기체상수가 0.287 kJ/kg · K인 이상기체로 가정한다.)

① 12.3　　② 16.5

③ 20.5　　④ 24.3

해설 ${}_1W_2 = \int_1^2 pdv = P(V_2 - V_1)$

$= 0.5 \times 10^3 (0.0972 - 0.0486)$

$= 24.3\ \text{kJ}$

$P_1 V_1 = mRT_1$에서

$V_1 = \frac{mRT_1}{P_1} = \frac{0.2 \times 0.287 \times 423}{0.5 \times 10^3}$

$= 0.04856\ \text{m}^3 \fallingdotseq 0.0486\ \text{m}^3$

$\therefore\ V_2 = 2V_1 = 2 \times 0.0486 = 0.0972\,\text{m}^3$

29. 온도가 20℃, 압력은 100 kPa인 공기 1 kg을 정압과정으로 가열 팽창시켜 체적을 5배로 할 때 온도는 약 몇 ℃가 되는가? (단, 해당 공기는 이상기체이다.)

① 1192℃　　② 1242℃

③ 1312℃　　④ 1442℃

해설 $P = C$일 때

$\frac{V}{T} = C$이므로 $\frac{V_1}{T_1} = \frac{V_2}{T_2}$

$\therefore\ T_2 = T_1 \frac{V_2}{V_1} = (20 + 273) \times 5$

$= 1465\text{K} - 273 = 1192℃$

30. 그림과 같은 열기관 사이클이 있을 때 실제 가능한 공급열량(Q_H)과 일량(W)은 얼마인가? (단, Q_L은 방열열량이다.)

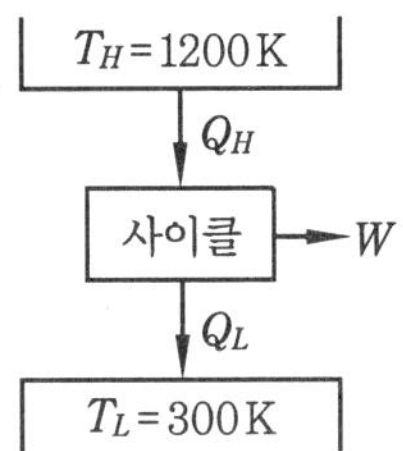

① Q_H = 100 kJ, W = 80 kJ

② Q_H = 110 kJ, W = 80 kJ

③ Q_H = 100 kJ, W = 90 kJ

④ Q_H = 110 kJ, W = 90 kJ

해설 $\eta_c = 1 - \frac{T_L}{T_H} = 1 - \frac{300}{1200} = 0.75\,(75\,\%)$

$\eta = \frac{W_{net}}{Q_H} = \frac{80}{110} = 0.727\,(72.7\,\%)$

$\therefore\ \eta_c > \eta$(실제 조건이 만족된다.)

31. 이상적인 증기 압축 냉동 사이클의 과정은?

① 정적방열과정 → 등엔트로피 압축과정 → 정적증발과정 → 등엔탈피 팽창과정

② 정압방열과정 → 등엔트로피 압축과정 → 정압증발과정 → 등엔탈피 팽창과정

③ 정적증발과정 → 등엔트로피 압축과정 → 정적방열과정 → 등엔탈피 팽창과정

④ 정압증발과정 → 등엔트로피 압축과정 → 정압방열과정 → 등엔탈피 팽창과정

해설 증기 압축 냉동 사이클 과정

정압증발(흡열)과정 → 등엔트로피 압축과정 → 정압방열과정 → 등엔탈피 팽창과정

32. 다음 그림과 같이 작동하는 냉동 사이클(압력(P)–엔탈피(h) 선도)에서 $h_1 = h_4$

정답 28. ④　29. ①　30. ②　31. ④　32. ③

= 98 kJ/kg, h_2 = 246 kJ/kg, h_3 = 298 kJ/kg일 때 이 냉동 사이클의 성능계수(COP)는 약 얼마인가?

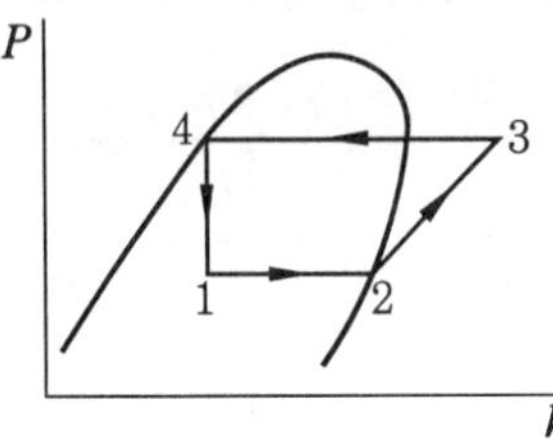

① 4.95 ② 3.85
③ 2.85 ④ 1.95

해설 $\varepsilon_R = \frac{q_2}{w_c} = \frac{h_2 - h_1}{h_3 - h_2} = \frac{h_2 - h_4}{h_3 - h_2}$

$= \frac{246 - 98}{298 - 246} ≒ 2.85$

33. 어떤 기체 동력 장치가 이상적인 브레이턴 사이클로 다음과 같이 작동할 때 이 사이클의 열효율은 약 몇 %인가? (단, 온도(T)-엔트로피(s) 선도에서 T_1 = 30℃, T_2 = 200℃, T_3 = 1060℃, T_4 = 160℃이다.)

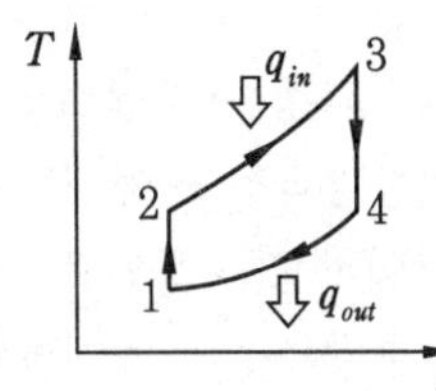

① 81 % ② 85 %
③ 89 % ④ 76 %

해설 $\eta_{thB} = 1 - \frac{q_{out}}{q_{in}} = 1 - \frac{T_4 - T_1}{T_3 - T_2}$

$= \left(1 - \frac{160 - 30}{1060 - 200}\right) \times 100\,\% ≒ 85\,\%$

34. 그림과 같이 선형 스프링으로 지지되는 피스톤-실린더 장치 내부에 있는 기체를 가열하여 기체의 체적이 V_1에서 V_2로 증가하였고, 압력은 P_1에서 P_2로 변화하였다. 이때 기체가 피스톤에 행한 일을 옳게 나타낸 식은? (단, 실린더와 피스톤 사이에 마찰은 무시하며 실린더 내부의 압력(P)은 실린더 내부 부피(V)와 선형 관계($P = aV$, a는 상수)에 있다고 본다.)

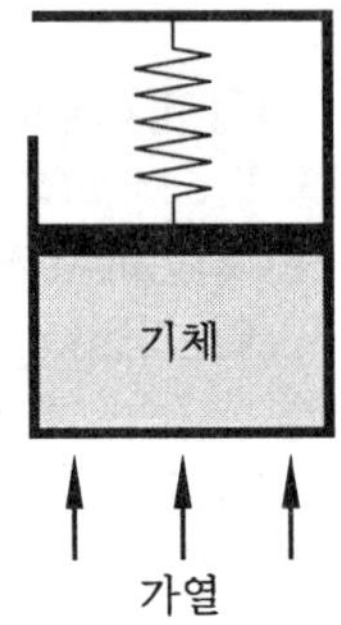

① $P_2V_2 - P_1V_1$

② $P_2V_2 + P_1V_1$

③ $\frac{1}{2}(P_2 + P_1)(V_2 - V_1)$

④ $\frac{1}{2}(P_2 + P_1)(V_2 + V_1)$

해설 $P-V$ 선도 면적은 일량을 의미한다.

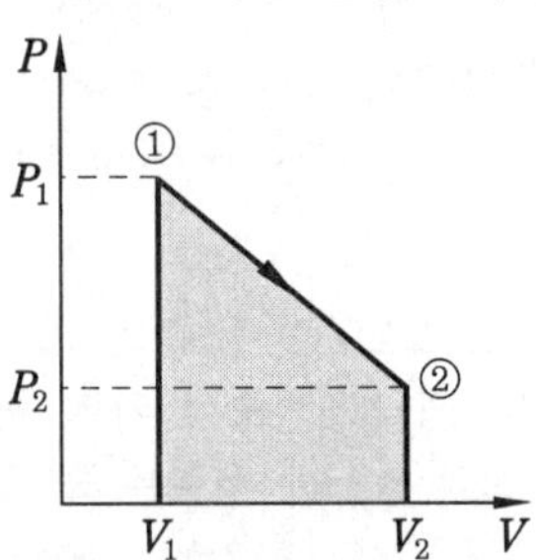

$${}_1W_2 = \frac{1}{2}(P_1 - P_2)(V_2 - V_1) + P_2(V_2 - V_1)$$

$$= \frac{1}{2}(P_1 - P_2)(V_2 - V_1) + \frac{2P_2}{2}(V_2 - V_1)$$

$$= \frac{1}{2}(V_2 - V_1)(P_1 - P_2 + 2P_2)$$

정답 33. ② 34. ③

$$=\frac{1}{2}(P_2+P_1)(V_2-V_1)\ [\text{kJ}]$$

35. 다음 압력값 중에서 표준대기압(1 atm)과 차이(절댓값)가 가장 큰 압력은?

① 1 MPa　② 100 kPa
③ 1 bar　④ 100 hPa

해설 1 MPa = 1000 kPa
1 bar = 10^5 Pa = 100 kPa
1 hPa = 100 Pa = 0.1 kPa
1 atm = 101.325 kPa
① 1000 − 101.325 = 898.675 kPa
② 101.325 − 100 = 1.325 kPa
③ 101.325 − 100 = 1.325 kPa
④ 101.325 − 10 = 91.325 kPa

36. 공기 표준 사이클로 작동되는 디젤 사이클의 이론적인 열효율은 약 몇 %인가? (단, 비열비는 1.4, 압축비는 16이며, 체절비(cut-off ratio)는 1.8이다.)

① 50.1　② 53.2
③ 58.6　④ 62.4

해설 $\eta_{thd}=\left\{1-\left(\frac{1}{\varepsilon}\right)^{k-1}\frac{\sigma^{k-1}-1}{k(\sigma-1)}\right\}\times 100\%$

$=\left\{1-\left(\frac{1}{16}\right)^{1.4-1}\frac{1.8^{1.4-1}-1}{1.4(1.8-1)}\right\}\times 100\%$

$=62.4\%$

37. 출력 10000 kW의 터빈 플랜트의 시간당 연료소비량이 5000 kg/h이다. 이 플랜트의 열효율은 약 %인가? (단, 연료의 발열량은 33440 kJ/kg이다.)

① 25.4 %　② 21.5 %
③ 10.9 %　④ 40.8 %

해설 $\eta=\frac{3600\,kW}{H_L\times m_f}\times 100\%$

$=\frac{3600\times 10000}{33440\times 5000}\times 100\% ≒ 21.5\%$

38. 3 kg의 공기가 400 K에서 830 K까지 가열될 때 엔트로피 변화량은 약 몇 kJ/K인가? (단, 이때 압력은 120 kPa에서 480 kPa까지 변화하였고, 공기의 정압비열은 1.005 kJ/kg · K, 공기의 기체상수는 0.287 kJ/kg · K이다.)

① 0.584　② 0.719
③ 0.842　④ 1.007

해설 $\Delta S=mC_p\ln\frac{T_2}{T_1}+mR\ln\frac{P_1}{P_2}$

$=3\times 1.005\times\ln\frac{830}{400}+3\times 0.287\times\ln\frac{120}{480}$

$=1.007$ kJ/K

39. 압력 1 MPa, 온도 50℃인 R-134a의 비체적의 실제 측정값이 0.021796 m^3/kg이었다. 이상기체 방정식을 이용한 이론적인 비체적과 측정값과의 오차는 약 몇 %인가? (단, R-134a 이상기체의 기체상수는 0.0815 kPa · m^3/kg · K이고 오차 $=\frac{\text{이론값}-\text{실제 측정값}}{\text{실제 측정값}}$이다.)

① 5.5 %　② 12.5 %
③ 20.8 %　④ 30.8 %

해설 $Pv=RT$에서

$v=\frac{RT}{P}=\frac{0.0815\times(50+273)}{1\times 10^3}$

$=0.026325\ m^3/kg$

오차 $=\frac{0.026325-0.021796}{0.021796}\times 100\%$

$≒ 20.8\%$

40. 시간당 380000 kg의 물을 공급하여 수증기를 생산하는 보일러가 있다. 이 보일러에 공급하는 물의 비엔탈피는 830 kJ/kg이고, 생산되는 수증기의 비엔탈피는 3230 kJ/kg이라고 할 때, 발열량이 32000 kJ/kg인 석탄을 시간당 34000 kg씩 보일러에 공급한다면 이 보일러의 효율은 약 몇

정답 35. ① 36. ④ 37. ② 38. ④ 39. ③ 40. ④

%인가?

① 66.9 % ② 71.5 %
③ 77.3 % ④ 83.8 %

해설 $\eta_B = \dfrac{G_a(h_2 - h_1)}{H_L \times m_f} \times 100\,\%$

$= \dfrac{380000(3230-830)}{32000 \times 34000} \times 100\,\%$

$\fallingdotseq 83.8\,\%$

제3과목 기계유체역학

41. 파이프 내의 유동에서 속도함수 V가 파이프 중심에서 반지름 방향으로의 거리 r에 대한 함수로 다음과 같이 나타날 때 이에 대한 운동에너지 계수(또는 운동에너지 수정계수, kinetic energy coefficient) α는 약 얼마인가? (단, V_0는 파이프 중심에서의 속도, V_m은 파이프 내의 평균 속도, A는 유동 단면, R은 파이프 안쪽 반지름이고, 유속 방정식과 운동에너지 계수 관련 식은 아래와 같다.)

유속 방정식	$\dfrac{V}{V_0} = \left(1 - \dfrac{r}{R}\right)^{1/6}$
운동에너지 계수	$\alpha = \dfrac{1}{A}\displaystyle\int\left(\dfrac{V}{V_m}\right)^3 dA$

① 1.01 ② 1.03
③ 1.08 ④ 1.12

해설 $V_m = \dfrac{1}{A}\displaystyle\int v dA$

$= \dfrac{1}{\pi R^2}\displaystyle\int_0^R V_0\left(\dfrac{r}{R}\right)^{\frac{1}{6}} 2\pi(R-r)dr$

$= \dfrac{2V_0}{R^2 R^{\frac{1}{6}}}\displaystyle\int_0^R (Rr^{\frac{1}{6}} - r^{\frac{7}{6}})dr$

$= \dfrac{2V_0}{R^2 R^{\frac{1}{6}}}\left[R\dfrac{6}{7}r^{\frac{7}{6}} - \dfrac{6}{13}r^{\frac{13}{6}}\right]_0^R$

$= 2V_0\left(\dfrac{6}{7} - \dfrac{6}{13}\right) = \dfrac{36}{45.5}V_0$

$\alpha = \dfrac{1}{A}\displaystyle\int\left(\dfrac{V}{V_m}\right)^3 dA$

$= \dfrac{1}{\pi R^2}\displaystyle\int_0^R k^3\left(\dfrac{r}{R}\right)^{\frac{3}{6}} 2\pi(R-r)dr$

$= \dfrac{2k^3}{R^2 R^{\frac{3}{6}}}\displaystyle\int_0^R (Rr^{\frac{3}{6}} - r^{\frac{9}{6}})dr$

$= \dfrac{2k^3}{R^2 R^{\frac{3}{6}}}\left[R\dfrac{6}{9}r^{\frac{9}{6}} - \dfrac{6}{15}r^{\frac{15}{6}}\right]_0^R$

$= 2k^3\left(\dfrac{6}{9} - \dfrac{6}{15}\right) = \dfrac{36}{67.5}k^3$

$V_m = \dfrac{36}{45.5}V_0$에서 $k = \dfrac{45.5}{36}$이므로

$\therefore\ \alpha = \dfrac{36}{67.5}\left(\dfrac{45.5}{36}\right)^3 \fallingdotseq 1.08$

42. 그림과 같이 속도 V인 유체가 곡면에 부딪혀 θ의 각도로 유동방향이 바뀌어 같은 속도로 분출된다. 이때 유체가 곡면에 가하는 힘의 크기를 θ에 대한 함수로 옳게 나타낸 것은? (단, 유동 단면적은 일정하고, θ의 각도는 $0° \le \theta \le 180°$ 이내에 있다고 가정한다. 또한 Q는 체적유량, ρ는 유체 밀도이다.)

① $F = \dfrac{1}{2}\rho QV\sqrt{1-\cos\theta}$

② $F = \dfrac{1}{2}\rho QV\sqrt{2(1-\cos\theta)}$

③ $F = \rho QV\sqrt{1-\cos\theta}$

④ $F = \rho QV\sqrt{2(1-\cos\theta)}$

해설 $F_x = \rho QV(1-\cos\theta)$

$F_y = \rho QV\sin\theta$

곡면판이 받는 힘의 크기$(F) = \sqrt{F_x^2 + F_y^2}$

정답 41. ③ 42. ④

$= \rho QV\sqrt{(1-\cos\theta)^2+\sin\theta^2}$
$= \rho QV\sqrt{1-2\cos\theta+\cos^2\theta+\sin^2\theta}$
$= \rho QV\sqrt{2(1-\cos\theta)}$

43. 극좌표계(r, θ)로 표현되는 2차원 퍼텐셜 유동(potential flow)에서 속도 퍼텐셜(velocity potential, ϕ)이 다음과 같을 때 유동함수(stream function, ψ)로 가장 적절한 것은?(단, A, B, C는 상수이다.)

$$\phi = A\ln r + Br\cos\theta$$

① $\psi = \frac{A}{r}\cos\theta + Br\sin\theta + C$

② $\psi = \frac{A}{r}\sin\theta - Br\cos\theta + C$

③ $\psi = A\theta + Br\sin\theta + C$

④ $\psi = A\theta - Br\cos\theta + C$

44. 원관 내의 완전 층류유동에 관한 설명으로 옳지 않은 것은?

① 관 마찰계수는 Reynolds수에 반비례한다.
② 마찰계수는 벽면의 상대조도에 무관하다.
③ 유속은 관 중심을 기준으로 포물선 분포를 보인다.
④ 관 중심에서의 유속은 전체 평균 유속의 $\sqrt{2}$ 배이다.

해설 관 중심에서 유속이 최대가 되며, 최대 속도는 전체 평균 유속의 2배이다.
$U_{max} = 2V_{mean}$

45. 공기가 게이지 압력 2.06 bar의 상태로 지름이 0.15 m인 관 속을 흐르고 있다. 이때 대기압은 1.03 bar이고 공기 유속이 4 m/s라면 질량유량(mass flow rate)은 약 몇 kg/s인가?(단, 공기의 온도는 37℃이고, 기체상수는 287.1 J/kg·K이다.)

① 0.245 ② 2.17
③ 0.026 ④ 32.4

해설 질량유량($\dot{m}$) $= \rho AV = \left(\frac{P}{RT}\right)AV$
$= \frac{(2.06+1.03)\times 10^5}{287.1\times(37+273)}\times\frac{\pi}{4}\times 0.15^2\times 4$
$\fallingdotseq 0.245$ kg/s
※ 1 bar $= 10^5$ Pa

46. 넓은 평판과 나란한 방향으로 흐르는 유체의 속도 u[m/s]는 평판 벽으로부터 수직거리 y[m]만의 함수로 보기와 같이 주어진다. 유체의 점성계수가 1.8×10^{-5} kg/m·s라면 벽면에서의 전단응력은 약 몇 N/m^2인가?

〈보기〉

$$u(y) = 4 + 200\times y$$

① 1.8×10^{-5} ② 3.6×10^{-5}
③ 1.8×10^{-3} ④ 3.6×10^{-3}

해설 $\tau = \mu\frac{du}{dy} = 1.8\times10^{-5}\times 200$
$= 3.6\times10^{-3}$ Pa(N/m^2)
$u = 4+200y$[m/s]를 y에 대해 미분하면
$\frac{du}{dy} = 200\ s^{-1}$

47. 그림과 같이 폭이 3 m인 수문 AB가 받는 수평성분 F_H와 수직성분 F_V는 각각 약 몇 N인가?

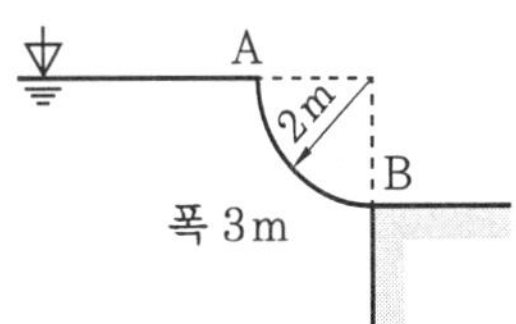

정답 43. ③ 44. ④ 45. ① 46. ④ 47. ③

① $F_H = 24400$, $F_V = 46181$

② $F_H = 58800$, $F_V = 46181$

③ $F_H = 58800$, $F_V = 92362$

④ $F_H = 24400$, $F_V = 92362$

해설 $F_H = \gamma \bar{h} A = 9800 \times 1 \times (2 \times 3)$

$= 58800\,\text{N}$

$F_V = \gamma V = 9800 \times \frac{\pi}{4} \times 2^2 \times 3 ≒ 92362\,\text{N}$

48. 다음 중 무차원수가 되는 것은?(단, ρ : 밀도, μ : 점성계수, F : 힘, Q : 부피유량, V : 속도, P : 동력, D : 지름, L : 길이이다.)

① $\frac{\rho V^2 D^2}{\mu}$ ② $\frac{P}{\rho V^3 D^5}$

③ $\frac{Q}{VD^3}$ ④ $\frac{F}{\mu VL}$

해설 ① $\frac{\rho V^2 D^2}{\mu} = \frac{\text{N}\cdot\text{s}^2/\text{m}^4 \times \text{m}^2/\text{s}^2 \times \text{m}^2}{\text{N}\cdot\text{s}/\text{m}^2}$

$= \frac{\text{m}^2}{\text{s}} = L^2 T^{-1}$

② $\frac{P}{\rho V^3 D^5} = \frac{\text{N}}{\text{N}\cdot\text{s}^2/\text{m}^4 \times \text{m}^3/\text{s}^3 \times \text{m}^5}$

$= \frac{\text{s}}{\text{m}^4} = L^{-4} T$

③ $\frac{Q}{VD^3} = \frac{\text{m}^3/\text{s}}{\text{m/s} \times \text{m}^3} = \frac{1}{\text{m}} = L^{-1}$

④ $\frac{F}{\mu VL} = \frac{\text{N}}{\text{N}\cdot\text{s}/\text{m}^2 \times \text{m/s} \times \text{m}}$

$= 1$(무차원수)

49. 지름 20 cm인 구의 주위에 물이 2 m/s의 속도로 흐르고 있다. 이때 구의 항력계수가 0.2라고 할 때 구에 작용하는 항력은 약 몇 N인가?

① 12.6 ② 204

③ 0.21 ④ 25.1

해설 $D = C_D \frac{\rho A V^2}{2}$

$= 0.2 \times \frac{1000 \times \frac{\pi (0.2)^2}{4} \times 2^2}{2} ≒ 12.6\,\text{N}$

50. 길이가 50 m인 배가 8 m/s의 속도로 진행하는 경우에 대해 모형 배를 이용하여 조파저항에 관한 실험을 하고자 한다. 모형 배의 길이가 2 m이면 모형 배의 속도는 약 몇 m/s로 하여야 하는가?

① 1.60 ② 1.82

③ 2.14 ④ 2.30

해설 $(Fr)_p = (Fr)_m$

$\left(\frac{V}{\sqrt{Lg}}\right)_p = \left(\frac{V}{\sqrt{Lg}}\right)_m$

$g_p \simeq g_m$

$V_m = V_p \times \sqrt{\frac{L_m}{L_p}} = 8 \times \sqrt{\frac{2}{50}} = 1.6\,\text{m/s}$

51. 그림과 같이 큰 탱크의 수면으로부터 h[m] 아래에 파이프를 연결하여 액체를 배출하고자 한다. 마찰손실을 무시한다고 가정할 때 파이프를 통해서 분출되는 물의 속도 (가)를 v라고 할 경우 같은 조건에서의 오일(비중 0.9) 탱크에서 분출되는 속도 (나)는?

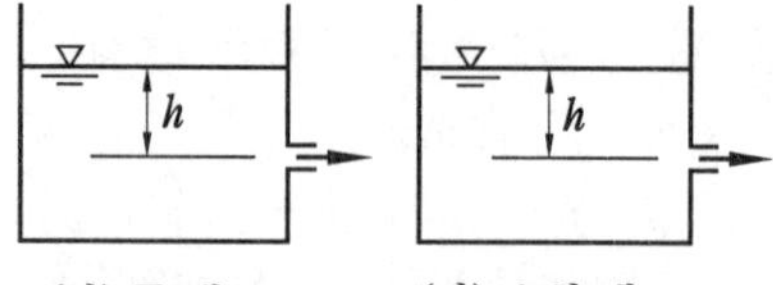

(가) 물 탱크 (나) 오일 탱크

① $0.81v$ ② $0.9v$

③ v ④ $1.1v$

해설 토리첼리 정리에서 분출속도 $v = \sqrt{2gh}$ [m/s]이다. 즉, 분출속도 v는 h의 영향만을 받는다. 따라서 비중이 달라도 h가 같으므로 (가)와 (나)의 분출속도는 같다.

정답 48. ④ 49. ① 50. ① 51. ③

52. 남극 바다에 비중이 0.917인 해빙이 떠 있다. 해빙의 수면 위로 나와 있는 체적이 40 m^3일 때 해빙의 전체 중량은 약 몇 kN인가?(단, 바닷물의 비중은 1.025이다.)

① 2487 ② 2769
③ 3138 ④ 3414

해설 해빙의 무게(W) = 부력(F_B)

$\gamma V = \gamma' V'$ (V' : 잠겨진 체적)

$9.8 \times 0.917 \times V = 9.8 \times 1.025 \times (V - 40)$

여기서, $V \fallingdotseq 380 \text{ m}^3$

∴ 해빙의 전체 중량(W)

$= \gamma V = 9.8 \times 0.917 \times 380 \fallingdotseq 3414.91 \text{ kN}$

53. 물의 체적탄성계수가 2×10^9 Pa일 때 물의 체적을 4% 감소시키려면 약 몇 MPa의 압력을 가해야 하는가?

① 40 ② 80 ③ 60 ④ 120

해설 $E = -\dfrac{dP}{\dfrac{dV}{V}}$ [Pa]에서

$$dP = E\left(-\frac{dV}{V}\right) = 2 \times 10^9 \times 0.04$$

$$= 80 \times 10^6 \text{ Pa} = 80 \text{ MPa}$$

54. 손실계수(K_L)가 15인 밸프가 파이프에 설치되어 있다. 이 파이프에 물이 3 m/s의 속도로 흐르고 있다면 밸브에 의한 손실수두는 약 몇 m인가?

① 67.8 ② 22.3
③ 6.89 ④ 11.26

해설 부차적 손실수두(h_L)

$$= K\frac{V^2}{2g} = 15 \times \frac{3^2}{2 \times 9.8} \fallingdotseq 6.89 \text{ m}$$

55. 정상 2차원 속도장 $\vec{V} = 2x\vec{i} - 2y\vec{j}$ 내의 한 점 (2, 3)에서 유선의 기울기 $\dfrac{dy}{dx}$는 어느 것인가?

① $-\dfrac{3}{2}$ ② $-\dfrac{2}{3}$ ③ $\dfrac{2}{3}$ ④ $\dfrac{3}{2}$

해설 $\dfrac{dy}{dx} = \dfrac{v}{u} = \dfrac{-2y}{2x} = \dfrac{-2 \times 3}{2 \times 2} = -\dfrac{3}{2}$

56. 그림과 같은 시차액주계에서 A, B점의 압력차 $P_A - P_B$는?(단, γ_1, γ_2, γ_3는 각 액체의 비중량이다.)

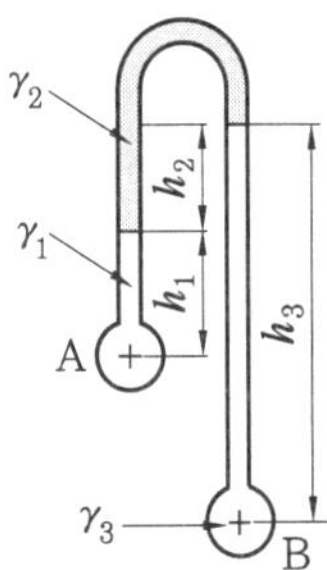

① $\gamma_3 h_3 - \gamma_1 h_1 + \gamma_2 h_2$
② $\gamma_1 h_1 + \gamma_2 h_2 - \gamma_3 h_3$
③ $\gamma_1 h_1 - \gamma_2 h_2 + \gamma_3 h_3$
④ $\gamma_3 h_3 - \gamma_1 h_1 - \gamma_2 h_2$

해설 $P_A - \gamma_1 h_1 - \gamma_2 h_2 = P_B - \gamma_3 h_3$

∴ $P_A - P_B = \gamma_1 h_1 + \gamma_2 h_2 - \gamma_3 h_3$

57. 자동차의 브레이크 시스템의 유압 장치에 설치된 피스톤과 실린더 사이의 환형 틈새 사이를 통한 누설유동은 두 개의 무한 평판 사이의 비압축성, 뉴턴 유체의 층류유동으로 가정할 수 있다. 실린더 내 피스톤의 고압측과 저압측의 압력차를 2배로 늘렸을 때, 작동유체의 누설유량은 몇 배가 될 것인가?

① 2배 ② 4배
③ 8배 ④ 16배

해설 비압축성, 뉴턴 유체의 층류유동이므로 하겐-푸아죄유 법칙을 적용한다.

정답 52. ④ 53. ② 54. ③ 55. ① 56. ② 57. ①

$\Delta P = \frac{128\mu QL}{\pi d^4}$ [Pa]

$\Delta P \propto Q$이므로 누설유량은 2배가 된다.

58. 정지된 물속의 작은 모래알이 낙하하는 경우 Stokes flow(스토크스 유동)가 나타날 수 있는데, 이 유동의 특징은 무엇인가?

① 압축성 유동 ② 저속 유동
③ 비점성 유동 ④ 고속 유동

해설 스토크스 유동은 비압축성($\rho = C$), 저속($Re < 0.6$) 유동인 경우 적용한다.

59. 다음 중 점성계수(viscosity)의 차원을 옳게 나타낸 것은? (단, M은 질량, L은 길이, T는 시간이다.)

① MLT ② $ML^{-1}T^{-1}$
③ MLT^{-2} ④ $ML^{-2}T^{-2}$

해설 점성계수(μ)의 단위가 kg/m·s일 때 차원은 $ML^{-1}T^{-1}$이고 단위가 Pa·s(N·s/m^2)일 때 차원은 FTL^{-2}이다.

60. 그림과 같은 피토관의 액주계 눈금이 h = 150 mm이고 관 속의 물이 6.09 m/s로 흐르고 있다면 액주계 액체의 비중은 얼마인가?

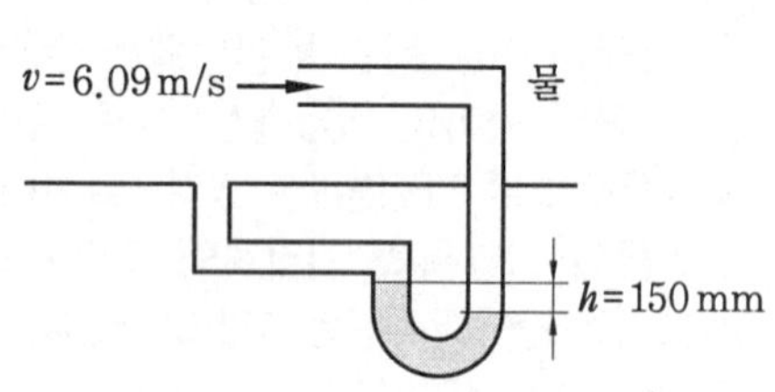

① 8.6 ② 10.8
③ 12.1 ④ 13.6

해설 $V = \sqrt{2gh\left(\frac{S_o}{S} - 1\right)}$ [m/s]

$V^2 = 2gh\left(\frac{S_o}{S} - 1\right)$

$\frac{S_o}{S} - 1 = \frac{V^2}{2gh} = \frac{6.09^2}{2 \times 9.8 \times 0.15} = 12.615$

$\therefore S_o = 1 + 12.615 \fallingdotseq 13.6$

※ 물의 비중(S) = 1

제 4 과목 유체기계 및 유압기기

61. 용적형과 비교해서 터보형 압축기의 일반적인 특징으로 거리가 먼 것은?

① 작동 유체의 맥동이 적다.
② 고압 저속 회전에 적합하다.
③ 전동기나 증기 터빈과 같은 원동기와 직결이 가능하다.
④ 소형으로 할 수 있어서 설치면적이 작아도 된다.

해설 터보형 압축기의 특징

(1) 토출 가스가 맥동이 없고 안정적이다.
(2) 윤활유가 혼입되지 않아 깨끗한 가스를 얻을 수 있다.
(3) 고속 회전형으로 같은 마력의 다른 압축기보다 소형 경량이다.
(4) 압력 상승이 가스의 비중 및 회전부분의 속도에 관련되므로 1단당 압력 상승은 용적형과 비교하면 훨씬 낮고, 유량이 적은 경우에는 효율이 저하된다.
(5) 압축 특성이 설계, 기계 가공의 정밀도, 사용 조건에 민감하다.

62. 펌프를 분류하는 데 있어서 다음 중 터보형 펌프에 속하지 않는 것은?

① 원심식 펌프 ② 사류식 펌프
③ 회전식 펌프 ④ 축류식 펌프

해설 펌프의 분류

(1) 터보형 : 원심식 펌프, 사류식 펌프, 축류식 펌프

정답 58. ② 59. ② 60. ④ 61. ② 62. ③

(2) 용적형 : 왕복식 펌프, 회전식 펌프
(3) 특수형 : 와류 펌프, 수격 펌프, 진공 펌프

63. **펌프를 운전할 때 한숨을 쉬는 것과 같은 소리가 나고 송출유량이 주기적으로 변하는 현상을 무엇이라 하는가?**

① 캐비테이션　　② 수격작용
③ 모세관현상　　④ 서징

해설 서징현상은 유체의 유량 변화에 의해 관로나 수조 등의 압력, 수위가 주기적으로 변동하여 펌프 입구 및 출구에 설치된 진공계·압력계의 지침이 흔들리는 현상이다.

64. **어떤 수조에 설치되어 있는 수중 펌프는 양수량이 0.5 m^3/min, 배관의 전손실 수두는 6 m이다. 수중 펌프 중심으로부터 1 m 아래에 있는 물을 펌프 중심으로부터 10 m 위에 있는 2층으로 양수하고자 한다. 이때 펌프에 요구되는 동력은 약 몇 kW인가(단, 펌프의 효율은 60 % 이다.)**

① 1.88　　② 2.32
③ 3.03　　④ 3.76

해설 전양정$(H) = 6+1+10 = 17\text{ m}$

$$\text{수동력}(L_w) = \frac{\gamma_w QH}{\eta} = \frac{9.8QH}{\eta}$$

$$= \frac{9.8 \times \frac{0.5}{60} \times 17}{0.6} ≒ 2.32\text{ kW}$$

65. **다음에서 밑줄이 나타내는 충동수차의 구성장치는?**

> 수차에 걸리는 부하가 변하면 이 장치의 배압밸브에서 압유의 공급을 받아 서보모터의 피스톤이 작동하고 노즐 내의 니들밸브를 이동시켜 유량이 부하에 대응하도록 한다.

① 러너　　② 조속기
③ 이젝터　　④ 디플렉터

해설 조속기 : 부하 변동에 따라서 유량을 자동으로 가감하여 속도를 일정하게 해주는 장치

66. **수차의 유효 낙차가 120 m, 유량이 150 m^3/s, 수차 효율이 90 %일 때 수차의 출력은 약 몇 MW인가?**

① 94　　② 128
③ 159　　④ 196

해설 출력$(P) = \gamma_w Q H_e \eta_t$

$= 9.8 \times 150 \times 120 \times 0.9$

$= 158760\text{ kW} ≒ 159\text{ MW}$

67. **다음 각 수차에 대한 설명 중 틀린 것은 어느 것인가?**

① 프로펠러 수차 : 물이 낙하할 때 중력과 속도에너지에 의해 회전하는 수차
② 중력 수차 : 물이 낙하할 때 중력에 의해 움직이게 되는 수차
③ 충동 수차 : 물이 갖는 속도 에너지에 의해 물이 충격으로 회전하는 수차
④ 반동 수차 : 물이 갖는 압력과 속도에너지를 이용하여 회전하는 수차

해설 프로펠러 수차는 물이 프로펠러 모양의 날개차의 축 방향에서 유입하여 반대 방향으로 방출되는 축류형 반동 수차로서, 저낙차의 많은 유량에 사용된다. 날개차는 3~8매의 날개를 가지고 있으며, 낙차 범위는 5~10 m 정도이고, 부하변동에 의하여 날개 각도를 조정할 수 있는 가동 날개와 고정 날개가 있다.

68. **유체 커플링에 대한 설명으로 옳지 않은 것은?**

① 드래그 토크(drag torque)는 입력 및 출력 회전수가 같을 때의 토크이다.

정답 63. ④　64. ②　65. ②　66. ③　67. ①　68. ①

② 유체 커플링의 효율은 입력축 회전수에 대한 출력축 회전수 비율로 표시한다.
③ 유체 커플링에서 이론적으로 입력축과 출력축의 토크 차이는 발생하지 않는다고 본다.
④ 유체 커플링에서 슬립(slip)이 많이 일어날수록 효율이 저하한다.

해설 드래그 토크란 원동축은 회전하고 종동축이 정지해 있을 때의 토크를 말한다.

69. 진공 펌프의 종류 중 액봉형 진공 펌프에 속하는 것은?

① 센코 진공 펌프
② 게데 진공 펌프
③ 키니 진공 펌프
④ 너시 진공 펌프

해설 액봉형 진공 펌프에는 너시형, 엘모형 등이 있으며, 센코형, 게데형, 키니형은 유회전 진공 펌프에 속한다.

70. 터빈 펌프와 벌류트 펌프의 차이점을 설명한 것으로 옳은 것은?

① 벌류트 펌프는 회전차의 바깥둘레에 안내날개가 있고, 터빈 펌프는 안내날개가 없다.
② 터빈 펌프는 중앙에 와류실이 있고, 벌류트 펌프는 와류실이 없다.
③ 벌류트 펌프는 중앙에 와류실이 있고, 터빈 펌프는 와류실이 없다.
④ 터빈 펌프는 회전차의 바깥둘레에 안내날개가 있고, 벌류트 펌프는 안내날개가 없다.

해설 터빈 펌프는 임펠러 바깥둘레에 안내날개가 있고, 벌류트 펌프는 임펠러 바깥둘레에 안내날개가 없으며 바깥둘레에 바로 접하여 와류실이 있다.

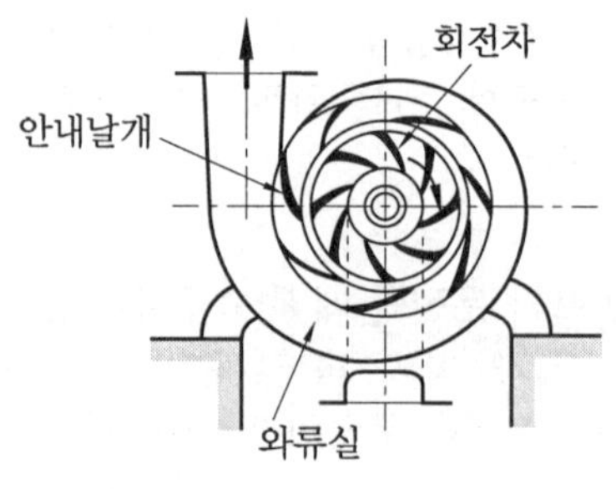

터빈 펌프

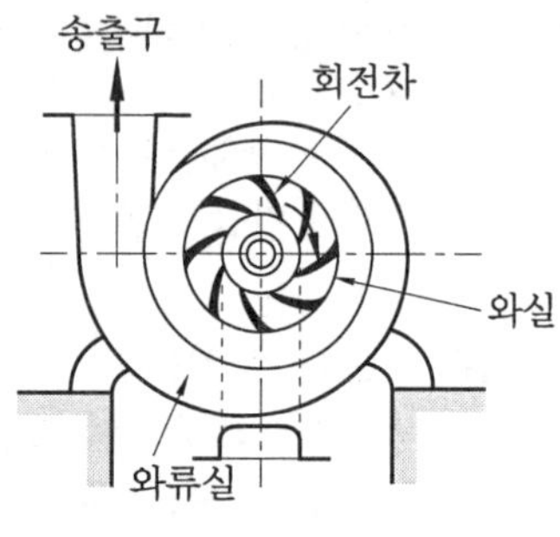

벌류트 펌프

71. 다음 중 유압을 이용한 기기(기계)의 장점이 아닌 것은?

① 자동 제어가 가능하다
② 유압 에너지원을 축적할 수 있다.
③ 힘과 속도를 무단으로 조절할 수 있다.
④ 온도 변화에 대해 안정적이고 고압에서 누유의 위험이 없다.

해설 온도 변화에 대해 불안정하고(온도에 쉽게 영향을 받고) 고압에서 누유의 위험이 있다.

72. 유압·공기압 도면 기호(KS B 0054)에 따른 기호에서 필터, 드레인 관로를 나타내는 선의 명칭으로 옳은 것은?

① 파선 ② 실선
③ 1점 이중 쇄선 ④ 복선

해설 파선의 용도
(1) 파일럿 조작 관로

정답 69. ④ 70. ④ 71. ④ 72. ①

(2) 드레인 관로
(3) 필터
(4) 밸브의 과도 위치

73. 일반적인 유압 장치에 대한 설명과 특징으로 가장 적절하지 않은 것은?

① 유압 장치 자체의 자동 제어에 제약이 있을 수 있으나 전기, 전자 부품과 조합하여 사용하면 그 효과를 증대시킬 수 있다.
② 힘의 증폭 방법이 같은 크기의 기계적 장치(기어, 체인 등)에 비해 간단하여 크게 증폭시킬 수 있으며 그 예로 소형 유압잭, 거대한 건설 기계 등이 있다.
③ 인화의 위험과 이물질에 의한 고장 우려가 있다.
④ 점도의 변화에 따른 출력 변화가 없다.

해설 유압유의 온도에 따라 점도가 변하므로 출력(성능) 변화가 크다.

74. 다음 기호에 대한 설명으로 틀린 것은 어느 것인가?

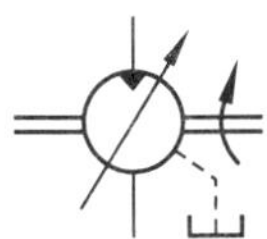

① 유압 모터이다.
② 4방향 유동이다.
③ 가변 용량형이다.
④ 외부 드레인이 있다.

해설 도시된 유압 기호는 가변 용량형 유압 모터로 1방향 유동을 나타내며, 외부 드레인이 있다.

75. 유압작동유의 첨가제로 적절하지 않은 것은?

① 산화 방지제
② 소포제 및 방청제
③ 점도지수 강하제
④ 유동점 강하제

해설 유압작동유의 첨가제
(1) 산화 방지제
(2) 방청제(녹 방지제)
(3) 소포제(거품 제거제)
(4) 점도지수 향상제
(5) 유성 향상제
(6) 유동성 강하제

76. 스트레이너에 대한 설명으로 적절하지 않은 것은?

① 스트레이너의 연결부는 오일 탱크의 작동유를 방출하지 않아도 분리가 가능하도록 하여야 한다.
② 스트레이너의 여과 능력은 펌프 흡입량의 1.2배 이하의 용적을 가져야 한다.
③ 스트레이너가 막히면 펌프가 규정 유량을 토출하지 못하거나 소음을 발생시킬 수 있다.
④ 스트레이너의 보수는 오일을 교환할 때마다 완전히 청소하고 주기적으로 여과재를 분리하여 손질하는 것이 좋다.

해설 스트레이너의 여과 능력은 펌프 흡입량의 2배 이상의 용적을 가져야 한다.

77. 두 개의 유입 관로의 압력에 관계없이 정해진 출구 유량이 유지되도록 합류하는 밸브는?

① 집류 밸브 ② 셔틀 밸브
③ 적층 밸브 ④ 프리필 밸브

해설 ② 셔틀 밸브 : 2개의 입구와 1개의 공통 출구를 가지고, 출구는 입구 압력의 작용에 의하여 한쪽 방향에 자동적으로 접속되는 밸브

정답 73. ④ 74. ② 75. ③ 76. ② 77. ①

③ 적층 밸브 : 뱅크형 밸브, 모듈러 스택형 밸브의 총칭
④ 프리필 밸브 : 대형 프레스 등의 급속 전진 행정에서의 탱크에서 액추에이터로의 흐름을 허락하고, 가압화 공정에서는 액추에이터에서 탱크로의 역류를 방지하고, 되돌림 공정에서는 자유 흐름을 허락하는 밸브

78. 속도 제어 회로의 종류가 아닌 것은?

① 미터 인 회로
② 미터 아웃 회로
③ 블리드 오프 회로
④ 로크(로킹) 회로

해설 로킹 회로 : 방향 제어 회로(directional control circuit)로 액추에이터의 운동 방향을 바꾸거나 정지 위치에서 액추에이터를 유지하기 위한 회로(2위치 전환 밸브나 3위치 전환 밸브가 사용된다.)

79. 아래 파일럿 전환 밸브의 포트수, 위치수로 옳은 것은?

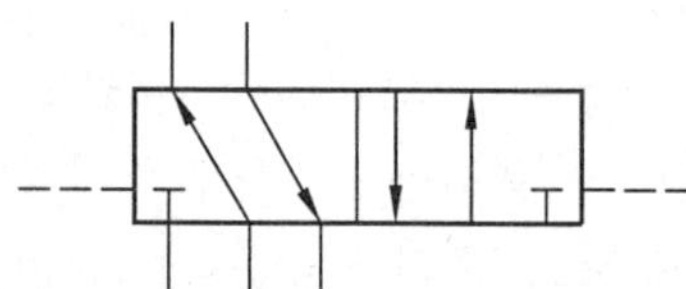

① 2포트 4위치 ② 2포트 5위치
③ 5포트 2위치 ④ 6포트 2위치

80. 일반적인 용적형 펌프의 종류가 아닌 것은?

① 기어 펌프
② 베인 펌프
③ 터빈 펌프
④ 피스톤(플런저) 펌프

해설 용적형 펌프의 종류에는 기어 펌프, 베인 펌프, 피스톤(플런저) 펌프, 나사 펌프 등이 있으며, 터빈 펌프는 고양정 저유량의 원심 펌프(비용적형 펌프)이다.

제 5 과목 건설기계일반 및 플랜트배관

81. 쇄석기(크러셔)에서 진동에 의해 골재를 선별하는 일종의 체로 진동식과 회전식이 사용되는 것은?

① 집진 설비 ② 리닝 설비
③ 스크린 ④ 피더 호퍼

해설 스크린은 일정 크기의 구멍을 가진 체 모양의 망 위에 쇄석을 분산시켜서 구멍을 통과하는 입자와 면 위에 남아 있는 입자로 선별하는 장치이다.

82. 기중기의 인양 능력을 크게 하기 위해서 붐의 길이 및 각도는 어떻게 조정하여 작업하여야 하는가?

① 붐의 길이는 길고, 붐의 각도는 작게
② 붐의 길이는 길고, 붐의 각도는 크게
③ 붐의 길이는 짧고, 붐의 각도는 작게
④ 붐의 길이는 짧고, 붐의 각도는 크게

해설 기중기의 인양 능력을 크게 하려면 붐의 길이는 짧게, 붐의 각도는 크게 한다.

83. 압력 배관용 탄소 강관(KS D 3562)에서 압력 배관용 탄소 강관의 기호는?

① SPPS ② STM
③ STLT ④ STA

84. 다음 중 무한궤도식 굴착기에서 주행과 관련 있는 하부 구동체의 구성 요소가 아닌 것은?

① 트랙
② 카운터 웨이트
③ 하부 롤러

정답 78. ④ 79. ③ 80. ③ 81. ③ 82. ④ 83. ① 84. ②

④ 스프로킷

해설 카운터 웨이트 : 굴착기의 뒷무게를 지탱하고 앞쪽에 화물을 실었을 때 한쪽으로 쏠리는 것을 방지해 주기 위해 균형을 잡아주는 평형 추로 굴삭기 후면부에 위치한다.

85. **일반적인 지게차에 대한 설명으로 적절하지 않은 것은?**

① 작업 용도에 따라 트리플 스테이지 마스터, 로드 스태빌라이저 등으로 분류할 수 있다.

② 리프트 실린더의 역할은 포크를 상승, 하강시킨다.

③ 틸트 실린더의 역할은 마스트를 앞 또는 뒤로 기울이는 작동을 하게 한다.

④ 지게차는 앞바퀴로만 방향을 바꾸는 앞바퀴 조향이다.

해설 지게차는 일반 차량과는 달리 뒷바퀴로 방향을 바꾸는 방식을 채택하고 있다.

86. **아스팔트 피니셔의 시간당 포설량과 비례하지 않는 것은?**

① 포설 면적 ② 붐의 면적

③ 평균 작업속도 ④ 작업효율

해설 시간당 포설량$(C) = wtdVE$ [t/h]

여기서, w : 포설 폭(m)

t : 포설 두께(m)

d : 다짐 후의 밀도(t/m^3)

V : 작업속도(m/h)

E : 작업효율(%)

87. **도저의 종류가 아닌 것은?**

① 크레인 도저

② 스트레이트 도저

③ 레이크 도저

④ 앵글 도저

해설 도저의 종류

(1) 스트레이트 도저 (2) 앵글 도저

(3) 틸트 도저 (4) 힌지 도저

(5) 트리 도저 (6) 레이크 도저

(7) U 도저

88. **플랜트 설비에서 집진장치 중 전기 집진법으로 옳은 것은?**

① 코트렐 ② 사이클론

③ 백 필터 ④ 스크루버

해설 ① 코트렐 : 전기 집진법

② 사이클론 : 원심력 집진법

③ 백 필터 : 여과 집진법

④ 스크루버 : 세정 집진법

89. **건설기계관리업무처리규정에 따른 크롤러식 천공기의 구조 및 규격 표시 방법으로 옳은 것은?**

① 드럼지름(mm)×길이(mm)

② 최대굴착지름(mm)

③ 착암기의 중량(kg)과 매분당 공기소비량(m^3/min) 및 유압펌프 토출량(L/min)

④ 자갈채취량(m^3/h)

해설 천공기의 규격 표시 방법

(1) 크롤러식 : 착암기의 중량(kg)과 매분당 공기소비량(m^3/min) 및 유압펌프 토출량(L/min)

(2) 점보식 : 프레트롤 단수와 착암기 대수(0단×0대)

(3) 실드굴진기 : 최대굴착지름(mm)

(4) 터널보링머신 : 최대굴착지름(mm)

(5) 오거 등 : 최대천공지름(mm)

90. **무한궤도식과 비교한 타이어식 굴착기의 특징이 아닌 것은?**

① 견인력이 약하다.

② 습지, 사지에서 작업이 불리하다.

③ 기동성이 낮다.

정답 85. ④ 86. ② 87. ① 88. ① 89. ③ 90. ③

④ 장거리 이동에 유리하다.

해설 (1) 무한궤도식 굴착기 : 하부장치의 주행부에 무한궤도 벨트를 장착한 자주식 굴착기로서, 견인력이 크고 습지, 모래 지반, 경사지 및 채석장 등 험난한 작업장 등에서 굴삭 능률이 높은 장비이다.
(2) 타이어식 굴착기 : 하부장치의 주행부에 타이어를 장착한 자주식 굴착기로서, 주행속도가 30~40 km/h 정도로 기동성이 좋아 이동거리가 긴 작업장에서는 무한궤도식 굴삭기보다 작업 능률이 높은 장비이다. 등판능력이 무한궤도식보다 낮아 험지, 습지, 경사지에서의 작업은 곤란하다.

91. **다음 중 스테인리스 강관용 공구가 아닌 것은?**

① 열풍 용접기 ② 절단기
③ 벤딩기 ④ 전용 압착공구

해설 열풍 용접기는 PE, PVC, PEM, 아크릴 및 각종 합성수지 등을 접합할 때 사용하는 기계이다.

92. **다음 중 두께 0.5~3 mm 정도의 알런덤(alundum), 카보런덤(carborundum)의 입자를 소결한 얇은 연삭 원판을 고속 회전시켜 재료를 절단하는 공작용 기계는 어느 것인가?**

① 커팅 휠 절단기
② 고속 숫돌 절단기
③ 포터블 소잉 머신
④ 고정식 소잉 머신

93. **다음 중 일반적인 체크 밸브의 종류가 아닌 것은?**

① 스윙형 체크 밸브
② 리프트형 체크 밸브
③ 해머리스형 체크 밸브
④ 벤딩수축형 체크 밸브

해설 체크 밸브의 종류
(1) 스윙 체크 밸브
(2) 싱글 웨이퍼 체크 밸브
(3) 더블 플레이트 웨이퍼 체크 밸브
(4) 볼 체크 밸브
(5) 디스크 체크 밸브
(6) 리프트 체크 밸브
(7) 스모렌스키(해머리스형) 체크 밸브

94. **동관용 공구 중 동관 끝을 나팔형으로 만들어 압축 이음 시 사용하는 공구는 어느 것인가?**

① 플레어링 툴 ② 사이징 툴
③ 튜브 벤더 ④ 익스팬더

해설 ① 플레어링 툴 : 동관의 끝을 나팔 모양으로 만들어 압축 접합 시 사용하는 공구
② 사이징 툴 : 동관 끝을 원형으로 정형하는 공구
③ 튜브 벤더 : 동관을 구부릴 때 사용하는 공구
④ 익스팬더(확관기) : 동관 끝을 확관하는 공구

95. **배관과 관련한 기압 시험의 일반적인 사항으로 적절하지 않은 것은?**

① 압축 공기를 관 속에 압입하여 이음매에서 공기가 새는 것을 조사하는 시험이다.
② 시험 용구에는 봄베 속의 탄산가스, 질소가스 등과 압력계, U형 튜브에 물을 넣은 것, 스톱 밸브, 체크 밸브 등이 있다.
③ 누기 발견 시 다량의 산소를 관내에 출입시켜 누설을 발견하는 방법이 있다.
④ 공기는 온도에 따라 용적 변화가 일

정답 91. ① 92. ② 93. ④ 94. ① 95. ③

어나므로 기온이 안정된 시간에 시험할 필요가 있다.

해설 기압 시험은 공기 시험이라고도 하며, 물 대신 압축 공기를 관 속에 삽입하여 이음매에서 공기가 새는 것을 조사한다. 압력이 강하하면 배관계의 어느 부분에서 공기가 새는 것을 뜻한다. 누설개소를 알려면 접속부분 등 누설할 만한 곳에 비눗물을 발라 기포가 생기느냐의 여부를 시험하면 된다.

96. 다음 중 급배수 배관의 기능을 확인하는 배관 시험 방법으로 적절하지 않은 것은?

① 수압 시험 ② 기압 시험
③ 연기 시험 ④ 피로 시험

해설 배관 시험 방법
(1) 수압 시험 : 수두 3mAq 또는 수압 0.3 kgf/cm^2 이상으로 30분 이상 유지
(2) 기압 시험 : 압력(기압) 0.3 kgf/cm^2 이상으로 15분 이상 유지
(3) 연기 시험 : 수두 25 mmAq에 상당하는 기압으로 15분 이상 유지
(4) 박하 시험 : 모든 배관과 트랩을 봉수한 다음 주관(수직관) 7.5 m마다 50 g(57 g)의 박하기름을 주입 후 3.8 L의 온수를 붓고 시험수두 25 mmAq로 15분 이상 유지 후 냄새로 누설 확인

97. 호칭지름 25 mm(바깥지름 34 mm)의 관을 곡률 반경(R)=200 mm로 90° 구부릴 때 중심부의 곡선길이 L[mm]은 약 얼마인가?

① 114.14 mm ② 214.14 mm
③ 314.14 mm ④ 414.14 mm

해설 관 중심부의 곡선길이(L)

$$= R\theta = 200 \times \frac{90°}{57.3°} \fallingdotseq 314.14 \text{ mm}$$

98. 스테인리스 강관에 관한 설명으로 적절하지 않은 것은?

① 위생적이며 적수, 백수, 청수의 염려가 없다.
② 일반 강관에 비해 두께가 얇고 가벼워 운반 및 시공이 쉽다.
③ 동결 우려가 있어 한랭지 배관에 적용하기 어렵다.
④ 나사식, 용접식, 몰코식, 플랜지식 이음법이 있다.

해설 저온 충격성이 크고, 한랭지 배관이 가능하며 동결에 대한 저항이 크다.

99. 방열기의 환수구나 종기 배관의 말단에 설치하고 응축수와 증기를 분리하여 자동으로 환수관에 배출시키고, 증기를 통과하지 않게 하는 장치는?

① 신축 이음 ② 증기 트랩
③ 감압 밸브 ④ 스트레이너

해설 증기 트랩은 관 속의 증기가 일부 응결하여 물이 되었을 때 자동으로 물만을 밖으로 내보내는 장치로 크게 부조형, 팽창형으로 나눈다.

100. 진동을 억제하는 데 사용되는 브레이스의 종류로 옳은 것은?

① 덕트 ② 방진기
③ 글랜드 패킹 ④ 롤러 서포트

해설 브레이스는 펌프에서 발생하는 진동 및 밸브의 급격한 폐쇄에서 발생하는 수격작용을 방지하거나 억제시키는 지지 장치로서 진동 방지용으로 사용되는 방진기와 충격 완화용으로 쓰이는 완충기가 있다.

정답 96. ④ 97. ③ 98. ③ 99. ② 100. ②

건설기계설비기사 필기 총정리

2023년 1월 10일 인쇄
2023년 1월 15일 발행

저　자 : 허원회
펴낸이 : 이정일

펴낸곳 : 도서출판 **일진사**
www.iljinsa.com
(우) 04317 서울시 용산구 효창원로 64길 6
전화 : 704-1616 / 팩스 : 715-3536
등록 : 제1979-000009호 (1979.4.2)

값 29,000 원

ISBN : 978-89-429-1748-8